经典译丛·电磁场理论与应用

电磁场理论与计算
（第二版）

Theory and Computation of Electromagnetic Fields

Second Edition

［美］　Jian-Ming Jin（金建铭）　著

尹家贤　周东明　丁　亮
刘继斌　黄贤俊　杨　成　译

U0178224

电子工业出版社
Publishing House of Electronics Industry
北京·BEIJING

内 容 简 介

本书内容包含两部分：第一部分为电磁场理论，对应新入学硕士研究生的电磁场理论课程内容；第二部分为电磁场的计算，对应高年级硕士研究生的计算电磁学课程内容。

硕士研究生阶段的电磁场课程教材的理论部分通常较为简练，内容较深，但由于30多年来本科生课程体系的较大改变，硕士研究生的电磁场课程要求与本科生电磁场基础知识之间有了较大差距，因此作者在本书中比较注重基础理论，并在内容选取上注重工程应用，同时与电磁场的前沿研究有比较密切的结合。本书第一部分的内容包含基础理论（如矢量分析、麦克斯韦方程、边界条件和传输线理论）和高级问题（如波变换、叠加原理和分层介质球散射）；第二部分讨论工程应用电磁场数值分析中的几种重要的计算方法，包括有限差分法（特别是时域有限差分法）、有限元法和基于积分方程的矩量法。选择这三种方法是因为它们代表电磁场数值分析中的三种基本近似。一旦学生熟悉了这三种方法，就很容易学习其他数值方法。第二部分还包含了求解积分方程的快速算法及结合不同数值方法的混合技术，利用这些技术能够更有效地处理复杂的电磁问题。

本书适合作为硕士研究生阶段电磁场理论和计算电磁学相关课程的教材，同时也适合从事需要电磁场理论方面知识的工程技术人员参考阅读。

版权贸易合同登记号　图字：01-2014-4718

图书在版编目(CIP)数据

电磁场理论与计算：第2版/（美）金建铭（Jian-Ming Jin）著；尹家贤等译. —北京：电子工业出版社，2023.7
（经典译丛. 电磁场理论与应用）
书名原文：Theory and Computation of Electromagnetic Fields，Second Edition

ISBN 978-7-121-45868-2

Ⅰ. ①电…　Ⅱ. ①金…　②尹…　Ⅲ. ①电磁场-高等学校-教材　Ⅳ. ①O441.4

中国国家版本馆 CIP 数据核字(2023)第 116370 号

责任编辑：马　岚　　　文字编辑：李　蕊
印　　刷：三河市鑫金马印装有限公司
装　　订：三河市鑫金马印装有限公司
出版发行：电子工业出版社
　　　　　北京市海淀区万寿路 173 信箱　邮编：100036
开　　本：787×1092　1/16　印张：34.75　字数：890 千字
版　　次：2023 年 7 月第 1 版（原著第 2 版）
印　　次：2023 年 7 月第 1 次印刷
定　　价：159.00 元

凡所购买电子工业出版社图书有缺损问题，请向购买书店调换。若书店售缺，请与本社发行部联系，联系及邮购电话：(010) 88254888，88258888。
质量投诉请发邮件至 zlts@ phei. com. cn，盗版侵权举报请发邮件至 dbqq@ phei. com. cn。
本书咨询联系方式：classic-series-info@ phei. com. cn。

译　者　序

电磁场理论课程是国内外各大学的学生普遍感到畏惧的课程。本科生如此，到了硕士研究生阶段，仍然如此。其原因如下：电磁场理论公式多、推导复杂、内容抽象。有了基础电磁理论知识之后，如何使所学电磁场理论知识系统化，进一步提高学生运用麦克斯韦方程分析电磁问题的水平，是硕士研究生阶段的电磁场理论课程需要解决的问题。

要在硕士研究生阶段学好电磁场理论课程，首先要有一本好的教材。计算电磁学的发展使得电磁场理论与计算数学产生了越来越紧密的关系，以至于有必要将这部分内容纳入电磁场理论教材中，让该阶段的学生比较系统地掌握这部分知识，目前这样的中文教材在国内还不多见，值得推介的 3 种经典著作分别是：

1. 哈林顿(R. F. Harrington)的 *Time-Harmonic Electromagnetic Fields*；
2. 孔金瓯(J. A. Kong)的 *Electromagnetic Wave Theory*；
3. 巴拉尼斯(C. A. Balanis)的 *Advanced Engineering Electromagnetics*, *Second Edition*。

但是，这些著作各有不适合作为教材的特点。或因所撰写年代太早，比如第 1 种于 1961 年出版；或因过于偏重理论，比如第 2 种；或因涵盖的内容太多，比如第 3 种，全书超过 1000 页。在计算电磁学高度发展的今天，很多需要非常复杂的公式才能解决的电磁问题，都可以交给计算机完成。因此，硕士研究生电磁场理论课程的内容需要非常精心地选择，主要考虑以下三方面的问题：

1. 由于本科生阶段基础电磁场理论课程学时数的减少，因此教材中要有相当的篇幅加强基础内容；
2. 教材内容中要体现电磁场领域中的新理论、新技术、新成果；
3. 教材内容要体现完整的电磁场理论结构体系，但理论不宜太深奥，篇幅不宜太大，其主要内容适合安排一个学期的课程。

美国伊利诺伊大学香槟校区 Jian-Ming Jin(金建铭)教授所著的 *Theory and Computation of Electromagnetic Fields*, *Second Edition* 满足了硕士研究生阶段电磁场理论课程对教材的所有要求。本书有下面几个特点：

1. 为不同基础背景的学生学习和了解更高级的专题提供了必须掌握的基础知识；
2. 分析了电磁辐射、传播、透射及反射现象；
3. 阐述了重要的电磁定理和原理；
4. 对于笛卡儿坐标系、柱坐标系及球坐标系中的波，讨论其传播、散射和辐射问题的电磁分析；
5. 涵盖了频域和时域中基本及高级电磁计算方法及其工程应用；
6. 为检验和巩固学生对课程内容的理解，每一章都包含了一定数量的习题。为便于读者学会如何使用这些知识分析和解决相关的电磁问题，很多章节都附有例题。

本书内容由两部分组成。第一部分关注电磁场理论，对应新入学硕士研究生的电磁场理论课程内容；第二部分关注电磁场的计算，对应高年级硕士研究生的计算电磁学课程内容。这两部分曾分成两本书翻译出版。为了便于读者阅读全文，我们对译文再次进行整理校对，推出完全对应原著的版本。书中的一些图示、参考文献、符号及其正斜体形式等沿用了英文原著的表示方式，以便于读者对照阅读英文原著；特别要说明的是，"媒质"对应原著中的 Medium（或 media），"介质"对应原著中的 dielectric，两者具体定义不同。

本书由国防科技大学电子科学学院的几位教师共同翻译完成，分工如下：第 1 章至第 7 章，以及所有的附录由尹家贤翻译；第 8 章由黄贤俊初译；第 9 章由丁亮初译；第 10 章由杨成初译；第 11 章由周东明初译；第 12 章由刘继斌翻译。尹家贤对各章的初稿进行了统一修改。本书作者金建铭教授对全部译稿进行了认真的修改和审阅，在此表示感谢。电子工业出版社的马岚编辑在本书的出版过程中付出了辛勤的劳动，也在此表示感谢。

虽然笔者非常认真地翻译了本书，但由于水平有限，书中译词不当、疏误之处难免，恳请读者批评指正。

前　　言

正如书名所示，本书包括两部分内容。第一部分为电磁场理论，其可以作为研究生阶段电磁场理论课程的教材。第二部分为计算电磁学，其可以作为研究生阶段计算电磁学课程的教材。研究生阶段的电磁场理论课程已有若干教材可用，但计算电磁学课程却没有合适的教材，本书意在填补这一空缺。本书的两部分内容是一脉相承的，以便学生可以较为容易地从第一阶段课程过渡到第二阶段课程。

虽然本书的第一部分介绍的是经典的电磁场理论，但其涵盖的内容与现有教材有所不同，这主要是因为本科生的课程体系在过去二十年中有了较大的改变。许多大学减少了必修课的数量，以便学生在自我规划时更为自由。这就导致在美国大多数大学的电子工程系中，本科生只有一门电磁场的必修课程。因而研究生在入学时对电磁场理论基础的掌握情况差异很大。为了应对这一挑战，使不同层次的学生均能从中受益，作者的授课课程内容既涵盖基础理论（如矢量分析、麦克斯韦方程组、边界条件和传输线理论），也包括更高级问题（如波变换、叠加原理和分层介质球散射）。

在撰写本书的第一部分时，作者始终遵循下列原则。

1. 本书并不是要作为一本包罗万象的电磁场理论参考书。其只应包含足够的基础知识，使电子工程专业的研究生在未来研究高级课题时有足够的知识准备。并且所有内容应该能在一学期内讲授完。因此，对该部分涵盖的内容进行了非常仔细的筛选。

2. 书的形式应该适合课堂教学和自学，而不是作为参考书使用。举例说明这其中的区别：对于参考书，所有有关格林函数的内容应该独立列为一章以便查阅；而对于课堂教学，循序渐进地介绍新思想和新概念通常更为合适。

3. 写作和教学应始终紧扣一个中心——完整的电磁场理论是从麦克斯韦方程出发，以数学为工具推导发展而来的。因而在介绍每一个专题时，都应该从麦克斯韦方程，或者基于麦克斯韦方程的定理开始。

本书的第二部分介绍了几种重要的计算电磁学方法，它们在工程应用中得到了广泛使用。这些方法包括有限差分法（特别是时域有限差分法），有限元法和基于积分方程的矩量法，它们是电磁场数值分析中的三种最基本方法。学生在熟练掌握这三种方法后，可以很容易地学习其他数值分析方法。第二部分还介绍了求解积分方程的快速算法以及结合不同数值方法的混合方法，掌握这些技术，就能更有效地处理复杂电磁问题。随着计算电磁学这一电磁分析和仿真工具得到越来越广泛地应用，基于上述内容的计算电磁学课程也越来越受欢迎。在伊利诺伊大学，这门课程被许多非电磁方向甚至非电子工程专业的学生选修。

下面是本书所涵盖内容的摘要①。第 1 章介绍基本电磁场理论，包括矢量分析的简要

---

① 书中部分插图所对应的彩图可通过登录华信教育资源网（www.hxedu.com.cn），注册并免费下载。——编者注

回顾，积分和微分形式的麦克斯韦方程，不同媒质分界面和理想导体表面的边界条件，描述媒质中电磁特性的本构关系，电磁能量和功率的概念，以及时谐场的麦克斯韦方程。本章还介绍可以简化矢量分析的符号矢量法。在本章中，将积分形式的麦克斯韦方程作为基本假定，由此推出微分形式的麦克斯韦方程以及各种边界条件。

第2章研究自由空间辐射场。利用本构关系并求解微分形式的麦克斯韦方程，就可以得到辐射场。本章中介绍作为辅助函数的标量位函数和矢量位函数，并讨论使用辅助位函数求解麦克斯韦方程的优势。另外，还介绍将场-源联系起来的格林函数和并矢格林函数。最后，研究辐射场的远场近似，并由此得到索末菲辐射条件。

第3章介绍从麦克斯韦方程导出的一些重要定理和原理。首先是唯一性定理，以及以此为基础得到的镜像原理和面等效原理。作为面等效原理的应用，推导了感应定理、物理等效原理以及口径辐射问题的求解。由麦克斯韦方程的对称性得到对偶原理，并将其应用到互补结构中，得到巴比涅原理。

第4章的研究对象是均匀平面波。分析它在无界均匀媒质中的传播，以便更好地理解波的传播特性。文中首先回顾基本的传输线理论，介绍与波传播相关的一些基本概念，例如传播常数、衰减常数和各种速度。然后，用分离变量法求得波动方程在笛卡儿坐标系中的解，并由此讨论平面波的一些基本特性，例如波阻抗和极化。接下来，求解几个简单的边值问题，包括面电流的辐射场和平面波在两种不同媒质分界面的反射和透射。本章还讨论平面波在单轴媒质、回旋媒质、手征媒质、超材料中的传播，以及入射到左手媒质中的情况。

第5章讨论电磁波在均匀和非均匀填充波导和介质波导中的传播，以及谐振腔问题。首先推导一般形式的波导和谐振腔中的电磁场解，并分析其基本特性。然后分析矩形波导和矩形谐振腔。接下来介绍微扰法，并用其计算非理想波导的衰减常数和谐振腔的品质因数，以及谐振腔中因填充材料或形状发生微小改变时谐振频率的变化。此外，还详细分析了部分填充波导和介质波导中的混合模式。最后，讨论波导和分层媒质中的电流源激励问题，因为这个问题在实际应用中非常重要。

第6章讨论柱坐标系中的电磁问题。首先用分离变量法求解柱坐标系中的亥姆霍兹方程，并推导出柱面波函数。然后用柱面波函数分析圆波导、同轴线及圆柱谐振腔。接下来，分析圆柱介质波导中的波传播。此后，推导将平面波展开成柱面波的波变换，并应用波变换求解导体柱和介质柱的散射问题。最后，分析线电流和圆柱面电流在导体柱或导体劈存在时的辐射问题。由得到的结果，推导出了二维场的索末菲辐射条件，并解释导体劈横向场的奇异性。

第7章讨论球坐标系中的电磁问题。首先用分离变量法求解球坐标系中的亥姆霍兹方程，并推导出球面波函数。然后用球面波函数分析球形谐振腔和双锥天线。接下来，推导将平面波展开成球面波的波变换，并应用波变换求解导体球和介质球的散射问题。此外，还研究点电荷的辐射问题，并由此推导出球面波的加法定理。最后，分析球面电流在导体球或导体锥存在时的辐射问题，以此说明球坐标系中辐射问题的分析方法并解释导体尖端场的奇异性。

从第8章开始，讨论计算电磁学的内容。第8章通过推导基本的有限差分公式并将其应用于波动方程和扩散方程中，展示有限差分法的基本原理。紧接着，讨论有限差分法中的两个重要问题：稳定性分析和色散分析。之后，介绍二维和三维情况下用于求解麦克斯韦方程的时域有限差分法。最后，讨论如何用吸收边界条件和理想匹配层来截断开放区域中的电磁问题，在时域中如何分析色散媒质，如何在计算空间产生入射波，以及如何基于近场信息计算远场。

第 9 章主要讨论有限元法。首先，通过一个简单的一维问题介绍有限元法的基本原理。然后，详细推导频域中标量和矢量电磁问题的有限元分析公式。之后，将其扩展至时域，并简要介绍一种处理色散媒质的方法。对于每个专题，都提供若干算例来展示有限元法的应用。最后，讨论如何用吸收边界条件和理想匹配层截断无界电磁问题的计算区域，以及有限元法在具体实现过程中涉及的一些数值问题。

第 10 章首先通过一个简单的静电场问题介绍矩量法的基本原理。然后，推导针对二维亥姆霍兹方程的通用积分方程，并且将其应用到几个具体问题中。对于每个问题，文中都详细给出了其矩量法的求解步骤。之后，对三维问题重复上述过程，并分析几类导体和媒质的散射问题。本章还用矩量法分析了平面周期结构和角周期结构，以及微带天线和微带电路，并由此讨论矩量法优势。最后，用一个简单的例子介绍如何将矩量法从频域推广到时域。

第 11 章讨论计算电磁学中的两个重要问题。第一个问题是快速算法，这些算法是为了更高效地求解积分方程发展起来的。快速算法分为两类，第一类需要基于积分核重新构建积分方程的数值离散形式，主要包括基于快速傅里叶变换的快速算法、自适应积分法及快速多极子法；第二类直接应用于离散后的矩阵方程，包括自适应交叉近似算法。第二个问题是混合方法的发展，这种方法结合不同的数值方法，扬长避短，因而可以更有效地处理复杂电磁问题。文中用两个例子来展示混合方法，一个例子是有限元法和时域有限差分法的结合，另一个例子是有限元法和矩量法的结合。在讨论每一个快速算法和混合方法时都有相应的数值算例来展示它们的能力。

第 12 章对电磁分析的计算方法进行了简要回顾，其中包括一些在第 8 章到第 11 章中没有涉及的数值方法。最后，简要地讨论了计算电磁学的应用与挑战。

在写作时，本书假设学生已经掌握基本的电磁场知识（至少上过一门本科生电磁场课程）。作为一本工程类教材，本书中使用 $e^{j\omega t}$ 作为时谐场的时间因子，而全书内容的侧重点放在解决各种电磁场边值问题上。每一章的末尾列出了一定数量的参考文献。每一章都包含了一定数量的习题，用于检验和巩固学生对课程内容的理解。每道习题都经过精心选择和设计，相互之间几乎没有重复，因而希望学生能够完成所有习题。选修计算电磁学课程的学生最好能够就时域有限差分法、有限元法和矩量法这三种方法各完成一个课程设计，并且撰写相应的技术报告。

缩 略 语 表

(以出现先后次序排序)

第1章

| PEC | Perfect Electric Conductor | 理想导电体(理想导体) |
| PMC | Perfect Magnetic Conductor | 理想导磁体 |

第2章

| RFID | Radio Frequency IDentification | 射频识别 |

第3章

VED	Vertical Electric Dipole	垂直电偶极子
HED	Horizontal Electric Dipole	水平电偶极子
VIE	Volume Integral Equations	体积分方程
MRI	Magnetic Resonance Imaging	磁共振成像

第4章

RHCP	Right-Hand Circularly Polarized	右旋圆极化
LHCP	Left-Hand Circular Polarized	左旋圆极化
SWR	Standing Wave Ratio	驻波比

第5章

TM	Transverse Magnetic(mode)	横磁场(模式)
TE	Transverse Electric(mode)	横电场(模式)
TEM	Transverse Electro Magnetic(mode)	横电磁(模式)

第7章

| RCS | Radar Cross Section | 雷达截面积 |

第8章

FDM	Finite Difference Method	有限差分法
FDTD	Finite Difference Time-Domain(method)	时域有限差分(法)
CFS-PML	Complex-Frequency Shifted Perfectly Matched Layer	复频移理想匹配层
ABC	Absorbing Boundary Condition	吸收边界条件
PML	Perfectly Matched Layer	理想匹配层

| SAR | Specific Absorption Rate | 比吸收率 |
| NTF | Near-To-Far-field(transformation) | 近远场(变换) |

第 9 章

FEM	Finite Element Method	有限元法
FETD	Finite Element Time-Domain(method)	时域有限元(法)
DGTD	Discontinuous Galerkin Time-Domain	时域间断伽辽金(法)
FVTD	Finite Volume Time-Domain(method)	时域有限体积(法)

第 10 章

MoM	Method of Moments	矩量法
EFIE	Electric-Field Integral Equation	电场积分方程
MFIE	Magnetic-Field Integral Equation	磁场积分方程
CFIE	Combined-Field Integral Equation	混合场积分方程
RMS	Root-Mean-Square	均方根
DBOR	Discrete Body-Of-Revolution	离散旋转体
MPIE	Mixed-Potential Integral Equation	混合位积分方程
DCIM	Discrete Complex Image Method	离散复镜像法
GPOF	Generalized Pencil-Of-Function	广义函数束(法)
MOT	Marching-On-in-Time	时间步进
TDIE	Time-Domain Integral Equation	时域积分方程

第 11 章

FFT	Fast Fourier Transform	快速傅里叶变换
CG-FFT	Conjugate Gradient-FFT(method)	共轭梯度–快速傅里叶变换(法)
AIM	Adaptive Integral Method	自适应积分法
FMM	Fast Multipole Method	快速多极子法
ACA	Adaptive Cross-Approximation(method)	自适应交叉近似(法)
BCG	biConjugate Gradient(method)	双共轭梯度(法)
CGS	Conjugate Gradient Squared(method)	共轭梯度平方(法)
BCGSTAB	BiConjugate Gradient STABilized(method)	稳定双共轭梯度(法)
GMRES	Generalized Minimal RESidual(method)	广义最小残差(法)
QMR	Quasi-Minimal Residual(method)	准最小残差(法)
TFQMR	Transpose-Free Quasi-Minimal Residual(method)	无转置准最小残差(法)
DFT	Discrete Fourier Transform	离散傅里叶变换
MLFMA	MultiLevel Fast Multipole Algorithm	多层快速多极子算法
SVD	Singular-Value Decomposition	奇异值分解
FE-BI	Finite Element-Boundary Integral	有限元–边界积分

TD-AIM	Time-Domain Adaptive Integral Method	时域自适应积分法
PWTD	Plane Wave Time-Domain (method)	时域平面波(法)

第 12 章

GO	Geometrical Optics	几何光学
ISB	Incident Shadow Boundary	入射阴影边界
RSB	Reflection Shadow Boundary	反射阴影边界
GTD	Geometrical Theory of Diffraction	几何绕射理论
UTD	Uniform Theory of Diffraction	一致几何绕射理论
UAT	Uniform Asymptotic Theory	一致渐近理论
STD	Spectral Theory of Diffraction	绕射谱理论
PO	Physical Optics	物理光学
PTD	Physical Theory of Diffraction	物理衍射理论
ILDC	Incremental Length Diffraction Coefficients	增量长度绕射系数
EEC	Equivalent Edge Currents	等效边缘电流
SBR	Shooting-and Bouncing-Ray	弹跳射线
PDE	Partial Differential Equation	偏微分方程
SIE	Surface Integral Equation	面积分方程
VIE	Volume Integral Equation	体积分方程
PEEC	Partial Element Equivalent Circuit (method)	局部元等效电路(法)
TLM	Transmission-Line Matrix (method)	传输线矩阵(法)
FIT	Finite Integration Technique	有限积分技术
FVTD	Finite Volume Time-Domain (method)	时域有限体积(法)
PSTD	Pseudo-Spectral Time-Domain (method)	时域伪谱(法)
MRTD	MultiResolution Time-Domain (method)	时域多分辨(法)
ISAR	Inverse Synthetic Aperture Radar	逆合成孔径雷达
ATR	Automatic Target Recognition	自动目标识别
EMI	ElectroMagnetic Interference	电磁干扰
EMC	ElectroMagnetic Compatibility	电磁兼容
VCSEL	Vertical-Cavity Surface-Emission Laser	垂直腔表面发射激光器

目　　录

第一部分　电磁场理论

　　本书第一部分从工程的角度介绍了基于麦克斯韦方程的电磁场和电磁波理论。介绍的重点是与电磁场相关的基本概念和原理，以及分析电磁辐射、传播及散射问题的理论方法。这一部分共7章。第1章介绍了基于麦克斯韦方程的基本电磁理论。第2章引入标量位和矢量位，求解自由空间中的麦克斯韦方程组。第3章介绍了基于麦克斯韦方程推导出的一些重要定理和原理。第4章研究均匀平面波在均匀媒质中的传播，以及在由两个半空间形成的界面上的反射与透射。第5章分析了笛卡儿坐标系中的电磁传播和辐射问题。最后，第6章和第7章分别考虑了柱坐标系和球坐标系中的电磁传播和辐射问题。

第1章 基本电磁理论

本章介绍基本电磁理论，主要内容包括对矢量分析的简短回顾；微分和积分形式的麦克斯韦方程；将电磁场与可测力联系起来的洛伦兹力定律；描述媒质电磁特性的本构关系；不同媒质分界面及理想导体表面的边界条件；电磁能量和功率的概念；描述电磁场中能量守恒的坡印亭定理；时谐场中相量的概念；以及时谐场中复数形式的麦克斯韦方程和坡印亭定理。在开始这一章的学习之前，读者需要掌握矢量微积分的基本知识及本科水平的电磁理论[1~7]。

1.1 矢量分析

我们知道电场和磁场是矢量，它们既有大小又有方向。因此，学习电磁场时需要掌握矢量分析的基本知识。矢量分析中最常用的概念是散度、旋度和梯度。这一节首先介绍它们的定义以及对应的积分定理，接着介绍一种处理各种矢量恒等式的方法，最后讨论在研究麦克斯韦方程时非常有用的亥姆霍兹定理。

1.1.1 矢量算子和积分定理

假设 $\mathbf{f}$ 是矢量函数，其大小和方向随空间位置的变化而变化。矢量函数 $\mathbf{f}$ 的**散度**由下面的极限定义：

$$\nabla \cdot \mathbf{f} = \lim_{\Delta v \to 0} \frac{1}{\Delta v} \left[\oiint_s \mathbf{f} \cdot \mathrm{d}\mathbf{s} \right] \tag{1.1.1}$$

式中，Δv 为无限小体积，s 为包围此体积的闭合曲面。微分面元 $\mathrm{d}\mathbf{s}$ 垂直于 s，方向由内向外。将式（1.1.1）分别应用到笛卡儿坐标系、柱坐标系和球坐标系中的微分体积上，可以得到散度在这三种最常用坐标系中的表达式：

$$\nabla \cdot \mathbf{f} = \frac{\partial f_x}{\partial x} + \frac{\partial f_y}{\partial y} + \frac{\partial f_z}{\partial z} \tag{1.1.2}$$

$$\nabla \cdot \mathbf{f} = \frac{1}{\rho} \frac{\partial (\rho f_\rho)}{\partial \rho} + \frac{\partial f_\phi}{\rho \partial \phi} + \frac{\partial f_z}{\partial z} \tag{1.1.3}$$

$$\nabla \cdot \mathbf{f} = \frac{1}{r^2} \frac{\partial}{\partial r}(r^2 f_r) + \frac{1}{r \sin \theta} \frac{\partial}{\partial \theta}(f_\theta \sin \theta) + \frac{1}{r \sin \theta} \frac{\partial f_\phi}{\partial \phi} \tag{1.1.4}$$

$\nabla \cdot \mathbf{f}$ 这个记法最早由 J. Willard Gibbs 用来表示 $\mathbf{f}$ 的散度[8]。注意，$\nabla \cdot \mathbf{f}$ 不应该理解成 ∇ 算子和矢量 $\mathbf{f}$ 的点乘，否则在柱坐标系和球坐标系中推导散度的表达式时很容易出错。现在考虑由闭合曲面 S 所包围的有限体积 V。我们把 V 分解成无数个无限小体积元，在每个小体积元上应用式（1.1.1），然后求和。若矢量 $\mathbf{f}$ 和它的一阶导数在体积 V 内及闭合曲面 S 上

连续, 则可得

$$\iiint_V \nabla \cdot \mathbf{f}\, dV = \oiint_S \mathbf{f} \cdot d\mathbf{S} \tag{1.1.5}$$

式 (1.1.5) 称为**散度定理**或**高斯定理**, 这是一个电磁场理论中非常重要的定理。

　　除了散度, 另一个描述矢量函数 **f** 变化情况的算子为**旋度**。矢量 **f** 的旋度由下面的极限定义:

$$\nabla \times \mathbf{f} = \lim_{\Delta v \to 0} \frac{1}{\Delta v} \left[\oiint_s d\mathbf{s} \times \mathbf{f} \right] \tag{1.1.6}$$

式中, Δv 为无限小体积, s 为包围此体积的闭合曲面。同样, $\nabla \times \mathbf{f}$ 仅是用来表示 **f** 的旋度的数学记法, 而不能理解成∇算子和矢量 **f** 的叉乘。将式 (1.1.6) 分别应用到笛卡儿坐标系、柱坐标系和球坐标系中的微分体积上, 可得旋度的表达式为

$$\nabla \times \mathbf{f} = \hat{x}\left(\frac{\partial f_z}{\partial y} - \frac{\partial f_y}{\partial z}\right) + \hat{y}\left(\frac{\partial f_x}{\partial z} - \frac{\partial f_z}{\partial x}\right) + \hat{z}\left(\frac{\partial f_y}{\partial x} - \frac{\partial f_x}{\partial y}\right) \tag{1.1.7}$$

$$\nabla \times \mathbf{f} = \hat{\rho}\left(\frac{\partial f_z}{\rho \partial \phi} - \frac{\partial f_\phi}{\partial z}\right) + \hat{\phi}\left(\frac{\partial f_\rho}{\partial z} - \frac{\partial f_z}{\partial \rho}\right) + \hat{z}\frac{1}{\rho}\left[\frac{\partial(\rho f_\phi)}{\partial \rho} - \frac{\partial f_\rho}{\partial \phi}\right] \tag{1.1.8}$$

$$\begin{aligned}\nabla \times \mathbf{f} = {}& \hat{r}\frac{1}{r\sin\theta}\left[\frac{\partial}{\partial\theta}(f_\phi \sin\theta) - \frac{\partial f_\theta}{\partial\phi}\right] + \hat{\theta}\frac{1}{r}\left[\frac{1}{\sin\theta}\frac{\partial f_r}{\partial\phi} - \frac{\partial}{\partial r}(rf_\phi)\right] \\ & + \hat{\phi}\frac{1}{r}\left[\frac{\partial}{\partial r}(rf_\theta) - \frac{\partial f_r}{\partial\theta}\right]\end{aligned} \tag{1.1.9}$$

很明显, 旋度是一个具有与 **f** 不同大小、不同方向的矢量。旋度在给定方向$\hat{a}$上的分量为

$$\hat{a} \cdot (\nabla \times \mathbf{f}) = \lim_{\Delta s \to 0} \frac{1}{\Delta s}\left[\oint_c \mathbf{f} \cdot d\mathbf{l}\right] \tag{1.1.10}$$

式中, Δs 为垂直于$\hat{a}$的无限小面积, c 为 Δs 的边界闭曲线。线元 **dl** 与轮廓线 c 相切, 其方向和$\hat{a}$的方向满足右手定则。把式 (1.1.6) 应用到与$\hat{a}$垂直且厚度趋于零的无限小圆盘上, 即可得到式 (1.1.10)。现在, 考虑以封闭轮廓线 C 为边界的敞开面 S。我们把 S 分解成无数无限小面积元, 在每个小面积元上应用式 (1.1.10), 然后求和。若矢量 **f** 和它的一阶导数在面 S 及轮廓线 C 上连续, 则可得

$$\iint_S (\nabla \times \mathbf{f}) \cdot d\mathbf{S} = \oint_C \mathbf{f} \cdot d\mathbf{l} \tag{1.1.11}$$

式 (1.1.11) 称为**斯托克斯定理**, 它在电磁理论中同样非常重要。

　　随后将看到, 一个矢量函数的散度和旋度足以完整地描述其变化情况。在矢量分析中, 第三个常用的算子是**梯度**, 它描述的是一个标量函数的变化情况。假设 f 是一个空间坐标的标量函数, 其梯度定义为

$$\nabla f = \lim_{\Delta v \to 0} \frac{1}{\Delta v}\left[\oiint_s f\, d\mathbf{s}\right] \tag{1.1.12}$$

这是一个矢量, 其在给定方向$\hat{a}$上的分量为

$$\hat{a} \cdot \nabla f = \frac{\partial f}{\partial a} \tag{1.1.13}$$

将式(1.1.12)应用到法向为$\hat{a}$且厚度和半径均趋于零的无限小圆盘上，即可得到上式。将式(1.1.12)分别应用到笛卡儿坐标系、柱坐标系和球坐标系中的微分体积上，可得梯度的表达式：

$$\nabla f = \hat{x}\frac{\partial f}{\partial x} + \hat{y}\frac{\partial f}{\partial y} + \hat{z}\frac{\partial f}{\partial z} \tag{1.1.14}$$

$$\nabla f = \hat{\rho}\frac{\partial f}{\partial \rho} + \hat{\phi}\frac{\partial f}{\rho\partial \phi} + \hat{z}\frac{\partial f}{\partial z} \tag{1.1.15}$$

$$\nabla f = \hat{r}\frac{\partial f}{\partial r} + \hat{\theta}\frac{\partial f}{r\partial \theta} + \hat{\phi}\frac{1}{r\sin\theta}\frac{\partial f}{\partial \phi} \tag{1.1.16}$$

在矢量分析中，另一个重要的算子是求一个标量函数梯度的散度，即$\nabla \cdot (\nabla f)$。这个算子称为**拉普拉斯算子**，表示为

$$\nabla^2 f = \nabla \cdot (\nabla f) \tag{1.1.17}$$

在三种常用坐标系中，其表达式为

$$\nabla^2 f = \frac{\partial^2 f}{\partial x^2} + \frac{\partial^2 f}{\partial y^2} + \frac{\partial^2 f}{\partial z^2} \tag{1.1.18}$$

$$\nabla^2 f = \frac{1}{\rho}\frac{\partial}{\partial \rho}\left(\rho\frac{\partial f}{\partial \rho}\right) + \frac{1}{\rho^2}\frac{\partial^2 f}{\partial \phi^2} + \frac{\partial^2 f}{\partial z^2} \tag{1.1.19}$$

$$\nabla^2 f = \frac{1}{r^2}\frac{\partial}{\partial r}\left(r^2\frac{\partial f}{\partial r}\right) + \frac{1}{r^2\sin\theta}\frac{\partial}{\partial \theta}\left(\sin\theta\frac{\partial f}{\partial \theta}\right) + \frac{1}{r^2\sin^2\theta}\frac{\partial^2 f}{\partial \phi^2} \tag{1.1.20}$$

1.1.2　符号矢量法

在矢量分析中，经常需要对矢量表达式进行等价变换。推导矢量恒等式比较困难的原因之一是不能把算子∇当成一个矢量。这一节引入的**符号矢量法**可以使这个过程变得相对容易一些[8]。符号矢量用$\tilde{\nabla}$表示，其定义如下：

$$T(\tilde{\nabla}) = \lim_{\Delta v \to 0}\frac{1}{\Delta v}\left[\oiint_s T(\hat{n})\,\mathrm{d}s\right] \tag{1.1.21}$$

式中，Δv为无限小体积，s为包围这个体积的闭合曲面，$\hat{n}$为s的单位外法向矢量，因而$\mathrm{d}s$可以表示为$\mathrm{d}s = \hat{n}\mathrm{d}s$。式(1.1.21)等号左边的$T(\tilde{\nabla})$，代表包含符号矢量$\tilde{\nabla}$的一个表达式，如$a\tilde{\nabla}$、$\mathbf{a}\cdot\tilde{\nabla}$、$\mathbf{a}\times\tilde{\nabla}$和$\tilde{\nabla}\cdot(\mathbf{a}\times\mathbf{b})$；等号右边的被积函数$T(\hat{n})$，代表用$\hat{n}$替换$\tilde{\nabla}$后的形式完全相同的表达式。例如，对应上面例子中$T(\tilde{\nabla})$的$T(\hat{n})$，分别为$a\hat{n}$、$\mathbf{a}\cdot\hat{n}$、$\mathbf{a}\times\hat{n}$和$\hat{n}\cdot(\mathbf{a}\times\mathbf{b})$。

基于式(1.1.21)的定义，不难发现：

$$\tilde{\nabla}\cdot\mathbf{f} = \lim_{\Delta v \to 0}\frac{1}{\Delta v}\left[\oiint_s \hat{n}\cdot\mathbf{f}\,\mathrm{d}s\right] = \lim_{\Delta v \to 0}\frac{1}{\Delta v}\left[\oiint_s \mathbf{f}\cdot\hat{n}\,\mathrm{d}s\right] = \mathbf{f}\cdot\tilde{\nabla} \tag{1.1.22}$$

类似地，可以证明$\tilde{\nabla}f = f\tilde{\nabla}$和$\tilde{\nabla}\times\mathbf{f} = -\mathbf{f}\times\tilde{\nabla}$。这表明，可以把$\tilde{\nabla}$作为一个普通的矢量来对待。因此，所有矢量分析中的处理技巧和恒等式都适用于$\tilde{\nabla}$。把式(1.1.21)与散度、旋度和梯度的定义进行比较，可得

$$\nabla \cdot \mathbf{f} = \tilde{\nabla} \cdot \mathbf{f} = \mathbf{f} \cdot \tilde{\nabla} \tag{1.1.23}$$

$$\nabla \times \mathbf{f} = \tilde{\nabla} \times \mathbf{f} = -\mathbf{f} \times \tilde{\nabla} \tag{1.1.24}$$

$$\nabla f = \tilde{\nabla} f = f \tilde{\nabla} \tag{1.1.25}$$

这些等式给出了符号矢量$\tilde{\nabla}$与散度、旋度和梯度算子之间的关系。对于任意给定的包含这些算子的表达式，可以首先根据式(1.1.23)至式(1.1.25)，将算子表达式变换成对应的矢量运算表达式，然后利用代数恒等式进行处理，最后再把符号矢量换回散度、旋度或梯度。例如，考虑$\tilde{\nabla} \times (\tilde{\nabla} \times \mathbf{f})$，由于$\mathbf{a} \times (\mathbf{b} \times \mathbf{c}) = (\mathbf{a} \cdot \mathbf{c})\mathbf{b} - (\mathbf{a} \cdot \mathbf{b})\mathbf{c}$，则有

$$\tilde{\nabla} \times (\tilde{\nabla} \times \mathbf{f}) = (\tilde{\nabla} \cdot \mathbf{f})\tilde{\nabla} - (\tilde{\nabla} \cdot \tilde{\nabla})\mathbf{f} = \tilde{\nabla}(\tilde{\nabla} \cdot \mathbf{f}) - \tilde{\nabla} \cdot (\tilde{\nabla}\mathbf{f}) \tag{1.1.26}$$

应用式(1.1.23)至式(1.1.25)，然后应用式(1.1.17)，可以得到一个非常有用的恒等式：

$$\nabla \times (\nabla \times \mathbf{f}) = \nabla(\nabla \cdot \mathbf{f}) - \nabla^2 \mathbf{f} \tag{1.1.27}$$

当一个矢量表达式包含符号矢量$\tilde{\nabla}$和两个任意函数时，由于$\tilde{\nabla}$作用于两个函数，可以用如下的链式法则来处理：

$$T(\tilde{\nabla}, a, b) = T(\tilde{\nabla}_a, a, b) + T(\tilde{\nabla}_b, a, b) \tag{1.1.28}$$

式中，a 和 b 代表两个函数，它们可以是标量或者矢量。$\tilde{\nabla}_a$ 是作用于函数 a 的符号矢量，$\tilde{\nabla}_b$ 是作用于函数 b 的符号矢量。式(1.1.28)来自微分中的链式法则：

$$\frac{\partial(ab)}{\partial x} = b\frac{\partial a}{\partial x} + a\frac{\partial b}{\partial x} \tag{1.1.29}$$

下面用 3 个例子来说明式(1.1.28)的应用。首先考虑表达式$\nabla \cdot (ab)$，使用式(1.1.28)，则有

$$\tilde{\nabla} \cdot (a\mathbf{b}) = \tilde{\nabla}_a \cdot (a\mathbf{b}) + \tilde{\nabla}_b \cdot (a\mathbf{b}) = (\tilde{\nabla}_a a) \cdot \mathbf{b} + a\tilde{\nabla}_b \cdot \mathbf{b} \tag{1.1.30}$$

由于$\tilde{\nabla} \cdot (a\mathbf{b}) = \nabla \cdot (a\mathbf{b})$，$\tilde{\nabla}_a a = \nabla a$ 和$\tilde{\nabla}_b \cdot \mathbf{b} = \nabla \cdot \mathbf{b}$，由此得到矢量恒等式

$$\nabla \cdot (a\mathbf{b}) = \mathbf{b} \cdot (\nabla a) + a\nabla \cdot \mathbf{b} \tag{1.1.31}$$

作为第二个例子，考虑$\nabla \times (a\mathbf{b})$，使用式(1.1.28)，有

$$\tilde{\nabla} \times (a\mathbf{b}) = \tilde{\nabla}_a \times (a\mathbf{b}) + \tilde{\nabla}_b \times (a\mathbf{b}) = (\tilde{\nabla}_a a) \times \mathbf{b} + a\tilde{\nabla}_b \times \mathbf{b} \tag{1.1.32}$$

由此，得到矢量恒等式

$$\nabla \times (a\mathbf{b}) = -\mathbf{b} \times \nabla a + a\nabla \times \mathbf{b} \tag{1.1.33}$$

下面是最后一个例子，考虑$\nabla \times (\mathbf{a} \times \mathbf{b})$，使用式(1.1.28)和代数恒等式

$$\mathbf{c} \times (\mathbf{a} \times \mathbf{b}) = (\mathbf{c} \cdot \mathbf{b})\mathbf{a} - (\mathbf{c} \cdot \mathbf{a})\mathbf{b} \tag{1.1.34}$$

则有

$$\begin{aligned}
\tilde{\nabla} \times (\mathbf{a} \times \mathbf{b}) &= \tilde{\nabla}_a \times (\mathbf{a} \times \mathbf{b}) + \tilde{\nabla}_b \times (\mathbf{a} \times \mathbf{b}) \\
&= (\tilde{\nabla}_a \cdot \mathbf{b})\mathbf{a} - (\tilde{\nabla}_a \cdot \mathbf{a})\mathbf{b} + (\tilde{\nabla}_b \cdot \mathbf{b})\mathbf{a} - (\tilde{\nabla}_b \cdot \mathbf{a})\mathbf{b}
\end{aligned} \tag{1.1.35}$$

由此得到矢量恒等式

$$\nabla \times (\mathbf{a} \times \mathbf{b}) = (\mathbf{b} \cdot \nabla)\mathbf{a} - \mathbf{b}\nabla \cdot \mathbf{a} + a\nabla \cdot \mathbf{b} - (\mathbf{a} \cdot \nabla)\mathbf{b} \tag{1.1.36}$$

这些例子展示了如何使用符号矢量法推导矢量恒等式，采用通常的方法时，这些推导相当烦琐。

现在,考虑闭合曲面 S 包围的有限体积 V。把这个体积分解成无数个无限小体积元,对每个小体积元应用式(1.1.21),然后求和。若 $T(\tilde{\nabla})$ 所作用的函数在体积 V 内连续,则可得

$$\iiint_V T(\tilde{\nabla})\, \mathrm{d}V = \oiint_S T(\hat{n})\, \mathrm{d}S \qquad (1.1.37)$$

式(1.1.37)称为**广义高斯定理**。从这个定理出发可以推导出许多积分定理。例如,令 $T(\tilde{\nabla}) = \tilde{\nabla} \cdot \mathbf{f} = \nabla \cdot \mathbf{f}$,可得式(1.1.5)所示的标准高斯定理;令 $T(\tilde{\nabla}) = \tilde{\nabla} \times \mathbf{f} = \nabla \times \mathbf{f}$,可得**旋度定理**

$$\iiint_V \nabla \times \mathbf{f}\, \mathrm{d}V = \oiint_S \mathrm{d}\mathbf{S} \times \mathbf{f} \qquad (1.1.38)$$

把上式应用在面积为 S 的厚度趋于零的体积上,就能推出由式(1.1.11)所示的斯托克斯定理。

▷ **【例1.1】** 使用广义高斯定理推导如下积分定理:

$$\iiint_V (\mathbf{b}\nabla \cdot \mathbf{a} + \mathbf{a} \cdot \nabla\mathbf{b})\, \mathrm{d}V = \oiint_S (\hat{n} \cdot \mathbf{a})\mathbf{b}\, \mathrm{d}S$$

解: 基于上式等号右边的表达式,应该令 $T(\hat{n}) = (\hat{n} \cdot \mathbf{a})\mathbf{b}$。相应的符号矢量表达式为 $T(\tilde{\nabla}) = (\tilde{\nabla} \cdot \mathbf{a})\mathbf{b}$。此式可以进一步写为

$$T(\tilde{\nabla}) = (\tilde{\nabla}_a \cdot \mathbf{a})\mathbf{b} + (\tilde{\nabla}_b \cdot \mathbf{a})\mathbf{b} = (\tilde{\nabla}_a \cdot \mathbf{a})\mathbf{b} + (\mathbf{a} \cdot \tilde{\nabla}_b)\mathbf{b} = \mathbf{b}\nabla \cdot \mathbf{a} + \mathbf{a} \cdot \nabla\mathbf{b}$$

这里应用了式(1.1.28)所示的链式法则,以及 $\tilde{\nabla}$ 与散度和梯度算子之间的关系。将 $T(\tilde{\nabla})$ 和 $T(\hat{n})$ 的表达式代入式(1.1.37)所示的广义高斯定理,就可以得到所需的积分定理。 ◁

1.1.3 亥姆霍兹定理

在矢量分析中,有两种特殊的矢量。一种称为**无旋**矢量,其旋度为零。用 $\mathbf{F}_i$ 表示这种矢量,有

$$\nabla \times \mathbf{F}_i = 0, \qquad \nabla \cdot \mathbf{F}_i \neq 0 \qquad (1.1.39)$$

另一种称为**无散**矢量,其散度为零。用 $\mathbf{F}_s$ 表示这种矢量,有

$$\nabla \cdot \mathbf{F}_s = 0, \qquad \nabla \times \mathbf{F}_s \neq 0 \qquad (1.1.40)$$

使用符号矢量法,很容易证明如下两个非常重要的矢量恒等式:

$$\nabla \times (\nabla\varphi) = 0 \qquad (1.1.41)$$

$$\nabla \cdot (\nabla \times \mathbf{A}) = 0 \qquad (1.1.42)$$

这两个恒等式适用于任意连续且可微分的标量函数 φ 和矢量函数 $\mathbf{A}$。显然,$\nabla\varphi$ 是无旋矢量;而 $\nabla \times \mathbf{A}$ 是无散矢量。

不管矢量函数具有怎样复杂的变化情况,可以证明:一个在无穷远区趋于零的光滑矢量函数可以分解为一个无旋矢量和一个无散矢量的叠加,即

$$\mathbf{F} = \mathbf{F}_i + \mathbf{F}_s \tag{1.1.43}$$

对式(1.1.43)分别取旋度和散度,可得

$$\nabla \cdot \mathbf{F} = \nabla \cdot \mathbf{F}_i, \qquad \nabla \times \mathbf{F} = \nabla \times \mathbf{F}_s \tag{1.1.44}$$

上式表明:矢量的无散分量只与其旋度有关,而无旋分量只与其散度有关。因此,当一个矢量的散度和旋度完全确定时,这个矢量就完全确定了,这就是**亥姆霍兹定理**。

1.1.4　格林定理

从式(1.1.5)所示的高斯定理出发,可以推导出一些非常有用的积分定理。例如,如果将$\mathbf{f}=a\nabla b$代入式(1.1.5),其中a和b为标量函数,则应用矢量恒等式(1.1.31)可得

$$\iiint_V (a\nabla^2 b + \nabla a \cdot \nabla b)\,\mathrm{d}V = \oiint_S a\frac{\partial b}{\partial n}\,\mathrm{d}S \tag{1.1.45}$$

上式称为**第一标量格林定理**。交换a和b的位置,把结果与式(1.1.45)相减,可得

$$\iiint_V (a\nabla^2 b - b\nabla^2 a)\,\mathrm{d}V = \oiint_S \left(a\frac{\partial b}{\partial n} - b\frac{\partial a}{\partial n}\right)\mathrm{d}S \tag{1.1.46}$$

上式称为**第二标量格林定理**。

如果将$\mathbf{f}=\mathbf{a}\times\nabla\times\mathbf{b}$代入式(1.1.5),其中$\mathbf{a}$和$\mathbf{b}$为矢量函数,则应用矢量恒等式$\nabla\cdot(\mathbf{a}\times\nabla\times\mathbf{b})=(\nabla\times\mathbf{a})\cdot(\nabla\times\mathbf{b})-\mathbf{a}\cdot(\nabla\times\nabla\times\mathbf{b})$可得

$$\iiint_V [(\nabla\times\mathbf{a})\cdot(\nabla\times\mathbf{b}) - \mathbf{a}\cdot(\nabla\times\nabla\times\mathbf{b})]\,\mathrm{d}V = \oiint_S (\mathbf{a}\times\nabla\times\mathbf{b})\cdot\mathrm{d}\mathbf{S} \tag{1.1.47}$$

上式称为**第一矢量格林定理**。交换$\mathbf{a}$和$\mathbf{b}$的位置,把结果与式(1.1.47)相减,可得

$$\iiint_V [\mathbf{b}\cdot(\nabla\times\nabla\times\mathbf{a}) - \mathbf{a}\cdot(\nabla\times\nabla\times\mathbf{b})]\,\mathrm{d}V = \oiint_S (\mathbf{a}\times\nabla\times\mathbf{b} - \mathbf{b}\times\nabla\times\mathbf{a})\cdot\mathrm{d}\mathbf{S} \tag{1.1.48}$$

上式称为**第二矢量格林定理**。现在,令$\mathbf{b}=\hat{b}b$,其中$\hat{b}$为任意方向的单位常矢量,b为标量函数,然后将其代入式(1.1.48),经过一些运算后,可得

$$\iiint_V [b(\nabla\times\nabla\times\mathbf{a}) + \mathbf{a}\nabla^2 b + (\nabla\cdot\mathbf{a})\nabla b]\,\mathrm{d}V$$
$$= \oiint_S [(\hat{n}\cdot\mathbf{a})\nabla b + (\hat{n}\times\mathbf{a})\times\nabla b + (\hat{n}\times\nabla\times\mathbf{a})b]\,\mathrm{d}S \tag{1.1.49}$$

上式称为**标量-矢量格林定理**。

▷─────────────────────────────────────

【**例 1.2**】　从式(1.1.48)所示的第二矢量格林定理推导式(1.1.49)所示的标量-矢量格林定理。

解:令$\mathbf{b}=\hat{b}b$,其中b为任意标量连续函数,$\hat{b}$为任意方向的单位常矢量,则有

$$\mathbf{a}\cdot(\nabla\times\nabla\times\mathbf{b}) = \mathbf{a}\cdot[\nabla\times\nabla\times(\hat{b}b)] = \mathbf{a}\cdot[\nabla\nabla\cdot(\hat{b}b) - \nabla^2(\hat{b}b)]$$
$$= \mathbf{a}\cdot[\nabla(\hat{b}\cdot\nabla b) - \hat{b}\nabla^2 b] = \mathbf{a}\cdot\nabla(\hat{b}\cdot\nabla b) - \hat{b}\cdot\mathbf{a}\nabla^2 b$$
$$= \nabla\cdot[\mathbf{a}(\hat{b}\cdot\nabla b)] - \hat{b}\cdot(\nabla\cdot\mathbf{a})\nabla b - \hat{b}\cdot\mathbf{a}\nabla^2 b$$

式中应用了式(1.1.27)和式(1.1.31)所示的矢量恒等式。由此,式(1.1.48)等号左边的被积函数变为

$$\mathbf{b} \cdot (\nabla \times \nabla \times \mathbf{a}) - \mathbf{a} \cdot (\nabla \times \nabla \times \mathbf{b})$$
$$= \hat{b} \cdot [b(\nabla \times \nabla \times \mathbf{a}) + (\nabla \cdot \mathbf{a})\nabla b + \mathbf{a}\nabla^2 b] - \nabla \cdot [\mathbf{a}(\hat{b} \cdot \nabla b)]$$

另一方面,式(1.1.48)等号右边的被积函数可以写为

$$(\mathbf{a} \times \nabla \times \mathbf{b} - \mathbf{b} \times \nabla \times \mathbf{a}) \cdot \hat{n} = [\mathbf{a} \times \nabla \times (\hat{b}b) - b\hat{b} \times \nabla \times \mathbf{a}] \cdot \hat{n}$$
$$= [\mathbf{a} \times (\nabla b \times \hat{b})] \cdot \hat{n} - b\hat{b} \cdot [(\nabla \times \mathbf{a}) \times \hat{n}]$$
$$= \hat{b} \cdot [(\hat{n} \times \mathbf{a}) \times \nabla b + (\hat{n} \times \nabla \times \mathbf{a})b]$$

式中应用了式(1.1.33)所示的矢量恒等式,并重复应用了恒等式 $\mathbf{a} \cdot (\mathbf{b} \times \mathbf{c}) = \mathbf{b} \cdot (\mathbf{c} \times \mathbf{a}) = \mathbf{c} \cdot (\mathbf{a} \times \mathbf{b})$。把被积函数的新表达式代入式(1.1.48),并应用高斯散度定理,可得

$$\hat{b} \cdot \iiint_V [b(\nabla \times \nabla \times \mathbf{a}) + \mathbf{a}\nabla^2 b + (\nabla \cdot \mathbf{a})\nabla b] \, \mathrm{d}V$$
$$= \hat{b} \cdot \oiint_S [(\hat{n} \cdot \mathbf{a})\nabla b + (\hat{n} \times \mathbf{a}) \times \nabla b + (\hat{n} \times \nabla \times \mathbf{a})b] \, \mathrm{d}S$$

由于 $\hat{b}$ 为任意方向的单位常矢量,上式即为式(1.1.49)所示的标量-矢量格林定理。

1.2   总电荷和总电流表示的麦克斯韦方程组

麦克斯韦方程是一组四个精确描述电场和磁场与电荷和电流关系的数学方程。它们是由麦克斯韦(1831—1879)根据安培(1775—1836)和法拉第(1791—1867)的实验发现及高斯(1777—1855)定律①基础上建立的[9, 10];赫兹(1857—1894)和赫维赛德(1850—1925)将其表示成了矢量方程形式[11, 12]。麦克斯韦方程组可以表示成积分形式和微分形式。这一节首先给出作为电磁理论基本原理的麦克斯韦方程积分形式,然后推导出麦克斯韦方程在连续媒质中的微分形式,以及电流连续性定律。最后,简略地介绍描述电场和磁场与可测力关系的洛伦兹力定律。

1.2.1   积分形式的麦克斯韦方程组

考虑一个以封闭围线 C 为边界的敞开面 S,麦克斯韦方程组的前两个方程为

$$\oint_C \mathscr{E}(\mathbf{r}, t) \cdot \mathrm{d}\mathbf{l} = -\frac{\mathrm{d}}{\mathrm{d}t} \iint_S \mathscr{B}(\mathbf{r}, t) \cdot \mathrm{d}\mathbf{S} \tag{1.2.1}$$

$$\oint_C \mathscr{B}(\mathbf{r}, t) \cdot \mathrm{d}\mathbf{l} = \epsilon_0 \mu_0 \frac{\mathrm{d}}{\mathrm{d}t} \iint_S \mathscr{E}(\mathbf{r}, t) \cdot \mathrm{d}\mathbf{S} + \mu_0 \iint_S \mathscr{J}_{\text{total}}(\mathbf{r}, t) \cdot \mathrm{d}\mathbf{S} \tag{1.2.2}$$

---

① 注意:此处的高斯定律是电磁理论中的定律,而式(1.1.5)所示的高斯定理是矢量运算中的数学定理。
——译者注

式中，$\mathscr{E}$表示电场强度（V/m）；$\mathscr{B}$表示磁通密度（Wb/m²）；$\mathscr{J}_{total}$表示电流密度（A/m²）；ϵ_0表示自由空间介电常数（F/m）；μ_0表示自由空间磁导率（H/m）。

方程中的位置矢量 r 和时间变量 t 表示相应的物理量可以是空间位置和时间的函数①。$\mathscr{J}_{total}$中的下标"total"代表这是总电流的电流密度。在国际单位制中，自由空间的介电常数和磁导率的值为

$$\epsilon_0 = 8.854 \times 10^{-12} \text{ F/m} \approx \frac{1}{36\pi} \times 10^{-9} \text{ F/m} \qquad (1.2.3)$$

$$\mu_0 = 4\pi \times 10^{-7} \text{ H/m} \qquad (1.2.4)$$

式（1.2.1）称为**法拉第感应定律**，式（1.2.2）称为**安培定律**或**麦克斯韦–安培定律**。麦克斯韦在原始的安培定律基础上增加了位移电流项，即等号右边第一项。接下来将看到位移电流项的重要性，它预测了电磁场能够以波的方式传播，而该预测在 1887 年被赫兹用实验证实。式（1.2.1）和式（1.2.2）表明：随时间变化的磁场能够产生电场，而电流或随时间变化的电场能够产生磁场。

哈弗福德学院的 Walter Fox Smith 博士创作了一首关于法拉第感应定律的民歌。这首歌用一种诙谐幽默的方式生动地描述了法拉第感应定律的物理含义和重要性，歌中唱道：

法拉第的感应定律
适用于所有海洋，所有陆地……
没有谎言，没有欺诈，也没有腐败
它如此完备，庄严华丽！

我们的孩子齐声歌唱：
"戴着矢量小帽，那是电场 E，"
他们高唱着走过我们面前，
"它的环量啊，等于负的 d 比 dt，
穿过一个表面的磁通量，"
伴着旋律，他们宣告：
在我们的硬币上，印上标志：
"我们立足于麦克斯韦方程之上！"

是法拉第感应定律
让我们产生了电力。
它让电压高低荡漾……
我们可不停歌唱！

---

① 所有的瞬时量用花体字母表示，以区别于时不变量。

　　若将通过表面 S 的总电流和总电通量表示为

$$\mathscr{I}(t) = \iint_S \mathscr{J}_{\text{total}}(\mathbf{r}, t) \cdot \mathrm{d}\mathbf{S} \qquad (1.2.5)$$

$$\phi_E(t) = \iint_S \mathscr{E}(\mathbf{r}, t) \cdot \mathrm{d}\mathbf{S} \qquad (1.2.6)$$

则式(1.2.2)所示的麦克斯韦-安培定律可以写为

$$\oint_C \mathscr{B} \cdot \mathrm{d}\mathbf{l} = \mu_0 \mathscr{I} + \mu_0 \epsilon_0 \frac{\mathrm{d}}{\mathrm{d}t} \phi_E \qquad (1.2.7)$$

在另一首名为"两个伟大的伙伴——一个伟大的定律！"的歌中，Smith 描述了麦克斯韦-安培定律的发展历史及安培和麦克斯韦所做的贡献：

　　安培先生的定律，魔幻、神秘、出色！
　　在麦克斯韦方程组里，它最长最奇特！
　　左边，安培写下磁场环量，明了简洁。
　　右边，他写着 $\mu_0 I$，认为这完美无缺。

　　数十年光阴如梭，麦克斯韦洞察秋毫，
　　安培虽如圣人，方程仍需揣摩：
　　电容极板之间，右边是零，左边非零，这里好像有错！

　　修正问题费思量，他在右边加一项……
　　位移电流，一个崭新的物理量！
　　它开始于 $\mu_0\, \epsilon_0$，尾缀 ϕ_E 的时间导数。

　　麦克斯韦借此洞察神秘：
　　光线何以穿越真空。
　　变化的磁场形成变化的电场，
　　你来我往，它们步伐整齐。

　　下面，考虑由闭合曲面 S 包围的体积 V。麦克斯韦方程组的另外两个方程为

$$\oiint_S \mathscr{E}(\mathbf{r}, t) \cdot \mathrm{d}\mathbf{S} = \frac{1}{\epsilon_0} \iiint_V \varrho_{\text{e,total}}(\mathbf{r}, t) \mathrm{d}V \qquad (1.2.8)$$

$$\oiint_S \mathscr{B}(\mathbf{r}, t) \cdot \mathrm{d}\mathbf{S} = 0 \qquad (1.2.9)$$

式中，$\varrho_{\text{e,total}}$ 为体积 V 内的电荷密度（C/m^3），下标"total"表示 $\varrho_{\text{e,total}}$ 为总电荷密度。式(1.2.8)称为**高斯定律**，而式(1.2.9)称为磁场高斯定律。不难看出，式(1.2.9)表示磁力线没有起点和终点，它们形成闭合回路。与之相对的，式(1.2.8)表示电力线可以起始于正电荷而终止于负电荷。

　　若将面元矢量表示为 $\mathrm{d}\mathbf{S} = \hat{n}\, \mathrm{d}A$，则体积 V 内的总电荷表示为

$$\mathscr{Q}(t) = \iiint_V \varrho_{\text{e,total}}(\mathbf{r}, t) \mathrm{d}V \qquad (1.2.10)$$

而式(1.2.8)所示的高斯定律可以写为

$$\oiint_S \mathscr{E} \cdot \hat{n}\, \mathrm{d}A = \frac{Q}{\epsilon_0} \tag{1.2.11}$$

Smith 用另一首民歌来描述这个方程。歌中唱道：

　进去的，出来的，让我们细数电力线，
　如果电荷在体积里，净通量，会出现。
　如果电荷在体积外，瞧仔细，会看见，
　电力线进出的量相等。

　如果你想知道精准电场，
　而且电荷又对称，
　你将发现这个定律非常有用，
　Q 除以 ϵ_0 等于 **E** 点乘 $\hat{n}\,\mathrm{d}A$ 的闭合曲面积分。

　　式(1.2.1)、式(1.2.2)、式(1.2.8)和式(1.2.9)通常称为积分形式的麦克斯韦方程组。它们直接得自于实验，在任何情况下都是正确的。自从麦克斯韦150年前创立了麦克斯韦方程组以来，它们一直是电磁理论的基本定律。从静电场到光频，从亚原子大小到星际间的尺度，以这四个方程为基础的电磁理论有效且完整。在本书中，我们将会反复认识到这一点。

▷ **【例 1.3】** 把式(1.2.1)应用于包含一个电阻、一个电容、一个电感和一个电压源的封闭环路中(见图 1.1)，推导基尔霍夫电压定律。

　　解： 假定封闭环路中的所有部件均由理想导线连接，导线上的切向电场为零；电感由导线绕成的螺线管构成，除了跨越电阻、电容和电压源，电场沿环路均为零。因此，式(1.2.1)等号左边项变为

$$\oint_C \mathscr{E}(\mathbf{r}, t) \cdot \mathrm{d}\mathbf{l} = l_r \mathscr{E}_r + l_c \mathscr{E}_c - l_s \mathscr{E}_s$$

式中，l_r、l_c 和 l_s 表示电阻、电容和电压源的长度；$\mathscr{E}_r$、$\mathscr{E}_c$ 和 $\mathscr{E}_s$ 表示沿着这些部件的电场。由于电压源中的电场方向与积分围线方向相反，所以最后一项有一个负号。因为 $l_r\mathscr{E}_r$ 代表跨越电阻的电压压降，表示为 $\mathscr{V}_r$，所以有

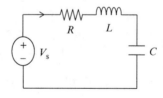

图 1.1　带有电压源的 RLC 电路

$$\oint_C \mathscr{E}(\mathbf{r}, t) \cdot \mathrm{d}\mathbf{l} = \mathscr{V}_r + \mathscr{V}_c - \mathscr{V}_s$$

式中，$\mathscr{V}_c$ 和 $\mathscr{V}_s$ 分别表示电容和电压源两端的电压。如果螺线管的长度为 ℓ，横截面为 s，匝数为 n，则当其上的电流为 $\mathscr{I}$ 时，螺线管内的磁通密度为 $\mathscr{B}=\mu_0 n\mathscr{I}/\ell$。因此，式(1.2.1)等号右边项变为

$$-\frac{\mathrm{d}}{\mathrm{d}t}\iint_S \mathscr{B}(\mathbf{r}, t) \cdot \mathrm{d}\mathbf{S} = -\mu_0 \frac{n}{\ell}\frac{\mathrm{d}\mathscr{I}}{\mathrm{d}t}ns = -\mu_0 \frac{n^2 s}{\ell}\frac{\mathrm{d}\mathscr{I}}{\mathrm{d}t}$$

螺线管的电感为 $L = \mu_0 n^2 s / \ell$，因此有

$$-\frac{\mathrm{d}}{\mathrm{d}t} \iint_S \mathscr{B}(\mathbf{r}, t) \cdot \mathrm{d}\mathbf{S} = -L\frac{\mathrm{d}\mathscr{I}}{\mathrm{d}t} = -\mathscr{V}_{\mathrm{i}}$$

式中，$\mathscr{V}_{\mathrm{i}}$ 为跨越电感的电压压降。严格地说，在这一项中还要加上穿过环路的磁通量，这个贡献可通过修正 L 的数值来包含，但表达式仍然是相同的。将上述推导结果分别代入式(1.2.1)等号左右两边，可得

$$\mathscr{V}_{\mathrm{r}} + \mathscr{V}_{\mathrm{c}} + \mathscr{V}_{\mathrm{i}} - \mathscr{V}_{\mathrm{s}} = 0$$

这就是基尔霍夫电压定律。若封闭环路中包含 N 个元件，则基尔霍夫电压定律可以表示为

$$\sum_{i=1}^{N} \mathscr{V}_i = 0$$

该式表明：在电路中沿封闭环路的电压压降的总和为零。

1.2.2　微分形式的麦克斯韦方程组

积分形式的麦克斯韦方程组在空间任意位置都是正确的。现在，考虑连续媒质中的任意一点，假定场在这个点上是连续的，因此可以利用斯托克斯定理和高斯定理把麦克斯韦方程由积分形式变换到对应的微分形式。具体来说，把斯托克斯定理用于式(1.2.1)和式(1.2.2)，由于这两个方程对任意曲面 S 都是成立的，可得

$$\nabla \times \mathscr{E} = -\frac{\partial \mathscr{B}}{\partial t} \quad (\text{法拉第定律}) \tag{1.2.12}$$

$$\nabla \times \mathscr{B} = \epsilon_0 \mu_0 \frac{\partial \mathscr{E}}{\partial t} + \mu_0 \mathscr{J}_{\mathrm{total}} \quad (\text{麦克斯韦-安培定律}) \tag{1.2.13}$$

为了简洁起见，此处省略了位置矢量和时间变量。将高斯定理应用于式(1.2.8)和式(1.2.9)，由于方程对任意体积 V 都是成立的，可以分别得到

$$\nabla \cdot \mathscr{E} = \frac{\varrho_{\mathrm{e,total}}}{\epsilon_0} \quad (\text{高斯定律}) \tag{1.2.14}$$

$$\nabla \cdot \mathscr{B} = 0 \quad (\text{磁场高斯定律}) \tag{1.2.15}$$

如果将式(1.2.1)和式(1.2.2)中的封闭围线收缩成一个点，则也可以由式(1.1.10)所示的旋度定义得到式(1.2.12)和式(1.2.13)。类似地，如果将式(1.2.8)和式(1.2.9)中的封闭曲面收缩成一个点，则可以由式(1.1.1)表示的散度定义得到式(1.2.14)和式(1.2.15)。由此可见，微分形式的麦克斯韦方程组描述的是连续媒质中每一点上的场。

1.2.3　电流连续性方程

对式(1.2.13)等号两边取散度，并应用式(1.1.42)所示的矢量恒等式和式(1.2.14)所示的高斯定律，可得

$$\nabla \cdot \mathscr{J}_{\mathrm{total}} = -\frac{\partial \varrho_{\mathrm{e,total}}}{\partial t} \tag{1.2.16}$$

为理解这个方程的含义,对它在有限的体积内进行积分,并应用式(1.1.5)所示的高斯定理,得到

$$\oiint_S \boldsymbol{\mathscr{I}}_{\text{total}} \cdot d\mathbf{S} = -\frac{d}{dt} \iiint_V \varrho_{\text{e,total}} \, dV \tag{1.2.17}$$

很明显,上式等号左边项代表流出此体积的净电流,等号右边项代表此体积内电荷减少的速率。因而这个方程代表的是**电流的连续**或**电荷的守恒**。由于电流连续性定律,时变场中的四个麦克斯韦方程并不相互独立。这一点很容易验证:对式(1.2.12)和式(1.2.13)取散度,然后应用式(1.2.16)和式(1.1.42),就可以分别得到式(1.2.14)和式(1.2.15)。需要注意的是,这个结论对于静态场并不成立。这是因为对于静态场,电流和电荷之间不再具有上述关系,因而电场和磁场之间没有耦合。对于这种情况,四个方程都要考虑。

▷

【例 1.4】　把式(1.2.17)应用在包围电路中一个节点的闭合曲面上,推导基尔霍夫电流定律。

　　解: 假定有 N 个电流分支与这个节点相连,并且在节点上没有电荷积累,我们把式(1.2.17)应用于包围此节点的虚拟闭合曲面上,得到

$$\oiint_S \boldsymbol{\mathscr{I}}_{\text{total}} \cdot d\mathbf{S} = \sum_{i=1}^{N} \mathscr{I}_i = 0$$

式中,$\mathscr{I}_i$ 为带正负号的离开节点的电流。这就是基尔霍夫电流定律,它表明:进入节点的电流总和等于离开节点的电流总和。

◁

1.2.4　洛伦兹力定律

　　把一个携带电荷 q 的粒子放在电场中,它受到的力为 $q\mathscr{E}$。当这个电荷在磁场中运动时,它受到的另一个力为 $q\boldsymbol{v}\times\mathscr{B}$,式中 $\boldsymbol{v}$ 代表电荷的速度矢量。由此可得到外加于一个带电粒子上的总的力为

$$\mathscr{F} = q(\mathscr{E} + \boldsymbol{v} \times \mathscr{B}) \tag{1.2.18}$$

这就是**洛伦兹力定律**。在后面将看到,这个定律在理解电磁场和物质之间的相互作用时非常有用。它也是很多电子器件依据的工作原理,例如电动机、磁控管和粒子加速器等。

1.3　本构关系

　　上一节中介绍的麦克斯韦方程组在任何类型的媒质中都是成立的。媒质可以通过三种效应(**电极化**、**磁极化或磁化**、**电传导**)影响电磁场,因而在研究电磁场时必须考虑这些影响。这一节将讨论这三种效应,并建立一组称为**本构关系**的方程,然后根据本构关系对媒质进行分类。

1.3.1　电极化

首先考虑媒质中的带电粒子对电磁场的影响。众所周知，组成媒质的物质由分子构成，而分子由原子组成。原子中的原子核包含中子和质子，中子不带电荷；而质子携带正电荷。包围原子核的是携带负电荷的电子，它的数量等于质子的数量。这些电子由于电场力而被束缚在原子核周围。通常情况下，它们不能打破这种束缚，而只能围绕着原子核作高速运动。其轨道的中心和质子的中心重合，因而整个原子呈现电中性。分子由一个或多个原子组成。有一类分子，其原子的排列方式致使正电荷中心和负电荷中心重合，这类分子称为**非极性分子**。由非极性分子组成的物质呈现电中性。也有另一类分子，原子间的相互作用导致分子中等效的正负电荷中心相互偏移。这种偏移形成微小的电偶极子，产生微弱的电场，这种类型的分子称为**极性分子**。然而，由于极性分子在取向上是随机的，这些电偶极子产生的电场互相抵消，因而由极性分子组成的物质也呈现电中性。

然而，当媒质在一个外加电场中时，上面的描述就不再适用。根据洛伦兹力定律，外加电场对正电荷施加了一个与电场方向相同的作用力，而对负电荷施加了一个与电场方向相反的作用力。这就导致在原子和非极性分子中，正电荷和负电荷的等效中心相互偏离，在电场方向形成微小的电偶极子(这里假设外加电场的强度不足以打破原子核对电子的束缚。这种情况下，媒质通常称为**绝缘介质**)。而在极性分子中，由于洛伦兹力的存在，原本随机取向的电偶极子的排列方向趋向于外加电场方向。当大量电偶极子同方向排列时，电偶极子合计形成的电场与外加场的方向相反，导致媒质中总的电场变弱。为了量化这些电偶极子的效应，下面定义一个称为**电矩**的矢量

$$p = q\ell \tag{1.3.1}$$

式中，q 为电荷，ℓ 为负电荷有效中心到正电荷有效中心的矢量。单位体积内电矩之和为

$$\mathscr{P} = \lim_{\Delta v \to 0} \frac{1}{\Delta v} \sum_{i=1}^{n_p} p_i \tag{1.3.2}$$

式中，n_p 为体积 Δv 内的电偶极子数量。电矩密度 $\mathscr{P}$ 也称为**极化强度**或**极化矢量**。

当电矩密度均匀时，一个电偶极子的正电荷与下一个电偶极子的负电荷刚好抵消，因此媒质内没有净电荷。而当电矩密度不均匀时，一个电偶极子的正电荷不能完全与下一个电偶极子的负电荷抵消，这就导致净电荷的存在，即体电荷密度不为零。体电荷密度表示为

$$\varrho_{e,b} = -\nabla \cdot \mathscr{P} \tag{1.3.3}$$

式中，下标"b"表示这是束缚电荷的密度。如果媒质中还包含自由电荷，则媒质中的总电荷密度为

$$\varrho_{e,total} = \varrho_{e,f} + \varrho_{e,b} = \varrho_{e,f} - \nabla \cdot \mathscr{P} \tag{1.3.4}$$

式中，$\varrho_{e,f}$ 表示自由电荷的密度，包括除束缚电荷外的所有电荷。将上式代入式(1.2.14)，可得

$$\nabla \cdot (\epsilon_0 \mathscr{E} + \mathscr{P}) = \varrho_{e,f} \tag{1.3.5}$$

若按照如下方式定义一个称为**电通量密度**的新矢量：

$$\mathscr{D} = \epsilon_0 \mathscr{E} + \mathscr{P} \tag{1.3.6}$$

它的单位为 C/m^2，则式(1.3.5)可以写为

$$\nabla \cdot \mathscr{D} = \varrho_{e,f} \tag{1.3.7}$$

此表达式可以看成由自由电荷表示的高斯定律。除了体电荷密度，当外加场随时间变化时，电极化也产生了电流。对比式(1.2.16)的电流连续性方程可知，由电极化所引起的电流密度为

$$\mathscr{J}_p = \frac{\partial \mathscr{P}}{\partial t} \tag{1.3.8}$$

把这部分电流从总电流中分离出来，式(1.2.13)也可以用式(1.3.6)定义的$\mathscr{D}$来表示。

在大多数介质材料中，极化强度通常与电场成比例关系，即

$$\mathscr{P} = \epsilon_0 \chi_e \mathscr{E} \tag{1.3.9}$$

式中，χ_e 称为**电极化率**。因此电通量密度$\mathscr{D}$与电场强度的关系为

$$\mathscr{D} = \epsilon_0 (1 + \chi_e) \mathscr{E} = \epsilon \mathscr{E} \tag{1.3.10}$$

式中，$\epsilon = \epsilon_0 (1 + \chi_e)$ 为介质的**介电常数**。在工程中，经常使用相对介电常数来描述媒质，其定义为 $\epsilon_r = \epsilon / \epsilon_0 = 1 + \chi_e$。由于$\chi_e$通常是正数，所以$\epsilon_r$一般大于 1。式(1.3.10)称为**电场的本构关系**。在自由空间如真空和空气中，极化强度$\mathscr{P}$为零或可忽略不计，因而本构关系为

$$\mathscr{D} = \epsilon_0 \mathscr{E} \tag{1.3.11}$$

1.3.2　磁化

下面考虑磁场加到媒质上时发生的现象。如前所述，在原子中，电子不间断地绕原子核运动。这种轨道运动形成微小的电流环，它能产生非常微弱的磁场。这个小电流环形成一个磁偶极子，可以用一个称为**磁矩**的矢量来量化这个效应，其定义如下：

$$m = I \mathscr{s} \tag{1.3.12}$$

式中，I 为电流，$\mathscr{s}$ 的幅度等于电流环的面积，$\mathscr{s}$ 的方向与电流的方向构成右手螺旋关系。量子物理揭示：所有的电子和质子都围绕它们的自转轴高速转动，这种运动称为**自旋**。由于电子和质子均携带电荷，这样的旋转也会形成电流环，产生非常微弱的磁场，这些同样也可以用磁矩来量化。在没有任何外加场时，所有磁偶极子的取向是随机的(永磁体中的磁偶极子除外)，这就导致在宏观上，磁矩互相抵消，因而媒质呈现磁中性。而当磁场作用于媒质时，原本随机取向的磁偶极子的排列方向趋向于和外加场的方向一致或相反。这种排列导致一个非零的磁矩密度，称为**磁化强度**或**磁化矢量**$\mathscr{M}$，其定义为单位体积内的磁矩总和，即

$$\mathcal{M} = \lim_{\Delta v \to 0} \frac{1}{\Delta v} \sum_{i=1}^{n_m} \boldsymbol{m}_i \qquad (1.3.13)$$

式中，n_m 为体积 Δv 内磁偶极子的数量。磁化矢量会增强或减弱媒质中的总磁场。

当磁矩密度均匀时，一个电流环的电流被相邻电流环的电流完全抵消，因而在媒质内没有净电流。而当磁矩密度非均匀时，一个电流环的电流不能被相邻电流环的电流完全抵消，这就导致了净电流的存在。净电流的体电流密度为

$$\boldsymbol{\mathcal{J}}_m = \nabla \times \mathcal{M} \qquad (1.3.14)$$

将此电流项加到由电极化产生的电流和自由电流中，可得媒质中的总电流为

$$\boldsymbol{\mathcal{J}}_{total} = \boldsymbol{\mathcal{J}}_p + \boldsymbol{\mathcal{J}}_m + \boldsymbol{\mathcal{J}}_f = \frac{\partial \mathcal{P}}{\partial t} + \nabla \times \mathcal{M} + \boldsymbol{\mathcal{J}}_f \qquad (1.3.15)$$

式中，$\boldsymbol{\mathcal{J}}_f$ 为自由电流密度，包括除极化电流和磁化电流外的所有电流。将上式代入式(1.2.13)，并使用式(1.3.6)，可得

$$\nabla \times \left(\frac{\mathcal{B}}{\mu_0} - \mathcal{M} \right) = \frac{\partial \mathcal{D}}{\partial t} + \boldsymbol{\mathcal{J}}_f \qquad (1.3.16)$$

这里引入一个称为**磁场强度**的新物理量，定义为

$$\mathcal{H} = \frac{\mathcal{B}}{\mu_0} - \mathcal{M} \qquad (1.3.17)$$

其单位为 A/m，则式(1.3.16)可以写为

$$\nabla \times \mathcal{H} = \frac{\partial \mathcal{D}}{\partial t} + \boldsymbol{\mathcal{J}}_f \qquad (1.3.18)$$

上式可以看成只涉及自由电流的麦克斯韦-安培定律。需要指出的是，磁化电流 $\boldsymbol{\mathcal{J}}_m$ 并不会产生与之相关的电荷，因为 $\nabla \cdot \boldsymbol{\mathcal{J}}_m = \nabla \cdot (\nabla \times \mathcal{M}) \equiv 0$。

式(1.3.17)也可以写为

$$\mathcal{B} = \mu_0(\mathcal{H} + \mathcal{M}) \qquad (1.3.19)$$

对于大多数材料，磁化强度与磁场强度成比例，即

$$\mathcal{M} = \chi_m \mathcal{H} \qquad (1.3.20)$$

式中，χ_m 为**磁化率**。由此，式(1.3.19)变为

$$\mathcal{B} = \mu_0(1 + \chi_m)\mathcal{H} = \mu \mathcal{H} \qquad (1.3.21)$$

式中，$\mu = \mu_0(1 + \chi_m)$ 称为材料的**磁导率**。在工程实践中，经常使用相对磁导率来描述媒质，其定义为 $\mu_r = \mu/\mu_0 = (1 + \chi_m)$。现实中，大多数材料的磁化程度非常小，即 $\mu_r \approx 1$，这类材料称为**非磁性材料**。式(1.3.21)称为**磁场的本构关系**。在自由空间如真空和空气中，磁化强度 $\mathcal{M}$ 为零或可以忽略，因而本构关系退化为

$$\mathcal{B} = \mu_0 \mathcal{H} \qquad (1.3.22)$$

1.3.3　电传导

除了电极化和磁化,第三种现象称为**电传导**,它发生在含有像自由电子和离子这样的自由电荷的媒质中。在没有外加场时,这些自由电荷的运动方向是随机的。因此,在宏观上不形成电流。而当存在外加电场时,自由电荷的运动方向将趋向于和电场的方向一致或相反,这就导致了电流的形成,这种电流称为**传导电流**。在大多数材料中,传导电流的电流密度与外加电场成正比,即

$$\mathcal{J}_c = \sigma \mathcal{E} \qquad\qquad (1.3.23)$$

式中,σ 称为**电导率**,单位为西门子/米(S/m)。当自由电荷如电子在媒质内运动时,它们和原子晶格发生碰撞,其能量会消耗并转化为热,因此 σ 与能量的损失相关。传导电流是自由电流的一部分,因为自由电流由传导电流和外加电流构成。

1.3.4　媒质的分类

前面的讨论表明,媒质的电磁特性可以由如下三个本构关系描述:

$$\mathcal{D} = \epsilon\mathcal{E}, \qquad \mathcal{B} = \mu\mathcal{H}, \qquad \mathcal{J}_c = \sigma\mathcal{E} \qquad\qquad (1.3.24)$$

因此,ϵ、μ 和 σ 这三个参量可以表征媒质的电磁特性。自然,我们可以根据这些参量的性质对媒质进行分类。

　　按照是否为空间函数分类　　如果 ϵ、μ 和 σ 参量中的任意一个是空间位置的函数,则这种媒质称为**非均匀媒质**,否则对应的是**均匀媒质**,即 $\nabla\epsilon = \nabla\mu = \nabla\sigma \equiv 0$。均匀媒质通过极化电流 $\mathcal{J}_p$、传导电流 $\mathcal{J}_c$ 和媒质表面的束缚电荷和束缚电流影响电磁场。

　　按照是否依赖时间分类　　如果 ϵ、μ 和 σ 参量中的任意一个是时间的函数,则这种媒质称为**非静态媒质**,否则对应的是**静态媒质**。注意,如果一种媒质的电磁特性随时间变化,则无论它的物理形态是否稳定,它在电磁特性上都被归为非静态。

　　按照 $\mathcal{D}$ 和 $\mathcal{B}$ 的方向分类　　如果 $\mathcal{D}$ 的方向平行于 $\mathcal{E}$ 的方向,且 $\mathcal{B}$ 的方向平行于 $\mathcal{H}$ 的方向,则这种媒质称为**各向同性媒质**,否则对应的是**各向异性媒质**。对于各向异性媒质,本构关系不能表示成如式(1.3.24)所示的简单形式。它们需要表示成下面的形式:

$$\begin{bmatrix} \mathcal{D}_x \\ \mathcal{D}_y \\ \mathcal{D}_z \end{bmatrix} = \begin{bmatrix} \epsilon_{xx} & \epsilon_{xy} & \epsilon_{xz} \\ \epsilon_{yx} & \epsilon_{yy} & \epsilon_{yz} \\ \epsilon_{zx} & \epsilon_{zy} & \epsilon_{zz} \end{bmatrix} \begin{bmatrix} \mathcal{E}_x \\ \mathcal{E}_y \\ \mathcal{E}_z \end{bmatrix}, \qquad \begin{bmatrix} \mathcal{B}_x \\ \mathcal{B}_y \\ \mathcal{B}_z \end{bmatrix} = \begin{bmatrix} \mu_{xx} & \mu_{xy} & \mu_{xz} \\ \mu_{yx} & \mu_{yy} & \mu_{yz} \\ \mu_{zx} & \mu_{zy} & \mu_{zz} \end{bmatrix} \begin{bmatrix} \mathcal{H}_x \\ \mathcal{H}_y \\ \mathcal{H}_z \end{bmatrix} \qquad (1.3.25)$$

上式也可以写为如下紧凑形式:

$$\mathcal{D} = \overline{\epsilon}\cdot\mathcal{E}, \qquad \mathcal{B} = \overline{\mu}\cdot\mathcal{H} \qquad\qquad (1.3.26)$$

式中,$\overline{\epsilon}$ 和 $\overline{\mu}$ 称为张量介电常数和张量磁导率①。在讨论互易定理时,我们将明白:如果这两个张量是对称的,则对应的媒质是**互易的**,否则媒质是**非互易的**。各向异性媒质的一个

---

　① 上方带有横线的黑体字母表示这是一个张量。

特例是晶体，其张量介电常数为对角张量，即

$$\bar{\epsilon} = \begin{bmatrix} \epsilon_{xx} & 0 & 0 \\ 0 & \epsilon_{yy} & 0 \\ 0 & 0 & \epsilon_{zz} \end{bmatrix} \tag{1.3.27}$$

此时，若三个对角线元素均不相同，则对应的媒质称为**双轴媒质**。若三个元素中的任意两个相同，则对应的是**单轴媒质**。当然，若三个元素都是相等的，媒质就是各向同性的。各向异性媒质更一般性的情况称为**双各向异性媒质**，其本构关系为

$$\mathscr{D} = \bar{\epsilon} \cdot \mathscr{E} + \bar{\xi} \cdot \mathscr{H}, \qquad \mathscr{B} = \bar{\mu} \cdot \mathscr{H} + \bar{\varsigma} \cdot \mathscr{E} \tag{1.3.28}$$

当 $\bar{\epsilon}$、$\bar{\mu}$、$\bar{\xi}$ 和 $\bar{\varsigma}$ 退化为标量时，媒质称为**双各向同性媒质**。这种类型的材料在自然界中并不常见，但可以在实验室中人工制造。

按照是否依赖场强分类　如果 ϵ、μ 和 σ 参量中的任意一个数值依赖于场强 $\mathscr{E}$ 或 $\mathscr{H}$，则通量密度 $\mathscr{D}$、$\mathscr{B}$ 和传导电流密度 $\mathscr{J}_c$ 不再是 $\mathscr{E}$ 和 $\mathscr{H}$ 的线性函数。对应的媒质称为**非线性媒质**，否则为**线性媒质**。非线性本构关系使得研究非线性媒质中的电磁场非常复杂。非线性媒质在自然界是存在的，但它们目前在电磁工程中的应用比较有限。

按照是否依赖频率分类　如果 ϵ 或 μ 依赖于场的频率，即 $\epsilon = \epsilon(f)$ 或 $\mu = \mu(f)$，式中 f 为频率，则这种媒质称为**色散媒质**，否则为**非色散媒质**。如果一个包含多个频率的信号在色散媒质中传播，因为不同频率分量的传播速度不同，信号就会发生失真。事实上，对于色散媒质，本构关系不能写成式(1.3.24)的形式。由于频率依赖性，本构关系以卷积的方式表示，即

$$\mathscr{D} = \epsilon_0 \mathscr{E} + \epsilon_0 \chi_e * \mathscr{E} = \epsilon_0 \mathscr{E} + \epsilon_0 \int_{-\infty}^{t} \chi_e(t-\tau)\mathscr{E}(\tau)\mathrm{d}\tau \tag{1.3.29}$$

$$\mathscr{B} = \mu_0 \mathscr{H} + \mu_0 \chi_m * \mathscr{H} = \mu_0 \mathscr{H} + \mu_0 \int_{-\infty}^{t} \chi_m(t-\tau)\mathscr{H}(\tau)\mathrm{d}\tau \tag{1.3.30}$$

式中，$*$ 表示时域卷积。这是因为在色散媒质中，媒质的电极化和磁化不能随外加场瞬间完成，因而电极化矢量和磁化矢量与先前时刻的场有关。

按照电导率大小分类　如果 $\sigma = 0$，则这种媒质称为**理想介质**或**绝缘体**。另一方面，如果 $\sigma \to \infty$，则这种媒质称为**理想导电体**（PEC，常简称为理想导体）。在实际中，并没有理想介质和理想导体这样的物质存在。但是在工程实践中，这些是非常有用的概念。把良导体近似为理想导体和把良介质近似为理想介质，可以大大简化电磁问题的分析。当 σ 的值不能忽略时，媒质称为**有耗媒质**。对于动态场情况，电导率 σ 仅仅表征了媒质损耗中的一种。当媒质置于时变电磁场中时，电极化和磁化也会引起损耗，特别是当场的频率非常高时。这是因为时变电磁场的电场和磁场的方向快速变化，而电偶极子和磁偶极子的方向也随场的方向而快速改变。当这些偶极子来回翻转时，束缚电荷之间的摩擦和偶极子之间的摩擦就会引起能量损耗。在时域的电偶极子运动方程中，这种现象用阻尼项来描述[13]；而在频域中，电极化和磁化损耗由复介电常数和复磁导率的虚部来描述。因此对于理想介质，不仅 $\sigma = 0$，复介电常数和复磁导率的虚部也必须为零。

按照磁导率大小分类　如前面所讨论的，当磁场加于媒质时，原本随机排列的磁偶极子的排列方向趋于和外加场的方向一致或相反，从而产生净磁化强度 $\mathscr{M}$。当这种净磁化强度非常小，而其方向与外加场的方向相反时，磁化率 χ_m 是一个非常小的负数，相对磁导率略小于 1，这种类型的媒质称为**抗磁质**。当净磁化强度非常小，而其方向与外加场的方向相同时，磁化率 χ_m 是一个非常小的正数，相对磁导率略大于 1，这种类型的媒质称为**顺磁质**。对于顺磁质和抗磁质，μ_r 的数值与 1 的差值在 10^{-4} 数量级。在大多数工程应用中，这种差别可以忽略，而 μ_r 可以近似看成 1。因此，这两类媒质都可被认为是**非磁性媒质**。但有一类媒质的净磁化强度可以很大，而方向和外加场的方向一致，导致相对磁导率 μ_r 很大，这种类型的媒质称为**铁磁质**。铁磁质材料的电导率通常也很大，因而其内部无法维持较强的电磁场。还有一类材料，称为**铁氧体**，在微波频段的相对磁导率很大，而电导率很小。因为这个特性，铁氧体在微波电路设计中有很多应用。

1.4　自由电荷和自由电流表示的麦克斯韦方程组

在引入本构关系后，我们可以用 $\mathscr{E}$、$\mathscr{H}$、$\mathscr{D}$ 和 $\mathscr{B}$ 作为变量，把积分形式的麦克斯韦方程组写成以自由电荷和自由电流表示的形式，即

$$\oint_C \mathscr{E} \cdot \mathrm{d}\mathbf{l} = -\frac{\mathrm{d}}{\mathrm{d}t} \iint_S \mathscr{B} \cdot \mathrm{d}\mathbf{S} \quad (\text{法拉第定律}) \tag{1.4.1}$$

$$\oint_C \mathscr{H} \cdot \mathrm{d}\mathbf{l} = \frac{\mathrm{d}}{\mathrm{d}t} \iint_S \mathscr{D} \cdot \mathrm{d}\mathbf{S} + \iint_S \mathscr{J}_\mathrm{f} \cdot \mathrm{d}\mathbf{S} \quad (\text{麦克斯韦-安培定律}) \tag{1.4.2}$$

$$\oiint_S \mathscr{D} \cdot \mathrm{d}\mathbf{S} = \iiint_V \varrho_{\mathrm{e,f}} \, \mathrm{d}V \quad (\text{高斯定律}) \tag{1.4.3}$$

$$\oiint_S \mathscr{B} \cdot \mathrm{d}\mathbf{S} = 0 \quad (\text{磁场高斯定律}) \tag{1.4.4}$$

自由电流 $\mathscr{J}_\mathrm{f}$ 包括传导电流 $\mathscr{J}_\mathrm{c} = \sigma \mathscr{E}$ 和由源提供的外加电流 $\mathscr{J}_\mathrm{i}$。

由于缺少磁流和磁荷，因此式（1.4.1）至式（1.4.4）是不对称的。虽然到目前为止人们还没有发现磁流和磁荷的存在，但是磁流和磁荷的概念非常有用。在有些情况下，引入等效磁流和磁荷可以简化对电磁问题的分析。加入磁流和磁荷项之后，式（1.4.1）和式（1.4.4）变为

$$\oint_C \mathscr{E} \cdot \mathrm{d}\mathbf{l} = -\frac{\mathrm{d}}{\mathrm{d}t} \iint_S \mathscr{B} \cdot \mathrm{d}\mathbf{S} - \iint_S \mathscr{M}_\mathrm{f} \cdot \mathrm{d}\mathbf{S} \quad (\text{法拉第定律}) \tag{1.4.5}$$

$$\oiint_S \mathscr{B} \cdot \mathrm{d}\mathbf{S} = \iiint_V \varrho_{\mathrm{m,f}} \, \mathrm{d}V \quad (\text{磁场高斯定律}) \tag{1.4.6}$$

式中，$\mathscr{M}_\mathrm{f}$ 为自由磁流密度（$\mathrm{V/m^2}$），$\varrho_{\mathrm{m,f}}$ 为自由磁荷密度（$\mathrm{Wb/m^3}$）。在引入这两项后，麦克斯韦方程在形式上变得对称了。需要注意的是，磁流密度 $\mathscr{M}_\mathrm{f}$ 与前面的磁化强度 $\mathscr{M}$ 并不是一个概念。

应用斯托克斯定理和高斯定理，可得在连续媒质中任何一点的微分形式的麦克斯韦方程组为

$$\nabla \times \mathscr{E} = -\frac{\partial \mathscr{B}}{\partial t} - \mathscr{M}_{\mathrm{f}} \quad (法拉第定律) \tag{1.4.7}$$

$$\nabla \times \mathscr{H} = \frac{\partial \mathscr{D}}{\partial t} + \mathscr{J}_{\mathrm{f}} \quad (麦克斯韦-安培定律) \tag{1.4.8}$$

$$\nabla \cdot \mathscr{D} = \varrho_{\mathrm{e,f}} \quad (高斯定律) \tag{1.4.9}$$

$$\nabla \cdot \mathscr{B} = \varrho_{\mathrm{m,f}} \quad (磁场高斯定律) \tag{1.4.10}$$

自由电(磁)荷和自由电(磁)流也满足电(磁)流连续性方程。对式(1.4.7)和式(1.4.8)取散度,然后应用式(1.1.42)所示的矢量恒等式及式(1.4.9)和式(1.4.10)所示的高斯定律,可得微分形式的电流和磁流连续性方程为

$$\nabla \cdot \mathscr{J}_{\mathrm{f}} = -\frac{\partial \varrho_{\mathrm{e,f}}}{\partial t} \tag{1.4.11}$$

$$\nabla \cdot \mathscr{M}_{\mathrm{f}} = -\frac{\partial \varrho_{\mathrm{m,f}}}{\partial t} \tag{1.4.12}$$

对上面两个方程进行体积分,并应用式(1.1.5)所示的的高斯定理,可得相应的积分形式为

$$\oiint_S \mathscr{J}_{\mathrm{f}} \cdot \mathrm{d}\mathbf{S} = -\frac{\mathrm{d}}{\mathrm{d}t} \iiint_V \varrho_{\mathrm{e,f}} \, \mathrm{d}V \tag{1.4.13}$$

$$\oiint_S \mathscr{M}_{\mathrm{f}} \cdot \mathrm{d}\mathbf{S} = -\frac{\mathrm{d}}{\mathrm{d}t} \iiint_V \varrho_{\mathrm{m,f}} \, \mathrm{d}V \tag{1.4.14}$$

由于这些连续性条件,式(1.4.7)至式(1.4.10)这四个麦克斯韦方程对时变场不再相互独立:式(1.4.9)和式(1.4.10)可以分别从式(1.4.7)和式(1.4.8)中导出。

表面上看,以自由电(磁)荷和自由电(磁)流表示的麦克斯韦方程和以总电(磁)荷和总电(磁)流表示的麦克斯韦方程在形式上并不相同。但是正如将要在习题1.17中证明的,如果考虑到电(磁)荷和电(磁)流密度与本构关系之间的相关性,这两种表达式是一致的。在工程中,大多数情况下选择以自由电(磁)荷和自由电(磁)流表示的麦克斯韦方程。因为总电(磁)荷和总电(磁)流在求解麦克斯韦方程之前通常是未知的。而本构关系的参数 ϵ、μ 和 σ 通常可以用实验方法测得。

1.5　边界条件

微分形式的麦克斯韦方程组在连续媒质中成立。然而,在不同媒质的分界面处,场不一定连续,因而微分形式的方程不再成立。不过,我们可以用积分形式的麦克斯韦方程得到分界面两侧场的关系,这样的关系称为**边界条件**。图1.2给出了积分形式的麦克斯韦方程与微分形式麦克斯韦方程及边界条件之间的关系。这一节由以自由电(磁)荷和电(磁)流表示的麦克斯韦方程出发,推导这些边界条件。因此,这一节中所用到的所有电(磁)荷和电(磁)流均为自由电(磁)荷和自由电(磁)流。

在推导边界条件之前，首先介绍面电（磁）流的概念。到目前为止，我们所提到的电流密度 $\mathscr{J}$ 实际上是体电流密度，简称为电流密度。它代表与电流方向垂直的单位面积上流过的电流大小。现在想象一个薄层中的电流：如果总电流值恒定，而让薄层的厚度趋于零，这时的体电流密度就趋于无穷大。因而体电流密度不能用来准确地描述这样一个可近似为面电流的电流薄层。

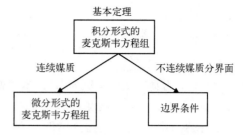

图 1.2　积分形式的麦克斯韦方程组与微分形式的麦克斯韦方程组及边界条件之间的关系

对于面电流，其分布可以用面电流密度描述，用矢量 $\mathscr{J}_s$ 来表示。它代表与电流方向垂直的单位宽度上流过的电流大小，其单位为 A/m。我们可以用类似方法定义面磁流密度，其单位为 V/m。

现在考虑两种不同媒质的分界面。为不失一般性，假设分界面上存在面电流 $\mathscr{J}_s$。分界面上的单位法向矢量从媒质 1 指向媒质 2。为了应用式（1.4.2），可以构建一个小矩形框，其两条长边分别位于媒质 1 和媒质 2，如图 1.3 所示。矩形框的长度为 Δl，宽度 Δt 趋于零。对此矩形框应用式（1.4.2），并令 $\Delta t \to 0$，可得

$$\mathscr{H}_1 \cdot \hat{t}\Delta l - \mathscr{H}_2 \cdot \hat{t}\Delta l = \mathscr{J}_s \cdot (\hat{t} \times \hat{n})\Delta l \tag{1.5.1}$$

式中，$\hat{t}$ 为图 1.3 所示的单位切向矢量。将 $\hat{t}$ 写为 $\hat{n} \times (\hat{t} \times \hat{n})$，并应用矢量恒等式

$$\mathbf{a} \cdot (\mathbf{b} \times \mathbf{c}) = \mathbf{b} \cdot (\mathbf{c} \times \mathbf{a}) = \mathbf{c} \cdot (\mathbf{a} \times \mathbf{b}) \tag{1.5.2}$$

得到

$$(\hat{n} \times \mathscr{H}_2) \cdot (\hat{t} \times \hat{n}) - (\hat{n} \times \mathscr{H}_1) \cdot (\hat{t} \times \hat{n}) = \mathscr{J}_s \cdot (\hat{t} \times \hat{n}) \tag{1.5.3}$$

由于 $\hat{t}$ 的方向是任意的，故 $\hat{t} \times \hat{n}$ 的方向也是任意的，由此可得

$$\hat{n} \times (\mathscr{H}_2 - \mathscr{H}_1) = \mathscr{J}_s \tag{1.5.4}$$

上式表明，磁场强度的切向分量在自由面电流密度不为零的界面两侧是不连续的。用同样的方法，应用式（1.4.5），可得另一个边界条件

$$\hat{n} \times (\mathscr{E}_2 - \mathscr{E}_1) = -\mathscr{M}_s \tag{1.5.5}$$

上式表明，电场强度的切向分量在自由面磁流密度不为零的界面两侧是不连续的。由于现实中并不存在磁流，因此在任意分界面两侧，电场切向分量总是连续的。

下面考虑自由面电（磁）荷密度不为零的两种不同媒质的分界面。面电（磁）荷密度定义为单位面积的电（磁）荷大小。为了应用式（1.4.3），可以构造一个很扁的圆柱，其两个圆面分别位于媒质 1 和媒质 2，如图 1.4 所示。扁圆柱的横截面积为 Δs，厚度 Δt 趋于零。对这个扁圆柱应用式（1.4.3），并令 Δt 趋于零，可得

$$\mathscr{D}_{2n}\Delta s - \mathscr{D}_{1n}\Delta s = \varrho_{e,s}\Delta s \tag{1.5.6}$$

或

$$\hat{n} \cdot (\mathscr{D}_2 - \mathscr{D}_1) = \varrho_{e,s} \tag{1.5.7}$$

式中，$\varrho_{e,s}$ 为面电荷密度，单位为库仑/米²(C/m²)。这表明电位移矢量的法向分量在面电荷密度不为零的分界面上是不连续的。对式(1.4.6)进行同样的处理，可得

$$\hat{n} \cdot (\mathscr{B}_2 - \mathscr{B}_1) = \varrho_{m,s} \qquad (1.5.8)$$

式中，$\varrho_{m,s}$ 为面磁荷密度，单位为韦伯/米²(Wb/m²)。上式表明，磁通密度的法向分量在自由面磁荷不为零的分界面两侧是不连续的。但由于实际上磁荷并不存在，因此任意分界面上的磁通密度的法向分量总是连续的。

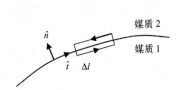

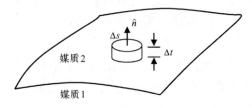

图 1.3　穿越不连续分界面的矩形框　　　　图 1.4　穿越不连续分界面的扁圆柱

　　与麦克斯韦方程类似，式(1.5.4)、式(1.5.5)、式(1.5.7)和式(1.5.8)所示的四个边界条件也不是相互独立的。当前两个边界条件满足时，通常后两个边界条件也满足。同时要注意，除非一种媒质是理想导体，电磁场通常不会在分界面上感应出面电荷和面电流。因此，磁场的切向分量和电位移矢量的法向分量在不同媒质的分界面上一般也是连续的。但是，当其中一种媒质为理想导电体(PEC)时，情况就不同了。理想导体有大量自由电荷，当电磁场加于这种媒质时，自由电荷在电场的作用下移动，直到所产生的方向相反的电场完全抵消外加电场为止。这样，在导体表面就形成了表面电流和表面电荷。而对于**理想导磁体**(PMC)，其表面就形成了表面磁流和表面磁荷。如果假定媒质 1 为理想导电体，则其表面的边界条件为

$$\hat{n} \times \mathscr{E} = 0 \qquad (1.5.9)$$

$$\hat{n} \times \mathscr{H} = \mathscr{J}_s \qquad (1.5.10)$$

$$\hat{n} \cdot \mathscr{D} = \varrho_{e,s} \qquad (1.5.11)$$

$$\hat{n} \cdot \mathscr{B} = 0 \qquad (1.5.12)$$

式中，$\hat{n}$ 为导体的外法向单位矢量。正如前面所提到的，在求解一个电磁问题时，并不需要强加所有的边界条件。通常情况下只需保证式(1.5.9)或式(1.5.12)成立即可。我们很少应用式(1.5.10)和式(1.5.11)表示的两个边界条件，因为它们包含未知的感应面电流和面电荷密度。不过当场已知时，可以根据式(1.5.10)和式(1.5.11)计算出感应面电流密度和面电荷密度。我们可以用类似的方法推导出理想导磁体表面的边界条件。

　　需要强调的是，边界条件和麦克斯韦方程同等重要。正如图 1.2 所示，边界条件描述了场在跨越不连续分界面时的特性，而微分形式的麦克斯韦方程描述的则是连续媒质中的场。在给定边界条件之前，电磁问题的定义是不完备的，因而也不能被求解。此外，理解并熟悉边界条件能使我们对给定电磁问题的场分布有大致的了解，从而帮助我们更有效地处理这个问题。

【例 1.5】　从式(1.2.2)和式(1.2.8)出发推导相应的边界条件,并与式(1.5.4)和式(1.5.7)的边界条件进行比较。由此求出电极化矢量和磁化矢量对面电(磁)荷和面电(磁)流的贡献。

解：将式(1.2.2)应用于图 1.3 的围线中,经过相同的处理,得到边界条件为

$$\hat{n} \times (\mathscr{B}_2 - \mathscr{B}_1) = \mu_0 \mathscr{J}_{s,total}$$

将式(1.3.19)代入上式,可得

$$\hat{n} \times (\mathscr{H}_2 - \mathscr{H}_1) = \mathscr{J}_{s,total} - \hat{n} \times (\mathscr{M}_2 - \mathscr{M}_1)$$

此式与式(1.5.4)表示的边界条件比较,可以发现

$$\mathscr{J}_{s,total} = \mathscr{J}_{s,f} + \hat{n} \times \mathscr{M}_2 - \hat{n} \times \mathscr{M}_1$$

式(1.5.4)中的$\mathscr{J}_s$在这里表示为$\mathscr{J}_{s,f}$,用来强调它代表自由面电流。上式表明：媒质中的磁化产生了表面电流$\mathscr{J}_{m,s} = -\hat{n} \times \mathscr{M}$。

类似地,将式(1.2.2)应用于图 1.4 中的扁圆柱,经过类似的处理,可得边界条件为

$$\hat{n} \cdot (\mathscr{E}_2 - \mathscr{E}_1) = \frac{\varrho_{e,s,total}}{\epsilon_0}$$

另一方面,将式(1.3.6)代入式(1.5.7)表示的边界条件,得到

$$\hat{n} \cdot (\mathscr{E}_2 - \mathscr{E}_1) = \frac{\varrho_{e,s,f}}{\epsilon_0} - \frac{\hat{n} \cdot \mathscr{P}_2}{\epsilon_0} + \frac{\hat{n} \cdot \mathscr{P}_1}{\epsilon_0}$$

式(1.5.7)中的$\varrho_{e,s}$在这里表示为$\varrho_{e,s,f}$,用来强调它代表自由面电荷。比较上两个方程,可得

$$\varrho_{e,s,total} = \varrho_{e,s,f} - \hat{n} \cdot \mathscr{P}_2 + \hat{n} \cdot \mathscr{P}_1$$

上式表明,媒质中的电极化产生了密度为$\hat{n} \cdot \mathscr{P}$的束缚面电荷。

1.6　能量、功率和坡印亭定理

能量和功率是物理中的两个最基本的参量。在电磁领域,它们也非常重要。这一节从麦克斯韦方程出发建立电磁场与能量和功率之间的关系。

首先,考虑介电常数为ϵ、磁导率为μ、电导率为σ的媒质。在该媒质中,麦克斯韦方程可以写为

$$\nabla \times \mathscr{E} = -\frac{\partial \mathscr{B}}{\partial t} - \mathscr{M}_i \tag{1.6.1}$$

$$\nabla \times \mathscr{H} = \frac{\partial \mathscr{D}}{\partial t} + \sigma \mathscr{E} + \mathscr{J}_i \tag{1.6.2}$$

式中,$\mathscr{J}_i$和$\mathscr{M}_i$为场实际的源,称为**外加源**。在式(1.6.2)中,总电流被分成传导电流和外加电流。将式(1.6.1)点乘$\mathscr{H}$；将式(1.6.2)点乘$\mathscr{E}$,然后两式相减,可得

$$\mathscr{H} \cdot (\nabla \times \mathscr{E}) - \mathscr{E} \cdot (\nabla \times \mathscr{H}) = -\mathscr{E} \cdot \frac{\partial \mathscr{D}}{\partial t} - \mathscr{H} \cdot \frac{\partial \mathscr{B}}{\partial t} - \sigma \mathscr{E} \cdot \mathscr{E} - \mathscr{E} \cdot \mathscr{J}_i - \mathscr{H} \cdot \mathscr{M}_i \tag{1.6.3}$$

由矢量恒等式 $\nabla \cdot (\mathscr{E} \times \mathscr{H}) = \mathscr{H} \cdot (\nabla \times \mathscr{E}) - \mathscr{E} \cdot (\nabla \times \mathscr{H})$,上式也可以写为

$$\nabla \cdot (\mathscr{E} \times \mathscr{H}) + \mathscr{E} \cdot \frac{\partial \mathscr{D}}{\partial t} + \mathscr{H} \cdot \frac{\partial \mathscr{B}}{\partial t} + \sigma \mathscr{E} \cdot \mathscr{E} + \mathscr{E} \cdot \mathscr{J}_i + \mathscr{H} \cdot \mathscr{M}_i = 0 \qquad (1.6.4)$$

为理解这个方程的物理含义，首先对它进行体积分，并使用高斯定理，得到

$$\oiint_S (\mathscr{E} \times \mathscr{H}) \cdot \hat{n}\, dS$$
$$+ \iiint_V \left(\mathscr{E} \cdot \frac{\partial \mathscr{D}}{\partial t} + \mathscr{H} \cdot \frac{\partial \mathscr{B}}{\partial t} + \sigma \mathscr{E} \cdot \mathscr{E} + \mathscr{E} \cdot \mathscr{J}_i + \mathscr{H} \cdot \mathscr{M}_i \right) dV = 0 \qquad (1.6.5)$$

式中，S 为包围体积 V 的闭合曲面，$\hat{n}$ 为闭合曲面的外法向单位矢量。这里值得注意的是每一项的单位。首先，$\mathscr{E} \times \mathscr{H}$ 的单位为瓦特/米^2(V/m · A/m = W/m^2)，这是一个能流密度的单位。它与 $\hat{n}$ 点乘，然后在整个闭合曲面 S 上积分，其结果代表通过闭合曲面流入或流出所包围体积的总功率。我们用 $\mathscr{P}_e$ 表示这一项：

$$\mathscr{P}_e = \oiint_S (\mathscr{E} \times \mathscr{H}) \cdot \hat{n}\, dS \qquad (1.6.6)$$

其次，重写

$$\mathscr{E} \cdot \frac{\partial \mathscr{D}}{\partial t} = \frac{1}{2}\epsilon \frac{\partial \mathscr{E}^2}{\partial t} = \frac{\partial}{\partial t}\left(\frac{1}{2}\epsilon \mathscr{E}^2 \right) = \frac{\partial w_e}{\partial t} \qquad (1.6.7)$$

式中，$w_e = \frac{1}{2}\epsilon \mathscr{E}^2$ 代表能量密度，单位为焦耳/米^3[F/m · (V/m)^2 = J/m^3]。这一项在整个体积内的积分表示体积内的总能量，即

$$\mathscr{W}_e = \iiint_V w_e\, dV = \frac{1}{2} \iiint_V \epsilon \mathscr{E}^2\, dV \qquad (1.6.8)$$

这部分能量与电场相关，因而我们把这一项称为**电能**。类似地，有

$$\mathscr{H} \cdot \frac{\partial \mathscr{B}}{\partial t} = \frac{1}{2}\mu \frac{\partial \mathscr{H}^2}{\partial t} = \frac{\partial}{\partial t}\left(\frac{1}{2}\mu \mathscr{H}^2 \right) = \frac{\partial w_m}{\partial t} \qquad (1.6.9)$$

式中，$w_m = \frac{1}{2}\mu \mathscr{H}^2$ 代表磁能密度。它在整个体积内积分表示体积内的总**磁能**，即

$$\mathscr{W}_m = \iiint_V w_m\, dV = \frac{1}{2} \iiint_V \mu \mathscr{H}^2\, dV \qquad (1.6.10)$$

基于上面的这些观察，现在考虑一种特殊情况：体积 V 为无耗无源空间。在这种情况下，式(1.6.5)可以写为

$$\mathscr{P}_e = -\frac{d(\mathscr{W}_e + \mathscr{W}_m)}{dt} \qquad (1.6.11)$$

上式等号右边项代表体积 V 内的总能量减少的速率。由于能量是守恒的，上式等号左边项代表通过闭合曲面流出空间 V 的功率。

根据上面的解释，不难发现

$$\mathscr{P}_d = \iiint_V \sigma \mathscr{E} \cdot \mathscr{E}\, dV = \iiint_V \sigma \mathscr{E}^2\, dV \qquad (1.6.12)$$

代表空间 V 内的损耗功率，而

$$\mathscr{P}_s = -\iiint_V (\mathscr{E} \cdot \mathscr{J}_i + \mathscr{H} \cdot \mathscr{M}_i)\,\mathrm{d}V \tag{1.6.13}$$

代表源提供的功率。使用这些符号后，式(1.6.5)可以写为

$$\mathscr{P}_s = \mathscr{P}_e + \mathscr{P}_d + \frac{\mathrm{d}}{\mathrm{d}t}(\mathscr{W}_e + \mathscr{W}_m) \tag{1.6.14}$$

上式说明：源提供的功率等于从闭合曲面流出的功率、空间内消耗的功率和空间内总能量增加的速率之和。显然，式(1.6.14)描述的是电磁场中的**能量守恒**，称为**坡印亭定理**。如果令

$$p_e = \nabla \cdot (\mathscr{E} \times \mathscr{H}), \qquad p_d = \sigma \mathscr{E} \cdot \mathscr{E}, \qquad p_s = -(\mathscr{E} \cdot \mathscr{J}_i + \mathscr{H} \cdot \mathscr{M}_i) \tag{1.6.15}$$

则式(1.6.4)可以写为

$$p_s = p_e + p_d + \frac{\partial}{\partial t}(w_e + w_m) \tag{1.6.16}$$

它是能量守恒的微分形式描述。式(1.6.14)和式(1.6.16)建立了五个参量之间的关系。已知其中任意四个，很容易求出剩余的参量。当某个欲知参量不能直接测出时，可以用上述间接的方法进行计算。

正如上面所解释的，$\mathscr{E} \times \mathscr{H}$ 代表叉乘方向上的能流密度。这个物理量称为**坡印亭矢量**，其定义为

$$\mathscr{S} = \mathscr{E} \times \mathscr{H} \tag{1.6.17}$$

若空间中任意一点的电场和磁场已知，则该点上的能流密度就可以由上式确定。能流的方向垂直于电场和磁场的方向，且 $\mathscr{E}$、$\mathscr{H}$ 和 $\mathscr{S}$ 的方向满足右手定则。

1.7　时谐场

微分形式的麦克斯韦方程是一组四维偏微分方程：三维空间和一维时间。如此高维度数学问题处理起来很困难。如果维度能降低一度，问题的复杂性就会大大减小。非常幸运的是，电子工程中的很多实际问题涉及的是时谐信号，即按照单一频率振荡的信号。对这样的时谐场，我们可以计算出对时间的微分，从而消去时间变量，麦克斯韦方程就可以简化为只包含空间三维变量的方程。我们知道，非时谐场能够分解成许多不同频率的时谐场，因此如果能求解时谐场问题，那么借助傅里叶变换也可求解一般时变场的问题。这一节介绍时谐场的概念，推导时谐场的麦克斯韦方程，并讨论时谐场的能量和功率。

1.7.1　时谐场

当电(磁)流、电(磁)荷和电磁场以单一频率振荡时，相应的物理量可以表示为包含幅度和相位的正弦函数。例如，电场可以写为

$$\mathscr{E}(\mathbf{r}, t) = \mathbf{E}_0(\mathbf{r}) \cos[\omega t + \alpha(\mathbf{r})] \tag{1.7.1}$$

式中，$\mathbf{E}_0$ 为幅度，α 为相位，ω 为角频率。应用欧拉公式，上式可写为

$$\mathscr{E}(\mathbf{r}, t) = \mathbf{E}_0(\mathbf{r})\mathrm{Re}\big[\mathrm{e}^{\mathrm{j}\omega t + \mathrm{j}\alpha(\mathbf{r})}\big] = \mathrm{Re}\big[\mathbf{E}_0(\mathbf{r})\,\mathrm{e}^{\mathrm{j}\alpha(\mathbf{r})}\,\mathrm{e}^{\mathrm{j}\omega t}\big] \tag{1.7.2}$$

式中, $j = \sqrt{-1}$, Re 表示取实部。如果定义一个复数量

$$\mathbf{E}(\mathbf{r}) = \mathbf{E}_0(\mathbf{r}) e^{j\alpha(\mathbf{r})} \tag{1.7.3}$$

来包含场的幅度和相位, 并且仅为空间的函数, 则式(1.7.2)可以写为

$$\mathscr{E}(\mathbf{r}, t) = \operatorname{Re}\left[\mathbf{E}(\mathbf{r}) e^{j\omega t}\right] \tag{1.7.4}$$

式(1.7.3)定义的复数量称为**复相量**。把所有的源和场用式(1.7.4)的形式表示, 并把它们代入式(1.4.7), 可得

$$\operatorname{Re}\left[\nabla \times \mathbf{E} e^{j\omega t}\right] = -\operatorname{Re}\left[j\omega \mathbf{B} e^{j\omega t}\right] - \operatorname{Re}\left[\mathbf{M}_f e^{j\omega t}\right] \tag{1.7.5}$$

由于上式对任意时间 t 都是成立的, 故有

$$\nabla \times \mathbf{E} = -j\omega \mathbf{B} - \mathbf{M}_f \quad (\text{法拉第定律}) \tag{1.7.6}$$

式中不再含有时间变量。与式(1.4.7)不同的是, 式(1.7.6)表示三维空间的偏微分方程。对其余的麦克斯韦方程用同样的处理方式, 可得

$$\nabla \times \mathbf{H} = j\omega \mathbf{D} + \mathbf{J}_f \quad (\text{麦克斯韦-安培定律}) \tag{1.7.7}$$

$$\nabla \cdot \mathbf{D} = \varrho_{e,f} \quad (\text{高斯定律}) \tag{1.7.8}$$

$$\nabla \cdot \mathbf{B} = \varrho_{m,f} \quad (\text{磁场高斯定律}) \tag{1.7.9}$$

类似地, 电流连续性方程变成

$$\nabla \cdot \mathbf{J}_f = -j\omega \varrho_{e,f} \tag{1.7.10}$$

$$\nabla \cdot \mathbf{M}_f = -j\omega \varrho_{m,f} \tag{1.7.11}$$

容易看出, 在这些变换中, 仅需用 $j\omega$ 代替所有对时间的偏导 $\partial / \partial t$。对积分形式的麦克斯韦方程和边界条件做同样的处理, 亦可得到相应的复相量方程。可以看出, 边界条件的形式不会改变, 因为它们本身不包含对时间的偏导。因此, 对时谐场仅需处理三维的麦克斯韦方程。一旦解出了复相量, 由式(1.7.4)的变换可以求出相应的瞬时量。

在频域求解电磁问题不仅使问题得到了简化, 而且使求解结果更容易理解。因为对于很多电磁问题, 我们所感兴趣的是频域而不是时域的物理量。这些物理量可以直接从复相量中求出。因此, 在实际应用中, 我们常常需要求解的是复相量而不是瞬时量。

1.7.2　傅里叶变换

前面介绍的复相量概念可能会给人这样的印象: 如果使用复相量形式的麦克斯韦方程, 则仅能处理时谐场问题, 事实上这是不对的。众所周知, 任意的时间函数都可以表示成傅里叶积分形式, 即

$$\mathscr{f}(t) = \frac{1}{2\pi} \int_{-\infty}^{\infty} f(\omega) e^{j\omega t} \, d\omega \tag{1.7.12}$$

式中, $f(\omega)$ 称为 $\mathscr{f}(t)$ 的**傅里叶变换**, 由下式给出:

$$f(\omega) = \int_{-\infty}^{\infty} \mathscr{f}(t) e^{-j\omega t} \, dt \tag{1.7.13}$$

相应地,式(1.7.12)称为**傅里叶逆变换**。傅里叶变换可以用于任何源和场量。例如,电场
可以写为

$$\mathscr{E}(\mathbf{r}, t) = \frac{1}{2\pi} \int_{-\infty}^{\infty} \mathbf{E}(\mathbf{r}, \omega) \mathrm{e}^{\mathrm{j}\omega t} \, \mathrm{d}\omega \tag{1.7.14}$$

式中

$$\mathbf{E}(\mathbf{r}, \omega) = \int_{-\infty}^{\infty} \mathscr{E}(\mathbf{r}, t) \mathrm{e}^{-\mathrm{j}\omega t} \, \mathrm{d}t \tag{1.7.15}$$

把所有的源和场量的傅里叶变换代入式(1.4.7),得到

$$\int_{-\infty}^{\infty} \nabla \times \mathbf{E}(\mathbf{r}, \omega) \mathrm{e}^{\mathrm{j}\omega t} \, \mathrm{d}\omega = -\int_{-\infty}^{\infty} [\mathrm{j}\omega \mathbf{B}(\mathbf{r}, \omega) + \mathbf{M}_{\mathrm{f}}(\mathbf{r}, \omega)] \mathrm{e}^{\mathrm{j}\omega t} \, \mathrm{d}\omega \tag{1.7.16}$$

由于上式对任意时间变量 t 都是成立的,故有

$$\nabla \times \mathbf{E} = -\mathrm{j}\omega \mathbf{B} - \mathbf{M}_{\mathrm{f}} \tag{1.7.17}$$

此方程与式(1.7.6)完全相同。用同样的方式处理其余的麦克斯韦方程和电流连续性方程,则会得到与式(1.7.6)至式(1.7.11)完全相同的方程。换句话说,一个参量的傅里叶变换与它的复相量是完全等价的。由于傅里叶变换后的麦克斯韦方程包含角频率 ω,可认为这些方程是频域方程,而原来的方程为时域方程。显然,给定任意时变源,如电流源 $\mathscr{J}_{\mathrm{f}}(\mathbf{r}, t)$,可首先求出它的傅里叶变换 $\mathbf{J}_{\mathrm{f}}(\mathbf{r}, \omega)$,然后求解麦克斯韦方程[式(1.7.6)至式(1.7.9)]得到频域中的场量解,最后应用式(1.7.14)所示的傅里叶逆变换得到对应的时域解。

傅里叶变换是电子工程中一项非常重要的技术。表面上看,傅里叶变换似乎不满足因果关系。例如,若要使用式(1.7.12)计算 $\mathscr{f}(t)$ 在 t_0 时刻的值,则必须知道 $f(\omega)$,而根据式(1.7.13),为了计算 $f(\omega)$ 就需要知道 $\mathscr{f}(t)$ 在所有时间点的值,其中包括 t_0 之后的未来时间。不过,我们可以证明上面的结论实际并不成立。首先把傅里叶变换分成两部分:

$$f(\omega) = \int_{-\infty}^{t_0} \mathscr{f}(t) \mathrm{e}^{-\mathrm{j}\omega t} \, \mathrm{d}t + \int_{t_0+0}^{\infty} \mathscr{f}(t) \mathrm{e}^{-\mathrm{j}\omega t} \, \mathrm{d}t \tag{1.7.18}$$

式中 $t_0 + 0 = t_0 + \varepsilon$,而 $\varepsilon \to 0$。显然,上式等号右边第二项积分包含未来时间点的值,即 $\mathscr{f}(t)$ 在 $t > t_0$ 的值。若将上式代入傅里叶逆变换中计算 $\mathscr{f}(t_0)$,则有

$$\mathscr{f}(t_0) = \frac{1}{2\pi} \int_{-\infty}^{\infty} \int_{-\infty}^{t_0} \mathscr{f}(t) \mathrm{e}^{-\mathrm{j}\omega t} \, \mathrm{d}t \, \mathrm{e}^{\mathrm{j}\omega t_0} \, \mathrm{d}\omega + \frac{1}{2\pi} \int_{-\infty}^{\infty} \int_{t_0+0}^{\infty} \mathscr{f}(t) \mathrm{e}^{-\mathrm{j}\omega t} \, \mathrm{d}t \, \mathrm{e}^{\mathrm{j}\omega t_0} \, \mathrm{d}\omega \tag{1.7.19}$$

交换积分次序,并使用 δ 函数的傅里叶变换,由于 t_0 不在时间积分的范围内,上式中的第二项变为

$$\frac{1}{2\pi} \int_{t_0+0}^{\infty} \mathscr{f}(t) \int_{-\infty}^{\infty} \mathrm{e}^{\mathrm{j}\omega(t_0-t)} \, \mathrm{d}\omega \, \mathrm{d}t = \int_{t_0+0}^{\infty} \delta(t_0 - t) \mathscr{f}(t) \, \mathrm{d}t = 0 \tag{1.7.20}$$

因此,未来时刻的值,即 $\mathscr{f}(t)$ 在 $t > t_0$ 的值,在计算 $\mathscr{f}(t_0)$ 时并没有贡献,因而傅里叶变换遵守因果关系。

▷ **【例1.6】** 考虑一个简单的介质模型：分子的间距足够大，因而分子之间的相互作用可忽略不计。假定单位体积内电子的数量为 N_e，而电子的摩擦系数为 δ。求此介质的电极化率和介电常数。

解： 考虑电子由库仑力束缚于原子核的系统。电子围绕着原子核运动，并形成电子云，此电子云可以用一个半径为 a、电荷为 $q_e(q_e=-1.602\times10^{-19}\ \mathrm{C})$ 的球模拟。当将此介质外加时谐场时，由于洛伦兹力 $\mathscr{F}_L=q_e\mathscr{E}$ 的作用，电子云中心与原子核之间有距离为 ℓ 的移位。这里忽略了来自磁场的作用力，因为它远远小于电场的作用力。而且，由于原子核的质量比电子大得多，我们可以假定原子核保持静态。当电子云中心偏离原子核时，两者之间通过库仑力相互吸引，很容易得到此库仑力为 $\mathscr{F}_e=-q_e^2\ell/(4\pi\epsilon_0 a^3)$。第三个力为摩擦力，表示为 $\mathscr{F}_f=-\delta m_e\mathrm{d}\ell/\mathrm{d}t$，式中 m_e 表示电子的质量 $(m_e=9.109\times10^{-31}\ \mathrm{kg})$。由于这三个力的作用，电子的运动方程为

$$m_e\frac{\mathrm{d}^2\ell}{\mathrm{d}t^2}=q_e\mathscr{E}-\kappa\ell-\delta m_e\frac{\mathrm{d}\ell}{\mathrm{d}t}$$

式中，$\kappa=q_e^2/(4\pi\epsilon_0 a^3)$。此方程的复相量形式为

$$(\mathrm{j}\omega)^2 m_e\mathbf{l}=q_e\mathbf{E}-\kappa\mathbf{l}-\mathrm{j}\omega\delta m_e\mathbf{l}$$

求解此方程得到

$$\mathbf{l}=\frac{q_e\mathbf{E}}{m_e(\omega_0^2-\omega^2+\mathrm{j}\omega\delta)}$$

式中，$\omega_0=\sqrt{\kappa/m_e}$，称为**电子的特征频率**。由此可得介质的电极化矢量为

$$\mathbf{P}=N_e q_e\mathbf{l}=\frac{N_e q_e^2\mathbf{E}}{m_e(\omega_0^2-\omega^2+\mathrm{j}\omega\delta)}$$

因此，电极化率为

$$\chi_e(\omega)=\frac{N_e q_e^2}{\epsilon_0 m_e(\omega_0^2-\omega^2+\mathrm{j}\omega\delta)}$$

相对介电常数为

$$\epsilon_r(\omega)=1+\frac{N_e q_e^2}{\epsilon_0 m_e(\omega_0^2-\omega^2+\mathrm{j}\omega\delta)}$$

上式称为电介质的**洛伦兹模型**。

1.7.3 复功率

对时谐场来说，其场量的瞬时值和复相量之间满足式(1.7.4)所示的关系。但这个关系对于其他如功率和能量等包含两个场量乘积的量是不适用的。为了进一步说明，考虑两个瞬时量 $\mathscr{A}(t)$ 和 $\mathscr{B}(t)$ 的乘积：

$$\mathscr{A}(t) \circ \mathscr{B}(t) = \mathrm{Re}\left[\mathbf{A}\,e^{j\omega t}\right] \circ \mathrm{Re}\left[\mathbf{B}\,e^{j\omega t}\right]$$
$$= \frac{1}{2}\mathrm{Re}\left[\mathbf{A}\circ\mathbf{B}^*\right] + \frac{1}{2}\mathrm{Re}\left[\mathbf{A}\circ\mathbf{B}\,e^{j2\omega t}\right] \quad (1.7.21)$$

式中，圆圈表示乘积既可是点乘的也可是叉乘的，星号表示复共轭。若取一个周期的平均值，则有

$$\overline{\mathscr{A}(t)\circ\mathscr{B}(t)} = \frac{1}{T}\int_0^T \mathscr{A}(t)\circ\mathscr{B}(t)\,\mathrm{d}t = \frac{1}{2}\mathrm{Re}\left[\mathbf{A}\circ\mathbf{B}^*\right] \quad (1.7.22)$$

式中 $T=2\pi/\omega$。根据上式可以写出时谐场中复相量与功率和能量时均值的关系。例如，对坡印亭矢量取时均值，有

$$\overline{\mathscr{S}(t)} = \overline{\mathscr{E}(t)\times\mathscr{H}(t)} = \frac{1}{2}\mathrm{Re}\left[\mathbf{E}\times\mathbf{H}^*\right] \quad (1.7.23)$$

若定义复数坡印亭矢量为

$$\mathbf{S} = \frac{1}{2}\mathbf{E}\times\mathbf{H}^* \quad (1.7.24)$$

则式(1.7.23)变成 $\overline{\mathscr{S}}=\mathrm{Re}(\mathbf{S})$。再如，电能密度时均值为

$$\overline{w_e(t)} = \frac{1}{2}\epsilon\overline{\mathscr{E}(t)\cdot\mathscr{E}(t)} = \frac{1}{4}\epsilon\mathrm{Re}\left[\mathbf{E}\cdot\mathbf{E}^*\right] = \frac{1}{4}\epsilon|\mathbf{E}|^2 \quad (1.7.25)$$

现在考虑时谐场的能量守恒定律。对式(1.6.16)取时均值，得到

$$\overline{p_s} = \overline{p_e} + \overline{p_d} + \overline{\frac{\partial w_e}{\partial t}} + \overline{\frac{\partial w_m}{\partial t}} \quad (1.7.26)$$

由式(1.7.21)可得

$$w_e = \frac{1}{2}\epsilon\mathscr{E}(t)\cdot\mathscr{E}(t) = \frac{1}{4}\epsilon\mathrm{Re}\left[\mathbf{E}\cdot\mathbf{E}^*\right] + \frac{1}{4}\epsilon\mathrm{Re}\left[\mathbf{E}\cdot\mathbf{E}\,e^{j2\omega t}\right] \quad (1.7.27)$$

其时间导数为

$$\frac{\partial w_e}{\partial t} = -\frac{\omega}{2}\epsilon\mathrm{Im}\left[\mathbf{E}\cdot\mathbf{E}\,e^{j2\omega t}\right] \quad (1.7.28)$$

因而 $\overline{\partial w_e/\partial t}=0$。类似地，$\overline{\partial w_m/\partial t}=0$。这表明，对时谐场来说，虽然瞬时能量密度是不断变化的，但其变化的时均值为零。因此，式(1.7.26)变为

$$\overline{p_s} = \overline{p_e} + \overline{p_d} \quad (1.7.29)$$

对其进行体积分，有

$$\overline{\mathscr{P}_s} = \overline{\mathscr{P}_e} + \overline{\mathscr{P}_d} \quad (1.7.30)$$

式(1.7.29)和式(1.7.30)是时谐场在时间平均意义下的能量守恒定律。

时谐场的能量守恒定律也可以用类似1.6节中的方法推导。从下面两个麦克斯韦方程出发：

$$\nabla\times\mathbf{E} = -j\omega\mu\mathbf{H} - \mathbf{M}_i \quad (1.7.31)$$

$$\nabla\times\mathbf{H} = j\omega\epsilon\mathbf{E} + \sigma\mathbf{E} + \mathbf{J}_i \quad (1.7.32)$$

对式(1.7.31)点乘 $\mathbf{H}^*$，式(1.7.32)取共轭后点乘 $\mathbf{E}$，然后将两式相减，可得

$$\nabla \cdot (\mathbf{E} \times \mathbf{H}^*) = -\mathrm{j}\omega\mu|\mathbf{H}|^2 + \mathrm{j}\omega\epsilon|\mathbf{E}|^2 - \sigma|\mathbf{E}|^2 - \mathbf{H}^* \cdot \mathbf{M}_i - \mathbf{E} \cdot \mathbf{J}_i^* \qquad (1.7.33)$$

采用下列记法:

$$p_e = \frac{1}{2}\nabla \cdot (\mathbf{E} \times \mathbf{H}^*) \qquad (1.7.34)$$

$$p_d = \frac{1}{2}\sigma|\mathbf{E}|^2 \qquad (1.7.35)$$

$$p_s = -\frac{1}{2}(\mathbf{H}^* \cdot \mathbf{M}_i + \mathbf{E} \cdot \mathbf{J}_i^*) \qquad (1.7.36)$$

$$w_e = \frac{1}{4}\epsilon|\mathbf{E}|^2 \qquad (1.7.37)$$

$$w_m = \frac{1}{4}\mu|\mathbf{H}|^2 \qquad (1.7.38)$$

可将式(1.7.33)写为

$$p_s = p_e + p_d + \mathrm{j}2\omega(w_m - w_e) \qquad (1.7.39)$$

对上式进行体积分,并应用高斯定理,得到其积分形式为

$$P_s = P_e + P_d + \mathrm{j}2\omega(W_m - W_e) \qquad (1.7.40)$$

式中,

$$P_e = \iiint_V p_e \, \mathrm{d}V = \frac{1}{2}\oiint_S (\mathbf{E} \times \mathbf{H}^*) \cdot \mathrm{d}\mathbf{S} \qquad (1.7.41)$$

$$P_d = \iiint_V p_d \, \mathrm{d}V = \frac{1}{2}\iiint_V \sigma|\mathbf{E}|^2 \, \mathrm{d}V \qquad (1.7.42)$$

$$P_s = \iiint_V p_s \, \mathrm{d}V = -\frac{1}{2}\iiint_V (\mathbf{H}^* \cdot \mathbf{M}_i + \mathbf{E} \cdot \mathbf{J}_i^*) \, \mathrm{d}V \qquad (1.7.43)$$

$$W_e = \iiint_V w_e \, \mathrm{d}V = \frac{1}{4}\iiint_V \epsilon|\mathbf{E}|^2 \, \mathrm{d}V \qquad (1.7.44)$$

$$W_m = \iiint_V w_m \, \mathrm{d}V = \frac{1}{4}\iiint_V \mu|\mathbf{H}|^2 \, \mathrm{d}V \qquad (1.7.45)$$

此处,P_e 为流出体积的复功率,P_d 为消耗功率的时均值,P_s 为源所提供的复功率,W_e 和 W_m 分别为电能和磁能的时均值。

式(1.7.39)和式(1.7.40)就是**复相量的坡印亭定理**。若对两个方程取实部,则可得

$$\mathrm{Re}(p_s) = \mathrm{Re}(p_e) + p_d \qquad (1.7.46)$$

$$\mathrm{Re}(P_s) = \mathrm{Re}(P_e) + P_d \qquad (1.7.47)$$

上两式与式(1.7.29)和式(1.7.30)完全相同。若对复坡印亭定理取虚部,则可得另两个方程

$$\mathrm{Im}(p_s) = \mathrm{Im}(p_e) + 2\omega(w_m - w_e) \qquad (1.7.48)$$

$$\mathrm{Im}(P_s) = \mathrm{Im}(P_e) + 2\omega(W_m - W_e) \qquad (1.7.49)$$

式(1.7.46)和式(1.7.47)的物理含义非常清晰。而对于式(1.7.48)和式(1.7.49),则可以做如下解释。

　　由麦克斯韦方程可知，对于一般的时谐场，电场和磁场可能有相位差。电场能量在某一个时刻达到最大值，而磁场能量在另一个时刻达到最大值。或者说，在一个周期内的某段时间内，电能向磁能转化，而在其余时间，磁能向电能转化。这与 LC 电路的情况类似：在 LC 电路中，存储于电感中的能量和存储于电容中的能量相互转化。现在考虑这样一种情况，如果体积内的电能最大值大于磁能最大值，那么当电能达到最大值时，需要有额外的功率在这个时刻补充进来；在另一时刻，当电能减小，而磁能达到最大值时，同样大小的功率就必须消失。这种额外的功率称为无功功率，根据功率守恒，这部分功率只能来自源或体积外。源的贡献反映在 $\mathrm{Im}(P_\mathrm{s})$ 项，而体积外的贡献为 $\mathrm{Im}(P_\mathrm{e})$。因此，$\mathrm{Im}(P_\mathrm{s})$ 表示在一个周期内的某一段时间由源产生，而在另一段时间被源消耗的功率。类似地，$\mathrm{Im}(P_\mathrm{e})$ 表示在一个周期内的某一段时间离开体积，而在另一段时间重新进入体积的功率。无功功率项并不出现在源提供功率的时均值和流出体积功率的时均值中，因为在一个周期内，其净值为零。它反映的是电能时均值和磁能时均值的差值。

　　为了更好地理解无功功率的概念，考虑时谐源提供的功率。假设时谐源的场和外加电流在一个特定点上的值为

$$\mathbf{E} = \mathbf{E}_0\,\mathrm{e}^{\mathrm{j}\angle\mathbf{E}}, \qquad \mathbf{J}_\mathrm{i} = \mathbf{J}_\mathrm{i0}\,\mathrm{e}^{\mathrm{j}\angle\mathbf{J}_\mathrm{i}} \tag{1.7.50}$$

式中，$\mathbf{E}_0$ 和 $\mathbf{J}_\mathrm{i0}$ 分别为 $\mathbf{E}$ 和 $\mathbf{J}_\mathrm{i}$ 的幅度；$\angle\mathbf{E}$ 和 $\angle\mathbf{J}_\mathrm{i}$ 分别为 $\mathbf{E}$ 和 $\mathbf{J}_\mathrm{i}$ 的相位。在这一点上，源提供的复功率密度为

$$p_\mathrm{s} = -\frac{1}{2}\mathbf{E}\cdot\mathbf{J}_\mathrm{i}^* = -\frac{1}{2}\mathbf{E}_0\cdot\mathbf{J}_\mathrm{i0}\,\mathrm{e}^{\mathrm{j}(\angle\mathbf{E}-\angle\mathbf{J}_\mathrm{i})} \tag{1.7.51}$$

其实部和虚部为

$$\mathrm{Re}(p_\mathrm{s}) = -\frac{1}{2}\mathbf{E}_0\cdot\mathbf{J}_\mathrm{i0}\cos(\angle\mathbf{E}-\angle\mathbf{J}_\mathrm{i}) \tag{1.7.52}$$

$$\mathrm{Im}(p_\mathrm{s}) = -\frac{1}{2}\mathbf{E}_0\cdot\mathbf{J}_\mathrm{i0}\sin(\angle\mathbf{E}-\angle\mathbf{J}_\mathrm{i}) \tag{1.7.53}$$

正如前面讨论的，实部代表了源提供的功率密度时均值。为了理解虚功率，我们来考察瞬时功率密度

$$p_\mathrm{s}(t) = -\boldsymbol{\mathscr{E}}(t)\cdot\boldsymbol{\mathscr{J}}_\mathrm{i}(t) = -\mathbf{E}_0\cos(\omega t+\angle\mathbf{E})\cdot\mathbf{J}_\mathrm{i0}\cos(\omega t+\angle\mathbf{J}_\mathrm{i}) \tag{1.7.54}$$

上式可以重写为

$$\begin{aligned}
p_\mathrm{s}(t) = {} & -\frac{1}{2}\mathbf{E}_0\cdot\mathbf{J}_\mathrm{i0}\cos(\angle\mathbf{E}-\angle\mathbf{J}_\mathrm{i})\left[1+\cos(2\omega t+2\angle\mathbf{J}_\mathrm{i})\right] \\
& +\frac{1}{2}\mathbf{E}_0\cdot\mathbf{J}_\mathrm{i0}\sin(\angle\mathbf{E}-\angle\mathbf{J}_\mathrm{i})\sin(2\omega t+2\angle\mathbf{J}_\mathrm{i})
\end{aligned} \tag{1.7.55}$$

其中，第一项包含 $1+\cos(2\omega t+2\angle\mathbf{J}_\mathrm{i})$，它围绕着 1 振荡，而且总是正的，其时均值为式 (1.7.52)。第二项包含 $\sin(2\omega t+2\angle\mathbf{J}_\mathrm{i})$，它围绕着 0 振荡，其数值在正负之间变化。它代表在一个时刻产生功率，而在另一时刻消耗功率，而其时均值为零。这个功率就是前面提到的无功功率，它的峰值与式 (1.7.53) 相同，因此 $\mathrm{Im}(p_\mathrm{s})$ 代表无功功率密度的峰值。可以用同样的方法来理解式 (1.7.48) 和式 (1.7.49) 中流出体积的功率项。

【例1.7】 尺寸为 $a \times b \times c$ 的金属盒部分填充有耗材料(见图1.5)。在其顶部,有一个尺寸为 $w \times l$ 的缝。角频率为 ω 的平面波从盒子的顶部入射,其中一部分电磁能量进入盒子。缝上的电场和磁场为

$$\mathbf{E} = \hat{y}E_0 \sin\frac{\pi x}{l}, \qquad \mathbf{H} = \hat{x}(\sqrt{3} + \mathrm{j})\frac{E_0}{2\eta}\sin\frac{\pi x}{l}, \qquad 0 \leqslant x \leqslant l,\ 0 \leqslant y \leqslant w$$

式中,$\eta = 377\ \Omega$,E_0 为实数。求金属盒中消耗的时均功率及金属盒中电能与磁能的差值。进一步地,求解进入金属盒中的瞬时功率。

解: 给定了缝上的电场和磁场,可以计算通过缝离开金属盒的复功率为

$$P_e = \frac{1}{2}\int_0^w\int_0^l (\mathbf{E}\times\mathbf{H}^*)\cdot\hat{z}\,\mathrm{d}x\,\mathrm{d}y = -(\sqrt{3} - \mathrm{j})\frac{wlE_0^2}{8\eta}$$

其实部为离开盒子的时均功率。由于它的数值是负的,这表明此时均功率是进入盒子的,最终被消耗了。因此,金属盒中消耗的时均功率为

$$P_d = -\mathrm{Re}(P_e) = \frac{\sqrt{3}\,wlE_0^2}{8\eta}$$

根据式(1.7.49),金属盒中的电能与磁能的差值为

$$W_e - W_m = \frac{1}{2\omega}\mathrm{Im}(P_e) = \frac{wlE_0^2}{16\omega\eta}$$

现在,考虑进入金属盒的瞬时功率。缝上的瞬时场为

$$\mathscr{E} = \hat{y}E_0\sin\frac{\pi x}{l}\cos\omega t, \qquad \mathscr{H} = \hat{x}\frac{E_0}{\eta}\sin\frac{\pi x}{l}\cos(\omega t + \pi/6)$$

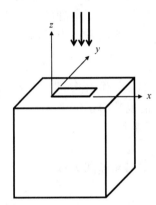

图1.5 带有缝隙的金属盒

因此,进入金属盒的瞬时功率为

$$\mathscr{P}_{\text{enter}}(t) = \int_0^w\int_0^l (\mathscr{E}\times\mathscr{H})\cdot(-\hat{z})\,\mathrm{d}x\,\mathrm{d}y = \frac{wlE_0^2}{2\eta}\cos\omega t\cos(\omega t + \pi/6)$$

显然,由于电场和磁场相位的差别,瞬时功率并不总是进入金属盒的。事实上,在一个周期内,瞬时功率有两个时间段是离开盒子的。

1.7.4 复介电常数和复磁导率

正如前面提到的,时变场在媒质中可能有损耗,因为电偶极子之间的摩擦和束缚电荷之间的摩擦会消耗能量。在时域中,这种能量损失的数学描述比较复杂,而在时谐场中,这种损失等效为复介电常数或复磁导率的虚部部分。此时,相对介电常数和相对磁导率可写为

$$\epsilon_r = \epsilon_r' - \mathrm{j}\epsilon_r'', \qquad \mu_r = \mu_r' - \mathrm{j}\mu_r'' \tag{1.7.56}$$

式中,ϵ_r'' 为介质的电损耗,而 μ_r'' 为磁损耗。在工程实践中,经常使用电损耗角正切 δ_e 和磁损耗角正切 δ_m,它们与 ϵ_r'' 和 μ_r'' 的关系为

$$\tan\delta_e = \frac{\epsilon_r''}{\epsilon_r'}, \qquad \tan\delta_m = \frac{\mu_r''}{\mu_r'} \tag{1.7.57}$$

对于线性色散媒质，$\epsilon(\omega)$ 是 $\epsilon = \epsilon_0 + \epsilon_0\chi_e(t)$ 的傅里叶变换，它的实部和虚部之间满足一个称为 Kramers-Krönig 关系[15, 16]，即

$$\epsilon'(\omega) = \epsilon_\infty + \frac{2}{\pi}\int_0^\infty \frac{z\epsilon''(z)}{z^2 - \omega^2}\,dz, \qquad \epsilon''(\omega) = -\frac{2\omega}{\pi}\int_0^\infty \frac{\epsilon'(z) - \epsilon_\infty}{z^2 - \omega^2}\,dz \tag{1.7.58}$$

式中，ϵ_∞ 为频率无穷大时的介电常数，它反映媒质中对电场即时响应的电极化对电通量的贡献。式(1.7.58)中的积分在去除奇点 $z = \omega$ 的复平面上计算。式(1.7.58)也称为因果关系条件，因为它是函数 $\chi_e(t)$ 满足因果关系的直接结果，表明介质色散总是伴随着介质损耗的。如果知道所有频率下的 $\epsilon'(\omega)$，就可以计算 $\epsilon''(\omega)$，反之亦然。类似的关系对于磁色散和磁损耗也成立。

在频域中处理时谐场时，可将导体损耗和介质损耗合并表示。若将式(1.7.32)重写为

$$\nabla \times \mathbf{H} = j\omega\epsilon\mathbf{E} + \sigma\mathbf{E} + \mathbf{J}_i = j\omega\epsilon_0\left[\epsilon_r' - j\left(\epsilon_r'' + \frac{\sigma}{\omega\epsilon_0}\right)\right]\mathbf{E} + \mathbf{J}_i \tag{1.7.59}$$

在此情况下，介质损耗角正切则可重新定义如下：

$$\tan\delta_e = \left(\epsilon_r'' + \frac{\sigma}{\omega\epsilon_0}\right)\bigg/ \epsilon_r' = \frac{\epsilon_r''}{\epsilon_r'} + \frac{\sigma}{\omega\epsilon_r'\epsilon_0} \tag{1.7.60}$$

其中既包括介质损耗，也包括导体损耗。因此，我们可以定义一个等效的 ϵ_r'' 来包括 σ 的效应。反之，也可定义一个等效的 σ 来包括 ϵ_r'' 的效应。

▷ 【例 1.8】 等离子体是电离层中发现的被电离气体，其中包含带有负电荷的电子和带有正电荷的离子。在气体中，电子和离子可以自由运动。假定单位体积内电子的数量为 N_e，电子的碰撞频率为 ν，求等离子体的等效介电常数。

解：由于离子比电子质量大得多，可以忽略离子的运动，仅考虑电子的运动。当时谐场加于等离子体时，电磁场在电子上外加了一个洛伦兹力，表示为 $\mathscr{F} = q_e(\mathscr{E} + \boldsymbol{v}\times\mathscr{B})$，式中 q_e 为电子的电量，$\mathscr{B}$ 为与电场相伴的磁场。但是，$\boldsymbol{v}\times\mathscr{B}$ 比 $\mathscr{E}$ 小得多，可忽略不计。与此同时，由于等离子体中离子和电子的密度非常小，还可以忽略来自离子和其他电子的电场在所考虑电子上的效应。因此，电子的运动方程为

$$m_e\frac{d\boldsymbol{v}}{dt} = q_e\mathscr{E} - m_e\nu\boldsymbol{v}$$

式中，m_e 为电子的质量，等号右边第二项表示电子受到的摩擦力。用复相量表示时，上式可写为

$$j\omega m_e\mathbf{v} = q_e\mathbf{E} - m_e\nu\mathbf{v}$$

由此可得

$$\mathbf{v} = \frac{q_e}{m_e(\nu + j\omega)}\mathbf{E}$$

由电子运动形成的电流为

$$\mathbf{J}_c = N_e q_e\mathbf{v} = \frac{N_e q_e^2}{m_e(\nu + j\omega)}\mathbf{E}$$

将上式代入方程$\nabla \times \mathbf{H} = j\omega\,\epsilon_0\mathbf{E} + \mathbf{J}_c = j\omega\,\epsilon_{eff}\mathbf{E}$，可得等效的介电常数为

$$\epsilon_{eff} = \epsilon_0 + \frac{N_e q_e^2}{j\omega m_e(\nu + j\omega)} = \epsilon_0 + \frac{\epsilon_0 \omega_p^2}{j\omega(\nu + j\omega)}$$

式中，$\omega_p = \sqrt{N_e q_e^2/\epsilon_0 m_e}$，称为**等离子体频率**。这种形式的介电常数称为 **Drude 模型**。

【**例 1.9**】　对于色散的电介质，证明其复介电常数满足式(1.7.58)表示的 Kramers-Krönig 关系。

　　解：考虑极化率函数$\chi(t)$，其可以是电极化率函数$\chi_e(t)$，或磁极化率函数$\chi_m(t)$。由于它是一个因果函数。也就是说，对于$t < 0$，$\chi(t) = 0$，所以它的傅里叶变换可以写为

$$\chi(\omega) = \int_0^\infty \chi(t)\,e^{-j\omega t}\,dt$$

这是一个ω的解析函数。因为$\chi(t)$是实函数，所以 $\chi(\omega)$的实部$\chi'(\omega)$是一个偶函数；$\chi(\omega)$的虚部$\chi''(\omega)$是一个奇函数，也就是

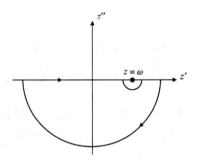

$$\chi'(-\omega) = \chi'(\omega), \qquad \chi''(-\omega) = -\chi''(\omega)$$

现在，考虑复平面($z = z' + jz''$)上的一个封闭围线积分：

$$\oint_C \frac{\chi(z) - \chi_\infty}{z - \omega}\,dz$$

图 1.6　复平面上积分的封闭围线

式中，围线C为包含除$z = \omega$外的整个实轴和半径为无限大的下半圆周形成的封闭围线(见图1.6)，而$\chi_\infty = \chi(\omega \to \infty)$。因为被积函数在围线里面无奇异点，根据柯西积分定理，围线积分为零。进一步，由于当$z'' \to -\infty$时$\chi(z) \to 0$，所以下半圆上的线积分为零。因此

$$\left[\int_{-\infty}^{\omega-\varepsilon} \frac{\chi(z)-\chi_\infty}{z-\omega}\,dz + \int_{\omega+\varepsilon}^{\infty} \frac{\chi(z)-\chi_\infty}{z-\omega}\,dz\right] + \int_c \frac{\chi(z)-\chi_\infty}{z-\omega}\,dz = 0$$

式中，c 表示用于去除奇异点$z = \omega$的半径为ε的小半圆。当$\varepsilon \to 0$时，方括号内的积分形成了一个主值积分，而随着半径趋于零，小半圆上的积分可以计算(令$z = \omega - \varepsilon e^{j\phi}$，然后对$\phi$从 0 到 π 积分)，由此得到

$$\fint_{-\infty}^{\infty} \frac{\chi(z)-\chi_\infty}{z-\omega}\,dz = -\lim_{\varepsilon \to 0}\int_c \frac{\chi(z)-\chi_\infty}{z-\omega}\,dz = -j\pi[\chi(\omega)-\chi_\infty]$$

从上式中取出实部和虚部，可得

$$\chi'(\omega) = \chi_\infty + \frac{1}{\pi}\fint_{-\infty}^{\infty}\frac{\chi''(z)}{z-\omega}\,dz$$

$$\chi''(\omega) = -\frac{1}{\pi}\fint_{-\infty}^{\infty}\frac{\chi'(z)-\chi_\infty}{z-\omega}\,dz$$

式中，$\chi(\omega) = \chi'(\omega) - j\chi''(\omega)$。使用$\chi'(\omega)$和$\chi''(\omega)$的对称性，这些方程可写为

$$\chi'(\omega) = \chi_\infty + \frac{2}{\pi} \int_0^\infty \frac{z\chi''(z)}{z^2 - \omega^2}\,\mathrm{d}z$$

$$\chi''(\omega) = -\frac{2\omega}{\pi} \int_0^\infty \frac{\chi'(z) - \chi_\infty}{z^2 - \omega^2}\,\mathrm{d}z$$

将上两式代入关系式 $\epsilon(\omega) = \epsilon_0 + \epsilon_0\chi_e(\omega)$，可得式(1.7.58)所示的 Kramers-Krönig 关系，其中 $\epsilon_\infty = \epsilon_0 + \epsilon_0\chi_{e,\infty}$。由于磁极化率函数具有相同的特性，所以复数磁导率满足相同的 Kramers-Krönig 关系。注意，在频率为无限大时，由于极化不能适应电场的瞬时变化，所以有 $\chi_{e,\infty} = 0$，因此 $\epsilon_\infty = \epsilon_0$。

原著参考文献

1. J. D. Kraus and D. Fleisch, *Electromagnetics with Applications* (5th edition). New York, NY：McGraw-Hill, 1999.

2. D. K. Cheng, *Field and Wave Electromagnetics* (2nd edition). Reading, MA：Addison-Wesley,1989.

3. C. R. Paul, K. W. Whites, and S. A. Nasar, *Introduction to Electromagnetic Fields* (3rd edition).New York：McGraw-Hill, 1998.

4. D. J. Griffiths, *Introduction to Electrodynamics* (3rd edition). Upper Saddle River, NJ：Prentice Hall, 1999.

5. N. Ida, *Engineering Electromagnetics* (2nd edition). New York, NY：Springer-Verlag, 2004.

6. N. N. Rao, *Elements of Engineering Electromagnetics* (6th edition). Upper Saddle River, NJ：Pearson Prentice Hall, 2004.

7. F. T. Ulaby, *Fundamentals of Applied Electromagnetics* (5th edition). Upper Saddle River, NJ：Pearson Prentice Hall, 2007.

8. C. T. Tai, *Generalized Vector and Dyadic Analysis* (2nd edition). Piscataway, NJ：IEEE Press, 1997.

9. J. C. Maxwell, "A dynamic theory of the electromagnetic field," *Philos. Trans. R. Soc. London*, vol. 155, pp. 459-512, 1865.

10. J. C. Maxwell, *A Treatise on Electricity and Magnetism*. Oxford, UK：Oxford University Press, 1873. Reprinted by Dover Publications, New York, 1954.

11. H. Hertz, *Electric Waves：Being Researches on the Propagation of Electric Action with Finite Velocity through Space*. London and New York：Macmillan and Company, 1893. Reprinted by Dover Publications, New York, 1954.

12. O. Heaviside, *Electromagnetic Theory* (3 volumes published in 1893, 1899, and 1912). Reprinted by AMS Chelsea Publishing Company, 1971.

13. C. A. Balanis, *Advanced Engineering Electromagnetics*. New York：John Wiley & Sons, Inc., 1989.

14. R. Bracewell, *The Fourier Transform and its Applications* (3rd edition). New York：McGraw-Hill, 2000.

15. J. A. Kong, *Electromagnetic Wave Theory*. Cambridge, MA：EMW Publishing, 2000.

16. E. J. Rothwell and M. J. Cloud, *Electromagnetics* (2nd edition). Boca Raton, FL：CRC Press, 2009.

习题

1.1 从散度的定义[式(1.1.1)]出发，分别推导散度在笛卡儿坐标系、柱坐标系和球坐标系中的表达式；然后进一步推导式(1.1.5)所示的高斯定理。

1.2 从式(1.1.6)给出的旋度定义出发，推导式(1.1.10)所示旋度的另一种定义；并进一步推导式(1.1.11)所示的斯托克斯定理。

1.3 从式(1.1.12)所示的梯度定义出发，推导式(1.1.13)所示梯度的另一种定义。

1.4 定义 R 为位于 (x,y,z) 的点 P 与位于 (x',y',z') 的点 P' 之间的距离，证明

$$\nabla\left(\frac{1}{R}\right) = -\frac{\mathbf{R}}{R^3}, \qquad \nabla'\left(\frac{1}{R}\right) = \frac{\mathbf{R}}{R^3}$$

式中，$\mathbf{R}=\mathbf{r}-\mathbf{r}'$，$\nabla'$ 作用于带撇号的变量。

1.5 使用习题 1.4 的结果，证明

$$\nabla \cdot \nabla\left(\frac{1}{R}\right) = -4\pi\delta(R)$$

式中，$R=|\mathbf{r}-\mathbf{r}'|$。

1.6 使用符号矢量法，证明下列矢量恒等式：

$$\mathbf{a}\times(\nabla\times\mathbf{b}) = (\nabla\mathbf{b})\cdot\mathbf{a} - \mathbf{a}\cdot(\nabla\mathbf{b})$$

$$\nabla\cdot(\mathbf{a}\times\mathbf{b}) = \mathbf{b}\cdot(\nabla\times\mathbf{a}) - \mathbf{a}\cdot(\nabla\times\mathbf{b})$$

注意：参量 $\nabla\mathbf{b}$ 表示并矢，2.2.5 节中对并矢进行了简要的介绍。

1.7 使用广义高斯定理，推导一个新的积分定理

$$\iiint_V (\mathbf{b}\nabla\cdot\mathbf{a} + \mathbf{a}\cdot\nabla\mathbf{b})\,\mathrm{d}V = \oiint_S (\hat{n}\cdot\mathbf{a})\mathbf{b}\,\mathrm{d}S$$

1.8 将式(1.1.45)至式(1.1.48)所示的格林定理应用于厚度可忽略的薄表面，推导把面积分变换到围线积分的相应变换公式。

1.9 1.1.3 节的亥姆霍兹定理可以更确切地表示为：一个在无限远处为零的光滑矢量函数总可以表示为

$$\mathbf{F}(\mathbf{r}) = -\nabla\varphi(\mathbf{r}) + \nabla\times\mathbf{A}(\mathbf{r})$$

式中，

$$\varphi(\mathbf{r}) = \frac{1}{4\pi}\iiint_V \frac{\nabla'\cdot\mathbf{F}(\mathbf{r}')}{|\mathbf{r}-\mathbf{r}'|}\,\mathrm{d}V'$$

$$\mathbf{A}(\mathbf{r}) = \frac{1}{4\pi}\iiint_V \frac{\nabla'\times\mathbf{F}(\mathbf{r}')}{|\mathbf{r}-\mathbf{r}'|}\,\mathrm{d}V'$$

证明此定理。

1.10 电阻可以看成一段电导率为 σ 的导电柱，其长度为 l，横截面为 s。证明其电阻值为

$$R = \frac{l}{\sigma s}$$

1.11 三个同心导体球壳，半径分别为 a、b 和 c，电荷分别为 q_1、q_2 和 q_3，假设 $a<b<c$，如图 1.7 所示。求各导体球的电位是多少？如果将最里面的导体球接地（电位为零），最外面的导体球的电位将如何变化？［**提示**：首先求出单个导体球的内外电位。］

1.12 半径为 a 的无限长导体圆柱上挖一个半径为 b 的空洞。空洞的轴线与导体圆柱的轴线平行，距离为 d，如图 1.8 所示。假设导体圆柱上有一个在横截面均匀分布的静态电流 I 沿 z 方向流动。求空洞轴线上的磁场强度是多少？［**提示**：使用线性叠加原理。］

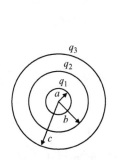 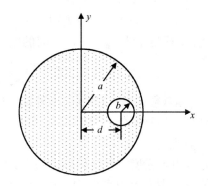

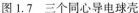

图 1.7　三个同心导电球壳　　　　图 1.8　带有偏心孔的无限长导体圆柱

1.13 一个宽度为 w、长度为 l、间距为 d 的平行平板电容与电压为 V 的电池连接。一块介质板相对介电常数为 ϵ_r，厚度为 $h(h<d)$，宽度和长度与平行平板电容相同，为 $w\times l$，插入在平行平板电容之间，位于电容的底板之上。求电容顶板受到的力（忽略边缘效应）。

1.14 如图 1.9 所示，由宽度为 w、长度为 l 的两块平行平板相距 d 组成一个电容器。在平行平板之间放置一块介质板，其相对介电常数为 ϵ_r、厚度为 d，宽度和长度与平行平板电容相同，分别为 w 和 l。假定介质板沿平行平板的长度方向拉开距离 x。

（a）证明：如果平板上的总电荷为 Q，则介质板上有如下的一个电力试图把介质板拉回原处：

$$F = \frac{Q^2(\epsilon_r - 1)d}{2\epsilon_0 w[(l-x) + \epsilon_r x]^2}$$

（b）平板上覆盖介质板部分 x 和覆盖空气部分 $(l-x)$ 的电荷分别是多少？

（c）如果电容器连接电压为 V 的电池，这个力是多少？[**提示**：使用虚功原理。]

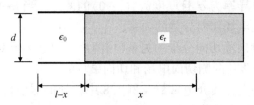

图 1.9　插入两个平行平板之间的介质板

1.15 电荷对称分布于 z 方向无限长圆柱上，其密度为

$$\varrho_e(\rho) = \begin{cases} \varrho_0(\rho/b)^2, & \rho \leqslant b \\ 0, & \rho > b \end{cases}$$

式中，ρ 为柱坐标，ϱ_0 为常数，b 为圆柱的半径。

（a）利用适当的积分形式的麦克斯韦方程和圆柱的对称性，求出 $\rho<b$ 区域和 $\rho>b$ 区域的电场；

（b）如果在 $\rho=a(a>b)$ 有一个接地的金属壳，则在 $\rho>a$ 的电场 $\mathbf{E}=0$。计算金属壳表面的电荷密度 $\varrho_{e,s}$。

1.16 考虑两个平行于 yz 平面的无限大平面(分别位于 $x=0$ 和 $x=d$),平面之间介质的介电常数为 ϵ_0,磁导率为 μ_0。平面之间的电场如下:

$$\mathscr{E} = \hat{z}A \sin\frac{\pi x}{d} \cos\frac{\pi ct}{d}$$

式中,A 是常数,c 是波速,平面外面的电场和磁场均为零。

(a) 计算电荷密度分布(体电荷密度或面电荷密度);
(b) 计算磁场;
(c) 计算电流密度分布(体电流密度和面电流密度)。

1.17 虽然麦克斯韦方程组可以用总电荷和总电流或用自由电荷和自由电流的形式表示,但它们都可以写为下列形式:

$$\nabla \times \mathscr{E} = -\frac{\partial \mathscr{B}}{\partial t}, \qquad \nabla \times \mathscr{H} = \frac{\partial \mathscr{D}}{\partial t} + \mathscr{J}$$

$$\nabla \cdot \mathscr{D} = \varrho_e, \qquad\qquad \nabla \cdot \mathscr{B} = 0$$

电荷密度 ϱ_e 和电流密度 $\mathscr{J}$ 的含义依赖于用于描述 $\mathscr{D}$ 和 $\mathscr{E}$,$\mathscr{B}$ 和 $\mathscr{H}$ 之间关系的本构关系。当使用自由空间的本构关系式 $\mathscr{D}=\epsilon_0\mathscr{E}$ 和 $\mathscr{B}=\mu_0\mathscr{H}$ 时,电荷和电流密度为总电荷密度和总电流密度,包括束缚电荷和束缚电流。当使用所在媒质的本构关系式 $\mathscr{D}=\epsilon_0\mathscr{E}+\mathscr{P}$ 和 $\mathscr{B}=\mu_0(\mathscr{H}+\mathscr{M})$ 时,麦克斯韦方程组中的电荷和电流密度为自由电荷密度和自由电流密度,因为束缚电荷和束缚电流的效果已经包含在本构关系中。把上述麦克斯韦组方程组表示成 $\mathscr{E}$ 和 $\mathscr{B}$ 的形式,证明在这两种情形下的麦克斯韦方程组是等效的。

1.18 根据式(1.4.8)和式(1.4.9)所示的微分形式麦克斯韦方程以及式(1.5.4)和式(1.5.7)所示的边界条件,推导对应的式(1.4.8)和式(1.4.9)所示的可应用于包含任何不连续界面[包含面电(磁)流和面电(磁)荷]的一般情况下的积分形式麦克斯韦方程。

1.19 考虑自由空间中电导率为 σ 且厚度为 $t(t\rightarrow0)$ 的薄片。当 $t\rightarrow0$ 时,σt 保持为常数。

(a) 求出薄片两侧电场切向分量的关系;
(b) 求出薄片两侧磁场切向分量的关系(用薄片上的电流密度表示);
(c) 进一步,求出薄片两侧切向电场和切向磁场的关系。

1.20 对例 1.6 中推导的电介质介电常数及例 1.8 中推导的非磁性等离子体的等效介电常数,求它们的电极化率函数 $\chi_e(t)$。

1.21 图 1.10 所示为一段矩形波导,其中没有任何源。在 $z=0$ 的横向场分量为

$$E_x = E_0 \sin\frac{\pi y}{b}, \qquad H_y = H_0(1+\mathrm{j})\sin\frac{\pi y}{b}$$

在 $z=c$ 的横向场分量为

$$E_x = \frac{E_0}{4}\sin\frac{\pi y}{b}, \qquad H_y = H_0 \sin\frac{\pi y}{b}$$

式中,E_0 和 H_0 为实数。求波导中消耗的平均功率(结果以 E_0、H_0、a 和 b 表示)。

1.22 假设幅度为 5 A 的 z 方向电流丝位于 z 轴从 $z=0$ 到 $z=1$ m 位置,电流丝外面被充满损耗材料的理想导电圆柱谐振腔封闭(见图 1.11)。如果从 $z=0$ 到 $z=1$ m 位置 z 轴上的

电场 $\mathbf{E} = -\hat{z}(1+j)$，频率为 $1\,\text{kHz}$，求谐振腔中消耗功率的时均值和谐振腔中电能和磁能的时均差值。

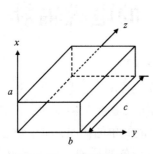 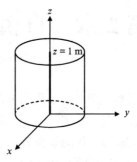

图 1.10　一段矩形波导　　　　　　　图 1.11　置于理想导体圆柱内的电流丝

1.23 图 1.12 表示一个向自由空间辐射的开口波导。在开口处的场为

$$E_y = E_0 \sin \frac{\pi x}{a}, \qquad H_x = -(1+j)\frac{E_0}{377}\sin\frac{\pi x}{a}$$

求向自由空间辐射的时均功率（结果以 E_0、a 和 b 表示）。

1.24 图 1.13 所示为一段同轴波导。波导的长度为 d，由半径为 a 和 b 的两个圆柱体构成。在 $z=0$ 处的横向时谐场分量为

$$\mathbf{E}|_{z=0} = \hat{\rho}\frac{A}{\rho}, \qquad \mathbf{H}|_{z=0} = \hat{\phi}\frac{B}{\rho}$$

在 $z=d$ 处的横向时谐场分量为

$$\mathbf{E}|_{z=d} = \hat{\rho}\frac{jC}{\rho}, \qquad \mathbf{H}|_{z=d} = \hat{\phi}\frac{(D+jE)}{\rho}$$

式中，A、B、C、D 和 E 均为实数。

（a）求在 $z=0$ 和 $z=d$ 之间的体积内消耗功率或获得功率的时均值；

（b）A、B、C、D 和 E 满足什么条件可以导致：（1）时均功率为消耗功率？（2）时均功率为获得功率？

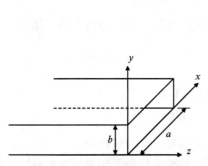 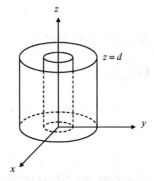

图 1.12　向自由空间辐射的开口矩形波导　　　　图 1.13　一段同轴波导

1.25 证明例 1.6 中针对介电材料推导的介电常数和例 1.8 中针对非磁性等离子体推导的等效介电常数满足式（1.7.58）所示的 Kramers-Krönig 关系。

第2章 自由空间中的电磁辐射

给定本构关系和边界条件,我们可以通过求解微分形式的麦克斯韦方程来分析电磁辐射问题。然而,对于大多数实际问题,求解麦克斯韦方程是非常困难的。仅对少数几个特例,可以得到麦克斯韦方程的解析解。本章考虑其中最简单的情况,即在介电常数为 ϵ、磁导率为 μ 的无限大(无界)均匀媒质中的电磁辐射,这样的媒质通常称为**自由空间**[①]。我们首先引入标量位和矢量位的概念,以帮助求解麦克斯韦方程。接下来介绍并矢格林函数,它可以使电流辐射场的表达式更为紧凑。最后,我们将分析无限小电偶极子、有限长电偶极子、圆电流环、表面电流和简单阵列电流的辐射问题,并推导描述场在无穷远处性质的索末菲辐射条件。

2.1 标量位和矢量位

给定时谐电流源 $\mathbf{J}$ 和磁流源 $\mathbf{M}$,由源产生的电磁场满足麦克斯韦方程组:

$$\nabla \times \mathbf{E} = -\mathrm{j}\omega\mu\mathbf{H} - \mathbf{M} \tag{2.1.1}$$

$$\nabla \times \mathbf{H} = \mathrm{j}\omega\epsilon\mathbf{E} + \mathbf{J} \tag{2.1.2}$$

$$\nabla \cdot (\epsilon\mathbf{E}) = \varrho_{\mathrm{e}} \tag{2.1.3}$$

$$\nabla \cdot (\mu\mathbf{H}) = \varrho_{\mathrm{m}} \tag{2.1.4}$$

从这些方程式可看到电场和磁场是相互耦合的,耦合的强度取决于频率。当频率降低时,耦合减弱。当频率接近于零($\omega \to 0$)时,式(2.1.1)至式(2.1.4)变为

$$\nabla \times \mathbf{E} = -\mathbf{M}, \qquad \nabla \cdot (\epsilon\mathbf{E}) = \varrho_{\mathrm{e}} \tag{2.1.5}$$

$$\nabla \times \mathbf{H} = \mathbf{J}, \qquad \nabla \cdot (\mu\mathbf{H}) = \varrho_{\mathrm{m}} \tag{2.1.6}$$

此时电场和磁场之间没有耦合,因而可以分别独立求解。这种场称为**静态场**。

2.1.1 静态场

当磁流为零时,静电场由电荷产生,并满足如下方程:

$$\nabla \times \mathbf{E} = 0, \qquad \nabla \cdot (\epsilon\mathbf{E}) = \varrho_{\mathrm{e}} \tag{2.1.7}$$

这是两个一阶偏微分方程,其中仅有一个未知函数 $\mathbf{E}$。为求解这两个方程,我们首先注意到 $\mathbf{E}$ 是一个无旋矢量,因而可以表示成一个标量函数的梯度。因此,可以设

---

① 术语"自由空间"经常用于描述两种特殊媒质。一种是不含任何物质的真空或空气,其介电常数和磁导率分别为 ϵ_0 和 μ_0;另一种是介电常数和磁导率为常数的无限大均匀媒质。其具体含义可以从上下文得知。

$$\mathbf{E} = -\nabla\varphi \tag{2.1.8}$$

以满足式(2.1.7)中的第一个方程。标量函数 φ 称为**标量电位**或**标量电势**。将式(2.1.8)代入式(2.1.7)中的第二个方程,可得

$$-\nabla \cdot (\epsilon\nabla\varphi) = \varrho_{\mathrm{e}} \tag{2.1.9}$$

这是一个二阶偏微分方程。在均匀媒质中,式(2.1.9)可以写为

$$\nabla^2\varphi = -\frac{\varrho_{\mathrm{e}}}{\epsilon} \tag{2.1.10}$$

上式称为**泊松方程**。在无限大媒质中,其解为

$$\varphi(\mathbf{r}) = \frac{1}{4\pi\epsilon}\iiint_V \frac{\varrho_{\mathrm{e}}(\mathbf{r}')}{R}\,\mathrm{d}V', \quad R = |\mathbf{r} - \mathbf{r}'| \tag{2.1.11}$$

这个结果可以通过对点电荷产生的标量电位进行线性叠加而得到,也可以通过数学求解泊松方程得到。稍后我们将对更一般的情况讨论如何求解泊松方程。

当磁荷为零时,静磁场由电流产生,并满足如下方程:

$$\nabla \times \mathbf{H} = \mathbf{J}, \quad \nabla \cdot (\mu\mathbf{H}) = 0 \tag{2.1.12}$$

这是两个一阶偏微分方程,其中仅有一个未知函数 $\mathbf{H}$。为求解这两个方程,我们首先注意到 $\mathbf{B} = \mu\mathbf{H}$ 是一个无散矢量,因而可以表示成一个矢量函数的旋度。因此,可以设

$$\mathbf{B} = \nabla \times \mathbf{A} \tag{2.1.13}$$

以满足式(2.1.12)中的第二个方程。矢量函数 $\mathbf{A}$ 称为**矢量磁位**。将式(2.1.13)代入式(2.1.12)中的第一个方程,可得

$$\nabla \times \left(\frac{1}{\mu}\nabla \times \mathbf{A}\right) = \mathbf{J} \tag{2.1.14}$$

这是一个二阶的偏微分方程。由于 $\mathbf{A}$ 是一个矢量函数,仅仅知道它的旋度还不能唯一地确定这个函数,因为如果 $\mathbf{A}$ 是式(2.1.14)的一个解,则由矢量恒等式 $\nabla \times \nabla f \equiv 0$ 可知 $\mathbf{A} + \nabla f$ 也是式(2.1.14)的解。因此,为了唯一确定 $\mathbf{A}$,我们还要规定它的散度。在均匀媒质中,式(2.1.14)变为

$$\nabla \times (\nabla \times \mathbf{A}) = \nabla(\nabla \cdot \mathbf{A}) - \nabla^2\mathbf{A} = \mu\mathbf{J} \tag{2.1.15}$$

为使式(2.1.15)的形式更加简单,可以令 $\mathbf{A}$ 的散度为零,即

$$\nabla \cdot \mathbf{A} = 0 \tag{2.1.16}$$

这样,式(2.1.15)则简化为

$$\nabla^2\mathbf{A} = -\mu\mathbf{J} \tag{2.1.17}$$

这是矢量泊松方程。式(2.1.16)称为**库仑规范**。通过与式(2.1.10)对比,可以发现此方程在无限大媒质中的解为

$$\mathbf{A}(\mathbf{r}) = \frac{\mu}{4\pi}\iiint_V \frac{\mathbf{J}(\mathbf{r}')}{R}\,\mathrm{d}V', \quad R = |\mathbf{r} - \mathbf{r}'| \tag{2.1.18}$$

需要注意的是,$\mathbf{A}$ 的散度规定只是为了唯一地确定 $\mathbf{A}$。由于 $\mathbf{A}$ 是一个为求解 $\mathbf{H}$ 而引入的

中间变量或辅助变量,它的唯一性并不重要。因为即使 $\mathbf{A}$ 不是唯一的,通过式(2.1.13)得到的磁场总是唯一的。$\mathbf{A}$ 的散度并不影响最终的磁场解,因而可以任意规定其值。一般来说,应该选择 $\mathbf{A}$ 的散度,使最后得到的方程形式尽可能简单。这一点在库仑规范[式(2.1.16)]的选择中已得到充分说明。另外需要指出的是,无源区域的静磁场也可以使用标量磁位得到,其求解过程与静电场的相同,详见例2.3。

本书的研究对象主要是动态场。关于静电和静磁问题的处理,读者可以参考经典教材 Stratton[1]、Jackson[2]和 Van Bladel[3]。这些教材,以及 Harrington[4]、Balanis[5]、Kong[6]和 Smith[7]等,也是下面将讨论的动态场问题的优秀参考书。

▷ **【例 2.1】** 真空中位于 $\mathbf{r}'$ 的静态无限小电偶极子的电偶极矩为 $\mathbf{p}=q\mathbf{l}$,证明其标量位为

$$\varphi(\mathbf{r}) = \frac{\mathbf{p} \cdot (\mathbf{r} - \mathbf{r}')}{4\pi\epsilon_0 |\mathbf{r} - \mathbf{r}'|^3}$$

式中,$\mathbf{r}$ 表示观察点。基于这个结果,假设极化介质的极化强度为 $\mathbf{P}(\mathbf{r})$,体积为 V,封闭面为 S,推导极化介质的标量位。

解: 假定偶极子的正电荷位于 $\mathbf{r}'_+$,负电荷位于 $\mathbf{r}'_-$。这样,偶极子的长度为 $\mathbf{l}=\mathbf{r}'_+-\mathbf{r}'_-$;偶极子的中心位于 $\mathbf{r}'=\frac{1}{2}(\mathbf{r}'_++\mathbf{r}'_-)$。由这两个电荷产生的电位为

$$\varphi(\mathbf{r}) = \frac{q}{4\pi\epsilon_0 |\mathbf{r} - \mathbf{r}'_+|} - \frac{q}{4\pi\epsilon_0 |\mathbf{r} - \mathbf{r}'_-|} = \frac{ql}{4\pi\epsilon_0} \frac{\partial}{\partial l} \frac{1}{R} = \frac{q\mathbf{l}}{4\pi\epsilon_0} \cdot \nabla' \frac{1}{R}$$

式中,$R=|\mathbf{r}-\mathbf{r}'|$。应用习题 1.4 中的结果,有

$$\varphi(\mathbf{r}) = \frac{q\mathbf{l}}{4\pi\epsilon_0} \cdot \frac{\mathbf{R}}{R^3} = \frac{\mathbf{p} \cdot \mathbf{R}}{4\pi\epsilon_0 R^3} = \frac{\mathbf{p} \cdot (\mathbf{r} - \mathbf{r}')}{4\pi\epsilon_0 |\mathbf{r} - \mathbf{r}'|^3}$$

对于极化强度为 $\mathbf{P}(\mathbf{r})$ 的极化介质,$\mathbf{r}'$ 处体积元 $\Delta V'$ 的电矩为 $\mathbf{P}(\mathbf{r}')\Delta V'$。因此,极化介质的总电位为

$$\varphi(\mathbf{r}) = \frac{1}{4\pi\epsilon_0} \iiint_V \frac{\mathbf{P}(\mathbf{r}') \cdot (\mathbf{r} - \mathbf{r}')}{|\mathbf{r} - \mathbf{r}'|^3} \, dV' = \frac{1}{4\pi\epsilon_0} \iiint_V \mathbf{P}(\mathbf{r}') \cdot \nabla' \frac{1}{|\mathbf{r} - \mathbf{r}'|} \, dV'$$

应用式(1.1.31)的矢量恒等式,被积函数可以写为

$$\mathbf{P}(\mathbf{r}') \cdot \nabla' \frac{1}{|\mathbf{r} - \mathbf{r}'|} = \nabla' \cdot \frac{\mathbf{P}(\mathbf{r}')}{|\mathbf{r} - \mathbf{r}'|} - \frac{\nabla' \cdot \mathbf{P}(\mathbf{r}')}{|\mathbf{r} - \mathbf{r}'|}$$

再应用式(1.1.5)的高斯定理,可得

$$\varphi(\mathbf{r}) = \frac{1}{4\pi\epsilon_0} \oiint_S \frac{\hat{n}' \cdot \mathbf{P}(\mathbf{r}')}{|\mathbf{r} - \mathbf{r}'|} \, dS' - \frac{1}{4\pi\epsilon_0} \iiint_V \frac{\nabla' \cdot \mathbf{P}(\mathbf{r}')}{|\mathbf{r} - \mathbf{r}'|} \, dV'$$

式中,$\hat{n}'$ 表示 S 面上向外的单位法向矢量。将上式与式(2.1.11)进行比较,可以看出,极化介质具有体电荷密度 $\varrho_e(\mathbf{r})=-\nabla \cdot \mathbf{P}(\mathbf{r})$ 和面电荷密度 $\varrho_{e,s}(\mathbf{r})=\hat{n} \cdot \mathbf{P}(\mathbf{r})$。第一个结果示于式(1.3.3)中,第二个结果在例 1.5 中已推出。 ◁

【例 2.2】　证明磁偶极矩为 $\mathbf{m} = I\mathbf{s}$ 的恒定无限小电流环在真空中 $\mathbf{r}'$ 处的矢量磁位为

$$\mathbf{A}(\mathbf{r}) = \frac{\mu_0 \mathbf{m} \times (\mathbf{r} - \mathbf{r}')}{4\pi \left| \mathbf{r} - \mathbf{r}' \right|^3}$$

式中，$\mathbf{r}$ 表示观察点。基于这个结果，假设磁化媒质的磁化强度为 $\mathbf{M}(\mathbf{r})$，体积为 V，封闭面为 S，推导磁化媒质的矢量磁位。

　　解： 在考虑任意位置、任意方向的磁偶极子之前，首先考虑中心在原点的位于 xy 平面的无限小电流环，此电流环具有 z 方向磁偶极矩。由电流环上的恒定电流 I 产生的矢量磁位为

$$\mathbf{A}(\mathbf{r}) = \frac{\mu_0}{4\pi} \oint_C \frac{I\,\mathrm{d}\mathbf{l}'}{\left| \mathbf{r} - \mathbf{r}' \right|} = \frac{\mu_0}{4\pi} \int_0^{2\pi} \frac{Ia(-\hat{x}\sin\phi' + \hat{y}\cos\phi')}{\left| \mathbf{r} - \mathbf{r}' \right|}\,\mathrm{d}\phi'$$

式中，a 表示电流环的半径。由于旋转对称性，$\mathbf{A}(\mathbf{r})$ 仅仅具有 ϕ 方向分量，并且与 ϕ 无关，即 $\mathbf{A}(\mathbf{r}) = \hat{\phi} A_\phi(r, \sin\theta)$。因此，可以考虑观察点位于 xz 平面的特殊情况，然后求 A_y，此时的 A_y 与 A_ϕ 相同。所以

$$A_\phi = A_y \big|_{\phi=0} = \frac{\mu_0 Ia}{4\pi} \int_0^{2\pi} \frac{\cos\phi'}{r - a\sin\theta\cos\phi'}\,\mathrm{d}\phi'$$

由于电流环非常小，即 $a \to 0$，因此可将被积函数展开成泰勒级数，然后保留前两项，得到

$$A_\phi = \frac{\mu_0 Ia}{4\pi r} \int_0^{2\pi} \left(1 + \frac{a}{r}\sin\theta\cos\phi'\right)\cos\phi'\,\mathrm{d}\phi' = \frac{\mu_0 Ia^2}{4r^2}\sin\theta$$

或

$$\mathbf{A}(\mathbf{r}) = \hat{\phi}\frac{\mu_0 Ia^2}{4r^2}\sin\theta$$

由于 $\hat{\phi}\sin\theta = \hat{z} \times \hat{r}$ 和 $\mathbf{m} = \hat{z}\,I\pi a^2$，矢量磁位可以表示为

$$\mathbf{A}(\mathbf{r}) = \frac{\mu_0 \mathbf{m} \times \hat{r}}{4\pi r^2} = \frac{\mu_0 \mathbf{m} \times \mathbf{r}}{4\pi r^3}$$

式中，$\mathbf{r}$ 为位于原点的磁偶极子指向观察点的矢量。对于位于 $\mathbf{r}'$ 的磁偶极子，从磁偶极子指向观察点的矢量变为 $\mathbf{r} - \mathbf{r}'$。因此，位于 $\mathbf{r}'$ 的磁偶极子的矢量磁位为

$$\mathbf{A}(\mathbf{r}) = \frac{\mu_0 \mathbf{m} \times (\mathbf{r} - \mathbf{r}')}{4\pi \left| \mathbf{r} - \mathbf{r}' \right|^3}$$

对于磁化强度为 $\mathbf{M}(\mathbf{r})$ 的磁化媒质，$\mathbf{r}'$ 处体积元 $\Delta V'$ 的磁矩为 $\mathbf{M}(\mathbf{r}')\Delta V'$。基于上面的结果，磁化媒质的总矢量磁位为

$$\mathbf{A}(\mathbf{r}) = \frac{\mu_0}{4\pi} \iiint_V \frac{\mathbf{M}(\mathbf{r}') \times (\mathbf{r} - \mathbf{r}')}{\left| \mathbf{r} - \mathbf{r}' \right|^3}\,\mathrm{d}V' = \frac{\mu_0}{4\pi} \iiint_V \mathbf{M}(\mathbf{r}') \times \nabla'\frac{1}{\left| \mathbf{r} - \mathbf{r}' \right|}\,\mathrm{d}V'$$

应用式（1.1.33）的矢量恒等式，被积函数可以写为

$$\mathbf{M}(\mathbf{r}') \times \nabla'\frac{1}{\left| \mathbf{r} - \mathbf{r}' \right|} = \frac{\nabla' \times \mathbf{M}(\mathbf{r}')}{\left| \mathbf{r} - \mathbf{r}' \right|} - \nabla' \times \frac{\mathbf{M}(\mathbf{r}')}{\left| \mathbf{r} - \mathbf{r}' \right|}$$

然后应用式(1.1.38)所示的旋度定理,可得

$$\mathbf{A}(\mathbf{r}) = \frac{\mu_0}{4\pi}\iiint_V \frac{\nabla' \times \mathbf{M}(\mathbf{r}')}{|\mathbf{r}-\mathbf{r}'|}\mathrm{d}V' - \frac{\mu_0}{4\pi}\oiint_S \frac{\hat{n}' \times \mathbf{M}(\mathbf{r}')}{|\mathbf{r}-\mathbf{r}'|}\mathrm{d}S'$$

式中,$\hat{n}'$表示S面上向外的单位法向矢量。将上式与式(2.1.18)进行比较,可以看出,磁化媒质有体电流密度$\mathbf{J}_m(\mathbf{r}) = \nabla\times\mathbf{M}(\mathbf{r})$和面电流密度$\mathbf{J}_{m,s}(\mathbf{r}) = -\hat{n}\times\mathbf{M}(\mathbf{r})$。第一个结果示于式(1.3.14)中,第二个结果在例1.5中已推出。

【例2.3】 采用标量磁位的方法,推导无源、均匀区域的静磁场求解公式。

解: 无源区域中,式(2.1.12)中的方程变为

$$\nabla\times\mathbf{H} = 0, \qquad \nabla\cdot(\mu\mathbf{H}) = 0$$

上式表明,$\mathbf{H}$是无旋矢量。因此,为满足第一个方程,可以令

$$\mathbf{H} = -\nabla\varphi_m$$

式中,φ_m称为**标量磁位**。将此式代入第二个方程,可得φ_m的二阶偏微分方程为

$$\nabla^2\varphi_m = 0$$

此方程称为**拉普拉斯方程**,其解可以用来构造无源区域的磁场表达式。这种方法在求解面电流产生的磁场时比较方便,因为在这一类问题的求解中,需要带有未知系数的无源区域磁场表达式,然后可用面电流两侧磁场边界条件确定未知系数。

2.1.2　时谐场和洛伦兹规范

推导静电场和静磁场方程的基本方法可用于推导时谐场方程。但时谐场的情况更复杂。为了简化推导,我们首先把电场和磁场分解成电流源产生的场和磁流源产生的场[4,5],即

$$\mathbf{E} = \mathbf{E}_e + \mathbf{E}_m, \qquad \mathbf{H} = \mathbf{H}_e + \mathbf{H}_m \tag{2.1.19}$$

式中,$\mathbf{E}_e$和$\mathbf{H}_e$满足

$$\nabla\times\mathbf{E}_e = -\mathrm{j}\omega\mu\mathbf{H}_e, \qquad \nabla\cdot(\epsilon\mathbf{E}_e) = \varrho_e \tag{2.1.20}$$

$$\nabla\times\mathbf{H}_e = \mathrm{j}\omega\epsilon\mathbf{E}_e + \mathbf{J}, \qquad \nabla\cdot(\mu\mathbf{H}_e) = 0 \tag{2.1.21}$$

而$\mathbf{E}_m$和$\mathbf{H}_m$则满足

$$\nabla\times\mathbf{E}_m = -\mathrm{j}\omega\mu\mathbf{H}_m - \mathbf{M}, \qquad \nabla\cdot(\epsilon\mathbf{E}_m) = 0 \tag{2.1.22}$$

$$\nabla\times\mathbf{H}_m = \mathrm{j}\omega\epsilon\mathbf{E}_m, \qquad \nabla\cdot(\mu\mathbf{H}_m) = \varrho_m \tag{2.1.23}$$

接下来,求解式(2.1.20)和式(2.1.21)这四个方程。式(2.1.21)的第二个方程表明$\mathbf{B}_e = \mu\mathbf{H}_e$是一个无散矢量函数。在引入矢量磁位$\mathbf{A}$后,$\mathbf{B}_e$满足下式:

$$\mathbf{B}_e = \nabla\times\mathbf{A} \tag{2.1.24}$$

将其代入式(2.1.20)的第一个方程,可得

$$\nabla\times(\mathbf{E}_e + \mathrm{j}\omega\mathbf{A}) = 0 \tag{2.1.25}$$

为使上式得到满足，引入标量电位 φ 为

$$\mathbf{E}_e + \mathrm{j}\omega\mathbf{A} = -\nabla\varphi \tag{2.1.26}$$

为了满足式(2.1.21)的第一个方程，将式(2.1.24)和式(2.1.26)代入其中，得到

$$\nabla \times \left(\frac{1}{\mu}\nabla \times \mathbf{A}\right) = -\mathrm{j}\omega\epsilon\nabla\varphi + \omega^2\epsilon\mathbf{A} + \mathbf{J} \tag{2.1.27}$$

在均匀介质中，这个方程简化为

$$\nabla(\nabla \cdot \mathbf{A}) - \nabla^2\mathbf{A} = -\mathrm{j}\omega\mu\epsilon\nabla\varphi + k^2\mathbf{A} + \mu\mathbf{J} \tag{2.1.28}$$

式中，$k^2 = \omega^2\mu\epsilon$。与静磁场的情况类似，矢量磁位 $\mathbf{A}$ 仅由式(2.1.24)确定了其旋度。为得到矢量磁位的唯一解，可以规定一个值作为它的散度。为了使式(2.1.28)的形式得到简化，设定 $\nabla \cdot \mathbf{A}$ 为

$$\nabla \cdot \mathbf{A} = -\mathrm{j}\omega\mu\epsilon\varphi \tag{2.1.29}$$

于是，式(2.1.28)可简化为

$$\nabla^2\mathbf{A} + k^2\mathbf{A} = -\mu\mathbf{J} \tag{2.1.30}$$

一旦确定了 $\mathbf{A}$，$\mathbf{E}_e$ 和 $\mathbf{H}_e$ 就可由如下公式计算：

$$\mathbf{E}_e = -\mathrm{j}\omega\mathbf{A} + \frac{1}{\mathrm{j}\omega\mu\epsilon}\nabla(\nabla \cdot \mathbf{A}) \tag{2.1.31}$$

$$\mathbf{H}_e = \frac{1}{\mu}\nabla \times \mathbf{A} \tag{2.1.32}$$

式(2.1.29)称为**洛伦兹规范**，它的引入不仅使 $\mathbf{A}$ 的值唯一确定，还简化了 $\mathbf{A}$ 满足的偏微分方程。式(2.1.30)通常称为**矢量亥姆霍兹方程**，我们将在下一节讨论此方程的解。标量电位可以通过式(2.1.29)直接得到，无须额外求解。不过，我们可以按如下方式得到标量电位满足的方程：对式(2.1.26)取散度，然后把式(2.1.29)和式(2.1.20)的第二个方程代入这个散度结果，得到

$$\nabla^2\varphi + k^2\varphi = -\frac{\varrho_e}{\epsilon} \tag{2.1.33}$$

上式称为**标量亥姆霍兹方程**。

引入矢量电位和标量磁位，经过类似的处理可得如下公式：

$$\mathbf{E}_m = -\frac{1}{\epsilon}\nabla \times \mathbf{F} \tag{2.1.34}$$

$$\mathbf{H}_m = -\mathrm{j}\omega\mathbf{F} + \frac{1}{\mathrm{j}\omega\mu\epsilon}\nabla(\nabla \cdot \mathbf{F}) \tag{2.1.35}$$

式中，$\mathbf{F}$ 为**矢量电位**，它满足如下矢量亥姆霍兹方程：

$$\nabla^2\mathbf{F} + k^2\mathbf{F} = -\epsilon\mathbf{M} \tag{2.1.36}$$

将 $\mathbf{E}_e$、$\mathbf{H}_e$ 和 $\mathbf{E}_m$、$\mathbf{H}_m$ 的表达式代入式(2.1.19)，得到总场的表达式为

$$\mathbf{E} = -\mathrm{j}\omega\mathbf{A} + \frac{1}{\mathrm{j}\omega\mu\epsilon}\nabla(\nabla \cdot \mathbf{A}) - \frac{1}{\epsilon}\nabla \times \mathbf{F} \tag{2.1.37}$$

$$\mathbf{H} = \frac{1}{\mu} \nabla \times \mathbf{A} - j\omega\mathbf{F} + \frac{1}{j\omega\mu\epsilon} \nabla(\nabla \cdot \mathbf{F}) \qquad (2.1.38)$$

需要指出的是,本节给出的公式对于有限大或无限大均匀媒质都是成立的。对于一个特定的问题,一旦通过求解式(2.1.30)和式(2.1.36)得到 $\mathbf{A}$ 和 $\mathbf{F}$,即可由式(2.1.37)和式(2.1.38)得到场解。

在电磁场著作中,另外两个经常使用的矢量位是电赫兹位和磁赫兹位,分别表示为 $\mathbf{\Pi}_e$ 和 $\mathbf{\Pi}_m$。它们与上面介绍的矢量位的关系为 $\mathbf{A} = j\omega\mu\epsilon\mathbf{\Pi}_e$ 和 $\mathbf{F} = j\omega\mu\epsilon\mathbf{\Pi}_m$。

2.2 自由空间中矢量位的解

在引入矢量磁位 $\mathbf{A}$ 和矢量电位 $\mathbf{F}$ 之后,麦克斯韦方程的求解简化为对两个形式相同的二阶偏微分方程[式(2.1.30)和式(2.1.36)]的求解。因为这两个方程是线性的,所以它们的解可以表示成点源解的线性叠加。例如,式(2.1.30)的解可以表示为

$$\mathbf{A}(\mathbf{r}) = \mu \iiint_V \mathbf{J}(\mathbf{r}')G(\mathbf{r},\mathbf{r}')\mathrm{d}V' \qquad (2.2.1)$$

式中,$G(\mathbf{r},\mathbf{r}')$ 为对应于点源的基本解。在电磁场中,此基本解通常称为**格林函数**[8]。

2.2.1 δ 函数和格林函数

为求出 $G(\mathbf{r},\mathbf{r}')$,首先要给出点源的数学描述。考虑一个位于 $\mathbf{r}'$ 处的带有单位大小电量的点电荷,当电荷的体积趋于零时,电荷密度可用下面的函数表示为

$$\delta(\mathbf{r} - \mathbf{r}') = \begin{cases} \infty, & \text{当} \mathbf{r} = \mathbf{r}' \\ 0, & \text{当} \mathbf{r} \neq \mathbf{r}' \end{cases} \qquad (2.2.2)$$

因为总电荷值是恒定的,故有

$$\iiint_V \delta(\mathbf{r} - \mathbf{r}')\mathrm{d}V = \begin{cases} 1, & \text{当} \mathbf{r}' \text{在} V \text{中} \\ 0, & \text{当} \mathbf{r}' \text{不在} V \text{中} \end{cases} \qquad (2.2.3)$$

式(2.2.2)和式(2.2.3)定义的函数称为**狄拉克函数(δ 函数)**[8]。很显然,给定任意在 $\mathbf{r}'$ 连续的函数,有

$$\iiint_V f(\mathbf{r})\delta(\mathbf{r} - \mathbf{r}')\mathrm{d}V = \begin{cases} f(\mathbf{r}'), & \text{当} \mathbf{r}' \text{在} V \text{中} \\ 0, & \text{当} \mathbf{r}' \text{不在} V \text{中} \end{cases} \qquad (2.2.4)$$

上式表明,任意源函数 $f(\mathbf{r}')$ 均可看成无数点源函数 $\delta(\mathbf{r}-\mathbf{r}')$ 的线性叠加。

对一维问题,δ 函数可以表示成一个函数的极限:

$$\delta(x - x') = \lim_{\varepsilon \to 0} u_\varepsilon(x - x') \qquad (2.2.5)$$

式中,$u_\varepsilon(x-x')$ 称为 **δ 函数族**。它可以是一个宽度为 ε 且高度为 $1/\varepsilon$ 的矩形函数,也可以是宽度为 2ε 且高度为 $1/\varepsilon$ 的三角形函数,其中心在 $x=x'$。δ 函数的形状并不重要,重要的是当宽度趋于零时,它的面积恒定,即

$$\int_a^b \delta(x - x')\mathrm{d}x = \begin{cases} 1, & \text{当} x' \text{在} (a,b) \text{中} \\ 0, & \text{当} x' \text{不在} (a,b) \text{中} \end{cases} \qquad (2.2.6)$$

因而

$$\int_a^b f(x)\delta(x - x')\,\mathrm{d}x = \begin{cases} f(x'), & \text{当 } x' \text{ 在 } (a,b) \text{中} \\ 0, & \text{当 } x' \text{ 不在 } (a,b) \text{中} \end{cases} \tag{2.2.7}$$

如此定义的 δ 函数不是一个经典意义上的函数，因此称其为**符号函数**或**广义函数**[9]。很容易看出，δ 函数是一个对称函数，即

$$\delta(x - x') = \delta(x' - x) \tag{2.2.8}$$

在笛卡儿坐标系、柱坐标系和球坐标系中，三维 δ 函数与一维 δ 函数的关系为

$$\delta(\mathbf{r} - \mathbf{r}') = \delta(x - x')\delta(y - y')\delta(z - z') \tag{2.2.9}$$

$$\delta(\mathbf{r} - \mathbf{r}') = \frac{\delta(\rho - \rho')\delta(\phi - \phi')\delta(z - z')}{\rho} \tag{2.2.10}$$

$$\delta(\mathbf{r} - \mathbf{r}') = \frac{\delta(r - r')\delta(\theta - \theta')\delta(\phi - \phi')}{r^2 \sin\theta} \tag{2.2.11}$$

这些函数均满足式 (2.2.3)。

在引入 δ 函数后，电流密度 $\mathbf{J}$ 可以表示成点源的线性叠加，即

$$\mathbf{J}(\mathbf{r}) = \iiint_V \mathbf{J}(\mathbf{r}')\delta(\mathbf{r} - \mathbf{r}')\,\mathrm{d}V' \tag{2.2.12}$$

将上式和式 (2.2.1) 代入式 (2.1.30)，可得

$$\iiint_V [\nabla^2 G(\mathbf{r},\mathbf{r}') + k^2 G(\mathbf{r},\mathbf{r}')]\mathbf{J}(\mathbf{r}')\,\mathrm{d}V' = -\iiint_V \delta(\mathbf{r} - \mathbf{r}')\mathbf{J}(\mathbf{r}')\,\mathrm{d}V' \tag{2.2.13}$$

由于上式对任意 $\mathbf{J}(\mathbf{r}')$ 都成立，由此可得 $G(\mathbf{r},\mathbf{r}')$ 满足的方程为

$$\nabla^2 G(\mathbf{r},\mathbf{r}') + k^2 G(\mathbf{r},\mathbf{r}') = -\delta(\mathbf{r} - \mathbf{r}') \tag{2.2.14}$$

现在，通过求解式 (2.2.14) 可得 $\mathbf{A}$ 和 $\mathbf{F}$。下一节将讨论自由空间中式 (2.2.14) 的求解过程。

2.2.2　自由空间格林函数

对大多数实际问题，式 (2.2.14) 是很难求解的。但是，对于无限大均匀媒质，比如自由空间，则可以通过几种不同的方法得到该方程的解析解。下面介绍一种最简单的方法。

我们用 $G_0(\mathbf{r},\mathbf{r}')$ 表示自由空间中的格林函数。为了求解 $G_0(\mathbf{r},\mathbf{r}')$，首先考虑 $\mathbf{r}' = 0$ 时的特殊情况。此时，$G_0(\mathbf{r},0)$ 对于坐标原点是球对称的，因而式 (2.2.14) 变为

$$\frac{1}{r^2}\frac{\mathrm{d}}{\mathrm{d}r}\left[r^2\frac{\mathrm{d}G_0(\mathbf{r},0)}{\mathrm{d}r}\right] + k^2 G_0(\mathbf{r},0) = -\delta(\mathbf{r} - 0) \tag{2.2.15}$$

对于 $\mathbf{r} \neq 0$，式 (2.2.15) 可以写为

$$\frac{\mathrm{d}^2[rG_0(\mathbf{r},0)]}{\mathrm{d}r^2} + k^2[rG_0(\mathbf{r},0)] = 0 \tag{2.2.16}$$

此方程有如下两个独立解：

$$rG_0(\mathbf{r},0) = Ce^{\pm jkr} \tag{2.2.17}$$

式中，C 是待定常数。其中的一个解为 e^{-jkr}，其时域形式为 $\cos(\omega t - kr)$，表示从源点向外的传播波；另一个解为 e^{jkr}，其时域形式为 $\cos(\omega t + kr)$，表示从无穷远处向源点的传播波。对于点源，波只能从点源向外传播，因此只有第一个解有物理意义，即

$$G_0(\mathbf{r},0) = C\frac{e^{-jkr}}{r} \tag{2.2.18}$$

为确定未知常数 C，把式(2.2.18)代入式(2.2.15)，然后对其在以 $\mathbf{r}=0$ 为中心的小球上进行体积分，并令小球半径 $\varepsilon \to 0$，由此可得 $C = 1/(4\pi)$。因此，式(2.2.18)变为

$$G_0(\mathbf{r},0) = \frac{e^{-jkr}}{4\pi r} \tag{2.2.19}$$

对于 $\mathbf{r}' \neq 0$ 时的一般情况，从 $\mathbf{r}'$ 到观察点 $\mathbf{r}$ 的距离为 $|\mathbf{r}-\mathbf{r}'|$，因此 G_0 变为

$$G_0(\mathbf{r},\mathbf{r}') = \frac{e^{-jk|\mathbf{r}-\mathbf{r}'|}}{4\pi|\mathbf{r}-\mathbf{r}'|} \tag{2.2.20}$$

这个函数就是**自由空间的标量格林函数**，代表从 $\mathbf{r}'$ 点发出的向外传播的球面波。正如第 4 章将要讨论的，k 称为波数，与波长 λ 的关系为 $k = 2\pi/\lambda$。

2.2.3 自由空间中的场-源关系

由格林函数的解，可以得到自由空间中电流源和磁流源产生的矢量位分别为

$$\mathbf{A}(\mathbf{r}) = \frac{\mu}{4\pi}\iiint_V \mathbf{J}(\mathbf{r}')\frac{e^{-jkR}}{R}\,\mathrm{d}V', \quad R = |\mathbf{r}-\mathbf{r}'| \tag{2.2.21}$$

$$\mathbf{F}(\mathbf{r}) = \frac{\epsilon}{4\pi}\iiint_V \mathbf{M}(\mathbf{r}')\frac{e^{-jkR}}{R}\,\mathrm{d}V', \quad R = |\mathbf{r}-\mathbf{r}'| \tag{2.2.22}$$

给定任何源，可以通过上两式计算矢量位，然后由式(2.1.37)和式(2.1.38)得到场解。若令 $\omega \to 0$，式(2.2.21)则退化为式(2.1.18)，对应于静磁场的情况。

通过傅里叶逆变换，可以得到矢量位的时域表达式分别为

$$\mathscr{A}(\mathbf{r},t) = \frac{\mu}{4\pi}\iiint_V \frac{\mathscr{J}(\mathbf{r}',t-R/c)}{R}\,\mathrm{d}V' \tag{2.2.23}$$

$$\mathscr{F}(\mathbf{r},t) = \frac{\epsilon}{4\pi}\iiint_V \frac{\mathscr{M}(\mathbf{r}',t-R/c)}{R}\,\mathrm{d}V' \tag{2.2.24}$$

式中，$c = 1/\sqrt{\mu\epsilon}$ 代表场在媒质中的传播速度。这些矢量位称为**滞后位**，因为它们反映了有限传播速度带来的延迟效应。由此，式(2.1.37)和式(2.1.38)变为

$$\mathscr{E}(\mathbf{r},t) = -\frac{\partial\mathscr{A}(\mathbf{r},t)}{\partial t} + \frac{1}{\mu\epsilon}\int_0^{t-R/c}\nabla[\nabla\cdot\mathscr{A}(\mathbf{r},\tau)]\,\mathrm{d}\tau - \frac{1}{\epsilon}\nabla\times\mathscr{F}(\mathbf{r},t) \tag{2.2.25}$$

$$\mathscr{H}(\mathbf{r},t) = \frac{1}{\mu}\nabla\times\mathscr{A}(\mathbf{r},t) - \frac{\partial\mathscr{F}(\mathbf{r},t)}{\partial t} + \frac{1}{\mu\epsilon}\int_0^{t-R/c}\nabla[\nabla\cdot\mathscr{F}(\mathbf{r},\tau)]\,\mathrm{d}\tau \tag{2.2.26}$$

式(2.2.23)至式(2.2.26)给出了时域中由瞬态源求解瞬态场的方法。

本书主要介绍电磁场的频域分析。对于时域分析,读者可以参考 Smith 的著作[7],其中对时域电磁辐射问题做了非常全面的介绍。一般来说,时域分析更为复杂,但也更清晰地揭示了方程背后的物理过程,对工程应用很有意义。

2.2.4　辅助位函数的意义

2.1.2 节介绍了如何从源出发计算矢量位函数,再由位函数出发计算场。矢量位是中间函数,本身没有物理意义。事实上,场可以直接用电流源和磁流源表示。例如,对式(2.1.1)取旋度,代入式(2.1.2),可得

$$\nabla^2 \mathbf{E} + k^2 \mathbf{E} = \mathrm{j}\omega\mu\mathbf{J} - \frac{1}{\mathrm{j}\omega\epsilon}\nabla(\nabla \cdot \mathbf{J}) + \nabla \times \mathbf{M} \tag{2.2.27}$$

类似地,可得磁场满足的方程为

$$\nabla^2 \mathbf{H} + k^2 \mathbf{H} = \mathrm{j}\omega\epsilon\mathbf{M} - \frac{1}{\mathrm{j}\omega\mu}\nabla(\nabla \cdot \mathbf{M}) - \nabla \times \mathbf{J} \tag{2.2.28}$$

表面上看,式(2.2.27)和式(2.2.28)比式(2.1.30)和式(2.1.36)更复杂。然而实际上,这些公式等号左边的算子完全一样,因而所得解具有相同的形式。经过对比,可以写出式(2.2.27)和式(2.2.28)的解为

$$\mathbf{E}(\mathbf{r}) = -\frac{1}{4\pi}\iiint_V \left\{ \mathrm{j}\omega\mu\mathbf{J}(\mathbf{r}') - \frac{1}{\mathrm{j}\omega\epsilon}\nabla'[\nabla' \cdot \mathbf{J}(\mathbf{r}')] + \nabla' \times \mathbf{M}(\mathbf{r}') \right\} \frac{\mathrm{e}^{-\mathrm{j}kR}}{R}\,\mathrm{d}V' \tag{2.2.29}$$

$$\mathbf{H}(\mathbf{r}) = -\frac{1}{4\pi}\iiint_V \left\{ \mathrm{j}\omega\epsilon\mathbf{M}(\mathbf{r}') - \frac{1}{\mathrm{j}\omega\mu}\nabla'[\nabla' \cdot \mathbf{M}(\mathbf{r}')] - \nabla' \times \mathbf{J}(\mathbf{r}') \right\} \frac{\mathrm{e}^{-\mathrm{j}kR}}{R}\,\mathrm{d}V' \tag{2.2.30}$$

式中,∇'表示求导针对 $\mathbf{r}'$ 进行。由于不涉及中间变量矢量位函数,该方法称为直接法(见图2.1)。

从数学角度来看,这两种方法的计算量相同:对源所在区域进行体积分、一次旋度运算、一次散度运算和一次梯度计算。它们的主要区别是:在式(2.2.29)和式(2.2.30)中,旋度、散度和梯度算子作用于源函数($\mathbf{J}$ 和 $\mathbf{M}$);而在式(2.1.37)和式(2.1.38)中,这些算子作用于矢量位函数。对于解析

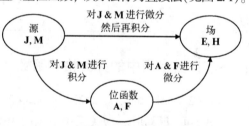

图 2.1　由源计算辐射场的两种方法

且连续的源函数,它们的导数很容易计算,这两种方法确实等效。然而对于大多数实际问题,比如线电流源和面电流源,源函数并不连续,因而也没有经典意义上的导数。对于线电流源和面电流源,电流密度采用 δ 函数定义。如果不采用广义函数中的概念,则它们的旋度、散度和梯度均无法计算。因此,对于这种情况很难使用式(2.2.29)和式(2.2.30)计算场。另外,在矢量位函数法中,仅需源函数的值就可以通过式(2.2.21)和式(2.2.22)求出矢量位。而这些矢量位函数是空间坐标 $\mathbf{r}$ 的解析函数。因而在计算式(2.1.37)和式(2.1.38)所需的旋度、散度及随后的梯度时不会遇到困难。可以看出,在引入矢量位函数之后,对源函数($\mathbf{J}$ 和 $\mathbf{M}$)形式的要求可以大大放宽,因而这种方法在实际应用中更加有用。

▷**【例 2.4】**　在一个无源区域中，媒质的介电常数为$\epsilon(\mathbf{r})$，是空间位置的函数；磁导率为常数μ。从麦克斯韦方程出发，推导下面的波动方程

$$\nabla^2\mathbf{E} + k^2(\mathbf{r})\mathbf{E} + \nabla[\mathbf{E}\cdot\nabla\ln\epsilon(\mathbf{r})] = 0$$

式中，$k(\mathbf{r}) = \omega\sqrt{\mu\,\epsilon(\mathbf{r})}$。

　　解：在媒质中，无源区域的麦克斯韦方程为

$$\nabla\times\mathbf{E} = -\mathrm{j}\omega\mu\mathbf{H}, \qquad \nabla\times\mathbf{H} = \mathrm{j}\omega\epsilon(\mathbf{r})\mathbf{E}$$

对第一个方程取旋度，然后将第二个方程代入，可得

$$\nabla\times(\nabla\times\mathbf{E}) = -\mathrm{j}\omega\mu\nabla\times\mathbf{H} = \omega^2\mu\epsilon(\mathbf{r})\mathbf{E} = k^2(\mathbf{r})\mathbf{E}$$

由于$\nabla\times(\nabla\times\mathbf{E}) = \nabla(\nabla\cdot\mathbf{E}) - \nabla^2\mathbf{E}$，上式变为

$$\nabla^2\mathbf{E} + k^2(\mathbf{r})\mathbf{E} - \nabla(\nabla\cdot\mathbf{E}) = 0$$

下面对第二个麦克斯韦方程取旋度，得到$\nabla\cdot[\epsilon(\mathbf{r})\mathbf{E}] = 0$，此式可以写为

$$\mathbf{E}\cdot\nabla\epsilon(\mathbf{r}) + \epsilon(\mathbf{r})\nabla\cdot\mathbf{E} = 0$$

由此得到

$$\nabla\cdot\mathbf{E} = -\frac{1}{\epsilon(\mathbf{r})}\mathbf{E}\cdot\nabla\epsilon(\mathbf{r}) = -\mathbf{E}\cdot\nabla\ln\epsilon(\mathbf{r})$$

将此式代入前面推出的方程，可得

$$\nabla^2\mathbf{E} + k^2(\mathbf{r})\mathbf{E} + \nabla[\mathbf{E}\cdot\nabla\ln\epsilon(\mathbf{r})] = 0$$

这就是需要推导的方程。　◁

2.2.5　自由空间中的并矢格林函数

　　将式(2.2.21)和式(2.2.22)代入式(2.1.37)，交换积分和微分的顺序，并使用一些矢量恒等式，可以得到场-源关系中电场的表达式为

$$
\begin{aligned}
\mathbf{E}(\mathbf{r}) = &-\mathrm{j}\omega\mu\iiint_V \left[G_0(\mathbf{r},\mathbf{r}')\mathbf{J}(\mathbf{r}') + \frac{1}{k^2}\nabla\nabla G_0(\mathbf{r},\mathbf{r}')\cdot\mathbf{J}(\mathbf{r}') \right]\mathrm{d}V' \\
&-\iiint_V \nabla G_0(\mathbf{r},\mathbf{r}')\times\mathbf{M}(\mathbf{r}')\,\mathrm{d}V'
\end{aligned}
\tag{2.2.31}
$$

若按照如下方式定义一个新的数学量：

$$\bar{\mathbf{I}} = \hat{x}\hat{x} + \hat{y}\hat{y} + \hat{z}\hat{z} \tag{2.2.32}$$

则很容易证明：

$$\mathbf{J}(\mathbf{r}') = \bar{\mathbf{I}}\cdot\mathbf{J}(\mathbf{r}'), \qquad \nabla G_0(\mathbf{r},\mathbf{r}')\times\mathbf{M}(\mathbf{r}') = [\nabla G_0(\mathbf{r},\mathbf{r}')\times\bar{\mathbf{I}}]\cdot\mathbf{M}(\mathbf{r}') \tag{2.2.33}$$

由此，式(2.2.31)可以写为

$$\mathbf{E}(\mathbf{r}) = -\mathrm{j}\omega\mu \iiint_V \left[\left(\overline{\mathbf{I}} + \frac{1}{k^2}\nabla\nabla\right) G_0(\mathbf{r},\mathbf{r}') \right] \cdot \mathbf{J}(\mathbf{r}')\,\mathrm{d}V'$$
$$- \iiint_V \left[\nabla G_0(\mathbf{r},\mathbf{r}') \times \overline{\mathbf{I}} \right] \cdot \mathbf{M}(\mathbf{r}')\,\mathrm{d}V' \qquad (2.2.34)$$

此式可用更紧凑的形式表示为

$$\mathbf{E}(\mathbf{r}) = -\mathrm{j}\omega\mu \iiint_V \overline{\mathbf{G}}_{e0}(\mathbf{r},\mathbf{r}') \cdot \mathbf{J}(\mathbf{r}')\,\mathrm{d}V' - \iiint_V \overline{\mathbf{G}}_{m0}(\mathbf{r},\mathbf{r}') \cdot \mathbf{M}(\mathbf{r}')\,\mathrm{d}V' \qquad (2.2.35)$$

式中，

$$\overline{\mathbf{G}}_{e0}(\mathbf{r},\mathbf{r}') = \left(\overline{\mathbf{I}} + \frac{1}{k^2}\nabla\nabla\right) G_0(\mathbf{r},\mathbf{r}') \qquad (2.2.36)$$

$$\overline{\mathbf{G}}_{m0}(\mathbf{r},\mathbf{r}') = \nabla G_0(\mathbf{r},\mathbf{r}') \times \overline{\mathbf{I}} \qquad (2.2.37)$$

由这些新定义的函数，也可将式(2.1.38)写为

$$\mathbf{H}(\mathbf{r}) = \iiint_V \overline{\mathbf{G}}_{m0}(\mathbf{r},\mathbf{r}') \cdot \mathbf{J}(\mathbf{r}')\,\mathrm{d}V' - \mathrm{j}\omega\epsilon \iiint_V \overline{\mathbf{G}}_{e0}(\mathbf{r},\mathbf{r}') \cdot \mathbf{M}(\mathbf{r}')\,\mathrm{d}V' \qquad (2.2.38)$$

由式(2.2.36)定义的新函数 $\overline{\mathbf{G}}_{e0}(\mathbf{r},\mathbf{r}')$ 称为自由空间中的**电并矢格林函数**；由式(2.2.37)定义的新函数 $\overline{\mathbf{G}}_{m0}(\mathbf{r},\mathbf{r}')$ 称为自由空间中的**磁并矢格林函数**[10]。这里引入的这两个函数使得场–源关系表达式可以写成非常紧凑的形式。

　　为了更好地理解并矢格林函数，可以简要地介绍一下**并矢**。并矢用 $\overline{\mathbf{D}}$ 表示①，由两个没有任何运算的矢量并行排列组成，即

$$\overline{\mathbf{D}} = \mathbf{AB} \qquad (2.2.39)$$

矢量有明确的物理意义，而并矢本身没有任何物理解释。但是，当并矢和另一个矢量作用时，其结果是有物理意义的。并矢的作用在于，当它和一个矢量点乘时，得到的是一个不同幅度不同方向的新矢量。例如，并矢和矢量 $\mathbf{C}$ 的左点乘为

$$\mathbf{C} \cdot \overline{\mathbf{D}} = (\mathbf{C} \cdot \mathbf{A})\mathbf{B} \qquad (2.2.40)$$

这是一个矢量。并矢和矢量 $\mathbf{C}$ 的右点乘为

$$\overline{\mathbf{D}} \cdot \mathbf{C} = \mathbf{A}(\mathbf{B} \cdot \mathbf{C}) \qquad (2.2.41)$$

这也是一个矢量。显然，式(2.2.40)和式(2.2.41)得到的矢量是不同的。除了两个点乘，还有两个叉乘。左叉乘的定义为

$$\mathbf{C} \times \overline{\mathbf{D}} = (\mathbf{C} \times \mathbf{A})\mathbf{B} \qquad (2.2.42)$$

右叉乘的定义为

$$\overline{\mathbf{D}} \times \mathbf{C} = \mathbf{A}(\mathbf{B} \times \mathbf{C}) \qquad (2.2.43)$$

显然，得到的结果是两个不同的并矢。我们可以对并矢求旋度和散度，对一个矢量求梯度得到的是一个并矢。关于并矢分析，读者可以参考戴振铎的著作[11]。

---

① 并矢也是用黑体字母上方加横线表示，因为一个广义的并矢等效于一个张量。

由式(2.2.39)定义的并矢非常特殊，它仅包含 6 个独立的标量，因为两个矢量各含有 3 个标量。一个更广义的并矢是一个**张量**，定义为

$$\overline{\mathbf{D}} = \mathbf{D}_x \hat{x} + \mathbf{D}_y \hat{y} + \mathbf{D}_z \hat{z} \tag{2.2.44}$$

式中，$\mathbf{D}_x$、$\mathbf{D}_y$ 和 $\mathbf{D}_z$ 为矢量。因此，式(2.2.44)可以表示为

$$\begin{aligned}\overline{\mathbf{D}} = {} & D_{xx}\hat{x}\hat{x} + D_{yx}\hat{y}\hat{x} + D_{zx}\hat{z}\hat{x} + D_{xy}\hat{x}\hat{y} + D_{yy}\hat{y}\hat{y} + D_{zy}\hat{z}\hat{y} \\ & + D_{xz}\hat{x}\hat{z} + D_{yz}\hat{y}\hat{z} + D_{zz}\hat{z}\hat{z}\end{aligned} \tag{2.2.45}$$

它包含 9 个独立的分量。由式(2.2.32)定义的特殊并矢称为**单位并矢**，显然有

$$\mathbf{C} \cdot \overline{\mathbf{I}} = \overline{\mathbf{I}} \cdot \mathbf{C} = \mathbf{C} \tag{2.2.46}$$

并矢可以通过点乘改变一个矢量的幅度和方向，因而在矢量运算中非常有用。正如前面提到的，它使得场-源关系的表达式变得非常紧凑。

虽然很难解释或者描述并矢的物理含义，但并矢格林函数各个分量的含义是显而易见的。如果将 $\overline{\mathbf{G}}_{e0}(\mathbf{r}, \mathbf{r}')$ 和 $\overline{\mathbf{G}}_{m0}(\mathbf{r}, \mathbf{r}')$ 表示成式(2.2.44)的形式：

$$\overline{\mathbf{G}}_{e0}(\mathbf{r}, \mathbf{r}') = \mathbf{G}_{e0,x}(\mathbf{r}, \mathbf{r}')\hat{x} + \mathbf{G}_{e0,y}(\mathbf{r}, \mathbf{r}')\hat{y} + \mathbf{G}_{e0,z}(\mathbf{r}, \mathbf{r}')\hat{z} \tag{2.2.47}$$

$$\overline{\mathbf{G}}_{m0}(\mathbf{r}, \mathbf{r}') = \mathbf{G}_{m0,x}(\mathbf{r}, \mathbf{r}')\hat{x} + \mathbf{G}_{m0,y}(\mathbf{r}, \mathbf{r}')\hat{y} + \mathbf{G}_{m0,z}(\mathbf{r}, \mathbf{r}')\hat{z} \tag{2.2.48}$$

然后，将其代入式(2.2.35)和式(2.2.38)，可以看到：$-j\omega\mu\,\mathbf{G}_{e0,u}(\mathbf{r}, \mathbf{r}')$ 代表由位于 $\mathbf{r}'$ 处的 $\hat{u}$ 方向无限小电流元在 $\mathbf{r}$ 处产生的电场；$\mathbf{G}_{m0,u}(\mathbf{r}, \mathbf{r}')$ 代表由位于 $\mathbf{r}'$ 处的相同电流元在 $\mathbf{r}$ 处产生的磁场。

考虑只有电流源的情况。在 $\mathbf{M}$ 为零时，将式(2.2.35)和式(2.2.38)代入式(2.1.1)和式(2.1.2)，可得 $\overline{\mathbf{G}}_{e0}(\mathbf{r}, \mathbf{r}')$ 和 $\overline{\mathbf{G}}_{m0}(\mathbf{r}, \mathbf{r}')$ 的关系为

$$\nabla \times \overline{\mathbf{G}}_{e0}(\mathbf{r}, \mathbf{r}') = \overline{\mathbf{G}}_{m0}(\mathbf{r}, \mathbf{r}') \tag{2.2.49}$$

$$\nabla \times \overline{\mathbf{G}}_{m0}(\mathbf{r}, \mathbf{r}') = k^2 \overline{\mathbf{G}}_{e0}(\mathbf{r}, \mathbf{r}') + \overline{\mathbf{I}}\delta(\mathbf{r} - \mathbf{r}') \tag{2.2.50}$$

由矢量恒等式，可以进一步得到

$$\nabla \cdot \overline{\mathbf{G}}_{e0}(\mathbf{r}, \mathbf{r}') = -\frac{1}{k^2}\nabla\delta(\mathbf{r} - \mathbf{r}') \tag{2.2.51}$$

$$\nabla \cdot \overline{\mathbf{G}}_{m0}(\mathbf{r}, \mathbf{r}') = 0 \tag{2.2.52}$$

这四个方程与四个麦克斯韦方程在形式上一一对应。在推导过程中，我们所做的唯一限定是场可以表示为式(2.2.35)和式(2.2.38)的形式，因此上述方程并不局限于自由空间。对自由空间的限制其实来自式(2.2.36)和式(2.2.37)，因为其中使用了自由空间中的标量格林函数。

2.3　自由空间中的电磁辐射

在得到 2.2.5 节的场-源关系后，理论上讲，可以求解自由空间中任意源的辐射问题。本节考虑几个例子来说明辐射问题的求解过程。这里介绍的方法是天线分析的基本工具[12~14]。

2.3.1　无限小电偶极子

考虑一个非常短的线电流,其长度为 l,带有时谐电流 I。这样的线电流称为无限小电偶极子,可以用偶极矩 $Il(l\to0)$ 来描述。假定偶极子为 z 方向,并且放置于原点(见图 2.2)。为求出辐射场,首先计算它的矢量磁位:

$$\mathbf{A}(\mathbf{r}) = \frac{\mu}{4\pi} \iiint_V \mathbf{J}(\mathbf{r}')\frac{\mathrm{e}^{-jkR}}{R}\,\mathrm{d}V'$$

$$= \frac{\mu}{4\pi}\int_{-l/2}^{l/2}\hat{z}I\frac{\mathrm{e}^{-jkR}}{R}\,\mathrm{d}z' = \hat{z}\frac{\mu Il}{4\pi r}\mathrm{e}^{-jkr} \qquad (2.3.1)$$

为了计算球坐标中的电场和磁场,将 $\mathbf{A}$ 投影到球坐标系的三个坐标轴上,可得

$$A_r = A_z\cos\theta = \frac{\mu Il}{4\pi r}\mathrm{e}^{-jkr}\cos\theta \qquad (2.3.2)$$

$$A_\theta = -A_z\sin\theta = -\frac{\mu Il}{4\pi r}\mathrm{e}^{-jkr}\sin\theta \qquad (2.3.3)$$

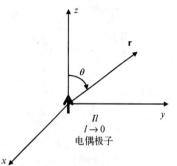

图 2.2　自由空间中的无限
小电偶极子的辐射

和 $A_\phi = 0$。因此,磁场为

$$\mathbf{H} = \frac{1}{\mu}\nabla\times\mathbf{A} = \hat{\phi}\frac{1}{\mu r}\left[\frac{\partial}{\partial r}(rA_\theta) - \frac{\partial A_r}{\partial\theta}\right]$$

$$= \hat{\phi}\frac{jkIl\sin\theta}{4\pi r}\left(1 + \frac{1}{jkr}\right)\mathrm{e}^{-jkr} \qquad (2.3.4)$$

从磁场出发,计算出电场为

$$\mathbf{E} = \frac{1}{j\omega\epsilon}\nabla\times\mathbf{H}$$

$$= \hat{r}\frac{\eta Il\cos\theta}{2\pi r^2}\left(1 + \frac{1}{jkr}\right)\mathrm{e}^{-jkr} + \hat{\theta}\frac{jk\eta Il\sin\theta}{4\pi r}\left[1 + \frac{1}{jkr} - \frac{1}{(kr)^2}\right]\mathrm{e}^{-jkr} \qquad (2.3.5)$$

式中, $\eta = \sqrt{\mu/\epsilon}$。图 2.3 所示为辐射电场和磁场在 rz 平面上的分布,辐射场是关于 z 轴旋转对称的。

如果只关心远区场,即 $kr\gg1$,则可以在场的表达式中只保留主要项,即

$$E_\theta \approx \frac{jk\eta Il\sin\theta}{4\pi r}\mathrm{e}^{-jkr}, \qquad H_\phi \approx \frac{jkIl\sin\theta}{4\pi r}\mathrm{e}^{-jkr} \qquad (2.3.6)$$

这样的场称为远场,其能流密度为

$$\mathbf{S} = \frac{1}{2}\mathbf{E}\times\mathbf{H}^* = \hat{r}\frac{\eta}{2}\left|\frac{kIl\sin\theta}{4\pi r}\right|^2 \qquad (2.3.7)$$

其形状为圆环状。在正负 z 方向上没有辐射,而最大的辐射发生在 xy 平面上。

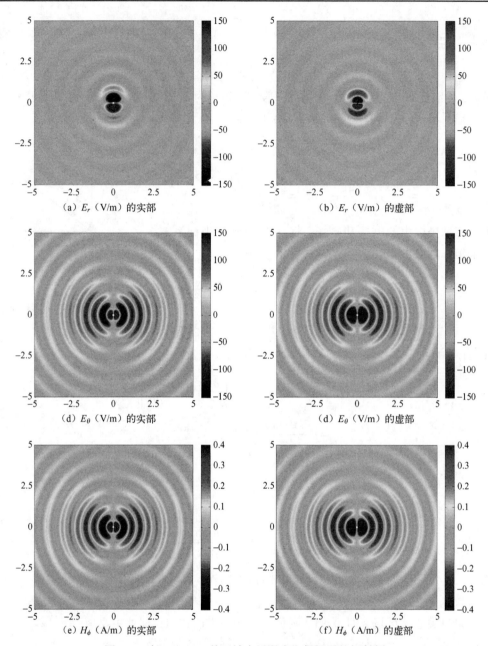

（a）E_r（V/m）的实部　　　　（b）E_r（V/m）的虚部

（d）E_θ（V/m）的实部　　　　（d）E_θ（V/m）的虚部

（e）H_ϕ（A/m）的实部　　　　（f）H_ϕ（A/m）的虚部

图 2.3　在 $10\lambda \times 10\lambda$ 的区域内无限小电偶极子的辐射场

由上面得到的场，我们对坡印亭复矢量在半径为 r 的球面上积分，得到流出的复功率为

$$P_e = \frac{1}{2} \oiint_S (\mathbf{E} \times \mathbf{H}^*) \cdot \mathrm{d}\mathbf{S} = \frac{1}{2} \int_0^{2\pi} \int_0^{\pi} E_\theta H_\phi^* r^2 \sin\theta \, \mathrm{d}\theta \, \mathrm{d}\phi$$

$$= \eta \frac{\pi}{3} \left| \frac{Il}{\lambda} \right|^2 \left[1 - \frac{\mathrm{j}}{(kr)^3} \right] \tag{2.3.8}$$

其实部为辐射功率的时均值，即

$$\mathrm{Re}(P_\mathrm{e}) = \eta \frac{\pi}{3} \left| \frac{Il}{\lambda} \right|^2 \tag{2.3.9}$$

它与 r 无关。因此，如果仅关心辐射功率的时均值，则可由式(2.3.6)所示的远场表达式得到相同的结果。考虑半径为 a 和 $b(b>a)$ 的两个球面之间的区域，这个区域内的无功功率为

$$2\omega(W_\mathrm{m} - W_\mathrm{e}) = \eta \frac{\pi}{3} \left| \frac{Il}{\lambda} \right|^2 \left[\frac{1}{(kb)^3} - \frac{1}{(ka)^3} \right] \tag{2.3.10}$$

上式表明，电偶极子周围的电场能量时均值总是大于磁场能量的时均值。

2.3.2　有限长电偶极子

无限小电偶极子在现实中并不存在。这一节考虑一个更实际的例子：中心馈电的长度为 L 的电偶极子(见图 2.4)。偶极子上的电流分布一般是未知的，需要用第 8 章至第 11 章介绍的数值方法求解边值问题得到。这里，假定电流分布已知，而只是求解它的辐射场。当偶极子的长度小于一个波长时，其上的电流分布可近似为

$$I(z) = I_0 \sin \left[k \left(\frac{L}{2} - |z| \right) \right] \tag{2.3.11}$$

式中，I_0 为常数。对此电流分布，矢量磁位为

$$\mathbf{A} = \hat{z} \frac{\mu}{4\pi} \int_{-L/2}^{L/2} I_0 \sin \left[k \left(\frac{L}{2} - |z'| \right) \right] \frac{\mathrm{e}^{-\mathrm{j}kR}}{R} \mathrm{d}z' \tag{2.3.12}$$

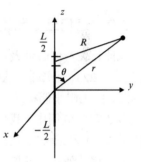

图 2.4　有限长电偶极子在自由空间中的辐射

式中，$R = \sqrt{r^2 + z'^2 - 2rz'\cos\theta}$。由于被积函数非常复杂，其积分很难计算。但是如果我们只关心远场 $(r \gg z')$，则 R 可以简化为 $R \approx r - z'\cos\theta$。在指数项中使用这个近似，而在分母中直接用 r 代替 R，则式(2.3.12)变为

$$\mathbf{A} = \hat{z} \frac{\mu I_0}{4\pi r} \mathrm{e}^{-\mathrm{j}kr} \int_{-L/2}^{L/2} \sin \left[k \left(\frac{L}{2} - |z'| \right) \right] \mathrm{e}^{\mathrm{j}kz'\cos\theta} \mathrm{d}z' \tag{2.3.13}$$

将此积分区间分成两段，一段为 $(-L/2, 0)$，另一段为 $(0, L/2)$，然后反复应用分部积分，得到

$$A_z = \frac{\mu I_0}{2\pi r} \mathrm{e}^{-\mathrm{j}kr} \frac{\cos\left(k\frac{L}{2}\cos\theta\right) - \cos\left(k\frac{L}{2}\right)}{k\sin^2\theta} \tag{2.3.14}$$

使用与无限小电偶极子相同的处理方法，可以求得远场为

$$E_\theta = \frac{\mathrm{j}\eta I_0}{2\pi r} \mathrm{e}^{-\mathrm{j}kr} \frac{\cos\left(k\frac{L}{2}\cos\theta\right) - \cos\left(k\frac{L}{2}\right)}{\sin\theta} \tag{2.3.15}$$

$$H_\phi = \frac{\mathrm{j}I_0}{2\pi r} \mathrm{e}^{-\mathrm{j}kr} \frac{\cos\left(k\frac{L}{2}\cos\theta\right) - \cos\left(k\frac{L}{2}\right)}{\sin\theta} \tag{2.3.16}$$

从上面的场解中可以求出能流密度的时均值和总辐射功率。对于非常短的电偶极子 $(kL \ll 1)$，远场方向图与无限小电偶极子类似。当电偶极子长度增大时，辐射功率更加

向 $\theta=\pi/2$ (xy 平面)集中,因而辐射的方向性更强。然而当长度超过一个波长时,辐射波束开始分裂。从式(2.3.11)可以看出,此时电偶极子上的电流不再沿一个方向流动。这导致向 $\theta=\pi/2$ 的辐射减小,而向其他方向的辐射增大,如图 2.5 所示。最后需要再次强调,电偶极子上的电流分布通常是未知的,需要用数值方法计算;式(2.3.11)给出的表达式仅仅是一种粗略的近似。

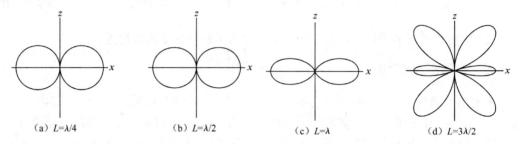

(a) $L=\lambda/4$　　(b) $L=\lambda/2$　　(c) $L=\lambda$　　(d) $L=3\lambda/2$

图 2.5　不同长度的电偶极子的远场辐射

2.3.3　远场近似和索末菲辐射条件

计算矢量位时涉及的积分[式(2.2.21)和式(2.2.22)]通常非常复杂,只有对非常简单的源,如无限小偶极子才能进行计算。不过在大多数实际应用中,我们感兴趣的是远场,即满足 $R\gg\lambda$ 和 $r\gg r'$。在这种情况下,积分可以大大简化。如图 2.6 所示,若将 $\mathbf{r}$ 和 $\mathbf{r}'$ 之间的夹角记为 ψ,则有

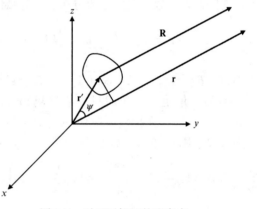

$$R = |\mathbf{r}-\mathbf{r}'| = \sqrt{r^2+r'^2-2rr'\cos\psi} \approx r-r'\cos\psi$$

(2.3.17)

将上式代入式(2.2.21)和式(2.2.22),可得

$$\mathbf{A} = \frac{\mu}{4\pi r}\mathrm{e}^{-\mathrm{j}kr}\mathbf{N}, \qquad \mathbf{F} = \frac{\epsilon}{4\pi r}\mathrm{e}^{-\mathrm{j}kr}\mathbf{L}$$

(2.3.18)

图 2.6　对于远场区的观察点,$\mathbf{R}$ 和 $\mathbf{r}$ 几乎相互平行

式中,

$$\mathbf{N} = \iiint_V \mathbf{J}\mathrm{e}^{\mathrm{j}kr'\cos\psi}\mathrm{d}V', \qquad \mathbf{L} = \iiint_V \mathbf{M}\mathrm{e}^{\mathrm{j}kr'\cos\psi}\mathrm{d}V'$$

(2.3.19)

把式(2.3.18)代入式(2.1.37)和式(2.1.38)中,并且只保留主要项,得到远场为

$$\mathbf{E} \approx \frac{\mathrm{j}k}{4\pi r}\mathrm{e}^{-\mathrm{j}kr}[\hat{r}\times\mathbf{L}-\eta(\mathbf{N}-\hat{r}N_r)]$$

(2.3.20)

$$\mathbf{H} \approx -\frac{\mathrm{j}k}{4\pi r}\mathrm{e}^{-\mathrm{j}kr}\left[\frac{1}{\eta}(\mathbf{L}-\hat{r}L_r)+\hat{r}\times\mathbf{N}\right]$$

(2.3.21)

注意,由于 $\hat{r}\times\mathbf{L}=\hat{\phi}L_\theta-\hat{\theta}L_\phi$ 和 $\mathbf{N}-\hat{r}N_r=\hat{\theta}N_\theta+\hat{\phi}N_\phi$,在远场的计算中其实只需要 $\mathbf{L}$ 和 $\mathbf{N}$ 的角

坐标分量。不难发现，远场没有任何径向分量，即远场相对于$\hat{r}$方向是横电磁场，即

$$\mathbf{E} \approx -\frac{\mathrm{j}k}{4\pi r}\,\mathrm{e}^{-\mathrm{j}kr}\left[\hat{\theta}(L_\phi + \eta N_\theta) - \hat{\phi}(L_\theta - \eta N_\phi)\right] \qquad (2.3.22)$$

$$\mathbf{H} \approx -\frac{\mathrm{j}k}{4\pi r}\,\mathrm{e}^{-\mathrm{j}kr}\frac{1}{\eta}\left[\hat{\theta}(L_\theta - \eta N_\phi) + \hat{\phi}(L_\phi + \eta N_\theta)\right] \qquad (2.3.23)$$

只要源距坐标原点有限远，上述结论均成立。

为了用式（2.3.19）计算 $\mathbf{L}$ 和 $\mathbf{N}$，首先要求出 $r'\cos\psi$ 的表达式。这可以通过用 $\mathbf{r}'$ 和 $\hat{r}$ 点乘得到，即

$$r'\cos\psi = \mathbf{r}'\cdot\hat{r} = \mathbf{r}'\cdot\hat{x}\sin\theta\cos\phi + \mathbf{r}'\cdot\hat{y}\sin\theta\sin\phi + \mathbf{r}'\cdot\hat{z}\cos\theta \qquad (2.3.24)$$

这里所用 $\mathbf{r}'$ 的表达式由具体问题决定。由式（2.3.20）和式（2.3.21），可得坡印亭矢量为

$$\mathbf{S} = \frac{1}{2}\mathbf{E}\times\mathbf{H}^*$$

$$= \hat{r}\left(\frac{k}{4\pi r}\right)^2\left[\frac{1}{\eta}\left(|L_\theta|^2 + |L_\phi|^2\right) + \eta\left(|N_\theta|^2 + |N_\phi|^2\right) + 2\mathrm{Re}\left(L_\phi N_\theta^* - L_\theta N_\phi^*\right)\right] \qquad (2.3.25)$$

可以看出，虽然两种源产生的总场是每种源产生的场的线性叠加，但其功率密度不是线性叠加的关系，因为还含有交叉项。

式（2.3.20）和式（2.3.21）表明，远区电场和磁场满足一个很简单的关系。将式（2.3.20）叉乘 $\hat{r}$，得到

$$\hat{r}\times\mathbf{E} = -\frac{\mathrm{j}k}{4\pi r}\,\mathrm{e}^{-\mathrm{j}kr}\left[(\mathbf{L} - \hat{r}L_r) + \eta(\hat{r}\times\mathbf{N})\right] = \eta\mathbf{H} \qquad (2.3.26)$$

这个结果可以更清楚地写为

$$\lim_{r\to\infty} r(\nabla\times\mathbf{E} + \mathrm{j}k\hat{r}\times\mathbf{E}) = 0 \qquad (2.3.27)$$

磁场也满足相似的关系，即

$$\lim_{r\to\infty} r(\nabla\times\mathbf{H} + \mathrm{j}k\hat{r}\times\mathbf{H}) = 0 \qquad (2.3.28)$$

上面两个等式称为**索末菲辐射条件**[15]。此条件对任何距坐标原点有限远的源产生的辐射场均成立。它表明：（1）在离开源的远处，场只能从源向远处传播；（2）电场和磁场对传播方向来说是横向的，并且互相正交；（3）电场和磁场的幅度比值固定，等于 $\eta = \sqrt{\mu/\epsilon}$。

2.3.4　圆形电流环和磁偶极子

在介绍了远场近似法之后，我们可以处理更复杂一些的辐射问题。现在考虑一个半径为 a，携带均匀时谐电流 $\mathbf{I} = \hat{\phi}'I$ 的圆环的辐射（见图 2.7）。由于 $\hat{\phi}'$ 不是一个常矢量，故首先要把 $\hat{\phi}'$ 分解成 $\hat{\phi}' = -\hat{x}\sin\phi' + \hat{y}\cos\phi'$，然后把 $\mathbf{r}' = a\cos\phi'\hat{x} + a\sin\phi'\hat{y}$ 代入式（2.3.24），得到 $r'\cos\psi = a\sin\theta\cos(\phi - \phi')$。把这些代入式（2.3.19）的第一个方程，得到

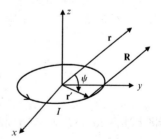

图 2.7　圆形电流环在自由空间中的辐射

$$\mathbf{N} = \int_0^{2\pi} (-\hat{x} I \sin\phi' + \hat{y} I \cos\phi') \, e^{jka\sin\theta\cos(\phi-\phi')} a \, d\phi' \tag{2.3.29}$$

对于远场来说,仅需要求出 N_ϕ 和 N_θ。其中 N_ϕ 由下式给出:

$$
\begin{aligned}
N_\phi &= -N_x \sin\phi + N_y \cos\phi \\
&= aI \int_0^{2\pi} \cos(\phi-\phi') \, e^{jka\sin\theta\cos(\phi-\phi')} \, d\phi' \\
&= aI \int_0^{\pi} \cos\Phi' e^{jka\sin\theta\cos\Phi'} \, d\Phi' + aI \int_\pi^{2\pi} \cos\Phi' e^{jka\sin\theta\cos\Phi'} \, d\Phi' \\
&= aI \int_0^{\pi} \cos\Phi' e^{jka\sin\theta\cos\Phi'} \, d\Phi' - aI \left[\int_0^{\pi} \cos\Phi' e^{jka\sin\theta\cos\Phi'} \, d\Phi' \right]^*
\end{aligned}
\tag{2.3.30}
$$

上式中的积分结果为[16]

$$\int_0^{\pi} \cos\Phi' e^{jka\sin\theta\cos\Phi'} \, d\Phi' = j\pi J_1(ka\sin\theta) \tag{2.3.31}$$

式中,J_1 为一阶贝塞尔函数,第 6 章将更详细地讨论这个函数。由此得到

$$N_\phi = j2\pi aI J_1(ka\sin\theta) \tag{2.3.32}$$

另一方面,有

$$N_\theta = N_x \cos\theta\cos\phi + N_y \cos\theta\sin\phi = 0 \tag{2.3.33}$$

将式(2.3.32)和式(2.3.33)代入式(2.3.22)和式(2.3.23),得到远场为

$$\mathbf{E} \approx \hat{\phi} \frac{\eta kaI}{2r} e^{-jkr} J_1(ka\sin\theta) \tag{2.3.34}$$

$$\mathbf{H} \approx -\hat{\theta} \frac{kaI}{2r} e^{-jkr} J_1(ka\sin\theta) \tag{2.3.35}$$

对于小电流环,即 $ka \ll 1$,$J_1(ka\sin\theta) \approx (ka\sin\theta)/2$。因此,远场可以简化为

$$\mathbf{E} \approx \hat{\phi} \frac{\eta(ka)^2 I}{4r} e^{-jkr} \sin\theta \tag{2.3.36}$$

$$\mathbf{H} \approx -\hat{\theta} \frac{(ka)^2 I}{4r} e^{-jkr} \sin\theta \tag{2.3.37}$$

我们可以把此小电流环的辐射场与一个长度为 l、磁流为 K 的 z 方向无限小磁偶极子的远场结果进行比较。假定磁偶极子位于坐标原点,可以证明它的远场为(见习题 2.14)

$$\mathbf{E} \approx -\hat{\phi} \frac{jkKl}{4\pi r} e^{-jkr} \sin\theta \tag{2.3.38}$$

$$\mathbf{H} \approx \hat{\theta} \frac{jkKl}{4\eta\pi r} e^{-jkr} \sin\theta \tag{2.3.39}$$

将上述两式与式(2.3.36)和式(2.3.37)比较,会发现只要满足下列关系:

$$Kl = j\omega\mu IS \tag{2.3.40}$$

式中,$S = \pi a^2$ 为电流环的面积,这两种情况下的辐射场就是完全相同的。可以证明(见

习题 2.16），无限小电流环与无限小磁偶极子不仅仅远场相同，它们的近场也相同。因此，小电流环与无限小磁偶极子是等效的，其中无限小磁偶极子的磁矩由式(2.3.40)给出。显然，无限小磁偶极子的场更容易求解。这个例子展示了磁流源的用途。

2.4　面电流和平面阵列的辐射

这一节首先考虑有限尺寸面电流在自由空间中的辐射，然后讨论由电偶极子组成的阵列的辐射。其目的是研究源在电磁场辐射中所起的作用。

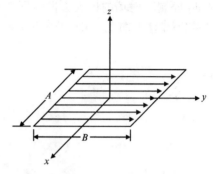

图 2.8　位于 xy 平面的矩形面电流

2.4.1　面电流的辐射

考虑位于 xy 平面上，长为 A、宽为 B 的矩形面电流(见图 2.8)。其面电流密度为

$$\mathbf{J}_s(x,y) = \hat{y}J_0\,\mathrm{e}^{-\mathrm{j}(h_x x + h_y y)} \tag{2.4.1}$$

式中，J_0、h_x 和 h_y 均为常数。为了计算面电流在自由空间的辐射场，首先利用式(2.3.19)中的第一个方程求矢量函数 $\mathbf{N}$，即

$$
\begin{aligned}
\mathbf{N} &= \hat{y}J_0 \int_{-B/2}^{B/2} \int_{-A/2}^{A/2} \mathrm{e}^{-\mathrm{j}(h_x x' + h_y y')}\mathrm{e}^{\mathrm{j}k(x'\sin\theta\cos\phi + y'\sin\theta\sin\phi)}\,\mathrm{d}x'\,\mathrm{d}y' \\
&= \hat{y}J_0 AB\frac{\sin X}{X}\frac{\sin Y}{Y}
\end{aligned}
\tag{2.4.2}
$$

式中，

$$X = (k\sin\theta\cos\phi - h_x)\frac{A}{2}, \qquad Y = (k\sin\theta\sin\phi - h_y)\frac{B}{2} \tag{2.4.3}$$

从式(2.3.20)可得电场远场为

$$E_\theta \approx -\frac{\mathrm{j}k\eta J_0 AB}{4\pi r}\,\mathrm{e}^{-\mathrm{j}kr}\cos\theta\sin\phi\frac{\sin X}{X}\frac{\sin Y}{Y} \tag{2.4.4}$$

$$E_\phi \approx -\frac{\mathrm{j}k\eta J_0 AB}{4\pi r}\,\mathrm{e}^{-\mathrm{j}kr}\cos\phi\frac{\sin X}{X}\frac{\sin Y}{Y} \tag{2.4.5}$$

若用两个参量 θ_s 和 ϕ_s 来控制相位常数，即

$$h_x = k\sin\theta_s\cos\phi_s, \qquad h_y = k\sin\theta_s\sin\phi_s \tag{2.4.6}$$

则 X 和 Y 可以表示为

$$X = (\sin\theta\cos\phi - \sin\theta_s\cos\phi_s)\frac{kA}{2} \tag{2.4.7}$$

$$Y = (\sin\theta\sin\phi - \sin\theta_s\sin\phi_s)\frac{kB}{2} \tag{2.4.8}$$

显然，辐射场在两个方向上幅度最大。第一个方向为 $\theta = \theta_s$ 和 $\phi = \phi_s$，在这个方向上，有

$$E_\theta \approx -\frac{\mathrm{j}k\eta J_0 AB}{4\pi r}\,\mathrm{e}^{-\mathrm{j}kr}\cos\theta_s\sin\phi_s \tag{2.4.9}$$

$$E_\phi \approx -\frac{\mathrm{j}k\eta J_0 AB}{4\pi r}\mathrm{e}^{-\mathrm{j}kr}\cos\phi_\mathrm{s} \tag{2.4.10}$$

另一个方向为 $\theta = \pi - \theta_\mathrm{s}$ 和 $\phi = \phi_\mathrm{s}$，远场幅度与第一个方向相同。因此，我们可以用参数 θ_s 和 ϕ_s 控制辐射场的最大方向。图 2.9 为 $5\lambda \times 5\lambda$ 的平面电流在三维空间中以分贝表示的归一化辐射方向图。图中给出了两种情况下的辐射：（1）$\theta_\mathrm{s} = 0$，$\phi_\mathrm{s} = 0$；（2）$\theta_\mathrm{s} = 30°$，$\phi_\mathrm{s} = 135°$。

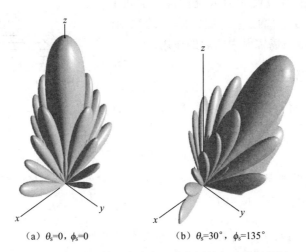

（a）$\theta_\mathrm{s}=0$，$\phi_\mathrm{s}=0$　　　　　　　（b）$\theta_\mathrm{s}=30°$，$\phi_\mathrm{s}=135°$

图 2.9　$5\lambda \times 5\lambda$ 的面电流在上半空间的归一化辐射场

从式（2.4.4）和式（2.4.5），以及式（2.4.7）和式（2.4.8）中，可以看出辐射场的波束宽度取决于 A 和 B。简单起见，考虑 $\theta_\mathrm{s} = 0$ 和 $\phi_\mathrm{s} = 0$ 的情况。在 E 面上（$\phi = \pi/2$），电场为

$$E_\theta \approx -\frac{\mathrm{j}\eta J_0 A}{2\pi r}\mathrm{e}^{-\mathrm{j}kr}\cot\theta\sin\left(\frac{kB\sin\theta}{2}\right), \qquad E_\phi \approx 0 \tag{2.4.11}$$

场的第一个零点对应角度 $\theta_\mathrm{e,null}$，此时有

$$\frac{kB\sin\theta_\mathrm{e,null}}{2} = \pi \quad \text{或} \quad \sin\theta_\mathrm{e,null} = \frac{2\pi}{kB} = \frac{\lambda}{B} \tag{2.4.12}$$

式中，λ 为波长。显然，B 越大，E 面的波束宽度就越小。对于 H 面（$\phi = 0$），情况类似。在这个平面上，电场为

$$E_\theta \approx 0, \qquad E_\phi \approx -\frac{\mathrm{j}\eta J_0 B}{2\pi r}\mathrm{e}^{-\mathrm{j}kr}\frac{1}{\sin\theta}\sin\left(\frac{kA\sin\theta}{2}\right) \tag{2.4.13}$$

场的第一个零点对应角度 $\theta_\mathrm{h,null}$，此时有

$$\frac{kA\sin\theta_\mathrm{h,null}}{2} = \pi \quad \text{或} \quad \sin\theta_\mathrm{h,null} = \frac{2\pi}{kA} = \frac{\lambda}{A} \tag{2.4.14}$$

上式表明波束宽度与 A 成反比。因此，面电流的面积越大，波束宽度越窄。窄辐射波束对应更高的方向性，在雷达应用中，可以带来更高的角分辨率。图 2.10 给出了两种情况下三维空间中的归一化方向图，分别对应 $A = B = 2\lambda$ 和 $A = B = 10\lambda$。

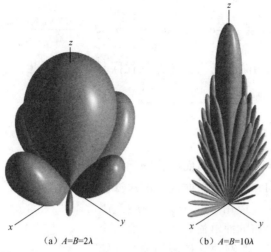

（a）$A=B=2\lambda$　　　　（b）$A=B=10\lambda$

图 2.10　均匀分布面电流在上半空间的归一化辐射场

【例 2.5】　考虑 xy 平面上矩形区域 $A\times B$ 的任意面电流，其电流密度为 $\mathbf{J}_s=\hat{y}J_y(x,y)$。求其辐射远场。

　　解： 由于矩形区域的任意函数可以展开成傅里叶级数，故可以把 $J_y(x,y)$ 展开为

$$J_y(x,y)=\sum_{m=-\infty}^{\infty}\sum_{n=-\infty}^{\infty}J_{y,mn}\,\mathrm{e}^{\mathrm{j}2\pi(mx/A+ny/B)}$$

式中，

$$J_{y,mn}=\frac{1}{AB}\int_{-B/2}^{B/2}\int_{-A/2}^{A/2}J_y(x,y)\,\mathrm{e}^{-\mathrm{j}2\pi(mx/A+ny/B)}\,\mathrm{d}x\,\mathrm{d}y$$

由此结果可得矢量函数 $\mathbf{N}$ 为

$$\mathbf{N}=\hat{y}\sum_{m=-\infty}^{\infty}\sum_{n=-\infty}^{\infty}J_{y,mn}$$

$$\times\int_{-B/2}^{B/2}\int_{-A/2}^{A/2}\mathrm{e}^{\mathrm{j}(k\sin\theta\cos\phi+2\pi m/A)x'+\mathrm{j}(k\sin\theta\sin\phi+2\pi n/B)y'}\,\mathrm{d}x'\,\mathrm{d}y'$$

$$=\hat{y}AB\sum_{m=-\infty}^{\infty}\sum_{n=-\infty}^{\infty}J_{y,mn}\frac{\sin X_m}{X_m}\frac{\sin Y_n}{Y_n}$$

式中，

$$X_m=\left(k\sin\theta\cos\phi+\frac{2\pi m}{A}\right)\frac{A}{2}$$

$$Y_n=\left(k\sin\theta\sin\phi+\frac{2\pi n}{B}\right)\frac{B}{2}$$

由式（2.3.20）可得远处的电场为

$$E_\theta\approx-\frac{\mathrm{j}k\eta AB}{4\pi r}\,\mathrm{e}^{-\mathrm{j}kr}\cos\theta\sin\phi\sum_{m=-\infty}^{\infty}\sum_{n=-\infty}^{\infty}J_{y,mn}\frac{\sin X_m}{X_m}\frac{\sin Y_n}{Y_n}$$

$$E_\phi \approx -\frac{jk\eta AB}{4\pi r} e^{-jkr} \cos\phi \sum_{m=-\infty}^{\infty} \sum_{n=-\infty}^{\infty} J_{y,mn} \frac{\sin X_m}{X_m} \frac{\sin Y_n}{Y_n}$$

最后要注意,对于任意的面电流,J_y 与 J_x 往往同时存在。因此,总的辐射场是由 J_x 和 J_y 产生的场的叠加。

2.4.2 平面阵的辐射

理论上讲,我们可以通过控制面电流的相位分布来控制辐射场的方向,通过增大面电流的尺寸使辐射波束变窄。但在实际应用中,一般很难构造出满足特定幅度和相位分布的面电流。为了克服这个困难,可以用幅度和相位能够独立控制的偶极子矩形阵列来代替面电流,这样的阵列称为**相控阵**。

考虑一个位于 xy 平面的 y 方向偶极子阵(见图 2.11)。为简化起见,假设阵单元是偶极矩为 Il 的无限小电偶极子。偶极子的位置用 (x_i, y_i) 表示,相位用 φ_i 表示,式中 $i = 1, 2, \cdots, N$,N 为偶极子的总数。对于第 i 个偶极子,有

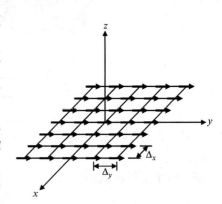

图 2.11 xy 平面上的偶极子矩形相控阵

$$\mathbf{N}_i = \hat{y} Il\, e^{j[k(x_i \sin\theta\cos\phi + y_i\sin\theta\sin\phi)+\varphi_i]} \quad (2.4.15)$$

对应的辐射场为

$$E_{i,\theta} \approx -\frac{jk\eta Il}{4\pi r} e^{-jkr} \cos\theta\sin\phi\, e^{j[k(x_i\sin\theta\cos\phi+y_i\sin\theta\sin\phi)+\varphi_i]} \quad (2.4.16)$$

$$E_{i,\phi} \approx -\frac{jk\eta Il}{4\pi r} e^{-jkr} \cos\phi\, e^{j[k(x_i\sin\theta\cos\phi+y_i\sin\theta\sin\phi)+\varphi_i]} \quad (2.4.17)$$

偶极子阵的总辐射场是阵单元辐射场的叠加,即

$$E_\theta \approx -\frac{jk\eta Il}{4\pi r} e^{-jkr} \cos\theta\sin\phi \sum_{i=1}^{N} e^{j[k(x_i\sin\theta\cos\phi+y_i\sin\theta\sin\phi)+\varphi_i]} \quad (2.4.18)$$

$$E_\phi \approx -\frac{jk\eta Il}{4\pi r} e^{-jkr} \cos\phi \sum_{i=1}^{N} e^{j[k(x_i\sin\theta\cos\phi+y_i\sin\theta\sin\phi)+\varphi_i]} \quad (2.4.19)$$

因此,总场是两项的乘积。求和式前面的这一项是位于原点的 y 方向偶极子的辐射远场,通常称为**阵元辐射场**。求和项通常称为**阵因子**,决定于偶极子的位置和相位分布。阵元辐射方向图表示为

$$e_\theta(\theta, \phi) = Il\cos\theta\sin\phi \quad (2.4.20)$$

$$e_\phi(\theta, \phi) = Il\cos\phi \quad (2.4.21)$$

阵因子表示为

$$AF(\theta,\phi) = \sum_{i=1}^{N} e^{j[k(x_i \sin\theta \cos\phi + y_i \sin\theta \sin\phi) + \varphi_i]} \tag{2.4.22}$$

阵列的总辐射远场可以写为

$$\mathbf{E} \approx -\frac{jk\eta}{4\pi r} e^{-jkr} \mathbf{e}(\theta,\phi) AF(\theta,\phi) \tag{2.4.23}$$

此结果对任何类型的相控阵均成立, 包括用其他类型的天线组成的阵列。若每个偶极子的幅度可以独立控制, 则阵因子变为

$$AF(\theta,\phi) = \sum_{i=1}^{N} \frac{I_i}{I_0} e^{j[k(x_i \sin\theta \cos\phi + y_i \sin\theta \sin\phi) + \varphi_i]} \tag{2.4.24}$$

式中, I_i 为第 i 个偶极子的幅度, I_0 是产生阵元方向图为 $\mathbf{e}(\theta,\phi)$ 的偶极子的幅度。

现在考虑一个矩形偶极子阵。在 x 方向上的偶极子数目为 N_x+1; 在 y 方向上的偶极子数目为 N_y+1(假定 N_x 和 N_y 均为偶数)。在 x 方向上相邻偶极子的间距为 Δ_x; 在 y 方向上相邻偶极子的间距为 Δ_y。于是, 第 i 个偶极子的位置为 $x_i = i_x\Delta_x$ 和 $y_i = i_y\Delta_y$, 式中 $i_x = -N_x/2,\cdots,N_x/2$ 和 $i_y = -N_y/2,\cdots,N_y/2$。第 i 个偶极子的相位为 $\varphi_i = -h_x i_x\Delta_x - h_y i_y\Delta_y$。该阵列的阵因子为

$$AF(\theta,\phi) = \sum_{i_x=-N_x/2}^{N_x/2} e^{j(k\sin\theta\cos\phi-h_x)i_x\Delta_x} \sum_{i_y=-N_y/2}^{N_y/2} e^{j(k\sin\theta\sin\phi-h_y)i_y\Delta_y} \tag{2.4.25}$$

上式求和之后的结果为

$$AF(\theta,\phi) = \frac{\sin\left(\dfrac{N_x+1}{2}\psi_x\right)}{\sin\dfrac{\psi_x}{2}} \frac{\sin\left(\dfrac{N_y+1}{2}\psi_y\right)}{\sin\dfrac{\psi_y}{2}} \tag{2.4.26}$$

式中, $\psi_x = (k\sin\theta\cos\phi - h_x)\Delta_x$, $\psi_y = (k\sin\theta\sin\phi - h_y)\Delta_y$。如果相位常数 h_x 和 h_y 可以按式(2.4.6)被两个参量 θ_s 和 ϕ_s 控制, 则有

$$\psi_x = (\sin\theta\cos\phi - \sin\theta_s\cos\phi_s)k\Delta_x$$

$$\psi_y = (\sin\theta\sin\phi - \sin\theta_s\sin\phi_s)k\Delta_y$$

偶极子阵最大的辐射发生在 $\psi_x = 2m\pi$ 和 $\psi_y = 2n\pi (m,n=0,1,2,\cdots)$。对应 $m=n=0$ 的辐射方向 (θ_s,ϕ_s) 和 $(\pi-\theta_s,\phi_s)$。因此, 只需要改变 θ_s 和 ϕ_s, 就可以把最大辐射波束对准指定方向, 这与面电流的情况是类似的。为了确保天线阵只有两个最大辐射方向, 偶极子的间距必须满足 $\Delta_x < \lambda$ 和 $\Delta_y < \lambda$。图 2.12 给出了三维空间中式(2.4.25)的阵因子图, 图中的两个阵列均为均匀激励 $(\theta_s=0,\phi_s=0)$: (1)$N_x=N_y=8$, $\Delta_x=\Delta_y=0.5\lambda$; (2)$N_x=N_y=8$, $\Delta_x=\Delta_y=1.0\lambda$。

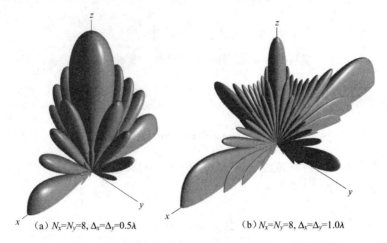

　　　　(a) $N_x=N_y=8$, $\Delta_x=\Delta_y=0.5\lambda$　　　　　　　(b) $N_x=N_y=8$, $\Delta_x=\Delta_y=1.0\lambda$

图 2.12　均匀激励的平面阵在上半空间的归一化阵因子

　　相控阵在现代雷达和通信系统中是非常重要的[17~19]。由于使用数量庞大的辐射单元,且每个单元的幅度和相位均可独立控制,因此,相控阵可以提供极高的方向性,并且可以在很大角度范围内实现电扫。相控阵天线已经广泛应用在雷达防御系统(例如弹道导弹预警系统)、空间探测(例如空间跟踪雷达)、气象研究(例如跟踪暴风雨和飓风)以及**射频识别**(RFID)等领域。

原著参考文献

1. J. A. Stratton, *Electromagnetic Theory*. New York：McGraw-Hill, 1941.

2. J. D. Jackson, *Classical Electrodynamics* (3rd edition). New York：John Wiley & Sons, Inc., 1999.

3. J. Van Bladel, *Electromagnetic Fields* (2nd edition). Hoboken, NJ：John Wiley & Sons, Inc., 2007.

4. R. F. Harrington, *Time-Harmonic Electromagnetic Fields*. New York：McGraw-Hill, 1961.

5. C. A. Balanis, *Advanced Engineering Electromagnetics*. New York：John Wiley & Sons, Inc., 1989.

6. J. A. Kong, *Electromagnetic Wave Theory*. Cambridge, MA：EMW Publishing, 2000.

7. G. S. Smith, *An Introduction to Classical Electromagnetic Radiation*. Cambridge, UK：Cambridge University Press, 1997.

8. P. M. Morse and H. Feshbach, *Methods of Theoretical Physics*. New York：McGraw-Hill, 1953.

9. I. M. Gel'fand and G. E. Shilov, *Generalized Functions*. New York：Academic Press, 1964.

10. C. T. Tai, *Dyadic Green Functions in Electromagnetic Theory* (2nd edition). Piscataway, NJ：IEEE Press, 1994.

11. C. T. Tai, *Generalized Vector and Dyadic Analysis* (2nd edition). Piscataway, NJ：IEEE Press, 1997.

12. J. D. Kraus and R. J. Marhefka, *Antennas：For All Applications* (3rd edition). New York：McGraw-Hill, 2002.

13. W. L. Stutzman and G. A. Thiele, *Antenna Theory and Design* (2nd edition). New York：John Wiley & Sons, Inc., 1998.

14. C. A. Balanis, *Antenna Theory：Analysis and Design* (3rd edition). Hoboken, NJ：John Wiley & Sons, Inc., 2005.

15. A. Sommerfeld, *Partial Differential Equations in Physics*. New York：Academic Press, 1949.

16. M. Abramowitz and I. A. Stegun, Eds. *Handbook of Mathematical Functions*. New York: Dover Publications, 1965.

17. R. J. Mailloux, *Phased Array Antenna Handbook* (2nd edition). Norwood, MA: Artech House, 2005.

18. Y. T. Lo and S. W. Lee, Eds., *Antenna Handbook*: *Theory*, *Applications*, *and Design*. New York: Van Nostrand Reinhold, 1988.

19. C. A. Balanis, Ed., *Modern Antenna Handbook*. Hoboken, NJ: John Wiley & Sons, Inc., 2008.

习题

2.1 证明带电导体在自由空间中的总电能为

$$W_e = \frac{1}{2} \iiint_{V_\infty} \mathbf{D} \cdot \mathbf{E}\, dV = \frac{1}{2} \iint_S \varrho_{e,s} \varphi\, dS$$

式中，S 表示导体的表面；V_∞ 表示导体外部的体积。然后，求带有总电荷为 Q 的导体球的总电能。

2.2 考虑一个线段 C，上面有静电流 I。使用式(2.1.13)和式(2.1.18)推导毕奥–萨伐尔定律，即

$$\mathbf{B}(\mathbf{r}) = \frac{\mu I}{4\pi} \int_C \frac{d\mathbf{l}' \times \mathbf{R}}{R^3}$$

式中，$R = |\mathbf{r}-\mathbf{r}'|$，$d\mathbf{l}'$ 指向电流流动的方向。

2.3 使用毕奥–萨伐尔定律求正方形电流环产生的沿 z 轴磁场，该正方形电流环的边长为 a，其上的直流电流为 I，位于 xy 平面，中心在原点。

2.4 首先，使用毕奥–萨伐尔定律求圆电流环产生的沿 z 轴磁场，该圆电流环的半径为 a，其上的直流电流为 I，位于 xy 平面，中心在原点。然后，考虑一个亥姆霍兹线圈，它包含两个相距为 d 的圆电流环，其上的电流为同一个方向，如图 2.13(a)所示。当线圈中心附近沿 z 轴的磁场最均匀时，求距离 d。最后，考虑一个麦克斯韦线圈，它包含两个相距为 d 的圆电流环，其上的电流方向相反，如图 2.13(b)所示。当线圈中心附近沿 z 轴的磁场最线性时，求距离 d。

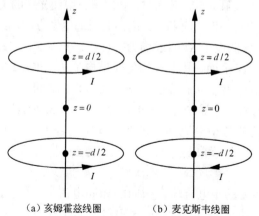

(a) 亥姆霍兹线圈　　　　(b) 麦克斯韦线圈

图 2.13 两个相距为 d 的圆电流环

2.5 证明电流密度为 $\mathbf{J}$ 的导体在自由空间中的自电感为

$$L = \frac{\mu_0}{4\pi I^2} \iiint_V \iiint_V \frac{\mathbf{J}(\mathbf{r}) \cdot \mathbf{J}(\mathbf{r}')}{R} \, \mathrm{d}V' \, \mathrm{d}V$$

式中，I 为总电流，V 表示导体的体积。

2.6 使用例 2.1 推导的结果，求位于原点的 z 方向偶极子的电场。

2.7 使用例 2.2 推导的结果，求位于原点的小电流环的磁场，该小电流环的轴线与 z 轴一致。

2.8 在均匀媒质中，证明无源区域的电场满足方程

$$\nabla \times (\nabla \times \mathbf{E}) - k^2 \mathbf{E} = 0$$

因为电场满足散度条件 $\nabla \cdot \mathbf{E} = 0$，这个方程可以简化为

$$\nabla^2 \mathbf{E} + k^2 \mathbf{E} = 0$$

寻找一个电场不满足散度条件但满足第二个方程的解。

2.9 假定 $\mathbf{J}$ 和 $\mathbf{M}$ 为连续函数，证明式 (2.2.29) 和式 (2.2.30) 与式 (2.1.37) 和式 (2.1.38) 是等效的，其中 $\mathbf{A}$ 和 $\mathbf{F}$ 由式 (2.2.21) 和式 (2.2.22) 给出。

2.10 从式 (2.2.49 和式 (2.2.50) 出发，证明 $\overline{\mathbf{G}}_e(\mathbf{r},\mathbf{r}')$ 和 $\overline{\mathbf{G}}_m(\mathbf{r},\mathbf{r}')$ 满足下面的二阶偏微分方程：

$$\nabla \times \nabla \times \overline{\mathbf{G}}_e(\mathbf{r},\mathbf{r}') - k^2 \overline{\mathbf{G}}_e(\mathbf{r},\mathbf{r}') = \overline{\mathbf{I}}\delta(\mathbf{r}-\mathbf{r}')$$

$$\nabla \times \nabla \times \overline{\mathbf{G}}_m(\mathbf{r},\mathbf{r}') - k^2 \overline{\mathbf{G}}_m(\mathbf{r},\mathbf{r}') = \nabla \times \left[\overline{\mathbf{I}}\delta(\mathbf{r}-\mathbf{r}')\right]$$

2.11 利用习题 2.10 的结果，证明 $\overline{\mathbf{G}}_e(\mathbf{r},\mathbf{r}')$ 和 $\overline{\mathbf{G}}_m(\mathbf{r},\mathbf{r}')$ 也满足下面的方程：

$$(\nabla^2 + k^2)\overline{\mathbf{G}}_e(\mathbf{r},\mathbf{r}') = -\left(\overline{\mathbf{I}} + \frac{1}{k^2}\nabla\nabla\right)\delta(\mathbf{r}-\mathbf{r}')$$

$$(\nabla^2 + k^2)\overline{\mathbf{G}}_m(\mathbf{r},\mathbf{r}') = -\nabla \times \left[\overline{\mathbf{I}}\delta(\mathbf{r}-\mathbf{r}')\right]$$

从这两个方程可以自动得到式 (2.2.36) 和式 (2.2.37) 所示的解。

2.12 求放置于原点的 x 方向无限小电偶极子的电场和磁场。

2.13 天空中的间接光线可以看成太阳光在大气微粒上感应的偶极子辐射。基于偶极子的辐射特性，在早上，当太阳从东方升起时，确定来自南面光线的电场方向。进一步，在中午，当太阳光从顶上照射时，确定来自南面光线的电场方向。给出你的理由。

2.14 证明 z 方向无限小磁偶极子 Kl 的远场为式 (2.3.38) 和式 (2.3.39)。

2.15 一个小矩形环位于 xy 平面，其上有均匀时谐电流 I，如图 2.14 所示。沿 x 方向的长度为 a，沿 y 方向的长度为 b。分别求 xz 平面和 yz 平面上的远处辐射场。证明远场与磁偶极子的远场相同，而磁偶极子的磁矩由式 (2.3.40) 给出，其中 $S = ab$。

2.16 考虑图 2.7 所示的非常小电流环。求在空间中的任何一点的矢量位 $\mathbf{A}$。[提示：矢量位只有 ϕ 方向分量，可以从 $A_\phi = A_y|_{\phi=0}$ 得到。] 然后从矢量位 $\mathbf{A}$ 求出电场和磁场。

2.17 两个具有相同半径 a 的小电流环有同向的相同电流 I，平行于 xy 平面放置。一个位于 $z=-d/2$，另一个位于 $z=d/2$。求远区辐射场和能流密度。

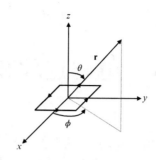

图 2.14　xy 平面上的小矩形电流环

2.18 一个 z 方向的无限小电偶极子 Il 和一个 z 方向的无限小磁偶极子 Kl 一起放置于坐标原点。求下列两种情况的辐射功率密度：（1）$Kl = \eta Il$；（2）$Kl = \mathrm{j}\eta Il$。比较这两种结果。

2.19 天线的辐射电阻通常定义为 $R_\mathrm{r} = \mathrm{Re}(P_e)/|I|^2$，式中 I 为参考电流，在式（2.3.11）中就是 I_0。计算并画出对称偶极子的辐射电阻随长度 L（从 0 到 2λ）的变化曲线。当电流环的半径 a 从 0 到 λ 变化时，重复上述工作。

2.20 考虑 xy 平面上的矩形区域 $A\times B$ 的任意面电流，其电流密度为 $\mathbf{J}_\mathrm{s} = \hat{x} J_x(x,y)$。求辐射远场。把这个结果与例 2.5 的结果叠加，求任意分布的矩形面电流的辐射远场。

2.21 考虑一个均匀分布的圆形面电流，其电流密度为 $\mathbf{J}_\mathrm{s} = \hat{y} J_0$。面电流位于 xy 平面，半径为 a。求辐射远场和第一个零点的位置。设 $a = 10\lambda$，画出三维坐标中辐射场随 θ 和 ϕ 变化的归一化方向图。

2.22 证明式（2.4.26）所示的阵因子的第一个零点方向为

$$\phi_\mathrm{null} = \arctan\left[\frac{\sin\theta_\mathrm{s}\sin\phi_\mathrm{s} \pm \lambda/(N_y+1)\Delta_y}{\sin\theta_\mathrm{s}\cos\phi_\mathrm{s} \pm \lambda/(N_x+1)\Delta_x}\right]$$

$$\theta_\mathrm{null} = \arcsin\left[\frac{\sin\theta_\mathrm{s}\cos\phi_\mathrm{s} \pm \lambda/(N_x+1)\Delta_x}{\cos\phi_\mathrm{null}}\right]$$

2.23 一个包含 N 个垂直偶极子的均匀圆阵放置于 xy 平面的圆上。假定圆的半径为 a，每个偶极子上的电流为 $I_i = I_0 \mathrm{e}^{\mathrm{j}\varphi_i}$（$i = 1, 2, \cdots, N$）。首先，求出这个阵的阵因子。然后，当 $N = 36$ 和 $a = 5\lambda$ 时，求出使主波束向 x 方向辐射时的相位。

第 3 章　电磁定理和原理

电磁场满足麦克斯韦方程。相应地,我们从麦克斯韦方程出发推导出的公式和方程可以揭示电磁场的物理特性。比如,第 1 章在时域和频域中推导了电磁场的能量守恒定律。本章中,首先从麦克斯韦方程出发推导两个重要的定理:一个是唯一性定理,它给出了得到麦克斯韦方程唯一解的必要条件;另一个是互易定理,它建立了同一空间中两组相互独立的场源之间的关系。然后,以唯一性定理为基础,介绍镜像原理和面等效原理,这些原理可以帮助我们求解电磁问题,或者让我们可以从不同的角度分析电磁问题。作为面等效原理的应用,我们将推导感应定理和物理等效原理,推出导体和介质散射的积分方程公式。在此之后,将研究麦克斯韦方程的对称性,得到对偶原理,从而能从麦克斯韦方程的一个解中得到它的另一个对偶解。最后,我们将结合唯一性定理、镜像原理、面等效原理和对偶原理,求解无限大导电平面上口径的辐射和散射问题,并讨论相关的巴比涅原理和互补结构的特性。

3.1　唯一性定理

考虑由面 S 所包围的体积 V,体积内介质的介电常数为 ϵ,磁导率为 μ,电导率为 σ(见图 3.1)。体积内包含电流源和磁流源,其电流密度为 $\mathbf{J}_i$,磁流密度为 $\mathbf{M}_i$。为了讨论由给定源产生的电磁场是否唯一,以及唯一的条件,首先假设源产生两组不同的场,分别表示为 $(\mathbf{E}^a, \mathbf{H}^a)$ 和 $(\mathbf{E}^b, \mathbf{H}^b)$。这两组场应该满足麦克斯韦方程,即

$$\nabla \times \mathbf{E}^a = -j\omega\mu\mathbf{H}^a - \mathbf{M}_i \qquad (3.1.1)$$

$$\nabla \times \mathbf{H}^a = j\omega\epsilon\mathbf{E}^a + \sigma\mathbf{E}^a + \mathbf{J}_i \qquad (3.1.2)$$

和

$$\nabla \times \mathbf{E}^b = -j\omega\mu\mathbf{H}^b - \mathbf{M}_i \qquad (3.1.3)$$

$$\nabla \times \mathbf{H}^b = j\omega\epsilon\mathbf{E}^b + \sigma\mathbf{E}^b + \mathbf{J}_i \qquad (3.1.4)$$

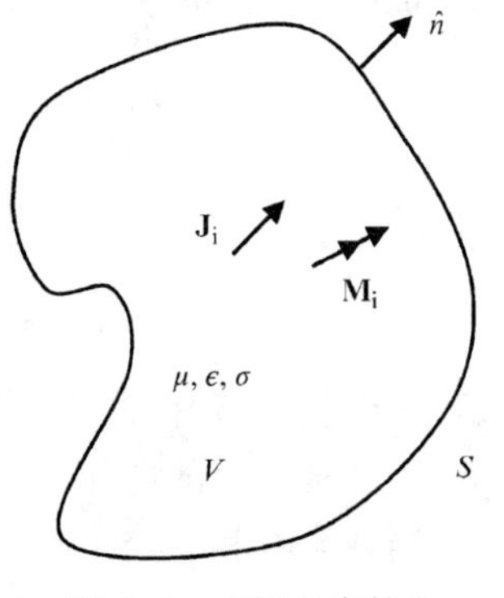

图 3.1　空间 V 内的电流源和磁流源

从第一组方程中减去第二组方程,由于两组方程中的源相同,因此源对应的项就消去了,结果为

$$\nabla \times \delta\mathbf{E} = -j\omega\mu\delta\mathbf{H} \qquad (3.1.5)$$

$$\nabla \times \delta\mathbf{H} = j\omega\epsilon\delta\mathbf{E} + \sigma\delta\mathbf{E} \qquad (3.1.6)$$

式中,$\delta\mathbf{E} = \mathbf{E}^a - \mathbf{E}^b$ 和 $\delta\mathbf{H} = \mathbf{H}^a - \mathbf{H}^b$ 表示这两组场的差值。场的唯一性证明等价于证明此差值为零。为了分析场的差值,由式(3.1.5)和式(3.1.6)可得

$$\delta\mathbf{H}^* \cdot \nabla \times \delta\mathbf{E} - \delta\mathbf{E} \cdot \nabla \times \delta\mathbf{H}^* = \nabla \cdot (\delta\mathbf{E} \times \delta\mathbf{H}^*)$$
$$= -j\omega\mu |\delta\mathbf{H}|^2 + (j\omega\epsilon^* - \sigma) |\delta\mathbf{E}|^2 \quad (3.1.7)$$

式中, 星号表示复数共轭。为了检查每一点场的差值, 我们可对式(3.1.7)进行体积分, 并应用高斯定理, 得到

$$\iiint_V \nabla \cdot (\delta\mathbf{E} \times \delta\mathbf{H}^*) \, dV = \oiint_S (\delta\mathbf{E} \times \delta\mathbf{H}^*) \cdot d\mathbf{S}$$
$$= \iiint_V [-j\omega\mu |\delta\mathbf{H}|^2 + (j\omega\epsilon^* - \sigma) |\delta\mathbf{E}|^2] \, dV \quad (3.1.8)$$

很容易看出, 如果满足下列三个条件之一, 则上式中的面积分将为零。

1. 在整个 S 面, 切向电场($\hat{n}\times\mathbf{E}$)是给定的, 从而在 S 面上$\hat{n}\times\delta\mathbf{E}=0$;
2. 在整个 S 面, 切向磁场($\hat{n}\times\mathbf{H}$)是给定的, 从而在 S 面上$\hat{n}\times\delta\mathbf{H}=0$;
3. 在 S 面的一部分, 切向电场($\hat{n}\times\mathbf{E}$)是给定的, 其余部分切向磁场($\hat{n}\times\mathbf{H}$)是给定的。

因此, 当这三个条件之一满足时, 式(3.1.8)变成

$$\iiint_V [-j\omega\mu |\delta\mathbf{H}|^2 + (j\omega\epsilon^* - \sigma) |\delta\mathbf{E}|^2] \, dV = 0 \quad (3.1.9)$$

对于一般的损耗媒质, $\mu=\mu'-j\mu''(\mu''\geq0)$, $\epsilon=\epsilon'-j\epsilon''(\epsilon''\geq0)$。因此, 式(3.1.9)的实部为

$$\iiint_V [(\omega\epsilon'' + \sigma) |\delta\mathbf{E}|^2 + \omega\mu'' |\delta\mathbf{H}|^2] \, dV = 0 \quad (3.1.10)$$

虚部为

$$\iiint_V [\omega\epsilon' |\delta\mathbf{E}|^2 - \omega\mu' |\delta\mathbf{H}|^2] \, dV = 0 \quad (3.1.11)$$

从这两个方程很容易证明: 不论什么类型的损耗, 只要媒质是有耗的, 且 $\omega>0$, 就有 $\delta\mathbf{E}=0$ 和 $\delta\mathbf{H}=0$。这个结论对任何媒质都是成立的, 因为在上面的推导过程中, 除了假设媒质是有耗的并且频率非零, 并未对介电常数、磁导率和电导率做任何其他假定。如果将无耗媒质和静态场情况当成有耗和频率无限接近于零的极限情况, 则上述结论对无耗媒质和静态场也成立。

　　基于以上讨论, 可以得到下面的结论: 当一个空间内的源给定, 且其表面上的切向电场分量或切向磁场分量给定, 或者表面上的一部分切向电场分量给定, 其余部分切向磁场分量给定, 这时在该空间内的场是唯一确定的。这就是电磁场**唯一性定理**。

　　唯一性定理有许多应用。例如, 由唯一性定理, 对一个满足唯一性条件的电磁问题, 不管用什么方法得到的解, 其结果都应该相同。这使我们可以选择最简便、最合适的方法来求解特定问题。唯一性定理建立了源和场之间的一一对应关系, 使得从场出发求解逆问题从而确定源成为可能。在本书中, 唯一性定理最重要的应用是它为建立镜像原理和面等效原理提供了理论基础。虽然镜像原理和面等效原理也可以用复杂的数学方法推导, 但从唯一性定理出发, 可以用很直观的方式得到这些定理。

【例 3.1】 在这一节中,静态场唯一性定理的证明是把静态场看成时谐场在频率趋丁零的极限来考虑。事实上静态场的唯一性定理也可以从静态麦克斯韦方程直接证明。以静电场为例,证明:对于给定的静电场源,当区域边界的法向或切向电场分量给定时,电场在区域内唯一确定。

解:我们用与这一节中相同的方法证明。首先,假定有两个解$\mathbf{E}^a$和$\mathbf{E}^b$满足相同的静电场麦克斯韦方程:

$$\nabla\cdot(\varepsilon\mathbf{E})=\varrho_e, \qquad \nabla\times\mathbf{E}=0$$

正如第 2 章所描述的,电场可以从标量电位得到,即$\mathbf{E}=-\nabla\varphi$。假设,对于$\mathbf{E}^a$和$\mathbf{E}^b$的标量电位分别为$\varphi^a$和$\varphi^b$,则它们满足相同的泊松方程,即

$$\nabla\cdot(\varepsilon\nabla\varphi)=-\varrho_e$$

因为源ϱ_e是相同的,这两个解的差值$\delta\varphi=\varphi^a-\varphi^b$满足方程

$$\nabla\cdot(\varepsilon\nabla\delta\varphi)=0$$

上式乘以$\delta\varphi$,然后在整个区域内积分,可得

$$\iiint_V \delta\varphi\nabla\cdot(\varepsilon\nabla\delta\varphi)\,\mathrm{d}V=-\iiint_V \varepsilon|\nabla\delta\varphi|^2\,\mathrm{d}V+\oiint_S \varepsilon\delta\varphi\frac{\partial\delta\varphi}{\partial n}\,\mathrm{d}S=0$$

式中应用了第一标量格林定理。因为$\delta\mathbf{E}=-\nabla\delta\varphi$,上式也可以写为

$$\iiint_V \varepsilon|\delta\mathbf{E}|^2\,\mathrm{d}V=\oiint_S \varepsilon\delta\varphi\frac{\partial\delta\varphi}{\partial n}\,\mathrm{d}S$$

如果边界面上电场的法向分量给定,则$\hat{n}\cdot\delta\mathbf{E}=-\hat{n}\cdot\nabla\delta\varphi=-\partial\delta\varphi/\partial n=0$,因此

$$\iiint_V \varepsilon|\delta\mathbf{E}|^2\,\mathrm{d}V=0$$

要满足上式,在区域内的每一点有$\delta\mathbf{E}=0$,换句话说,$\mathbf{E}$的解是唯一的。如果边界面上电场的切向分量给定,则$\hat{t}\cdot\delta\mathbf{E}=-\hat{t}\cdot\nabla\delta\varphi=-\partial\delta\varphi/\partial t=0$,因此$\delta\varphi$的值在$S$上是常数,故有

$$\iiint_V \varepsilon|\delta\mathbf{E}|^2\,\mathrm{d}V=\delta\varphi\oiint_S \varepsilon\frac{\partial\delta\varphi}{\partial n}\,\mathrm{d}S=\delta\varphi\iiint_V \nabla\cdot(\varepsilon\nabla\delta\varphi)\,\mathrm{d}V=0$$

由此,再次得到区域中每一点$\mathbf{E}$的解是唯一的。如果边界面上的其中一部分电场的切向分量给定,其余部分电场的法向分量给定,则可以得到同样的结论。用类似的方法可以证明静磁场的唯一性定理,此证明作为练习留给读者完成。

【例 3.2】 这一节所描述的唯一性定理是针对时谐场的。对于任意的时变场,唯一性定理的陈述为:对于某区域中给定的源,如果$t=0$时场的初始值给定,$t\geq 0$时包围该区域的表面上的电场或磁场的切向分量给定,那么电场和磁场在该区域内是唯一的。证明此唯一性定理。

解:这里用与时谐场相似的方法证明此唯一性定理。首先,假设两种解:$(\mathscr{E}^a,\mathscr{H}^a)$和$(\mathscr{E}^b,\mathscr{H}^b)$,它们均满足相同的时变场麦克斯韦方程:

$$\nabla\times\mathscr{E}=-\mu\frac{\partial\mathscr{H}}{\partial t}, \qquad \nabla\times\mathscr{H}=\varepsilon\frac{\partial\mathscr{E}}{\partial t}+\sigma\mathscr{E}+\mathscr{J}_i$$

由于源 $\mathscr{J}_i$ 是相同的，所以这两种场的差场：$\delta\mathscr{E}=\mathscr{E}^a-\mathscr{E}^b$ 和 $\delta\mathscr{H}=\mathscr{H}^a-\mathscr{H}^b$，满足方程

$$\nabla\times\delta\mathscr{E}=-\mu\frac{\partial\delta\mathscr{H}}{\partial t},\qquad \nabla\times\delta\mathscr{H}=\epsilon\frac{\partial\delta\mathscr{E}}{\partial t}+\sigma\delta\mathscr{E}$$

从这两个方程可得

$$\nabla\cdot(\delta\mathscr{E}\times\delta\mathscr{H})=\delta\mathscr{H}\cdot(\nabla\times\delta\mathscr{E})-\delta\mathscr{E}\cdot(\nabla\times\delta\mathscr{H})$$

$$=-\mu\delta\mathscr{H}\cdot\frac{\partial\delta\mathscr{H}}{\partial t}-\epsilon\delta\mathscr{E}\cdot\frac{\partial\delta\mathscr{E}}{\partial t}-\sigma\delta\mathscr{E}\cdot\delta\mathscr{E}$$

$$=-\frac{\mu}{2}\frac{\partial}{\partial t}|\delta\mathscr{H}|^2-\frac{\epsilon}{2}\frac{\partial}{\partial t}|\delta\mathscr{E}|^2-\sigma|\delta\mathscr{E}|^2$$

对整个区域进行积分，然后应用高斯定理，有

$$\oiint_S(\delta\mathscr{E}\times\delta\mathscr{H})\cdot\mathrm{d}\mathbf{S}=-\frac{\partial}{\partial t}\iiint_V\left(\frac{\epsilon}{2}|\delta\mathscr{E}|^2+\frac{\mu}{2}|\delta\mathscr{H}|^2\right)\mathrm{d}V-\iiint_V\sigma|\delta\mathscr{E}|^2\,\mathrm{d}V$$

如前面所讨论的，如果表面上电场或磁场的切向分量给定，则上式中的面积分为零。因为消耗的功率总是正的，所以有

$$\frac{\partial}{\partial t}\iiint_V\left(\frac{\epsilon}{2}|\delta\mathscr{E}|^2+\frac{\mu}{2}|\delta\mathscr{H}|^2\right)\mathrm{d}V\leqslant 0$$

由于场的初始值是给定的，$\delta\mathscr{E}$ 和 $\delta\mathscr{H}$ 的初始值为零，因此积分的初始值为零。对于任何非零的 $\delta\mathscr{E}$ 和 $\delta\mathscr{H}$，积分不可能为负，所以从上式得到的唯一结果是

$$\iiint_V\left(\frac{\epsilon}{2}|\delta\mathscr{E}|^2+\frac{\mu}{2}|\delta\mathscr{H}|^2\right)\mathrm{d}V=0,\qquad t>0$$

因此，在 $t=0$ 之后的任何时刻，任意一点均有 $\delta\mathscr{E}=0$ 和 $\delta\mathscr{H}=0$，换句话说，场是唯一确定的。

3.2　镜像原理

在第 2 章中，我们求解了源在无限大均匀空间，即自由空间中的辐射问题，并推导了场-源关系式。对于非自由空间的辐射问题，通常需要求解复杂的边值问题。不过，对于几类简单的非自由空间问题，我们可以将其转换为自由空间问题，从而可以使用第 2 章中的公式求解。此类例子之一是无限大均匀半空间的辐射问题。将这类问题转换到自由空间问题，可由本节介绍的镜像原理实现。

3.2.1　镜像原理

镜像原理的基础是 3.1 节中介绍的唯一性定理。考虑这样一个问题：如图 3.2(a)所示，无限大理想导电体(PEC)平面位于 $z=0$ 处，$z=h$ 处竖直放置一个电流元或电偶极子。由基本的电磁理论可知，电偶极子的辐射场要满足边界条件：

$$\hat{z}\times\mathbf{E}=0,\quad z=0 \tag{3.2.1}$$

(a) 原问题   (b) 等效问题

图 3.2   PEC 平面上方的**垂直电偶极子**(VED)的镜像

通过求解由上半空间中麦克斯韦方程和式(3.2.1)的边界条件所决定的边值问题,可以得到上半空间中的辐射场,但这个过程相当复杂。另一种思路是,想办法把这个问题转换成一个等效的自由空间问题,然后利用自由空间的场-源关系得到它的解。根据唯一性定理,如果能构建一个问题,其在上半空间与原问题有相同的源(电偶极子),在空间的边界(xy 平面)上与原问题有相同的切向电场(切向电场为零),那么在上半空间中,新问题与原问题的场解相同。在构建这样一个新问题的过程中,可以在上半空间以外的区域放置任何源。我们只需选择合适的源,使得最后的电场总场在 xy 平面的切向分量为零。

为了构建等效的自由空间问题,首先移去 PEC 平面,然后在下半空间填充与上半空间相同的均匀媒质。由式(2.3.5),电偶极子在自由空间产生的电场为

$$\mathbf{E}_1 = \hat{r}_1 \frac{\eta Il\cos\theta_1}{2\pi r_1^2}\left(1+\frac{1}{\mathrm{j}kr_1}\right)\mathrm{e}^{-\mathrm{j}kr_1}$$
$$+ \hat{\theta}_1 \frac{\mathrm{j}k\eta Il\sin\theta_1}{4\pi r_1}\left[1+\frac{1}{\mathrm{j}kr_1}-\frac{1}{(kr_1)^2}\right]\mathrm{e}^{-\mathrm{j}kr_1}$$

$$(3.2.2)$$

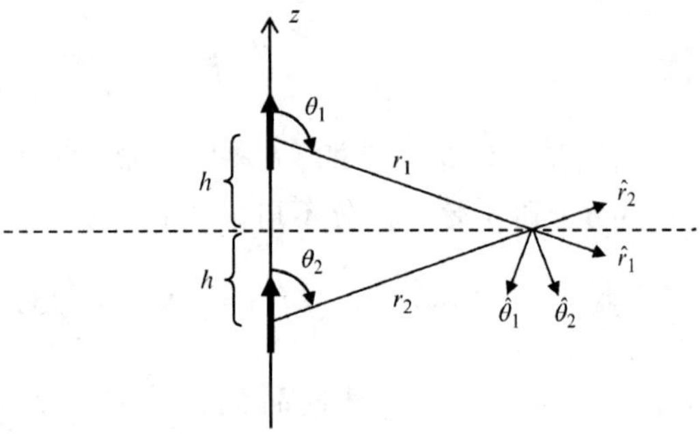

图 3.3   xy 平面上与场点相关的变量和单位矢量

式中,变量的定义如图 3.3 所示。为了抵消 xy 平面上电场的切向分量,在 $z=-h$ 位置放置一个等幅同向的电偶极子,其产生的电场为

$$\mathbf{E}_2 = \hat{r}_2 \frac{\eta Il\cos\theta_2}{2\pi r_2^2}\left(1+\frac{1}{\mathrm{j}kr_2}\right)\mathrm{e}^{-\mathrm{j}kr_2} + \hat{\theta}_2 \frac{\mathrm{j}k\eta Il\sin\theta_2}{4\pi r_2}\left[1+\frac{1}{\mathrm{j}kr_2}-\frac{1}{(kr_2)^2}\right]\mathrm{e}^{-\mathrm{j}kr_2} \quad (3.2.3)$$

由于两个电偶极子关于 xy 平面对称,对于 xy 平面上的任意点有

$$r_2 = r_1 = \sqrt{\rho^2+h^2} = a, \qquad \theta_2 = \pi - \theta_1 = \arctan(\rho/h)$$
$$\hat{r}_1 = \hat{\rho}\rho/a - \hat{z}h/a, \qquad \hat{\theta}_1 = -\hat{\rho}h/a - \hat{z}\rho/a$$
$$\hat{r}_2 = \hat{\rho}\rho/a + \hat{z}h/a, \qquad \hat{\theta}_2 = \hat{\rho}h/a - \hat{z}\rho/a$$

将这些结果代入式(3.2.2)和式(3.2.3),可得 xy 平面上的电场为

$$\mathbf{E} = \mathbf{E}_1 + \mathbf{E}_2$$
$$= \hat{z}\frac{\eta Ilh^2}{\pi a^4}\left(1+\frac{1}{\mathrm{j}ka}\right)\mathrm{e}^{-\mathrm{j}ka} - \hat{z}\frac{\mathrm{j}k\eta Il\rho^2}{2\pi a^3}\left[1+\frac{1}{\mathrm{j}ka}-\frac{1}{(ka)^2}\right]\mathrm{e}^{-\mathrm{j}ka} \qquad (3.2.4)$$

显然,电场切向分量在 xy 平面上为零。现在,考虑新问题中的上半空间,其中的源与原问题中的相同,在边界面上电场切向分量也与原问题中的相同。根据唯一性定理,在上

半空间中新问题与原问题的场是相同的。因此，新问题与原问题在上半空间等效。图 3.2(b)给出了等效问题。我们引入的电偶极子称为原电偶极子的镜像。对于上半空间，镜像源产生的场可认为是原电偶极子产生的场被 PEC 平面反射后的反射场。需要注意的是，这里的等效仅针对上半空间而言。新问题和原问题在下半空间的场显然不一样。不过我们并不关心下半空间。原问题的解现在可以通过求解等效问题得到，而等效问题的解是式(3.2.2)和式(3.2.3)的叠加。当观察点距离源很远时，$\theta_1 \approx \theta_2 \approx \theta$；$r_1 \approx r-h\cos\theta$；$r_2 \approx r+h\cos\theta$。因此，电场可以写为

$$\mathbf{E} \approx \hat{\theta}\frac{\mathrm{j}\eta k Il}{2\pi r}\sin\theta\cos(kh\cos\theta)\mathrm{e}^{-\mathrm{j}kr}, \qquad \theta \leqslant \frac{\pi}{2} \qquad (3.2.5)$$

对于如图 3.4(a)所示的 PEC 平面上方水平放置的电偶极子，可以用相同的过程构建如图 3.4(b)所示的等效问题。在等效问题中，PEC 平面被移去，其效应用一个镜像源代替，该

图 3.4 PEC 平面上方的**水平电偶极子**(HED)的镜像

镜像源是一个幅度相同的水平放置的电偶极子，但具有相反的方向。容易证明，镜像源产生的电场与原电偶极子产生的电场的切向分量在 xy 平面上互相抵消。因此，图 3.4(b)中的新问题和图 3.4(a)中的原问题在上半空间中的场相同。

磁偶极子的镜像可以用下面两种方法构建。第一种是先分析由磁偶极子在自由空间产生的电场，然后找出能够在 xy 平面上抵消电场切向分量的镜像磁偶极子。第二种是用电流环代替磁偶极子，然后根据前面介绍的镜像原理找出电流环的镜像，最后将电流环变回磁偶极子。不难发现，PEC 平面上方的垂直磁偶极子的镜像是等幅反向的垂直磁偶极子；水平磁偶极子的镜像是等幅同向的水平磁偶极子，如图 3.5 所示。类似地，可以得到无限大 PMC 平面上方的电偶极子和磁偶极子的镜像，结果如图 3.6 所示。

图 3.5 PEC 平面上方的电偶极子和磁偶极子的镜像

图 3.6 PMC 平面上方的电偶极子和磁偶极子的镜像

由于任意电流源(磁流源)可以分解成无数个很小的垂直和水平电偶极子(磁偶极子)，图 3.5 和图 3.6 给出的镜像原理可以应用于任意源。例如，考虑一个无限大 PEC 平面上方的电流密度为 $\mathbf{J}(\mathbf{r})$ 的电流源：首先把它分解成垂直分量和水平分量：

$$\mathbf{J}(\mathbf{r}) = \mathbf{J}_v(\mathbf{r}) + \mathbf{J}_h(\mathbf{r}) = \hat{z}\hat{z} \cdot \mathbf{J}(\mathbf{r}) + [\mathbf{J}(\mathbf{r}) - \hat{z}\hat{z} \cdot \mathbf{J}(\mathbf{r})] \qquad (3.2.6)$$

由图 3.5, 得到其镜像为

$$\mathbf{J}^{im}(\mathbf{r}) = \mathbf{J}_v^{im}(\mathbf{r}) + \mathbf{J}_h^{im}(\mathbf{r}) = \mathbf{J}_v(\mathbf{r}_i) - \mathbf{J}_h(\mathbf{r}_i)$$
$$= \hat{z}\hat{z} \cdot \mathbf{J}(\mathbf{r}_i) - [\mathbf{J}(\mathbf{r}_i) - \hat{z}\hat{z} \cdot \mathbf{J}(\mathbf{r}_i)] = 2\hat{z}\hat{z} \cdot \mathbf{J}(\mathbf{r}_i) - \mathbf{J}(\mathbf{r}_i) \qquad (3.2.7)$$

式中, $\mathbf{r}_i = x\hat{x} + y\hat{y} - z\hat{z}$ 为 $\mathbf{r} = x\hat{x} + y\hat{y} + z\hat{z}$ 的镜像位置。

　　除了无限大 PEC 和 PMC 平面, 镜像原理也可以应用在几种特殊的几何结构中, 例如图 3.7(a) 所示的由一个垂直无限大 PEC 平面和一个水平无限大 PEC 平面相交形成的直角劈区域, 或如图 3.7(b) 所示的 60° 角 PEC 斜劈区域。在这两种情况下, 需要有多个镜像才能保证总场满足边界条件? 对于这两种特殊角度的斜劈, 只需有限个镜像就可以产生满足边界条件的总场。而对于其他角度, 产生这样的总场可能需要无数个镜像。由于这些镜像源位于场区附近, 总场的求和式是不收敛的, 因而我们也得不到一个最终的解析公式。现在考虑另一个特殊的例子: 两个平行放置的无限大 PEC 平面之间的区域。根据镜像原理, 这种情况下也需要有无数个镜像源, 才能保证总场满足边界条件。图 3.7(c) 给出了最近的几个镜像源。但是对于这个问题, 镜像源与场区的距离越来越远, 因而总场的求和式是收敛的, 可以得到一个解析解。类似地, 镜像原理还可以用于源在矩形波导和矩形谐振腔中的辐射问题, 对应的镜像源分别是二维阵列和三维阵列。最后需要指出的是, 镜像原理还可以应用到一些特殊的导体曲面、平面介质半空间及分层媒质问题中[1]。对于这些问题, 镜像源与原来的源形状一般是不同的, 因而得到的公式也比较复杂。

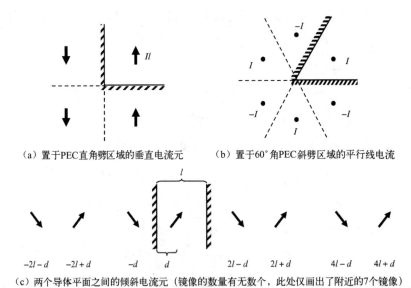

（a）置于 PEC 直角劈区域的垂直电流元　　（b）置于 60°角 PEC 斜劈区域的平行线电流

（c）两个导体平面之间的倾斜电流元（镜像的数量有无数个, 此处仅画出了附近的7个镜像）

图 3.7　镜像位置的示例

【**例 3.3**】　考虑如图 3.7(c) 所示问题，假定左边的无限大 PEC 平面位于 $x=0$；右边的无限大 PEC 平面位于 $x=l$。无限小电流元 Il 放置于 $\mathbf{r}'=\hat{x}\,d$，电流的方向为 $\hat{u}$。求两 PEC 平面之间的电场，并以自由空间并矢格林函数 $\overline{\mathbf{G}}_{e0}$ 的形式表示。

解：如图 3.7(c) 所示，镜像源存在两组。与原电流相同指向的镜像源位于 $\mathbf{r}_i=\hat{x}(2il+d)$；另外的镜像源位于 $\mathbf{r}_j=\hat{x}(2jl-d)$（$-\infty<i,j<\infty$，$i=0$ 位置的源表示原电流元）。对于第二组镜像源，它们的方向为 $\hat{u}^{\text{im}}=2\,\hat{x}\hat{x}\cdot\hat{u}-\hat{u}$。将原电流源和镜像源产生的场叠加，可得到两平板之间的总场，表示为

$$\mathbf{E}(\mathbf{r})=-\mathrm{j}\omega\mu Il\left[\sum_{i=-\infty}^{\infty}\overline{\mathbf{G}}_{e0}(\mathbf{r},\mathbf{r}_i)\cdot\hat{u}+\sum_{j=-\infty}^{\infty}\overline{\mathbf{G}}_{e0}(\mathbf{r},\mathbf{r}_j)\cdot\hat{u}^{\text{im}}\right],\qquad 0\leqslant x\leqslant l$$

式中的两个求和式均收敛，这是因为随着 i 和 j 的数值增加，$\mathbf{r}_i$ 和 $\mathbf{r}_j$ 距求解区域越来越远。

3.2.2　无限大半空间中的场–源关系

现在考虑无限大半空间问题：无限大 PEC 平面位于 $z=0$ 处，上半空间中有电流源 $\mathbf{J}(\mathbf{r})$ 和磁流源 $\mathbf{M}(\mathbf{r})$。由 3.2.1 节的讨论可知，镜像源为

$$\mathbf{J}^{\text{im}}=2\hat{z}\hat{z}\cdot\mathbf{J}(\mathbf{r}_i)-\mathbf{J}(\mathbf{r}_i)\tag{3.2.8}$$

$$\mathbf{M}^{\text{im}}=-2\hat{z}\hat{z}\cdot\mathbf{M}(\mathbf{r}_i)+\mathbf{M}(\mathbf{r}_i)\tag{3.2.9}$$

式中，$\mathbf{r}=x\,\hat{x}+y\,\hat{y}+z\,\hat{z}$；$\mathbf{r}_i=x\,\hat{x}+y\,\hat{y}-z\,\hat{z}$。由式(2.2.35)可知，原来的源和镜像源在自由空间产生的场为

$$\mathbf{E}(\mathbf{r})=-\mathrm{j}\omega\mu\iiint_V\overline{\mathbf{G}}_{e0}(\mathbf{r},\mathbf{r}')\cdot\mathbf{J}(\mathbf{r}')\mathrm{d}V'-\iiint_V\overline{\mathbf{G}}_{m0}(\mathbf{r},\mathbf{r}')\cdot\mathbf{M}(\mathbf{r}')\mathrm{d}V'$$
$$-\mathrm{j}\omega\mu\iiint_{V_{\text{im}}}\overline{\mathbf{G}}_{e0}(\mathbf{r},\mathbf{r}')\cdot\mathbf{J}^{\text{im}}(\mathbf{r}')\mathrm{d}V'-\iiint_{V_{\text{im}}}\overline{\mathbf{G}}_{m0}(\mathbf{r},\mathbf{r}')\cdot\mathbf{M}^{\text{im}}(\mathbf{r}')\mathrm{d}V'\tag{3.2.10}$$

式中，V_{im} 为镜像源所占据的空间。将式(3.2.8)和式(3.2.9)代入式(3.2.10)，可得电场表达式为

$$\mathbf{E}(\mathbf{r})=-\mathrm{j}\omega\mu\iiint_V\overline{\mathbf{G}}_{e0}(\mathbf{r},\mathbf{r}')\cdot\mathbf{J}(\mathbf{r}')\mathrm{d}V'-\iiint_V\overline{\mathbf{G}}_{m0}(\mathbf{r},\mathbf{r}')\cdot\mathbf{M}(\mathbf{r}')\mathrm{d}V'$$
$$-\mathrm{j}\omega\mu\iiint_{V_{\text{im}}}\overline{\mathbf{G}}_{e0}(\mathbf{r},\mathbf{r}')\cdot[2\hat{z}\hat{z}\cdot\mathbf{J}(\mathbf{r}_i')-\mathbf{J}(\mathbf{r}_i')]\mathrm{d}V'\tag{3.2.11}$$
$$+\iiint_{V_{\text{im}}}\overline{\mathbf{G}}_{m0}(\mathbf{r},\mathbf{r}')\cdot[2\hat{z}\hat{z}\cdot\mathbf{M}(\mathbf{r}_i')+\mathbf{M}(\mathbf{r}_i')]\mathrm{d}V'$$

如果改变对镜像源积分中 z' 的符号，$\mathbf{J}(\mathbf{r}_i')$ 和 $\mathbf{M}(\mathbf{r}_i')$ 就分别变成 $\mathbf{J}(\mathbf{r})$ 和 $\mathbf{M}(\mathbf{r})$，V_{im} 变成 V，而 $\overline{\mathbf{G}}_{e0}(\mathbf{r},\mathbf{r}')$ 和 $\overline{\mathbf{G}}_{m0}(\mathbf{r},\mathbf{r}')$ 则变成 $\overline{\mathbf{G}}_{e0}(\mathbf{r},\mathbf{r}_i')$ 和 $\overline{\mathbf{G}}_{m0}(\mathbf{r},\mathbf{r}_i')$。由此有

$$\mathbf{E}(\mathbf{r})=-\mathrm{j}\omega\mu\iiint_V\left[\overline{\mathbf{G}}_{e0}(\mathbf{r},\mathbf{r}')-\overline{\mathbf{G}}_{e0}(\mathbf{r},\mathbf{r}_i')+2\overline{\mathbf{G}}_{e0}(\mathbf{r},\mathbf{r}_i')\cdot\hat{z}\hat{z}\right]\cdot\mathbf{J}(\mathbf{r}')\mathrm{d}V'$$
$$-\iiint_V\left[\overline{\mathbf{G}}_{m0}(\mathbf{r},\mathbf{r}')+\overline{\mathbf{G}}_{m0}(\mathbf{r},\mathbf{r}_i')-2\overline{\mathbf{G}}_{m0}(\mathbf{r},\mathbf{r}_i')\cdot\hat{z}\hat{z}\right]\cdot\mathbf{M}(\mathbf{r}')\mathrm{d}V'\tag{3.2.12}$$

上式可以用更紧凑的形式写为

$$\mathbf{E}(\mathbf{r}) = -\mathrm{j}\omega\mu \iiint_V \overline{\mathbf{G}}_{\mathrm{e}1}(\mathbf{r}, \mathbf{r}') \cdot \mathbf{J}(\mathbf{r}')\,\mathrm{d}V' - \iiint_V \overline{\mathbf{G}}_{\mathrm{m}1}(\mathbf{r}, \mathbf{r}') \cdot \mathbf{M}(\mathbf{r}')\,\mathrm{d}V' \qquad (3.2.13)$$

式中,

$$\overline{\mathbf{G}}_{\mathrm{e}1}(\mathbf{r}, \mathbf{r}') = \overline{\mathbf{G}}_{\mathrm{e}0}(\mathbf{r}, \mathbf{r}') - \overline{\mathbf{G}}_{\mathrm{e}0}(\mathbf{r}, \mathbf{r}'_{\mathrm{i}}) + 2\overline{\mathbf{G}}_{\mathrm{e}0}(\mathbf{r}, \mathbf{r}'_{\mathrm{i}}) \cdot \hat{z}\hat{z} \qquad (3.2.14)$$

$$\overline{\mathbf{G}}_{\mathrm{m}1}(\mathbf{r}, \mathbf{r}') = \overline{\mathbf{G}}_{\mathrm{m}0}(\mathbf{r}, \mathbf{r}') + \overline{\mathbf{G}}_{\mathrm{m}0}(\mathbf{r}, \mathbf{r}'_{\mathrm{i}}) - 2\overline{\mathbf{G}}_{\mathrm{m}0}(\mathbf{r}, \mathbf{r}'_{\mathrm{i}}) \cdot \hat{z}\hat{z} \qquad (3.2.15)$$

它们称为**第一类半空间电并矢和磁并矢格林函数**[2]。在 $z=0$ 处,两者满足相应的第一类边界条件,即

$$\hat{z} \times \overline{\mathbf{G}}_{\mathrm{e}1}(\mathbf{r}, \mathbf{r}') = 0, \qquad \hat{z} \times \overline{\mathbf{G}}_{\mathrm{m}1}(\mathbf{r}, \mathbf{r}') = 0 \qquad (3.2.16)$$

将式(2.2.36)和式(2.2.37)代入式(3.2.14)和式(3.2.15),并应用下列关系:

$$\nabla f(\mathbf{r} - \mathbf{r}') = -\nabla' f(\mathbf{r} - \mathbf{r}') \qquad (3.2.17)$$

$$\nabla f(\mathbf{r} - \mathbf{r}'_{\mathrm{i}}) = -\nabla' f(\mathbf{r} - \mathbf{r}'_{\mathrm{i}}) + 2\hat{z}\hat{z} \cdot \nabla f(\mathbf{r} - \mathbf{r}'_{\mathrm{i}}) \qquad (3.2.18)$$

式中, f 表示任意函数。则式(3.2.14)和式(3.2.15)可以用自由空间标量格林函数表示为

$$\overline{\mathbf{G}}_{\mathrm{e}1}(\mathbf{r}, \mathbf{r}') = \left(\overline{\mathbf{I}} - \frac{1}{k^2}\nabla'\nabla\right)[G_0(\mathbf{r}, \mathbf{r}') - G_0(\mathbf{r}, \mathbf{r}'_{\mathrm{i}})] + 2\hat{z}\hat{z}G_0(\mathbf{r}, \mathbf{r}'_{\mathrm{i}}) \qquad (3.2.19)$$

$$\overline{\mathbf{G}}_{\mathrm{m}1}(\mathbf{r}, \mathbf{r}') = -\nabla'[G_0(\mathbf{r}, \mathbf{r}') + G_0(\mathbf{r}, \mathbf{r}'_{\mathrm{i}})] \times \overline{\mathbf{I}} \qquad (3.2.20)$$

经过相似的处理过程,并应用式(2.2.38),可得无限大半空间中的磁场为

$$\mathbf{H}(\mathbf{r}) = \iiint_V \overline{\mathbf{G}}_{\mathrm{m}2}(\mathbf{r}, \mathbf{r}') \cdot \mathbf{J}(\mathbf{r}')\,\mathrm{d}V' - \mathrm{j}\omega\epsilon \iiint_V \overline{\mathbf{G}}_{\mathrm{e}2}(\mathbf{r}, \mathbf{r}') \cdot \mathbf{M}(\mathbf{r}')\,\mathrm{d}V' \qquad (3.2.21)$$

式中,

$$\overline{\mathbf{G}}_{\mathrm{e}2}(\mathbf{r}, \mathbf{r}') = \overline{\mathbf{G}}_{\mathrm{e}0}(\mathbf{r}, \mathbf{r}') + \overline{\mathbf{G}}_{\mathrm{e}0}(\mathbf{r}, \mathbf{r}'_{\mathrm{i}}) - 2\overline{\mathbf{G}}_{\mathrm{e}0}(\mathbf{r}, \mathbf{r}'_{\mathrm{i}}) \cdot \hat{z}\hat{z} \qquad (3.2.22)$$

$$\overline{\mathbf{G}}_{\mathrm{m}2}(\mathbf{r}, \mathbf{r}') = \overline{\mathbf{G}}_{\mathrm{m}0}(\mathbf{r}, \mathbf{r}') - \overline{\mathbf{G}}_{\mathrm{m}0}(\mathbf{r}, \mathbf{r}'_{\mathrm{i}}) + 2\overline{\mathbf{G}}_{\mathrm{m}0}(\mathbf{r}, \mathbf{r}'_{\mathrm{i}}) \cdot \hat{z}\hat{z} \qquad (3.2.23)$$

它们称为**第二类半空间电并矢和磁并矢格林函数**。在 $z=0$ 处,两者满足相应的第二类边界条件,即

$$\hat{z} \times \nabla \times \overline{\mathbf{G}}_{\mathrm{e}2}(\mathbf{r}, \mathbf{r}') = 0, \qquad \hat{z} \times \nabla \times \overline{\mathbf{G}}_{\mathrm{m}2}(\mathbf{r}, \mathbf{r}') = 0 \qquad (3.2.24)$$

式(3.2.22)和式(3.2.23)可以用自由空间标量格林函数表示为

$$\overline{\mathbf{G}}_{\mathrm{e}2}(\mathbf{r}, \mathbf{r}') = \left(\overline{\mathbf{I}} - \frac{1}{k^2}\nabla'\nabla\right)[G_0(\mathbf{r}, \mathbf{r}') + G_0(\mathbf{r}, \mathbf{r}'_{\mathrm{i}})] - 2\hat{z}\hat{z}G_0(\mathbf{r}, \mathbf{r}'_{\mathrm{i}}) \qquad (3.2.25)$$

$$\overline{\mathbf{G}}_{\mathrm{m}2}(\mathbf{r}, \mathbf{r}') = -\nabla'[G_0(\mathbf{r}, \mathbf{r}') - G_0(\mathbf{r}, \mathbf{r}'_{\mathrm{i}})] \times \overline{\mathbf{I}} \qquad (3.2.26)$$

第一类和第二类并矢格林函数的关系为

$$\nabla \times \overline{\mathbf{G}}_{\mathrm{e}2}(\mathbf{r}, \mathbf{r}') = \overline{\mathbf{G}}_{\mathrm{m}1}(\mathbf{r}, \mathbf{r}') \qquad (3.2.27)$$

$$\nabla \times \overline{\mathbf{G}}_{\mathrm{m}2}(\mathbf{r}, \mathbf{r}') = k^2\overline{\mathbf{G}}_{\mathrm{e}1}(\mathbf{r}, \mathbf{r}') + \overline{\mathbf{I}}\delta(\mathbf{r} - \mathbf{r}') \qquad (3.2.28)$$

和

$$\nabla \times \overline{\mathbf{G}}_{e1}(\mathbf{r}, \mathbf{r}') = \overline{\mathbf{G}}_{m2}(\mathbf{r}, \mathbf{r}') \tag{3.2.29}$$

$$\nabla \times \overline{\mathbf{G}}_{m1}(\mathbf{r}, \mathbf{r}') = k^2 \overline{\mathbf{G}}_{e2}(\mathbf{r}, \mathbf{r}') + \overline{\mathbf{I}}\delta(\mathbf{r} - \mathbf{r}') \tag{3.2.30}$$

上述关系式很容易证明,只需将式(3.2.13)和式(3.2.21)代入麦克斯韦方程。

3.3 互易定理

互易定理是电磁学中最重要的定理之一,有着广泛的应用。互易定理将两组独立的电磁场联系起来。这种联系之所以存在,是因为两组电磁场都遵循同样的麦克斯韦方程。互易定理在不同的应用场合中有不同的形式,这一节主要讨论其中的两种。

3.3.1 一般形式的互易定理

考虑给定媒质(ϵ, μ, σ)中一组源($\mathbf{J}_1, \mathbf{M}_1$)产生的场($\mathbf{E}_1, \mathbf{H}_1$)。该场满足麦克斯韦方程:

$$\nabla \times \mathbf{E}_1 = -\mathrm{j}\omega\mu\mathbf{H}_1 - \mathbf{M}_1 \tag{3.3.1}$$

$$\nabla \times \mathbf{H}_1 = \mathrm{j}\omega\epsilon\mathbf{E}_1 + \sigma\mathbf{E}_1 + \mathbf{J}_1 \tag{3.3.2}$$

现在考虑相同空间内的另一组源($\mathbf{J}_2, \mathbf{M}_2$),其产生的场为($\mathbf{E}_2, \mathbf{H}_2$),满足相同的麦克斯韦方程:

$$\nabla \times \mathbf{E}_2 = -\mathrm{j}\omega\mu\mathbf{H}_2 - \mathbf{M}_2 \tag{3.3.3}$$

$$\nabla \times \mathbf{H}_2 = \mathrm{j}\omega\epsilon\mathbf{E}_2 + \sigma\mathbf{E}_2 + \mathbf{J}_2 \tag{3.3.4}$$

经过一些运算,可以从上面两组方程中得到

$$\begin{aligned}
\nabla \cdot (\mathbf{H}_2 \times \mathbf{E}_1) &= \mathbf{E}_1 \cdot \nabla \times \mathbf{H}_2 - \mathbf{H}_2 \cdot \nabla \times \mathbf{E}_1 \\
&= \mathrm{j}\omega\epsilon\mathbf{E}_1 \cdot \mathbf{E}_2 + \sigma\mathbf{E}_1 \cdot \mathbf{E}_2 + \mathrm{j}\omega\mu\mathbf{H}_2 \cdot \mathbf{H}_1 + \mathbf{E}_1 \cdot \mathbf{J}_2 + \mathbf{H}_2 \cdot \mathbf{M}_1
\end{aligned} \tag{3.3.5}$$

$$\begin{aligned}
\nabla \cdot (\mathbf{H}_1 \times \mathbf{E}_2) &= \mathbf{E}_2 \cdot \nabla \times \mathbf{H}_1 - \mathbf{H}_1 \cdot \nabla \times \mathbf{E}_2 \\
&= \mathrm{j}\omega\epsilon\mathbf{E}_2 \cdot \mathbf{E}_1 + \sigma\mathbf{E}_2 \cdot \mathbf{E}_1 + \mathrm{j}\omega\mu\mathbf{H}_1 \cdot \mathbf{H}_2 + \mathbf{E}_2 \cdot \mathbf{J}_1 + \mathbf{H}_1 \cdot \mathbf{M}_2
\end{aligned} \tag{3.3.6}$$

从第一式中减去第二式得

$$\nabla \cdot (\mathbf{H}_2 \times \mathbf{E}_1 - \mathbf{H}_1 \times \mathbf{E}_2) = \mathbf{E}_1 \cdot \mathbf{J}_2 + \mathbf{H}_2 \cdot \mathbf{M}_1 - \mathbf{E}_2 \cdot \mathbf{J}_1 - \mathbf{H}_1 \cdot \mathbf{M}_2 \tag{3.3.7}$$

上式中消去了媒质的参数,而只是将两组独立的场源联系在一起,该式称为**微分形式的互易定理**。对此方程在体积 V 内积分,并应用高斯定理,可得

$$\oiint_S (\mathbf{H}_2 \times \mathbf{E}_1 - \mathbf{H}_1 \times \mathbf{E}_2) \cdot \mathrm{d}\mathbf{S} = \iiint_V (\mathbf{E}_1 \cdot \mathbf{J}_2 + \mathbf{H}_2 \cdot \mathbf{M}_1 - \mathbf{E}_2 \cdot \mathbf{J}_1 - \mathbf{H}_1 \cdot \mathbf{M}_2) \mathrm{d}V \tag{3.3.8}$$

其中,S 为包围体积 V 的闭合曲面,上式称为**积分形式的互易定理**。需要指出的是,在推导式(3.3.7)的过程中,包含参数(ϵ, μ, σ)的项互相抵消掉了,这种抵消在非均匀媒质和互易的各向异性媒质(介电常数、磁导率和电导率为对称张量)中也成立。此外,对于 V 内包含 PEC 或 PMC 的情况,式(3.3.8)仍然是成立的,因为面积分项的被积函数在 PEC 或 PMC 表面为零。因此,式(3.3.7)和式(3.3.8)所示的互易定理在不包含非互易媒质的任何空间内均成立。非互易媒质是指介电常数、磁导率或电导率为非对称张量的各向异性媒质。

3.3.2 洛伦兹互易定理

现在考虑式(3.3.7)和式(3.3.8)中的几种特殊情况。对于无源点,式(3.3.7)变为

$$\nabla \cdot (\mathbf{H}_2 \times \mathbf{E}_1 - \mathbf{H}_1 \times \mathbf{E}_2) = 0 \tag{3.3.9}$$

类似地,在无源区域中,式(3.3.8)变为

$$\oiint_S (\mathbf{H}_2 \times \mathbf{E}_1 - \mathbf{H}_1 \times \mathbf{E}_2) \cdot \mathrm{d}\mathbf{S} = 0 \tag{3.3.10}$$

式(3.3.9)和式(3.3.10)称为**洛伦兹互易定理**[3]。事实上,如果 S 包围的空间内包含所有的源,那么式(3.3.10)也成立。这可以通过两种方法证明。第一种方法是,如果 S 内包含所有的源,那么 S 的外部就成为无源区域。可以把 S 看成外空间的边界,式(3.3.10)仍然成立。第二种方法是,如果 S 内包含所有的源,式(3.3.8)等号右边项为常数,则其等号左边项也为常数,且与 S 的形状无关。假设 S 为球面,且球的半径趋于无穷大,则由于场满足式(2.3.27)和式(2.3.28)给出的索末菲辐射条件,面积分中被积函数的主项按 r^{-3} 减小,于是当 $r \to \infty$ 时,面积分为零。因此,洛伦兹互易定理对于无源区域和包含所有源的区域均成立。而当区域内仅包含一部分源时,面积分项不为零。例如,若区域内只包含 $(\mathbf{J}_1, \mathbf{M}_1)$,则式(3.3.8)变为

$$\oiint_{S_1} (\mathbf{H}_2 \times \mathbf{E}_1 - \mathbf{H}_1 \times \mathbf{E}_2) \cdot \mathrm{d}\mathbf{S} = \iiint_{V_1} (\mathbf{H}_2 \cdot \mathbf{M}_1 - \mathbf{E}_2 \cdot \mathbf{J}_1) \mathrm{d}V \tag{3.3.11}$$

式中,S_1 为包含 V_1 的闭合曲面。

3.3.3 瑞利-卡森互易定理

如上所述,当区域内包含所有源时,式(3.3.8)等号左边项为零,因此其右边项也为零,即

$$\iiint_V (\mathbf{E}_1 \cdot \mathbf{J}_2 + \mathbf{H}_2 \cdot \mathbf{M}_1 - \mathbf{E}_2 \cdot \mathbf{J}_1 - \mathbf{H}_1 \cdot \mathbf{M}_2) \mathrm{d}V = 0 \tag{3.3.12}$$

或者

$$\iiint_V (\mathbf{E}_1 \cdot \mathbf{J}_2 - \mathbf{H}_1 \cdot \mathbf{M}_2) \mathrm{d}V = \iiint_V (\mathbf{E}_2 \cdot \mathbf{J}_1 - \mathbf{H}_2 \cdot \mathbf{M}_1) \mathrm{d}V \tag{3.3.13}$$

上式称为**瑞利-卡森互易定理**[4]。为了更好地理解它,我们引入一个称为"**反应**"的新概念[5]。定义场"1"对源"2"的反应为

$$\langle 1, 2 \rangle = \iiint_V (\mathbf{E}_1 \cdot \mathbf{J}_2 - \mathbf{H}_1 \cdot \mathbf{M}_2) \mathrm{d}V \tag{3.3.14}$$

而场"2"对源"1"的反应为

$$\langle 2, 1 \rangle = \iiint_V (\mathbf{E}_2 \cdot \mathbf{J}_1 - \mathbf{H}_2 \cdot \mathbf{M}_1) \mathrm{d}V \tag{3.3.15}$$

则瑞利–卡森互易定理可表示为

$$\langle 1, 2 \rangle = \langle 2, 1 \rangle \tag{3.3.16}$$

反应$\langle 1, 2 \rangle$可以解释为源"2"对源"1"产生的场的"灵敏度"或者"探测能力"；对反应$\langle 2, 1 \rangle$可按类似方式解释。这样，互易定理就可以表示为：在互易媒质中，源"1"探测到源"2"的能力等于源"2"探测到源"1"的能力。

在电磁理论领域、计算电磁领域以及电磁实验中，互易定理都有着广泛的应用。下面介绍一个简单的应用：考虑任意一个 PEC 表面放置的切向电流的辐射问题，如图 3.8 所示。假设 PEC 表面电流为源"1"，它的辐射电场为 $\mathbf{E}_1$。为求出这个场，可在任意点 $\mathbf{r}$ 放置一个无限小电流元 Il，其方向任意，用$\hat{a}$表示，这个电流元为源"2"。于是，有

$$\langle 1, 2 \rangle = \iiint_V \mathbf{E}_1 \cdot \mathbf{J}_2 \, \mathrm{d}V = \mathbf{E}_1(\mathbf{r}) \cdot \hat{a} Il \tag{3.3.17}$$

由于源"2"产生的场在 PEC 表面满足切向为零的边界条件$\hat{\imath} \cdot \mathbf{E}_2 = 0$，所以有

$$\langle 2, 1 \rangle = \iiint_V \mathbf{E}_2 \cdot \mathbf{J}_1 \, \mathrm{d}V = 0 \tag{3.3.18}$$

基于式(3.3.16)所示的互易定理，有$\mathbf{E}_1(\mathbf{r}) \cdot \hat{a} = 0$。由于 $\mathbf{r}$ 和$\hat{a}$是任意的，所以在任何位置均有$\mathbf{E}_1(\mathbf{r}) = 0$，这表明放置于 PEC 表面的切向电流不产生辐射场。这个结果可以从另一个角度理解：此切向电流在 PEC 中感应出一个电流，其辐射场和原电流的辐射场相互抵消。类似地，可以证明放置于 PMC 表面的切向磁流不产生辐射场。

现在考虑另一个例子。对如图 3.9 所示的由单位幅度电流元激励的天线在自由空间中的辐射，我们可以通过在远场区域直接测量其辐射场来确定天线的方向图。另一种方法是，在观察点放置一个无限小偶极子 Il 辐射，然后测量天线激励端的接收电压。如果把天线激励端看成源"1"，把观察点的无限小偶极子看成源"2"，则反应$\langle 1, 2 \rangle$为式(3.3.17)，而反应$\langle 2, 1 \rangle$为

$$\langle 2, 1 \rangle = \iiint_V \mathbf{E}_2 \cdot \mathbf{J}_1 \, \mathrm{d}V = E_2 l_1 = -V_2 \tag{3.3.19}$$

式中，V_2为接收电压，它取决于源"2"的位置和取向，因而可将其表示为 $V_2(\mathbf{r}, \hat{a})$。根据互易定理，有

$$\mathbf{E}_1(\mathbf{r}) \cdot \hat{a} = -\frac{V_2(\mathbf{r}, \hat{a})}{Il} \tag{3.3.20}$$

显然，为得到天线的辐射方向图，可以改变无限小偶极子的位置 $\mathbf{r}$ 和取向$\hat{a}$，然后记录天线的接收电压。如果将 $V_2(\mathbf{r}, \hat{a})/Il$ 称为天线的接收方向图，那么互易定理表明：在互易媒质中，天线的辐射方向图与天线的接收方向图相同。

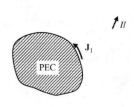

图 3.8　置于 PEC 表面的切向电流

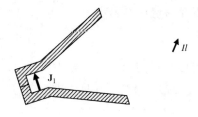

图 3.9　电流元激励的天线与置于
　　　　观察点处的无限小偶极子

【例 3.4】　考虑一个位于 xy 平面的无限大 PEC 平面，其上有一孔径表示为 S_a。电流源 $\mathbf{J}_1$ 放置于上半空间，其产生的场为($\mathbf{E}_1$,$\mathbf{H}_1$)。另一组源位于 PEC 平面的下方，其在孔径上产生的场为($\mathbf{E}_a$,$\mathbf{H}_a$)，在上半空间产生的场为($\mathbf{E}_2$,$\mathbf{H}_2$)。这两组源的频率相同，且上半空间的媒质是各向同性的。用互易原理求这两组源与场之间的关系。

解： 选择 V 为 PEC 平面上方的上半空间，然后直接应用式(3.3.8)。在此情况下，S 包含整个 xy 平面，在此平面上，除了孔径 S_a，有 $\hat{n} \times \mathbf{E}_1 = 0$ 和 $\hat{n} \times \mathbf{E}_2 = 0$；$S$ 还包含上半空间的无限大半球面，这两种场在此半球面上均满足索末菲辐射条件。因此，式(3.3.8)等号左边项可简化为对 S_a 的面积分。由此，有如下关系：

$$\iiint_V \mathbf{E}_2 \cdot \mathbf{J}_1 \, dV = \iint_{S_a} (\mathbf{E}_1 \times \mathbf{H}_a - \mathbf{E}_a \times \mathbf{H}_1) \cdot d\mathbf{S}$$

虽然这个关系式正确，但它没有实际的用处，因为求解孔径上的($\mathbf{E}_1$,$\mathbf{H}_1$)很困难。但是，如果令($\mathbf{E}_1$,$\mathbf{H}_1$)为 $\mathbf{J}_1$ 在不带孔径的无限大 PEC 平面存在时产生的场，那么在整个 xy 平面有 $\hat{n} \times \mathbf{E}_1 = 0$。在此条件下，式(3.3.8)简化为

$$\iiint_V \mathbf{E}_2 \cdot \mathbf{J}_1 \, dV = \iint_{S_a} (\mathbf{H}_1 \times \mathbf{E}_a) \cdot d\mathbf{S}$$

式中，$\mathbf{H}_1$ 很容易使用镜像原理求解。把 $\mathbf{J}_1$ 作为检验偶极子放置于观察点，上式可以用于求解孔径场($\mathbf{E}_a$,$\mathbf{H}_a$)在上半空间产生的场。事实上，在求解的过程中，仅需知道 $\hat{n} \times \mathbf{E}_a$。例如，假定 S_a 是中心位于原点的矩形口径，口径上的电场为

$$\mathbf{E}_a = \hat{y} E_0 \cos \frac{\pi x}{a}$$

为了求出其在上半空间辐射的远场，可在远处(r,θ,ϕ)点摆放一个 $\hat{\theta}$ 方向的检验偶极子 Il。在无限大 PEC 平面(无孔径)存在时，该偶极子在原点附近产生的磁场为

$$\mathbf{H}_1(x',y') = \hat{\phi} \frac{jkIl}{2\pi r} e^{-jk(r - x' \sin\theta \cos\phi - y' \sin\theta \sin\phi)}$$

因此，将这些表示式代入互易关系，有

$$E_{2\theta}(r,\theta,\phi) = \frac{jkE_0 \sin\phi}{2\pi r} e^{-jkr} \int_{-b/2}^{b/2} \int_{-a/2}^{a/2} \cos\frac{\pi x'}{a} e^{jk(x' \cos\phi + y' \sin\phi)\sin\theta} \, dx' dy'$$

计算上式后得到

$$E_{2\theta}(r,\theta,\phi) = \mathrm{j}2aE_0 \frac{\mathrm{e}^{-\mathrm{j}kr}}{r} \frac{\cos\left(k\frac{a}{2}\sin\theta\cos\phi\right)\sin\left(k\frac{b}{2}\sin\theta\sin\phi\right)}{[\pi^2 - (ka\sin\theta\cos\phi)^2]\sin\theta}$$

如果设定检验偶极子的方向为 $\hat{\phi}$ 方向，那么

$$\mathbf{H}_1(x',y') = -\hat{\rho}\cos\theta \frac{\mathrm{j}kIl}{2\pi r} \mathrm{e}^{-\mathrm{j}k(r-x'\sin\theta\cos\phi - y'\sin\theta\sin\phi)}$$

将这些表示式代入互易关系，有

$$E_{2\phi}(r,\theta,\phi) = \frac{\mathrm{j}kE_0\cos\theta\cos\phi}{2\pi r} \mathrm{e}^{-\mathrm{j}kr} \times \int_{-b/2}^{b/2}\int_{-a/2}^{a/2} \cos\frac{\pi x'}{a} \mathrm{e}^{\mathrm{j}k(x'\cos\phi + y'\sin\phi)\sin\theta}\,\mathrm{d}x'\mathrm{d}y'$$

由此得到

$$E_{2\phi}(r,\theta,\phi) = \mathrm{j}2aE_0 \frac{\mathrm{e}^{-\mathrm{j}kr}}{r} \frac{\cos\left(k\frac{a}{2}\sin\theta\cos\phi\right)\sin\left(k\frac{b}{2}\sin\theta\sin\phi\right)}{[\pi^2 - (ka\sin\theta\cos\phi)^2]\tan\theta\tan\phi}$$

对应的磁场分量为 $H_{2\theta} = -E_{2\phi}/\eta$ 和 $H_{2\phi} = E_{2\theta}/\eta$。

3.4　等效原理

在 3.2 节的镜像原理中，我们注意到，如果只关心特定区域内的场，在保证该区域内场相同的前提下，就可以构造出不同的问题。这个思路可以扩展到更一般的电磁问题。如此建立的等效问题虽然不一定有现成可用的解，但它为获得原问题的解提供了一种不同的途径。和镜像原理一样，构建等效问题的基本依据是唯一性定理。

3.4.1　面等效原理

考虑图 3.10(a) 所示的问题：源被包围在一个虚拟的闭合曲面 S 内，其产生的场用 $(\mathbf{E}, \mathbf{H})$ 表示。如果我们只对 S 面以外区域的场感兴趣，则可以在 S 内放置另外的场 $(\mathbf{E}', \mathbf{H}')$ 来代替原场。新引进的场当然也需满足麦克斯韦方程。如果在 S 上引入如下的面电流和面磁流：

$$\mathbf{J}_s = \hat{n} \times (\mathbf{H} - \mathbf{H}'), \qquad \mathbf{M}_s = (\mathbf{E} - \mathbf{E}') \times \hat{n}$$

$$(3.4.1)$$

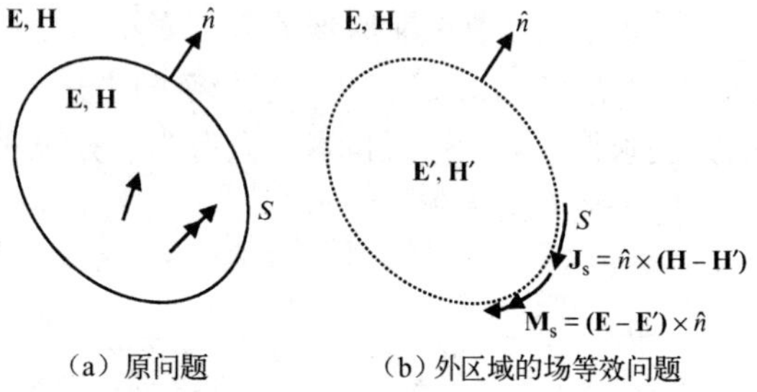

(a) 原问题　　　　(b) 外区域的场等效问题

图 3.10　等效面原理示意图

那么，根据式 (1.2.18) 和式 (1.2.19) 的边界条件，这些表面电流和磁流在 S 的外表面上将产生切向场 $\hat{n} \times \mathbf{H}$ 和 $\hat{n} \times \mathbf{E}$。现在考虑新问题中的外区域，如图 3.10(b) 所示，它与原问题有相同的源(两者均是无源的)，在边界面上与原问题有相同的切向场。根据唯一性定理，新问题中，外区域的场与原问题的相同。新的问题称为等效问题，引入的表面电(磁)流称为**等效面电(磁)流**。上面描述的就是基本的**面等效原理**[6]。

对于内区域的场，除了需要满足麦克斯韦方程，并没有其他限制条件。因而可以设定内部场为零(零场显然满足麦克斯韦方程)。这种设定下的等效问题如图 3.11 所示。此时，等效面电(磁)流为

$$\mathbf{J}_s = \hat{n} \times \mathbf{H}, \qquad \mathbf{M}_s = \mathbf{E} \times \hat{n} \qquad (3.4.2)$$

由于内区域为零场，可以在 S 内部填充任何材料而不会对外区域有任何影响。若内区域填充 PEC，则可得到如图 3.11(b)所示的另一个等效问题。在 3.3 节中证明过，PEC 表面的切向电流不辐射场，因此，在图 3.11(b)中，仅表面磁流 $\mathbf{M}_s = \mathbf{E} \times \hat{n}$ 辐射场。若内区域填充 PMC，则可得到如图 3.11(c)所示的另一个等效问题。可以证明，PMC 表面的切向磁流不辐射场，因此在图 3.11(c)中，仅表面电流 $\mathbf{J}_s = \hat{n} \times \mathbf{H}$ 辐射场。

前面介绍的面等效原理对于 S 面内外的媒质没有任何限制。如果外区域是介电常数为 ϵ 且磁导率为 μ 的无界均匀媒质，则可在图 3.11(a)中的内区域填充相同的媒质，于是整个空间填充的就是无限大均匀媒质，即自由空间。因而 $\mathbf{J}_s$ 和 $\mathbf{M}_s$ 的辐射场可以用第 2 章介绍的方法计算。由此得到外区域的电场和磁场为

$$\mathbf{E}(\mathbf{r}) = -j\omega\mu \iint_S \overline{\mathbf{G}}_{e0}(\mathbf{r},\mathbf{r}') \cdot \mathbf{J}_s(\mathbf{r}')\,dS' - \iint_S \overline{\mathbf{G}}_{m0}(\mathbf{r},\mathbf{r}') \cdot \mathbf{M}_s(\mathbf{r}')\,dS' \qquad (3.4.3)$$

$$\mathbf{H}(\mathbf{r}) = \iint_S \overline{\mathbf{G}}_{m0}(\mathbf{r},\mathbf{r}') \cdot \mathbf{J}_s(\mathbf{r}')\,dS' - j\omega\epsilon \iint_S \overline{\mathbf{G}}_{e0}(\mathbf{r},\mathbf{r}') \cdot \mathbf{M}_s(\mathbf{r}')\,dS' \qquad (3.4.4)$$

而在内区域有 $\mathbf{E}(\mathbf{r}) = \mathbf{H}(\mathbf{r}) = 0$。将式(3.4.2)代入上两式，有

$$\mathbf{E}(\mathbf{r}) = -j\omega\mu \iint_S \overline{\mathbf{G}}_{e0}(\mathbf{r},\mathbf{r}') \cdot [\hat{n}' \times \mathbf{H}(\mathbf{r}')]\,dS' + \iint_S \overline{\mathbf{G}}_{m0}(\mathbf{r},\mathbf{r}') \cdot [\hat{n}' \times \mathbf{E}(\mathbf{r}')]\,dS' \qquad (3.4.5)$$

$$\mathbf{H}(\mathbf{r}) = \iint_S \overline{\mathbf{G}}_{m0}(\mathbf{r},\mathbf{r}') \cdot [\hat{n}' \times \mathbf{H}(\mathbf{r}')]\,dS' + j\omega\epsilon \iint_S \overline{\mathbf{G}}_{e0}(\mathbf{r},\mathbf{r}') \cdot [\hat{n}' \times \mathbf{E}(\mathbf{r}')]\,dS' \qquad (3.4.6)$$

上两式表明，对于一个包围源的闭合曲面，外区域的场可以由曲面上场的切向分量完全确定，实际上这就是**惠更斯原理**的数学表示。相反，对于图 3.11(b)和图 3.11(c)中的等效问题，由于存在 PEC 或 PMC，整个空间不是自由空间，因而外区域的场不能用第 2 章中介绍的方法求得。对后一类问题，只有当 S 是某种特殊形状，如圆柱或球时，等效面电(磁)流的辐射场才有解析解。

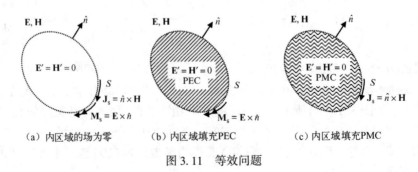

(a) 内区域的场为零　　　(b) 内区域填充 PEC　　　(c) 内区域填充 PMC

图 3.11　等效问题

3.4.2　等效原理在导体散射问题中的应用

现在考虑面等效原理在理想导体散射问题中的应用。如图 3.12(a) 所示，自由空间中存在一个理想导体，我们希望求解源$(\mathbf{J}_i, \mathbf{M}_i)$的辐射场。为了使用第 2 章中推导的自由空间场-源关系，可以构建这样一个等效问题：把理想导体移去，用自由空间媒质代替，并假设内区域为零场。为了保证外区域场与原问题相同，在外区域保留源$(\mathbf{J}_i, \mathbf{M}_i)$，并在 S 的表面引入等效面电流$\mathbf{J}_s = \hat{n} \times \mathbf{H}$。注意，无须在 S 的表面引入等效面磁流，因为原问题中$\hat{n} \times \mathbf{E} = 0$。如此建立的等效问题如图 3.12(b) 所示，它是一个源$(\mathbf{J}_i, \mathbf{M}_i)$和面电流$\mathbf{J}_s$在自由空间的辐射问题。

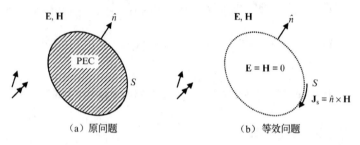

图 3.12　理想导体散射的物理等效示意图

根据第 2 章推导的场-源关系，辐射电场为

$$\mathbf{E}(\mathbf{r}) = -\mathrm{j}\omega\mu \iiint_{V_s} \overline{\mathbf{G}}_{e0}(\mathbf{r}, \mathbf{r}') \cdot \mathbf{J}_i(\mathbf{r}') \mathrm{d}V' - \iiint_{V_s} \overline{\mathbf{G}}_{m0}(\mathbf{r}, \mathbf{r}') \cdot \mathbf{M}_i(\mathbf{r}') \mathrm{d}V'$$

$$-\mathrm{j}\omega\mu \oiint_S \overline{\mathbf{G}}_{e0}(\mathbf{r}, \mathbf{r}') \cdot \mathbf{J}_s(\mathbf{r}') \mathrm{d}S' \tag{3.4.7}$$

式中，V_s 为源存在的区域。式(3.4.7)中的前两项代表$(\mathbf{J}_i, \mathbf{M}_i)$在自由空间中产生的场，通常将其称为**入射场**，用 $\mathbf{E}^{\mathrm{inc}}$ 表示。于是，式(3.4.7)可以写为

$$\mathbf{E}(\mathbf{r}) = \mathbf{E}^{\mathrm{inc}}(\mathbf{r}) - \mathrm{j}\omega\mu \oiint_S \overline{\mathbf{G}}_{e0}(\mathbf{r}, \mathbf{r}') \cdot [\hat{n}' \times \mathbf{H}(\mathbf{r}')] \mathrm{d}S' \tag{3.4.8}$$

上式等号右边第二项为总场和入射场的差值，通常将其称为**散射场**。类似地，可得磁场公式为

$$\mathbf{H}(\mathbf{r}) = \mathbf{H}^{\mathrm{inc}}(\mathbf{r}) + \oiint_S \overline{\mathbf{G}}_{m0}(\mathbf{r}, \mathbf{r}') \cdot [\hat{n}' \times \mathbf{H}(\mathbf{r}')] \mathrm{d}S' \tag{3.4.9}$$

式中，

$$\mathbf{H}^{\mathrm{inc}}(\mathbf{r}) = \iiint_{V_s} \overline{\mathbf{G}}_{m0}(\mathbf{r}, \mathbf{r}') \cdot \mathbf{J}_i(\mathbf{r}') \mathrm{d}V' - \mathrm{j}\omega\epsilon \iiint_{V_s} \overline{\mathbf{G}}_{e0}(\mathbf{r}, \mathbf{r}') \cdot \mathbf{M}_i(\mathbf{r}') \mathrm{d}V' \tag{3.4.10}$$

表示$(\mathbf{J}_i, \mathbf{M}_i)$在自由空间中产生的磁场。由于被积函数中 S 面上的场实际是未知的，所以并不能通过式(3.4.8)和式(3.4.9)直接计算出电场和磁场。但是，这种处理方式提供了

一种构建积分方程的手段。正如将在第10章所述的，可以用矩量法求解积分方程，从而得到辐射场。

需要指出的是，在导体表面，$\hat{n} \times \mathbf{H}$ 代表实际的感应面电流。因此，这里的等效面电流也是物理上真实的面电流。由此，图 3.12(b) 所示的等效问题也称为**物理等效**[7]。对于一般问题，并不能直接用式(3.4.8)和式(3.4.9)求解，但当物体尺寸与入射波的波长相比很大时，可以由它们求得近似解。在第4章中将看到，当平面波入射到无限大 PEC 平面时，其表面的感应电流为 $\mathbf{J}_{\mathrm{s}} = 2\,\hat{n} \times \mathbf{H}^{\mathrm{inc}}$。当入射场的源距离散射体很远时，入射波可以看成平面波。而当物体和波长相比很大时，对于一个场点，散射体表面可以看成无限大平面。如图 3.13 所示，对于电大尺寸的物体，可以近似认为亮区感应电流为 $\mathbf{J}_{\mathrm{s}} \approx \hat{n} \times \mathbf{H}^{\mathrm{inc}}$，而暗区的感应电流为零。这种近似称为**物理光学近似**。由此，式(3.4.8)和式(3.4.9)变为

$$\mathbf{E}(\mathbf{r}) \approx \mathbf{E}^{\mathrm{inc}}(\mathbf{r}) - 2\mathrm{j}\omega\mu \iint_{S_{\mathrm{lit}}} \overline{\mathbf{G}}_{\mathrm{e0}}(\mathbf{r},\mathbf{r}') \cdot [\hat{n}' \times \mathbf{H}^{\mathrm{inc}}(\mathbf{r}')]\,\mathrm{d}S' \qquad (3.4.11)$$

$$\mathbf{H}(\mathbf{r}) \approx \mathbf{H}^{\mathrm{inc}}(\mathbf{r}) + 2 \iint_{S_{\mathrm{lit}}} \overline{\mathbf{G}}_{\mathrm{m0}}(\mathbf{r},\mathbf{r}') \cdot [\hat{n}' \times \mathbf{H}^{\mathrm{inc}}(\mathbf{r}')]\,\mathrm{d}S' \qquad (3.4.12)$$

式中，S_{lit} 为 S 在亮区的部分(见图 3.13)。

在上面介绍的物理等效中，等效面电流(即实际感应的面电流)由总场决定，因而是未知的。而如果保留导体，则可以构建另一类等效问题，其等效面电(磁)流仅由入射场决定，因而是已知的。为了构造这类等效问题，需要保证等效面电(磁)流产生的场与原问题的散射场相同。前面提到过，散射场为总场和入射场的差值，即

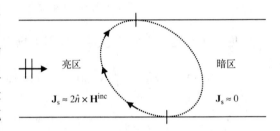

图 3.13　物理光学近似示意图

$$\mathbf{E}^{\mathrm{sc}}(\mathbf{r}) = \mathbf{E}(\mathbf{r}) - \mathbf{E}^{\mathrm{inc}}(\mathbf{r}), \qquad \mathbf{H}^{\mathrm{sc}}(\mathbf{r}) = \mathbf{H}(\mathbf{r}) - \mathbf{H}^{\mathrm{inc}}(\mathbf{r}) \qquad (3.4.13)$$

散射场由导体上的感应电(磁)流辐射产生。为了产生这样的散射场，需要引入的等效面电(磁)流为

$$\mathbf{J}_{\mathrm{s}} = \hat{n} \times \mathbf{H}^{\mathrm{sc}}, \qquad \mathbf{M}_{\mathrm{s}} = \mathbf{E}^{\mathrm{sc}} \times \hat{n} \qquad (3.4.14)$$

由于 $\mathbf{J}_{\mathrm{s}}$ 在 PEC 表面不辐射，辐射场仅来自 $\mathbf{M}_{\mathrm{s}}$。另外，由理想导体的边界条件，可以知道电场总场的切向分量 $\hat{n} \times \mathbf{E}$ 在导体表面为零。于是，有

$$\mathbf{M}_{\mathrm{s}} = (\mathbf{E} - \mathbf{E}^{\mathrm{inc}}) \times \hat{n} = \hat{n} \times \mathbf{E}^{\mathrm{inc}} \qquad (3.4.15)$$

这里的等效磁流仅与入射场有关。需要注意的是，此等效磁流存在于整个导体表面。上面介绍的这种特殊的面等效原理也称为**感应定理**[7]，如图 3.14(b) 所示。对于这个等效问题，虽然等效磁流已知，但由于导体的存在，这并不是一个自由空间问题，因而其辐射场一般不能直接求出。当物体和入射波的波长相比很大时，可以由此得到近似解。注意，这个近似解与用物理光学法得到的近似解一般是不同的。对于电大尺寸的物体，对位于物体

表面的磁流来说，表面可以近似看成无限大平面。因而可以应用镜像原理将此问题转换为自由空间问题。此时观察点一侧表面上的等效磁流变为 $\mathbf{M}_s \approx 2\,\hat{n} \times \mathbf{E}^{\mathrm{inc}}$（见图 3.15）。而位于观察点另一侧表面上的等效磁流辐射可以忽略不计。因此，场近似等于

$$\mathbf{E}(\mathbf{r}) \approx \mathbf{E}^{\mathrm{inc}}(\mathbf{r}) - 2 \oiint_{S_{\mathrm{obs}}} \overline{\mathbf{G}}_{m0}(\mathbf{r}, \mathbf{r}') \cdot [\hat{n}' \times \mathbf{E}^{\mathrm{inc}}(\mathbf{r}')]\, \mathrm{d}S' \tag{3.4.16}$$

$$\mathbf{H}(\mathbf{r}) \approx \mathbf{H}^{\mathrm{inc}}(\mathbf{r}) - 2\mathrm{j}\omega\epsilon \oiint_{S_{\mathrm{obs}}} \overline{\mathbf{G}}_{e0}(\mathbf{r}, \mathbf{r}') \cdot [\hat{n}' \times \mathbf{E}^{\mathrm{inc}}(\mathbf{r}')]\, \mathrm{d}S' \tag{3.4.17}$$

式中，S_{obs} 为 S 面在观察点 $\mathbf{r}$ 一侧能看到的部分。注意，对于不同的观察点，S_{obs} 是不同的。

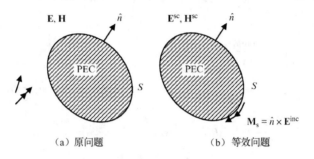

（a）原问题　　　　　　　　　　　（b）等效问题

图 3.14　导体散射的感应定理示意图

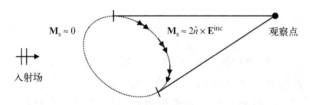

图 3.15　感应定理的镜像原理近似示意图

【例 3.5】　自由空间中，半径为 a 的 PEC 圆片位于 xy 平面，中心在原点。圆片被来自顶部的入射平面波照射，入射波的电场为

$$\mathbf{E}^{\mathrm{inc}} = \hat{x} E_0\, \mathrm{e}^{\mathrm{j}k_0 z}$$

使用物理光学近似，求散射远场的近似解。

解：由于入射波来自顶部，因此仅是圆片的上表面被照射。根据物理光学近似，圆片上表面的感应电流为

$$\mathbf{J}_s \approx 2\hat{n} \times \mathbf{H}^{\mathrm{inc}} = 2\hat{z} \times \mathbf{H}^{\mathrm{inc}} = \hat{x}\,\frac{2E_0}{\eta_0}$$

下表面的感应电流近似为零。散射场是感应电流在圆片不存在时的自由空间辐射场。为求得其远场，首先计算矢量 $\mathbf{N}$，即

$$\mathbf{N} = \hat{x}\frac{2E_0}{\eta_0}\int_0^{2\pi}\int_0^a e^{jk_0\rho'\sin\theta\cos(\phi-\phi')}\,\rho'\,\mathrm{d}\rho'\,\mathrm{d}\phi'$$

$$= \hat{x}\frac{4\pi E_0}{\eta_0}\int_0^a J_0(k_0\rho'\sin\theta)\rho'\,\mathrm{d}\rho'$$

式中，$J_0(u)$ 为零阶第一类贝塞尔函数。利用导数公式 $J_1'(u)=J_0(u)-J_1(u)/u$ 和分部积分法，可以得到

$$\mathbf{N} = \hat{x}\frac{4\pi aE_0}{\eta_0 k_0\sin\theta}J_1(k_0a\sin\theta)$$

式中，$J_1(u)$ 为一阶第一类贝塞尔函数。因为 $N_\phi=-N_x\sin\phi$ 和 $N_\theta=N_x\cos\theta\cos\phi$，所以可得辐射远场为

$$\mathbf{E}^{\mathrm{sc}} \approx -\frac{jk_0\eta_0}{4\pi r}e^{-jk_0r}(\hat{\theta}N_\theta+\hat{\phi}N_\phi)$$

$$= -\frac{jaE_0}{r\sin\theta}J_1(k_0a\sin\theta)e^{-jk_0r}(\hat{\theta}\cos\theta\cos\phi-\hat{\phi}\sin\phi)$$

$$\mathbf{H}^{\mathrm{sc}} \approx \frac{jk_0}{4\pi r}e^{-jk_0r}(\hat{\theta}N_\phi-\hat{\phi}N_\theta)$$

$$= -\frac{jaE_0}{\eta_0 r\sin\theta}J_1(k_0a\sin\theta)e^{-jk_0r}(\hat{\theta}\sin\phi+\hat{\phi}\cos\theta\cos\phi)$$

此解适用于任意的观察方向。

【例 3.6】　重新考虑例 3.5 的问题。使用感应定理和镜像原理近似，求散射远场的近似解，并把求解结果与使用物理光学近似得到的解进行比较。

　　解：根据感应定理，散射场的等效问题是表面磁流在圆片存在时的辐射。圆片的上表面磁流为

$$\mathbf{M}_s = \hat{n}\times\mathbf{E}^{\mathrm{inc}} = \hat{z}\times\mathbf{E}^{\mathrm{inc}} = \hat{y}E_0$$

圆片的下表面磁流为

$$\mathbf{M}_s = \hat{n}\times\mathbf{E}^{\mathrm{inc}} = -\hat{z}\times\mathbf{E}^{\mathrm{inc}} = -\hat{y}E_0$$

为求解上半空间的辐射场($z\geq0$)，需要忽略圆片下表面的磁流辐射，仅考虑上表面的磁流辐射。应用镜像原理近似，圆片被移去，圆片的作用可以用与原磁流完全相同的镜像磁流代替。为得到远场，首先计算 $\mathbf{L}$，即

$$\mathbf{L} = \hat{y}2E_0\int_0^{2\pi}\int_0^a e^{jk_0\rho'\sin\theta\cos(\phi-\phi')}\,\rho'\,\mathrm{d}\rho'\,\mathrm{d}\phi'$$

$$= \hat{y}4\pi E_0\int_0^a J_0(k_0\rho'\sin\theta)\rho'\,\mathrm{d}\rho'$$

$$= \hat{y}\frac{4\pi aE_0}{k_0\sin\theta}J_1(k_0a\sin\theta)$$

由于 $L_\phi = L_y \cos\phi$ 和 $L_\theta = L_y \cos\theta \sin\phi$，对 $z \geqslant 0$ 或 $0 \leqslant \theta \leqslant \pi/2$ 区域，可得圆片的散射远场为

$$\mathbf{E}^{sc} \approx -\frac{jk_0}{4\pi r} e^{-jk_0 r}(\hat{\theta}L_\phi - \hat{\phi}L_\theta)$$

$$= -\frac{jaE_0}{r\sin\theta}J_1(k_0 a \sin\theta)e^{-jk_0 r}(\hat{\theta}\cos\phi - \hat{\phi}\cos\theta\sin\phi)$$

$$\mathbf{H}^{sc} \approx -\frac{jk_0}{4\pi r} e^{-jk_0 r}\frac{1}{\eta_0}(\hat{\theta}L_\theta + \hat{\phi}L_\phi)$$

$$= -\frac{jaE_0}{\eta_0 r\sin\theta}J_1(k_0 a \sin\theta)e^{-jk_0 r}(\hat{\theta}\cos\theta\sin\phi + \hat{\phi}\cos\phi)$$

为求解下半空间的辐射场($z \leqslant 0$)，需要忽略圆片上表面的磁流辐射，仅考虑下表面的磁流辐射。应用类似的方法，可得 $z \leqslant 0$ 或 $\pi/2 \leqslant \theta \leqslant \pi$ 区域的圆片散射远场为

$$\mathbf{E}^{sc} \approx \frac{jaE_0}{r\sin\theta}J_1(k_0 a \sin\theta)e^{-jk_0 r}(\hat{\theta}\cos\phi - \hat{\phi}\cos\theta\sin\phi)$$

$$\mathbf{H}^{sc} \approx \frac{jaE_0}{\eta_0 r\sin\theta}J_1(k_0 a \sin\theta)e^{-jk_0 r}(\hat{\theta}\cos\theta\sin\phi + \hat{\phi}\cos\phi)$$

这样的解与物理光学得到的近似解不同，因为这两种方法用了不同的近似。本题的解在 xy 平面两边不连续，并且在 xy 平面附近，这个解在物理上没有意义。但是，在后向($\theta = 0$)及前向($\theta = \pi$)，这两种解是相同的。

3.4.3 等效原理在介质体散射中的应用

在 3.4.1 节中，我们应用面等效原理构建了外区域的等效问题。等效原理也可以用于构建内区域的等效问题。为了说明这一点，考虑如图 3.16(a)所示的介质体的散射问题：外区域的介电常数为 ϵ_1，磁导率为 μ_1；介质体的介电常数为 ϵ_2，磁导率为 μ_2。首先，应用面等效原理构建外区域的等效问题。如图 3.16(b)所示，设内区域为零场，外区域的场与原问题的相同。等效面电(磁)流由式(3.4.2)给出。由于内部场为零，介质体可以用介电常数为 ϵ_1 且磁导率为 μ_1 的媒质代替。如果 ϵ_1 和 μ_1 为常数，这就成为等效面电(磁)流在均匀无界空间的辐射问题。此时外区域电场为

$$\mathbf{E}(\mathbf{r}) = \mathbf{E}^{inc}(\mathbf{r}) - j\omega\mu_1 \iint_S \overline{\mathbf{G}}_{e0}(\mathbf{r}, \mathbf{r}'; k_1) \cdot \mathbf{J}_s(\mathbf{r}')\,dS'$$

$$- \iint_S \overline{\mathbf{G}}_{m0}(\mathbf{r}, \mathbf{r}'; k_1) \cdot \mathbf{M}_s(\mathbf{r}')\,dS' \tag{3.4.18}$$

式中，$\overline{\mathbf{G}}_{e0}(\mathbf{r}, \mathbf{r}'; k_1)$ 和 $\overline{\mathbf{G}}_{m0}(\mathbf{r}, \mathbf{r}'; k_1)$ 分别与 $\overline{\mathbf{G}}_{e0}(\mathbf{r}, \mathbf{r}')$ 和 $\overline{\mathbf{G}}_{m0}(\mathbf{r}, \mathbf{r}')$ 相同，但其中波数为 $k_1 = \omega\sqrt{\mu_1 \epsilon_1}$。外区域磁场则为

$$\mathbf{H}(\mathbf{r}) = \mathbf{H}^{inc}(\mathbf{r}) + \iint_S \overline{\mathbf{G}}_{m0}(\mathbf{r}, \mathbf{r}'; k_1) \cdot \mathbf{J}_s(\mathbf{r}')\,dS'$$

$$-j\omega\epsilon_1 \iint_S \overline{\mathbf{G}}_{e0}(\mathbf{r}, \mathbf{r}'; k_1) \cdot \mathbf{M}_s(\mathbf{r}')\,dS' \tag{3.4.19}$$

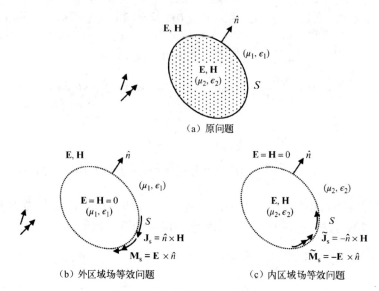

图 3.16 介质体散射的等效问题

接下来考虑介质体内部的场。为了使内部场等效问题成为一个自由空间问题,可以设外区域为零场,然后把外区域的媒质替换成内区域的媒质,即 ϵ_2 和 μ_2。为保证内部场与原问题的相同,需要引入等效面电流和面磁流

$$\tilde{\mathbf{J}}_s = -\hat{n} \times \mathbf{H} = -\mathbf{J}_s, \qquad \tilde{\mathbf{M}}_s = -\mathbf{E} \times \hat{n} = -\mathbf{M}_s \tag{3.4.20}$$

如果 ϵ_2 和 μ_2 为常数,如此构建的等效问题就是 $(\tilde{\mathbf{J}}_s, \tilde{\mathbf{M}}_s)$ 在介电常数为 ϵ_2 且磁导率为 μ_2 的均匀无界媒质中的辐射问题,如图 3.6(c) 所示。因此,$(\tilde{\mathbf{J}}_s, \tilde{\mathbf{M}}_s)$ 在内区域产生的场为

$$\mathbf{E}(\mathbf{r}) = -\mathrm{j}\omega\mu_2 \iint_S \overline{\mathbf{G}}_{e0}(\mathbf{r}, \mathbf{r}'; k_2) \cdot \tilde{\mathbf{J}}_s(\mathbf{r}')\,\mathrm{d}S' - \iint_S \overline{\mathbf{G}}_{m0}(\mathbf{r}, \mathbf{r}'; k_2) \cdot \tilde{\mathbf{M}}_s(\mathbf{r}')\,\mathrm{d}S' \tag{3.4.21}$$

$$\mathbf{H}(\mathbf{r}) = \iint_S \overline{\mathbf{G}}_{m0}(\mathbf{r}, \mathbf{r}'; k_2) \cdot \tilde{\mathbf{J}}_s(\mathbf{r}')\,\mathrm{d}S' - \mathrm{j}\omega\epsilon_2 \iint_S \overline{\mathbf{G}}_{e0}(\mathbf{r}, \mathbf{r}'; k_2) \cdot \tilde{\mathbf{M}}_s(\mathbf{r}')\,\mathrm{d}S' \tag{3.4.22}$$

式中,$\overline{\mathbf{G}}_{e0}(\mathbf{r}, \mathbf{r}'; k_2)$ 和 $\overline{\mathbf{G}}_{m0}(\mathbf{r}, \mathbf{r}'; k_2)$ 为波数 $k_2 = \omega\sqrt{\mu_2\epsilon_2}$ 的自由空间并矢格林函数。与导体散射的情况类似,式(3.4.18)、式(3.4.19)、式(3.4.21)和式(3.4.22)并不能用于直接计算场,因为等效面电流 $\mathbf{J}_s$ 和面磁流 $\mathbf{M}_s$ 未知。但是它们可以用于构建积分方程,并由此求解 $\mathbf{J}_s$ 和 $\mathbf{M}_s$。

最后需要指出,对于介质散射问题,也可以应用感应定理来建立等效问题。若保留散射体,在内区域产生总场,在外区域产生散射场,则所需的等效面电(磁)流为

$$\mathbf{J}_s = \hat{n} \times (\mathbf{H}^{\mathrm{sc}} - \mathbf{H}) = -\hat{n} \times \mathbf{H}^{\mathrm{inc}} \tag{3.4.23}$$

$$\mathbf{M}_s = (\mathbf{E}^{\mathrm{sc}} - \mathbf{E}) \times \hat{n} = -\mathbf{E}^{\mathrm{inc}} \times \hat{n} \tag{3.4.24}$$

这里的等效面电(磁)流是已知的,因为入射场或外部源是已知的。由感应定理构建的等效问题如图 3.17 所示。由于介质的存在,我们无法用自由空间的场-源关系解析地求解这个等效问题,因此这个等效问题实际上并不很有用。

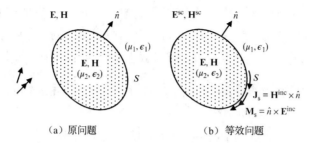

（a）原问题　　　　　　　　　　（b）等效问题

图 3.17　介质体散射的感应定理示意图

3.4.4　体等效原理

考虑电流源和磁流源$(\mathbf{J}_i, \mathbf{M}_i)$在介电常数为$\tilde{\varepsilon}$且磁导率为$\tilde{\mu}$的物体存在时的辐射问题。源和物体均处于介电常数为$\epsilon$且磁导率为$\mu$的自由空间中。辐射场满足麦克斯韦方程，即

$$\nabla \times \mathbf{E} = -\mathrm{j}\omega\mu(\mathbf{r})\mathbf{H} - \mathbf{M}_i \tag{3.4.25}$$

$$\nabla \times \mathbf{H} = \mathrm{j}\omega\epsilon(\mathbf{r})\mathbf{E} + \mathbf{J}_i \tag{3.4.26}$$

式中，$\epsilon(\mathbf{r})$和$\mu(\mathbf{r})$表示介电常数和磁导率与位置相关。在物体内部，$\epsilon(\mathbf{r}) = \tilde{\varepsilon}$且$\mu(\mathbf{r}) = \tilde{\mu}$；在物体外部，$\epsilon(\mathbf{r}) = \epsilon$且$\mu(\mathbf{r}) = \mu$。因为介电常数和磁导率在整个空间内并不是常数，上面两个方程很难求解。但是可以把方程重写为

$$\nabla \times \mathbf{E} = -\mathrm{j}\omega\mu\mathbf{H} - \mathbf{M}_{\mathrm{eq}} - \mathbf{M}_i \tag{3.4.27}$$

$$\nabla \times \mathbf{H} = \mathrm{j}\omega\epsilon\mathbf{E} + \mathbf{J}_{\mathrm{eq}} + \mathbf{J}_i \tag{3.4.28}$$

式中，

$$\mathbf{M}_{\mathrm{eq}} = \mathrm{j}\omega[\mu(\mathbf{r}) - \mu]\mathbf{H} \tag{3.4.29}$$

$$\mathbf{J}_{\mathrm{eq}} = \mathrm{j}\omega[\epsilon(\mathbf{r}) - \epsilon]\mathbf{E} \tag{3.4.30}$$

式(3.4.27)和式(3.4.28)表示源$(\mathbf{J}_i, \mathbf{M}_i, \mathbf{J}_{\mathrm{eq}}, \mathbf{M}_{\mathrm{eq}})$在自由空间中的辐射场所满足的麦克斯韦方程。其解可以由第 2 章中的场-源关系得到。而物体的散射效应被两个等效源项$(\mathbf{J}_{\mathrm{eq}}, \mathbf{M}_{\mathrm{eq}})$代替，分别称为**等效电流**和**等效磁流**，它们只存在于物体内。上面所描述的方法称为**体等效原理**[8, 9]。

由式(2.2.35)和式(2.2.38)可得电场和磁场的表达式为

$$
\begin{aligned}
\mathbf{E}(\mathbf{r}) = &-\mathrm{j}\omega\mu \iiint_{V_s} \overline{\mathbf{G}}_{e0}(\mathbf{r}, \mathbf{r}') \cdot \mathbf{J}_i(\mathbf{r}') \, \mathrm{d}V' - \iiint_{V_s} \overline{\mathbf{G}}_{m0}(\mathbf{r}, \mathbf{r}') \cdot \mathbf{M}_i(\mathbf{r}') \, \mathrm{d}V' \\
&-\mathrm{j}\omega\mu \iiint_{V_o} \overline{\mathbf{G}}_{e0}(\mathbf{r}, \mathbf{r}') \cdot \mathbf{J}_{\mathrm{eq}}(\mathbf{r}') \, \mathrm{d}V' - \iiint_{V_o} \overline{\mathbf{G}}_{m0}(\mathbf{r}, \mathbf{r}') \cdot \mathbf{M}_{\mathrm{eq}}(\mathbf{r}') \, \mathrm{d}V'
\end{aligned} \tag{3.4.31}
$$

$$
\begin{aligned}
\mathbf{H}(\mathbf{r}) = &\iiint_{V_s} \overline{\mathbf{G}}_{m0}(\mathbf{r}, \mathbf{r}') \cdot \mathbf{J}_i(\mathbf{r}') \, \mathrm{d}V' - \mathrm{j}\omega\epsilon \iiint_{V_s} \overline{\mathbf{G}}_{e0}(\mathbf{r}, \mathbf{r}') \cdot \mathbf{M}_i(\mathbf{r}') \, \mathrm{d}V' \\
&+\iiint_{V_o} \overline{\mathbf{G}}_{m0}(\mathbf{r}, \mathbf{r}') \cdot \mathbf{J}_{\mathrm{eq}}(\mathbf{r}') \, \mathrm{d}V' - \mathrm{j}\omega\epsilon \iiint_{V_o} \overline{\mathbf{G}}_{e0}(\mathbf{r}, \mathbf{r}') \cdot \mathbf{M}_{\mathrm{eq}}(\mathbf{r}') \, \mathrm{d}V'
\end{aligned} \tag{3.4.32}
$$

式中，V_s 代表源所占的空间，V_o 代表物体所占的空间。正如前面所解释的，式(3.4.31)和式(3.4.32)中的前两项代表源$(\mathbf{J}_i,\mathbf{M}_i)$在自由空间中产生的场，通常称为入射场，分别用 $\mathbf{E}^{inc}$ 和 $\mathbf{H}^{inc}$ 表示。再将式(3.4.29)和式(3.4.30)代入式(3.4.31)和式(3.4.32)，有

$$
\begin{aligned}
\mathbf{E(r)} = \mathbf{E}^{inc}(\mathbf{r}) + \omega^2\mu\iiint_{V_o}\overline{\mathbf{G}}_{e0}(\mathbf{r},\mathbf{r}')\cdot(\tilde{\epsilon}-\epsilon)\mathbf{E(r')}\,dV' \\
-j\omega\iiint_{V_o}\overline{\mathbf{G}}_{m0}(\mathbf{r},\mathbf{r}')\cdot(\tilde{\mu}-\mu)\mathbf{H(r')}\,dV'
\end{aligned}
\tag{3.4.33}
$$

$$
\begin{aligned}
\mathbf{H(r)} = \mathbf{H}^{inc}(\mathbf{r}) + j\omega\iiint_{V_o}\overline{\mathbf{G}}_{m0}(\mathbf{r},\mathbf{r}')\cdot(\tilde{\epsilon}-\epsilon)\mathbf{E(r')}\,dV' \\
+\omega^2\epsilon\iiint_{V_o}\overline{\mathbf{G}}_{e0}(\mathbf{r},\mathbf{r}')\cdot(\tilde{\mu}-\mu)\mathbf{H(r')}\,dV'
\end{aligned}
\tag{3.4.34}
$$

式(3.4.33)和式(3.4.34)称为**体积分方程**。由于V_o内部的 $\mathbf{E}$ 和 $\mathbf{H}$ 是未知的，式(3.4.33)和式(3.4.34)并没有直接给出求解场的公式。但是，它们提供了两个积分方程，这两个方程可以用近似方法或者矩量法之类的数值方法求解。例如，对于一个弱散射体，即介电常数和磁导率与背景材料非常接近的物体($|\tilde{\epsilon}-\epsilon|/\epsilon\ll1$ 且 $|\tilde{\mu}-\mu|/\mu\ll1$)，可以用入射场近似代替物体内部的场。使用这种近似后，式(3.4.33)和式(3.4.34)可以写为

$$
\begin{aligned}
\mathbf{E(r)} \approx \mathbf{E}^{inc}(\mathbf{r}) + \omega^2\mu\iiint_{V_o}\overline{\mathbf{G}}_{e0}(\mathbf{r},\mathbf{r}')\cdot(\tilde{\epsilon}-\epsilon)\mathbf{E}^{inc}(\mathbf{r}')\,dV' \\
-j\omega\iiint_{V_o}\overline{\mathbf{G}}_{m0}(\mathbf{r},\mathbf{r}')\cdot(\tilde{\mu}-\mu)\mathbf{H}^{inc}(\mathbf{r}')\,dV'
\end{aligned}
\tag{3.4.35}
$$

$$
\begin{aligned}
\mathbf{H(r)} \approx \mathbf{H}^{inc}(\mathbf{r}) + j\omega\iiint_{V_o}\overline{\mathbf{G}}_{m0}(\mathbf{r},\mathbf{r}')\cdot(\tilde{\epsilon}-\epsilon)\mathbf{E}^{inc}(\mathbf{r}')\,dV' \\
+\omega^2\epsilon\iiint_{V_o}\overline{\mathbf{G}}_{e0}(\mathbf{r},\mathbf{r}')\cdot(\tilde{\mu}-\mu)\mathbf{H}^{inc}(\mathbf{r}')\,dV'
\end{aligned}
\tag{3.4.36}
$$

此近似式称为**一阶博恩近似**。

最后需要指出，在3.4.4节推导所有方程的过程中，没有对$\tilde{\epsilon}$和$\tilde{\mu}$做任何限制。因此这些方程可以应用在$\tilde{\epsilon}$和$\tilde{\mu}$为空间坐标函数的非均匀物体中，也可以应用在$\tilde{\epsilon}$和$\tilde{\mu}$为张量的各向异性物体中。与3.4.3节中的式(3.4.18)和式(3.4.19)，以及式(3.4.21)和式(3.4.22)所示的面积分方程相比，体积分方程更具有一般性。不过因为涉及体积分，其求解代价也更高昂。

【例3.7】 静电场分析表明：当一个相对介电常数为ϵ_r的介质球放置于$\mathbf{E}_0$的静电场区域时，球体内部的电场为

$$\mathbf{E}^{int} = \frac{3}{\epsilon_r+2}\mathbf{E}_0$$

使用此结果和体等效原理，求解平面波入射到一个半径为$a(ka\ll1)$的非常小的介质球的

散射远场(假定入射波电场为 $\mathbf{E}^{\text{inc}} = \hat{x} E_0 \mathrm{e}^{-\mathrm{j}k_0 z}$，背景为空气)。

解：由于介质球相对于波长非常小，可以假定介质球内部的电场近似为

$$\mathbf{E}^{\text{int}} \approx \hat{x} \frac{3}{\epsilon_{\text{r}} + 2} E_0$$

基于体等效原理，散射场可以看成小球中的等效电流在自由空间辐射，其电流密度为

$$\mathbf{J}_{\text{eq}} = \mathrm{j}\omega\epsilon_0(\epsilon_{\text{r}} - 1)\mathbf{E}^{\text{int}} = \hat{x}3\mathrm{j}\omega\epsilon_0 \frac{\epsilon_{\text{r}} - 1}{\epsilon_{\text{r}} + 2} E_0$$

同样，由于小球非常小，体电流可以近似看成 x 方向的电偶极子，其偶极子矩为

$$Il = J_{\text{eq}}V = 3\mathrm{j}\omega\epsilon_0 \frac{\epsilon_{\text{r}} - 1}{\epsilon_{\text{r}} + 2} E_0 \cdot \frac{4}{3}\pi a^3 = \mathrm{j}4\pi\omega\epsilon_0 a^3 \frac{\epsilon_{\text{r}} - 1}{\epsilon_{\text{r}} + 2} E_0$$

而 x 方向电偶极子的电场在习题 2.12 中已经推导，其远场为

$$E_\theta = \frac{\eta_0 k_0 Il}{\mathrm{j}4\pi} \frac{\mathrm{e}^{-\mathrm{j}k_0 r}}{r} \cos\theta\cos\phi$$

$$E_\phi = -\frac{\eta_0 k_0 Il}{\mathrm{j}4\pi} \frac{\mathrm{e}^{-\mathrm{j}k_0 r}}{r} \sin\phi$$

将 Il 的表达式代入这些方程，可得散射远场为

$$E_\theta^{\text{sc}} = k_0^2 a^3 \frac{\epsilon_{\text{r}} - 1}{\epsilon_{\text{r}} + 2} E_0 \frac{\mathrm{e}^{-\mathrm{j}k_0 r}}{r} \cos\theta\cos\phi$$

$$E_\phi^{\text{sc}} = -k_0^2 a^3 \frac{\epsilon_{\text{r}} - 1}{\epsilon_{\text{r}} + 2} E_0 \frac{\mathrm{e}^{-\mathrm{j}k_0 r}}{r} \sin\phi$$

将 $\mathbf{E}^{\text{int}}$ 代入式(3.4.33)，可得同样的结果，即

$$\mathbf{E}^{\text{sc}}(\mathbf{r}) = \omega^2 \mu\epsilon_0(\epsilon_{\text{r}} - 1)\overline{\mathbf{G}}_{\text{e}0}(\mathbf{r}, 0) \cdot \hat{x} \frac{3}{\epsilon_{\text{r}} + 2} E_0$$

散射远场的功率密度为

$$\mathbf{S}^{\text{sc}}(r, \theta, \phi) = \hat{r} \frac{1}{2\eta_0} \left[|E_\theta^{\text{sc}}|^2 + |E_\phi^{\text{sc}}|^2 \right]$$

$$= \hat{r} \frac{1}{2\eta_0} \left(\frac{k_0^2 a^3}{r} \frac{\epsilon_{\text{r}} - 1}{\epsilon_{\text{r}} + 2} \right)^2 |E_0|^2 (\cos^2\theta\cos^2\phi + \sin^2\phi)$$

注意：散射功率密度与 $1/\lambda_0^4$ 成比例，式中 λ_0 为入射波在空气中的波长。这表明：对于非常小的介质球，散射功率密度随着入射波频率的增大而迅速增大。这种现象称为**瑞利散射**，它可以解释为什么天空在白天是蓝色的，而在傍晚是红色的。最后，此处得到的结果与球体散射严格的 Mie 级数解(在第 7 章中讨论)在球体非常小的情况下是相同的。同样的方法可以用于求解小的磁介质球的散射，或求解介电常数和磁导率与背景媒质均有差异的小介质球的散射。

3.5 对偶原理

由于麦克斯韦方程的对称性,从其出发推导出的方程和公式均有对偶形式存在。例如,从电流源辐射的场解出发,通过对偶关系可以求得磁流源辐射的场解。仔细观察式(2.1.20)至式(2.1.23)可以发现,式(2.1.22)和式(2.2.23)可以通过表3.1(表中 φ_m 为标量磁位)所列的变换关系,从式(2.1.20)和式(2.2.21)得到。因此,磁流源辐射的场解其实无须重新推导,可以通过表3.1给出的变换关系直接得到。

如果仔细分析麦克斯韦方程,就会发现更有趣的现象。考虑任何形式的麦克斯韦方程:微分形式或积分形式;时域或频域。如果用表3.2中第二列的变量代替第一列的变量,就会得到完全相同的麦克斯韦方程。以式(2.1.1)至式(2.1.4)为例可以进行验证。因此,对于任何一个从麦克斯韦方程推出的表达式,把表3.2中第一列的变量用第二列的变量代替后,可以得到另一个满足麦克斯韦方程的表达式。通常把这第二个表达式称为第一个表达式的**对偶表达式**。为了简洁起见,这里省略了一些诸如电通密度、电荷密度、标量位之类的变量,这些变量与场强、电流密度和矢量位直接相关。

表 3.1 电流源场和磁流源场的对偶关系		表 3.2 对偶公式的变换	
电流源	磁流源	原始公式	对偶公式
E_e	H_m	E	H
H_e	$-E_m$	H	−E
D_e	B_m	J	M
B_e	$-D_m$	M	J
J	M	ϵ	μ
ρ_e	ρ_m	μ	ϵ
ϵ	μ	A	F
μ	ϵ	F	−A
A	F		
φ	φ_m		

上面介绍的对偶关系,特别是表3.2所列的对偶关系,在实际中有两种用处。第一是用来验证公式推导的正确性。很多情况下,交叉检验可以迅速发现潜在的错误,使我们对解的正确性更有把握。读者可以利用对偶关系对前3章中推导的公式进行交叉检验。第二是可以利用对偶关系直接得到对偶方程的解。当然,在这么做之前,有必要确认原始的公式是正确的。特别需要注意,对偶方程对于对偶问题是成立的,而对偶问题与原问题很可能不同。例如,$\hat{n}×E=0$ 描述 PEC 表面的边界条件,其对偶公式 $\hat{n}×H=0$ 则描述 PMC 表面的边界条件。因此,对于 PEC 存在时的上方半空间的场-源关系[式(3.2.13)和式(3.2.21)],其对偶表达式对于 PMC 存在时的上方半空间成立。

3.6 口径辐射和散射

在介绍了唯一性定理、镜像原理、面等效原理和对偶原理之后,现在应用这些原理来处理导体平面口径的辐射和散射问题。本节还将讨论与口径辐射和散射相关的两个重要概念：巴比涅原理和互补结构。

3.6.1　等效问题

考虑图 3.18(a)所示的问题：源在有口径的无限大导体平面存在情况下辐射。假定口径上的电场已知，而我们只关心右半空间的场。可以应用图 3.11(b)所示的面等效原理建立如图 3.18(b)所示的等效问题。在这里，把左半空间看成内区域，右半空间为外区域。当左半空间填充理想导体时，口径相当于被填满，边界成为完整的理想导体平面。口径的影响被等效面磁流 $\mathbf{M}_s = \mathbf{E} \times \hat{n}$ 代替，该等效面磁流仅存在于口径的位置。接下来应用镜像原理移去理想导体平面。由于面磁流位于导体平面上，镜像磁流与原磁流实际上重合在一起。因此原问题等效为 $\mathbf{M}_s = 2\mathbf{E} \times \hat{n}$ 的面磁流在自由空间中的辐射问题，它可以用第 2 章中讨论的方法求解。

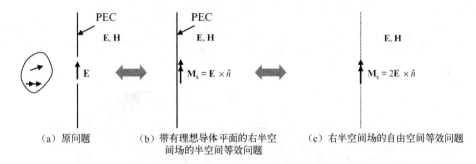

（a）原问题　　　　（b）带有理想导体平面的右半空　　　（c）右半空间场的自由空间等效问题
　　　　　　　　　　　间场的半空间等效问题

图 3.18　穿过导体平面口径的辐射

举一个简单的例子来说明上述方法的应用。如图 3.19(a)所示，考虑位于 xy 平面的无限大导体平面上矩形波导开口的辐射。开口处的电场为

$$\mathbf{E} = \hat{y}E_0 \cos\frac{\pi x}{a} \tag{3.6.1}$$

基于前面的讨论，上半空间中的场可以看成等效面磁流

$$\mathbf{M}_s = 2\mathbf{E} \times \hat{z} = 2\hat{x}E_0 \cos\frac{\pi x}{a} \tag{3.6.2}$$

在自由空间的辐射。若只关心远场，则只需要计算 $\mathbf{L}$，即

$$\mathbf{L} = \iint_{S_a} \mathbf{M}_s(\mathbf{r}') e^{jkr'\cos\psi}\, \mathrm{d}S' \tag{3.6.3}$$

式中，S_a 为口径区域。这样，$r'\cos\psi = \mathbf{r}' \cdot \hat{r} = x'\sin\theta\cos\phi + y'\sin\theta\sin\phi$，因此有

$$\mathbf{L} = \hat{x}2E_0 \int_{-b/2}^{b/2} \int_{-a/2}^{a/2} \cos\frac{\pi x'}{a} e^{jk(x'\sin\theta\cos\phi + y'\sin\theta\sin\phi)}\, \mathrm{d}x'\mathrm{d}y' \tag{3.6.4}$$

计算结果为

$$\mathbf{L} = \hat{x}8\pi a E_0 \frac{\cos\left(k\frac{a}{2}\sin\theta\cos\phi\right)\sin\left(k\frac{b}{2}\sin\theta\sin\phi\right)}{k[\pi^2 - (ka\sin\theta\cos\phi)^2]\sin\theta\sin\phi} \tag{3.6.5}$$

对于 $\theta \leqslant \pi/2$ 的远场,则有

$$E_\theta = \eta H_\phi = -\frac{\mathrm{j}k\,\mathrm{e}^{-\mathrm{j}kr}}{4\pi r}L_\phi$$

$$= \mathrm{j}2aE_0\frac{\mathrm{e}^{-\mathrm{j}kr}}{r}\frac{\cos\left(k\frac{a}{2}\sin\theta\cos\phi\right)\sin\left(k\frac{b}{2}\sin\theta\sin\phi\right)}{[\pi^2 - (ka\sin\theta\cos\phi)^2]\sin\theta} \tag{3.6.6}$$

$$E_\phi = -\eta H_\theta = \frac{\mathrm{j}k\,\mathrm{e}^{-\mathrm{j}kr}}{4\pi r}L_\theta$$

$$= \mathrm{j}2aE_0\frac{\mathrm{e}^{-\mathrm{j}kr}}{r}\frac{\cos\left(k\frac{a}{2}\sin\theta\cos\phi\right)\sin\left(k\frac{b}{2}\sin\theta\sin\phi\right)}{[\pi^2 - (ka\sin\theta\cos\phi)^2]\tan\theta\tan\phi} \tag{3.6.7}$$

此解与例 3.4 中使用互易定理得到的解是一致的。远场的方向图如图 3.19(b)所示。

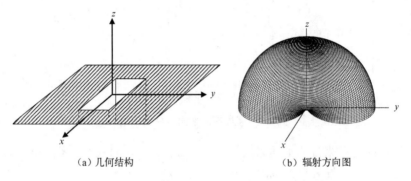

(a) 几何结构   (b) 辐射方向图

图 3.19 无限大导体平面上的矩形波导开口的辐射问题

对于不存在无限大导体平面的情况,仍然可以建立等效问题,其右半空间中的场从一个假想的无限大平面上的场得到。考虑如图 3.20(a)所示的问题,仍可把它当成图 3.10(a)问题的一个特例:其左半空间为内区域,右半空间为外区域。因此,对于外区域,可以建立如图 3.11(a)至图 3.11(c)所示的三个不同等效问题。图 3.11(a)对应的等效问题如图 3.20(b)所示。在这个等效问题中,等效面电(磁)流在自由空间辐射,因此右半空间的场可以用自由空间场-源关系从面电流 $\mathbf{J}_s = \hat{n}\times\mathbf{H}$ 和面磁流 $\mathbf{M}_s = \mathbf{E}\times\hat{n}$ 得到。图 3.11(b)对应的等效问题如图 3.21(a)所示,可以应用镜像原理把此问题进一步变换成自由空间问题,如图 3.21(b)所示。因此,右半空间的场仍然可用自由空间场-源关系从面磁流 $\mathbf{M}_s = 2\mathbf{E}\times\hat{n}$ 得到。图 3.11(c)对应的等效问题如图 3.22(a)所示,再应用镜像原理把此问题进一步变换成自由空间问题,如图 3.22(b)所示。因此,右半空间的场使用自由空间场-源关系从面电流 $\mathbf{J}_s = 2\hat{n}\times\mathbf{H}$ 得到。如果切向场 $\hat{n}\times\mathbf{H}$ 和 $\hat{n}\times\mathbf{E}$ 在整个平面上准确已知,这三个等效问题就可以得到同样的解。如果这些切向场是近似的,那么这三种解将略有差异。等效方法的选择依赖于特定问题所给定的场信息。

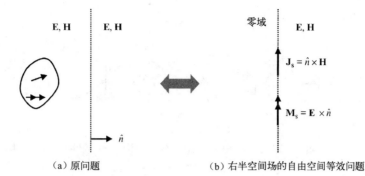

（a）原问题   （b）右半空间场的自由空间等效问题

图 3.20 通过一个虚拟平面向右半空间的辐射

（a）右半空间场的 PEC 平面半空间等效问题   （b）右半空间场的自由空间等效问题

图 3.21 图 3.20(a)问题的面磁流等效

（a）右半空间场的 PMC 平面半空间等效问题   （b）右半空间场的自由空间等效问题

图 3.22 图 3.20(a)问题的面电流等效

3.6.2 巴比涅原理

巴比涅原理是与口径辐射和散射相关的一个非常重要的原理。巴比涅原理最早在光学中提出[11]。通过考虑下面三个问题可以建立电磁场的巴比涅原理。第一个问题如图 3.23(a)所示，电流和磁流($\mathbf{J}_i,\mathbf{M}_i$)在自由空间中辐射，辐射场记为($\mathbf{E}^{inc},\mathbf{H}^{inc}$)。第二个问题如图 3.23(b)所示，相同源向有口径的无限大 PEC 平面辐射。口径区域记为 S_a，导体屏区域记为 S_m，右半空间中的场记为($\mathbf{E}_a,\mathbf{H}_a$)。第三个问题如图 3.23(c)所示，相同的源在 PMC 平板存在时辐射，其 PMC 平板的位置和尺寸与图 3.23(b)中 PEC 平面上的口径相同，右半空间中的场记为($\mathbf{E}_m,\mathbf{H}_m$)。

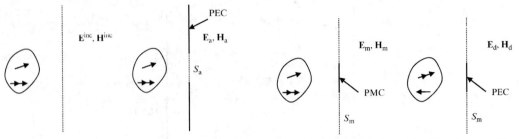

（a）向自由空间辐射的　（b）相同的电磁源通过带有口径　（c）相同的电磁源在PMC　（d）对偶源在PEC平板存在时
　　　电磁源　　　　　　　的无限大PEC平面的辐射　　　平板存在时的辐射　　　　　在对偶介质中的辐射

图 3.23　巴比涅原理示意图

从电流元的辐射问题中(见 2.3.1 节)已经知道，电流元辐射磁场的切向分量在任何包含该电流元的平面上为零。因此，在图 3.23(b)中，金属屏上的感应电流在口径上产生的磁场切向分量为零。因此，口径上的磁场切向分量等于原电流源和磁流源在自由空间产生的入射场的磁场切向分量，即

$$\hat{n} \times \mathbf{H}_a = \hat{n} \times \mathbf{H}^{inc}, \quad 在 S_a 上 \tag{3.6.8}$$

$$\hat{n} \times \mathbf{E}_a = 0, \quad\quad 在 S_m 上 \tag{3.6.9}$$

类似地，磁流元辐射电场的切向分量在任何包含该磁流的平面上为零。因此，在图 3.23(c)中，PMC 平板上的感应磁流在 S_m 区域产生的电场切向分量为零，故有

$$\hat{n} \times \mathbf{H}_m = 0, \quad\quad 在 S_a 上 \tag{3.6.10}$$

$$\hat{n} \times \mathbf{E}_m = \hat{n} \times \mathbf{E}^{inc}, \quad 在 S_m 上 \tag{3.6.11}$$

现在，将图 3.23(b)中的场和图 3.23(c)中的场相加，得到右半空间的场为$(\mathbf{E}_a + \mathbf{E}_m, \mathbf{H}_a + \mathbf{H}_m)$。该场在 S_a 和 S_m 上的切向场为

$$\hat{n} \times (\mathbf{H}_a + \mathbf{H}_m) = \hat{n} \times \mathbf{H}^{inc}, \quad 在 S_a 上 \tag{3.6.12}$$

$$\hat{n} \times (\mathbf{E}_a + \mathbf{E}_m) = \hat{n} \times \mathbf{E}^{inc}, \quad 在 S_m 上 \tag{3.6.13}$$

因此，对于右半空间来说，在 S_a 上，叠加场磁场的切向分量与图 3.23(a)中磁场的切向分量相同；在 S_m 上，叠加场电场的切向分量与图 3.23(a)中电场的切向分量相同。根据唯一性定理，在右半空间中，叠加场应该与图 3.23(a)中的场相同，即

$$\mathbf{E}_a + \mathbf{E}_m = \mathbf{E}^{inc}, \qquad \mathbf{H}_a + \mathbf{H}_m = \mathbf{H}^{inc} \tag{3.6.14}$$

这就是**巴比涅原理**的电磁版本。这里的推导参照了 Harrington 的著作[7]。图 3.23(c)中的场也可以写为

$$\mathbf{E}_m = \mathbf{E}^{inc} + \mathbf{E}_m^{sc}, \qquad \mathbf{H}_m = \mathbf{H}^{inc} + \mathbf{H}_m^{sc} \tag{3.6.15}$$

式中，$(\mathbf{E}_m^{sc}, \mathbf{H}_m^{sc})$ 为理想导磁体(PMC)平板上感应磁流产生的散射场。由此，巴比涅原理也可以写为

$$\mathbf{E}_a = -\mathbf{E}_m^{sc}, \qquad \mathbf{H}_a = -\mathbf{H}_m^{sc} \tag{3.6.16}$$

在上面推导电磁场的巴比涅原理时,用到了 PMC,如图 3.23(c)所示。由于现实中
PMC 并不存在,前面的结果并没有太多直接应用。但是,由对偶原理可以知道,PMC 可
以转换成 PEC,只要相应的电磁量按照表 3.2 进行变换。在这个变换中,会发现有一点
很不方便:当 $\epsilon \to \mu$, $\mu \to \epsilon$ 时,自由空间的特性阻抗 $\eta = \sqrt{\mu/\epsilon}$ 变换成 $1/\eta = \sqrt{\epsilon/\mu}$,此新参
数对应于对偶问题中的自由空间特性阻抗。显然,它与原问题中的自由空间阻抗不同。
通过定义归一化磁场强度 $\overline{\mathbf{H}} = \eta\mathbf{H}$ 和归一化电流 $\overline{\mathbf{J}} = \eta\mathbf{J}$ 可以解决这个问题。在这样的定义
下,麦克斯韦方程中不再显现 ϵ 和 μ,因而也无须对其进行任何变换。如此建立的对偶问
题中,自由空间保持了与原问题中相同的特性。于是,表 3.2 中所列的变换变为

$$\mathbf{E} \to \eta\mathbf{H}, \qquad \mathbf{H} \to -\frac{\mathbf{E}}{\eta}, \qquad \mathbf{J} \to \frac{\mathbf{M}}{\eta}, \qquad \mathbf{M} \to -\eta\mathbf{J} \qquad (3.6.17)$$

将对偶问题中的场记为 $(\mathbf{E}_d, \mathbf{H}_d)$,如图 3.23(d)所示。它们是由电磁源 $\mathbf{J}_d = -\mathbf{M}_i/\eta$ 和 $\mathbf{M}_d = \eta\mathbf{J}_i$ 产生的。于是,式(3.6.14)和式(3.6.16)可写为

$$\mathbf{E}_a + \eta\mathbf{H}_d = \mathbf{E}^{\mathrm{inc}}, \qquad \mathbf{H}_a - \frac{\mathbf{E}_d}{\eta} = \mathbf{H}^{\mathrm{inc}} \qquad (3.6.18)$$

和

$$\mathbf{E}_a = -\eta\mathbf{H}_d^{\mathrm{sc}}, \qquad \mathbf{H}_a = \frac{\mathbf{E}_d^{\mathrm{sc}}}{\eta} \qquad (3.6.19)$$

这就是图 3.23(b)和图 3.23(d)对应问题的巴比涅原理。

3.6.3　互补天线

作为对偶原理的另一个重要应用,考虑图 3.24 所示的两个互补结构。从无限大 PEC
平面中割去图 3.24(b)所示的部分,图 3.24(a)对应剩余的 PEC 部分。如果在 cd 之间馈
电,则图 3.24(a)的结构就成为一个口径天线,其产生的辐射场记为 $(\mathbf{E}_a, \mathbf{H}_a)$。如果在
图 3.24(b)所示金属板上切割一条窄缝,并在图中的 ab 点之间馈电,则金属板也成为一个
天线,其产生的场记为 $(\mathbf{E}_c, \mathbf{H}_c)$。口径天线的输入阻抗为

$$Z_a = \frac{\int_c^d \mathbf{E}_a \cdot d\mathbf{l}}{\oint_C \mathbf{H}_a \cdot d\mathbf{l}} = -\frac{\int_c^d \mathbf{E}_a \cdot d\mathbf{l}}{2\int_a^b \mathbf{H}_a \cdot d\mathbf{l}} \qquad (3.6.20)$$

式中,C 为环绕线段 cd 的闭合曲线,分母中的因子 2 是由于前后两侧 $\mathbf{H}_a$ 的幅度相同,方向
相反。金属板天线的输入阻抗计算公式为

$$Z_c = \frac{\int_a^b \mathbf{E}_c \cdot d\mathbf{l}}{\oint_{C'} \mathbf{H}_c \cdot d\mathbf{l}} = \frac{\int_a^b \mathbf{E}_c \cdot d\mathbf{l}}{2\int_c^d \mathbf{H}_c \cdot d\mathbf{l}} \qquad (3.6.21)$$

式中,C' 为环绕线段 ab 的闭合曲线,分母中的因子 2 同样是由于前后两侧 $\mathbf{H}_c$ 的幅度相同,
方向相反。

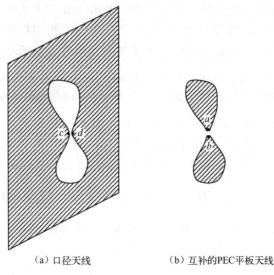

（a）口径天线 　　　　（b）互补的PEC平板天线

图 3.24　互补结构

注意，在图 3.24(a)中，有

$$\hat{n} \times \mathbf{H}_a = 0 \quad \text{在 } S_a \text{ 上}, \qquad \hat{n} \times \mathbf{E}_a = 0 \quad \text{在 } S_m \text{ 上} \tag{3.6.22}$$

而在图 3.24(b)中，则有

$$\hat{n} \times \mathbf{E}_c = 0 \quad \text{在 } S_a \text{ 上}, \qquad \hat{n} \times \mathbf{H}_c = 0 \quad \text{在 } S_m \text{ 上} \tag{3.6.23}$$

因此，除了周围的媒质，图 3.24(a)中的口径辐射和图 3.24(b)中的金属板辐射是完全对偶的两个问题，从而这两组辐射场之间满足式(3.6.17)的关系。将该式代入式(3.6.21)可得

$$Z_c = \frac{\int_a^b \mathbf{E}_c \cdot \mathbf{dl}}{2 \int_c^d \mathbf{H}_c \cdot \mathbf{dl}} = -\frac{\eta^2 \int_a^b \mathbf{H}_a \cdot \mathbf{dl}}{2 \int_c^d \mathbf{E}_a \cdot \mathbf{dl}} = \frac{\eta^2}{4 Z_a} \tag{3.6.24}$$

或者

$$Z_a Z_c = \frac{\eta^2}{4} \tag{3.6.25}$$

因此，两个互补天线输入阻抗的乘积是一个固定的常数。而如果两个天线的形状相同，则它们的输入阻抗也相同，并且等于周围媒质特性阻抗的一半。我们可以利用这个结论来设计宽带天线[12~14]。

原著参考文献

1. I. V. Lindell and E. Alanen, "Exact image theory for the Sommerfeld half-space problem, Part III: general formulation," *IEEE Trans. Antennas Propag.*, vol. 32, no. 10, pp. 1027-1032, 1984.

2. C. T. Tai, *Dyadic Green Functions in Electromagnetic Theory* (2nd edition). Piscataway, NJ: IEEE Press, 1994.

3. J. A. Stratton, *Electromagnetic Theory*. New York: McGraw-Hill, 1941.

4. J. R. Carson, "Reciprocal theorems in radio communication," *Proc. IRE*, vol. 17, pp. 952-956, 1929.

5. V. H. Rumsey, "Reaction concept in electromagnetic theory," *Phys. Rev.*, vol. 94, no. 6, pp. 1483-1491, 1954.

6. S. A. Schelkunoff, "Some equivalence theorems of electromagnetics and their application to radiation problems," *Bell System Tech. J.*, vol. 15, pp. 92-112, 1936.

7. R. F. Harrington, *Time-Harmonic Electromagnetic Fields*. New York：McGraw-Hill, 1961.

8. R. F. Harrington, *Field Computation by Moment Methods*. New York：Macmillan, 1968.

9. C. A. Balanis, *Advanced Engineering Electromagnetics*. New York：John Wiley & Sons, Inc., 1989.

10. W. C. Chew, *Waves and Fields in Inhomogeneous Media*. New York：IEEE Press, 1995.

11. M. Born and E.Wolf, *Principles of Optics：Electromagnetic Theory of Propagation, Interference and Diffraction of Light*. New York：Pergamon Press, 1959.

12. V. H. Rumsey, *Frequency Independent Antennas*. New York：Academic Press, 1966.

13. Y. Mushiake, *Self-Complementary Antennas：Principle of Self-Complementarity for Constant Impedance*. London, UK：Springer-Verlag, 1996.

14. H. Nakano, "Frequency-independent antennas：spirals and log-periodics," in *Modern Antenna Handbook*, C. A. Balanis, Ed. Hoboken, NJ：John Wiley & Sons, Inc., 2008, pp. 263-323.

习题

3.1 证明静磁场的唯一性定理，并得出使静磁场有唯一解的必要边界条件。[**提示**：考虑矢量磁位 **A** 的唯一性。]

3.2 位于 $\boldsymbol{\rho}'$ 处沿 z 方向的无限长均匀线电流产生的电场为

$$\mathbf{E}(\boldsymbol{\rho}) = -\hat{z}\frac{\eta_0 k_0 I}{4}H_0^{(2)}(k_0|\boldsymbol{\rho}-\boldsymbol{\rho}'|)$$

式中，$H_0^{(2)}(k_0|\boldsymbol{\rho}-\boldsymbol{\rho}'|)$ 为零阶第二类汉克尔函数。现在，如果这个线电流摆放于由 $\phi=0$ 和 $\phi=\pi/3$ 处两块无限大 PEC 平面构成的 60°角斜劈区域，如图 3.7(b)所示，求线电流产生的电场。

3.3 考虑图 3.25 所示的问题，图中小圆电流环的半径为 a，其上有时谐电流 I，环平面与 xy 平面平行，中心位于 $(d,0,d)$，且 $d>a$。现有一个无限大 PEC 平面位于 xy 平面和一个无限大 PMC 平面位于 yz 平面。求远场区的电场和磁场。

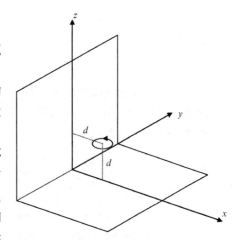

图 3.25 位于 PEC 平面上方且靠近竖直 PMC 平面的圆电流环

3.4 一个电流元放置在金属矩形波导中（见图 3.26）。根据镜像原理，求该电流元的镜像源。

3.5 考虑一种各向异性媒质，其介电常数张量为 $\bar{\boldsymbol{\epsilon}}$，磁导率张量为 $\bar{\boldsymbol{\mu}}$，电导率张量为 $\bar{\boldsymbol{\sigma}}$。证明：当所有张量为对称张量时，式(3.3.7)和式(3.3.8)所示的互易定理成立。

3.6 有一个无限大 PEC 平面位于 xy 平面，电流元 Il 放置于 PEC 平面上方，其位置为 $(0,0,h)$，指向 $\hat{u}$ 方向。说明如何在远场区放置检验偶极子，并基于互易定理求解电流元的辐射场。

3.7 如图 3.27 所示,有一个 PEC 物体位于两个天线之间。当一个 3 A 的电流源加于天线 B 时,天线 A 的接收电压为 12 V。当一个 2 A 的电流源加于天线 A 时,求天线 B 的接收电压。

图 3.26　位于金属矩形波导中的电流元　　　图 3.27　PEC 物体存在时的两个天线

3.8 如图 3.28 所示,圆柱偶极子天线包含两个半径为 a 且长度为 $L/2$ 的圆柱导体。假定两个圆柱体之间的缝隙非常窄,用电压源馈电,并进一步假定缝隙内的电场均匀。证明此问题可以用右图所描述的问题等效,其中的偶极子长度为 L,中间用一个磁流环馈电。求出用电压 V 表示的磁流 K。

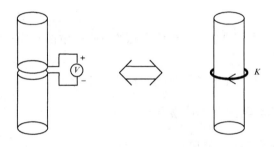

图 3.28　圆柱形偶极子天线和它的等效模型

3.9 考虑由互易部件组成的一个双端口网络(见图 3.29)。证明:当电流源加于端口时,有 $Z_{12}=Z_{21}$;进一步,当电压源加于端口时,有 $Y_{12}=Y_{21}$。[**提示**:应用习题 3.8 的结果将电压源变换为磁流源。]

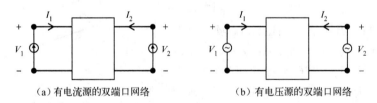

(a) 有电流源的双端口网络　　　　　(b) 有电压源的双端口网络

图 3.29　双端口网络

3.10 在**磁共振成像**(MRI)中,射频线圈用于激发成像物体中的原子核,然后接收由被激发原子核的磁化矢量产生的场。假定电压 V_{ap} 加于该线圈,它在物体内产生磁场 $\mathbf{B}_1$。求物体中的磁化矢量 $\mathbf{M}$ 在线圈上的感应电流(以 V_{ap}、$\mathbf{B}_1$ 和 $\mathbf{M}$ 表示)。

3.11 考虑一个 PEC 物体的散射问题。使用式(3.4.8)和式(3.4.9)推导用于求解 $\mathbf{J}_s$ 的 PEC 物体的电场积分方程:

$$j\omega\mu \oiint_S \hat{n}\times\overline{\mathbf{G}}_{e0}(\mathbf{r},\mathbf{r}')\cdot\mathbf{J}_s(\mathbf{r}')\,\mathrm{d}S' = \hat{n}\times\mathbf{E}^{\mathrm{inc}}(\mathbf{r}), \quad \mathbf{r}\in S$$

和磁场积分方程:

$$\mathbf{J}_s(\mathbf{r}) - \oiint_S \hat{n} \times \overline{\mathbf{G}}_{m0}(\mathbf{r},\mathbf{r}') \cdot \mathbf{J}_s(\mathbf{r}') \, \mathrm{d}S' = \hat{n} \times \mathbf{H}^{\mathrm{inc}}(\mathbf{r}), \quad \mathbf{r} \in S$$

3.12 考虑一个均匀介质物体的散射问题。物体的介电常数为 ϵ_2 且磁导率为 μ_2, 位于介电常数为 ϵ_1 且磁导率为 μ_1 的均匀无界媒质中。根据式(3.4.18)、式(3.4.19)、式(3.4.21)和式(3.4.22), 推导用于求解 $\mathbf{J}_s$ 和 $\mathbf{M}_s$ 的下面两个积分方程:

$$j\omega \oiint_S \hat{n} \times \left[\mu_2 \overline{\mathbf{G}}_{e0}(\mathbf{r},\mathbf{r}';k_2) + \mu_1 \overline{\mathbf{G}}_{e0}(\mathbf{r},\mathbf{r}';k_1) \right] \cdot \mathbf{J}_s(\mathbf{r}') \, \mathrm{d}S'$$

$$+ \oiint_S \hat{n} \times \left[\overline{\mathbf{G}}_{m0}(\mathbf{r},\mathbf{r}';k_2) + \overline{\mathbf{G}}_{m0}(\mathbf{r},\mathbf{r}';k_1) \right] \cdot \mathbf{M}_s(\mathbf{r}') \, \mathrm{d}S' = \hat{n} \times \mathbf{E}^{\mathrm{inc}}(\mathbf{r})$$

$$j\omega \oiint_S \hat{n} \times \left[\epsilon_2 \overline{\mathbf{G}}_{e0}(\mathbf{r},\mathbf{r}';k_2) + \epsilon_1 \overline{\mathbf{G}}_{e0}(\mathbf{r},\mathbf{r}';k_1) \right] \cdot \mathbf{M}_s(\mathbf{r}') \, \mathrm{d}S'$$

$$- \oiint_S \hat{n} \times \left[\overline{\mathbf{G}}_{m0}(\mathbf{r},\mathbf{r}';k_2) + \overline{\mathbf{G}}_{m0}(\mathbf{r},\mathbf{r}';k_1) \right] \cdot \mathbf{J}_s(\mathbf{r}') \, \mathrm{d}S' = \hat{n} \times \mathbf{H}^{\mathrm{inc}}(\mathbf{r})$$

式中, $\mathbf{r} \in S$。

3.13 考虑尺寸为 $A \times B$ 的 PEC 平板的平面波散射问题。假定 PEC 平板的厚度为零, 位于 xy 平面, 入射场为

$$\mathbf{E}^{\mathrm{inc}} = \hat{y} E_0 \, \mathrm{e}^{jkz}, \qquad \mathbf{H}^{\mathrm{inc}} = \hat{x} H_0 \, \mathrm{e}^{jkz}$$

且 $E_0 = \eta H_0$。应用物理等效原理和物理光学近似, 求解散射电场和磁场。

3.14 重新考虑习题 3.13 所述的问题。使用感应定理, 并使用镜像原理近似求解散射电场和磁场。把求解结果与习题 3.13 得到的结果进行比较。

3.15 重新考虑习题 3.13 所述的问题, 但入射波为斜入射, 其电场为

$$\mathbf{E}^{\mathrm{inc}} = \hat{y} E_0 \, \mathrm{e}^{-jk(x \sin\theta_i - z \cos\theta_i)}$$

式中, θ_i 为入射角。应用物理光学近似, 求解散射场。

3.16 重新考虑习题 3.13 所述的问题, 但入射波为斜入射, 其磁场为

$$\mathbf{H}^{\mathrm{inc}} = \hat{y} H_0 \, \mathrm{e}^{-jk(x \sin\theta_i - z \cos\theta_i)}$$

式中, θ_i 为入射角。应用物理光学近似, 求解散射场。

3.17 使用镜像原理和自由空间场-源关系, 推导 PMC 平面上方的半空间场-源关系式。对式(3.2.13)和式(3.2.21)应用对偶原理, 验证前一结果。

3.18 如图 3.30 所示, 位于 xy 平面的无限大 PEC 平面有一个环状窄缝, 缝的内半径为 a, 外半径为 b。假定缝间的电场为 $\mathbf{E} = \hat{\rho} V/(b-a)$, 式中 V 为跨越缝的电压。求 PEC 平面上方和下方远场区的电场和磁场。

3.19 如图 3.31 所示, 位于 xz 平面的无限大 PEC 平面有一窄缝, 缝的长度为 L, 宽度为 $w(w \ll L)$。缝间加上一个电压, 缝上产生的电场为

$$\mathbf{E} = \hat{x} V \sin\left[k\left(\frac{L}{2} - |z|\right) \right]$$

首先,应用等效原理把此问题分别转换成对 $y>0$ 和 $y<0$ 区域的自由空间辐射问题。然后分别求出在 $y>0$ 和 $y<0$ 区域的远场区的电场和磁场。

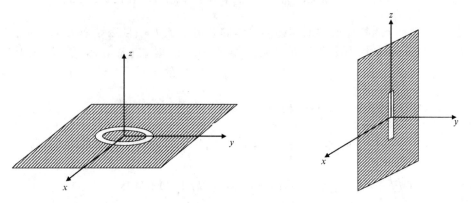

图 3.30　位于 xy 平面的无限大 PEC 平面上的环形窄缝　图 3.31　位于 xz 平面的无限大 PEC 平面上的窄缝

3.20 在平面 $z=h(h>0)$ 上,给定的电场和磁场为

$$\mathbf{E} = \hat{\theta}\eta H_0 \frac{\sin\theta}{r} \mathrm{e}^{-\mathrm{j}kr}, \qquad \mathbf{H} = \hat{\phi} H_0 \frac{\sin\theta}{r} \mathrm{e}^{-\mathrm{j}kr}$$

式中, $r=\sqrt{\rho^2+h^2}$, $\sin\theta=\rho/r$,对应图 3.20 至图 3.22 所示的等效方法,建立平面上方场的三个等效问题。求出每个问题的等效面电(磁)流,以及这三个问题的场,并比较这三个结果。

3.21 静磁场分析表明:当一个相对磁导率为 μ_r 的磁介质球放置于 $\mathbf{H}_0$ 的静磁场区域时,球体内部的磁场为

$$\mathbf{H}^{\mathrm{int}} = \frac{3}{\mu_\mathrm{r}+2}\mathbf{H}_0$$

使用此结果和体等效原理,求解平面波入射到一个半径为 $a(ka \ll 1)$ 的非常小的磁介质球的散射远场(假定入射波磁场为 $\mathbf{H}^{\mathrm{inc}}=\hat{y}H_0\mathrm{e}^{-\mathrm{j}k_0 z}$,背景媒质为空气)。

3.22 使用例 3.7 和习题 3.21 得到的结果,求相对介电常数为 ϵ_r 、相对磁导率为 μ_r 、半径为 $a(ka \ll 1)$ 的非常小的介质球对平面波的散射远场。

3.23 平面波垂直入射到带有半径为 a 的圆孔径的位于 xy 平面的无限大 PEC 平面上。使用例 3.5 的结果和巴比涅原理,求上半空间和下半空间的孔径散射场。

3.24 平面波垂直入射到带有尺寸为 $A{\times}B$ 的矩形孔径的位于 xy 平面的无限大 PEC 平面上。使用习题 3.13 的结果和巴比涅原理,求上半空间和下半空间的孔径散射场。

3.25 设计若干可作为宽带天线的自互补结构,讨论这些天线的馈电方式和辐射特性。

第4章 传输线和平面波

在第2章中我们已看到，电磁源产生电磁场，而电磁场可以在自由空间中传播。本章将分析电磁波的传播特性。为此，我们分析最简单形式的电磁波——均匀平面波，在无界均匀各向同性媒质和几种特殊的各向异性媒质及双各向同性媒质中的传播问题。我们还将研究均匀平面波入射到两种不同媒质分界面时的反射和透射。由于均匀平面波和传输线的特性类似，这里首先回顾基本的传输线理论，并由此引入波传播的一些相关概念。

4.1 传输线理论

与低频电路不同，对于传输线电路，其尺寸与波长相比不可忽略，因而需要研究传输线上电压和电流的分布和传播情况。为此，我们首先建立传输线方程，并研究其解的特性。

4.1.1 传输线方程及其解

考虑由两根平行导体构成的传输线，其单位长度的电阻、电导、电感和电容分别为 R、G、L 和 C。假定传输线与 z 轴平行。为了得到传输线上的电压和电流满足的关系，取传输线的一小段表示为图 4.1 所示的等效电路，图中 Δz 表示这一小段传输线的长度。

根据基尔霍夫电压和电流定律，得到两个将电压和电流与传输线参量联系起来的一阶微分方程：

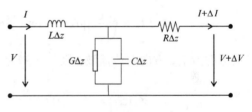

图 4.1　一小段传输线的等效电路

$$\frac{\mathrm{d}V}{\mathrm{d}z} + (\mathrm{j}\omega L + R)I = 0 \qquad (4.1.1)$$

$$\frac{\mathrm{d}I}{\mathrm{d}z} + (\mathrm{j}\omega C + G)V = 0 \qquad (4.1.2)$$

从这两个方程中分别消去电流 I 或电压 V，得到两个仅关于 V 或 I 的二阶微分方程：

$$\frac{\mathrm{d}^2 V}{\mathrm{d}z^2} - \gamma^2 V = 0 \qquad (4.1.3)$$

$$\frac{\mathrm{d}^2 I}{\mathrm{d}z^2} - \gamma^2 I = 0 \qquad (4.1.4)$$

式中，$\gamma^2 = (\mathrm{j}\omega L + R)(\mathrm{j}\omega C + G)$，$\gamma$ 称为**传播常数**，其含义将在下面讨论。

由于电流和电压满足相同的方程，下面只研究式(4.1.3)所示的电压方程。此方程有两组独立解，其通解可以表示为这两组解的线性组合，即

$$V(z) = a_+ \mathrm{e}^{-\gamma z} + a_- \mathrm{e}^{\gamma z} \qquad (4.1.5)$$

为了阐述此式的物理含义，首先考虑无耗传输线，即 $R = G = 0$。在此情况下，$\gamma = \mathrm{j}\beta = \mathrm{j}\omega\sqrt{LC}$，电压瞬时值为

$$
\begin{aligned}
\mathscr{V}(z,t) &= \mathrm{Re}\left[V(z)\mathrm{e}^{\mathrm{j}\omega t}\right] = \mathrm{Re}\left[a_+\mathrm{e}^{\mathrm{j}(\omega t - \beta z)} + a_-\mathrm{e}^{\mathrm{j}(\omega t + \beta z)}\right] \\
&= |a_+|\cos(\omega t - \beta z + \angle a_+) + |a_-|\cos(\omega t + \beta z + \angle a_-)
\end{aligned}
\tag{4.1.6}
$$

式中，$|a_\pm|$ 和 $\angle a_\pm$ 分别为 $a_\pm$ 的幅度和相位。通过观察等相位点随时间的变化，不难发现式中第一项代表沿正 z 方向的传播波，第二项代表沿负 z 方向的传播波。传播速度称为**相速**，表示为

$$
v_\mathrm{p} = \frac{\omega}{\beta} = \frac{1}{\sqrt{LC}}
\tag{4.1.7}
$$

由于 β 与相位相关，通常将其称为**相位常数**，单位为弧度/米(rad/m)。由于波长和相速的关系为 $\lambda = v_\mathrm{p}/f = 2\pi v_\mathrm{p}/\omega$，因此相位常数也可以表示为

$$
\beta = \frac{2\pi}{\lambda}
\tag{4.1.8}
$$

因此，相位常数也称为**波数**。

求出电压后，由式(4.1.1)可得传输线上的电流，其频域表达式为

$$
I(z) = \sqrt{\frac{C}{L}}(a_+\mathrm{e}^{-\mathrm{j}\beta z} - a_-\mathrm{e}^{\mathrm{j}\beta z})
\tag{4.1.9}
$$

而时域表达式为

$$
\mathscr{I}(z,t) = \sqrt{\frac{C}{L}}\left[|a_+|\cos(\omega t - \beta z + \angle a_+) - |a_-|\cos(\omega t + \beta z + \angle a_-)\right]
\tag{4.1.10}
$$

若仅考虑沿正 z 方向的传播波，则其功率为

$$
\mathscr{P}_+(z,t) = \mathscr{I}_+(z,t)\mathscr{V}_+(z,t) = \sqrt{\frac{C}{L}}|a_+|^2\cos^2(\omega t - \beta z + \angle a_+)
\tag{4.1.11}
$$

单位长度传输线存储的电能为

$$
w_{\mathrm{e}+}(z,t) = \frac{1}{2}C\mathscr{V}_+^2(z,t) = \frac{1}{2}C|a_+|^2\cos^2(\omega t - \beta z + \angle a_+)
\tag{4.1.12}
$$

单位长度传输线存储的磁能为

$$
w_{\mathrm{m}+}(z,t) = \frac{1}{2}L\mathscr{I}_+^2(z,t) = \frac{1}{2}C|a_+|^2\cos^2(\omega t - \beta z + \angle a_+)
\tag{4.1.13}
$$

能量传播的速度称为**能速**，其表达式为

$$
v_\mathrm{e} = \frac{\mathscr{P}_+(z,t)}{w_{\mathrm{e}+}(z,t) + w_{\mathrm{m}+}(z,t)} = \frac{1}{\sqrt{LC}}
\tag{4.1.14}
$$

它与相速相同。无耗传输线的**特性阻抗**定义为

$$Z_0 = \frac{V_+}{I_+} = \sqrt{\frac{L}{C}} \tag{4.1.15}$$

可以看出，特性阻抗仅与传输线本身有关，而与其他因素如源和终端负载无关。

对于一般的有耗传输线，其传播常数为

$$\gamma = \pm\sqrt{(j\omega L + R)(j\omega C + G)} = \pm\alpha \pm j\beta \tag{4.1.16}$$

式中，

$$\alpha = \sqrt{\frac{\omega^2 LC - RG}{2}}\sqrt{\sqrt{1 + \frac{\omega^2(GL + RC)^2}{(\omega^2 LC - RG)^2}} - 1} \tag{4.1.17}$$

$$\beta = \sqrt{\frac{\omega^2 LC - RG}{2}}\sqrt{\sqrt{1 + \frac{\omega^2(GL + RC)^2}{(\omega^2 LC - RG)^2}} + 1} \tag{4.1.18}$$

在式(4.1.16)的四个解中，唯一有物理意义的解是 $\gamma = \alpha + j\beta$，对应的电压瞬时值为

$$\begin{aligned}
\mathscr{V}(z, t) &= \mathrm{Re}\left[V(z)e^{j\omega t}\right] = \mathrm{Re}\left[a_+ e^{j(\omega t - \beta z) - \alpha z} + a_- e^{j(\omega t + \beta z) + \alpha z}\right] \\
&= |a_+|e^{-\alpha z}\cos(\omega t - \beta z + \angle a_+) + |a_-|e^{\alpha z}\cos(\omega t + \beta z + \angle a_-)
\end{aligned} \tag{4.1.19}$$

显然，上式中的第一项代表沿正 z 方向的传播波，其幅度按 $e^{-\alpha z}$ 衰减；第二项代表沿负 z 方向的传播波，其幅度按同样的规律衰减。因此，α 称为**衰减常数**，其单位为奈贝/米（Np/m）。传输线上的电流为

$$I(z) = \frac{\gamma}{j\omega L + R}\left[a_+ e^{-(\alpha + j\beta)z} - a_- e^{(\alpha + j\beta)z}\right] \tag{4.1.20}$$

特性阻抗是一个复数，表示为

$$Z_0 = \frac{V_+}{I_+} = \frac{j\omega L + R}{\gamma} = \sqrt{\frac{j\omega L + R}{j\omega C + G}} \tag{4.1.21}$$

4.1.2　反射和透射

接下来考虑在 $z = 0$ 处相接的两段特性阻抗不同的半无限长传输线（见图 4.2）。对应 $z<0$ 这一段的特性阻抗为 Z_{01}，对应 $z>0$ 这一段的特性阻抗为 Z_{02}。考虑从 $z<0$ 的一侧沿正 z 方向的传播波，当其到达两段传输线的连接处时，一部分功率将反射回来，其余功率将沿正 z 方向继续传播。传输线上的总电压为

$$V(z) = \begin{cases} a_+ e^{-\gamma z} + \Gamma a_+ e^{\gamma z}, & z < 0 \\ T a_+ e^{-\gamma z}, & z > 0 \end{cases} \tag{4.1.22}$$

式中，a_+ 表示入射波幅度，Γ 为反射系数，T 为透射系数。相应的电流为

$$I(z) = \begin{cases} (a_+ e^{-\gamma z} - \Gamma a_+ e^{\gamma z})/Z_{01}, & z < 0 \\ T a_+ e^{-\gamma z}/Z_{02}, & z > 0 \end{cases} \tag{4.1.23}$$

由于在连接处的电压和电流连续，因此可得两个方程，求解得到 Γ 和 T，结果为

$$\Gamma = \frac{Z_{02} - Z_{01}}{Z_{02} + Z_{01}}, \qquad T = \frac{2Z_{02}}{Z_{02} + Z_{01}} \tag{4.1.24}$$

下面考虑在 $z=z_0$ 的终端连接阻抗负载 Z_L 的均匀传输线(见图4.3)。传输线上的电压和电流可以写成入射波和反射波的叠加：

$$V(z) = a_+ e^{-\gamma z} + \Gamma a_+ e^{\gamma z} \tag{4.1.25}$$

$$I(z) = \frac{1}{Z_0}(a_+ e^{-\gamma z} - \Gamma a_+ e^{\gamma z}) \tag{4.1.26}$$

在 $z=z_0$ 处，电压和电流满足 $V(z_0)/I(z_0)=Z_L$。由此，可以求出

$$\Gamma = \frac{Z_L - Z_0}{Z_L + Z_0} e^{-2\gamma z_0} \tag{4.1.27}$$

图4.2　两段半无限长传输线连接处的反射和透射　　图4.3　传输线上的阻抗负载引起的反射

若定义 z 处的阻抗为 $Z(z)=V(z)/I(z)$，将式(4.1.25)和式(4.1.26)代入此定义，则有

$$Z(z) = Z_0 \frac{1 + \Gamma e^{2\gamma z}}{1 - \Gamma e^{2\gamma z}} = Z_0 \frac{1 + \Gamma(z)}{1 - \Gamma(z)} \tag{4.1.28}$$

式中，$\Gamma(z) = \Gamma e^{2\gamma z}$ 表示在 z 处的反射系数。进一步，由式(4.1.27)，可得到

$$Z(z) = Z_0 \frac{Z_L \cosh\gamma l + Z_0 \sinh\gamma l}{Z_0 \cosh\gamma l + Z_L \sinh\gamma l} \tag{4.1.29}$$

式中，$l=z_0-z$。对于无耗传输线，$\gamma=j\beta$，上式退化为

$$Z(z) = Z_0 \frac{Z_L \cos\beta l + jZ_0 \sin\beta l}{Z_0 \cos\beta l + jZ_L \sin\beta l} \tag{4.1.30}$$

显然，该阻抗值与观察点的位置和终端负载有关。有三种比较常见的特殊情况：

1. 当 $Z_L=Z_0$(匹配)时，$\Gamma=0$，$Z(z)=Z_0$；
2. 当 $Z_L=0$(短路)时，$\Gamma(z_0)=-1$，$Z(z)=jZ_0\tan\beta l$；
3. 当 $Z_L=\infty$(开路)时，$\Gamma(z_0)=1$，$Z(z)=-jZ_0\cot\beta l$。

注意，当 $\beta l=\pi/2$ 即 $l=\lambda/4$ 时，短路变成开路，而开路变成短路。

这里仅介绍了传输线的一些基本概念和特性，这些概念和特性与平面波的情况十分类似。对传输线相关内容感兴趣的读者可以参考 Miner 的著作[1]，其中对传输线理论进行了非常详尽的介绍，并对实际应用中的多种传输线进行了分析。

4.1.3　格林函数和特征函数展开

考虑一段由分布电流源 $i(z)$ 激励的传输线(见图 4.4)。在此情况下,式(4.1.1)的形式不变,而式(4.1.2)变为

$$\frac{\mathrm{d}I}{\mathrm{d}z} + (\mathrm{j}\omega C + G)V = i(z) \qquad (4.1.31)$$

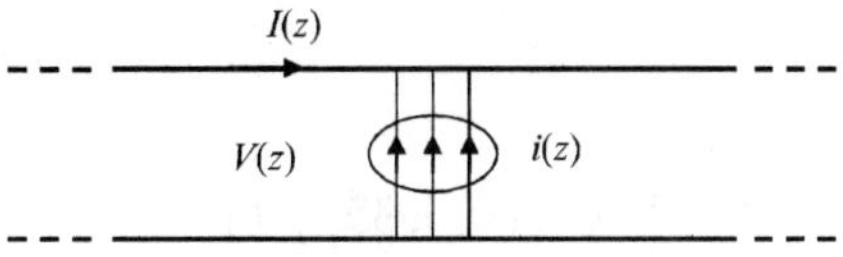

电压满足的二阶微分方程变为

图 4.4　由分布电流源激励的传输线

$$\frac{\mathrm{d}^2 V}{\mathrm{d}z^2} - \gamma^2 V = -(\mathrm{j}\omega L + R)i(z) \qquad (4.1.32)$$

由于式(4.1.32)是一个线性方程,其解可以用线性叠加的方式表示为

$$V(z) = (\mathrm{j}\omega L + R)\int_{z_1}^{z_2} g(z,z')i(z')\,\mathrm{d}z' \qquad (4.1.33)$$

式中,假定源 $i(z)$ 存在的范围是 $[z_1, z_2]$,而 $g(z,z')$ 通常称为**格林函数**。将式(4.1.33)代入式(4.1.32),并应用下式:

$$i(z) = \int_{z_1}^{z_2} \delta(z-z')i(z')\,\mathrm{d}z' \qquad (4.1.34)$$

可得关于 $g(z,z')$ 的二阶微分方程为

$$\frac{\mathrm{d}^2 g(z,z')}{\mathrm{d}z^2} - \gamma^2 g(z,z') = -\delta(z-z') \qquad (4.1.35)$$

由于在 $z<z'$ 和 $z>z'$ 时,$\delta(z-z')=0$,对于无限长传输线,在这两个区域的解为

$$g_0(z,z') = \begin{cases} A\mathrm{e}^{\gamma z}, & z < z' \\ B\mathrm{e}^{-\gamma z}, & z > z' \end{cases} \qquad (4.1.36)$$

式中,A 和 B 为未知常数。而如果传输线为有限长,就需要在上式中加入代表反射波的项,其中反射系数取决于终端阻抗。$g_0(z,z')$ 与电压相关,没有电压源时电压是连续的,故有

$$g_0(z,z')\big|_{z=z'+0} = g_0(z,z')\big|_{z=z'-0} \qquad (4.1.37)$$

现在,对式(4.1.35)在包含 z' 的一个小区间内进行积分,可得

$$\frac{\mathrm{d}g_0(z,z')}{\mathrm{d}z}\bigg|_{z=z'+0} - \frac{\mathrm{d}g_0(z,z')}{\mathrm{d}z}\bigg|_{z=z'-0} = -1 \qquad (4.1.38)$$

将式(4.1.36)分别代入式(4.1.37)和式(4.1.38),就能确定 A 和 B。由此得到 $g_0(z,z')$ 为

$$g_0(z,z') = \frac{1}{2\gamma}\begin{cases} \mathrm{e}^{\gamma(z-z')}, & z \leqslant z' \\ \mathrm{e}^{-\gamma(z-z')}, & z \geqslant z' \end{cases} \qquad (4.1.39)$$

将上式代入式(4.1.33),通过积分很容易求得传输线上任意分布的电流源产生的电压。

上面描述的推导 $g_0(z,z')$ 的方法与 2.2.2 节描述的方法非常类似。下面介绍另一种方法,

这种方法可以系统地推广到更一般的问题中。用傅里叶变换将 $g_0(z,z')$ 和 $\delta(z,z')$ 展开为

$$g_0(z,z') = \frac{1}{2\pi}\int_{-\infty}^{\infty} f(h)\mathrm{e}^{jhz}\,\mathrm{d}h \qquad (4.1.40)$$

$$\delta(z-z') = \frac{1}{2\pi}\int_{-\infty}^{\infty} \mathrm{e}^{jh(z-z')}\,\mathrm{d}h \qquad (4.1.41)$$

将上两式代入式(4.1.35),可得

$$f(h) = \frac{\mathrm{e}^{-jhz'}}{h^2+\gamma^2} \qquad (4.1.42)$$

将上式代入式(4.1.40),有

$$g_0(z,z') = \frac{1}{2\pi}\int_{-\infty}^{\infty} \frac{\mathrm{e}^{jh(z-z')}}{h^2+\gamma^2}\,\mathrm{d}h \quad (4.1.43)$$

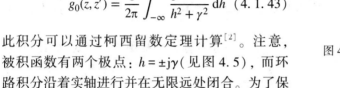

此积分可以通过柯西留数定理计算[2]。注意,被积函数有两个极点:$h=\pm j\gamma$(见图4.5),而环路积分沿着实轴进行并在无限远处闭合。为了保

图 4.5 被积函数 $f(h)$ 的极点位置

证结果有物理意义,对于 $z-z'<0$,环路积分应该在下半平面进行;对于 $z-z'>0$,环路积分应该在上半平面进行。积分的结果为

$$g_0(z,z') = \frac{1}{2\gamma}\begin{cases} \mathrm{e}^{\gamma(z-z')}, & z \leqslant z' \\ \mathrm{e}^{-\gamma(z-z')}, & z \geqslant z' \end{cases} \qquad (4.1.44)$$

此结果与式(4.1.39)相同。

与第一种方法相比,这种方法更具有系统性。虽然在介绍这种方法时使用了傅里叶变换的概念,但式(4.1.40)也可以解释为将 $g_0(z,z')$ 按特征函数展开,其特征函数为 e^{jhz}(h 为特征值)。这些特征函数是如下齐次方程的解:

$$\frac{\mathrm{d}^2 f}{\mathrm{d}z^2} + h^2 f = 0 \qquad (4.1.45)$$

因此,这种方法亦可称为**特征函数展开法**[3]。我们可以系统地应用这种方法来推导更复杂问题中的格林函数。作为一个例子,在这里重新推导三维自由空间格林函数,即式(2.2.14)的解。首先把 $G_0(\mathbf{r},\mathbf{r}')$ 和 $\delta(\mathbf{r-r}')$ 展开成傅里叶积分的形式,即

$$\begin{aligned} G_0(\mathbf{r},\mathbf{r}') &= \frac{1}{(2\pi)^3}\int_{-\infty}^{\infty}\int_{-\infty}^{\infty}\int_{-\infty}^{\infty} A(h_x,h_y,h_z)\mathrm{e}^{j(h_x x+h_y y+h_z z)}\,\mathrm{d}h_x\,\mathrm{d}h_y\,\mathrm{d}h_z \\ &= \frac{1}{(2\pi)^3}\int_{-\infty}^{\infty}\int_{-\infty}^{\infty}\int_{-\infty}^{\infty} A(\mathbf{h})\mathrm{e}^{j\mathbf{h\cdot r}}\,\mathrm{d}\mathbf{h} \end{aligned} \qquad (4.1.46)$$

$$\begin{aligned} \delta(\mathbf{r-r}') &= \frac{1}{(2\pi)^3}\int_{-\infty}^{\infty}\int_{-\infty}^{\infty}\int_{-\infty}^{\infty} \mathrm{e}^{j[h_x(x-x')+h_y(y-y')+h_z(z-z')]}\,\mathrm{d}h_x\,\mathrm{d}h_y\,\mathrm{d}h_z \\ &= \frac{1}{(2\pi)^3}\int_{-\infty}^{\infty}\int_{-\infty}^{\infty}\int_{-\infty}^{\infty} \mathrm{e}^{j\mathbf{h\cdot(r-r')}}\,\mathrm{d}\mathbf{h} \end{aligned} \qquad (4.1.47)$$

式中，$A(\mathbf{h})$ 为未知的待定展开系数。将这两个方程代入式（2.2.14），可得

$$A(\mathbf{h}) = \frac{\mathrm{e}^{-\mathrm{j}\mathbf{h}\cdot\mathbf{r}'}}{h^2 - k^2} \tag{4.1.48}$$

式中，$h^2 = h_x^2 + h_y^2 + h_z^2$。因此

$$G_0(\mathbf{r}, \mathbf{r}') = \frac{1}{(2\pi)^3} \int_{-\infty}^{\infty} \int_{-\infty}^{\infty} \int_{-\infty}^{\infty} \frac{\mathrm{e}^{\mathrm{j}\mathbf{h}\cdot(\mathbf{r}-\mathbf{r}')}}{h^2 - k^2} \, \mathrm{d}\mathbf{h} \tag{4.1.49}$$

此式称为三维自由空间格林函数的**谱域表达式**。为了计算此积分，可以将其由笛卡儿坐标系变换到球坐标系。令

$$h_x = h\sin\theta\cos\phi, \qquad h_y = h\sin\theta\sin\phi, \qquad h_z = h\cos\theta \tag{4.1.50}$$

则 $\mathrm{d}\mathbf{h}$ 变为

$$\mathrm{d}\mathbf{h} = h^2 \sin\theta \, \mathrm{d}h \, \mathrm{d}\theta \, \mathrm{d}\phi \tag{4.1.51}$$

进一步，由于 $G_0(\mathbf{r}, \mathbf{r}')$ 关于点 $\mathbf{r}'$ 球对称，所以 $G_0(\mathbf{r}, \mathbf{r}')$ 的值与 $\mathbf{r}-\mathbf{r}'$ 的方向无关。因此，可以任意选择 $\mathbf{r}-\mathbf{r}'$ 来计算 $G_0(\mathbf{r}, \mathbf{r}')$。若选择 $\mathbf{r}-\mathbf{r}'$ 的方向为 z 方向，则式（4.1.49）可写为

$$\begin{aligned}
G_0(\mathbf{r}, \mathbf{r}') &= \frac{1}{(2\pi)^3} \int_0^{\infty} \int_0^{\pi} \int_0^{2\pi} \frac{\mathrm{e}^{\mathrm{j}h\cos\theta|\mathbf{r}-\mathbf{r}'|}}{h^2 - k^2} h^2 \sin\theta \, \mathrm{d}h \, \mathrm{d}\theta \, \mathrm{d}\phi \\
&= \frac{\mathrm{j}}{(2\pi)^2 |\mathbf{r}-\mathbf{r}'|} \int_0^{\infty} \left[\mathrm{e}^{-\mathrm{j}h|\mathbf{r}-\mathbf{r}'|} - \mathrm{e}^{\mathrm{j}h|\mathbf{r}-\mathbf{r}'|} \right] \frac{h}{h^2 - k^2} \, \mathrm{d}h \\
&= \frac{\mathrm{j}}{(2\pi)^2 |\mathbf{r}-\mathbf{r}'|} \int_{-\infty}^{\infty} \frac{h\mathrm{e}^{-\mathrm{j}h|\mathbf{r}-\mathbf{r}'|}}{h^2 - k^2} \, \mathrm{d}h
\end{aligned} \tag{4.1.52}$$

此积分可以用柯西留数定理计算。被积函数有两个极点：$h = \pm k$。虽然这里所考虑的问题是无耗的，但可以把它当成有耗的极限情况来处理。因此，极点 $h = k$ 位于实轴的下半部分；极点 $h = -k$ 位于实轴的上半部分。为了保证结果有物理意义，环路积分必须在下半平面闭合，如图 4.6 所示。应用柯西留数定理，可得

$$G_0(\mathbf{r}, \mathbf{r}') = \frac{\mathrm{e}^{-\mathrm{j}k|\mathbf{r}-\mathbf{r}'|}}{4\pi|\mathbf{r}-\mathbf{r}'|} \tag{4.1.53}$$

此结果与式（2.2.20）相同。

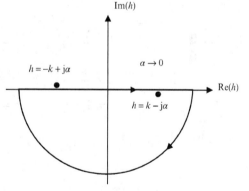

图 4.6　复平面上的两个极点位置以及积分的闭合环路

4.2　波动方程及其通解

在简要回顾了传输线理论之后，现在研究电磁波的传播问题。在第 2 章中已发现，任何有限尺寸的时谐源产生的电磁场在远场区域均以 $\mathrm{e}^{-\mathrm{j}kr}$ 的形式沿径向传播。为了研究电磁波传播的本质，现在考虑一种特殊的电磁波，即均匀平面波，分析其基本特性。

4.2.1　波动方程和分离变量法

均匀无源媒质中的时谐电磁场满足无源麦克斯韦方程：

$$\nabla \times \mathbf{E} = -\mathrm{j}\omega\mu\mathbf{H}, \qquad \nabla \times \mathbf{H} = \mathrm{j}\omega\epsilon\mathbf{E} + \sigma\mathbf{E} \tag{4.2.1}$$

从这两个方程中可推导出 $\mathbf{E}$ 和 $\mathbf{H}$ 满足相同的矢量亥姆霍兹方程：

$$\nabla^2\mathbf{E} - \gamma^2\mathbf{E} = 0, \qquad \nabla^2\mathbf{H} - \gamma^2\mathbf{H} = 0 \tag{4.2.2}$$

式中，$\gamma^2 = \mathrm{j}\omega\mu(\mathrm{j}\omega\epsilon + \sigma)$。$\mathbf{E}$ 和 $\mathbf{H}$ 的每个笛卡儿坐标分量均满足相同的标量亥姆霍兹方程。对 E_x，满足的方程为

$$\nabla^2 E_x - \gamma^2 E_x = 0 \tag{4.2.3}$$

即

$$\frac{\partial^2 E_x}{\partial x^2} + \frac{\partial^2 E_x}{\partial y^2} + \frac{\partial^2 E_x}{\partial z^2} - \gamma^2 E_x = 0 \tag{4.2.4}$$

此方程可以通过**分离变量法**求解。具体步骤如下：首先假设 E_x 可表示成三个函数的乘积，即

$$E_x = X(x)Y(y)Z(z) \tag{4.2.5}$$

将上式代入式(4.2.4)，等号两边再分别除以 XYZ，可得

$$\frac{1}{X}\frac{\partial^2 X}{\partial x^2} + \frac{1}{Y}\frac{\partial^2 Y}{\partial y^2} + \frac{1}{Z}\frac{\partial^2 Z}{\partial z^2} - \gamma^2 = 0 \tag{4.2.6}$$

由于前三项相互独立，要保证上式成立，它们都必须是常数，换句话说，式(4.2.6)可以分解成如下三个方程：

$$\frac{1}{X}\frac{\partial^2 X}{\partial x^2} = \gamma_x^2, \qquad \frac{1}{Y}\frac{\partial^2 Y}{\partial y^2} = \gamma_y^2, \qquad \frac{1}{Z}\frac{\partial^2 Z}{\partial z^2} = \gamma_z^2 \tag{4.2.7}$$

式中，γ_x^2、γ_y^2 和 γ_z^2 是满足关系式 $\gamma_x^2 + \gamma_y^2 + \gamma_z^2 = \gamma^2$ 的任意常数。这三个方程的解为

$$X = A_x\mathrm{e}^{\pm\gamma_x x}, \qquad Y = A_y\mathrm{e}^{\pm\gamma_y y}, \qquad Z = A_z\mathrm{e}^{\pm\gamma_z z} \tag{4.2.8}$$

因此，E_x 的解为

$$E_x = A\,\mathrm{e}^{\pm\gamma_x x \pm \gamma_y y \pm \gamma_z z} \tag{4.2.9}$$

式中，$A = A_x A_y A_z$ 表示一个任意常数。由于 E_y 和 E_z 满足与 E_x 相同的标量亥姆霍兹方程，它们的解具有与式(4.2.9)相同的形式。因此，矢量场 $\mathbf{E}$ 具有如下形式：

$$\mathbf{E}(x, y, z) = \mathbf{E}_0\,\mathrm{e}^{\pm\gamma_x x \pm \gamma_y y \pm \gamma_z z} \tag{4.2.10}$$

式中，$\mathbf{E}_0$ 表示一个任意的常矢量。如果将 $\boldsymbol{\gamma}$ 和 $\mathbf{r}$ 分别记为 $\boldsymbol{\gamma} = \gamma_x\hat{x} + \gamma_y\hat{y} + \gamma_z\hat{z}$ 和 $\mathbf{r} = x\hat{x} + y\hat{y} + z\hat{z}$，则上式可以更紧凑地表示为

$$\mathbf{E}(\mathbf{r}) = \mathbf{E}_0\,\mathrm{e}^{\pm\boldsymbol{\gamma}\cdot\mathbf{r}} \tag{4.2.11}$$

类似地，满足矢量亥姆霍兹方程的磁场 $\mathbf{H}$ 可以表示为

$$\mathbf{H}(\mathbf{r}) = \mathbf{H}_0\, e^{\pm \gamma \cdot \mathbf{r}} \qquad\qquad (4.2.12)$$

式中，$\mathbf{H}_0$ 为一个任意的常矢量。

我们首先分析式(4.2.11)和式(4.2.12)表示的物理含义。因为 γ 是复矢量，故其可表示为 $\gamma = \alpha + j\beta$，其中 α 和 β 为实矢量。于是，式(4.2.11)对应电场的瞬时值为

$$\mathscr{E}(\mathbf{r}, t) = \mathrm{Re}\big[\mathbf{E}_0\, e^{j\omega t \pm (\alpha + j\beta)\cdot \mathbf{r}}\big] = \mathbf{E}_0\, e^{\pm \alpha \cdot \mathbf{r}} \cos(\omega t \pm \beta \cdot \mathbf{r}) \qquad (4.2.13)$$

为方便起见，假设式中 $\mathbf{E}_0$ 为实矢量。由于 $\cos(\omega t \pm \beta \cdot \mathbf{r})$ 代表沿 $\mp \hat{\beta}$ 方向的传播波，在 $\beta \cdot \mathbf{r}$ 为常数的平面上，它的相位是常数，因此 $e^{\pm \gamma \cdot \mathbf{r}}$ 表示平面波。波的幅度在 $\alpha \cdot \mathbf{r}$ 为常数的平面上是均匀的。当 α 和 β 方向相同时，等相位面和等幅度面相互平行，这样的波称为**均匀平面波**。如果 α 和 β 方向不同，则对应的是**非均匀平面波**[4]。

由于式(4.2.11)和式(4.2.12)对任意的 γ_x 和 γ_y 都成立，式(4.2.2)的通解是所有可能解的线性叠加，表示为

$$\mathbf{E}(\mathbf{r}) = \int_{-\infty}^{\infty}\int_{-\infty}^{\infty} \mathbf{E}_0(\gamma_x, \gamma_y)\, e^{\pm \gamma \cdot \mathbf{r}}\, d\gamma_x\, d\gamma_y \qquad (4.2.14)$$

$$\mathbf{H}(\mathbf{r}) = \int_{-\infty}^{\infty}\int_{-\infty}^{\infty} \mathbf{H}_0(\gamma_x, \gamma_y)\, e^{\pm \gamma \cdot \mathbf{r}}\, d\gamma_x\, d\gamma_y \qquad (4.2.15)$$

注意，这里只有两重积分，因为 γ_z 的值不能任取，而是由式 $\gamma_x^2 + \gamma_y^2 + \gamma_z^2 = \gamma^2$ 所决定。式(4.2.14)和式(4.2.15)表示无源区域中的任何场都可以展开为无数个平面波的线性叠加。

4.2.2　平面波特性

下面进一步分析式(4.2.11)和式(4.2.12)所示的平面波，并研究其基本特性。为此，首先注意到，对于形式为 $e^{\gamma \cdot \mathbf{r}}$ 的指数函数，很容易证明下列等式：

$$\nabla e^{\gamma \cdot \mathbf{r}} = \gamma\, e^{\gamma \cdot \mathbf{r}}, \qquad \nabla \cdot \hat{a}\, e^{\gamma \cdot \mathbf{r}} = \gamma \cdot \hat{a}\, e^{\gamma \cdot \mathbf{r}}, \qquad \nabla \times \hat{a}\, e^{\gamma \cdot \mathbf{r}} = \gamma \times \hat{a}\, e^{\gamma \cdot \mathbf{r}} \qquad (4.2.16)$$

式中，$\hat{a}$ 为任意的单位常矢量。将式(4.2.11)和式(4.2.12)代入式(4.2.1)所示的麦克斯韦方程，并应用式(4.2.16)，可得

$$\pm \gamma \times \mathbf{E} = -j\omega\mu \mathbf{H}, \qquad \pm \gamma \times \mathbf{H} = (j\omega\epsilon + \sigma)\mathbf{E} \qquad (4.2.17)$$

不难发现，γ、$\mathbf{E}$ 和 $\mathbf{H}$ 相互垂直，即

$$\gamma \cdot \mathbf{E} = 0, \qquad \gamma \cdot \mathbf{H} = 0, \qquad \mathbf{E} \cdot \mathbf{H} = 0 \qquad (4.2.18)$$

上式中的前两式也可以从麦克斯韦散度方程直接得到。**波阻抗**，即电场与磁场的比，表示为

$$Z_{\mathrm{w}} = \frac{|\mathbf{E}|}{|\mathbf{H}|} = \frac{j\omega\mu}{\gamma} = \frac{\gamma}{j\omega\epsilon + \sigma} = \sqrt{\frac{j\omega\mu}{j\omega\epsilon + \sigma}} \qquad (4.2.19)$$

可以看出，波阻抗与媒质的**本征阻抗**相同，通常记为 η。与传输线的特性阻抗类似，媒质的本征阻抗仅与媒质本身的特性相关。而波阻抗与电磁波的类型相关。对于均匀平面波，波阻抗与本征阻抗相同，而对于其他类型的波，两者可能并不相等。用 γ 叉乘式(4.2.17)的第一个方程，然后代入第二个方程，可得

$$\gamma \times (\gamma \times \mathbf{E}) = -j\omega\mu(j\omega\epsilon + \sigma)\mathbf{E} \tag{4.2.20}$$

由于 $\gamma\times(\gamma\times\mathbf{E}) = (\gamma\cdot\mathbf{E})\gamma - (\gamma\cdot\gamma)\mathbf{E} = -(\gamma\cdot\gamma)\mathbf{E}$，故上式可进一步简化为

$$(\gamma\cdot\gamma)\mathbf{E} = j\omega\mu(j\omega\epsilon + \sigma)\mathbf{E} \tag{4.2.21}$$

因为 $\mathbf{E}\neq 0$，所以有

$$\gamma\cdot\gamma = \gamma_x^2 + \gamma_y^2 + \gamma_z^2 = \gamma^2 = j\omega\mu(j\omega\epsilon + \sigma) \tag{4.2.22}$$

此式与前面分离变量法时对 γ 的限定条件是一致的。上式称为**色散关系**，它建立了传播常数与媒质特性之间的联系。

在上述推导中假设媒质是有耗的，对应的 γ 是复矢量。由于直观理解复矢量比较困难，所以我们从考虑无耗媒质出发，此时 $\gamma=j\boldsymbol{\beta}$，其中 $\boldsymbol{\beta}$ 为实矢量。如前所述，$e^{-j\boldsymbol{\beta}\cdot\mathbf{r}}$ 代表沿 $\hat{\beta}$ 方向传播的平面波。此时，式(4.2.17)变为

$$\boldsymbol{\beta}\times\mathbf{E} = \omega\mu\mathbf{H}, \qquad \boldsymbol{\beta}\times\mathbf{H} = -\omega\epsilon\mathbf{E} \tag{4.2.23}$$

从此式中可看出 $\boldsymbol{\beta}\cdot\mathbf{E}=0, \boldsymbol{\beta}\cdot\mathbf{H}=0$ 和 $\mathbf{E}\cdot\mathbf{H}=0$。此外，不难发现 $\omega\mu\mathbf{E}\times\mathbf{H}=E^2\boldsymbol{\beta}$，这个式子表明电场矢量、磁场矢量和波矢量遵循右手定则。因此，给定任意两个矢量，第三个矢量就可以根据右手定则确定。此时对应的波阻抗为

$$Z_w = \frac{|\mathbf{E}|}{|\mathbf{H}|} = \frac{\omega\mu}{\beta} = \frac{\beta}{\omega\epsilon} = \sqrt{\frac{\mu}{\epsilon}} \tag{4.2.24}$$

而色散关系变为

$$\beta_x^2 + \beta_y^2 + \beta_z^2 = \beta^2 = \omega^2\mu\epsilon \tag{4.2.25}$$

与传输线理论中一样，β 称为相位常数或波数。

4.2.3　波的速度与衰减

考虑一均匀平面波，其电场瞬时值由式(4.2.13)给出。在传播方向 $\mathbf{r}=\hat{\beta}r$ 上，$\cos(\omega t - \boldsymbol{\beta}\cdot\mathbf{r})$ 变为 $\cos(\omega t - \beta r)$，因此相速为

$$v_p = \frac{\omega}{\beta} \tag{4.2.26}$$

在无耗媒质中，$\beta=\omega\sqrt{\mu\epsilon}$，因此 $v_p = 1/\sqrt{\mu\epsilon}$。在真空中，$\epsilon=\epsilon_0$ 且 $\mu=\mu_0$，因此相速为

$$v_p = \frac{1}{\sqrt{\mu_0\epsilon_0}} \approx 2.997925\times 10^8 \text{ m/s} \tag{4.2.27}$$

其值与光速相同。

相速表征等相位面的移动速度。另一方面，电磁波携带能量，能量的移动速度可用能速来表示，其定义为

$$v_e = \frac{能流密度}{能量密度} = \frac{\mathscr{S}}{w_e + w_m} \tag{4.2.28}$$

对于无耗媒质中的均匀平面波，磁场瞬时值为

$$\mathscr{H}(\mathbf{r}, t) = \mathrm{Re}\left[\mathbf{H}_0 e^{j\omega t - j\boldsymbol{\beta} \cdot \mathbf{r}}\right] = \mathbf{H}_0 \cos(\omega t - \boldsymbol{\beta} \cdot \mathbf{r}) = \frac{\hat{\beta} \times \mathbf{E}_0}{\eta} \cos(\omega t - \boldsymbol{\beta} \cdot \mathbf{r}) \quad (4.2.29)$$

因此，能流密度瞬时值为

$$\mathscr{S} = \mathscr{E} \times \mathscr{H} = \hat{\beta} \frac{|\mathbf{E}_0|^2}{\eta} \cos^2(\omega t - \boldsymbol{\beta} \cdot \mathbf{r}) \quad (4.2.30)$$

能流沿传播方向$\hat{\beta}$传播。电能和磁能密度瞬时值为

$$w_e = \frac{1}{2}\epsilon \mathscr{E}^2 = \frac{1}{2}\epsilon |\mathbf{E}_0|^2 \cos^2(\omega t - \boldsymbol{\beta} \cdot \mathbf{r}) \quad (4.2.31)$$

$$w_m = \frac{1}{2}\mu \mathscr{H}^2 = \frac{1}{2}\epsilon |\mathbf{E}_0|^2 \cos^2(\omega t - \boldsymbol{\beta} \cdot \mathbf{r}) \quad (4.2.32)$$

它们是相等的。将上面的结果代入式(4.2.28)，可得无耗媒质中的能速为

$$v_e = \frac{1}{\eta\epsilon} = \frac{1}{\sqrt{\mu\epsilon}} \quad (4.2.33)$$

它与相速v_p相同。需要指出，这个结论仅仅适用于均匀平面波，对其他类型的电磁波，它不一定成立。

　　在处理通信系统中的电磁波传播问题时，经常使用群速来描述信号的传播特性。为了阐述群速的概念，考虑两个频率有微小差别的电磁波的传播。两个电磁波的合成电场为

$$\mathscr{E}(\mathbf{r}, t) = \mathbf{E}_0 \cos[(\omega + \Delta\omega)t - (\boldsymbol{\beta} + \Delta\boldsymbol{\beta}) \cdot \mathbf{r}] + \mathbf{E}_0 \cos[(\omega - \Delta\omega)t - (\boldsymbol{\beta} - \Delta\boldsymbol{\beta}) \cdot \mathbf{r}]$$
$$= 2\mathbf{E}_0 \cos(\Delta\omega t - \Delta\boldsymbol{\beta} \cdot \mathbf{r}) \cos(\omega t - \boldsymbol{\beta} \cdot \mathbf{r}) \quad (4.2.34)$$

图 4.7 给出了某一个时刻沿传播方向的波形。它是两个正弦函数的乘积：$\cos(\Delta\omega t - \Delta\boldsymbol{\beta} \cdot \mathbf{r})$ 和 $\cos(\omega t - \boldsymbol{\beta} \cdot \mathbf{r})$。第二个正弦信号以式(4.2.26)的相速传播。而第一个正弦信号表现为合成波的包络线，通常称为波包，以另外不同的速度传播，这个速度称为**群速**。沿着波的传播方向$\hat{\beta}$，群速为

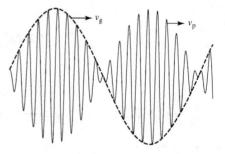

图 4.7　群速 v_g 和相速 v_p

$$v_g = \frac{\Delta\omega}{\Delta\beta} \quad \text{对 } \Delta\omega \to 0 \quad (4.2.35)$$

通常，β 为 ω 的函数，因此群速可写为

$$v_g = \frac{\Delta\omega}{\Delta\beta} = \left(\frac{\Delta\beta}{\Delta\omega}\right)^{-1} = \left(\frac{\mathrm{d}\beta}{\mathrm{d}\omega}\right)^{-1} \quad (4.2.36)$$

在无耗非色散媒质中，$\beta = \omega\sqrt{\mu\epsilon}$，并且$\epsilon$和$\mu$均与频率无关，对应的群速为

$$v_g = \frac{1}{\sqrt{\mu\epsilon}} \quad (4.2.37)$$

它与相速、能速相同。但是如果 ϵ 和 μ 随频率变化，相速也会随频率变化，故有

$$\frac{d\beta}{d\omega} = \frac{d}{d\omega}\left(\frac{\omega}{v_p}\right) = \frac{1}{v_p} - \frac{\omega}{v_p^2}\frac{dv_p}{d\omega} \quad (4.2.38)$$

于是，群速可以写为

$$v_g = \frac{v_p}{1 - \frac{\omega}{v_p}\frac{dv_p}{d\omega}} \quad (4.2.39)$$

上式给出了群速和相速之间的关系。在非色散媒质中，$dv_p/d\omega = 0$，所以 $v_g = v_p$。在正常色散媒质中，$dv_p/d\omega < 0$，有 $v_g < v_p$。而在反常色散媒质中，$dv_p/d\omega > 0$，有 $v_g > v_p$。因此，可以选择不同的色散媒质来控制群速，设计慢波和快波器件。在很多正常色散媒质中，群速与能速是相等的[5]。

在存在传导损耗的媒质中(为简单起见，在这里忽略介质损耗和磁损耗)，传播常数可表示为 $\gamma = \alpha + j\beta = \sqrt{j\omega\mu(j\omega\epsilon + \sigma)}$，式中

$$\alpha = \omega\sqrt{\frac{\mu\epsilon}{2}}\sqrt{\sqrt{1 + \left(\frac{\sigma}{\omega\epsilon}\right)^2} - 1}, \qquad \beta = \omega\sqrt{\frac{\mu\epsilon}{2}}\sqrt{\sqrt{1 + \left(\frac{\sigma}{\omega\epsilon}\right)^2} + 1} \quad (4.2.40)$$

对于良介质，$(\sigma/\omega\epsilon)^2 \ll 1$，因此式(4.2.40)和本征阻抗可以近似为

$$\alpha \approx \frac{\sigma}{2}\sqrt{\frac{\mu}{\epsilon}}, \qquad \beta \approx \omega\sqrt{\mu\epsilon}, \qquad \eta \approx \sqrt{\frac{\mu}{\epsilon}} \quad (4.2.41)$$

对于良导体，$(\sigma/\omega\epsilon)^2 \gg 1$，因此式(4.2.40)和本征阻抗可以近似为

$$\alpha \approx \sqrt{\frac{\omega\mu\sigma}{2}}, \qquad \beta \approx \sqrt{\frac{\omega\mu\sigma}{2}}, \qquad \eta \approx (1+j)\sqrt{\frac{\omega\mu}{2\sigma}} \quad (4.2.42)$$

这些近似公式在工程应用中是非常有用的。

▷ 【例4.1】 首先证明：如果忽略位移电流，则导体中的传导电流密度($\mathscr{J}_c = \sigma\mathscr{E}$)满足如下的微分方程：

$$\nabla^2 \mathscr{J}_c = \mu\sigma\frac{\partial\mathscr{J}_c}{\partial t}$$

然后，考虑磁导率为 μ 电导率为 σ 的无限大半空间($z=0$ 平面下方)，在其中存在角频率为 ω 的 x 方向时谐电流。假定在 $z=0$ 处，$|\mathbf{J}_c| = 1\,A/m^2$；并且电流沿 y 方向无变化。根据上面的微分方程，求解半空间中的电流密度。

解：忽略位移电流后，麦克斯韦方程变为

$$\nabla \times \mathscr{E} = -\mu \frac{\partial \mathscr{H}}{\partial t}, \qquad \nabla \times \mathscr{H} = \mathscr{J}_{\mathrm{c}}$$

将第一个方程两边同乘以 σ, 得到

$$\nabla \times (\sigma \mathscr{E}) = -\mu \sigma \frac{\partial \mathscr{H}}{\partial t} \quad \text{或} \quad \nabla \times \mathscr{J}_{\mathrm{c}} = -\mu \sigma \frac{\partial \mathscr{H}}{\partial t}$$

为消去 $\mathscr{H}$, 对这个方程取旋度, 得到

$$\nabla \times (\nabla \times \mathscr{J}_{\mathrm{c}}) = -\mu \sigma \frac{\partial}{\partial t} \nabla \times \mathscr{H} = -\mu \sigma \frac{\partial \mathscr{J}_{\mathrm{c}}}{\partial t}$$

使用矢量恒等式 $\nabla \times (\nabla \times \mathscr{J}_{\mathrm{c}}) = \nabla (\nabla \cdot \mathscr{J}_{\mathrm{c}}) - \nabla^2 \mathscr{J}_{\mathrm{c}}$ 以及 $\nabla \cdot \mathscr{J}_{\mathrm{c}} = \nabla \cdot (\nabla \times \mathscr{H}) = 0$, 得到

$$\nabla^2 \mathscr{J}_{\mathrm{c}} = \mu \sigma \frac{\partial \mathscr{J}_{\mathrm{c}}}{\partial t}$$

对于 x 方向的时谐电流, 有 $\mathbf{J}_{\mathrm{c}} = \hat{x} J_{\mathrm{c}}$, 此偏微分方程变为

$$\nabla^2 J_{\mathrm{c}} = \mathrm{j}\omega \mu \sigma J_{\mathrm{c}}$$

由于 $\nabla \cdot \mathbf{J}_{\mathrm{c}} = \partial J_{\mathrm{c}} / \partial x = 0$, J_{c} 沿 x 方向无变化。又由于 J_{c} 沿 y 方向也无变化, 因此上面的偏微分方程退化为

$$\frac{\partial^2 J_{\mathrm{c}}}{\partial z^2} = \mathrm{j}\omega \mu \sigma J_{\mathrm{c}}$$

其解为

$$J_{\mathrm{c}}(z) = A \exp \left[\sqrt{\mathrm{j}\omega \mu \sigma} z \right] = A \exp \left[(1 + \mathrm{j}) \sqrt{\frac{\omega \mu \sigma}{2}} z \right] = A \, \mathrm{e}^{(\alpha + \mathrm{j}\beta) z}$$

式中, α 和 β 由式(4.2.42)所定义。应用条件 $J_{\mathrm{c}}(z = 0) = 1 \, \mathrm{A/m^2}$, 可得 $A = 1$。因此, 传导电流密度的频域表达式为

$$\mathbf{J}_{\mathrm{c}}(z) = \hat{x} \, \mathrm{e}^{(\alpha + \mathrm{j}\beta) z}$$

其时域表达式为

$$\mathscr{J}_{\mathrm{c}}(z, t) = \hat{x} \, \mathrm{e}^{\alpha z} \cos(\omega t + \beta z)$$

4.2.4　线极化、圆极化和椭圆极化

极化是电磁波的一个独特特性。简单地说, 极化描述电场矢量的方向及随时间的变化情况。不失一般性, 假定媒质是无耗的, 而波沿 z 方向传播。因此, 均匀平面波的电场可以写为

$$\mathbf{E} = \mathbf{E}_0 \mathrm{e}^{-\mathrm{j}\beta z} = (\hat{x} E_{0x} + \hat{y} E_{0y}) \, \mathrm{e}^{-\mathrm{j}\beta z} \qquad (4.2.43)$$

式中, E_{0x} 和 E_{0y} 表示复振幅。为了满足散度条件 $\nabla \cdot \mathbf{E} = 0$, 电场的 z 方向分量必须为零。电场的瞬时值为

$$\mathscr{E}(t) = \text{Re}\left[(\hat{x}E_{0x} + \hat{y}E_{0y})e^{j(\omega t - \beta z)}\right]$$
$$= \hat{x}|E_{0x}|\cos(\omega t - \beta z + \angle E_{0x}) + \hat{y}|E_{0y}|\cos(\omega t - \beta z + \angle E_{0y}) \tag{4.2.44}$$

电场矢量的方向可以用其与 x 轴的夹角表示(见图 4.8),即

$$\varphi(t) = \arctan\frac{|E_{0y}|\cos(\omega t - \beta z + \angle E_{0y})}{|E_{0x}|\cos(\omega t - \beta z + \angle E_{0x})} \tag{4.2.45}$$

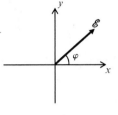

显然,当 $\angle E_{0x} = \angle E_{0y}$ 时,$\varphi = C$ 或 $\pi + C$,其中 C 为常数。因此,对于一个固定的位置,电场矢量总是在一条直线上。这样的电磁波称为**线极化波**。对应的磁场为

图 4.8　线极化的电场方向

$$\mathscr{H}(t) = \hat{y}\frac{|E_{0x}|}{\eta}\cos(\omega t - \beta z + \angle E_{0x}) - \hat{x}\frac{|E_{0y}|}{\eta}\cos(\omega t - \beta z + \angle E_{0x}) \tag{4.2.46}$$

能流密度瞬时值为

$$\mathscr{S}(t) = \mathscr{E}(t) \times \mathscr{H}(t) = \hat{z}\frac{|E_{0x}|^2 + |E_{0y}|^2}{\eta}\cos^2(\omega t - \beta z + \angle E_{0x})$$
$$= \hat{z}\frac{|E_0|^2}{\eta}\cos^2(\omega t - \beta z + \angle E_{0x}) \tag{4.2.47}$$

显然,能流密度瞬时值随着时间和位置的变化而变化,其在一个周期内的时均值为 $|E_0|^2/2\eta$。

当 $\angle E_{0x} \neq \angle E_{0y}$ 时,从式(4.2.45)中可以看出 φ 随时间变化。特别是当 $\angle E_{0x} - \angle E_{0y} = \pi/2$ 时,有

$$\mathscr{E}(t) = \hat{x}|E_{0x}|\cos(\omega t - \beta z + \angle E_{0x}) + \hat{y}|E_{0y}|\sin(\omega t - \beta z + \angle E_{0x}) \tag{4.2.48}$$

以及

$$\varphi(t) = \arctan\frac{|E_{0y}|\sin(\omega t - \beta z + \angle E_{0x})}{|E_{0x}|\cos(\omega t - \beta z + \angle E_{0x})} \tag{4.2.49}$$

首先,由式(4.2.48)可得

$$\left(\frac{\mathscr{E}_x}{|E_{0x}|}\right)^2 + \left(\frac{\mathscr{E}_y}{|E_{0y}|}\right)^2 = 1 \tag{4.2.50}$$

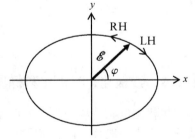

上式描述的是一个 xy 平面上的椭圆。因此,电场矢量的终端随时间变化的轨迹是一个椭圆,这样的波称为**椭圆极化波**。其次,从式(4.2.49)中可发现,如果固定 z,那么 φ 是随时间 t 增大而增大的,若沿着传播方向即 z 方向看,则电场将沿顺时针方向旋转。因此,这种极化

图 4.9　右旋或左旋椭圆极化

称为**顺时针椭圆极化**或**右旋椭圆极化**。称为“右旋”极化是因为,若将右手大拇指指向波的传播方向,则其余四指指向电场的旋转方向。若 $|E_{0x}| = |E_{0y}|$,则椭圆退化为圆,对应的电磁波称为**顺时针圆极化**或**右旋圆极化**(RHCP)。类似地,可以证明,当 $\angle E_{0x} - \angle E_{0y} = -\pi/2$

且 $|E_{0x}| \neq |E_{0y}|$ 时，电磁波为**逆时针椭圆极化**，或**左旋椭圆极化**。当 $|E_{0x}| = |E_{0y}|$ 时，对应的是**逆时针圆极化**，或**左旋圆极化**（LHCP）。对于圆极化波，相应的磁场为

$$\mathscr{H}(t) = \hat{y}\frac{|E_{0x}|}{\eta}\cos(\omega t - \beta z + \angle E_{0x}) \pm \hat{x}\frac{|E_{0x}|}{\eta}\sin(\omega t - \beta z + \angle E_{0x}) \qquad (4.2.51)$$

能流密度瞬时值为

$$\mathscr{S}(t) = \mathscr{E}(t) \times \mathscr{H}(t) = \hat{z}\frac{|E_{0x}|^2}{\eta} \qquad (4.2.52)$$

这是一个常数。因此，最大幅度相同的圆极化波和线极化波相比，圆极化波的能流密度是线极化波能流密度时均值的两倍。

对于更一般的情况，E_{0x} 和 E_{0y} 均为复数，它们的相位差可表示为 $\angle E_{0x} - \angle E_{0y} = \vartheta\ (-\pi < \vartheta \leq \pi)$，而式（4.2.44）变为

$$\mathscr{E}(t) = \hat{x}|E_{0x}|\cos(\omega t - \beta z + \angle E_{0x}) + \hat{y}|E_{0y}|\cos(\omega t - \beta z + \angle E_{0x} - \vartheta) \qquad (4.2.53)$$

在此情况下，有

$$\left(\frac{\mathscr{E}_x}{|E_{0x}|}\right)^2 - \frac{2\mathscr{E}_x\mathscr{E}_y\cos\vartheta}{|E_{0x}||E_{0y}|} + \left(\frac{\mathscr{E}_y}{|E_{0y}|}\right)^2 = \sin^2\vartheta \qquad (4.2.54)$$

上式描述一个更一般的椭圆（见图 4.10），其旋转方向由 ϑ 的值确定：如果 $\vartheta < 0$，则表示左旋椭圆极化；如果 $\vartheta > 0$，则表示右旋椭圆极化。当 $\vartheta = 0$ 时，则退化成为线极化。

从场的表达式中很容易看出，椭圆极化波或圆极化波可以看成两个线极化波的叠加。而相应地，一个线极化波可以分解成两个旋向相反的椭圆极化波或圆极化波。为了说明这一点，考虑下面的线极化波：

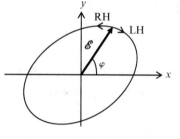

$$\mathbf{E} = \mathbf{E}_0 e^{-j\beta z} = \hat{x}|A|e^{-j\beta z} \qquad (4.2.55)$$

图 4.10　更为一般的左旋或右旋椭圆极化

上式可以重新写为

$$\mathbf{E} = \left(\hat{x}\frac{|A|}{2} + j\hat{y}\frac{|B|}{2}\right)e^{-j\beta z} + \left(\hat{x}\frac{|A|}{2} - j\hat{y}\frac{|B|}{2}\right)e^{-j\beta z} \qquad (4.2.56)$$

上式等号右边第一项是左旋椭圆极化波，第二项是右旋椭圆极化波。如果 $|A| = |B|$，则这两个波均为圆极化波。

4.2.5　电磁波在超材料中的传播

超材料是一类人工合成材料，具有某些天然材料不具备的电磁特性，例如负介电常数，负磁导率等[6]。在普通材料中，按照一定规律适当放置短导线和小圆环，在很窄的频带内，可以得到宏观上介电常数和磁导率为负的人工媒质[7~9]。由式（1.7.58）可知，色散媒质一定有介质损耗和磁损耗。但为了方便起见，我们忽略这些损耗，研究平面波在超材

料中的传播特性。

　　首先，考虑介电常数为 $\epsilon=-\epsilon'$ 且磁导率为 $\mu=\mu'$ 的媒质，式中 ϵ' 和 μ' 均为正数。在这种媒质中，色散关系式(4.2.22)变为 $\gamma^2=\omega^2\mu'\epsilon'$，因而 $\gamma=\alpha=\omega\sqrt{\mu'\epsilon'}$。因此，虽然假定媒质是无耗的，但平面波在其中仍是衰减的，因而不能传播。类似的情况对于介电常数为正值 ($\epsilon=\epsilon'$) 且磁导率为负值 ($\mu=-\mu'$) 的媒质也成立。频率选择表面和光子晶体可以看成这种类型的媒质，两者均采用周期结构，在一定的频带内产生等效的负介电常数或负磁导率，从而阻止电磁波的传播。对应的频带通常称为阻带或带隙。

　　然后，考虑另一种媒质，其介电常数为负值 ($\epsilon=-\epsilon'$)，磁导率亦为负值 ($\mu=-\mu'$)。对一个用 $e^{-j\boldsymbol{\beta}\cdot\mathbf{r}}$ 表示的均匀平面波，麦克斯韦旋度方程变为

$$\boldsymbol{\beta}\times\mathbf{E}=-\omega\mu'\mathbf{H},\qquad \boldsymbol{\beta}\times\mathbf{H}=\omega\epsilon'\mathbf{E} \tag{4.2.57}$$

由这两个方程可得 $\boldsymbol{\beta}\cdot\mathbf{E}=0$, $\boldsymbol{\beta}\cdot\mathbf{H}=0$ 和 $\mathbf{E}\cdot\mathbf{H}=0$，这些特性与常规媒质中的平面波相同。另外，还可发现 $\beta=\omega\sqrt{\mu'\epsilon'}$，这表明电磁波在该媒质中可以无衰减地传播。但是，从式(4.2.57)的方程中，可以发现

$$\mathbf{E}\times\mathbf{H}^*=-\sqrt{\frac{\epsilon'}{\mu'}}|E|^2\hat{\beta} \tag{4.2.58}$$

由于 $\mathbf{E}\times\mathbf{H}^*$ 指向能流的方向，而 $\hat{\beta}$ 代表相速的方向，式(4.2.58)表示能量传播方向与相速方向相反。由于此时电场矢量、磁场矢量和波矢量满足左手定则，这样的媒质通常称为左手媒质，其独特的特性可以用于设计新型微波和光学器件[10, 11]。需要特别指出，在左手媒质中选择波动方程具有物理意义的解时，应该基于能流方向而不是相速方向的考虑。例如，左手媒质中的传播常数 γ 应该选择为 $\gamma=\alpha-j\beta$，而不是 $\gamma=\alpha+j\beta$。因此，为了保证功率从源向远处传播，无界均匀左手媒质中的标量格林函数应该为

$$G_0(\mathbf{r},\mathbf{r}')=\frac{e^{jk|\mathbf{r}-\mathbf{r}'|}}{4\pi|\mathbf{r}-\mathbf{r}'|} \tag{4.2.59}$$

式中，$k=\omega\sqrt{\mu'\epsilon'}$。

▷

【例4.2】　除了功率，电磁波还携带动量。求介电常数为 ϵ_0 磁导率为 μ_0 的自由空间中，幅度为 E_0 的均匀平面波单位体积内携带线动量的时均值。如果此平面波垂直入射到导体表面并被完全反射，求此电磁波施加于导体表面单位面积上的力的时均值。当 $E_0=1.0\,\text{MV/m}$ 时，计算时均动量和力的数值。

　　解：根据定义，线动量与质量和速度的关系为 $\boldsymbol{p}=m\boldsymbol{v}$。对于均匀平面波，$v=c=1/\sqrt{\mu_0\epsilon_0}$；因此，$p=mc$。根据爱因斯坦狭义相对论，质量与能量的关系为 $w=mc^2$。因此，单位体积内均匀平面波的线动量时均值为

$$\overline{p}=mc=\frac{w}{c}=\frac{2w_e}{c}=\frac{\epsilon_0|E_0|^2}{2c}$$

由于力与动量的关系为 $\boldsymbol{f}=\mathrm{d}\boldsymbol{p}/\mathrm{d}t$，均匀平面波施加于导体表面上的单位面积力的时均值为

$$\overline{f} = 2\overline{p}\,c = 2w = \epsilon_0 |E_0|^2$$

这个物理量也称为辐射压强。由于单位体积内的能量与能流密度的关系为 $\overline{\mathscr{S}} = wc$，动量与力也可以用能流密度表示

$$\overline{p} = \frac{\overline{\mathscr{S}}}{c^2}, \qquad \overline{f} = \frac{2\overline{\mathscr{S}}}{c}$$

对于 $E_0 = 1.0$ MV/m 的情况，可以求得 $\overline{p} = 1.476 \times 10^{-8}$ N·s/m³ 和 $\overline{f} = 8.854$ N/m²。

4.3　面电流产生的平面波

本节考虑图 4.11 所示的问题，即在介电常数为 ϵ、磁导率为 μ 的无界均匀媒质中，由位于 xy 平面的无限大面电流产生的场。面电流密度为

$$\mathbf{J}_s = \hat{y} J_0 \mathrm{e}^{-jhx} \tag{4.3.1}$$

式中，J_0 为常数。对于这种涉及均匀面电流的问题，可以先把场以适当的形式展开，然后在电流所在平面上应用边界条件，从而求出展开式中的未知系数。

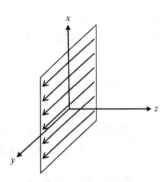

图 4.11　位于 xy 平面的
无限大面电流

由于源仅存在于 xy 平面，xy 平面以外区域的场均满足式(4.2.2)给出的无源区域矢量亥姆霍兹方程，故其解由式(4.2.14)和式(4.2.15)给出。由于磁场和面电流满足 $\hat{z} \times [\mathbf{H}(z=0_+) - \mathbf{H}(z=0_-)] = \mathbf{J}_s$，因此磁场可以表示为

$$\mathbf{H} = \begin{cases} \mathbf{A}\mathrm{e}^{-jhx+j\beta_z z}, & z < 0 \\ \mathbf{B}\mathrm{e}^{-jhx-j\beta_z z}, & z > 0 \end{cases} \tag{4.3.2}$$

式中，$\mathbf{A}$ 和 $\mathbf{B}$ 为未知的待定矢量，而 $\beta_z = \sqrt{\omega^2 \mu \epsilon - h^2}$。根据磁场的边界条件，还可得到

$$B_x - A_x = J_0, \qquad B_y - A_y = 0 \tag{4.3.3}$$

在写出式(4.3.2)的过程中，应用了如下的事实：面电流产生的场是离开源向远处传播的。由于在无源区域中 $\nabla \cdot \mathbf{H} = 0$，可以进一步得到

$$hB_x + \beta_z B_z = 0, \qquad hA_x - \beta_z A_z = 0 \tag{4.3.4}$$

由 $\nabla \times \mathbf{H} = j\omega\epsilon\,\mathbf{E}$，得到电场为

$$\mathbf{E} = -\frac{1}{\omega\epsilon} \begin{cases} (\hat{x}h - \hat{z}\beta_z) \times \mathbf{A}\,\mathrm{e}^{-jhx+j\beta_z z}, & z < 0 \\ (\hat{x}h + \hat{z}\beta_z) \times \mathbf{B}\,\mathrm{e}^{-jhx-j\beta_z z}, & z > 0 \end{cases} \tag{4.3.5}$$

由于在 xy 平面两侧电场的切向分量是连续的，即 $\hat{z} \times \mathbf{E}(z=0_+) = \hat{z} \times \mathbf{E}(z=0_-)$，又可得到如下两个方程：

$$hB_z - \beta_z B_x = hA_z + \beta_z A_x, \qquad B_y = -A_y \tag{4.3.6}$$

联立求解式(4.3.3)、式(4.3.4)和式(4.3.6)，可得

$$B_x = -A_x = \frac{J_0}{2}, \qquad B_y = A_y = 0, \qquad B_z = A_z = -\frac{h}{\beta_z}\frac{J_0}{2} \qquad (4.3.7)$$

因此，由面电流产生的电场和磁场为

$$\mathbf{E} = -\hat{y}\frac{\omega\mu J_0}{2\beta_z} \begin{cases} \mathrm{e}^{-\mathrm{j}hx+\mathrm{j}\beta_z z}, & z<0 \\ \mathrm{e}^{-\mathrm{j}hx-\mathrm{j}\beta_z z}, & z>0 \end{cases} \qquad (4.3.8)$$

$$\mathbf{H} = \frac{J_0}{2\beta_z} \begin{cases} (-\hat{x}\beta_z - \hat{z}h)\,\mathrm{e}^{-\mathrm{j}hx+\mathrm{j}\beta_z z}, & z<0 \\ (\hat{x}\beta_z - \hat{z}h)\,\mathrm{e}^{-\mathrm{j}hx-\mathrm{j}\beta_z z}, & z>0 \end{cases} \qquad (4.3.9)$$

这是一个平面波。在 $z<0$ 区域，波的传播方向为 $\boldsymbol{\beta} = \hat{x}h - \hat{z}\beta_z$；在 $z>0$ 区域，波的传播方向为 $\boldsymbol{\beta} = \hat{x}h + \hat{z}\beta_z$。传播方向由 h 确定，这一点与2.4.1节所讨论的有限大小面电流辐射的情况相同。

从前面的求解过程可以看出，对于一些特殊问题，可以按下列步骤求解：

1. 基于无源区域的通解，写出包含未知待定系数的电场或磁场表达式；
2. 根据麦克斯韦方程导出另一个场量的表达式；
3. 应用边界条件确定待定系数。

在接下来的三章中将看到，很多简化的电磁问题都可以通过上面描述的步骤求解。

▷──

【例4.3】 考虑位于 xy 平面的静态面电流，其面电流密度为 $\mathbf{J}_s(x,y) = \hat{x}J_x(x,y) + \hat{y}J_y(x,y)$。求此面电流产生的磁场。

解： 无源区域的静磁场可以通过静磁场的标量位函数得到。位函数满足拉普拉斯方程 $\nabla^2\varphi_m = 0$。此方程的解在4.2.1节中已求得，即

$$\varphi_m(x,y,z) = \int_{-\infty}^{\infty}\int_{-\infty}^{\infty} A^{\pm}(h_x, h_y)\,\mathrm{e}^{\mathrm{j}(h_x x + h_y y)\mp\gamma_z z}\,\mathrm{d}h_x\,\mathrm{d}h_y, \qquad z \gtrless 0$$

式中，$\gamma_z = \sqrt{h_x^2 + h_y^2}$。根据 $\mathbf{H} = -\nabla\varphi_m$ 可得磁场为

$$H_x(x,y,z) = -\mathrm{j}\int_{-\infty}^{\infty}\int_{-\infty}^{\infty} A^{\pm}(h_x, h_y)\,\mathrm{e}^{\mathrm{j}(h_x x + h_y y)\mp\gamma_z z}h_x\,\mathrm{d}h_x\,\mathrm{d}h_y, \qquad z \gtrless 0$$

$$H_y(x,y,z) = -\mathrm{j}\int_{-\infty}^{\infty}\int_{-\infty}^{\infty} A^{\pm}(h_x, h_y)\,\mathrm{e}^{\mathrm{j}(h_x x + h_y y)\mp\gamma_z z}h_y\,\mathrm{d}h_x\,\mathrm{d}h_y, \qquad z \gtrless 0$$

$$H_z(x,y,z) = \pm\int_{-\infty}^{\infty}\int_{-\infty}^{\infty} A^{\pm}(h_x, h_y)\,\mathrm{e}^{\mathrm{j}(h_x x + h_y y)\mp\gamma_z z}\gamma_z\,\mathrm{d}h_x\,\mathrm{d}h_y, \qquad z \gtrless 0$$

应用边界条件 $\hat{z}\times[\mathbf{H}^+ - \mathbf{H}^-]_{z=0} = \mathbf{J}_s$ 和 $\hat{z}\cdot[\mathbf{H}^+ - \mathbf{H}^-]_{z=0} = 0$，得到

$$\int_{-\infty}^{\infty}\int_{-\infty}^{\infty} [A^+(h_x, h_y) - A^-(h_x, h_y)]\,\mathrm{e}^{\mathrm{j}(h_x x + h_y y)}h_x\,\mathrm{d}h_x\,\mathrm{d}h_y = \mathrm{j}J_y(x,y)$$

$$\int_{-\infty}^{\infty}\int_{-\infty}^{\infty}[A^+(h_x,h_y)-A^-(h_x,h_y)]\,\mathrm{e}^{\mathrm{j}(h_xx+h_yy)}h_y\,\mathrm{d}h_x\,\mathrm{d}h_y=-\mathrm{j}J_x(x,y)$$

$$\int_{-\infty}^{\infty}\int_{-\infty}^{\infty}[A^+(h_x,h_y)+A^-(h_x,h_y)]\,\mathrm{e}^{\mathrm{j}(h_xx+h_yy)}\gamma_z\,\mathrm{d}h_x\,\mathrm{d}h_y=0$$

这些方程的解为

$$A^\pm(h_x,h_y)=\pm\mathrm{j}\frac{j_y(h_x,h_y)}{2h_x}=\mp\mathrm{j}\frac{j_x(h_x,h_y)}{2h_y}$$

式中，

$$j_x(h_x,h_y)=\frac{1}{2\pi}\int_{-\infty}^{\infty}\int_{-\infty}^{\infty}J_x(x,y)\mathrm{e}^{-\mathrm{j}(h_xx+h_yy)}\,\mathrm{d}x\,\mathrm{d}y$$

$$j_y(h_x,h_y)=\frac{1}{2\pi}\int_{-\infty}^{\infty}\int_{-\infty}^{\infty}J_y(x,y)\mathrm{e}^{-\mathrm{j}(h_xx+h_yy)}\,\mathrm{d}x\,\mathrm{d}y$$

上面的解同时表明

$$h_xj_x(h_x,h_y)+h_yj_y(h_x,h_y)=0$$

上式实际上是电流连续性方程$\nabla\cdot\mathbf{J}_s=0$的结果。这里的磁场表达式不仅可以用来计算任意平面电流产生的磁场，同时也提供了一种从磁场出发确定电流分布的方法。

4.4　反射和透射

这一节将按照前一节中的处理步骤，研究均匀平面波入射到两种各向同性媒质的分界面时的反射和透射。不失一般性，假定分界面位于 xy 平面；在 $z<0$ 的半空间中，媒质介电常数为 ϵ_1 且磁导率为 μ_1；而在 $z>0$ 的半空间中，媒质介电常数为 ϵ_2 且磁导率为 μ_2。首先考虑垂直入射的情况，然后处理斜入射的情况。

4.4.1　垂直入射波的反射和透射

考虑沿 z 方向传播的平面波，从 $z<0$ 的区域入射到分界面上(见图 4.12)。入射波电场为

$$\mathbf{E}^{\mathrm{i}}=\hat{x}E_0\,\mathrm{e}^{-\mathrm{j}\beta_1z}\qquad(4.4.1)$$

式中，$\beta_1=\omega\sqrt{\mu_1\epsilon_1}$，$E_0$ 表示电场幅度。由于分界面的不连续性，入射波的一部分将被反射回到 $z<0$ 区域；另一部分将透过分界面进入 $z>0$ 区域。反射波和透射波的电场分别为

$$\mathbf{E}^{\mathrm{r}}=\hat{x}RE_0\,\mathrm{e}^{\mathrm{j}\beta_1z}\qquad(4.4.2)$$

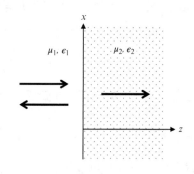

图 4.12　平面波垂直入射到分界面上

$$\mathbf{E}^t = \hat{x} T E_0\, e^{-j\beta_2 z} \tag{4.4.3}$$

式中，$\beta_2 = \omega\sqrt{\mu_2\epsilon_2}$，$R$ 和 T 为未知的待定反射系数和透射系数。由麦克斯韦方程 $\nabla\times\mathbf{E} = -j\omega\mu\mathbf{H}$，可得相应的磁场为

$$\mathbf{H}^i = \hat{y}\frac{E_0}{\eta_1}\, e^{-j\beta_1 z}, \qquad \mathbf{H}^r = -\hat{y}\frac{R E_0}{\eta_1}\, e^{j\beta_1 z}, \qquad \mathbf{H}^t = \hat{y}\frac{T E_0}{\eta_2}\, e^{-j\beta_2 z} \tag{4.4.4}$$

式中，$\eta_1 = \sqrt{\mu_1/\epsilon_1}$，$\eta_2 = \sqrt{\mu_2/\epsilon_2}$。由于分界面上不存在面电流和面磁流，所以分界面两侧的电场和磁场的切向分量是连续的，即 $\hat{z}\times\mathbf{E}(z=0_+) = \hat{z}\times\mathbf{E}(z=0_-)$；$\hat{z}\times\mathbf{H}(z=0_+) = \hat{z}\times\mathbf{H}(z=0_-)$。应用这两个边界条件，可得

$$1 + R = T, \qquad \frac{1}{\eta_1}(1-R) = \frac{1}{\eta_2}T \tag{4.4.5}$$

由此解得

$$R = \frac{\eta_2 - \eta_1}{\eta_2 + \eta_1}, \qquad T = \frac{2\eta_2}{\eta_2 + \eta_1} \tag{4.4.6}$$

显然，若 $\eta_2 = \eta_1$，即分界面两侧媒质的本征阻抗相等，则 $R = 0$ 及 $T = 1$，即分界面处没有反射，入射波全部透过分界面。另一方面，若媒质 2 为理想导体，即 $\eta_2 = 0$，则有 $R = -1$ 及 $T = 0$，这表明入射波完全被分界面反射。在此情况下，$z < 0$ 区域的电场和磁场为

$$\mathbf{E} = \mathbf{E}^i + \mathbf{E}^r = \hat{x} E_0 (e^{-j\beta_1 z} - e^{j\beta_1 z}) = -\hat{x} 2j E_0 \sin\beta_1 z \tag{4.4.7}$$

$$\mathbf{H} = \mathbf{H}^i + \mathbf{H}^r = \hat{y}\frac{E_0}{\eta_1}(e^{-j\beta_1 z} + e^{j\beta_1 z}) = \hat{y}\frac{2E_0}{\eta_1}\cos\beta_1 z \tag{4.4.8}$$

坡印亭复矢量为

$$\mathbf{S} = \frac{1}{2}\mathbf{E}\times\mathbf{H}^* = \hat{z}\frac{2|E_0|^2}{j\eta_1}\sin\beta_1 z\cos\beta_1 z = \hat{z}\frac{|E_0|^2}{j\eta_1}\sin(2\beta_1 z) \tag{4.4.9}$$

其实部为零，这表明总场的能流密度时均值为零。这样的波称为纯**驻波**。

对于 $\eta_2 \neq \eta_1$ 及 $\eta_2 \neq 0$ 的一般情况，$z < 0$ 区域的电场为

$$\mathbf{E} = \mathbf{E}^i + \mathbf{E}^r = \hat{x} E_0 (e^{-j\beta_1 z} + R\, e^{j\beta_1 z}) \tag{4.4.10}$$

电场的幅度为

$$|E| = |E_0|\sqrt{1 + |R|^2 + 2|R|\cos(2\beta_1 z + \angle R)} \tag{4.4.11}$$

这是一个一般的驻波，其**驻波比**(SWR)为

$$\mathrm{SWR} = \frac{|E|_{\max}}{|E|_{\min}} = \frac{1 + |R|}{1 - |R|} \tag{4.4.12}$$

若将式(4.4.10)重写为

$$\mathbf{E} = \hat{x} R E_0 (e^{-j\beta_1 z} + e^{j\beta_1 z}) + \hat{x}(1-R)E_0\, e^{-j\beta_1 z} \tag{4.4.13}$$

则可以看出，总场可以看成纯驻波和行波的叠加。其能流密度时均值仅由行波贡献，为

$$\mathrm{Re}(\mathbf{S}) = \hat{z}\frac{|E_0|^2}{2\eta_1}(1 - |R|^2) \tag{4.4.14}$$

上式也可以看成从入射波能流密度中减去反射波能流密度的结果。

4.4.2　斜入射时的反射和透射

　　处理垂直入射问题的基本步骤也可以用于分析斜入射问题，只是过程将更为复杂。对于斜入射问题，需要考虑两种不同的情况。定义由分界面法向矢量（例如$\hat{z}$）和入射波波矢量确定的平面为**入射平面**。如果分界面位于xy平面，而入射波传播方向平行于xz平面，则入射平面就是xz平面。正如4.2.4节所讨论的，任何均匀平面波可以分解成两个相互正交的线极化波的叠加。因此，我们仅需考虑两种线极化入射波的情况，由这两种情况的组合可以得到任意入射波的解。第一种线极化波的电场垂直于入射平面，这种情况称为**垂直极化入射**；另一种线极化波的电场平行于入射平面，这种情况称为**平行极化入射**。

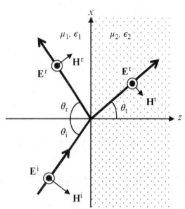

图 4.13　垂直极化平面波的斜入射问题

　　首先考虑图 4.13 所示的垂直极化入射情况。当平面波入射到无限大分界面时，由于分界面上每一处场的反射及透射情况完全相同，因而反射波和透射波也是平面波，只是其幅度和传播方向可能与入射波不同。由平面波的表达式，可以把入射波、反射波和透射波的表达式写为

$$\mathbf{E}^{i} = \hat{y}E_0\,\mathrm{e}^{-\mathrm{j}\boldsymbol{\beta}^{i}\cdot\mathbf{r}} = \hat{y}E_0\,\mathrm{e}^{-\mathrm{j}\beta_1(x\sin\theta_i+z\cos\theta_i)} \tag{4.4.15}$$

$$\mathbf{E}^{r} = \hat{y}R_{\perp}E_0\,\mathrm{e}^{-\mathrm{j}\boldsymbol{\beta}^{r}\cdot\mathbf{r}} = \hat{y}R_{\perp}E_0\mathrm{e}^{-\mathrm{j}\beta_1(x\sin\theta_r-z\cos\theta_r)} \tag{4.4.16}$$

$$\mathbf{E}^{t} = \hat{y}T_{\perp}E_0\,\mathrm{e}^{-\mathrm{j}\boldsymbol{\beta}^{t}\cdot\mathbf{r}} = \hat{y}T_{\perp}E_0\mathrm{e}^{-\mathrm{j}\beta_2(x\sin\theta_t+z\cos\theta_t)} \tag{4.4.17}$$

式中，E_0和θ_i为已知的入射电场幅度和入射角度；$R_{\perp}$和$T_{\perp}$是未知的反射系数和透射系数；θ_r和θ_t是未知的反射波和透射波与分界面法向的夹角。现在需要确定$R_{\perp}$、$T_{\perp}$、θ_r和θ_t。为此，首先由$\nabla\times\mathbf{E} = -\mathrm{j}\omega\mu\mathbf{H}$确定相应的磁场为

$$\mathbf{H}^{i} = (-\hat{x}\cos\theta_i + \hat{z}\sin\theta_i)\frac{E_0}{\eta_1}\,\mathrm{e}^{-\mathrm{j}\beta_1(x\sin\theta_i+z\cos\theta_i)} \tag{4.4.18}$$

$$\mathbf{H}^{r} = (\hat{x}\cos\theta_r + \hat{z}\sin\theta_r)\frac{R_{\perp}E_0}{\eta_1}\,\mathrm{e}^{-\mathrm{j}\beta_1(x\sin\theta_r-z\cos\theta_r)} \tag{4.4.19}$$

$$\mathbf{H}^{t} = (-\hat{x}\cos\theta_t + \hat{z}\sin\theta_t)\frac{T_{\perp}E_0}{\eta_2}\,\mathrm{e}^{-\mathrm{j}\beta_2(x\sin\theta_t+z\cos\theta_t)} \tag{4.4.20}$$

接着，应用切向场分量连续的边界条件，即$\hat{z}\times\mathbf{E}(z=0_+) = \hat{z}\times\mathbf{E}(z=0_-)$和$\hat{z}\times\mathbf{H}(z=0_+) = \hat{z}\times$

$\mathbf{H}(z=0_-)$，得到

$$e^{-j\beta_1 \sin\theta_i x} + R_\perp e^{-j\beta_1 \sin\theta_r x} = T_\perp e^{-j\beta_2 \sin\theta_t x} \qquad (4.4.21)$$

$$\cos\theta_i \frac{1}{\eta_1} e^{-j\beta_1 \sin\theta_i x} - \cos\theta_r \frac{R_\perp}{\eta_1} e^{-j\beta_1 \sin\theta_r x} = \cos\theta_t \frac{T_\perp}{\eta_2} e^{-j\beta_2 \sin\theta_t x} \qquad (4.4.22)$$

上面两个等式对任意的 x 值($-\infty < x < \infty$)都应该成立。可以证明，只有当上式中每一项的相位项相等时，等式才可能对任意 x 成立。因此

$$\beta_1 \sin\theta_i = \beta_1 \sin\theta_r = \beta_2 \sin\theta_t \qquad (4.4.23)$$

这个条件称为相位匹配条件。由 $\beta_1 = \omega\sqrt{\mu_1\epsilon_1}$ 和 $\beta_2 = \omega\sqrt{\mu_2\epsilon_2}$ 可得

$$\theta_r = \theta_i, \qquad \frac{\sin\theta_t}{\sin\theta_i} = \sqrt{\frac{\mu_1\epsilon_1}{\mu_2\epsilon_2}} \qquad (4.4.24)$$

上式分别称为斯涅耳反射定律和折射定律。由于式(4.4.23)给出的相位匹配条件，式(4.4.21)和式(4.4.22)可简化为

$$1 + R_\perp = T_\perp, \qquad \cos\theta_i \frac{1}{\eta_1} - \cos\theta_r \frac{R_\perp}{\eta_1} = \cos\theta_t \frac{T_\perp}{\eta_2} \qquad (4.4.25)$$

求解这两个方程，得到反射系数和透射系数分别为

$$R_\perp = \frac{\eta_2 \cos\theta_i - \eta_1 \cos\theta_t}{\eta_2 \cos\theta_i + \eta_1 \cos\theta_t}, \qquad T_\perp = \frac{2\eta_2 \cos\theta_i}{\eta_2 \cos\theta_i + \eta_1 \cos\theta_t} \qquad (4.4.26)$$

若定义向 z 方向看入的波阻抗为 $Z_z = -E_y / H_x$，那么对于垂直极化入射，两个区域中的波阻抗分别为

$$Z_{z1} = \frac{\eta_1}{\cos\theta_i}, \qquad Z_{z2} = \frac{\eta_2}{\cos\theta_t} \qquad (4.4.27)$$

而式(4.4.26)可以写为

$$R_\perp = \frac{Z_{z2} - Z_{z1}}{Z_{z2} + Z_{z1}}, \qquad T_\perp = \frac{2Z_{z2}}{Z_{z2} + Z_{z1}} \qquad (4.4.28)$$

上式与式(4.1.24)给出的传输线反射系数和透射系数的表达式具有相同的形式。

对于如图 4.14 所示平行极化入射的情况，入射波电场、反射波电场和透射波电场分别为

$$\mathbf{E}^i = (\hat{x}\cos\theta_i - \hat{z}\sin\theta_i)E_0 e^{-j\beta_1(x\sin\theta_i + z\cos\theta_i)} \qquad (4.4.29)$$

$$\mathbf{E}^r = (\hat{x}\cos\theta_r + \hat{z}\sin\theta_r)R_\parallel E_0 e^{-j\beta_1(x\sin\theta_r - z\cos\theta_r)} \qquad (4.4.30)$$

$$\mathbf{E}^t = (\hat{x}\cos\theta_t - \hat{z}\sin\theta_t)T_\parallel E_0 e^{-j\beta_2(x\sin\theta_t + z\cos\theta_t)} \qquad (4.4.31)$$

采用与前面相同的方法，由相位匹配条件可以得到相

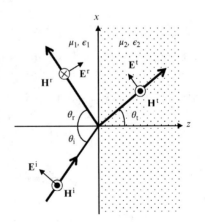

图 4.14 平行极化平面波的斜入射问题

同的斯涅耳反射定律和折射定律。反射系数和透射系数则为

$$R_{\parallel} = \frac{\eta_2 \cos\theta_t - \eta_1 \cos\theta_i}{\eta_2 \cos\theta_t + \eta_1 \cos\theta_i}, \qquad T_{\parallel} = \frac{2\eta_2 \cos\theta_i}{\eta_2 \cos\theta_t + \eta_1 \cos\theta_i} \tag{4.4.32}$$

若定义向 z 方向看入的波阻抗为 $Z_z = E_x/H_y$，那么对于平行极化入射，两个区域中的波阻抗分别为

$$Z_{z1} = \eta_1 \cos\theta_i, \qquad Z_{z2} = \eta_2 \cos\theta_t \tag{4.4.33}$$

这样，式(4.4.32)可以写成与式(4.4.28)类似的形式。需要注意，这里的透射系数是针对 E_x 定义的，根据式(4.4.29)和式(4.4.31)，可以把 E_x 和 $T_{\parallel}$ 相联系。因此，只要波阻抗的定义得当，就可以把传输线的结论应用到平面波问题中。

在进一步讨论本节推导的结果之前，我们注意到，当右半空间为理想导电体，即 $\eta_2 = 0$ 时，对于前面无论哪种极化，导体表面(xy 平面)的总磁场的切向分量均为

$$\hat{n} \times \mathbf{H} = \hat{n} \times (\mathbf{H}^i + \mathbf{H}^r) = 2\hat{n} \times \mathbf{H}^i \tag{4.4.34}$$

由于任何平面波都可分解成垂直极化波和平行极化波的线性叠加，上式对于任意平面波均成立。因此，对于电大尺寸的光滑导体表面，任意入射平面波的感应面电流为 $\mathbf{J}_s \approx 2\hat{n} \times \mathbf{H}^i$。这就是 3.4.2 节中讨论的**物理光学近似**。

4.4.3 全透射和全反射

现在进一步分析式(4.4.26)和式(4.4.32)。首先，无论对于垂直极化还是平行极化入射的情况，反射系数均有可能为零。这时对应的入射角称为**布儒斯特角**，用 θ_B 表示。此时，全部入射波透过分界面进入右半空间。因此这种现象称为**零反射**或**全透射**。对于垂直极化入射，全透射的条件是

$$\eta_2 \cos\theta_B = \eta_1 \cos\theta_t \tag{4.4.35}$$

将此方程和斯涅耳折射定律联立求解，得到

$$\sin\theta_B = \sqrt{\frac{\epsilon_2/\epsilon_1 - \mu_2/\mu_1}{\mu_1/\mu_2 - \mu_2/\mu_1}} \tag{4.4.36}$$

显然，全透射只有当 $\mu_1 \neq \mu_2$ 时才能发生；因而对于非磁性媒质，垂直极化入射时不会发生全透射现象。对于平行极化入射，反射为零时，有

$$\eta_2 \cos\theta_t = \eta_1 \cos\theta_B \tag{4.4.37}$$

将此方程和斯涅耳折射定律联立求解，得到

$$\sin\theta_B = \sqrt{\frac{\epsilon_2/\epsilon_1 - \mu_2/\mu_1}{\epsilon_2/\epsilon_1 - \epsilon_1/\epsilon_2}} \tag{4.4.38}$$

若分界面两侧媒质均为非磁性媒质(磁导率相同)，则有

$$\sin\theta_B = \sqrt{\frac{\epsilon_2}{\epsilon_1 + \epsilon_2}} \quad \text{或} \quad \tan\theta_B = \sqrt{\frac{\epsilon_2}{\epsilon_1}} \tag{4.4.39}$$

只要 $\epsilon_1 \neq \epsilon_2$，$\theta_B$ 总有实数解。因而平行极化入射时通常可以发生全透射现象。图 4.15 为平

面波入射到 $\epsilon_1 = \epsilon_0$ 和 $\epsilon_2 = 2.5\epsilon_0$ 的两种非磁性媒质分界面时的反射透射系数曲线。从图中可以看出，对于平行极化入射，当入射角为 $\theta_B = 57.7°$ 时，发生了全透射现象。

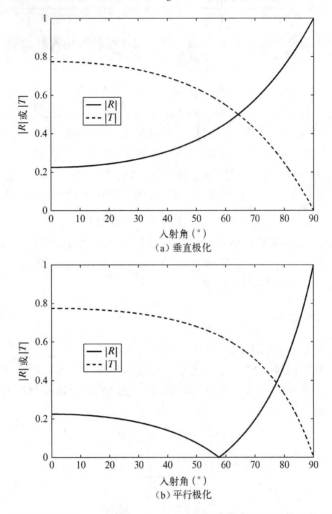

图 4.15　平面波入射到 $\epsilon_1 = \epsilon_0$ 和 $\epsilon_2 = 2.5\epsilon_0$ 两种媒质分界面的反射系数与传输系数

下面研究反射的另一种特殊现象。将斯涅耳折射定律重新写为

$$\sin\theta_t = \sqrt{\frac{\mu_1\epsilon_1}{\mu_2\epsilon_2}}\sin\theta_i \tag{4.4.40}$$

显然，当 $\sin\theta_i = \sqrt{\mu_2\epsilon_2/\mu_1\epsilon_1}$ 时，$\sin\theta_t = 1$ 或 $\theta_t = \pi/2$。这时，$R_\perp = 1$，$R_\parallel = -1$。这表明入射波被完全反射。这种现象称为**全反射**，相应的入射角称为**临界角**，其值为

$$\theta_c = \arcsin\sqrt{\frac{\mu_2\epsilon_2}{\mu_1\epsilon_1}} \tag{4.4.41}$$

显然，只有当 $\mu_1\epsilon_1 > \mu_2\epsilon_2$ 时临界角才存在。当 $\theta_i = \theta_c$ 时，垂直极化和平行极化入射对应的透射场分别为

$$\mathbf{E}^{\mathrm{t}} = \hat{y}2E_0\, \mathrm{e}^{-\mathrm{j}\beta_2 x}, \qquad \mathbf{E}^{\mathrm{t}} = -\hat{z}2E_0\frac{\eta_2}{\eta_1}\,\mathrm{e}^{-\mathrm{j}\beta_2 x} \tag{4.4.42}$$

这两个式子均表示沿 x 方向传播的均匀平面波。入射波、反射波和透射波的能流密度时均值分别为

$$\mathbf{S}^{\mathrm{i}}\big|_{\theta_{\mathrm{i}}=\theta_{\mathrm{c}}} = \hat{\beta}^{\mathrm{i}}\frac{|E_0|^2}{2\eta_1}, \qquad \mathbf{S}^{\mathrm{r}}\big|_{\theta_{\mathrm{i}}=\theta_{\mathrm{c}}} = \hat{\beta}^{\mathrm{r}}\frac{|E_0|^2}{2\eta_1}, \qquad \mathbf{S}^{\mathrm{t}}\big|_{\theta_{\mathrm{i}}=\theta_{\mathrm{c}}} = \hat{x}\frac{2|E_0|^2}{\eta_2} \tag{4.4.43}$$

上面的结果乍一看可能有些异常，但其实它并不违背功率守恒定律。因为功率守恒定律描述的是对于任何闭合曲面，进入闭合面的总功率总是等于离开闭合面的总功率。读者可以思考以下问题：如果全部的入射功率被反射回左半空间，那么在右半空间传输的功率是怎么产生的？

当入射角大于临界角时（$\theta_{\mathrm{i}}>\theta_{\mathrm{c}}$），$R_{\perp}$ 和 $R_{\parallel}$ 均变成复数，不过仍然有 $|R_{\perp}|=1$ 和 $|R_{\parallel}|=1$，因而全反射依然发生了。在这种情况下 $\sin\theta_{\mathrm{t}}>1$，而 $\cos\theta_{\mathrm{t}}=\sqrt{1-\sin^2\theta_{\mathrm{t}}}=\pm\mathrm{j}\sqrt{\sin^2\theta_{\mathrm{t}}-1}$。要使结果具有物理意义，$\cos\theta_{\mathrm{t}}$ 的表达式中应该取负号。因此，对垂直极化入射，透射场为

$$\mathbf{E}^{\mathrm{t}} = \hat{y}T_{\perp}E_0\,\mathrm{e}^{-\alpha_{\mathrm{e}} z}\,\mathrm{e}^{-\mathrm{j}\beta_2 x\sin\theta_{\mathrm{t}}} \tag{4.4.44}$$

对平行极化入射，透射场为

$$\mathbf{E}^{\mathrm{t}} = (\hat{x}\cos\theta_{\mathrm{t}} - \hat{z}\sin\theta_{\mathrm{t}})T_{\parallel}E_0\,\mathrm{e}^{-\alpha_{\mathrm{e}} z}\,\mathrm{e}^{-\mathrm{j}\beta_2 x\sin\theta_{\mathrm{t}}} \tag{4.4.45}$$

式中，$\alpha_{\mathrm{e}}=\beta_2\sqrt{\sin^2\theta_{\mathrm{t}}-1}$。这两个表达式仍然代表沿 x 方向传播的电磁波。但是，波的幅度在 z 方向按照衰减常数 α_{e} 衰减。因为等幅面与等相面并不平行，所以这是一个非均匀平面波。x 方向的相速为

$$v_{\mathrm{p}} = \frac{\omega}{\beta_2\sin\theta_{\mathrm{t}}} \tag{4.4.46}$$

这个相速小于相同媒质中均匀平面波的相速，这样的电磁波称为慢波。能流时均值仍然沿 x 方向。在 $-z$ 方向存在着瞬时能流，但其时均值为零。

全反射现象在电磁和光学领域有许多应用。其中最著名的应用是光波导或光纤的设计：如图 4.16 所示，将光波耦合进光纤，当入射角大于临界角时，光波就被束缚在光纤中。于是，光波可以沿着光纤的方向传播。

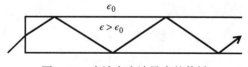

图 4.16　光波在光波导中的传播

▷ 【例 4.4】　考虑平面波入射到介电常数分别为 ϵ_1 和 ϵ_2，磁导率为 μ_0 的两种非磁性媒质分界面上。根据电偶极子的辐射特性，解释为什么只有平行极化入射时才会发生零反射现象。并基于上面的解释推导布儒斯特角。

解： 当平面波入射到非磁性媒质时，它将感应出电极化和传导电流，这些电流的辐射场形成反射场。根据体等效原理，媒质中的等效电流为 $\mathbf{J}_{\mathrm{eq}}=\mathrm{j}\omega(\epsilon_2-\epsilon_1)\mathbf{E}$，式中 $\mathbf{E}$ 为媒质中

的电场。对于垂直极化，$\mathbf{J}_{eq}$ 为 y 方向，在与电流垂直的平面上，它的辐射场在任何方向都是非零的。因此，垂直极化入射时不存在零反射现象。而对于平行极化，$\mathbf{J}_{eq}$ 的方向与 xz 平面平行。因为电偶极子（电流）在偶极子（电流）所在的方向上没有辐射，当 $\mathbf{J}_{eq}$ 的方向也即 $\mathbf{E}$ 的方向为反射波的方向时，反射场为零，这就是零反射或全透射现象。从图 4.17 中很容易看出，零反射发生在 $\theta_t + \theta_r = \pi/2$ 或 $\theta_t = \pi/2 - \theta_i$（因为 $\theta_r = \theta_i$），因此有

$$\sin\theta_t = \sin(\pi/2 - \theta_i) = \cos\theta_i$$

根据斯涅耳折射定律，可知 $\sqrt{\epsilon_2}\sin\theta_t = \sqrt{\epsilon_1}\sin\theta_i$。将此关系代入上式，可得

$$\tan\theta_i = \sqrt{\frac{\epsilon_2}{\epsilon_1}}$$

此式与式(4.4.39)所给的布儒斯特角公式相同。

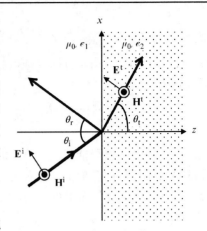

图 4.17　平行极化平面波入射到非磁性介质表面

4.4.4　电磁波入射到左手媒质时的透射

现在研究均匀平面波入射到左手媒质中的问题。此问题与 4.4.1 节和 4.4.2 节中的问题完全相同，只不过右半空间媒质的介电常数和磁导率均为负值，即 $\epsilon_2 = -\epsilon_2'$，$\mu_2 = -\mu_2'$，其中 $\epsilon_2' > 0$ 且 $\mu_2' > 0$。我们仅考虑图 4.18 所示的垂直极化入射的情况。在这种情况下，入射波和反射波的电场表达式与式(4.4.15)和式(4.4.16)相同，入射波和反射波的磁场表达式与式(4.4.18)和式(4.4.19)相同。只有透射波的表达式与之前不同。由于左手媒质中的功率传播方向和相速方向相反，透射场的相位必须向着分界面的方向传播，才能保证功率向远离分界面的方向传播。由此，透射波电场的表达式为

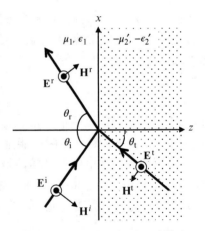

图 4.18　平面波入射到左手媒质

$$\mathbf{E}^t = \hat{y}T_\perp E_0 \, \mathrm{e}^{-\mathrm{j}\boldsymbol{\beta}^t \cdot \mathbf{r}} = \hat{y}T_\perp E_0 \, \mathrm{e}^{-\mathrm{j}\beta_2'(x\sin\theta_t - z\cos\theta_t)}$$

$$(4.4.47)$$

式中，$\beta_2' = \omega\sqrt{\mu_2'\epsilon_2'}$。对应的磁场为

$$\mathbf{H}^t = -(\hat{x}\cos\theta_t + \hat{z}\sin\theta_t)\frac{T_\perp E_0}{\eta_2'}\, \mathrm{e}^{-\mathrm{j}\beta_2'(x\sin\theta_t - z\cos\theta_t)} \qquad (4.4.48)$$

式中，$\eta_2' = \sqrt{\mu_2'/\epsilon_2'}$。由相位匹配条件可得

$$\sin\theta_t = \sqrt{\frac{\mu_1\epsilon_1}{\mu_2'\epsilon_2'}}\sin\theta_i \qquad (4.4.49)$$

式(4.4.49)在形式上与式(4.4.24)相同，但这里 θ_t 的定义与之前不同。应用边界条件，可以得到反射系数和透射系数，其表达式与式(4.4.26)完全相同，只是 $\eta_2 = \eta_2'$。事实上，如果令 $\beta_2 = -\beta_2'$ 且 $\eta_2 = \eta_2'$，则所有相关结果，包括平行极化入射的情况，均可直接由 4.4.1 节和 4.4.2 节中的结果得到。透射波的坡印亭矢量为

$$\mathbf{S}^t = \frac{1}{2}\mathbf{E}^t \times \mathbf{H}^{t*} = (-\hat{x}\sin\theta_t + \hat{z}\cos\theta_t)\frac{|T_\perp E_0|^2}{2\eta_2'} \tag{4.4.50}$$

这表明功率确实向远离分界面的方向传播。我们可以基于图 4.18 所示的现象设计图 4.19 所示的理想透镜[7]。需要指出，图 4.19 给出的只是简化后的示意图。实

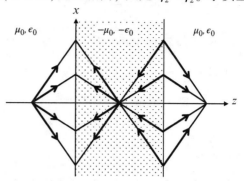

图 4.19 点源产生的场被左手媒质层重新聚焦

际中，源在产生传输波的同时也会产生凋落波，因而在分析中也应该考虑凋落波的反射和透射。此外，左手媒质都是有耗的，这些损耗也会对原物体镜像产生影响。

4.4.5 平面波和传输线的相似性

在 4.4.1 节和 4.4.2 节中我们注意到，平面波垂直入射到不连续分界面时的反射系数和透射系数与传输线上特性阻抗突变导致的反射系数和透射系数有相同的形式。即使对于平面波斜入射的情况，如果定义恰当的波阻抗，则其结果仍与传输线情况的形式相同。两者结果的相似性不是偶然的，而是因为它们满足相同形式的微分方程。对于在 xz 平面上传播的平面波，电场满足的微分方程为

$$\frac{\mathrm{d}^2E}{\mathrm{d}z^2} + \beta_z^2 E = 0 \tag{4.4.51}$$

磁场也满足同样的方程，式中 $\beta_z = \sqrt{\omega^2\mu\epsilon - \beta_x^2} = \sqrt{\omega^2\mu\epsilon - \beta^2\sin^2\theta_i}$。若在式(4.1.3)中令 $\gamma = \mathrm{j}\beta_z$，则上式与式(4.1.3)相同。因此，只要用 β_z 代替 β，并根据平面波的极化选择式(4.4.27)或式(4.4.33)定义的波阻抗，以代替传输线的特性阻抗，在传输线理论中得到的结果就可以直接应用于平面波入射到与 z 轴垂直的不连续分界面的问题。这样的类比法在处理多层媒质的反射时非常有用。可以由式(4.1.30)给出的阻抗变换公式从后到前逐步求出第一个分界面处的等效波阻抗，并由此求出反射系数。

▷ 【例 4.5】 考虑 PEC 衬底的介质板，介质板的厚度为 d，介电常数为 ϵ_d，磁导率为 μ_d。推导垂直极化入射波斜入射时的反射系数。考虑四种特殊情况：

(a) ϵ_d 和 μ_d 均为正值；

(b) ϵ_d 和 μ_d 均为负值；

(c) ϵ_d 为正值，μ_d 为负值；

(d) ϵ_d 为负值，μ_d 为正值。

解: 此问题如图 4.20 所示。如果用 $\bar{\epsilon}_d$ 和 $\bar{\mu}_d$ 分别表示 ϵ_d 和 μ_d 的绝对值,并且定义

$$\beta_0 = \omega\sqrt{\mu_0\epsilon_0}, \quad \beta_d = \omega\sqrt{\bar{\mu}_d\bar{\epsilon}_d}, \quad \eta_0 = \sqrt{\frac{\mu_0}{\epsilon_0}}, \quad \eta_d = \sqrt{\frac{\bar{\mu}_d}{\bar{\epsilon}_d}}$$

则入射波和反射波的电场可以表示为

$$\mathbf{E}^i = \hat{y}E_0\, e^{-j\beta_0(x\sin\theta_i + z\cos\theta_i)}$$

$$\mathbf{E}^r = \hat{y}R_\perp E_0\, e^{-j\beta_0(x\sin\theta_i - z\cos\theta_i)}$$

相应的磁场为

$$\mathbf{H}^i = (-\hat{x}\cos\theta_i + \hat{z}\sin\theta_i)\frac{E_0}{\eta_0}\, e^{-j\beta_0(x\sin\theta_i + z\cos\theta_i)}$$

$$\mathbf{H}^r = (\hat{x}\cos\theta_i + \hat{z}\sin\theta_i)\frac{R_\perp E_0}{\eta_0}\, e^{-j\beta_0(x\sin\theta_i - z\cos\theta_i)}$$

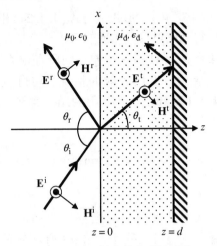

图 4.20　PEC 衬底的介质板对垂直极化平面波的反射

为了求解此问题,需要在分界面上应用电场切向分量和磁场切向分量的边界条件,而介质中的电场和磁场依赖于其介电常数和磁导率。现在,考虑四种特殊情况。

(a) 当 ϵ_d 和 μ_d 均为正值时,介质板中的电场和磁场分别为

$$\mathbf{E}^t = \hat{y}E_0 A\sin[\beta_{d,z}(z-d)]\, e^{-j\beta_0 x\sin\theta_i}$$

$$\mathbf{H}^t = \frac{AE_0}{j\omega\mu_d}\left\{\hat{x}\beta_{d,z}\cos[\beta_{d,z}(z-d)] + \hat{z}j\beta_0\sin\theta_i\sin[\beta_{d,z}(z-d)]\right\}e^{-j\beta_0 x\sin\theta_i}$$

式中,$\beta_{d,z} = \sqrt{\beta_d^2 - \beta_0^2\sin^2\theta_i}$。在写出这些表达式的过程中,已应用了斯涅耳定律和 PEC 衬底的边界条件。应用分界面两侧电场切向分量和磁场切向分量的连续条件,可得

$$1 + R_\perp = -A\sin(\beta_{d,z}d)$$

$$\frac{1}{\eta_0}(R_\perp - 1)\cos\theta_i = A\frac{\beta_{d,z}}{j\omega\mu_d}\cos(\beta_{d,z}d)$$

求解这两个方程,可得

$$R_\perp = \frac{\dfrac{j\eta_d}{\cos\theta_t}\tan(\beta_{d,z}d) - \dfrac{\eta_0}{\cos\theta_i}}{\dfrac{j\eta_d}{\cos\theta_t}\tan(\beta_{d,z}d) + \dfrac{\eta_0}{\cos\theta_i}}$$

式中,$\cos\theta_t = \sqrt{1 - (\beta_0\sin\theta_i/\beta_d)^2}$。

(b) 当 ϵ_d 和 μ_d 均为负值时,介质板中的电场和磁场分别为

$$\mathbf{E}^t = \hat{y}E_0 A\sin[\beta_{d,z}(z-d)]\, e^{-j\beta_0 x\sin\theta_i}$$

$$\mathbf{H}^t = \frac{jAE_0}{\omega\bar{\mu}_d}\left\{\hat{x}\beta_{d,z}\cos[\beta_{d,z}(z-d)] + \hat{z}j\beta_0\sin\theta_i\sin[\beta_{d,z}(z-d)]\right\}e^{-j\beta_0 x\sin\theta_i}$$

应用分界面两侧电场切向分量和磁场切向分量的连续条件,可得

$$1 + R_\perp = -A \sin(\beta_{\mathrm{d},z} d)$$

$$\frac{1}{\eta_0}(R_\perp - 1)\cos\theta_i = -A\frac{\beta_{\mathrm{d},z}}{\mathrm{j}\omega\bar{\mu}_\mathrm{d}}\cos(\beta_{\mathrm{d},z} d)$$

求解这两个方程, 可得

$$R_\perp = \frac{\dfrac{\mathrm{j}\eta_\mathrm{d}}{\cos\theta_t}\tan(\beta_{\mathrm{d},z} d) + \dfrac{\eta_0}{\cos\theta_i}}{\dfrac{\mathrm{j}\eta_\mathrm{d}}{\cos\theta_t}\cos\theta_i\tan(\beta_{\mathrm{d},z} d) - \dfrac{\eta_0}{\cos\theta_i}}$$

显然, 这个结果可从正值 ϵ_d 和 μ_d 的结果中得到, 只需改变 $\beta_{\mathrm{d},z}$ 的符号, 而保持 η_d 不变.

(c) 当 ϵ_d 为正值而 μ_d 为负值时, 介质板中的电场和磁场为

$$\mathbf{E}^t = \hat{y}E_0 A \sinh[\alpha_{\mathrm{d},z}(z-d)]\, \mathrm{e}^{-\mathrm{j}\beta_0 x\sin\theta_i}$$

$$\mathbf{H}^t = \frac{\mathrm{j}AE_0}{\omega\bar{\mu}_\mathrm{d}}\left\{\hat{x}\alpha_{\mathrm{d},z}\cosh[\alpha_{\mathrm{d},z}(z-d)] + \hat{z}\mathrm{j}\beta_0\sin\theta_i\sinh[\alpha_{\mathrm{d},z}(z-d)]\right\}\mathrm{e}^{-\mathrm{j}\beta_0 x\sin\theta_i}$$

式中, $\alpha_{\mathrm{d},z} = \sqrt{\beta_\mathrm{d}^2 + \beta_0^2\sin^2\theta_i}$. 应用分界面两侧电场切向分量和磁场切向分量的连续条件, 可以得到

$$1 + R_\perp = -A\sinh(\alpha_{\mathrm{d},z} d)$$

$$\frac{1}{\eta_0}(R_\perp - 1)\cos\theta_i = -A\frac{\alpha_{\mathrm{d},z}}{\mathrm{j}\omega\bar{\mu}_\mathrm{d}}\cosh(\alpha_{\mathrm{d},z} d)$$

求解这两个方程, 可得

$$R_\perp = \frac{\dfrac{\mathrm{j}\eta_\mathrm{d}}{\cos\theta_t}\tanh(\alpha_{\mathrm{d},z} d) + \dfrac{\eta_0}{\cos\theta_i}}{\dfrac{\mathrm{j}\eta_\mathrm{d}}{\cos\theta_t}\tanh(\alpha_{\mathrm{d},z} d) - \dfrac{\eta_0}{\cos\theta_i}}$$

显然, 在正值 ϵ_d 和 μ_d 的结果中, 令 $\beta_{\mathrm{d},z}\to -\mathrm{j}\alpha_{\mathrm{d},z}$, $\eta_\mathrm{d}\to -\mathrm{j}\eta_\mathrm{d}$, 就可以得到这个结果.

(d) 当 ϵ_d 为负值而 μ_d 为正值时, 介质板中的电场和磁场为

$$\mathbf{E}^t = \hat{y}E_0 A \sinh\alpha_{\mathrm{d},z}(z-d)\,\mathrm{e}^{-\mathrm{j}\beta_0 x\sin\theta_i}$$

$$\mathbf{H}^t = \frac{AE_0}{\mathrm{j}\omega\mu_\mathrm{d}}\left[\hat{x}\alpha_{\mathrm{d},z}\cosh\alpha_{\mathrm{d},z}(z-d) + \hat{z}\mathrm{j}\beta_0\sin\theta_i\sinh\alpha_{\mathrm{d},z}(z-d)\right]\mathrm{e}^{-\mathrm{j}\beta_0 x\sin\theta_i}$$

应用分界面两侧电场和磁场切向分量的连续条件, 可得

$$1 + R_\perp = -A\sinh(\alpha_{\mathrm{d},z} d)$$

$$\frac{1}{\eta_0}(R_\perp - 1)\cos\theta_i = A\frac{\alpha_{\mathrm{d},z}}{\mathrm{j}\omega\mu_\mathrm{d}}\cosh(\alpha_{\mathrm{d},z} d)$$

求解这两个方程, 可得

$$R_\perp = \frac{\dfrac{\mathrm{j}\eta_\mathrm{d}}{\cos\theta_\mathrm{t}}\tanh(\alpha_{\mathrm{d},z}d) - \dfrac{\eta_0}{\cos\theta_\mathrm{i}}}{\dfrac{\mathrm{j}\eta_\mathrm{d}}{\cos\theta_\mathrm{t}}\tanh(\alpha_{\mathrm{d},z}d) + \dfrac{\eta_0}{\cos\theta_\mathrm{i}}}$$

　　显然，在正值 ϵ_d 和 μ_d 的结果中，令 $\beta_{\mathrm{d},z}\to-\mathrm{j}\alpha_{\mathrm{d},z}$，$\eta_\mathrm{d}\to\mathrm{j}\eta_\mathrm{d}$，即可得到这个结果。

　　上面的结果表明：在推导出介电常数和磁导率均为正值时的公式之后，只需做一些适当的改变，就可以得到其他情况的结果。

4.5　各向异性媒质和双各向同性媒质中的平面波

　　这一节研究平面波在几种特殊的各向异性媒质和双各向同性媒质[12~14]中的传播问题，所用方法与自由空间中的平面波研究方法相同。通过这一节的讨论，可以进一步巩固掌握平面波传播问题的分析方法，并能进一步理解媒质的材料特性对波传播的影响。电磁波在一般的各向异性媒质和双各向异性媒质中的传播问题是非常复杂的；为简化分析，这里考虑三种特殊的媒质。

4.5.1　单轴媒质中的平面波

　　考虑在单轴媒质中传播的平面波，其电场表示为 $\mathbf{E}=\mathbf{E}_0\mathrm{e}^{-\mathrm{j}\boldsymbol{\beta}\cdot\mathbf{r}}$，媒质的介电常数为

$$\bar{\epsilon} = \begin{bmatrix} \epsilon & 0 & 0 \\ 0 & \epsilon & 0 \\ 0 & 0 & \epsilon_z \end{bmatrix} \tag{4.5.1}$$

对于此平面波，无源区域麦克斯韦方程的前两式为

$$\nabla\times\mathbf{E}=-\mathrm{j}\omega\mu\mathbf{H} \quad\to\quad \boldsymbol{\beta}\times\mathbf{E}=\omega\mu\mathbf{H} \tag{4.5.2}$$

$$\nabla\times\mathbf{H}=\mathrm{j}\omega\bar{\epsilon}\cdot\mathbf{E} \quad\to\quad \boldsymbol{\beta}\times\mathbf{H}=-\omega\bar{\epsilon}\cdot\mathbf{E} \tag{4.5.3}$$

由上两个方程可得

$$\boldsymbol{\beta}\times(\boldsymbol{\beta}\times\mathbf{E})=-\omega^2\mu\bar{\epsilon}\cdot\mathbf{E} \tag{4.5.4}$$

为简化分析，首先假定波的传播方向为 x 方向，即 $\boldsymbol{\beta}=\hat{x}\beta_x$。此时，式(4.5.4)变为

$$\begin{bmatrix} -\omega^2\mu\epsilon & 0 & 0 \\ 0 & \beta_x^2-\omega^2\mu\epsilon & 0 \\ 0 & 0 & \beta_x^2-\omega^2\mu\epsilon_z \end{bmatrix}\begin{bmatrix} E_x \\ E_y \\ E_z \end{bmatrix}=0 \tag{4.5.5}$$

观察这个方程，显然有 $E_x=0$，故上式可简化为

$$\begin{bmatrix} \beta_x^2-\omega^2\mu\epsilon & 0 \\ 0 & \beta_x^2-\omega^2\mu\epsilon_z \end{bmatrix}\begin{bmatrix} E_y \\ E_z \end{bmatrix}=0 \tag{4.5.6}$$

若希望此方程要有非零解，其系数矩阵的行列式就必须为零，即

$$(\beta_x^2-\omega^2\mu\epsilon)(\beta_x^2-\omega^2\mu\epsilon_z)=0 \tag{4.5.7}$$

此方程有两个解，第一个解为

$$\beta_x^2 - \omega^2\mu\epsilon = 0 \quad \text{或} \quad \beta_x = \omega\sqrt{\mu\epsilon} = k_\text{o} \tag{4.5.8}$$

与此解对应的 $E_y \neq 0$，$E_z = 0$，因此电场强度和电通密度可以写为

$$\mathbf{E} = \hat{y}E_0\,\mathrm{e}^{-\mathrm{j}k_\text{o}x}, \qquad \mathbf{D} = \hat{y}\epsilon E_0\,\mathrm{e}^{-\mathrm{j}k_\text{o}x} \tag{4.5.9}$$

相应的磁场强度和磁通密度为

$$\mathbf{H} = \hat{z}\sqrt{\frac{\epsilon}{\mu}}E_0\,\mathrm{e}^{-\mathrm{j}k_\text{o}x}, \qquad \mathbf{B} = \mu\mathbf{H} \tag{4.5.10}$$

显然，在这一组解中，ϵ_z 并没有对场解产生任何影响。式(4.5.8)的色散关系、式(4.5.9)的电场和式(4.5.10)的磁场，均与介电常数为 ϵ 的各向同性媒质中的平面波相同。因而这组解对应的波称为**寻常波**。

式(4.5.7)的第二个解为

$$\beta_x^2 - \omega^2\mu\epsilon_z = 0 \quad \text{或} \quad \beta_x = \omega\sqrt{\mu\epsilon_z} = k_\text{e} \tag{4.5.11}$$

与此解对应的 $E_y = 0$，$E_z \neq 0$，因此电场强度和电通密度可以写为

$$\mathbf{E} = \hat{z}E_0\,\mathrm{e}^{-\mathrm{j}k_\text{e}x}, \qquad \mathbf{D} = \hat{z}\epsilon_z E_0\,\mathrm{e}^{-\mathrm{j}k_\text{e}x} \tag{4.5.12}$$

相应的磁场强度和磁通密度为

$$\mathbf{H} = \hat{y}\sqrt{\frac{\epsilon_z}{\mu}}E_0\,\mathrm{e}^{-\mathrm{j}k_\text{e}x}, \qquad \mathbf{B} = \mu\mathbf{H} \tag{4.5.13}$$

可以看出，ϵ_z 对相位常数和波阻抗的值产生了影响。事实上，式(4.5.11)的色散关系、式(4.5.12)的电场和式(4.5.13)的磁场，均与介电常数为 ϵ_z 的各向同性媒质中的平面波相同。这组解对应的波称为**非寻常波**。

容易理解，寻常波仅与 ϵ 有关，这是因为寻常波电场仅有 y 方向分量，而媒质在 y 方向的介电常数为 ϵ。类似地，非寻常波仅与 ϵ_z 有关，因为非寻常波的电场仅有 z 方向分量，而媒质在 z 方向的介电常数为 ϵ_z。介电常数对平面波的影响是通过电场实现的，这也可以从本构关系 $\mathbf{D} = \bar{\epsilon} \cdot \mathbf{E}$ 中看出。现在，如果在媒质的 z 方向上引入一个电导率，则介电常数张量将变为

$$\bar{\epsilon} = \begin{bmatrix} \epsilon & 0 & 0 \\ 0 & \epsilon & 0 \\ 0 & 0 & \epsilon_z - \mathrm{j}\sigma_z/\omega \end{bmatrix} \tag{4.5.14}$$

基于上面的分析，寻常波不受此电导率的影响，其波数仍然为 $k_\text{o} = \omega\sqrt{\mu\epsilon}$。但是，对于非寻常波而言，如果 σ_z 很大，则其波数将变为

$$k_\text{e} = \omega\sqrt{\mu\left(\epsilon_z - \mathrm{j}\frac{\sigma_z}{\omega}\right)} \approx \sqrt{\frac{\omega\mu\sigma_z}{2}} - \mathrm{j}\sqrt{\frac{\omega\mu\sigma_z}{2}} \tag{4.5.15}$$

显然，非寻常波将被衰减，衰减程度取决于 σ_z 的值和材料在 x 方向上的厚度。如果衰减大到透过介质板的非寻常波可以忽略，这样的材料就称为**偏振片**。对于任意极化入射的平面波，透过偏振片的是电场仅有 y 方向分量的线极化波(见图 4.21)。

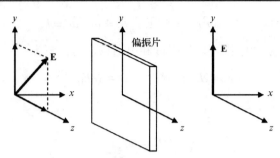

图 4.21　偏振片的透射

为了说明单轴媒质的另一个应用,考虑如下的平面波:

$$\mathbf{E} = \left(\hat{y} \frac{1}{\sqrt{2}} + \hat{z} \frac{1}{\sqrt{2}} \right) E_0 \mathrm{e}^{-\mathrm{j}\beta_x x} \qquad (4.5.16)$$

该平面波入射到介电常数由式(4.5.1)给出的介质板上。在单轴媒质内部,平面波的 y 方向分量和 z 方向分量以不同的相速传播,相速大小取决于该方向上的波数。若忽略介质板表面的反射,在刚刚穿过介质板的位置,电场为

$$\mathbf{E} = \hat{y} \frac{E_0}{\sqrt{2}} \mathrm{e}^{-\mathrm{j}k_o d} + \hat{z} \frac{E_0}{\sqrt{2}} \mathrm{e}^{-\mathrm{j}k_e d} = \left[\hat{y} + \hat{z} \mathrm{e}^{-\mathrm{j}(k_e - k_o)d} \right] \frac{E_0}{\sqrt{2}} \mathrm{e}^{-\mathrm{j}k_o d} \qquad (4.5.17)$$

式中,d 为介质板的厚度。式(4.5.17)表示一个椭圆极化平面波。特别是当介质板厚度满足 $(k_e - k_o)d = \pm(n+1/2)\pi$($n$ 为整数)时,式(4.5.17)变为(假设 $n=1$)

$$\mathbf{E} = (\hat{y} \pm \mathrm{j}\hat{z}) \frac{E_0}{\sqrt{2}} \mathrm{e}^{-\mathrm{j}k_o d} \qquad (4.5.18)$$

这是一个圆极化平面波。这样的介质板称为四分之一波板,它能够把线极化波变成圆极化波(见图 4.22),而电场的极化旋转方向取决于 ϵ 和 ϵ_z 的值。

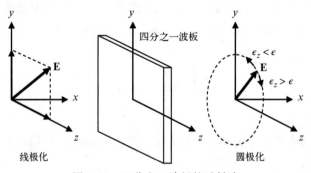

图 4.22　四分之一波板的透射波

上面得到的结果也适用于波矢量位于 xy 平面时的情况,即 $\boldsymbol{\beta} = \hat{x}\beta_x + \hat{y}\beta_y$,因为媒质在 y 方向的介电常数与 x 方向的介电常数是相同的。在此情况下,寻常波的电场平行于 xy 平面,波数为 $k_o = \omega\sqrt{\mu\epsilon}$;非寻常波的电场沿 z 方向,波数为 $k_e = \omega\sqrt{\mu\epsilon_z}$。这两种波以不同的相速传播。当具有这两种极化的平面波斜入射到空气与单轴媒质的分界面时,根据极化方式的不同,透射波将分裂成两束沿不同方向传播的平面波,这种现象称为双折射(见图 4.23)。

在分析了前面的特例后,下面考虑更一般的问题。假设波矢量位于 xz 平面,即 $\boldsymbol{\beta} = \hat{x}\beta_x + \hat{z}\beta_z$,此时式(4.5.4)变为

$$\begin{bmatrix} \beta_z^2 - \omega^2\mu\epsilon & 0 & -\beta_x\beta_z \\ 0 & \beta_x^2 + \beta_z^2 - \omega^2\mu\epsilon & 0 \\ -\beta_x\beta_z & 0 & \beta_x^2 - \omega^2\mu\epsilon_z \end{bmatrix} \begin{bmatrix} E_x \\ E_y \\ E_z \end{bmatrix} = 0$$

$$(4.5.19)$$

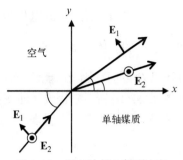

图 4.23 平面波斜入射到空气与单轴媒质的分界面

若希望此方程有非零解,其系数矩阵的行列式就必须为零,即

$$(\beta_x^2 + \beta_z^2 - \omega^2\mu\epsilon)[(\beta_x^2 - \omega^2\mu\epsilon_z)(\beta_z^2 - \omega^2\mu\epsilon) - \beta_x^2\beta_z^2] = 0 \qquad (4.5.20)$$

同样,这个方程有两个解,第一个解是

$$\beta_x^2 + \beta_z^2 - \omega^2\mu\epsilon = 0 \qquad (4.5.21)$$

由这个解,可以得到 $E_y \neq 0$,$E_x = E_z = 0$,因此平面波的电场强度和电通密度为

$$\mathbf{E} = \hat{y}E_0\, e^{-j\boldsymbol{\beta}\cdot\mathbf{r}}, \qquad \mathbf{D} = \hat{y}\epsilon E_0\, e^{-j\boldsymbol{\beta}\cdot\mathbf{r}} \qquad (4.5.22)$$

相应的磁场强度和磁通密度为

$$\mathbf{H} = \frac{1}{\omega\mu}(-\hat{x}\beta_z + \hat{z}\beta_x)E_0\, e^{-j\boldsymbol{\beta}\cdot\mathbf{r}}, \qquad \mathbf{B} = \mu\mathbf{H} \qquad (4.5.23)$$

这个解与 ϵ_z 无关,与前面所讨论的寻常波是相同的,如图 4.24(a)所示。

方程(4.5.20)的第二个解为

$$(\beta_z^2 - \omega^2\mu\epsilon)(\beta_x^2 - \omega^2\mu\epsilon_z) - \beta_x^2\beta_z^2 = 0 \qquad (4.5.24)$$

上式也可以写为

$$\frac{\beta_x^2}{\omega^2\mu\epsilon_z} + \frac{\beta_z^2}{\omega^2\mu\epsilon} = 1 \qquad (4.5.25)$$

在此条件下,则有 $E_y = 0$,$(\beta_z^2 - \omega^2\mu\epsilon)E_x - \beta_x\beta_z E_z = 0$。此式也可以写为

$$\epsilon\beta_x E_x + \epsilon_z\beta_z E_z = 0 \qquad (4.5.26)$$

这其实就是 $\boldsymbol{\beta}\cdot\mathbf{D} = 0$ 的展开式。此结果也可以从式(4.5.3)出发得到。由此可得电场强度和电通密度为

$$\mathbf{E} = \left(\hat{x} - \hat{z}\frac{\beta_x\epsilon}{\beta_z\epsilon_z}\right)E_{x0}\, e^{-j\boldsymbol{\beta}\cdot\mathbf{r}}, \qquad \mathbf{D} = \left(\hat{x} - \hat{z}\frac{\beta_x}{\beta_z}\right)\epsilon E_{x0}\, e^{-j\boldsymbol{\beta}\cdot\mathbf{r}} \qquad (4.5.27)$$

相应的磁场强度和磁通密度为

$$\mathbf{H} = \hat{y}\frac{\omega\epsilon}{\beta_z}E_{x0}\, e^{-j\boldsymbol{\beta}\cdot\mathbf{r}}, \qquad \mathbf{B} = \mu\mathbf{H} \qquad (4.5.28)$$

在这种情况下,ϵ 和 ϵ_z 对波的传播均有影响,其影响程度取决于波的传播方向。若波沿 x 方向传播,则 ϵ 的影响将消失,此时波退化为前面讨论的非寻常波;若波沿 z 方向传播,则

ϵ_z 的影响将消失，此时波退化为寻常波。除了这两种特殊情况，相位常数 β_x 和 β_z 的值将取决于波的具体传播方向。另外值得注意的是，由于 **E** 与 **D** 不平行，坡印亭矢量 $\frac{1}{2}\mathbf{E}\times\mathbf{H}^*$ 并不沿 **β** 方向。因此，能流方向和传播方向是不同的。对应的电磁波称为**广义非寻常波**，如图 4.24(b)所示。因此，即使寻常波和非寻常波的传播方向相同，其能量也是沿不同方向传播的，呈现出双折射现象。

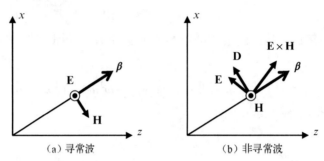

（a）寻常波 （b）非寻常波

图 4.24　平面波在单轴媒质中传播

4.5.2　回旋媒质中的平面波

现在考虑平面波在回旋媒质中的传播。媒质的介电常数为

$$\overline{\epsilon} = \begin{bmatrix} \epsilon & -\mathrm{j}\epsilon_{\mathrm{g}} & 0 \\ \mathrm{j}\epsilon_{\mathrm{g}} & \epsilon & 0 \\ 0 & 0 & \epsilon_z \end{bmatrix} \tag{4.5.29}$$

采用与之前相同的方法，可得色散关系为

$$\boldsymbol{\beta} \times (\boldsymbol{\beta} \times \mathbf{E}) = -\omega^2 \mu \overline{\epsilon} \cdot \mathbf{E} \tag{4.5.30}$$

从上式出发，可求出回旋媒质中的波解。不失一般性，假定波矢量位于 xz 平面，即 $\boldsymbol{\beta} = \hat{x}\beta_x + \hat{z}\beta_z$。由此，式(4.5.30)可以写为

$$\begin{bmatrix} \beta_z^2 - \omega^2\mu\epsilon & \mathrm{j}\omega^2\mu\epsilon_{\mathrm{g}} & -\beta_x\beta_z \\ -\mathrm{j}\omega^2\mu\epsilon_{\mathrm{g}} & \beta_x^2 + \beta_z^2 - \omega^2\mu\epsilon & 0 \\ -\beta_x\beta_z & 0 & \beta_x^2 - \omega^2\mu\epsilon_z \end{bmatrix} \begin{bmatrix} E_x \\ E_y \\ E_z \end{bmatrix} = 0 \tag{4.5.31}$$

令 $\boldsymbol{\beta} = \hat{x}\beta\sin\theta + \hat{z}\beta\cos\theta$，$k = \omega\sqrt{\mu\epsilon}$，$k_z = \omega\sqrt{\mu\epsilon_z}$，$k_{\mathrm{g}} = \omega\sqrt{\mu\epsilon_{\mathrm{g}}}$，则式(4.5.31)可以写为

$$\begin{bmatrix} \beta^2\cos^2\theta - k^2 & \mathrm{j}k_{\mathrm{g}}^2 & -\beta^2\sin\theta\cos\theta \\ -\mathrm{j}k_{\mathrm{g}}^2 & \beta^2 - k^2 & 0 \\ -\beta^2\sin\theta\cos\theta & 0 & \beta^2\sin^2\theta - k_z^2 \end{bmatrix} \begin{bmatrix} E_x \\ E_y \\ E_z \end{bmatrix} = 0 \tag{4.5.32}$$

这个方程要有非零解，其系数矩阵的行列式必须为零，所以有

$$(\beta^2 - k^2)(k^2k_z^2 - k^2\beta^2\sin^2\theta - k_z^2\beta^2\cos^2\theta) - k_{\mathrm{g}}^4(\beta^2\sin^2\theta - k_z^2) = 0 \tag{4.5.33}$$

此方程写成更紧凑的形式为

$$A\beta^4 - B\beta^2 + C = 0 \tag{4.5.34}$$

其中，$A = k^2 \sin^2\theta + k_z^2 \cos^2\theta$，$B = (k^4 - k_g^4)\sin^2\theta + k^2 k_z^2 (1 + \cos^2\theta)$，$C = (k^4 - k_g^4)k_z^2$。式(4.5.34)的解为

$$\beta^2 = \frac{B \pm \sqrt{B^2 - 4AC}}{2A} \tag{4.5.35}$$

这个式子表明相位常数是传播方向的函数。从式(4.5.32)还可以求得

$$\frac{E_x}{E_y} = \frac{\beta^2 - k^2}{jk_g^2}, \qquad \frac{E_x}{E_z} = \frac{\beta^2 \sin^2\theta - k_z^2}{\beta^2 \sin\theta \cos\theta} \tag{4.5.36}$$

因此，平面波的电场可以写为

$$\mathbf{E} = \left(\hat{x} + \hat{y}\frac{jk_g^2}{\beta^2 - k^2} + \hat{z}\frac{\beta^2 \sin\theta \cos\theta}{\beta^2 \sin^2\theta - k_z^2} \right) E_{x0}\, \mathrm{e}^{-j\beta(x\sin\theta + z\cos\theta)} \tag{4.5.37}$$

相应的磁场可根据麦克斯韦方程的第一式求得。

为了进一步研究回旋媒质中电磁波的特性，考虑两种特殊情况。第一种情况下，波沿 z 方向传播，此时 $\theta = 0$，$\boldsymbol{\beta} = \hat{z}\beta$。显然，在这种情况下，式(4.5.35)变为

$$\beta^2 = \beta_\pm^2 = k^2 \pm k_g^2 = \omega^2 \mu(\epsilon \pm \epsilon_g) \tag{4.5.38}$$

式(4.5.36)变为

$$\frac{E_x}{E_y} = \frac{\beta^2 - k^2}{jk_g^2} = \frac{\pm k_g^2}{jk_g^2} = \mp j, \qquad E_z = 0 \tag{4.5.39}$$

因此，式(4.5.37)的电场变为

$$\mathbf{E} = (\hat{x} \pm j\hat{y})E_{x0}\, \mathrm{e}^{-j\beta_\pm z} \tag{4.5.40}$$

这说明，当平面波沿 z 方向传播时，其左旋圆极化分量将以波数 $\beta_+ = \omega\sqrt{\mu(\epsilon + \epsilon_g)}$，即相速 $v_{p+} = \omega/\beta_+$ 传播；而其右旋圆极化分量以不同的波数 $\beta_- = \omega\sqrt{\mu(\epsilon - \epsilon_g)}$，即相速 $v_{p-} = \omega/\beta_-$ 传播。下面考虑线极化的平面波在回旋媒质中的传播。假设其电场为 $\mathbf{E} = \hat{x}\, E_0 \mathrm{e}^{-j\beta z}$。平面波进入回旋媒质后，电场变为

$$\mathbf{E} = \frac{1}{2}(\hat{x} - j\hat{y})E_0\, \mathrm{e}^{-j\beta_- z} + \frac{1}{2}(\hat{x} + j\hat{y})E_0\, \mathrm{e}^{-j\beta_+ z} \tag{4.5.41}$$

在媒质中的 $z = d$ 处，电场变为

$$\begin{aligned} \mathbf{E} &= \frac{1}{2}(\hat{x} - j\hat{y})E_0\, \mathrm{e}^{-j\beta_- d} + \frac{1}{2}(\hat{x} + j\hat{y})E_0\, \mathrm{e}^{-j\beta_+ d} \\ &= \frac{1}{2}\hat{x}E_0(\mathrm{e}^{-j\beta_- d} + \mathrm{e}^{-j\beta_+ d}) - \frac{1}{2}j\hat{y}E_0(\mathrm{e}^{-j\beta_- d} - \mathrm{e}^{-j\beta_+ d}) \end{aligned} \tag{4.5.42}$$

为了看出这个场的极化，分析其 x 方向分量和 y 方向分量的比值，即

$$\begin{aligned} \frac{E_x}{E_y} &= \frac{\frac{1}{2}E_0(\mathrm{e}^{-j\beta_- d} + \mathrm{e}^{-j\beta_+ d})}{-\frac{1}{2}jE_0(\mathrm{e}^{-j\beta_- d} - \mathrm{e}^{-j\beta_+ d})} = j\frac{\mathrm{e}^{j(\beta_+ - \beta_-)d/2} + \mathrm{e}^{-j(\beta_+ - \beta_-)d/2}}{\mathrm{e}^{j(\beta_+ - \beta_-)d/2} - \mathrm{e}^{-j(\beta_+ - \beta_-)d/2}} \\ &= \cot\left[\frac{(\beta_+ - \beta_-)d}{2}\right] \end{aligned} \tag{4.5.43}$$

这是一个线极化波,只是极化方向与原来的方向相比旋转了一个角度,这个角度为

$$\theta_F = \frac{(\beta_+ - \beta_-)d}{2} \tag{4.5.44}$$

这种现象称为**法拉第旋转**(见图4.25)。

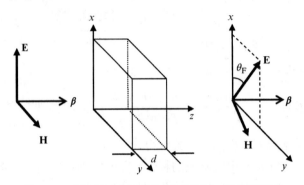

图4.25 平面波在回旋媒质中的传播:法拉第旋转

现在考虑第二种特殊情况。假设波沿 x 方向传播,即 $\theta = \pi/2$,$\boldsymbol{\beta} = \hat{x}\beta$。在这种情况下,式(4.5.35)的一个解为

$$\beta^2 = k_z^2 = \omega^2\mu\epsilon_z \tag{4.5.45}$$

式(4.5.37)的电场变为

$$\mathbf{E} = \hat{z}E_0\,e^{-j\beta x} \tag{4.5.46}$$

这与前一节讨论的非寻常波是相同的,因为波的传播仅受 ϵ_z 的影响。式(4.5.35)的另一个解为

$$\beta^2 = k^2 - \frac{k_g^4}{k^2} = \omega^2\mu\epsilon - \frac{\omega^2\mu\epsilon_g^2}{\epsilon} \tag{4.5.47}$$

对应的电场为

$$\mathbf{E} = \left(\hat{x} - \hat{y}\frac{j\epsilon}{\epsilon_g}\right)E_{x0}\,e^{-j\beta x} \tag{4.5.48}$$

我们可以写出电场相应的时域表达式,进而发现,电场矢量的终端在 xy 平面内旋转,其轨迹是一个椭圆,这通常也称为椭圆极化。但这种电磁波与前面介绍的椭圆极化平面波不相同。对于椭圆极化平面波,电场在垂直于波矢量的平面内旋转,而这里的电场在波矢量所在的平面内旋转,如图4.26所示。

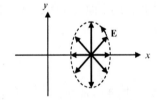

图4.26 沿 x 方向传播的椭圆极化波在 xy 平面的旋转

▷ **【例4.6】** 正如例1.8所描述的,等离子体是一种存在于电离层中的电离气体。等离子体由带负电荷的电子和带正电荷的离子构成,电子和离子在气体中可以自由运动。假定单位体积内电子的数量为 N_e,并且忽略电子之间的碰撞。现在有一个静磁场 $\mathbf{B}_0 = \hat{z}B_0$ 外加于等离子体,求等离子体的等效介电常数。

解: 如例1.8中所述,由于离子的质量比电子大得多,可以近似认为离子位置是固定

的，而仅考虑电子的运动。当时谐电场和静磁场 $\mathbf{B}_0$ 外加于等离子体时，它们在电子上施加洛伦兹力。一个电子所受的力为 $\boldsymbol{\mathscr{F}} = q_e(\boldsymbol{\mathscr{E}} + \boldsymbol{v} \times \mathbf{B}_0)$，式中 q_e 为电子的电量。上式中忽略了伴随时谐电场的磁场 $\boldsymbol{\mathscr{B}}$，因为 $\boldsymbol{v} \times \boldsymbol{\mathscr{B}}$ 的数值远远小于 $\boldsymbol{\mathscr{E}}$。同时，还忽略了离子和其他电子的电磁场对该电子的效应，以及由电子碰撞导致的摩擦力。该电子的运动方程为

$$m_e \frac{\mathrm{d}\boldsymbol{v}}{\mathrm{d}t} = q_e(\boldsymbol{\mathscr{E}} + \boldsymbol{v} \times \mathbf{B}_0)$$

式中，m_e 表示电子的质量。上式可以用复相量表示为

$$j\omega m_e \mathbf{v} = q_e(\mathbf{E} + \mathbf{v} \times \mathbf{B}_0)$$

若 $\mathbf{B}_0 = \hat{z}B_0$，则上式变为

$$v_x = \frac{q_e}{j\omega m_e}(E_x + v_y B_0), \qquad v_y = \frac{q_e}{j\omega m_e}(E_y - v_x B_0), \qquad v_z = \frac{q_e}{j\omega m_e}E_z$$

求解这些方程，得到

$$v_x = \frac{q_e}{m_e}\left(\frac{j\omega}{\omega_g^2 - \omega^2}E_x - \frac{\omega_g}{\omega_g^2 - \omega^2}E_y\right)$$

$$v_y = \frac{q_e}{m_e}\left(\frac{j\omega}{\omega_g^2 - \omega^2}E_y + \frac{\omega_g}{\omega_g^2 - \omega^2}E_x\right)$$

$$v_z = \frac{q_e}{j\omega m_e}E_z$$

式中，$\omega_g = -q_e B_0 / m_e$，称为**回旋频率**。由电子运动形成的电流为 $\mathbf{J}_c = N_e q_e \mathbf{v}$，将该电流代入麦克斯韦方程 $\nabla \times \mathbf{H} = j\omega\epsilon_0 \mathbf{E} + \mathbf{J}_c = j\omega\epsilon_{\text{eff}}\mathbf{E}$，则等效介电常数可以写成式(4.5.29)的形式，其中

$$\epsilon = \epsilon_0\left(1 - \frac{\omega_p^2}{\omega^2 - \omega_g^2}\right), \qquad \epsilon_g = \epsilon_0\frac{\omega_g \omega_p^2}{\omega(\omega^2 - \omega_g^2)}, \qquad \epsilon_z = \epsilon_0\left(1 - \frac{\omega_p^2}{\omega^2}\right)$$

式中，$\omega_p = \sqrt{N_e q_e^2 / \epsilon_0 m_e}$，称为**等离子体频率**。

4.5.3　手征媒质中的平面波

手征媒质是一种双各向同性媒质。手征媒质中，场强与通量密度的关系为[15~17]

$$\mathbf{D} = \epsilon\mathbf{E} - j\chi\mathbf{H}, \qquad \mathbf{B} = \mu\mathbf{H} + j\chi\mathbf{E} \tag{4.5.49}$$

式中，χ 称为**手征参量**。对于这种媒质中的平面波，麦克斯韦方程变为

$$\boldsymbol{\beta} \times \mathbf{E} = \omega\mathbf{B}, \qquad \boldsymbol{\beta} \times \mathbf{H} = -\omega\mathbf{D} \tag{4.5.50}$$

$$\boldsymbol{\beta} \cdot \mathbf{D} = 0, \qquad \boldsymbol{\beta} \cdot \mathbf{B} = 0 \tag{4.5.51}$$

将式(4.5.49)代入式(4.5.50)，可得

$$\begin{bmatrix} \boldsymbol{\beta} \times \bar{\mathbf{I}} - j\omega\chi\bar{\mathbf{I}} & -\omega\mu\bar{\mathbf{I}} \\ \omega\epsilon\bar{\mathbf{I}} & \boldsymbol{\beta} \times \bar{\mathbf{I}} - j\omega\chi\bar{\mathbf{I}} \end{bmatrix} \cdot \begin{bmatrix} \mathbf{E} \\ \mathbf{H} \end{bmatrix} = 0 \tag{4.5.52}$$

式中，$\bar{\mathbf{I}}$ 为单位张量。由于媒质是各向同性的，不失一般性，可以假定波沿 z 方向传播。于是，$D_z = B_z = 0$，因而 $E_z = H_z = 0$。式(4.5.52)变为

$$\begin{bmatrix} -\beta & j\omega\chi \\ j\omega\chi & \beta \end{bmatrix}\begin{bmatrix} E_x \\ E_y \end{bmatrix} = -\begin{bmatrix} 0 & \omega\mu \\ \omega\mu & 0 \end{bmatrix}\begin{bmatrix} H_x \\ H_y \end{bmatrix} \tag{4.5.53}$$

$$\begin{bmatrix} -\beta & j\omega\chi \\ j\omega\chi & \beta \end{bmatrix}\begin{bmatrix} H_x \\ H_y \end{bmatrix} = \begin{bmatrix} 0 & \omega\epsilon \\ \omega\epsilon & 0 \end{bmatrix}\begin{bmatrix} E_x \\ E_y \end{bmatrix} \tag{4.5.54}$$

从上两个方程中消去磁场，得到

$$\begin{bmatrix} 2j\omega\chi\beta & \beta^2 + \omega^2\chi^2 - \omega^2\mu\epsilon \\ \beta^2 + \omega^2\chi^2 - \omega^2\mu\epsilon & -2j\omega\chi\beta \end{bmatrix}\begin{bmatrix} E_x \\ E_y \end{bmatrix} = 0 \tag{4.5.55}$$

此方程要有非零解，其系数矩阵的行列式必须为零，由此可以求得

$$\beta_{\pm} = \omega\sqrt{\mu\epsilon} \pm \omega\chi \tag{4.5.56}$$

并且得到方程(4.5.55)的解为

$$\frac{E_x}{E_y} = \pm j \tag{4.5.57}$$

因此，手征媒质中有两种电磁波可以传播。一种是左旋圆极化波，其相速为

$$v_{p+} = \frac{\omega}{\beta_+} = \frac{1}{\sqrt{\mu\epsilon} + \chi} \tag{4.5.58}$$

另一种为右旋圆极化波，其相速为

$$v_{p-} = \frac{\omega}{\beta_-} = \frac{1}{\sqrt{\mu\epsilon} - \chi} \tag{4.5.59}$$

由于任意平面波都可以分解成左旋圆极化波和右旋圆极化波的叠加，在进入手征媒质后，这两种圆极化波将以不同的相速传播。因而手征媒质中可以发生一些特别的现象，比如法拉第旋转和双折射。但与前面的回旋媒质不同的是，回旋媒质是非互易的，而手征媒质却是互易的。

▷【例 4.7】 考虑一个无限大介质，其介电常数在 x 方向呈周期性，周期为 a(见图 4.27)。研究下面准周期平面波的传播特性

$$\mathbf{E} = \hat{z}E_z = \hat{z}E_p(x)e^{-j\beta_x x}$$

式中，E_p 为 x 的周期函数，其周期与媒质周期相同。

　　解： 由于 E_p 是周期函数，它可以展开成傅里叶级数

$$E_p(x) = \sum_{m=-\infty}^{\infty} E_{pm}e^{j\kappa_m x}$$

式中，

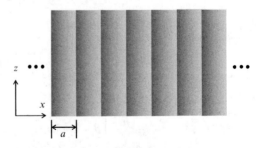

图 4.27　周期媒质中的波传播

$$E_{\mathrm{p}m} = \frac{1}{a} \int_0^a E_{\mathrm{p}}(x)\, \mathrm{e}^{-\mathrm{j}\kappa_m x}\, \mathrm{d}x, \qquad \kappa_m = \frac{2m\pi}{a}$$

因此，电场 E_z 可以表示为

$$E_z(x) = \sum_{m=-\infty}^{\infty} E_{\mathrm{p}m}\, \mathrm{e}^{-\mathrm{j}(\beta_x - \kappa_m)x}$$

上式是无数项的叠加[18]，其每一项称为一个 **Floquet 模**或 **Bloch 波**。每一个 Floquet 模都有各自的相速，表示为

$$v_{\mathrm{p},m} = \frac{\omega}{\beta_x - \kappa_m}$$

不同阶数的高阶模呈现出不同的慢波、快波、后向波现象。它们的群速为

$$v_{\mathrm{g},m} = \left[\frac{\mathrm{d}}{\mathrm{d}\omega}(\beta_x - \kappa_m) \right]^{-1} = \left[\frac{\mathrm{d}\beta_x}{\mathrm{d}\omega} \right]^{-1} = v_{\mathrm{g},0}$$

此群速与基模的群速相同。为了确定 β_x，首先把 ϵ_{r} 展开成傅里叶级数

$$\epsilon_{\mathrm{r}}(x) = \sum_{n=-\infty}^{\infty} \epsilon_{\mathrm{r}n}\, \mathrm{e}^{\mathrm{j}\kappa_n x}$$

式中，

$$\epsilon_{\mathrm{r}n} = \frac{1}{a} \int_0^a \epsilon_{\mathrm{r}}(x)\, \mathrm{e}^{-\mathrm{j}\kappa_n x}\, \mathrm{d}x, \qquad \kappa_n = \frac{2n\pi}{a}$$

把此式和 E_z 的傅里叶级数代入亥姆霍兹方程

$$\nabla^2 E_z + k_0^2 \epsilon_{\mathrm{r}} E_z = 0$$

则有

$$\sum_{m=-\infty}^{\infty} (\beta_x - \kappa_m)^2 E_{\mathrm{p}m}\, \mathrm{e}^{\mathrm{j}\kappa_m x} = k_0^2 \sum_{m=-\infty}^{\infty} \sum_{n=-\infty}^{\infty} E_{\mathrm{p}m} \epsilon_{\mathrm{r}n}\, \mathrm{e}^{\mathrm{j}(\kappa_m + \kappa_n)x}$$

上式等号两边同乘以 $\mathrm{e}^{-\mathrm{j}\kappa_{m'} x}$，并在一个周期内积分，可得

$$(\beta_x - \kappa_m)^2 E_{\mathrm{p}m} = k_0^2 \sum_{n=-\infty}^{\infty} \epsilon_{\mathrm{r}(m-n)} E_{\mathrm{p}n}, \qquad -\infty < m < \infty$$

若对求和式进行适当的截断，则上式定义的是一个广义本征值问题，对于给定的 β_x 值，求解这个本征值问题，可以得到 k_0。计算结果可以用色散图表示。

作为例子，考虑由无数个平行介质板构成的周期媒质，介质板厚度为 b，相对介电常数为 $\epsilon_{\mathrm{r}} = 8.9$，相邻介质板的间距为 a。因此

$$\epsilon_{\mathrm{r}0} = 1 + (\epsilon_{\mathrm{r}} - 1)\frac{b}{a}$$

$$\epsilon_{\mathrm{r}n} = \frac{\epsilon_{\mathrm{r}} - 1}{\mathrm{j}\kappa_n a}(1 - \mathrm{e}^{-\mathrm{j}\kappa_n b}), \qquad n \neq 0$$

图 4.28 给出了当 $b/a = 0.1$ 时计算得到的色散图。从图中可以看出，这种结构存在频率带

隙，在其中相位常数没有实数值。这样的频率带隙称为**阻带**，因为电磁波在其中不能无衰减地传播。色散图也因此称为**带隙图**。阻带以外的频带称为**通带**，在其中，相位常数为实数值，表明电磁波可以无衰减地传播。在这个例子中，前四个归一化频率阻带为$[0.3025, 0.4966]$，$[0.6832, 0.9584]$，$[1.1712, 1.3677]$和$[1.9727, 2.1644]$。

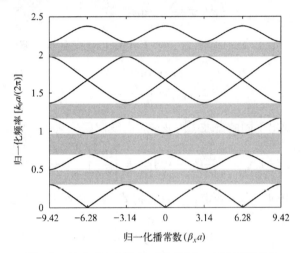

图 4.28　周期为 a 的介质板周期阵列色散图。介质板厚度为 $b = 0.1a$，
相对介电常数为 $\epsilon_r = 8.9$。波沿 x 方向传播，阴影部分代表带隙

▷ **【例 4.8】**　考虑周期媒质对平面波的反射。平面波从上半空间($z>0$)入射到下半空间($z<0$)。下半空间为周期媒质，其介电常数是 x 方向周期为 a 的周期函数。假定上半空间为空气，入射平面为 xz 平面。求垂直极化入射和平行极化入射时的反射系数。

解：首先考虑垂直极化(E 极化)[19, 20]。由于媒质的周期性，反射波可以表示成 Floquet 模式的叠加。因此，借助相位匹配的概念，入射波和反射波的电场可以表示为

$$E_y^i = E_0 \, e^{-jk_0(x\sin\theta_i - z\cos\theta_i)}$$

$$E_y^r = E_0 \sum_{m=-\infty}^{\infty} a_m \, e^{-j(k_0\sin\theta_i - \kappa_m)x - jk_{0z,m}z}$$

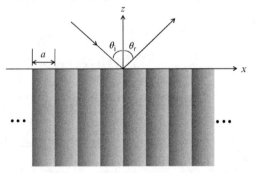

图 4.29　周期媒质对平面波的反射

式中坐标的设置如图 4.29 所示，并且

$$k_{0z,m} = \sqrt{k_0^2 - (k_0\sin\theta_i - \kappa_m)^2}, \qquad \kappa_m = \frac{2m\pi}{a}$$

为了求得透射波的表达式，考虑透射波的一个特征模，它也可以表示成 Floquet 模式的和，即

$$e_y^t = \sum_{m=-\infty}^{\infty} f_m(z) \, e^{-j(k_0\sin\theta_i - \kappa_m)x}$$

由于透射波沿负 z 方向传播，上式中 $f_m(z) = c_m e^{jk_{dz}z}$。将$\epsilon_r$的傅里叶表达式和 e_y^t 代入亥姆霍

兹方程

$$\nabla^2 E_y^{\mathrm{t}} + k_0^2 \epsilon_{\mathrm{r}} E_y^{\mathrm{t}} = 0$$

可得

$$\sum_{m=-\infty}^{\infty} \left[(k_0 \sin\theta_{\mathrm{i}} - \kappa_m)^2 + k_{\mathrm{dz}}^2 \right] c_m \, \mathrm{e}^{\mathrm{j}\kappa_m x} = k_0^2 \sum_{m=-\infty}^{\infty} \sum_{n=-\infty}^{\infty} c_m \epsilon_{\mathrm{r}n} \, \mathrm{e}^{\mathrm{j}(\kappa_m + \kappa_n)x}$$

应用傅里叶模式的正交性, 并整理所得结果, 可得

$$\sum_{n=-\infty}^{\infty} \left[k_0^2 \epsilon_{\mathrm{r}(m-n)} - \delta_{mn}(k_0 \sin\theta_{\mathrm{i}} - \kappa_m)^2 \right] c_n = k_{\mathrm{dz}}^2 c_m$$

上式表示一个标准的本征值问题 $[A]\{c\} = \lambda\{c\}$, 其中 $\lambda = k_{\mathrm{dz}}^2$, $[A]$ 的元素为

$$A_{mn} = k_0^2 \epsilon_{\mathrm{r}(m-n)} - \delta_{mn}(k_0 \sin\theta_{\mathrm{i}} - \kappa_m)^2$$

式中, 当 $m = n$ 时 $\delta_{mn} = 1$; 其余的 $\delta_{mn} = 0$。求解这个本征值问题, 可得本征值 $k_{\mathrm{dz},\ell}$ 和本征矢量 $\{c\}^{(\ell)}$ ($\ell = 1, 2, \cdots, \infty$)。在得到这些特征模之后, 透射电场就可以展开成它们的线性组合, 即

$$E_y^{\mathrm{t}} = E_0 \sum_{\ell=1}^{\infty} b_\ell \, \mathrm{e}^{\mathrm{j}k_{\mathrm{dz},\ell} z} \sum_{m=-\infty}^{\infty} c_m^{(\ell)} \, \mathrm{e}^{-\mathrm{j}(k_0 \sin\theta_{\mathrm{i}} - \kappa_m)x}$$

为确定 a_m 和 b_ℓ, 使用 $\nabla \times \mathbf{E} = -\mathrm{j}\omega\mu\mathbf{H}$ 得到

$$H_x^{\mathrm{i}} = \frac{E_0}{\omega\mu_0} k_0 \cos\theta_{\mathrm{i}} \, \mathrm{e}^{-\mathrm{j}k_0(x\sin\theta_{\mathrm{i}} - z\cos\theta_{\mathrm{i}})}$$

$$H_x^{\mathrm{r}} = -\frac{E_0}{\omega\mu_0} \sum_{m=-\infty}^{\infty} a_m k_{0z,m} \, \mathrm{e}^{-\mathrm{j}(k_0 \sin\theta_{\mathrm{i}} - \kappa_m)x - \mathrm{j}k_{0z,m}z}$$

$$H_x^{\mathrm{t}} = \frac{E_0}{\omega\mu_0} \sum_{\ell=1}^{\infty} b_\ell k_{\mathrm{dz},\ell} \, \mathrm{e}^{\mathrm{j}k_{\mathrm{dz},\ell} z} \sum_{m=-\infty}^{\infty} c_m^{(\ell)} \, \mathrm{e}^{-\mathrm{j}(k_0 \sin\theta_{\mathrm{i}} - \kappa_m)x}$$

应用分界面上电场切向分量和磁场切向分量连续的边界条件, 可得

$$1 + \sum_{m=-\infty}^{\infty} a_m \, \mathrm{e}^{\mathrm{j}\kappa_m x} = \sum_{\ell=1}^{\infty} b_\ell \sum_{m=-\infty}^{\infty} c_m^{(\ell)} \, \mathrm{e}^{\mathrm{j}\kappa_m x}$$

$$k_0 \cos\theta_{\mathrm{i}} - \sum_{m=-\infty}^{\infty} a_m k_{0z,m} \, \mathrm{e}^{\mathrm{j}\kappa_m x} = \sum_{\ell=1}^{\infty} b_\ell k_{\mathrm{dz},\ell} \sum_{m=-\infty}^{\infty} c_m^{(\ell)} \, \mathrm{e}^{\mathrm{j}\kappa_m x}$$

这两个方程可以简化为

$$\delta_{0m} + a_m = \sum_{\ell=1}^{\infty} b_\ell c_m^{(\ell)}$$

$$\delta_{0m} k_0 \cos\theta_{\mathrm{i}} - a_m k_{0z,m} = \sum_{\ell=1}^{\infty} b_\ell k_{\mathrm{dz},\ell} c_m^{(\ell)}$$

消去 a_m, 可得

$$\sum_{\ell=1}^{\infty}(k_{0z,m}+k_{\mathrm{d}z,\ell})c_m^{(\ell)}b_\ell = \delta_{0m}(k_{0z,m}+k_0\cos\theta_{\mathrm{i}})$$

上式表示一组线性方程。对求和式进行适当截断,可以解出 b_ℓ,并从而计算出 a_m。

现在,考虑平行极化(H 极化),其入射磁场、反射磁场和透射磁场分别写为

$$H_y^{\mathrm{i}} = H_0\,\mathrm{e}^{-\mathrm{j}k_0(x\sin\theta_{\mathrm{i}}-z\cos\theta_{\mathrm{i}})}$$

$$H_y^{\mathrm{r}} = H_0\sum_{m=-\infty}^{\infty}a_m\,\mathrm{e}^{-\mathrm{j}(k_0\sin\theta_{\mathrm{i}}-\kappa_m)x-\mathrm{j}k_{0z,m}z}$$

$$H_y^{\mathrm{t}} = H_0\sum_{\ell=1}^{\infty}b_\ell\,\mathrm{e}^{\mathrm{j}k_{\mathrm{d}z,\ell}z}\sum_{m=-\infty}^{\infty}c_m^{(\ell)}\,\mathrm{e}^{-\mathrm{j}(k_0\sin\theta_{\mathrm{i}}-\kappa_m)x}$$

为确定本征值 $k_{\mathrm{d}z,\ell}$ 和本征矢量 $\{c\}^{(\ell)}$,可将 $1/\epsilon_{\mathrm{r}}$ 的傅里叶表达式以及 H_y^{t} 代入亥姆霍兹方程

$$\nabla\cdot\left(\frac{1}{\epsilon_{\mathrm{r}}}\nabla H_y^{\mathrm{t}}\right)+k_0^2 H_y^{\mathrm{t}}=0$$

得到

$$\sum_{n=-\infty}^{\infty}\check{\epsilon}_{\mathrm{r}(m-n)}\left[(k_0\sin\theta_{\mathrm{i}}-\kappa_m)(k_0\sin\theta_{\mathrm{i}}-\kappa_n)+k_{\mathrm{d}z,\ell}^2\right]c_n^{(\ell)}=k_0^2 c_m^{(\ell)}$$

式中,

$$\check{\epsilon}_{\mathrm{r}n}=\frac{1}{a}\int_0^a\frac{1}{\epsilon_{\mathrm{r}}(x)}\,\mathrm{e}^{-\mathrm{j}\kappa_n x}\,\mathrm{d}x$$

上式表示一个广义的本征值问题 $[A]\{c\}^{(\ell)}=k_{\mathrm{d}z,\ell}^2[B]\{c\}^{(\ell)}$,式中 $[A]$ 和 $[B]$ 的元素为

$$A_{mn}=\delta_{mn}k_0^2-\check{\epsilon}_{\mathrm{r}(m-n)}(k_0\sin\theta_{\mathrm{i}}-\kappa_m)(k_0\sin\theta_{\mathrm{i}}-\kappa_n)$$

$$B_{mn}=\check{\epsilon}_{\mathrm{r}(m-n)}$$

求解这个广义本征值问题,可以得到本征值 $k_{\mathrm{d}z,\ell}$ 和本征矢量 $\{c\}^{(\ell)}$($\ell=1,2,\cdots,\infty$)。为了确定 a_m 和 b_ℓ,由 $\nabla\times\mathbf{H}=\mathrm{j}\omega\epsilon\,\mathbf{E}$ 可得

$$E_x^{\mathrm{i}}=-\frac{H_0}{\omega\epsilon_0}k_0\cos\theta_{\mathrm{i}}\,\mathrm{e}^{-\mathrm{j}k_0(x\sin\theta_{\mathrm{i}}-z\cos\theta_{\mathrm{i}})}$$

$$E_x^{\mathrm{r}}=\frac{H_0}{\omega\epsilon_0}\sum_{m=-\infty}^{\infty}a_m k_{0z,m}\,\mathrm{e}^{-\mathrm{j}(k_0\sin\theta_{\mathrm{i}}-\kappa_m)x-\mathrm{j}k_{0z,m}z}$$

$$E_x^{\mathrm{t}}=-\frac{H_0}{\omega\epsilon_{\mathrm{d}}}\sum_{\ell=1}^{\infty}b_\ell k_{\mathrm{d}z,\ell}\,\mathrm{e}^{\mathrm{j}k_{\mathrm{d}z,\ell}z}\sum_{m=-\infty}^{\infty}c_m^{(\ell)}\,\mathrm{e}^{-\mathrm{j}(k_0\sin\theta_{\mathrm{i}}-\kappa_m)x}$$

应用分界面上电场切向分量和磁场切向分量连续的边界条件,可得

$$1+\sum_{m=-\infty}^{\infty}a_m\,\mathrm{e}^{\mathrm{j}\kappa_m x}=\sum_{\ell=1}^{\infty}b_\ell\sum_{m=-\infty}^{\infty}c_m^{(\ell)}\,\mathrm{e}^{\mathrm{j}\kappa_m x}$$

$$k_0\cos\theta_{\mathrm{i}}-\sum_{m=-\infty}^{\infty}a_m k_{0z,m}\,\mathrm{e}^{\mathrm{j}\kappa_m x}=\frac{1}{\epsilon_{\mathrm{r}}}\sum_{\ell=1}^{\infty}b_\ell k_{\mathrm{d}z,\ell}\sum_{m=-\infty}^{\infty}c_m^{(\ell)}\,\mathrm{e}^{\mathrm{j}\kappa_m x}$$

这两个方程可以简化为

$$\delta_{0m} + a_m = \sum_{\ell=1}^{\infty} b_\ell c_m^{(\ell)}$$

$$\delta_{0m} k_0 \cos\theta_{\mathrm{i}} - a_m k_{0z,m} = \sum_{\ell=1}^{\infty} b_\ell k_{\mathrm{d}z,\ell} \sum_{n=-\infty}^{\infty} \check{\epsilon}_{\mathrm{r}(m-n)} c_n^{(\ell)}$$

消去 a_m 之后，上面的方程变为

$$\sum_{\ell=1}^{\infty} \sum_{n=-\infty}^{\infty} \left[\delta_{mn} k_{0z,m} + k_{\mathrm{d}z,\ell} \check{\epsilon}_{\mathrm{r}(m-n)} \right] c_n^{(\ell)} b_\ell = \delta_{0m} (k_{0z,m} + k_0 \cos\theta_{\mathrm{i}})$$

对求和式进行适当截断，上式所表示的就是一组线性方程，可以从中求解出 b_ℓ，进而求出 a_m。◁

原著参考文献

1. G. F. Miner, *Lines and Electromagnetic Fields for Engineers*. Oxford, UK：Oxford University Press，1996.

2. P. M. Morse and H. Feshbach, *Methods of Theoretical Physics*. New York：McGraw-Hill，1953.

3. C. T. Tai, *Dyadic Green Functions in Electromagnetic Theory* (2nd edition). Piscataway, NJ：IEEE Press，1994.

4. R. F. Harrington, *Time-Harmonic Electromagnetic Fields*. New York：McGraw-Hill，1961.

5. S. Ramo, J. R. Whinnery, and T. Van Duzer, *Fields and Waves in Communication Electronics*(3rd edition). New York：John Wiley & Sons, Inc.，1994.

6. V. G. Veselago, "The electrodynamics of substances with simultaneously negative values of ϵ and μ," *Sov. Phys. Usp.*, vol. 10, no. 4, pp. 509-514, 1968.

7. J. B. Pendry, "Negative refraction makes a perfect lens," *Phys. Rev. Lett.*, vol. 85, no. 18, pp. 3966-3969, 2000.

8. R. A. Shelby, D. R. Smith, and S. Schultz, "Experimental verification of a negative refractive index of refraction," *Science*, vol. 292, pp. 77-79, 2001.

9. C. Caloz, C.-C. Chang, and T. Itoh, "Full-wave verification of the fundamental properties of left-handed materials in waveguide configurations," *J. Appl. Phys.*, vol. 90, no. 11, pp. 5483-5486, 2001.

10. G. V. Eleftheriades and K. G. Balmain, *Negative Refraction Metamaterials：Fundamental Principles and Applications*. Hoboken, NJ：John Wiley & Sons, Inc.，2005.

11. N. Engheta and R. W. Ziolkowski, Eds. *Electromagnetic Metamaterials：Physics and Engineering Explorations*. Hoboken, NJ：John Wiley & Sons, Inc.，2006.

12. J. A. Kong, *Electromagnetic Wave Theory*. Cambridge, MA：EMW Publishing，2000.

13. S. L. Chuang, *Physics of Photonic Devices*(2nd edition). Hoboken, NJ：JohnWiley & Sons, Inc.，2009.

14. C. G. Someda, *Electromagnetic Waves*(2nd edition). Boca Raton, FL：CRC Press，2006.

15. D. L. Jaggard, A. R. Mickelson, and C. H. Papas, "On electromagnetic waves in chiral media," *Appl. Phys.*, vol. 18, pp. 211-216, 1978.

16. N. Engheta and D. L. Jaggard, "Electromagnetic chirality and its applications," *IEEE Antennas Propag. Soc. Newslett.*, vol. 30, pp. 6-12, 1988.

17. I. V. Lindell, A. H. Sihvola, S. A. Tretyakov, and A. J. Viitanen, *ElectromagneticWaves in Chiraland Bi-Isotropic*

Media. Norwood, MA: Artech House, 1994.

18. L. Brillouin, *Wave Propagation in Periodic Structures.* New York: McGraw-Hill, 1946.

19. S. T. Peng, T. Tamir, and H. L. Bertoni, "Theory of periodic dielectric waveguides," *IEEE Trans. Microwave Theory Tech.*, vol. 23, pp. 123-133, 1975.

20. H. L. Bertoni, L. H. S. Cheo, and T. Tamir, "Frequency-selective reflection and transmission by a periodic dielectric layer," *IEEE Trans. Antennas Propag.*, vol. 37, no. 1, pp. 78-83, 1989.

习题

4.1 考虑一无耗传输线，其单位长度电感和电容均为负值。从基尔霍夫定律出发，推导电压和电流的传输线方程，并求出相速和能速。

4.2 如图 4.30 所示，半无限长传输线由点电压源激励，求传输线上的电压和电流。

4.3 如图 4.31 所示，有限长传输线由点电流源激励，求传输线上的电压和电流。

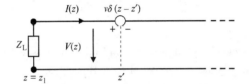 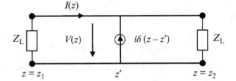

图 4.30　点电压源激励的半无限长传输线　　图 4.31　点电流源激励的有限长传输线

4.4 无耗传输线如图 4.32 所示，其上有分布电压源 $v(z)$。用格林函数表示出此问题的解。

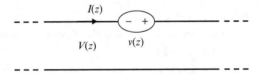

图 4.32　分布电压源激励的传输线

4.5 如图 4.33 所示，半无限长传输线和一段端接阻抗负载的特性阻抗不同的传输线相连接。求半无限长传输线上的反射电压和反射电流。

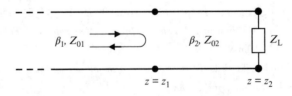

图 4.33　端接阻抗负载的传输线

4.6 有两段长度为 L 的传输线，分别在 $z=0$ 处端接 Z_1，在 $z=L$ 处端接 Z_2。第一段传输线的分布电压源为 $v_a(z)$，分布电流源为 $i_a(z)$，传输线上的电压和电流分别表示为 $V_a(z)$ 和 $I_a(z)$。第二段传输线的分布电压源为 $v_b(z)$，分布电流源为 $i_b(z)$，传输线上的电压和电流分别表示为 $V_b(z)$ 和 $I_b(z)$。证明下面的广义互易定理：

$$\int_0^L [v_a(z)I_b(z) - i_a(z)V_b(z)]\mathrm{d}z = \int_0^L [v_b(z)I_a(z) - i_b(z)V_a(z)]\mathrm{d}z$$

4.7 铝、铜、银和石墨烯在常温下的电导率分别为 3.50×10^7、5.96×10^7、6.30×10^7 和 1.00×10^8 S/m。假定它们的磁导率为 μ_0，计算它们在 1 kHz、1 MHz、300 MHz、1 GHz、10 GHz、30 GHz 和 100 GHz 时的趋肤深度和本征阻抗。[**提示**：趋肤深度 δ 定义为电场从 1 衰减到 $e^{-1} = 0.368$ 的长度，与衰减常数的关系为 $\delta = 1/\alpha$。]

4.8 媒质的相对介电常数为

$$\epsilon_r(\omega) = 1 + \frac{\omega_p^2}{\omega_0^2 - \omega^2}$$

式中，ω_p 和 ω_0 为常数。求此媒质中均匀平面波的相速和群速。假设常数 $\omega_p = 2\pi \times 10^9$ rad/s，$\omega_0 = 6\pi \times 10^9$ rad/s，画出相速和群速在 0~5 GHz 范围内随频率的变化曲线。

4.9 等离子体的相对介电常数为

$$\epsilon_r(\omega) = 1 + \frac{\omega_p^2}{j\omega(\nu + j\omega)}$$

式中，ω_p 和 ν 为常数。求等离子体中均匀平面波的相位常数、衰减常数、相速和群速。假设常数 $\omega_p = 2\pi \times 10^6$ rad/s，$\nu = 2\pi \times 10^3$ rad/s，画出相对介电常数、相速和群速在 0~5 GHz 范围内随频率的变化曲线。

4.10 平面波电场为 $\mathbf{E} = \hat{x}(e^{-j\beta z} + \Gamma e^{j\beta z})$，式中 $\beta = \omega\sqrt{\mu_0\epsilon_0}$，$\Gamma$ 未知。在 $z = d$ 处电场和磁场的比值为 $E_x/H_y|_{z=d} = Z_d$，式中 Z_d 为常数（可能为复数）。

　　（a）求 Γ；

　　（b）求 $z < d$ 的驻波比（SWR），Z_d 为何值时 SWR 为 1？Z_d 为何值时 SWR 为无限大？

　　（c）求能流密度时均值。

4.11 频率为 10 MHz 的左旋椭圆极化平面波在自由空间中沿 z 方向传播。坡印亭矢量时均值（平均功率密度）为 10^{-6} W/m^2。如果在任意 z 为常数的平面，电场强度最大值与最小值之比为 2，求电场强度的最大值。

4.12 首先，从式（4.2.53）出发推导式（4.2.54）。然后，证明式（4.2.54）中的半长轴 A 和半短轴 B 与电场幅度的关系为

$$A^2 + B^2 = |E_{0x}|^2 + |E_{0y}|^2$$

椭圆的倾斜角（椭圆半长轴与 x 轴的夹角）ψ 为

$$\tan 2\psi = \frac{2|E_{0x}||E_{0y}|}{|E_{0x}|^2 - |E_{0y}|^2}\cos\vartheta$$

4.13 如图 4.11 所示，在 xy 平面上有一个无限大面电流，其面电流密度由式（4.3.1）给出。在 $z = -d$ 处有一个无限大理想导体平面（见图 4.34）。

　　（a）求区域 $-d < z < 0$ 和 $z > 0$ 中由面电流产生的电场和磁场；

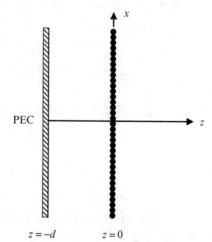

图 4.34　位于无限大理想导体平面前方的无限大面电流

（b）求单位面积面电流辐射的功率时均值；

（c）d 为何值时，电流辐射场的功率时均值为零？

4.14 导电平面涂覆了一层介电常数为 ϵ_0，磁导率为 $\mu = \mu' - j\mu''$，厚度为 t 的磁性材料。考虑一个垂直入射的均匀平面波。

（a）求每平方米涂覆材料吸收功率时均值的表达式；

（b）当材料厚度非常小时，求出上式的近似式。

4.15 平面波从自由空间斜入射到介电常数为 ϵ_d 且磁导率为 μ_d 的厚度为 d 的无限大介质板上。求垂直极化入射和平行极化入射的反射场、透射场以及介质板内部的场。

4.16 平面波入射到由 $N = 100$ 层不同的无耗介质板构成的媒质中，每一层介质板的介电常数和磁导率分别为 ϵ_n 和 μ_n（$n = 1, 2, \cdots, N$）。分层媒质最后连接到介电常数为 ϵ_{N+1} 且磁导率为 μ_{N+1} 的无限大半空间。入射角 θ_i 为入射波与分界面法向的角度。

（a）求第 10 层、第 99 层及最后半空间中的透射波传播方向；

（b）如果在自由空间和第一层介质的分界面发生全反射，需要满足什么条件？

4.17 频率为 1 GHz 的右旋椭圆极化波在自由空间中沿 z 方向传播。

（a）在任意 z 为常数的平面内，电场强度最大值与最小值的比值为 3，电场强度的最大值为 1 V/m，求该平面波的坡印亭矢量时均值（平均功率密度）；

（b）如果该平面波入射到介电常数为 ϵ 且磁导率为 $\mu = \mu_0$ 的均匀各向同性无限大半空间中，当入射角为何值时，反射波为线极化波？将结果表示成 ϵ 的式子。

4.18 为了减小平面波垂直入射到导体壁时的反射（平面波从左向右入射），可在导体壁前方 $\lambda/4$ 处放置一块非常薄的导电材料（$\beta d \ll 1$），其介质参数为 σ、ϵ_0 和 μ_0。

（a）如果希望导电薄层的左边没有反射，导电薄层的厚度应该为多少？

（b）假设频率增大 10%，导电薄层左边的 SWR 将为多少？

（c）如果在你的汽车上覆盖这样的导电薄层，能避开警察的测速雷达吗？为什么？

4.19 平面波从媒质 1 入射到媒质 1 和媒质 2 的分界面（见图 4.13 和图 4.14）。两种媒质均为各向同性的非磁性媒质（$\mu = \mu_0$），介电常数分别为 ϵ_1 和 ϵ_2。

（a）对于圆极化入射波，当入射角为何值时反射波为线极化？将结果写成 ϵ_1 和 ϵ_2 的表达式，并说明反射波的极化（即反射波电场方向）；

（b）当右旋圆极化波以临界角入射时（全反射），确定反射波的极化，写出临界角的表达式；

（c）如果媒质 2 为单轴媒质，其介电常数为

$$\overline{\epsilon} = \begin{bmatrix} \epsilon_2 & 0 & 0 \\ 0 & \epsilon_y & 0 \\ 0 & 0 & \epsilon_2 \end{bmatrix}$$

对于圆极化波入射波，当入射角为何值时反射波为线极化？写出平行极化入射和垂直极化入射时的临界角。

4.20 均匀平面波以入射角 θ_i 从空气（μ_0, ϵ_0）向 $\mu = \mu_0$ 且 $\epsilon_p = \epsilon_0 [1 - (\omega_p^2/\omega^2)]$ 的各向同性等离子体入射，如图 4.13 所示。当 $\omega = \omega_p$，且入射波电场为 $\mathbf{E}^i = \hat{y} E_0 e^{-jk_0(x\sin\theta_i + z\cos\theta_i)}$（式中 $k_0 = \omega\sqrt{\mu_0\epsilon_0}$）时，确定垂直极化入射时的反射场和透射场。

4.21 考虑图 4.35 所示的实验装置,最左侧是一块偏振片,通过轴沿竖直方向;中间是四分之一波板,其快波轴和竖直方向成 α 角;最右侧是另一块偏振片,通过轴沿水平方向。有一幅度为 E_0 的垂直极化平面波从左边入射,忽略所有界面的反射,求右边透射场的幅度,将结果写成 E_0 和 α 的表达式。

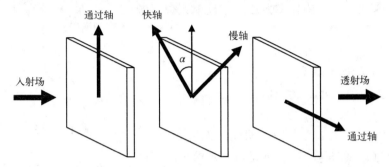

图 4.35 由一块偏振片、一块四分之一波板和另一块偏振片构成的实验装置

4.22 考虑图 4.36 所示的实验装置,偏振片通过轴与 x 轴和 y 轴呈45°。假定偏振片和四分之一波板均无反射,右边的镜面为理想导体。对于沿 z 方向传播的任意极化波 $\mathbf{E}^i$,求电场 $\mathbf{E}_1$、$\mathbf{E}_2$、$\mathbf{E}_3$、$\mathbf{E}_4$、$\mathbf{E}_{out}$ 的表达式。

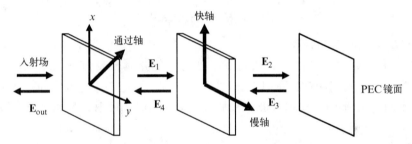

图 4.36 由一块偏振片、一块四分之一波板和 PEC 反射平面构成的实验装置

4.23 有一种铌酸锂晶体($LiNbO_3$),其介电常数为

$$\overline{\epsilon} = \begin{bmatrix} 2.297 & 0 & 0 \\ 0 & 2.297 & 0 \\ 0 & 0 & 2.209 \end{bmatrix}$$

(a) 写出在 yz 平面传播的寻常波和非寻常波的色散关系;

(b) 求出寻常波和非寻常波场量 $\mathbf{E}$、$\mathbf{H}$、$\mathbf{D}$、$\mathbf{B}$ 的表达式。

4.24 有一种铁氧体,其磁导率为

$$\overline{\mu} = \begin{bmatrix} \mu_1 & ja & 0 \\ -ja & \mu_1 & 0 \\ 0 & 0 & \mu_0 \end{bmatrix}$$

(a) 当波沿 z 方向传播时,求出相应的传播常数以及极化特征;

(b) 当波沿 x 方向传播时,求出相应的传播常数以及极化特征。

4.25 在例 4.6 中,我们推导了等离子体的等效介电常数,为简单起见,忽略了电子之间的

碰撞。现在，考虑由碰撞引起的摩擦力，假定碰撞频率为 ν。求等离子体的等效介电常数。

4.26 考虑图4.37所示的问题：平行极化的平面波斜入射到PEC衬底的介质板表面，其中介质板厚度为 d，介电常数为 ϵ_d，磁导率为 μ_d。求反射系数。考虑四种特殊情况：

(a) ϵ_d 和 μ_d 均为正值；

(b) ϵ_d 和 μ_d 均为负值；

(c) ϵ_d 为正值，而 μ_d 为负值；

(d) ϵ_d 为负值，而 μ_d 为正值。

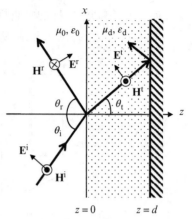

图4.37　PEC衬底的介质板对平行极化平面波的反射

4.27 考虑介电常数在 x 方向呈周期性的无限大介质，其周期为 a(见图4.27)。研究如下 E 极化准周期平面波的传播常数

$$\mathbf{E} = \hat{z}E_z = \hat{z}E_p(x)\,\mathrm{e}^{-\mathrm{j}(\beta_x x + \beta_y y)}$$

式中，E_p 为 x 方向周期函数，其周期与媒质周期相同；β_y 为固定值。对于如下 H 极化准周期平面波，重复前面的分析：

$$\mathbf{H} = \hat{z}H_z = \hat{z}H_p(x)\,\mathrm{e}^{-\mathrm{j}(\beta_x x + \beta_y y)}$$

式中，H_p 为 x 的周期函数。

4.28 考虑平面波从上半空间($z>0$)入射到厚度为 h 的介质板表面($z=0$)。介质板的介电常数为 x 方向周期函数，周期为 a(见图4.38)。假定上半空间和下半空间为空气，入射平面为 xz 平面。求垂直极化和平行极化入射时的反射系数和透射系数。

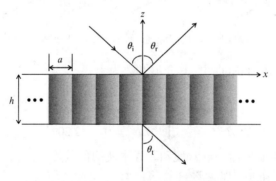

图4.38　平面波入射到周期介质板的反射和透射

第 5 章　笛卡儿坐标系中的场与波

从这一章开始，我们将讨论如何求解在三种最常用坐标系，即笛卡儿坐标系、柱坐标系和球坐标系中的电磁边值问题。首先讨论笛卡儿坐标系中的电磁问题，主要内容包括：电磁波在矩形波导和介质板波导中的传播；矩形腔体中的谐振；平面多层媒质中的源所产生的场等。由于是初次接触波导和谐振腔，我们先讨论任意截面形状波导和谐振腔的一般特性。这些特性不仅适用于矩形波导和谐振腔，也适用于第 6 章和第 7 章将要讨论的柱坐标系和球坐标系中的波导和谐振腔。

5.1　均匀波导

一般来说，能够把电磁波从一端引导到另一端的任何结构都可以称为**波导**。在这种定义下，平行双导线、同轴线、微带线、槽线及不同截面形状的空心金属管、介质板和介质柱都可以称为波导。在某种意义上，自由空间也可以认为是波导，因为电磁波在自由空间中可以从一点传播到另一点。另一方面，在微波工程中，"波导"通常特指空心或部分填充介质，并且横截面为矩形、圆形或椭圆形的金属管。在一个多世纪前[1]，瑞利就发现电磁波在空心金属管中可以从一端传播到另一端。麦克斯韦方程在其边界条件下有非零解，故这一节将分析这种金属管波导中的电磁场。假设所讨论的波导为**均匀波导**，即其几何形状和材料组成沿纵向没有变化。

5.1.1　均匀波导的分析方法

考虑一根无限长、任意横截面的金属波导，中间填充介电常数为 ϵ 且磁导率为 μ 的均匀媒质，波导轴线沿 z 方向(见图 5.1)。

对于沿 z 方向传播的电磁波，其电场和磁场可以表示为

$$\mathbf{E} = \mathbf{E}_t + \hat{z} E_z = \left[\mathbf{e}_t(x,y) + \hat{z} e_z(x,y) \right] \mathrm{e}^{-jk_z z} \tag{5.1.1}$$

$$\mathbf{H} = \mathbf{H}_t + \hat{z} H_z = \left[\mathbf{h}_t(x,y) + \hat{z} h_z(x,y) \right] \mathrm{e}^{-jk_z z} \tag{5.1.2}$$

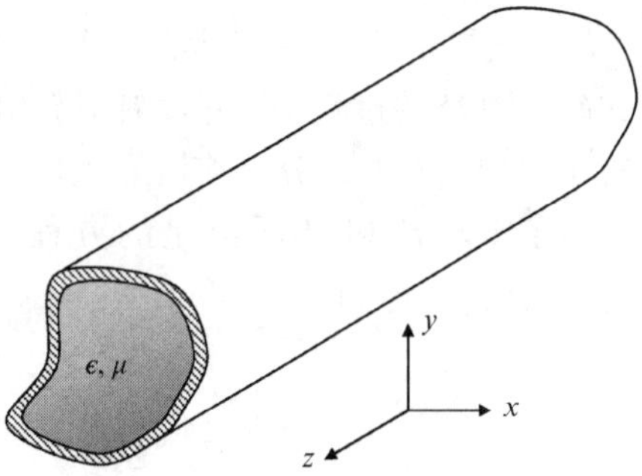

图 5.1　任意截面形状的均匀波导

式中，k_z 为 z 方向的传播常数。分析波导中的电磁问题，就是要确定波导能够支持的无源区域麦克斯韦方程的所有可能表示成式(5.1.1)和式(5.1.2)形式的非零解。解的表达式中包含两部分内容，即场分布和传播常数。

为了求出麦克斯韦方程的可能解，将式(5.1.1)和式(5.1.2)代入麦克斯韦方程的第

一式, 即 $\nabla \times \mathbf{E} = -\mathrm{j}\omega\mu\mathbf{H}$, 得到

$$\left(\nabla_t + \hat{z}\frac{\partial}{\partial z}\right) \times (\mathbf{E}_t + \hat{z}E_z) = -\mathrm{j}\omega\mu(\mathbf{H}_t + \hat{z}H_z) \tag{5.1.3}$$

此方程可以写为

$$\nabla_t \times \mathbf{E}_t - \hat{z} \times \nabla_t E_z - \mathrm{j}k_z\hat{z} \times \mathbf{E}_t = -\mathrm{j}\omega\mu(\mathbf{H}_t + \hat{z}H_z) \tag{5.1.4}$$

其横向分量和纵向分量分别为

$$\hat{z} \times \nabla_t E_z + \mathrm{j}k_z\hat{z} \times \mathbf{E}_t = \mathrm{j}\omega\mu\mathbf{H}_t \tag{5.1.5}$$

$$\nabla_t \times \mathbf{E}_t = -\mathrm{j}\omega\mu H_z\hat{z} \tag{5.1.6}$$

类似地, 从无源麦克斯韦方程的第二式出发, 可得

$$\hat{z} \times \nabla_t H_z + \mathrm{j}k_z\hat{z} \times \mathbf{H}_t = -\mathrm{j}\omega\epsilon\mathbf{E}_t \tag{5.1.7}$$

$$\nabla_t \times \mathbf{H}_t = \mathrm{j}\omega\epsilon E_z\hat{z} \tag{5.1.8}$$

用 $\hat{z}$ 叉乘式(5.1.5), 可得

$$\hat{z} \times (\hat{z} \times \nabla_t E_z) + \mathrm{j}k_z\hat{z} \times (\hat{z} \times \mathbf{E}_t) = \mathrm{j}\omega\mu\hat{z} \times \mathbf{H}_t \tag{5.1.9}$$

再利用式(5.1.7)消去 $\hat{z} \times \mathbf{H}_t$, 可得

$$(k^2 - k_z^2)\mathbf{E}_t = \mathrm{j}\omega\mu\hat{z} \times \nabla_t H_z - \mathrm{j}k_z\nabla_t E_z \tag{5.1.10}$$

即

$$\mathbf{E}_t = \frac{1}{k_t^2}(\mathrm{j}\omega\mu\hat{z} \times \nabla_t H_z - \mathrm{j}k_z\nabla_t E_z) \tag{5.1.11}$$

式中, $k_t^2 = k^2 - k_z^2$, $k^2 = \omega^2\mu\epsilon$。类似地, 在式(5.1.5)和式(5.1.7)中消去 $\mathbf{E}_t$, 可得

$$\mathbf{H}_t = \frac{1}{k_t^2}(-\mathrm{j}\omega\epsilon\hat{z} \times \nabla_t E_z - \mathrm{j}k_z\nabla_t H_z) \tag{5.1.12}$$

式(5.1.11)和式(5.1.12)表明: 一旦求出 E_z 和 H_z, 其他所有场分量就可以由此确定。因此, 分析波导中的电磁问题, 仅需要求解 E_z 和 H_z。值得注意的是, 在推导式(5.1.11)和式(5.1.12)的过程中, 并没有对介电常数和磁导率的均匀性做出限定。因此, 这两个等式对非均匀填充或部分填充波导也成立。

为了得到 E_z 和 H_z 所满足的方程, 将式(5.1.12)代入式(5.1.8), 将式(5.1.11)代入式(5.1.6), 得到

$$\nabla_t \times \left[\frac{1}{k_t^2}(\omega\epsilon\hat{z} \times \nabla_t E_z + k_z\nabla_t H_z)\right] = -\omega\epsilon E_z\hat{z} \tag{5.1.13}$$

$$\nabla_t \times \left[\frac{1}{k_t^2}(\omega\mu\hat{z} \times \nabla_t H_z - k_z\nabla_t E_z)\right] = -\omega\mu H_z\hat{z} \tag{5.1.14}$$

对于均匀填充的波导, ϵ 和 μ 均为常数, 上面两个方程可以简化为

$$\nabla_t^2 E_z + k_t^2 E_z = 0 \qquad 在\Omega上 \tag{5.1.15}$$

$$\nabla_t^2 H_z + k_t^2 H_z = 0 \qquad 在\Omega上 \tag{5.1.16}$$

式中，$\nabla_t^2 = \nabla_t \cdot \nabla_t$ 表示横向拉普拉斯算子，Ω 表示波导的横截面。由于波导的几何形状沿 z 方向没有变化，所以 E_z 满足的边界条件为

$$E_z = 0 \qquad 在 \Gamma 上 \qquad\qquad (5.1.17)$$

式中，Γ 表示波导导体的内表面。由于导体表面上 $\hat{n} \cdot \mathbf{H} = 0$，其中 $\hat{n}$ 为单位法向矢量，根据式 (5.1.12) 有

$$\hat{n} \cdot \mathbf{H} = \hat{n} \cdot \mathbf{H}_t = \frac{1}{k_t^2} [-j\omega\epsilon\hat{n} \cdot (\hat{z} \times \nabla_t E_z) - jk_z\hat{n} \cdot \nabla_t H_z] = 0 \qquad (5.1.18)$$

因为 $\hat{n} \cdot (\hat{z} \times \nabla_t E_z) = (\hat{n} \times \hat{z}) \cdot \nabla_t E_z$ 表示切向导数，而在 Γ 上 $E_z = 0$，所以上式方括号中的第一项为零。由此可得 $\hat{n} \cdot \nabla_t H_z = 0$，即

$$\frac{\partial H_z}{\partial n} = 0 \qquad 在 \Gamma 上 \qquad\qquad (5.1.19)$$

此边界条件也可以通过把 $\hat{n} \times \mathbf{E} = 0$ 代入式 (5.1.11) 得到。

由式 (5.1.15) 和式 (5.1.16) 所示的亥姆霍兹方程与由式 (5.1.17) 和式 (5.1.19) 所示的边界条件表明：在均匀填充的均匀波导中，E_z 和 H_z 既不会通过波导中的媒质相互耦合，也不会通过波导的边界条件相互耦合。因此，E_z 和 H_z 可以独立存在。因而，在波导中有两组独立的解：在一组解中，$E_z \neq 0$，$H_z = 0$；在另一组中，$E_z = 0$，$H_z \neq 0$。对应第一组解的场称为**横磁场**(TM) 波导模，因为其磁场存在于相对于传播方向 (z 方向) 的横向平面内。对应第二组解的场称为**横电场**(TE) 波导模，因为其电场存在于相对于传播方向 (z 方向) 的横向平面内。为了分析 TM 波导模式，首先求解由式 (5.1.15) 所示的偏微分方程和由式 (5.1.17) 所定义的边界条件所决定的边值问题，由此得到 E_z 和 k_t。在求出 E_z 和 k_t 后，其余场分量就可以由式 (5.1.11) 和式 (5.1.12) 得到，具体的表达式为

$$\mathbf{E}_t = -\frac{jk_z}{k_t^2}\nabla_t E_z, \qquad \mathbf{H}_t = -\frac{j\omega\epsilon}{k_t^2}\hat{z} \times \nabla_t E_z \qquad (5.1.20)$$

类似地，为了分析 TE 波导模式，首先求解由式 (5.1.16) 所示的偏微分方程和由式 (5.1.19) 定义的边界条件所决定的边值问题，由此得到 H_z 和 k_t。在求出 H_z 和 k_t 后，其余场分量就可以由式 (5.1.11) 和式 (5.1.12) 得到，具体的表达式为

$$\mathbf{E}_t = \frac{j\omega\mu}{k_t^2}\hat{z} \times \nabla_t H_z, \qquad \mathbf{H}_t = -\frac{jk_z}{k_t^2}\nabla_t H_z \qquad (5.1.21)$$

在这种类型的波导中，E_z 和 H_z 两者不能同时为零。这个结论也可以通过分析积分形式的麦克斯韦方程的前两式得到，即

$$\oint_C \mathbf{E} \cdot d\mathbf{l} = -j\omega\mu \iint_S \mathbf{H} \cdot d\mathbf{S} \qquad (5.1.22)$$

$$\oint_C \mathbf{H} \cdot d\mathbf{l} = j\omega\epsilon \iint_S \mathbf{E} \cdot d\mathbf{S} + I \qquad (5.1.23)$$

对于 TM 模，由于不存在磁荷，磁力线是闭合的，式 (5.1.23) 等号左边沿磁力线的环路积分为非零值。由于这种类型的波导内部没有导体，即 $\mathbf{J} = 0$，因此为使式 (5.1.23) 成立，电

场 **E** 必须有 z 方向分量,于是有 TM 波导模式。类似地,对于 TE 模,电力线要么闭合,要么起始于导体表面并终止于导体表面,因此式(5.1.22)等号左边沿电力线的环路积分总不为零。为了使式(5.1.22)成立,磁场必须有 z 方向分量,于是有 TE 波导模式。

由于电场和磁场中有一项有 z 方向分量,因此表示能流密度的坡印亭矢量 $\mathbf{S}=\frac{1}{2}\mathbf{E}\times\mathbf{H}^*$ 偏离 z 方向,不过波导中的净能流仍然沿 z 方向传播。因此,波导中的电磁波以曲折前进的形式传播,这种现象将在以后进一步说明。另一方面,如果波导由两个或多个分离导体组成,并由均匀媒质填充,比如同轴线和平行双线传输线,情况就有所不同。对于 TE 场,由于两个导体上有不同的电位,电场的环路积分可以为零。因此 TE 场无须磁场的 z 方向分量来支持。而对于 TM 场,由于不存在磁荷,磁场的环路积分仍然不为零,但这种情况下场可以由磁力线包围的导体上的电流来支持。因此 TM 场也无须电场的 z 方向分量来支持。在这种情况下,电场和磁场均在传播方向的横向方向内,因而波导模式称为**横电磁**(TEM)模式。这种模式的传播常数为 k。由于电场和磁场均只有横向分量,因此坡印亭矢量 $\mathbf{S}=\frac{1}{2}\mathbf{E}\times\mathbf{H}^*$ 沿 z 方向,这意味着电磁波直接沿 z 方向传播。根据式(5.1.5)至式(5.1.8),可以得到 TEM 模式的场所满足的方程,即

$$\nabla_t\times\mathbf{E}_t=0,\qquad \hat{z}\times\mathbf{E}_t=\eta\mathbf{H}_t \tag{5.1.24}$$

$$\nabla_t\times\mathbf{H}_t=0,\qquad \hat{z}\times\mathbf{H}_t=-\frac{1}{\eta}\mathbf{E}_t \tag{5.1.25}$$

式中,$\eta=\sqrt{\mu/\epsilon}$。

上面的讨论清楚地说明了为什么均匀填充的均匀波导中,场可分为 TE 模和 TM 模。从数学上讲,这两种模式的场表达式也可以基于矢量位推导出。在式(2.1.38)中,如果令 $\mathbf{A}=\hat{z}A_z$,$\mathbf{F}=0$,式中 A_z 满足亥姆霍兹方程 $\nabla^2 A_z+k^2 A_z=0$,则可得 z 方向分量为零的磁场,即 TM 场。其电场和磁场为

$$\mathbf{E}=-\mathrm{j}\omega\hat{z}A_z+\frac{1}{\mathrm{j}\omega\mu\epsilon}\frac{\partial}{\partial z}\nabla A_z \tag{5.1.26}$$

$$\mathbf{H}=\frac{1}{\mu}\nabla\times(\hat{z}A_z)=-\frac{1}{\mu}\hat{z}\times\nabla A_z \tag{5.1.27}$$

类似地,在式(2.1.37)中,如果令 $\mathbf{A}=0$,$\mathbf{F}=\hat{z}F_z$,式中 F_z 满足亥姆霍兹方程 $\nabla^2 F_z+k^2 F_z=0$,则可得 z 方向分量为零的电场,即 TE 场。其电场和磁场为

$$\mathbf{E}=-\frac{1}{\epsilon}\nabla\times(\hat{z}F_z)=\frac{1}{\epsilon}\hat{z}\times\nabla F_z \tag{5.1.28}$$

$$\mathbf{H}=-\mathrm{j}\omega\hat{z}F_z+\frac{1}{\mathrm{j}\omega\mu\epsilon}\frac{\partial}{\partial z}\nabla F_z \tag{5.1.29}$$

这些表达式提供了分析波导中场的另一种方法:首先通过求解亥姆霍兹方程得到 A_z 和 F_z 的解,然后由式(5.1.26)至式(5.1.29)得到场表达式,最后从场表达式出发,应用边界条件来确定 k_t 和 k_z。

5.1.2 波导的一般特性

在分析矩形波导之前，首先讨论波导的一般特性，这些特性基于 5.1.1 节的方程得到，适用于所有均匀填充的均匀波导。

求解由式(5.1.17)所示的边界条件与式(5.1.15)所示的亥姆霍兹方程构成的边值问题时，可以得到无数组对应 TM 模式的解，这些解可用 k_{ti} 和 $E_{zi}(i=1,2,3,\cdots)$ 表示。类似地，当求解由式(5.1.19)所示的边界条件与式(5.1.16)所示的亥姆霍兹方程构成的边值问题时，也可以得到无数组对应 TE 模式的解，这些解可用 k_{ti} 和 $H_{zi}(i=1,2,3,\cdots)$ 表示。为了方便起见，在这两类解中使用了相同的符号 k_{ti}，但它们的取值一般是不同的。对于每一种模式，传播常数为

$$k_z = \sqrt{k^2 - k_t^2} = \sqrt{\omega^2 \mu\epsilon - k_t^2} \tag{5.1.30}$$

为了简便起见，这里省略了式中表示不同模式的下标。类似地，以下公式中的模式下标也将被省略(需要指出，这些公式是针对每一个模式而言的)。很显然，传播常数在不同的频率下既可以为实数，也可以为虚数，即

$$k_z = \begin{cases} \sqrt{\omega^2 \mu\epsilon - k_t^2}, & \omega\sqrt{\mu\epsilon} > k_t \\ 0, & \omega\sqrt{\mu\epsilon} = k_t \\ -j\sqrt{k_t^2 - \omega^2 \mu\epsilon}, & \omega\sqrt{\mu\epsilon} < k_t \end{cases} \tag{5.1.31}$$

当 $\omega\sqrt{\mu\epsilon} > k_t$ 时，该模式能够在波导中传播。而当 $\omega\sqrt{\mu\epsilon} < k_t$ 时，该模式在波导中将衰减。波导模从传播到衰减的转折点称为**截止**。相应的**截止波数**、**截止波长**和**截止频率**为

$$k_c = k_t, \qquad \lambda_c = \frac{2\pi}{k_c}, \qquad \omega_c = \frac{k_c}{\sqrt{\mu\epsilon}} \quad \text{或} \quad f_c = \frac{k_c}{2\pi\sqrt{\mu\epsilon}} \tag{5.1.32}$$

这种截止现象与电磁波在平行双导线和同轴电缆中的传播是截然不同的：任意频率的电磁波在平行双导线和同轴电缆中都可以传播。截止特性是由波导中的波的曲折前进本质引起的。下一节将看到，截止状态下的波在波导的横截面上来回反射，因而功率不沿波导的纵向传播。

根据式(5.1.31)给出的传播常数 k_z，可以定义波导波长为

$$k_z = \frac{2\pi}{\lambda_g}, \qquad \lambda_g = \frac{2\pi}{k_z} = \frac{\lambda}{\sqrt{1 - (k_c/k)^2}} \tag{5.1.33}$$

用于表示波沿 z 方向变化一个周期的长度。相应的相速为

$$v_p = \frac{\omega}{k_z} = \frac{c}{\sqrt{1 - (k_c/k)^2}} \tag{5.1.34}$$

式中，$c = 1/\sqrt{\mu\epsilon}$。很明显，波导中的相速大于光速。但是，群速并不大于光速[2]。根据式(4.2.36)的定义，可得群速为

$$v_{\mathrm{g}} = \left(\frac{\mathrm{d}k_z}{\mathrm{d}\omega}\right)^{-1} = c\sqrt{1 - \left(\frac{k_{\mathrm{c}}}{k}\right)^2} \tag{5.1.35}$$

确实小于光速。前面提到，波导中的能量是以曲折前进的方式传播的，因此能量在 z 方向的速度也小于光速。下面以 TM 模为例来说明这一点，根据式(5.1.20)，波导中的能流密度时均值为

$$\mathrm{Re}(P_z) = \frac{1}{2}\iint_{\Omega} \mathrm{Re}(\mathbf{E} \times \mathbf{H}^*) \cdot \hat{z}\,\mathrm{d}\Omega = \frac{\omega\epsilon k_z}{2k_{\mathrm{t}}^4}\iint_{\Omega}(\nabla_{\mathrm{t}}E_z) \cdot (\nabla_{\mathrm{t}}E_z^*)\,\mathrm{d}\Omega \tag{5.1.36}$$

单位长度的电能时均值为

$$W_{\mathrm{e}} = \frac{1}{4}\iint_{\Omega}\epsilon\mathbf{E} \cdot \mathbf{E}^*\,\mathrm{d}\Omega = \frac{\epsilon}{4}\iint_{\Omega}\left[\frac{k_z^2}{k_{\mathrm{t}}^4}(\nabla_{\mathrm{t}}E_z) \cdot (\nabla_{\mathrm{t}}E_z^*) + E_z \cdot E_z^*\right]\mathrm{d}\Omega \tag{5.1.37}$$

单位长度的磁能时均值为

$$W_{\mathrm{m}} = \frac{1}{4}\iint_{\Omega}\mu\mathbf{H} \cdot \mathbf{H}^*\,\mathrm{d}\Omega = \frac{\epsilon}{4}\frac{k^2}{k_{\mathrm{t}}^4}\iint_{\Omega}(\nabla_{\mathrm{t}}E_z) \cdot (\nabla_{\mathrm{t}}E_z^*)\,\mathrm{d}\Omega \tag{5.1.38}$$

应用如下矢量恒等式：

$$\begin{aligned}
\nabla_{\mathrm{t}} \cdot (E_z\nabla_{\mathrm{t}}E_z^*) &= (\nabla_{\mathrm{t}}E_z) \cdot (\nabla_{\mathrm{t}}E_z^*) + E_z\nabla_{\mathrm{t}} \cdot \nabla_{\mathrm{t}}E_z^* \\
&= (\nabla_{\mathrm{t}}E_z) \cdot (\nabla_{\mathrm{t}}E_z^*) + E_z\nabla_{\mathrm{t}}^2E_z^*
\end{aligned} \tag{5.1.39}$$

再应用二维散度定理，有

$$\begin{aligned}
\iint_{\Omega}(\nabla_{\mathrm{t}}E_z) \cdot (\nabla_{\mathrm{t}}E_z^*)\,\mathrm{d}\Omega &= \oint_{\Gamma}E_z(\nabla_{\mathrm{t}}E_z^*) \cdot \hat{n}\,\mathrm{d}\Gamma - \iint_{\Omega}E_z\nabla_{\mathrm{t}}^2E_z^*\,\mathrm{d}\Omega \\
&= k_{\mathrm{t}}^2\iint_{\Omega}E_zE_z^*\,\mathrm{d}\Omega
\end{aligned} \tag{5.1.40}$$

在推导上式的过程中应用了由式(5.1.17)所示的边界条件和由式(5.1.15)所示的亥姆霍兹方程。将式(5.1.40)代入式(5.1.36)至式(5.1.38)，得到波导中能量的传播速度为

$$v_{\mathrm{e}} = \frac{\mathrm{Re}(P_z)}{W_{\mathrm{e}} + W_{\mathrm{m}}} = \frac{\omega k_z}{k^2} = c\sqrt{1 - \left(\frac{k_{\mathrm{c}}}{k}\right)^2} \tag{5.1.41}$$

此速度与群速相同。通过类似的方法，可以证明 TE 模的能速与式(5.1.41)相同。

波导中描述波传播特性的另一个重要参数是传播方向的波阻抗。根据式(5.1.20)和式(5.1.21)，可得 TM 模的波阻抗为

$$Z_{\mathrm{w}}^{\mathrm{TM}} = \frac{k_z}{\omega\epsilon} = \eta\sqrt{1 - \left(\frac{k_{\mathrm{c}}}{k}\right)^2} = \begin{cases} \text{电阻性} & f > f_{\mathrm{c}} \\ 0 & f = f_{\mathrm{c}} \\ \text{电容性} & f < f_{\mathrm{c}} \end{cases} \tag{5.1.42}$$

而 TE 模的波阻抗为

$$Z_{\mathrm{w}}^{\mathrm{TE}} = \frac{\omega\mu}{k_z} = \frac{\eta}{\sqrt{1 - (k_{\mathrm{c}}/k)^2}} = \begin{cases} \text{电阻性} & f > f_{\mathrm{c}} \\ \infty & f = f_{\mathrm{c}} \\ \text{电感性} & f < f_{\mathrm{c}} \end{cases} \tag{5.1.43}$$

式中，$\eta = \sqrt{\mu/\epsilon}$。在截止频率，波导对 TM 模呈现短路，对 TE 模呈现开路。

波导模式的一个非常重要的特性是模式之间的正交性[3,4]。可以证明：不同的模式相互正交。先考虑 TM 模。首先，在波导非常小的一段上应用第二标量格林定理。此定理的二维表达式为

$$\iint_{\Omega}(a\nabla^2 b - b\nabla^2 a)\,\mathrm{d}\Omega = \oint_{\Gamma}\left(a\frac{\partial b}{\partial n} - b\frac{\partial a}{\partial n}\right)\mathrm{d}\Gamma \tag{5.1.44}$$

令 $a = e_{zi}^{\mathrm{TM}}$，$b = e_{zj}^{\mathrm{TM}}$，式中 e_z 通过式(5.1.1)与 E_z 相关，i 和 j 表示模式的序号。由式(5.1.17)给出的边界条件可知式(5.1.44)等号右边项为零。因此，将式(5.1.15)代入后，上式变为

$$(k_{ti}^2 - k_{tj}^2)\iint_{\Omega}e_{zi}^{\mathrm{TM}} \cdot e_{zj}^{\mathrm{TM}}\,\mathrm{d}\Omega = 0 \tag{5.1.45}$$

若 $k_{ti} \neq k_{tj}$，则有

$$\iint_{\Omega}e_{zi}^{\mathrm{TM}} \cdot e_{zj}^{\mathrm{TM}}\,\mathrm{d}\Omega = 0, \quad i \neq j \tag{5.1.46}$$

对于简并模，虽然它们的场分布不同，但是 k_t 相同（$k_{ti} = k_{tj}$）。这种情况可以这样处理：将 e_{zi}^{TM} 作为第一个独立模，从 e_{zj}^{TM} 中减去 e_{zi}^{TM} 在 e_{zj}^{TM} 上的投影，将差作为第二个正交模，即 $\tilde{e}_{zj}^{\mathrm{TM}} = e_{zj}^{\mathrm{TM}} - \alpha e_{zi}^{\mathrm{TM}}$，式中 α 为

$$\alpha = \frac{\iint_{\Omega}e_{zi}^{\mathrm{TM}} \cdot e_{zj}^{\mathrm{TM}}\,\mathrm{d}\Omega}{\iint_{\Omega}e_{zi}^{\mathrm{TM}} \cdot e_{zi}^{\mathrm{TM}}\,\mathrm{d}\Omega} \tag{5.1.47}$$

这种方法也可以推广用于处理多重简并模[3]。

下面把第一标量格林定理应用到波导中非常小的一段上。此定理的二维表达式为

$$\iint_{\Omega}(a\nabla^2 b + \nabla a \cdot \nabla b)\,\mathrm{d}\Omega = \oint_{\Gamma}a\frac{\partial b}{\partial n}\,\mathrm{d}\Gamma \tag{5.1.48}$$

类似地，令 $a = e_{zi}^{\mathrm{TM}}$，$b = e_{zj}^{\mathrm{TM}}$，并应用式(5.1.15)和式(5.1.17)，可得

$$\iint_{\Omega}(\nabla e_{zi}^{\mathrm{TM}} \cdot \nabla e_{zj}^{\mathrm{TM}} - k_{tj}^2 e_{zi}^{\mathrm{TM}} \cdot e_{zj}^{\mathrm{TM}})\,\mathrm{d}\Omega = 0 \tag{5.1.49}$$

将式(5.1.46)用于上式，得到

$$\iint_{\Omega}\nabla e_{zi}^{\mathrm{TM}} \cdot \nabla e_{zj}^{\mathrm{TM}}\,\mathrm{d}\Omega = 0, \quad i \neq j \tag{5.1.50}$$

应用此结果，从式(5.1.20)中，立即可得

$$\iint_{\Omega}\mathbf{e}_{ti}^{\mathrm{TM}} \cdot \mathbf{e}_{tj}^{\mathrm{TM}}\,\mathrm{d}\Omega = 0, \quad i \neq j \tag{5.1.51}$$

$$\iint_{\Omega}\mathbf{h}_{ti}^{\mathrm{TM}} \cdot \mathbf{h}_{tj}^{\mathrm{TM}}\,\mathrm{d}\Omega = 0, \quad i \neq j \tag{5.1.52}$$

$$\iint_{\Omega}(\mathbf{e}_{ti}^{\mathrm{TM}} \times \mathbf{h}_{tj}^{\mathrm{TM}}) \cdot \hat{z}\,\mathrm{d}\Omega = 0, \quad i \neq j \tag{5.1.53}$$

用类似的方法可以证明，对于 TE 模，有如下正交关系：

$$\iint_\Omega h_{zi}^{\mathrm{TE}} \cdot h_{zj}^{\mathrm{TE}}\, \mathrm{d}\Omega = 0, \qquad i \neq j \tag{5.1.54}$$

$$\iint_\Omega \mathbf{e}_{ti}^{\mathrm{TE}} \cdot \mathbf{e}_{tj}^{\mathrm{TE}}\, \mathrm{d}\Omega = 0, \qquad i \neq j \tag{5.1.55}$$

$$\iint_\Omega \mathbf{h}_{ti}^{\mathrm{TE}} \cdot \mathbf{h}_{tj}^{\mathrm{TE}}\, \mathrm{d}\Omega = 0, \qquad i \neq j \tag{5.1.56}$$

$$\iint_\Omega (\mathbf{e}_{ti}^{\mathrm{TE}} \times \mathbf{h}_{tj}^{\mathrm{TE}}) \cdot \hat{z}\, \mathrm{d}\Omega = 0, \qquad i \neq j \tag{5.1.57}$$

进一步可以证明，TM 模和 TE 模之间也相互正交，即

$$\iint_\Omega e_{zi}^{\mathrm{TM}} \cdot h_{zj}^{\mathrm{TE}}\, \mathrm{d}\Omega = 0 \tag{5.1.58}$$

$$\iint_\Omega \mathbf{e}_{ti}^{\mathrm{TM}} \cdot \mathbf{e}_{tj}^{\mathrm{TE}}\, \mathrm{d}\Omega = 0 \tag{5.1.59}$$

$$\iint_\Omega \mathbf{h}_{ti}^{\mathrm{TM}} \cdot \mathbf{h}_{tj}^{\mathrm{TE}}\, \mathrm{d}\Omega = 0 \tag{5.1.60}$$

$$\iint_\Omega (\mathbf{e}_{ti}^{\mathrm{TM}} \times \mathbf{h}_{tj}^{\mathrm{TE}}) \cdot \hat{z}\, \mathrm{d}\Omega = 0 \tag{5.1.61}$$

$$\iint_\Omega (\mathbf{h}_{ti}^{\mathrm{TM}} \times \mathbf{e}_{tj}^{\mathrm{TE}}) \cdot \hat{z}\, \mathrm{d}\Omega = 0 \tag{5.1.62}$$

为了证明式(5.1.59)至式(5.1.62)，需要证明

$$\iint_\Omega (\hat{z} \times \nabla e_{zi}^{\mathrm{TM}}) \cdot \nabla h_{zj}^{\mathrm{TE}}\, \mathrm{d}\Omega = 0 \tag{5.1.63}$$

此证明可按照下列步骤完成。首先，因为 $\nabla \times \nabla h_{zj}^{\mathrm{TE}} \equiv 0$，所以上式中的被积函数可重写为

$$(\hat{z} \times \nabla e_{zi}^{\mathrm{TM}}) \cdot \nabla h_{zj}^{\mathrm{TE}} = -\nabla h_{zj}^{\mathrm{TE}} \cdot [\nabla \times (\hat{z} e_{zi}^{\mathrm{TM}})] = -\nabla \cdot (\hat{z} e_{zi}^{\mathrm{TM}} \times \nabla h_{zj}^{\mathrm{TE}}) \tag{5.1.64}$$

然后，将上式代入二维散度定理，可得

$$\iint_\Omega (\hat{z} \times \nabla e_{zi}^{\mathrm{TM}}) \cdot \nabla h_{zj}^{\mathrm{TE}}\, \mathrm{d}\Omega = -\oint_\Gamma (\hat{z} e_{zi}^{\mathrm{TM}} \times \nabla h_{zj}^{\mathrm{TE}}) \cdot \hat{n}\, \mathrm{d}\Gamma \tag{5.1.65}$$

由于 Γ 上的边界条件，因此上式等号右边项为零。

　　上面推导的正交关系可用于波导中的电流源激励产生的场的分析。它同时也说明，不同模式之间的能量和功率并不耦合。因此，波导中的总能量是各个模式的能量之和，总能流是各个模式的能流之和。

5.1.3　均匀矩形波导

　　正如上面所讨论的，在均匀波导中可以存在 TM 模和 TE 模。假定模的传播方向为 z 方向，传播常数为 k_z。对于 TM 模，场分量由式(5.1.20)给出，该式在笛卡儿坐标系中可以展开为

$$E_x = -\frac{jk_z}{k_t^2}\frac{\partial E_z}{\partial x}, \qquad H_x = \frac{j\omega\epsilon}{k_t^2}\frac{\partial E_z}{\partial y} \tag{5.1.66}$$

$$E_y = -\frac{jk_z}{k_t^2}\frac{\partial E_z}{\partial y}, \qquad H_y = \frac{j\omega\epsilon}{k_t^2}\frac{\partial E_z}{\partial x} \tag{5.1.67}$$

TE 模的场分量由式(5.1.21)给出,该式在笛卡儿坐标系中可以展开为

$$E_x = -\frac{j\omega\mu}{k_t^2}\frac{\partial H_z}{\partial y}, \qquad H_x = -\frac{jk_z}{k_t^2}\frac{\partial H_z}{\partial x} \tag{5.1.68}$$

$$E_y = \frac{j\omega\mu}{k_t^2}\frac{\partial H_z}{\partial x}, \qquad H_y = -\frac{jk_z}{k_t^2}\frac{\partial H_z}{\partial y} \tag{5.1.69}$$

除此之外,对 TM 模和 TE 模的分析还可以直接从 A_z 和 F_z 出发。A_z 和 F_z 均满足亥姆霍兹方程[5,6]。求出 A_z 和 F_z 后,可以由式(5.1.26)和式(5.1.27)得到 TM 模的场表达式,在笛卡儿坐标系中为

$$E_x = -\frac{j}{\omega\mu\epsilon}\frac{\partial^2 A_z}{\partial x\partial z}, \qquad\qquad H_x = \frac{1}{\mu}\frac{\partial A_z}{\partial y} \tag{5.1.70}$$

$$E_y = -\frac{j}{\omega\mu\epsilon}\frac{\partial^2 A_z}{\partial y\partial z}, \qquad\qquad H_y = -\frac{1}{\mu}\frac{\partial A_z}{\partial x} \tag{5.1.71}$$

$$E_z = -\frac{j}{\omega\mu\epsilon}\left(\frac{\partial^2 A_z}{\partial z^2}+k^2 A_z\right), \qquad H_z = 0 \tag{5.1.72}$$

由式(5.1.28)和式(5.1.29)可得到 TE 模的场表达式,在笛卡儿坐标系中为

$$E_x = -\frac{1}{\epsilon}\frac{\partial F_z}{\partial y}, \qquad H_x = -\frac{j}{\omega\mu\epsilon}\frac{\partial^2 F_z}{\partial x\partial z} \tag{5.1.73}$$

$$E_y = \frac{1}{\epsilon}\frac{\partial F_z}{\partial x}, \qquad H_y = -\frac{j}{\omega\mu\epsilon}\frac{\partial^2 F_z}{\partial y\partial z} \tag{5.1.74}$$

$$E_z = 0, \qquad\qquad H_z = -\frac{j}{\omega\mu\epsilon}\left(\frac{\partial^2 F_z}{\partial z^2}+k^2 F_z\right) \tag{5.1.75}$$

这两种方法的计算量接近。但如果读者熟悉导体表面的边界条件,则从 E_z 和 H_z 出发分析波导通常更方便一些,因为这样避免了使用辅助变量 A_z 和 F_z。

　　下面考虑在 z 方向无限长的矩形波导,均匀填充介电常数为 ϵ 且磁导率为 μ 的各向同性媒质,横截面尺寸为 $a\times b$(见图 5.2)。对于 TM 模, E_z 满足亥姆霍兹方程 $\nabla^2 E_z+k^2 E_z=0$,基于分离变量法,其解的一般形式为

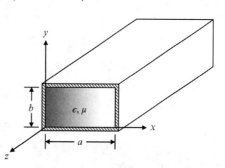

图 5.2　均匀填充的矩形波导

$$E_z(x,y,z) = (A\cos k_x x + B\sin k_x x)(C\cos k_y y + D\sin k_y y)\,\mathrm{e}^{-jk_z z} \tag{5.1.76}$$

式中，$k_x^2 + k_y^2 + k_z^2 = k^2 = \omega^2\mu\epsilon$。在波导的金属管壁上应用边界条件：$E_z\big|_{x=0} = E_z\big|_{x=a} = 0$ 和 $E_z\big|_{y=0} = E_z\big|_{y=b} = 0$，可以得到 $A=0$，$C=0$，$\sin k_x a = 0$ 和 $\sin k_y b = 0$。后两个方程称为**特征方程**，由此可以确定**特征值** k_x 和 k_y，其解为

$$k_x = \frac{m\pi}{a}, \ m = 1,2,\cdots; \qquad k_y = \frac{n\pi}{b}, \ n = 1,2,\cdots \tag{5.1.77}$$

因此，传播常数为

$$k_{zmn} = \sqrt{k^2 - k_x^2 - k_y^2} = \sqrt{\omega^2\mu\epsilon - \left(\frac{m\pi}{a}\right)^2 - \left(\frac{n\pi}{b}\right)^2} \tag{5.1.78}$$

式(5.1.76)可以写为

$$E_z = E_{mn}\sin\frac{m\pi x}{a}\sin\frac{n\pi y}{b}e^{-jk_{zmn}z} \tag{5.1.79}$$

式中，E_{mn} 为常数。将上式代入式(5.1.66)和式(5.1.67)，可得其余场分量为

$$E_x = -E_{mn}\frac{jk_{zmn}}{k_{tmn}^2}\frac{m\pi}{a}\cos\frac{m\pi x}{a}\sin\frac{n\pi y}{b}e^{-jk_{zmn}z} \tag{5.1.80}$$

$$E_y = -E_{mn}\frac{jk_{zmn}}{k_{tmn}^2}\frac{n\pi}{b}\sin\frac{m\pi x}{a}\cos\frac{n\pi y}{b}e^{-jk_{zmn}z} \tag{5.1.81}$$

$$H_x = E_{mn}\frac{j\omega\epsilon}{k_{tmn}^2}\frac{n\pi}{b}\sin\frac{m\pi x}{a}\cos\frac{n\pi y}{b}e^{-jk_{zmn}z} \tag{5.1.82}$$

$$H_y = -E_{mn}\frac{j\omega\epsilon}{k_{tmn}^2}\frac{m\pi}{a}\cos\frac{m\pi x}{a}\sin\frac{n\pi y}{b}e^{-jk_{zmn}z} \tag{5.1.83}$$

$$H_z = 0 \tag{5.1.84}$$

式中，$k_{tmn}^2 = (m\pi/a)^2 + (n\pi/b)^2$。这些表达式表示 TM_{mn} 模式的模式场。其截止波数、截止波长和截止频率分别为

$$k_{cmn} = k_{tmn} = \sqrt{\left(\frac{m\pi}{a}\right)^2 + \left(\frac{n\pi}{b}\right)^2} \tag{5.1.85}$$

$$\lambda_{cmn} = \frac{2\pi}{k_{cmn}} = 2\bigg/\sqrt{\left(\frac{m}{a}\right)^2 + \left(\frac{n}{b}\right)^2} \tag{5.1.86}$$

$$f_{cmn} = \frac{1}{2\sqrt{\mu\epsilon}}\sqrt{\left(\frac{m}{a}\right)^2 + \left(\frac{n}{b}\right)^2} \tag{5.1.87}$$

第一个 TM 模为 TM_{11} 模，其截止波长和截止频率为

$$\lambda_{c11} = \frac{2ab}{\sqrt{a^2+b^2}}, \qquad f_{c11} = \frac{\sqrt{a^2+b^2}}{2ab\sqrt{\mu\epsilon}} \tag{5.1.88}$$

将式(5.1.85)分别代入式(5.1.33)至式(5.1.35)，以及式(5.1.41)和式(5.1.42)，可以得到波导波长、相速、能速、群速、波阻抗的表达式。

对于 TE 模，由于 H_z 满足亥姆霍兹方程 $\nabla^2 H_z + k^2 H_z = 0$，其解的一般形式为

$$H_z(x, y, z) = (A' \cos k_x x + B' \sin k_x x)(C' \cos k_y y + D' \sin k_y y) \, \mathrm{e}^{-\mathrm{j} k_z z} \tag{5.1.89}$$

式中，$k_x^2 + k_y^2 + k_z^2 = k^2 = \omega^2 \mu \epsilon$。此时，边界条件为 $E_y \big|_{x=0} = E_y \big|_{x=a} = 0$ 和 $E_x \big|_{y=0} = E_x \big|_{y=b} = 0$，即

$$\frac{\partial H_z}{\partial x}\bigg|_{x=0,a} = 0, \qquad \frac{\partial H_z}{\partial y}\bigg|_{y=0,b} = 0 \tag{5.1.90}$$

应用这些边界条件，可得 $B' = 0$，$D' = 0$，$\sin k_x a = 0$ 和 $\sin k_y b = 0$。后两个方程称为特征方程，由此可以确定特征值 k_x 和 k_y，其解为

$$k_x = \frac{m\pi}{a}, \ m = 0, 1, 2, \cdots; \qquad k_y = \frac{n\pi}{b}, \ n = 0, 1, 2, \cdots \tag{5.1.91}$$

在这些解中，$m = n = 0$ 的情况除外，因为此时对应零场。传播常数的形式与式（5.1.78）的相同。式（5.1.89）可以写为

$$H_z = H_{mn} \cos \frac{m\pi x}{a} \cos \frac{n\pi y}{b} \, \mathrm{e}^{-\mathrm{j} k_{zmn} z} \tag{5.1.92}$$

式中，H_{mn} 为常数。其余场分量为

$$E_x = H_{mn} \frac{\mathrm{j}\omega\mu}{k_{\mathrm{t}mn}^2} \frac{n\pi}{b} \cos \frac{m\pi x}{a} \sin \frac{n\pi y}{b} \, \mathrm{e}^{-\mathrm{j} k_{zmn} z} \tag{5.1.93}$$

$$E_y = -H_{mn} \frac{\mathrm{j}\omega\mu}{k_{\mathrm{t}mn}^2} \frac{m\pi}{a} \sin \frac{m\pi x}{a} \cos \frac{n\pi y}{b} \, \mathrm{e}^{-\mathrm{j} k_{zmn} z} \tag{5.1.94}$$

$$E_z = 0 \tag{5.1.95}$$

$$H_x = H_{mn} \frac{\mathrm{j} k_{zmn}}{k_{\mathrm{t}mn}^2} \frac{m\pi}{a} \sin \frac{m\pi x}{a} \cos \frac{n\pi y}{b} \, \mathrm{e}^{-\mathrm{j} k_{zmn} z} \tag{5.1.96}$$

$$H_y = H_{mn} \frac{\mathrm{j} k_{zmn}}{k_{\mathrm{t}mn}^2} \frac{n\pi}{b} \cos \frac{m\pi x}{a} \sin \frac{n\pi y}{b} \, \mathrm{e}^{-\mathrm{j} k_{zmn} z} \tag{5.1.97}$$

这些表达式表示 TE_{mn} 模式的模式场。其截止波数、截止波长和截止频率的形式与 TM_{mn} 模式相同，但是 m 和 n 可以从零开始，除去 m 和 n 同时为零的情况。假定 $a > b$，则第一个 TE 模为 TE_{10} 模，其截止波长和截止频率为

$$\lambda_{\mathrm{c}10} = 2a, \qquad f_{\mathrm{c}10} = \frac{1}{2a\sqrt{\mu\epsilon}} \tag{5.1.98}$$

接下来是 TE_{20} 模和 TE_{01} 模，截止波长和截止频率为

$$\lambda_{\mathrm{c}20} = a, \qquad f_{\mathrm{c}20} = \frac{1}{a\sqrt{\mu\epsilon}} \tag{5.1.99}$$

$$\lambda_{\mathrm{c}01} = 2b, \qquad f_{\mathrm{c}01} = \frac{1}{2b\sqrt{\mu\epsilon}} \tag{5.1.100}$$

除了波阻抗，TE_{mn} 模式的波导波长、相速、能速、群速的表达式与 TM_{mn} 模式相同，TE_{mn} 模式的波阻抗可以由式（5.1.43）得到。

对比式（5.1.98）至式（5.1.100）和式（5.1.88），很显然，对 $a > b$ 的矩形波导，所有模式中的主模为 TE_{10} 模。第一高次模为 TE_{20} 模或者 TE_{01} 模，取决于 a 和 b 的比值。接下来的

模式为 TE_{11} 模和 TM_{11} 模。图 5.3 给出了 $a/b=2$ 时矩形波导的截止频率分布。在大多数应用中，矩形波导在单模频率范围内工作，此时仅有 TE_{10} 模可以传播。

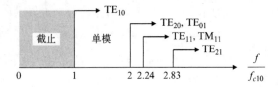

图 5.3　$a/b=2$ 的矩形波导的截止频率分布

式(5.1.79)至式(5.1.84)和式(5.1.92)至式(5.1.97)给出了完整的模式场分布。对于 $a/b=2$ 的矩形波导，前 30 个模的横向场分布如图 5.4 所示。图中实线代表电力线，虚线代表磁力线。对于 TE 模，电力线限制在横向平面上(电力线形成闭合曲线，或因为波导表面的电荷而起始和终止于波导壁)，磁力线在虚线的末端转向纵向方向。而对于 TM 模，磁力线限制在横向平面上(由于没有磁荷存在，磁力线总是闭合的)，电力线在实线的末端转向纵向方向。也可根据前面的场表达式画出纵向场分布。从场分布出发，很容易得到波导壁的表面电流分布($\mathbf{J}_\text{s}=\hat{n}\times\mathbf{H}$)。了解每个模式的表面电流分布对设计波导器件很有指导意义。例如，若打算在波导壁上切割一条窄缝，要求这条缝对波导内的场没有扰动，则这条缝应该沿着电流线切割。另一方面，若在波导上割缝是为把波导内的场耦合出来，比如要设计波导缝隙天线，则这时的缝应该切断电流线，以便在波导缝上形成较大的电场。

由于大多数波导工作在主模 TE_{10} 模，这里对主模的场进行更详细的分析。TE_{10} 模的电场和磁场非零分量分别为

$$E_y = -H_{10}\frac{\text{j}\omega\mu a}{\pi}\sin\frac{\pi x}{a}\,\text{e}^{-\text{j}k_{z10}z} \tag{5.1.101}$$

$$H_x = H_{10}\frac{\text{j}k_{z10}a}{\pi}\sin\frac{\pi x}{a}\,\text{e}^{-\text{j}k_{z10}z} \tag{5.1.102}$$

$$H_z = H_{10}\cos\frac{\pi x}{a}\,\text{e}^{-\text{j}k_{z10}z} \tag{5.1.103}$$

其波导壁顶面和底面的表面电流密度为

$$\mathbf{J}_\text{s} = \left(\mp\hat{x}\cos\frac{\pi x}{a}\pm\hat{z}\frac{\text{j}k_{z10}a}{\pi}\sin\frac{\pi x}{a}\right)H_{10}\,\text{e}^{-\text{j}k_{z10}z} \tag{5.1.104}$$

而波导侧壁的电流密度为

$$\mathbf{J}_\text{s} = -\hat{y}H_{10}\,\text{e}^{-\text{j}k_{z10}z} \tag{5.1.105}$$

因此，波导侧壁上的电流沿竖直方向，而波导顶面和底面的电流包含横向分量和纵向分量(见图 5.5)，在中间的位置($x=a/2$)，纵向分量为主要分量；在靠近两边的位置($x=0$ 和 $x=a$)，横向分量为主要分量。

式(5.1.101)至式(5.1.103)的场表达式也可以写为

$$\mathbf{E} = -\hat{y}\frac{k\eta}{k_{x10}}\frac{H_{10}}{2}\left[\text{e}^{\text{j}(k_{x10}x-k_{z10}z)}-\text{e}^{-\text{j}(k_{x10}x+k_{z10}z)}\right] \tag{5.1.106}$$

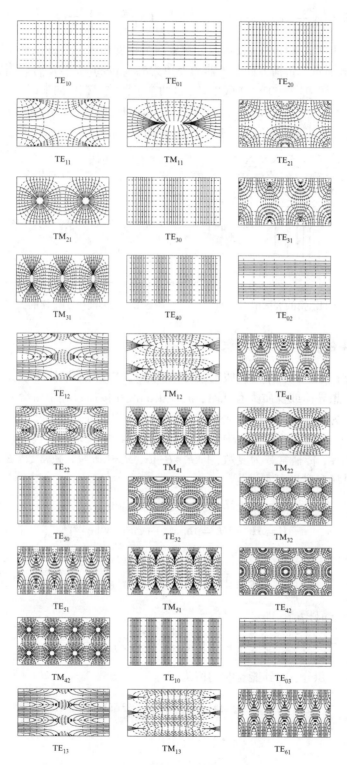

图 5.4　$a/b=2$ 的矩形波导中前 30 个模的横向场分布

$$\mathbf{H} = \left(\hat{x}\frac{k_{z10}}{k_{x10}} + \hat{z}\right)\frac{H_{10}}{2}\,\mathrm{e}^{\mathrm{j}(k_{x10}x - k_{z10}z)} - \left(\hat{x}\frac{k_{z10}}{k_{x10}} - \hat{z}\right)\frac{H_{10}}{2}\,\mathrm{e}^{-\mathrm{j}(k_{x10}x + k_{z10}z)} \qquad (5.1.107)$$

式中，$k_{x10} = \pi/a$。上两式表明 TE_{10} 模可以分解成两个幅度相等、沿 xz 平面上不同方向传播的平面波，如图 5.6 所示。传播方向与 z 轴的夹角为 $\vartheta_{10} = \arctan(k_{x10}/k_{z10})$。当频率接近于截止频率时，$k_{z10} \to 0$，因而 $\vartheta_{10} \to 90°$。在截止时，这两个平面波只在横向来回反射，因而功率并不沿 z 方向传播。对每一个波导模式，都可以得到类似的波传播射线示意图，不过平面波的传播方向不再限定在 xz 平面，相应的传播方向与 z 轴的夹角为 $\vartheta_{mn} = \arctan(k_{tmn}/k_{zmn})$。

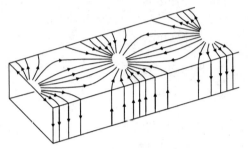 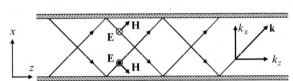

图 5.5　矩形波导 TE_{10} 模的表面电流分布　　　图 5.6　矩形波导 TE_{10} 模的波传播射线示意图

5.1.4　波导中的损耗和衰减常数

到目前为止，前述所有分析均假定波导由理想导体构成，波导中填充无耗媒质。当波导的导体为非理想导体或媒质为有耗时，波导中的波在传播过程中就会衰减。由非理想导体引起的衰减称为**导体损耗**；由有耗媒质引起的衰减称为**介质损耗**[6, 7]。分析这两类损耗之前，我们首先推导描述一般波导中衰减常数与损耗功率关系的表达式。

对于有耗波导，传播常数为复数，即 $k_z = \beta - \mathrm{j}\alpha$，式中 α 为衰减常数，β 为相位常数。波导中传播波的电场和磁场可表示为

$$\mathbf{E} = \mathbf{E}_t + \hat{z}E_z = \left[\mathbf{e}_t(x, y) + \hat{z}e_z(x, y)\right]\mathrm{e}^{-(\alpha + \mathrm{j}\beta)z} \qquad (5.1.108)$$

$$\mathbf{H} = \mathbf{H}_t + \hat{z}H_z = \left[\mathbf{h}_t(x, y) + \hat{z}h_z(x, y)\right]\mathrm{e}^{-(\alpha + \mathrm{j}\beta)z} \qquad (5.1.109)$$

坡印亭复矢量为

$$\mathbf{S} = \frac{1}{2}\mathbf{E} \times \mathbf{H}^* = \frac{1}{2}(\mathbf{e} \times \mathbf{h}^*)\,\mathrm{e}^{-2\alpha z} \qquad (5.1.110)$$

其实部为能流密度时均值，即

$$\overline{\mathscr{S}} = \frac{1}{2}\mathrm{Re}(\mathbf{e} \times \mathbf{h}^*)\,\mathrm{e}^{-2\alpha z} = \overline{\mathscr{S}}\Big|_{z=0}\,\mathrm{e}^{-2\alpha z} \qquad (5.1.111)$$

在波导的横截面上积分，得到能流时均值为

$$\overline{\mathscr{P}}_z(z) = \iint_\Omega \overline{\mathscr{S}} \cdot \hat{z}\,\mathrm{d}\Omega = \iint_\Omega \overline{\mathscr{S}}\Big|_{z=0} \cdot \hat{z}\,\mathrm{d}\Omega\,\mathrm{e}^{-2\alpha z} = \overline{\mathscr{P}}_{z0}\,\mathrm{e}^{-2\alpha z} \qquad (5.1.112)$$

其对 z 的导数为

$$\frac{\mathrm{d}\overline{\mathscr{P}}_z(z)}{\mathrm{d}z} = -2\alpha\overline{\mathscr{P}}_{z0}\,\mathrm{e}^{-2\alpha z} \qquad (5.1.113)$$

因此

$$\alpha = -\frac{1}{2\overline{\mathscr{P}}_{z0}}\frac{\mathrm{d}\overline{\mathscr{P}}_z(z)}{\mathrm{d}z}\bigg|_{z=0} \tag{5.1.114}$$

可以看出，为了计算衰减常数 α，需要求解 $\mathrm{d}\overline{\mathscr{P}}_z/\mathrm{d}z$。对波导从 $z=0$ 到 $z=\Delta z$ 这一小段应用由式(1.7.47)所示的功率守恒定律，可以求得 $\mathrm{d}\overline{\mathscr{P}}_z/\mathrm{d}z$。功率守恒定律可以写为

$$\overline{\mathscr{P}}_s = \overline{\mathscr{P}}_e + \overline{\mathscr{P}}_d \tag{5.1.115}$$

式中，$\overline{\mathscr{P}}_s$ 为源所提供功率的时均值，$\overline{\mathscr{P}}_e$ 为离开这一段波导的功率时均值，$\overline{\mathscr{P}}_d$ 为在这一小段波导中消耗功率的时均值。

现在，考虑由有限电导率的波导壁引起的衰减。在这种情况下，$\overline{\mathscr{P}}_s$ 和 $\overline{\mathscr{P}}_d$ 两者均为零，因此式(5.1.115)变成 $\overline{\mathscr{P}}_e=0$，这就意味着从波导 $z=0$ 截面进入的功率等于从 $z=\Delta z$ 截面离开的功率，再加上通过波导内表面进入并最终消耗在非理想导体中的功率。上面的分析表示成数学形式为

$$\overline{\mathscr{P}}_e = -\overline{\mathscr{P}}_z\big|_{z=0} + \overline{\mathscr{P}}_z\big|_{z=\Delta z} + \oint_\Gamma \overline{\mathscr{S}}\cdot\hat{n}\,\mathrm{d}\Gamma\Delta z = 0 \tag{5.1.116}$$

由上式可得

$$\frac{\mathrm{d}\overline{\mathscr{P}}_z(z)}{\mathrm{d}z}\bigg|_{z=0} = -\oint_\Gamma \overline{\mathscr{S}}\big|_{z=0}\cdot\hat{n}\,\mathrm{d}\Gamma \tag{5.1.117}$$

式中，Γ 为横截面 Ω 的封闭围线。因此，由导体损耗所引起的衰减常数为

$$\alpha_c = \frac{\oint_\Gamma \overline{\mathscr{S}}\big|_{z=0}\cdot\hat{n}\,\mathrm{d}\Gamma}{2\iint_\Omega \overline{\mathscr{S}}\big|_{z=0}\cdot\hat{z}\,\mathrm{d}\Omega} = \frac{\mathrm{Re}\oint_\Gamma(\mathbf{e}\times\mathbf{h}^*)\cdot\hat{n}\,\mathrm{d}\Gamma}{2\mathrm{Re}\iint_\Omega(\mathbf{e}\times\mathbf{h}^*)\cdot\hat{z}\,\mathrm{d}\Omega} \tag{5.1.118}$$

此表达式可以进一步写为

$$\alpha_c = \frac{\mathrm{Re}\oint_\Gamma(\mathbf{e}_w\times\mathbf{h}_w^*)\cdot\hat{n}\,\mathrm{d}\Gamma}{2\mathrm{Re}\iint_\Omega(\mathbf{e}_t\times\mathbf{h}_t^*)\cdot\hat{z}\,\mathrm{d}\Omega} \tag{5.1.119}$$

式中，$\mathbf{e}_w$ 和 $\mathbf{h}_w$ 分别表示波导壁上电场和磁场的切向分量。在表面阻抗为 $Z_s=R_s+\mathrm{j}X_s$ 的非理想导体表面，切向电场和切向磁场的关系为 $\hat{n}\times\mathbf{E}_w=Z_s\mathbf{H}_w$。由于 $(\mathbf{e}_w\times\mathbf{h}_w^*)\cdot\hat{n}=(\hat{n}\times\mathbf{e}_w)\cdot\mathbf{h}_w^*=Z_s\mathbf{h}_w\cdot\mathbf{h}_w^*$，式(5.1.119)可以写为

$$\alpha_c = \frac{R_s\oint_\Gamma|\mathbf{h}_w|^2\,\mathrm{d}\Gamma}{2\mathrm{Re}\iint_\Omega(\mathbf{e}_t\times\mathbf{h}_t^*)\cdot\hat{z}\,\mathrm{d}\Omega} \tag{5.1.120}$$

对于良导体，$R_s=\sqrt{\omega\mu/2\sigma}$。

由式(5.1.120)可以看出，为了求出衰减常数，需要知道波导中的场分布。对于非

理想导体波导，一般很难准确地求出波导中的场分布。但是，对于良导体，可以用相应理想导体波导的场分布来近似良导体波导的场分布，这种方法称为**微扰法**。例如，可以用理想导体矩形波导 TE_{10} 模的场分布来计算非理想导体矩形波导 TE_{10} 模的衰减常数，得到的结果为

$$\alpha_c = \frac{R_s}{\eta b}\left[1 + \frac{2b}{a}\left(\frac{f_{c10}}{f}\right)^2\right]\bigg/\sqrt{1 - \left(\frac{f_{c10}}{f}\right)^2} \tag{5.1.121}$$

从上式可以看出，当频率接近截止频率时，衰减将迅速变大。这个现象可以用图 5.6 所示的传播射线图来解释：当波导的工作频率接近截止频率时，在单位长度内，电磁波来回反射的次数会增加，因而由非理想导体引起的损耗会更严重。

下面考虑波导中由介质损耗引起的衰减。假定波导壁为理想导体，式(5.1.115)变为

$$\overline{\mathscr{P}_e} + \overline{\mathscr{P}_d} = -\overline{\mathscr{P}_z}\bigg|_{z=0} + \overline{\mathscr{P}_z}\bigg|_{z=\Delta z} + \frac{\omega\epsilon''}{2}\iint_\Omega |\mathbf{E}|^2\,\mathrm{d}\Omega\,\Delta z = 0 \tag{5.1.122}$$

由此式可得

$$\frac{\mathrm{d}\overline{\mathscr{P}_z}(z)}{\mathrm{d}z}\bigg|_{z=0} = -\frac{\omega\epsilon''}{2}\iint_\Omega |\mathbf{e}|^2\,\mathrm{d}\Omega \tag{5.1.123}$$

因此，由介质损耗所引起的衰减常数为

$$\alpha_d = \frac{\omega\epsilon''\displaystyle\iint_\Omega |\mathbf{e}|^2\,\mathrm{d}\Omega}{2\mathrm{Re}\displaystyle\iint_\Omega (\mathbf{e}_t \times \mathbf{h}_t^*)\cdot\hat{z}\,\mathrm{d}\Omega} \tag{5.1.124}$$

类似地，当介质损耗非常小时，可以使用微扰法，即假定有耗媒质波导中的场分布与无耗媒质中的场分布基本一致。由微扰法可以求得矩形波导中的 TE_{10} 模式由介质损耗引起的衰减常数为

$$\alpha_d = \frac{\eta\omega\epsilon''}{2}\bigg/\sqrt{1 - \left(\frac{f_{c10}}{f}\right)^2} \tag{5.1.125}$$

除此之外，也可以从传播常数出发求出介质损耗所引起的衰减常数。传播常数为

$$k_z = \sqrt{k^2 - k_c^2} = \sqrt{\omega^2\mu\epsilon - k_c^2} = \sqrt{\omega^2\mu(\epsilon' - \mathrm{j}\epsilon'') - k_c^2} \tag{5.1.126}$$

令 $k_z = \beta - \mathrm{j}\alpha_d$，从上式中可以求出 α_d 和 β 为

$$\alpha_d = \sqrt{\frac{\omega^2\mu\epsilon' - k_c^2}{2}}\sqrt{\sqrt{1 + \left(\frac{\omega^2\mu\epsilon''}{\omega^2\mu\epsilon' - k_c^2}\right)^2} - 1} \tag{5.1.127}$$

$$\beta = \sqrt{\frac{\omega^2\mu\epsilon' - k_c^2}{2}}\sqrt{\sqrt{1 + \left(\frac{\omega^2\mu\epsilon''}{\omega^2\mu\epsilon' - k_c^2}\right)^2} + 1} \tag{5.1.128}$$

当 $\epsilon''/\epsilon' \ll 1 - (f_c/f)^2$ 时，这两个表达式可以近似为

$$\alpha_{\mathrm{d}} \approx \frac{\eta \omega \epsilon''}{2} \Big/ \sqrt{1 - \left(\frac{f_{\mathrm{c}}}{f}\right)^2} \tag{5.1.129}$$

$$\beta \approx \omega \sqrt{\mu \epsilon'} \sqrt{1 - \left(\frac{f_{\mathrm{c}}}{f}\right)^2} \tag{5.1.130}$$

式 (5.1.129) 与式 (5.1.125) 一致。类似地，当频率接近截止频率时，由介质损耗引起的衰减迅速变大。这个现象也可以用图 5.6 所示的传播射线图来解释。当接近截止时，单位长度中的电磁波将传播更长的距离，因而介质损耗也更大。

▷
【例 5.1】 计算矩形波导中的 TE_{mn} 模式由导体和介质损耗引起的衰减常数。

　　解：对于横截面为 $a \times b$ 的矩形波导中的 TE_{mn} 模式，有

$$\mathbf{e}_{\mathrm{t}} = H_{mn} \frac{\mathrm{j}\omega\mu}{k_{\mathrm{t}mn}^2} \left[\hat{x} \frac{n\pi}{b} \cos \frac{m\pi x}{a} \sin \frac{n\pi y}{b} - \hat{y} \frac{m\pi}{a} \sin \frac{m\pi x}{a} \cos \frac{n\pi y}{b} \right]$$

$$\mathbf{h}_{\mathrm{t}} = H_{mn} \frac{\mathrm{j}k_{zmn}}{k_{\mathrm{t}mn}^2} \left[\hat{x} \frac{m\pi}{a} \sin \frac{m\pi x}{a} \cos \frac{n\pi y}{b} + \hat{y} \frac{n\pi}{b} \cos \frac{m\pi x}{a} \sin \frac{n\pi y}{b} \right]$$

$$h_z = H_{mn} \cos \frac{m\pi x}{a} \cos \frac{n\pi y}{b}$$

因此，波导中穿过 $z = 0$ 平面的时均功率为

$$\frac{1}{2} \mathrm{Re} \iint_{\Omega} (\mathbf{e}_{\mathrm{t}} \times \mathbf{h}_{\mathrm{t}}^*) \cdot \hat{z} \, \mathrm{d}\Omega = |H_{mn}|^2 \frac{\omega\mu k_{zmn}}{2k_{\mathrm{t}mn}^4} \int_0^b \int_0^a \left[\left(\frac{n\pi}{b}\right)^2 \cos^2 \frac{m\pi x}{a} \right.$$

$$\left. \times \sin^2 \frac{n\pi y}{b} + \left(\frac{m\pi}{a}\right)^2 \sin^2 \frac{m\pi x}{a} \cos^2 \frac{\pi n\pi y}{b} \right] \mathrm{d}x \, \mathrm{d}y$$

$$= |H_{mn}|^2 \frac{ab\omega\mu k_{zmn}}{2\varepsilon_m \varepsilon_n k_{\mathrm{t}mn}^2}$$

式中，$\varepsilon_0 = 1$；当 $m \neq 0$ 时，$\varepsilon_m = 2$；当 $n \neq 0$ 时，$\varepsilon_n = 2$。由导体损耗引起的功率减小率为

$$\frac{R_{\mathrm{s}}}{2} \oint_{\Gamma} |\mathbf{h}_{\mathrm{w}}|^2 \, \mathrm{d}\Gamma = \frac{R_{\mathrm{s}}}{2} \left\{ \int_0^a \left[|h_x|^2 + |h_z|^2 \right]_{y=0,b} \mathrm{d}x + \int_0^b \left[|h_y|^2 + |h_z|^2 \right]_{x=0,a} \mathrm{d}y \right\}$$

上式的计算结果为

$$\frac{R_{\mathrm{s}}}{2} \oint_{\Gamma} |\mathbf{h}_{\mathrm{w}}|^2 \, \mathrm{d}\Gamma = R_{\mathrm{s}} |H_{mn}|^2 \left\{ \int_0^a \left[\frac{k_{zmn}^2}{k_{\mathrm{t}mn}^4} \left(\frac{m\pi}{a}\right)^2 \sin^2 \frac{m\pi x}{a} + \cos^2 \frac{m\pi x}{a} \right] \mathrm{d}x \right.$$

$$\left. + \int_0^b \left[\frac{k_{zmn}^2}{k_{\mathrm{t}mn}^4} \left(\frac{n\pi}{b}\right)^2 \sin^2 \frac{n\pi y}{b} + \cos^2 \frac{n\pi y}{b} \right] \mathrm{d}y \right\}$$

$$= R_{\mathrm{s}} |H_{mn}|^2 \left\{ \frac{k_{zmn}^2}{k_{\mathrm{t}mn}^4} \left[\frac{a}{\varepsilon_m} \left(\frac{m\pi}{a}\right)^2 + \frac{b}{\varepsilon_n} \left(\frac{n\pi}{b}\right)^2 \right] + \frac{a}{\varepsilon_m} + \frac{b}{\varepsilon_n} \right\}$$

由介质损耗引起的功率减小率为

$$\frac{\omega\epsilon''}{2}\iint_\Omega |\mathbf{e}|^2\,\mathrm{d}\Omega = \omega\epsilon''|H_{mn}|^2\frac{(\omega\mu)^2}{2k_{\mathrm{t}mn}^4}\int_0^b\int_0^a\left[\left(\frac{n\pi}{b}\right)^2\cos^2\frac{m\pi x}{a}\right.$$

$$\left.\times\sin^2\frac{n\pi y}{b}+\left(\frac{m\pi}{a}\right)^2\sin^2\frac{m\pi x}{a}\cos^2\frac{n\pi y}{b}\right]\mathrm{d}x\,\mathrm{d}y$$

$$=\omega\epsilon''|H_{mn}|^2\frac{ab(\omega\mu)^2}{2\varepsilon_m\varepsilon_n k_{\mathrm{t}mn}^2}$$

将这些结果代入式(5.1.119)和式(5.1.124)，可得 TE_{mn} 模式由导体损耗引起的衰减常数为

$$\alpha_\mathrm{c}=R_\mathrm{s}\frac{\varepsilon_m\varepsilon_n k_{\mathrm{t}mn}^2}{ab\omega\mu k_{zmn}}\left\{\frac{k_{zmn}^2}{k_{\mathrm{t}mn}^4}\left[\frac{a}{\varepsilon_m}\left(\frac{m\pi}{a}\right)^2+\frac{b}{\varepsilon_n}\left(\frac{n\pi}{b}\right)^2\right]+\frac{a}{\varepsilon_m}+\frac{b}{\varepsilon_n}\right\}$$

对于 TE_{10} 模式，上式简化为式(5.1.121)。TE_{mn} 模式由介质损耗引起的衰减常数为

$$\alpha_\mathrm{d}=\frac{\omega^2\mu\epsilon''}{2k_{zmn}}=\frac{\eta\omega\epsilon''}{2}\left/\sqrt{1-\left(\frac{k_{\mathrm{t}mn}}{k}\right)^2}\right.$$

此结果与式(5.1.129)相同。

5.2 均匀谐振腔

众所周知，在理想的 LC 电路中，电流为 $I=V/(\mathrm{j}\omega L+1/\mathrm{j}\omega C)=\mathrm{j}\omega CV/(1-\omega^2 LC)$。因此当 $\omega=1/\sqrt{LC}$ 时，回路中的电流在激励消失后仍然可以维持，这种电路现象称为**谐振**。在电磁场领域，如果在理想导体构成的容器内激励起电磁场，那么也会有类似的谐振现象。当场以一定的频率被激励后，即使激励消失，电磁场也可以一直维持下去，这样的容器称为**谐振腔**。将一段均匀波导的两端用理想导体封闭，就可以形成谐振腔。这一节将研究这类特殊的谐振腔[2~6]。

5.2.1 均匀谐振腔的一般特性

为了确定一个谐振腔能否支持电磁场，需要确定其中是否存在无源麦克斯韦方程的非零解。对于两端用理想导体封闭的均匀波导，答案是显然的。因为波导可以支持沿正 z 方向和负 z 方向传播的电磁波，由于终端反射所引起的这两种波的线性叠加也可以在波导中存在。

由均匀媒质填充的均匀波导可以支持 TE 和 TM 模式，相应地，由均匀媒质填充的均匀谐振腔支持的谐振腔模式也可以分为 TE 模和 TM 模。假定谐振腔起始位置为 $z=0$，末端位置为 $z=c$，为了满足两端的边界条件，TM 模的纵向电场分量为

$$E_z=e_z(x,y)\cos k_z z \tag{5.2.1}$$

式中，$k_z=p\pi/c(p=0,1,2,\cdots)$。对应的横向场分量为

$$\mathbf{E}_\mathrm{t}=-\frac{k_z}{k_\mathrm{t}^2}\nabla_\mathrm{t}e_z\sin k_z z,\qquad \mathbf{H}_\mathrm{t}=-\frac{\mathrm{j}\omega\epsilon}{k_\mathrm{t}^2}\hat{z}\times\nabla_\mathrm{t}e_z\cos k_z z \tag{5.2.2}$$

其中，由长度确定的 k_z 和由横截面几何特性确定的 k_t 满足如下色散关系：

$$k_t^2 + k_z^2 = k^2 = \omega^2 \mu\epsilon \tag{5.2.3}$$

上式表明，麦克斯韦方程要有非零解，频率只能为

$$\omega_r = \frac{\sqrt{k_t^2 + k_z^2}}{\sqrt{\mu\epsilon}}, \qquad f_r = \frac{\sqrt{k_t^2 + k_z^2}}{2\pi\sqrt{\mu\epsilon}} \tag{5.2.4}$$

这些频率称为谐振腔的**谐振频率**。由于 k_t 和 k_z 可以取无数个离散的数值，所以谐振腔有无数个谐振频率。每个谐振频率对应的场分布称为一个**谐振模**。

类似地，对于 TE 模式，纵向磁场分量为

$$H_z = h_z(x, y) \sin k_z z \tag{5.2.5}$$

式中，$k_z = p\pi/c(p=1,2,\cdots)$。对应的横向场分量为

$$\mathbf{E}_t = \frac{j\omega\mu}{k_t^2}\hat{z} \times \nabla_t h_z \sin k_z z, \qquad \mathbf{H}_t = \frac{k_z}{k_t^2}\nabla_t h_z \cos k_z z \tag{5.2.6}$$

式中，k_z 和 k_t 同样满足式(5.2.3)所示的色散关系，因此谐振频率也同样由式(5.2.4)给出。

对一个理想谐振腔应用由式(1.7.40)所示的能量守恒定律，不难发现：在谐振腔内 $W_e = W_m$。从式(5.2.1)、式(5.2.2)、式(5.2.5)和式(5.2.6)的场表达式中，可以发现电场和磁场不同相，即当电能达到最大值时，磁能为零；反之亦然。因此，在一个周期内，有一段时间是电能向磁能转化，其余时间是磁能向电能转化，并且这个过程会永久持续下去。这种情况与理想的 LC 电路类似。从式(1.1.46)所示的第二矢量格林定理出发，可以证明所有谐振腔模式均相互正交，即

$$\iiint_V \mathbf{E}_i \cdot \mathbf{E}_j \, dV = 0, \qquad \iiint_V \mathbf{H}_i \cdot \mathbf{H}_j \, dV = 0, \qquad i \neq j \tag{5.2.7}$$

式中，i 和 j 代表模的序号。对于有相同谐振频率的简并模，这种正交性仍然存在。

如果谐振腔是非理想的，则其损耗来自腔壁非理想导体的损耗或腔内填充媒质的介质损耗，或者两者兼而有之。对于这种非理想谐振腔，可以用**品质因数**来描述其损耗特性，其定义为

$$Q = \omega\frac{储能}{损耗功率} = \omega\frac{W}{P_d} = \omega\frac{W_e + W_m}{P_d} \tag{5.2.8}$$

在谐振腔中有 $W_e = W_m$，故品质因数也可以写为

$$Q = \omega\frac{2W_e}{P_d} = \omega\frac{2W_m}{P_d} \tag{5.2.9}$$

谐振腔中存储的能量为

$$W_e = \frac{\epsilon'}{4}\iiint_V |\mathbf{E}|^2 \, dV, \qquad W_m = \frac{\mu}{4}\iiint_V |\mathbf{H}|^2 \, dV \tag{5.2.10}$$

损耗功率可以分为导体损耗和介质损耗两部分，即

$$P_d = P_{dc} + P_{dd} \tag{5.2.11}$$

因此，式(5.2.8)可以写为

$$\frac{1}{Q} = \frac{P_{dc}}{\omega W} + \frac{P_{dd}}{\omega W} = \frac{1}{Q_c} + \frac{1}{Q_d} \tag{5.2.12}$$

式中，Q_c 表示对应于导体损耗的品质因数，Q_d 表示对应于介质损耗的品质因数。基于 5.1.4 节中的讨论，由导体损耗引起的损耗功率为

$$P_{dc} = \frac{R_s}{2} \iint_S |\mathbf{H}_w|^2 \, dS \tag{5.2.13}$$

式中，R_s 表示腔壁的表面电阻，$\mathbf{H}_w$ 为壁上的切向磁场。由介质损耗引起的损耗功率为

$$P_{dd} = \frac{\omega \epsilon''}{2} \iiint_V |\mathbf{E}|^2 \, dV \tag{5.2.14}$$

因此

$$Q_c = \frac{\omega \epsilon' \iiint_V |\mathbf{E}|^2 \, dV}{R_s \iint_S |\mathbf{H}_w|^2 \, dS}, \qquad Q_d = \frac{\epsilon'}{\epsilon''} \tag{5.2.15}$$

对于非理想谐振腔，求解场分布通常是比较困难的。但是如果谐振腔的损耗较小，则可以用微扰法，使用相应的理想谐振腔的场分布来计算品质因数。

5.2.2 矩形谐振腔

作为谐振腔的一个特例，现在分析图 5.7 所示的矩形谐振腔。基于分析矩形波导时得到的结果和 5.2.1 节中的讨论，可以得到 TM_{mnp} 模式的场表达式为

$$E_x = -E_{mnp} \frac{1}{k_{tmn}^2} \frac{m\pi}{a} \frac{p\pi}{c} \cos \frac{m\pi x}{a} \sin \frac{n\pi y}{b} \sin \frac{p\pi z}{c} \tag{5.2.16}$$

$$E_y = -E_{mnp} \frac{1}{k_{tmn}^2} \frac{n\pi}{b} \frac{p\pi}{c} \sin \frac{m\pi x}{a} \cos \frac{n\pi y}{b} \sin \frac{p\pi z}{c} \tag{5.2.17}$$

$$E_z = E_{mnp} \sin \frac{m\pi x}{a} \sin \frac{n\pi y}{b} \cos \frac{p\pi z}{c} \tag{5.2.18}$$

$$H_x = E_{mnp} \frac{j\omega\epsilon}{k_{tmn}^2} \frac{n\pi}{b} \sin \frac{m\pi x}{a} \cos \frac{n\pi y}{b} \cos \frac{p\pi z}{c} \tag{5.2.19}$$

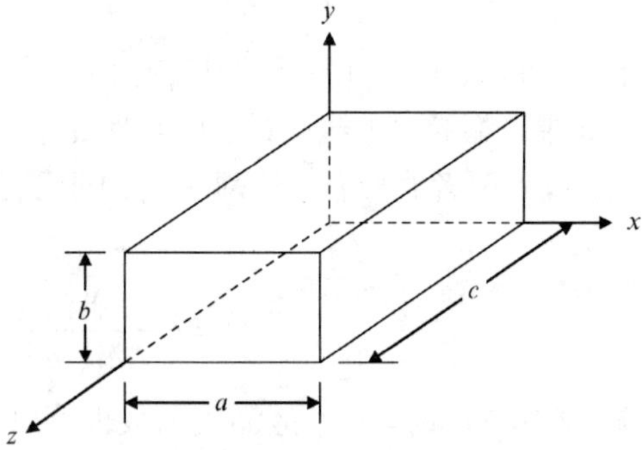

图 5.7 矩形谐振腔

$$H_y = -E_{mnp} \frac{j\omega\epsilon}{k_{tmn}^2} \frac{m\pi}{a} \cos \frac{m\pi x}{a} \sin \frac{n\pi y}{b} \cos \frac{p\pi z}{c} \tag{5.2.20}$$

$$H_z = 0 \tag{5.2.21}$$

式中，E_{mnp} 为常数，$k_{tmn}^2 = (m\pi/a)^2 + (n\pi/b)^2$。谐振频率为

$$\omega_r = \frac{1}{\sqrt{\mu\epsilon}} \sqrt{\left(\frac{m\pi}{a}\right)^2 + \left(\frac{n\pi}{b}\right)^2 + \left(\frac{p\pi}{c}\right)^2} \qquad m = 1, 2, \cdots; \ n = 1, 2, \cdots; \ p = 0, 1, \cdots \tag{5.2.22}$$

对于 TE_{mnp} 模式，场表达式为

$$E_x = H_{mnp} \frac{\mathrm{j}\omega\mu}{k_{tmn}^2} \frac{n\pi}{b} \cos\frac{m\pi x}{a} \sin\frac{n\pi y}{b} \sin\frac{p\pi z}{c} \tag{5.2.23}$$

$$E_y = -H_{mnp} \frac{\mathrm{j}\omega\mu}{k_{tmn}^2} \frac{m\pi}{a} \sin\frac{m\pi x}{a} \cos\frac{n\pi y}{b} \sin\frac{p\pi z}{c} \tag{5.2.24}$$

$$E_z = 0 \tag{5.2.25}$$

$$H_x = -H_{mnp} \frac{1}{k_{tmn}^2} \frac{m\pi}{a} \frac{p\pi}{c} \sin\frac{m\pi x}{a} \cos\frac{n\pi y}{b} \cos\frac{p\pi z}{c} \tag{5.2.26}$$

$$H_y = -H_{mnp} \frac{1}{k_{tmn}^2} \frac{n\pi}{b} \frac{p\pi}{c} \cos\frac{m\pi x}{a} \sin\frac{n\pi y}{b} \cos\frac{p\pi z}{c} \tag{5.2.27}$$

$$H_z = H_{mnp} \cos\frac{m\pi x}{a} \cos\frac{n\pi y}{b} \sin\frac{p\pi z}{c} \tag{5.2.28}$$

式中，H_{mnp} 为常数。谐振频率同样由式(5.2.22)给出，但是 m 和 n 从 0 起始（m 和 n 不能同时为零），p 从 1 起始。

对于一个 $c>a>b$ 的矩形谐振腔，其主模为 TE_{101} 模，谐振频率为

$$\omega_{r101}^{\text{TE}} = \frac{\pi}{\sqrt{\mu\epsilon}} \sqrt{\frac{1}{a^2} + \frac{1}{c^2}} \tag{5.2.29}$$

谐振腔的模式场为

$$\mathbf{E} = -\hat{y} H_{101} \frac{\mathrm{j}\omega\mu a}{\pi} \sin\frac{\pi x}{a} \sin\frac{\pi z}{c} \tag{5.2.30}$$

$$\mathbf{H} = -\hat{x} H_{101} \frac{a}{c} \sin\frac{\pi x}{a} \cos\frac{\pi z}{c} + \hat{z} H_{101} \cos\frac{\pi x}{a} \sin\frac{\pi z}{c} \tag{5.2.31}$$

式中，H_{101} 为任意常数。上述两个表达式可以重写为

$$\mathbf{E} = H_{101} \frac{\omega\mu a}{4\pi\mathrm{j}} \left[-\hat{y}\mathrm{e}^{\mathrm{j}(\pi x/a+\pi z/c)} + \hat{y}\mathrm{e}^{\mathrm{j}(\pi x/a-\pi z/c)} + \hat{y}\mathrm{e}^{-\mathrm{j}(\pi x/a-\pi z/c)} - \hat{y}\mathrm{e}^{-\mathrm{j}(\pi x/a+\pi z/c)} \right]$$

$$\tag{5.2.32}$$

$$\begin{aligned}\mathbf{H} = H_{101} \frac{1}{4\mathrm{j}} &\left[\left(-\hat{x}\frac{a}{c}+\hat{z}\right)\mathrm{e}^{\mathrm{j}(\pi x/a+\pi z/c)} - \left(\hat{x}\frac{a}{c}+\hat{z}\right)\mathrm{e}^{\mathrm{j}(\pi x/a-\pi z/c)} \right.\\ &\left. + \left(\hat{x}\frac{a}{c}+\hat{z}\right)\mathrm{e}^{-\mathrm{j}(\pi x/a-\pi z/c)} + \left(\hat{x}\frac{a}{c}-\hat{z}\right)\mathrm{e}^{-\mathrm{j}(\pi x/a+\pi z/c)} \right]\end{aligned} \tag{5.2.33}$$

由上两式可以看出，谐振腔内的场由四束在 xz 平面内被腔壁来回反射的平面波叠加构成，如图 5.8 所示。将式(5.2.30)和式(5.2.31)代入式(5.2.15)，可得非理想矩形谐振腔 TE_{101} 模导体损耗所对应的品质因数为

$$Q_c = \frac{\pi\eta}{2R_s} \frac{b(a^2+c^2)^{3/2}}{ac(a^2+c^2)+2b(a^3+c^3)} \tag{5.2.34}$$

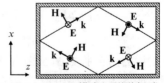

图 5.8　TE_{101} 模在矩形谐振腔中的传播射线示意图

【例 5.2】 计算矩形谐振腔中 TE_{mnp} 模式对应于导体损耗的品质因数。

解：对于尺寸为 $a \times b \times c$ 的矩形谐振腔中的 TE_{mnp} 模式，其电场和磁场表达式为式(5.2.23)至式(5.2.28)，腔中的电能为

$$W_{\text{e}} = \frac{\epsilon}{4} \iiint_V |\mathbf{E}|^2 \, dV = \frac{\epsilon}{4} |H_{mnp}|^2 \frac{(\omega\mu)^2}{k_{tmn}^2} \frac{abc}{2\varepsilon_m \varepsilon_n}$$

由导体损耗引起的损耗功率为

$$P_{\text{dc}} = \frac{R_{\text{s}}}{2} \iint_S |\mathbf{H}_{\text{w}}|^2 \, dS = \frac{R_{\text{s}}}{2} \left\{ \int_0^c \int_0^b \left[|H_y|^2 + |H_z|^2 \right]_{x=0,a} dy \, dz \right.$$

$$+ \int_0^c \int_0^a \left[|H_x|^2 + |H_z|^2 \right]_{y=0,b} dx \, dz + \left. \int_0^b \int_0^a \left[|H_x|^2 + |H_y|^2 \right]_{z=0,c} dx \, dy \right\}$$

$$= R_{\text{s}} |H_{mnp}|^2 \left\{ \left[\frac{1}{k_{tmn}^4} \left(\frac{n\pi}{b} \frac{p\pi}{c} \right)^2 + 1 \right] \frac{bc}{2\varepsilon_n} + \left[\frac{1}{k_{tmn}^4} \left(\frac{m\pi}{a} \frac{p\pi}{c} \right)^2 + 1 \right] \frac{ac}{2\varepsilon_m} + \frac{1}{k_{tmn}^2} \left(\frac{p\pi}{c} \right)^2 \frac{ab}{\varepsilon_m \varepsilon_n} \right\}$$

因此，对于 TE_{mnp} 模，由导体损耗引起的品质因数为

$$Q_{\text{c}} = \frac{\dfrac{\omega_{rmnp} \mu \kappa_{tmn}^2}{2R_{\text{s}}} \left[\left(\dfrac{m}{a} \right)^2 + \left(\dfrac{n}{b} \right)^2 + \left(\dfrac{p}{c} \right)^2 \right]}{\left[\left(\dfrac{n}{b} \dfrac{p}{c} \right)^2 + \kappa_{tmn}^4 \right] \dfrac{\varepsilon_m}{a} + \left[\left(\dfrac{m}{a} \dfrac{p}{c} \right)^2 + \kappa_{tmn}^4 \right] \cdot \dfrac{\varepsilon_n}{b} + \left(\dfrac{p}{c} \right)^2 \dfrac{2\kappa_{tmn}^2}{c}}$$

式中，$\kappa_{tmn}^2 = (m/a)^2 + (n/b)^2$。对 TE_{101} 模式，此结果简化为式(5.2.34)。

5.2.3　材料和几何形状的微扰

在实际应用中，我们可能会刻意地通过介质加载或者形变等方式对谐振腔进行扰动。例如，通过形变来微调谐振腔的谐振频率；或者把一小块介质材料加载到谐振腔中，通过测量谐振频率的偏移来确定材料的介电常数。但是对于微扰后的谐振腔，通常很难精确地求出谐振频率。因此找到一种简单、近似的确定谐振频率偏移的方法很有实际意义[5]。

首先考虑谐振腔的介质微扰问题。扰动前的谐振腔如图 5.9(a)所示，其中的场满足如下麦克斯韦方程：

$$\nabla \times \mathbf{E}_0 = -j\omega_0 \mu \mathbf{H}_0, \qquad \nabla \times \mathbf{H}_0 = j\omega_0 \epsilon \mathbf{E}_0 \tag{5.2.35}$$

扰动后的谐振腔如图 5.9(b)所示，其中的场满足如下麦克斯韦方程：

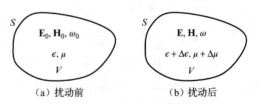

图 5.9　谐振腔的介质微扰

$$\nabla \times \mathbf{E} = -j\omega(\mu + \Delta\mu)\mathbf{H}, \qquad \nabla \times \mathbf{H} = j\omega(\epsilon + \Delta\epsilon)\mathbf{E} \tag{5.2.36}$$

由这两个方程可得

$$\nabla \cdot (\mathbf{E} \times \mathbf{H}_0^*) = \mathbf{H}_0^* \cdot \nabla \times \mathbf{E} - \mathbf{E} \cdot \nabla \times \mathbf{H}_0^* = \mathrm{j}\omega_0 \epsilon \mathbf{E} \cdot \mathbf{E}_0^* - \mathrm{j}\omega(\mu + \Delta\mu)\mathbf{H} \cdot \mathbf{H}_0^* \quad (5.2.37)$$

$$\nabla \cdot (\mathbf{H} \times \mathbf{E}_0^*) = \mathbf{E}_0^* \cdot \nabla \times \mathbf{H} - \mathbf{H} \cdot \nabla \times \mathbf{E}_0^* = \mathrm{j}\omega(\epsilon + \Delta\epsilon)\mathbf{E} \cdot \mathbf{E}_0^* - \mathrm{j}\omega_0 \mu \mathbf{H} \cdot \mathbf{H}_0^* \quad (5.2.38)$$

两式的差为

$$\nabla \cdot (\mathbf{H} \times \mathbf{E}_0^* - \mathbf{E} \times \mathbf{H}_0^*) = \mathrm{j}[(\omega - \omega_0)\epsilon + \omega\Delta\epsilon]\mathbf{E} \cdot \mathbf{E}_0^* + \mathrm{j}[(\omega - \omega_0)\mu + \omega\Delta\mu]\mathbf{H} \cdot \mathbf{H}_0^* \quad (5.2.39)$$

在谐振腔内对这个等式进行体积分,并应用散度定理可得

$$\oiint_S (\mathbf{H} \times \mathbf{E}_0^* - \mathbf{E} \times \mathbf{H}_0^*) \cdot \mathrm{d}\mathbf{S}$$

$$= \iiint_V \{\mathrm{j}[(\omega - \omega_0)\epsilon + \omega\Delta\epsilon]\mathbf{E} \cdot \mathbf{E}_0^* + \mathrm{j}[(\omega - \omega_0)\mu + \omega\Delta\mu]\mathbf{H} \cdot \mathbf{H}_0^*\} \mathrm{d}V \quad (5.2.40)$$

由于腔壁的边界条件,上式等号左边的面积分为零。等号右边项可以写为

$$\frac{\omega - \omega_0}{\omega} = -\frac{\iiint_V (\Delta\epsilon \mathbf{E} \cdot \mathbf{E}_0^* + \Delta\mu \mathbf{H} \cdot \mathbf{H}_0^*) \mathrm{d}V}{\iiint_V (\epsilon \mathbf{E} \cdot \mathbf{E}_0^* + \mu \mathbf{H} \cdot \mathbf{H}_0^*) \mathrm{d}V} \quad (5.2.41)$$

当扰动非常小时,可以近似认为微扰前后腔体内的场不变,于是有

$$\frac{\omega - \omega_0}{\omega} \approx -\frac{\iiint_V \left[\Delta\epsilon |\mathbf{E}_0|^2 + \Delta\mu |\mathbf{H}_0|^2\right] \mathrm{d}V}{\iiint_V \left[\epsilon |\mathbf{E}_0|^2 + \mu |\mathbf{H}_0|^2\right] \mathrm{d}V} \quad (5.2.42)$$

从上式可以得出如下结论:第一,谐振腔的谐振频率将随着介电常数和磁导率的增大而减小;第二,如果要最大程度地改变谐振腔的谐振频率,则应该在电场最强的位置扰动介电常数,在磁场最强的位置扰动磁导率。例如,为了最大程度地改变 TE_{101} 模式的谐振频率,应该把一块薄介质板放在矩形谐振腔的底部或顶部。如果将这块介质板放在任意的侧壁部位,那么谐振频率的偏移量将非常微弱。

现在举一个简单的例子来说明微扰法的应用。考虑一个底部或顶部加载了厚度为 t 且介电常数为 ϵ 的薄介质板的矩形谐振腔。对于 TE_{101} 模,电场仅有垂直分量,因此介质中的电场为 $\mathbf{E} = \mathbf{E}_0/\epsilon_r$。由式(5.2.42)可得 TE_{101} 模的频率偏移为

$$\frac{\omega - \omega_0}{\omega} \approx -\frac{\epsilon - \epsilon_0}{2\epsilon}\frac{t}{b} \quad (5.2.43)$$

下面考虑谐振腔的几何形状微扰问题。如图 5.10 所示,扰动前的谐振腔外表面和体积用 S 和 V 表示,扰动后的谐振腔外表面和体积用 S' 和 V' 表示。扰动前的谐振腔内的场满足式(5.2.35),扰动后的谐振腔内的场满足麦克斯韦方程:

$$\nabla \times \mathbf{E} = -\mathrm{j}\omega\mu\mathbf{H}, \qquad \nabla \times \mathbf{H} = \mathrm{j}\omega\epsilon\mathbf{E}$$

$$(5.2.44)$$

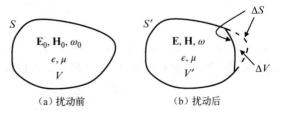

（a）扰动前　　　　　（b）扰动后

图 5.10　谐振腔几何形状微扰

采用与处理介质微扰时类似的方法,可得

$$\nabla \cdot (\mathbf{H} \times \mathbf{E}_0^* - \mathbf{E} \times \mathbf{H}_0^*) = j(\omega - \omega_0)\epsilon \mathbf{E} \cdot \mathbf{E}_0^* + j(\omega - \omega_0)\mu \mathbf{H} \cdot \mathbf{H}_0^* \qquad (5.2.45)$$

对上式在原谐振腔内进行体积分并应用散度定理, 可得

$$\oiint_S (\mathbf{H} \times \mathbf{E}_0^* - \mathbf{E} \times \mathbf{H}_0^*) \cdot d\mathbf{S} = j(\omega - \omega_0) \iiint_V (\epsilon \mathbf{E} \cdot \mathbf{E}_0^* + \mu \mathbf{H} \cdot \mathbf{H}_0^*) dV \qquad (5.2.46)$$

因为 S 上的边界条件为 $\hat{n} \times \mathbf{E}_0 = 0$, 所以上式等号左边的面积分被积函数的第一项为零。由于在 S' 上有 $\hat{n} \times \mathbf{E} = 0$, 所以有

$$\oiint_S (\mathbf{E} \times \mathbf{H}_0^*) \cdot d\mathbf{S} = \oiint_{\Delta S} (\mathbf{E} \times \mathbf{H}_0^*) \cdot d\mathbf{S} + \oiint_{S'} (\mathbf{E} \times \mathbf{H}_0^*) \cdot d\mathbf{S} = \oiint_{\Delta S} (\mathbf{E} \times \mathbf{H}_0^*) \cdot \hat{n} \, dS$$

$$(5.2.47)$$

式中, $\Delta S = S - S'$ 表示 S 和 S' 不重合的部分, $\hat{n}$ 为 ΔS 的外法线方向。因此, 式(5.2.46)可以写为

$$\omega - \omega_0 = \frac{j \oiint_{\Delta S} (\mathbf{E} \times \mathbf{H}_0^*) \cdot \hat{n} \, dS}{\iiint_V (\epsilon \mathbf{E} \cdot \mathbf{E}_0^* + \mu \mathbf{H} \cdot \mathbf{H}_0^*) dV} \qquad (5.2.48)$$

由于 $\nabla \cdot (\mathbf{E} \times \mathbf{H}_0^*) = \mathbf{H}_0^* \cdot \nabla \times \mathbf{E} - \mathbf{E} \cdot \nabla \times \mathbf{H}_0^* = j\omega_0 \epsilon \mathbf{E} \cdot \mathbf{E}_0^* - j\omega\mu \mathbf{H} \cdot \mathbf{H}_0^*$, 应用散度定理, 式(5.2.48)可以写为

$$\omega - \omega_0 = \frac{\iiint_{\Delta V} (\omega\mu \mathbf{H} \cdot \mathbf{H}_0^* - \omega_0 \epsilon \mathbf{E} \cdot \mathbf{E}_0^*) dV}{\iiint_V (\epsilon \mathbf{E} \cdot \mathbf{E}_0^* + \mu \mathbf{H} \cdot \mathbf{H}_0^*) dV} \qquad (5.2.49)$$

式中, $\Delta V = V - V'$ 表示 ΔS 所包围的体积。如果扰动非常小, 则可以近似认为扰动前后谐振腔内的场不变, 因此式(5.2.49)可以近似为

$$\frac{\omega - \omega_0}{\omega_0} \approx \frac{\iiint_{\Delta V} \left[\mu |\mathbf{H}_0|^2 - \epsilon |\mathbf{E}_0|^2 \right] dV}{\iiint_V \left[\epsilon |\mathbf{E}_0|^2 + \mu |\mathbf{H}_0|^2 \right] dV} \qquad (5.2.50)$$

上式表明, 谐振频率的偏移量与几何扰动的位置有关。若在磁场强而电场弱的位置有一个凹陷, 则谐振频率将增大; 若凹陷位于电场强而磁场弱的位置, 则谐振频率将减小。

下面考虑一个简单的例子: 一个填充空气的矩形谐振腔, 在底部的中央($x = a/2, y = 0$, $z = c/2$)有一个体积为 ΔV 的凹陷。根据式(5.2.50), TE_{101} 模的谐振频率偏移量为

$$\frac{\omega - \omega_0}{\omega_0} \approx -\frac{2\Delta V}{abc} \qquad (5.2.51)$$

这表明谐振频率会降低。而如果凹陷位于左边或右边侧壁的中央($x = 0$ 或 $x = a$), 或者位于前壁或后壁的中央($z = 0$ 或 $z = c$), 则对应的谐振频率偏移量分别为

$$\frac{\omega - \omega_0}{\omega_0} \approx \frac{2c\Delta V}{(a^2 + c^2)ab}, \qquad \frac{\omega - \omega_0}{\omega_0} \approx \frac{2a\Delta V}{(a^2 + c^2)bc} \qquad (5.2.52)$$

这表明谐振频率会增大。

5.3　部分填充波导和介质板波导

与均匀填充波导不同，非均匀填充波导、部分填充波导和介质板波导不能支持独立的 TE 或 TM 模式。在这一节中，首先严格地证明，在一般的非均匀填充波导或介质板波导中，E_z 和 H_z 是耦合的。然后，以部分填充波导和介质覆盖导电平板波导为例说明如何分析同时包含 E_z 和 H_z 的混合模式。

5.3.1　一般理论

在 5.1.1 节中已指出，无论是均匀填充还是非均匀填充的 z 方向均匀波导，其传播波的横向分量均可以用纵向分量 E_z 和 H_z 来表示。横纵分量的关系式为式(5.1.11)和式(5.1.12)。为了求得 E_z 所满足的方程，将式(5.1.12)代入式(5.1.8)，可得

$$\nabla_t \times \left[\frac{\omega\epsilon}{k_t^2}(\hat{z} \times \nabla_t E_z) \right] + \nabla_t \times \left(\frac{k_z}{k_t^2} \nabla_t H_z \right) + \omega\epsilon E_z \hat{z} = 0 \qquad (5.3.1)$$

对上式点乘 $\hat{z}$，由于非均匀填充波导中 ϵ 和 k_t 与位置有关，而 k_z 与位置无关，所以点乘结果为

$$\nabla_t \cdot \left(\frac{\epsilon}{k_t^2} \nabla_t E_z \right) + \frac{k_z}{\omega}\hat{z} \cdot \left[\nabla_t \times \left(\frac{1}{k_t^2} \nabla_t H_z \right) \right] + \epsilon E_z = 0 \qquad (5.3.2)$$

将式(5.1.11)代入式(5.1.6)，用相似的处理方法可得 H_z 满足的方程为

$$\nabla_t \cdot \left(\frac{\mu}{k_t^2} \nabla_t H_z \right) - \frac{k_z}{\omega}\hat{z} \cdot \left[\nabla_t \times \left(\frac{1}{k_t^2} \nabla_t E_z \right) \right] + \mu H_z = 0 \qquad (5.3.3)$$

式(5.3.2)和式(5.3.3)表明，在非均匀填充的波导中，除了少数几种特殊情况，E_z 和 H_z 一般是耦合在一起的，它们不能单独存在。因此，非均匀填充波导中不存在 TE 模或 TM 模，而只能存在同时包含 E_z 和 H_z 的模式，这种波导模式称为**混合模式**。进一步分析式(5.3.2)和式(5.3.3)，还有如下结论：首先，E_z 和 H_z 的耦合是由于非均匀填充波导中与位置相关的 k_t 引起的。而对于均匀填充波导，k_t 与位置无关，由 $\nabla_t \times \nabla_t f \equiv 0$，式(5.3.2)和式(5.3.3)中的第二项为零。于是，式(5.3.2)和式(5.3.3)简化为式(5.1.15)和式(5.1.16)，因而 E_z 和 H_z 之间没有耦合。而当波导中填充的是分层均匀媒质时，E_z 和 H_z 的耦合则由分界面的不连续性引起。第二，当 $k_z = 0$ 时，式(5.3.2)和式(5.3.3)中的第二项为零，E_z 和 H_z 之间没有耦合。换句话说，在截止频率时，所有的混合模将退化为 TE 模或 TM 模。退化为 TM 模的混合模称为 EH 模，因为它们的纵向分量主要为 E_z，而 H_z 相对较小；退化为 TE 模的混合模称为 HE 模，因为它们的纵向分量主要为 H_z，而 E_z 相对较小。需要指出，这里的定义仅适用于非均匀填充金属波导，因为在开放式波导例如介质板波导中，截止的定义是不同的。这一点将在 5.3.3 节中讨论。第三，与式(5.1.15)和式(5.1.16)不同的是，式(5.3.2)和式(5.3.3)中不仅包含 k_t，也包含 ω 和 k_z，因而 k_t 是频率的函数。因此，非均匀填充波导中混合模的传播常数 k_z 与 ω 的关系不再像均匀填充波导中那样简单。由于所有的其他参量，如相速、群速、能速和波阻抗均与 k_z 相关，所以这些参数与 ω 也不再是一个简单的关系，每一个频率点的数值都需要单独计算。

尽管非均匀填充波导中的场模式更为复杂，但可以证明，混合模仍然相互正交[3]，即

$$\iint_{\Omega}(\mathbf{e}_i\times\mathbf{h}_j)\cdot\hat{z}\,\mathrm{d}\Omega=0,\qquad\iint_{\Omega}(\mathbf{h}_i\times\mathbf{e}_j)\cdot\hat{z}\,\mathrm{d}\Omega=0,\qquad i\neq j\qquad(5.3.4)$$

为了证明上式，首先考虑：

$$\nabla\cdot(\mathbf{E}_i\times\mathbf{H}_j-\mathbf{E}_j\times\mathbf{H}_i)=\nabla_t\cdot(\mathbf{E}_i\times\mathbf{H}_j-\mathbf{E}_j\times\mathbf{H}_i)-\mathrm{j}(k_{zi}+k_{zj})\hat{z}\cdot(\mathbf{E}_i\times\mathbf{H}_j-\mathbf{E}_j\times\mathbf{H}_i)\qquad(5.3.5)$$

在波导的横截面上对上式进行积分，并应用二维散度定理和波导壁上的边界条件，可得

$$(k_{zi}+k_{zj})\iint_{\Omega}(\mathbf{E}_i\times\mathbf{H}_j-\mathbf{E}_j\times\mathbf{H}_i)\cdot\hat{z}\,\mathrm{d}\Omega=0\qquad(5.3.6)$$

或

$$(k_{zi}+k_{zj})\iint_{\Omega}(\mathbf{e}_{ti}\times\mathbf{h}_{tj}-\mathbf{e}_{tj}\times\mathbf{h}_{ti})\cdot\hat{z}\,\mathrm{d}\Omega=0\qquad(5.3.7)$$

现在，假设$(\mathbf{E}_j,\mathbf{H}_j)$代表向负$z$方向传播的模，场的表达式为

$$\mathbf{E}=\mathbf{E}_t+\hat{z}E_z=\left[\mathbf{e}_t(x,y)-\hat{z}e_z(x,y)\right]\mathrm{e}^{\mathrm{j}k_zz}\qquad(5.3.8)$$

$$\mathbf{H}=\mathbf{H}_t+\hat{z}\mathbf{H}_z=\left[-\mathbf{h}_t(x,y)+\hat{z}h_z(x,y)\right]\mathrm{e}^{\mathrm{j}k_zz}\qquad(5.3.9)$$

式中，$\mathbf{e}_t$、e_z、$\mathbf{h}_t$和h_z的含义与式(5.1.1)和式(5.1.2)中的相同，重复与之前相同的步骤，可得

$$(k_{zi}-k_{zj})\iint_{\Omega}(\mathbf{E}_i\times\mathbf{H}_j-\mathbf{E}_j\times\mathbf{H}_i)\cdot\hat{z}\,\mathrm{d}\Omega=0\qquad(5.3.10)$$

或

$$(k_{zi}-k_{zj})\iint_{\Omega}(-\mathbf{e}_{ti}\times\mathbf{h}_{tj}-\mathbf{e}_{tj}\times\mathbf{h}_{ti})\cdot\hat{z}\,\mathrm{d}\Omega=0\qquad(5.3.11)$$

分别将式(5.3.11)和式(5.3.7)相加，并从式(5.3.7)中减去式(5.3.11)，得到

$$\iint_{\Omega}(\mathbf{e}_{ti}\times\mathbf{h}_{tj})\cdot\hat{z}\,\mathrm{d}\Omega=0,\qquad\iint_{\Omega}(\mathbf{e}_{tj}\times\mathbf{h}_{ti})\cdot\hat{z}\,\mathrm{d}\Omega=0\qquad(5.3.12)$$

此式等价于式(5.3.4)。虽然在上面的推导中假定$k_{zi}\neq k_{zj}$，但可以证明，这个结论对于简并模也成立[3]。

5.3.2　部分填充的矩形波导

图5.11所示为填充两种各向同性媒质的矩形金属波导。在$0<y<h$区域的媒质介电常数为ϵ_1，磁导率为μ_1；在$h<y<b$区域的媒质介电常数为ϵ_2，磁导率为μ_2。正如上面所讨论的，这样的波导一般不支持TE模和TM模，因为在两种材料的分界面上，E_z和H_z是耦合的。其所支持的模式是同时包含E_z和H_z的混合模。

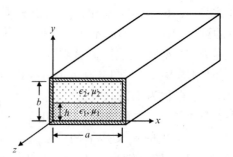

图5.11　填充两种各向同性媒质的矩形波导

在每个区域内，E_z和H_z满足亥姆霍兹方程。在$0<y<h$区域内，方程满足波导壁边界条件的解为

$$E_{1z} = A_1 \sin k_x x \sin k_{1y} y \, e^{-jk_z z} \tag{5.3.13}$$

$$H_{1z} = B_1 \cos k_x x \cos k_{1y} y \, e^{-jk_z z} \tag{5.3.14}$$

在 $h<y<b$ 区域内，其解为

$$E_{2z} = A_2 \sin k_x x \sin k_{2y}(b-y) \, e^{-jk_z z} \tag{5.3.15}$$

$$H_{2z} = B_2 \cos k_x x \cos k_{2y}(b-y) \, e^{-jk_z z} \tag{5.3.16}$$

式中，$k_x = m\pi/a$，而

$$k_x^2 + k_{1y}^2 + k_z^2 = k_1^2 = \omega^2 \mu_1 \epsilon_1 \tag{5.3.17}$$

$$k_x^2 + k_{2y}^2 + k_z^2 = k_2^2 = \omega^2 \mu_2 \epsilon_2 \tag{5.3.18}$$

由式(5.3.13)至式(5.3.16)，得到 $0<y<h$ 区域内的其余场分量为

$$E_{1x} = (-A_1 k_x k_z + B_1 \omega\mu_1 k_{1y})\frac{j}{k_{1t}^2} \cos k_x x \sin k_{1y} y \, e^{-jk_z z} \tag{5.3.19}$$

$$E_{1y} = (-A_1 k_{1y} k_z - B_1 \omega\mu_1 k_x)\frac{j}{k_{1t}^2} \sin k_x x \cos k_{1y} y \, e^{-jk_z z} \tag{5.3.20}$$

$$H_{1x} = (A_1 \omega\epsilon_1 k_{1y} + B_1 k_x k_z)\frac{j}{k_{1t}^2} \sin k_x x \cos k_{1y} y \, e^{-jk_z z} \tag{5.3.21}$$

$$H_{1y} = (-A_1 \omega\epsilon_1 k_x + B_1 k_{1y} k_z)\frac{j}{k_{1t}^2} \cos k_x x \sin k_{1y} y \, e^{-jk_z z} \tag{5.3.22}$$

在 $h<y<b$ 区域内，其余场分量为

$$E_{2x} = (-A_2 k_x k_z - B_2 \omega\mu_2 k_{2y})\frac{j}{k_{2t}^2} \cos k_x x \sin k_{2y}(b-y) \, e^{-jk_z z} \tag{5.3.23}$$

$$E_{2y} = (A_2 k_{2y} k_z - B_2 \omega\mu_2 k_x)\frac{j}{k_{2t}^2} \sin k_x x \cos k_{2y}(b-y) \, e^{-jk_z z} \tag{5.3.24}$$

$$H_{2x} = (-A_2 \omega\epsilon_2 k_{2y} + B_2 k_x k_z)\frac{j}{k_{2t}^2} \sin k_x x \cos k_{2y}(b-y) \, e^{-jk_z z} \tag{5.3.25}$$

$$H_{2y} = (-A_2 \omega\epsilon_2 k_x - B_2 k_{2y} k_z)\frac{j}{k_{2t}^2} \cos k_x x \sin k_{2y}(b-y) \, e^{-jk_z z} \tag{5.3.26}$$

式中，$k_{1t}^2 = k_1^2 - k_z^2$，$k_{2t}^2 = k_2^2 - k_z^2$。

在两种媒质的分界面上($y=h$)，有如下的切向场连续边界条件：

$$E_{1z}\big|_{y=h} = E_{2z}\big|_{y=h}, \qquad H_{1z}\big|_{y=h} = H_{2z}\big|_{y=h} \tag{5.3.27}$$

$$E_{1x}\big|_{y=h} = E_{2x}\big|_{y=h}, \qquad H_{1x}\big|_{y=h} = H_{2x}\big|_{y=h} \tag{5.3.28}$$

将场表达式代入这些边界条件，可得

$$A_1 \sin k_{1y} h = A_2 \sin k_{2y}(b-h) \tag{5.3.29}$$

$$B_1 \cos k_{1y} h = B_2 \cos k_{2y}(b-h) \tag{5.3.30}$$

$$(A_1 k_x k_z - B_1 \omega \mu_1 k_{1y}) \frac{\sin k_{1y} h}{k_{1t}^2} = (A_2 k_x k_z + B_2 \omega \mu_2 k_{2y}) \frac{\sin k_{2y}(b-h)}{k_{2t}^2} \tag{5.3.31}$$

$$(A_1 \omega \epsilon_1 k_{1y} + B_1 k_x k_z) \frac{\cos k_{1y} h}{k_{1t}^2} = (-A_2 \omega \epsilon_2 k_{2y} + B_2 k_x k_z) \frac{\cos k_{2y}(b-h)}{k_{2t}^2} \tag{5.3.32}$$

消去 A_2 和 B_2，有

$$A_1 k_x k_z \left(\frac{1}{k_{1t}^2} - \frac{1}{k_{2t}^2} \right) \tan k_{1y} h - \omega B_1 \left[\frac{\mu_1 k_{1y}}{k_{1t}^2} \tan k_{1y} h + \frac{\mu_2 k_{2y}}{k_{2t}^2} \tan k_{2y}(b-h) \right] = 0 \tag{5.3.33}$$

$$\omega A_1 \left[\frac{\epsilon_1 k_{1y}}{k_{1t}^2} \cot k_{1y} h + \frac{\epsilon_2 k_{2y}}{k_{2t}^2} \cot k_{2y}(b-h) \right] + B_1 k_x k_z \left(\frac{1}{k_{1t}^2} - \frac{1}{k_{2t}^2} \right) \cot k_{1y} h = 0 \tag{5.3.34}$$

式(5.3.33)和式(5.3.34)可以写成未知数为 A_1 和 B_1 的矩阵方程。为得到 A_1 和 B_1 的非零解，系数矩阵的行列式必须为零，即

$$\left[\frac{\omega \mu_1 k_{1y}}{k_{1t}^2} \tan k_{1y} h + \frac{\omega \mu_2 k_{2y}}{k_{2t}^2} \tan k_{2y}(b-h) \right]$$
$$\times \left[\frac{\omega \epsilon_1 k_{1y}}{k_{1t}^2} \cot k_{1y} h + \frac{\omega \epsilon_2 k_{2y}}{k_{2t}^2} \cot k_{2y}(b-h) \right] + \left[k_x k_z \left(\frac{1}{k_{1t}^2} - \frac{1}{k_{2t}^2} \right) \right]^2 = 0 \tag{5.3.35}$$

将此超越方程与式(5.3.17)和式(5.3.18)联立求解，可以得到无数组 k_{1y}、k_{2y} 和 k_z 的解，每一组解对应一种波导模式。

为了求解式(5.3.35)，先将其展开，化简后，方程可以重写为如下的紧凑形式：

$$AX^2 + BX + C = 0 \tag{5.3.36}$$

式中，

$$X = \tan k_{1y} h \cot k_{2y}(b-h) \tag{5.3.37}$$

$$A = \omega^2 \mu_1 \epsilon_2 k_{1y} k_{2y}, \qquad B = k_{1y}^2 k_2^2 + k_{2y}^2 k_1^2, \qquad C = \omega^2 \mu_2 \epsilon_1 k_{1y} k_{2y} \tag{5.3.38}$$

式(5.3.36)的两个解为

$$X = \frac{-B \pm \sqrt{B^2 - 4AC}}{2A} = \begin{cases} -\mu_2 k_{1y} / \mu_1 k_{2y} \\ -\epsilon_1 k_{2y} / \epsilon_2 k_{1y} \end{cases} \tag{5.3.39}$$

或者可以展开为

$$\frac{\mu_1}{k_{1y}} \tan k_{1y} h = -\frac{\mu_2}{k_{2y}} \tan k_{2y}(b-h) \tag{5.3.40}$$

$$\frac{k_{1y}}{\epsilon_1} \tan k_{1y} h = -\frac{k_{2y}}{\epsilon_2} \tan k_{2y}(b-h) \tag{5.3.41}$$

将式(5.3.40)所示的第一个解代入式(5.3.29)至式(5.3.32)，可得

$$A_1 k_{1y} k_z + B_1 \omega \mu_1 k_x = 0, \qquad A_2 k_{2y} k_z - B_2 \omega \mu_2 k_x = 0 \tag{5.3.42}$$

这两个等式表明，当 k_z 减小到 0 时，若 $k_x \neq 0$(即 $m \neq 0$)，则 $B_1 = B_2 = 0$。因此，对应式(5.3.40)的解的混合模在截止时退化为 TM 模式。这些混合模称为**混合 EH$_{mn}$ 模式**，因为在接

近截止时，E_z 为主要的纵向场分量，而 H_z 相对很小，式中 n 表示式 (5.3.40) 的根的序号。令式 (5.3.40) 中的 $k_z = 0$，可以求得截止波数。将式 (5.3.41) 所示的第二个解代入式 (5.3.29) 至式 (5.3.32)，可得

$$A_1 \omega \epsilon_1 k_x - B_1 k_{1y} k_z = 0, \qquad A_2 \omega \epsilon_2 k_x + B_2 k_{2y} k_z = 0 \qquad (5.3.43)$$

上两式表明，当 k_z 减小到 0 时，若 $k_x \neq 0$（即 $m \neq 0$），则 $A_1 = A_2 = 0$。因此，对应式 (5.3.41) 的解的混合模在截止时退化为 TE 模。这些混合模称为**混合 HE$_{mn}$ 模式**，因为在接近截止时，H_z 为主要的纵向场分量，而 E_z 相对很小。令式 (5.3.41) 中的 $k_z = 0$，可以求得截止波数。

现在，考虑 $m = 0$ 对应的特殊情况。在此情况下，A_1 和 B_1，即 E_z 和 H_z 完全去耦。对于由式 (5.3.40) 给出的第一个解，由式 (5.3.42) 可知 $A_1 = A_2 = 0$，但 $(B_1, B_2) \neq 0$，对应的模式为 TE$_{0n}$ 模[1]。对于由式 (5.3.41) 给出的第二个解，由式 (5.3.43) 可知 $(A_1, A_2) \neq 0$，但 $B_1 = B_2 = 0$，对应的模式为 TM$_{0n}$ 模。但是，从场的表达式 (5.3.13) 至式 (5.3.16) 中，可以发现，当 $m = 0$ 和 $B_1 = B_2 = 0$ 时，所有的场分量为零。因此，TM$_{0n}$ 模实际上并不存在，因为它所对应的是零解。实际上，也可以从 E_z 和 H_z 所满足的方程 [式 (5.3.2) 和式 (5.3.3)] 中发现，当 $m = 0$ 时，E_z 和 H_z 是去耦的。式 (5.3.2) 和式 (5.3.3) 在笛卡儿坐标系下展开为

$$\frac{\partial}{\partial x}\left(\frac{\epsilon}{k_t^2}\frac{\partial E_z}{\partial x}\right) + \frac{\partial}{\partial y}\left(\frac{\epsilon}{k_t^2}\frac{\partial E_z}{\partial y}\right) + \frac{k_z}{\omega}\left[\frac{\partial}{\partial x}\left(\frac{1}{k_t^2}\frac{\partial H_z}{\partial y}\right) - \frac{\partial}{\partial y}\left(\frac{1}{k_t^2}\frac{\partial H_z}{\partial x}\right)\right] + \epsilon E_z = 0 \quad (5.3.44)$$

$$\frac{\partial}{\partial x}\left(\frac{\mu}{k_t^2}\frac{\partial H_z}{\partial x}\right) + \frac{\partial}{\partial y}\left(\frac{\mu}{k_t^2}\frac{\partial H_z}{\partial y}\right) - \frac{k_z}{\omega}\left[\frac{\partial}{\partial x}\left(\frac{1}{k_t^2}\frac{\partial E_z}{\partial y}\right) - \frac{\partial}{\partial y}\left(\frac{1}{k_t^2}\frac{\partial E_z}{\partial x}\right)\right] + \mu H_z = 0 \quad (5.3.45)$$

很显然，若 E_z、H_z 和 k_t 沿 x 方向无变化，耦合项消失，则 E_z 和 H_z 将没有耦合。

图 5.12 为半填充矩形波导混合模的色散曲线，波导参数为 $a/b = 2$，$h/b = 0.5$，$\epsilon_r = 4$。图中的结果是使用二分法和牛顿-拉弗森迭代法求解式 (5.3.40) 与式 (5.3.41) 以及式 (5.3.17) 与式 (5.3.18) 这四个方程得到的[8]。

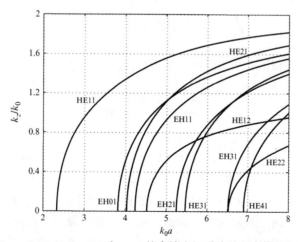

图 5.12　$a/b = 2$，$h/b = 0.5$ 和 $\epsilon_r = 4$ 的半填充矩形波导混合模的色散曲线

---

[1]　由于从式 (5.3.40) 得到的模式在之前被定义为 EH$_{mn}$ 模式，因此 TE$_{0n}$ 模式实际上就是 EH$_{0n}$ 模式。

5.3.3 介质覆盖导电平板波导

在无限大的导电平板上覆盖一层厚度为 h 的介质,可以构成图 5.13 所示的介质覆盖导电平板波导。对这样的结构,正如 5.3.2 节中所指出的,若场在 x 方向无变

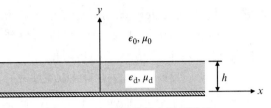

图 5.13　介质覆盖导电平板波导

化,则 TE 模和 TM 模可以单独存在。对于 TM 模,介质板区域的纵向电场分量为

$$E_{1z} = A_1 \sin k_{yd} y\, \mathrm{e}^{-\mathrm{j}k_z z}, \qquad 0 \leqslant y \leqslant h \tag{5.3.46}$$

式中, $k_{yd}^2 + k_z^2 = k_d^2 = \omega^2 \mu_d \epsilon_d$。其余的非零场分量为

$$E_{1y} = -A_1 \frac{\mathrm{j}k_z}{k_{yd}} \cos k_{yd} y\, \mathrm{e}^{-\mathrm{j}k_z z} \tag{5.3.47}$$

$$H_{1x} = A_1 \frac{\mathrm{j}\omega\epsilon_d}{k_{yd}} \cos k_{yd} y\, \mathrm{e}^{-\mathrm{j}k_z z} \tag{5.3.48}$$

若使波沿 z 方向传播而不向自由空间泄漏能量,则介质板上方空间中的纵向电场分量应该具有如下的形式:

$$E_{2z} = A_2 \mathrm{e}^{-\alpha y}\, \mathrm{e}^{-\mathrm{j}k_z z}, \qquad y \geqslant h \tag{5.3.49}$$

式中, $k_z^2 - \alpha^2 = k_0^2 = \omega^2 \mu_0 \epsilon_0$。其余的非零场分量为

$$E_{2y} = -A_2 \frac{\mathrm{j}k_z}{\alpha} \mathrm{e}^{-\alpha y}\, \mathrm{e}^{-\mathrm{j}k_z z} \tag{5.3.50}$$

$$H_{2x} = A_2 \frac{\mathrm{j}\omega\epsilon_0}{\alpha} \mathrm{e}^{-\alpha y}\, \mathrm{e}^{-\mathrm{j}k_z z} \tag{5.3.51}$$

在分界面 $y=h$ 上应用切向场分量连续条件,可得用于求解传播常数的特征方程:

$$\frac{k_{yd}}{\epsilon_d} \tan k_{yd} h = \frac{\alpha}{\epsilon_0} \tag{5.3.52}$$

对 TE 模式可以进行类似的分析,得到的特征方程为

$$\frac{k_{yd}}{\mu_d} \cot k_{yd} h = -\frac{\alpha}{\mu_0} \tag{5.3.53}$$

求解这些方程,可以得到 α、k_{yd} 和 k_z。

此处所讨论的介质板波导和之前所讨论的金属管波导之间的最主要区别是模式截止的定义不同。在之前所讨论的金属管波导中,模式截止发生在 $k_z=0$ 时。而在开放式波导中,由于 $\alpha^2 = k_z^2 - k_0^2 = k_z^2 - \omega^2 \mu_0 \epsilon_0$,当 $k_z < k_0$ 时, α 变成虚数,波将可以在 y 方向上传播,这对于沿 z 方向的传播波来说等效于损耗功率。因此,对于开放式波导,截止定义在 $\alpha=0$ 或 $k_z=k_0$ 时。在这种定义下,截止时,由式(5.3.52)和式(5.3.53)所示的特征方程变为

$$\tan k_{yd} h = 0 \qquad \text{(TM模式)} \tag{5.3.54}$$

$$\cot k_{yd} h = 0 \qquad \text{(TM模式)} \tag{5.3.55}$$

其解为

$$k_{yd}h = n\pi, \qquad n = 0, 1, 2, \cdots \qquad （TM模式） \tag{5.3.56}$$

$$k_{yd}h = \frac{(2n-1)\pi}{2}, \qquad n = 1, 2, \cdots \qquad （TM模式） \tag{5.3.57}$$

在截止时，$k_{yd} = \omega_c\sqrt{\mu_d\epsilon_d - \mu_0\epsilon_0}$，由此可以求出截止频率为

$$\omega_c = \frac{n\pi}{h\sqrt{\mu_d\epsilon_d - \mu_0\epsilon_0}}, \qquad n = 0, 1, 2, \cdots \qquad （TM模式） \tag{5.3.58}$$

$$\omega_c = \frac{(2n-1)\pi}{2h\sqrt{\mu_d\epsilon_d - \mu_0\epsilon_0}}, \qquad n = 1, 2, \cdots \qquad （TM模式） \tag{5.3.59}$$

很显然，TM 模的主模没有截止频率。注意，若 $\alpha>0$，则式(5.3.52)和式(5.3.53)只有在 k_{yd} 为实数时才有解。因此，k_z 最大只能取到 k_d；无耗传播仅仅发生在 $k_0<k_z<k_d$ 时。在一个确定的频率上，介质板波导的传播模式为有限个。图 5.14 为前几个 TE 模和 TM 模的色散曲线。

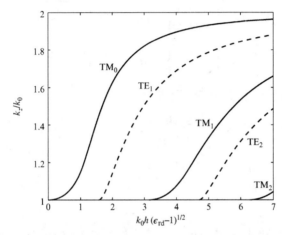

图 5.14　介质覆盖导电平板波导中前几个模式的色散曲线($\epsilon_{rd} = 4$)

为了更好地理解介质覆盖导电平板波导中波的传播，将式(5.3.46)至式(5.3.48)重写为

$$\mathbf{E}_1 = \frac{A_1}{2j}\left[\left(\hat{y}\frac{k_z}{k_{yd}} + \hat{z}\right)e^{j(k_{yd}y - k_z z)} + \left(\hat{y}\frac{k_z}{k_{yd}} - \hat{z}\right)e^{-j(k_{yd}y + k_z z)}\right] \tag{5.3.60}$$

$$\mathbf{H}_1 = \frac{A_1}{2j}\frac{\omega\epsilon_d}{k_{yd}}\left[-\hat{x}e^{j(k_{yd}y - k_z z)} - \hat{x}e^{-j(k_{yd}y + k_z z)}\right] \tag{5.3.61}$$

因此，可以将介质板波导中的场看成两束在介质板中传播的平面波的叠加，如图 5.15 所示。传播方向与 z 轴的夹角为 $\vartheta = \arctan(k_{yd}/k_z)$。在截止时，$k_z = \omega_c\sqrt{\mu_0\epsilon_0}$，$k_{yd} = \omega_c\sqrt{\mu_d\epsilon_d - \mu_0\epsilon_0}$，因而夹角为

$$\vartheta_c = \arctan\sqrt{\frac{\mu_d\epsilon_d}{\mu_0\epsilon_0} - 1} \tag{5.3.62}$$

这个夹角对应平面波入射到介质-空气分界面时的临界角。在截止频率以上，入射角大于临

界角, 平面波在介质–空气分界面将产生全反射, 因此波能够在 z 方向无衰减地传播。介质板上方的场为幅度按指数衰减的非均匀平面波, 波沿 z 方向传播, 幅度沿 y 方向衰减。

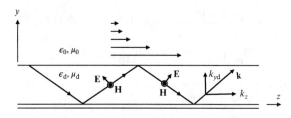

图 5.15　介质覆盖导电平板波导中的波传播示意图

如果由于激励或者其他任何场约束条件, 场沿 x 方向不是均匀的, 则 TE 模或 TM 模将不能单独存在。此时的模式为同时包含 E_z 和 H_z 的混合模。对于一个给定的 k_x, 在介质板中, E_z 和 H_z 具有如下形式:

$$E_{1z} = A_1 \left\{ \begin{matrix} \cos k_x x \\ \sin k_x x \end{matrix} \right\} \sin k_{yd} y \, \mathrm{e}^{-\mathrm{j}k_z z}, \qquad 0 \leqslant y \leqslant h \qquad (5.3.63)$$

$$H_{1z} = B_1 \left\{ \begin{matrix} \sin k_x x \\ \cos k_x x \end{matrix} \right\} \cos k_{yd} y \, \mathrm{e}^{-\mathrm{j}k_z z}, \qquad 0 \leqslant y \leqslant h \qquad (5.3.64)$$

在介质板上方的空气中, E_z 和 H_z 具有如下形式:

$$E_{2z} = A_2 \left\{ \begin{matrix} \cos k_x x \\ \sin k_x x \end{matrix} \right\} \mathrm{e}^{-\alpha y} \, \mathrm{e}^{-\mathrm{j}k_z z}, \qquad y \geqslant h \qquad (5.3.65)$$

$$H_{2z} = B_2 \left\{ \begin{matrix} \sin k_x x \\ \cos k_x x \end{matrix} \right\} \mathrm{e}^{-\alpha y} \, \mathrm{e}^{-\mathrm{j}k_z z}, \qquad y \geqslant h \qquad (5.3.66)$$

色散关系为

$$k_x^2 + k_{yd}^2 + k_z^2 = k_d^2 = \omega^2 \mu_d \epsilon_d, \qquad k_x^2 - \alpha^2 + k_z^2 = k_0^2 = \omega^2 \mu_0 \epsilon_0 \qquad (5.3.67)$$

采用与 5.3.2 节中类似的处理方法, 可以得到两组解, 其中一组解可以通过求解下式得到:

$$\frac{k_{yd}}{\epsilon_d} \tan k_{yd} h = \frac{\alpha}{\epsilon_0} \qquad (5.3.68)$$

对应的系数之间的关系为

$$A_1 \omega \epsilon_d k_x \mp B_1 k_{yd} k_z = 0, \qquad A_2 \omega \epsilon_0 k_x \mp B_2 \alpha k_z = 0 \qquad (5.3.69)$$

第二组解可以通过求解下式得到:

$$\frac{k_{yd}}{\mu_d} \cot k_{yd} h = -\frac{\alpha}{\mu_0} \qquad (5.3.70)$$

对应的系数之间的关系为

$$A_1 k_{yd} k_z \mp B_1 \omega \mu_d k_x = 0, \qquad A_2 \alpha k_z \pm B_2 \omega \mu_0 k_x = 0 \qquad (5.3.71)$$

为了研究这两组模式的性质, 应该分析 $\alpha = 0$ 或 $\alpha \to 0$ 时, 即截止或接近截止时的情况。从式(5.3.69)中可以看出, 对于给定的 k_x, 当 $\alpha \to 0$ 时 $A_2 \to 0$; 因而式(5.3.68)的根所对应的

模式将与 TE 模类似 (因为 $A_1 \neq 0$, 它们并不完全是 TE 模)。这些模式称为 HE 模式, 因为在截止时, H_z 为主要的纵向场分量。需要注意, H_z 仅在接近截止频率时才成为主要的纵向场分量。从式(5.3.69)中可以看出, 当 α 增大时, 比值 $|E_z/H_z|$ 也增大。特别是当 $\alpha > k_x$ 时, E_z 相应地增强, 此时 HE 模变成与 TM 模类似的模式。另一方面, 对于式(5.3.70)的根所对应的模式, 从式(5.3.71)中可以看出, 当 $\alpha \to 0$ 时 $B_2 \to 0$, 这些模式将与 TM 模类似。这些模式称为 EH 模, 因为在截止时, E_z 为主要的纵向场分量。同样, E_z 也仅在接近截止频率时才成为主要的纵向场分量。从式(5.3.71)中可以看出, 当 α 增大时, 比值 $|E_z/H_z|$ 减小。当 $\alpha > k_x$ 时, H_z 相应地增强, 此时 EH 模变成与 TE 模类似的模式。对于 $k_x = 0$ 的特殊情况, HE 模变成 TM 模式, EH 模变成 TE 模式, 这与之前得到的结论一致。

▷ **【例 5.3】** 两种介质的分界面位于 $y = 0$ 处, 分界面以上的介电常数为 ϵ_1, 磁导率为 μ_0; 分界面以下的介电常数为 ϵ_2, 磁导率为 μ_0。假定场沿 x 方向无变化, 分析沿 z 方向传播的电磁波。

解: 由于场沿 x 方向无变化, 故沿 z 方向传播的导波可以分解成 TE 和 TM 模式。对于局限于分界面附近的 TE 模式, 分界面上方的纵向磁场分量为

$$H_{1z} = A_1 e^{-\alpha_1 y} e^{-jk_z z}, \qquad y \geq 0$$

式中, $k_z^2 - \alpha_1^2 = k_1^2 = \omega^2 \mu_0 \epsilon_1$。其余的非零场分量为

$$H_{1y} = -A_1 \frac{jk_z}{\alpha_1} e^{-\alpha_1 y} e^{-jk_z z}, \quad E_{1x} = -A_1 \frac{j\omega\mu_0}{\alpha_1} e^{-\alpha_1 y} e^{-jk_z z}$$

分界面下方的纵向磁场分量为

$$H_{2z} = A_2 e^{\alpha_2 y} e^{-jk_z z}, \qquad y \leq 0$$

式中, $k_z^2 - \alpha_2^2 = k_2^2 = \omega^2 \mu_0 \epsilon_2$。其余的非零场分量为

$$H_{2y} = A_2 \frac{jk_z}{\alpha_2} e^{\alpha_2 y} e^{-jk_z z}, \quad E_{2x} = A_2 \frac{j\omega\mu_0}{\alpha_2} e^{\alpha_2 y} e^{-jk_z z}$$

应用 $y = 0$ 分界面上的切向场分量连续条件, 可得确定传播常数的特征方程为

$$\frac{1}{\alpha_1} = -\frac{1}{\alpha_2}$$

显然, 对于正值的 α_1 和 α_2, 此方程无解。因此, 不存在限制在分界面附近传播的 TE 模式。现在, 考虑 TM 模式。对于局限于分界面附近的 TM 模式, 分界面上方的纵向电场分量为

$$E_{1z} = A_1 e^{-\alpha_1 y} e^{-jk_z z}, \qquad y \geq 0$$

其余的非零场分量为

$$E_{1y} = -A_1 \frac{jk_z}{\alpha_1} e^{-\alpha_1 y} e^{-jk_z z}, \quad H_{1x} = A_1 \frac{j\omega\epsilon_1}{\alpha_1} e^{-\alpha_1 y} e^{-jk_z z}$$

分界面下方的纵向电场分量为

$$E_{2z} = A_2 e^{\alpha_2 y} e^{-jk_z z}, \qquad y \leq 0$$

其余的非零场分量为

$$E_{2y} = A_2 \frac{jk_z}{\alpha_2} e^{\alpha_2 y} e^{-jk_z z}, \qquad H_{2x} = -A_2 \frac{j\omega\epsilon_2}{\alpha_2} e^{\alpha_2 y} e^{-jk_z z}$$

应用 $y=0$ 分界面上的切向场分量连续条件,可得确定传播常数的特征方程为

$$\frac{\epsilon_1}{\alpha_1} = -\frac{\epsilon_2}{\alpha_2}$$

通常,如果 ϵ_1 和 ϵ_2 均为正值,则此方程也不存在 α_1 和 α_2 均为正值的解。但是,如果一个为正值,另一个比如 ϵ_2 为负值,则 α_1 和 α_2 均为正值的解是存在的。联立求解此特征方程与两个色散方程,可得

$$\alpha_1 = k_0 \sqrt{\frac{-\epsilon_1^2}{\epsilon_1 + \epsilon_2}}, \qquad \alpha_2 = k_0 \sqrt{\frac{-\epsilon_2^2}{\epsilon_1 + \epsilon_2}}, \qquad k_z = k_0 \sqrt{\frac{\epsilon_1 \epsilon_2}{\epsilon_1 + \epsilon_2}}$$

当 $\epsilon_1 + \epsilon_2 < 0$ 时,上面的解均为正值。在光频率区域,金属可以看成相对介电常数为 $\epsilon_r = 1 - (\omega_p/\omega)^2$ 的等离子体,式中 ω_p 为等离子体频率。因此,在一定的频率范围内,金属的介电常数呈负值。在这个频段内,TM 极化的表面波可以存在并沿金属表面传播。这样的表面波称为**表面等离子体激元**。

5.4　波导中场的激励

在 5.1 节和 5.3 节中,通过求解无源区域的麦克斯韦方程讨论了几种波导中波的传播。波导中的场解代表了波导能够支持的所有可能模式。这一节利用之前的结论求解波导中电流源激励所产生的场。首先考虑一种简单的情况,即均匀波导中的面电流源激励产生的场,然后处理更为一般的体电流源激励问题。

5.4.1　面电流源激励

如图 5.16 所示,沿 z 方向的均匀波导由放置于 $z = 0$ 处的面电流源 $\mathbf{J}_s$ 激励。激励起的场在波导右侧沿正 z 方向传播,在波导左侧沿负 z 方向传播。我们知道,波导无源区域的场可以展开成波导模式的线性组合,因而波导右侧的场可以表示为

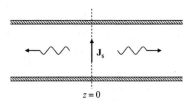

图 5.16　波导中的面电流源激励

$$\mathbf{E}^+ = \sum_{i=1}^{\infty} a_i \mathbf{E}_i^+, \qquad \mathbf{H}^+ = \sum_{i=1}^{\infty} a_i \mathbf{H}_i^+, \qquad z > 0 \qquad (5.4.1)$$

波导左侧的场表示为

$$\mathbf{E}^- = \sum_{i=1}^{\infty} b_i \mathbf{E}_i^-, \qquad \mathbf{H}^- = \sum_{i=1}^{\infty} b_i \mathbf{H}_i^-, \qquad z < 0 \qquad (5.4.2)$$

式中,$(\mathbf{E}_i^+, \mathbf{H}_i^+)$ 代表沿正 z 方向传播的波导模式,即

$$\mathbf{E}_i^+ = (\mathbf{e}_{ti} + \hat{z} e_{zi}) e^{-jk_{zi} z}, \qquad \mathbf{H}_i^+ = (\mathbf{h}_{ti} + \hat{z} h_{zi}) e^{-jk_{zi} z} \qquad (5.4.3)$$

而$(\mathbf{E}_i^-,\mathbf{H}_i^-)$代表沿负 z 方向传播的波导模式，即

$$\mathbf{E}_i^- = (\mathbf{e}_{ti} - \hat{z}e_{zi})\,\mathrm{e}^{jk_{zi}z}, \qquad \mathbf{H}_i^- = (-\mathbf{h}_{ti} + \hat{z}h_{zi})\,\mathrm{e}^{jk_{zi}z} \tag{5.4.4}$$

为了确定待定系数 a_i 和 b_i，在面电流两侧应用边界条件：

$$\hat{z}\times(\mathbf{E}^+ - \mathbf{E}^-)=0, \qquad \hat{z}\times(\mathbf{H}^+ - \mathbf{H}^-)=\mathbf{J}_\mathrm{s}, \qquad 在 z=0 处 \tag{5.4.5}$$

得到

$$\sum_{i=1}^{\infty} a_i\mathbf{e}_{ti} = \sum_{i=1}^{\infty} b_i\mathbf{e}_{ti}, \qquad \sum_{i=1}^{\infty}(a_i+b_i)\hat{z}\times\mathbf{h}_{ti} = \mathbf{J}_\mathrm{s} \tag{5.4.6}$$

由波导模的正交性可得

$$a_i = b_i = \frac{1}{2\kappa_i}\iint_\Omega \mathbf{e}_{ti}\cdot\mathbf{J}_\mathrm{s}\,\mathrm{d}\Omega \tag{5.4.7}$$

式中，κ_i 为归一化常数，其表达式为

$$\kappa_i = \iint_\Omega (\mathbf{h}_{ti}\times\mathbf{e}_{ti})\cdot\hat{z}\,\mathrm{d}\Omega \tag{5.4.8}$$

为了说明上述方法的应用，考虑下面的例子。如图 5.17 所示，矩形波导由一个位于 $x=a/2$ 和 $z=0$ 处的电流探针激励，探针从波导底部延伸到顶部，探针上有时谐线电流 I。此线电流可以看成一个特殊的面电流，其面电流密度为

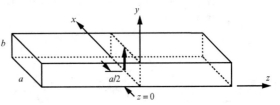

图 5.17　由电流探针激励的矩形波导

$$\mathbf{J}_\mathrm{s} = \hat{y}I\delta(x-a/2) \tag{5.4.9}$$

矩形波导的 TM 模式场由式（5.1.79）至式（5.1.84）表示，TE 模式场由式（5.1.92）至式（5.1.97）表示，其中 E_{mn} 和 H_{mn} 可以看成待定展开系数。由式（5.4.7）可得 $E_{mn}=0$，而

$$H_{m0} = \frac{m\pi I}{ja^2}\sin\frac{m\pi}{2}\bigg/\sqrt{k^2-\left(\frac{m\pi}{a}\right)^2}, \qquad H_{mn}=0,\ n>0 \tag{5.4.10}$$

此结果表明，式（5.4.9）所示的线电流不能激励起任何 TM 模，而仅能激励起 $m=1,3,5,\cdots$ 和 $n=0$ 的 TE 模。

5.4.2　体电流源激励

现在考虑更一般的问题，即如何分析均匀波导中由体电流源激励所产生的场。如图 5.18 所示，电流源 $\mathbf{J}_{\mathrm{imp}}$ 限定在 $[z_1,z_2]$ 的范围内。我们知道，波导中由源所激励起的场可以表示成波导模式的线性组合。因而，波导中的电场和磁场可以表示为

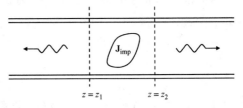

图 5.18　波导中的体电流源激励

$$\mathbf{E} = \sum_{i=1}^{\infty} a_i(z)\mathbf{E}_i^+ + \sum_{i=1}^{\infty} b_i(z)\mathbf{E}_i^- \tag{5.4.11}$$

$$\mathbf{H} = \sum_{i=1}^{\infty} a_i(z)\mathbf{H}_i^+ + \sum_{i=1}^{\infty} b_i(z)\mathbf{H}_i^- \tag{5.4.12}$$

式中，$\mathbf{E}_i^\pm$ 和 $\mathbf{H}_i^\pm$ 由式(5.4.3)和式(5.4.4)定义。显然，待定系数 $a_i(z)$ 和 $b_i(z)$ 满足下列条件：

$$a_i(z)\big|_{z<z_1} = a_i(z_1) = 0, \qquad a_i(z)\big|_{z>z_2} = a_i(z_2) = 常数 \tag{5.4.13}$$

$$b_i(z)\big|_{z>z_2} = b_i(z_2) = 0, \qquad b_i(z)\big|_{z<z_1} = b_i(z_1) = 常数 \tag{5.4.14}$$

为了确定待定系数 $a_i(z)$ 和 $b_i(z)$，在 $[z_1, z_2]$ 所限定的体积内应用式(3.3.8)所示的互易定理，令 $\mathbf{E}_1 = \mathbf{E}_j^-$，$\mathbf{H}_1 = \mathbf{H}_j^-$，$\mathbf{E}_2 = \mathbf{E}$，$\mathbf{H}_2 = \mathbf{H}$，得到

$$\oiint_S (\mathbf{H} \times \mathbf{E}_j^- - \mathbf{H}_j^- \times \mathbf{E}) \cdot \mathrm{d}\mathbf{S} = \iiint_V \mathbf{J}_{\mathrm{imp}} \cdot \mathbf{E}_j^- \, \mathrm{d}V \tag{5.4.15}$$

式中，表面 S 包括波导管壁，$z=z_1$ 的横截面 Ω_1 和 $z=z_2$ 的横截面 Ω_2。由于金属管壁上的边界条件为 $\hat{n} \times \mathbf{E}_j^- = \hat{n} \times \mathbf{E} = 0$，所以波导管壁上的面积分为零。将式(5.4.11)和式(5.4.12)代入式(5.4.15)，由式(5.3.12)所示的正交关系，可得

$$\oiint_S (\mathbf{H} \times \mathbf{E}_j^- - \mathbf{H}_j^- \times \mathbf{E}) \cdot \mathrm{d}\mathbf{S} = a_j(z_2) \iint_{\Omega_2} (\mathbf{H}_j^+ \times \mathbf{E}_j^- - \mathbf{H}_j^- \times \mathbf{E}_j^+) \cdot \hat{z} \, \mathrm{d}\Omega$$

$$= 2a_j(z_2) \iint_{\Omega_2} (\mathbf{h}_{tj} \times \mathbf{e}_{tj}) \cdot \hat{z} \, \mathrm{d}\Omega \tag{5.4.16}$$

因而

$$a_i(z) = \frac{1}{2\kappa_i} \iiint_V \mathbf{J}_{\mathrm{imp}} \cdot \mathbf{E}_i^- \, \mathrm{d}V, \qquad z > z_2 \tag{5.4.17}$$

式中，κ_i 由式(5.4.8)给出。类似地，在 $[z_1, z_2]$ 所限定的体积内应用由式(3.3.8)所示的互易定理。令 $\mathbf{E}_1 = \mathbf{E}_j^+$，$\mathbf{H}_1 = \mathbf{H}_j^+$，$\mathbf{E}_2 = \mathbf{E}$，$\mathbf{H}_2 = \mathbf{H}$，并采用相同的处理方法，可得

$$b_i(z) = \frac{1}{2\kappa_i} \iiint_V \mathbf{J}_{\mathrm{imp}} \cdot \mathbf{E}_i^+ \, \mathrm{d}V, \qquad z < z_1 \tag{5.4.18}$$

因此，给定任何电流源，可以由式(5.4.17)求出沿正 z 方向传播的波导模式的幅度，由式(5.4.18)求出沿负 z 方向传播的波导模式的幅度。需要注意，式(5.4.11)的场展开式仅对无源区域是完备的，因为在无源区域中电场是无散场[3]。在源所在的区域，电场还包含无旋的散度分量，而式(5.4.11)中却没有这个分量。可以在场展开式中加入这个散度分量，从而推导出波导中每一处场的精确表达式。其结果可以用并矢格林函数简洁地表示出来[3, 9]。

当 $\mathbf{J}_{\mathrm{imp}}$ 为 $z=0$ 平面上的面电流时，$\mathbf{J}_{\mathrm{imp}}$ 可表示为 $\mathbf{J}_{\mathrm{imp}} = \mathbf{J}_s \delta(z)$，式(5.4.17)和式(5.4.18)变为

$$a_i = b_i = \frac{1}{2\kappa_i} \iint_\Omega \mathbf{e}_{ti} \cdot \mathbf{J}_s \, \mathrm{d}\Omega \tag{5.4.19}$$

此结果与式(5.4.7)相同。这是符合预期的，因为面电流可以看成特殊的体电流。这个特例可以看成对前面的公式推导进行了一次交叉验证。

这一节的推导清楚地表明，如果希望用电流源激励起波导中的特定模式，电流源就应该位于这种模式电场值较强的位置，并且电流的方向应该与模式电场的方向平行。我们可以基于这个原理来设计各种馈源，从而有效地激励起所期望的模式场[5, 7]。

5.5　平面分层媒质中的场

分层媒质在电子工程的各个领域，例如微带电路、微带天线、高频集成电路等，有广泛的应用。这一节考虑平面分层媒质中的电流源辐射问题。为了简化分析，仅考虑电流源位于分层媒质上方的情况。

因为任意电流源都可以分解成无数电偶极子的叠加，所以一旦求解出电偶极子的辐射场，任意电流源的辐射问题也就可以方便地求解。对现在所考虑的问题，电偶极子可以分为两种：**垂直电偶极子**（VED）和**水平电偶极子**（HED）。因此，首先假定电偶极子位于坐标系的原点，求解这两种电偶极子的辐射问题。

求解分层媒质上方的电偶极子辐射问题的基本方法是：首先求解电偶极子在自由空间中的辐射场；然后把辐射场看成入射场，求解由分层媒质反射产生的反射场；最后通过入射场和反射场的叠加得到总场[10, 11]。但是，由于电偶极子的辐射场表达式比较复杂，一般很难直接求解其在分层媒质上的反射场。为了解决这个问题，可以利用二维傅里叶变换把电偶极子的辐射场分解成无数个平面波，而求解平面波在分层媒质上的反射场相对容易一些。

5.5.1　谱域格林函数和索末菲恒等式

在 4.1.3 节中，使用三维傅里叶变换求解了偏微分方程：

$$\nabla^2 G_0(\mathbf{r}, \mathbf{r}') + k^2 G_0(\mathbf{r}, \mathbf{r}') = -\delta(\mathbf{r} - \mathbf{r}') \tag{5.5.1}$$

从而推导出了自由空间格林函数。而其另一种推导方法是将 $G_0(\mathbf{r}, \mathbf{r}')$ 和 $\delta(\mathbf{r}-\mathbf{r}')$ 用二维傅里叶积分展开为

$$G_0(\mathbf{r}, \mathbf{r}') = \frac{1}{(2\pi)^2} \int_{-\infty}^{\infty} \int_{-\infty}^{\infty} \tilde{G}_0(k_x, k_y; z, z') \, e^{j[k_x(x-x')+k_y(y-y')]} \, dk_x \, dk_y \tag{5.5.2}$$

$$\delta(\mathbf{r} - \mathbf{r}') = \frac{1}{(2\pi)^2} \int_{-\infty}^{\infty} \int_{-\infty}^{\infty} e^{j[k_x(x-x')+k_y(y-y')]} \, dk_x \, dk_y \, \delta(z - z') \tag{5.5.3}$$

式中，$\tilde{G}_0(k_x, k_y; z, z')$ 是待定的未知函数，通常称为**自由空间谱域格林函数**。将这两个表达式代入式（5.5.1），可得

$$\left(\frac{\mathrm{d}^2}{\mathrm{d}z^2} + k_z^2 \right) \tilde{G}_0(k_x, k_y; z, z') = -\delta(z - z') \tag{5.5.4}$$

式中，$k_z^2 = k^2 - k_x^2 - k_y^2$。此方程与式（4.1.35）相同，其解由式（4.1.39）给出。因此，式（5.5.4）的解为

$$\tilde{G}_0(k_x, k_y; z, z') = \frac{1}{2jk_z} \begin{cases} e^{-jk_z(z-z')}, & z \geqslant z' \\ e^{jk_z(z-z')}, & z \leqslant z' \end{cases} \tag{5.5.5}$$

因而式（5.5.2）可以写为

$$G_0(\mathbf{r}, \mathbf{r}') = \frac{1}{(2\pi)^2} \int_{-\infty}^{\infty} \int_{-\infty}^{\infty} \frac{e^{j[k_x(x-x')+k_y(y-y')]}}{2jk_z} \, e^{-jk_z|z-z'|} \, dk_x \, dk_y \tag{5.5.6}$$

令 $x=\rho\cos\phi$, $y=\rho\sin\phi$, $k_x=k_\rho\cos\alpha$ 和 $k_y=k_\rho\sin\alpha$, 此积分可以变换成柱坐标系中的积分。进一步, 由于 $G_0(\mathbf{r},\mathbf{r}')$ 关于 $\boldsymbol{\rho}'$ 对称, 不失一般性, 可以将 $\boldsymbol{\rho}-\boldsymbol{\rho}'$ 指向的方向作为 x 方向。由此, 式(5.5.6)可以写为

$$G_0(\mathbf{r},\mathbf{r}') = \frac{1}{(2\pi)^2}\int_0^{2\pi}\int_0^\infty \frac{e^{jk_\rho|\boldsymbol{\rho}-\boldsymbol{\rho}'|\cos\alpha}}{2jk_z}e^{-jk_z|z-z'|}k_\rho\,dk_\rho\,d\alpha \tag{5.5.7}$$

使用零阶第一类贝塞尔函数 $J_0(u)$ 的积分表示式[12]:

$$J_0(u) = \frac{1}{2\pi}\int_0^{2\pi}e^{ju\cos v}\,dv \tag{5.5.8}$$

式(5.5.7)可以进一步写为

$$G_0(\mathbf{r},\mathbf{r}') = \frac{1}{4\pi j}\int_0^\infty \frac{k_\rho}{k_z}J_0(k_\rho|\boldsymbol{\rho}-\boldsymbol{\rho}'|)e^{-jk_z|z-z'|}\,dk_\rho \tag{5.5.9}$$

由于 $G_0(\mathbf{r},\mathbf{r}')$ 也可以用式(2.2.20)或式(4.1.53)表示, 所以有

$$\frac{e^{-jk|\mathbf{r}-\mathbf{r}'|}}{|\mathbf{r}-\mathbf{r}'|} = \int_0^\infty \frac{k_\rho}{jk_z}J_0(k_\rho|\boldsymbol{\rho}-\boldsymbol{\rho}'|)e^{-jk_z|z-z'|}\,dk_\rho \tag{5.5.10}$$

这就是**索末菲恒等式**。这个恒等式表明, 球面波可以分解为无数沿 z 方向传播的平面波。

5.5.2 分层媒质上方的垂直电偶极子

对于一个放置于原点的沿 z 方向的无限小电偶极子, 其电流密度可表示为 $\mathbf{J}(\mathbf{r}')=\hat{z}\delta(\mathbf{r}')$。通过式(2.2.34)和式(2.2.38)可以求出这个电偶极子在介电常数为 ϵ_0 且导磁率为 μ_0 的自由空间中的辐射场为

$$\mathbf{E}(\mathbf{r}) = -j\omega\mu_0\left(\hat{z}+\frac{1}{k_0^2}\nabla\frac{\partial}{\partial z}\right)\frac{e^{-jk_0r}}{4\pi r} \tag{5.5.11}$$

$$\mathbf{H}(\mathbf{r}) = -\hat{z}\times\nabla\frac{e^{-jk_0r}}{4\pi r} \tag{5.5.12}$$

其 z 方向分量为

$$E_z(\mathbf{r}) = -j\omega\mu_0\left(1+\frac{1}{k_0^2}\frac{\partial^2}{\partial z^2}\right)\frac{e^{-jk_0r}}{4\pi r}, \qquad H_z(\mathbf{r})=0 \tag{5.5.13}$$

显然, 这个场可以看成 TM 场。将式(5.5.10)代入上面的表达式, 得到

$$E_z(\mathbf{r}) = -\frac{1}{4\pi\omega\epsilon_0}\int_0^\infty \frac{k_\rho^3}{k_{z,0}}J_0(k_\rho\rho)e^{-jk_{z,0}|z|}\,dk_\rho \tag{5.5.14}$$

式中, $k_{z,0}=\sqrt{k_0^2-k_\rho^2}$。通过式(5.1.20)可以求出横向场分量, 即

$$E_\rho(\mathbf{r}) = \pm\frac{j}{4\pi\omega\epsilon_0}\int_0^\infty k_\rho^2 J_0'(k_\rho\rho)e^{-jk_{z,0}|z|}\,dk_\rho \tag{5.5.15}$$

$$H_\phi(\mathbf{r}) = \frac{j}{4\pi}\int_0^\infty \frac{k_\rho^2}{k_{z,0}}J_0'(k_\rho\rho)e^{-jk_{z,0}|z|}\,dk_\rho \tag{5.5.16}$$

在式(5.5.15)中，"+"号用于 $z>0$ 的区域，"−"号用于 $z<0$ 的区域，$J_0'(u)=\mathrm{d}J_0(u)/\mathrm{d}u$。

现在考虑图 5.19 所示的问题，即有一个垂直电偶极子位于分层媒质的上方。这个问题可以看成电偶极子在自由空间中的辐射场被分层媒质反射。入射场为

$$E_z^{\mathrm{inc}}(\mathbf{r}) = -\frac{1}{4\pi\omega\epsilon_0}\int_0^\infty \frac{k_\rho^3}{k_{z,0}}J_0(k_\rho\rho)\,\mathrm{e}^{\mathrm{j}k_{z,0}z}\,\mathrm{d}k_\rho \tag{5.5.17}$$

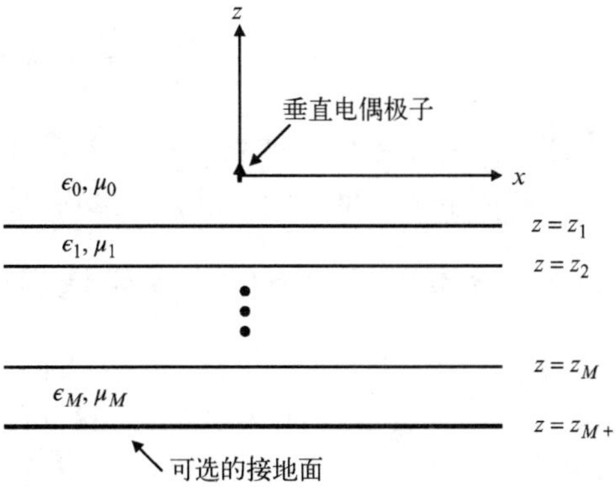

由于要满足相位匹配条件，反射场和透射场沿横向的变化应该与入射场相同。因此，反射场可以写为

图 5.19　分层媒质上方的垂直电偶极子

$$E_z^{\mathrm{ref}}(\mathbf{r}) = -\frac{1}{4\pi\omega\epsilon_0}\int_0^\infty \frac{k_\rho^3}{k_{z,0}}J_0(k_\rho\rho)R^{\mathrm{TM}}\,\mathrm{e}^{-\mathrm{j}k_{z,0}z}\,\mathrm{d}k_\rho \tag{5.5.18}$$

每一层媒质中的场都包含沿正 z 和负 z 两个方向传播的电磁波，即

$$E_z^{(i)}(\mathbf{r}) = -\frac{1}{4\pi\omega\epsilon_i}\int_0^\infty \frac{k_\rho^3}{k_{z,i}}J_0(k_\rho\rho)\left[A^{(i)}\mathrm{e}^{\mathrm{j}k_{z,i}z} + B^{(i)}\mathrm{e}^{-\mathrm{j}k_{z,i}z}\right]\mathrm{d}k_\rho \tag{5.5.19}$$

式中，$k_{z,i}=\sqrt{k_i^2-k_\rho^2}=\sqrt{\omega^2\mu_i\,\epsilon_i-k_\rho^2}$。

为了确定式(5.5.19)中的未知系数和式(5.5.18)中的反射系数，在每一个分界面上应用切向场分量连续条件。对于位于 $z=z_i$ 的 $i-1$ 层和 i 层的分界面上，可得

$$\frac{1}{k_{z,i-1}}\left[A^{(i-1)}\mathrm{e}^{\mathrm{j}k_{z,i-1}z_i} + B^{(i-1)}\mathrm{e}^{-\mathrm{j}k_{z,i-1}z_i}\right] = \frac{1}{k_{z,i}}\left[A^{(i)}\mathrm{e}^{\mathrm{j}k_{z,i}z_i} + B^{(i)}\mathrm{e}^{-\mathrm{j}k_{z,i}z_i}\right] \tag{5.5.20}$$

$$\frac{1}{\epsilon_{i-1}}\left[A^{(i-1)}\mathrm{e}^{\mathrm{j}k_{z,i-1}z_i} - B^{(i-1)}\mathrm{e}^{-\mathrm{j}k_{z,i-1}z_i}\right] = \frac{1}{\epsilon_i}\left[A^{(i)}\mathrm{e}^{\mathrm{j}k_{z,i}z_i} - B^{(i)}\mathrm{e}^{-\mathrm{j}k_{z,i}z_i}\right] \tag{5.5.21}$$

由上两个方程可得

$$\frac{B^{(i-1)}}{A^{(i-1)}} = \frac{R_{\mathrm{E}}^{(i)}-1}{R_{\mathrm{E}}^{(i)}+1}\,\mathrm{e}^{\mathrm{j}2k_{z,i-1}z_i}, \qquad i=1,2,\cdots,M \tag{5.5.22}$$

式中，

$$R_{\mathrm{E}}^{(i)} = \frac{\epsilon_i k_{z,i-1}}{\epsilon_{i-1}k_{z,i}}\,\frac{\mathrm{e}^{\mathrm{j}k_{z,i}z_i} + \dfrac{B^{(i)}}{A^{(i)}}\mathrm{e}^{-\mathrm{j}k_{z,i}z_i}}{\mathrm{e}^{\mathrm{j}k_{z,i}z_i} - \dfrac{B^{(i)}}{A^{(i)}}\mathrm{e}^{-\mathrm{j}k_{z,i}z_i}}, \qquad i=1,2,\cdots,M \tag{5.5.23}$$

式(5.5.22)和式(5.5.23)提供了一种计算 $B^{(i-1)}/A^{(i-1)}$ 的递推方法。可以从 $i=M$ 递推到 $i=1$，而起始值 $B^{(M)}/A^{(M)}$ 与第 M 层媒质有关：若这一层媒质是无界的（即媒质延伸至 $z=-\infty$），则 $B^{(M)}/A^{(M)}=0$；若这一层媒质下方有位于 $z=z_{M+1}$ 的接地平面（即理想导体平面），则 $B^{(M)}/A^{(M)}=\mathrm{e}^{\mathrm{j}2k_{z,M}z_{M+1}}$。递推的最后一步，$B^{(0)}/A^{(0)}$ 的值就是式(5.5.18)中所希望求得的反射系数 R^{TM}。一旦求出 R^{TM}，就可以得到媒质上方的总场，即

$$E_z(\mathbf{r}) = -\frac{1}{4\pi\omega\epsilon_0}\int_0^\infty \frac{k_\rho^3}{k_{z,0}}J_0(k_\rho\rho)\left[e^{-jk_{z,0}|z|} + R^{\mathrm{TM}}e^{-jk_{z,0}z}\right]dk_\rho, \qquad z \geq z_1 \qquad (5.5.24)$$

从上式出发可以求出其他场分量。由式(5.5.21)和前面所计算的 $B^{(i)}/A^{(i)}$ 的值,还可以计算每一层中的 $A^{(i)}$ 和 $B^{(i)}(i=1,\cdots,M)$,并由此求出每一层媒质中的场。

5.5.3　分层媒质上方的水平电偶极子

对于一个水平放置于原点的沿 x 方向的无限小电偶极子,其电流密度可表示为 $\mathbf{J}(\mathbf{r}') = \hat{x}\delta(\mathbf{r}')$。通过式(2.2.34)和式(2.2.38)可以求出此电偶极子在自由空间中的辐射场为

$$\mathbf{E}(\mathbf{r}) = -j\omega\mu_0\left(\hat{x} + \frac{1}{k_0^2}\nabla\frac{\partial}{\partial x}\right)\frac{e^{-jk_0r}}{4\pi r} \qquad (5.5.25)$$

$$\mathbf{H}(\mathbf{r}) = -\hat{x}\times\nabla\frac{e^{-jk_0r}}{4\pi r} \qquad (5.5.26)$$

其 z 方向分量为

$$E_z(\mathbf{r}) = \frac{1}{j\omega\epsilon_0}\frac{\partial^2}{\partial x\partial z}\frac{e^{-jk_0r}}{4\pi r} \qquad (5.5.27)$$

$$H_z(\mathbf{r}) = -\frac{\partial}{\partial y}\frac{e^{-jk_0r}}{4\pi r} \qquad (5.5.28)$$

因此这个场可以看成 TM 场和 TE 场的叠加。将式(5.5.10)代入上面的表达式,得到

$$E_z(\mathbf{r}) = \pm\frac{j}{4\pi\omega\epsilon_0}\cos\phi\int_0^\infty k_\rho^2 J_0'(k_\rho\rho)e^{-jk_{z,0}|z|}dk_\rho \qquad (5.5.29)$$

$$H_z(\mathbf{r}) = \frac{j}{4\pi}\sin\phi\int_0^\infty \frac{k_\rho^2}{k_{z,0}}J_0'(k_\rho\rho)e^{-jk_{z,0}|z|}dk_\rho \qquad (5.5.30)$$

当电偶极子放置于分层媒质上方时(见图5.20),总场包含由式(5.5.29)和式(5.5.30)所示的自由空间辐射场和由分层媒质所引起的反射场,即

$$E_z(\mathbf{r}) = \frac{j}{4\pi\omega\epsilon_0}\cos\phi\int_0^\infty k_\rho^2 J_0'(k_\rho\rho)\left[\pm e^{-jk_{z,0}|z|} - R^{\mathrm{TM}}e^{-jk_{z,0}z}\right]dk_\rho, \qquad z \geq z_1 \qquad (5.5.31)$$

$$H_z(\mathbf{r}) = \frac{j}{4\pi}\sin\phi\int_0^\infty \frac{k_\rho^2}{k_{z,0}}J_0'(k_\rho\rho)\left[e^{-jk_{z,0}|z|} + R^{\mathrm{TE}}e^{-jk_{z,0}z}\right]dk_\rho, \qquad z \geq z_1 \qquad (5.5.32)$$

可以证明,式(5.5.31)中的反射系数 R^{TM} 与式(5.5.24)中的反射系数相同。为了求出反射系数 R^{TE},首先写出第 i 层媒质中的磁场 H_z 为

$$H_z^{(i)}(\mathbf{r}) = \frac{j}{4\pi}\sin\phi\int_0^\infty \frac{k_\rho^2}{k_{z,i}}J_0'(k_\rho\rho)\left[C^{(i)}e^{jk_{z,i}z} + D^{(i)}e^{-jk_{z,i}z}\right]dk_\rho \qquad (5.5.33)$$

由式(5.1.21)可得相应的横向分量。在每一个分界面上应用切向场分量连续条件,可得

$$\frac{\mu_{i-1}}{k_{z,i-1}}\left[C^{(i-1)}e^{jk_{z,i-1}z_i} + D^{(i-1)}e^{-jk_{z,i-1}z_i}\right] = \frac{\mu_i}{k_{z,i}}\left[C^{(i)}e^{jk_{z,i}z_i} + D^{(i)}e^{-jk_{z,i}z_i}\right] \qquad (5.5.34)$$

$$C^{(i-1)}e^{jk_{z,i-1}z_i} - D^{(i-1)}e^{-jk_{z,i-1}z_i} = C^{(i)}e^{jk_{z,i}z_i} - D^{(i)}e^{-jk_{z,i}z_i} \qquad (5.5.35)$$

从这两个方程中可进一步得到

$$\frac{D^{(i-1)}}{C^{(i-1)}} = \frac{R_{\mathrm{H}}^{(i)} - 1}{R_{\mathrm{H}}^{(i)} + 1}\, \mathrm{e}^{\mathrm{j}2k_{z,i-1}z_i}, \qquad i = 1, 2, \cdots, M \qquad (5.5.36)$$

式中,

$$R_{\mathrm{H}}^{(i)} = \frac{\mu_i k_{z,i-1}}{\mu_{i-1} k_{z,i}} \frac{\mathrm{e}^{\mathrm{j}k_{z,i}z_i} + \dfrac{D^{(i)}}{C^{(i)}}\, \mathrm{e}^{-\mathrm{j}k_{z,i}z_i}}{\mathrm{e}^{\mathrm{j}k_{z,i}z_i} - \dfrac{D^{(i)}}{C^{(i)}}\, \mathrm{e}^{-\mathrm{j}k_{z,i}z_i}}, \qquad i = 1, 2, \cdots, M \qquad (5.5.37)$$

这两个方程提供了一种计算 $D^{(i-1)}/C^{(i-1)}$ 的递推方法。我们可以从 $i = M$ 递推到 $i = 1$,而起始值 $D^{(M)}/C^{(M)}$ 与第 M 层媒质有关:若这一层媒质是无界的(即介质延伸至 $z = -\infty$),则 $D^{(M)}/C^{(M)} = 0$;若这一层媒质下方有位于 $z = z_{M+1}$ 的接地平面(即理想导体平面),则 $D^{(M)}/C^{(M)} = -\mathrm{e}^{\mathrm{j}2k_{z,M}z_{M+1}}$。递推过程的最后一步,$D^{(0)}/C^{(0)}$ 的值就是式(5.5.32)中所希望求得的反射系数 R^{TE}。一旦求出 R^{TE},由式(5.5.21)和前面所计算的 $C^{(i)}/D^{(i)}$ 的值,可以求出每一层中的 $C^{(i)}$ 和 $D^{(i)}$($i = 1, \cdots, M$),并由此求出每一层媒质中的场。

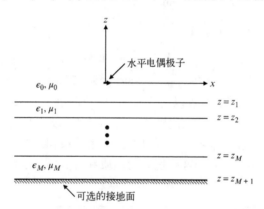

图 5.20　分层媒质上方的水平电偶极子

5.5.4　接地介质板上的电偶极子

接地介质板在微波与毫米波天线和电路中的应用非常广泛。在 5.5.2 节和 5.5.3 节中得到的结论可以很方便地用来分析这种结构。假定介质板的相对介电常数为 ϵ_{r},厚度为 h,上表面位于 xy 平面(见图 5.21),在此情况下,$B^{(1)}/A^{(1)} = \mathrm{e}^{-\mathrm{j}2k_{zd}h}$,其中 $k_{zd} = \sqrt{\epsilon_{\mathrm{r}} k_0^2 - k_\rho^2}$。因此有

$$R_{\mathrm{E}}^{(1)} = \frac{\epsilon_{\mathrm{r}} k_{z0}}{\mathrm{j} k_{zd}} \cot k_{zd}h \qquad (5.5.38)$$

由式(5.5.22)可得

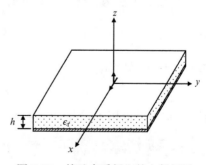

图 5.21　接地介质板上的电偶极子

$$R^{\mathrm{TM}} = \frac{B^{(0)}}{A^{(0)}} = \frac{\epsilon_{\mathrm{r}} k_{z0} - \mathrm{j} k_{zd} \tan k_{zd} h}{\epsilon_{\mathrm{r}} k_{z0} + \mathrm{j} k_{zd} \tan k_{zd} h} \qquad (5.5.39)$$

因此，介质板上方 VED 辐射场为

$$E_z^{\mathrm{VED}}(\mathbf{r}) = -\frac{1}{2\pi\omega\epsilon_0} \int_0^\infty J_0(k_\rho\rho) \frac{\epsilon_{\mathrm{r}} k_\rho^3}{\epsilon_{\mathrm{r}} k_{z0} + \mathrm{j} k_{zd} \tan k_{zd} h} \mathrm{e}^{-\mathrm{j}k_{z0}z} \, \mathrm{d}k_\rho, \qquad z \geqslant 0 \qquad (5.5.40)$$

介质板上方 HED 辐射场的 TM 部分为

$$E_z^{\mathrm{HED}}(\mathbf{r}) = -\frac{1}{2\pi\omega\epsilon_0} \cos\phi \int_0^\infty J_0'(k_\rho\rho) \frac{k_\rho^2 k_{zd} \tan k_{zd} h}{\epsilon_{\mathrm{r}} k_{z0} + \mathrm{j} k_{zd} \tan k_{zd} h} \mathrm{e}^{-\mathrm{j}k_{z0}z} \, \mathrm{d}k_\rho, \qquad z \geqslant 0 \qquad (5.5.41)$$

为计算 TE 部分，首先求得 $D^{(1)}/C^{(1)} = -\mathrm{e}^{-\mathrm{j}2k_{zd}h}$，由此有

$$R_{\mathrm{H}}^{(1)} = \frac{\mathrm{j}k_{z0}}{k_{zd}} \tan k_{zd} h \qquad (5.5.42)$$

然后，由式(5.5.36)可得

$$R^{\mathrm{TE}} = \frac{D^{(0)}}{C^{(0)}} = \frac{\mathrm{j}k_{z0} \tan k_{zd} h - k_{zd}}{\mathrm{j}k_{z0} \tan k_{zd} h + k_{zd}} \qquad (5.5.43)$$

因此，介质板上方 HED 辐射场的 TE 部分为

$$H_z^{\mathrm{HED}}(\mathbf{r}) = -\frac{1}{2\pi} \sin\phi \int_0^\infty J_0'(k_\rho\rho) \frac{k_\rho^2 \tan k_{zd} h}{\mathrm{j}k_{z0} \tan k_{zd} h + k_{zd}} \mathrm{e}^{-\mathrm{j}k_{z0}z} \, \mathrm{d}k_\rho, \qquad z \geqslant 0 \qquad (5.5.44)$$

一旦求出辐射场的 z 方向分量，就可以由式(5.1.11)和式(5.1.12)求其余场分量。

　　虽然这里推导了分层媒质上方电偶极子辐射场的表达式，但这些表达式中的积分计算非常困难。这些积分称为**索末菲积分**。可以看出，除了被积函数更复杂，这些积分与索末菲恒等式中的积分是类似的。关于这些积分的性质和计算方法，读者可参考 Chew [10] 和 Kong [11] 的著作。

▷─────────────────────────────────

【**例5.4**】　计算式(5.5.40)、式(5.5.41)和式(5.5.44)的积分，并求出位于接地介质板上方 VED 和 HED 的辐射场远场(见图 5.21)。

　　解：对于 $r \to \infty$ 的情况，式(5.5.40)、式(5.5.41)和式(5.5.44)的积分可以用**稳相法**计算[10]。其方法为：对于给定的积分

$$I = \int_{-\infty}^\infty f(h) g(\Omega, h) \, \mathrm{d}h$$

如果 $g(\Omega, h)$ 具有渐近形式

$$g(\Omega, h) \sim \mathrm{e}^{\mathrm{j}\Omega\psi(h)}, \qquad \Omega \to \infty$$

那么，积分可以用下式近似计算：

$$I = f(h_0) \int_{-\infty}^\infty g(\Omega, h) \, \mathrm{d}h$$

式中，h_0 为相位的稳定点，可由 $\psi'(h_0) = 0$ 得到。现在，应用此方法计算式(5.5.40)、式(5.5.41)和式(5.5.44)的积分。

首先，式(5.5.40)可以写为

$$E_z^{\mathrm{VED}}(\mathbf{r}) = -\frac{1}{4\pi\omega\epsilon_0} \int_0^\infty \left[H_0^{(2)}(k_\rho\rho) + H_0^{(1)}(k_\rho\rho) \right] \frac{\epsilon_r k_\rho^3}{\epsilon_r k_{z0} + \mathrm{j}k_{zd}\tan k_{zd}h} \mathrm{e}^{-\mathrm{j}k_{z0}z}\, \mathrm{d}k_\rho$$

当 $k_\rho\rho \to \infty$ 时，$H_0^{(2)}(k_\rho\rho) = \sqrt{2/\pi k_\rho\rho}\, \mathrm{e}^{-\mathrm{j}(k_\rho\rho-\pi/4)}$。因此，被积函数包含指数函数 $\mathrm{e}^{-\mathrm{j}(k_\rho\rho+k_{z0}z)}$，式中 $k_{z0} = \sqrt{k_0^2 - k_\rho^2}$。对应 $\psi = k_\rho\rho + k_{z0}z$ 的稳相点可以通过 $\psi'(k_{\rho0}) = \rho - k_{\rho0}z/k_{z0} = 0$ 得到，其值为 $k_{\rho0} = k_0\rho/\sqrt{\rho^2+z^2} = k_0\sin\theta$。包含 $H_0^{(1)}(k_\rho\rho)$ 的第二项也有一个稳相点，其值为 $k_{\rho0} = -k_0\sin\theta$。不过这个点在积分范围之外，对积分没有贡献。于是，基于稳相法有

$$E_z^{\mathrm{VED}}(\mathbf{r}) \approx -\frac{1}{2\pi\omega\epsilon_0} \left[\frac{\mathrm{j}\epsilon_r k_\rho^2 k_{z0}}{\epsilon_r k_{z0} + \mathrm{j}k_{zd}\tan k_{zd}h} \right]_{k_\rho=k_0\sin\theta} \int_0^\infty \frac{k_\rho}{\mathrm{j}k_{z0}} J_0(k_\rho\rho)\, \mathrm{e}^{-\mathrm{j}k_{z0}z}\, \mathrm{d}k_\rho$$

应用式(5.5.10)的索末菲恒等式，上式变为

$$E_z^{\mathrm{VED}}(\mathbf{r}) \approx -\frac{1}{2\pi\omega\epsilon_0} \left[\frac{\mathrm{j}\epsilon_r k_\rho^2 k_{z0}}{\epsilon_r k_{z0} + \mathrm{j}k_{zd}\tan k_{zd}h} \right]_{k_\rho=k_0\sin\theta} \frac{\mathrm{e}^{-\mathrm{j}k_0 r}}{r}$$

其次，式(5.5.41)可以写为

$$E_z^{\mathrm{HED}}(\mathbf{r}) = \frac{1}{2\pi\omega\epsilon_0}\cos\phi \int_0^\infty J_1(k_\rho\rho) \frac{k_\rho^2 k_{zd}\tan k_{zd}h}{\epsilon_r k_{z0} + \mathrm{j}k_{zd}\tan k_{zd}h} \mathrm{e}^{-\mathrm{j}k_{z0}z}\, \mathrm{d}k_\rho$$

$$= \frac{1}{4\pi\omega\epsilon_0}\cos\phi \int_0^\infty \left[H_1^{(2)}(k_\rho\rho) + H_1^{(1)}(k_\rho\rho) \right] \frac{k_\rho^2 k_{zd}\tan k_{zd}h}{\epsilon_r k_{z0} + \mathrm{j}k_{zd}\tan k_{zd}h} \mathrm{e}^{-\mathrm{j}k_{z0}z}\, \mathrm{d}k_\rho$$

$$= \frac{1}{4\pi\omega\epsilon_0}\cos\phi \int_{-\infty}^\infty H_1^{(2)}(k_\rho\rho) \frac{k_\rho^2 k_{zd}\tan k_{zd}h}{\epsilon_r k_{z0} + \mathrm{j}k_{zd}\tan k_{zd}h} \mathrm{e}^{-\mathrm{j}k_{z0}z}\, \mathrm{d}k_\rho$$

当 $k_\rho\rho \to \infty$ 时，$H_1^{(2)}(k_\rho\rho) \sim \mathrm{j}H_0^{(2)}(k_\rho\rho)$，因此，由稳相法得到

$$E_z^{\mathrm{HED}}(\mathbf{r}) \approx \frac{\mathrm{j}}{4\pi\omega\epsilon_0}\cos\phi \int_{-\infty}^\infty H_0^{(2)}(k_\rho\rho) \frac{k_\rho^2 k_{zd}\tan k_{zd}h}{\epsilon_r k_{z0} + \mathrm{j}k_{zd}\tan k_{zd}h} \mathrm{e}^{-\mathrm{j}k_{z0}z}\, \mathrm{d}k_\rho$$

$$\approx -\frac{1}{2\pi\omega\epsilon_0}\cos\phi \left[\frac{k_\rho k_{z0} k_{zd}\tan k_{zd}h}{\epsilon_r k_{z0} + \mathrm{j}k_{zd}\tan k_{zd}h} \right]_{k_\rho=k_0\sin\theta} \int_{-\infty}^\infty \frac{k_\rho}{\mathrm{j}2k_{z0}} H_0^{(2)}(k_\rho\rho)\, \mathrm{e}^{-\mathrm{j}k_{z0}z}\, \mathrm{d}k_\rho$$

应用索末菲恒等式，可得

$$E_z^{\mathrm{HED}}(\mathbf{r}) \approx -\frac{1}{2\pi\omega\epsilon_0}\cos\phi \left[\frac{k_\rho k_{z0} k_{zd}\tan k_{zd}h}{\epsilon_r k_{z0} + \mathrm{j}k_{zd}\tan k_{zd}h} \right]_{k_\rho=k_0\sin\theta} \frac{\mathrm{e}^{-\mathrm{j}k_0 r}}{r}$$

最后，式(5.5.44)的计算与式(5.5.41)是非常相似的。事实上，通过对比不难发现

$$H_z^{\mathrm{HED}}(\mathbf{r}) \approx -\frac{1}{2\pi}\sin\phi \left[\frac{k_\rho k_{z0}\tan k_{zd}h}{\mathrm{j}k_{z0}\tan k_{zd}h + k_{zd}} \right]_{k_\rho=k_0\sin\theta} \frac{\mathrm{e}^{-\mathrm{j}k_0 r}}{r}$$

【**例 5.5**】 使用互易定理求解位于接地介质板上方 VED 和 HED 的辐射远场(见图 5.21)。并将结果与前一个例子中的结果进行比较。

解：位于原点的 VED 和 HED 可以表示为

$$\mathbf{J}_{1v} = \hat{z} Il\delta(\mathbf{r}) \qquad 和 \qquad \mathbf{J}_{1h} = \hat{x} Il\delta(\mathbf{r})$$

为了使用互易定理求远场，在离开原点的远处摆放一个电偶极子 $\mathbf{J}_2 = \hat{t}\, Il\delta(\mathbf{r}-\mathbf{r}_0)$。此电偶极子产生的场在原点附近可以认为是平面波，由互易定理得到

$$\iiint_{V_2} \mathbf{E}_1 \cdot \mathbf{J}_2 \, dV = \iiint_{V_1} \mathbf{E}_2 \cdot \mathbf{J}_1 \, dV$$

由此得到 HED 辐射场的表达式为

$$\hat{t} \cdot \mathbf{E}_1(\mathbf{r}_0) = \hat{x} \cdot \mathbf{E}_2(0) = E_{2x}(0)$$

和 VED 辐射场的表达式为

$$\hat{t} \cdot \mathbf{E}_1(\mathbf{r}_0) = \hat{z} \cdot \mathbf{E}_2(0) = E_{2z}(0)$$

分别令 $\hat{t} = \hat{\theta}$ 和 $\hat{t} = \hat{\phi}$，可以得到这两个方向上的场分量。

为了计算 $E_{2x}(0)$ 和 $E_{2z}(0)$，需要求解接地介质板对平面波的反射问题。在习题 5.16 中可以得到这个问题的解。此解表明，对于垂直极化入射，有

$$R_\perp = \frac{j\eta_d \cos\theta_i \tan k_{zd}h - \eta_0 \cos\theta_d}{j\eta_d \cos\theta_i \tan k_{zd}h + \eta_0 \cos\theta_d}$$

电场为

$$\mathbf{E}_\perp(0) = (1 + R_\perp)\mathbf{E}_0 = \frac{j2\eta_d \cos\theta_i \tan k_{zd}h}{j\eta_d \cos\theta_i \tan k_{zd}h + \eta_0 \cos\theta_d}\mathbf{E}_0$$

对于平行极化入射，有

$$R_\parallel = \frac{j\eta_d \cos\theta_d \tan k_{zd}h - \eta_0 \cos\theta_i}{j\eta_d \cos\theta_d \tan k_{zd}h + \eta_0 \cos\theta_i}$$

电场为

$$\mathbf{E}_\parallel(0) = \hat{x}E_0(1 + R_\parallel)\cos\theta_i - \hat{z}E_0(1 - R_\parallel)\sin\theta_i$$

$$= \hat{x}\frac{2jE_0\eta_d \cos\theta_i \cos\theta_d \tan k_{zd}h}{j\eta_d \cos\theta_d \tan k_{zd}h + \eta_0 \cos\theta_i} - \hat{z}\frac{2E_0\eta_0 \sin\theta_i \cos\theta_i}{j\eta_d \cos\theta_d \tan k_{zd}h + \eta_0 \cos\theta_i}$$

式中，E_0 表示入射波的幅度。

利用这些结果，现在可以求 VED 和 HED 的远场。首先，把检验偶极子摆放在 $\mathbf{r}_0 = (r, \theta, \phi)$ 点的 $\hat{\phi}$ 方向。此偶极子在原点附近产生水平极化的平面波，其入射场的幅度为

$$\mathbf{E}_0 = (\hat{x}\sin\phi + \hat{y}\cos\phi)\frac{jk_0\eta_0}{4\pi r} e^{-jk_0 r}$$

相对于入射平面而言，入射波为垂直极化。因此，在原点的总场为

$$\mathbf{E}_2(0) = (\hat{x}\sin\phi + \hat{y}\cos\phi)\frac{j2\eta_d \cos\theta \tan k_{zd}h}{j\eta_d \cos\theta \tan k_{zd}h + \eta_0 \cos\theta_d}\frac{jk_0\eta_0}{4\pi r} e^{-jk_0 r}$$

由此得到

$$E_\phi^{\text{VED}}(r,\theta,\phi) = \hat{z} \cdot \mathbf{E}_2(0) = 0$$

$$E_\phi^{\text{HED}}(r,\theta,\phi) = \hat{x} \cdot \mathbf{E}_2(0) = -\frac{k_0\eta_0\eta_d \sin\phi \cos\theta \tan k_{zd}h}{j\eta_d \cos\theta \tan k_{zd}h + \eta_0 \cos\theta_d}\frac{e^{-jk_0r}}{2\pi r}$$

对应于 E_ϕ^{HED} 的磁场为

$$H_\theta^{\text{HED}}(r,\theta,\phi) = -\frac{E_\phi^{\text{HED}}}{\eta_0} = \frac{k_0\eta_d \sin\phi \cos\theta \tan k_{zd}h}{j\eta_d \cos\theta \tan k_{zd}h + \eta_0 \cos\theta_d}\frac{e^{-jk_0r}}{2\pi r}$$

其沿 z 方向的投影为

$$H_z^{\text{HED}}(r,\theta,\phi) = -\sin\theta H_\theta^{\text{HED}}(r,\theta,\phi) = -\frac{k_0\eta_d \sin\phi \sin\theta \cos\theta \tan k_{zd}h}{j\eta_d \cos\theta \tan k_{zd}h + \eta_0 \cos\theta_d}\frac{e^{-jk_0r}}{2\pi r}$$

对于非磁性介质板,此结果与前面例子的结果相同。

下面把检验偶极子摆放在 $\mathbf{r}_0 = (r,\theta,\phi)$ 点的 $\hat{\theta}$ 方向。此偶极子在原点附近产生垂直极化的平面波,其入射场的幅度为

$$\mathbf{E}_0 = -\hat{\theta}\frac{jk_0\eta_0}{4\pi r}e^{-jk_0r}$$

相对于入射平面而言,入射波为平行极化。因此,在原点的总场为

$$\mathbf{E}_2(0) = \hat{\phi}E_0(1+R_\parallel)\cos\theta - \hat{z}E_0(1-R_\parallel)\sin\theta$$

$$= -(\hat{x}\cos\phi + \hat{y}\sin\phi)\frac{2j\eta_d \cos\theta \cos\theta_d \tan k_{zd}h}{j\eta_d \cos\theta_d \tan k_{zd}h + \eta_0 \cos\theta}\frac{jk_0\eta_0}{4\pi r}e^{-jk_0r}$$

$$+ \hat{z}\frac{2\eta_0 \sin\theta \cos\theta}{j\eta_d \cos\theta_d \tan k_{zd}h + \eta_0 \cos\theta}\frac{jk_0\eta_0}{4\pi r}e^{-jk_0r}$$

由此得到

$$E_\theta^{\text{VED}}(r,\theta,\phi) = \hat{z} \cdot \mathbf{E}_2(0) = \frac{jk_0\eta_0^2 \sin\theta \cos\theta}{j\eta_d \cos\theta_d \tan k_{zd}h + \eta_0 \cos\theta}\frac{e^{-jk_0r}}{2\pi r}$$

$$E_\theta^{\text{HED}}(r,\theta,\phi) = \hat{x} \cdot \mathbf{E}_2(0) = \frac{k_0\eta_0\eta_d \cos\phi \cos\theta \cos\theta_d \tan k_{zd}h}{j\eta_d \cos\theta_d \tan k_{zd}h + \eta_0 \cos\theta}\frac{e^{-jk_0r}}{2\pi r}$$

它们沿 z 方向的投影为

$$E_z^{\text{VED}}(r,\theta,\phi) = -\sin\theta E_\theta^{\text{VED}}(r,\theta,\phi)$$

$$= -\frac{jk_0\eta_0^2 \sin^2\theta \cos\theta}{j\eta_d \cos\theta_d \tan k_{zd}h + \eta_0 \cos\theta}\frac{e^{-jk_0r}}{2\pi r}$$

$$E_z^{\text{HED}}(r,\theta,\phi) = -\sin\theta E_\theta^{\text{HED}}(r,\theta,\phi)$$

$$= -\frac{k_0\eta_0\eta_d \cos\phi \sin\theta \cos\theta \cos\theta_d \tan k_{zd}h}{j\eta_d \cos\theta_d \tan k_{zd}h + \eta_0 \cos\theta}\frac{e^{-jk_0r}}{2\pi r}$$

对于非磁性介质板,此结果与前面例子的结果也是相同的。

原著参考文献

1. L. Rayleigh, "On the passage of electric waves through tubes, or the vibrations of dielectric cylinders," *Philos. Mag.*, vol. XLIII, pp. 125-132, 1897.

2. S. Ramo, J. R. Whinnery, and T. Van Duzer, *Fields and Waves in Communication Electronics* (3rd edition). New York: John Wiley & Sons, Inc., 1994.

3. R. E. Collin, *Field Theory of Guided Waves* (2nd edition). New York: IEEE Press, 1991.

4. C. G. Someda, *Electromagnetic Waves* (2nd edition). Boca Raton, FL: CRC Press, 2006.

5. R. F. Harrington, *Time-Harmonic Electromagnetic Fields*. New York: McGraw-Hill, 1961.

6. C. A. Balanis, *Advanced Engineering Electromagnetics*. New York: John Wiley & Sons, Inc., 1989.

7. U. S. Inan and A. S. Inan, *Electromagnetic Waves*. Upper Saddle River, NJ: Prentice Hall, 2000.

8. W. H. Press, S. A. Teukolsky, W. T. Vetterling, and B. P. Flannery, *Numerical Recipes* (2nd edition). Cambridge, UK: Cambridge University Press, 1992.

9. C. T. Tai, *Dyadic Green Functions in Electromagnetic Theory* (2nd edition). Piscataway, NJ: IEEE Press, 1994.

10. W. C. Chew, *Waves and Fields in Inhomogeneous Media*. Piscataway, NJ: IEEE Press, 1995.

11. J. A. Kong, *Electromagnetic Wave Theory*. Cambridge, MA: EMW Publishing, 2000.

12. M. Abramowitz and I. A. Stegun, Eds. *Handbook of Mathematical Functions*. New York: Dover Publications, 1965.

习题

5.1 考虑由位于 $y=0$ 和 $y=b$ 的两块无限大导体平板组成的平行平板波导,假定场沿 x 方向无变化。试推导沿 z 方向传播的 TM($\mathbf{H}=\hat{x}H_x$)模和 TE($\mathbf{E}=\hat{x}E_x$)模的场表达式,并求出它们的截止波数、传播常数、相速、能速、群速及波阻抗。

5.2 画出图5.2所示矩形波导中的 TE_{10} 模和 TM_{11} 模的电场和磁场在 $y=b/2$ 面上的分布。

5.3 验证在矩形波导中由式(5.1.50)式(5.1.62)所示的 TE_{mn} 和 TM_{mn} 模式的正交关系。

5.4 虽然波导中的任意场可以表示成波导模式的线性组合,但波导模式可以有不同的构成方式,之前所讨论的 TE 模和 TM 模是相对传播方向 z 方向而言的。对图5.2所示的矩形波导,还可以用相对于 x 方向的横电场(TE_x)和横磁场(TM_x)来构成一套完整的波导模式。试推导出这些模式的模式场,并求其截止波数、传播常数和波阻抗。

5.5 考虑填充空气的矩形波导,导体的电导率为 σ。试求其 TM_{11} 模的衰减常数。

5.6 考虑填充空气的矩形谐振腔,导体的电导率为 σ。试求其 TM_{110} 模的品质因素。

5.7 将一个半径为 r,厚度为 t 的小介质圆片放置于矩形谐振腔底部的中心。试求由此带来的 TE_{101} 模式谐振频率的偏移。

5.8 考虑有一个体积为 ΔV 的凹陷的矩形谐振腔。当凹陷位于三个不同的位置时,证明式(5.2.51)和式(5.2.52)所示的 TE_{101} 模式的谐振频率偏移。

5.9 考虑一个表面有突起的谐振腔,突起区域的体积为 ΔV。试求由突起造成的谐振频率偏移,并将结果与式(5.2.49)对比。

5.10 证明:对于图5.11所示的部分填充的矩形波导,$E_z=0$ 或 $H_z=0$ 的模式一般不能满足在 $y=h$ 处不连续界面的边界条件。

5.11 虽然图5.11所示的波导不支持 TE_z 或 TM_z 模式,但它可以支持 TE_y 和 TM_y 模式。试推

导出这些波导模式的模式场，求出确定传播常数的特征方程，并将结果与 5.3.2 节中的结果进行对比。

5.12 考虑图 5.22 所示的介质平板波导。假定场沿 x 方向无变化，试推导 TE 模和 TM 模的场表达式，并讨论本题与图 5.13 所示问题的区别。

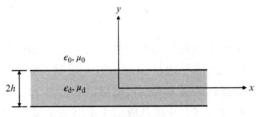

图 5.22　介质平板波导

5.13 考虑图 5.13 所示的介质覆盖导电平板波导，试从式(5.3.63)至式(5.3.67)出发，完成混合模的分析，并推导式(5.3.68)至式(5.3.71)。

5.14 对于图 5.17 所示的场激励问题，现在波导左侧 $z=-d$ 端接理想导体平板，试求电流探针激励所产生的场。

5.15 基于式(5.4.17)和式(5.4.18)，设计出能够激励起矩形波导中 TE_{01}、TE_{20}、TE_{11} 和 TM_{11} 模式的电流源。

5.16 对于图 4.13 和图 4.14 所示的问题，如果右半空间的介质换成分层媒质，试求出计算反射场和每一层中的场所需的递推公式。

5.17 考虑半空间问题，上半空间($z>0$)为 ϵ_0 和 μ_0 的空气，下半空间为 ϵ_d 和 μ_d 的媒质。分别求 VED 和 HED 位于上半空间和下半空间的辐射场计算公式，将结果表示成索末菲积分形式。

5.18 考虑例 5.4 所描述的稳相法中的积分：

$$I = f(h_0)\int_{-\infty}^{\infty} e^{j\Omega\psi(h)}dh$$

式中，Ω 为大参数。把 $\psi(h)$ 展开成 h_0 邻域内的幂级数，保留前两项非零项，证明此积分可以用下面的公式计算：

$$I = f(h_0)\sqrt{\frac{2\pi}{\Omega|\psi''(h_0)|}}\begin{cases} e^{j[\Omega\psi(h_0)+\pi/4]}, & \psi''(h_0) > 0 \\ e^{j[\Omega\psi(h_0)-\pi/4]}, & \psi''(h_0) < 0 \end{cases}$$

5.19 使用稳相法计算习题 5.17 所得结果中的索末菲积分，分别求 VED 和 HED 的辐射远场。同样，考虑偶极子位于上半空间和下半空间这两种情况。

5.20 重新考虑习题 5.17 中的问题。使用互易定理求 VED 和 HED 的辐射远场，并与习题 5.19 中求得的结果进行比较。

第6章　柱坐标系中的场与波

这一章将讨论柱坐标系中的电磁场分析问题。首先讨论如何用分离变量法得到柱坐标系中亥姆霍兹方程的解，并由此推导出柱面波函数。然后，应用柱面波函数分析圆波导、同轴线和圆柱谐振腔的电磁特性。接着，分析电磁波在圆柱介质波导中的传播。之后，推导将平面波展开成柱面波的波变换，并将其应用于求解包括导体圆柱和介质圆柱在内的各种散射问题。最后，求解线电流和圆柱面电流在导体圆柱或导体劈存在时的辐射问题，并将其解用于推导二维场的索末菲辐射条件以及解释导体劈上横向场的奇异现象。

6.1　波动方程的解

在柱坐标系中，亥姆霍兹方程 $\nabla^2\psi + k^2\psi = 0$ 可以写为

$$\frac{\partial^2\psi}{\partial\rho^2} + \frac{1}{\rho}\frac{\partial\psi}{\partial\rho} + \frac{1}{\rho^2}\frac{\partial^2\psi}{\partial\phi^2} + \frac{\partial^2\psi}{\partial z^2} + k^2\psi = 0 \qquad (6.1.1)$$

此方程可以用分离变量法求解，其解称为**柱面波函数**。

6.1.1　分离变量法的解

首先假设式(6.1.1)的解可以写成下列乘积形式：

$$\psi(\rho, \phi, z) = P(\rho)\Phi(\phi)Z(z) \qquad (6.1.2)$$

将上式代入式(6.1.1)，然后将等号两边同除以 $P(\rho)\Phi(\phi)Z(z)$，得到

$$\frac{1}{P}\frac{d^2 P}{d\rho^2} + \frac{1}{\rho P}\frac{dP}{d\rho} + \frac{1}{\rho^2\Phi}\frac{d^2\Phi}{d\phi^2} + \frac{1}{Z}\frac{d^2 Z}{dz^2} + k^2 = 0 \qquad (6.1.3)$$

上式中只有第四项包含 z，而其余各项与 z 无关，因此第四项必须是常数，即

$$\frac{d^2 Z}{dz^2} + h^2 Z = 0 \qquad (6.1.4)$$

式中，h^2 为由特定问题确定的常数。对于方程(6.1.4)，我们知道其解具有如下形式：

$$Z(z) = A(h)e^{-jhz} + B(h)e^{jhz} \qquad (6.1.5)$$

式中，A 和 B 为任意常数。在分离出关于 z 的函数之后，将式(6.1.3)等号两边同乘以 ρ^2，得到

$$\frac{\rho^2}{P}\frac{d^2 P}{d\rho^2} + \frac{\rho}{P}\frac{dP}{d\rho} + \frac{1}{\Phi}\frac{d^2\Phi}{d\phi^2} + (k^2 - h^2)\rho^2 = 0 \qquad (6.1.6)$$

上式中只有第三项包含 ϕ，而其余各项仅与 ρ 有关，因此式(6.1.6)可以分离成如下两个方程：

$$\frac{1}{\Phi}\frac{d^2\Phi}{d\phi^2} = -m^2 \qquad (6.1.7)$$

$$\frac{\rho^2}{P}\frac{\mathrm{d}^2P}{\mathrm{d}\rho^2} + \frac{\rho}{P}\frac{\mathrm{d}P}{\mathrm{d}\rho} + (k^2 - h^2)\rho^2 = m^2 \tag{6.1.8}$$

这两个方程也可以写为

$$\frac{\mathrm{d}^2\Phi}{\mathrm{d}\phi^2} + m^2\Phi = 0 \tag{6.1.9}$$

$$\rho^2\frac{\mathrm{d}^2P}{\mathrm{d}\rho^2} + \rho\frac{\mathrm{d}P}{\mathrm{d}\rho} + \left[(k_\rho\rho)^2 - m^2\right]P = 0 \tag{6.1.10}$$

式中，m^2 为任意常数，其值取决于特定问题，而 $k_\rho^2 = k^2 - h^2$。对于方程（6.1.9），我们知道其解具有如下形式：

$$\Phi(\phi) = c_m \cos m\phi + d_m \sin m\phi \tag{6.1.11}$$

式中，c_m 和 d_m 为任意常数。

式（6.1.10）是柱坐标系中的**贝塞尔方程**，其两组线性独立的解为 $J_m(k_\rho\rho)$ 和 $Y_m(k_\rho\rho)$，分别称为第一类和第二类**柱面贝塞尔函数**，或简称为第一类和第二类**贝塞尔函数**。其通解为这两组解的线性组合，即

$$P(\rho) = a_m J_m(k_\rho\rho) + b_m Y_m(k_\rho\rho) \tag{6.1.12}$$

式中，a_m 和 b_m 为常数。虽然 $J_m(k_\rho\rho)$ 和 $Y_m(k_\rho\rho)$ 的表达式很复杂，并且具有许多特殊的性质[1]，但对于现在所讨论的问题来说，只需要知道下面两个特性就足够了：

$$J_m(k_\rho\rho) \rightarrow \ \text{有限}, \qquad \text{当} k_\rho\rho \rightarrow 0 \tag{6.1.13}$$

$$Y_m(k_\rho\rho) \rightarrow -\infty, \qquad \text{当} k_\rho\rho \rightarrow 0 \tag{6.1.14}$$

其余的性质在以后用到时再讨论。图 B.1 画出了前几个整数阶贝塞尔函数，从中可以看出这些函数的一些特性[2]。

基于前面所讨论的各个解，方程（6.1.1）的一个特解为

$$\psi_{mh}(\rho, \phi, z) = \left[a_m J_m(k_\rho\rho) + b_m Y_m(k_\rho\rho)\right]\left[c_m \cos m\phi + d_m \sin m\phi\right]$$
$$\times \left[A(h)\mathrm{e}^{-\mathrm{j}hz} + B(h)\mathrm{e}^{\mathrm{j}hz}\right] \tag{6.1.15}$$

由于此解对任意 m 和 h 均成立，方程（6.1.1）的通解为所有可能解的线性组合，即

$$\psi(\rho, \phi, z) = \sum_m \int \left[a_m J_m(k_\rho\rho) + b_m Y_m(k_\rho\rho)\right]\left[c_m \cos m\phi + d_m \sin m\phi\right]$$
$$\times \left[A(h)\mathrm{e}^{-\mathrm{j}hz} + B(h)\mathrm{e}^{\mathrm{j}hz}\right]\mathrm{d}h \tag{6.1.16}$$

此处假设 m 的取值是离散的，而 h 的取值是连续的。前面提到过，m 和 h 的取值取决于特定问题。若 m 的取值连续，求和式就变成积分式；若 h 的取值离散，积分式就变求和式。

6.1.2　柱面波函数

柱面波函数可以看成柱坐标系中亥姆霍兹方程的特解[3]。此解由前一节中推导出的式（6.1.15）给出，表示为 ψ_{mh}。显然，柱面波函数有无数个，这些函数构成一个完备的函数集，因而亥姆霍兹方程的任意解均可表示成由式（6.1.16）所示的这些函数的线性组合。但是

柱面波函数的形式并不唯一。例如,我们可以选择使用 $\sin hz$ 和 $\cos hz$ 作为方程(6.1.4)的两组线性独立解来代替 e^{-jhz} 和 e^{jhz}。我们还可以选择其他组合形式,只要所选择的两组解线性无关,从而一组解不能被另一组解完全替代。理论上讲,使用哪种解的形式并不重要,只要求解过程正确,最后的结果总是相同的。但是选择合适形式的解通常可以简化求解过程。因此,在一般情况下,我们应该选择最能代表问题物理特性的解。例如,对于在 z 方向无界的问题,应该选择 e^{-jhz} 和 e^{jhz},因为它们分别代表沿正 z 方向和负 z 方向的传播波。而如果某一个问题在 z 方向是有界的,则应该选择 $\sin hz$ 和 $\cos hz$,因为使用它们可以更方便地满足两端的边界条件。

类似地,在 ϕ 方向上,除了 $\sin m\phi$ 和 $\cos m\phi$,也可以选择 $e^{-jm\phi}$ 和 $e^{jm\phi}$ 作为方程(6.1.9)的两组独立解。这种选择尤其适合用在通解表达式中,因为如果规定 m 可以取负值,$e^{jm\phi}$ 就可以用来表示 $e^{-jm\phi}$,这可以使最后的表达式在形式上更为紧凑。而在 ρ 方向,除了 $J_m(k_\rho\rho)$ 和 $Y_m(k_\rho\rho)$,式(6.1.10)的另外两组常用的线性独立解是第一类和第二类汉克尔函数,表示为 $H_m^{(1)}(k_\rho\rho)$ 和 $H_m^{(2)}(k_\rho\rho)$,其定义为

$$H_m^{(1)}(k_\rho\rho) = J_m(k_\rho\rho) + jY_m(k_\rho\rho) \tag{6.1.17}$$

$$H_m^{(2)}(k_\rho\rho) = J_m(k_\rho\rho) - jY_m(k_\rho\rho) \tag{6.1.18}$$

将 $J_m(k_\rho\rho)$ 和 $Y_m(k_\rho\rho)$ 的大变量近似[1]:

$$J_m(k_\rho\rho) \approx \sqrt{\frac{2}{\pi k_\rho\rho}} \cos\left(k_\rho\rho - \frac{m\pi}{2} - \frac{\pi}{4}\right), \quad k_\rho\rho \gg 1 \tag{6.1.19}$$

$$Y_m(k_\rho\rho) \approx \sqrt{\frac{2}{\pi k_\rho\rho}} \sin\left(k_\rho\rho - \frac{m\pi}{2} - \frac{\pi}{4}\right), \quad k_\rho\rho \gg 1 \tag{6.1.20}$$

代入汉克尔函数的定义式,可得 $H_m^{(1)}(k_\rho\rho)$ 和 $H_m^{(2)}(k_\rho\rho)$ 的大变量近似:

$$H_m^{(1)}(k_\rho\rho) \approx \sqrt{\frac{2}{\pi k_\rho\rho}}\, e^{j(k_\rho\rho - m\pi/2 - \pi/4)}, \quad k_\rho\rho \gg 1 \tag{6.1.21}$$

$$H_m^{(2)}(k_\rho\rho) \approx \sqrt{\frac{2}{\pi k_\rho\rho}}\, e^{-j(k_\rho\rho - m\pi/2 - \pi/4)}, \quad k_\rho\rho \gg 1 \tag{6.1.22}$$

上式清楚地表明,$H_m^{(1)}(k_\rho\rho)$ 代表沿负 ρ 方向传播 ρ 方向的柱面波,而 $H_m^{(2)}(k_\rho\rho)$ 代表沿正 ρ 方向传播的柱面波。因此,如果一个问题在 ρ 方向无界,则在通解表达式中应该使用 $H_m^{(1)}(k_\rho\rho)$ 和 $H_m^{(2)}(k_\rho\rho)$。而对于在 ρ 方向有界的问题,使用 $J_m(k_\rho\rho)$ 和 $Y_m(k_\rho\rho)$ 通常会更方便。

对于一个特定的问题,其柱面波函数 ψ_{mh} 的表达式中最多只能有一个待定常数,因为式(6.1.1)是一个齐次方程。换句话说,m 和 h 应该是确定的,并且在 $P(\rho)$、$\Phi(\phi)$ 和 $Z(z)$ 中,两项的组合系数的比值也应该是确定的。对于具体问题,待定常数可以应用边界条件确定。一般情况下,在每个方向上有两个边界条件:一端各一个。而如果没有给出特定的边界条件,就需要根据解和波函数的特性来确定常数。例如,如果我们打算研究沿 z 方向无限长波导中的传播波,则可在式(6.1.15)中令 $B(h) = 0$,以研究沿正 z 方向传播的电磁波,或者令 $A(h) = 0$,以研究沿负 z 方向传播的电磁波。再比如,如果求解区域

包含 z 轴，由于场值在 z 轴应该是有限的，则必须令式（6.1.15）中的 $b_m = 0$，从而排除 $Y_m(k_\rho\rho)$。又或者，如果问题区域在 ρ 方向无界，并且解代表沿正 ρ 方向的传播波，则应该令 $b_m = -\mathrm{j}a_m$，或者说应该选择 $H_m^{(2)}(k_\rho\rho)$ 作为 ρ 方向的函数。最后，如果问题在 ϕ 方向无界，为了保证解的单值性，$\Phi(\phi)$ 则应该满足周期边界条件 $\Phi(\phi+2\pi)=\Phi(\phi)$，这就使得 m 只能取整数。在这种情况下，$\sin m\phi$ 和 $\cos m\phi$ 都是正确的，因为它们代表的是同一形式的解，只不过角度旋转了 $\pi/2m$。

【例 6.1】　试求拉普拉斯方程 $\nabla^2\psi = 0$ 的通解。该拉普拉斯方程可以看成亥姆霍兹方程在 $k=0$ 时的特殊情况。

解：拉普拉斯方程可以用 6.1.1 节中介绍的分离变量法求解。因为 $k=0$，所以式（6.1.10）变为

$$\rho^2\frac{\mathrm{d}^2P}{\mathrm{d}\rho^2} + \rho\frac{\mathrm{d}P}{\mathrm{d}\rho} - [(h\rho)^2 + m^2]P = 0$$

此方程称为修正贝塞尔方程，其两组线性独立解分别为第一类和第二类修正贝塞尔函数，表示为 $I_m(h\rho)$ 和 $K_m(h\rho)$。前几个整数阶的修正贝塞尔函数如图 C.1 所示，图中曲线揭示了它们的指数递增和衰减特性。因此，拉普拉斯方程的通解可以表示为

$$\psi(\rho,\phi,z) = \sum_m \int \left[a_m I_m(h\rho) + b_m K_m(h\rho)\right]\left[c_m\cos m\phi + d_m\sin m\phi\right]$$
$$\times \left[A(h)\mathrm{e}^{-\mathrm{j}hz} + B(h)\mathrm{e}^{\mathrm{j}hz}\right]\mathrm{d}h$$

如果 ψ 在 z 方向无变化，则式（6.1.10）进一步简化为

$$\rho^2\frac{\mathrm{d}^2P}{\mathrm{d}\rho^2} + \rho\frac{\mathrm{d}P}{\mathrm{d}\rho} - m^2P = 0$$

此方程的两个线性独立解为 ρ^m 和 ρ^{-m}。在这种特殊情况下，通解变为

$$\psi(\rho,\phi) = \sum_m \left[a_m\rho^m + b_m\rho^{-m}\right]\left[c_m\cos m\phi + d_m\sin m\phi\right]$$

本例中推导的结果可以用于二维静态场问题的求解。

6.2　圆波导、同轴线和圆柱谐振腔

正如前一章中所讨论的，均匀波导和均匀谐振腔可以支持 TE 和 TM 模式。在式（2.1.37）和式（2.1.38）中，令 $\mathbf{A}=0$，$\mathbf{F}=\hat{z}F_z$，其中 F_z 满足亥姆霍兹方程，可以推导出 TE 模的场表达式。在柱坐标系中，有

$$E_\rho = -\frac{1}{\epsilon\rho}\frac{\partial F_z}{\partial\phi}, \qquad H_\rho = \frac{1}{\mathrm{j}\omega\mu\epsilon}\frac{\partial^2 F_z}{\partial\rho\partial z} \qquad (6.2.1)$$

$$E_\phi = \frac{1}{\epsilon}\frac{\partial F_z}{\partial\rho}, \qquad H_\phi = \frac{1}{\mathrm{j}\omega\mu\epsilon}\frac{1}{\rho}\frac{\partial^2 F_z}{\partial\phi\partial z} \qquad (6.2.2)$$

$$E_z = 0, \qquad\qquad H_z = \frac{1}{j\omega\mu\epsilon}\left(\frac{\partial^2}{\partial z^2} + k^2\right)F_z \qquad (6.2.3)$$

类似地,在式(2.1.37)和式(2.1.38)中,令 $\mathbf{A} = \hat{z}A_z$,$\mathbf{F} = 0$,其中 A_z 满足亥姆霍兹方程,可以推导出 TM 模的场表达式。在柱坐标系中,有

$$E_\rho = \frac{1}{j\omega\mu\epsilon}\frac{\partial^2 A_z}{\partial\rho\,\partial z}, \qquad\qquad H_\rho = \frac{1}{\mu\rho}\frac{\partial A_z}{\partial\phi} \qquad (6.2.4)$$

$$E_\phi = \frac{1}{j\omega\mu\epsilon}\frac{1}{\rho}\frac{\partial^2 A_z}{\partial\phi\,\partial z}, \qquad\qquad H_\phi = -\frac{1}{\mu}\frac{\partial A_z}{\partial\rho} \qquad (6.2.5)$$

$$E_z = \frac{1}{j\omega\mu\epsilon}\left(\frac{\partial^2}{\partial z^2} + k^2\right)A_z, \qquad H_z = 0 \qquad (6.2.6)$$

作为另一种途径,对 TE 模和 TM 模的分析也可以直接从 H_z 和 E_z 出发,其中 H_z 和 E_z 均满足亥姆霍兹方程。假定波沿 z 方向传播,传播常数为 k_z,则 TE 模的场分量为

$$E_\rho = -\frac{j\omega\mu}{k_\rho^2}\frac{1}{\rho}\frac{\partial H_z}{\partial\phi}, \qquad H_\rho = -\frac{jk_z}{k_\rho^2}\frac{\partial H_z}{\partial\rho} \qquad (6.2.7)$$

$$E_\phi = \frac{j\omega\mu}{k_\rho^2}\frac{\partial H_z}{\partial\rho}, \qquad\qquad H_\phi = -\frac{jk_z}{k_\rho^2}\frac{1}{\rho}\frac{\partial H_z}{\partial\phi} \qquad (6.2.8)$$

而 TM 模的场分量为

$$E_\rho = -\frac{jk_z}{k_\rho^2}\frac{\partial E_z}{\partial\rho}, \qquad\qquad H_\rho = \frac{j\omega\epsilon}{k_\rho^2}\frac{1}{\rho}\frac{\partial E_z}{\partial\phi} \qquad (6.2.9)$$

$$E_\phi = -\frac{jk_z}{k_\rho^2}\frac{1}{\rho}\frac{\partial E_z}{\partial\phi}, \qquad H_\phi = -\frac{j\omega\epsilon}{k_\rho^2}\frac{\partial E_z}{\partial\rho} \qquad (6.2.10)$$

式中,$k_\rho^2 = k^2 - k_z^2$。由于无须使用辅助变量 F_z 和 A_z,从 H_z 和 E_z 直接出发进行分析通常更为简便。

6.2.1　圆波导

首先考虑电磁波在空气填充的圆金属管波导中的传播[4~9]。如图 6.1 所示,圆波导的轴线与 z 轴重合。由于该问题在 ϕ 方向无界,柱面波函数中的 m 只能取整数,这样才能保证解的单值性。另一方面,由于场值在 z 轴上是有限的,解中不能包含第二类贝塞尔函数。因此,对于 TM 模,E_z 的形式为

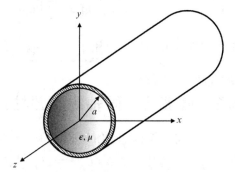

图 6.1　均匀填充的圆波导

$$E_z = E_0 J_m(k_\rho\rho)\begin{Bmatrix} \sin m\phi \\ \cos m\phi \end{Bmatrix} \mathrm{e}^{-jk_z z}, \qquad m = 0, 1, 2, \cdots \qquad (6.2.11)$$

式中,E_0 为常数。为了确定 k_ρ,应用波导导体壁上的边界条件 $E_z\big|_{\rho=a} = 0$,得到 $J_m(k_\rho a) = 0$。将 $J_m(z) = 0$ 的第 n 个根记为 $\chi_{mn}(n = 1, 2, \cdots)$,则 $k_\rho a = \chi_{mn}$,所以 $k_\rho = \chi_{mn}/a$,因而 TM_{mn} 模式

的传播常数为

$$k_{z\,mn}^{\mathrm{TM}} = \sqrt{k^2 - k_\rho^2} = \sqrt{\omega^2 \mu\epsilon - \left(\frac{\chi_{mn}}{a}\right)^2} \qquad (6.2.12)$$

相应的截止波数和截止频率为

$$k_{cmn}^{\mathrm{TM}} = \frac{\chi_{mn}}{a} , \qquad f_{cmn}^{\mathrm{TM}} = \frac{\chi_{mn}}{2\pi a \sqrt{\mu\epsilon}} \qquad (6.2.13)$$

表 6.1 给出了前几阶贝塞尔函数的前几个零点 χ_{mn}[2]。

表 6.1　方程 $J_m(z) = 0$ 的前几个根

m	$n = 1$	$n = 2$	$n = 3$	$n = 4$
0	2.404826	5.520078	8.653728	11.79153
1	3.831706	7.015587	10.17347	13.32369
2	5.135622	8.417244	11.61984	14.79595
3	6.380162	9.761023	13.01520	16.22347
4	7.588342	11.06471	14.37254	17.61597

将式(6.2.11)代入式(6.2.9)和式(6.2.10)，可得 TM_{mn} 模式的其余场分量为

$$E_\rho = -E_0 \frac{\mathrm{j}k_z}{k_\rho} J_m'(k_\rho\rho) \begin{Bmatrix} \sin m\phi \\ \cos m\phi \end{Bmatrix} \mathrm{e}^{-\mathrm{j}k_z z} \qquad (6.2.14)$$

$$E_\phi = \mp E_0 \frac{\mathrm{j}mk_z}{\rho k_\rho^2} J_m(k_\rho\rho) \begin{Bmatrix} \cos m\phi \\ \sin m\phi \end{Bmatrix} \mathrm{e}^{-\mathrm{j}k_z z} \qquad (6.2.15)$$

$$H_\rho = \pm E_0 \frac{\mathrm{j}m\omega\epsilon}{\rho k_\rho^2} J_m(k_\rho\rho) \begin{Bmatrix} \cos m\phi \\ \sin m\phi \end{Bmatrix} \mathrm{e}^{-\mathrm{j}k_z z} \qquad (6.2.16)$$

$$H_\phi = -E_0 \frac{\mathrm{j}\omega\epsilon}{k_\rho} J_m'(k_\rho\rho) \begin{Bmatrix} \sin m\phi \\ \cos m\phi \end{Bmatrix} \mathrm{e}^{-\mathrm{j}k_z z} \qquad (6.2.17)$$

对 TE 模的分析类似，由于同样的原因，H_z 的形式为

$$H_z = H_0 J_m(k_\rho\rho) \begin{Bmatrix} \sin m\phi \\ \cos m\phi \end{Bmatrix} \mathrm{e}^{-\mathrm{j}k_z z} , \qquad m = 0, 1, 2, \cdots \qquad (6.2.18)$$

式中，H_0 为常数。为了确定 k_ρ，应用波导壁上的边界条件 $E_\phi|_{\rho=a} = 0$，得到 $J_m'(k_\rho a) = 0$。将 $J_m'(z) = 0$ 的第 n 个根记为 $\chi'_{mn}(n = 1, 2, \cdots)$，则 $k_\rho = \chi'_{mn}/a$，因而 TE_{mn} 模式的传播常数为

$$k_{z\,mn}^{\mathrm{TE}} = \sqrt{k^2 - k_\rho^2} = \sqrt{\omega^2 \mu\epsilon - \left(\frac{\chi'_{mn}}{a}\right)^2} \qquad (6.2.19)$$

相应的截止波数和截止频率为

$$k_{cmn}^{\mathrm{TE}} = \frac{\chi'_{mn}}{a} , \qquad f_{cmn}^{\mathrm{TE}} = \frac{\chi'_{mn}}{2\pi a \sqrt{\mu\epsilon}} \qquad (6.2.20)$$

表 6.2 给出了前几阶 $J_m'(z)$ 的前几个零点 χ'_{mn}[2]。

表 6.2　方程 $J'_m(z) = 0$ 的前几个根

m	$n=1$	$n=2$	$n=3$	$n=4$
0	3.831706	7.015587	10.17347	13.32369
1	1.841184	5.331443	9.536316	11.70600
2	3.054237	6.706133	9.969468	13.17037
3	4.201189	8.015237	11.34592	14.58585
4	5.317553	9.282396	12.68191	15.96411

将式(6.2.18)代入式(6.2.7)和式(6.2.8),可得 TE_{mn} 模式的其余场分量为

$$E_\rho = \mp H_0 \frac{jm\omega\mu}{\rho k_\rho^2} J_m(k_\rho\rho) \begin{Bmatrix} \cos m\phi \\ \sin m\phi \end{Bmatrix} e^{-jk_z z} \tag{6.2.21}$$

$$E_\phi = H_0 \frac{j\omega\mu}{k_\rho} J'_m(k_\rho\rho) \begin{Bmatrix} \sin m\phi \\ \cos m\phi \end{Bmatrix} e^{-jk_z z} \tag{6.2.22}$$

$$H_\rho = -H_0 \frac{jk_z}{k_\rho} J'_m(k_\rho\rho) \begin{Bmatrix} \sin m\phi \\ \cos m\phi \end{Bmatrix} e^{-jk_z z} \tag{6.2.23}$$

$$H_\phi = \mp H_0 \frac{jmk_z}{\rho k_\rho^2} J_m(k_\rho\rho) \begin{Bmatrix} \cos m\phi \\ \sin m\phi \end{Bmatrix} e^{-jk_z z} \tag{6.2.24}$$

一旦求出了所有场分量,其余物理量如波阻抗、能流密度、相速和能速等都可以根据其定义求出。对应于导体损耗和介质损耗的衰减常数也可以用第 5 章中讨论的微扰法来分析。

对比表 6.1 和表 6.2,可发现圆波导的主模为 TE_{11} 模式,其相应的截止频率最低,截止波长为 $\lambda_{c11}^{TE} = 3.4126a$。第一个高次模为 TM_{01} 模式,其截止波长为 $\lambda_{c01}^{TM} = 2.6127a$。图 6.2 给出了圆波导前 30 个模式的横向场分布。其中实线代表电力线,虚线代表磁力线。对于 TE 模,电力线限制在横向平面上(电力线形成闭合曲线,或因为波导表面的电荷而起始并终止于波导壁),磁力线在虚线的末端转向纵向方向。而对于 TM 模,磁力线限制在横向平面上(由于没有磁荷存在,磁力线总是闭合的),电力线在实线的末端转向纵向方向。从前面得到的场表达式中,也可以画出场在纵向的分布。从场分布出发,可以得到波导壁上的表面电流分布($\mathbf{J}_s = \hat{n} \times \mathbf{H}$)。正如第 5 章所提到的,了解每个模式的表面电流分布对设计波导器件很有指导意义。

图 6.2 中的场分布表明,TE_{11} 模式的电场方向不是旋转对称的。如果波导不是理想的圆形,波沿波导传播的过程中,电场方向就可能发生旋转。如果某种器件基于一定的极化设计,那么这种不期望的旋转可能会降低此器件的性能。因此,TE_{11} 模式主要用在与极化相关的器件上,如法拉第旋转器、矩形到圆形的波导变换器等。另一方面,由于 TM_{01} 和 TE_{01} 模式的场是旋转对称的,因此不存在极化旋转的问题。由于这个原因,TM_{01} 模式称为**圆磁波**,因为其磁力线在横截面上为同心圆;TE_{01} 模式称为**圆电波**,因为其电力线在横截面上为同心圆。而且,TM_{01} 模式在波导的轴线附近有很强的轴向电场,这种特性对设计行波器件和线性加速器中的谐振器很有用。由导体损耗引起的 TE_{01} 模式衰减常数公式表明:当频率增大时,其数值减小,这一特性使 TE_{01} 模式可用于设计高 Q 谐振器。但是,由于

TE$_{01}$模式是第四阶高次模式,其他的波导模式(TE$_{11}$、TM$_{01}$、TE$_{21}$和 TM$_{11}$)在其工作频率上也可以存在,因此波导的激励设计需要非常小心,以避免这些模式被激励。

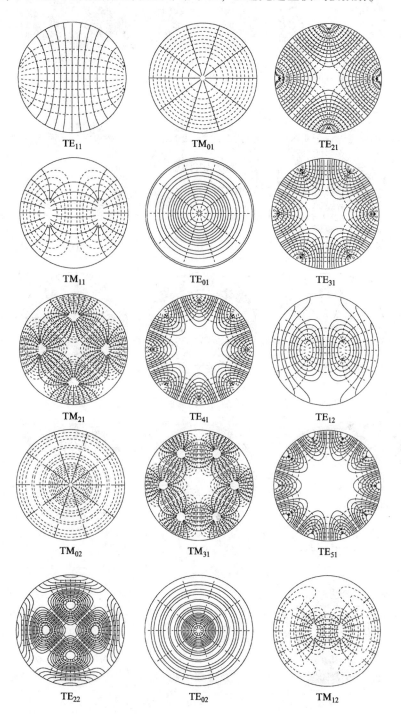

图 6.2　圆波导中前 30 个模式的横向场分布

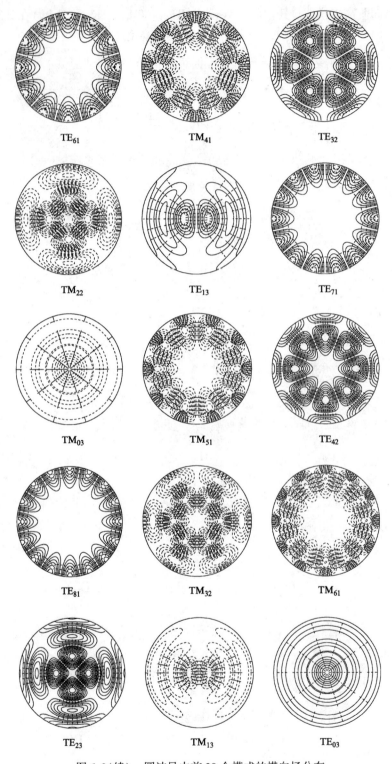

图 6.2(续)　圆波导中前 30 个模式的横向场分布

【**例 6.2**】　假设圆波导的制造材料为非理想良导体，其表面电阻为 R_s，使用微扰法求圆波导中 TE_{11} 模式的衰减常数。

解：波导中的衰减常数可以用式（5.1.120）计算。对于理想圆波导中的 TE_{11} 模式，有

$$\mathbf{e}_t = H_0 \frac{j\omega\mu}{k_{\rho 11}} \left[\mp \hat{\rho} \frac{1}{\rho k_{\rho 11}} J_1(k_{\rho 11}\rho) \begin{Bmatrix} \cos\phi \\ \sin\phi \end{Bmatrix} + \hat{\phi} J_1'(k_{\rho 11}\rho) \begin{Bmatrix} \sin\phi \\ \cos\phi \end{Bmatrix} \right]$$

$$\mathbf{h}_t = -H_0 \frac{jk_{z11}}{k_{\rho 11}} \left[\hat{\rho} J_1'(k_{\rho 11}\rho) \begin{Bmatrix} \sin\phi \\ \cos\phi \end{Bmatrix} \pm \hat{\phi} \frac{1}{\rho k_{\rho 11}} J_1(k_{\rho 11}\rho) \begin{Bmatrix} \cos\phi \\ \sin\phi \end{Bmatrix} \right]$$

$$\mathbf{h}_w = H_0 J_1(k_{\rho 11}a) \left[\mp \hat{\phi} \frac{jk_{z11}}{ak_{\rho 11}^2} \begin{Bmatrix} \cos\phi \\ \sin\phi \end{Bmatrix} + \hat{z} \begin{Bmatrix} \sin\phi \\ \cos\phi \end{Bmatrix} \right]$$

使用这些表达式，可以求得

$$\oint_\Gamma |\mathbf{h}_w|^2 d\Gamma = \int_0^{2\pi} |H_0 J_1(k_{\rho 11}a)|^2 \left[\frac{k_{z11}^2}{a^2 k_{\rho 11}^4} \begin{Bmatrix} \cos^2\phi \\ \sin^2\phi \end{Bmatrix} + \begin{Bmatrix} \sin^2\phi \\ \cos^2\phi \end{Bmatrix} \right] a\, d\phi$$

$$= a\pi |H_0 J_1(k_{\rho 11}a)|^2 \left[\frac{k_{z11}^2}{a^2 k_{\rho 11}^4} + 1 \right] = a\pi |H_0 J_1(\chi_{11}')|^2 \left[\frac{a^2 k_{z11}^2}{\chi_{11}'^4} + 1 \right]$$

及

$$\iint_\Omega (\mathbf{e}_t \times \mathbf{h}_t^*) \cdot \hat{z}\, d\Omega = |H_0|^2 \frac{\omega\mu k_{z11}}{k_{\rho 11}^2}$$

$$\times \int_0^a \int_0^{2\pi} \left[\frac{1}{\rho^2 k_{\rho 11}^2} [J_1(k_{\rho 11}\rho)]^2 \begin{Bmatrix} \cos^2\phi \\ \sin^2\phi \end{Bmatrix} + [J_1'(k_{\rho 11}\rho)]^2 \begin{Bmatrix} \sin^2\phi \\ \cos^2\phi \end{Bmatrix} \right] \rho\, d\phi\, d\rho$$

$$= |H_0|^2 \frac{\pi\omega\mu k_{z11}}{k_{\rho 11}^2} \int_0^a \left[\frac{1}{\rho^2 k_{\rho 11}^2} [J_1(k_{\rho 11}\rho)]^2 + [J_1'(k_{\rho 11}\rho)]^2 \right] \rho\, d\rho$$

使用贝塞尔函数的微分方程及递推关系，可以计算下面的积分：

$$\int_0^a \left[\frac{1}{\rho^2 k_{\rho 11}^2} [J_1(k_{\rho 11}\rho)]^2 + [J_1'(k_{\rho 11}\rho)]^2 \right] \rho\, d\rho$$

$$= \left(\frac{a}{\chi_{11}'} \right)^2 \int_0^{\chi_{11}'} \left[\frac{1}{x^2} [J_1(x)]^2 + [J_1'(x)]^2 \right] x\, dx$$

$$= \frac{1}{2} \left(\frac{a}{\chi_{11}'} \right)^2 (\chi_{11}'^2 - 1)[J_1(\chi_{11}')]^2$$

因此有

$$\iint_\Omega (\mathbf{e}_t \times \mathbf{h}_t^*) \cdot \hat{z}\, d\Omega = |H_0|^2 \frac{\pi\omega\mu k_{z11} a^4}{2\chi_{11}'^4} (\chi_{11}'^2 - 1)[J_1(\chi_{11}')]^2$$

最后，得到衰减常数为

$$\alpha_{c11}^{TE} = \frac{R_s}{\omega\mu k_{z11}a^3}\frac{a^2 k_{z11}^2 + \chi_{11}'^4}{\chi_{11}'^2 - 1}$$

对于空气填充圆波导，上式可简化为

$$\alpha_{c11}^{TE} = \frac{R_s}{a}\left[\frac{3.765}{\sqrt{1-(\lambda/3.413a)^2}} + 2.654\sqrt{1-(\lambda/3.413a)^2}\right]\times 10^{-3}\qquad(Np/m)$$

6.2.2　同轴线

　　对同轴线(见图 6.3)的分析与圆波导分析类似。唯一的区别是，由于同轴线中内导体的存在，求解区域不包括 z 轴。因此，在解的表达式中应该同时包含第一类和第二类贝塞尔函数。对 TM 模，E_z 的形式为

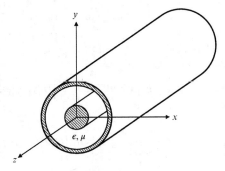

图 6.3　均匀填充的同轴线

$$E_z = [a_m J_m(k_\rho\rho) + b_m Y_m(k_\rho\rho)]\begin{Bmatrix}\sin m\phi\\\cos m\phi\end{Bmatrix}e^{-jk_zz}$$
$$m = 0,1,2,\cdots \qquad (6.2.25)$$

应用内导体和外导体表面的边界条件 $E_z|_{\rho=a} = E_z|_{\rho=b} = 0$，可以确定两个组合系数中的一个以及 k_ρ 的值。由边界条件得到的方程为

$$a_m J_m(k_\rho a) + b_m Y_m(k_\rho a) = 0 \qquad (6.2.26)$$

$$a_m J_m(k_\rho b) + b_m Y_m(k_\rho b) = 0 \qquad (6.2.27)$$

若 a_m 和 b_m 要有非零解，其系数矩阵的行列式就必须为零，即

$$J_m(k_\rho a)Y_m(k_\rho b) - Y_m(k_\rho a)J_m(k_\rho b) = 0 \qquad (6.2.28)$$

此方程的根确定了 k_ρ 的取值，记为 $k_{\rho mn}$，由此可以确定传播常数。将式(6.2.25)代入式(6.2.9)和式(6.2.10)，可得其余场分量。

　　对于 TE 模，H_z 的形式为

$$H_z = [a_m' J_m(k_\rho\rho) + b_m' Y_m(k_\rho\rho)]\begin{Bmatrix}\sin m\phi\\\cos m\phi\end{Bmatrix}e^{-jk_zz}, \qquad m = 0,1,2,\cdots \qquad (6.2.29)$$

应用内导体和外导体表面的边界条件 $E_\phi|_{\rho=a} = E_\phi|_{\rho=b} = 0$，可以确定两个组合系数中的一个以及 k_ρ 的值。由边界条件得到的方程为

$$a_m' J_m'(k_\rho a) + b_m' Y_m'(k_\rho a) = 0 \qquad (6.2.30)$$

$$a_m' J_m'(k_\rho b) + b_m' Y_m'(k_\rho b) = 0 \qquad (6.2.31)$$

若 a_m' 和 b_m' 要有非零解，其系数矩阵的行列式就必须为零，即

$$J_m'(k_\rho a)Y_m'(k_\rho b) - Y_m'(k_\rho a)J_m'(k_\rho b) = 0 \qquad (6.2.32)$$

此方程的根确定了 k_ρ 的取值，记为 $k'_{\rho mn}$，由此可以确定传播常数。将式(6.2.29)代入式(6.2.7)和式(6.2.8)，可得其余场分量。

在前面对 TE 模和 TM 模的分析中，假定了 $k_\rho \neq 0$，即 $k_z \neq k$。从式(6.2.7)至式(6.2.10)可以看出，当 $k_\rho = 0$ 时，即使 $E_z = H_z = 0$，横向场分量仍然有解。在这种情况下，亥姆霍兹方程简化为

$$\frac{\partial^2 \psi}{\partial \rho^2} + \frac{1}{\rho}\frac{\partial \psi}{\partial \rho} + \frac{1}{\rho^2}\frac{\partial^2 \psi}{\partial \phi^2} = 0 \tag{6.2.33}$$

即

$$\frac{\partial^2 \psi}{\partial \rho^2} + \frac{1}{\rho}\frac{\partial \psi}{\partial \rho} - \frac{m^2}{\rho^2}\psi = 0 \tag{6.2.34}$$

当 $m = 0$ 时，此方程的非零解为

$$\psi = C \ln \rho \ e^{-jkz} \tag{6.2.35}$$

将上式作为 A_z 的解代入式(6.2.4)至式(6.2.6)，可得

$$E_\rho = -\frac{C}{\sqrt{\mu\epsilon}}\frac{1}{\rho}e^{-jkz}, \qquad E_\phi = E_z = 0 \tag{6.2.36}$$

$$H_\phi = -\frac{C}{\mu}\frac{1}{\rho}e^{-jkz}, \qquad H_\rho = H_z = 0 \tag{6.2.37}$$

这个特别的解对应横电磁(TEM)模，其传播常数为 $k_z = k = \omega\sqrt{\mu\epsilon}$，没有截止频率。显然，此模式在圆波导中不存在，因为其场值在 z 轴上奇异。注意，TEM 模式之所以能在同轴线中存在，是因为同轴线由两个分离导体构成。一般来说，包含两个或更多分离导体并由均匀媒质填充的波导，都能够支持 TEM 模式。人们常常利用 TEM 模式没有截止频率这一特性，使用同轴线进行宽带信号传输。

从场表达式出发，很容易求出 TEM 模式的相速、能速和群速均为 $1/\sqrt{\mu\epsilon}$；波阻抗为 $\sqrt{\mu/\epsilon}$。此外，还可以求得内导体上的总电流为

$$I(z) = \int_0^{2\pi} H_\phi\Big|_{\rho=a} a \, d\phi = -C\frac{2\pi}{\mu}e^{-jkz} \tag{6.2.38}$$

内导体和外导体之间的电压为

$$V(z) = \int_a^b E_\rho \, d\rho = -\frac{C}{\sqrt{\mu\epsilon}}\ln\frac{b}{a}e^{-jkz} \tag{6.2.39}$$

因此，同轴线的特性阻抗为

$$Z_c = \frac{V(z)}{I(z)} = \frac{1}{2\pi}\sqrt{\frac{\mu}{\epsilon}}\ln\frac{b}{a} \tag{6.2.40}$$

对于空气填充的同轴线，当 $b/a = 2.3$ 时，$Z_c \approx 50\,\Omega$；当 $b/a = 3.5$ 时，$Z_c \approx 75\,\Omega$。

【例 6.3】 假设同轴线内、外导体均为非理想良导体，填充非理想介质，使用微扰法求同轴线中 TEM 模式的衰减常数。

解： 由介质损耗引起的衰减常数计算公式为式(5.1.129)，对于 TEM 模式，$f_c = 0$，因此有

$$\alpha_d \approx \frac{\eta\omega\epsilon''}{2} = \frac{\eta\sigma}{2} = \frac{\eta\omega\epsilon}{2}\tan\delta_e \quad \text{(Np/m)}$$

对于非磁性填充媒质，有

$$\alpha_d \approx \frac{k_0\sqrt{\epsilon_r}}{2}\tan\delta_e = \frac{\pi\sqrt{\epsilon_r}}{\lambda_0}\tan\delta_e \quad \text{(Np/m)}$$

为求得由非理想内、外导体引起的衰减常数，可以使用式(5.1.120)。对于 TEM 模式，有

$$\mathbf{e}_t = \hat{\rho}\frac{C}{\sqrt{\mu\epsilon}}\frac{1}{\rho}, \qquad \mathbf{h}_w = \mathbf{h}_t = \hat{\phi}\frac{C}{\mu}\frac{1}{\rho}$$

由此得到

$$\oint_\Gamma |\mathbf{h}_w|^2 \, d\Gamma = \int_0^{2\pi} \frac{|C|^2}{\mu^2}\frac{1}{a}\,d\phi + \int_0^{2\pi} \frac{|C|^2}{\mu^2}\frac{1}{b}\,d\phi = \frac{2\pi|C|^2}{\mu^2}\left(\frac{1}{a} + \frac{1}{b}\right)$$

$$\iint_\Omega (\mathbf{e}_t \times \mathbf{h}_t^*)\cdot\hat{z}\,d\Omega = \int_0^{2\pi}\int_a^b \frac{|C|^2}{\mu\sqrt{\mu\epsilon}}\frac{1}{\rho^2}\rho\,d\rho\,d\phi = \frac{2\pi|C|^2}{\mu\sqrt{\mu\epsilon}}\ln\frac{b}{a}$$

最后求得衰减常数为

$$\alpha_c^{\text{TEM}} = \frac{R_s}{2\eta\ln b/a}\left(\frac{1}{a} + \frac{1}{b}\right) \text{(Np/m)}$$

6.2.3　圆柱谐振腔

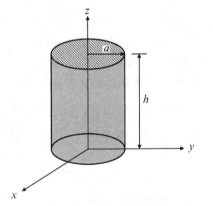

图 6.4　均匀填充圆柱谐振腔

　　将一段圆波导或同轴线的两端用理想导体封闭(见图 6.4)，可以得到圆柱谐振腔或同轴谐振腔。这种谐振腔的分析方法非常直接。由于终端反射，谐振腔中的场沿 z 方向是驻波，而不再是无限长波导中的行波。例如，对于长度为 h 的圆柱谐振腔中的 TM 模，E_z 的表达式为

$$E_z = E_0 J_m(k_\rho\rho)\begin{Bmatrix} \sin m\phi \\ \cos m\phi \end{Bmatrix}\cos\frac{p\pi z}{h} \quad (6.2.41)$$

式中，$k_\rho = \chi_{mn}/a$，$m = 0, 1, 2, \cdots$；$n = 1, 2, \cdots$；$p = 0, 1, 2, \cdots$。沿 z 方向函数的具体形式由边界条件 $E_{\rho,\phi}|_{z=0} = E_{\rho,\phi}|_{z=h} = 0$ 决定。由于 $k_\rho^2 + k_z^2 = k^2 = \omega^2\mu\epsilon$，可得谐振腔中 TM_{mnp} 模式的谐振频率为

$$\omega_{rmnp}^{\text{TM}} = \frac{1}{\sqrt{\mu\epsilon}}\sqrt{\left(\frac{\chi_{mn}}{a}\right)^2 + \left(\frac{p\pi}{h}\right)^2} \quad (6.2.42)$$

对于 TE 模，H_z 的形式为

$$H_z = H_0 J_m(k_\rho\rho)\begin{Bmatrix} \sin m\phi \\ \cos m\phi \end{Bmatrix}\sin\frac{p\pi z}{h} \quad (6.2.43)$$

式中，$k_\rho = \chi'_{mn}/a$，$m = 0, 1, 2, \cdots$；$n = 1, 2, \cdots$；$p = 1, 2, \cdots$。类似地，沿 z 方向函数的具体形式由边界条件 $H_z|_{z=0} = H_z|_{z=h} = 0$ 决定。谐振腔中 TE_{mnp} 模式的谐振频率为

$$\omega_{rmnp}^{\text{TE}} = \frac{1}{\sqrt{\mu\epsilon}}\sqrt{\left(\frac{\chi'_{mn}}{a}\right)^2 + \left(\frac{p\pi}{h}\right)^2} \tag{6.2.44}$$

在所有的模式中，主模为 TM_{010} 或 TE_{111} 模式，其谐振频率分别为

$$\omega_{r010}^{\text{TM}} = \frac{2.4048}{a\sqrt{\mu\epsilon}}, \qquad \omega_{r111}^{\text{TE}} = \frac{1}{\sqrt{\mu\epsilon}}\sqrt{\left(\frac{1.8412}{a}\right)^2 + \left(\frac{\pi}{h}\right)^2} \tag{6.2.45}$$

对于非理想谐振腔，可以用第 5 章中讨论的微扰法来分析导体损耗和介质损耗所对应的品质因数。

▷ **【例 6.4】**　假设圆柱谐振腔由非理想良导体构成，导体的表面电阻为 R_s，使用微扰法求圆柱谐振腔中 TE_{111} 模式的品质因数。

　　解：良导体谐振腔的品质因数计算公式为式（5.2.15）。对于理想圆柱谐振腔的 TE_{111} 模式，有

$$H_z = AJ_1(k_{\rho 11}\rho)\left\{\begin{array}{c}\sin\phi\\\cos\phi\end{array}\right\}\sin\frac{\pi z}{h}$$

由上式可得

$$E_\rho = \mp A\frac{j\omega\mu}{\rho k_{\rho 11}^2}J_1(k_{\rho 11}\rho)\left\{\begin{array}{c}\cos\phi\\\sin\phi\end{array}\right\}\sin\frac{\pi z}{h}$$

$$E_\phi = A\frac{j\omega\mu}{k_{\rho 11}}J_1'(k_{\rho 11}\rho)\left\{\begin{array}{c}\sin\phi\\\cos\phi\end{array}\right\}\sin\frac{\pi z}{h}$$

$$H_\rho = A\frac{\pi}{k_{\rho 11}h}J_1'(k_{\rho 11}\rho)\left\{\begin{array}{c}\sin\phi\\\cos\phi\end{array}\right\}\cos\frac{\pi z}{h}$$

$$H_\phi = \pm A\frac{\pi}{\rho k_{\rho 11}^2 h}J_1(k_{\rho 11}\rho)\left\{\begin{array}{c}\cos\phi\\\sin\phi\end{array}\right\}\cos\frac{\pi z}{h}$$

使用这些表达式，可得

$$\iiint_V |\mathbf{E}|^2 \, dV = \left(\frac{\omega\mu|A|}{k_{\rho 11}^2}\right)^2 \int_0^h \int_0^a \int_0^{2\pi} \left\{\frac{1}{\rho^2}[J_1(k_{\rho 11}\rho)]^2\left\{\begin{array}{c}\cos^2\phi\\\sin^2\phi\end{array}\right\}\sin^2\frac{\pi z}{h}\right.$$

$$\left. + [k_{\rho 11}J_1'(k_{\rho 11}\rho)]^2\left\{\begin{array}{c}\sin^2\phi\\\cos^2\phi\end{array}\right\}\sin^2\frac{\pi z}{h}\right\}\rho\,d\phi\,d\rho\,dz$$

$$= \left(\frac{\omega\mu|A|}{k_{\rho 11}^2}\right)^2 \frac{\pi h}{2}\int_0^a\left\{\frac{1}{\rho^2}[J_1(k_{\rho 11}\rho)]^2 + [k_{\rho 11}J_1'(k_{\rho 11}\rho)]^2\right\}\rho\,d\rho$$

$$= \left(\frac{\omega\mu|A|}{k_{\rho 11}^2}\right)^2 \frac{\pi h}{2}\int_0^{\chi'_{11}}\left\{\frac{1}{x^2}[J_1(x)]^2 + [J_1'(x)]^2\right\}x\,dx$$

$$= \left(\frac{\omega\mu|A|}{k_{\rho 11}^2}\right)^2 \frac{\pi h}{4}(\chi_{11}'^2 - 1)[J_1(\chi'_{11})]^2$$

及

$$
\iint_S |\mathbf{H}_w|^2 \,\mathrm{d}S = \iint_{\text{top}} |\mathbf{H}_w|^2 \,\mathrm{d}S + \iint_{\text{side}} |\mathbf{H}_w|^2 \,\mathrm{d}S + \iint_{\text{bottom}} |\mathbf{H}_w|^2 \,\mathrm{d}S
$$

$$
= 2\pi \left(\frac{\pi |A|}{k_{\rho 11} h} \right)^2 \int_0^a \left\{ \left[J_1'(k_{\rho 11}\rho) \right]^2 + \frac{1}{k_{\rho 11}^2 \rho^2} \left[J_1(k_{\rho 11}\rho) \right]^2 \right\} \rho \,\mathrm{d}\rho
$$

$$
+ \frac{\pi a h |A|^2}{2 k_{\rho 11}^2} \left\{ k_{\rho 11}^2 + \left(\frac{\pi}{k_{\rho 11} a h} \right)^2 \right\} \left[J_1(k_{\rho 11} a) \right]^2
$$

$$
= \frac{\pi |A|^2}{k_{\rho 11}^4} \left\{ \left(\frac{\pi}{h} \right)^2 (\chi_{11}'^2 - 1) + \frac{h}{2a^3} \left[\chi_{11}'^4 + \left(\frac{\pi a}{h} \right)^2 \right] \right\} \left[J_1(\chi_{11}') \right]^2
$$

因此, 得到品质因数为

$$
Q_{\text{c111}}^{\text{TE}} = \frac{\eta(\chi_{11}'^2 - 1) \left[\chi_{11}'^2 + \left(\frac{\pi a}{h} \right)^2 \right]^{3/2}}{2R_s \left\{ \frac{2\pi^2 a^3}{h^3}(\chi_{11}'^2 - 1) + \left[\chi_{11}'^4 + \left(\frac{\pi a}{h} \right)^2 \right] \right\}}
$$

6.3　圆柱介质波导

　　由于导体在光频损耗非常大, 在 6.2 节中讨论的金属管波导并不适合光频信号的传输。因此, 人们通常使用损耗很小的介质波导传输光频信号。在各种介质波导中, 圆柱介质波导, 即**光纤**的使用最为广泛[7~12]。如图 6.5(a)所示, 典型的圆柱介质波导包含两层介质: 介电常数较高的内层介质(纤芯)和介电常数略低的外层介质(包层)。由于在两层的分界面发生全反射, 高于截止频率的电磁波将在光纤的内层传播, 在外层呈指数衰减。基于这个特性, 在分析介质波导时可以假定外层介质具有无限大半径, 这个假设可以大大简化介质波导的分析。

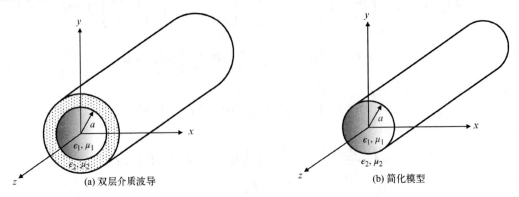

(a) 双层介质波导　　　　　　　　　　　　(b) 简化模型

图 6.5　圆柱介质波导

6.3.1　混合模的分析

双层圆柱介质波导的简化模型如图 6.5(b) 所示。内层介质的介电常数为 ϵ_1 且半径为 a，外层介质的介电常数为 ϵ_2，两种介质均为非磁性介质 ($\mu_1 = \mu_2 = \mu_0$)。正如 5.3 节所讨论的，由于不连续介质的分界面处 E_z 和 H_z 之间的耦合，双层介质波导一般来说不能支持 TE 模和 TM 模，而只能支持同时包含 E_z 和 H_z 的混合模式。在内层介质中 ($\rho < a$)，E_z 和 H_z 可表示为

$$E_{1z} = A_1 J_m(k_{1\rho}\rho) \begin{Bmatrix} \sin m\phi \\ \cos m\phi \end{Bmatrix} e^{-jk_z z} \tag{6.3.1}$$

$$H_{1z} = B_1 J_m(k_{1\rho}\rho) \begin{Bmatrix} \cos m\phi \\ \sin m\phi \end{Bmatrix} e^{-jk_z z} \tag{6.3.2}$$

在外层介质中 ($\rho > a$)，E_z 和 H_z 可以表示为

$$E_{2z} = A_2 H_m^{(2)}(k_{2\rho}\rho) \begin{Bmatrix} \sin m\phi \\ \cos m\phi \end{Bmatrix} e^{-jk_z z} \tag{6.3.3}$$

$$H_{2z} = B_2 H_m^{(2)}(k_{2\rho}\rho) \begin{Bmatrix} \cos m\phi \\ \sin m\phi \end{Bmatrix} e^{-jk_z z} \tag{6.3.4}$$

式中，$k_{1\rho} = \sqrt{\omega^2 \mu_0 \epsilon_1 - k_z^2}$，$k_{2\rho} = \sqrt{\omega^2 \mu_0 \epsilon_2 - k_z^2}$。对于传播模，所有的功率应该沿波导轴线方向传播，而不应该在径向有功率泄漏。这种无耗传播只能发生在 $k_z^2 > \omega^2 \mu_0 \epsilon_2$ 时。此时 $k_{2\rho}$ 为纯虚数，可表示为 $k_{2\rho} = -j\alpha_{2\rho}$，其中 $\alpha_{2\rho} = \sqrt{k_z^2 - \omega^2 \mu_0 \epsilon_2}$，这就导致径向为指数凋落场。类似于介质板波导的情况，截止定义在 $\alpha_{2\rho} = 0$，或 $k_z^2 = \omega^2 \mu_0 \epsilon_2$。虚变量的第二类汉克尔函数可以写为

$$H_m^{(2)}(-j\alpha_{2\rho}\rho) = \frac{2}{\pi} j^{m+1} K_m(\alpha_{2\rho}\rho) \tag{6.3.5}$$

式中，K_m 称为第二类修正贝塞尔函数[1]。因此，式 (6.3.3) 和式 (6.3.4) 也可以写为

$$E_{2z} = A_2' K_m(\alpha_{2\rho}\rho) \begin{Bmatrix} \sin m\phi \\ \cos m\phi \end{Bmatrix} e^{-jk_z z} \tag{6.3.6}$$

$$H_{2z} = B_2' K_m(\alpha_{2\rho}\rho) \begin{Bmatrix} \cos m\phi \\ \sin m\phi \end{Bmatrix} e^{-jk_z z} \tag{6.3.7}$$

前几个整数阶的 $K_m(x)$ 如图 C.1 所示，从图中可以清楚地看出 $K_m(x)$ 的指数衰落特性。

由式 (6.3.1) 和式 (6.3.2)，可得内层介质中的其余场分量为

$$E_{1\rho} = -\frac{j}{k_{1\rho}^2} \left[A_1 k_z k_{1\rho} J_m'(k_{1\rho}\rho) \mp B_1 \frac{m\omega\mu_0}{\rho} J_m(k_{1\rho}\rho) \right] \begin{Bmatrix} \sin m\phi \\ \cos m\phi \end{Bmatrix} e^{-jk_z z} \tag{6.3.8}$$

$$E_{1\phi} = -\frac{j}{k_{1\rho}^2} \left[\pm A_1 \frac{mk_z}{\rho} J_m(k_{1\rho}\rho) - B_1 \omega\mu_0 k_{1\rho} J_m'(k_{1\rho}\rho) \right] \begin{Bmatrix} \cos m\phi \\ \sin m\phi \end{Bmatrix} e^{-jk_z z} \tag{6.3.9}$$

$$H_{1\rho} = -\frac{j}{k_{1\rho}^2} \left[\mp A_1 \frac{m\omega\epsilon_1}{\rho} J_m(k_{1\rho}\rho) + B_1 k_z k_{1\rho} J_m'(k_{1\rho}\rho) \right] \begin{Bmatrix} \cos m\phi \\ \sin m\phi \end{Bmatrix} e^{-jk_z z} \tag{6.3.10}$$

$$H_{1\phi} = -\frac{j}{k_{1\rho}^2}\left[A_1\omega\epsilon_1 k_{1\rho}J_m'(k_{1\rho}\rho) \mp B_1\frac{mk_z}{\rho}J_m(k_{1\rho}\rho)\right]\left\{\begin{matrix}\sin m\phi\\\cos m\phi\end{matrix}\right\}e^{-jk_z z} \tag{6.3.11}$$

类似地,由式(6.3.6)和式(6.3.7)可得外层介质中的其余场分量为

$$E_{2\rho} = \frac{j}{\alpha_{2\rho}^2}\left[A_2'k_z\alpha_{2\rho}K_m'(\alpha_{2\rho}\rho) \mp B_2'\frac{m\omega\mu_0}{\rho}K_m(\alpha_{2\rho}\rho)\right]\left\{\begin{matrix}\sin m\phi\\\cos m\phi\end{matrix}\right\}e^{-jk_z z} \tag{6.3.12}$$

$$E_{2\phi} = \frac{j}{\alpha_{2\rho}^2}\left[\pm A_2'\frac{mk_z}{\rho}K_m(\alpha_{2\rho}\rho) - B_2'\omega\mu_0\alpha_{2\rho}K_m'(\alpha_{2\rho}\rho)\right]\left\{\begin{matrix}\cos m\phi\\\sin m\phi\end{matrix}\right\}e^{-jk_z z} \tag{6.3.13}$$

$$H_{2\rho} = \frac{j}{\alpha_{2\rho}^2}\left[\mp A_2'\frac{m\omega\epsilon_2}{\rho}K_m(\alpha_{2\rho}\rho) + B_2'k_z\alpha_{2\rho}K_m'(\alpha_{2\rho}\rho)\right]\left\{\begin{matrix}\cos m\phi\\\sin m\phi\end{matrix}\right\}e^{-jk_z z} \tag{6.3.14}$$

$$H_{2\phi} = \frac{j}{\alpha_{2\rho}^2}\left[A_2'\omega\epsilon_2\alpha_{2\rho}K_m'(\alpha_{2\rho}\rho) \mp B_2'\frac{mk_z}{\rho}K_m(\alpha_{2\rho}\rho)\right]\left\{\begin{matrix}\sin m\phi\\\cos m\phi\end{matrix}\right\}e^{-jk_z z} \tag{6.3.15}$$

在内外层介质的分界面上,有如下的切向场连续边界条件:

$$E_{1z}\big|_{\rho=a} = E_{2z}\big|_{\rho=a}, \qquad H_{1z}\big|_{\rho=a} = H_{2z}\big|_{\rho=a} \tag{6.3.16}$$

$$E_{1\phi}\big|_{\rho=a} = E_{2\phi}\big|_{\rho=a}, \qquad H_{1\phi}\big|_{\rho=a} = H_{2\phi}\big|_{\rho=a} \tag{6.3.17}$$

将场表达式代入边界条件,可得

$$A_1 J_m(k_{1\rho}a) = A_2' K_m(\alpha_{2\rho}a) \tag{6.3.18}$$

$$B_1 J_m(k_{1\rho}a) = B_2' K_m(\alpha_{2\rho}a) \tag{6.3.19}$$

$$\frac{1}{k_{1\rho}^2}\left[\pm A_1\frac{mk_z}{a}J_m(k_{1\rho}a) - B_1\omega\mu_0 k_{1\rho}J_m'(k_{1\rho}a)\right]$$
$$= -\frac{1}{\alpha_{2\rho}^2}\left[\pm A_2'\frac{mk_z}{a}K_m(\alpha_{2\rho}a) - B_2'\omega\mu_0\alpha_{2\rho}K_m'(\alpha_{2\rho}a)\right] \tag{6.3.20}$$

$$\frac{1}{k_{1\rho}^2}\left[A_1\omega\epsilon_1 k_{1\rho}J_m'(k_{1\rho}a) \mp B_1\frac{mk_z}{a}J_m(k_{1\rho}a)\right]$$
$$= -\frac{1}{\alpha_{2\rho}^2}\left[A_2'\omega\epsilon_2\alpha_{2\rho}K_m'(\alpha_{2\rho}a) \mp B_2'\frac{mk_z}{a}K_m(\alpha_{2\rho}a)\right] \tag{6.3.21}$$

消去 A_2' 和 B_2',得到

$$A_1\frac{mk_z}{\omega a}\left(\frac{1}{k_{1\rho}^2} + \frac{1}{\alpha_{2\rho}^2}\right) \mp B_1\left[\frac{\mu_0}{k_{1\rho}}\frac{J_m'(k_{1\rho}a)}{J_m(k_{1\rho}a)} + \frac{\mu_0}{\alpha_{2\rho}}\frac{K_m'(\alpha_{2\rho}a)}{K_m(\alpha_{2\rho}a)}\right] = 0 \tag{6.3.22}$$

$$A_1\left[\frac{\epsilon_1}{k_{1\rho}}\frac{J_m'(k_{1\rho}a)}{J_m(k_{1\rho}a)} + \frac{\epsilon_2}{\alpha_{2\rho}}\frac{K_m'(\alpha_{2\rho}a)}{K_m(\alpha_{2\rho}a)}\right] \mp B_1\frac{mk_z}{\omega a}\left(\frac{1}{k_{1\rho}^2} + \frac{1}{\alpha_{2\rho}^2}\right) = 0 \tag{6.3.23}$$

式(6.3.22)和式(6.3.23)可以看成未知数为 A_1 和 B_1 的矩阵方程。若 A_1 和 B_1 要有非零解,其系数矩阵的行列式必须为零,即

$$\det \begin{bmatrix} \mp \dfrac{mk_z}{\omega a}\left(\dfrac{1}{k_{1\rho}^2} + \dfrac{1}{\alpha_{2\rho}^2} \right) & \dfrac{\mu_0}{k_{1\rho}}\dfrac{J'_m(k_{1\rho}a)}{J_m(k_{1\rho}a)} + \dfrac{\mu_0}{\alpha_{2\rho}}\dfrac{K'_m(\alpha_{2\rho}a)}{K_m(\alpha_{2\rho}a)} \\[3mm] \dfrac{\epsilon_1}{k_{1\rho}}\dfrac{J'_m(k_{1\rho}a)}{J_m(k_{1\rho}a)} + \dfrac{\epsilon_2}{\alpha_{2\rho}}\dfrac{K'_m(\alpha_{2\rho}a)}{K_m(\alpha_{2\rho}a)} & \mp \dfrac{mk_z}{\omega a}\left(\dfrac{1}{k_{1\rho}^2} + \dfrac{1}{\alpha_{2\rho}^2} \right) \end{bmatrix} = 0 \quad (6.3.24)$$

由此得到

$$\left(\frac{mk_z}{\omega a} \right)^2 \left(\frac{1}{k_{1\rho}^2} + \frac{1}{\alpha_{2\rho}^2} \right)^2 - \left[\frac{\mu_0}{k_{1\rho}}\frac{J'_m(k_{1\rho}a)}{J_m(k_{1\rho}a)} + \frac{\mu_0}{\alpha_{2\rho}}\frac{K'_m(\alpha_{2\rho}a)}{K_m(\alpha_{2\rho}a)} \right]$$
$$\times \left[\frac{\epsilon_1}{k_{1\rho}}\frac{J'_m(k_{1\rho}a)}{J_m(k_{1\rho}a)} + \frac{\epsilon_2}{\alpha_{2\rho}}\frac{K'_m(\alpha_{2\rho}a)}{K_m(\alpha_{2\rho}a)} \right] = 0 \quad (6.3.25)$$

对于一个给定的频率,将这个超越方程和下式联立求解:

$$k_{1\rho} = \sqrt{\omega^2 \mu_0 \epsilon_1 - k_z^2}, \qquad \alpha_{2\rho} = \sqrt{k_z^2 - \omega^2 \mu_0 \epsilon_2} \quad (6.3.26)$$

就可以求得有限个实数解 k_z,每一个 k_z 对应一个传输波导模。

6.3.2　混合模的特性

为了进一步讨论,将式(6.3.25)和式(6.3.26)重写为

$$(m\delta)^2 \left(\frac{1}{u^2} + \frac{1}{v^2} \right)^2 - \left[\frac{1}{u}\frac{J'_m(u)}{J_m(u)} + \frac{1}{v}\frac{K'_m(v)}{K_m(v)} \right] \left[\frac{\epsilon_{r1}}{u}\frac{J'_m(u)}{J_m(u)} + \frac{\epsilon_{r2}}{v}\frac{K'_m(v)}{K_m(v)} \right] = 0 \quad (6.3.27)$$

$$u = k_{1\rho}a = k_0 a\sqrt{\epsilon_{r1} - \delta^2}, \qquad v = \alpha_{2\rho}a = k_0 a\sqrt{\delta^2 - \epsilon_{r2}} \quad (6.3.28)$$

式中,$\delta = k_z/k_0$。首先考虑 $m = 0$ 的特殊情况下上两式的解;然后讨论 $m \neq 0$ 的一般情况下的解。

TM$_{0n}$ 和 TE$_{0n}$ 模式　当 $m = 0$ 时(轴对称),从式(6.3.22)和式(6.3.23)中可以看出,A_1 和 B_1,即 E_z 和 H_z 是完全去耦的。式(6.3.27)可以简化为

$$\left[\frac{1}{u}\frac{J'_0(u)}{J_0(u)} + \frac{1}{v}\frac{K'_0(v)}{K_0(v)} \right] \left[\frac{\epsilon_{r1}}{u}\frac{J'_0(u)}{J_0(u)} + \frac{\epsilon_{r2}}{v}\frac{K'_0(v)}{K_0(v)} \right] = 0 \quad (6.3.29)$$

显然,该方程有两个解,其中一个为

$$\frac{\epsilon_{r1}}{u}\frac{J'_0(u)}{J_0(u)} + \frac{\epsilon_{r2}}{v}\frac{K'_0(v)}{K_0(v)} = 0 \quad (6.3.30)$$

对应于 $A_1 \neq 0$ 且 $B_1 = 0$,即 $E_z \neq 0$ 且 $H_z = 0$。这个解对应 TM$_{0n}$ 模式,其传播常数 k_z 可以通过联立求解式(6.3.30)和式(6.3.28)得到。在式(6.3.30)中,令 $v = 0$,即可得 $J_0(u) = 0$,由此求出截止波数。表 6.1 的第一行给出了这个方程的前几个根。将方程 $J_0(u) = 0$ 的根记为 χ_{0n},则截止波数为

$$k_{c0n}^{\mathrm{TM}} = \frac{\chi_{0n}}{a\sqrt{\epsilon_{r1} - \epsilon_{r2}}} \quad (6.3.31)$$

式(6.3.29)的第二个解为

$$\frac{1}{u}\frac{J_0'(u)}{J_0(u)} + \frac{1}{v}\frac{K_0'(v)}{K_0(v)} = 0 \tag{6.3.32}$$

对应于 $A_1 = 0$ 且 $B_1 \neq 0$，即 $E_z = 0$ 且 $H_z \neq 0$。这个解对应 TE$_{0n}$ 模式，其传播常数 k_z 可以通过联立求解式(6.3.32)和式(6.3.28)得到。在式(6.3.32)中，令 $v=0$，同样可得 $J_0(u)=0$，由此可以求出截止波数。因此，TE$_{0n}$ 模式与 TM$_{0n}$ 模式具有相同的截止波数，由式(6.3.31)给出。事实上，对于大多数光纤波导，ϵ_{r1} 和 ϵ_{r2} 的数值非常接近，其相对差别在 0.01 的数量级[10]，这就使得传播常数 k_{z0n}^{TM} 和 k_{z0n}^{TE} 相差不大。从表 6.1 中可以求出最低阶 TE$_{0n}$ 和 TM$_{0n}$ 模式的截止波数为 $k_{c01}^{TE} = k_{c01}^{TM} = 2.4048/a\sqrt{\epsilon_{r1}-\epsilon_{r2}}$。

混合 EH$_{mn}$ 和 HE$_{mn}$ 模式 当 $m \neq 0$ 时，从式(6.3.22)和式(6.3.23)中可以看出，A_1 和 B_1，即 E_z 和 H_z，是紧密耦合的。因此，波导模式是同时包含 E_z 和 H_z 的混合模。为了求解式(6.3.27)，对其进一步简化，令

$$p_m(u) = \frac{1}{u}\frac{J_m'(u)}{J_m(u)}, \qquad q_m(v) = \frac{1}{v}\frac{K_m'(v)}{K_m(v)} \tag{6.3.33}$$

则式(6.3.27)变为

$$(m\delta)^2\left(\frac{1}{u^2}+\frac{1}{v^2}\right)^2 - [p_m(u)+q_m(v)][\epsilon_{r1}p_m(u)+\epsilon_{r2}q_m(v)] = 0 \tag{6.3.34}$$

这个方程的两个根为

$$p_m(u) = -\frac{\epsilon_{r1}+\epsilon_{r2}}{2\epsilon_{r1}}q_m(v) \pm \sqrt{\frac{(m\delta)^2}{\epsilon_{r1}}\left(\frac{1}{u^2}+\frac{1}{v^2}\right)^2 + \frac{(\epsilon_{r1}-\epsilon_{r2})^2}{4\epsilon_{r1}^2}q_m^2(v)} \tag{6.3.35}$$

由式(6.3.28)可得

$$\delta^2 = \frac{\epsilon_{r2}u^2 + \epsilon_{r1}v^2}{u^2+v^2}, \qquad u^2+v^2 = (\epsilon_{r1}-\epsilon_{r2})(k_0 a)^2 \tag{6.3.36}$$

把上式代入式(6.3.35)后，对于给定的 m、ϵ_{r1}、ϵ_{r2} 和 $k_0 a$，可以得到一个仅与 u 有关的方程。求解该方程得到的根记为 $u_{mn}^{(\pm)}$ ($n=1,2,\cdots$)，式中的上标对应于式(6.3.35)中的符号。一旦求得 $u_{mn}^{(\pm)}$，就可以由式(6.3.36)的第二式计算 $v_{mn}^{(\pm)}$，再由式(6.3.36)的第一式求出 $\delta_{mn}^{(\pm)}$，最后由 δ 的定义得到传播常数 $k_{zmn}^{(\pm)}$。每一个传播常数对应一个传播的波导模式。另一种求解思路是，对于给定的 δ，可以由式(6.3.35)和式(6.3.36)的第一式求出 $u_{mn}^{(\pm)}$ 和 $v_{mn}^{(\pm)}$，再从 $u_{mn}^{(\pm)}$ 和 $v_{mn}^{(\pm)}$ 出发，求出对应的 $k_0 a$。在 $\sqrt{\epsilon_{r2}} \leq \delta < \sqrt{\epsilon_{r1}}$ 的范围内重复上述计算，就可以得到 k_z/k_0 随 $k_0 a$ 变化的色散曲线。

为了对混合模进行分类，并进一步研究其特性，考虑 E_z 和 H_z 的比值。由式(6.3.22)和式(6.3.23)可得

$$\left|\frac{E_z}{H_z}\right| = \left|\frac{A_1}{B_1}\right| = \frac{\eta_0}{m\delta}|p_m(u)+q_m(v)|\left(\frac{1}{u^2}+\frac{1}{v^2}\right)^{-1} \tag{6.3.37}$$

和

$$\left|\frac{E_z}{H_z}\right| = \left|\frac{A_1}{B_1}\right| = \eta_0 \left(\frac{1}{u^2} + \frac{1}{v^2}\right) \frac{m\delta}{|\epsilon_{r1}p_m(u) + \epsilon_{r2}q_m(v)|} \tag{6.3.38}$$

式中，$\eta_0 = \sqrt{\mu_0/\epsilon_0}$。这两个方程实际上是等价的，仅需考虑其中的一个。当传播模的频率接近截止频率时，有 $\alpha_{2\rho} \to 0$，$\delta \to \sqrt{\epsilon_{r2}}$，$v \to 0$。使用修正贝塞尔函数的小变量近似[1]，即

$$\lim_{z \to 0} K_m(z) \to \frac{(m-1)!}{2}\left(\frac{z}{2}\right)^{-m}, \qquad m > 0 \tag{6.3.39}$$

很容易得到

$$\lim_{v \to 0} q_m(v) \to -\frac{m}{v^2} \tag{6.3.40}$$

因此，由式(6.3.37)或式(6.3.38)可得

$$\left|\frac{E_z}{H_z}\right|_{\text{at cutoff}} = \frac{\eta_0}{\sqrt{\epsilon_{r2}}} = \eta_2 \tag{6.3.41}$$

上式表明截止时 E_z 和 H_z 都不处于支配地位，并且 E_z 和 H_z 的比值对于所有混合模都是相同的。

下面考虑高于截止频率，即 $\alpha_{2\rho} > 0$，$\delta > \sqrt{\epsilon_{r2}}$，$v > 0$ 时的情况。式 (6.3.35) 可重写为

$$p_m(u) + q_m(v) = \frac{\epsilon_{r1} - \epsilon_{r2}}{2\epsilon_{r1}} q_m(v) \pm \sqrt{\frac{(m\delta)^2}{\epsilon_{r1}}\left(\frac{1}{u^2} + \frac{1}{v^2}\right)^2 + \frac{(\epsilon_{r1} - \epsilon_{r2})^2}{4\epsilon_{r1}^2} q_m^2(v)} \tag{6.3.42}$$

即

$$\epsilon_{r1}p_m(u) + \epsilon_{r2}q_m(v) = \frac{\epsilon_{r2} - \epsilon_{r1}}{2} q_m(v) \pm \sqrt{\epsilon_{r1}(m\delta)^2\left(\frac{1}{u^2} + \frac{1}{v^2}\right)^2 + \frac{(\epsilon_{r1} - \epsilon_{r2})^2}{4} q_m^2(v)} \tag{6.3.43}$$

因为 $q_m(v) < 0$，所以由这两个方程可得

$$\left|p_m(u) + q_m(v)\right|^{(+)} < \left|p_m(u) + q_m(v)\right|^{(-)} \tag{6.3.44}$$

和

$$\left|\epsilon_{r1}p_m(u) + \epsilon_{r2}q_m(v)\right|^{(+)} > \left|\epsilon_{r1}p_m(u) + \epsilon_{r2}q_m(v)\right|^{(-)} \tag{6.3.45}$$

式中，上标(+)或(−)对应于式(6.3.42)和式(6.3.43)中所选择的符号。将这些结果代入式(6.3.37)和式(6.3.38)，可得

$$\left|\frac{E_z}{H_z}\right|^{(+)} < \left|\frac{E_z}{H_z}\right|^{(-)} \tag{6.3.46}$$

因此，在式(6.3.35)中选择正号时得到的电场(磁场)解比选择负号时得到的电场(磁场)解更弱(强)。基于5.3.3节的分析，式(6.3.35)中正号对应的混合模称为 EH_{mn} 模，因为此时的模式类似于 TE 模。而负号对应的混合模称为 HE_{mn} 模，因为此时的模式类似于 TM 模。当 $m = 0$ 时，EH_{mn} 模变成为 TE_{0n} 模式，而 HE_{mn} 模变成为 TM_{0n} 模式。这一点可以通过令式(6.3.35)中 $m = 0$ 来验证：选择正号时，式(6.3.35)将退化为式(6.3.32)，即 TE_{0n}

模的特征方程; 选择负号时, 式(6.3.35)将退化为式(6.3.30), 即 TM_{0n} 模的特征方程。

下面求解混合模的截止频率。前面提到, 对于实际使用的光纤, 为使模式失真尽可能小, ϵ_{r1} 和 ϵ_{r2} 非常接近。典型的 $(\epsilon_{r1}-\epsilon_{r2})/\epsilon_{r1}$ 的数量级为 0.01。因而式(6.3.35)可近似为

$$p_m(u) \approx -q_m(v) \pm \frac{m\delta}{\sqrt{\epsilon_{r1}}}\left(\frac{1}{u^2}+\frac{1}{v^2}\right) \tag{6.3.47}$$

在截止频率时, $k_z = \omega\sqrt{\mu_0\,\epsilon_2}$, $\alpha_{2p} \to 0$, 因而 $\delta = \sqrt{\epsilon_{r2}}$, $v \to 0$。从贝塞尔函数的递推关系[1]

$$J'_m(z) = -\frac{m}{z}J_m(z) + J_{m-1}(z) = \frac{m}{z}J_m(z) - J_{m+1}(z) \tag{6.3.48}$$

$$K'_m(z) = -\frac{m}{z}K_m(z) - K_{m-1}(z) = \frac{m}{z}K_m(z) - K_{m+1}(z) \tag{6.3.49}$$

可以进一步得到

$$p_m(u) = \frac{1}{u}\frac{J'_m(u)}{J_m(u)} = -\frac{m}{u^2}+\frac{1}{u}\frac{J_{m-1}(u)}{J_m(u)} = \frac{m}{u^2}-\frac{1}{u}\frac{J_{m+1}(u)}{J_m(u)} \tag{6.3.50}$$

$$q_m(v) = \frac{1}{v}\frac{K'_m(v)}{K_m(v)} = -\frac{m}{v^2}-\frac{1}{v}\frac{K_{m-1}(v)}{K_m(v)} = \frac{m}{v^2}-\frac{1}{v}\frac{K_{m+1}(v)}{K_m(v)} \tag{6.3.51}$$

将上式代入式(6.3.47), 对于 HE_{mn} 模式可得

$$\frac{1}{u}\frac{J_{m-1}(u)}{J_m(u)} = \frac{1}{v}\frac{K_{m-1}(v)}{K_m(v)} \tag{6.3.52}$$

而对于 EH_{mn} 模式可得

$$\frac{1}{u}\frac{J_{m+1}(u)}{J_m(u)} = -\frac{1}{v}\frac{K_{m+1}(v)}{K_m(v)} \tag{6.3.53}$$

由式(6.3.39)所给出的小变量近似, 很容易证明下列关系:

$$\lim_{v\to 0}\frac{1}{v}\frac{K_{m-1}(v)}{K_m(v)} \sim \frac{1}{2(m-1)}, \qquad \lim_{v\to 0}\frac{1}{v}\frac{K_{m+1}(v)}{K_m(v)} \to \infty \tag{6.3.54}$$

因此, HE_{mn} 模式在截止时的特征方程为

$$\frac{u_c J_m(u_c)}{J_{m-1}(u_c)} \approx 2(m-1) \tag{6.3.55}$$

而 EH_{mn} 模式在截止时的特征方程为

$$\frac{u_c J_m(u_c)}{J_{m+1}(u_c)} \approx 0 \tag{6.3.56}$$

特别是当 $m=1$ 时, 对 HE_{1n} 模式, 则有

$$\frac{u_c J_1(u_c)}{J_0(u_c)} \approx 0 \quad 或 \quad u_c J_1(u_c) \approx 0 \tag{6.3.57}$$

第一个根为 $u_{c11}^{HE}=0$, 其余的根为 $u_{c1n}^{HE}=\chi_{1n-1}$, 其中 χ_{1n-1} 满足 $J_1(\chi_{1n-1})=0$。由此得到截止波数为

$$k_{c1n}^{HE} = \frac{u_{c1n}^{HE}}{a\sqrt{\epsilon_{r1} - \epsilon_{r2}}} = \frac{\chi_{1n-1}}{a\sqrt{\epsilon_{r1} - \epsilon_{r2}}} \tag{6.3.58}$$

很显然，HE_{11} 模式为主模，其截止波数为 $k_{c11}^{HE} = 0$，即该模式没有截止频率。第一个高次模为 HE_{12} 模式，其截止波数为 $k_{c12}^{HE} = 3.8317/a\sqrt{\epsilon_{r1} - \epsilon_{r2}}$。对于 EH_{1n} 模式，式 (6.3.56) 变为

$$\frac{u_c J_1(u_c)}{J_2(u_c)} \approx 0 \quad \text{或} \quad J_1(u_c) \approx 0, \quad \text{其中} \ u_c = 0 \ \text{除外} \tag{6.3.59}$$

很容易证明，当 $u \to 0$ 时，$u J_1(u)/J_2(u) \neq 0$，所以 $u_c = 0$ 不满足第一个方程，因而这种情况应该被排除在外。式 (6.3.59) 的根为 $u_{c1n}^{EH} = \chi_{1n}$，式中 χ_{1n} 为 $J_1(\chi_{1n}) = 0$ 的根。由此可得 EH_{1n} 模式的截止波数为

$$k_{c1n}^{EH} = \frac{u_{c1n}^{EH}}{a\sqrt{\epsilon_{r1} - \epsilon_{r2}}} = \frac{\chi_{1n}}{a\sqrt{\epsilon_{r1} - \epsilon_{r2}}} \tag{6.3.60}$$

显然，EH_{1n} 模式的截止波数与 HE_{1n+1} 模式的截止波数相同。

从所有模式的截止波数中可以看出，主模为 HE_{11} 模式，其截止波数为 $k_{c11}^{HE} = 0$。在 $m = 0$ 和 $m = 1$ 的模式中，第一高次模为 TE_{01} 和 TM_{01} 模式，其截止波数为 $k_{c01}^{TE} = k_{c01}^{TM} = 2.4048/a\sqrt{\epsilon_{r1} - \epsilon_{r2}}$；第二高次模为 EH_{11} 和 HE_{12} 模式，其截止波数为 $k_{c11}^{EH} = k_{c12}^{HE} = 3.8317/a\sqrt{\epsilon_{r1} - \epsilon_{r2}}$。图 6.6 为圆柱介质波导前几个波导模的色散曲线，其中介质参数为 $\epsilon_{r1} = 2.19$，$\epsilon_{r2} = 2.13$。

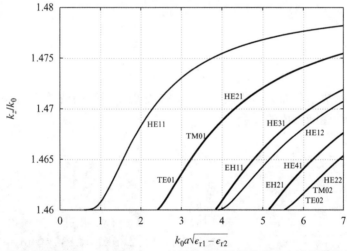

图 6.6　介质参数为 $\epsilon_{r1} = 2.19$，$\epsilon_{r2} = 2.13$ 的圆柱介质波导的前几个波导模的色散曲线

6.4　波变换和散射分析

本节研究导体圆柱、介质圆柱和分层介质圆柱对平面波的散射问题，并由此给出分析散射问题的基本步骤[4, 7, 13, 14]。为此需要先把平面波展开成柱面波的形式，这种展开称为**波变换**。

6.4.1 波变换

考虑波数为 k 沿 x 方向传播的平面波,波函数可以写为

$$\psi = \mathrm{e}^{-\mathrm{j}kx} = \mathrm{e}^{-\mathrm{j}k\rho\cos\phi} \tag{6.4.1}$$

由于该函数满足标量亥姆霍兹方程,它可以表示成柱面波函数展开的形式,即

$$\mathrm{e}^{-\mathrm{j}k\rho\cos\phi} = \sum_{n=-\infty}^{\infty} a_n J_n(k\rho)\,\mathrm{e}^{\mathrm{j}n\phi} \tag{6.4.2}$$

这个展开式也可以看成周期函数的傅里叶级数展开。为了确定系数 a_n,将式(6.4.2)等号两边同乘以 $\mathrm{e}^{-\mathrm{j}m\phi}$,然后对 ϕ 进行积分,得到

$$\int_0^{2\pi} \mathrm{e}^{-\mathrm{j}k\rho\cos\phi}\,\mathrm{e}^{-\mathrm{j}m\phi}\,\mathrm{d}\phi = \sum_{n=-\infty}^{\infty} a_n J_n(k\rho)\int_0^{2\pi}\mathrm{e}^{\mathrm{j}(n-m)\phi}\,\mathrm{d}\phi = 2\pi a_m J_m(k\rho) \tag{6.4.3}$$

由贝塞尔函数的积分表达式[1]可知

$$\int_0^{2\pi} \mathrm{e}^{\mathrm{j}(k\rho\cos\phi+m\phi)}\,\mathrm{d}\phi = 2\pi\mathrm{j}^m J_m(k\rho) \tag{6.4.4}$$

因而

$$a_m = (-\mathrm{j})^m = \mathrm{j}^{-m} \tag{6.4.5}$$

因此,式(6.4.2)变为

$$\mathrm{e}^{-\mathrm{j}kx} = \sum_{n=-\infty}^{\infty} \mathrm{j}^{-n} J_n(k\rho)\,\mathrm{e}^{\mathrm{j}n\phi} \tag{6.4.6}$$

上式将平面波表示成了柱面波的线性叠加。图 6.7 展示了平面波随着式(6.4.6)中求和项计算范围的增大而逐渐形成的过程。

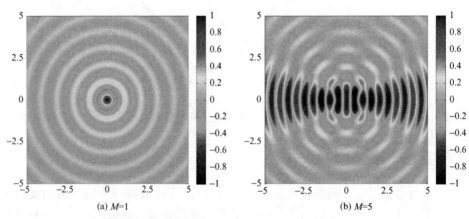

(a) $M=1$ (b) $M=5$

图 6.7 柱面波变换图解。图中给出的是当求和项计算范围从 $-M$ 到 M 时,式(6.4.6)等号右边实部的变化情况。显然,随着式(6.4.6)中求和项计算范围的增大,在 $10\lambda\times10\lambda$ 的区域内逐渐形成了平面波

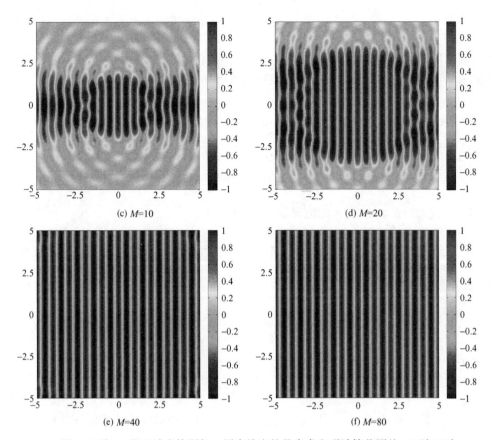

图 6.7(续)　柱面波变换图解。图中给出的是当求和项计算范围从 $-M$ 到 M 时，
式(6.4.6)等号右边实部的变化情况。显然，随着式(6.4.6)
中求和项计算范围的增大，在 $10\lambda \times 10\lambda$ 的区域内逐渐形成了平面波

6.4.2　导体圆柱的散射

有了前面的平面波到柱面波变换，现在可以求解
导体圆柱对平面波的散射问题。假设导体圆柱的半
径为 a，其轴线与 z 轴重合，周围为介电常数为 ϵ 且磁
导率为 μ 的均匀媒质(见图 6.8)。由于任意垂直入射
到圆柱上的平面波可以分解为电场仅有 z 方向分量的
TM 极化波和磁场仅有 z 方向分量的 TE 极化波的叠
加，因此只需要考虑这两种平面波入射的情况。

对于 TM 极化的入射波，其电场可以表示为

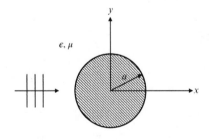

图 6.8　导体圆柱对平面波的散射

$$\mathbf{E}^{\text{inc}} = \hat{z} E_z^{\text{inc}} = \hat{z} E_0\, \mathrm{e}^{-jkx} \qquad (6.4.7)$$

式中，E_0 为常数。把式(6.4.6)代入上式，可将入射波表示成柱面波展开的形式：

$$E_z^{\text{inc}} = E_0 \sum_{n=-\infty}^{\infty} \text{j}^{-n} J_n(k\rho)\, \text{e}^{\text{j}n\phi} \qquad (6.4.8)$$

当平面波入射到导体圆柱上时，将在圆柱表面感应出电流，其辐射的次级场称为**散射场**。由于散射场离开圆柱向远处传播，故其表达式具有如下形式：

$$E_z^{\text{sc}} = E_0 \sum_{n=-\infty}^{\infty} a_n H_n^{(2)}(k\rho)\, \text{e}^{\text{j}n\phi} \qquad (6.4.9)$$

入射场与散射场叠加得到总场，而总场应满足边界条件

$$E_z\big|_{\rho=a} = \left[E_z^{\text{inc}} + E_z^{\text{sc}}\right]_{\rho=a} = 0 \qquad (6.4.10)$$

将式(6.4.8)和式(6.4.9)代入此边界条件，可得

$$a_n = -\text{j}^{-n} \frac{J_n(ka)}{H_n^{(2)}(ka)} \qquad (6.4.11)$$

因此，散射场为

$$E_z^{\text{sc}} = -E_0 \sum_{n=-\infty}^{\infty} \text{j}^{-n} \frac{J_n(ka)}{H_n^{(2)}(ka)} H_n^{(2)}(k\rho)\, \text{e}^{\text{j}n\phi} \qquad (6.4.12)$$

对于 TE 极化的入射波，其磁场可以表示为

$$\mathbf{H}^{\text{inc}} = \hat{z} H_z^{\text{inc}} = \hat{z} H_0\, \text{e}^{-\text{j}kx} \qquad (6.4.13)$$

式中，H_0 为常数。将式(6.4.6)代入上式，可以将入射波表示成柱面波展开的形式：

$$H_z^{\text{inc}} = H_0 \sum_{n=-\infty}^{\infty} \text{j}^{-n} J_n(k\rho)\, \text{e}^{\text{j}n\phi} \qquad (6.4.14)$$

由于入射电场垂直于 z 轴，感应电流将沿垂直于 z 轴的方向流动。因此，散射电场也垂直于 z 轴，而散射磁场仅有 z 方向分量。因而散射磁场可以表示为

$$H_z^{\text{sc}} = H_0 \sum_{n=-\infty}^{\infty} b_n H_n^{(2)}(k\rho)\, \text{e}^{\text{j}n\phi} \qquad (6.4.15)$$

总磁场为

$$H_z = H_z^{\text{inc}} + H_z^{\text{sc}} = H_0 \sum_{n=-\infty}^{\infty} \left[\text{j}^{-n} J_n(k\rho) + b_n H_n^{(2)}(k\rho)\right] \text{e}^{\text{j}n\phi} \qquad (6.4.16)$$

将磁场代入麦克斯韦方程$\nabla \times \mathbf{H} = \text{j}\omega\,\epsilon\,\mathbf{E}$，可得

$$E_\phi = -\frac{1}{\text{j}\omega\epsilon} \frac{\partial H_z}{\partial \rho} = \text{j}\eta H_0 \sum_{n=-\infty}^{\infty} \left[\text{j}^{-n} J_n'(k\rho) + b_n H_n^{(2)\prime}(k\rho)\right] \text{e}^{\text{j}n\phi} \qquad (6.4.17)$$

然后，应用边界条件

$$E_\phi\big|_{\rho=a} = \left[E_\phi^{\text{inc}} + E_\phi^{\text{sc}}\right]_{\rho=a} = 0 \qquad (6.4.18)$$

解出 b_n 为

$$b_n = -\mathrm{j}^{-n} \frac{J_n'(ka)}{H_n^{(2)\prime}(ka)} \qquad (6.4.19)$$

因此，散射磁场为

$$H_z^{\mathrm{sc}} = -H_0 \sum_{n=-\infty}^{\infty} \mathrm{j}^{-n} \frac{J_n'(ka)}{H_n^{(2)\prime}(ka)} H_n^{(2)}(k\rho)\, \mathrm{e}^{jn\phi} \qquad (6.4.20)$$

在散射分析中，描述无限长柱体散射特性的一个重要参数为**散射宽度**，其定义为

$$\sigma_{2\mathrm{D}}(\phi) = \lim_{\rho \to \infty} \left[2\pi\rho \frac{|E^{\mathrm{sc}}|^2}{|E^{\mathrm{inc}}|^2} \right] = \lim_{\rho \to \infty} \left[2\pi\rho \frac{|H^{\mathrm{sc}}|^2}{|H^{\mathrm{inc}}|^2} \right] \qquad (6.4.21)$$

由于汉克尔函数的大变量近似式为

$$H_n^{(2)}(k\rho) \approx \sqrt{\frac{2}{\pi k\rho}}\, \mathrm{e}^{-\mathrm{j}(k\rho - n\pi/2 - \pi/4)}, \qquad 当 \ k\rho \to \infty \qquad (6.4.22)$$

所以，散射宽度显然与距离 ρ 和入射波幅度无关，仅是观察角度和波数的函数。散射宽度的单位为 m 或 λ。在对数坐标下，通常按照 $10\log(\sigma_{2\mathrm{D}}/\mathrm{m})$ 或 $10\log(\sigma_{2\mathrm{D}}/\lambda)$ 把散射宽度归一化，相应的单位为 dBm 或 dBw。

图 6.9 为导体圆柱后向散射宽度随归一化半径变化的曲线，后向散射宽度也称为**回波宽度**。从图中可注意到一个有意思的现象：对于 TM 极化的入射波，回波宽度近似为常数 πa；而对于 TE 极化的入射波，回波宽度在 πa 附近上下振荡。这种振荡现象是由圆柱表面的爬行波引起的，而这种爬行波在 TM 极化入射时并不存在。从圆柱表面的场分布可以清楚地看到这种爬行波现象。图 6.10 为半径为 1λ 的圆柱在 TM 和 TE 极化入射时的散射场和总场分布图，以及双站散射宽度曲线。"双站"一词表示观察角 ϕ 不同于入射角。

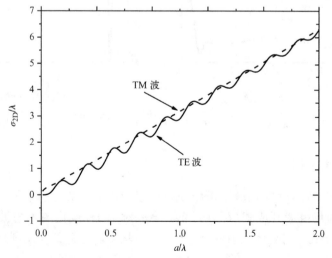

图 6.9　导体圆柱后向散射宽度随归一化半径变化的曲线

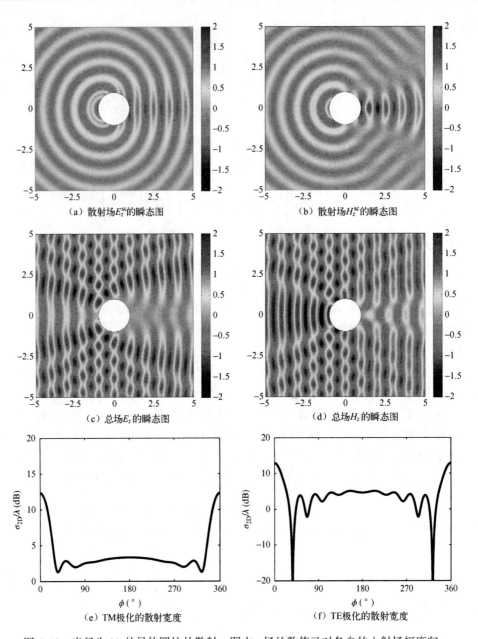

（a）散射场E_z^{sc}的瞬态图　　　　　　　　　　（b）散射场H_z^{sc}的瞬态图

（c）总场E_z的瞬态图　　　　　　　　　　（d）总场H_z的瞬态图

（e）TM极化的散射宽度　　　　　　　　　　（f）TE极化的散射宽度

图6.10　半径为1λ的导体圆柱的散射。图中，场的数值已对各自的入射场幅度归一

6.4.3　介质圆柱的散射

对于介质圆柱对平面波的散射问题，仍然可以使用上一节中的求解方法。对于 TM 极化的入射波，散射场可展开成式(6.4.9)的形式；对于 TE 极化的入射波，散射场可展开成式(6.4.15)的形式。与导体散射的唯一区别是，场可以透射到介质圆柱内部，因此除了散射场还存在内部场。假设圆柱的半径为a，介电常数为ϵ_d，磁导率为μ_d，背景媒质的介电常数为ϵ且磁导率为μ(见图6.11)。对于 TM 极化的入射波，圆柱内部的电场可展开为

$$E_z^{\text{int}} = E_0 \sum_{n=-\infty}^{\infty} c_n J_n(k_{\text{d}}\rho) \, \text{e}^{jn\phi} \qquad (6.4.23)$$

式中，$k_{\text{d}} = \omega\sqrt{\mu_{\text{d}}\,\epsilon_{\text{d}}}$。由于场在 z 轴上为有限值，上式中使用第一类贝塞尔函数。由切向电场连续的边界条件

$$\left[E_z^{\text{inc}} + E_z^{\text{sc}}\right]_{\rho=a} = \left[E_z^{\text{int}}\right]_{\rho=a} \qquad (6.4.24)$$

得到

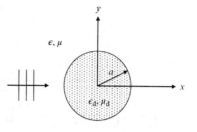

图 6.11　介质圆柱对平面波的散射

$$\text{j}^{-n}J_n(ka) + a_n H_n^{(2)}(ka) = c_n J_n(k_{\text{d}}a) \qquad (6.4.25)$$

然后，由麦克斯韦方程 $\nabla\times\mathbf{E} = -\text{j}\omega\mu\mathbf{H}$ 得到

$$H_\phi = \frac{1}{\text{j}\omega\mu}\frac{\partial E_z}{\partial\rho} \qquad (6.4.26)$$

因此有

$$H_\phi^{\text{inc}} + H_\phi^{\text{sc}} = \frac{E_0}{\text{j}\eta}\sum_{n=-\infty}^{\infty}\left[\text{j}^{-n}J_n'(k\rho) + a_n H_n^{(2)\prime}(k\rho)\right]\text{e}^{jn\phi} \qquad (6.4.27)$$

$$H_\phi^{\text{int}} = \frac{E_0}{\text{j}\eta_{\text{d}}}\sum_{n=-\infty}^{\infty} c_n J_n'(k_{\text{d}}\rho)\,\text{e}^{jn\phi} \qquad (6.4.28)$$

式中，$\eta_{\text{d}} = \sqrt{\mu_{\text{d}}/\epsilon_{\text{d}}}$。由切向磁场连续的边界条件

$$\left[H_\phi^{\text{inc}} + H_\phi^{\text{sc}}\right]_{\rho=a} = \left[H_\phi^{\text{int}}\right]_{\rho=a} \qquad (6.4.29)$$

可得

$$\text{j}^{-n}J_n'(ka) + a_n H_n^{(2)\prime}(ka) = \frac{\eta}{\eta_{\text{d}}} c_n J_n'(k_{\text{d}}a) \qquad (6.4.30)$$

联立求解式(6.4.25)和式(6.4.30)，可得

$$a_n = -\text{j}^{-n}\frac{\sqrt{\mu_{\text{r}}}J_n'(ka)J_n(k_{\text{d}}a) - \sqrt{\epsilon_{\text{r}}}J_n(ka)J_n'(k_{\text{d}}a)}{\sqrt{\mu_{\text{r}}}H_n^{(2)\prime}(ka)J_n(k_{\text{d}}a) - \sqrt{\epsilon_{\text{r}}}H_n^{(2)}(ka)J_n'(k_{\text{d}}a)} \qquad (6.4.31)$$

$$c_n = \frac{\text{j}^{-(n+1)}}{\pi ka}\frac{2\sqrt{\mu_{\text{r}}}}{\sqrt{\mu_{\text{r}}}H_n^{(2)\prime}(ka)J_n(k_{\text{d}}a) - \sqrt{\epsilon_{\text{r}}}H_n^{(2)}(ka)J_n'(k_{\text{d}}a)} \qquad (6.4.32)$$

式中，$\epsilon_{\text{r}} = \epsilon_{\text{d}}/\epsilon$ 和 $\mu_{\text{r}} = \mu_{\text{d}}/\mu$ 表示介质圆柱相对于背景媒质的相对介电常数和相对磁导率。在式(6.4.32)的推导过程中，应用了贝塞尔函数的朗斯基关系式 $J_n(z)H_n^{(2)\prime}(z) - J_n'(z)H_n^{(2)}(z) = 2/\text{j}\pi z^{[1]}$。

对于 TE 极化的入射波，圆柱内部的磁场可以展开为

$$H_z^{\text{int}} = H_0 \sum_{n=-\infty}^{\infty} d_n J_n(k_{\text{d}}\rho)\,\text{e}^{jn\phi} \qquad (6.4.33)$$

采用相同的方法，可得

$$b_n = -\mathrm{j}^{-n}\frac{\sqrt{\epsilon_\mathrm{r}}J'_n(ka)J_n(k_\mathrm{d}a) - \sqrt{\mu_\mathrm{r}}J_n(ka)J'_n(k_\mathrm{d}a)}{\sqrt{\epsilon_\mathrm{r}}H_n^{(2)\prime}(ka)J_n(k_\mathrm{d}a) - \sqrt{\mu_\mathrm{r}}H_n^{(2)}(ka)J'_n(k_\mathrm{d}a)} \qquad (6.4.34)$$

$$d_n = \frac{\mathrm{j}^{-(n+1)}}{\pi ka}\frac{2\sqrt{\epsilon_\mathrm{r}}}{\sqrt{\epsilon_\mathrm{r}}H_n^{(2)\prime}(ka)J_n(k_\mathrm{d}a) - \sqrt{\mu_\mathrm{r}}H_n^{(2)}(ka)J'_n(k_\mathrm{d}a)} \qquad (6.4.35)$$

这组解也可以根据对偶原理从 TM 极化入射的结果出发直接得到。

当介质圆柱的电导率为 σ 时，介电常数 ϵ_d 是一个复数，其虚部为 $\sigma/\mathrm{j}\omega$。当 $\sigma \to \infty$ 时，式(6.4.31)、式(6.4.32)、式(6.4.34)和式(6.4.35)简化为

$$a_n = -\mathrm{j}^{-n}\frac{J_n(ka)}{H_n^{(2)}(ka)}, \qquad c_n = 0 \qquad (6.4.36)$$

$$b_n = -\mathrm{j}^{-n}\frac{J'_n(ka)}{H_n^{(2)\prime}(ka)}, \qquad d_n = 0 \qquad (6.4.37)$$

这组解与式(6.4.11)和式(6.4.19)所给出的理想导体圆柱散射问题的解一致。

图 6.12 为半径为 1λ、相对介电常数为 4.0 的介质圆柱在 TM 和 TE 极化入射时的散射场和总场分布图，以及双站散射宽度曲线。由于电磁波被圆柱表面来回反射，圆柱内部形成谐振，因而场值变化剧烈。

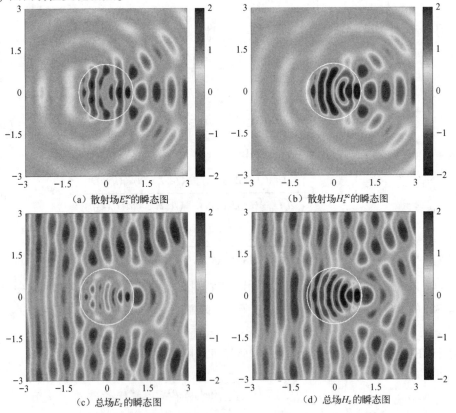

(a) 散射场 E_z^{sc} 的瞬态图　　(b) 散射场 H_z^{sc} 的瞬态图
(c) 总场 E_z 的瞬态图　　(d) 总场 H_z 的瞬态图

图 6.12　半径为 1λ，相对介电常数为 4.0 的介质圆柱的散射。图中，场的数值已对各自的入射场幅度归一

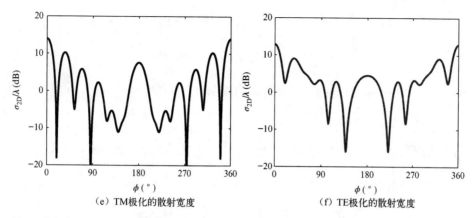

（e）TM极化的散射宽度　　　　　　　（f）TE极化的散射宽度

图 6.12（续）　半径为 1λ，相对介电常数为 4.0 的介质圆柱的散射。图中，场的数值已对各自的入射场幅度归一

6.4.4　多层介质圆柱的散射

考虑由 m 层媒质构成的多层介质圆柱，其每一层的半径、介电常数和磁导率分别为 a_i、ϵ_i 和 $\mu_i (i=1,2,\cdots,m)$（见图 6.13）。对于 TM 极化入射的平面波，其入射电场由式（6.4.7）给出，散射场可以展开成式（6.4.9）的形式，即

$$E_z^{\text{sc}} = E_0 \sum_{n=-\infty}^{\infty} a_n H_n^{(2)}(k\rho)\, e^{jn\phi} \qquad (6.4.38)$$

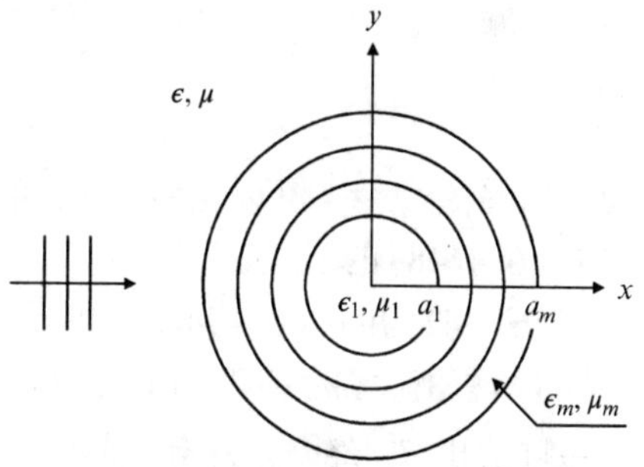

第 m 层（最外层）的总场为

$$E_z^{(m)} = E_0 \sum_{n=-\infty}^{\infty} \left[c_n^{(m)} H_n^{(1)}(k_m\rho) + d_n^{(m)} H_n^{(2)}(k_m\rho) \right] e^{jn\phi}$$

$$(6.4.39)$$

图 6.13　多层介质圆柱对平面波的散射

应用 $\rho = a_m$ 处的切向场分量连续条件，可得

$$j^{-n} J_n(ka_m) + a_n H_n^{(2)}(ka_m) = c_n^{(m)} H_n^{(1)}(k_m a_m) + d_n^{(m)} H_n^{(2)}(k_m a_m) \qquad (6.4.40)$$

$$\sqrt{\frac{\epsilon}{\mu}} \left[j^{-n} J_n'(ka_m) + a_n H_n^{(2)\prime}(ka_m) \right] = \sqrt{\frac{\epsilon_m}{\mu_m}} \left[c_n^{(m)} H_n^{(1)\prime}(k_m a_m) + d_n^{(m)} H_n^{(2)\prime}(k_m a_m) \right] \qquad (6.4.41)$$

式中，ϵ 和 μ 表示背景媒质的介电常数和磁导率。从这两个方程中可以解出 a_n 为

$$a_n = -j^{-n} \frac{J_n(ka_m) - R_{\text{E}}^{(m)} J_n'(ka_m)}{H_n^{(2)}(ka_m) - R_{\text{E}}^{(m)} H_n^{(2)\prime}(ka_m)} \qquad (6.4.42)$$

式中，

$$R_{\text{E}}^{(m)} = \sqrt{\frac{\epsilon \mu_m}{\mu \epsilon_m}} \frac{H_n^{(1)}(k_m a_m) + \dfrac{d_n^{(m)}}{c_n^{(m)}} H_n^{(2)}(k_m a_m)}{H_n^{(1)\prime}(k_m a_m) + \dfrac{d_n^{(m)}}{c_n^{(m)}} H_n^{(2)\prime}(k_m a_m)} \qquad (6.4.43)$$

因此，计算散射场等价于求解 $d_n^{(m)}/c_n^{(m)}$。为此，考虑第 i 层的场，即

$$E_z^{(i)} = E_0 \sum_{n=-\infty}^{\infty} \left[c_n^{(i)} H_n^{(1)}(k_i\rho) + d_n^{(i)} H_n^{(2)}(k_i\rho) \right] e^{jn\phi} \tag{6.4.44}$$

应用 $\rho = a_i(i=1,2,\cdots,m-1)$ 处的切向场分量连续条件，可得

$$c_n^{(i+1)} H_n^{(1)}(k_{i+1}a_i) + d_n^{(i+1)} H_n^{(2)}(k_{i+1}a_i) = c_n^{(i)} H_n^{(1)}(k_ia_i) + d_n^{(i)} H_n^{(2)}(k_ia_i) \tag{6.4.45}$$

$$\sqrt{\frac{\epsilon_{i+1}}{\mu_{i+1}}} \left[c_n^{(i+1)} H_n^{(1)\prime}(k_{i+1}a_i) + d_n^{(i+1)} H_n^{(2)\prime}(k_{i+1}a_i) \right] = \sqrt{\frac{\epsilon_i}{\mu_i}} \left[c_n^{(i)} H_n^{(1)\prime}(k_ia_i) + d_n^{(i)} H_n^{(2)\prime}(k_ia_i) \right] \tag{6.4.46}$$

从这两个方程可以求得

$$\frac{d_n^{(i+1)}}{c_n^{(i+1)}} = -\frac{H_n^{(1)}(k_{i+1}a_i) - R_E^{(i)} H_n^{(1)\prime}(k_{i+1}a_i)}{H_n^{(2)}(k_{i+1}a_i) - R_E^{(i)} H_n^{(2)\prime}(k_{i+1}a_i)} \tag{6.4.47}$$

式中，

$$R_E^{(i)} = \sqrt{\frac{\epsilon_{i+1}\mu_i}{\mu_{i+1}\epsilon_i}} \frac{H_n^{(1)}(k_ia_i) + \dfrac{d_n^{(i)}}{c_n^{(i)}} H_n^{(2)}(k_ia_i)}{H_n^{(1)\prime}(k_ia_i) + \dfrac{d_n^{(i)}}{c_n^{(i)}} H_n^{(2)\prime}(k_ia_i)} \tag{6.4.48}$$

注意，只要令 $\epsilon_{m+1} = \epsilon$ 和 $\mu_{m+1} = \mu$，式(6.4.43)也可以写成式(6.4.48)的形式。

　　式(6.4.47)和式(6.4.48)提供了一种用于计算 $d_n^{(i)}/c_n^{(i)}(i=2,3,\cdots,m)$ 和 $R_E^{(i)}(i=1,2,\cdots,m)$ 的递推算法。一旦求出 $d_n^{(1)}/c_n^{(1)}$，就有 $d_n^{(1)}/c_n^{(1)} \to R_E^{(1)} \to d_n^{(2)}/c_n^{(2)} \to R_E^{(2)} \to \cdots \to d_n^{(m)}/c_n^{(m)} \to R_E^{(m)}$。而一旦求出 $R_E^{(m)}$，就可以由式(6.4.42)求出散射场的系数 a_n。如果第1层(最里层)是均匀的(见图6.13)，那么场值在 $\rho=0$ 处是有限的，这就要求 $c_n^{(1)} = d_n^{(1)}$，即 $d_n^{(1)}/c_n^{(1)}=1$。如果第1层内含有半径为 $a_0(a_0 < a_1)$ 的理想导体圆柱(见图6.14)，则由边界条件 $E_z^{(1)}|_{\rho=a_0}=0$ 可得

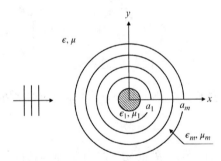

图6.14　最里层为导体圆柱的多层介质圆柱对平面波的散射

$$\frac{d_n^{(1)}}{c_n^{(1)}} = -\frac{H_n^{(1)}(k_1a_0)}{H_n^{(2)}(k_1a_0)} \tag{6.4.49}$$

　　应用对偶原理，可以很方便地求解 TE 极化入射的散射问题。散射场展开式为

$$H_z^{sc} = H_0 \sum_{n=-\infty}^{\infty} b_n H_n^{(2)}(k\rho) e^{jn\phi} \tag{6.4.50}$$

式中，展开系数为

$$b_n = -j^{-n} \frac{J_n(ka_m) - R_H^{(m)} J_n'(ka_m)}{H_n^{(2)}(ka_m) - R_H^{(m)} H_n^{(2)\prime}(ka_m)} \tag{6.4.51}$$

其中的 $R_H^{(m)}$ 可以用下列递推公式计算：

$$R_H^{(i)} = \sqrt{\frac{\mu_{i+1}\epsilon_i}{\epsilon_{i+1}\mu_i}} \frac{H_n^{(1)}(k_i a_i) + \frac{d_n^{(i)}}{c_n^{(i)}} H_n^{(2)}(k_i a_i)}{H_n^{(1)'}(k_i a_i) + \frac{d_n^{(i)}}{c_n^{(i)}} H_n^{(2)'}(k_i a_i)} \ , \quad i = 1, 2, \cdots, m \quad\quad (6.4.52)$$

$$\frac{d_n^{(i)}}{c_n^{(i)}} = -\frac{H_n^{(1)}(k_i a_{i-1}) - R_H^{(i-1)} H_n^{(1)'}(k_i a_{i-1})}{H_n^{(2)}(k_i a_{i-1}) - R_H^{(i-1)} H_n^{(2)'}(k_i a_{i-1})} \ , \quad i = 2, 3, \cdots, m \quad\quad (6.4.53)$$

当第 1 层为均匀媒质时，场值在 $\rho = 0$ 处是有限的，因此有 $d_n^{(1)}/c_n^{(1)} = 1$。如果第 1 层内含有半径为 $a_0(a_0 < a_1)$ 的理想导体圆柱，则由边界条件 $E_\phi^{(1)}|_{\rho=a_0} = 0$ 可得

$$\frac{d_n^{(1)}}{c_n^{(1)}} = -\frac{H_n^{(1)'}(k_1 a_0)}{H_n^{(2)'}(k_1 a_0)} \quad\quad (6.4.54)$$

注意，无论对于哪一种入射情况，如果希望得到介质内部的场，就可以从第 m 层出发，利用在递推过程中求出的 a_n 或 b_n 及 $d_n^{(i)}/c_n^{(i)}$ 的值，计算出每一层的展开系数 $c_n^{(i)}$ 和 $d_n^{(i)}$。

6.5　无限长电流源的辐射

在这一节中，我们研究源在散射体存在时的辐射问题。首先考虑无限长线电流和圆柱面电流的辐射，并推导汉克尔函数的加法定理。然后，考虑导体圆柱和导体劈存在时的辐射问题，并利用后者的解讨论导体劈边缘场的奇异性。

6.5.1　线电流在自由空间中的辐射

首先考虑位于 z 轴的时谐、均匀、无限长线电流源的辐射（见图 6.15）。由式(2.2.21)可得矢量磁位为

$$\mathbf{A} = \hat{z}A_z = \hat{z}\frac{\mu}{4\pi}\int_{-\infty}^{\infty} I \frac{e^{-jkR}}{R} dz' , \quad R = \sqrt{\rho^2 + (z - z')^2} \quad (6.5.1)$$

但上式中的积分计算非常困难。我们可以选择另一种简单的方法，即直接从下面的亥姆霍兹方程出发求解 A_z：

$$\nabla^2 A_z + k^2 A_z = -\mu I \delta(\boldsymbol{\rho}) \quad\quad (6.5.2)$$

此方程可以简化为

$$\nabla^2 A_z + k^2 A_z = 0, \quad \rho \neq 0 \quad\quad (6.5.3)$$

由于电流位于 z 轴，并且在 z 方向均匀，故 A_z 将仅是 ρ 的函数。因此，此方程解的形式为

$$A_z = C H_0^{(2)}(k\rho) \quad\quad (6.5.4)$$

式中，C 为待定常数。为确定 C，首先对式(6.5.2)在一个半径为 ε 的趋于零的小圆面 σ_ε 上进行积分，得到

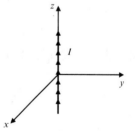

图 6.15　位于 z 轴无限长线电流的辐射

（第二版)

$$\iint_{\sigma_\varepsilon} \nabla^2 A_z \, ds = -\mu I \tag{6.5.5}$$

上式等号左边项可写为

$$\iint_{\sigma_\varepsilon} \nabla^2 A_z \, ds = \iint_{\sigma_\varepsilon} \nabla \cdot \nabla A_z \, ds = \oint_{c_\varepsilon} \nabla A_z \cdot \hat{n} \, dl = \oint_{c_\varepsilon} \frac{\partial A_z}{\partial \rho} \, dl$$
$$= \int_0^{2\pi} \frac{\partial A_z}{\partial \rho} \varepsilon \, d\phi = 2\pi\varepsilon \left. \frac{\partial A_z}{\partial \rho} \right|_{\rho=\varepsilon} \tag{6.5.6}$$

式中，c_ε 为 σ_ε 的封闭围线。将式(6.5.4)代入式(6.5.6)，并应用 $H_0^{(2)}$ 的小变量近似，即

$$H_0^{(2)}(x) \approx -j\frac{2}{\pi} \ln x, \quad x \to 0 \tag{6.5.7}$$

计算式(6.5.6)。将计算结果代入式(6.5.5)，可得 $C = \mu I/4j$。因此

$$A_z = \frac{\mu I}{4j} H_0^{(2)}(k\rho) \tag{6.5.8}$$

对应的电场和磁场为

$$E_z = -\frac{k^2 I}{4\omega\varepsilon} H_0^{(2)}(k\rho), \qquad H_\phi = \frac{kI}{4j} H_1^{(2)}(k\rho) \tag{6.5.9}$$

如果线电流位于 $\boldsymbol{\rho} = \boldsymbol{\rho}'$，则 A_z 的表达式为

$$A_z = \frac{\mu I}{4j} H_0^{(2)}(k|\boldsymbol{\rho} - \boldsymbol{\rho}'|) \tag{6.5.10}$$

对应的电场为

$$E_z = -\frac{\eta k I}{4} H_0^{(2)}(k|\boldsymbol{\rho} - \boldsymbol{\rho}'|) \tag{6.5.11}$$

其磁场可由 $\mathbf{H} = (j/\omega\mu)\nabla \times \mathbf{E}$ 求得。在远场区域($\rho \gg \rho'$，$k\rho \gg 1$)，$|\boldsymbol{\rho} - \boldsymbol{\rho}'| = \rho - \rho'\cos(\phi - \phi')$。$H_0^{(2)}(x)$ 的大变量近似为

$$H_0^{(2)}(x) \approx \sqrt{\frac{2j}{\pi x}} e^{-jx} \qquad 当 x \to \infty \tag{6.5.12}$$

将上式代入式(6.5.11)，有

$$E_z \approx -\eta I \sqrt{\frac{jk}{8\pi\rho}} e^{-jk[\rho - \rho'\cos(\phi-\phi')]} \tag{6.5.13}$$

$$H_\phi \approx I \sqrt{\frac{jk}{8\pi\rho}} e^{-jk[\rho - \rho'\cos(\phi-\phi')]} \tag{6.5.14}$$

对于具有有限横截面 Ω、电流密度为 $J_z(\boldsymbol{\rho})$ 的无限长电流，其辐射场的矢量磁位可以由线性叠加原理得到，即

$$A_z(\rho) = \frac{\mu}{4j} \iint_\Omega H_0^{(2)}(k|\boldsymbol{\rho} - \boldsymbol{\rho}'|) J_z(\boldsymbol{\rho}') \, d\Omega' \tag{6.5.15}$$

其远场为

$$E_z \approx -\eta \sqrt{\frac{\mathrm{j}k}{8\pi\rho}} \, \mathrm{e}^{-\mathrm{j}k\rho} \iint_\Omega \mathrm{e}^{\mathrm{j}k\rho'\cos(\phi-\phi')} J_z(\boldsymbol{\rho}') \, \mathrm{d}\Omega' \qquad (6.5.16)$$

$$H_\phi \approx \sqrt{\frac{\mathrm{j}k}{8\pi\rho}} \, \mathrm{e}^{-\mathrm{j}k\rho} \iint_\Omega \mathrm{e}^{\mathrm{j}k\rho'\cos(\phi-\phi')} J_z(\boldsymbol{\rho}') \, \mathrm{d}\Omega' \qquad (6.5.17)$$

将远场对 ρ 求导, 可得

$$\lim_{\rho\to\infty} \sqrt{\rho} \left(\frac{\partial E_z}{\partial \rho} + \mathrm{j}kE_z \right) = 0 \qquad (6.5.18)$$

这就是二维场的**索末菲辐射条件**。此条件对于其他场分量如 E_ϕ、H_z 和 H_ϕ 也成立。

▷ **【例 6.5】**　一个无限长的宽度为 w 的理想导电薄片沿 z 轴水平放置。使用物理光学近似方法, 求解当 TM 极化和 TE 极化的平面波从上方入射时, 导电薄片的散射远场及双站散射宽度。

　　解: 从上方入射的 TM 极化平面波的电场为

$$E_z^{\mathrm{inc}} = E_0 \, \mathrm{e}^{\mathrm{j}ky}$$

相应的磁场为

$$H_x^{\mathrm{inc}} = -\frac{E_0}{\eta} \, \mathrm{e}^{\mathrm{j}ky}$$

基于物理光学近似, 导电薄片上表面的感应电流为

$$\mathbf{J}_s \approx 2\hat{y} \times \mathbf{H}^{\mathrm{inc}} = \hat{z}\frac{2E_0}{\eta}$$

下表面的感应电流为零。感应电流的辐射场为散射场, 使用式(6.5.16), 可得远场区域的散射场为

$$\begin{aligned}
E_z^{\mathrm{sc}} &\approx -\eta \sqrt{\frac{\mathrm{j}k}{8\pi\rho}} \, \mathrm{e}^{-\mathrm{j}k\rho} \int_{-w/2}^{w/2} \mathrm{e}^{\mathrm{j}k\rho'\cos(\phi-\phi')} \frac{2E_0}{\eta} \, \mathrm{d}x' \\
&= -E_0 \sqrt{\frac{\mathrm{j}k}{2\pi\rho}} \, \mathrm{e}^{-\mathrm{j}k\rho} \int_{-w/2}^{w/2} \mathrm{e}^{\mathrm{j}kx'\cos\phi} \, \mathrm{d}x' \\
&= -E_0 w \sqrt{\frac{\mathrm{j}k}{2\pi\rho}} \, \mathrm{e}^{-\mathrm{j}k\rho} \frac{\sin\left(\dfrac{kw}{2}\cos\phi\right)}{\dfrac{kw}{2}\cos\phi}
\end{aligned}$$

基于式(6.4.21)的定义, 双站散射宽度为

$$\sigma_{2\mathrm{D}}^{\mathrm{TM}}(\phi) = \lim_{\rho\to\infty} \left[2\pi\rho \frac{|E^{\mathrm{sc}}|^2}{|E^{\mathrm{inc}}|^2} \right] = kw^2 \left[\frac{\sin\left(\dfrac{kw}{2}\cos\phi\right)}{\dfrac{kw}{2}\cos\phi} \right]^2$$

回波宽度为

$$\sigma_{2D}^{TM}\Big|_{\phi=\frac{\pi}{2}} = kw^2$$

对于 TE 极化入射平面波, 其磁场为

$$H_z^{inc} = H_0\,e^{jky}$$

应用物理光学近似, 导电薄片上表面的感应电流为

$$\mathbf{J}_s \approx 2\hat{y} \times \mathbf{H}^{inc} = \hat{x}2H_0$$

散射场相应的矢量位为

$$\mathbf{A}^{sc} = \hat{x}\frac{\mu}{4\pi}\int_{-\infty}^{\infty}\int_{-w/2}^{w/2}2H_0\frac{e^{-jkR}}{R}\,dx'\,dz' = \hat{x}\frac{\mu H_0}{2j}\int_{-w/2}^{w/2}H_0^{(2)}(k\,|\boldsymbol{\rho}-\boldsymbol{\rho}'|)\,dx'$$

上式的远场近似式为

$$\mathbf{A}^{sc} \approx \hat{x}\frac{\mu H_0}{2j}\sqrt{\frac{2j}{\pi k\rho}}\,e^{-jk\rho}\int_{-w/2}^{w/2}e^{jk\rho'\cos(\phi-\phi')}\,dx' = \hat{x}\frac{\mu H_0 w}{2j}\sqrt{\frac{2j}{\pi k\rho}}\,e^{-jk\rho}\frac{\sin\left(\dfrac{kw}{2}\cos\phi\right)}{\dfrac{kw}{2}\cos\phi}$$

由此, 求得散射磁场为

$$\mathbf{H}^{sc} = \frac{1}{\mu}\nabla\times\mathbf{A}^{sc} \approx \hat{z}H_0 w\sqrt{\frac{jk}{2\pi\rho}}\,e^{-jk\rho}\sin\phi\frac{\sin\left(\dfrac{kw}{2}\cos\phi\right)}{\dfrac{kw}{2}\cos\phi}$$

基于式(6.4.21)的定义, 双站散射宽度为

$$\sigma_{2D}^{TE}(\phi) = \lim_{\rho\to\infty}\left[2\pi\rho\frac{|H^{sc}|^2}{|H^{inc}|^2}\right] = kw^2\left[\sin\phi\frac{\sin\left(\dfrac{kw}{2}\cos\phi\right)}{\dfrac{kw}{2}\cos\phi}\right]^2$$

回波宽度为

$$\sigma_{2D}^{TE}\Big|_{\phi=\frac{\pi}{2}} = kw^2$$

上式与 TM 极化的结果相同。

$\triangleleft$

6.5.2　圆柱面电流的辐射

现在考虑图 6.16 所示的半径为 ρ'、面电流密度为 $\mathbf{J}_s = \hat{z}J_s(\phi)$ 的时谐圆柱面电流的辐射。为简便起见, 假设圆柱面内部与外部媒质相同。虽然由式(6.5.15)可以求出磁矢位 A_z, 但更简单的方法是使用柱面波函数展开。在圆柱面电流的内部和外部, A_z 满足齐次亥姆霍兹方程, 因此 A_z 可以展开为

$$A_z^{int}(\rho,\phi) = \sum_{n=-\infty}^{\infty}a_n J_n(k\rho)\,e^{jn\phi},\quad \rho < \rho' \tag{6.5.19}$$

$$A_z^{\text{ext}}(\rho,\phi) = \sum_{n=-\infty}^{\infty} b_n H_n^{(2)}(k\rho)\,\mathrm{e}^{jn\phi}, \quad \rho > \rho'$$

$$(6.5.20)$$

对应的电场和磁场分量 E_z 和 H_ϕ 为

$$E_z^{\text{int}}(\rho,\phi) = -\frac{jk^2}{\omega\mu\epsilon} \sum_{n=-\infty}^{\infty} a_n J_n(k\rho)\,\mathrm{e}^{jn\phi}, \quad \rho < \rho' \quad (6.5.21)$$

$$H_\phi^{\text{int}}(\rho,\phi) = -\frac{k}{\mu} \sum_{n=-\infty}^{\infty} a_n J_n'(k\rho)\,\mathrm{e}^{jn\phi}, \quad \rho < \rho' \quad (6.5.22)$$

$$E_z^{\text{ext}}(\rho,\phi) = -\frac{jk^2}{\omega\mu\epsilon} \sum_{n=-\infty}^{\infty} b_n H_n^{(2)}(k\rho)\,\mathrm{e}^{jn\phi}, \quad \rho > \rho'$$

$$(6.5.23)$$

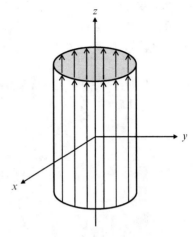

图 6.16　圆柱面电流的辐射

$$H_\phi^{\text{ext}}(\rho,\phi) = -\frac{k}{\mu} \sum_{n=-\infty}^{\infty} b_n H_n^{(2)\prime}(k\rho)\,\mathrm{e}^{jn\phi}, \quad \rho > \rho' \quad (6.5.24)$$

应用电场和磁场的边界条件 $E_z^{\text{ext}}(\rho',\phi) = E_z^{\text{int}}(\rho',\phi)$ 和 $H_\phi^{\text{ext}}(\rho',\phi) - H_\phi^{\text{int}}(\rho',\phi) = J_s(\phi)$，可得

$$a_n J_n(k\rho') = b_n H_n^{(2)}(k\rho') \tag{6.5.25}$$

$$a_n J_n'(k\rho') - b_n H_n^{(2)\prime}(k\rho') = \frac{\mu}{2\pi k} \int_0^{2\pi} J_s(\phi)\,\mathrm{e}^{-jn\phi}\,\mathrm{d}\phi \tag{6.5.26}$$

求解这两个方程，可得

$$a_n = \frac{\pi k\rho'}{2j} c_n H_n^{(2)}(k\rho') \tag{6.5.27}$$

$$b_n = \frac{\pi k\rho'}{2j} c_n J_n(k\rho') \tag{6.5.28}$$

式中，

$$c_n = \frac{\mu}{2\pi k} \int_0^{2\pi} J_s(\phi)\,\mathrm{e}^{-jn\phi}\,\mathrm{d}\phi \tag{6.5.29}$$

在上面得到的解中，J_s 可以为 ϕ 的任意函数。对放置于 $\boldsymbol{\rho}'$ 处的线电流，J_s 可以表示为 $J_s(\phi) = I\delta(\phi-\phi')/\rho'$，因此有

$$c_n = \frac{\mu I}{2\pi k\rho'}\,\mathrm{e}^{-jn\phi'} \tag{6.5.30}$$

于是有

$$A_z(\rho,\phi) = \frac{\mu I}{4j} \sum_{n=-\infty}^{\infty} \begin{Bmatrix} J_n(k\rho)H_n^{(2)}(k\rho') \\ J_n(k\rho')H_n^{(2)}(k\rho) \end{Bmatrix} \mathrm{e}^{jn(\phi-\phi')}, \quad \begin{matrix} \rho < \rho' \\ \rho > \rho' \end{matrix} \tag{6.5.31}$$

对比式(6.5.31)和式(6.5.10)，可得

$$H_0^{(2)}(k\,|\boldsymbol{\rho}-\boldsymbol{\rho}'|) = \sum_{n=-\infty}^{\infty} \begin{Bmatrix} J_n(k\rho)H_n^{(2)}(k\rho') \\ J_n(k\rho')H_n^{(2)}(k\rho) \end{Bmatrix} \mathrm{e}^{jn(\phi-\phi')}, \quad \begin{matrix} \rho < \rho' \\ \rho > \rho' \end{matrix} \tag{6.5.32}$$

上式称为**汉克尔函数的加法定理**。它将偏离坐标原点的柱面波展开成位于坐标原点的柱面波的叠加。取其实部和虚部,可以得到**贝塞尔函数的加法定理**。图 6.17 展示了偏离坐标原点的柱面波随着式(6.5.32)中求和项计算范围的增大而逐渐形成的过程。

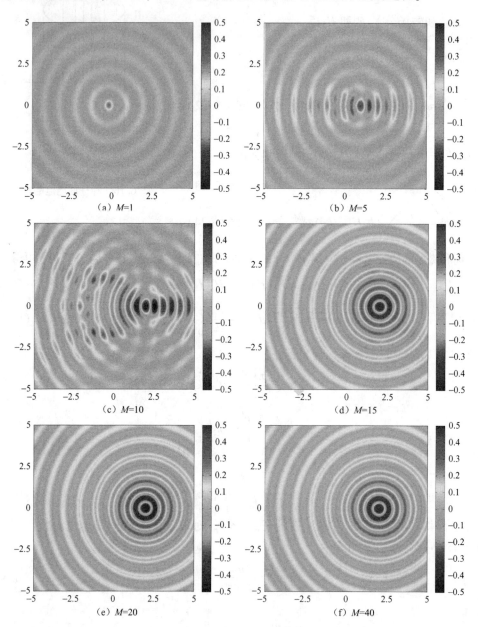

(a) $M=1$ (b) $M=5$

(c) $M=10$ (d) $M=15$

(e) $M=20$ (f) $M=40$

图 6.17 汉克尔函数加法定理的图示。这些图表示了当求和项计算范围从 $-M$ 到 M 时,式(6.5.32)等号右边实部在 $10\lambda \times 10\lambda$ 区域内的变化情况。显然可通过增大求和项计算范围形成一个偏离坐标原点的柱面波

6.5.3 导体圆柱存在时的辐射

下面考虑在图 6.16 所示的圆柱面电流中插入一个半径为 a 的理想导体圆柱后的电磁

辐射问题。新问题如图 6.18 所示，有两种方法可求解此问题。一种是按照 6.5.2 节中的步骤，从 A_z 出发，但圆柱面电流内部 A_z 的表达式中应包含 $Y_n(k\rho)$，因为在新问题中，场的区域不再包含 z 轴。为满足边界条件 $E_z|_{\rho=a}=0$，A_z 可以展开为

$$A_z^{\text{int}}(\rho,\phi) = \sum_{n=-\infty}^{\infty} \tilde{a}_n \left[Y_n(ka)J_n(k\rho) - J_n(ka)Y_n(k\rho) \right] e^{jn\phi}, \quad a \leqslant \rho < \rho' \qquad (6.5.33)$$

圆柱外部的 A_z 仍可展开成式（6.5.20）的形式。在分界面 $\rho=a$ 上应用边界条件，就可以确定展开系数 $\tilde{a}_n$ 和 b_n。

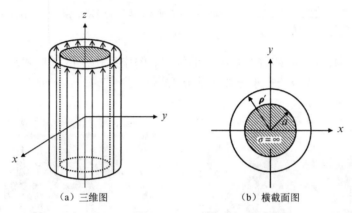

（a）三维图　　　　　　　（b）横截面图

图 6.18　导体圆柱存在时，圆柱面电流的辐射

另一种方法是直接利用 6.5.2 节得到的结果。具体的过程是：将没有导体圆柱时圆柱面电流的辐射场作为入射场。由式（6.5.21）和式（6.5.23）可知该入射场为

$$E_z^{\text{inc}}(\rho,\phi) = -\frac{\pi k^3 \rho'}{2\omega\mu\epsilon} \sum_{n=-\infty}^{\infty} c_n \left\{ \begin{matrix} J_n(k\rho)H_n^{(2)}(k\rho') \\ J_n(k\rho')H_n^{(2)}(k\rho) \end{matrix} \right\} e^{jn\phi}, \quad \begin{matrix} \rho < \rho' \\ \rho > \rho' \end{matrix} \qquad (6.5.34)$$

此入射场在导体圆柱表面产生感应电流，其辐射产生散射场。散射场可以展开为

$$E_z^{\text{sc}}(\rho,\phi) = \sum_{n=-\infty}^{\infty} d_n H_n^{(2)}(k\rho) e^{jn\phi}, \quad \rho \geqslant a \qquad (6.5.35)$$

由于总场满足边界条件 $E_z|_{\rho=a}=0$，故有

$$d_n = \frac{\pi k^3 \rho'}{2\omega\mu\epsilon} \frac{c_n J_n(ka)H_n^{(2)}(k\rho')}{H_n^{(2)}(ka)} \qquad (6.5.36)$$

因此，散射场为

$$E_z^{\text{sc}}(\rho,\phi) = \frac{\pi k^3 \rho'}{2\omega\mu\epsilon} \sum_{n=-\infty}^{\infty} c_n \frac{J_n(ka)H_n^{(2)}(k\rho')}{H_n^{(2)}(ka)} H_n^{(2)}(k\rho) e^{jn\phi}, \quad \rho \geqslant a \qquad (6.5.37)$$

把散射场和式（6.5.34）所示的入射场叠加，就可以得到导体圆柱存在时圆柱面电流的辐射总场。

如果圆柱面电流退化为位于 $\boldsymbol{\rho}'$ 的线电流，如图 6.19 所示，则 c_n 由式(6.5.30)给出。此时，散射场变为

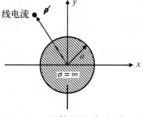

$$E_z^{\mathrm{sc}}(\rho,\phi) = \frac{\eta k I}{4} \sum_{n=-\infty}^{\infty} \frac{J_n(ka)H_n^{(2)}(k\rho')}{H_n^{(2)}(ka)} H_n^{(2)}(k\rho)\, \mathrm{e}^{jn(\phi-\phi')}, \quad \rho \geqslant a$$

$$(6.5.38)$$

图 6.19　导体圆柱存在时，无限长线电流的辐射

其总场为

$$E_z(\rho,\phi) = \frac{\eta k I}{4}\left[\sum_{n=-\infty}^{\infty} \frac{J_n(ka)H_n^{(2)}(k\rho')}{H_n^{(2)}(ka)} H_n^{(2)}(k\rho)\, \mathrm{e}^{jn(\phi-\phi')} - H_0^{(2)}(k|\boldsymbol{\rho}-\boldsymbol{\rho}'|)\right], \quad \rho \geqslant a \qquad (6.5.39)$$

图 6.20 为导体圆柱存在时的时谐线电流的辐射，图中给出了散射场和总场的分布图，导体圆柱的半径为 1λ，线电流位于导体柱前方 1λ 处。

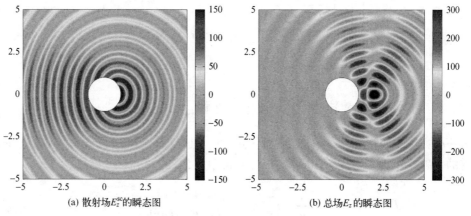

(a) 散射场 E_z^{sc} 的瞬态图　　　　　　　　(b) 总场 E_z 的瞬态图

图 6.20　线电流($I=1\,\mathrm{A}$)位于半径为 1λ 的导体圆柱前方 1λ 处时的辐射场

6.5.4　导体劈存在时的辐射

前文讨论的分析方法可用于求解其他二维问题。这里举另一个例子来说明这个方法的分析步骤，并讨论导体劈边缘场的奇异性。考虑图 6.21 所示的导体劈存在时的时谐线电流的辐射问题。导体劈的下表面位于 $\phi=0$，上表面位于 $\phi=\alpha$。线电流位于 $\boldsymbol{\rho}=\boldsymbol{\rho}'$，并且 $\alpha<\phi'<2\pi$。此线电流可看成面电流密度为 $J_s(\phi)=I\delta(\phi-\phi')/\rho'$ 的特殊圆柱面电流。因此 A_z 可展开为

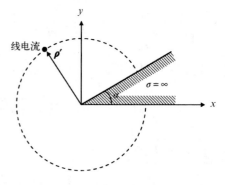

图 6.21　导体劈存在时无限长线电流的辐射

$$A_z(\rho,\phi) = \sum_\nu \begin{Bmatrix} J_\nu(k\rho)H_\nu^{(2)}(k\rho') \\ J_\nu(k\rho')H_\nu^{(2)}(k\rho) \end{Bmatrix} [a_\nu \cos\nu\phi + b_\nu \sin\nu\phi], \quad \begin{matrix} \rho < \rho' \\ \rho > \rho' \end{matrix} \qquad (6.5.40)$$

式中，ν 的取值待定。此展开式已经满足了边界条件 $E_z|_{\rho=\rho'+0} = E_z|_{\rho=\rho'-0}$。应用边界条件 $E_z|_{\phi=\alpha} = E_z|_{\phi=2\pi} = 0$，可以进一步确定 A_z 的形式为

$$A_z(\rho,\phi) = \sum_{m=1}^{\infty} \begin{Bmatrix} J_\nu(k\rho)H_\nu^{(2)}(k\rho') \\ J_\nu(k\rho')H_\nu^{(2)}(k\rho) \end{Bmatrix} \frac{a_\nu}{\sin\nu\alpha} \sin\nu(\phi-\alpha), \quad \begin{matrix} \rho < \rho' \\ \rho > \rho' \end{matrix} \qquad (6.5.41)$$

式中，$\nu = m\pi/(2\pi-\alpha)$。接下来，由边界条件 $H_\phi|_{\rho=\rho'+0} - H_\phi|_{\rho=\rho'-0} = J_s$ 确定 a_ν 为

$$a_\nu = -\frac{\mathrm{j}\pi\mu I}{2\pi-\alpha} \sin\nu\alpha \sin\nu(\phi'-\alpha) \qquad (6.5.42)$$

因此，A_z 为

$$A_z(\rho,\phi) = -\frac{\mathrm{j}\pi\mu I}{2\pi-\alpha} \sum_{m=1}^{\infty} \begin{Bmatrix} J_\nu(k\rho)H_\nu^{(2)}(k\rho') \\ J_\nu(k\rho')H_\nu^{(2)}(k\rho) \end{Bmatrix} \sin\nu(\phi'-\alpha)\sin\nu(\phi-\alpha), \quad \begin{matrix} \rho < \rho' \\ \rho > \rho' \end{matrix} \qquad (6.5.43)$$

其场分量为

$$E_z(\rho,\phi) = -\frac{\pi\eta k I}{2\pi-\alpha} \sum_{m=1}^{\infty} \begin{Bmatrix} J_\nu(k\rho)H_\nu^{(2)}(k\rho') \\ J_\nu(k\rho')H_\nu^{(2)}(k\rho) \end{Bmatrix} \sin\nu(\phi'-\alpha)\sin\nu(\phi-\alpha), \quad \begin{matrix} \rho < \rho' \\ \rho > \rho' \end{matrix} \qquad (6.5.44)$$

$$H_\rho(\rho,\phi) = -\frac{\mathrm{j}\pi I}{2\pi-\alpha} \sum_{m=1}^{\infty} \frac{\nu}{\rho} \begin{Bmatrix} J_\nu(k\rho)H_\nu^{(2)}(k\rho') \\ J_\nu(k\rho')H_\nu^{(2)}(k\rho) \end{Bmatrix} \sin\nu(\phi'-\alpha)\cos\nu(\phi-\alpha), \quad \begin{matrix} \rho < \rho' \\ \rho > \rho' \end{matrix} \qquad (6.5.45)$$

$$H_\phi(\rho,\phi) = \frac{\mathrm{j}\pi k I}{2\pi-\alpha} \sum_{m=1}^{\infty} \begin{Bmatrix} J_\nu'(k\rho)H_\nu^{(2)}(k\rho') \\ J_\nu(k\rho')H_\nu^{(2)'}(k\rho) \end{Bmatrix} \sin\nu(\phi'-\alpha)\sin\nu(\phi-\alpha), \quad \begin{matrix} \rho < \rho' \\ \rho > \rho' \end{matrix} \qquad (6.5.46)$$

当线电流距离导体劈边缘很远时，得到的就是导体劈对平面波的散射场[7, 13, 14]。图 6.22 为线电流距离一个内角为 30° 的导体劈上方分别为 3λ 和 100λ 时的辐射场图。当距离为 100λ 时，入射波在图中所显示的区域内可看成平面波，从图中可明显看出边缘绕射现象。

　　下面研究导体劈边缘附近场的特性，此时有 $k\rho \ll 1$。当 $z \to 0$ 时，由于 $J_\nu(z) \sim z^\nu$ 和 $J_\nu'(z) \sim z^{\nu-1}$，故有

$$H_\rho,\ H_\phi \sim \rho^{\nu-1}, \qquad k\rho \ll 1 \qquad (6.5.47)$$

当 $m=1$ 时，$\nu = \pi/(2\pi-\alpha)$，可见，如果 $\alpha < \pi$，则 ν 将小于 1，因此有

$$H_\rho,\ H_\phi \to \infty, \qquad \rho \to 0 \qquad (6.5.48)$$

换句话说，对于内角小于 π 的导体劈，H_ρ 和 H_ϕ 在其边缘是奇异的！由于导体劈上的感应面电流密度与 H_ρ 相关，导体劈边缘的面电流密度也是奇异的。这种现象称为电磁场的**边缘奇异性**[14, 15]。特别是当 $\alpha=0$ 时（半平面），$\nu = 1/2$，因而在靠近边缘处，H_ρ 和 H_ϕ 均按 $\rho^{-1/2}$ 的规律变化。当 $\alpha = \pi/2$ 时（直角劈），$\nu = 2/3$，因而在靠近边缘处，H_ρ 和 H_ϕ 均按 $\rho^{-1/3}$ 的规律变化。因此，导体劈的内角越小，场的奇异性越显著。半平面时场的奇异性最强，而当 $\alpha \geq \pi$ 时奇异性消失。

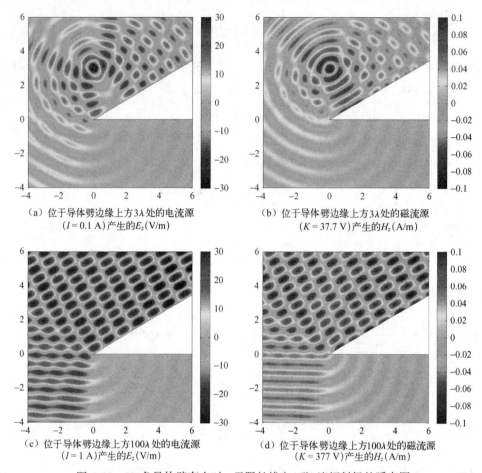

（a）位于导体劈边缘上方3λ处的电流源
（$I = 0.1$ A）产生的E_z(V/m)

（b）位于导体劈边缘上方3λ处的磁流源
（$K = 37.7$ V）产生的H_z(A/m)

（c）位于导体劈边缘上方100λ处的电流源
（$I = 1$ A）产生的E_z(V/m)

（d）位于导体劈边缘上方100λ处的磁流源
（$K = 377$ V）产生的H_z(A/m)

图 6.22　30°角导体劈存在时，无限长线电(磁)流辐射场的瞬态图

通过分析导体劈存在时的时谐线磁流的辐射场，可以发现此时的电场横向分量也具有边缘奇异性，即

$$E_\rho,\ E_\phi \sim \rho^{\nu-1}, \quad k\rho \ll 1 \qquad (6.5.49)$$

由于导体劈上的感应面电荷密度与E_ϕ相关，当导体劈的内角小于π时，导体劈边缘的面电荷密度也是奇异的。注意，对于电场和磁场都只有横向分量是奇异的，与边缘平行的分量仍为有限值。此外，由于在实际中，导体劈边缘不可能无限尖锐，所以场的横向分量尽管很大，但仍为有限值，其大小与边缘的锐利程度有关。图 6.23 给出了三种内角的导体劈边缘场的奇异性。

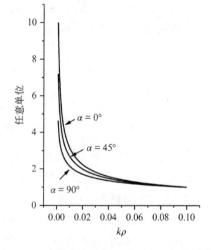

图 6.23　导体劈边缘场的奇异性(任意单位)

6.5.5 有限长电流源的辐射

到目前为止，这一节讨论的例子均假定电流沿 z 方向为均匀无限长。对于有限长电流源的辐射问题，可以首先利用傅里叶变换把电流展开，并求得每个傅里叶分量的解，然后通过傅里叶积分得到最终解[4]。为了说明此方法的分析过程，考虑图 6.24 所示的 z 方向无限小电偶极子在导体圆柱存在时的辐射。

不失一般性，假设电偶极子位于 $(\rho', \phi', 0)$，则此电偶极子的电流密度为

$$\mathbf{J}(\rho, \phi, z) = \hat{z}\frac{Il}{\rho}\delta(\rho - \rho')\delta(\phi - \phi')\delta(z) \quad (6.5.50)$$

把 $\delta(z)$ 展开成傅里叶积分形式，得到

$$\mathbf{J}(\rho, \phi, z) = \hat{z}\int_{-\infty}^{\infty}\frac{Il}{2\pi\rho}\delta(\rho - \rho')\delta(\phi - \phi')\mathrm{e}^{\mathrm{j}hz}\,\mathrm{d}h \quad (6.5.51)$$

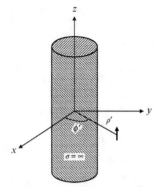

图 6.24 无限小电偶极子在导体圆柱存在时的辐射

因此，电偶极子可以表示成无数个幅度为 $Il\mathrm{e}^{\mathrm{j}hz}/2\pi$ 的 z 方向线电流的线性叠加。由 6.5.3 节中的讨论可知，线电流产生电场的 z 方向分量为

$$\tilde{E}_z = \frac{\eta k_\rho^2 Il}{8\pi k}\left[\sum_{n=-\infty}^{\infty}\frac{J_n(k_\rho a)H_n^{(2)}(k_\rho \rho')}{H_n^{(2)}(k_\rho a)}H_n^{(2)}(k_\rho \rho)\mathrm{e}^{\mathrm{j}n(\phi-\phi')} - H_0^{(2)}(k_\rho|\rho-\rho'|)\right]\mathrm{e}^{\mathrm{j}hz} \quad (6.5.52)$$

式中，$k_\rho = \sqrt{k^2 - h^2}$。因而电偶极子产生的电场为

$$E_z(\rho, \phi, z) = \int_{-\infty}^{\infty}\tilde{E}_z(\rho, \phi, h)\,\mathrm{d}h \quad (6.5.53)$$

其余场分量，如 E_ρ，E_ϕ，H_ρ 和 H_ϕ，可以用类似的方法得到。注意，与无限长均匀电流辐射不同，在这种情况下，E_ρ 和 E_ϕ 不再为零。

▷ 【例 6.6】 考虑任意电流分布的时谐圆柱面电流，其面电流密度为 $\mathbf{J}_s = \hat{\phi}J_\phi(\phi, z) + \hat{z}J_z(\phi, z)$。假设圆柱面的半径为 a，求面电流外部和内部的场；进一步，如果圆柱面电流退化为 z 方向电偶极子，结果将如何？

解：任意圆柱面电流产生的场可以分解成 TE_z 和 TM_z 场。TE_z 场可以从 $\mathbf{F} = \hat{z}F_z$ 中求得，其中的 F_z 为亥姆霍兹方程的解。对于本问题，有

$$F_z^-(\rho, \phi, z) = \sum_{n=-\infty}^{\infty}\mathrm{e}^{\mathrm{j}n\phi}\int_{-\infty}^{\infty}A_n(h)J_n(k_\rho \rho)H_n^{(2)\prime}(k_\rho a)\mathrm{e}^{\mathrm{j}hz}\,\mathrm{d}h, \quad \rho < a$$

$$F_z^+(\rho, \phi, z) = \sum_{n=-\infty}^{\infty}\mathrm{e}^{\mathrm{j}n\phi}\int_{-\infty}^{\infty}A_n(h)J_n'(k_\rho a)H_n^{(2)}(k_\rho \rho)\mathrm{e}^{\mathrm{j}hz}\,\mathrm{d}h, \quad \rho > a$$

式中已应用了切向电场分量的连续条件。使用式 (6.2.3)，求得磁场的 z 方向分量为

$$H_z^-(\rho, \phi, z) = \frac{1}{\mathrm{j}\omega\mu\epsilon}\sum_{n=-\infty}^{\infty}\mathrm{e}^{\mathrm{j}n\phi}\int_{-\infty}^{\infty}A_n(h)k_\rho^2 J_n(k_\rho \rho)H_n^{(2)\prime}(k_\rho a)\mathrm{e}^{\mathrm{j}hz}\,\mathrm{d}h$$

$$H_z^+(\rho, \phi, z) = \frac{1}{\mathrm{j}\omega\mu\epsilon} \sum_{n=-\infty}^{\infty} \mathrm{e}^{\mathrm{j}n\phi} \int_{-\infty}^{\infty} A_n(h)k_\rho^2 J_n'(k_\rho a) H_n^{(2)}(k_\rho\rho)\,\mathrm{e}^{\mathrm{j}hz}\,\mathrm{d}h$$

在面电流两侧，应用边界条件

$$H_z^+(a, \phi, z) - H_z^-(a, \phi, z) = -J_\phi(\phi, z)$$

由此得到

$$\sum_{n=-\infty}^{\infty} \mathrm{e}^{\mathrm{j}n\phi} \int_{-\infty}^{\infty} A_n(h)k_\rho^2 \left[J_n'(k_\rho a) H_n^{(2)}(k_\rho a) - J_n(k_\rho a) H_n^{(2)\prime}(k_\rho a) \right] \mathrm{e}^{\mathrm{j}hz}\,\mathrm{d}h = -\mathrm{j}\omega\mu\epsilon J_\phi(\phi, z)$$

应用朗斯基关系，上式可以进一步简化为

$$\sum_{n=-\infty}^{\infty} \mathrm{e}^{\mathrm{j}n\phi} \int_{-\infty}^{\infty} A_n(h)k_\rho \mathrm{e}^{\mathrm{j}hz}\,\mathrm{d}h = -\frac{\pi\omega\mu\epsilon a}{2} J_\phi(\phi, z)$$

应用傅里叶逆变换及指数函数的正交性，可得

$$A_n(h) = -\frac{\omega\mu\epsilon a}{4k_\rho} \tilde{J}_\phi^{(n)}(h)$$

式中，

$$\tilde{J}_\phi^{(n)}(h) = \frac{1}{2\pi} \int_0^{2\pi} \mathrm{e}^{-\mathrm{j}n\phi} \int_{-\infty}^{\infty} J_\phi(\phi, z)\,\mathrm{e}^{-\mathrm{j}hz}\,\mathrm{d}z\,\mathrm{d}\phi$$

TM_z场可以根据 $\mathbf{A} = \hat{z} A_z$ 求得，其中的 A_z 为亥姆霍兹方程的解。对于本问题，有

$$A_z^-(\rho, \phi, z) = \sum_{n=-\infty}^{\infty} \mathrm{e}^{\mathrm{j}n\phi} \int_{-\infty}^{\infty} B_n(h)J_n(k_\rho\rho)H_n^{(2)}(k_\rho a)\,\mathrm{e}^{\mathrm{j}hz}\,\mathrm{d}h, \quad \rho < a$$

$$A_z^+(\rho, \phi, z) = \sum_{n=-\infty}^{\infty} \mathrm{e}^{\mathrm{j}n\phi} \int_{-\infty}^{\infty} B_n(h)J_n(k_\rho a)H_n^{(2)}(k_\rho\rho)\,\mathrm{e}^{\mathrm{j}hz}\,\mathrm{d}h, \quad \rho > a$$

式中已应用了切向电场分量的连续条件。使用式(6.2.2)和式(6.2.5)，求得磁场的 ϕ 方向分量为

$$H_\phi^-(\rho, \phi, z) = \frac{\mathrm{j}}{\omega\mu\epsilon}\frac{1}{\rho} \sum_{n=-\infty}^{\infty} n\mathrm{e}^{\mathrm{j}n\phi} \int_{-\infty}^{\infty} A_n(h)J_n(k_\rho\rho)H_n^{(2)\prime}(k_\rho a)\,\mathrm{e}^{\mathrm{j}hz}h\,\mathrm{d}h$$

$$- \frac{1}{\mu} \sum_{n=-\infty}^{\infty} \mathrm{e}^{\mathrm{j}n\phi} \int_{-\infty}^{\infty} B_n(h)k_\rho J_n'(k_\rho\rho)H_n^{(2)}(k_\rho a)\,\mathrm{e}^{\mathrm{j}hz}\,\mathrm{d}h$$

$$H_\phi^+(\rho, \phi, z) = \frac{\mathrm{j}}{\omega\mu\epsilon}\frac{1}{\rho} \sum_{n=-\infty}^{\infty} n\mathrm{e}^{\mathrm{j}n\phi} \int_{-\infty}^{\infty} A_n(h)J_n'(k_\rho a)H_n^{(2)}(k_\rho\rho)\,\mathrm{e}^{\mathrm{j}hz}h\,\mathrm{d}h$$

$$- \frac{1}{\mu} \sum_{n=-\infty}^{\infty} \mathrm{e}^{\mathrm{j}n\phi} \int_{-\infty}^{\infty} B_n(h)k_\rho J_n(k_\rho a)H_n^{(2)\prime}(k_\rho\rho)\,\mathrm{e}^{\mathrm{j}hz}\,\mathrm{d}h$$

在面电流两侧，应用边界条件

$$H_\phi^+(a, \phi, z) - H_\phi^-(a, \phi, z) = J_z(\phi, z)$$

由此得到

$$\frac{\mathrm{j}}{\omega\epsilon a}\sum_{n=-\infty}^{\infty}n\mathrm{e}^{\mathrm{j}n\phi}\int_{-\infty}^{\infty}A_n(h)\Big[J_n'(k_\rho a)H_n^{(2)}(k_\rho a)-J_n(k_\rho a)H_n^{(2)\prime}(k_\rho a)\Big]\mathrm{e}^{\mathrm{j}hz}h\,\mathrm{d}h$$

$$-\sum_{n=-\infty}^{\infty}\mathrm{e}^{\mathrm{j}n\phi}\int_{-\infty}^{\infty}B_n(h)k_\rho\Big[J_n(k_\rho a)H_n^{(2)\prime}(k_\rho a)-J_n'(k_\rho a)H_n^{(2)}(k_\rho a)\Big]\mathrm{e}^{\mathrm{j}hz}\,\mathrm{d}h=\mu J_z(\phi,z)$$

应用朗斯基关系，上式可进一步简化为

$$\frac{\mathrm{j}}{\omega\epsilon a}\sum_{n=-\infty}^{\infty}n\mathrm{e}^{\mathrm{j}n\phi}\int_{-\infty}^{\infty}\frac{1}{k_\rho}A_n(h)\mathrm{e}^{\mathrm{j}hz}h\,\mathrm{d}h+\sum_{n=-\infty}^{\infty}\mathrm{e}^{\mathrm{j}n\phi}\int_{-\infty}^{\infty}B_n(h)\mathrm{e}^{\mathrm{j}hz}\,\mathrm{d}h=\frac{\mu\pi a}{2\mathrm{j}}J_z(\phi,z)$$

应用傅里叶逆变换及指数函数的正交性，可得

$$\frac{\mathrm{j}nh}{\omega\epsilon ak_\rho}A_n(h)+B_n(h)=\frac{\mu a}{4\mathrm{j}}\tilde{J}_z^{(n)}(h)$$

于是有

$$B_n(h)=\frac{\mu a}{4\mathrm{j}}\tilde{J}_z^{(n)}(h)-\frac{\mu}{4\mathrm{j}}\frac{nh}{k_\rho^2}\tilde{J}_\phi^{(n)}(h)$$

式中，

$$\tilde{J}_z^{(n)}(h)=\frac{1}{2\pi}\int_0^{2\pi}\mathrm{e}^{-\mathrm{j}n\phi}\int_{-\infty}^{\infty}J_z(\phi,z)\mathrm{e}^{-\mathrm{j}hz}\,\mathrm{d}z\,\mathrm{d}\phi$$

将 TE$_z$ 和 TM$_z$ 场叠加，即可得到圆柱面上任意电流产生的总场。

对位于 $\mathbf{r}'=(a,\phi',z')$ 的 z 方向电偶极子，有 $\tilde{J}_\phi^{(n)}(h)=0$，

$$\tilde{J}_z^{(n)}(h)=\frac{Il}{2\pi a}\mathrm{e}^{-\mathrm{j}n\phi'}\mathrm{e}^{-\mathrm{j}hz'}$$

因此，$A_n(h)=0$，并且

$$B_n(h)=\frac{\mu Il}{\mathrm{j}8\pi}\mathrm{e}^{-\mathrm{j}n\phi'}\mathrm{e}^{-\mathrm{j}hz'}$$

矢量位为

$$A_z(\rho,\phi,z)=\frac{\mu Il}{\mathrm{j}8\pi}\int_{-\infty}^{\infty}\sum_{n=-\infty}^{\infty}\begin{Bmatrix}J_n(k_\rho\rho)H_n^{(2)}(k_\rho a)\\J_n(k_\rho a)H_n^{(2)}(k_\rho\rho)\end{Bmatrix}\mathrm{e}^{\mathrm{j}n(\phi-\phi')}\mathrm{e}^{\mathrm{j}h(z-z')}\,\mathrm{d}h,\quad\begin{matrix}\rho<a\\\rho>a\end{matrix}$$

另一方面，z 方向电偶极子的矢量位也可以表示为

$$A_z(\rho,\phi,z)=\frac{\mu Il}{4\pi}\frac{\mathrm{e}^{-\mathrm{j}kR}}{R}$$

式中，$R=|\mathbf{r}-\mathbf{r}'|$。上面两个 A_z 的表达式应该是相等的，由此可得

$$\frac{\mathrm{e}^{-\mathrm{j}kR}}{R}=\frac{1}{\mathrm{j}2}\int_{-\infty}^{\infty}\sum_{n=-\infty}^{\infty}\begin{Bmatrix}J_n(k_\rho\rho)H_n^{(2)}(k_\rho a)\\J_n(k_\rho a)H_n^{(2)}(k_\rho\rho)\end{Bmatrix}\mathrm{e}^{\mathrm{j}n(\phi-\phi')}\mathrm{e}^{\mathrm{j}h(z-z')}\,\mathrm{d}h,\quad\begin{matrix}\rho<a\\\rho>a\end{matrix}$$

这就是将球面波展开成柱面波叠加的波变换。

显然，这个例子的方法可以用于处理其他圆柱问题。例如，内部区域含有圆柱导体、

圆柱介质或表面覆盖介质层的导体圆柱等。此方法也可以应用于圆柱面磁流的情况,由此可以处理导体圆柱的孔径辐射问题。

▷【例 6.7】 在前面例子的结果中,对 h 的积分计算通常很困难。但是,对远场区域,可以使用下列公式:

$$\int_{-\infty}^{\infty} A_n(h) H_n^{(2)}(k_\rho \rho) e^{jhz} dh \rightarrow 2j^{n+1} \frac{e^{-jkr}}{r} A_n(-k\cos\theta)$$

试推导这个公式。

解:使用稳相法可以推导此公式。另一种方法是,把有限源产生的远场与其傅里叶积分的表示形式进行比较。具体来说,给定 z 轴上有限长度的线电流,其矢量位为

$$\mathbf{A} = \hat{z} \frac{\mu}{4\pi} \int_{-L/2}^{L/2} I(z') \frac{e^{-jkR}}{R} dz'$$

其远场近似式为

$$\mathbf{A} \approx \hat{z} \frac{\mu}{4\pi r} e^{-jkr} \int_{-L/2}^{L/2} I(z') e^{jkz'\cos\theta} dz'$$

傅里叶积分表示的矢量位为

$$\mathbf{A} = \hat{z} \frac{\mu}{8\pi j} \int_{-\infty}^{\infty} \tilde{I}(h) H_0^{(2)}(k_\rho \rho) e^{jhz} dh$$

式中,

$$\tilde{I}(h) = \int_{-L/2}^{L/2} I(z) e^{-jhz} dz$$

在远场区比较这两种结果,可得

$$\int_{-\infty}^{\infty} \tilde{I}(h) H_0^{(2)}(k_\rho \rho) e^{jhz} dh \approx \frac{2j}{r} e^{-jkr} \int_{-L/2}^{L/2} I(z') e^{jkz'\cos\theta} dz'$$

$$= \frac{2j}{r} e^{-jkr} \tilde{I}(-k\cos\theta)$$

由于大变量时 $H_n^{(2)}(k_\rho \rho) \approx j^n H_0^{(2)}(k_\rho \rho)$,所以有

$$\int_{-\infty}^{\infty} A_n(h) H_n^{(2)}(k_\rho \rho) e^{jhz} dh \approx j^n \int_{-\infty}^{\infty} A_n(h) H_0^{(2)}(k_\rho \rho) e^{jhz} dh$$

$$\approx 2j^{n+1} \frac{e^{-jkr}}{r} A_n(-k\cos\theta)$$

这就是我们要推导的公式。

▷【例 6.8】 考虑半径为 a 的圆柱面上有恒定面电流 $\mathbf{J}_s = \hat{\phi} J_\phi(\phi, z) + \hat{z} J_z(\phi, z)$。求面电流内部和外部的磁场。

解:在例 6.5 的结果中,令 $\omega \rightarrow 0$,可以得到此问题的解。另一方面,也可以用例 6.1 中

的标量磁位求解此问题。标量磁位为

$$\varphi_{\mathrm{m}}(\rho,\phi,z) = \int_{-\infty}^{\infty} \sum_{n=-\infty}^{\infty} \begin{Bmatrix} A_n(h)I_n(|h|\rho) \\ B_n(h)K_n(|h|\rho) \end{Bmatrix} \mathrm{e}^{\mathrm{j}n\phi}\,\mathrm{e}^{\mathrm{j}hz}\,\mathrm{d}h, \quad \begin{matrix} \rho < a \\ \rho > a \end{matrix}$$

由于 $\mathbf{H} = -\nabla\varphi_{\mathrm{m}}$，故相应的磁场为

$$\mathbf{H}(\rho,\phi,z) = -\hat{\rho}\int_{-\infty}^{\infty}\sum_{n=-\infty}^{\infty}\begin{Bmatrix} A_n(h)I_n'(|h|\rho) \\ B_n(h)K_n'(|h|\rho) \end{Bmatrix}\mathrm{e}^{\mathrm{j}n\phi}\,\mathrm{e}^{\mathrm{j}hz}\,|h|\,\mathrm{d}h$$

$$-\hat{\phi}\frac{1}{\rho}\int_{-\infty}^{\infty}\sum_{n=-\infty}^{\infty}\mathrm{j}n\begin{Bmatrix} A_n(h)I_n(|h|\rho) \\ B_n(h)K_n(|h|\rho) \end{Bmatrix}\mathrm{e}^{\mathrm{j}n\phi}\,\mathrm{e}^{\mathrm{j}hz}\,\mathrm{d}h$$

$$-\hat{z}\int_{-\infty}^{\infty}\sum_{n=-\infty}^{\infty}\mathrm{j}h\begin{Bmatrix} A_n(h)I_n(|h|\rho) \\ B_n(h)K_n(|h|\rho) \end{Bmatrix}\mathrm{e}^{\mathrm{j}n\phi}\,\mathrm{e}^{\mathrm{j}hz}\,\mathrm{d}h, \quad \begin{matrix} \rho < a \\ \rho > a \end{matrix}$$

应用圆柱面电流两侧的边界条件 $\hat{\rho}\cdot\left[\mathbf{H}^+ - \mathbf{H}^-\right]_{\rho=a} = 0$ 和 $\hat{\rho}\times\left[\mathbf{H}^+ - \mathbf{H}^-\right]_{\rho=a} = \mathbf{J}_{\mathrm{s}}$，可得

$$\int_{-\infty}^{\infty}\sum_{n=-\infty}^{\infty}\left[A_n(h)I_n'(|h|a) - B_n(h)K_n'(|h|a)\right]\mathrm{e}^{\mathrm{j}n\phi}\,\mathrm{e}^{\mathrm{j}hz}\,|h|\,\mathrm{d}h = 0$$

$$\int_{-\infty}^{\infty}\sum_{n=-\infty}^{\infty}\mathrm{j}n\left[A_n(h)I_n(|h|a) - B_n(h)K_n(|h|a)\right]\mathrm{e}^{\mathrm{j}n\phi}\,\mathrm{e}^{\mathrm{j}hz}\,\mathrm{d}h = J_z(\phi,z)$$

$$\int_{-\infty}^{\infty}\sum_{n=-\infty}^{\infty}\mathrm{j}h\left[A_n(h)I_n(|h|a) - B_n(h)K_n(|h|a)\right]\mathrm{e}^{\mathrm{j}n\phi}\,\mathrm{e}^{\mathrm{j}hz}\,\mathrm{d}h = -J_\phi(\phi,z)$$

应用正交关系和傅里叶变换，可得

$$A_n(h)I_n'(|h|a) - B_n(h)K_n'(|h|a) = 0$$

$$\mathrm{j}n\left[A_n(h)I_n(|h|a) - B_n(h)K_n(|h|a)\right] = \frac{a}{2\pi}\tilde{J}_z^{(n)}(h)$$

$$\mathrm{j}h\left[A_n(h)I_n(|h|a) - B_n(h)K_n(|h|a)\right] = -\frac{a}{2\pi}\tilde{J}_\phi^{(n)}(h)$$

式中，

$$\tilde{J}_\phi^{(n)}(h) = \frac{1}{2\pi}\int_0^{2\pi}\mathrm{e}^{-\mathrm{j}n\phi}\int_{-\infty}^{\infty}J_\phi(\phi,z)\,\mathrm{e}^{-\mathrm{j}hz}\,\mathrm{d}z\,\mathrm{d}\phi$$

$$\tilde{J}_z^{(n)}(h) = \frac{1}{2\pi}\int_0^{2\pi}\mathrm{e}^{-\mathrm{j}n\phi}\int_{-\infty}^{\infty}J_z(\phi,z)\,\mathrm{e}^{-\mathrm{j}hz}\,\mathrm{d}z\,\mathrm{d}\phi$$

求解这些方程，可得

$$A_n(h) = \frac{a}{\mathrm{j}2\pi h}|h|\tilde{J}_\phi^{(n)}(h)K_n'(|h|a)$$

$$B_n(h) = \frac{a}{\mathrm{j}2\pi h}|h|\tilde{J}_\phi^{(n)}(h)I_n'(|h|a)$$

它们等价于

$$A_n(h) = -\frac{a^2}{\mathrm{j}2\pi n}|h|\tilde{J}_z^{(n)}(h)K_n'(|h|a)$$

$$B_n(h) = -\frac{a^2}{\mathrm{j}2\pi n}|h|\tilde{J}_z^{(n)}(h)I_n'(|h|a)$$

因为从电流连续性方程中，可得 $\tilde{J}_{\phi}^{(n)}(h)$ 和 $\tilde{J}_{z}^{(n)}(h)$ 的关系为

$$n\tilde{J}_{\phi}^{(n)}(h) + ha\tilde{J}_{z}^{(n)}(h) = 0$$

本例中得到的结果可以用于求解许多特定电流分布产生的磁场，也可以用来求解产生所需磁场的电流分布。实际上，此方法已经在磁共振成像领域用于设计各种线圈。 ◁

原著参考文献

1.　M. Abramowitz and I. A. Stegun, Eds. *Handbook of Mathematical Functions*. New York：Dover Publications, 1965.

2.　S. J. Zhang and J. M. Jin, *Computation of Special Functions*. New York：John Wiley & Sons,Inc., 1996.

3.　P. M. Morse and H. Feshbach, *Methods of Theoretical Physics*. New York：McGraw-Hill, 1953.

4.　R. F. Harrington, *Time-Harmonic Electromagnetic Fields*. New York：McGraw-Hill, 1961.

5.　R. E. Collin, *Field Theory of Guided Waves* (2nd edition). New York：IEEE Press, 1991.

6.　S. Ramo, J. R. Whinnery, and T. Van Duzer, *Fields and Waves in Communication Electronics*(3rd edition). New York：John Wiley & Sons, Inc., 1994.

7.　C. A. Balanis, *Advanced Engineering Electromagnetics*. New York：John Wiley & Sons, Inc.,1989.

8.　U. S. Inan and A. S. Inan, *Electromagnetic Waves*. Upper Saddle River, NJ：Prentice Hall, 2000.

9.　C. G. Someda, *Electromagnetic Waves* (2nd edition). Boca Raton, FL：CRC Press, 2006.

10.　N. S. Kapany and J. J. Burke, *Optical Waveguides*. New York：Academic, 1972.

11.　A.W. Snyder and J. D. Love, *OpticalWaveguide Theory*. London, UK：Chapman and Hall, 1983.

12.　K. Okamoto, *Fundamentals of Optical Waveguides* (2nd edition). Burlington, MA：Academic Press, 2005.

13.　J. J. Bowman, T. B. A. Senior, and P. L. E. Uslenghi, Eds. *Electromagnetic and Acoustic Scattering by Simple Shapes* (revised printing). New York：Hemisphere Publishing Corporation, 1987.

14.　J. Van Bladel, *Electromagnetic Fields* (2nd edition). Hoboken, NJ：John Wiley & Sons, Inc.,2007.

15.　J. Van Bladel, *Singular Electromagnetic Fields and Sources*. New York：IEEE Press, 1996.

习题

6.1　试分析图 6.25 所示半圆波导中的 TE 和 TM 模式，确定所有可能模式的传播常数和模式场。

6.2　如图 6.26 所示，在圆波导中 $\phi = 0$ 处放置一个导电平板。试分析波导中的 TE 和 TM 模式；求出在 $\rho = 0$ 处的所有场分量，并对你所发现的场特性进行讨论。

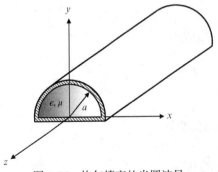

图 6.25　均匀填充的半圆波导

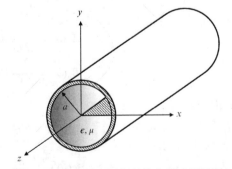

图 6.26　带有导电平板的均匀填充圆波导

6.3 考虑由四块分别放置于 $z=0$，$z=h$，$\phi=0$ 和 $\phi=\phi_0$ 处的无限大导电平面构成的径向波导。分析波导中沿径向传播的 TE 和 TM（相对于 z 而言）模式；试求向内传播模式和向外传播模式的波阻抗；讨论它们与均匀波导中波阻抗的区别。

6.4 假设圆波导的制造材料为非理性良导体，其表面电阻为 R_s，用微扰法求圆波导中 TE_{01} 和 TM_{01} 模式的衰减常数。假设圆波导的半径为 1 cm，空气填充，制造材料为铜，其导电率为 $\sigma=5.8\times10^7$ S/m，计算并画出圆波导中 TE_{11}、TE_{01} 和 TM_{01} 模式的衰减常数随频率变化的曲线。

6.5 假设圆柱谐振腔的制造材料为非理性良导体，其表面电阻为 R_s，用微扰法求圆柱谐振腔中 TE_{011} 和 TM_{010} 模式的品质因数。若圆柱谐振腔的半径为 1.0 cm，高度为 2.0 cm，空气填充，制造材料为铜，其导电率为 $\sigma=5.8\times10^7$ S/m，计算其 TE_{111}、TE_{011} 和 TM_{010} 模式的品质因数。

6.6 求长度为 h 的同轴谐振腔 TEM 模式的电场和磁场。然后，假设同轴谐振腔的制造材料为非理性良导体，其表面电阻为 R_s，使用微扰法求 TEM 模式的品质因数。

6.7 考虑半径为 a 的无限长导体圆柱外覆盖一层介质，其外半径为 b（见图 6.27）。试分析这种波导结构的混合模式。

6.8 试推导下列波变换：

$$\cos(\rho\sin\phi)=\sum_{n=0}^{\infty}\varepsilon_n J_{2n}(\rho)\cos 2n\phi$$

$$\sin(\rho\sin\phi)=2\sum_{n=0}^{\infty}J_{2n+1}(\rho)\sin(2n+1)\phi$$

式中，当 $n=0$ 时，$\varepsilon_n=1$；当 $n\neq0$ 时，$\varepsilon_n=2$。

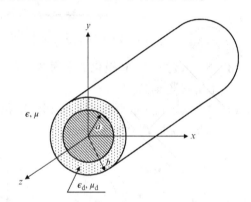

图 6.27 覆盖介质的无限长导体圆柱

6.9 将一个沿 z 方向的半径为 a 且相对介电常数为 ϵ_r 的无限长介质圆柱放置于 x 方向的均匀静电场 $\mathbf{E}=\hat{x}E_0$ 中。求介质圆柱内部和外部的电场。

6.10 使用习题 6.9 得到的结果和体等效原理，求当 TE 极化平面波入射时，半径 $a\ll\lambda$ 的介质圆柱散射场的近似解。把这个结果与式(6.4.33)至式(6.4.35)表示的精确解进行比较。

6.11 考虑覆盖介质的导体圆柱对 TM 极化平面波的散射问题。导体圆柱的半径为 a，覆盖介质的厚度为 d，介质介电常数为 ϵ_d，磁导率为 μ_d。试求散射场和散射宽度。对 TE 极化的入射平面波重复上述求解。

6.12 考虑半径为 a 的 z 方向圆柱面电流，其电流密度为 $J_s(\phi)=A\sin\phi$，式中 A 为常数。试求该电流辐射场的表达式，并分析在低频（$ka\ll1$）时圆柱内部的磁场。当面电流为 $J_s(\phi)=Ae^{j\phi}$ 时，重复上述求解，并分析圆柱内部磁场的极化。

6.13 考虑半径为 a 的圆柱薄片，其表面阻抗为 Z_s。有一个时谐线电流 I 位于 z 轴。试求 $\rho<a$ 和 $\rho>a$ 区域内的场。[**提示**：阻抗表面上的边界条件为 $H_\phi|_{\rho=a+0}-H_\phi|_{\rho=a-0}=E_z|_{\rho=a}/Z_s$。]

6.14 磁流为 K 的无限长线磁流位于 $\boldsymbol{\rho}=\boldsymbol{\rho'}$ 位置，与半径为 a 的无限长导体圆柱平行。试求

线磁流的辐射电场和磁场。

6.15 考虑一个位于 $\boldsymbol{\rho}=\boldsymbol{\rho}'$，$z=0$ 处的 z 方向无限小磁偶极子 Kl。试求其在导体劈存在时的辐射场。

6.16 无限长导体圆柱上有一个长度为 l 且宽度为 w 的口径，其中 $w\ll l$，$l\ll\lambda$。口径中心位于 $\phi=0$，$z=0$ 处。假定口径的长边沿 z 方向，口径场为 $\mathbf{E}^{\mathrm{ap}}=\hat{\phi}\,E_0$。试求导体圆柱外的口径辐射场。

6.17 有一个时谐平面波，其电场为 $\mathbf{E}^{\mathrm{inc}}=\hat{z}\,E_0\mathrm{e}^{\mathrm{j}ky}$，其中 E_0 为常数。此平面波入射到与无限大导体平面相接的半圆柱导体上(见图 6.28)。试求半圆柱的散射场。

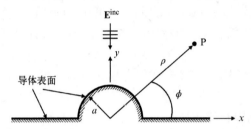

图 6.28　与无限大导体平面相接的半圆柱导体对平面波的散射

6.18 对于入射波为 TE 极化的平面波，其入射波磁场为 $\mathbf{H}^{\mathrm{inc}}=\hat{z}\,H_0\mathrm{e}^{\mathrm{j}ky}$，其中 H_0 为常数，重新求解习题 6.17。

6.19 时谐线电流 I 水平放置于与无限大导体平板相接的半圆柱导体上方(见图 6.29)。试求此电流的辐射场。

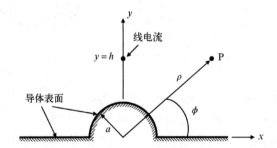

图 6.29　与无限大导体平面相接的半圆柱导体存在时，线电流的辐射

6.20 无限长、宽度为 w 的理想导电薄片沿 z 轴水平放置。当 TM 极化平面波从 ϕ^{inc} 方向入射时，使用物理光学近似方法，试求导电薄片的散射远场、双站散射宽度和回波宽度。对于 TE 极化入射平面波，重新求解上述问题。

6.21 一个 z 方向无限小电偶极子位于原点，将此电偶极子看成线电流的叠加，试推导公式

$$\frac{\mathrm{e}^{-\mathrm{j}kr}}{r}=\frac{1}{2\mathrm{j}}\int_{-\infty}^{\infty}H_0^{(2)}(k_\rho\rho)\,\mathrm{e}^{\mathrm{j}hz}\,\mathrm{d}h$$

6.22 圆柱面上有恒定面电流 $\mathbf{J}_s=\hat{\phi}\,J_\phi(z)$，沿角度方向均匀，沿长度方向非均匀。假定圆柱面半径为 a，试求面电流内部和外部的场。针对下面特例，计算结果。

(a) 位于 $z=0$ 的单电流环；

(b) 具有相同方向电流、相距为 d 的一对电流环(这样的一对电流环称为亥姆霍兹线圈);

(c) 具有相反方向电流、相距为 d 的一对电流环(这样的一对电流环称为麦克斯韦线圈)。

对于亥姆霍兹线圈,当 $z=0$ 附近的静磁场沿 z 轴最均匀时,求此时的 d。对于麦克斯韦线圈,当 $z=0$ 附近的静磁场沿 z 轴线性度最好时,求此时的 d。

6.23 半径为 a 的圆柱面上有 z 方向恒定面电流,其分布为 $J_s(\phi)=A\sin\phi$,式中 A 为常数。试求圆柱面电流产生的静磁场。证明圆柱面电流内部的场为 $\mathbf{B}=\hat{x}\mu_0 A/2$,是一个理想均匀场。把此结果与习题 6.12 在低频时的结果进行比较。

6.24 半径为 b 的圆柱面上有密度为 $\mathbf{J}_s=\hat{z}J_0\cos\phi$ 的时谐面电流。现有一半径为 a,介电常数为 ϵ_d,磁导率为 μ_d 的介质圆柱放置于面电流内部,并与圆柱面电流同一轴线,而圆柱面电流被半径为 $c(c>b>a)$ 理想导体所包围,如图 6.30 所示。试求介质圆柱内部的电场和磁场。

图 6.30 被屏蔽的加载介质圆柱的圆柱面电流

6.25 考虑半径为 ρ' 的圆柱时谐面电流 $\mathbf{J}_s=\hat{\phi}J_\phi(\phi,z)+\hat{z}J_z(\phi,z)$ 在半径为 $a(a<\rho')$ 的无限长导体圆柱存在时的辐射。试求面电流内部和外部的场。为验证式(6.5.53),进一步计算位于 $(\rho',\phi',0)$ 的 z 方向电偶极子的结果。

6.26 考虑半径为 ρ' 的圆柱时谐面磁流 $\mathbf{M}_s=\hat{\phi}M_\phi(\phi,z)+\hat{z}M_z(\phi,z)$ 在半径为 $a(a<\rho')$ 的无限长导体圆柱存在时的辐射。试求面磁流内部和外部的场。

6.27 半径为 a 的导体圆柱上有轴向的缝位于 $(a,0,0)$,假定缝是非常窄的短缝,缝上的电场为

$$\mathbf{E}=\hat{\phi}\frac{V}{W}\cos\frac{\pi z}{L}, \qquad -\frac{L}{2}<z<\frac{L}{2}$$

式中,L 和 W 为缝的长度和宽度,V 为加于缝上的电压。使用习题 6.26 推导的结果求其辐射远场。

6.28 半径为 a 的导体圆柱上有一个圆周向的缝位于 $(a,0,0)$,假定缝是非常窄的短缝,缝上的电场为

$$\mathbf{E}=\hat{z}\frac{V}{W}\cos\frac{\pi a\phi}{L}, \qquad -\frac{L}{2a}<\phi<\frac{L}{2a}$$

式中,L 和 W 为缝的长度和宽度,V 为加于缝上的电压。使用习题 6.26 推导的结果求其辐射远场。

第7章　球坐标系中的场与波

这一章将讨论球坐标系中的电磁场分析问题。我们首先讨论如何用分离变量法求解球坐标系中的亥姆霍兹方程，并由此导出球面波函数。然后，应用球面波函数分析球形谐振腔和双锥天线。接着，推导将平面波展开成球面波的波变换，并将其应用于求解包括导体球和介质球在内的各种散射问题。之后，从点电荷的辐射问题出发推导球面波函数的加法定理。最后，求解球面电流在球或锥存在时的辐射问题，并由此说明球坐标系中辐射问题的分析过程，并解释导体尖端场的奇异性。

7.1　波动方程的解

在球坐标系中，亥姆霍兹方程 $\nabla^2 \psi + k^2 \psi = 0$ 可以写为

$$\frac{1}{r^2}\frac{\partial}{\partial r}\left(r^2 \frac{\partial \psi}{\partial r}\right) + \frac{1}{r^2 \sin\theta}\frac{\partial}{\partial \theta}\left(\sin\theta \frac{\partial \psi}{\partial \theta}\right) + \frac{1}{r^2 \sin^2\theta}\frac{\partial^2 \psi}{\partial \phi^2} + k^2 \psi = 0 \qquad (7.1.1)$$

此方程可以用分离变量法求解，其解称为**球面波函数**。

7.1.1　分离变量法的解

首先假设式(7.1.1)的解可以写成下列乘积形式：

$$\psi(r,\theta,\phi) = R(r)\Theta(\theta)\Phi(\phi) \qquad (7.1.2)$$

将上式代入式(7.1.1)，然后将等号两边同除以 $R\Theta\Phi$，再乘以 $r^2 \sin^2\theta$，得到

$$\frac{\sin^2\theta}{R}\frac{d}{dr}\left(r^2\frac{dR}{dr}\right) + \frac{\sin\theta}{\Theta}\frac{d}{d\theta}\left(\sin\theta\frac{d\Theta}{d\theta}\right) + \frac{1}{\Phi}\frac{d^2\Phi}{d\phi^2} + k^2 r^2 \sin^2\theta = 0 \qquad (7.1.3)$$

上式中只有第三项包含 ϕ，而其余各项均与 ϕ 无关，因此第三项必须是常数，即

$$\frac{d^2\Phi}{d\phi^2} + m^2\Phi = 0 \qquad (7.1.4)$$

式中，m^2 为由特定问题确定的常数。对于方程(7.1.4)，其解由式(6.1.11)给出。分离出变量 ϕ 之后，将式(7.1.3)等号两边同除以 $\sin^2\theta$，可得

$$\frac{1}{R}\frac{d}{dr}\left(r^2\frac{dR}{dr}\right) + \frac{1}{\Theta \sin\theta}\frac{d}{d\theta}\left(\sin\theta\frac{d\Theta}{d\theta}\right) + k^2 r^2 - \frac{m^2}{\sin^2\theta} = 0 \qquad (7.1.5)$$

由于上式中第一项和第三项仅与 r 有关，而其余两项仅与 θ 有关，所以，式(7.1.5)可以分离成如下两个方程：

$$\frac{1}{R}\frac{d}{dr}\left(r^2\frac{dR}{dr}\right) + k^2 r^2 = n(n+1) \qquad (7.1.6)$$

$$\frac{1}{\Theta \sin\theta}\frac{\mathrm{d}}{\mathrm{d}\theta}\left(\sin\theta\frac{\mathrm{d}\Theta}{\mathrm{d}\theta}\right) - \frac{m^2}{\sin^2\theta} = -n(n+1) \tag{7.1.7}$$

这两个方程也可以写为

$$\frac{\mathrm{d}}{\mathrm{d}r}\left(r^2\frac{\mathrm{d}R}{\mathrm{d}r}\right) + [k^2r^2 - n(n+1)]R = 0 \tag{7.1.8}$$

$$\frac{1}{\sin\theta}\frac{\mathrm{d}}{\mathrm{d}\theta}\left(\sin\theta\frac{\mathrm{d}\Theta}{\mathrm{d}\theta}\right) + \left[n(n+1) - \frac{m^2}{\sin^2\theta}\right]\Theta = 0 \tag{7.1.9}$$

式中，$n(n+1)$ 为另一个由特定问题确定的常数。

式(7.1.8)是**球坐标系中的贝塞尔方程**，其两组线性独立的解为 $j_n(kr)$ 和 $y_n(kr)$，分别称为 n 阶第一类和第二类**球面贝塞尔函数**。其通解为这两组解的线性组合，即

$$R(r) = a_n j_n(kr) + b_n y_n(kr) \tag{7.1.10}$$

式中，a_n 和 b_n 为任意常数。虽然球面贝塞尔函数 $j_n(kr)$ 与 $y_n(kr)$ 的表达式很复杂，并且具有许多特殊的性质[1]，但对于现在所讨论的问题来说，只需要知道下面两个特性：

$$j_n(kr) \to \text{有限}, \qquad \text{当 } kr \to 0 \tag{7.1.11}$$

$$y_n(kr) \to -\infty, \qquad \text{当 } kr \to 0 \tag{7.1.12}$$

其余的性质在以后需要用到时再讨论。图 D.1 画出了前几个整数阶球面贝塞尔函数，从中可以看出这些函数的一些特性[2]。

式(7.1.9)称为**勒让德方程**，其两组线性独立的解为 $P_n^m(\cos\theta)$ 和 $Q_n^m(\cos\theta)$，分别称为 n 次 m 阶第一类和第二类**连带勒让德函数**。其通解为这两组解的线性组合，即

$$\Theta(\theta) = c_{mn}P_n^m(\cos\theta) + d_{mn}Q_n^m(\cos\theta) \tag{7.1.13}$$

式中，c_{mn} 和 d_{mn} 为任意常数。虽然连带勒让德函数 $P_n^m(\cos\theta)$ 与 $Q_n^m(\cos\theta)$ 的表达式很复杂，并且具有许多特殊的性质[1]，但对于现在所讨论的问题来说，只需要知道下面两个特性：

$$P_n^m(\cos\theta)\big|_{\theta=0,\pi} \to \text{有限值}, \text{ 仅当 } n \text{ 为整数时} \tag{7.1.14}$$

$$Q_n^m(\cos\theta)\big|_{\theta=0,\pi} \to \infty \tag{7.1.15}$$

类似地，其余的性质在以后需要用到时再讨论。

基于前面所讨论的各个解，方程(7.1.1)的一个特解为

$$\psi_{mn}(r,\theta,\phi) = [a_n j_n(kr) + b_n y_n(kr)]\left[c_{mn}P_n^m(\cos\theta) + d_{mn}Q_n^m(\cos\theta)\right]$$
$$\times [e_m\cos m\phi + f_m\sin m\phi] \tag{7.1.16}$$

由于这个解对任意 m 和 n 均成立，故方程(7.1.1)的通解为所有可能解的线性组合，即

$$\psi(r,\theta,\phi) = \sum_{m,n}[a_n j_n(kr) + b_n y_n(kr)]\left[c_{mn}P_n^m(\cos\theta) + d_{mn}Q_n^m(\cos\theta)\right]$$
$$\times [e_m\cos m\phi + f_m\sin m\phi] \tag{7.1.17}$$

▷ **【例 7.1】**　试求拉普拉斯方程 $\nabla^2\psi = 0$ 的通解。此方程可以看成亥姆霍兹方程在 $k=0$ 时的特殊情况。

解：拉普拉斯方程可以用 7.1.1 节中描述的分离变量法求解。因为 $k=0$，故式(7.1.8)变为

$$\frac{\mathrm{d}}{\mathrm{d}r}\left(r^2\frac{\mathrm{d}R}{\mathrm{d}r}\right) - n(n+1)R = 0$$

此方程的两个线性独立解为 r^n 和 $r^{-(n+1)}$。因此，拉普拉斯方程的通解可以表示为

$$\psi(r,\theta,\phi) = \sum_{m,n}\left[a_n r^n + b_n r^{-(n+1)}\right]\left[c_{mn}P_n^m(\cos\theta) + d_{mn}Q_n^m(\cos\theta)\right]$$

$$\times[e_m\cos m\phi + f_m\sin m\phi]$$

此解可以用来求解三维静态场问题。例如，无源区域的静磁场在球坐标中可表示为 $\mathbf{B}(r,\theta,\phi) = -\nabla\psi(r,\theta,\phi)$。

7.1.2　球面波函数

球面波函数可以看成球坐标系中亥姆霍兹方程的特解[3]。此解由上文刚推导的式(7.1.16)给出，表示为 ψ_{mn}。显然，球面波函数有无数个，这些函数构成一个完备的函数集，因而亥姆霍兹方程的任意解可以表示成式(7.1.17)所示的这些函数的线性组合。但是球面波函数的形式并不唯一。正如柱面波函数一样，对于沿 ϕ 方向的解，除了可以表示成 $\sin m\phi$ 和 $\cos m\phi$ 的线性组合，还可以表示成 $\mathrm{e}^{-\mathrm{j}m\phi}$ 和 $\mathrm{e}^{\mathrm{j}m\phi}$ 的线性组合。

在 θ 方向，如果 $n=\nu$ 不是整数，那么除了 $P_\nu^m(\cos\theta)$ 和 $Q_\nu^m(\cos\theta)$，$P_\nu^m(\cos\theta)$ 和 $P_\nu^m(-\cos\theta)$ 也是线性独立的，在波函数中也可以使用这两组函数的线性组合。当 ν 为非整数时，$P_\nu^m(\cos\theta)$ 的一个重要特性是[1]

$$P_\nu^m(\cos\theta)\big|_{\theta=\pi} \to \infty, \qquad P_\nu^m(-\cos\theta)\big|_{\theta=0} \to \infty \tag{7.1.18}$$

而当 n 为整数时，$P_n^m(-\cos\theta)$ 与 $P_n^m(\cos\theta)$ 不再线性独立，此时需要使用 $Q_n^m(\cos\theta)$ 作为另一组线性独立解。对于整数 n，$P_n^m(\cos\theta)$ 也称为**连带勒让德多项式**，表示为

$$P_n^m(x) = (-1)^m(1-x^2)^{m/2}\frac{\mathrm{d}^m}{\mathrm{d}x^m}P_n(x) \tag{7.1.19}$$

式中，$P_n(x)$ 称为**勒让德多项式**，表示为

$$P_n(x) = \frac{1}{2^n n!}\frac{\mathrm{d}^n}{\mathrm{d}x^n}(x^2-1)^n \tag{7.1.20}$$

这是一个 n 次多项式。显然，当 $m>n$ 时，$P_n^m(x)=0$。图 E.1 为前几阶勒让德多项式随 x 和 θ 的变化曲线[2]。

在径向方向，除了 $j_n(kr)$ 和 $y_n(kr)$，式(7.1.8)的另外两组常用的线性独立解是第一类和第二类**球面汉克尔函数**，记为 $h_n^{(1)}(kr)$ 和 $h_n^{(2)}(kr)$，其定义为

$$h_n^{(1)}(kr) = j_n(kr) + \mathrm{j}y_n(kr) \tag{7.1.21}$$

$$h_n^{(2)}(kr) = j_n(kr) - \mathrm{j}y_n(kr) \tag{7.1.22}$$

将 $j_n(kr)$ 和 $y_n(kr)$ 的大变量近似：[1]

$$j_n(kr) \approx \frac{1}{kr}\cos\left(kr - \frac{n\pi}{2} - \frac{\pi}{2}\right), \quad kr \gg 1 \tag{7.1.23}$$

$$y_n(kr) \approx \frac{1}{kr}\sin\left(kr - \frac{n\pi}{2} - \frac{\pi}{2}\right), \quad kr \gg 1 \tag{7.1.24}$$

代入球面汉克尔函数，可得 $h_n^{(1)}(kr)$ 和 $h_n^{(2)}(kr)$ 的大变量近似为

$$h_n^{(1)}(kr) \approx \frac{1}{kr}\,\mathrm{e}^{\mathrm{j}(kr - n\pi/2 - \pi/2)}, \quad kr \gg 1 \tag{7.1.25}$$

$$h_n^{(2)}(kr) \approx \frac{1}{kr}\,\mathrm{e}^{-\mathrm{j}(kr - n\pi/2 - \pi/2)}, \quad kr \gg 1 \tag{7.1.26}$$

从上式不难看出，$h_n^{(1)}(kr)$ 代表沿负 r 方向传播的球面波，而 $h_n^{(2)}(kr)$ 代表沿正 r 方向传播的球面波。因此，如果一个问题在 r 方向无界，在通解表达式中就应该使用 $h_n^{(1)}(kr)$ 和 $h_n^{(2)}(kr)$。而对于在 r 方向上有界的问题，使用 $j_n(kr)$ 和 $y_n(kr)$ 则可能更方便。

对于一个特定问题，其球面波函数 ψ_{mn} 的表达式中最多只能有一个待定常数，因为式（7.1.1）是齐次方程。换句话说，m 和 n 应该是确定的。而且在 $R(r)$、$\Phi(\phi)$ 和 $\Theta(\theta)$ 中，两项组合系数的比值也应该是确定的。对于具体问题，这些待定常数可以应用边界条件确定。一般情况下，在每个方向上有两个边界条件：一端各一个。而如果没有给出特定的边界条件，就需要根据解和波函数的特性来确定常数。例如，如果问题在 ϕ 方向无界，为了保证解的单值性，$\Phi(\phi)$ 就应该满足周期条件 $\Phi(\phi+2\pi) = \Phi(\phi)$，这就使得 m 只能取整数。在这种情况下，$\sin m\phi$ 和 $\cos m\phi$ 都是正确的——它们代表的是同一形式的解，只不过角度旋转了 $\pi/2m$。如果求解区域包含正 z 轴和负 z 轴（即 $0 \le \theta \le \pi$），由于场值是有限的，则必须令式（7.1.16）中的 $d_{mn}=0$，从而排除 $Q_n^m(\cos\theta)$。另一方面，如果求解区域包含正 z 轴而不包含负 z 轴（即 $0 \le \theta < \pi$），则可以使用 $P_\nu^m(\cos\theta)$ 作为 θ 方向的解。而如果求解区域包含负 z 轴而不包含正 z 轴（即 $0 < \theta \le \pi$），则可以使用 $P_\nu^m(-\cos\theta)$ 作为 θ 方向的解。如果求解区域不包含 z 轴（即 $0 < \theta < \pi$），则 θ 方向的解为 $P_\nu^m(\cos\theta)$ 和 $P_\nu^m(-\cos\theta)$ 的线性组合，或 $P_\nu^m(\cos\theta)$ 和 $Q_\nu^m(\cos\theta)$ 的线性组合。最后，如果求解区域在 r 方向无界，并且解代表沿正 r 方向的波传播，则应该令式（7.1.16）中的 $b_n = -\mathrm{j}a_n$，或者说选择 $h_n^{(2)}(kr)$ 作为 r 方向的函数。

7.1.3　TE$_r$ 和 TM$_r$ 模式

在研究球坐标系中的场和波时，常常需要把场和波表示成 TE$_r$ 和 TM$_r$ 模的线性叠加[4, 5]。对于 TE$_r$ 模式，其电场仅有相对于径向的横向分量；而对于 TM$_r$ 模式，其磁场仅有相对于径向的横向分量。令 $\mathbf{A}=0$，$\mathbf{F}=\hat{r}F_r$，由 $\mathbf{E}=-\nabla\times\mathbf{F}/\epsilon$ 和 $\mathbf{H}=-\nabla\times\mathbf{E}/\mathrm{j}\omega\mu$ 可得 TE$_r$ 模的场表达式为

$$E_r = 0, \qquad H_r = \frac{1}{\mathrm{j}\omega\mu\epsilon}\left(\frac{\partial^2}{\partial r^2} + k^2\right)F_r \tag{7.1.27}$$

$$E_\theta = -\frac{1}{\epsilon}\frac{1}{r\sin\theta}\frac{\partial F_r}{\partial\phi}, \qquad H_\theta = \frac{1}{\mathrm{j}\omega\mu\epsilon}\frac{1}{r}\frac{\partial^2 F_r}{\partial r\partial\theta} \tag{7.1.28}$$

$$E_\phi = \frac{1}{\epsilon}\frac{1}{r}\frac{\partial F_r}{\partial\theta}, \qquad H_\phi = \frac{1}{\mathrm{j}\omega\mu\epsilon}\frac{1}{r\sin\theta}\frac{\partial^2 F_r}{\partial r\partial\phi} \tag{7.1.29}$$

类似地，令 $\mathbf{A}=\hat{r}A_r$，$\mathbf{F}=0$，由 $\mathbf{H}=\nabla\times\mathbf{A}/\mu$ 和 $\mathbf{E}=\nabla\times\mathbf{H}/\mathrm{j}\omega\epsilon$ 可得 TM$_r$ 模的场表达式为

$$E_r = \frac{1}{j\omega\mu\epsilon}\left(\frac{\partial^2}{\partial r^2} + k^2\right)A_r, \qquad H_r = 0 \tag{7.1.30}$$

$$E_\theta = \frac{1}{j\omega\mu\epsilon}\frac{1}{r}\frac{\partial^2 A_r}{\partial r\partial\theta}, \qquad H_\theta = \frac{1}{\mu}\frac{1}{r\sin\theta}\frac{\partial A_r}{\partial\phi} \tag{7.1.31}$$

$$E_\phi = \frac{1}{j\omega\mu\epsilon}\frac{1}{r\sin\theta}\frac{\partial^2 A_r}{\partial r\partial\phi}, \qquad H_\phi = -\frac{1}{\mu}\frac{1}{r}\frac{\partial A_r}{\partial\theta} \tag{7.1.32}$$

需要指出,这里并没有从式(2.1.37)和式(2.1.38)出发推导上面的场表达式,因为式(2.1.37)和式(2.1.38)中的 **A** 和 **F** 满足的是洛伦兹规范。正如下面将看到的,洛伦兹规范对 **A**=$\hat{r}A_r$ 和 **F**=$\hat{r}F_r$ 来说并不合适,应该选择其他规范条件。

要从式(7.1.27)至式(7.1.32)出发求场,需要得到 A_r 和 F_r 的表达式,这就需要求解 A_r 和 F_r 所满足的偏微分方程。但由于 $\hat{r}$ 不是常矢量,将 **A**=$\hat{r}A_r$ 和 **F**=$\hat{r}F_r$ 分别代入矢量亥姆霍兹方程 $\nabla^2\mathbf{A}+k^2\mathbf{A}=0$ 和 $\nabla^2\mathbf{F}+k^2\mathbf{F}=0$ 之后,A_r 和 F_r 并不满足相应的标量亥姆霍兹方程。因此,虽然使用洛伦兹规范可以使矢量位 **A** 和 **F** 满足的方程具有比较简单的形式,但它们的径向分量 A_r 和 F_r 所满足的方程却很复杂。为了解决这个问题,我们从规范条件入手:注意,我们可以任意选择规范条件来简化最终 A_r 和 F_r 的方程。为了说明这一点,首先考虑 **A**=$\hat{r}A_r$ 的情况。先不使用任何规范条件,直接把 **A**=$\hat{r}A_r$ 代入式(2.1.28)。在无源区域,式(2.1.28)可以写为

$$\nabla(\nabla\cdot\mathbf{A}) - \nabla^2\mathbf{A} = -j\omega\mu\epsilon\nabla\varphi + k^2\mathbf{A} \tag{7.1.33}$$

此方程可以写为三个标量方程:

$$\frac{1}{r\sin\theta}\left[-\frac{\partial}{\partial\theta}\left(\frac{\sin\theta}{r}\frac{\partial A_r}{\partial\theta}\right) - \frac{\partial}{\partial\phi}\left(\frac{1}{r\sin\theta}\frac{\partial A_r}{\partial\phi}\right)\right] - k^2 A_r = -j\omega\epsilon\mu\frac{\partial\varphi}{\partial r} \tag{7.1.34}$$

$$\frac{1}{r}\frac{\partial^2 A_r}{\partial r\partial\theta} = -j\frac{\omega\mu\epsilon}{r}\frac{\partial\varphi}{\partial\theta} \tag{7.1.35}$$

$$\frac{1}{r\sin\theta}\frac{\partial^2 A_r}{\partial r\partial\phi} = -j\frac{\omega\mu\epsilon}{r\sin\theta}\frac{\partial\varphi}{\partial\phi} \tag{7.1.36}$$

不难发现,如果令

$$\frac{\partial A_r}{\partial r} = -j\omega\mu\epsilon\varphi \tag{7.1.37}$$

则后两个方程就可以自动满足。应用此条件后,剩下的第一个方程变为

$$\frac{\partial^2 A_r}{\partial r^2} + \frac{1}{r^2\sin\theta}\frac{\partial}{\partial\theta}\left(\sin\theta\frac{\partial A_r}{\partial\theta}\right) + \frac{1}{r^2\sin^2\theta}\frac{\partial^2 A_r}{\partial\phi^2} + k^2 A_r = 0 \tag{7.1.38}$$

上式可以进一步写为

$$(\nabla^2 + k^2)\frac{A_r}{r} = 0 \tag{7.1.39}$$

因此,应用由式(7.1.37)给出的规范条件后,A_r/r 满足标量亥姆霍兹方程。其解为

$$\frac{A_r(r,\theta,\phi)}{r} = [a_n j_n(kr) + b_n y_n(kr)]\left[c_{mn}P_n^m(\cos\theta) + d_{mn}Q_n^m(\cos\theta)\right]$$
$$\times[e_m\cos m\phi + f_m\sin m\phi] \tag{7.1.40}$$

或

$$A_r(r,\theta,\phi) = [a_n \hat{J}_n(kr) + b_n \hat{Y}_n(kr)] \left[c_{mn} P_n^m(\cos\theta) + d_{mn} Q_n^m(\cos\theta) \right]$$
$$\times [e_m \cos m\phi + f_m \sin m\phi] \tag{7.1.41}$$

式中，$\hat{J}_n(kr) = krj_n(kr)$ 和 $\hat{Y}_n(kr) = kry_n(kr)$ 分别称为第一类和第二类**里卡蒂–贝塞尔函数**，其函数曲线如图 D.2 所示。当自变量趋于零时，有

$$\hat{J}_n(kr) \to 0, \qquad\qquad kr \to 0 \tag{7.1.42}$$

$$\hat{Y}_n(kr) \to \begin{cases} -1 & n=0 \\ -\infty & n \neq 0 \end{cases}, \quad kr \to 0 \tag{7.1.43}$$

同样的讨论也适用于 $\mathbf{F} = \hat{r} F_r$ 的情况。由此所得到的 F_r 解的形式与式(7.1.41)相同。在文献中，A_r/r 和 F_r/r 经常称为电和磁**德拜势**，分别表示为 π_e 和 π_m。

7.2　球形谐振腔

考虑一个由理想导体构成，并填充均匀无耗媒质的半径为 a 的球形谐振腔(见图 7.1)。为了求解 TE_r 和 TM_r 模式，先要求出 A_r 和 F_r。首先，由于问题在 ϕ 方向是无界的，m 只能取整数，而解中 $\cos m\phi$ 和 $\sin m\phi$ 均应被保留。其次，由于求解区域包含 z 轴，即 θ 可以取 0 和 π，解中不能包含 $Q_n^m(\cos\theta)$，而仅包含 $P_n^m(\cos\theta)$。并且，为了保证 $P_n^m(\cos\theta)$ 在 $\theta=0$ 和 π 时是有限值，n 只能取整数。进一步，对于给定的 n，m 的取值限定在 $m=0$，$1, \cdots, n$，因为当 $m > n$ 时，$P_n^m(\cos\theta) = 0$。最后，由于求解区域包含原点，为了保证场值在原点处有限，A_r 和 F_r 的解中不能包含 $\hat{Y}_n(kr)$ [从式(7.1.27)至式(7.1.32)中不难看出，虽然 $\hat{Y}_0(kr)$ 在 $r=0$ 处有限，但由此得到的场在 $r=0$ 处

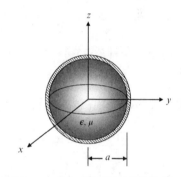

图 7.1　均匀填充的球形谐振腔

却是奇异的]。由上面的讨论可知，A_r 和 F_r 的解应该具有如下形式：

$$A_r(r,\theta,\phi),\ F_r(r,\theta,\phi) = C\hat{J}_n(kr) P_n^m(\cos\theta) \begin{Bmatrix} \cos m\phi \\ \sin m\phi \end{Bmatrix}, \quad n=0,1,2,\cdots;\ m=0,1,\cdots,n \tag{7.2.1}$$

式中，C 为任意常数。

对于 TE_r 模式，非零电场分量为

$$E_\theta = -\frac{1}{\epsilon r \sin\theta} \frac{\partial F_r}{\partial \phi} = \pm C \frac{m}{\epsilon r \sin\theta} \hat{J}_n(kr) P_n^m(\cos\theta) \begin{Bmatrix} \sin m\phi \\ \cos m\phi \end{Bmatrix} \tag{7.2.2}$$

$$E_\phi = \frac{1}{\epsilon r} \frac{\partial F_r}{\partial \theta} = C \frac{1}{\epsilon r} \hat{J}_n(kr) \frac{\partial P_n^m(\cos\theta)}{\partial \theta} \begin{Bmatrix} \cos m\phi \\ \sin m\phi \end{Bmatrix} \tag{7.2.3}$$

应用边界条件 $E_\theta|_{r=a} = E_\phi|_{r=a} = 0$，可得确定谐振波数的特征方程为

$$\hat{J}_n(ka) = 0 \tag{7.2.4}$$

若将此方程的根(特征值)记为 ς_{np}，即 $\hat{J}_n(\varsigma_{np}) = 0$，则谐振波数和谐振频率分别为

$$k_{rmnp}^{\mathrm{TE}} = \frac{\varsigma_{np}}{a}, \qquad f_{rmnp}^{\mathrm{TE}} = \frac{\varsigma_{np}}{2\pi a\sqrt{\mu\epsilon}}, \ n = 1, 2, \cdots; \ m = 0, 1, \cdots, n; \ p = 1, 2, \cdots \qquad (7.2.5)$$

由于 $m \leqslant n$,所以当 $n=0$ 时 $m=0$;然而 $P_0^0(\cos\theta)=1$,故 $\partial P_0^0(\cos\theta)/\partial\theta = 0$。因此,$n=0$ 对应零解,因而应该被排除在外。表 7.1 给出了前几个 ς_{np} 的值。

表 7.1　方程 $\hat{J}_n(z)=0$ 的前几个根

n	$p=1$	$p=2$	$p=3$	$p=4$
1	4.493409	7.725252	10.90412	14.06619
2	5.763459	9.095011	12.32294	15.51460
3	6.987932	10.41712	13.69802	16.92362
4	8.182561	11.70491	15.03966	18.30126

对于 TM_r 模式,横向电场分量为

$$E_\theta = \frac{1}{\mathrm{j}\omega\mu\epsilon r}\frac{\partial^2 A_r}{\partial r\partial\theta} = C\frac{k}{\mathrm{j}\omega\mu\epsilon r}\hat{J}_n'(kr)\frac{\partial P_n^m(\cos\theta)}{\partial\theta}\begin{Bmatrix}\cos m\phi\\\sin m\phi\end{Bmatrix} \qquad (7.2.6)$$

$$E_\phi = \frac{1}{\mathrm{j}\omega\mu\epsilon}\frac{1}{r\sin\theta}\frac{\partial^2 A_r}{\partial r\partial\phi} = \mp C\frac{k}{\mathrm{j}\omega\mu\epsilon}\frac{m}{r\sin\theta}\hat{J}_n'(kr)P_n^m(\cos\theta)\begin{Bmatrix}\sin m\phi\\\cos m\phi\end{Bmatrix} \qquad (7.2.7)$$

应用边界条件 $E_\theta|_{r=a} = E_\phi|_{r=a} = 0$,可得确定谐振波数的特征方程为

$$\hat{J}_n'(ka) = 0 \qquad (7.2.8)$$

若将此方程的根(特征值)记为 ς_{np}',即 $\hat{J}_n'(\varsigma_{np}') = 0$,则谐振波数和谐振频率分别为

$$k_{rmnp}^{\mathrm{TM}} = \frac{\varsigma_{np}'}{a}, \qquad f_{rmnp}^{\mathrm{TM}} = \frac{\varsigma_{np}'}{2\pi a\sqrt{\mu\epsilon}}, \ n = 1, 2, \cdots; \ m = 0, 1, \cdots, n; \ p = 1, 2, \cdots \qquad (7.2.9)$$

类似地,$n=0$ 也对应零解,因而应该被排除在外。表 7.2 给出了前几个 ς_{np}' 的值。

表 7.2　方程 $\hat{J}_n'(z)=0$ 的前几个根

n	$p=1$	$p=2$	$p=3$	$p=4$
1	2.743707	6.116764	9.316616	12.48594
2	3.870239	7.443087	10.71301	13.92052
3	4.973420	8.721751	12.06359	15.31356
4	6.061949	9.967547	13.38012	16.67415

对比表 7.1 和 7.2 中的数据,可发现球形谐振腔的主模为 $\mathrm{TM}_{r,\,m11}$ 模。其谐振波数和谐振频率为

$$k_{rm11}^{\mathrm{TM}} = \frac{2.7437}{a}, \qquad f_{rm11}^{\mathrm{TM}} = \frac{0.4367}{a\sqrt{\mu\epsilon}} \qquad (7.2.10)$$

当 $m=0$ 时,其非零电场和磁场分量为

$$E_r = \frac{2}{r^2}\cos\theta\,\hat{J}_1(\varsigma_{11}'r/a) \qquad (7.2.11)$$

$$E_\theta = -\frac{\varsigma'_{11}}{ar} \sin\theta \hat{J}'_1(\varsigma'_{11}r/a) \tag{7.2.12}$$

$$H_\phi = -\frac{j\omega\epsilon}{r} \sin\theta \hat{J}_1(\varsigma'_{11}r/a) \tag{7.2.13}$$

式中，$\varsigma'_{11} = 2.7437$，并且假设 $C = j\omega\mu\epsilon$ 以简化场表达式。球形谐振腔的第一个 TE_r 模式为 $\mathrm{TE}_{r,\,m11}$ 模，其谐振波数和谐振频率为

$$k^{\mathrm{TE}}_{rm11} = \frac{4.4934}{a}, \qquad f^{\mathrm{TE}}_{rm11} = \frac{0.7151}{a\sqrt{\mu\epsilon}} \tag{7.2.14}$$

当 $m = 0$ 时，其非零电场和磁场分量为

$$E_\phi = -\frac{j\omega\mu}{r} \sin\theta \hat{J}_1(\varsigma_{11}r/a) \tag{7.2.15}$$

$$H_r = \frac{2}{r^2} \cos\theta \hat{J}_1(\varsigma_{11}r/a) \tag{7.2.16}$$

$$H_\theta = -\frac{\varsigma_{11}}{ar} \sin\theta \hat{J}'_1(\varsigma_{11}r/a) \tag{7.2.17}$$

式中，$\varsigma_{11} = 4.4934$，同样假设 $C = j\omega\mu\epsilon$ 以简化场表达式。需要指出，尽管上面的场表达式中均包含 $1/r$ 或 $1/r^2$ 项，但场在 $r = 0$ 处是非奇异的，这是因为这些奇异项被里卡蒂–贝塞尔函数抵消了。

▷──

【例 7.2】　由非理想良导体构成的球形谐振腔填充损耗很小的非理想介质。求其主模 $\mathrm{TM}_{r,\,011}$ 模式的品质因数。

解：由非理想介质引起的品质因数为

$$Q_{\mathrm{d}} = \frac{\epsilon'}{\epsilon''}$$

它与谐振模式无关。对于 $\mathrm{TM}_{r,\,011}$ 模式，其场由式 (7.2.11) 至式 (7.2.13) 给出。因此，谐振腔中的总储能为

$$W = \frac{\mu}{2} \iiint_V |\mathbf{H}|^2 \, \mathrm{d}V = \frac{\mu}{2} \int_0^\pi \int_0^{2\pi} \int_0^a \left|H_\phi\right|^2 r^2 \sin\theta \, \mathrm{d}r \, \mathrm{d}\phi \, \mathrm{d}\theta$$

$$= \frac{\mu}{2} \int_0^\pi \int_0^{2\pi} \int_0^a \left[\frac{\omega\epsilon}{r} \sin\theta \hat{J}_1(\varsigma'_{11}r/a)\right]^2 r^2 \sin\theta \, \mathrm{d}r \, \mathrm{d}\phi \, \mathrm{d}\theta$$

$$= \pi\omega^2\epsilon^2\mu \int_0^a \left[\hat{J}_1(\varsigma'_{11}r/a)\right]^2 \mathrm{d}r \int_0^\pi \sin^3\theta \, \mathrm{d}\theta$$

由导体损耗引起的损耗功率为

$$P_{\mathrm{dc}} = \frac{R_{\mathrm{s}}}{2} \iint_S |\mathbf{H}_{\mathrm{w}}|^2 \, \mathrm{d}S = \frac{R_{\mathrm{s}}}{2} \int_0^\pi \int_0^{2\pi} \left|H_\phi\right|^2 a^2 \sin\theta \, \mathrm{d}\phi \, \mathrm{d}\theta$$

$$= \frac{R_{\mathrm{s}}}{2} \int_0^\pi \int_0^{2\pi} \left[\frac{\omega\epsilon}{a} \sin\theta \hat{J}_1(\varsigma'_{11})\right]^2 a^2 \sin\theta \, \mathrm{d}\phi \, \mathrm{d}\theta$$

$$= \pi R_{\mathrm{s}} \omega^2\epsilon^2 \left[\hat{J}_1(\varsigma'_{11})\right]^2 \int_0^\pi \sin^3\theta \, \mathrm{d}\theta$$

因此，相应的品质因数为

$$Q_c = \omega \frac{W}{P_{dc}} = \frac{\omega_{r011}\mu}{R_s} \frac{\int_0^a \left[\hat{J}_1(\varsigma'_{11}r/a)\right]^2 dr}{\left[\hat{J}_1(\varsigma'_{11})\right]^2}$$

$$= \frac{\omega_{r011}\mu a}{R_s \varsigma'_{11}} \frac{\int_0^{\varsigma'_{11}} \left[\hat{J}_1(x)\right]^2 dx}{\left[\hat{J}_1(\varsigma'_{11})\right]^2}$$

$TM_{r,011}$ 模式的谐振频率为

$$\omega_{r011} = \frac{\varsigma'_{11}}{a\sqrt{\mu\epsilon}}$$

将其代入前面推导的表达式，可得

$$Q_c = \frac{\eta}{R_s} \frac{\int_0^{\varsigma'_{11}} \left[\hat{J}_1(x)\right]^2 dx}{\left[\hat{J}_1(\varsigma'_{11})\right]^2}$$

为了计算此积分，使用如下结果：

$$\int_0^{\varsigma'_{11}} \left[\hat{J}_1(x)\right]^2 dx = \frac{\varsigma'_{11}}{2}\left[\hat{J}_1^2(\varsigma'_{11}) - \hat{J}_0(\varsigma'_{11})\hat{J}_2(\varsigma'_{11})\right]$$

以及 $\hat{J}_0(2.7437) = 0.3875$，$\hat{J}_1(2.7437) = 1.063$ 和 $\hat{J}_2(2.7437) = 0.7749$，得到

$$Q_c = 1.007 \frac{\eta}{R_s}$$

把此结果与相同半径的高度为 $2a$ 的圆柱谐振腔，以及边长为 $2a$ 的立方体谐振腔的主模式品质因数进行比较，可知球形谐振腔主模的品质因数比圆柱谐振腔的高 25%，比立方体谐振腔的高 36%。

7.3　双锥天线

前面讨论的球形谐振腔，其求解区域在径向是有限的。这一节分析双锥天线，其场在径向方向可以传播到无穷远处。由于有限长双锥天线的分析比较复杂，因此我们首先考虑无限长双锥天线[5]。

7.3.1　无限长双锥天线

如图 7.2(a)所示，无限长双锥天线由两个半无限长的理想导体圆锥构成，圆锥的轴线在 z 轴上，圆锥的顶点在 $z=0$ 处，上下两个圆锥的半内角均为 θ_0。因此，场所存在的区域为 $0<r<\infty$，$-\infty<\phi<\infty$ 和 $\theta_0 \leqslant \theta \leqslant \pi-\theta_0$。

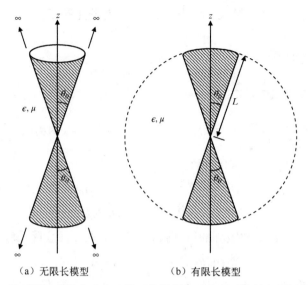

　　　　（a）无限长模型　　　　　　　　（b）有限长模型

图 7.2　双锥天线，虚线表示与双锥天线的顶面和底面重合的假想球形表面

　　为了求得此结构中传播的 TE_r 和 TM_r 模，需要求出 A_r 和 F_r。首先，由于场在 ϕ 方向是无界的，m 只能取整数，而解中的 $\cos m\phi$ 和 $\sin m\phi$ 均应被保留。其次，由于求解区域不包含 z 轴，解中应同时包含 $P_\nu^m(\cos\theta)$ 和 $Q_\nu^m(\cos\theta)$，或 $P_\nu^m(\cos\theta)$ 和 $P_\nu^m(-\cos\theta)$，其中 ν 由边界条件确定（使用 ν 而不是 n，是为了强调此时的阶数可以不是整数）。最后，由于场在径向延伸到无穷远，解中应该包含里卡蒂–汉克尔函数。如果希望研究沿正 r 方向传播的模式，就应该选择 $\hat{H}_\nu^{(2)}(kr)$，其定义为 $\hat{H}_\nu^{(2)}(kr) = kr h_\nu^{(2)}(kr)$。由上面的讨论可知 A_r 和 F_r 的解应该具有如下形式：

$$A_r(r,\theta,\phi),\ F_r(r,\theta,\phi) = \hat{H}_\nu^{(2)}(kr)[C_1 P_\nu^m(\cos\theta) + C_2 P_\nu^m(-\cos\theta)]\begin{Bmatrix}\cos m\phi \\ \sin m\phi\end{Bmatrix},\quad m = 0,1,2,\cdots$$

$$(7.3.1)$$

式中，C_1 和 C_2 表示任意常数，其比值由问题的边界条件确定。

　　为了确定 ν，需要应用导体圆锥表面的边界条件 $E_\phi\big|_{\theta=\theta_0} = E_\phi\big|_{\theta=\pi-\theta_0} = 0$。对于 TE_r 模，E_ϕ 的表达式为

$$E_\phi = \frac{1}{\epsilon r}\frac{\partial F_r}{\partial\theta} = \frac{1}{\epsilon r}\hat{H}_\nu^{(2)}(kr)\left[C_1\frac{\mathrm{d}P_\nu^m(\cos\theta)}{\mathrm{d}\theta} + C_2\frac{\mathrm{d}P_\nu^m(-\cos\theta)}{\mathrm{d}\theta}\right]\begin{Bmatrix}\cos m\phi \\ \sin m\phi\end{Bmatrix}\quad(7.3.2)$$

应用上述边界条件，可得

$$C_1\frac{\mathrm{d}P_\nu^m(\cos\theta)}{\mathrm{d}\theta}\bigg|_{\theta=\theta_0} + C_2\frac{\mathrm{d}P_\nu^m(-\cos\theta)}{\mathrm{d}\theta}\bigg|_{\theta=\theta_0} = 0\qquad(7.3.3)$$

$$C_1\frac{\mathrm{d}P_\nu^m(\cos\theta)}{\mathrm{d}\theta}\bigg|_{\theta=\pi-\theta_0} + C_2\frac{\mathrm{d}P_\nu^m(-\cos\theta)}{\mathrm{d}\theta}\bigg|_{\theta=\pi-\theta_0} = 0\qquad(7.3.4)$$

若 C_1 和 C_2 要有非零解，其系数矩阵的行列式就必须为零。由此可得确定 ν 的特征方程为

$$\frac{\mathrm{d}P_\nu^m(\cos\theta)}{\mathrm{d}\theta}\bigg|_{\theta=\theta_0}\frac{\mathrm{d}P_\nu^m(-\cos\theta)}{\mathrm{d}\theta}\bigg|_{\theta=\pi-\theta_0} - \frac{\mathrm{d}P_\nu^m(-\cos\theta)}{\mathrm{d}\theta}\bigg|_{\theta=\theta_0}\frac{\mathrm{d}P_\nu^m(\cos\theta)}{\mathrm{d}\theta}\bigg|_{\theta=\pi-\theta_0} = 0\quad(7.3.5)$$

不同于横截面不变的均匀波导模式，此处的 TE_r 模没有截止频率，并且当 $kr \gg 1$ 时，其传播常数为 k。

对于 TM_r 模，E_ϕ 的表达式为

$$
\begin{aligned}
E_\phi &= \frac{1}{j\omega\mu\epsilon} \frac{1}{r\sin\theta} \frac{\partial^2 A_r}{\partial r \partial \phi} \\
&= \mp \frac{k}{j\omega\mu\epsilon} \frac{m}{r\sin\theta} \hat{H}_v^{(2)\prime}(kr)[C_1 P_v^m(\cos\theta) + C_2 P_v^m(-\cos\theta)] \left\{ \begin{matrix} \sin m\phi \\ \cos m\phi \end{matrix} \right\}
\end{aligned}
\tag{7.3.6}
$$

应用边界条件 $E_\phi|_{\theta=\theta_0} = E_\phi|_{\theta=\pi-\theta_0} = 0$，可得

$$
C_1 P_v^m(\cos\theta_0) + C_2 P_v^m(-\cos\theta_0) = 0 \tag{7.3.7}
$$

$$
C_1 P_v^m(-\cos\theta_0) + C_2 P_v^m(\cos\theta_0) = 0 \tag{7.3.8}
$$

若要 C_1 和 C_2 有非零解，其系数矩阵的行列式就必须为零，由此可得确定 v 的特征方程为

$$
[P_v^m(\cos\theta_0)]^2 - [P_v^m(-\cos\theta_0)]^2 = 0 \tag{7.3.9}
$$

类似地，TM_r 模也没有截止频率，并且当 $kr \gg 1$ 时，其传播常数为 k。

有一种特殊情况需要注意，即当 $v=0$ 和 $m=0$ 时的 TM_r 模式。此时，A_r 变为

$$
\begin{aligned}
A_r(r,\theta,\phi) &= \hat{H}_0^{(2)}(kr)[C_1 P_0^0(\cos\theta) + C_2 Q_0^0(\cos\theta)] \\
&= \hat{H}_0^{(2)}(kr)[C_1 P_0(\cos\theta) + C_2 Q_0(\cos\theta)]
\end{aligned}
\tag{7.3.10}
$$

由于 $\hat{H}_0^{(2)}(kr) = j e^{-jkr}$，$P_0(\cos\theta) = 1$ 且 $Q_0(\cos\theta) = \ln[\cot(\theta/2)]$，式(7.3.10)也可以写为

$$
A_r(r,\theta,\phi) = \left[C_1 + C_2 \ln\left(\cot\frac{\theta}{2}\right) \right] j e^{-jkr} \tag{7.3.11}
$$

由此求得场分量为

$$
E_\theta = \frac{1}{j\omega\mu\epsilon} \frac{1}{r} \frac{\partial^2 A_r}{\partial r \partial \theta} = j C_2 \frac{k}{\omega\mu\epsilon} \frac{1}{r\sin\theta} e^{-jkr} \tag{7.3.12}
$$

$$
H_\phi = -\frac{1}{\mu} \frac{1}{r} \frac{\partial A_r}{\partial \theta} = j C_2 \frac{1}{\mu r \sin\theta} e^{-jkr} \tag{7.3.13}
$$

而其余的场分量均为零。由于 E_r 和 H_r 均为零，这个模式实际上是 TEM 模。其波阻抗为

$$
Z_w = \frac{E_\theta}{H_\phi} = \frac{k}{\omega\epsilon} = \sqrt{\frac{\mu}{\epsilon}} = \eta \tag{7.3.14}
$$

这正是 TEM 波的波阻抗。

无限长双锥结构可以认为是一种传输线，它能使电磁波从原点向无限远处传播。对于传输线，特性阻抗是我们感兴趣的参量。传输线上的电压可以按下式计算：

$$
V(r) = \int_{\theta_0}^{\pi-\theta_0} \mathbf{E} \cdot d\mathbf{l} = \int_{\theta_0}^{\pi-\theta_0} E_\theta r \, d\theta = j C_2 \frac{2k e^{-jkr}}{\omega\mu\epsilon} \ln\left(\cot\frac{\theta_0}{2}\right) \tag{7.3.15}
$$

而其电流为

$$
I(r) = \oint_C \mathbf{H} \cdot d\mathbf{l} = \int_0^{2\pi} H_\phi r \sin\theta \, d\phi = j C_2 \frac{2\pi e^{-jkr}}{\mu} \tag{7.3.16}
$$

因此，特性阻抗为

$$Z_c = \frac{V}{I} = \frac{\eta}{\pi} \ln\left(\cot\frac{\theta_0}{2}\right) \tag{7.3.17}$$

另一方面，双锥结构也可以当成一个在原点处激励的天线。对于天线，输入阻抗是我们感兴趣的参量，其定义为馈电点的电压和电流之比。基于式(7.3.15)和式(7.3.16)，其输入阻抗为

$$Z_{in} = \frac{V(0)}{I(0)} = \frac{\eta}{\pi} \ln\left(\cot\frac{\theta_0}{2}\right) \tag{7.3.18}$$

与特性阻抗相同。

7.3.2 有限长双锥天线

由于输入阻抗不随频率变化，无限长双锥天线是一种与频率无关的天线。但是在实际应用中，双锥天线只能是有限长的。通过截断无限长双锥天线，得到的是一种宽带天线，其频带的下限取决于天线的长度，而频带的上限取决于天线中心的馈电结构。由于截断的影响，在天线的末端会有反射[6]。要把反射效应包含在内，除了式(7.3.11)所示的主模及其反射场，还需要考虑高次模的反射场，其表达式为

$$A_r^{\mathrm{ref}}(r,\theta,\phi) = \sum_\nu \hat{J}_\nu(kr)[a_\nu P_\nu(\cos\theta) + b_\nu P_\nu(-\cos\theta)], \quad 0 \leqslant r < L \tag{7.3.19}$$

式中，L 为有限长双锥天线总长度的一半，如图 7.2(b)所示。因反射场应该为有限值，故式(7.3.19)中使用 $\hat{J}_\nu(kr)$。而由 $\theta = \theta_0$ 和 $\theta = \pi - \theta_0$ 处的边界条件可得常数 a_ν 和 b_ν 所满足的方程为

$$a_\nu P_\nu(\cos\theta_0) + b_\nu P_\nu(-\cos\theta_0) = 0 \tag{7.3.20}$$

$$a_\nu P_\nu(-\cos\theta_0) + b_\nu P_\nu(\cos\theta_0) = 0 \tag{7.3.21}$$

由此可得确定 ν 的特征方程为

$$[P_\nu(\cos\theta_0)]^2 - [P_\nu(-\cos\theta_0)]^2 = 0 \tag{7.3.22}$$

此方程有两个解：

$$P_\nu(\cos\theta_0) + P_\nu(-\cos\theta_0) = 0 \tag{7.3.23}$$

$$P_\nu(\cos\theta_0) - P_\nu(-\cos\theta_0) = 0 \tag{7.3.24}$$

对于由式(7.3.23)确定的 ν，从式(7.3.20)或式(7.3.21)出发可得 $a_\nu = b_\nu$，由此得到的场 E_θ^{ref} 和 H_ϕ^{ref} 关于 θ 是反对称的。这样的场不能被式(7.3.12)和式(7.3.13)所示的对称场所激励。对于由式(7.3.24)确定的 ν，从式(7.3.20)或式(7.3.21)出发可得 $a_\nu = -b_\nu$，由此得到的场 E_θ^{ref} 和 H_ϕ^{ref} 是关于 θ 对称的。若将式(7.3.24)的解记为 $\nu_i (i = 1, 2, \cdots)$，则式(7.3.19)可写为

$$A_r^{\mathrm{ref}}(r,\theta,\phi) = \sum_{i=1,2}^{\infty} a_{\nu_i} \hat{J}_{\nu_i}(kr) L_{\nu_i}(\cos\theta), \quad 0 \leqslant r < L \tag{7.3.25}$$

式中，$L_{\nu_i}(\cos\theta) = P_{\nu_i}(\cos\theta) - P_{\nu_i}(-\cos\theta)$。

在包含双锥天线的球面以外，即图 7.2(b)中虚线以外的区域，总辐射场可以表示为

$$A_r^{\text{ext}}(r,\theta,\phi) = \sum_{n=0}^{\infty} c_n \hat{H}_n^{(2)}(kr) P_n(\cos\theta), \qquad r > L \tag{7.3.26}$$

由于场的区域包含 z 轴，因此在上式中使用 $P_n(\cos\theta)$ ($n = 0,1,2,\cdots$)。由于对称激励，场是关于 θ 对称的，因此对于 n 为偶数的情况，$c_n = 0$，式(7.3.26)可简化为

$$A_r^{\text{ext}}(r,\theta,\phi) = \sum_{n=1,3}^{\infty} c_n \hat{H}_n^{(2)}(kr) P_n(\cos\theta), \qquad r > L \tag{7.3.27}$$

基于上面的讨论，在球面内部($0 \leqslant r < L$)的电场和磁场为主模的辐射场、反射场和高次模反射场的叠加，其横向分量为

$$E_\theta^{\text{int}} = \frac{jk}{\omega\mu\epsilon} \frac{1}{r\sin\theta} \left[(e^{-jkr} + R e^{jkr}) + \sin^2\theta \sum_{i=1,2}^{\infty} a_{\nu_i} \hat{J}_{\nu_i}'(kr) L_{\nu_i}'(\cos\theta) \right] \tag{7.3.28}$$

$$H_\phi^{\text{int}} = \frac{1}{\mu r\sin\theta} \left[j(e^{-jkr} - R e^{jkr}) + \sin^2\theta \sum_{i=1,2}^{\infty} a_{\nu_i} \hat{J}_{\nu_i}(kr) L_{\nu_i}'(\cos\theta) \right] \tag{7.3.29}$$

在上式中，假设 $C_2 = 1$，而 R 表示主模的反射系数。球面外($r > L$)的横向场分量为

$$E_\theta^{\text{ext}} = \frac{jk}{\omega\mu\epsilon} \frac{\sin\theta}{r} \sum_{n=1,3}^{\infty} c_n \hat{H}_n^{(2)\prime}(kr) P_n'(\cos\theta) \tag{7.3.30}$$

$$H_\phi^{\text{ext}} = \frac{1}{\mu} \frac{\sin\theta}{r} \sum_{n=1,3}^{\infty} c_n \hat{H}_n^{(2)}(kr) P_n'(\cos\theta) \tag{7.3.31}$$

为了确定 R、a_{ν_i} 和 c_n，应用球面上($r = L$)场连续的边界条件，可得

$$\frac{1}{\sin\theta}(e^{-jkL} + R e^{jkL}) + \sin\theta \sum_{i=1,2}^{\infty} a_{\nu_i} \hat{J}_{\nu_i}'(kL) L_{\nu_i}'(\cos\theta)$$
$$= \sin\theta \sum_{n=1,3}^{\infty} c_n \hat{H}_n^{(2)\prime}(kL) P_n'(\cos\theta), \qquad \theta_0 \leqslant \theta \leqslant \pi - \theta_0 \tag{7.3.32}$$

$$\frac{j}{\sin\theta}(e^{-jkL} - R e^{jkL}) + \sin\theta \sum_{i=1,2}^{\infty} a_{\nu_i} \hat{J}_{\nu_i}(kL) L_{\nu_i}'(\cos\theta)$$
$$= \sin\theta \sum_{n=1,3}^{\infty} c_n \hat{H}_n^{(2)}(kL) P_n'(\cos\theta), \qquad \theta_0 \leqslant \theta \leqslant \pi - \theta_0 \tag{7.3.33}$$

对上两式进行如下三步处理：(1)对式(7.3.32)或式(7.3.33)从 θ_0 到 $\pi - \theta_0$ 进行积分；(2)将式(7.3.32)等号两边同乘以 $P_n'(\cos\theta)$，然后从 0 到 π 进行积分；(3)将式(7.3.33)等号两边同乘以 $L_{\nu_i}'(\cos\theta)$，然后从 θ_0 到 $\pi - \theta_0$ 进行积分。之后，再应用勒让德函数的正交性，从而得到一组线性方程组，从中可以求解出 R、a_{ν_i} 和 c_n。虽然基本思路不难理解，但完整的处理过程非常烦琐，有兴趣的读者可以参考谢昆诺夫的著作[6]。一旦求出这

些展开系数，就可以得到场分布，进而计算出所有感兴趣的参量。例如，圆锥之间的电压为

$$V(r) = \int_{\theta_0}^{\pi-\theta_0} \mathbf{E} \cdot \mathrm{d}\mathbf{l} = \int_{\theta_0}^{\pi-\theta_0} E_\theta^{\text{int}} r\,\mathrm{d}\theta = \frac{2\mathrm{j}k}{\omega\mu\epsilon}(\mathrm{e}^{-\mathrm{j}kr} + R\,\mathrm{e}^{\mathrm{j}kr})\ln\left(\cot\frac{\theta_0}{2}\right) \quad (7.3.34)$$

注意，在电压计算中，式(7.3.28)中高次模的反射场在积分后贡献为零。锥体上沿径向流动的电流为

$$\begin{aligned}
I(r) &= \oint_C \mathbf{H} \cdot \mathrm{d}\mathbf{l} = \int_0^{2\pi} H_\phi^{\text{int}} r\sin\theta\,\mathrm{d}\phi \\
&= \frac{2\pi}{\mu}\left[\mathrm{j}(\mathrm{e}^{-\mathrm{j}kr} - R\,\mathrm{e}^{\mathrm{j}kr}) + \sin^2\theta_0 \sum_{i=1,2}^\infty a_{v_i}\hat{J}_{v_i}(kr)L'_{v_i}(\cos\theta_0)\right]
\end{aligned} \quad (7.3.35)$$

因此，在 $r=0$ 处，输入阻抗为

$$Z_{\text{in}} = \frac{V(0)}{I(0)} = \frac{\eta}{\pi}\frac{1+R}{1-R}\ln\left(\cot\frac{\theta_0}{2}\right) \quad (7.3.36)$$

对式(7.3.32)从 θ_0 到 $\pi-\theta_0$ 进行积分，可以得到

$$(\mathrm{e}^{-\mathrm{j}kL} + R\,\mathrm{e}^{\mathrm{j}kL})\ln\left(\cot\frac{\theta_0}{2}\right) = \sum_{n=1,3}^\infty c_n\hat{H}_n^{(2)\prime}(kL)P_n(\cos\theta_0) \quad (7.3.37)$$

求解这个方程即可得到 R。显然，在式(7.3.37)中，由于 L 的存在，R 是频率的函数，因而输入阻抗随频率变化。

作为一个例子，图 7.3(a)给出了一个 $\theta_0 = 20°$ 的无限长双锥天线辐射的 TEM 模式磁场 H_ϕ 在半径为 5λ 区域内的瞬态场图。而图 7.3(b)为长度 $L = 3\lambda$ 的有限长双锥天线在同样区域、同一时刻的场图。从辐射场图中可以明显看出天线截断带来的影响。由于主模 TEM 模的电流仅有径向分量，实心双锥可以用由离散的径向导线构成的双锥代替，这样的结构可以减轻重量并降低风阻。此天线很容易制作，因此它是最广泛使用的宽带天线之一。

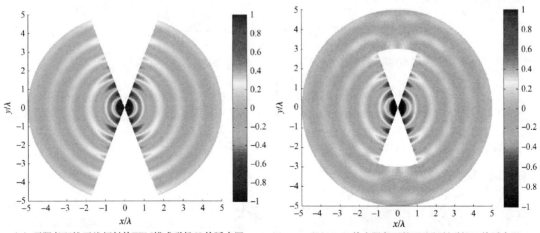

（a）无限长双锥天线辐射的TEM模式磁场H_ϕ的瞬态图　　　　（b）$L=3\lambda$的有限长双锥天线辐射磁场H_ϕ的瞬态图

图 7.3　半内角为 $\theta_0 = 20°$ 的双锥天线在半径为 5λ 区域的辐射

7.4　波变换和散射分析

这一节以散射问题的分析为例,说明如何求解球坐标系中的电磁边值问题。为此,我们首先讨论将平面波展开成球面波的波变换。然后,研究导体球和介质球对平面波的散射[4, 5, 7~9]。

7.4.1　波变换

考虑一个沿 z 方向传播的平面波,其波函数可以写为

$$\psi = \mathrm{e}^{-\mathrm{j}kz} = \mathrm{e}^{-\mathrm{j}kr\cos\theta} \tag{7.4.1}$$

由于 ψ 满足标量亥姆霍兹方程,并且与坐标 ϕ 无关,此波函数可以展开成 $m=0$ 的球面波函数的线性叠加,故有

$$\mathrm{e}^{-\mathrm{j}kr\cos\theta} = \sum_{n=0}^{\infty} a_n j_n(kr) P_n(\cos\theta) \tag{7.4.2}$$

式中, $P_n(\cos\theta) = P_n^0(\cos\theta)$ 为勒让德多项式。为了确定 a_n ,可将式(7.4.2)等号两边同乘以 $P_m(\cos\theta)\sin\theta$,然后对 θ 积分,得到

$$\int_0^\pi \mathrm{e}^{-\mathrm{j}kr\cos\theta} P_m(\cos\theta)\sin\theta\,\mathrm{d}\theta = \sum_{n=0}^{\infty} a_n j_n(kr)\int_0^\pi P_n(\cos\theta)P_m(\cos\theta)\sin\theta\,\mathrm{d}\theta \tag{7.4.3}$$

由于勒让德多项式满足如下正交关系[1]:

$$\int_0^\pi P_n(\cos\theta)P_m(\cos\theta)\sin\theta\,\mathrm{d}\theta = \begin{cases} 0, & n \neq m \\ \dfrac{2}{2n+1}, & n = m \end{cases} \tag{7.4.4}$$

因此式(7.4.3)变为

$$\int_0^\pi \mathrm{e}^{-\mathrm{j}kr\cos\theta} P_m(\cos\theta)\sin\theta\,\mathrm{d}\theta = \frac{2a_m}{2m+1} j_m(kr) \tag{7.4.5}$$

接下来,将式(7.4.5)等号两边对 kr 求 m 次导,然后令 $kr \to 0$,则等号左边项变为

$$\left[\frac{\mathrm{d}^m}{\mathrm{d}(kr)^m}\int_0^\pi \mathrm{e}^{-\mathrm{j}kr\cos\theta} P_m(\cos\theta)\sin\theta\,\mathrm{d}\theta\right]_{kr=0} = (-\mathrm{j})^m \int_0^\pi \cos^m\theta\, P_m(\cos\theta)\sin\theta\,\mathrm{d}\theta$$
$$= (-\mathrm{j})^m \int_{-1}^1 x^m P_m(x)\,\mathrm{d}x \tag{7.4.6}$$

将勒让德多项式的表达式:

$$P_m(x) = \frac{1}{2^m m!}\frac{\mathrm{d}^m}{\mathrm{d}x^m}(x^2-1)^m \tag{7.4.7}$$

代入式(7.4.6),然后进行 m 次分部积分,最终得到

$$\left[\frac{\mathrm{d}^m}{\mathrm{d}(kr)^m}\int_0^\pi \mathrm{e}^{-\mathrm{j}kr\cos\theta} P_m(\cos\theta)\sin\theta\,\mathrm{d}\theta\right]_{kr=0} = (-\mathrm{j})^m\frac{2m!}{1\cdot 3\cdot 5\cdots(2m+1)} \tag{7.4.8}$$

由球面贝塞尔函数的小变量近似

$$j_m(kr) \sim \frac{(kr)^m}{1 \cdot 3 \cdot 5 \cdots (2m+1)}, \quad kr \to 0 \qquad (7.4.9)$$

可得

$$\left[\frac{d^m}{d(kr)^m} \frac{2a_m}{2m+1} j_m(kr) \right]_{kr=0} = \frac{2a_m}{2m+1} \frac{m!}{1 \cdot 3 \cdot 5 \cdots (2m+1)} \qquad (7.4.10)$$

对比式(7.4.8)和式(7.4.10)，最后得到 $a_m = (-j)^m(2m+1)$。因此，式(7.4.2)变为

$$e^{-jkr\cos\theta} = \sum_{n=0}^{\infty} j^{-n}(2n+1)j_n(kr)P_n(\cos\theta) \qquad (7.4.11)$$

这个关系式称为**波变换**，它将平面波表示成球面波的线性叠加。类似地，也可以推导出将柱面波表示成球面波线性叠加的波变换。另一方面，球面波也可以展开为平面波或柱面波的线性叠加。图7.4展示了沿 z 方向传播的平面波随式(7.4.11)中求和项计算范围的增大而逐渐形成的过程。

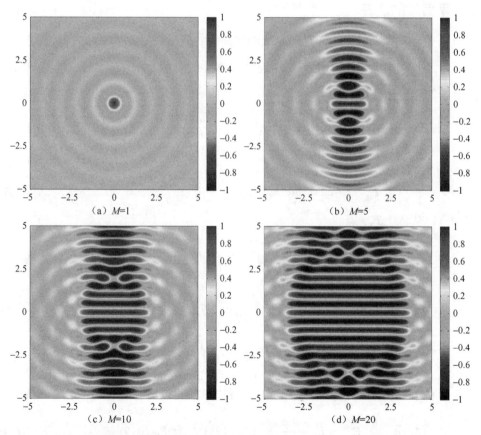

图7.4　球面波变换图解。图中给出的是当求和项计算范围从 0 到 M 时，式(7.4.11)等号右边实部的变化情况。显然，随着求和项计算范围的增大，在 $10\lambda \times 10\lambda$ 的区域内逐渐形成了平面波

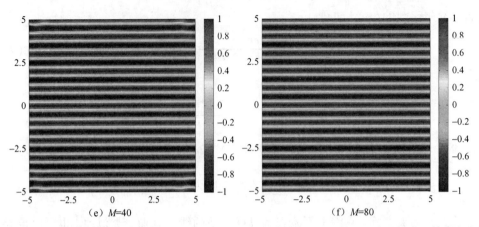

图 7.4(续)　球面波变换图解。图中给出的是当求和项计算范围从 0 到 M 时,式(7.4.11)等号右边实部的变化情况。显然,随着求和项计算范围的增大,在 $10\lambda \times 10\lambda$ 的区域内逐渐形成了平面波

7.4.2　平面波的展开

下面将平面波的球坐标分量展开成球面波函数。假设入射波为 x 方向极化,其电场为

$$\mathbf{E}^{\mathrm{inc}} = \hat{x}E_0\,\mathrm{e}^{-\mathrm{j}kz} = \hat{x}E_0\,\mathrm{e}^{-\mathrm{j}kr\cos\theta} \tag{7.4.12}$$

入射波电场的球坐标分量为

$$E_r^{\mathrm{inc}} = E_0\sin\theta\cos\phi\,\mathrm{e}^{-\mathrm{j}kr\cos\theta} = \frac{E_0\cos\phi}{\mathrm{j}kr}\frac{\partial}{\partial\theta}\,\mathrm{e}^{-\mathrm{j}kr\cos\theta} \tag{7.4.13}$$

$$E_\theta^{\mathrm{inc}} = E_0\cos\theta\cos\phi\,\mathrm{e}^{-\mathrm{j}kr\cos\theta} \tag{7.4.14}$$

$$E_\phi^{\mathrm{inc}} = -E_0\sin\phi\,\mathrm{e}^{-\mathrm{j}kr\cos\theta} \tag{7.4.15}$$

将式(7.4.11)代入上式,有

$$E_r^{\mathrm{inc}} = E_0\frac{\cos\phi}{\mathrm{j}kr}\sum_{n=0}^{\infty}\mathrm{j}^{-n}(2n+1)j_n(kr)\frac{\mathrm{d}P_n(\cos\theta)}{\mathrm{d}\theta} \tag{7.4.16}$$

$$E_\theta^{\mathrm{inc}} = E_0\cos\theta\cos\phi\sum_{n=0}^{\infty}\mathrm{j}^{-n}(2n+1)j_n(kr)P_n(\cos\theta) \tag{7.4.17}$$

$$E_\phi^{\mathrm{inc}} = -E_0\sin\phi\sum_{n=0}^{\infty}\mathrm{j}^{-n}(2n+1)j_n(kr)P_n(\cos\theta) \tag{7.4.18}$$

应用关系式 $\mathrm{d}P_n(\cos\theta)/\mathrm{d}\theta = P_n^1(\cos\theta)$,上面的场表达式也可以写成里卡蒂-贝塞尔函数的形式:

$$E_r^{\mathrm{inc}} = E_0\frac{\cos\phi}{\mathrm{j}(kr)^2}\sum_{n=0}^{\infty}\mathrm{j}^{-n}(2n+1)\hat{J}_n(kr)P_n^1(\cos\theta) \tag{7.4.19}$$

$$E_\theta^{\mathrm{inc}} = E_0\frac{\cos\theta\cos\phi}{kr}\sum_{n=0}^{\infty}\mathrm{j}^{-n}(2n+1)\hat{J}_n(kr)P_n(\cos\theta) \tag{7.4.20}$$

$$E_\phi^{\text{inc}} = -E_0 \frac{\sin\phi}{kr} \sum_{n=0}^{\infty} \text{j}^{-n}(2n+1)\hat{J}_n(kr)P_n(\cos\theta) \tag{7.4.21}$$

由电场求出相应的磁场分量为

$$H_r^{\text{inc}} = H_0 \frac{\sin\phi}{\text{j}(kr)^2} \sum_{n=0}^{\infty} \text{j}^{-n}(2n+1)\hat{J}_n(kr)P_n^1(\cos\theta) \tag{7.4.22}$$

$$H_\theta^{\text{inc}} = H_0 \frac{\cos\theta\sin\phi}{kr} \sum_{n=0}^{\infty} \text{j}^{-n}(2n+1)\hat{J}_n(kr)P_n(\cos\theta) \tag{7.4.23}$$

$$H_\phi^{\text{inc}} = H_0 \frac{\cos\phi}{kr} \sum_{n=0}^{\infty} \text{j}^{-n}(2n+1)\hat{J}_n(kr)P_n(\cos\theta) \tag{7.4.24}$$

式中，$H_0 = E_0/\eta$。

对比式(7.4.19)和式(7.1.30)，以及式(7.4.22)和式(7.1.27)，并且注意到里卡蒂-贝塞尔函数满足下面的偏微分方程：

$$\frac{\text{d}^2\hat{J}_n(z)}{\text{d}z^2} + \hat{J}_n(z) - \frac{n(n+1)}{z^2}\hat{J}_n(z) = 0 \tag{7.4.25}$$

可得入射场的 A_r 和 F_r 为

$$A_r^{\text{inc}} = E_0 \frac{\cos\phi}{\omega} \sum_{n=0}^{\infty} \text{j}^{-n}\frac{2n+1}{n(n+1)}\hat{J}_n(kr)P_n^1(\cos\theta) \tag{7.4.26}$$

$$F_r^{\text{inc}} = H_0 \frac{\sin\phi}{\omega} \sum_{n=0}^{\infty} \text{j}^{-n}\frac{2n+1}{n(n+1)}\hat{J}_n(kr)P_n^1(\cos\theta) \tag{7.4.27}$$

将上式代入式(7.1.28)、式(7.1.29)、式(7.1.31)和式(7.1.32)，则电场和磁场的 θ 方向分量和 ϕ 方向分量分别为

$$E_\theta^{\text{inc}} = -\frac{E_0\cos\phi}{kr} \sum_{n=1}^{\infty} \text{j}^{-n}\frac{2n+1}{n(n+1)} \left[\text{j}\hat{J}_n'(kr)\frac{\text{d}P_n^1(\cos\theta)}{\text{d}\theta} + \hat{J}_n(kr)\frac{P_n^1(\cos\theta)}{\sin\theta} \right] \tag{7.4.28}$$

$$E_\phi^{\text{inc}} = \frac{E_0\sin\phi}{kr} \sum_{n=1}^{\infty} \text{j}^{-n}\frac{2n+1}{n(n+1)} \left[\text{j}\hat{J}_n'(kr)\frac{P_n^1(\cos\theta)}{\sin\theta} + \hat{J}_n(kr)\frac{\text{d}P_n^1(\cos\theta)}{\text{d}\theta} \right] \tag{7.4.29}$$

$$H_\theta^{\text{inc}} = -\frac{H_0\sin\phi}{kr} \sum_{n=1}^{\infty} \text{j}^{-n}\frac{2n+1}{n(n+1)} \left[\hat{J}_n(kr)\frac{P_n^1(\cos\theta)}{\sin\theta} + \text{j}\hat{J}_n'(kr)\frac{\text{d}P_n^1(\cos\theta)}{\text{d}\theta} \right] \tag{7.4.30}$$

$$H_\phi^{\text{inc}} = -\frac{H_0\cos\phi}{kr} \sum_{n=1}^{\infty} \text{j}^{-n}\frac{2n+1}{n(n+1)} \left[\hat{J}_n(kr)\frac{\text{d}P_n^1(\cos\theta)}{\text{d}\theta} + \text{j}\hat{J}_n'(kr)\frac{P_n^1(\cos\theta)}{\sin\theta} \right] \tag{7.4.31}$$

利用连带勒让德多项式和里卡蒂-贝塞尔函数的性质，可证明这些表达式与式(7.4.20)、式(7.4.21)、式(7.4.23)和式(7.4.24)等价。

7.4.3　导体球的散射

将入射平面波展开为球面波之后，现在考虑导体球对平面波的散射问题。如图 7.5 所

示,半径为 a 的导体球中心位于球坐标系原点。由于任意电磁波可以展开成 TE_r 和 TM_r 波的叠加,参考式(7.4.26)和式(7.4.27),散射场的 A_r 和 F_r 可以展开为

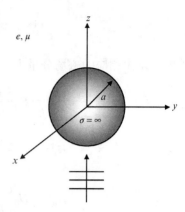

$$A_r^{sc} = E_0 \frac{\cos\phi}{\omega} \sum_{n=0}^{\infty} a_n \hat{H}_n^{(2)}(kr) P_n^1(\cos\theta) \quad (7.4.32)$$

$$F_r^{sc} = H_0 \frac{\sin\phi}{\omega} \sum_{n=0}^{\infty} b_n \hat{H}_n^{(2)}(kr) P_n^1(\cos\theta) \quad (7.4.33)$$

由此得到散射场电场和磁场的球坐标分量为

图 7.5　导体球对平面波的散射

$$E_r^{sc} = E_0 \frac{\cos\phi}{j(kr)^2} \sum_{n=0}^{\infty} a_n n(n+1) \hat{H}_n^{(2)}(kr) P_n^1(\cos\theta)$$
$$(7.4.34)$$

$$E_\theta^{sc} = -\frac{E_0 \cos\phi}{kr} \sum_{n=1}^{\infty} \left[a_n j \hat{H}_n^{(2)\prime}(kr) \frac{dP_n^1(\cos\theta)}{d\theta} + b_n \hat{H}_n^{(2)}(kr) \frac{P_n^1(\cos\theta)}{\sin\theta} \right] \quad (7.4.35)$$

$$E_\phi^{sc} = \frac{E_0 \sin\phi}{kr} \sum_{n=1}^{\infty} \left[a_n j \hat{H}_n^{(2)\prime}(kr) \frac{P_n^1(\cos\theta)}{\sin\theta} + b_n \hat{H}_n^{(2)}(kr) \frac{dP_n^1(\cos\theta)}{d\theta} \right] \quad (7.4.36)$$

$$H_r^{sc} = H_0 \frac{\sin\phi}{j(kr)^2} \sum_{n=0}^{\infty} b_n n(n+1) \hat{H}_n^{(2)}(kr) P_n^1(\cos\theta) \quad (7.4.37)$$

$$H_\theta^{sc} = -\frac{H_0 \sin\phi}{kr} \sum_{n=1}^{\infty} \left[a_n \hat{H}_n^{(2)}(kr) \frac{P_n^1(\cos\theta)}{\sin\theta} + b_n j \hat{H}_n^{(2)\prime}(kr) \frac{dP_n^1(\cos\theta)}{d\theta} \right] \quad (7.4.38)$$

$$H_\phi^{sc} = -\frac{H_0 \cos\phi}{kr} \sum_{n=1}^{\infty} \left[a_n \hat{H}_n^{(2)}(kr) \frac{dP_n^1(\cos\theta)}{d\theta} + b_n j \hat{H}_n^{(2)\prime}(kr) \frac{P_n^1(\cos\theta)}{\sin\theta} \right] \quad (7.4.39)$$

由于导体球表面总电场的切向分量为零,因此有

$$\left[E_\theta^{inc} + E_\theta^{sc} \right]_{r=a} = 0 \quad \text{和} \quad \left[E_\phi^{inc} + E_\phi^{sc} \right]_{r=a} = 0 \quad (7.4.40)$$

应用这两个边界条件,可得

$$a_n = -j^{-n} \frac{2n+1}{n(n+1)} \frac{\hat{J}_n'(ka)}{\hat{H}_n^{(2)\prime}(ka)} \quad (7.4.41)$$

$$b_n = -j^{-n} \frac{2n+1}{n(n+1)} \frac{\hat{J}_n(ka)}{\hat{H}_n^{(2)}(ka)} \quad (7.4.42)$$

由此得到空间任何位置的散射场,这个解称为 **Mie 级数解**。图 7.6 为半径为 1λ 的导体球在 E 面和 H 面上的散射场和总场。其中 E 面为包含矢量 **E** 的平面,H 面为包含矢量 **H** 的平面。在这个例子中,E 面为 xz 平面,H 面为 yz 平面。

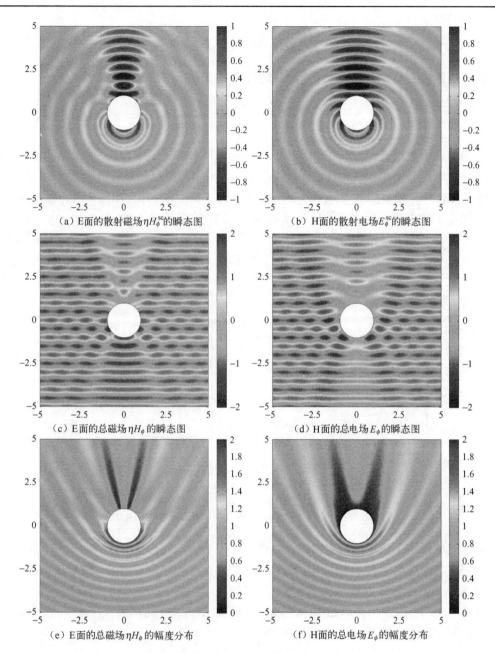

（a）E 面的散射磁场 $\eta H_\phi^{\mathrm{sc}}$ 的瞬态图

（b）H 面的散射电场 E_ϕ^{sc} 的瞬态图

（c）E 面的总磁场 ηH_ϕ 的瞬态图

（d）H 面的总电场 E_ϕ 的瞬态图

（e）E 面的总磁场 ηH_ϕ 的幅度分布

（f）H 面的总电场 E_ϕ 的幅度分布

图 7.6 半径为 1λ 的导体球的散射。图中，场的数值均对入射电场的幅度进行了归一

在远场区域，$kr \gg 1$，由里卡蒂–汉克尔函数的大变量近似：

$$\hat{H}_n^{(2)}(kr) \approx \mathrm{j}^{n+1}\,\mathrm{e}^{-\mathrm{j}kr}, \quad kr \to \infty \tag{7.4.43}$$

得到散射电场的主要分量为

$$E_\theta^{\mathrm{sc}} \approx -\mathrm{j}E_0\cos\phi\,\frac{\mathrm{e}^{-\mathrm{j}kr}}{kr}\sum_{n=1}^{\infty}\mathrm{j}^n\left[a_n\frac{\mathrm{d}P_n^1(\cos\theta)}{\mathrm{d}\theta}+b_n\frac{P_n^1(\cos\theta)}{\sin\theta}\right] \tag{7.4.44}$$

$$E_\phi^{\text{sc}} \approx jE_0 \sin\phi \frac{e^{-jkr}}{kr} \sum_{n=1}^{\infty} j^n \left[a_n \frac{P_n^1(\cos\theta)}{\sin\theta} + b_n \frac{dP_n^1(\cos\theta)}{d\theta} \right] \qquad (7.4.45)$$

已知远场表达式,用下式可以计算双站**雷达截面积**(RCS):

$$\sigma_{3D}(\theta,\phi) = \lim_{r\to\infty} \left[4\pi r^2 \frac{|E^{\text{sc}}|^2}{|E^{\text{inc}}|^2} \right] \qquad (7.4.46)$$

从散射场的远场表达式中,不难发现 RCS 与距离 r 和入射场幅度无关,而仅仅是角度和波数的函数。RCS 和面积具有相同的量纲,其单位为 m^2 或 λ^2。在对数坐标下绘制 RCS 曲线时,通常先按 $10\log(\sigma_{3D}/m^2)$ 或 $10\log(\sigma_{3D}/\lambda^2)$ 把 RCS 归一化,相应的单位为 dBsm 或 dBsw。图 7.7 为三个不同半径的导体球 E 面和 H 面的双站 RCS 曲线。从曲线中看到,E 面的双站 RCS 曲线比 H 面的起伏大,其变化幅度在大球时尤其明显。这种变化由球体表面的爬行波干涉引起,爬行波存在于 E 面,在 H 面不存在。

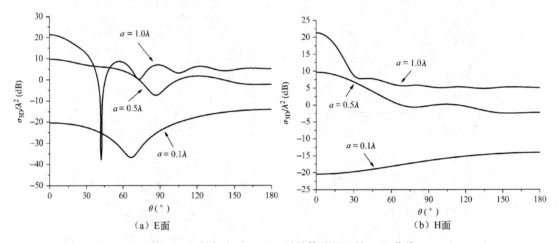

（a）E面　　　　　　　　　　　　　　（b）H面

图 7.7　入射角为 $\theta^{\text{inc}} = 180°$ 时导体球的双站 RCS 曲线

RCS 表征了一个物体的散射特性。其值等于一个各向同性散射体的截面积,而此各向同性散射体与原散射体在观察方向上的散射场功率密度相同。各向同性散射体截获的入射波功率等于 RCS 乘以入射波的功率密度,并将此功率均匀地向各个方向散射。当观察方向为入射波方向时,RCS 称为**单站 RCS**,或称为**后向 RCS**。在此例中,入射方向为 $\theta=\pi$,由连带勒让德多项式的特性,有

$$\left[\frac{P_n^1(\cos\theta)}{\sin\theta} \right]_{\theta=\pi} = \left[-\frac{dP_n^1(\cos\theta)}{d\theta} \right]_{\theta=\pi} = (-1)^n \frac{n(n+1)}{2} \qquad (7.4.47)$$

因此,导体球的单站 RCS 为

$$\sigma_{3D} = \frac{\lambda^2}{4\pi} \left| \sum_{n=1}^{\infty} (-1)^n \frac{2n+1}{\hat{H}_n^{(2)\prime}(ka)\hat{H}_n^{(2)}(ka)} \right|^2 \qquad (7.4.48)$$

图 7.8 给出了导体球的单站 RCS 随 a/λ 的变化曲线,其中 RCS 的值对截面积 πa^2 进行了归一。图中有三个不同的区域,在第一个区域,$a/\lambda < 0.1$,由里卡蒂-贝塞尔函数的小变量近似,可知

RCS 近似为

$$\lim_{a/\lambda \to 0} \sigma_{3D} \approx \frac{9\lambda^2}{4\pi}(ka)^6 \propto \frac{1}{\lambda^4} \tag{7.4.49}$$

此 RCS 随着波长的减小或频率的增大而急剧增大，这个区域称为**瑞利散射区**。在第二个区域，$0.1<a/\lambda<2$，RCS 围绕着 πa^2 上下振荡，这个区域称为**谐振区**。在谐振区为了求 RCS，则需要不断增大式(7.4.48)中的求和项计算范围，直至结果收敛。在第三个区域，$a/\lambda>2$，由里卡蒂–贝塞尔函数的大变量近似可知式(7.4.48)变为

$$\lim_{a/\lambda \to \infty} \sigma_{3D} \approx \pi a^2 \tag{7.4.50}$$

这个区域称为**光学区**，此时球体与波长相比是很大的。

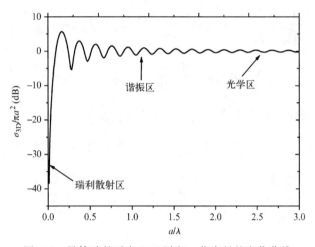

图 7.8 导体球的后向 RCS 随归一化半径的变化曲线

7.4.4 介质球的散射

采用同样的方法，我们可以分析介质球对平面波的散射。此时散射场仍可展开为式(7.4.32)至式(7.4.39)。假定介质球的半径为 a，介电常数为 ϵ_d 且磁导率为 μ_d(见图7.9)，介质球内部的场则可以展开为 TE_r 和 TM_r 波。参考式(7.4.26)和式(7.4.27)，内部场的 A_r 和 F_r 可以展开为

$$A_r^{\text{int}} = E_0 \frac{\cos\phi}{\omega} \sum_{n=0}^{\infty} c_n \hat{J}_n(k_d r) P_n^1(\cos\theta) \tag{7.4.51}$$

$$F_r^{\text{int}} = E_0 \frac{\sin\phi}{\omega\eta_d} \sum_{n=0}^{\infty} d_n \hat{J}_n(k_d r) P_n^1(\cos\theta) \tag{7.4.52}$$

式中，$k_d = \omega\sqrt{\mu_d \epsilon_d}$，$\eta_d = \sqrt{\mu_d/\epsilon_d}$。由此可得内部场电场和磁场的球坐标分量为

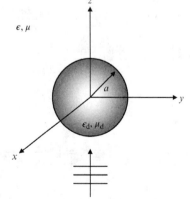

图 7.9 介质球对平面波的散射

$$E_r^{\text{int}} = E_0 \frac{\cos\phi}{\mathrm{j}(k_\mathrm{d}r)^2} \sum_{n=0}^{\infty} c_n n(n+1)\hat{J}_n(k_\mathrm{d}r)P_n^1(\cos\theta) \tag{7.4.53}$$

$$E_\theta^{\text{int}} = -\frac{E_0\cos\phi}{k_\mathrm{d}r} \sum_{n=1}^{\infty} \left[c_n\mathrm{j}\hat{J}_n'(k_\mathrm{d}r)\frac{\mathrm{d}P_n^1(\cos\theta)}{\mathrm{d}\theta} + d_n\hat{J}_n(k_\mathrm{d}r)\frac{P_n^1(\cos\theta)}{\sin\theta} \right] \tag{7.4.54}$$

$$E_\phi^{\text{int}} = \frac{E_0\sin\phi}{k_\mathrm{d}r} \sum_{n=1}^{\infty} \left[c_n\mathrm{j}\hat{J}_n'(k_\mathrm{d}r)\frac{P_n^1(\cos\theta)}{\sin\theta} + d_n\hat{J}_n(k_\mathrm{d}r)\frac{\mathrm{d}P_n^1(\cos\theta)}{\mathrm{d}\theta} \right] \tag{7.4.55}$$

$$H_r^{\text{int}} = E_0 \frac{\sin\phi}{\mathrm{j}\eta_\mathrm{d}(k_\mathrm{d}r)^2} \sum_{n=0}^{\infty} d_n n(n+1)\hat{J}_n(k_\mathrm{d}r)P_n^1(\cos\theta) \tag{7.4.56}$$

$$H_\theta^{\text{int}} = -\frac{E_0\sin\phi}{\eta_\mathrm{d}k_\mathrm{d}r} \sum_{n=1}^{\infty} \left[c_n\hat{J}_n(k_\mathrm{d}r)\frac{P_n^1(\cos\theta)}{\sin\theta} + d_n\mathrm{j}\hat{J}_n'(k_\mathrm{d}r)\frac{\mathrm{d}P_n^1(\cos\theta)}{\mathrm{d}\theta} \right] \tag{7.4.57}$$

$$H_\phi^{\text{int}} = -\frac{E_0\cos\phi}{\eta_\mathrm{d}k_\mathrm{d}r} \sum_{n=1}^{\infty} \left[c_n\hat{J}_n(k_\mathrm{d}r)\frac{\mathrm{d}P_n^1(\cos\theta)}{\mathrm{d}\theta} + d_n\mathrm{j}\hat{J}_n'(k_\mathrm{d}r)\frac{P_n^1(\cos\theta)}{\sin\theta} \right] \tag{7.4.58}$$

由于电场和磁场的切向分量在介质球表面应该连续, 故有

$$\left[E_\theta^{\text{inc}} + E_\theta^{\text{sc}} \right]_{r=a} = \left[E_\theta^{\text{int}} \right]_{r=a}, \qquad \left[E_\phi^{\text{inc}} + E_\phi^{\text{sc}} \right]_{r=a} = \left[E_\phi^{\text{int}} \right]_{r=a} \tag{7.4.59}$$

$$\left[H_\theta^{\text{inc}} + H_\theta^{\text{sc}} \right]_{r=a} = \left[H_\theta^{\text{int}} \right]_{r=a}, \qquad \left[H_\phi^{\text{inc}} + H_\phi^{\text{sc}} \right]_{r=a} = \left[H_\phi^{\text{int}} \right]_{r=a} \tag{7.4.60}$$

应用这些边界条件后, 可得

$$\mathrm{j}^{-n}\frac{2n+1}{n(n+1)}\hat{J}_n(ka) + a_n\hat{H}_n^{(2)}(ka) = \frac{\mu}{\mu_\mathrm{d}}c_n\hat{J}_n(k_\mathrm{d}a) \tag{7.4.61}$$

$$\mathrm{j}^{-n}\frac{2n+1}{n(n+1)}\hat{J}_n'(ka) + a_n\hat{H}_n^{(2)\prime}(ka) = \frac{k}{k_\mathrm{d}}c_n\hat{J}_n'(k_\mathrm{d}a) \tag{7.4.62}$$

$$\mathrm{j}^{-n}\frac{2n+1}{n(n+1)}\hat{J}_n(ka) + b_n\hat{H}_n^{(2)}(ka) = \frac{k}{k_\mathrm{d}}d_n\hat{J}_n(k_\mathrm{d}a) \tag{7.4.63}$$

$$\mathrm{j}^{-n}\frac{2n+1}{n(n+1)}\hat{J}_n'(ka) + b_n\hat{H}_n^{(2)\prime}(ka) = \frac{\mu}{\mu_\mathrm{d}}d_n\hat{J}_n'(k_\mathrm{d}a) \tag{7.4.64}$$

求解上面的方程, 可得

$$a_n = \mathrm{j}^{-n}\frac{2n+1}{n(n+1)}\frac{\sqrt{\epsilon_\mathrm{r}}\hat{J}_n'(ka)\hat{J}_n(k_\mathrm{d}a) - \sqrt{\mu_\mathrm{r}}\hat{J}_n(ka)\hat{J}_n'(k_\mathrm{d}a)}{\sqrt{\mu_\mathrm{r}}\hat{H}_n^{(2)}(ka)\hat{J}_n'(k_\mathrm{d}a) - \sqrt{\epsilon_\mathrm{r}}\hat{H}_n^{(2)\prime}(ka)\hat{J}_n(k_\mathrm{d}a)} \tag{7.4.65}$$

$$b_n = \mathrm{j}^{-n}\frac{2n+1}{n(n+1)}\frac{\sqrt{\mu_\mathrm{r}}\hat{J}_n'(ka)\hat{J}_n(k_\mathrm{d}a) - \sqrt{\epsilon_\mathrm{r}}\hat{J}_n(ka)\hat{J}_n'(k_\mathrm{d}a)}{\sqrt{\epsilon_\mathrm{r}}\hat{H}_n^{(2)}(ka)\hat{J}_n'(k_\mathrm{d}a) - \sqrt{\mu_\mathrm{r}}\hat{H}_n^{(2)\prime}(ka)\hat{J}_n(k_\mathrm{d}a)} \tag{7.4.66}$$

$$c_n = \mathrm{j}^{-n}\frac{2n+1}{n(n+1)}\frac{\mathrm{j}\sqrt{\epsilon_\mathrm{r}\mu_\mathrm{r}}}{\sqrt{\mu_\mathrm{r}}\hat{H}_n^{(2)}(ka)\hat{J}_n'(k_\mathrm{d}a) - \sqrt{\epsilon_\mathrm{r}}\hat{H}_n^{(2)\prime}(ka)\hat{J}_n(k_\mathrm{d}a)} \tag{7.4.67}$$

$$d_n = j^{-n} \frac{2n+1}{n(n+1)} \frac{j\sqrt{\epsilon_r \mu_r}}{\sqrt{\epsilon_r} \hat{H}_n^{(2)}(ka)\hat{J}_n'(k_d a) - \sqrt{\mu_r} \hat{H}_n^{(2)'}(ka)\hat{J}_n(k_d a)} \quad (7.4.68)$$

式中，$\epsilon_r = \epsilon_d/\epsilon$ 和 $\mu_r = \mu_d/\mu$ 表示介质球相对于背景媒质的相对介电常数和相对磁导率。在上面的推导中，应用了里卡蒂–贝塞尔函数的朗斯基关系式 $\hat{J}_n(z)\hat{H}_n^{(2)'}(z) - \hat{J}_n'(z)\hat{H}_n^{(2)}(z) = -j$。

为了展示介质球的散射特性，图 7.10 给出了半径为 λ，相对介电常数为 2.56 的介质球在 E 面和 H 面的散射场和总场。图 7.11 为三个不同半径介质球的双站 RCS 曲线，图 7.12 为单站 RCS 随介质球半径的变化曲线。

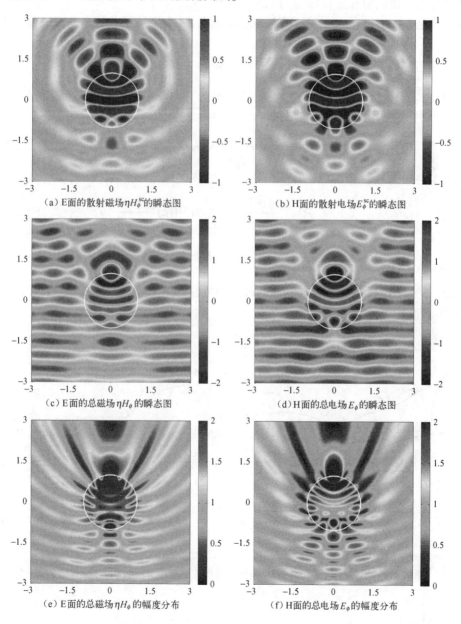

(a) E面的散射磁场 ηH_ϕ^{sc} 的瞬态图

(b) H面的散射电场 E_ϕ^{sc} 的瞬态图

(c) E面的总磁场 ηH_ϕ 的瞬态图

(d) H面的总电场 E_ϕ 的瞬态图

(e) E面的总磁场 ηH_ϕ 的幅度分布

(f) H面的总电场 E_ϕ 的幅度分布

图 7.10　半径为 1λ，相对介电常数 2.56 的介质球的散射。图中，场的数值均对入射电场的幅度进行了归一

当球体的电导率为 σ 时，介电常数 ϵ_d 是一个复数值，其虚部为 $\sigma/j\omega$。当 $\sigma \to \infty$ 时，式(7.4.65)至式(7.4.68)可简化为

$$a_n = -j^{-n}\frac{2n+1}{n(n+1)}\frac{\hat{J}'_n(ka)}{\hat{H}^{(2)\prime}_n(ka)}, \qquad c_n = 0 \qquad\qquad (7.4.69)$$

$$b_n = -j^{-n}\frac{2n+1}{n(n+1)}\frac{\hat{J}_n(ka)}{\hat{H}^{(2)}_n(ka)}, \qquad d_n = 0 \qquad\qquad (7.4.70)$$

这个结果与前面得到的理想导体球的散射解一致。

对于满足 $ka \ll 1$ 和 $k_d a \ll 1$ 的小介质球，由里卡蒂-贝塞尔函数的小变量近似

$$\hat{J}_n(z) \sim \frac{z^{n+1}}{1 \cdot 3 \cdot 5 \cdots (2n+1)}, \qquad 当\ z \to 0 \qquad\qquad (7.4.71)$$

可以看出，解中的级数项随着 n 的增大而迅速衰减。因此，可以仅保留式中的第一项，这样就得到了小介质球散射的近似解。由小变量近似

$$\hat{J}_1(z) \approx \frac{z^2}{3}, \qquad \hat{H}^{(2)}_1(z) \approx \frac{j}{z}, \qquad 当\ z \to 0 \qquad\qquad (7.4.72)$$

可以求得第一项的系数为

$$a_1 \approx -(ka)^3\frac{\epsilon_r - 1}{\epsilon_r + 2}, \qquad b_1 \approx -(ka)^3\frac{\mu_r - 1}{\mu_r + 2} \qquad\qquad (7.4.73)$$

$$c_1 \approx \frac{9}{2j(\epsilon_r + 2)}, \qquad d_1 \approx \frac{9}{2j(\mu_r + 2)}\sqrt{\frac{\mu_r}{\epsilon_r}} \qquad\qquad (7.4.74)$$

此时 RCS 仍然与 $1/\lambda^4$ 成正比，具有瑞利散射的特性。图 7.12 中可以清楚地观察到这种瑞利散射的特性。

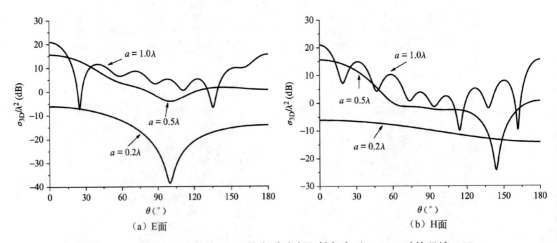

(a) E面　　　　　　　　　　　　　　　(b) H面

图 7.11　相对介电常数为 2.56 的介质球在入射角为 $\theta^{inc} = 180°$ 时的双站 RCS

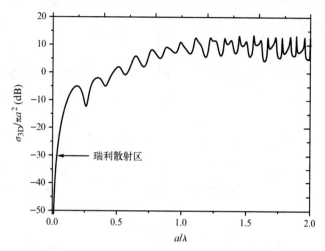

图 7.12　相对介电常数为 2.56 的介质球的单站 RCS

7.4.5　多层介质球的散射

7.4.4 节中介质球散射问题的解可以进一步推广到多层介质球的情况。考虑图 7.13 所示的 m 层介质球，每一层的半径、介电常数和磁导率分别为 a_i、ϵ_i 和 $\mu_i (i=1,2,\cdots,m)$。散射场的 A_r 和 F_r 可分别表示为

$$A_r^{\text{sc}} = E_0 \frac{\cos\phi}{\omega} \sum_{n=0}^{\infty} a_n \hat{H}_n^{(2)}(kr) P_n^1(\cos\theta) \qquad (7.4.75)$$

$$F_r^{\text{sc}} = H_0 \frac{\sin\phi}{\omega} \sum_{n=0}^{\infty} b_n \hat{H}_n^{(2)}(kr) P_n^1(\cos\theta) \qquad (7.4.76)$$

第 i 层 $(i=1,2,\cdots,m)$ 中的场的 A_r 和 F_r 可分别表示为

$$A_r^{(i)} = E_0 \frac{\cos\phi}{\omega} \sum_{n=0}^{\infty} \left[c_n^{(i)} \hat{H}_n^{(1)}(k_i r) + d_n^{(i)} \hat{H}_n^{(2)}(k_i r) \right] P_n^1(\cos\theta)$$

$$(7.4.77)$$

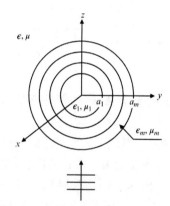

图 7.13　多层介质球对平面波的散射

$$F_r^{(i)} = E_0 \frac{\sin\phi}{\omega\eta_i} \sum_{n=0}^{\infty} \left[\tilde{c}_n^{(i)} \hat{H}_n^{(1)}(k_i r) + \tilde{d}_n^{(i)} \hat{H}_n^{(2)}(k_i r) \right] P_n^1(\cos\theta)$$

$$(7.4.78)$$

式中，$k_i = \omega\sqrt{\mu_i \epsilon_i}$，$\eta_i = \sqrt{\mu_i/\epsilon_i}$。

应用 $r=a_i (i=1,2,\cdots,m-1)$ 处的切向场分量连续条件，有

$$\frac{1}{\mu_{i+1}} \left[c_n^{(i+1)} \hat{H}_n^{(1)}(k_{i+1} a_i) + d_n^{(i+1)} \hat{H}_n^{(2)}(k_{i+1} a_i) \right] = \frac{1}{\mu_i} \left[c_n^{(i)} \hat{H}_n^{(1)}(k_i a_i) + d_n^{(i)} \hat{H}_n^{(2)}(k_i a_i) \right] \quad (7.4.79)$$

$$\frac{1}{k_{i+1}} \left[c_n^{(i+1)} \hat{H}_n^{(1)\prime}(k_{i+1} a_i) + d_n^{(i+1)} \hat{H}_n^{(2)\prime}(k_{i+1} a_i) \right] = \frac{1}{k_i} \left[c_n^{(i)} \hat{H}_n^{(1)\prime}(k_i a_i) + d_n^{(i)} \hat{H}_n^{(2)\prime}(k_i a_i) \right] \quad (7.4.80)$$

$$\frac{1}{k_{i+1}}\left[\tilde{c}_n^{(i+1)}\hat{H}_n^{(1)}(k_{i+1}a_i)+\tilde{d}_n^{(i+1)}\hat{H}_n^{(2)}(k_{i+1}a_i)\right]=\frac{1}{k_i}\left[\tilde{c}_n^{(i)}\hat{H}_n^{(1)}(k_ia_i)+\tilde{d}_n^{(i)}\hat{H}_n^{(2)}(k_ia_i)\right] \quad (7.4.81)$$

$$\frac{1}{\mu_{i+1}}\left[\tilde{c}_n^{(i+1)}\hat{H}_n^{(1)\prime}(k_{i+1}a_i)+\tilde{d}_n^{(i+1)}\hat{H}_n^{(2)\prime}(k_{i+1}a_i)\right]=\frac{1}{\mu_i}\left[\tilde{c}_n^{(i)}\hat{H}_n^{(1)\prime}(k_ia_i)+\tilde{d}_n^{(i)}\hat{H}_n^{(2)\prime}(k_ia_i)\right] \quad (7.4.82)$$

根据这些方程可得递推公式:

$$\hat{R}_{\mathrm{H}}^{(i)}=\sqrt{\frac{\mu_{i+1}\epsilon_i}{\epsilon_{i+1}\mu_i}}\,\frac{\hat{H}_n^{(1)}(k_ia_i)+\dfrac{d_n^{(i)}}{c_n^{(i)}}\hat{H}_n^{(2)}(k_ia_i)}{\hat{H}_n^{(1)\prime}(k_ia_i)+\dfrac{d_n^{(i)}}{c_n^{(i)}}\hat{H}_n^{(2)\prime}(k_ia_i)}\,,\quad i=1,2,\cdots,m \quad (7.4.83)$$

$$\hat{R}_{\mathrm{E}}^{(i)}=\sqrt{\frac{\epsilon_{i+1}\mu_i}{\mu_{i+1}\epsilon_i}}\,\frac{\hat{H}_n^{(1)}(k_ia_i)+\dfrac{\tilde{d}_n^{(i)}}{\tilde{c}_n^{(i)}}\hat{H}_n^{(2)}(k_ia_i)}{\hat{H}_n^{(1)\prime}(k_ia_i)+\dfrac{\tilde{d}_n^{(i)}}{\tilde{c}_n^{(i)}}\hat{H}_n^{(2)\prime}(k_ia_i)}\,,\quad i=1,2,\cdots,m \quad (7.4.84)$$

式中, $\epsilon_{m+1}=\epsilon$, $\mu_{m+1}=\mu$。此外

$$\frac{d_n^{(i)}}{c_n^{(i)}}=-\frac{\hat{H}_n^{(1)}(k_ia_{i-1})-\hat{R}_{\mathrm{H}}^{(i-1)}\hat{H}_n^{(1)\prime}(k_ia_{i-1})}{\hat{H}_n^{(2)}(k_ia_{i-1})-\hat{R}_{\mathrm{H}}^{(i-1)}\hat{H}_n^{(2)\prime}(k_ia_{i-1})}\,,\quad i=2,3,\cdots,m$$
$$(7.4.85)$$

$$\frac{\tilde{d}_n^{(i)}}{\tilde{c}_n^{(i)}}=-\frac{\hat{H}_n^{(1)}(k_ia_{i-1})-\hat{R}_{\mathrm{E}}^{(i-1)}\hat{H}_n^{(1)\prime}(k_ia_{i-1})}{\hat{H}_n^{(2)}(k_ia_{i-1})-\hat{R}_{\mathrm{E}}^{(i-1)}\hat{H}_n^{(2)\prime}(k_ia_{i-1})}\,,\quad i=2,3,\cdots,m$$
$$(7.4.86)$$

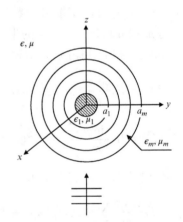

图 7.14　最内层包含导体球的多层
介质球对平面波的散射

上述递推计算从 $d_n^{(1)}/c_n^{(1)}$ 和 $\tilde{d}_n^{(1)}/\tilde{c}_n^{(1)}$ 开始,而这两个值由最内层的介质球确定。若最内层是均匀的(见图 7.13),则 $d_n^{(1)}/c_n^{(1)}=1$, $\tilde{d}_n^{(1)}/\tilde{c}_n^{(1)}=1$,这样场值在中心处有限且连续。而若最内层包含半径为 $a_0(a_0<a_1)$ 的理想导体球(见图 7.14),应用导体表面的边界条件 $E_\theta^{(1)}\big|_{\rho=a_0}=0$ 和 $E_\phi^{(1)}\big|_{\rho=a_0}=0$,则可得

$$\frac{d_n^{(1)}}{c_n^{(1)}}=-\frac{\hat{H}_n^{(1)\prime}(k_1a_0)}{\hat{H}_n^{(2)\prime}(k_1a_0)},\qquad \frac{\tilde{d}_n^{(1)}}{\tilde{c}_n^{(1)}}=-\frac{\hat{H}_n^{(1)}(k_1a_0)}{\hat{H}_n^{(2)}(k_1a_0)} \quad (7.4.87)$$

在通过递推求出 $\hat{R}_{\mathrm{H}}^{(m)}$ 和 $\hat{R}_{\mathrm{E}}^{(m)}$ 后,应用 $r=a_m$ 处的切向场分量连续条件,可得

$$\mathrm{j}^{-n}\frac{2n+1}{n(n+1)}\hat{J}_n(ka)+a_n\hat{H}_n^{(2)}(ka)=\frac{\mu}{\mu_m}\left[c_n^{(m)}\hat{H}_n^{(1)}(k_ma_m)+d_n^{(m)}\hat{H}_n^{(2)}(k_ma_m)\right] \quad (7.4.88)$$

$$\mathrm{j}^{-n}\frac{2n+1}{n(n+1)}\hat{J}_n'(ka)+a_n\hat{H}_n^{(2)\prime}(ka)=\frac{k}{k_m}\left[c_n^{(m)}\hat{H}_n^{(1)\prime}(k_ma_m)+d_n^{(m)}\hat{H}_n^{(2)\prime}(k_ma_m)\right] \quad (7.4.89)$$

$$\mathrm{j}^{-n}\frac{2n+1}{n(n+1)}\hat{J}_n(ka)+b_n\hat{H}_n^{(2)}(ka)=\frac{k}{k_m}\left[\tilde{c}_n^{(m)}\hat{H}_n^{(1)}(k_ma_m)+\tilde{d}_n^{(m)}\hat{H}_n^{(2)}(k_ma_m)\right] \quad (7.4.90)$$

$$j^{-n}\frac{2n+1}{n(n+1)}\hat{J}'_n(ka) + b_n\hat{H}^{(2)'}_n(ka) = \frac{\mu}{\mu_m}\left[\tilde{c}^{(m)}_n\hat{H}^{(1)'}_n(k_m a_m) + \tilde{d}^{(m)}_n\hat{H}^{(2)'}_n(k_m a_m)\right] \tag{7.4.91}$$

从上式可以解出 a_n 和 b_n 为

$$a_n = -j^{-n}\frac{2n+1}{n(n+1)}\frac{\hat{J}_n(ka_m) - \hat{R}^{(m)}_H\hat{J}'_n(ka_m)}{\hat{H}^{(2)}_n(ka_m) - \hat{R}^{(m)}_H\hat{H}^{(2)'}_n(ka_m)} \tag{7.4.92}$$

$$b_n = -j^{-n}\frac{2n+1}{n(n+1)}\frac{\hat{J}_n(ka_m) - \hat{R}^{(m)}_E\hat{J}'_n(ka_m)}{\hat{H}^{(2)}_n(ka_m) - \hat{R}^{(m)}_E\hat{H}^{(2)'}_n(ka_m)} \tag{7.4.93}$$

求出 a_n 和 b_n 之后，就可以由式(7.4.32)至式(7.4.39)计算散射场。如果还希望得到介质球的内部场，则可以从第 m 层出发，利用在递推过程中求得的 a_n 和 b_n 值，以及比值 $d^{(i)}_n/c^{(i)}_n$ 和 $\tilde{d}^{(i)}_n/\tilde{c}^{(i)}_n$，计算出每一层的展开系数 $c^{(i)}_n$、$d^{(i)}_n$、$\tilde{c}^{(i)}_n$ 和 $\tilde{d}^{(i)}_n$。

7.5 加法定理和辐射分析

这一节首先推导将偏离中心的球面波展开成球面波函数的加法定理。然后求解下面几个球坐标系中的辐射问题：球面电流在自由空间中的辐射，导体球或介质球存在时球面电流的辐射，导体锥存在时球面电流的辐射。

7.5.1 球面波函数的加法定理

考虑一个位于 $\mathbf{r}'$ 处的时谐点电荷 q，此电荷产生的电位满足式(2.1.33)，即

$$\nabla^2\varphi + k^2\varphi = -\frac{q}{\epsilon}\delta(\mathbf{r}-\mathbf{r}') \tag{7.5.1}$$

基于第 2 章中的讨论，此方程的解为

$$\varphi(\mathbf{r}) = \frac{q}{4\pi\epsilon}\frac{e^{-jk|\mathbf{r}-\mathbf{r}'|}}{|\mathbf{r}-\mathbf{r}'|} \tag{7.5.2}$$

对于静电问题，上式简化为 $\varphi(\mathbf{r}) = \dfrac{q}{4\pi\epsilon|\mathbf{r}-\mathbf{r}'|}$。

接下来，我们从另一个角度出发来求解方程(7.5.1)。此点电荷可以看成一个特殊的球面电荷，球面半径为 r'，面电荷密度为

$$\varrho_{e,s}(\mathbf{r}) = q\frac{\delta(\theta-\theta')\delta(\phi-\phi')}{r'^2\sin\theta} \tag{7.5.3}$$

球面内部和外部的电位均满足齐次亥姆霍兹方程

$$\nabla^2\varphi + k^2\varphi = 0, \quad r < r' \text{ 或 } r > r' \tag{7.5.4}$$

7.1 节已经推导了此方程的解，即式(7.1.17)。为方便起见，进一步假设点电荷位于 z 轴上(见图7.15)。于是，电位与坐标 ϕ 无关，因而 $m = 0$，$\theta' = 0$，方程(7.5.4)的解简化为

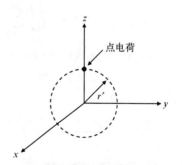

图 7.15 位于 z 轴上的点电荷。虚线表示经过点电荷的假想球面

$$\varphi(r,\theta,\phi) = \sum_{n=0}^{\infty} a_n \begin{Bmatrix} j_n(kr)h_n^{(2)}(kr') \\ j_n(kr')h_n^{(2)}(kr) \end{Bmatrix} P_n(\cos\theta), \quad \begin{matrix} r < r' \\ r > r' \end{matrix} \qquad (7.5.5)$$

上式的形式已经自动满足了电位在球面上连续的边界条件。为了确定 a_n，应用由式(1.5.7)给出的边界条件，即

$$\epsilon\frac{\partial\varphi}{\partial r}\Big|_{r=r'+0} - \epsilon\frac{\partial\varphi}{\partial r}\Big|_{r=r'-0} = -\varrho_{e,s}\big|_{\theta'=0,\phi'=0} \qquad (7.5.6)$$

将式(7.5.3)和式(7.5.5)代入式(7.5.6)，然后对 ϕ 进行积分，可得

$$\sum_{n=0}^{\infty} a_n k\epsilon\left[j_n(kr')h_n^{(2)\prime}(kr') - j_n'(kr')h_n^{(2)}(kr')\right]P_n(\cos\theta) = -q\frac{\delta(\theta)}{2\pi r'^2\sin\theta} \qquad (7.5.7)$$

应用球面贝塞尔函数的朗斯基关系式：

$$j_n(z)h_n^{(2)\prime}(z) - j_n'(z)h_n^{(2)}(z) = -\mathrm{j}[j_n(z)y_n'(z) - j_n'(z)y_n(z)] = -\frac{\mathrm{j}}{z^2} \qquad (7.5.8)$$

式(7.5.7)可以简化为

$$\sum_{n=0}^{\infty} a_n P_n(\cos\theta)\sin\theta = -\mathrm{j}kq\frac{\delta(\theta)}{2\pi\epsilon} \qquad (7.5.9)$$

上式等号两边同乘以 $P_m(\cos\theta)$，然后对 θ 进行积分，并应用由式(7.4.4)给出的勒让德多项式的正交关系，可得

$$a_n = -\mathrm{j}kq\frac{2n+1}{4\pi\epsilon}\int_0^\pi \delta(\theta)P_n(\cos\theta)\,\mathrm{d}\theta = -\mathrm{j}kq\frac{2n+1}{4\pi\epsilon} \qquad (7.5.10)$$

在上面的推导中，利用了 $P_n(1)=1$。在得到 a_n 后，式(7.5.5)变为

$$\varphi(r,\theta,\phi) = -\frac{\mathrm{j}kq}{4\pi\epsilon}\sum_{n=0}^{\infty}(2n+1)\begin{Bmatrix} j_n(kr)h_n^{(2)}(kr') \\ j_n(kr')h_n^{(2)}(kr) \end{Bmatrix}P_n(\cos\theta), \quad \begin{matrix} r<r' \\ r>r' \end{matrix} \qquad (7.5.11)$$

上式仅对位于 z 轴上的点电荷成立。对位于任意位置 $\mathbf{r}'$ 的点电荷，需要把 θ 换成 $\mathbf{r}$ 和 $\mathbf{r}'$ 之间的夹角，即把 $\cos\theta$ 换成 $\hat{r}\cdot\hat{r}'$。此时的解为

$$\varphi(\mathbf{r}) = -\frac{\mathrm{j}kq}{4\pi\epsilon}\sum_{n=0}^{\infty}(2n+1)\begin{Bmatrix} j_n(kr)h_n^{(2)}(kr') \\ j_n(kr')h_n^{(2)}(kr) \end{Bmatrix}P_n(\hat{r}\cdot\hat{r}'), \quad \begin{matrix} r<r' \\ r>r' \end{matrix} \qquad (7.5.12)$$

式中，$\hat{r}\cdot\hat{r}' = \cos\theta\cos\theta' + \sin\theta\sin\theta'\cos(\phi-\phi')$。式(7.5.12)就是方程(7.5.1)的球面波函数解。

对于一个给定的边值问题，其解是唯一的。因此，式(7.5.12)与式(7.5.2)应该等价。令两式相等，可得

$$\frac{e^{-\mathrm{j}k|\mathbf{r}-\mathbf{r}'|}}{|\mathbf{r}-\mathbf{r}'|} = -\mathrm{j}k\sum_{n=0}^{\infty}(2n+1)\begin{Bmatrix} j_n(kr)h_n^{(2)}(kr') \\ j_n(kr')h_n^{(2)}(kr) \end{Bmatrix}P_n(\hat{r}\cdot\hat{r}'), \quad \begin{matrix} r<r' \\ r>r' \end{matrix} \qquad (7.5.13)$$

这就是球面波函数的**加法定理**[7]。它把一个以 $\mathbf{r}'$ 为中心的球面波展开成无数个以坐标原点为中心的球面波的叠加。由于 $h_0^{(2)}(z) = \mathrm{j}e^{-\mathrm{j}z}/z$，式(7.5.13)也可以写为

$$h_0^{(2)}(k|\mathbf{r}-\mathbf{r}'|) = \sum_{n=0}^{\infty}(2n+1)\begin{Bmatrix} j_n(kr)h_n^{(2)}(kr') \\ j_n(kr')h_n^{(2)}(kr) \end{Bmatrix}P_n(\hat{r}\cdot\hat{r}'), \quad \begin{matrix} r<r' \\ r>r' \end{matrix} \qquad (7.5.14)$$

注意，$P_n(\hat{r}\cdot\hat{r}')$ 可进一步展开成 $P_n^m(\cos\theta)$ 和 $\mathrm{e}^{jm\phi}$ 的形式，由此可得形式更复杂的加法定理。图 7.16 展示了偏离坐标原点的球面波随着式(7.5.14)中求和项计算范围的增大而逐渐形成的过程。

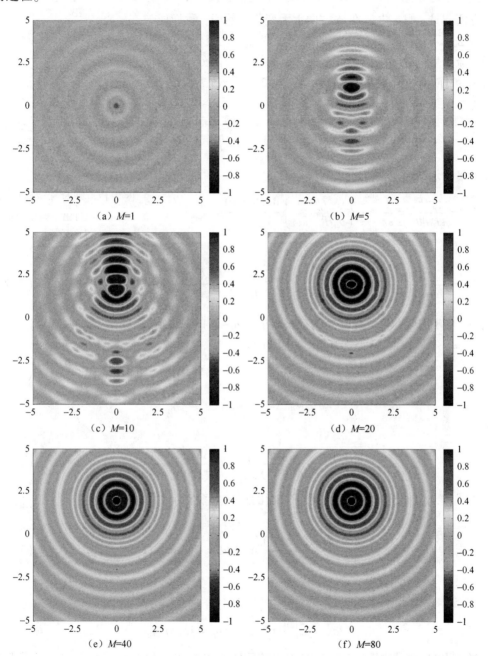

图 7.16　球面汉克尔函数加法定理的图示。这些图表示了当求和项计算范围从 0 到 M 时,式(7.5.14)等号右边实部的变化情况。显然,随着求和项计算范围的增大,在 $10\lambda \times 10\lambda$ 的区域内逐渐形成了一个偏离坐标原点的球面波

7.5.2　球面电流的辐射

接下来考虑图 7.17 所示的半径为 r'，电流密度为 $\mathbf{J}_s = \hat{\phi} J_s(\theta)$ 的球面电流的辐射问题。为了方便起见，假定电流在 ϕ 方向上无变化。然而，我们所讨论的方法也可以推广到在 ϕ 方向有任意变化的电流辐射问题。由于电流密度的这种特定形式，辐射电场没有径向分量，因而辐射场为 TE$_r$ 波。辐射场可以由式(7.1.27)至式(7.1.29)得到，其中 F_r 为

$$F_r = \sum_{n=0}^{\infty} \left\{ \begin{array}{l} a_n \hat{J}_n(kr) \\ b_n \hat{H}_n^{(2)}(kr) \end{array} \right\} P_n(\cos\theta), \quad \begin{array}{l} r < r' \\ r > r' \end{array} \quad (7.5.15)$$

非零的横向场分量为

图 7.17　轴对称球面电流在
自由空间中的辐射

$$E_\phi = \frac{1}{\epsilon r} \frac{\partial F_r}{\partial \theta} = \frac{1}{\epsilon r} \sum_{n=1}^{\infty} \left\{ \begin{array}{l} a_n \hat{J}_n(kr) \\ b_n \hat{H}_n^{(2)}(kr) \end{array} \right\} \frac{\mathrm{d}P_n(\cos\theta)}{\mathrm{d}\theta}, \quad \begin{array}{l} r < r' \\ r > r' \end{array}$$

$$(7.5.16)$$

$$H_\theta = \frac{1}{\mathrm{j}\omega\mu\epsilon} \frac{1}{r} \frac{\partial^2 F_r}{\partial r \partial \theta} = \frac{k}{\mathrm{j}\omega\mu\epsilon r} \sum_{n=1}^{\infty} \left\{ \begin{array}{l} a_n \hat{J}_n'(kr) \\ b_n \hat{H}_n^{(2)\prime}(kr) \end{array} \right\} \frac{\mathrm{d}P_n(\cos\theta)}{\mathrm{d}\theta}, \quad \begin{array}{l} r < r' \\ r > r' \end{array} \quad (7.5.17)$$

上式中，由于 $\mathrm{d}P_0(\cos\theta)/\mathrm{d}\theta = 0$，所以对应 $n = 0$ 的项为零。应用球面上的边界条件：$E_\phi|_{r=r'+0} = E_\phi|_{r=r'-0}$ 和 $H_\theta|_{r=r'+0} - H_\theta|_{r=r'-0} = J_s(\theta)$，可得

$$a_n \hat{J}_n(kr') - b_n \hat{H}_n^{(2)}(kr') = 0 \quad (7.5.18)$$

$$b_n \hat{H}_n^{(2)\prime}(kr') - a_n \hat{J}_n'(kr') = f_n \quad (7.5.19)$$

式中，

$$f_n = \frac{\mathrm{j}\omega\mu\epsilon r'}{k} \frac{2n+1}{2n(n+1)} \int_0^\pi J_s(\theta) \frac{\mathrm{d}P_n(\cos\theta)}{\mathrm{d}\theta} \sin\theta \, \mathrm{d}\theta \quad (7.5.20)$$

在推导式(7.5.19)的过程中，应用了下面的正交关系[1]：

$$\int_0^\pi \frac{\mathrm{d}P_n(\cos\theta)}{\mathrm{d}\theta} \frac{\mathrm{d}P_m(\cos\theta)}{\mathrm{d}\theta} \sin\theta \, \mathrm{d}\theta = \left\{ \begin{array}{ll} 0, & n \neq m \\ \dfrac{2n(n+1)}{2n+1}, & n = m \end{array} \right. \quad (7.5.21)$$

从式(7.5.18)和式(7.5.19)中，求出 a_n 和 b_n 为

$$a_n = \mathrm{j}\hat{H}_n^{(2)}(kr')f_n, \qquad b_n = \mathrm{j}\hat{J}_n(kr')f_n \quad (7.5.22)$$

在求解过程中，需要用到式(7.5.8)给出的朗斯基关系式。在求出 a_n 和 b_n 之后，可得球面电流辐射场的非零场分量为

$$E_\phi = \frac{\mathrm{j}}{\epsilon r} \sum_{n=1}^{\infty} f_n \left\{ \begin{array}{l} \hat{H}_n^{(2)}(kr')\hat{J}_n(kr) \\ \hat{J}_n(kr')\hat{H}_n^{(2)}(kr) \end{array} \right\} \frac{\mathrm{d}P_n(\cos\theta)}{\mathrm{d}\theta}, \quad \begin{array}{l} r < r' \\ r > r' \end{array} \quad (7.5.23)$$

$$H_r = \frac{1}{\omega\mu\epsilon r^2}\sum_{n=1}^{\infty}n(n+1)f_n\left\{\begin{matrix}\hat{H}_n^{(2)}(kr')\hat{J}_n(kr)\\\hat{J}_n(kr')\hat{H}_n^{(2)}(kr)\end{matrix}\right\}P_n(\cos\theta),\quad\begin{matrix}r<r'\\r>r'\end{matrix} \tag{7.5.24}$$

$$H_\theta = \frac{k}{\omega\mu\epsilon r}\sum_{n=1}^{\infty}f_n\left\{\begin{matrix}\hat{H}_n^{(2)}(kr')\hat{J}_n'(kr)\\\hat{J}_n(kr')\hat{H}_n^{(2)'}(kr)\end{matrix}\right\}\frac{\mathrm{d}P_n(\cos\theta)}{\mathrm{d}\theta},\quad\begin{matrix}r<r'\\r>r'\end{matrix} \tag{7.5.25}$$

这里的辐射场也可以看成一种 TE$_z$ 波，因而也可以从 F_z 出发求解。由于 F_z 满足亥姆霍兹方程，其解中包含的是普通球面贝塞尔函数和球面汉克尔函数，而不是里卡蒂–贝塞尔函数和里卡蒂–汉克尔函数。当然，最后得到的结果应该相同。这种求解方法留给读者自行完成。

下面考虑两种特殊情况。第一种特殊情况，当 $J_s(\theta)=J_0\sin\theta$ 时，其中 J_0 为常数。将电流密度代入式(7.5.20)，可得

$$f_1 = -\frac{\mathrm{j}\omega\mu\epsilon r'}{k}J_0 \tag{7.5.26}$$
$$f_n = 0,\quad n\neq 1$$

因而球面内部的磁场为

$$H_r = -\frac{\mathrm{j}2r'}{kr^2}J_0\hat{H}_1^{(2)}(kr')\hat{J}_1(kr)\cos\theta \tag{7.5.27}$$

$$H_\theta = \frac{\mathrm{j}r'}{r}J_0\hat{H}_1^{(2)}(kr')\hat{J}_1'(kr)\sin\theta \tag{7.5.28}$$

在低频时，应用由式(7.4.72)给出的小变量近似，得到

$$H_r \approx \frac{2}{3}J_0\cos\theta,\qquad H_\theta \approx -\frac{2}{3}J_0\sin\theta \tag{7.5.29}$$

因而总磁场为

$$\mathbf{H} = \hat{r}H_r + \hat{\theta}H_\theta \approx \frac{2}{3}J_0(\hat{r}\cos\theta - \hat{\theta}\sin\theta) = \hat{z}\frac{2}{3}J_0 \tag{7.5.30}$$

显然，当 $kr'\to 0$ 时得到的是一个理想的均匀磁场。在需要均匀磁场的实际应用中，例如为磁共振成像设计磁体时，此结果非常有用。

第二种特殊情况是球面电流退化成一个半径为 a 的水平电流环，电流环的中心位于 z 轴上 $z=z_0$ 处，其上电流为 I_0。在这种情况下，面电流密度可以写为

$$J_s(\theta) = I_0\frac{\delta(\theta-\theta')}{r'} \tag{7.5.31}$$

式中，$r'=\sqrt{z_0^2+a^2}$，$\theta'=\arctan(a/z_0)$。将此式代入式(7.5.20)，可得

$$f_n = \frac{\mathrm{j}\omega\mu\epsilon aI_0}{kr'}\frac{2n+1}{2n(n+1)}\frac{\mathrm{d}P_n(\cos\theta)}{\mathrm{d}\theta}\bigg|_{\theta=\theta'} \tag{7.5.32}$$

特别是当电流环位于 xy 平面时，有 $z_0=0$，$r'=a$，式(7.5.32)可简化为

$$f_n = \begin{cases}\frac{\mathrm{j}\omega\mu\epsilon I_0}{k}(-1)^{(n+1)/2}\frac{2n+1}{2}\frac{1\cdot3\cdot5\cdots(n-2)}{2\cdot4\cdot6\cdots(n+1)}, & n\text{ 为奇数}\\0, & n\text{ 为偶数}\end{cases} \tag{7.5.33}$$

在得到上式的过程中,代入了$P'_n(0)$的值[1]。将式(7.5.32)或式(7.5.33)代入式(7.5.23)至式(7.5.25),可得位于$z=z_0$或$z=0$处圆电流环的辐射场。图7.18给出了一个位于xy平面上的半径为3λ的圆电流环的辐射场。

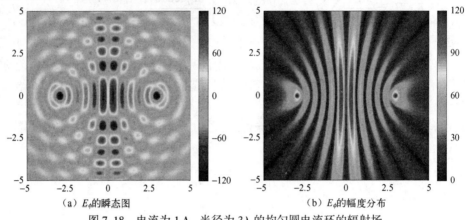

(a) E_ϕ的瞬态图   (b) E_ϕ的幅度分布

图7.18 电流为1 A,半径为3λ的均匀圆电流环的辐射场

【例7.3】 半径为a的球面上有恒定面电流,其密度为$\mathbf{J}_s = \hat{\phi}\, J_s(\theta)$,求静态磁场。当$J_s(\theta) = J_0\sin\theta$($J_0$为常数)时,结果将如何?

解: 在本节推导的结果中,令$\omega \to 0$,可以立即得到此问题的解。另一方面,此问题也可以直接用标量磁位求解。从例7.1的结果中可知,球面内部的磁标量位为

$$\varphi_{m1} = \sum_{n=0}^{\infty} a_n r^n P_n(\cos\theta), \quad r < a$$

球面外部的磁标量位为

$$\varphi_{m2} = \sum_{n=0}^{\infty} b_n r^{-(n+1)} P_n(\cos\theta), \quad r > a$$

因此,球面内部的静态磁场为

$$\mathbf{H}_1 = -\nabla\varphi_{m1} = -\sum_{n=0}^{\infty} a_n r^{n-1}[\hat{r}n P_n(\cos\theta) - \hat{\theta}\sin\theta P'_n(\cos\theta)]$$

球面外部的静态磁场为

$$\mathbf{H}_2 = -\nabla\varphi_{m2} = \sum_{n=0}^{\infty} b_n r^{-(n+2)}[\hat{r}(n+1) P_n(\cos\theta) + \hat{\theta}\sin\theta P'_n(\cos\theta)]$$

应用球面两侧的边界条件$\hat{r} \cdot [\mathbf{H}_2 - \mathbf{H}_1]_{r=a} = 0$和$\hat{r} \times [\mathbf{H}_2 - \mathbf{H}_1]_{r=a} = \mathbf{J}_s$,得到

$$\sum_{n=0}^{\infty} [b_n(n+1)a^{-(n+2)} + a_n n a^{n-1}] P_n(\cos\theta) = 0$$

$$\sum_{n=0}^{\infty} [b_n a^{-(n+2)} - a_n a^{n-1}]\sin\theta P'_n(\cos\theta) = J_s(\theta)$$

由式(7.4.4)和式(7.5.21)的正交关系,可求得a_n和b_n为

$$b_n = a_n \frac{n}{n+1} a^{2n+1}$$

$$a_n = \frac{1}{2na^{n-1}} \int_0^\pi J_s(\theta) \frac{\mathrm{d}P_n(\cos\theta)}{\mathrm{d}\theta} \sin\theta \,\mathrm{d}\theta$$

当 $J_s(\theta) = J_0 \sin\theta$ 时，由于 $P_1(\cos\theta) = \cos\theta$，故有

$$a_n = \frac{1}{2na^{n-1}} \int_0^\pi J_0 \sin\theta \frac{\mathrm{d}P_n(\cos\theta)}{\mathrm{d}\theta} \sin\theta \,\mathrm{d}\theta$$

$$= -\frac{J_0}{2na^{n-1}} \int_0^\pi \frac{\mathrm{d}P_1(\cos\theta)}{\mathrm{d}\theta} \frac{\mathrm{d}P_n(\cos\theta)}{\mathrm{d}\theta} \sin\theta \,\mathrm{d}\theta$$

使用式(7.5.21)，可得

$$a_1 = -\frac{2}{3}J_0, \qquad a_n = 0, \qquad n \neq 1$$

此时，球面内部的静态磁场为

$$\mathbf{H}_1 = \frac{2J_0}{3}(\hat{r}\cos\theta - \hat{\theta}\sin\theta) = \hat{z}\frac{2J_0}{3}$$

球面外部的静态磁场为

$$\mathbf{H}_2 = \frac{J_0}{3}\left(\frac{a}{r}\right)^3 (\hat{r}2\cos\theta + \hat{\theta}\sin\theta)$$

注意：球面内部的磁场是理想均匀场，此结果与式(7.5.30)的低频近似是一致的。图 7.19 为球面内部和外部磁力线图。

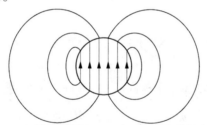

图 7.19　球面电流为 $\mathbf{J}_s = \hat{\phi}J_0\sin\theta$ 时的磁力线

7.5.3　球体存在时的辐射

考虑图 7.20(a)所示的问题，即球面电流内部放入一个半径为 a 的导体球。我们可以把没有导体球时的球面电流产生的场作为入射场，该入射场在导体球表面感应出电流，其次级辐射产生散射场。为了满足导体球表面的边界条件，基于式(7.5.23)所给出的入射场形式，散射场应该具有以下形式：

$$E_\phi^{\mathrm{sc}} = \frac{\mathrm{j}}{\epsilon r} \sum_{n=1}^\infty c_n \hat{H}_n^{(2)}(kr) \frac{\mathrm{d}P_n(\cos\theta)}{\mathrm{d}\theta}, \qquad r > a \qquad (7.5.34)$$

将此式代入边界条件 $[E_\phi^{\mathrm{inc}} + E_\phi^{\mathrm{sc}}]_{r=a} = 0$，可得

$$c_n = -f_n \frac{\hat{J}_n(ka)}{\hat{H}_n^{(2)}(ka)} \hat{H}_n^{(2)}(kr') \qquad (7.5.35)$$

因此，总场为

$$E_\phi = \frac{\mathrm{j}}{\epsilon r} \sum_{n=1}^{\infty} f_n \left[\left\{ \begin{matrix} \hat{H}_n^{(2)}(kr')\hat{J}_n(kr) \\ \hat{J}_n(kr')\hat{H}_n^{(2)}(kr) \end{matrix} \right\} - \frac{\hat{J}_n(ka)}{\hat{H}_n^{(2)}(ka)} \hat{H}_n^{(2)}(kr')\hat{H}_n^{(2)}(kr) \right] \frac{\mathrm{d}P_n(\cos\theta)}{\mathrm{d}\theta}, \quad \begin{matrix} a < r < r' \\ r > r' \end{matrix}$$

$$(7.5.36)$$

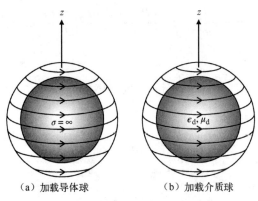

（a）加载导体球　　　　　　　　（b）加载介质球

图 7.20　球体存在时球面电流的辐射

　　如果球面电流内部是一个半径为 a，介电常数为 ϵ_d 且磁导率为 μ_d 的介质球，如图 7.20(b) 所示，则此时的散射场仍可用式(7.5.34)表示。除此之外，还有穿透到介质球中的内部场，其形式为

$$E_\phi^{\mathrm{int}} = \frac{\mathrm{j}}{\epsilon_\mathrm{d} r} \sum_{n=1}^{\infty} d_n \hat{J}_n(k_\mathrm{d} r) \frac{\mathrm{d}P_n(\cos\theta)}{\mathrm{d}\theta}, \qquad r < a \qquad (7.5.37)$$

式中，$k_\mathrm{d} = \omega\sqrt{\mu_\mathrm{d}\,\epsilon_\mathrm{d}}$。散射磁场和介质球内部磁场的 θ 方向分量为

$$H_\theta^{\mathrm{sc}} = \frac{k}{\omega\mu\epsilon r} \sum_{n=1}^{\infty} c_n \hat{H}_n^{(2)\prime}(kr) \frac{\mathrm{d}P_n(\cos\theta)}{\mathrm{d}\theta}, \qquad r > a \qquad (7.5.38)$$

$$H_\theta^{\mathrm{int}} = \frac{k_\mathrm{d}}{\omega\mu_\mathrm{d}\epsilon_\mathrm{d} r} \sum_{n=1}^{\infty} d_n \hat{J}_n'(k_\mathrm{d} r) \frac{\mathrm{d}P_n(\cos\theta)}{\mathrm{d}\theta}, \qquad r < a \qquad (7.5.39)$$

应用切向场分量连续条件

$$\left[E_\phi^{\mathrm{inc}} + E_\phi^{\mathrm{sc}} \right]_{r=a} = \left[E_\phi^{\mathrm{int}} \right]_{r=a}, \qquad \left[H_\theta^{\mathrm{inc}} + H_\theta^{\mathrm{sc}} \right]_{r=a} = \left[H_\theta^{\mathrm{int}} \right]_{r=a} \qquad (7.5.40)$$

可以求解出 c_n 和 d_n 为

$$c_n = f_n \hat{H}_n^{(2)}(kr') \frac{\sqrt{\mu_\mathrm{r}}\hat{J}_n'(ka)\hat{J}_n(k_\mathrm{d} a) - \sqrt{\epsilon_\mathrm{r}}\hat{J}_n(ka)\hat{J}_n'(k_\mathrm{d} a)}{\sqrt{\epsilon_\mathrm{r}}\hat{H}_n^{(2)}(ka)\hat{J}_n'(k_\mathrm{d} a) - \sqrt{\mu_\mathrm{r}}\hat{H}_n^{(2)\prime}(ka)\hat{J}_n(k_\mathrm{d} a)} \qquad (7.5.41)$$

$$d_n = f_n \hat{H}_n^{(2)}(kr') \frac{\mathrm{j}\epsilon_\mathrm{r}\sqrt{\mu_\mathrm{r}}}{\sqrt{\epsilon_\mathrm{r}}\hat{H}_n^{(2)}(ka)\hat{J}_n'(k_\mathrm{d} a) - \sqrt{\mu_\mathrm{r}}\hat{H}_n^{(2)\prime}(ka)\hat{J}_n(k_\mathrm{d} a)} \qquad (7.5.42)$$

式中，$\epsilon_{\mathrm{r}}=\epsilon_{\mathrm{d}}/\epsilon$，$\mu_{\mathrm{r}}=\mu_{\mathrm{d}}/\mu$ 表示介质球相对于背景媒质的相对介电常数和相对磁导率。

正如前面提到的，电流环可以看成一种特殊的球面电流。因此，上面得到的结果也可以用于求解电流环在导体球或介质球存在时的辐射场。进一步，由于小电流环等效于磁偶极子，由此也可以得到位于 z 轴上的磁偶极子在球体存在时的辐射场解。图 7.21 给出了半径为 3λ 的电流环在半径为 2λ 的导体球存在时的辐射场。可以看出，由于有导体球存在于距电流 1λ 处，电流环的辐射场明显减小。

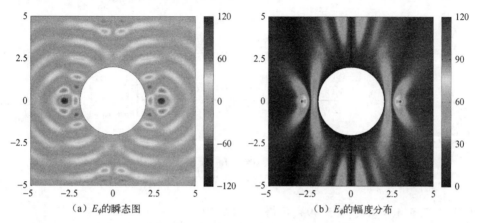

（a）E_ϕ 的瞬态图　　　　　　　　　　（b）E_ϕ 的幅度分布

图 7.21　电流为 1 A，半径为 3λ 的圆电流环在半径为 2λ 的导体球存在时的辐射场

7.5.4　导体锥存在时的辐射

作为球坐标系中辐射问题的最后一个例子，考虑一个无限长的导体锥（见图 7.22）。半内角为 θ_0 的导体锥的一部分被半径为 r' 的不完全球面磁流包围，球面磁流密度为 $\mathbf{M}_s=\hat{\phi}M_s(\theta)$。为简化分析，假定磁流是轴对称的。这样，磁流的辐射场为 TM_r 波，因而场可以从 A_r 出发得到，其形式为

$$A_r = \sum_\nu \begin{Bmatrix} a_\nu \hat{J}_\nu(kr) \\ b_\nu \hat{H}_\nu^{(2)}(kr) \end{Bmatrix} P_\nu(\cos\theta), \quad \begin{matrix} r < r' \\ r > r' \end{matrix} \quad (7.5.43)$$

因为场在 $\theta=0$ 处为有限值，故上式中使用了 $P_\nu(\cos\theta)$。由式（7.1.30）至式（7.1.32），可以求出相应的非零场分量为

$$E_r = \frac{1}{j\omega\mu\epsilon r^2} \sum_\nu \nu(\nu+1) \begin{Bmatrix} a_\nu \hat{J}_\nu(kr) \\ b_\nu \hat{H}_\nu^{(2)}(kr) \end{Bmatrix} P_\nu(\cos\theta), \quad \begin{matrix} r < r' \\ r > r' \end{matrix}$$

$$(7.5.44)$$

图 7.22　无限长导体锥存在时球面磁流的辐射

$$E_\theta = \frac{k}{j\omega\mu\epsilon r} \sum_\nu \begin{Bmatrix} a_\nu \hat{J}_\nu'(kr) \\ b_\nu \hat{H}_\nu^{(2)\prime}(kr) \end{Bmatrix} \frac{\mathrm{d}P_\nu(\cos\theta)}{\mathrm{d}\theta}, \quad \begin{matrix} r < r' \\ r > r' \end{matrix} \quad (7.5.45)$$

$$H_\phi = -\frac{1}{\mu r} \sum_\nu \begin{Bmatrix} a_\nu \hat{J}_\nu(kr) \\ b_\nu \hat{H}_\nu^{(2)}(kr) \end{Bmatrix} \frac{\mathrm{d}P_\nu(\cos\theta)}{\mathrm{d}\theta}, \quad \begin{matrix} r < r' \\ r > r' \end{matrix} \quad (7.5.46)$$

应用边界条件 $E_r|_{\theta=\pi-\theta_0}=0$，可得特征方程为

$$P_\nu(-\cos\theta_0) = 0 \tag{7.5.47}$$

求解此方程就可以得到特征值 ν，记为 $\nu_i(i=1,2,\cdots)$。应用球面上的边界条件 $H_\phi\big|_{r=r'+0} = H_\phi\big|_{r=r'-0}$ 和 $E_\theta\big|_{r=r'+0} - E_\theta\big|_{r=r'-0} = -M_s(\theta)$，可得

$$a_{\nu_i}\hat{J}_{\nu_i}(kr') - b_{\nu_i}\hat{H}_{\nu_i}^{(2)}(kr') = 0 \tag{7.5.48}$$

$$b_{\nu_i}\hat{H}_{\nu_i}^{(2)\prime}(kr') - a_{\nu_i}\hat{J}_{\nu_i}'(kr') = g_{\nu_i} \tag{7.5.49}$$

式中，

$$g_{\nu_i} = -\frac{\mathrm{j}\omega\mu\epsilon r'}{kN_{\nu_i}} \int_0^{\pi-\theta_0} M_s(\theta)\frac{\mathrm{d}P_{\nu_i}(\cos\theta)}{\mathrm{d}\theta}\sin\theta\,\mathrm{d}\theta \tag{7.5.50}$$

$$N_{\nu_i} = \frac{\nu_i(\nu_i+1)}{2\nu_i+1}\left[\sin\theta\frac{\partial P_{\nu_i}(\cos\theta)}{\partial\theta}\frac{\partial P_{\nu_i}(\cos\theta)}{\partial\nu_i}\right]_{\theta=\pi-\theta_0} \tag{7.5.51}$$

在推导式(7.5.49)的过程中，应用了正交关系：[4]

$$\int_0^{\pi-\theta_0}\frac{\mathrm{d}P_{\nu_i}(\cos\theta)}{\mathrm{d}\theta}\frac{\mathrm{d}P_{\nu_j}(\cos\theta)}{\mathrm{d}\theta}\sin\theta\,\mathrm{d}\theta = \begin{cases} 0, & i\neq j \\ N_{\nu_i}, & i=j \end{cases} \tag{7.5.52}$$

通过求解式(7.5.48)和式(7.5.49)，可得 a_{ν_i} 和 b_{ν_i} 为

$$a_{\nu_i} = \mathrm{j}\hat{H}_{\nu_i}^{(2)}(kr')g_{\nu_i}, \qquad b_{\nu_i} = \mathrm{j}\hat{J}_{\nu_i}(kr')g_{\nu_i} \tag{7.5.53}$$

在求解过程中利用了 $\hat{J}_{\nu_i}(kr')$ 和 $\hat{H}_{\nu_i}^{(2)}(kr')$ 的朗斯基关系式。求出 a_{ν_i} 和 b_{ν_i} 之后，可得非零场分量为

$$E_r = \frac{1}{\omega\mu\epsilon r^2}\sum_{i=1}^\infty \nu_i(\nu_i+1)g_{\nu_i}\begin{Bmatrix}\hat{H}_{\nu_i}^{(2)}(kr')\hat{J}_{\nu_i}(kr) \\ \hat{J}_{\nu_i}(kr')\hat{H}_{\nu_i}^{(2)}(kr)\end{Bmatrix}P_{\nu_i}(\cos\theta), \quad \begin{matrix}r<r' \\ r>r'\end{matrix} \tag{7.5.54}$$

$$E_\theta = \frac{k}{\omega\mu\epsilon r}\sum_{i=1}^\infty g_{\nu_i}\begin{Bmatrix}\hat{H}_{\nu_i}^{(2)}(kr')\hat{J}_{\nu_i}'(kr) \\ \hat{J}_{\nu_i}(kr')\hat{H}_{\nu_i}^{(2)\prime}(kr)\end{Bmatrix}\frac{\mathrm{d}P_{\nu_i}(\cos\theta)}{\mathrm{d}\theta}, \quad \begin{matrix}r<r' \\ r>r'\end{matrix} \tag{7.5.55}$$

$$H_\phi = -\frac{\mathrm{j}}{\mu r}\sum_{i=1}^\infty g_{\nu_i}\begin{Bmatrix}\hat{H}_{\nu_i}^{(2)}(kr')\hat{J}_{\nu_i}(kr) \\ \hat{J}_{\nu_i}(kr')\hat{H}_{\nu_i}^{(2)}(kr)\end{Bmatrix}\frac{\mathrm{d}P_{\nu_i}(\cos\theta)}{\mathrm{d}\theta}, \quad \begin{matrix}r<r' \\ r>r'\end{matrix} \tag{7.5.56}$$

正如前面所讨论的，中心位于 z 轴上 $z=z_0$ 处，半径为 a 且磁流为 M_0 的磁流环可以看成一种特殊的面磁流，其密度为

$$M_s(\theta) = M_0\frac{\delta(\theta-\theta')}{r'} \tag{7.5.57}$$

式中，$r' = \sqrt{z_0^2+a^2}$，$\theta' = \arctan(a/z_0)$。将上式代入式(7.5.50)，有

$$g_{\nu_i} = -\frac{\mathrm{j}\omega\mu\epsilon}{kN_{\nu_i}}\left[\sin\theta\frac{\mathrm{d}P_{\nu_i}(\cos\theta)}{\mathrm{d}\theta}\right]_{\theta=\theta'} \tag{7.5.58}$$

根据此式，我们可以计算导体锥存在时磁流环产生的场。由于小磁流环等效于电偶极子，由此也得到了位于 z 轴上的垂直电偶极子在导体锥存在时的辐射场解。

接下来研究圆锥尖端处的场。从 $P_\nu(\cos\theta)$ 的性质可知，当 $\theta_0<\pi/2$ 时，方程(7.5.47)的

第一个根是小于 1 的，即 $\nu_1 < 1$。在靠近尖端的区域，$kr \ll 1$，因此有

$$\hat{J}_\nu(kr) \sim (kr)^{\nu+1}, \quad \hat{J}'_\nu(kr) \sim (kr)^\nu, \quad kr \to 0$$

$$(7.5.59)$$

将其代入式(7.5.54)和式(7.5.55)，则有

$$E_r, E_\theta \sim (kr)^{\nu_1-1}, \quad kr \to 0 \qquad (7.5.60)$$

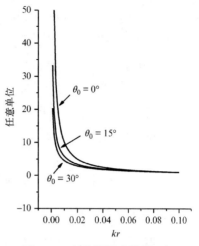

上式清楚地表明：由于 $\nu_1 < 1$，电场的 r 方向分量和 θ 方向分量在导体圆锥尖端是奇异的。由对偶原理可以证明，H_r 和 H_θ 在圆锥尖端处也是奇异的。进一步，面电荷密度和面电流密度也具有这种奇异性。奇异的程度取决于导体圆锥的内角，Van Bladel 的著作[9, 10]中给出了不同 θ_0 时 ν_1 的具体数值。特别是当 $\theta_0 = 0$ 时(圆锥成为尖针)，场正比于 $(kr)^{-1}$，此时的奇异性最强。而当

图 7.23　导体圆锥尖端附近场的奇异性(任意单位)

$\theta_0 \geqslant \pi/2$ 时，奇异性消失了。图 7.23 画出了三种不同半角的导体圆锥尖端附近场的奇异性。在工程应用中，为了避免场强过大而出现的问题，通常需要注意避免导体尖角的出现。

▷ **【例 7.4】**　半径为 a 的导体球顶部有一个垂直电偶极子(见图 7.24)，求辐射场。

解： 首先求解没有导体球时电偶极子产生的场，然后把求得的场作为导体球的入射场。虽然之前推导过电偶极子的辐射场，但在散射分析时必须把它表示成球面波的形式。为此，可把电偶极子看成位于 $z = a$ 的小磁流环，其磁流由等式 $Il = -j\omega\epsilon Ks$ 确定，即 $K = -Il/j\omega\epsilon s$，式中 s 为环面积。磁流环可以看成特殊的球面磁流，其密度为

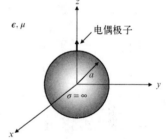

图 7.24　导体球顶部的电偶极子

$$M_s(\theta) = K \frac{\delta(\theta - \theta')}{a}\bigg|_{\theta' \to 0} = -\frac{Il}{j\omega\epsilon} \frac{\delta(\theta - \theta')}{\pi a^3 \sin^2\theta'}\bigg|_{\theta' \to 0}$$

此问题是 7.5.2 节中所解问题的对偶问题。利用对偶原理得到 $E_\phi^{\text{inc}} = 0$，

$$E_\theta^{\text{inc}} = -\frac{k}{\omega\mu\epsilon r} \sum_{n=1}^\infty f_n \left\{ \begin{array}{l} \hat{H}_n^{(2)}(ka)\hat{J}'_n(kr) \\ \hat{J}_n(ka)\hat{H}_n^{(2)'}(kr) \end{array} \right\} \frac{\mathrm{d}P_n(\cos\theta)}{\mathrm{d}\theta}, \quad \begin{array}{l} r < a \\ r > a \end{array}$$

式中，

$$\begin{aligned} f_n &= \frac{j\omega\mu\epsilon a}{k} \frac{2n+1}{2n(n+1)} \int_0^\pi M_s(\theta) \frac{\mathrm{d}P_n(\cos\theta)}{\mathrm{d}\theta} \sin\theta \,\mathrm{d}\theta \\ &= \frac{\mu Il}{\pi ka^2} \frac{2n+1}{2n(n+1)} P'_n(1) \\ &= \frac{\mu Il}{\pi ka^2} \frac{2n+1}{4} \end{aligned}$$

因此有

$$E_\theta^{\text{inc}} = -\frac{Il}{\pi\omega\epsilon a^2}\frac{1}{r}\sum_{n=1}^{\infty}\frac{2n+1}{4}\left\{\begin{array}{l}\hat{H}_n^{(2)}(ka)\hat{J}_n'(kr)\\ \hat{J}_n(ka)\hat{H}_n^{(2)\prime}(kr)\end{array}\right\}\frac{\mathrm{d}P_n(\cos\theta)}{\mathrm{d}\theta},\quad \begin{array}{l}r<a\\ r>a\end{array}$$

基于入射场的表达式,散射场的形式为 $E_\phi^{\text{sc}}=0$,

$$E_\theta^{\text{sc}} = -\frac{Il}{\pi\omega\epsilon a^2}\frac{1}{r}\sum_{n=1}^{\infty}c_n\hat{H}_n^{(2)\prime}(kr)\frac{\mathrm{d}P_n(\cos\theta)}{\mathrm{d}\theta}$$

式中,c_n 由边界条件 $[E_\theta^{\text{inc}}+E_\theta^{\text{sc}}]_{r=a}=0$ 确定,其结果为

$$c_n = -\frac{2n+1}{4}\frac{\hat{J}_n'(ka)\hat{H}_n^{(2)}(ka)}{\hat{H}_n^{(2)\prime}(ka)}$$

因此,散射电场为

$$E_\theta^{\text{sc}} = \frac{Il}{\pi\omega\epsilon a^2}\frac{1}{r}\sum_{n=1}^{\infty}\frac{2n+1}{4}\frac{\hat{J}_n'(ka)\hat{H}_n^{(2)}(ka)}{\hat{H}_n^{(2)\prime}(ka)}\hat{H}_n^{(2)\prime}(kr)\frac{\mathrm{d}P_n(\cos\theta)}{\mathrm{d}\theta}$$

而总场为 $E_\phi^{\text{tot}}=0$,及

$$E_\theta^{\text{tot}} = \frac{Il}{\pi\omega\epsilon a^2}\frac{1}{r}\sum_{n=1}^{\infty}\frac{2n+1}{4}\left[\frac{\hat{J}_n'(ka)\hat{H}_n^{(2)}(ka)}{\hat{H}_n^{(2)\prime}(ka)}-\hat{J}_n(ka)\right]\hat{H}_n^{(2)\prime}(kr)\frac{\mathrm{d}P_n(\cos\theta)}{\mathrm{d}\theta}$$

使用朗斯基关系

$$\hat{J}_n'(z)\hat{H}_n^{(2)}(z)-\hat{J}_n(z)\hat{H}_n^{(2)\prime}(z) = \mathrm{j}$$

可以简化上式,结果为

$$E_\theta^{\text{tot}} = \frac{\mathrm{j}Il}{4\pi\omega\epsilon a^2}\frac{1}{r}\sum_{n=1}^{\infty}\frac{2n+1}{\hat{H}_n^{(2)\prime}(ka)}\hat{H}_n^{(2)\prime}(kr)\frac{\mathrm{d}P_n(\cos\theta)}{\mathrm{d}\theta}$$

利用渐近表达式 $\hat{H}_n^{(2)\prime}(kr)(kr)\to\mathrm{j}^n\mathrm{e}^{-\mathrm{j}kr}$ 可以得到远场,结果为

$$E_\theta^{\text{tot}} \to \frac{\mathrm{j}Il}{4\pi\omega\epsilon a^2}\frac{\mathrm{e}^{-\mathrm{j}kr}}{r}\sum_{n=1}^{\infty}\mathrm{j}^n\frac{2n+1}{\hat{H}_n^{(2)\prime}(ka)}\frac{\mathrm{d}P_n(\cos\theta)}{\mathrm{d}\theta}$$

▷ **【例 7.5】** 使用互易定理及导体球对平面波的散射结果,重新求解例 7.4 中的问题。

解: 为了使用互易定理求解远场,在远场区放置一个无限小电偶极子。令导体球顶部的电偶极子为源"1",远场区的检验电偶极子为源"2"。如果检验电偶极子为 ϕ 方向,就会有

$$\langle 1,2\rangle = IlE_\phi^{(1)}(r,\theta,\phi)$$

$$\langle 2,1\rangle = IlE_z^{(2)}(a,0,0)$$

由于水平电偶极子产生的电场没有 z 方向分量(即使有导体球存在),因此 $E_z^{(2)}(a,0,0)=0$,从而有

$$E_\phi^{(1)}(r,\theta,\phi) = 0$$

如果检验电偶极子为 θ 方向, 就会有

$$\langle 1, 2 \rangle = Il E_\theta^{(1)}(r, \theta, \phi)$$

$$\langle 2, 1 \rangle = Il E_z^{(2)}(a, 0, 0)$$

由于检验电偶极子远离导体球, 因此它产生的场在导体球不存在时可以看成 θ 方向极化的平面波, 其幅度为

$$E_0 = \frac{jk\eta Il}{4\pi r} e^{-jkr}$$

此平面波被导体球散射, 其散射场及总场由 7.4.3 节中推导的结果给出。显然, $E_z^{(2)}(a, 0, 0)$ 与 7.4.3 节中的 $E_z^{\text{tot}}(a, \pi\text{-}\theta, 0)$ 相同, 因此有

$$E_z^{(2)}(a, 0, 0) = E_r^{\text{tot}}(a, \pi - \theta, 0)$$
$$= E_r^{\text{inc}}(a, \pi - \theta, 0) + E_r^{\text{sc}}(a, \pi - \theta, 0)$$

也就是说,

$$E_z^{(2)}(a, 0, 0) = \frac{E_0}{j(ka)^2} \sum_{n=0}^{\infty} j^{-n}(2n+1)\hat{J}_n(ka)P_n^1(-\cos\theta)$$

$$- \frac{E_0}{j(ka)^2} \sum_{n=0}^{\infty} j^{-n}(2n+1)\frac{\hat{J}_n'(ka)}{\hat{H}_n^{(2)\prime}(ka)}\hat{H}_n^{(2)}(ka)P_n^1(-\cos\theta)$$

$$= -\frac{E_0}{(ka)^2} \sum_{n=0}^{\infty} j^{-n}\frac{2n+1}{\hat{H}_n^{(2)\prime}(ka)}P_n^1(-\cos\theta)$$

最后一步推导使用了与前一例题中相同的朗斯基关系。由于 $P_n^1(-\cos\theta) = (-1)^{n-1}P_n^1(\cos\theta)$, 故有

$$E_z^{(2)}(a, 0, 0) = \frac{E_0}{(ka)^2} \sum_{n=0}^{\infty} j^n\frac{2n+1}{\hat{H}_n^{(2)\prime}(ka)}P_n^1(\cos\theta)$$

将此结果代入互易定理, 可得

$$E_\theta^{(1)}(r, \theta, \phi) = \frac{jk\eta Il}{4\pi(ka)^2}\frac{e^{-jkr}}{r} \sum_{n=0}^{\infty} j^n\frac{2n+1}{\hat{H}_n^{(2)\prime}(ka)}P_n^1(\cos\theta)$$

上式也可以写为

$$E_\theta^{(1)}(r, \theta, \phi) = \frac{jIl}{4\pi\omega\epsilon a^2}\frac{e^{-jkr}}{r} \sum_{n=1}^{\infty} j^n\frac{2n+1}{\hat{H}_n^{(2)\prime}(ka)}P_n^1(\cos\theta)$$

此结果与例 7.4 中的结果相同。如果只是对远场感兴趣, 则本例中的方法更容易推广到求解其他更复杂的问题, 譬如位于导体球或介质球附近任意方向的偶极子辐射问题。

原著参考文献

1. M. Abramowitz and I. A. Stegun, Eds. *Handbook of Mathematical Functions*. New York：Dover Publications, 1965.

2. S. J. Zhang and J. M. Jin, *Computation of Special Functions*. New York：John Wiley & Sons,Inc., 1996.

3. P. M. Morse and H. Feshbach, *Methods of Theoretical Physics*. New York：McGraw-Hill, 1953.

4. R. F. Harrington, *Time-Harmonic Electromagnetic Fields*. New York：McGraw-Hill, 1961.

5. C. A. Balanis, *Advanced Engineering Electromagnetics*. New York：John Wiley & Sons, Inc.,1989.

6. S. A. Schelkunoff, *Advanced Antenna Theory*. New York：John Wiley & Sons, Inc., 1952.

7. J. A. Stratton, *Electromagnetic Theory*. New York：McGraw-Hill, 1941.

8. J. J. Bowman, T. B. A. Senior, and P. L. E. Uslenghi, Eds. *Electromagnetic and Acoustic Scattering by Simple Shapes* (revised printing). New York：Hemisphere Publishing Corporation, 1987.

9. J. Van Bladel, *Electromagnetic Fields* (2nd edition). Hoboken, NJ：John Wiley & Sons, Inc.,2007.

10. J. Van Bladel, *Singular Electromagnetic Fields and Sources*. New York：IEEE Press, 1996.

习题

7.1 半径为 b 的金属球形谐振腔内部有一半径为 a 的同心金属球。试确定 TE_r 和 TM_r 模式谐振频率所满足的特征方程。

7.2 考虑半径为 a 的空心金属半球形谐振腔，其底面在 xy 平面上，如图 7.25(a)所示。试确定 TE_r 和 TM_r 模式谐振频率所满足的特征方程。当半球形谐振腔垂直摆放，其底面位于 xz 平面时，如图 7.25(b)所示，重新求解此问题。

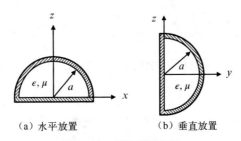

（a）水平放置　　　（b）垂直放置

图 7.25　半球形谐振腔

7.3 一个球形谐振腔由非理想良导体构成，内部填充非理想介质。推导此球形谐振腔 $\text{TM}_{r,111}$ 和 $\text{TE}_{r,011}$ 模式品质因数的计算公式。若球形谐振腔半径为 1.0 cm，空气填充，制造材料为铜，其导电率为 $\sigma = 5.8 \times 10^7 \text{S/m}$，试计算这两个模式的品质因数。

7.4 考虑图 7.26(a)所示的半内角为 θ_0 的空心理想导体圆锥。该导体圆锥可以看成横截面逐渐变大的非均匀圆波导。试确定这种结构所支持的波导模式。对图 7.26(b)所示的翻转后的圆锥重复上述分析。

7.5 考虑图 7.27 所示的无限长金属角锥喇叭，其四个导电壁分别位于 $\phi=0$, $\phi=\phi_0$, $\theta=\theta_0$ 和 $\theta=90°$ 处。试求沿径向向外传播的 TE_r 和 TM_r 波的模式场。

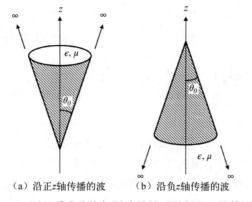

（a）沿正z轴传播的波　　　（b）沿负z轴传播的波

图 7.26　可以看成非均匀圆波导的无限长空心导体圆锥

7.6 虽然没有导波结构，但无限自由空间仍可看成一种球面波导，其波导模式沿径向向内或向外传播。试求出 TE$_r$ 和 TM$_r$ 模的场表达式，并推导向内和向外传播模式的波阻抗。

7.7 考虑图 7.28 所示的长度为 L，半内角为 θ_0 的圆锥喇叭。位于圆锥内的源激励起主模，并向开口处传播。试求区域 I、II 和 III 中的场表达式。

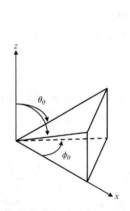

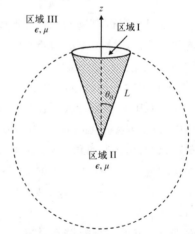

图 7.27　作为非均匀波导的无限长角锥喇叭　　　图 7.28　有限长圆锥喇叭天线。虚线表示与喇叭开口重合的假想球面

7.8 试推导由式(7.4.4)所给出的正交关系。[**提示**：在球面上应用由式(1.1.46)所示的第二标量格林定理，令其中的 a 和 b 为球面波函数。]

7.9 半径为 a 且相对介电常数为 ϵ_r 的介质球放置于均匀静电场 $\mathbf{E} = \hat{z}E_0$ 中。求介质球内部和外部的电场。

7.10 考虑覆盖介质的导体球对平面波的散射问题。导体球的半径为 a，所覆盖的介质层厚度为 d，介电常数为 ϵ_d，磁导率为 μ_d。试求散射场以及 RCS。

7.11 考虑位于无限大导电平面上的导体半球对平面波的散射问题，其中导电平面为 xy 平面。当平面波从上方入射时，试求散射场。讨论如何求解平面波从任意方向入射的情况。

7.12 考虑图 7.17 所示的问题，该问题在 7.5.2 节中从 F_r 出发已求解。由于球面电流产生的场也是一种 TE$_z$ 波，试从 F_z 出发求解该问题，并将得到的解与式(7.5.23)至式(7.5.25)进行比较。

7.13 使用例题 7.3 推导的结果，试求半径为 a 且位于 xy 平面的单电流环产生的静磁场。然后分别求解由亥姆霍兹线圈和麦克斯韦线圈(在习题 2.4 中已定义过)产生的静磁场。

7.14 半径为 a 的球面上有任意恒定面电流，其密度为 $\mathbf{J}_s = \hat{\theta} J_\theta(\theta,\phi) + \hat{\phi} J_\phi(\theta,\phi)$。试求面电流内部和外部的静磁场，并把结果表示成单一电流分量的形式。

7.15 试推导由式(7.5.52)所给出的正交关系。[提示：在图 7.22 中虚线所包围的球体内应用由式(1.1.46)所示的第二标量格林定理，令其中的 a 和 b 为球面波函数。]

7.16 重新考虑例题 7.4 中的问题，即半径为 a 的导体球顶部放置一垂直电偶极子。在导体球不存在时，电偶极子的矢量位为

$$\mathbf{A}^{\mathrm{inc}} = \hat{z} \frac{\mu Il}{4\pi} \frac{e^{-jk|\mathbf{r}-\hat{z}a|}}{|\mathbf{r}-\hat{z}a|}$$

使用式(7.5.13)中的叠加定理，上式可以写为

$$\mathbf{A}^{\mathrm{inc}} = \hat{z} \frac{\mu k Il}{4\pi j} \sum_{n=0}^{\infty} (2n+1) \begin{Bmatrix} h_n^{(2)}(ka)j_n(kr) \\ j_n(ka)h_n^{(2)}(kr) \end{Bmatrix} P_n(\cos\theta), \quad \begin{matrix} r < a \\ r > a \end{matrix}$$

从上式中可以求得电场 $\mathbf{E}^{\mathrm{inc}}$。试把 $\mathbf{E}^{\mathrm{inc}}$ 的表达式整理成例题 7.4 中得到的形式，重新求解此问题；并且计算 $a = 0.5\lambda$ 和 $a = 5\lambda$ 时的辐射场。

7.17 x 方向的电偶极子水平摆放于半径为 a 的导体球上方，球面顶部与偶极子的距离为 d。使用互易定理求该电偶极子在 E 面和 H 面产生的辐射远场。

7.18 均匀时谐圆电流环直接放置在半径为 a，介电常数为 ϵ_d，磁导率为 μ_d 的介质球上。假定球心在坐标原点，电流环位于 $z = d$ 处。试求介质球内部和外部的电场和磁场。

7.19 如图 7.29 所示，半内角为 θ_0 的实心导体圆锥上有一条宽度为 d 的缝。角频率为 ω 的时谐电压 V 加于此缝上。试求其辐射场，并计算 $d = 0.1\lambda$，$h = 2\lambda$ 且 $\theta_0 = 15°$ 时的辐射方向图。

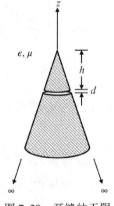

图 7.29　开缝的无限长导体圆锥

7.20 考虑半径为 r' 的球面时谐面磁流，其密度为 $\mathbf{M}_s = \hat{\phi} M_s(\theta)$。半径为 a 的导体球同心放置于球面磁流内部。试求面磁流的辐射场。

7.21 将半径为 a 的导体球从中心移去厚度为 d 的薄片，即可形成上半球和下半球之间的小缝隙。角频率为 ω 的时谐电压加于缝隙两边。使用习题 7.20 推导的结果，求其辐射场；并计算 $d = 0.01\lambda$ 且 $a = 0.25\lambda$ 时的辐射方向图。

第二部分　电磁场的计算

　　计算电磁学是一门使用电子计算机数值求解麦克斯韦方程的学科。得益于计算机技术的快速发展，电磁计算已经成为电磁工程、射频工程及微波工程领域非常重要的分析工具。在过去的一百多年间，麦克斯韦理论的预测能力得到了广泛且有效的检验。我们知道，只要正确地求解麦克斯韦方程，麦克斯韦理论就可以精确地预测器件的设计性能和实验的测量结果。而且，描述电磁基本原理的麦克斯韦理论与电气工程及电子科学技术的各个领域息息相关，这些领域包括雷达、遥感、地理勘探、生物电磁效应、天线、无线通信、光子技术及高频电路等。此外，麦克斯韦电磁理论在静态场到光频的很宽广的频带内和从亚原子到星际尺度的很大范围的几何尺度上都是成立的。因而研究人员一直致力于开发和使用数值方法正确高效地求解麦克斯韦方程，从而分析日益复杂的问题。

　　在 19 世纪麦克斯韦理论建立后，早期的电磁分析只能应用于如球形、圆柱形和平面的简单形状物体。随着科学及工程需求的提高，研究人员希望能够对复杂形状的物体进行电磁分析，由此发展了一系列近似技术。例如，电路理论可以看成麦克斯韦方程在低频情况下的简化，可用于对许多复杂几何形状的近似分析，并取得了很大的成功。而对于高频的情况，高频射线理论、衍射理论和微扰理论的发展为麦克斯韦方程提供了高频近似分析。随着计算机技术的发展，数值方法在 20 世纪 60 年代以后得到了迅速发展，为偏微分方程的求解提供了更多灵活而精确的方法。在众多的数值方法中，有限差分法、有限元法和矩量法是电磁学领域中应用最广泛的方法，三者共同构成了计算电磁学的核心。

第8章　有限差分法

　　有限差分法(FDM)是一种数值处理方法,它将偏微分方程变换为一组代数方程,通过求解代数方程组得到原边值问题的近似解。在所有的数值方法中,有限差分法是最古老也是最简单的。而其简单性也使得它非常稳定高效,因而被广泛应用于各种工程领域。随着时域离散麦克斯韦方程技术——**时域有限差分**(FDTD)**法**的提出和发展,有限差分法成为了电磁分析的重要工具。伴随着其进一步的发展,时域有限差分已经成为解决复杂电磁问题最流行的数值方法[2,3]。为了解决具体问题,研究人员可以快速地编写时域有限差分程序并通过数值仿真认识和理解其中的基本电磁原理。

　　本章首先推导基本的有限差分公式,并将其应用于波动方程和扩散方程的离散,以此来介绍有限差分法的基本原理。接着进行有限差分法的稳定性分析和色散分析。之后,介绍如何用时域有限差分法求解二维和三维麦克斯韦方程。最后讨论如何采用吸收边界条件(ABC)和理想匹配层(PML)来截断计算区域,以解决开放区域电磁仿真的重要问题。

8.1　有限差分公式

　　有限差分法的基本思想是对偏微分方程中的微分算子进行近似。我们可直接从求导的定义出发,得到这种近似。考虑图 8.1 所示的函数 $f(x)$,为了计算它在 x 点的一阶导数,可以有三种选择。第一种选择是将 x 增加微小量 Δx,并计算出 $f(x)$ 在两个点的值之间的差,可得到

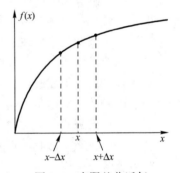

图 8.1　有限差分近似

$$f'(x) = \frac{\mathrm{d}f}{\mathrm{d}x} \approx \frac{f(x + \Delta x) - f(x)}{\Delta x} \qquad (8.1.1)$$

此公式称为**前向差分公式**。类似地,若将 x 减小微小量 Δx,则可得到

$$f'(x) = \frac{\mathrm{d}f}{\mathrm{d}x} \approx \frac{f(x) - f(x - \Delta x)}{\Delta x} \qquad (8.1.2)$$

此公式称为**后向差分公式**。第三种选择是取式(8.1.1)和式(8.1.2)的平均,得到

$$f'(x) = \frac{\mathrm{d}f}{\mathrm{d}x} \approx \frac{f(x + \Delta x) - f(x - \Delta x)}{2\Delta x} \qquad (8.1.3)$$

此公式称为**中心差分公式**。二阶导数的差分公式可通过将上述差分公式应用于一阶导数来获得。由于有多种不同的组合,二阶导数也有多种差分公式。最广泛应用的一种是先用中心差分求解一阶导数,再对所得到的一阶导数使用中心差分:

$$f''(x) = \frac{\mathrm{d}^2 f}{\mathrm{d}x^2} \approx \frac{f'(x + \Delta x/2) - f'(x - \Delta x/2)}{\Delta x} \tag{8.1.4}$$

由此得到

$$f''(x) = \frac{\mathrm{d}^2 f}{\mathrm{d}x^2} \approx \frac{f(x + \Delta x) - 2f(x) + f(x - \Delta x)}{(\Delta x)^2} \tag{8.1.5}$$

显然，所有的差分公式均为求导的近似表示。Δx 越小，这种近似的精度越高。然而，上面的这些差分公式不能给出精度或误差与 Δx 之间的特定关系。因此，可以考虑用另一种方法推导这些公式。由泰勒级数

$$f(x + \Delta x) = f(x) + f'(x)\Delta x + \frac{1}{2}f''(x)(\Delta x)^2 + \frac{1}{6}f'''(x)(\Delta x)^3 + \cdots \tag{8.1.6}$$

可得

$$f'(x) = \frac{f(x + \Delta x) - f(x)}{\Delta x} + O(\Delta x) \tag{8.1.7}$$

式中，$O(\Delta x)$ 表示所有包含 $(\Delta x)^p (p \geq 1)$ 的余项之和。由此可见，前向差分公式中主要误差与 Δx 成正比。因此，前向差分具有一阶精度。类似地，由泰勒级数

$$f(x - \Delta x) = f(x) - f'(x)\Delta x + \frac{1}{2}f''(x)(\Delta x)^2 - \frac{1}{6}f'''(x)(\Delta x)^3 + \cdots \tag{8.1.8}$$

可得

$$f'(x) = \frac{f(x) - f(x - \Delta x)}{\Delta x} + O(\Delta x) \tag{8.1.9}$$

上式表明后向差分也具有一阶精度。若将式(8.1.6)减去式(8.1.8)，则可得

$$f'(x) = \frac{f(x + \Delta x) - f(x - \Delta x)}{2\Delta x} + O[(\Delta x)^2] \tag{8.1.10}$$

这表明中心差分公式具有二阶精度，这是中心差分公式与其他差分公式的一个明显区别。若将式(8.1.6)和式(8.1.8)相加，则可得

$$f''(x) = \frac{f(x + \Delta x) - 2f(x) + f(x - \Delta x)}{(\Delta x)^2} + O[(\Delta x)^2] \tag{8.1.11}$$

此式表明二阶导数的中心差分也具有二阶精度。正因为如此，式(8.1.5)是对二阶导数应用最广泛的差分格式。

8.2　一维问题分析

为了说明有限差分法如何用于偏微分方程的离散，本节考虑两个一维的例子。第一个是求解扩散方程，第二个是求解波动方程。

8.2.1　扩散方程的求解

当介质有很大的导体损耗时，其中的传导电流远大于位移电流，因此可忽略位移电流，由此得到电场所满足的二阶偏微分方程为

$$\nabla \times \nabla \times \mathscr{E} + \mu\sigma \frac{\partial \mathscr{E}}{\partial t} = -\mu \frac{\partial \mathscr{J}_i}{\partial t} \tag{8.2.1}$$

假设 $\mathscr{J}_i$ 和 $\mathscr{E}$ 只有 z 方向分量且只在 x 方向上有变化, 则式(8.2.1)可简化为

$$\frac{\partial^2 \mathscr{E}_z}{\partial x^2} - \mu\sigma \frac{\partial \mathscr{E}_z}{\partial t} = \mu \frac{\partial \mathscr{J}_z}{\partial t} \tag{8.2.2}$$

为表达方便, 此处省略了 $\mathscr{J}_z$ 的下标 i。这种类型的方程称为**扩散方程**或**抛物线型偏微分方程**。

为离散式(8.2.2), 首先将沿 x 轴的求解区域均分成许多小段。因此, x 轴被离散成多个点, 记为 $x = i\Delta x$, 其中 $i = 0, 1, 2, \cdots, M$(见图8.2)。类似地, 时间轴可以被离散成若干均匀分布的时间点, 记为 $t = n\Delta t$, 其中 $n = 0, 1, 2, \cdots, N$, Δt 表示两个相邻时刻之间的间隔。随着时间和空间上的均匀离散, $\mathscr{E}_z(x, t)$ 可以写为

$$\mathscr{E}_z(x, t) = \mathscr{E}_z(i\Delta x, n\Delta t) = \mathscr{E}_z^n(i) \tag{8.2.3}$$

其他量也可以类似地表示。对 x 的二阶导数应用中心差分, 并对时间的一阶导数应用前向差分, 式(8.2.2)可写为

$$\frac{\mathscr{E}_z(x + \Delta x, t) - 2\mathscr{E}_z(x, t) + \mathscr{E}_z(x - \Delta x, t)}{(\Delta x)^2} - \mu\sigma \frac{\mathscr{E}_z(x, t + \Delta t) - \mathscr{E}_z(x, t)}{\Delta t}$$
$$= \mu \frac{\mathscr{J}_z(x, t + \Delta t) - \mathscr{J}_z(x, t)}{\Delta t} \tag{8.2.4}$$

使用式(8.2.3)引入的简写方式, 上式变为

$$\frac{\mathscr{E}_z^n(i+1) - 2\mathscr{E}_z^n(i) + \mathscr{E}_z^n(i-1)}{(\Delta x)^2} - \mu\sigma \frac{\mathscr{E}_z^{n+1}(i) - \mathscr{E}_z^n(i)}{\Delta t} = \mu \frac{\mathscr{J}_z^{n+1}(i) - \mathscr{J}_z^n(i)}{\Delta t} \tag{8.2.5}$$

将时间步最超前的场量移到等号左边, 将其他量移到等号右边, 可得

$$\mathscr{E}_z^{n+1}(i) = \mathscr{E}_z^n(i) + \frac{\Delta t}{\mu\sigma(\Delta x)^2} \left[\mathscr{E}_z^n(i+1) - 2\mathscr{E}_z^n(i) + \mathscr{E}_z^n(i-1) \right] - \frac{1}{\sigma} \left[\mathscr{J}_z^{n+1}(i) - \mathscr{J}_z^n(i) \right] \tag{8.2.6}$$

仔细观察上式可以发现, 如果已知源的所有值及场的初始值, 例如在 $n = 0$ 时的值, 则利用上式可计算 $n = 1$ 时的场值, 然后得到 $n = 2$ 直至 $n = N$ 的值。这个过程称为**时间步进**或**时间推进**, 式(8.2.6)也因此称为**时间步进公式**。由于在时间维上使用前向差分公式, 所以式(8.2.6)具有一阶精度。

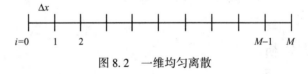

图8.2 一维均匀离散

如果根据式(8.2.6)进行时间步进计算, 则在计算边界点即 $x = 0$ 和 $x = M\Delta x$ 点的场时将遇到困难, 因为计算 $\mathscr{E}_z^{n+1}(0)$ 和 $\mathscr{E}_z^{n+1}(M)$ 需要 $\mathscr{E}_z^n(-1)$ 和 $\mathscr{E}_z^n(M+1)$ 的值, 而这两项均在计算区域外且未知。这个困难之所以出现, 是因为这里考虑的边界值问题的描述不完备, 它没有给出必要的边界条件。我们通常遇到的边界条件为 Dirichlet 条件和 Neumann 条件。**Dirichlet 条件**给定了边界处的场值, 如在本例中, $x = 0$ 处的值给定为

$$\mathscr{E}_z(x=0,t) = p(t) \qquad (8.2.7)$$

对于此条件，边界值已知，无须计算。**Neumann 条件**规定了边界处的法向导数值，可表示为

$$\frac{\partial \mathscr{E}_z(x,t)}{\partial x}\bigg|_{x=0} = q(t) \qquad (8.2.8)$$

使用中心差分离散，其结果为

$$\mathscr{E}_z^n(-1) = \mathscr{E}_z^n(1) - 2\Delta x q^n \qquad (8.2.9)$$

它可以用来计算 $\mathscr{E}_z^{n+1}(0)$。其他更复杂的边界条件将在以后介绍吸收边界条件时讨论。

8.2.2　波动方程的求解

当媒质为无耗的时，其电场满足下面的二阶偏微分方程：

$$\nabla \times \nabla \times \mathscr{E} + \mu\epsilon\frac{\partial^2 \mathscr{E}}{\partial t^2} = -\mu\frac{\partial \mathscr{J}_i}{\partial t} \qquad (8.2.10)$$

假设 $\mathscr{J}_i$ 和 $\mathscr{E}$ 只有 z 方向分量且只在 x 方向变化，则上式可简化为

$$\frac{\partial^2 \mathscr{E}_z}{\partial x^2} - \mu\epsilon\frac{\partial^2 \mathscr{E}_z}{\partial t^2} = \mu\frac{\partial \mathscr{J}_z}{\partial t} \qquad (8.2.11)$$

为方便起见，此处省略了 $\mathscr{J}_z$ 的下标 i。这种类型的方程称为**波动方程**或**双曲型偏微分方程**，其波的传播速度为 $c = 1/\sqrt{\mu\epsilon}$。

将空间和时间按照前面描述的方法均匀离散，并对空间和时间导数应用中心差分，则式 (8.2.11) 可以变换为

$$\frac{\mathscr{E}_z^n(i+1) - 2\mathscr{E}_z^n(i) + \mathscr{E}_z^n(i-1)}{(\Delta x)^2} - \mu\epsilon\frac{\mathscr{E}_z^{n+1}(i) - 2\mathscr{E}_z^n(i) + \mathscr{E}_z^{n-1}(i)}{(\Delta t)^2}$$
$$= \mu\frac{\mathscr{J}_z^{n+1}(i) - \mathscr{J}_z^{n-1}(i)}{2\Delta t} \qquad (8.2.12)$$

从上式得到二阶精度的时间步进公式

$$\mathscr{E}_z^{n+1}(i) = 2\mathscr{E}_z^n(i) - \mathscr{E}_z^{n-1}(i) + \frac{(\Delta t)^2}{\mu\epsilon(\Delta x)^2}\left[\mathscr{E}_z^n(i+1) - 2\mathscr{E}_z^n(i) + \mathscr{E}_z^n(i-1)\right]$$
$$- \frac{\Delta t}{2\epsilon}\left[\mathscr{J}_z^{n+1}(i) - \mathscr{J}_z^{n-1}(i)\right] \qquad (8.2.13)$$

当已知源电流、场的初始值及边界条件时，就可以用上式进行时间步进来计算场值。需要注意，此时需要场在两个时刻的初始值，例如 $n=0$ 和 $n=1$ 时刻，这是因为偏微分方程中包含了时间的二阶导数。

8.2.3　稳定性分析

从前面介绍的扩散方程和波动方程的有限差分公式中不难看出，在有限差分中，需要选择合适的 Δx 和 Δt。一般来说，Δx 必须足够小，以便解能够准确模拟场的空间变化，同时 Δt 也必须足够小，以便解能够准确模拟场的时间变化。通常来说，若关注的最高频率为

f_{max},其相应波长为 $\lambda_{min} = c/f_{max}$,周期为 $T_{min} = 1/f_{max}$,则 Δx 和 Δt 的选择应满足 $\Delta x < \lambda_{min}/20$ 和 $\Delta t < T_{min}/20$。当然,这些值的具体选择应根据特定的问题及所需的精度确定。需要特别注意,由于场的空间变化和时间变化是相关的,所以 Δx 和 Δt 的选择并不相互独立。事实上,若选择不恰当,则时间步进的过程将变得不稳定,所计算的场值呈指数增大,或为非物理的解。为了寻找 Δx 和 Δt 的合适选择,有必要对时间步进公式进行稳定性分析。

为了说明稳定性分析的过程,首先考虑式(8.2.6)。若丢掉源项,则由能量守恒得知,求解区域中的场的能量不应该随时间的增加而增大。实际上,由于介质损耗,其能量应该减少。这一点是稳定性分析的基础。为了考察场的能量,首先把场展开为傅里叶级数

$$\mathcal{E}_z^n(i) = \sum_{m=-\infty}^{\infty} A_m^n e^{jk_m i \Delta x}, \qquad k_m = \frac{m\pi}{L} \tag{8.2.14}$$

式中,$L = M\Delta x$ 表示求解区域的长度。众所周知,场的能量正比于各傅里叶模式幅度的平方和。因此,为了确保能量不随 n 的增大而增大,可以检查傅里叶模式的幅度。为此,将式(8.2.14)代入式(8.2.6)给出的无源时间步进公式,得到

$$A_m^{n+1} = (1 - 2r)A_m^n + r\left(e^{jk_m\Delta x} + e^{-jk_m\Delta x}\right)A_m^n = \left[1 - 4r\sin^2\left(\frac{k_m\Delta x}{2}\right)\right]A_m^n \tag{8.2.15}$$

式中,$r = \Delta t/\mu\sigma(\Delta x)^2$。下面定义一个放大因子 g_m 为

$$g_m = \frac{A_m^{n+1}}{A_m^n} = 1 - 4r\sin^2\left(\frac{k_m\Delta x}{2}\right) \tag{8.2.16}$$

为满足能量守恒定律,对所有 k_m,应该有 $|g_m| \leqslant 1$。从式(8.2.16)可知,g_m 的最大值为 1,而最小值为 $(1-4r)$。因此,为保证 $|g_m| \leqslant 1$,必须有

$$1 - 4r \geqslant -1 \qquad \text{或} \qquad r \leqslant \frac{1}{2} \tag{8.2.17}$$

因此有

$$\Delta t \leqslant \frac{1}{2}\mu\sigma(\Delta x)^2 \tag{8.2.18}$$

在此条件下,场的能量可以保证不会随 n 的增大而增大,因而时间步进过程将是稳定的,这个条件称为**稳定性条件**。由于要满足稳定性条件,基于式(8.2.6)的时间步进过程就是**有条件稳定**的。

把同样的分析方法应用于式(8.2.13)表示的时间步进公式,也可得到其稳定性条件。将式(8.2.14)代入式(8.2.13),得到

$$A_m^{n+1} = 2\left[1 - 2r\sin^2\left(\frac{k_m\Delta x}{2}\right)\right]A_m^n - A_m^{n-1} \tag{8.2.19}$$

式中,$r = (\Delta t)^2/\mu\,\epsilon\,(\Delta x)^2$。从式(8.2.19)可得

$$g_m^2 - 2\alpha_m g_m + 1 = 0, \qquad \alpha_m = 1 - 2r\sin^2\left(\frac{k_m\Delta x}{2}\right) \tag{8.2.20}$$

这里假定

$$g_m = \frac{A_m^{n+1}}{A_m^n} = \frac{A_m^n}{A_m^{n-1}} \tag{8.2.21}$$

因为时间步进公式对每一个时间步一样，所以这一假定是合理的。式(8.2.20)的解为

$$g_m = \alpha_m \pm \sqrt{\alpha_m^2 - 1} \tag{8.2.22}$$

显然，只有 $\alpha_m^2 \leqslant 1$ 时才能满足 $|g_m| \leqslant 1$。事实上，当 $\alpha_m^2 \leqslant 1$ 时，$|g_m| = 1$，因此能量将保持不变。这是预料之中的，因为式(8.2.13)中所考虑的媒质是无耗的。因为 α_m 的最大值为 1，而最小值为 $(1-2r)$，要满足 $\alpha_m^2 \leqslant 1$，必须有

$$1 - 2r \geqslant -1 \qquad 或 \qquad r \leqslant 1 \tag{8.2.23}$$

由此得

$$\Delta t \leqslant \Delta x \sqrt{\mu\epsilon} = \frac{\Delta x}{c} \tag{8.2.24}$$

因此，基于式(8.2.13)的时间步进公式也是有条件稳定的。为保证其稳定性，时间步的大小必须满足式(8.2.24)。

早些时候，细心的读者也许会问：为什么式(8.2.2)中对时间的导数不使用中心差分近似，以获得二阶精度的时间步进公式，即

$$\mathscr{E}_z^{n+1}(i) = \mathscr{E}_z^{n-1}(i) + \frac{2\Delta t}{\mu\sigma(\Delta x)^2}[\mathscr{E}_z^n(i+1) - 2\mathscr{E}_z^n(i) + \mathscr{E}_z^n(i-1)]$$
$$- \frac{1}{\sigma}[\mathscr{J}_z^{n+1}(i) - \mathscr{J}_z^{n-1}(i)] \tag{8.2.25}$$

然而，如果对此公式进行稳定性分析，就会发现

$$g_m^2 + 2\alpha_m g_m - 1 = 0, \qquad \alpha_m = \frac{4\Delta t}{\mu\sigma(\Delta x)^2}\sin^2\left(\frac{k_m\Delta x}{2}\right) \tag{8.2.26}$$

其解为

$$g_m = -\alpha_m \pm \sqrt{\alpha_m^2 + 1} \tag{8.2.27}$$

显然，无论 α_m 的值如何，总是有 $|g_m| > 1$，这使式(8.2.25)的时间步进总是不稳定的。这个例子也表明了稳定性分析的重要。

8.2.4　数值色散分析

当有限差分法用于模拟波的传播时，由于数值离散，模拟的波速与波速的物理真实值略有不同。这将导致波解的相位出现误差，这种现象称为**数值色散**，其造成的误差称为**数值相位误差**。为定量描述该误差，考虑一个在有限差分网格上传播的平面波，检查基于时间步进公式获得的数值波数。为此，假设平面波沿 x 方向传播，其解析表达式为

$$\mathscr{E}_z(x,t) = \text{Re}\left[E_0 e^{j(\omega t - kx)}\right] \tag{8.2.28}$$

式中，$k = \omega\sqrt{\mu\epsilon}$。在有限差分网格上，数值离散的波可以表示为

$$\mathscr{E}_z^n(i) = \text{Re}\left[E_0 e^{j(\omega n\Delta t - \tilde{k}i\Delta x)}\right] \tag{8.2.29}$$

式中, $\tilde{k}$ 表示数值波数。将其代入无源情况下的式(8.2.13), 得到

$$\cos(\omega\Delta t) = (1 - r) + r\cos(\tilde{k}\Delta x) \tag{8.2.30}$$

式中, $r = (\Delta t)^2/\mu\epsilon(\Delta x)^2$。从这个方程中, 可求得数值波数为

$$\tilde{k} = \frac{1}{\Delta x}\arccos\left(1 - \frac{2}{r}\sin^2\frac{\omega\Delta t}{2}\right) \tag{8.2.31}$$

由此可检查其与精确波数的差别。为了得到更明确的表达式, 可将式(8.2.30)中的余弦函数用级数展开式的前三项近似表示, 得到

$$k^2 - \frac{1}{12}k^2(\omega\Delta t)^2 \approx \tilde{k}^2 - \frac{1}{12}\tilde{k}^2(\tilde{k}\Delta x)^2 \tag{8.2.32}$$

或

$$\frac{\tilde{k} - k}{k} \approx \frac{1}{24}\left[(k\Delta x)^2 - (\omega\Delta t)^2\right] \tag{8.2.33}$$

显然, 若选择 $\Delta t = \Delta x\sqrt{\mu\epsilon} = \Delta x/c$, 则数值波数 $\tilde{k}$ 将与波数真实值 k 相同。而对于其他的 Δt, 这两个波数之间将有微小的差别。例如, 若选择 $\Delta t = 0.5\Delta x\sqrt{\mu\epsilon}$, 则式(8.2.33)变为

$$\frac{\tilde{k} - k}{k} \approx \frac{1}{32}(k\Delta x)^2 = \frac{\pi^2}{8}\left(\frac{\Delta x}{\lambda}\right)^2 \tag{8.2.34}$$

式中, λ 为波长。在这种情况下, 当波在有限差分网格上传播时将产生相位误差。若波传播的距离很长, 则这个误差可以累积, 并可能最终导致数值解完全失真。式(8.2.34)表明此误差随着 $\Delta x/\lambda$ 二次衰减, 说明该误差为二阶收敛, 因此该误差可通过减小 Δx 来有效控制。

另外需要指出, 一维的波传播是一个特殊问题, 因为此时的波传播方向是固定的。在这种情况下, 我们总是可以选择适当的 Δt, 以消除相位误差。而对于二维和三维的问题, 情况则完全不同, 此时的波传播方向通常是未知的且随空间位置而变化, 因此一般不能通过调整 Δt 来消除相位误差。数值色散分析通常非常必要, 它给出了有限差分离散中所产生和传播的相位误差。

8.3 二维分析

本节将处理稍微复杂些的二维问题。我们首先考虑时域波动方程, 然后讨论用于时谐场分析的有限差分法。

8.3.1 时域分析

考虑这样一个问题: 源和媒质沿 z 轴是均匀的, 因此源产生的场在 z 方向上没有变化。若源是 z 方向的电流源, 则其产生的电场只有 z 方向分量。一般情形下, 电场所满足的二阶微分方程为

$$\nabla \times \nabla \times \mathscr{E} + \mu\epsilon\frac{\partial^2\mathscr{E}}{\partial t^2} + \mu\sigma\frac{\partial\mathscr{E}}{\partial t} = -\mu\frac{\partial\mathscr{J}_i}{\partial t} \tag{8.3.1}$$

对于上述二维情况, 此方程可简化为

$$\frac{\partial^2 \mathscr{E}_z}{\partial x^2} + \frac{\partial^2 \mathscr{E}_z}{\partial y^2} - \mu\epsilon\frac{\partial^2 \mathscr{E}_z}{\partial t^2} - \mu\sigma\frac{\partial \mathscr{E}_z}{\partial t} = \mu\frac{\partial \mathscr{J}_z}{\partial t} \tag{8.3.2}$$

为求解该方程, 可先将求解区域用矩形框围住, 再把它划分成尺寸为 $\Delta x \times \Delta y$ 的许多小矩形 (见图 8.3), 每个网格点可以用一对整数 (i,j) 表示。然后, 对式(8.3.2)应用中心差分, 得到

$$\frac{\mathscr{E}_z^n(i+1,j) - 2\mathscr{E}_z^n(i,j) + \mathscr{E}_z^n(i-1,j)}{(\Delta x)^2} + \frac{\mathscr{E}_z^n(i,j+1) - 2\mathscr{E}_z^n(i,j) + \mathscr{E}_z^n(i,j-1)}{(\Delta y)^2}$$
$$- \mu\epsilon_{ij}\frac{\mathscr{E}_z^{n+1}(i,j) - 2\mathscr{E}_z^n(i,j) + \mathscr{E}_z^{n-1}(i,j)}{(\Delta t)^2} - \mu\sigma_{ij}\frac{\mathscr{E}_z^{n+1}(i,j) - \mathscr{E}_z^{n-1}(i,j)}{2\Delta t} \tag{8.3.3}$$
$$= \mu\frac{\mathscr{J}_z^{n+1}(i,j) - \mathscr{J}_z^{n-1}(i,j)}{2\Delta t}$$

式中, ϵ_{ij} 和 σ_{ij} 表示网格点 (i,j) 处的 ϵ 和 σ 的值, 而 μ 假定为常数。由此得到时间步进公式为

$$\mathscr{E}_z^{n+1}(i,j) = \left[\frac{\mu\sigma_{ij}}{2\Delta t} + \frac{\mu\epsilon_{ij}}{(\Delta t)^2}\right]^{-1} \left\{ 2\mathscr{E}_z^n(i,j)\left[\frac{\mu\epsilon_{ij}}{(\Delta t)^2} - \frac{1}{(\Delta x)^2} - \frac{1}{(\Delta y)^2}\right] \right.$$
$$+ \mathscr{E}_z^{n-1}(i,j)\left[\frac{\mu\sigma_{ij}}{2\Delta t} - \frac{\mu\epsilon_{ij}}{(\Delta t)^2}\right] + \frac{1}{(\Delta x)^2}\left[\mathscr{E}_z^n(i+1,j) + \mathscr{E}_z^n(i-1,j)\right]$$
$$+ \frac{1}{(\Delta y)^2}\left[\mathscr{E}_z^n(i,j+1) + \mathscr{E}_z^n(i,j-1)\right] \tag{8.3.4}$$
$$\left. - \frac{\mu}{2\Delta t}\left[\mathscr{J}_z^{n+1}(i,j) - \mathscr{J}_z^{n-1}(i,j)\right] \right\}$$

根据源、初始条件和边界条件的信息, 利用上述公式可逐步地计算每个网格点处的场。

对式(8.3.4)的稳定性分析虽然比较烦琐, 但过程还是直截了当的。忽略损耗, 可得稳定性条件为

$$\Delta t \leqslant \frac{\sqrt{\mu\epsilon}}{\sqrt{\frac{1}{(\Delta x)^2} + \frac{1}{(\Delta y)^2}}} = \frac{1}{c\sqrt{\frac{1}{(\Delta x)^2} + \frac{1}{(\Delta y)^2}}} \tag{8.3.5}$$

对非均匀媒质, 在确定 Δt 时应该使用最小的 ϵ 值, 以保证网格中的每一处满足式(8.3.5)。也可以通过数值色散分析得到

$$\left[\frac{1}{c\Delta t}\sin\frac{\omega\Delta t}{2}\right]^2 = \left[\frac{1}{\Delta x}\sin\frac{\tilde{k}_x\Delta x}{2}\right]^2 + \left[\frac{1}{\Delta y}\sin\frac{\tilde{k}_y\Delta y}{2}\right]^2 \tag{8.3.6}$$

从上式可近似得到

$$\frac{\tilde{k} - k}{k} \approx \frac{1}{24}\left[(k\Delta x)^2\cos^4\phi^{\mathrm{i}} + (k\Delta y)^2\sin^4\phi^{\mathrm{i}} - (\omega\Delta t)^2\right] \tag{8.3.7}$$

式中, ϕ^{i} 为传播方向与 x 轴的夹角。与一维情况不同, 没有一个 Δt 的选择能够消除所有方向的数值色散误差。若选择 $\Delta x = \Delta y = h$ 和 $\Delta t = 0.5h/c$, 则式(8.3.7)变为

$$\frac{\tilde{k}-k}{k} \approx \frac{(kh)^2}{24}\left[\cos^4\phi^i + \sin^4\phi^i - \frac{1}{4}\right] = \frac{\pi^2}{24}\left(\frac{h}{\lambda}\right)^2\left[2 + \cos(4\phi^i)\right] \tag{8.3.8}$$

显然,此相位误差是传播角度的函数。当波沿对角线方向传播时,该误差最小。图8.4所示为$\lambda/h=10$、$\lambda/h=20$ 和 $\lambda/h=30$ 时的相位误差随传播角的变化曲线。

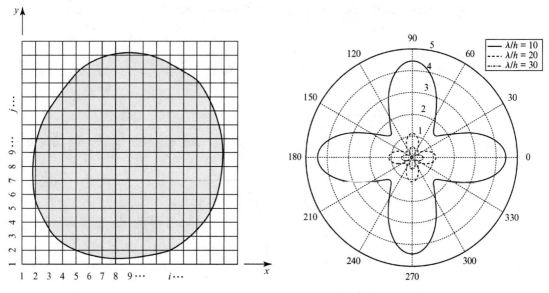

图8.3　二维有限差分网格

图8.4　每个波长的数值相位误差(°)
随波传播方向的变化曲线

8.3.2　频域分析

有限差分法也可以用于求解频域麦克斯韦方程组。式(8.3.2)对应的频域表达式可写为

$$\frac{\partial^2 E_z}{\partial x^2} + \frac{\partial^2 E_z}{\partial y^2} + k^2\epsilon_c E_z = g \tag{8.3.9}$$

式中,$g = j\omega\mu J_z$,$\epsilon_c = 1 - j\sigma/\omega\epsilon$,它们可以是位置的函数。使用中心差分,上式可以转换为

$$\frac{E_z(i+1,j) - 2E_z(i,j) + E_z(i-1,j)}{(\Delta x)^2} + \frac{E_z(i,j+1) - 2E_z(i,j) + E_z(i,j-1)}{(\Delta y)^2}$$
$$+ k^2\epsilon_{c,ij}E_z(i,j) = g(i,j) \tag{8.3.10}$$

对于每个网格点,都可以得到类似的方程,其场值均可以采用上式表示。由此得到一组线性方程组,在给定的边界条件下同时求解整个线性方程组,即可求得网格点的场值。线性方程组的求解一般有两类方法。第一类是高斯消元法,由于方程组的系数矩阵是非常稀疏的,无论该矩阵有多大,其每行至多有5个非零项,因而一般我们使用稀疏矩阵的求解方法。第二类是使用迭代法(如高斯-塞德尔方法)求方程组的近似解。在迭代法中,首先将所有 $E_z(i,j)$ 设为零,即 $E_z^{(0)}(i,j)=0$,然后根据式(8.3.10)计算一组新的值。具体来说,对于$l=0$,有

$$E_z^{(l+1)}(i,j) = \left[\frac{2}{(\Delta x)^2} + \frac{2}{(\Delta y)^2} - k^2\epsilon_{c,ij}\right]^{-1}\left\{\frac{1}{(\Delta x)^2}\left[E_z^{(l)}(i+1,j) + E_z^{(l)}(i-1,j)\right]\right.$$
$$\left. + \frac{1}{(\Delta y)^2}\left[E_z^{(l)}(i,j+1) + E_z^{(l)}(i,j-1)\right] - g(i,j)\right\} \tag{8.3.11}$$

此处用上标"l"表示迭代次数。重复这个过程直到收敛，即 $E_z^{(l+1)}(i,j)$ 的值随着 l 的增加不再变化。我们也可以通过使用超松弛迭代法改进解的收敛性，即

$$E_z^{(l+1)}(i,j) = E_z^{(l)}(i,j) + \frac{\omega}{4}R^{(l)}(i,j) \tag{8.3.12}$$

式中，$R^{(l)}(i,j)$ 表示式(8.3.11)在 l 次迭代后的残差；ω 为满足 $1<\omega<2$ 的松弛因子。另一种常用的迭代求解方法是基于 Krylov 子空间的迭代求解。

8.4 Yee 网格

虽然 8.3 节中所描述的有限差分法可以比较直观地拓展到对三维问题的分析，但在此过程中我们会遇到一些严重的问题。这些问题的产生来自传统的有限差分法在网格点的采样。当网格点位于两种不同媒质的分界面上时，为了保证切向场的连续和法向场的不连续，需要进行相当烦琐的处理。另一个更严重的问题是，当一个网格点位于导体或媒质的边缘或拐角时，这一点的法向没有明确的定义，而其场分量可能是无限大的，即奇异的，因此这个网格点处的场值无法精确描述。1966 年，Yee 提出了一种独特的离散方法[1]，成功地解决了这些问题。

8.4.1 二维分析

现在重新考虑二维电磁问题。对于源为 $\mathscr{J}_i = \hat{z}\mathscr{J}_z$ 的二维问题，其麦克斯韦方程组可简化为

$$\frac{\partial\mathscr{E}_z}{\partial y} = -\mu\frac{\partial\mathscr{H}_x}{\partial t} \tag{8.4.1}$$

$$\frac{\partial\mathscr{E}_z}{\partial x} = \mu\frac{\partial\mathscr{H}_y}{\partial t} \tag{8.4.2}$$

$$\frac{\partial\mathscr{H}_y}{\partial x} - \frac{\partial\mathscr{H}_x}{\partial y} = \epsilon\frac{\partial\mathscr{E}_z}{\partial t} + \sigma\mathscr{E}_z + \mathscr{J}_z \tag{8.4.3}$$

为求解 $(\mathscr{E}_z,\mathscr{H}_x,\mathscr{H}_y)$，首先把求解区域围在一个矩形区域内，然后把区域均匀离散成许多小矩形单元，如图 8.5(a)所示。每个单元的中心用一对整数 (i,j) 表示，在这个点上，采样 $\mathscr{E}_z$。而磁场分量则沿着矩形单元的边缘采样，如图 8.5(b)所示。通过在 $t=n\Delta t$ 时刻采样电场，而在 $t=\left(n+\frac{1}{2}\right)\Delta t$ 时刻采样磁场，采用中心差分，式(8.4.1)可离散为

$$\frac{\mathscr{E}_z^n(i,j+1) - \mathscr{E}_z^n(i,j)}{\Delta y} = -\mu\frac{\mathscr{H}_x^{n+1/2}\left(i,j+\frac{1}{2}\right) - \mathscr{H}_x^{n-1/2}\left(i,j+\frac{1}{2}\right)}{\Delta t} \tag{8.4.4}$$

由此得到

$$\mathcal{H}_x^{n+1/2}\left(i,j+\frac{1}{2}\right) = \mathcal{H}_x^{n-1/2}\left(i,j+\frac{1}{2}\right) - \frac{\Delta t}{\mu \Delta y}\left[\mathcal{E}_z^n(i,j+1) - \mathcal{E}_z^n(i,j)\right] \tag{8.4.5}$$

类似地，由式(8.4.2)和式(8.4.3)可得

$$\mathcal{H}_y^{n+1/2}\left(i+\frac{1}{2},j\right) = \mathcal{H}_y^{n-1/2}\left(i+\frac{1}{2},j\right) + \frac{\Delta t}{\mu \Delta x}\left[\mathcal{E}_z^n(i+1,j) - \mathcal{E}_z^n(i,j)\right] \tag{8.4.6}$$

$$\mathcal{E}_z^{n+1}(i,j) = \frac{1}{\beta(i,j)}\left\{\alpha(i,j)\mathcal{E}_z^n(i,j) + \frac{1}{\Delta x}\left[\mathcal{H}_y^{n+1/2}\left(i+\frac{1}{2},j\right) - \mathcal{H}_y^{n+1/2}\left(i-\frac{1}{2},j\right)\right]\right.$$
$$\left. - \frac{1}{\Delta y}\left[\mathcal{H}_x^{n+1/2}\left(i,j+\frac{1}{2}\right) - \mathcal{H}_x^{n+1/2}\left(i,j-\frac{1}{2}\right)\right] - \mathcal{J}_z^{n+1/2}(i,j)\right\} \tag{8.4.7}$$

式中，

$$\alpha = \frac{\epsilon}{\Delta t} - \frac{\sigma}{2}, \qquad \beta = \frac{\epsilon}{\Delta t} + \frac{\sigma}{2} \tag{8.4.8}$$

显而易见，给定 $\mathcal{E}_z$、$\mathcal{H}_x$ 及 $\mathcal{H}_y$ 的初值和适当的边界条件，可以用式(8.4.5)和式(8.4.6)计算 $\mathcal{H}_x$ 和 $\mathcal{H}_y$，然后用式(8.4.7)计算 $\mathcal{E}_z$。注意，在这个方案中，电场和磁场的空间网格错开了半个网格点，在时间采样点上也错开半个时间步。更重要的是，磁场分量的采样在矩形单元的边缘：$\mathcal{H}_x$ 在与 x 平行的边缘上采样；$\mathcal{H}_y$ 在与 y 平行的边缘上采样。这种采样方式保证了场的唯一定义，并且自动确保了切向场的连续性。可以证明，这种离散方案的稳定性条件与式(8.3.5)给出的相同；其数值色散误差也与式(8.3.8)给出的相同。基于式(8.4.5)至式(8.4.7)所示的时间步进公式称为**蛙跳时间积分**。

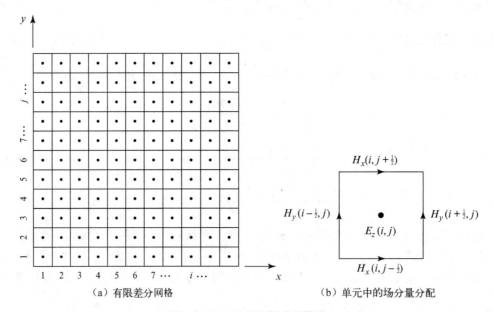

图 8.5　Yee 网格有限差分算法

需要注意，式(8.4.5)至式(8.4.7)也可以直接从积分形式的麦克斯韦方程组推出，而不必使用有限差分公式。此推导留给读者作为练习。

8.4.2　三维分析

Yee 网格有限差分算法可直接从二维扩展到三维。考虑时域麦克斯韦方程

$$\nabla \times \mathscr{E} = -\mu \frac{\partial \mathscr{H}}{\partial t} \tag{8.4.9}$$

$$\nabla \times \mathscr{H} = \epsilon \frac{\partial \mathscr{E}}{\partial t} + \sigma \mathscr{E} + \mathscr{J}_i \tag{8.4.10}$$

这两个矢量方程可以写成 6 个标量方程，即

$$\frac{\partial \mathscr{E}_z}{\partial y} - \frac{\partial \mathscr{E}_y}{\partial z} = -\mu \frac{\partial \mathscr{H}_x}{\partial t} \tag{8.4.11}$$

$$\frac{\partial \mathscr{E}_x}{\partial z} - \frac{\partial \mathscr{E}_z}{\partial x} = -\mu \frac{\partial \mathscr{H}_y}{\partial t} \tag{8.4.12}$$

$$\frac{\partial \mathscr{E}_y}{\partial x} - \frac{\partial \mathscr{E}_x}{\partial y} = -\mu \frac{\partial \mathscr{H}_z}{\partial t} \tag{8.4.13}$$

$$\frac{\partial \mathscr{H}_z}{\partial y} - \frac{\partial \mathscr{H}_y}{\partial z} = \epsilon \frac{\partial \mathscr{E}_x}{\partial t} + \sigma \mathscr{E}_x + \mathscr{J}_x \tag{8.4.14}$$

$$\frac{\partial \mathscr{H}_x}{\partial z} - \frac{\partial \mathscr{H}_z}{\partial x} = \epsilon \frac{\partial \mathscr{E}_y}{\partial t} + \sigma \mathscr{E}_y + \mathscr{J}_y \tag{8.4.15}$$

$$\frac{\partial \mathscr{H}_y}{\partial x} - \frac{\partial \mathscr{H}_x}{\partial y} = \epsilon \frac{\partial \mathscr{E}_z}{\partial t} + \sigma \mathscr{E}_z + \mathscr{J}_z \tag{8.4.16}$$

为求解这些方程以得到空间 V 中的电场和磁场，我们用一个立方体包围体积 V，再把这个立方体盒子分成许多小立方体单元，如图 8.6(a) 所示。然后，在单元每条边的中心位置对电场分量采样，在单元每个面的中心位置对磁场分量采样，如图 8.6(b) 所示。若将整个网格在每个方向上偏移半个单元，则磁场分量的采样点将在单元每条边的中心，而电场分量的采样点将在单元每个面的中心。采用中心差分，式(8.4.11) 至式(8.4.13) 可以变换为

$$\mathscr{H}_x^{n+1/2}\left(i, j+\frac{1}{2}, k+\frac{1}{2}\right) = \mathscr{H}_x^{n-1/2}\left(i, j+\frac{1}{2}, k+\frac{1}{2}\right)$$

$$- \frac{\Delta t}{\mu \Delta y}\left[\mathscr{E}_z^n\left(i, j+1, k+\frac{1}{2}\right) - \mathscr{E}_z^n\left(i, j, k+\frac{1}{2}\right)\right] \tag{8.4.17}$$

$$+ \frac{\Delta t}{\mu \Delta z}\left[\mathscr{E}_y^n\left(i, j+\frac{1}{2}, k+1\right) - \mathscr{E}_y^n\left(i, j+\frac{1}{2}, k\right)\right]$$

$$\mathscr{H}_y^{n+1/2}\left(i+\frac{1}{2}, j, k+\frac{1}{2}\right) = \mathscr{H}_y^{n-1/2}\left(i+\frac{1}{2}, j, k+\frac{1}{2}\right)$$

$$- \frac{\Delta t}{\mu \Delta z}\left[\mathscr{E}_x^n\left(i+\frac{1}{2}, j, k+1\right) - \mathscr{E}_x^n\left(i+\frac{1}{2}, j, k\right)\right] \tag{8.4.18}$$

$$+ \frac{\Delta t}{\mu \Delta x}\left[\mathscr{E}_z^n\left(i+1, j, k+\frac{1}{2}\right) - \mathscr{E}_z^n\left(i, j, k+\frac{1}{2}\right)\right]$$

$$\mathcal{H}_z^{n+1/2}\left(i+\frac{1}{2},j+\frac{1}{2},k\right)=\mathcal{H}_z^{n-1/2}\left(i+\frac{1}{2},j+\frac{1}{2},k\right)$$

$$-\frac{\Delta t}{\mu\Delta x}\left[\mathcal{E}_y^n\left(i+1,j+\frac{1}{2},k\right)-\mathcal{E}_y^n\left(i,j+\frac{1}{2},k\right)\right]\quad(8.4.19)$$

$$+\frac{\Delta t}{\mu\Delta y}\left[\mathcal{E}_x^n\left(i+\frac{1}{2},j+1,k\right)-\mathcal{E}_x^n\left(i+\frac{1}{2},j,k\right)\right]$$

式中，i、j 及 k 用于表示单元的位置($x=i\Delta x$，$y=j\Delta y$，$z=k\Delta z$)。类似地，式(8.4.14)至式(8.4.16)被离散后得到电场的时间步进公式为

$$\mathcal{E}_x^{n+1}\left(i+\frac{1}{2},j,k\right)=\frac{1}{\beta\left(i+\frac{1}{2},j,k\right)}\left\{\alpha\left(i+\frac{1}{2},j,k\right)\mathcal{E}_x^n\left(i+\frac{1}{2},j,k\right)\right.$$

$$+\frac{1}{\Delta y}\left[\mathcal{H}_z^{n+1/2}\left(i+\frac{1}{2},j+\frac{1}{2},k\right)-\mathcal{H}_z^{n+1/2}\left(i+\frac{1}{2},j-\frac{1}{2},k\right)\right]$$

$$-\frac{1}{\Delta z}\left[\mathcal{H}_y^{n+1/2}\left(i+\frac{1}{2},j,k+\frac{1}{2}\right)-\mathcal{H}_y^{n+1/2}\left(i+\frac{1}{2},j,k-\frac{1}{2}\right)\right]\quad(8.4.20)$$

$$\left.-\mathcal{J}_x^{n+1/2}\left(i+\frac{1}{2},j,k\right)\right\}$$

$$\mathcal{E}_y^{n+1}\left(i,j+\frac{1}{2},k\right)=\frac{1}{\beta\left(i,j+\frac{1}{2},k\right)}\left\{\alpha\left(i,j+\frac{1}{2},k\right)\mathcal{E}_y^n\left(i,j+\frac{1}{2},k\right)\right.$$

$$+\frac{1}{\Delta z}\left[\mathcal{H}_x^{n+1/2}\left(i,j+\frac{1}{2},k+\frac{1}{2}\right)-\mathcal{H}_x^{n+1/2}\left(i,j+\frac{1}{2},k-\frac{1}{2}\right)\right]$$

$$-\frac{1}{\Delta x}\left[\mathcal{H}_z^{n+1/2}\left(i+\frac{1}{2},j+\frac{1}{2},k\right)-\mathcal{H}_z^{n+1/2}\left(i-\frac{1}{2},j+\frac{1}{2},k\right)\right]\quad(8.4.21)$$

$$\left.-\mathcal{J}_y^{n+1/2}\left(i,j+\frac{1}{2},k\right)\right\}$$

$$\mathcal{E}_z^{n+1}\left(i,j,k+\frac{1}{2}\right)=\frac{1}{\beta\left(i,j,k+\frac{1}{2}\right)}\left\{\alpha\left(i,j,k+\frac{1}{2}\right)\mathcal{E}_z^n\left(i,j,k+\frac{1}{2}\right)\right.$$

$$+\frac{1}{\Delta x}\left[\mathcal{H}_y^{n+1/2}\left(i+\frac{1}{2},j,k+\frac{1}{2}\right)-\mathcal{H}_y^{n+1/2}\left(i-\frac{1}{2},j,k+\frac{1}{2}\right)\right]$$

$$-\frac{1}{\Delta y}\left[\mathcal{H}_x^{n+1/2}\left(i,j+\frac{1}{2},k+\frac{1}{2}\right)-\mathcal{H}_x^{n+1/2}\left(i,j-\frac{1}{2},k+\frac{1}{2}\right)\right]\quad(8.4.22)$$

$$\left.-\mathcal{J}_z^{n+1/2}\left(i,j,k+\frac{1}{2}\right)\right\}$$

式中，α 和 β 的定义与式(8.4.8)相同。式(8.4.17)至式(8.4.22)也可以由积分形式的麦克斯韦方程直接导出，而不必使用有限差分公式。

　　显然，给定源电流、电场和磁场的初始值及边界条件，可以使用式(8.4.17)至式(8.4.19)计

算下一个时间步的磁场，用式(8.4.20)至式(8.4.22)计算下一个时间步的电场。上面给出的离散对于单元尺寸和时间步大小具有二阶精度。为保证时间步进的稳定性，其时间步长应满足稳定性条件

$$\Delta t \leqslant \frac{1}{c \sqrt{\frac{1}{(\Delta x)^2} + \frac{1}{(\Delta y)^2} + \frac{1}{(\Delta z)^2}}} \tag{8.4.23}$$

将式(8.3.6)的数值色散误差公式拓展到三维情况，其表达式为

$$\frac{\tilde{k} - k}{k} \approx \frac{1}{24} \left\{ \left[(k\Delta x)^2 \cos^4 \phi^i + (k\Delta y)^2 \sin^4 \phi^i \right] \sin^4 \theta^i + (k\Delta z)^2 \cos^4 \theta^i - (\omega \Delta t)^2 \right\} \tag{8.4.24}$$

式中，(ϕ^i, θ^i)表示波的传播方向。若选取$\Delta x = \Delta y = \Delta z = h$，$\Delta t = 0.5h/c$，则式(8.4.24)变为

$$
\begin{aligned}
\frac{\tilde{k} - k}{k} &\approx \frac{(kh)^2}{24} \left\{ \left[\cos^4 \phi^i + \sin^4 \phi^i \right] \sin^4 \theta^i + \cos^4 \theta^i - \frac{1}{4} \right\} \\
&= \frac{\pi^2}{6} \left(\frac{h}{\lambda} \right)^2 \left\{ \left[\cos^4 \phi^i + \sin^4 \phi^i \right] \sin^4 \theta^i + \cos^4 \theta^i - \frac{1}{4} \right\}
\end{aligned} \tag{8.4.25}
$$

图 8.7 给出了 $\lambda/h = 10$ 和 $\lambda/h = 20$ 时，数值色散误差随角度变化的三维图。

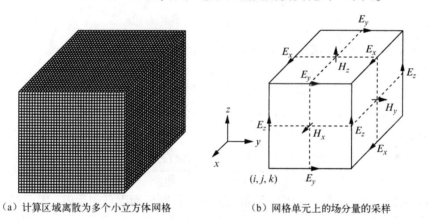

（a）计算区域离散为多个小立方体网格　　　　（b）网格单元上的场分量的采样

图 8.6　Yee 网格时域有限差分离散

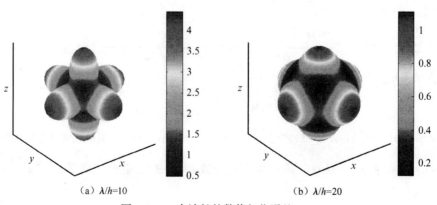

（a）$\lambda/h = 10$　　　　　　　　　（b）$\lambda/h = 20$

图 8.7　一个波长的数值相位误差(°)

8.5 吸收边界条件与理想匹配层

使用有限差分法求解无界(开放区域)电磁问题的主要挑战之一是,如何将无限的计算空间截断成有限的计算区域。为了实现这种截断,我们一般引入一个人工表面以包围所感兴趣的计算区域。为了更好地模拟原问题的开放区域环境,该人工截断面应该尽可能地吸收入射到截断面的波,以减少任何人为造成的反射。常用的两种方法是使用数学上推导的吸收边界条件和使用人为构造的吸收材料层。

8.5.1 一维吸收边界条件

为介绍吸收边界条件的基本思想,考虑在 8.2.2 节中讨论过的一维问题。假定求解区域无界($-\infty < x < \infty$),但源限定在有限的区域内($a \le x \le b$)。该源将在 $x > b$ 区域产生沿 x 正方向的传播波,在 $x < a$ 区域产生沿 x 负方向的传播波。为使用有限差分求解这个问题,我们将无限求解区域截断为有限区域 $[A, R]$,其中 $A < a$ 且 $B > b$。接下来,我们希望建立一个边界条件,使得波能透过 $x = A$ 和 $x = B$ 这两个人为设置的截断面而没有任何反射。以 $x = B$ 点为例,在这一点,波向 x 正方向传播,可表示为

$$E_z(x) = E_0 \, \mathrm{e}^{-jkx} \tag{8.5.1}$$

式中,E_0 为未知量,$k = \omega \sqrt{\mu \epsilon} = \omega/c$。将上式对 x 求导,得到

$$\frac{\partial E_z}{\partial x} = -jkE_0 \, \mathrm{e}^{-jkx} = -jkE_z(x) = -\frac{j\omega}{c} E_z(x) \tag{8.5.2}$$

此式将场的法向导数与场值本身关联,这样的关系式可视为**第三类边界条件**。将其变换到时域,则变为

$$\frac{\partial \mathcal{E}_z(x,t)}{\partial x} = -\frac{1}{c} \frac{\partial \mathcal{E}_z(x,t)}{\partial t} \tag{8.5.3}$$

当此边界条件应用于边界 $x = B$ 时,波就能穿过该截断面而无任何反射,因而将这样的边界条件称为吸收边界条件(ABC)。在另一边界 $x = A$ 处,也可以推导出类似的吸收边界条件。

为了离散 $x = B$ 处的式(8.5.3),使用后向差分离散对 x 的导数,而使用前向差分离散对 t 的导数,得到

$$\frac{\mathcal{E}_z^n(M) - \mathcal{E}_z^n(M-1)}{\Delta x} = -\frac{1}{c} \frac{\mathcal{E}_z^{n+1}(M) - \mathcal{E}_z^n(M)}{\Delta t} \tag{8.5.4}$$

由此得到时间步进公式

$$\mathcal{E}_z^{n+1}(M) = \mathcal{E}_z^n(M) - \frac{c\Delta t}{\Delta x} [\mathcal{E}_z^n(M) - \mathcal{E}_z^n(M-1)] \tag{8.5.5}$$

其稳定性条件为 $\Delta t \le \Delta x/c$,它与式(8.2.24)相同。当 $\Delta t = \Delta x/c$ 时,式(8.5.5)变为 $\mathcal{E}_z^{n+1}(M) = \mathcal{E}_z^n(M-1)$。式(8.5.5)只有一阶精度。对于式(8.5.3),更好的离散是在 $x = \left(M - \dfrac{1}{2}\right) \Delta x$ 和 $t = \left(n + \dfrac{1}{2}\right) \Delta t$ 处采用具有二阶精度的中心差分,得到

$$\frac{\mathscr{E}_z^{n+1/2}(M) - \mathscr{E}_z^{n+1/2}(M-1)}{\Delta x} = -\frac{1}{c}\frac{\mathscr{E}_z^{n+1}\left(M-\frac{1}{2}\right) - \mathscr{E}_z^n\left(M-\frac{1}{2}\right)}{\Delta t} \tag{8.5.6}$$

使用场值在半网格点及半时间步的平均值，可得二阶精度的时间步进公式

$$\mathscr{E}_z^{n+1}(M) = \mathscr{E}_z^n(M-1) - \frac{\Delta x - c\Delta t}{\Delta x + c\Delta t}[\mathscr{E}_z^n(M) - \mathscr{E}_z^{n+1}(M-1)] \tag{8.5.7}$$

此式是无条件稳定的。另外，当 $\Delta t = \Delta x / c$ 时，上式也简化为 $\mathscr{E}_z^{n+1}(M) = \mathscr{E}_z^n(M-1)$。

8.5.2　二维吸收边界条件

　　一维问题的推导过程可以用于二维和三维的情况。本节以二维吸收边界条件为例说明推导过程，以及与一维情况的差异。考虑在沿 y 轴方向的边界上，有一个平面波入射到此边界（见图 8.8）。若此边界是完全透明的，则波将向前传播而无任何反射。此时，波可表示为

$$\varphi(x,y) = A\,e^{-j(k_x x + k_y y)} \tag{8.5.8}$$

式中，A 是常数，$k_x = k\cos\theta$，$k_y = k\sin\theta$。对 x 求偏导，得到

$$\frac{\partial\varphi}{\partial x} = -jk_x A\,e^{-j(k_x x + k_y y)} = -jk_x\varphi(x,y) = -jk\cos\theta\,\varphi(x,y) \tag{8.5.9}$$

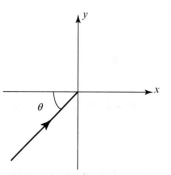

图 8.8　平面波入射到 yz 平面

上式具有第三类边界条件的形式。此边界条件可以完全吸收与 x 轴成 θ 角入射的平面波。然而，对于一般的问题，入射到吸收边界的通常不是平面波，并且入射角通常是未知的。由于任意波都可以分解成许多不同角度入射的平面波，对吸收边界上的任一点实际上可能有来自不同方向的许多平面波。因此，一个实际可用的边界条件必须与入射角无关。为此，若在式（8.5.9）中设 $\theta = 0$，则得到一个近似的边界条件为

$$\frac{\partial\varphi}{\partial x} \approx -jk\varphi \tag{8.5.10}$$

这就是**一阶吸收边界条件**。这种边界条件对应的反射系数为

$$R = \frac{\cos\theta - 1}{\cos\theta + 1} \tag{8.5.11}$$

当 $\theta = 0$ 时，反射系数为零，这和我们预期的一样。

　　显然，对于一般的二维问题，不存在完全精确的吸收边界。我们唯一能做的就是改善其精确性。为了推导更好的吸收边界条件，将式（8.5.9）重写为

$$\frac{\partial\varphi}{\partial x} = -jk_x\varphi = -j\sqrt{k^2 - k_y^2}\,\varphi = -jk\sqrt{1 - \left(\frac{k_y}{k}\right)^2}\,\varphi \tag{8.5.12}$$

由于 $(k_y/k)^2 \leqslant 1$，所以可将平方根展开为泰勒级数。保留该级数的前两项，得到

$$\frac{\partial\varphi}{\partial x} \approx -jk\left[1 - \frac{1}{2}\left(\frac{k_y}{k}\right)^2\right]\varphi = -jk\varphi + \frac{j}{2k}k_y^2\varphi \tag{8.5.13}$$

由于 $\partial^2\varphi/\partial y^2 = -k_y^2\varphi$，所以式(8.5.13)可写为

$$\frac{\partial\varphi}{\partial x} \approx -\mathrm{j}k\varphi - \frac{\mathrm{j}}{2k}\frac{\partial^2\varphi}{\partial y^2} \qquad (8.5.14)$$

这就是**二阶吸收边界条件**。其对应的反射系数为

$$R = \frac{\cos\theta + \frac{1}{2}\sin^2\theta - 1}{\cos\theta - \frac{1}{2}\sin^2\theta + 1} \qquad (8.5.15)$$

当 $\theta = 0$ 时，上式的反射系数也退化为零，而在其他角度，其值比式(8.5.11)小得多，由此体现了二阶吸收边界条件的优越性。然而式(8.5.11)和式(8.5.15)在入射角接近掠射角时均有较大的反射。

　　为了把式(8.5.14)变换到时域，首先利用 $k=\omega/c$ 将其重写为

$$\frac{\partial\varphi}{\partial x} \approx -\mathrm{j}\frac{\omega}{c}\varphi - \frac{\mathrm{j}c}{2\omega}\frac{\partial^2\varphi}{\partial y^2} \qquad (8.5.16)$$

或

$$\mathrm{j}\omega\frac{\partial\varphi}{\partial x} \approx \frac{\omega^2}{c}\varphi + \frac{c}{2}\frac{\partial^2\varphi}{\partial y^2} \qquad (8.5.17)$$

然后，用 $\partial/\partial t$ 替换 $\mathrm{j}\omega$，得到

$$\frac{\partial^2\varphi}{\partial t\partial x} \approx -\frac{1}{c}\frac{\partial^2\varphi}{\partial t^2} + \frac{c}{2}\frac{\partial^2\varphi}{\partial y^2} \qquad (8.5.18)$$

上式也称为 **Engquist-Majda 吸收边界条件**。

　　将式(8.5.18)等号左边项离散为

$$\begin{aligned}\frac{\partial^2\varphi}{\partial t\partial x} &\approx \frac{\partial}{\partial t}\frac{\varphi(M,j) - \varphi(M-1,j)}{\Delta x}\\ &\approx \frac{[\varphi^{n+1}(M,j) - \varphi^{n+1}(M-1,j)] - [\varphi^n(M,j) - \varphi^n(M-1,j)]}{\Delta x\Delta t}\end{aligned} \qquad (8.5.19)$$

并对式(8.5.18)等号右边项使用中心差分，由此可得如下时间步进公式：

$$\begin{aligned}\varphi^{n+1}(M,j) = &\left[\frac{1}{\Delta x\Delta t} + \frac{1}{c(\Delta t)^2}\right]^{-1}\left\{\frac{1}{\Delta x\Delta t}\left[\varphi^{n+1}(M-1,j) - \varphi^n(M-1,j)\right]\right.\\ &+ \left[\frac{1}{\Delta x\Delta t} + \frac{2}{c(\Delta t)^2} - \frac{c}{(\Delta y)^2}\right]\varphi^n(M,j) - \frac{1}{c(\Delta t)^2}\varphi^{n-1}(M,j)\\ &\left.+ \frac{c}{2(\Delta y)^2}[\varphi^n(M,j-1) + \varphi^n(M,j+1)]\right\}\end{aligned} \qquad (8.5.20)$$

上式可以用于计算吸收边界上的场。

　　为了展示吸收边界条件的应用，考虑在无限大导电平面前方的线电流源的辐射问题。其计算区域可用吸收边界条件截断(见图8.9)。由于对称性，通过在计算区方的域中间放置一个 Neumann 边界，计算区域可以进一步减小一半。为了仿真这一问题，我们用式(8.3.4)计算该区域内的场，用与式(8.5.20)类似的公式计算吸收边界上的场。图8.10 为

波入射到吸收边界前后的几个瞬时场分布图。由图中可看出，吸收边界效果很好，其造成的人为反射对入射波只有微小的扰动。

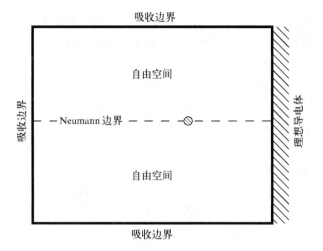

图 8.9　计算区域被吸收边界及 Neumann 边界截断的在
无限大导电平面前方的线电流源的辐射问题

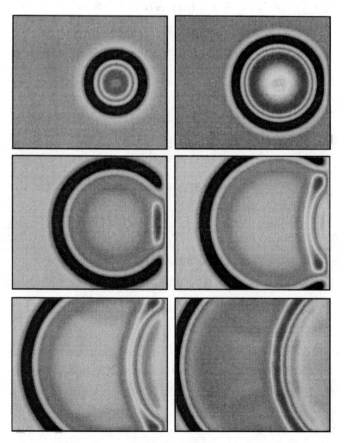

图 8.10　无限大导电平面前方的线电流源的辐射的瞬时电场分布图

8.5.3　理想匹配层

　　除了使用数学上推导的边界条件，我们也可以使用吸收材料来截断计算区域。由于微波暗室中使用的吸波材料电尺寸很大，且形状为尖劈或角锥，对这样的吸波材料进行数值模拟将耗费大量的计算资源。在数值仿真中，可以采用人工设计的薄层吸波材料替代真实的物理吸波材料。Berenger 提出一种在时域有限差分仿真中非常有用的吸波材料模型，称为理想匹配层(PML)[4]。理想匹配层是一种通过理论上推导的人为设计的材料，可以设计成对任意频率、任意极化和任意角度的平面波入射都完全吸收。其中与频率无关这一特点尤为重要，因为这可将理想匹配层应用于时域方法进行宽带仿真。最早提出的理想匹配层在推导建立过程中需要对场进行"分裂"，而这一分裂没有明确的物理意义[4,5]。后来，研究人员从基于拉伸坐标系的修正麦克斯韦方程组出发，推导得到理想匹配层[6]。

　　为介绍理想匹配层的基本思想，考虑无源情况下的修正麦克斯韦方程[6]：

$$\nabla_s \times \mathbf{E} = -j\omega\mu\mathbf{H} \tag{8.5.21}$$

$$\nabla_s \times \mathbf{H} = j\omega\epsilon\mathbf{E} \tag{8.5.22}$$

$$\nabla_s \cdot (\epsilon\mathbf{E}) = 0 \tag{8.5.23}$$

$$\nabla_s \cdot (\mu\mathbf{H}) = 0 \tag{8.5.24}$$

式中，∇_s 定义为

$$\nabla_s = \hat{x}\frac{1}{s_x}\frac{\partial}{\partial x} + \hat{y}\frac{1}{s_y}\frac{\partial}{\partial y} + \hat{z}\frac{1}{s_z}\frac{\partial}{\partial z} \tag{8.5.25}$$

显然，∇_s 可认为是 x、y 和 z 轴分别被 s_x、s_y 和 s_z 因子拉伸的笛卡儿坐标系中的 ∇ 算子。这里假设 s_x、s_y 和 s_z 是常数，或分别为 x、y 和 z 的函数，即 $s_x = s_x(x)$、$s_y = s_y(y)$ 和 $s_z = s_z(z)$。

　　现在分析满足修正麦克斯韦方程组的电磁波的特性。为此，考虑一个平面波，其电场和磁场分别为

$$\mathbf{E} = \mathbf{E}_0\,e^{-j\mathbf{k}\cdot\mathbf{r}} = \mathbf{E}_0\,e^{-j(k_x x + k_y y + k_z z)} \tag{8.5.26}$$

$$\mathbf{H} = \mathbf{H}_0\,e^{-j\mathbf{k}\cdot\mathbf{r}} = \mathbf{H}_0\,e^{-j(k_x x + k_y y + k_z z)} \tag{8.5.27}$$

将这些表达式代入式(8.5.21)至式(8.5.24)，可得

$$\mathbf{k}_s \times \mathbf{E} = \omega\mu\mathbf{H} \tag{8.5.28}$$

$$\mathbf{k}_s \times \mathbf{H} = -\omega\epsilon\mathbf{E} \tag{8.5.29}$$

$$\mathbf{k}_s \cdot \mathbf{E} = 0 \tag{8.5.30}$$

$$\mathbf{k}_s \cdot \mathbf{H} = 0 \tag{8.5.31}$$

式中，

$$\mathbf{k}_s = \hat{x}\frac{k_x}{s_x} + \hat{y}\frac{k_y}{s_y} + \hat{z}\frac{k_z}{s_z} \tag{8.5.32}$$

将式(8.5.28)与 $\mathbf{k}_s$ 叉乘，得到

$$\mathbf{k}_s \times (\mathbf{k}_s \times \mathbf{E}) = \omega\mu\mathbf{k}_s \times \mathbf{H} = -\omega^2\mu\epsilon\mathbf{E} \tag{8.5.33}$$

由于 $\mathbf{k}_s \times (\mathbf{k}_s \times \mathbf{E}) = \mathbf{k}_s(\mathbf{k}_s \cdot \mathbf{E}) - (\mathbf{k}_s \cdot \mathbf{k}_s)\mathbf{E}$ 及 $\mathbf{k}_s \cdot \mathbf{E} = 0$，上式变为

$$(\mathbf{k}_s \cdot \mathbf{k}_s)\mathbf{E} = \omega^2 \mu \epsilon \mathbf{E} \tag{8.5.34}$$

由此得到色散关系式为

$$\mathbf{k}_s \cdot \mathbf{k}_s = \omega^2 \mu \epsilon = k^2 \tag{8.5.35}$$

或

$$\left(\frac{k_x}{s_x}\right)^2 + \left(\frac{k_y}{s_y}\right)^2 + \left(\frac{k_z}{s_z}\right)^2 = k^2 \tag{8.5.36}$$

此方程的解为

$$k_x = ks_x \sin\theta \cos\phi, \qquad k_y = ks_y \sin\theta \sin\phi, \qquad k_z = ks_z \cos\theta \tag{8.5.37}$$

上式表明，若 s_x 是含有负虚部的复数，则波将沿 x 方向衰减。其他两个方向的情况也是类似的。平面波的波阻抗为

$$\eta = \frac{|\mathbf{E}|}{|\mathbf{H}|} = \frac{|\mathbf{k}_s|}{\omega\epsilon} = \frac{\omega\mu}{|\mathbf{k}_s|} = \sqrt{\frac{\mu}{\epsilon}} \tag{8.5.38}$$

其值与坐标系拉伸无关。

下面考虑在拉伸坐标系中两个半空间分界面处的反射情况(见图 8.11)。分界面与 xy 平面重合，对于 TE$_z$ 入射的情况，入射波、反射波和透射波的电场可分别写为

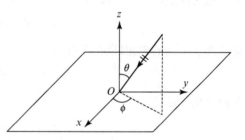

$$\mathbf{E}^i = \mathbf{E}_0 \, e^{-j\mathbf{k}^i \cdot \mathbf{r}} \tag{8.5.39}$$

$$\mathbf{E}^r = R_{\mathrm{TE}}\mathbf{E}_0 \, e^{-j\mathbf{k}^r \cdot \mathbf{r}} \tag{8.5.40}$$

$$\mathbf{E}^t = T_{\mathrm{TE}}\mathbf{E}_0 \, e^{-j\mathbf{k}^t \cdot \mathbf{r}} \tag{8.5.41}$$

图 8.11 平面波入射到上半空间
和下半空间的分界面处

式中，$\mathbf{E}_0$ 为垂直于 $\hat{z}$ 的常矢量，R_{TE} 和 T_{TE} 分别为反射与透射系数。使用相位匹配条件及 $\mathbf{E}$ 与 $\mathbf{H}$ 的切向分量连续条件，可得

$$R_{\mathrm{TE}} = \frac{k_{1z}s_{2z}\mu_2 - k_{2z}s_{1z}\mu_1}{k_{1z}s_{2z}\mu_2 + k_{2z}s_{1z}\mu_1} \tag{8.5.42}$$

式中，下标 1 表示上半空间的媒质参数，下标 2 表示下半空间的媒质参数。类似地，可以得到 TM$_z$ 入射时的反射系数为

$$R_{\mathrm{TM}} = \frac{k_{1z}s_{2z}\epsilon_2 - k_{2z}s_{1z}\epsilon_1}{k_{1z}s_{2z}\epsilon_2 + k_{2z}s_{1z}\epsilon_1} \tag{8.5.43}$$

由相位匹配条件 $k_{1x} = k_{2x}$ 和 $k_{1y} = k_{2y}$ 可得

$$k_1 s_{1x} \sin\theta_1 \cos\phi_1 = k_2 s_{2x} \sin\theta_2 \cos\phi_2 \tag{8.5.44}$$

$$k_1 s_{1y} \sin\theta_1 \sin\phi_1 = k_2 s_{2y} \sin\theta_2 \sin\phi_2 \tag{8.5.45}$$

显然，若选择 $\epsilon_1 = \epsilon_2$，$\mu_1 = \mu_2$，$s_{1x} = s_{2x}$ 和 $s_{1y} = s_{2y}$，则有 $\theta_1 = \theta_2$ 和 $\phi_1 = \phi_2$，由此可得

$$R_{\mathrm{TE}} = 0, \qquad R_{\mathrm{TM}} = 0 \tag{8.5.46}$$

上式在以下任何情形下均成立：(1)任意的 s_{1z} 和 s_{2z}；(2)任意的入射角度；(3)任意的频率。因此，该分界面称为**理想匹配分界面**。

由于位于 xy 平面的理想匹配分界面与 s_{1z} 和 s_{2z} 无关，选择任意的 s_{1z} 和 s_{2z} 均不会引起任何反射。如果选择 $s_2 = s' - \mathrm{j}s''$，其中 s' 和 s'' 是实数，且有 $s' \geqslant 1$ 和 $s'' \geqslant 0$，则 $k_{2z} = k_2(s' - \mathrm{j}s'')\cos\theta$。因此，透射波将在负 z 方向按 $\exp(k_2 s'' z \cos\theta)$ 指数衰减。若将媒质 2 截断成厚度为 L 的介质层，并在其后放置一块导电平面，则其反射系数的幅度变为

$$|R(\theta)| = \mathrm{e}^{-2k_2\cos\theta \int_0^L s''(z)\,\mathrm{d}z} \tag{8.5.47}$$

显然，此反射系数在垂直入射时最小，在掠射角入射时最大。这一特性与数学上推导得到的吸收边界条件非常相似。注意，对于理想匹配层，可以通过增大 $\int_0^L s''(z)\,\mathrm{d}z$ 的值而降低反射。

以导电平面为衬底的理想匹配层可用于时域有限差分仿真中的计算区域截断。其基本方案如图 8.12 所示，我们用以导电平面为衬底的理想匹配层包裹感兴趣的计算区域。理想匹配层区域介质的参数选择取决于具体的位置。为满足理想匹配分界面的条件，对垂直于 x 轴的理想匹配层，选择

$$s_x = s' - \mathrm{j}s'', \qquad s_y = s_z = 1 \tag{8.5.48}$$

对垂直于 y 轴的理想匹配层，选择

$$s_y = s' - \mathrm{j}s'', \qquad s_x = s_z = 1 \tag{8.5.49}$$

对四个角区域，选择

$$s_x = s_y = s' - \mathrm{j}s'', \qquad s_z = 1 \tag{8.5.50}$$

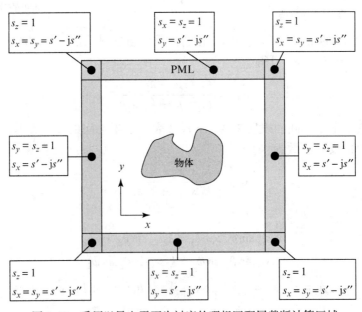

图 8.12　采用以导电平面为衬底的理想匹配层截断计算区域

这种建立理想匹配层的过程很容易推广到三维情况。由于理想匹配层的外围选择用导电平面覆盖，因而需要确保理想匹配层区域提供足够的衰减，使重新进入物理计算区域的反射场可以忽略不计。这是相对容易做到的，因为理想匹配层衰减可以用式(8.5.47)所示的简单公式进行估算。由于理想匹配层主要衰减垂直于理想匹配层的入射波，对斜入射波的衰减则较小，因此对于接近掠射角的入射波，理想匹配层会产生比较大的反射。由于这个原因，理想匹配层必须放置在与源有一定距离的位置。

现在分析如何在时域有限差分求解过程中具体实现理想匹配层。为此，首先将式(8.5.21)至式(8.5.24)所示的修正麦克斯韦方程组变换到时域。先考虑式(8.5.21)，基于式(8.5.25)所示的∇_s定义，可得

$$\nabla_s \times \mathbf{E} = \frac{1}{s_x}\frac{\partial}{\partial x}(\hat{x} \times \mathbf{E}) + \frac{1}{s_y}\frac{\partial}{\partial y}(\hat{y} \times \mathbf{E}) + \frac{1}{s_z}\frac{\partial}{\partial z}(\hat{z} \times \mathbf{E}) \tag{8.5.51}$$

由于s_x、s_y和s_z是不同的复数，为了将其从分母中移除，我们把磁场分裂为三个矢量，故式(8.5.21)可写为

$$\frac{1}{s_x}\frac{\partial}{\partial x}(\hat{x} \times \mathbf{E}) = -j\omega\mu\mathbf{H}_{sx} \tag{8.5.52}$$

$$\frac{1}{s_y}\frac{\partial}{\partial y}(\hat{y} \times \mathbf{E}) = -j\omega\mu\mathbf{H}_{sy} \tag{8.5.53}$$

$$\frac{1}{s_z}\frac{\partial}{\partial z}(\hat{z} \times \mathbf{E}) = -j\omega\mu\mathbf{H}_{sz} \tag{8.5.54}$$

式中，$\mathbf{H}_{sx}+\mathbf{H}_{sy}+\mathbf{H}_{sz}=\mathbf{H}$。通过选择$s_x$、$s_y$和$s_z$为

$$s_x = 1 - j\frac{\sigma_x}{\omega\epsilon}, \qquad s_y = 1 - j\frac{\sigma_y}{\omega\epsilon}, \qquad s_z = 1 - j\frac{\sigma_z}{\omega\epsilon} \tag{8.5.55}$$

式(8.5.52)至式(8.5.54)可以变换为下面的时域方程：

$$\frac{\partial}{\partial x}(\hat{x} \times \mathscr{E}) = -\mu\frac{\partial\mathscr{H}_{sx}}{\partial t} - \frac{\sigma_x\mu}{\epsilon}\mathscr{H}_{sx} \tag{8.5.56}$$

$$\frac{\partial}{\partial y}(\hat{y} \times \mathscr{E}) = -\mu\frac{\partial\mathscr{H}_{sy}}{\partial t} - \frac{\sigma_y\mu}{\epsilon}\mathscr{H}_{sy} \tag{8.5.57}$$

$$\frac{\partial}{\partial z}(\hat{z} \times \mathscr{E}) = -\mu\frac{\partial\mathscr{H}_{sz}}{\partial t} - \frac{\sigma_z\mu}{\epsilon}\mathscr{H}_{sz} \tag{8.5.58}$$

用类似的处理，将电场分裂成三个矢量，并且把式(8.5.22)变换为下面的三个时域方程：

$$\frac{\partial}{\partial x}(\hat{x} \times \mathscr{H}) = \epsilon\frac{\partial\mathscr{E}_{sx}}{\partial t} + \sigma_x\mathscr{E}_{sx} \tag{8.5.59}$$

$$\frac{\partial}{\partial y}(\hat{y} \times \mathscr{H}) = \epsilon\frac{\partial\mathscr{E}_{sy}}{\partial t} + \sigma_y\mathscr{E}_{sy} \tag{8.5.60}$$

$$\frac{\partial}{\partial z}(\hat{z} \times \mathscr{H}) = \epsilon\frac{\partial\mathscr{E}_{sz}}{\partial t} + \sigma_z\mathscr{E}_{sz} \tag{8.5.61}$$

式中，$\mathscr{E}_{sx}+\mathscr{E}_{sy}+\mathscr{E}_{sz}=\mathscr{E}$。

这些修正的时域麦克斯韦方程组可以使用 Yee 网格进行离散。具体地说,式(8.5.56)至式(8.5.58)离散后将得到计算磁场的时间步进公式,式(8.5.59)至式(8.5.61)离散后将得到计算电场的时间步进公式。现在考虑一个二维 TM_z 问题,其中 $\mathscr{E}=\hat{z}\mathscr{E}_z$,$\mathscr{H}=\hat{x}\mathscr{H}_x+\hat{y}\mathscr{H}_y$。对于此问题,从式(8.5.56)至式(8.5.58)可得 $\mathscr{H}_{sx}=\hat{y}\mathscr{H}_y$,$\mathscr{H}_{sy}=\hat{x}\mathscr{H}_x$ 和 $\mathscr{H}_{sz}=0$。因此,式(8.5.56)和式(8.5.57)变为

$$\frac{\partial \mathscr{E}_z}{\partial x}=\mu\frac{\partial \mathscr{H}_y}{\partial t}+\frac{\sigma_x\mu}{\epsilon}\mathscr{H}_y \tag{8.5.62}$$

$$\frac{\partial \mathscr{E}_z}{\partial y}=-\mu\frac{\partial \mathscr{H}_x}{\partial t}-\frac{\sigma_y\mu}{\epsilon}\mathscr{H}_x \tag{8.5.63}$$

同样,从式(8.5.59)至式(8.5.61)可得出 $\mathscr{E}_{sx}=\hat{x}\mathscr{E}_{sx,z}$,$\mathscr{E}_{sy}=\hat{z}\mathscr{E}_{sy,z}$ 和 $\mathscr{E}_{sz}=0$。因此,式(8.5.59)和式(5.5.60)变为

$$\frac{\partial \mathscr{H}_y}{\partial x}=\epsilon\frac{\partial \mathscr{E}_{sx,z}}{\partial t}+\sigma_x\mathscr{E}_{sx,z} \tag{8.5.64}$$

$$\frac{\partial \mathscr{H}_x}{\partial y}=-\epsilon\frac{\partial \mathscr{E}_{sy,z}}{\partial t}-\sigma_y\mathscr{E}_{sy,z} \tag{8.5.65}$$

式中,$\mathscr{E}_{sx,z}+\mathscr{E}_{sy,z}=\mathscr{E}_z$。对式(8.5.62)至式(8.5.65)进行有限差分离散,可得如下时间步进公式:

$$\begin{aligned}\mathscr{H}_x^{n+1/2}\left(i,j+\frac{1}{2}\right)=&\frac{1}{\beta_y\left(i,j+\frac{1}{2}\right)}\left\{\alpha_y\left(i,j+\frac{1}{2}\right)\mathscr{H}_x^{n-1/2}\left(i,j+\frac{1}{2}\right)\right.\\&\left.-\frac{\epsilon}{\mu\Delta y}\left[\mathscr{E}_z^n(i,j+1)-\mathscr{E}_z^n(i,j)\right]\right\}\end{aligned} \tag{8.5.66}$$

$$\begin{aligned}\mathscr{H}_y^{n+1/2}\left(i+\frac{1}{2},j\right)=&\frac{1}{\beta_x\left(i+\frac{1}{2},j\right)}\left\{\mathscr{H}_y^{n-1/2}\left(i+\frac{1}{2},j\right)\alpha_x\left(i+\frac{1}{2},j\right)\right.\\&\left.+\frac{\epsilon}{\mu\Delta x}\left[\mathscr{E}_z^n(i+1,j)-\mathscr{E}_z^n(i,j)\right]\right\}\end{aligned} \tag{8.5.67}$$

$$\begin{aligned}\mathscr{E}_{sx,z}^{n+1}(i,j)=&\frac{1}{\beta_x(i,j)}\left\{\mathscr{E}_{sx,z}^n(i,j)\alpha_x(i,j)\right.\\&\left.+\frac{1}{\Delta x}\left[\mathscr{H}_y^{n+1/2}\left(i+\frac{1}{2},j\right)-\mathscr{H}_y^{n+1/2}\left(i-\frac{1}{2},j\right)\right]\right\}\end{aligned} \tag{8.5.68}$$

$$\begin{aligned}\mathscr{E}_{sy,z}^{n+1}(i,j)=&\frac{1}{\beta_y(i,j)}\left\{\mathscr{E}_{sy,z}^n(i,j)\alpha_y(i,j)\right.\\&\left.-\frac{1}{\Delta y}\left[\mathscr{H}_x^{n+1/2}\left(i,j+\frac{1}{2}\right)-\mathscr{H}_x^{n+1/2}\left(i,j-\frac{1}{2}\right)\right]\right\}\end{aligned} \tag{8.5.69}$$

式中,

$$\alpha_{x,y}=\frac{\epsilon}{\Delta t}-\frac{\sigma_{x,y}}{2},\qquad \beta_{x,y}=\frac{\epsilon}{\Delta t}+\frac{\sigma_{x,y}}{2} \tag{8.5.70}$$

除了分裂场矢量, 另一种实现理想匹配层的方法是使用辅助矢量并求解对应的辅助微分方程[7]。正如 9.5.3 节中将展示的, 理想匹配层其实等效于一种各向异性的色散媒质, 其介电常数和磁导率为

$$\bar{\epsilon} = \epsilon \begin{bmatrix} \dfrac{s_y s_z}{s_x} & 0 & 0 \\ 0 & \dfrac{s_z s_x}{s_y} & 0 \\ 0 & 0 & \dfrac{s_x s_y}{s_z} \end{bmatrix}, \qquad \bar{\mu} = \mu \begin{bmatrix} \dfrac{s_y s_z}{s_x} & 0 & 0 \\ 0 & \dfrac{s_z s_x}{s_y} & 0 \\ 0 & 0 & \dfrac{s_x s_y}{s_z} \end{bmatrix} \qquad (8.5.71)$$

式中, ϵ 和 μ 分别表示被理想匹配层包围的媒质的介电常数和磁导率, 而 s_x、s_y 及 s_z 由式(8.5.55)给出。在这样的媒质中, 麦克斯韦方程组的前两个方程可写为

$$\nabla \times \mathbf{E} = -j\omega \begin{bmatrix} s_y & 0 & 0 \\ 0 & s_z & 0 \\ 0 & 0 & s_x \end{bmatrix} \cdot \mathbf{B} \qquad (8.5.72)$$

$$\nabla \times \mathbf{H} = j\omega \begin{bmatrix} s_y & 0 & 0 \\ 0 & s_z & 0 \\ 0 & 0 & s_x \end{bmatrix} \cdot \mathbf{D} \qquad (8.5.73)$$

式中, $\mathbf{D}$ 和 $\mathbf{B}$ 为辅助矢量, 它们与 $\mathbf{E}$ 和 $\mathbf{H}$ 的关系为

$$\mathbf{D} = \epsilon \begin{bmatrix} s_z/s_x & 0 & 0 \\ 0 & s_x/s_y & 0 \\ 0 & 0 & s_y/s_z \end{bmatrix} \cdot \mathbf{E} \qquad (8.5.74)$$

$$\mathbf{B} = \mu \begin{bmatrix} s_z/s_x & 0 & 0 \\ 0 & s_x/s_y & 0 \\ 0 & 0 & s_y/s_z \end{bmatrix} \cdot \mathbf{H} \qquad (8.5.75)$$

式(8.5.72)和式(8.5.73)中的 x 方向分量变换到时域为

$$[\nabla \times \mathscr{E}]_x = -\frac{\partial \mathscr{B}_x}{\partial t} - \frac{\sigma_y}{\epsilon} \mathscr{B}_x \qquad (8.5.76)$$

$$[\nabla \times \mathscr{H}]_x = \frac{\partial \mathscr{D}_x}{\partial t} + \frac{\sigma_y}{\epsilon} \mathscr{D}_x \qquad (8.5.77)$$

对上式进行基于 Yee 网格的时域有限差分离散, 得到

$$\begin{aligned}
\mathscr{B}_x^{n+1/2}\left(i, j+\frac{1}{2}, k+\frac{1}{2}\right) = {} & \frac{1}{\beta_y\left(i, j+\frac{1}{2}, k+\frac{1}{2}\right)} \\
& \times \left\{ \alpha_y\left(i, j+\frac{1}{2}, k+\frac{1}{2}\right) \mathscr{B}_x^{n-1/2}\left(i, j+\frac{1}{2}, k+\frac{1}{2}\right) \right. \\
& \left. - \frac{\epsilon}{\Delta y}\left[\mathscr{E}_z^n\left(i, j+1, k+\frac{1}{2}\right) - \mathscr{E}_z^n\left(i, j, k+\frac{1}{2}\right) \right] \right. \\
& \left. + \frac{\epsilon}{\Delta z}\left[\mathscr{E}_y^n\left(i, j+\frac{1}{2}, k+1\right) - \mathscr{E}_y^n\left(i, j+\frac{1}{2}, k\right) \right] \right\}
\end{aligned} \qquad (8.5.78)$$

$$\mathscr{D}_x^{n+1}\left(i+\frac{1}{2},j,k\right)=\frac{1}{\beta_y\left(i+\frac{1}{2},j,k\right)}\left\{\alpha_y\left(i+\frac{1}{2},j,k\right)\mathscr{D}_x^n\left(i+\frac{1}{2},j,k\right)\right.$$

$$+\frac{\epsilon}{\Delta y}\left[\mathscr{H}_z^{n+1/2}\left(i+\frac{1}{2},j+\frac{1}{2},k\right)-\mathscr{H}_z^{n+1/2}\left(i+\frac{1}{2},j-\frac{1}{2},k\right)\right]$$

$$\left.-\frac{\epsilon}{\Delta z}\left[\mathscr{H}_y^{n+1/2}\left(i+\frac{1}{2},j,k+\frac{1}{2}\right)-\mathscr{H}_y^{n+1/2}\left(i+\frac{1}{2},j,k-\frac{1}{2}\right)\right]\right\}$$

$$(8.5.79)$$

式中，α_y 和 β_y 的定义与式(8.5.70)中的定义相同。式(8.5.74)和式(8.5.75)的 x 分量变换到时域的形式为

$$\frac{\partial\mathscr{D}_x}{\partial t}+\frac{\sigma_x}{\epsilon}\mathscr{D}_x=\epsilon\frac{\partial\mathscr{E}_x}{\partial t}+\sigma_z\mathscr{E}_x \qquad (8.5.80)$$

$$\frac{\partial\mathscr{B}_x}{\partial t}+\frac{\sigma_x}{\epsilon}\mathscr{B}_x=\mu\frac{\partial\mathscr{H}_x}{\partial t}+\mu\frac{\sigma_z}{\epsilon}\mathscr{H}_x \qquad (8.5.81)$$

对其进行离散，得到

$$\mathscr{E}_x^{n+1}\left(i+\frac{1}{2},j,k\right)=\frac{1}{\beta_z}\left[\alpha_z\mathscr{E}_x^n+\frac{1}{\epsilon}\beta_x\mathscr{D}_x^{n+1}-\frac{1}{\epsilon}\alpha_x\mathscr{D}_x^n\right] \qquad (8.5.82)$$

$$\mathscr{H}_x^{n+1/2}\left(i,j+\frac{1}{2},k+\frac{1}{2}\right)=\frac{1}{\beta_z}\left[\alpha_z\mathscr{H}_x^{n-1/2}+\frac{1}{\mu}\beta_x\mathscr{B}_x^{n+1/2}-\frac{1}{\mu}\alpha_x\mathscr{B}_x^{n-1/2}\right] \qquad (8.5.83)$$

式中，α_x 和 β_x 的定义由式(8.5.70)给出；α_z 和 β_z 的定义与之类似。在这两个方程中，省去了等号右边项的位置下标，因为在每个方程中它们均与等号左边的对应量完全相同。注意，在理想匹配层之外，式(8.5.82)和式(8.5.83)简化为 $\mathscr{E}_x^{n+1}=\mathscr{D}_x^{n+1}/\epsilon$ 和 $\mathscr{H}_x^{n+\frac{1}{2}}=\mathscr{B}_x^{n+\frac{1}{2}}/\mu$。

式(8.5.78)、式(8.5.79)、式(8.5.82)和式(8.5.83)从式(8.5.72)至式(8.5.75)的 x 分量中得到，另外 8 个方程可以从其 y 和 z 分量中得到，我们可以由这 12 个方程逐步计算所有场量。给定时间步为 n 和 $n-\frac{1}{2}$ 时的场值，首先使用类似式(8.5.78)的公式来计算 $\mathscr{B}^{n+1/2}$，然后把它用于类似式(8.5.83)的公式来计算 $\mathscr{H}^{n+1/2}$。将 $\mathscr{H}^{n+1/2}$ 的值代入类似式(8.5.79)的公式来计算 $\mathscr{D}^{n+1}$，最后根据类似式(8.5.82)的公式来计算 $\mathscr{E}^{n+1}$。这样就完成了一个完整的时间步进。

虽然理想匹配层界面在理论上为零反射，但这一点在数值仿真中却不一定成立。当材料特性突变时(比如 $\sigma_{x,y,z}$ 从理想匹配层外的 0 跳变到理想匹配层内的常数)，且空间离散没有足够的密度模拟这种变化时，会产生数值反射[8]。一种解决方案是设置理想匹配层内的材料参数平滑地改变。例如，我们可以设定 $\sigma_{x,y,z}$ 为所处位置的 m 阶多项式：

$$\sigma_{x,y,z}=\sigma_{\max}\left(\frac{l}{L}\right)^m,\qquad m=1,2,\cdots \qquad (8.5.84)$$

式中，l 表示与理想匹配层界面的距离；L 为理想匹配层厚度；$\sigma_{\max}$ 为理想匹配层内的最大电导率。这样就能用理想匹配层内的一系列逐渐递增的小增量来代替 $\sigma_{x,y,z}$ 数值在理想匹配层界面上的突变，这将有效减小由于有限的空间离散而导致的数值反射。研究发现，一

般情况下，$m=2$ 或 3 是比较好的选择。由式(8.5.84)定义的 $\sigma_{x,y,z}$ 可以得到反射系数为

$$|R(\theta)| = e^{-2\eta\sigma_{max}L\cos\theta/(m+1)} \qquad (8.5.85)$$

因此，理想匹配层的吸收性能可以通过增大最大电导率和厚度的乘积来改进。对于给定的反射系数 $R(0)$，σ_{max} 可由下面的公式确定：

$$\sigma_{max} = -\frac{m+1}{2\eta L}\ln|R(0)| \qquad (8.5.86)$$

除了上面所讨论的数值离散的限制，理想匹配层的另一个局限是其很难对凋落波进行有效吸收。因此，对于凋落波较大的问题，理想匹配层必须放置在与凋落波的波源有足够远的位置，这样可使凋落波在到达理想匹配层之前基本消失。为了更有效地解决这个问题，研究人员提出了一种**复频移理想匹配层**(CFS-PML)，其对凋落波有比较好的吸收效果[9,10]。然而，复频移理想匹配层无法有效地吸收低频传播波。解决这个问题的一个方案是采用二阶理想匹配层，它能同时吸收所有频率的凋落波和传播波[11]。

为展示理想匹配层在三维时域有限差分计算中的应用，我们考虑放置在笼式射频屏蔽线圈内的人体头部模型的电磁场计算。人体头部的电磁模型由 14 种不同的组织构成，图 8.13 为其三个切面图。笼式线圈的直径为 26 cm，长度为 26 cm，包括 16 个线单元。假设线单元中的最大电流为 1 A，线圈放置在直径为 32 cm、长度为 32 cm 的圆筒状的屏蔽罩内。整个结构被用于截断计算区域的矩形理想匹配层外框包围。求得的电场用来计算**比吸收率**(SAR)，其定义为

$$SAR = \frac{\sigma|\mathbf{E}|^2}{\rho} \qquad (8.5.87)$$

式中，σ 为电导率，ρ 为组织的密度。图 8.14 所示为 256 MHz 时在三个切面的比吸收率分布图；图 8.15 所示为相应的磁场分布图。

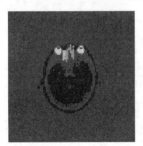
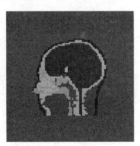

图 8.13　用时域有限差分计算的头部模型的轴切面、矢切面和冠切面图

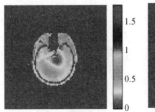
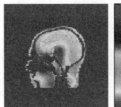
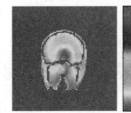

图 8.14　频率为 256 MHz 时，轴切面、矢切面和冠切面上的比吸收率(W/kg)分布图

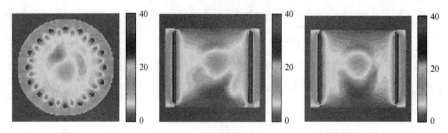

图 8.15　频率为 256 MHz 时，轴切面、矢切面和冠切面上的磁场分布图

8.6　色散媒质的模拟

时域电磁分析的一个重要优点是，我们可以通过使用宽带源和傅里叶变换，仅需一次时域仿真就能得到宽频带内的解。然而，实际应用中的许多媒质是有色散的，即它们的电磁特性，如介电常数和磁导率，随电磁场的频率而变化。为了得到准确的宽带解，必须考虑媒质色散的影响。在电磁问题的时域有限差分仿真中，通常有两种方法对色散媒质进行模拟，一种方法基于递归卷积技术[13,14]，另一种方法借助于求解辅助微分方程[15~17]。本节将介绍如何使用这两种方法对电色散媒质进行建模。对磁色散媒质及同时具有电色散和磁色散的媒质的模拟，都可以采用类似的处理方法。

8.6.1　递归卷积法

考虑一种电色散媒质，其中的电通密度$\mathscr{D}(t)$与电场强度$\mathscr{E}(t)$的本构关系为

$$\mathscr{D}(t) = \epsilon_\infty \mathscr{E}(t) + \epsilon_0 \chi_e(t) * \mathscr{E}(t)$$
$$= \epsilon_\infty \mathscr{E}(t) + \epsilon_0 \int_0^t \chi_e(t-\tau)\mathscr{E}(\tau)\mathrm{d}\tau \tag{8.6.1}$$

式中，ϵ_∞为光频段的介电常数；$\chi_e(t)$为电极化率；$*$表示时域卷积。在式(8.6.1)中，已假设对于$t \leq 0$，$\mathscr{E}(t) \equiv 0$。对式(8.6.1)求时间导数，得到

$$\frac{\partial \mathscr{D}(t)}{\partial t} = \epsilon_\infty \frac{\partial \mathscr{E}(t)}{\partial t} + \epsilon_0 \chi_e(t) * \frac{\partial \mathscr{E}(t)}{\partial t} \tag{8.6.2}$$

对等式右边第二项在$t = \left(n+\frac{1}{2}\right)\Delta t$时刻进行时间离散，得到

$$\chi_e(t) * \frac{\partial \mathscr{E}(t)}{\partial t}\bigg|_{t=(n+1/2)\Delta t} \cong \int_0^{\Delta t/2} \chi_e(\tau)\dot{\mathscr{E}}(n\Delta t - \tau)\mathrm{d}\tau$$
$$+ \sum_{k=0}^{n-1} \int_{(k+1/2)\Delta t}^{(k+3/2)\Delta t} \chi_e(\tau)\dot{\mathscr{E}}(n\Delta t - \tau)\mathrm{d}\tau \tag{8.6.3}$$

式中，$\dot{\mathscr{E}}$表示$\mathscr{E}$的一阶导数。假设$\dot{\mathscr{E}}$在时间区间内是常数，并应用中心差分近似$\dot{\mathscr{E}}$，可得

$$\chi_e(t) * \frac{\partial \mathscr{E}(t)}{\partial t}\bigg|_{t=(n+1/2)\Delta t} \cong \chi_e^0 \frac{\mathscr{E}^{n+1} - \mathscr{E}^n}{\Delta t} + \sum_{k=0}^{n-1} \chi_e^{k+1} \frac{\mathscr{E}^{n-k} - \mathscr{E}^{n-k-1}}{\Delta t} \tag{8.6.4}$$

式中,

$$\chi_e^0 = \int_0^{\Delta t/2} \chi_e(\tau)\,\mathrm{d}\tau \qquad (8.6.5)$$

$$\chi_e^{k+1} = \int_{(k+1/2)\Delta t}^{(k+3/2)\Delta t} \chi_e(\tau)\,\mathrm{d}\tau, \qquad k = 0,1,2,\cdots \qquad (8.6.6)$$

式(8.6.4)可用于离散麦克斯韦方程组中的麦克斯韦-安培定律:

$$\nabla \times \mathscr{H} = \frac{\partial \mathscr{D}}{\partial t} + \sigma \mathscr{E} \qquad (8.6.7)$$

其结果为

$$(\nabla \times \mathscr{H})^{n+1/2} = \frac{\epsilon_\infty + \chi_e^0}{\Delta t}(\mathscr{E}^{n+1} - \mathscr{E}^n) + \frac{\sigma}{2}(\mathscr{E}^{n+1} + \mathscr{E}^n) \\ + \epsilon_0 \sum_{k=0}^{n-1} \frac{\chi_e^{k+1}}{\Delta t}(\mathscr{E}^{n-k} - \mathscr{E}^{n-k-1}) \qquad (8.6.8)$$

由此得到时间步进方程为

$$\mathscr{E}^{n+1} = \frac{1}{\beta}\left[\alpha\mathscr{E}^n + (\nabla \times \mathscr{H})^{n+1/2} - \epsilon_0\psi^n\right] \qquad (8.6.9)$$

式中,

$$\psi^n = \sum_{k=0}^{n-1} \frac{\chi_e^{k+1}}{\Delta t}(\mathscr{E}^{n-k} - \mathscr{E}^{n-k-1}) \qquad (8.6.10)$$

$$\alpha = \frac{\epsilon_\infty + \chi_e^0}{\Delta t} - \frac{\sigma}{2}, \qquad \beta = \frac{\epsilon_\infty + \chi_e^0}{\Delta t} + \frac{\sigma}{2} \qquad (8.6.11)$$

由式(8.6.9)可以推出类似式(8.4.20)至式(8.4.22)的电场分量的时间步进公式。

在上述公式中,式(8.6.10)的求和运算相当耗时。然而,很多实用媒质,如 Debye、Lorentz 及 Drude 媒质[3]的极化率,可以采用极点展开表示如下:

$$\chi_e(t) = \sum_{p=1}^{N_p} a_p\, \mathrm{e}^{-b_p t} u(t) \qquad (8.6.12)$$

在这种情况下,

$$\chi_e^0 = \sum_{p=1}^{N_p} \frac{a_p}{b_p}(1 - \mathrm{e}^{-b_p\Delta t/2}) \qquad (8.6.13)$$

$$\chi_e^{k+1} = \sum_{p=1}^{N_p} \frac{a_p}{b_p}\, \mathrm{e}^{-b_p(k+1/2)\Delta t}(1 - \mathrm{e}^{-b_p\Delta t}), \qquad k = 0,1,2,\cdots \qquad (8.6.14)$$

由此,式(8.6.10)中的求和可以写为

$$\psi^n = \sum_{p=1}^{N_p} \psi_p^n \qquad (8.6.15)$$

其中，ψ_p^n 为

$$\psi_p^n = \sum_{k=0}^{n-1} \frac{a_p}{b_p \Delta t} e^{-b_p(k+1/2)\Delta t}(1 - e^{-b_p\Delta t})(\mathscr{E}^{n-k} - \mathscr{E}^{n-k-1}) \tag{8.6.16}$$

不难看出，ψ_p^n 可以用下式递归计算：

$$\psi_p^n = \frac{a_p}{b_p \Delta t} e^{-b_p\Delta t/2}(1 - e^{-b_p\Delta t})(\mathscr{E}^n - \mathscr{E}^{n-1}) + e^{-b_p\Delta t}\psi_p^{n-1} \tag{8.6.17}$$

因此，ψ^n 可以被快速地计算出来，且计算只需要已知 $\mathscr{E}^{n-1}$ 和 $\mathscr{E}^n$。而对于一般情况，需要已知过去所有时刻的电场值，以用于计算式(8.6.10)。注意，复数极点总是成对出现的，并互为复共轭。因此，当 b_p 是复数时，总有另一个复共轭极点 b_p^*。所以，虽然 ψ_p^n 可以是复数，但 ψ^n 却总是一个实数。

8.6.2　辅助微分方程法

另一种色散媒质的模拟方法是通过求解辅助微分方程计算式(8.6.2)中的卷积。首先注意，在单极点情况下，式(8.6.12)的拉普拉斯变换为

$$\chi_e(\omega) = \frac{a_p}{j\omega + b_p} \tag{8.6.18}$$

式中，a_p 和 b_p 均为实数。接下来，将式(8.6.2)等号右边第二项表示为极化电流，即

$$\mathscr{J}_p(t) = \epsilon_0 \chi_e(t) * \frac{\partial \mathscr{E}(t)}{\partial t} \tag{8.6.19}$$

其拉普拉斯变换为

$$\mathbf{J}_p(\omega) = j\omega\epsilon_0\chi_e(\omega)\mathbf{E}(\omega) \tag{8.6.20}$$

将式(8.6.18)代入上式，得到

$$(j\omega + b_p)\mathbf{J}_p(\omega) = j\omega\epsilon_0 a_p\mathbf{E}(\omega) \tag{8.6.21}$$

将上式变回到时域，得到

$$\frac{\partial \mathscr{J}_p(t)}{\partial t} + b_p \mathscr{J}_p(t) = \epsilon_0 a_p \frac{\partial \mathscr{E}(t)}{\partial t} \tag{8.6.22}$$

对上式在 $t = \left(n+\frac{1}{2}\right)\Delta t$ 时刻进行中心差分，得到

$$\frac{\mathscr{J}_p^{n+1} - \mathscr{J}_p^n}{\Delta t} + b_p \mathscr{J}_p^{n+1/2} = \epsilon_0 a_p \frac{\mathscr{E}^{n+1} - \mathscr{E}^n}{\Delta t} \tag{8.6.23}$$

由此得到

$$\mathscr{J}_p^{n+1} = \frac{2\epsilon_0 a_p(\mathscr{E}^{n+1} - \mathscr{E}^n) + (2 - b_p\Delta t)\mathscr{J}_p^n}{2 + b_p\Delta t} \tag{8.6.24}$$

因此

$$\mathscr{J}_{\mathrm{p}}^{n+1/2} = \frac{\mathscr{J}_{\mathrm{p}}^{n+1} + \mathscr{J}_{\mathrm{p}}^{n}}{2} = \frac{\epsilon_0 a_p(\mathscr{E}^{n+1} - \mathscr{E}^{n}) + 2\mathscr{J}_{\mathrm{p}}^{n}}{2 + b_p \Delta t} \tag{8.6.25}$$

当式(8.6.25)用于式(8.6.7)给出的麦克斯韦-安培定律的离散时, 得到时间步进公式为

$$\mathscr{E}^{n+1} = \frac{1}{\beta'}\left[\alpha'\mathscr{E}^{n} + (\nabla \times \mathscr{H})^{n+1/2} - \frac{2\mathscr{J}_{\mathrm{p}}^{n}}{2 + b_p \Delta t}\right] \tag{8.6.26}$$

式中,

$$\alpha' = \frac{\epsilon_\infty}{\Delta t} - \frac{\sigma}{2} + \frac{\epsilon_0 a_p}{2 + b_p \Delta t} \;, \qquad \beta' = \frac{\epsilon_\infty}{\Delta t} + \frac{\sigma}{2} + \frac{\epsilon_0 a_p}{2 + b_p \Delta t} \tag{8.6.27}$$

显然, 在这种方法中, 若已知 $\mathscr{E}^{n}$ 和 $\mathscr{H}^{n+1/2}$, 则首先可以用式(8.6.24)计算 $\mathscr{J}_{\mathrm{p}}^{n}$, 然后应用式(8.6.26)计算 $\mathscr{E}^{n+1}$。

上述方法可以推广到多极点的情况。考虑有两个复数极点的情况, 此时这两个极点必然是互为复共轭的。因此, 其极化率可表示为

$$\chi_{\mathrm{e}}(\omega) = \frac{a_p}{\mathrm{j}\omega + b_p} + \frac{a_p^*}{\mathrm{j}\omega + b_p^*} \tag{8.6.28}$$

此式可进一步写为

$$\chi_{\mathrm{e}}(\omega) = \frac{2\mathrm{j}\omega\mathrm{Re}(a_p) + 2\mathrm{Re}(a_p b_p)}{(\mathrm{j}\omega)^2 + 2\mathrm{j}\omega\mathrm{Re}(b_p) + |b_p|^2} \tag{8.6.29}$$

极化电流对应的辅助微分方程变为

$$\frac{\partial^2 \mathscr{J}_{\mathrm{p}}(t)}{\partial t^2} + 2b_p'\frac{\partial \mathscr{J}_{\mathrm{p}}(t)}{\partial t} + |b_p|^2\mathscr{J}_{\mathrm{p}}(t) = 2\epsilon_0 a_p'\frac{\partial^2 \mathscr{E}(t)}{\partial t^2} + 2\epsilon_0\mathrm{Re}(a_p b_p)\frac{\partial \mathscr{E}(t)}{\partial t} \tag{8.6.30}$$

式中, $a_p' = \mathrm{Re}(a_p)$, $b_p' = \mathrm{Re}(b_p)$。对上式进行中心差分离散, 得到 $\mathscr{J}_{\mathrm{p}}$ 的时间步进公式为

$$\mathscr{J}_{\mathrm{p}}^{n+1} = \frac{1}{1 + b_p' \Delta t}\Big[2\epsilon_0 a_p'(\mathscr{E}^{n+1} - 2\mathscr{E}^{n} + \mathscr{E}^{n-1}) + \epsilon_0 \Delta t \mathrm{Re}(a_p b_p)(\mathscr{E}^{n+1} - \mathscr{E}^{n-1})$$
$$+ \left(2 - |b_p \Delta t|^2\right)\mathscr{J}_{\mathrm{p}}^{n} - (1 - b_p' \Delta t)\mathscr{J}_{\mathrm{p}}^{n-1}\Big] \tag{8.6.31}$$

在 $t = \left(n + \dfrac{1}{2}\right)\Delta t$ 时刻, $\mathscr{J}_{\mathrm{p}}$ 为

$$\mathscr{J}_{\mathrm{p}}^{n+1/2} = \frac{1}{2(1 + b_p' \Delta t)}\Big[2\epsilon_0 a_p'(\mathscr{E}^{n+1} - 2\mathscr{E}^{n} + \mathscr{E}^{n-1}) + \epsilon_0 \Delta t \mathrm{Re}(a_p b_p)(\mathscr{E}^{n+1} - \mathscr{E}^{n-1})$$
$$+ \left(3 + b_p' \Delta t - |b_p \Delta t|^2\right)\mathscr{J}_{\mathrm{p}}^{n} - (1 - b_p' \Delta t)\mathscr{J}_{\mathrm{p}}^{n-1}\Big] \tag{8.6.32}$$

当式(8.6.32)用于式(8.6.7)的离散时, 得到 $\mathscr{E}$ 的时间步进公式为

$$\mathscr{E}^{n+1} = \frac{1}{\beta''}\Big[\alpha''\mathscr{E}^{n} + \gamma''\mathscr{E}^{n-1} + (\nabla \times \mathscr{H})^{n+1/2}$$
$$- \left(3 + b_p' \Delta t - |b_p \Delta t|^2\right)\mathscr{J}_{\mathrm{p}}^{n} + (1 - b_p' \Delta t)\mathscr{J}_{\mathrm{p}}^{n-1}\Big] \tag{8.6.33}$$

式中，
$$\alpha'' = \frac{\epsilon_\infty}{\Delta t} - \frac{\sigma}{2} + \frac{2\epsilon_0 a_p'}{1 + b_p'\Delta t} \tag{8.6.34}$$

$$\beta'' = \frac{\epsilon_\infty}{\Delta t} + \frac{\sigma}{2} + \epsilon_0 \frac{2a_p' + \Delta t\mathrm{Re}(a_p b_p)}{2(1 + b_p'\Delta t)} \tag{8.6.35}$$

$$\gamma'' = \epsilon_0 \frac{\Delta t\mathrm{Re}(a_p b_p) - 2a_p'}{2(1 + b_p'\Delta t)} \tag{8.6.36}$$

因此，若已知 $\mathscr{E}^n$ 和 $\mathscr{H}^{n+1/2}$，则首先利用式(8.6.31)计算 $\mathscr{J}_p^n$，然后利用式(8.6.33)计算 $\mathscr{E}^{n+1}$。

8.7　波激励及远场计算

本节将讨论用时域有限差分对电磁散射与辐射问题进行仿真分析时的两个实际问题。第一个问题是如何模拟对诸如散射分析中计算区域之外的源所产生的波激励。第二个问题是如何从近场的时域有限差分场解计算远场，因为当我们在散射分析中计算 RCS 或者在天线辐射分析中计算辐射方向图时，经常需要进行远场计算。

8.7.1　波激励的模拟

当电磁场的源在计算区域内且表示为电流密度时，可直接将源纳入时域有限差分进行仿真，对于用等效磁流密度表示的源也类似。而当场的源在计算区域之外时，对源的模拟则比较复杂。在这种情况下，首先要认识到，用于截断计算区域的吸收边界条件或理想匹配层应该只吸收散射场而不是总场。散射场定义为总场与入射场(即散射体不存在时源所产生的场)之间的差别。认识到这一点之后，可以设计两种数值方法对外部源产生的激励进行模拟。

第一种方法是在时域有限差分仿真中采用散射场。换句话说，首先写出散射场的麦克斯韦方程，然后应用时域有限差分离散这些方程，得到时间步进公式。若背景媒质为自由空间，则散射场($\mathscr{E}^{\mathrm{sc}}, \mathscr{H}^{\mathrm{sc}}$)的麦克斯韦方程为

$$\nabla \times \mathscr{E}^{\mathrm{sc}} = -\mu\frac{\partial \mathscr{H}^{\mathrm{sc}}}{\partial t} - \mathscr{M}_{\mathrm{eq}} \tag{8.7.1}$$

$$\nabla \times \mathscr{H}^{\mathrm{sc}} = \epsilon\frac{\partial \mathscr{E}^{\mathrm{sc}}}{\partial t} + \sigma\mathscr{E}^{\mathrm{sc}} + \mathscr{J}_{\mathrm{eq}} \tag{8.7.2}$$

式中，
$$\mathscr{J}_{\mathrm{eq}} = (\epsilon - \epsilon_0)\frac{\partial \mathscr{E}^{\mathrm{inc}}}{\partial t} + \sigma\mathscr{E}^{\mathrm{inc}}, \qquad \mathscr{M}_{\mathrm{eq}} = (\mu - \mu_0)\frac{\partial \mathscr{H}^{\mathrm{inc}}}{\partial t} \tag{8.7.3}$$

将 $\mathscr{E} = \mathscr{E}^{\mathrm{inc}} + \mathscr{E}^{\mathrm{sc}}$ 和 $\mathscr{H} = \mathscr{H}^{\mathrm{inc}} + \mathscr{H}^{\mathrm{sc}}$ 代入式(8.4.9)和式(8.4.10)，然后利用($\mathscr{E}^{\mathrm{inc}}, \mathscr{H}^{\mathrm{inc}}$)满足自由空间麦克斯韦方程组的条件，即可得到这些方程。由于入射场在任意位置和任意时间是已知的，因此可用其来计算仅存在于物体内部的式(8.7.3)中的等效电(磁)流密度，以作为散射场的激励。式(8.7.1)和式(8.7.2)的时域有限差分离散过程与8.4.2节所描述的过程类似。

当散射体包含理想导体(PEC)表面时，需要在这些表面上应用边界条件。为保证总电场的切向分量和总磁场的法向分量在理想导体表面为零，对于散射场来说，这些边界条件变为

$$\hat{n} \times \mathscr{E}^{\mathrm{sc}} = -\hat{n} \times \mathscr{E}^{\mathrm{inc}}, \qquad \hat{n} \cdot \mathscr{H}^{\mathrm{sc}} = -\hat{n} \cdot \mathscr{H}^{\mathrm{inc}} \tag{8.7.4}$$

无论理想导体位于电场网格上还是磁场网格上,这两个边界条件都很容易实现。

上面描述的方法需要计算整个体积内式(8.7.3)所示的等效电(磁)流,还要对物体的理想导体表面应用式(8.7.4)中的边界条件。当物体很大或形状很复杂时,这将导致较长的计算时间。另一种方法是引入一个表面,通常是一个矩形,放置于物体与吸收边界条件或理想匹配层之间(见图8.16)。在这个表面内部,时域有限差分用于总场的计算,在这个表面外部,时域有限差分用于散射场的计算。这样既无须在物体内引入体等效源,也不用在理想导体表面修改边界条件,因为物体周围的场是总场;同时,吸收边界条件或理想匹配层仅仅用于吸收散射场。这样产生的激励将在总场和散射场的分界面进入计算区域,这个表面通常称为**惠更斯面**,这种产生激励的方法称为**总场散射场分解法**[18]。

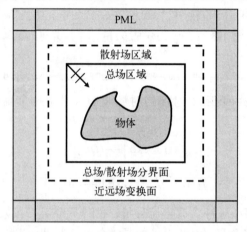

图 8.16 散射问题的时域有限差分仿真中的典型设置。由总场/散射场分界面作为惠更斯面引入用于总场区的入射场激励。基于近远场变换面上的近场,通过近远场变换可计算远场

为了说明总场散射场分解法,现在考虑矩形惠更斯面的其中一个面 $i = i_{\min}$,这是一个垂直于 x 轴的表面。假设散射场用于该表面的左边区域($i < i_{\min}$),总场用于该表面的右边区域($i > i_{\min}$)。此外,假定该表面位于电场网格上(即其上有离散的 $\mathscr{E}_y$ 和 $\mathscr{E}_z$),并且该表面($i = i_{\min}$)上的场分量($\mathscr{E}_y$、$\mathscr{E}_z$ 及 $\mathscr{H}_x$)使用总场的场分量。在使用式(8.4.18)和式(8.4.19)进行时间步进计算时,每当需要使用散射场 $\mathscr{E}_y^{\mathrm{sc},n}\left(i_{\min}, j+\dfrac{1}{2}, k\right)$ 和 $\mathscr{E}_z^{\mathrm{sc},n}\left(i_{\min}, j, k+\dfrac{1}{2}\right)$ 时,可以用下式代替:

$$\mathscr{E}_y^{\mathrm{sc},n}\left(i_{\min}, j+\frac{1}{2}, k\right) \quad \rightarrow \quad \mathscr{E}_y^{n}\left(i_{\min}, j+\frac{1}{2}, k\right) - \mathscr{E}_y^{\mathrm{inc},n}\left(i_{\min}, j+\frac{1}{2}, k\right) \qquad (8.7.5)$$

$$\mathscr{E}_z^{\mathrm{sc},n}\left(i_{\min}, j, k+\frac{1}{2}\right) \quad \rightarrow \quad \mathscr{E}_z^{n}\left(i_{\min}, j, k+\frac{1}{2}\right) - \mathscr{E}_z^{\mathrm{inc},n}\left(i_{\min}, j, k+\frac{1}{2}\right) \qquad (8.7.6)$$

类似地,在使用式(8.4.21)和式(8.4.22)进行时间步进计算时,每当需要使用总场的 $\mathscr{H}_y^{n+\frac{1}{2}}\left(i_{\min}-\dfrac{1}{2}, j, k+\dfrac{1}{2}\right)$ 和 $\mathscr{H}_z^{n+\frac{1}{2}}\left(i_{\min}-\dfrac{1}{2}, j+\dfrac{1}{2}, k\right)$ 时,可以用下式代替:

$$\mathscr{H}_y^{n+1/2}\left(i_{\min}-\frac{1}{2}, j, k+\frac{1}{2}\right) \rightarrow \mathscr{H}_y^{\mathrm{sc},n+1/2}\left(i_{\min}-\frac{1}{2}, j, k+\frac{1}{2}\right) + \mathscr{H}_y^{\mathrm{inc},n+1/2}\left(i_{\min}-\frac{1}{2}, j, k+\frac{1}{2}\right)$$

$$(8.7.7)$$

$$\mathscr{H}_z^{n+1/2}\left(i_{\min}-\frac{1}{2},j+\frac{1}{2},k\right) \rightarrow \mathscr{H}_z^{\mathrm{sc},n+1/2}\left(i_{\min}-\frac{1}{2},j+\frac{1}{2},k\right)+\mathscr{H}_z^{\mathrm{inc},n+1/2}\left(i_{\min}-\frac{1}{2},j+\frac{1}{2},k\right)$$

$$(8.7.8)$$

显然,在实现这个方法时只需知道惠更斯面的入射电场,以及距离惠更斯面半网格处的入射磁场。从理论上讲,这样可以只在总场区激励所需的入射场,而在散射区的入射场为零。然而,由于 8.2.4 节中所讨论的数值色散误差,在总场区的入射场将会有微小的相位误差,且会有少量的入射场泄漏到散射场区域。为减小相位误差和不必要的泄漏,可以进行一些特殊的处理[19,20]。

对于从 $(\theta^{\mathrm{inc}},\phi^{\mathrm{inc}})$ 方向入射的平面波,其入射电场为

$$\mathscr{E}^{\mathrm{inc}}(\mathbf{r},t) = (\cos\alpha\hat{\theta}+\sin\alpha\hat{\phi})E_0 f[t-\hat{k}^{\mathrm{inc}}\cdot(\mathbf{r}-\mathbf{r}_0)/c_0] \qquad (8.7.9)$$

式中,α 为极化角,E_0 为场强峰值,$\mathbf{r}_0$ 为位置矢量,c_0 为光速,而 $\hat{k}^{\mathrm{inc}}$ 为入射方向单位矢量,表示为

$$\hat{k}^{\mathrm{inc}} = -(\sin\theta^{\mathrm{inc}}\cos\phi^{\mathrm{inc}}\hat{x}+\sin\theta^{\mathrm{inc}}\sin\phi^{\mathrm{inc}}\hat{y}+\cos\theta^{\mathrm{inc}}\hat{z}) \qquad (8.7.10)$$

最后,$f[t-\hat{k}^{\mathrm{inc}}\cdot(\mathbf{r}-\mathbf{r}_0)/c_0]$ 表示入射场的时域波形。对于一个高斯脉冲,其时域波形及频谱为

$$f(t) = \exp\left[-\frac{1}{2}(t/\tau_{\mathrm{p}})^2\right] \qquad (8.7.11)$$

$$f(\omega) = \sqrt{2\pi}\tau_{\mathrm{p}}\exp\left[-\frac{1}{2}(\omega\tau_{\mathrm{p}})^2\right] \qquad (8.7.12)$$

式中,τ_{p} 为特征时间。高斯脉冲含有直流分量,我们不希望其在数值计算中出现。可通过对时间求导消除这一直流分量,由此得到的是微分高斯脉冲,或称 Neumann 脉冲,表示为

$$f(t) = -\frac{t}{\tau_{\mathrm{p}}}\exp\left[-\frac{1}{2}(t/\tau_{\mathrm{p}})^2\right] \qquad (8.7.13)$$

$$f(\omega) = \mathrm{j}\omega\sqrt{2\pi}(\tau_{\mathrm{p}})^2\exp\left[-\frac{1}{2}(\omega\tau_{\mathrm{p}})^2\right] \qquad (8.7.14)$$

另外一种常用的信号是调制高斯脉冲,定义为

$$f(t) = \exp\left[-\frac{1}{2}(t/\tau_{\mathrm{p}})^2\right]\sin\omega_0 t \qquad (8.7.15)$$

$$f(\omega) = -\mathrm{j}\sqrt{\pi/2}\tau_{\mathrm{p}}\left\{\exp\left\{-\frac{1}{2}\left[(\omega-\omega_0)\tau_{\mathrm{p}}\right]^2\right\}-\exp\left\{-\frac{1}{2}\left[(\omega+\omega_0)\tau_{\mathrm{p}}\right]^2\right\}\right\} \qquad (8.7.16)$$

式中,ω_0 为调制频率。在某些应用中,研究人员感兴趣的是单一频率的稳态解,这时可以采用锥形正弦曲线的信号:

$$f(t) = [1-\exp(-t/\tau_{\mathrm{p}})]\sin\omega_0 t \qquad (8.7.17)$$

式中,$\tau_{\mathrm{p}}=3T\sim 5T$,$T=2\pi/\omega_0$。锥形函数将使正弦信号的幅度逐渐加大,以减少信号的时域离散所产生的数值噪声。

作为一个算例,考虑 TM 极化的平面波垂直入射到横截面为正方形的无限长导体柱上,该入射波的时域波形为调制高斯脉冲。图 8.17(a) 为散射电场的瞬时分布图,图 8.17(b) 为总电场的瞬时分布图。对于散射场的计算,其激励通过导电表面的边界条件引入;而对于总场的计算,入射场由惠更斯面激励。

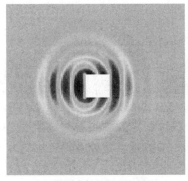 

（a）散射电场的瞬时分布图　　　　　　（b）总电场的瞬时分布图

图 8.17　横截面为正方形的导体柱对 TM 极化调制高斯脉冲的散射

8.7.2　近远场变换

使用时域有限差分计算得到的数值结果通常是所考虑物体内部及附近的电场和磁场。当我们需要求解远场时，必须从近场出发计算远场，这个过程称为**近远场（NTF）变换**。为了实现近远场变换，引入一个封闭面包围整个物体，将其放置在散射分析中的散射场区（见图 8.16）。这个面记为 S_{NTF}，其上的等效面电流和面磁流密度为 $\mathscr{J}_s^{\mathrm{eq}} = \hat{n} \times \mathscr{H}$，$\mathscr{M}_s^{\mathrm{eq}} = \mathscr{E} \times \hat{n}$。对于散射分析，由于入射场对于散射远场没有贡献，因此这些等效面电（磁）流也可用散射场来计算。基于 3.4 节所讨论的面等效原理，这些等效电（磁）流在自由空间辐射可得到 S_{NTF} 以外任何位置的场。为此，我们可以使用下面两种方法之一。

第一种方法是在频域计算远场。首先计算整个时间段内的 $\mathscr{J}_s^{\mathrm{eq}}$ 和 $\mathscr{M}_s^{\mathrm{eq}}$，然后使用傅里叶变换把它们变换到频域。最后，用 2.3.3 节中所讨论的方法求得远场为

$$E_\theta(\mathbf{r}) = -\frac{jk_0 \, \mathrm{e}^{-jk_0 r}}{4\pi r}(L_\phi + Z_0 N_\theta) \qquad (8.7.18)$$

$$E_\phi(\mathbf{r}) = \frac{jk_0 \, \mathrm{e}^{-jk_0 r}}{4\pi r}(L_\theta - Z_0 N_\phi) \qquad (8.7.19)$$

式中，Z_0 为自由空间波阻抗，而

$$\mathbf{N}(\hat{r}) = \iint_{S_{\mathrm{NTF}}} \mathbf{J}_s^{\mathrm{eq}}(\mathbf{r}') \, \mathrm{e}^{jk_0 \mathbf{r}' \cdot \hat{r}} \, \mathrm{d}S' \qquad (8.7.20)$$

$$\mathbf{L}(\hat{r}) = \iint_{S_{\mathrm{NTF}}} \mathbf{M}_s^{\mathrm{eq}}(\mathbf{r}') \, \mathrm{e}^{jk_0 \mathbf{r}' \cdot \hat{r}} \, \mathrm{d}S' \qquad (8.7.21)$$

第二种方法是直接在时域计算远场，其所需公式可以从式（8.7.18）至式（8.7.21）出发，经过拉普拉斯变换得到：

$$\mathscr{E}_\theta(\mathbf{r}, t) = -\frac{1}{4\pi r c_0} \frac{\partial}{\partial t}\left[\mathscr{L}_\phi\left(\hat{r}, t - \frac{\mathbf{r} \cdot \hat{k}}{c_0}\right) + Z_0 \mathscr{N}_\theta\left(\hat{r}, t - \frac{\mathbf{r} \cdot \hat{k}}{c_0}\right) \right] \qquad (8.7.22)$$

$$\mathscr{E}_\phi(\mathbf{r}, t) = \frac{1}{4\pi r c_0} \frac{\partial}{\partial t}\left[\mathscr{L}_\theta\left(\hat{r}, t - \frac{\mathbf{r} \cdot \hat{k}}{c_0}\right) - Z_0 \mathscr{N}_\phi\left(\hat{r}, t - \frac{\mathbf{r} \cdot \hat{k}}{c_0}\right) \right] \qquad (8.7.23)$$

式中,

$$\mathcal{N}(\hat{r}, \tau) = \iint_{S_{\mathrm{NTF}}} \boldsymbol{\mathscr{J}}_{\mathrm{s}}^{\mathrm{eq}} \left(\mathbf{r}', \tau + \frac{\mathbf{r}' \cdot \hat{r}}{c_0} \right) \mathrm{d}S' \tag{8.7.24}$$

$$\mathcal{L}(\hat{r}, \tau) = \iint_{S_{\mathrm{NTF}}} \boldsymbol{\mathscr{M}}_{\mathrm{s}}^{\mathrm{eq}} \left(\mathbf{r}', \tau + \frac{\mathbf{r}' \cdot \hat{r}}{c_0} \right) \mathrm{d}S' \tag{8.7.25}$$

以上两种方法相比,频域近远场变换非常适合只计算少数频点上的对角度分辨率要求较高的远场方向图,而时域近远场变换非常适合计算少数观察角的宽频带远场方向图。

8.8 小结

本章介绍了用于分析电磁问题的有限差分法的基本原理和公式。我们从有限差分公式的建立开始,展示了其在求解一维扩散和波动方程中的应用。由于一维问题的简单性,我们以此为例进行了稳定性分析,由此知道了时间步进公式是否稳定及其稳定性条件;还进行了数值色散分析,由此量化了有限差分法在模拟波传播过程中产生的数值相位误差。之后,我们将有限差分法推广到分析时域和频域中的二维问题,并展示了这两种分析方法之间的主要差别:在时域中,可以由时间步进公式计算得到场;而在频域中,则需要通过求解线性方程组得到场。之后,我们介绍了基于 Yee 网格的时域有限差分离散方案,由于其在求解麦克斯韦方程组时的独特优势,Yee 网格被认为是有限差分法发展过程中的重大突破。接着,我们讨论了使用有限差分法分析开放区域电磁场的一个重要问题:如何将无限的求解区域截断为有限的计算区域。为此,我们推导了解析形式的吸收边界条件,随后介绍了基于各向异性材料的理想匹配层。接着,我们介绍了时域有限差分仿真中模拟色散媒质的两种方法:一种基于卷积的递归计算,另一种基于辅助微分方程的求解。最后,我们讨论了使用时域有限差分进行电磁散射和辐射仿真时的两个实际问题:外部源的波激励及如何由近场解计算远场。

如本章开头所述,有限差分法的主要优点是简单、可靠和功能强大。其主要缺点在于它对复杂物体的几何建模不够精确。时域有限差分中的物体是由矩形单元构成的,对弯曲表面或与规则网格不一致的表面需要进行阶梯型近似。虽然我们可以修改有限差分的离散方案来更精确地模拟复杂几何形状,但这样将使其简单性和效率受到影响。解决这个问题的最好方法是下一章将要讨论的有限元法。需要指出,本章仅介绍了有条件稳定的算法。虽然我们可以开发对时间步长没有限制的无条件稳定算法,但这样的算法通常需要在每个时间步上求解一次线性方程组,这将显著增加求解的代价。我们希望通过本章的介绍能够让读者基本理解有限差分法的原理及如何用于电磁仿真分析。Taflove and Hagness 的著作[3]对有限差分法,特别是时域有限差分法进行了详细的论述,其中包括了对涉及的复杂问题的讨论和很多应用实例,感兴趣的读者可以参阅。

原著参考文献

1. K. S. Yee, "Numerical solution of initial boundary value problems involving Maxwell's equations in isotropic media," *IEEE Trans. Antennas Propag.*, vol. 14, no. 3, pp. 302-307, 1966.

2. K. S. Kunz and R. J. Luebbers, *The Finite Difference Time Domain Method for Electromagnetics*. Boca Raton, FL: CRC Press, 1994.

3. A. Taflove and S. C. Hagness, *Computational Electrodynamics: The Finite Difference Time Domain Method* (3rd edition). Norwood, MA: Artech House, 2005.

4. J.-P. Berenger, "A perfectly matched layer for the absorption of electromagnetic waves," *J. Comput. Phys.*, vol. 114, no. 2, pp. 185-200, 1994.

5. D. S. Katz, E. T. Thiele, and A. Taflove, "Validation and extension to three dimensions of the Berenger PML absorbing boundary condition for FD-TD meshes," *IEEE Microwave Guided Wave Lett.*, vol. 4, no. 8, pp. 268-270, 1994.

6. W. C. Chew and W. H. Weedon, "A 3D perfectly matched medium from modified Maxwell's equations with stretched coordinates," *Microwave Opt. Technol. Lett.*, vol. 7, no. 13, pp. 599-604, 1994.

7. S. D. Gedney, "Perfectly matched layer absorbing boundary conditions," in *Computational Electrodynamics: The Finite Difference Time Domain Method* (3rd edition), A. Taflove and S. C. Hagness, Eds. Norwood, MA: Artech House, 2005, pp. 273-328.

8. W. C. Chew and J. M. Jin, "Perfectly matched layers in the discretized space: an analysis and optimization," *Electromagnetics*, vol. 16, no. 4, pp. 325-340, 1996.

9. M. Kuzuoglu and R. Mittra, "Frequency dependence of the constitutive parameters of causal perfectly anisotropic absorbers," *IEEE Microwave Guided Lett.*, vol. 6, no. 12, pp. 447-449, 1996.

10. J. A. Roden and S. D. Gedney, "Convolution PML (CPML): an efficient FDTD implementation of the CFS-PML for arbitrary media," *Microwave Opt. Technol. Lett.*, vol. 27, no. 5, pp. 334-339, 2000.

11. D. Correia and J. M. Jin, "On the development of a higher-order PML," *IEEE Trans. Antennas Propag.*, vol. 53, no. 12, pp. 4157-4163, 2005.

12. J. Chen, Z. Feng, and J. M. Jin, "Numerical simulation of SAR and B1-field inhomogeneity of shielded RF coils loaded with the human head," *IEEE Trans. Biomed. Eng.*, vol. 45, no. 5, pp. 650-659, 1998.

13. R. J. Luebbers and F. Hunsberger, "FDTD for Nth-order dispersive media," *IEEE Trans. Antennas Propag.*, vol. 40, no. 11, pp. 1297-1301, 1992.

14. D. F. Kelley and R. J. Lubbers, "Piecewise linear recursive convolution for dispersive media using FDTD," *IEEE Trans. Antennas Propag.*, vol. 44, no. 6, pp. 792-797, 1996.

15. T. Kashiwa and I. Fukai, "A treatment by FDTD method of the dispersive characteristics associated with electronic polarization," *Microwave Opt. Technol. Lett.*, vol. 3, no. 6, pp. 203-205, 1990.

16. R. Joseph, S. Hagness, and A. Taflove, "Direct time integration of Maxwell's equations in linear dispersive media with absorption for scattering and propagation of femtosecond electromagnetic pulses," *Opt. Lett.*, vol. 16, no. 18, pp. 1412-1414, 1991.

17. M. Okoniewski, M. Mrozowski, and M. A. Stuchly, "Simple treatment of multi-term dispersion in FDTD," *IEEE Microwave Guided Wave Lett.*, vol. 7, no. 5, pp. 121-123, 1997.

18. D. Merewether, R. Fisher, and F. W. Smith, "On implementing a numerical Huygens' source scheme in a finite-

328 电磁场理论与计算(第二版)

difference program to illuminate scattering bodies," *IEEE Trans. Nucl. Sci.*, vol. 27, no. 6, pp. 1829-1833, 1980.

19. T. Martin and L. Pettersson, "Dispersion compensation for Huygens' sources and far-zone transformations in FDTD," *IEEE Trans. Antennas Propag.*, vol. 48, no. 4, pp. 494-501, 2000.

20. M. E. Watts and R. E. Diaz, "Perfect plane-wave injection into a finite FDTD domain through teleportation of fields," *Electromagnetics*, vol. 23, no. 2, pp. 187-201, 2003.

习题

8.1 推导二阶导数的前向和后向差分公式,并证明它们均具有一阶精度。

8.2 对式(8.2.11)所示的波动方程的二阶时间导数采用习题8.1中推导的前向差分公式,对空间导数采用中心差分,推导时间步进公式并分析其稳定性。然后对二阶时间导数采用后向差分,重复上述练习。

8.3 用中心差分离散下面的方程:

$$\frac{\partial^2 \mathscr{E}_z}{\partial x^2} - \mu\epsilon\frac{\partial^2 \mathscr{E}_z}{\partial t^2} - \mu\sigma\frac{\partial \mathscr{E}_z}{\partial t} = \mu\frac{\partial \mathscr{J}_z}{\partial t}$$

推导其时间步进公式,分析其稳定性并得出稳定性条件,然后讨论损耗项对稳定性分析的影响。

8.4 对式(8.3.4)所示的时间步进公式进行稳定性分析,并推导式(8.3.5)所示的稳定性条件。

8.5 对式(8.3.4)所示的时间步进公式进行色散分析,并推导式(8.3.6)和式(8.3.7)。

8.6 考虑图8.18(a)所示的屏蔽微带传输线。假定微带线上的电压为1V,接地电压为0V。建立电势的有限差分求解公式。此外,推导计算单位长度电容和电感及传输线特性阻抗的公式。

8.7 考虑图8.18(b)所示的介质加载矩形波导,建立计算5.3.2节中所定义的 EH 模式和 HE 模式的截止波数的有限差分公式。

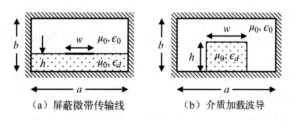

（a）屏蔽微带传输线　　　（b）介质加载波导

图8.18　屏蔽微带传输线与介质加载波导

8.8 在式(8.4.1)和式(8.4.2)中加入磁传导损耗项,用 Yee 网格的时域有限差分法推导其时间步进公式。

8.9 在式(8.4.11)至式(8.4.13)中加入磁传导损耗项,用 Yee 网格的时域有限差分法推导其时间步进公式。

8.10 使用积分形式的麦克斯韦方程组及中点积分,推导由式(8.4.5)至式(8.4.7)所示的时间步进公式。

8.11 考虑一个传输线,其上的瞬时电压$\mathscr{V}(z,t)$和瞬时电流$\mathscr{I}(z,t)$满足如下偏微分方程:

$$\frac{\partial \mathscr{V}}{\partial z} + L\frac{\partial \mathscr{I}}{\partial t} + R\mathscr{I} = \upsilon(z,t), \quad \frac{\partial \mathscr{I}}{\partial z} + C\frac{\partial \mathscr{V}}{\partial t} + G\mathscr{V} = i(z,t)$$

式中，υ 和 i 为分布源。首先，建立 Yee 网格公式，用蛙跳方式求解 $\mathscr{V}(z,t)$ 和 $\mathscr{I}(z,t)$。讨论如何实现传输线终端的短路($\mathscr{V}=0$)、开路($\mathscr{I}=0$)及负载($\mathscr{V}=Z_L\mathscr{I}$)的边界条件。然后，设计一个传输线问题，并用上述时域有限差分法求解。

8.12 对式(8.5.12)应用下面的有理公式近似：

$$\sqrt{1-\left(\frac{k_y}{k}\right)^2} = \frac{1-\frac{3}{4}S^2}{1-\frac{1}{4}S^2}, \qquad S = \frac{k_y}{k}$$

由此推导三阶吸收边界条件，并进一步推导此边界条件对应的反射系数。

8.13 假设对式(8.5.21)和式(8.5.22)中的 ∇_s 定义如下：

$$\nabla_s = \hat{x}\frac{1}{s_x^{1-\alpha}}\frac{\partial}{\partial x}\frac{1}{s_x^\alpha} + \hat{y}\frac{1}{s_y^{1-\alpha}}\frac{\partial}{\partial y}\frac{1}{s_y^\alpha} + \hat{z}\frac{1}{s_z^{1-\alpha}}\frac{\partial}{\partial z}\frac{1}{s_z^\alpha}$$

证明：无论 α 取值如何，理想匹配分界面仍存在。注意，当 $\alpha=1/2$ 时，∇_s 是对称算子。

8.14 从式(8.5.56)至式(8.5.61)所示的修正麦克斯韦方程组出发，推导时间步进公式。描述如何使用时间步进公式完成一次完整的时间步进。

8.15 从式(8.5.72)至式(8.5.75)的 y 分量和 z 分量出发，推导时间步进公式。

8.16 开发一个使用理想匹配层求解时域麦克斯韦方程的时域有限差分程序，用于计算无限长线电流的辐射。在代码验证后，考虑该无限长电流在开有一个或两个缝隙的无限大导电平面存在时的辐射。把所做的工作写成正式的论文形式(包括摘要、前言、公式建立、结果、结论和参考文献)。

8.17 采用 Yee 网格的时域有限差分法，数值求解横截面为矩形的无限长导体柱在横磁场模式和横电场模式极化入射时的散射场。讨论在时域有限差分解中引入入射场的方法，以及如何从近场解计算远场。

第 9 章 有 限 元 法

与有限差分法类似，**有限元法**(FEM)也是一种将偏微分方程转化为线性代数方程组，进而求解边值问题的数值方法。不同的是，有限差分法的基本思想是对微分算子进行近似，而有限元法是对偏微分方程的解进行近似。有限元法最早由 Courant 于 1943 年提出，以求解势论中的变分问题[1]，自此之后该方法得到极大的发展，并被广泛应用于结构力学分析及越来越多的其他领域问题的求解。在今天，有限元法被认为是一种适用于处理众多工程和数学问题的通用方法，其中包括微波工程和电磁学中的问题。

1969 年，Silvester 使用有限元法分析了空心波导中波的传播[2]，这是有限元法第一次应用于微波工程和电磁学中。自此，研究人员很快认识到这种方法的重要性，并将其成功地应用于求解各种静电、静磁，以及介质加载波导的问题。1974 年，Mei 开发了一种将特征函数展开与有限元法相结合的技术，用于处理如天线和散射分析等开放区域的电磁问题[3]。1982 年，Marin 又发展了一种将有限元法和边界积分方程相结合的方法，用于处理开放区域的散射问题[4]。

20 世纪 80 年代，随着基于棱边的矢量基函数的提出和发展，有限元法在对矢量电磁场问题的分析中取得了突破性的进展[5~7]。矢量有限元可以精确地模拟电场和磁场，并消除许多由传统的基于节点的标量元引起的问题。随着矢量有限元的发展，有限元法成为了计算电磁学中一种非常强大的数值方法。今天，有限元法是设计天线和微波器件的主要辅助工具，其基本原理及各种应用在诸如 Silvester and Ferrari[8] 及 Jin[9] 的许多著作中均有论述。

本章首先通过一个简单的一维算例介绍有限元法的基本原理，然后详细描述用有限元法求解频域标量和矢量问题的步骤，接着介绍时域有限元(FETD)法。对于每一种应用，我们会给出数值算例来展示有限元法的性能。本章最后讨论如何使用吸收边界条件(ABC)和理想匹配层(PML)来截断计算区域，从而将有限元法用于分析无界空间中的电磁问题。我们还简单讨论在编程实现有限元法时的一些数值问题。

9.1　有限元法概述

本节首先简单地介绍加权残差法，然后求解一个简单的一维亥姆霍兹方程，以此来阐明有限元法的基本原理。

9.1.1　一般原理

使用加权残差法或变分法均可以建立有限元法的公式。加权残差法直接从边值问题的偏微分方程出发，而变分法则从边值问题的变分形式出发。在本章中，我们使用加权残差法。

为了介绍加权残差法的基本原理，考虑如下的偏微分方程：

$$\mathcal{L}\varphi = f \tag{9.1.1}$$

式中，$\mathcal{L}$ 为微分算子，φ 为待求未知解，f 为源函数。为了寻求 φ 的解，首先用如下一组**基函数**将其展开：

$$\varphi = \sum_{j=1}^{N} c_j v_j \tag{9.1.2}$$

式中，$v_j(j=1,2,\cdots,N)$ 为基函数，其线性组合可表示未知解；c_j 为相应的未知展开系数。加权残差法尝试确定 c_j 的方法如下：将式(9.1.2)代入式(9.1.1)，然后将得到的方程两边同乘以**加权函数** w_i，并在整个求解区域 Ω 中积分，于是可得

$$\int_{\Omega} w_i \mathcal{L}\left(\sum_{j=1}^{N} c_j v_j\right) \mathrm{d}\Omega = \int_{\Omega} w_i f \, \mathrm{d}\Omega \tag{9.1.3}$$

当给定一组加权函数，上式就定义了一个代数方程组，在满足边界条件的要求下求解此方程组即可得到 c_j。加权函数 w_i 可以有多种选择，其中最常见的一种是令 $w_i = v_i$，以此构建有限元公式的过程称为**伽辽金法**。这样选择时，式(9.1.3)变为

$$\sum_{j=1}^{N} c_j \int_{\Omega} v_i(\mathcal{L}v_j) \, \mathrm{d}\Omega = \int_{\Omega} v_i f \, \mathrm{d}\Omega, \quad i=1,2,\cdots,N \tag{9.1.4}$$

或

$$\sum_{j=1}^{N} S_{ij} c_j = b_i, \quad i=1,2,\cdots,N \tag{9.1.5}$$

式中，

$$S_{ij} = \int_{\Omega} v_i(\mathcal{L}v_j) \, \mathrm{d}\Omega \tag{9.1.6}$$

$$b_i = \int_{\Omega} v_i f \, \mathrm{d}\Omega \tag{9.1.7}$$

对于自共轭问题，则有

$$\int_{\Omega} v_i(\mathcal{L}v_j) \, \mathrm{d}\Omega = \int_{\Omega} v_j(\mathcal{L}v_i) \, \mathrm{d}\Omega \tag{9.1.8}$$

故有 $S_{ij} = S_{ji}$，因而式(9.1.5)对应的线性系统的系数矩阵是对称的。

在构建公式的过程中，最关键的一步是找到一组可以用来展开未知解的基函数。对于复杂的具有不规则形状的二维和三维问题，这是极其困难甚至不可能的。有限元法的基本思想是将求解区域划分为小的子域，称为**有限单元**(有限元)，然后使用简单的函数，如线性函数或二次函数来近似每个单元内的未知解。正是使用子域基函数在每个单元内对解进行近似的思想，催生了有限元法这个强大的数值计算方法，使其能够求解工程和物理学中的复杂边值问题。

9.1.2　一维算例

为了阐述有限元法建立公式的具体过程,考虑一个亥姆霍兹方程的一维边值问题:

$$\frac{\mathrm{d}^2\varphi(x)}{\mathrm{d}x^2} + k^2\varphi(x) = f(x), \qquad 0 < x < L \tag{9.1.9}$$

其边界条件为

$$\varphi|_{x=0} = p \tag{9.1.10}$$

$$\left[\frac{\mathrm{d}\varphi}{\mathrm{d}x} + \gamma\varphi\right]_{x=L} = q \tag{9.1.11}$$

这里指定了两种不同的边界条件来展示对 Dirichlet 和混合边界条件的不同处理方法,而 Neumann 边界条件可以认为是式(9.1.11)在 $\gamma=0$ 时的特殊情况。

有限元法的第一步是将求解区域 $(0, L)$ 划分成多个小子域。对于一维问题,子域即短线段。这些短线段即为有限单元,线段之间的连接处称为**节点**(见图 9.1)。我们总可以让单元足够小,使得每个单元上的未知解可以通过对此单元两端节点上的 φ 值进行线性插值得到。于是,未知解可表示为

$$\varphi(x) = \sum_{j=0}^{N} \varphi_j N_j(x) \tag{9.1.12}$$

式中,φ_j 为未知量 φ 在第 j 个单元与第 $(j+1)$ 个单元之间的节点上的值,$N_j(x)$ 为相应的基函数。除了第一个和最后一个节点,$N_j(x)$ 是一个**三角形函数**,仅在第 j 个单元与第 $(j+1)$ 个单元上具有非零值。更具体地说,$N_j(x)$ 在第 j 个节点处的值为 1,在相邻的两个节点处线性地下降至零。在第一个和最后一个节点处,$N_j(x)$ 仅在一个单元上有非零值(见图 9.2)。由于式(9.1.10)中的边界条件,式(9.1.12)也可以写为

$$\varphi(x) = \sum_{j=1}^{N} \varphi_j N_j(x) + \varphi_0 N_0(x) = \sum_{j=1}^{N} \varphi_j N_j(x) + p N_0(x) \tag{9.1.13}$$

因而只有 $\varphi_j(j=1,2,\cdots,N)$ 是待定的未知量。

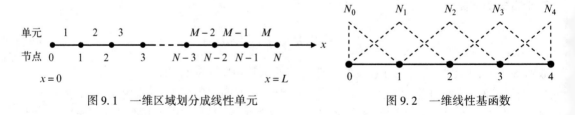

图 9.1　一维区域划分成线性单元　　　　　　图 9.2　一维线性基函数

下面应用伽辽金方法:将式(9.1.9)等号两边同乘以 $N_i(x)$ $(i=1,2,\cdots,N)$,并在 $(0,L)$ 区间上进行积分,得到

$$\int_0^L N_i(x)\left[\frac{\mathrm{d}^2\varphi(x)}{\mathrm{d}x^2} + k^2\varphi(x)\right]\mathrm{d}x = \int_0^L N_i(x)f(x)\,\mathrm{d}x \tag{9.1.14}$$

使用分部积分，得到

$$\int_0^L \left[\frac{dN_i(x)}{dx} \frac{d\varphi(x)}{dx} - k^2 N_i(x)\varphi(x) \right] dx - \left[N_i(x)\frac{d\varphi(x)}{dx} \right]_{x=L} = -\int_0^L N_i(x)f(x)\,dx \qquad (9.1.15)$$

在推导这一步的过程中，已经使用了 $N_i(x)$ $(i=1,2,\cdots,N)$ 在 $x=0$ 处等于零的条件。由式(9.1.11)中的边界条件，得到

$$\int_0^L \left[\frac{dN_i(x)}{dx} \frac{d\varphi(x)}{dx} - k^2 N_i(x)\varphi(x) \right] dx - \left[N_i(x)(q-\gamma\varphi) \right]_{x=L} = -\int_0^L N_i(x)f(x)\,dx$$

$$(9.1.16)$$

现在，将式(9.1.13)代入上式，得到一组线性方程组

$$\sum_{j=1}^N K_{ij}\varphi_j = b_i, \quad i=1,2,\cdots,N \qquad (9.1.17)$$

式中，

$$K_{ij} = \int_0^L \left[\frac{dN_i(x)}{dx} \frac{dN_j(x)}{dx} - k^2 N_i(x)N_j(x) \right] dx + \gamma \delta_{iN}\delta_{jN} \qquad (9.1.18)$$

$$b_i = -\int_0^L N_i(x)f(x)\,dx - p\int_0^L \left[\frac{dN_i(x)}{dx} \frac{dN_0(x)}{dx} - k^2 N_i(x)N_0(x) \right] dx + q\delta_{iN} \quad (9.1.19)$$

其中，当 $i=N$ 时 $\delta_{iN}=1$；当 $i\neq N$ 时 $\delta_{iN}=0$，δ_{jN} 的定义与之类似。注意，只有当 $j=i\pm1$ 时，$N_i(x)$ 和 $N_j(x)$ 才会重叠，因此 K_{ij} 中只有 K_{ii}、$K_{i+1,i}$ 和 $K_{i,i+1}$ 是非零的，对于其他 i 和 j，$K_{ij}=0$。显而易见，矩阵 $[K]$ 是一个稀疏且对称的矩阵，在每一行中最多只会有 3 个非零项。事实上，对于这样的一维问题，$[K]$ 是一个三对角矩阵。这是有限元法的一个非常重要的特性，因为一个具有稀疏系数矩阵的线性系统可以十分高效地生成和求解。

式(9.1.18)中的积分可以用解析方法求出，结果为

$$K_{ii} = \left[\frac{1}{l^{(i)}} + \frac{1}{l^{(i+1)}} \right] - k^2 \left[\frac{l^{(i)}}{3} + \frac{l^{(i+1)}}{3} \right], \quad i=1,2,\cdots,N-1 \qquad (9.1.20)$$

$$K_{i+1,i} = K_{i,i+1} = -\frac{1}{l^{(i)}} - k^2 \frac{l^{(i)}}{6}, \quad i=1,2,\cdots,N-1 \qquad (9.1.21)$$

$$K_{NN} = \frac{1}{l^{(M)}} - k^2 \frac{l^{(M)}}{3} + \gamma \qquad (9.1.22)$$

式中，$l^{(i)} = x_{i+1}-x_i$ 为第 i 个单元的长度。若源函数 $f(x)$ 在每个单元中可以近似为常数，则式(9.1.19)的积分也可以用解析方法求出，结果为

$$b_1 = -f^{(1)}\frac{l^{(1)}}{2} - f^{(2)}\frac{l^{(2)}}{2} + \left(\frac{1}{l^{(1)}} + k^2 \frac{l^{(1)}}{6} \right)p \qquad (9.1.23)$$

$$b_i = -f^{(i)}\frac{l^{(i)}}{2} - f^{(i+1)}\frac{l^{(i+1)}}{2}, \quad i=2,3,\cdots,N-1 \qquad (9.1.24)$$

$$b_N = -f^{(M)}\frac{l^{(M)}}{2} + q \qquad (9.1.25)$$

式中，$f^{(i)}$为源函数$f(x)$在第i个单元的平均值。求解式(9.1.17)定义的线性方程组，可以得到$\varphi_j(j=1,2,\cdots,N)$的解。然后，根据式(9.1.13)可进一步求解域中任何一处的解。

　　与有限差分法类似，用有限元法模拟波的传播时，由于数值离散化，模拟波的波数将与精确值略有不同。这将导致解在相位上有误差，而且此误差会随着波的传播而累积。这个相位误差可以通过数值色散分析来量化，对于一维问题，色散分析比较直观。为简单起见，假设有一个均匀离散网格使得$l^{(i)}=h$，考虑沿x方向传播的平面波

$$\varphi(x) = \varphi_0 \, \mathrm{e}^{-jkx} \tag{9.1.26}$$

此平面波的有限元解具有以下形式：

$$\varphi_i = \varphi_0 \, \mathrm{e}^{-j\tilde{k}ih} \tag{9.1.27}$$

式中，$\tilde{k}$为数值波数。将其代入如下求解φ_i的有限元方程：

$$K_{i,i-1}\varphi_{i-1} + K_{ii}\varphi_i + K_{i,i+1}\varphi_{i+1} = 0 \tag{9.1.28}$$

上式可以更具体地写为

$$-\left(\frac{1}{h}+k^2\frac{h}{6}\right)\varphi_{i-1} + 2\left(\frac{1}{h}-k^2\frac{h}{3}\right)\varphi_i - \left(\frac{1}{h}+k^2\frac{h}{6}\right)\varphi_{i+1} = 0 \tag{9.1.29}$$

由此得到

$$\left(\frac{1}{h}+k^2\frac{h}{6}\right)\cos(\tilde{k}h) = \frac{1}{h}-k^2\frac{h}{3} \tag{9.1.30}$$

从上式可得数值波数的计算公式为

$$\tilde{k} = \frac{1}{h}\arccos\left[\frac{6-2(kh)^2}{6+(kh)^2}\right] \tag{9.1.31}$$

将式(9.1.30)中的余弦函数用泰勒展开式的前两项近似，可得

$$\frac{\tilde{k}-k}{k} \approx \frac{1}{12}(kh)^2 = \frac{\pi^2}{3}\left(\frac{h}{\lambda}\right)^2 \tag{9.1.32}$$

这表明数值相位误差随单元的减小呈二次下降，这和有限差分法中所观察到的现象是一致的。但是，若式(9.1.12)中采用二阶基函数对解进行展开(这一点很容易做到)，则得到的数值解的相位误差将与$(h/\lambda)^4$成正比！因此，与减小单元尺寸相比，基函数阶数的增加可以更有效地减小相位误差。一般来说，若使用p阶基函数，则相位误差与$(h/\lambda)^{2p}$成正比。这是有限元法相对于常规有限差分法的主要优势之一。

9.2　标量场的有限元分析

　　了解了有限元法的基本原理后，本节介绍二维或三维标量问题的有限元分析。我们首先推导建立有限元解的公式，然后展示有限元法在一些二维场问题中的应用。

9.2.1　边值问题

　　考虑求解区域Ω中由密度为o_e的电荷产生的静电势φ的问题。该区域可以是二维或三维的，所填充介质的介电常数为ϵ。基于麦克斯韦方程，电荷产生的电场满足下面两个

方程：

$$\nabla \times \mathbf{E} = 0, \qquad \nabla \cdot (\epsilon \mathbf{E}) = \rho_{\mathrm{e}} \tag{9.2.1}$$

由矢量恒等式 $\nabla \times \nabla \varphi \equiv 0$ 可知，满足第一个方程的电场可表示为

$$\mathbf{E} = -\nabla \varphi \tag{9.2.2}$$

式中，φ 称为标量电势。将上式代入式(9.2.1)中的第二个方程，可以得到 φ 的约束方程，即泊松方程

$$-\nabla \cdot (\epsilon \nabla \varphi) = \rho_{\mathrm{e}}, \text{ 在} \Omega \text{中} \tag{9.2.3}$$

除了上式，为得到唯一解，φ 还必须满足特定的边界条件。典型的边界条件包括：Dirichlet 边界条件，该条件设定了边界上的电势值；Neumann 边界条件，该条件规定了边界上的电势的法向导数。为了说明这两种边界条件的处理方法，下面将边界条件假设为

$$\varphi = \varphi_{\mathrm{D}}, \text{ 在} \Gamma_{\mathrm{D}} \text{上} \tag{9.2.4}$$

$$\hat{n} \cdot (\epsilon \nabla \varphi) = \kappa_{\mathrm{N}}, \text{ 在} \Gamma_{\mathrm{N}} \text{上} \tag{9.2.5}$$

式中，φ_{D} 为 Dirichlet 边界 Γ_{D} 上的电势的指定值，κ_{N} 为 Neumann 边界 Γ_{N} 上的电势的法向导数值。而 Γ_{D} 和 Γ_{N} 构成了区域 Ω 的完整边界，记为 Γ。

9.2.2 有限元公式的建立

式(9.2.3)至式(9.2.5)所描述的边值问题通常很复杂，尤其是当求解区域 Ω 不规则及媒质的介电常数 ϵ 为非均匀的时候，很难得到封闭形式的解析解。在这种情况下，数值解是唯一的选择。在众多数值计算方法中，有限元法是十分强大的，因为它具有处理任意形状边界和非均匀媒质的能力。正如前面提到的，有限元法最基本的原理是将整个求解区域划分为许多被称为有限单元的子域，然后求解每个子域内的近似解。常用的子域有二维中的三角形单元和三维中的四面体单元(见图9.3)，它们可以灵活地模拟逼近复杂几何形状。除此以外，还有适用于一些特定问题的其他形式的单元。

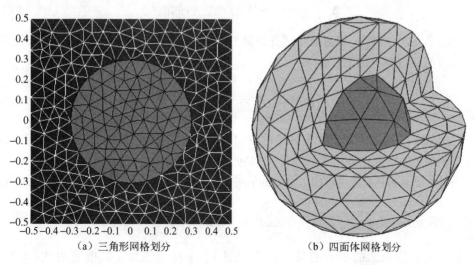

（a）三角形网格划分　　　　　　（b）四面体网格划分

图9.3　有限元网格(为清晰起见，图中仅显示了表面网格)

当区域 Ω 被划分成小单元后，每个单元中的电势可以用诸如线性、二次和三次函数的简单函数近似。这种近似可以通过对单元内一组离散点处的电势值进行插值得到。例如，三角形单元(见图 9.4)中的电势可以近似为

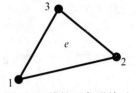

图 9.4　线性三角形单元

$$\varphi^e(x,y) = a + bx + cy \qquad (9.2.6)$$

式中，上标"e"表示该表达式限定在该特定单元上。将式(9.2.6)应用于三角形单元的三个顶点(节点)，可得

$$\varphi_1^e = a + bx_1^e + cy_1^e \qquad (9.2.7)$$

$$\varphi_2^e = a + bx_2^e + cy_2^e \qquad (9.2.8)$$

$$\varphi_3^e = a + bx_3^e + cy_3^e \qquad (9.2.9)$$

式中，(x_l^e, y_l^e) $(l=1,2,3)$ 表示单元 e 中节点 l 的坐标，φ_l^e 为该节点处的电势值。求解式(9.2.7)至式(9.2.9)可得 a、b 和 c 的表达式，然后将它们代入式(9.2.6)，可得

$$\varphi^e(x,y) = N_1^e(x,y)\varphi_1^e + N_2^e(x,y)\varphi_2^e + N_3^e(x,y)\varphi_3^e \qquad (9.2.10)$$

式中，$N_l^e(x,y)$ $(l=1,2,3)$ 称为**插值函数**，表示为

$$N_l^e(x,y) = \frac{1}{2\Delta^e}(a_l^e + b_l^e x + c_l^e y) \qquad (9.2.11)$$

其中，

$$
\begin{aligned}
a_1^e = x_2^e y_3^e - x_3^e y_2^e, \qquad & b_1^e = y_2^e - y_3^e, \qquad & c_1^e = x_3^e - x_2^e \\
a_2^e = x_3^e y_1^e - x_1^e y_3^e, \qquad & b_2^e = y_3^e - y_1^e, \qquad & c_2^e = x_1^e - x_3^e \\
a_3^e = x_1^e y_2^e - x_2^e y_1^e, \qquad & b_3^e = y_1^e - y_2^e, \qquad & c_3^e = x_2^e - x_1^e
\end{aligned}
\qquad (9.2.12)
$$

以及

$$\Delta^e = \frac{1}{2}(b_1^e c_2^e - b_2^e c_1^e) = 单元 e 的面积 \qquad (9.2.13)$$

很显然，插值函数(也称为**基函数**和**展开函数**)由三个节点的坐标完全确定。可以证明，如此推导的插值函数具有以下特性：

$$N_l^e(x_k^e, y_k^e) = \begin{cases} 1, & l = k \\ 0, & l \neq k \end{cases} \qquad (9.2.14)$$

这个特性保证了插值电势在两个单元之间的边界两侧连续。用同样的方法，可以推导四面体单元的插值函数，此推导留给读者作为练习。

因为每个单元的电势值可以由节点处的值进行插值求得，所以整个区域中的电势可表示为

$$\varphi = \sum_{j=1}^{N} N_j \varphi_j + \sum_{j=1}^{N_D} N_j^D \varphi_j^D \qquad (9.2.15)$$

式中，N 为电势值未知的节点总数，N_D 为边界 Γ_D 上的节点数，其电势由式(9.2.4)给出。此外，φ_j 为节点 j 处的电势，N_j 为相应的插值函数或基函数；φ_j^D 和 N_j^D 为 Γ_D 上各节

点相应的电势值和插值函数。N_j 与 N_j^D 由与相应节点直接相关的各单元内的插值函数构成。图 9.5 所示为二维三角形网格中的线性插值函数。

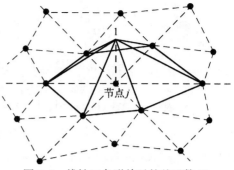

图 9.5 线性三角形单元的基函数 N_j

下面，将式（9.2.15）的展开式代入式（9.2.3），用加权残差法确定未知电势 φ_j。首先选择一个适当的检验函数或称加权函数 w_i，将式（9.2.3）等号两边同乘以 w_i，然后在求解区域积分，可得

$$-\int_\Omega w_i[\nabla \cdot (\epsilon \nabla \varphi)]\,\mathrm{d}\Omega = \int_\Omega w_i \varrho_e\,\mathrm{d}\Omega \qquad (9.2.16)$$

使用矢量恒等式

$$w_i[\nabla \cdot (\epsilon \nabla \varphi)] = \nabla \cdot (w_i \epsilon \nabla \varphi) - \epsilon \nabla \varphi \cdot \nabla w_i \qquad (9.2.17)$$

和高斯定理

$$\int_\Omega \nabla \cdot (w_i \epsilon \nabla \varphi)\,\mathrm{d}\Omega = \oint_\Gamma \hat{n} \cdot (w_i \epsilon \nabla \varphi)\,\mathrm{d}\Gamma \qquad (9.2.18)$$

式（9.2.16）可以写为

$$\int_\Omega \epsilon \nabla w_i \cdot \nabla \varphi\,\mathrm{d}\Omega = \int_\Omega w_i \varrho_e\,\mathrm{d}\Omega + \oint_\Gamma \hat{n} \cdot (\epsilon \nabla \varphi) w_i\,\mathrm{d}\Gamma \qquad (9.2.19)$$

注意，上式中的一个哈密顿算子从作用于 φ 转移到作用于 w_i。将式（9.2.5）代入上式，得到

$$\int_\Omega \epsilon \nabla w_i \cdot \nabla \varphi\,\mathrm{d}\Omega = \int_\Omega w_i \varrho_e\,\mathrm{d}\Omega + \int_{\Gamma_D} \hat{n} \cdot (\epsilon \nabla \varphi) w_i\,\mathrm{d}\Gamma + \int_{\Gamma_N} \kappa_N w_i\,\mathrm{d}\Gamma \qquad (9.2.20)$$

上式称为由式（9.2.3）至式（9.2.5）所定义的边值问题的**弱式表达式**。相应的解称为**弱解**，此解在加权平均意义上满足式（9.2.3）。

接下来，我们需要选择一个合适的加权函数 w_i。若使用伽辽金方法，则有

$$w_i = N_i, \qquad i = 1, 2, \cdots, N \qquad (9.2.21)$$

式中，N_i 表示与未知量 φ_i 相关的插值函数。将式（9.2.15）和式（9.2.21）代入式（9.2.20），得到

$$\sum_{j=1}^N \varphi_j \int_\Omega \epsilon \nabla N_i \cdot \nabla N_j\,\mathrm{d}\Omega = \int_\Omega \varrho_e N_i\,\mathrm{d}\Omega + \int_{\Gamma_N} \kappa_N N_i\,\mathrm{d}\Gamma - \sum_{j=1}^{N_D} \varphi_j^D \int_\Omega \epsilon \nabla N_i \cdot \nabla N_j^D\,\mathrm{d}\Omega \qquad (9.2.22)$$

注意，由于 N_i 在 Γ_D 上为零，故式（9.2.20）中在 Γ_D 上的积分项为零。式（9.2.22）可以更紧凑地写为

$$\sum_{j=1}^N K_{ij}\varphi_j = b_i, \qquad i = 1, 2, \cdots, N \qquad (9.2.23)$$

式中，

$$K_{ij} = \int_\Omega \epsilon \nabla N_i \cdot \nabla N_j \, \mathrm{d}\Omega \tag{9.2.24}$$

$$b_i = \int_\Omega \varrho_{\mathrm e} N_i \, \mathrm{d}\Omega + \int_{\Gamma_{\mathrm N}} \kappa_{\mathrm N} N_i \, \mathrm{d}\Gamma - \sum_{j=1}^{N_{\mathrm D}} \varphi_j^{\mathrm D} \int_\Omega \epsilon \nabla N_i \cdot \nabla N_j^{\mathrm D} \, \mathrm{d}\Omega \tag{9.2.25}$$

式(9.2.23)表示一个线性方程组，用矩阵形式可以写为

$$[K]\{\varphi\} = \{b\} \tag{9.2.26}$$

式中，$[K]$为$N{\times}N$的对称方阵，$\{\varphi\}$为$N{\times}1$列向量，它包含了除$\Gamma_{\mathrm D}$以外的所有节点处的未知电势值，$\{b\}$为$N{\times}1$已知向量，它由已知的电荷密度以及 Dirichlet 和 Neumann 边界条件确定。式(9.2.26)所示的矩阵方程可以用任何一种通用矩阵求解算法求解，其解给出了所有节点处的电势值。而其他位置的电势值可以通过式(9.2.15)插值得到。

　　有限元法的一个重要特点是其生成的系数矩阵$[K]$非常稀疏。这一点可以很容易地从式(9.2.24)看出，因为只有当N_i和N_j相互重叠的时候，对应项才不为零。由于N_i只在与节点i直接连接的单元内为非零，故只有当i和j属于同一个单元时，N_i才会和N_j重叠。因此，无论矩阵$[K]$的维度多大，每一行中都只有几个非零元素。因而存储$[K]$的内存需求正比于$O(N)$，并且可以使用专门针对稀疏矩阵开发的**稀疏求解算法**高效地求解。因此，有限元法非常适合需要处理大量未知量的电大尺寸问题。

　　在上面描述的有限元法分析过程中，为了计算K_{ij}，需要知道N_i和N_j。通常N_i和N_j的显式表达式很难得到，因为每个节点都可能与不同形状和不同数量的单元相连接。为克服此困难，可将式(9.2.24)重写为

$$K_{ij} = \sum_{e=1}^{M} \int_{\Omega^e} \epsilon \nabla N_i \cdot \nabla N_j \, \mathrm{d}\Omega \tag{9.2.27}$$

式中，Ω^e表示单元e的区域；M为区域Ω中单元的总数。使用式(9.2.27)，就可以逐个计算每个单元对矩阵$[K]$的贡献，这个过程称为**组合**。为了更方便地进行组合，我们对每个有限元网格定义一个连接阵列，它描述单元序号与节点序号之间的关系。对于三角形网格，连接阵列定义为$n(3,e)$；而对四边形网格则为$n(4,e)$，式中$e=1,2,\cdots,M$。$n(1,e)$的值为单元e中第一个节点的全局节点编号，$n(2,e)$表示单元e中第二个节点的全局节点编号，以此类推。对于图9.6所示的三角形网格，表9.1中给出了其连接阵列。显然，连接阵列的排序不是唯一的。例如，第一个单元对应的节点编号可以排列为4，3，1或3，1，4。只要节点按照逆时针方向编号[这样可以确保式(9.2.13)中的面积计算结果为正值]，不同的编号方法就不会对最终计算结果产生影响。假设$i=n(l,e)$，$j=n(k,e)$，则式(9.2.27)可以写为

$$K_{ij} = \sum_{e=1}^{M} \int_{\Omega^e} \epsilon \nabla N_l^e \cdot \nabla N_k^e \, \mathrm{d}\Omega \tag{9.2.28}$$

式中，N_l^e和N_k^e是对单元e定义的插值函数。对于三角形单元，它们由式(9.2.11)给出。

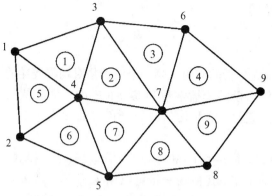

表 9.1　三角形网格中单元与节点的连接阵列

e	$n(1,e)$	$n(2,e)$	$n(3,e)$
1	1	4	3
2	4	7	3
3	3	7	6
4	7	9	6
5	2	4	1
6	2	5	4
7	5	7	4
8	5	8	7
9	7	8	9

图 9.6　单元和节点被编号的有限元网格

虽然式(9.2.28)中的求和应该包括所有单元，但只有与节点 i 和 j 相连的单元才对 K_{ij} 的值有非零贡献。因此，基于式(9.2.28)直接求和的效率是很低的。更高效的组合方法是对逐个单元进行计算，即

$$K_{lk}^e = \int_{\Omega^e} \epsilon \nabla N_l^e \cdot \nabla N_k^e \, d\Omega \tag{9.2.29}$$

式中，对于三角形网格有 $l,k=1,2,3$；对于四面体网格有 $l,k=1,2,3,4$。在计算出每一个 K_{lk}^e 值之后，就可将其贡献加到 K_{ij} 上，其中 i 和 j 的值由 $i=n(l,e)$ 和 $j=n(k,e)$ 给出，而节点 i 和节点 j 中任何一个或两者均在 Γ_D 上的情况除外。对所有单元完成这个过程后，矩阵 $[K]$ 的组合就完成了。对于表 9.1 的连接阵列和图 9.6 所示的三角形网格，按照这个组合过程的前几个非零 K_{ij} 为

$$\begin{aligned}
&K_{11}=K_{11}^{(1)}+K_{33}^{(5)}, \quad K_{12}=K_{31}^{(5)}, \quad K_{13}=K_{13}^{(1)}, \quad K_{14}=K_{12}^{(1)}+K_{32}^{(5)} \\
&K_{22}=K_{11}^{(5)}+K_{11}^{(6)}, \quad K_{24}=K_{12}^{(5)}+K_{13}^{(6)}, \quad K_{25}=K_{12}^{(6)}
\end{aligned} \tag{9.2.30}$$

基于式(9.2.25)计算 $\{b\}$ 的组合过程是类似的，此内容留给读者作为练习。

式(9.2.29)中的积分可以用数值方法或解析方法计算。对于解析计算，下面的积分公式会经常用到。对于在三角形单元上的积分，常用的公式为

$$\iint_{\Delta^e} (N_1^e)^l (N_2^e)^m (N_3^e)^n \, d\Omega = \frac{l!\,m!\,n!}{(l+m+n+2)!} 2\Delta^e \tag{9.2.31}$$

对于在四面体单元上的积分，常用的公式为

$$\iiint_{V^e} (N_1^e)^l (N_2^e)^m (N_3^e)^n (N_4^e)^p \, dV = \frac{l!\,m!\,n!\,p!}{(l+m+n+p+3)!} 6V^e \tag{9.2.32}$$

式中，V^e 为四面体单元的体积。现举例说明该积分公式的应用。若在三角形单元 e 中的介电常数值是常数或可以近似成常数，记为 ϵ^e，则使用式(9.2.31)可以计算式(9.2.29)中的积分，得到

$$K_{lk}^e = \frac{\epsilon^e}{4\Delta^e}(b_l^e b_k^e + c_l^e c_k^e) \tag{9.2.33}$$

式中，b_l^e、b_k^e、c_l^e 和 c_k^e 的定义在式(9.2.12)中给出。

9.2.3　应用算例

我们通过 4 个算例来展示本节介绍的有限元分析的应用。第一个例子是对均匀波导的分析，典型的波导分析包括求无限长波导中传输模的传播常数和场分布。由于波导假设为纵向(z方向)均匀，所以只需考虑波导的横截面，因而均匀波导分析可简化为一个二维问题。

众所周知，均匀波导中的场存在两种模式：横磁场(TM)模式和横电场(TE)模式。对于横磁场模式，只需要分析 z 方向的电场分量 E_z，其他场分量可以由 E_z 求得。从麦克斯韦方程出发，假设场以传播常数 β 沿 z 方向传播，可以推导出关于 E_z 的二阶偏微分方程为

$$\nabla_t^2 E_z + k_c^2 E_z = 0, \quad 在 \Omega 上 \tag{9.2.34}$$

式中，Ω 表示波导横截面，∇_t^2 为二维拉普拉斯算子，表示为

$$\nabla_t^2 = \nabla_t \cdot \nabla_t = \frac{\partial^2}{\partial x^2} + \frac{\partial^2}{\partial y^2} \tag{9.2.35}$$

此外，$k_c^2 = k^2 - \beta^2$，式中 $k = \omega\sqrt{\mu\epsilon}$。显然，求出 k_c^2 后，就可以计算任何频率时的 β。对应的边界条件为

$$E_z = 0, \quad 在 \Gamma 上 \tag{9.2.36}$$

式中，Γ 为波导的导电壁。

对式(9.2.34)和式(9.2.36)所定义的边值问题应用前面介绍的有限元公式建立过程，可得矩阵方程

$$[A]\{E_z\} = k_c^2[B]\{E_z\} \tag{9.2.37}$$

式中，矩阵 $[A]$ 和 $[B]$ 的元素为

$$A_{ij} = \iint_\Omega \nabla_t N_i \cdot \nabla_t N_j \, d\Omega, \quad i,j = 1,2,\cdots,N \tag{9.2.38}$$

$$B_{ij} = \iint_\Omega N_i N_j \, d\Omega, \quad i,j = 1,2,\cdots,N \tag{9.2.39}$$

在上面的表达式中，由于式(9.2.36)的边界条件，N 表示**除边界 Γ 上的节点以外**的所有节点数。式(9.2.37)要有非零解，系数矩阵 $[A] - k_c^2[B]$ 对应的行列式必须为零，相应的 k_c^2 称为**本征值**。对于每一个本征值，存在一个 $\{E_z\}$ 的非零解，称为**本征向量**。在数学意义上讲，式(9.2.37)表示的是一个**广义本征值问题**，有众多标准算法可以对其进行求解。其解给出了每一个波导模的截止波数 k_c 及相应的场分布 $\{E_z\}$。

对横电场模式的分析与上面的类似。关于 H_z 的二阶偏微分方程为

$$\nabla_t^2 H_z + k_c^2 H_z = 0, \quad 在 \Omega 上 \tag{9.2.40}$$

边界条件变为

$$\frac{\partial H_z}{\partial n} = 0, \quad \text{在 } \Gamma \text{ 上} \tag{9.2.41}$$

对此边值问题进行有限元分析，得到的广义本征值问题为

$$[A]\{H_z\} = k_c^2[B]\{H_z\} \tag{9.2.42}$$

式中，矩阵 $[A]$ 和 $[B]$ 的元素与式(9.2.38)和式(9.2.39)给出的相同，但其中的 N 表示**包括波导壁 Γ 上的节点的所有节点总数**。

第二个例子是求解有界非均匀媒质中无限长电流产生的电场。假设电流为 z 方向，并且电流与媒质在 z 方向上是均匀的，故产生的电场只有 z 方向分量。由麦克斯韦方程可以得到关于 E_z 的偏微分方程为

$$\nabla_t \cdot \left(\frac{1}{\mu_r} \nabla_t E_z\right) + k_0^2 \epsilon_r E_z = j\omega\mu_0 J_z \tag{9.2.43}$$

这是一个广义的亥姆霍兹方程。此方程与求解区域的边界条件唯一地定义了一个边值问题。对此边值问题进行有限元分析，得到矩阵方程为

$$[K]\{E_z\} = \{b\} \tag{9.2.44}$$

式中，

$$K_{ij} = \iint_\Omega \left[\frac{1}{\mu_r} \nabla_t N_i \cdot \nabla_t N_j - k_0^2 \epsilon_r N_i N_j\right] d\Omega, \quad i,j = 1, 2, \cdots, N \tag{9.2.45}$$

$$b_i = -j\omega\mu_0 \iint_\Omega J_z N_i \, d\Omega, \quad i = 1, 2, \cdots, N \tag{9.2.46}$$

在上式中，N 表示除理想导体表面的节点以外的所有节点的总数。

上述分析的一个具体应用是计算图 9.7 所示的中间放置人体头部模型的屏蔽笼形线圈内的电磁场[10]。该模型由一个直径为 30 cm 的圆柱形导体外壳和均匀分布在直径为 26 cm 的圆柱形表面的 16 根导线组成。每根导线上所加载的时谐电流为

$$I_l = I_0 \cos\left(\omega t + \frac{l-1}{8}\pi\right) \tag{9.2.47}$$

式中，I_l 为第 l 根导线上的电流，I_0 为电流最大值。线圈的作用是为磁共振成像产生一个均匀圆极化横磁场。由九种具有不同材料特性的组织构成的人体头部模型放置于线圈内，其表面距离导线约 3.6 cm。为了分析这个问题，我们可以先求解方程式(9.2.44)得到电场 E_z，然后由麦克斯韦方程求得磁场，其表达式为

$$\mathbf{H} = \frac{j}{\omega\mu} \nabla \times \mathbf{E} = \frac{j}{\omega\mu}\left(\hat{x}\frac{\partial E_z}{\partial y} - \hat{y}\frac{\partial E_z}{\partial x}\right) \tag{9.2.48}$$

图 9.8 给出了当 $I_0 = 1\,\text{A}$，频率分别为 64 MHz、128 MHz、171 MHz 和 256 MHz 时磁场的场强分布。场的不均匀性主要是由人体头部模型导致的，在频率较高时更为明显。

在第三个例子中，我们考虑自由空间中沿 z 方向的无限长导体柱对平面波的散射。在这个问题中，求解区域是无界的，为了进行有限元分析，我们引入一个人为的圆柱面包围散射体以截断计算域。若此人为引入的圆柱面远离散射体，则该处的散射场将近似地满足索末菲辐射条件。对于 E_z 极化的入射场，此条件可表示为

$$\hat{n} \cdot \nabla_t E_z^{\text{sc}} + jk_0 E_z^{\text{sc}} \approx 0, \quad \text{在} \Gamma_a \text{上} \tag{9.2.49}$$

其中 Γ_a 表示人为引入的圆柱面。散射场所满足的亥姆霍兹方程为

$$\nabla_t^2 E_z^{\text{sc}} + k_0^2 E_z^{\text{sc}} = 0 \tag{9.2.50}$$

在散射体的导体表面上,散射场的边界条件为

$$E_z^{\text{sc}} = -E_z^{\text{inc}}, \quad \text{在} \Gamma_D \text{上} \tag{9.2.51}$$

式中, E_z^{inc} 为入射场。对此问题进行有限元分析,得到矩阵方程为

$$[K]\{E_z^{\text{sc}}\} = \{b\} \tag{9.2.52}$$

式中,

$$K_{ij} = \iint_\Omega \left[\nabla_t N_i \cdot \nabla_t N_j - k_0^2 N_i N_j \right] \mathrm{d}\Omega + jk_0 \oint_{\Gamma_a} N_i N_j \mathrm{d}\Gamma, \quad i,j = 1,2,\cdots,N \tag{9.2.53}$$

$$b_i = \sum_{j=1}^{N_D} F_{zj}^{\text{inc}} \iint_\Omega \left[\nabla_t N_i \cdot \nabla_t N_j^D - k_0^2 N_i N_j^D \right] \mathrm{d}\Omega, \quad i = 1,2,\cdots,N \tag{9.2.54}$$

其中, N 为包括 Γ_a 上的节点,但不包括理想导体表面 Γ_D 上节点的节点总数。

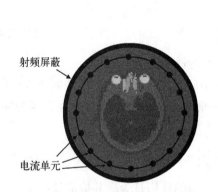

图 9.7　中间放置人体头部模型的
屏蔽笼形线圈的二维模型

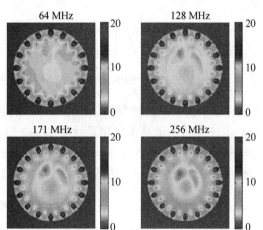

图 9.8　在四个不同的频率点上,加
载笼形线圈内磁场的幅度

　　显然,上面所描述的散射分析过程可以推广至 H_z 极化入射,或者包含媒质或阻抗表面等复杂散射体的情况,这些留给读者作为练习。图 9.9 所示为机翼对 H_z 极化平面波的散射磁场分布。

　　最后一个例子是天线辐射的有限元分析。与散射分析类似,首先需要引入一个大尺寸的人工边界包围整个天线或天线口径,以截断计算区域。然后对该人工边界上的辐射场应用与式(9.2.49)类似的索末菲辐射条件。计算区域中的辐射场满足与式(9.2.43)相同的偏微分方程。如果天线是用波导而不是电流源馈电的,则可以选择截断该波导,而在截断面上的场可以近似为入射场与天线反射场的叠加,即

$$E_z(x,y) = E_z^{\text{inc}}(x,y) + E_z^{\text{ref}}(x,y) \approx E_0 e_z(y) e^{-jk_x x} + RE_0 e_z(y) e^{jk_x x} \tag{9.2.55}$$

式中，E_0 为入射场的幅度，$e_z(y)$ 为模式场分布，k_x 为沿波导方向的传播常数，R 为未知的反射系数。将式(9.2.55)对 x 求导，得到

$$\frac{\partial E_z}{\partial x} = -\mathrm{j}k_x E_0 e_z(y)\,\mathrm{e}^{-\mathrm{j}k_x x} + \mathrm{j}k_x R E_0 e_z(y)\,\mathrm{e}^{\mathrm{j}k_x x}$$

$$= \mathrm{j}k_x E_z - 2\mathrm{j}k_x E_z^{\mathrm{inc}} \tag{9.2.56}$$

上式可以用来作为波导端口的边界条件。此处，来自波导的入射场提供了天线的激励。使用有限元法求得场值后，由式(9.2.55)可以求得反射系数，从而求出输入阻抗。由求出的近场，使用面等效原理，可以计算天线的辐射方向图。图9.10所示为由平行平板波导馈电的二维喇叭天线辐射场。波导中的入射场为第一个 TM_z 模。

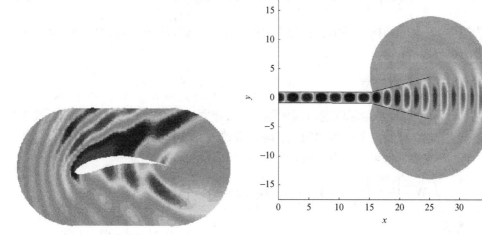

图 9.9　从左向右入射的平面波被机翼散射　　图 9.10　用第一个 TM_z 模激励的二维波导馈
　　之后，其散射场的磁场幅值分布　　　　　　电的喇叭天线辐射场E_z的场强分布

9.3　矢量场的有限元分析

9.2 节介绍的有限元方法可以推广到处理矢量场的问题。这种推广是必要的，因为所有三维空间中的电磁动态场问题都需要求解矢量电磁场。本节重点讨论频域有限元法，首先定义边值问题，然后推导有限元解，最后通过几个算例展示其应用。

9.3.1　边值问题

在介电常数为 ϵ 且磁导率为 μ 的区域 Ω 中，考虑如何求解由电流密度 $\mathbf{J}_{\mathrm{imp}}$ 产生的电场强度 $\mathbf{E}$，求解域可以是二维或三维的。为了求得 $\mathbf{E}$，需要求解服从给定边界条件的麦克斯韦方程组：

$$\nabla \times \mathbf{E} = -\mathrm{j}\omega\mu\mathbf{H} \tag{9.3.1}$$

$$\nabla \times \mathbf{H} = \mathrm{j}\omega\epsilon\mathbf{E} + \mathbf{J}_{\mathrm{imp}} \tag{9.3.2}$$

$$\nabla \cdot (\epsilon\mathbf{E}) = -\frac{1}{\mathrm{j}\omega}\nabla \cdot \mathbf{J}_{\mathrm{imp}} \tag{9.3.3}$$

$$\nabla \cdot (\mu\mathbf{H}) = 0 \tag{9.3.4}$$

消去式(9.3.1)和式(9.3.2)中的 **H**，可得到关于 **E** 的矢量波动方程为

$$\nabla \times \left(\frac{1}{\mu_r}\nabla \times \mathbf{E}\right) - k_0^2 \epsilon_r \mathbf{E} = -jk_0 Z_0 \mathbf{J}_{\text{imp}}, \quad 在 \Omega 上 \tag{9.3.5}$$

式中，$\mu_r = \mu/\mu_0$ 和 $\epsilon_r = \epsilon/\epsilon_0$ 分别为相对磁导率和相对介电常数；$k_0 = \omega\sqrt{\mu_0 \epsilon_0}$ 和 $Z_0 = \sqrt{\mu_0/\epsilon_0}$ 分别为自由空间中的波数和本征阻抗。

典型的电场边界条件有理想导体表面的齐次 Dirichlet 条件和阻抗表面的混合边界条件。为了说明如何处理这两种不同的边界条件，我们将边界条件假设为

$$\hat{n} \times \mathbf{E} = \mathbf{P}, \quad 在 \Gamma_D 上 \tag{9.3.6}$$

$$\hat{n} \times \left(\frac{1}{\mu_r}\nabla \times \mathbf{E}\right) + \frac{jk_0}{\eta_r}\hat{n} \times (\hat{n} \times \mathbf{E}) = \mathbf{K}_N, \quad 在 \Gamma_N 上 \tag{9.3.7}$$

式中，**P** 为边界 Γ_D 上的切向电场值，η_r 为 Γ_N 上的归一化表面阻抗，$\mathbf{K}_N$ 为已知函数，表示边界 Γ_N 上的边界源。

9.3.2　有限元公式的建立

如同在 9.2 节中讨论标量场问题时所做的，为了建立有限元公式，我们不是直接求解式(9.3.5)至式(9.3.7)所定义的边值问题，而是将式(9.3.5)等号两边同乘以一个合适的加权函数 $\mathbf{W}_i$，并在求解区域中积分，从而得到原边值问题的弱式，即

$$\int_\Omega \mathbf{W}_i \cdot \left[\nabla \times \left(\frac{1}{\mu_r}\nabla \times \mathbf{E}\right) - k_0^2 \epsilon_r \mathbf{E}\right] d\Omega = -jk_0 Z_0 \int_\Omega \mathbf{W}_i \cdot \mathbf{J}_{\text{imp}} d\Omega \tag{9.3.8}$$

应用矢量恒等式

$$\nabla \cdot \left[\mathbf{W}_i \times \left(\frac{1}{\mu_r}\nabla \times \mathbf{E}\right)\right] = \frac{1}{\mu_r}(\nabla \times \mathbf{W}_i) \cdot (\nabla \times \mathbf{E}) - \mathbf{W}_i \cdot \left[\nabla \times \left(\frac{1}{\mu_r}\nabla \times \mathbf{E}\right)\right] \tag{9.3.9}$$

和高斯定理

$$\int_\Omega \nabla \cdot \left[\mathbf{W}_i \times \left(\frac{1}{\mu_r}\nabla \times \mathbf{E}\right)\right] d\Omega = \oint_\Gamma \hat{n} \cdot \left[\mathbf{W}_i \times \left(\frac{1}{\mu_r}\nabla \times \mathbf{E}\right)\right] d\Gamma \tag{9.3.10}$$

然后，再应用式(9.3.7)所示的边界条件，得到式(9.3.5)的弱式表达式为

$$\int_\Omega \left[\frac{1}{\mu_r}(\nabla \times \mathbf{W}_i) \cdot (\nabla \times \mathbf{E}) - k_0^2 \epsilon_r \mathbf{W}_i \cdot \mathbf{E}\right] d\Omega = \int_{\Gamma_D} \frac{1}{\mu_r}(\hat{n} \times \mathbf{W}_i) \cdot (\nabla \times \mathbf{E}) d\Gamma$$
$$- \int_{\Gamma_N} \left[\frac{jk_0}{\eta_r}(\hat{n} \times \mathbf{W}_i) \cdot (\hat{n} \times \mathbf{E}) + \mathbf{W}_i \cdot \mathbf{K}_N\right] d\Gamma - jk_0 Z_0 \int_\Omega \mathbf{W}_i \cdot \mathbf{J}_{\text{imp}} d\Omega \tag{9.3.11}$$

要使用有限元方法求得式(9.3.11)的数值解，首先将整个区域 Ω 分成小的有限单元，比如二维区域的三角形单元或三维区域的四面体单元。在每一个小单元中，可以使用一组离散值插值得到 **E**。我们可以规定单元中几个点的 **E** 值，然后使用一组标量插值函数对其他位置的 **E** 进行插值，这是在 9.2 节中处理标量问题时所做的。这种使用标量插值函数的方法会存在一系列问题，导致很难对插值后的电场 **E** 施加正确的边界条件。为了克服这些问题，可以选择给定单元每一条棱边上电场 **E** 的切向分量，然后使用一组矢量基函数对其

他位置的 $\mathbf{E}$ 进行插值。例如，三角形单元中的场可以用下面的公式进行插值：

$$\mathbf{E}^e(x,y) = \mathbf{N}_{12}^e(x,y)E_{12}^e + \mathbf{N}_{13}^e(x,y)E_{13}^e + \mathbf{N}_{23}^e(x,y)E_{23}^e \qquad (9.3.12)$$

而四面体单元中的场可以用下面的公式进行插值：

$$\mathbf{E}^e(x,y,z) = \mathbf{N}_{12}^e(x,y,z)E_{12}^e + \mathbf{N}_{13}^e(x,y,z)E_{13}^e + \mathbf{N}_{14}^e(x,y,z)E_{14}^e$$
$$+ \mathbf{N}_{23}^e(x,y,z)E_{23}^e + \mathbf{N}_{24}^e(x,y,z)E_{24}^e + \mathbf{N}_{34}^e(x,y,z)E_{34}^e \qquad (9.3.13)$$

式中，E_{lk}^e 表示单元 e 中连接节点 l 和 k 的棱边上的电场切向分量，$\mathbf{N}_{lk}^e$ 表示相应的插值函数或基函数。若将三角形和四面体单元中与节点 l 和 k 相关的线性标量基函数分别表示为 N_l^e 和 N_k^e，则式（9.3.12）和式（9.3.13）中的矢量基函数可以写为

$$\mathbf{N}_{lk}^e(r) = \left(N_l^e \nabla N_k^e - N_k^e \nabla N_l^e\right)\ell_{lk}^e \qquad l < k \qquad (9.3.14)$$

式中，ℓ_{lk}^e 为连接节点 l 和 k 的带符号的边长。当 $n(l,e) < n(k,e)$ 时，ℓ_{lk}^e 取正号；反之取负号。这样的规定保证了共享同一棱边的单元中定义的矢量基函数沿该棱边指向相同的方向。与式（9.2.11）相对应，式（9.3.14）定义的基函数为矢量函数，相应的单元称为**矢量元**或**棱边元**，以区别于之前的标量元或节点元。图 9.11 所示为三角形单元的矢量基函数$\mathbf{N}_{lk}^e$。显然，这种基函数只在其对应的棱边上存在切向分量，这个特性可以保证插值场的切向分量连续，并同时允许法向分量的不连续，因此矢量基函数可以用来准确地展开矢量场 $\mathbf{E}$。

因为每一个单元中的电场 $\mathbf{E}$ 都可以用该单元中棱边上的切向场分量值进行插值，所以整个区域 Ω 中的电场 $\mathbf{E}$ 可以表示为

$$\mathbf{E} = \sum_{j=1}^{N_{\mathrm{edge}}} \mathbf{N}_j E_j + \sum_{j=1}^{N_{\mathrm{D}}} \mathbf{N}_j^{\mathrm{D}} E_j^{\mathrm{D}} \qquad (9.3.15)$$

式中，N_{edge} 为除 Γ_{D} 上的棱边以外的所有棱边的总数，E_j 为第 j 条棱边上 $\mathbf{E}$ 的切向分量，$\mathbf{N}_j$ 为相应的矢量基函数。此外，N_{D} 为 Γ_{D} 上的棱边的总数，E_j^{D} 和 $\mathbf{N}_j^{\mathrm{D}}$ 表示这些棱边上的切向电场和相应的基函数。显然，对于 Ω 中的一条棱边，$\mathbf{N}_j$ 跨越了共享 j 号棱边的几个相邻单元。图 9.12 所示为三角形网格内部一条棱边的矢量基函数。我们还可以注意到，由于式（9.3.15）中的第二项，插值场满足式（9.3.6）所示的边界条件。

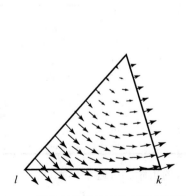
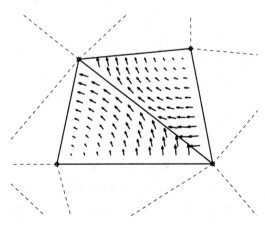

图 9.11　线性三角形单元的矢量基函数$\mathbf{N}_{lk}^e$　　　图 9.12　线性三角形单元的矢量基函数 $\mathbf{N}_i$

将式(9.3.15)代入式(9.3.11),使用矢量基函数 $\mathbf{N}_i$ 作为加权函数 $\mathbf{W}_i$,可得

$$\sum_{j=1}^{N_{\text{edge}}} K_{ij}E_j = b_i, \quad i = 1,2,\cdots,N_{\text{edge}} \tag{9.3.16}$$

式中,

$$K_{ij} = \int_{\Omega}\left[\frac{1}{\mu_{\text{r}}}(\nabla\times\mathbf{N}_i)\cdot(\nabla\times\mathbf{N}_j) - k_0^2\epsilon_{\text{r}}\mathbf{N}_i\cdot\mathbf{N}_j\right]\mathrm{d}\Omega$$
$$+ \mathrm{j}k_0\int_{\Gamma_{\text{N}}}\left[\frac{1}{\eta_{\text{r}}}(\hat{n}\times\mathbf{N}_i)\cdot(\hat{n}\times\mathbf{N}_j)\right]\mathrm{d}\Gamma \tag{9.3.17}$$

$$b_i = -\mathrm{j}k_0 Z_0\int_{\Omega}\mathbf{N}_i\cdot\mathbf{J}_{\text{imp}}\,\mathrm{d}\Omega - \int_{\Gamma_{\text{N}}}\mathbf{N}_i\cdot\mathbf{K}_{\text{N}}\,\mathrm{d}\Gamma$$
$$-\sum_{j=1}^{N_{\text{D}}}E_j^{\text{D}}\int_{\Omega}\left[\frac{1}{\mu_{\text{r}}}(\nabla\times\mathbf{N}_i)\cdot(\nabla\times\mathbf{N}_j^{\text{D}}) - k_0^2\epsilon_{\text{r}}\mathbf{N}_i\cdot\mathbf{N}_j^{\text{D}}\right]\mathrm{d}\Omega \tag{9.3.18}$$

应当注意,由于在 Γ_{D} 上有 $\hat{n}\times\mathbf{N}_i = 0$,故式(9.3.11)在 Γ_{D} 上的积分为零。式(9.3.16)可以紧凑地写为

$$[K]\{E\} = \{b\} \tag{9.3.19}$$

求解上式可得到 $\{E\}$。因为式(9.3.17)中单元之间的相互作用是局部的,因此 $[K]$ 是一个稀疏且对称的矩阵,它可以由稀疏矩阵求解算法高效地求解。求出 $\{E\}$ 后,由式(9.3.15)可以求出 Ω 中每一处的场值。

矩阵 $[K]$ 的组合过程与9.2.2节中的节点单元系数矩阵的组合是类似的。为了更详细地说明此过程,可使用图9.13所示的有限元网格来计算式(9.3.17)中的第一项积分对矩阵 $[K]$ 的贡献。为了方便计算,需要定义另一个连接阵列,这是一个单元对棱边的连接阵列,用来描述单元序号与棱边序号之间的关系。这个阵列可定义为 $ne(l,k;e)$,它给单元 e 中的连接节点 l 和 k 的棱边分配了全局棱边编号。对于图9.13所示的三角形网格,连接阵列在表9.2中给出。

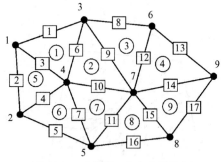

图9.13　对单元、节点和棱边标序之后的有限元网格

表9.2　三角形网格的单元至棱边的连接阵列

e	$ne(1,2;e)$	$ne(1,3;e)$	$ne(2,3;e)$
1	3	1	6
2	10	6	9
3	9	8	12
4	14	12	13
5	4	2	3
6	5	4	7
7	11	7	10
8	16	11	15
9	15	14	17

为了计算式(9.3.17)中的第一项积分对矩阵 $[K]$ 的贡献,对逐个单元计算

$$K_{lk;l'k'}^e = \int_{\Omega^e}\left[\frac{1}{\mu_{\text{r}}}(\nabla\times\mathbf{N}_{lk}^e)\cdot(\nabla\times\mathbf{N}_{l'k'}^e) - k_0^2\epsilon_{\text{r}}\mathbf{N}_{lk}^e\cdot\mathbf{N}_{l'k'}^e\right]\mathrm{d}\Omega \tag{9.3.20}$$

式中, $l<k$ 及 $l'<k'$。求出 $K^e_{lk;l'k'}$ 后, 将其加到 K_{ij} 上, 此处棱边 i 和 j 的值分别为 $i=ne(l,k;e)$ 和 $j=ne(l',k';e)$, 而棱边 i 或 j 中任何一个或两个均在 Γ_D 上的情况除外。当完成所有单元之后, 式(9.3.17)中第一项积分对矩阵 $[K]$ 的贡献也就组合完成了。对于图 9.13 所示的三角形网格, 如此组合的前几个非零 K_{ij} 为

$$K_{11} = K^{(1)}_{13;13}, \qquad K_{13} = K^{(1)}_{13;12}, \qquad K_{16} = K^{(1)}_{13;23}$$

$$K_{22} = K^{(5)}_{13;13}, \qquad K_{23} = K^{(5)}_{13;23}, \qquad K_{24} = K^{(5)}_{13;12}$$

$$K_{33} = K^{(1)}_{12;12} + K^{(5)}_{23;23}, \qquad K_{34} = K^{(5)}_{23;12}, \qquad K_{36} = K^{(1)}_{12;23} \qquad (9.3.21)$$

$$K_{44} = K^{(5)}_{12;12} + K^{(6)}_{13;13}, \qquad K_{45} = K^{(6)}_{13;12}, \qquad K_{47} = K^{(6)}_{13;23}$$

式(9.3.17)中第二项积分的贡献也可以通过类似的方式计算。基于式(9.3.18)组合 $\{b\}$ 的过程是类似的, 希望读者作为练习自行完成这个过程。

式(9.3.20)中的积分可以通过数值计算, 也可以借助式(9.2.31)和式(9.2.32)用解析方法计算。例如, 若三角形单元 e 中的相对介电常数和磁导率是常数或可近似为常数 ϵ^e_r 和 μ^e_r, 则式(9.3.20)就可以用解析方法求出, 其结果为

$$K^e_{12;12} = \frac{\ell^e_{12}\ell^e_{12}}{\Delta^e}\left[\frac{1}{\mu^e_r} - \frac{k^2_0\epsilon^e_r}{24}(f^e_{11} + f^e_{22} - f^e_{12})\right]$$

$$K^e_{13;13} = \frac{\ell^e_{13}\ell^e_{13}}{\Delta^e}\left[\frac{1}{\mu^e_r} - \frac{k^2_0\epsilon^e_r}{24}(f^e_{11} + f^e_{33} - f^e_{13})\right]$$

$$K^e_{23;23} = \frac{\ell^e_{23}\ell^e_{23}}{\Delta^e}\left[\frac{1}{\mu^e_r} - \frac{k^2_0\epsilon^e_r}{24}(f^e_{22} + f^e_{33} - f^e_{23})\right]$$

$$K^e_{12;13} = \frac{\ell^e_{12}\ell^e_{13}}{\Delta^e}\left[-\frac{1}{\mu^e_r} + \frac{k^2_0\epsilon^e_r}{48}(f^e_{12} + f^e_{13} - 2f^e_{23} - f^e_{11})\right] \qquad (9.3.22)$$

$$K^e_{12;23} = \frac{\ell^e_{12}\ell^e_{23}}{\Delta^e}\left[\frac{1}{\mu^e_r} - \frac{k^2_0\epsilon^e_r}{48}(f^e_{12} + f^e_{23} - 2f^e_{13} - f^e_{22})\right]$$

$$K^e_{13;23} = \frac{\ell^e_{13}\ell^e_{23}}{\Delta^e}\left[-\frac{1}{\mu^e_r} + \frac{k^2_0\epsilon^e_r}{48}(f^e_{13} + f^e_{23} - 2f^e_{12} - f^e_{33})\right]$$

式中, $f^e_{lk} = b^e_l b^e_k + c^e_l c^e_k$, 其中 b^e_l、b^e_k、c^e_l 和 c^e_k 由式(9.2.12)所定义。

9.3.3 应用算例

本节通过三个例子来展示有限元法的准确性及分析复杂电磁问题的能力, 这三个例子分别对非均匀波导、微波器件及三维目标散射进行分析。

与均匀波导不同, 一般的非均匀波导不支持横电场模式或横磁场模式, 实际的波导模式同时包含 E_z 和 H_z, 称为**混合模式**, 其分析远比均匀波导的分析更复杂。接下来给出的有限元解是对这一类分析最通用、最准确的解法。

对于所有的传输模式, 电场可以写成 x 和 y 的矢量函数和 z 的指数函数的乘积, 即

$$\mathbf{E}(x,y,z) = \left[\frac{1}{\beta}\mathbf{e}_t(x,y) + j\hat{z}e_z(x,y)\right]e^{-j\beta z} \tag{9.3.23}$$

式中,β 为传播常数,$\mathbf{e}_t(x,y)$ 表示横向分量,$e_z(x,y)$ 表示纵向分量。引入加权函数

$$\mathbf{W}(x,y,z) = \left[\frac{1}{\beta}\mathbf{w}_t(x,y) - j\hat{z}w_z(x,y)\right]e^{j\beta z} \tag{9.3.24}$$

电场的矢量波动方程的弱式可以表示为

$$\iint_\Omega \left\{ \frac{1}{\mu_r}(\nabla_t \times \mathbf{w}_t) \cdot (\nabla_t \times \mathbf{e}_t) - k_0^2\epsilon_r\mathbf{w}_t \cdot \mathbf{e}_t \right. \\ \left. + \beta^2\left[\frac{1}{\mu_r}(\mathbf{w}_t + \nabla_t w_z) \cdot (\mathbf{e}_t + \nabla_t e_z) - k_0^2\epsilon_r w_z e_z\right] \right\} d\Omega = 0 \tag{9.3.25}$$

式中,Ω 表示波导横截面,∇_t 表示横向哈密顿算子。

当 Ω 分成小的有限元时,$\mathbf{e}_t(x,y)$ 和 $e_z(x,y)$ 可以展开为

$$\mathbf{e}_t(x,y) = \sum_{j=1}^{N_{edge}} \mathbf{N}_j(x,y)e_{t,j} \tag{9.3.26}$$

$$e_z(x,y) = \sum_{j=1}^{N} N_j(x,y)e_{z,j} \tag{9.3.27}$$

式中,N_{edge} 表示除波导导电壁上的棱边以外的棱边总数,N 为除波导导电壁上的节点以外的节点总数。将上式代入式(9.3.25),并令 $\mathbf{w}_t = \mathbf{N}_i$,$w_z = N_i$,可以得到一个广义本征值问题

$$\begin{bmatrix} A_{tt} & 0 \\ 0 & 0 \end{bmatrix} \begin{Bmatrix} e_t \\ e_z \end{Bmatrix} = -\beta^2 \begin{bmatrix} B_{tt} & B_{tz} \\ B_{zt} & B_{zz} \end{bmatrix} \begin{Bmatrix} e_t \\ e_z \end{Bmatrix} \tag{9.3.28}$$

式中,

$$A_{tt,ij} = \iint_\Omega \left[\frac{1}{\mu_r}(\nabla_t \times \mathbf{N}_i) \cdot (\nabla_t \times \mathbf{N}_j) - k_0^2\epsilon_r\mathbf{N}_i \cdot \mathbf{N}_j\right] d\Omega \tag{9.3.29}$$

$$B_{tt,ij} = \iint_\Omega \frac{1}{\mu_r}\mathbf{N}_i \cdot \mathbf{N}_j \, d\Omega \tag{9.3.30}$$

$$B_{tz,ij} = \iint_\Omega \frac{1}{\mu_r}\mathbf{N}_i \cdot \nabla_t N_j \, d\Omega \tag{9.3.31}$$

$$B_{zt,ij} = \iint_\Omega \frac{1}{\mu_r}\nabla_t N_i \cdot \mathbf{N}_j \, d\Omega \tag{9.3.32}$$

$$B_{zz,ij} = \iint_\Omega \left[\frac{1}{\mu_r}\nabla_t N_i \cdot \nabla_t N_j - k_0^2\epsilon_r N_i N_j\right] d\Omega \tag{9.3.33}$$

对于给定的 k_0 值,由式(9.3.28)可以求得一组本征值 β^2 和相应的本征向量 $\{e_t, e_z\}^T$。这些本征值和本征向量给出了每一个波导模式的传播常数和场分布。图 9.14 为使用上述方法计算得到的介质镜像波导的色散曲线。

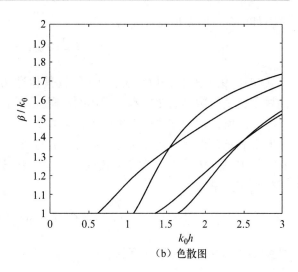

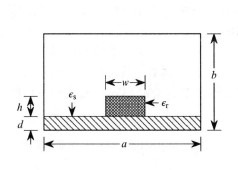

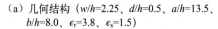

（a）几何结构（w/h=2.25、d/h=0.5、a/h=13.5、
b/h=8.0、ϵ_r=3.8、ϵ_s=1.5）　　　　（b）色散图

图 9.14　介质镜像波导的色散特性

第二个例子是分析微波器件。微波器件一般具有一个或几个端口，通常用 S 参数描述其特性。为了实现微波器件的有限元分析，需要将每一个端口进行截断，以限制计算区域的大小。而被截断的每个端口都需要一个边界条件，以便唯一地定义边值问题。为了推导该边界条件，需要知道波导各模式的传播常数和场分布。对于大多数波导，如矩形波导、圆波导和同轴线，其传播常数和模式场可以用解析方法求得。对于另外一些波导，如部分填充波导，其传播常数和模式场可以使用刚才介绍的有限元方法计算。一旦波导的模式已知，端口上的总电场就可以表示成入射场与该器件激励的所有模式场的叠加，由此就可以推得边界条件。

为了简单起见，我们先讨论一个矩形波导输入端口，并假设此端口距离器件足够远，从而被器件反射的场中只有主模才能到达此端口，所有高次模都会在到达端口之前衰减至零。在此假设下，该输入端口的总电场可以写为

$$\mathbf{E}(u,v,w) = \mathbf{E}^{inc}(u,v,w) + \mathbf{E}^{ref}(u,v,w)$$
$$= E_0\mathbf{e}_{10}(u,v)\,e^{-j\beta w} + RE_0\mathbf{e}_{10}(u,v)\,e^{j\beta w} \tag{9.3.34}$$

式中，E_0 为入射场的幅度；R 为反射系数；$\mathbf{e}_{10}(u,v)$ 和 β 为

$$\mathbf{e}_{10}(u,v) = \hat{v}\sin\frac{\pi u}{a}, \qquad \beta = \sqrt{k^2 - \left(\frac{\pi}{a}\right)^2} \tag{9.3.35}$$

分别表示波导宽度为 a 的主模 TE_{10} 模的场分布和传播常数。此处，(u,v,w) 表示在波导端口建立的局部坐标，(u,v) 与端口重合，而 w 指向器件。由式（9.3.34）可得

$$\hat{n}\times(\nabla\times\mathbf{E}) = -j\beta\mathbf{E}^{inc} + j\beta\mathbf{E}^{ref} = j\beta\mathbf{E} - 2j\beta\mathbf{E}^{inc} \tag{9.3.36}$$

上式也可以写为

$$\hat{n}\times(\nabla\times\mathbf{E}) + j\beta\hat{n}\times(\hat{n}\times\mathbf{E}) = -2j\beta\mathbf{E}^{inc} \tag{9.3.37}$$

上式与式（9.3.7）类似，其处理方法在前面已经详细描述过。使用相同的方法，可以推出输出端口的类似边界条件为

$$\hat{n}\times(\nabla\times\mathbf{E}) + j\beta\hat{n}\times(\hat{n}\times\mathbf{E}) = 0 \tag{9.3.38}$$

在器件内部，场满足矢量波动方程

$$\nabla \times \left(\frac{1}{\mu_r} \nabla \times \mathbf{E} \right) - k_0^2 \epsilon_r \mathbf{E} = 0 \tag{9.3.39}$$

上式与式(9.3.37)和式(9.3.38)，以及其他适用的边界条件一起唯一地定义了一个边值问题。这类问题可以使用本节描述的有限元法进行求解。

上面所描述的方法可以推广到包含高次模反射的情况，此时截断的波导端口可以选择在非常靠近器件处。此方法还可以推广到处理非均匀填充波导端口，这时模式不再表示成 TEM、TE 或 TM 模式。若将 m 模式的电场和磁场模式函数表示成 $\mathbf{e}_m$ 和 $\mathbf{h}_m$，而它们满足模式的正交关系

$$\iint_{S_p} (\mathbf{h}_m \times \mathbf{e}_n) \cdot \hat{w}\, \mathrm{d}S = \begin{cases} \kappa_m, & m = n \\ 0, & m \neq n \end{cases} \tag{9.3.40}$$

则波导端口的总场可以展开为

$$\mathbf{E} = \mathbf{E}^{\mathrm{inc}} + \mathbf{E}^{\mathrm{ref}} = \mathbf{E}^{\mathrm{inc}} + \sum_{m=1}^{\infty} a_m \mathbf{e}_m \, \mathrm{e}^{\gamma_m w} \tag{9.3.41}$$

其展开系数可以由式(9.3.40)求得，即

$$a_m = \frac{1}{\kappa_m} \iint_{S_p} [\mathbf{h}_m \times (\mathbf{E} - \mathbf{E}^{\mathrm{inc}})] \cdot \hat{w}\, \mathrm{d}S \tag{9.3.42}$$

对式(9.3.41)等号两边取旋度，并对模式场使用麦克斯韦方程，得到

$$\hat{n} \times (\nabla \times \mathbf{E}) = \hat{n} \times (\nabla \times \mathbf{E}^{\mathrm{inc}}) - \mathrm{j}\omega\mu \sum_{m=1}^{\infty} a_m (\hat{n} \times \mathbf{h}_m) \, \mathrm{e}^{\gamma_m w} \tag{9.3.43}$$

由于

$$\mathbf{h}_m \, \mathrm{e}^{\gamma_m w} = \frac{\mathrm{j}}{\omega\mu} \nabla \times (\mathbf{e}_m \, \mathrm{e}^{\gamma_m w}) = \frac{\mathrm{j}}{\omega\mu} (\nabla_t + \gamma_m \hat{w}) \times \mathbf{e}_m \, \mathrm{e}^{\gamma_m w} \tag{9.3.44}$$

故有

$$\hat{w} \times \mathbf{h}_m = \frac{1}{\mathrm{j}\omega\mu} (\gamma_m \mathbf{e}_{t,m} - \nabla_t e_{w,m}) \tag{9.3.45}$$

式中，$\mathbf{e}_{t,m}$ 表示电场 $\mathbf{e}_m$ 的横向分量；$e_{w,m}$ 表示其纵向分量；∇_t 表示横向哈密顿算子，即 $\nabla_t = \nabla - \hat{w}\, \partial/\partial w$。将上式代入式(9.3.42)和式(9.3.43)，可以得到波导端口的边界条件为

$$\hat{n} \times (\nabla \times \mathbf{E}) + P(\mathbf{E}) = \mathbf{U}^{\mathrm{inc}} \tag{9.3.46}$$

式中，

$$P(\mathbf{E}) = \sum_{m=1}^{\infty} \frac{1}{\mathrm{j}\omega\mu\kappa_m} (\gamma_m \mathbf{e}_{t,m} - \nabla_t e_{w,m}) \iint_{S_p} (\gamma_m \mathbf{e}_{t,m} - \nabla_t e_{w,m}) \cdot \mathbf{E}\, \mathrm{d}S \tag{9.3.47}$$

$$\mathbf{U}^{\mathrm{inc}} = \hat{n} \times (\nabla \times \mathbf{E}^{\mathrm{inc}}) + \sum_{m=1}^{\infty} \frac{1}{\mathrm{j}\omega\mu\kappa_m} (\gamma_m \mathbf{e}_{t,m} - \nabla_t e_{w,m})$$

$$\times \iint_{S_p} (\gamma_m \mathbf{e}_{t,m} - \nabla_t e_{w,m}) \cdot \mathbf{E}^{\mathrm{inc}}\, \mathrm{d}S \tag{9.3.48}$$

式(9.3.46)所示的边界条件可直接应用于有限元公式中。

在求出器件内和端口上的场分布后,就可以根据其定义求出 S 参数。图 9.15 所示为一个圆柱谐振腔的传输系数 S_{12}[11],输入和输出端口为 WR75 波导,通过矩形缝与谐振腔内部耦合。图 9.16 所示为一个微带滤波器的 S 参数[12],这是一个双层结构,其详细尺寸在图 9.16(a)中给出。在图 9.16(b)和图 9.16(c)中,数值计算的反射和传输系数均与实测数据进行了比较,由此验证有限元法的准确性。计算和测量值的差异可能是由测量误差和几何尺寸的不确定性而导致的。

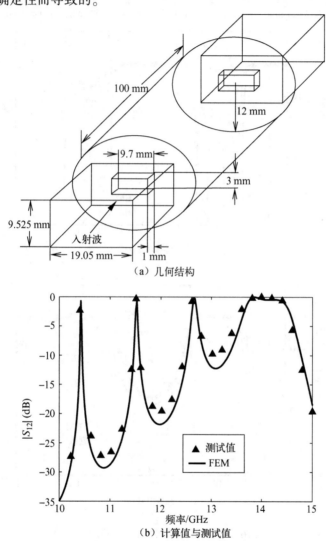

(a) 几何结构

(b) 计算值与测试值

图 9.15 一个圆柱腔体共振器的传输系数 S_{12}

第三个例子是三维物体对电磁波的散射计算。在对这类散射问题进行有限元分析时,最主要的难点在于如何处理无限大开放空间。常用的方法是引入一个人为设置的表面把无限求解空间截断为有限求解空间,类似 9.2 节中对二维情况所做的处理。假设入射场的源位于人为截断表面之外。在截断表面内部,电场满足式(9.3.39)所给出的矢量波动方程。

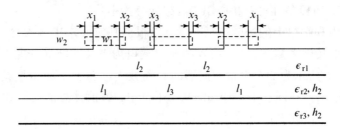

（a）几何结构的俯视和侧视图（$\epsilon_{r1}=1.0$、$\epsilon_{r2}=9.8$、$\epsilon_{r3}=2.2$、$h_2=h_3=0.254$ mm、$w_1=0.812$ mm、$w_2=0.458$ mm、$l_1=6.990$ mm、$l_2=6.457$ mm、$l_3=7.242$ mm、$x_1=1.311$ mm、$x_2=0.386$ mm、$x_3=0.269$ mm）

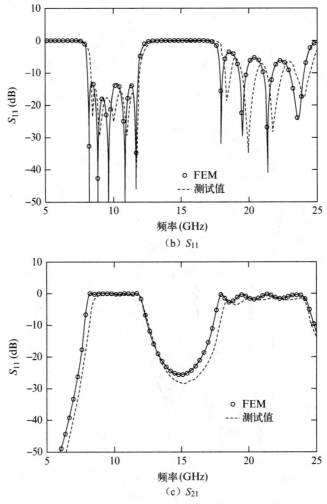

图 9.16　交叠缝隙耦合微带滤波器的 S 参数

　　此外，为了求得电磁场的唯一解，还需要知道在该表面上的边界条件。此边界条件应使该表面对散射场透明，也就是说，它能让散射场无任何反射地穿过边界。遗憾的是，没有一种简单的边界条件能满足这个要求。近年来，研究人员提出了多种吸收边界条件（ABC）以近似满足这个要求。最简单的吸收边界条件是索末菲辐射条件，此条件表明，若截断表面距离散射体足够远，则散射场满足下面的关系：

$$\hat{n} \times \left(\frac{1}{\mu_r} \nabla \times \mathbf{E}^{sc} \right) + \frac{jk_0}{\eta_r} \hat{n} \times (\hat{n} \times \mathbf{E}^{sc}) \approx 0 \tag{9.3.49}$$

式中，$\hat{n}$ 为截断表面的单位法向矢量。若截断表面位于自由空间内，则有 $\mu_r = 1$ 和 $\eta_r = 1$。$\mathbf{E}^{sc}$ 表示散射场，也就是总场与入射场之差，即

$$\mathbf{E}^{sc} = \mathbf{E} - \mathbf{E}^{inc} \tag{9.3.50}$$

使用式(9.3.50)，对于总场，此吸收边界条件可以写为

$$\hat{n} \times \left(\frac{1}{\mu_r} \nabla \times \mathbf{E} \right) + \frac{jk_0}{\eta_r} \hat{n} \times (\hat{n} \times \mathbf{E}) \approx \mathbf{U}^{inc} \tag{9.3.51}$$

式中，

$$\mathbf{U}^{inc} = \hat{n} \times \left(\frac{1}{\mu_r} \nabla \times \mathbf{E}^{inc} \right) + \frac{jk_0}{\eta_r} \hat{n} \times (\hat{n} \times \mathbf{E}^{inc}) \tag{9.3.52}$$

式(9.3.51)所示的边界条件只不过是式(9.3.7)中所考虑的混合边界条件。

　　散射问题也可以通过直接计算散射场来分析，其吸收边界条件即为式(9.3.49)。将式(9.3.50)代入式(9.3.39)，可得矢量波动方程

$$\nabla \times \left(\frac{1}{\mu_r} \nabla \times \mathbf{E}^{sc} \right) - k_0^2 \epsilon_r \mathbf{E}^{sc} = \mathbf{F}^{inc} \tag{9.3.53}$$

式中，

$$\mathbf{F}^{inc} = -\nabla \times \left(\frac{1}{\mu_r} \nabla \times \mathbf{E}^{inc} \right) + k_0^2 \epsilon_r \mathbf{E}^{inc} \tag{9.3.54}$$

若散射体包含理想导体表面，为满足此表面上的边界条件 $\hat{n} \times \mathbf{E} = 0$，则散射场应满足下面的边界条件：

$$\hat{n} \times \mathbf{E}^{sc} = -\hat{n} \times \mathbf{E}^{inc} \tag{9.3.55}$$

　　作为一个例子，考虑半径为 0.667λ 的理想导体球对平面波的散射问题。图 9.17 所示为使用有限元法计算的散射场和总场。为了使用有限元法，我们在距离球体表面 1λ 处用球面对求解域进行截断。在求出计算域中的场后，散射远场及双站 RCS 可以基于面等效原理计算得到，结果如图 9.18 所示，并与 Mie 级数解进行了对比。

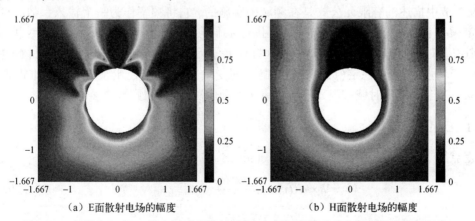

　　　　（a）E 面散射电场的幅度　　　　　　　　（b）H 面散射电场的幅度

图 9.17　半径为 0.667λ 的金属球的散射(图中电场幅度值已对入射场幅度进行归一)

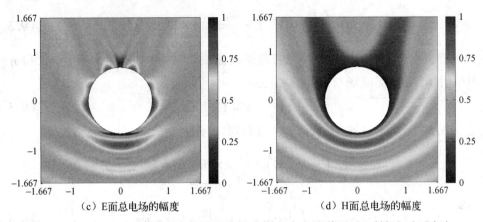

(c) E面总电场的幅度 (d) H面总电场的幅度

图 9.17(续) 半径为 0.667λ 的金属球的散射(图中电场幅度值已对入射场幅度进行归一)

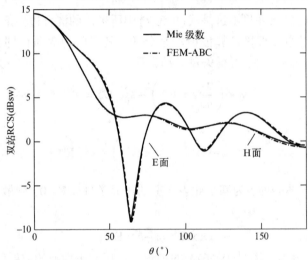

图 9.18 半径为 0.667λ 的金属球的双站 RCS

9.4 时域有限元分析

9.3 节中描述的有限元公式是在频域中实施的,它将频率作为一个输入参数,然后求解指定频率上的电场。然而,在有些应用中,我们会对宽频带的场感兴趣。若使用频域算法,则需要对许多频点进行重复计算,这将会十分耗时。此外,对于非线性(即材料电磁特性依赖于场强)或者不稳定(即材料特性随时间变化)的问题,使用频域仿真很难得到准确的结果。本节介绍的时域有限元算法可以满意地解决以上问题。

9.4.1 边值问题

麦克斯韦方程组的前两个方程,即式(9.3.1)和式(9.3.2)在时域中变为

$$\nabla \times \mathscr{E}(t) = -\mu \frac{\partial \mathscr{H}(t)}{\partial t} \tag{9.4.1}$$

$$\nabla \times \mathscr{H}(t) = \epsilon \frac{\partial \mathscr{E}(t)}{\partial t} + \sigma \mathscr{E}(t) + \mathscr{J}_{\mathrm{imp}}(t) \tag{9.4.2}$$

式中，σ 为电导率。式(9.3.6)所示的边界条件保持不变，即

$$\hat{n} \times \mathscr{E}(t) = \mathscr{P}(t), \quad \text{在} \Gamma_{\mathrm{D}} \text{上} \tag{9.4.3}$$

式(9.3.7)对应的边界条件则变为

$$\hat{n} \times \left[\frac{1}{\mu} \nabla \times \mathscr{E}(t)\right] + Y \hat{n} \times \left[\hat{n} \times \frac{\partial}{\partial t} \mathscr{E}(t)\right] = \mathscr{K}_{\mathrm{N}}(t), \quad \text{在} \Gamma_{\mathrm{N}} \text{上} \tag{9.4.4}$$

式中，Y 为边界 Γ_{N} 的表面导纳。从式(9.4.1)和式(9.4.2)中将磁场消去，可以得到电场的矢量波动方程为

$$\nabla \times \left[\frac{1}{\mu} \nabla \times \mathscr{E}(t)\right] + \epsilon \frac{\partial^2 \mathscr{E}(t)}{\partial t^2} + \sigma \frac{\partial \mathscr{E}(t)}{\partial t} = -\frac{\partial \mathscr{J}_{\mathrm{imp}}(t)}{\partial t} \tag{9.4.5}$$

9.4.2 有限元公式的建立

采用与频域情况相同的处理方法，可以得到由式(9.4.3)至式(9.4.5)定义的边值问题的弱式表达式为

$$\int_{\Omega} \left[\frac{1}{\mu}(\nabla \times \mathbf{W}_i) \cdot (\nabla \times \mathscr{E}) + \epsilon \mathbf{W}_i \cdot \frac{\partial^2 \mathscr{E}}{\partial t^2} + \sigma \mathbf{W}_i \cdot \frac{\partial \mathscr{E}}{\partial t}\right] \mathrm{d}\Omega$$
$$= -\int_{\Gamma_{\mathrm{N}}} \left[Y(\hat{n} \times \mathbf{W}_i) \cdot \left(\hat{n} \times \frac{\partial \mathscr{E}}{\partial t}\right) + \mathbf{W}_i \cdot \mathscr{K}_{\mathrm{N}}\right] \mathrm{d}\Gamma - \int_{\Omega} \mathbf{W}_i \cdot \frac{\partial \mathscr{J}_{\mathrm{imp}}}{\partial t} \mathrm{d}\Omega \tag{9.4.6}$$

应当注意，矢量加权函数应该在 Γ_{D} 上满足边界条件 $\hat{n} \times \mathbf{W}_i = 0$，因为在对式(9.4.6)的求解时式(9.4.3)必须预先得到满足，因此其值无须求解。

为了求得式(9.4.6)的有限元解，首先需要对空间进行离散，这一步与频域情况完全相同。具体地说，就是首先把求解空间划分成许多小的有限元，然后将每个单元中的电场用矢量基函数展开，如此可将电场表示为

$$\mathscr{E}(\mathbf{r}, t) = \sum_{j=1}^{N_{\mathrm{edge}}} \mathbf{N}_j(\mathbf{r}) \mathscr{E}_j(t) + \sum_{j=1}^{N_{\mathrm{D}}} \mathbf{N}_j^{\mathrm{D}}(\mathbf{r}) \mathscr{E}_j^{\mathrm{D}}(t) \tag{9.4.7}$$

将式(9.4.7)代入式(9.4.6)，并令 $\mathbf{W}_i = \mathbf{N}_i$，由此得到二阶常微分方程

$$[T]\frac{\mathrm{d}^2\{\mathscr{E}\}}{\mathrm{d}t^2} + [R]\frac{\mathrm{d}\{\mathscr{E}\}}{\mathrm{d}t} + [S]\{\mathscr{E}\} = \{f\} \tag{9.4.8}$$

式中，$[T]$、$[R]$ 和 $[S]$ 均为稀疏且对称的矩阵，它们的元素分别由下列各式给出：

$$T_{ij} = \int_{\Omega} \epsilon \mathbf{N}_i \cdot \mathbf{N}_j \, \mathrm{d}\Omega \tag{9.4.9}$$

$$R_{ij} = \int_{\Omega} \sigma \mathbf{N}_i \cdot \mathbf{N}_j \, \mathrm{d}\Omega + \int_{\Gamma_{\mathrm{N}}} Y(\hat{n} \times \mathbf{N}_i) \cdot (\hat{n} \times \mathbf{N}_j) \, \mathrm{d}\Gamma \tag{9.4.10}$$

$$S_{ij} = \int_{\Omega} \frac{1}{\mu}(\nabla \times \mathbf{N}_i) \cdot (\nabla \times \mathbf{N}_j) \, \mathrm{d}\Omega \tag{9.4.11}$$

此外，$\{\mathscr{E}\} = [\mathscr{E}_1, \mathscr{E}_2, \cdots, \mathscr{E}_{N_{\mathrm{edge}}}]^{\mathrm{T}}$，场源向量 $[f]$ 的元素为

$$\ell_i = -\int_\Omega \mathbf{N}_i \cdot \frac{\partial \mathscr{J}_{\mathrm{imp}}}{\partial t}\,\mathrm{d}\Omega - \int_{\Gamma_N} \mathbf{W}_i \cdot \mathscr{K}_N\,\mathrm{d}\Gamma$$

$$-\sum_{j=1}^{N_D}\int_\Omega \left[\frac{1}{\mu}(\nabla\times\mathbf{N}_i)\cdot(\nabla\times\mathbf{N}_j^D)\mathscr{E}_j^D + \mathbf{N}_i\cdot\mathbf{N}_j^D\left(\epsilon\frac{\mathrm{d}^2\mathscr{E}_j^D}{\mathrm{d}t^2}+\sigma\frac{\mathrm{d}\mathscr{E}_j^D}{\mathrm{d}t}\right)\right]\mathrm{d}\Omega \tag{9.4.12}$$

式(9.4.8)可以使用直接积分或用第 8 章讨论的有限差分法求解。在有限差分法中，若对时间变量 t 均匀离散，则有 $t=n\Delta t\,(n=0,1,\cdots)$，其中 Δt 为时间步长。将微分用有限差分近似，就可以得到一个方程，由此任意当前时刻的未知场值 $\{\mathscr{E}\}$ 可以由先前时刻的场值计算得出。这一计算过程称为**时间步进**或**时间推进**。为了说明这个过程，考虑对一阶和二阶导数使用中心差分：

$$\frac{\mathrm{d}\{\mathscr{E}\}}{\mathrm{d}t}\approx\frac{\{\mathscr{E}\}^{n+1}-\{\mathscr{E}\}^{n-1}}{2\Delta t} \tag{9.4.13}$$

$$\frac{\mathrm{d}^2\{\mathscr{E}\}}{\mathrm{d}t^2}\approx\frac{\{\mathscr{E}\}^{n+1}-2\{\mathscr{E}\}^n+\{\mathscr{E}\}^{n-1}}{(\Delta t)^2} \tag{9.4.14}$$

将它们代入式(9.4.8)，可得如下时间步进公式：

$$\left\{\frac{1}{(\Delta t)^2}[T]+\frac{1}{2\Delta t}[R]\right\}\{\mathscr{E}\}^{n+1}=\left\{\frac{2}{(\Delta t)^2}[T]-[S]\right\}\{\mathscr{E}\}^n-\left\{\frac{1}{(\Delta t)^2}[T]-\frac{1}{2\Delta t}[R]\right\}\{\mathscr{E}\}^{n-1}+\{\ell\}^n \tag{9.4.15}$$

基于先前时刻的场值 $\{\mathscr{E}\}^n$、$\{\mathscr{E}\}^{n-1}$ 和激励 $\{\ell\}^n$，通过上式可以求得 $\{\mathscr{E}\}^{n+1}$。给定 $\{\mathscr{E}\}$ 的初值，也就是 $\{\mathscr{E}\}^0$ 和 $\{\mathscr{E}\}^1$ 的值，以及激励向量 $\{\ell\}$，式(9.4.15)就能用来计算之后所有时刻的 $\{\mathscr{E}\}$。应当注意，为了计算新的 $\{\mathscr{E}\}$，在每个时间步都要求解矩阵方程。类似的时间步进公式也可以使用前向和后向的差分公式推得。

可以证明，使用前向差分将得到一个不稳定的时间步进公式（$\{\mathscr{E}\}^n$ 的值随 n 的增大呈指数增大，所得到的解没有物理意义）。后向差分的使用可以得到一个无条件稳定(时间步长 Δt 不受空间离散密度约束)的时间步进公式，遗憾的是，此方法只有一阶精度——求解精度正比于 $O(\Delta t)$。使用中心差分得到的式(9.4.15)所示的时间步进公式具有二阶精度及有条件稳定，即只有当 Δt 小于由空间离散规定的某个值时，时间步进才是稳定的。对于式(9.4.8)，最好的选择是使用从 Newmark-beta 积分法中推导的差分公式[13]，它等价于对一阶和二阶导数使用中心差分，而对非微分的量使用下面的加权平均：

$$\{\mathscr{E}\}|_{t=n\Delta t}\approx\beta\{\mathscr{E}\}^{n+1}+(1-2\beta)\{\mathscr{E}\}^n+\beta\{\mathscr{E}\}^{n-1} \tag{9.4.16}$$

$$\{\ell\}|_{t=n\Delta t}\approx\beta\{\ell\}^{n+1}+(1-2\beta)\{\ell\}^n+\beta\{\ell\}^{n-1} \tag{9.4.17}$$

式中，β 是取值为 0 和 1 之间的参数。将这些公式代入式(9.4.8)，可得

$$\left\{\frac{1}{(\Delta t)^2}[T]+\frac{1}{2\Delta t}[R]+\beta[S]\right\}\{\mathscr{E}\}^{n+1}=\left\{\frac{2}{(\Delta t)^2}[T]-(1-2\beta)[S]\right\}\{\mathscr{E}\}^n$$

$$-\left\{\frac{1}{(\Delta t)^2}[T]-\frac{1}{2\Delta t}[R]+\beta[S]\right\}\{\mathscr{E}\}^{n-1}+\beta\{\ell\}^{n+1}+(1-2\beta)\{\ell\}^n+\beta\{\ell\}^{n-1} \tag{9.4.18}$$

显然，当 $\beta=0$ 时，上式简化为使用中心差分法得到的结果。当 $\beta\geq1/4$ 时，此式是无条件稳定的，且保持二阶精度。

上述的公式建立时，假定问题所涉及的媒质是无色散的。换句话说，磁导率 μ 和介电常数 ϵ 均不随频率变化。对于色散媒质，我们需要对公式进行修正。现考虑电色散媒质，即只有介电常数是频率的函数，而磁导率与频率无关，此时电通密度 $\mathcal{D}(t)$ 与电场强度 $\mathcal{E}(t)$ 满足式(8.6.1)所示的本构关系，为了方便起见，这里重写如下：

$$\mathcal{D}(t) = \epsilon_\infty \mathcal{E}(t) + \epsilon_0 \chi_e(t) * \mathcal{E}(t) = \epsilon_\infty \mathcal{E}(t) + \epsilon_0 \int_0^t \chi_e(t-\tau)\mathcal{E}(\tau)\,\mathrm{d}\tau \tag{9.4.19}$$

式中已经假设了当 $t \leqslant 0$ 时 $\mathcal{E}(t) \equiv 0$。由麦克斯韦方程和上面的本构关系，得到

$$\nabla \times \left[\frac{1}{\mu}\nabla \times \mathcal{E}(t)\right] + \epsilon_\infty \frac{\partial^2 \mathcal{E}(t)}{\partial t^2} + \epsilon_0 \frac{\partial^2}{\partial t^2}\left[\chi_e(t) * \mathcal{E}(t)\right] = -\frac{\partial \mathcal{J}_{\mathrm{imp}}(t)}{\partial t} \tag{9.4.20}$$

若进一步假定 $[\partial \mathcal{E}(t)/\partial t]_{t=0} = 0$，则可以证明

$$\frac{\partial^2}{\partial t^2}\left[\chi_e(t) * \mathcal{E}(t)\right] = \chi_e(t) * \frac{\partial^2 \mathcal{E}(t)}{\partial t^2} \tag{9.4.21}$$

因此，式(9.4.20)可以写为

$$\nabla \times \left[\frac{1}{\mu}\nabla \times \mathcal{E}(t)\right] + \epsilon_\infty \frac{\partial^2 \mathcal{E}(t)}{\partial t^2} + \epsilon_0 \chi_e(t) * \frac{\partial^2 \mathcal{E}(t)}{\partial t^2} = -\frac{\partial \mathcal{J}_{\mathrm{imp}}(t)}{\partial t} \tag{9.4.22}$$

上式的弱式表达式变为

$$\int_\Omega \left[\frac{1}{\mu}(\nabla \times \mathbf{W}_i)\cdot(\nabla \times \mathcal{E}) + \epsilon_\infty \mathbf{W}_i \cdot \frac{\partial^2 \mathcal{E}}{\partial t^2} + \epsilon_0 \mathbf{W}_i \cdot \chi_e(t) * \frac{\partial^2 \mathcal{E}}{\partial t^2}\right]\mathrm{d}\Omega$$
$$= -\int_{\Gamma_N}\left[Y(\hat{n} \times \mathbf{W}_i)\cdot\left(\hat{n} \times \frac{\partial \mathcal{E}}{\partial t}\right) + \mathbf{W}_i \cdot \mathcal{K}_N\right]\mathrm{d}\Gamma - \int_\Omega \mathbf{W}_i \cdot \frac{\partial \mathcal{J}_{\mathrm{imp}}}{\partial t}\mathrm{d}\Omega \tag{9.4.23}$$

其中的卷积项可以写成半离散的形式，即

$$\chi_e(t) * \frac{\partial^2 \mathcal{E}(t)}{\partial t^2}\bigg|_{t=n\Delta t} \cong \int_0^{\Delta t/2} \chi_e(\tau)\ddot{\mathcal{E}}(n\Delta t - \tau)\,\mathrm{d}\tau + \sum_{k=0}^{n-1}\int_{(k+1/2)\Delta t}^{(k+3/2)\Delta t}\chi_e(\tau)\ddot{\mathcal{E}}(n\Delta t - \tau)\,\mathrm{d}\tau \tag{9.4.24}$$

式中，$\ddot{\mathcal{E}}$ 表示 $\mathcal{E}$ 的二阶导数。对于等离子、德拜(Debye)和洛伦兹类型的材料，电极化率 $\chi_e(t)$ 可以写为

$$\chi_e(t) = \mathrm{Re}\left[a\,\mathrm{e}^{-bt}u(t)\right] \tag{9.4.25}$$

式中，$u(t)$ 为单位阶跃函数，a 和 b 表示与具体材料相关的参数。因此，若假定 $\mathcal{E}$ 在时间积分区间内是常数，则式(9.4.24)可以写为

$$\chi_e(t) * \frac{\partial^2 \mathcal{E}(t)}{\partial t^2}\bigg|_{t=n\Delta t} \cong \left[\int_0^{\Delta t/2}\chi_e(\tau)\,\mathrm{d}\tau\right]\ddot{\mathcal{E}}^n + \sum_{k=0}^{n-1}\left[\int_{(k+1/2)\Delta t}^{(k+3/2)\Delta t}\chi_e(\tau)\,\mathrm{d}\tau\right]\ddot{\mathcal{E}}^{n-k-1}$$
$$= \mathrm{Re}\left[\frac{a}{b}(1-\mathrm{e}^{-b\Delta t/2})\right]\ddot{\mathcal{E}}^n + \sum_{k=0}^{n-1}\mathrm{Re}\left[\frac{a}{b}(1-\mathrm{e}^{-b\Delta t})\mathrm{e}^{-b(k+1/2)\Delta t}\right]\ddot{\mathcal{E}}^{n-k-1} \tag{9.4.26}$$

在式(9.4.23)中应用有限元法的空间离散，对其中的时间积分应用 $\beta = 1/4$ 的 Newmark-beta 差分，可得如下时间步进公式：

$$
\left\{\frac{1}{(\Delta t)^2}[T] + \frac{1}{2\Delta t}[R] + \frac{1}{4}[S]\right\}\{\mathscr{E}\}^{n+1} = \left\{\frac{2}{(\Delta t)^2}[T] - \frac{1}{2}[S]\right\}\{\mathscr{E}\}^n
$$

$$
- \left\{\frac{1}{(\Delta t)^2}[T] - \frac{1}{2\Delta t}[R] + \frac{1}{4}[S]\right\}\{\mathscr{E}\}^{n-1} - \frac{1}{(\Delta t)^2}\{\Psi\}^n \tag{9.4.27}
$$

$$
+ \frac{1}{4}\left[\{\not\!f\}^{n+1} + 2\{\not\!f\}^n + \{\not\!f\}^{n-1}\right]
$$

式中除了$[T]$和$\{\Psi\}^n$，其余的矩阵和向量均与式(9.4.18)中的相同。$[T]$和$\{\Psi\}^n$的元素为

$$
T_{ij} = \mathrm{Re}\left[\epsilon_\infty + \epsilon_0\frac{a}{b}(1 - \mathrm{e}^{-b\Delta t/2})\right]\int_\Omega \mathbf{N}_i \cdot \mathbf{N}_j \,\mathrm{d}\Omega \tag{9.4.28}
$$

$$
\{\Psi\}^n = \sum_{k=0}^{n-1} \mathrm{Re}[\Phi]^k\left(\{\mathscr{E}\}^{n-k} - 2\{\mathscr{E}\}^{n-k-1} + \{\mathscr{E}\}^{n-k-2}\right) \tag{9.4.29}
$$

其中，

$$
\Phi_{ij}^k = \epsilon_0\left[\frac{a}{b}(1 - \mathrm{e}^{-b\Delta t})\mathrm{e}^{-b(k+1/2)\Delta t}\right]\int_\Omega \mathbf{N}_i \cdot \mathbf{N}_j \,\mathrm{d}\Omega \tag{9.4.30}
$$

由递归关系$[\Phi]^k = \mathrm{e}^{-b\Delta t}[\Phi]^{k-1}$，式(9.4.29)可以用以下递归公式计算：

$$
\{\Psi\}^n = \mathrm{Re}\left[\{\tilde{\Psi}\}^n\right] \tag{9.4.31}
$$

$$
\{\tilde{\Psi}\}^n = [\Phi]^0\left(\{\mathscr{E}\}^n - 2\{\mathscr{E}\}^{n-1} + \{\mathscr{E}\}^{n-2}\right) + \mathrm{e}^{-b\Delta t}\{\tilde{\Psi}\}^{n-1} \tag{9.4.32}
$$

这种递归卷积的使用可显著地节省计算时间和存储空间。

以上讨论的方法可以进一步推广到处理磁色散和双色散(电和磁)材料。读者可以查阅参考文献[14]来了解详细的处理过程。

9.4.3　应用算例

现在考虑两个例子来展示时域中的有限元分析。第一个例子是计算微带贴片天线的输入阻抗，天线的结构包含一个5.0 cm × 3.4 cm 的矩形导电贴片，位于厚度 d = 0.0877 cm，相对介电常数ϵ_r = 2.17，电导率 σ = 0.362 mS/m 的介质基板上。基板镶嵌于接地面上 7.5 cm×5.1 cm 的矩形腔中(见图9.19)。贴片的中心为 $x=0$，$y=0$，由位于 $x_f=1.22$ cm，$y_f=0.85$ cm 处的电流探针激励。一个阻抗为 50 Ω 的负载位于 $x_L=-2.2$ cm，$y_L=-1.5$ cm 处。图9.20 所示为 1～4 GHz 内天线输入阻抗随频率的变化曲线[15]。这个结果是使用时域有限元法计算得到的，并与使用频域有限元法的计算结果进行了比较。从图中可看出，两种方法的求解结果高度一致。

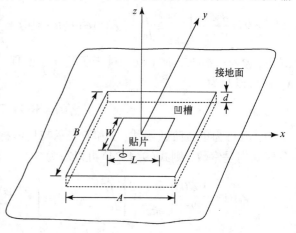

图9.19　镶嵌在接地面中的微带贴片天线。天线由同轴线馈电,可以用电流探针模拟

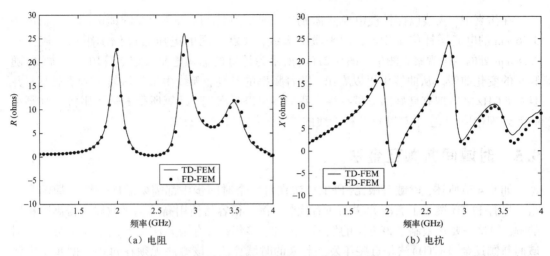

（a）电阻　　　　　　　　　　（b）电抗

图 9.20　加载微带贴片天线的输入阻抗

　　第二个例子是由两个导电臂组成的对数螺旋天线[16]，天线的俯视图如图 9.21(a) 所示。天线臂的中心线由极坐标系中的 $r = r_0 \tau^{\phi/2\pi}$ 决定，式中 r_0 为常数，τ 为比例因子，这里选择为 1.588。螺旋的内外半径分别为 0.22 cm 和 3.5 cm。

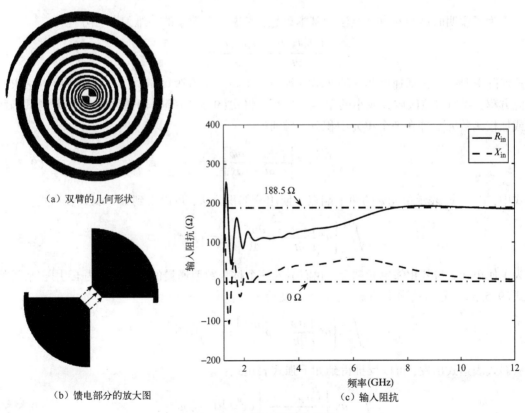

（a）双臂的几何形状

（b）馈电部分的放大图　　　　　　（c）输入阻抗

图 9.21　双臂对数螺旋天线

在仿真中，天线以探针馈电模式激励[9]，图 9.21(b) 所示为天线的馈电部分。长度为 0.56 mm 的电流探针位于中心，用来激励大线；馈点之间的电压通过位于距离电流探针 0.28 mm 处的两个观察点测量。图 9.21(c) 所示为计算的输入电阻(实线)和电抗(虚线)随频率的变化曲线。从曲线中可以看出，随着频率的升高，天线由谐振区转换到宽带区，并且在 8 GHz 之后拥有良好的宽带特性。我们还可以观察到，计算所得的输入阻抗在高频端收敛到理论值(真空中双臂自互补天线的输入阻抗为 188.5 Ω)。

9.5　时域间断伽辽金法

如 9.4 节所述，**时域有限元**(FETD)**法**在每一个时间步中都需要求解一个全局的方程组。尽管 FETD 继承了有限元法的所有优势，例如很容易使用高阶基函数以获得高阶精度的解，但这一要求限制了该方法的发展。因此，多年来，有限元法主要用于频域分析。**时域间断伽辽金**(DGTD)**法**是近些年发展起来的时域算法，该方法无须在每一时间步中求解全局方程组。与有限元法需要组合一个全局方程组不同，时域间断伽辽金法单独在每个单元中对麦克斯韦方程组积分，然后通过分界面上的数值通量来耦合相邻单元中的场，从而完全避免了组合和求解全局方程组[17~24]。

9.5.1　时域间断伽辽金法的基本思想

为了说明时域间断伽辽金法的基本思想，考虑一个简单的一维偏微分方程

$$\frac{1}{c}\frac{\partial \varphi(x,t)}{\partial t} - \frac{\partial \varphi(x,t)}{\partial x} = 0 \tag{9.5.1}$$

这实际上是一个传播速度为 c 的波动方程。为了在一个有限区域 $(0, L)$ 内用数值方法求解此方程，我们将该区域分成小的单元。然后，将式(9.5.1)等号两边同乘以一个测试函数或加权函数 w^e，并在一个单元中积分，得到

$$\int_{x_1^e}^{x_2^e} w^e \left[\frac{1}{c}\frac{\partial \varphi}{\partial t} - \frac{\partial \varphi}{\partial x} \right] dx = 0 \tag{9.5.2}$$

式中，x_1^e 与 x_2^e 表示单元 e 的两个端点。使用分部积分法，可以得到如下弱式表达式：

$$\int_{x_1^e}^{x_2^e} \left[w^e \frac{1}{c}\frac{\partial \varphi}{\partial t} + \varphi \frac{\partial w^e}{\partial x} \right] dx = \left[\varphi w^e \right]_{x_1^e}^{x_2^e} \tag{9.5.3}$$

为了使单元 e 与其相邻单元耦合，我们引入一个称为**数值通量**的概念，记为 f，用它来代替式(9.5.3)等号右边项中的 φ，于是该式变为

$$\int_{x_1^e}^{x_2^e} \left[w^e \frac{1}{c}\frac{\partial \varphi}{\partial t} + \varphi \frac{\partial w^e}{\partial x} \right] dx = \left[f w^e \right]_{x_1^e}^{x_2^e} \tag{9.5.4}$$

从弱式表达式出发，可以反推得到如下强式表达式：

$$\int_{x_1^e}^{x_2^e} w^e \left[\frac{1}{c}\frac{\partial \varphi}{\partial t} - \frac{\partial \varphi}{\partial x} \right] dx = \left[(f - \varphi) w^e \right]_{x_1^e}^{x_2^e} \tag{9.5.5}$$

现在，需要选取合适的数值通量以耦合相邻单元中的波。一种选择是取两个单元分界

面两边的平均值, 即

$$f = \frac{1}{2}(\varphi + \varphi^+) \tag{9.5.6}$$

式中, φ^+ 表示紧邻单元外侧的 φ 值。这种选择得到的通量称为**中心通量**。另一种选择是直接使用 φ^+ 作为数值通量, 即

$$f = \varphi^+ \tag{9.5.7}$$

它称为**迎风通量**。这两种选择可以统一地写为

$$f = \frac{1}{2}(\varphi + \varphi^+) + \frac{1-\alpha}{2}(\varphi^+ - \varphi) \tag{9.5.8}$$

当 $\alpha = 1$ 时为中心通量; 当 $\alpha = 0$ 时为迎风通量。

下面使用基函数 N_j^e 把单元 e 中的 φ 展开为

$$\varphi = \sum_{j=1}^{p} N_j^e(x) \varphi_j^e(t) \tag{9.5.9}$$

式中, p 为基函数的阶数。此处尽管使用了相同的符号, 但基函数 N_j^e 可以与传统有限元法中所用的不同。若选择同样的基函数作为加权函数, 则式(9.5.5)变为

$$[T^e]\frac{\mathrm{d}\{\varphi^e\}}{\mathrm{d}t} - [S^e]\{\varphi^e\} = \{\mathscr{E}^e\} \tag{9.5.10}$$

式中, $[T^e]$ 和 $[S^e]$ 为 $p \times p$ 方阵, 其元素为

$$T_{ij}^e = \int_{x_1^e}^{x_2^e} \frac{1}{c} N_i^e N_j^e \, \mathrm{d}x \tag{9.5.11}$$

$$S_{ij}^e = \int_{x_1^e}^{x_2^e} N_i^e \frac{\partial N_j^e}{\partial x} \, \mathrm{d}x - \frac{2-\alpha}{2}\left[N_i^e N_j^e\right]_{x_1^e}^{x_2^e} \tag{9.5.12}$$

$\{\mathscr{E}^e\}$ 为 $p \times 1$ 列向量, 其元素为

$$\mathscr{E}_i^e = \frac{2-\alpha}{2}\left[N_i^e \varphi^+\right]_{x_1^e}^{x_2^e} \tag{9.5.13}$$

$\{\varphi^e\}$ 也是一个 $p \times 1$ 的未知向量, 定义为 $\{\varphi^e\} = [\varphi_1^e, \varphi_2^e, \cdots, \varphi_p^e]^{\mathrm{T}}$。最后, 我们可以使用有限差分法或龙格-库塔法求解式(9.5.10), 即通过时域离散, 逐个单元、逐个时间步地计算 $\{\varphi^e\}$。当 $0 \leqslant \alpha \leqslant 1$ 时, 时间步进为有条件稳定[17]。

不难看出, 与 9.4 节介绍的时域有限元法相比, 时域间断伽辽金法非常灵活高效。首先, 时域间断伽辽金法不要求基函数 N_j^e 在跨越单元时连续。事实上, 每一个单元可以有自己的基函数, 而不用考虑其相邻单元中使用的基函数; 唯一的要求是这些基函数在每个单元中是完备的, 从而它们的线性组合可以准确地表示单元中的未知函数。因此, 我们可以很容易地在时域间断伽辽金法中使用高阶基函数, 或者对不同单元使用不同阶数的基函数。第二, 由于基函数在单元之间可以不连续, 时域间断伽辽金解的一个特点是它在单元之间的分界面上不连续。这样的不连续性随着数值解精度的提高而减小。第三, 在以上给出的建立公式的过程中, 我们从未构造, 因此也不必求解全局方程组。与之相反, 我们仅

需对每个单元求解一个 $p \times p$ 小矩阵。这个重要特点使得时域间断伽辽金法相比标准时域有限元法而言非常高效。高效的代价是时域间断伽辽金解只是有条件稳定的，时间步的大小 Δt 被计算区域中最小的单元所约束，而时域有限元法可以实现无条件稳定。为了改善这个问题，可以使用局域时间步进，即基于单元尺寸的大小选择不同的时间步大小。高效所付出的另一个代价是未知数数量的增加。使用一阶基函数时，三角形网格的时域间断伽辽金法中未知数数量是时域有限元法的两倍；四面体时则超过四倍。但由于时域间断伽辽金法的高效，未知数的增加对计算时间并不会带来显著的影响。

当基函数的阶数降为零阶 $(p=0)$ 时，上述公式就退化为**时域有限体积(FVTD)法**，这是一个非常成功的流体力学计算方法[25]。从这个角度看，时域间断伽辽金法可认为是时域有限元法和时域有限体积法的扩展，它融合了两种思想，一种是时域有限元法中使用基函数展开场和使用加权函数获得弱解的思想；另一种是时域有限体积法中在每个单元上求积分而不是在整个求解区域积分，然后通过单元分界面上的数值通量耦合所有单元的思想。下节将给出使用中心通量和迎风通量的时域间断伽辽金算法求解麦克斯韦方程组的详细过程。

9.5.2　中心通量时域间断伽辽金法

为了清晰起见，我们在建立公式时暂时忽略传导损耗项和源项，因为这些项可以很容易地添加到公式中。首先使用矢量函数 $\mathbf{W}_i$ 测试式(9.4.1)和式(9.4.2)给出的麦克斯韦方程，并在一个单元内积分，得到

$$\int_{\Omega^e} \mathbf{W}_i \cdot \left(\epsilon \frac{\partial \mathscr{E}}{\partial t} - \nabla \times \mathscr{H} \right) \mathrm{d}\Omega = 0 \tag{9.5.14}$$

$$\int_{\Omega^e} \mathbf{W}_i \cdot \left(\mu \frac{\partial \mathscr{H}}{\partial t} + \nabla \times \mathscr{E} \right) \mathrm{d}\Omega = 0 \tag{9.5.15}$$

式中，Ω^e 表示第 e 个单元的区域，它可以是二维问题的三角形单元，或三维问题的四面体单元。应用矢量恒等式 $\mathbf{W}_i \cdot (\nabla \times \mathbf{A}) = \nabla \cdot (\mathbf{A} \times \mathbf{W}_i) + \mathbf{A} \cdot (\nabla \times \mathbf{W}_i)$ 和散度定理，这两个方程可写成如下弱式表达式：

$$\int_{\Omega^e} \left[\epsilon \mathbf{W}_i \cdot \frac{\partial \mathscr{E}}{\partial t} - (\nabla \times \mathbf{W}_i) \cdot \mathscr{H} \right] \mathrm{d}\Omega = \oint_{\Gamma^e} \mathbf{W}_i \cdot (\hat{n} \times \mathscr{H}) \mathrm{d}\Gamma \tag{9.5.16}$$

$$\int_{\Omega^e} \left[\mu \mathbf{W}_i \cdot \frac{\partial \mathscr{H}}{\partial t} + (\nabla \times \mathbf{W}_i) \cdot \mathscr{E} \right] \mathrm{d}\Omega = -\oint_{\Gamma^e} \mathbf{W}_i \cdot (\hat{n} \times \mathscr{E}) \mathrm{d}\Gamma \tag{9.5.17}$$

式中，Γ_e 表示包围 Ω^e 的边界。为了将单元内部场与外部场($\mathscr{E}^+, \mathscr{H}^+$)耦合，将式(9.5.16)中的 $\hat{n} \times \mathscr{H}$ 用一个数值通量 $\mathscr{F}_\mathrm{h}$ 替换，将式(9.5.17)中的 $\hat{n} \times \mathscr{E}$ 用另一个数值通量 $\mathscr{F}_\mathrm{e}$ 替换，于是这两个方程变为

$$\int_{\Omega^e} \left[\epsilon \mathbf{W}_i \cdot \frac{\partial \mathscr{E}}{\partial t} - (\nabla \times \mathbf{W}_i) \cdot \mathscr{H} \right] \mathrm{d}\Omega = \oint_{\Gamma^e} \mathbf{W}_i \cdot \mathscr{F}_\mathrm{h} \mathrm{d}\Gamma \tag{9.5.18}$$

$$\int_{\Omega^e} \left[\mu \mathbf{W}_i \cdot \frac{\partial \mathscr{H}}{\partial t} + (\nabla \times \mathbf{W}_i) \cdot \mathscr{E} \right] \mathrm{d}\Omega = -\oint_{\Gamma^e} \mathbf{W}_i \cdot \mathscr{F}_\mathrm{e} \mathrm{d}\Gamma \tag{9.5.19}$$

从式(9.5.16)和式(9.5.17)出发, 逆向应用矢量恒等式和散度定理, 可以得到对应的强式表达式为

$$\int_{\Omega^e} \mathbf{W}_i \cdot \left(\epsilon \frac{\partial \mathcal{E}}{\partial t} - \nabla \times \mathcal{H} \right) \mathrm{d}\Omega = \oint_{\Gamma^e} \mathbf{W}_i \cdot (\mathcal{F}_\mathrm{h} - \hat{n} \times \mathcal{H}) \mathrm{d}\Gamma \qquad (9.5.20)$$

$$\int_{\Omega^e} \mathbf{W}_i \cdot \left(\mu \frac{\partial \mathcal{H}}{\partial t} + \nabla \times \mathcal{E} \right) \mathrm{d}\Omega = - \oint_{\Gamma^e} \mathbf{W}_i \cdot (\mathcal{F}_\mathrm{e} - \hat{n} \times \mathcal{E}) \mathrm{d}\Gamma \qquad (9.5.21)$$

如之前所述, 数值通量的一种选择是中心通量, 即单元分界面两边场的平均值。此时, 中心通量为

$$\mathcal{F}_\mathrm{e} = \frac{1}{2}[\hat{n} \times (\mathcal{E} + \mathcal{E}^+)], \qquad \mathcal{F}_\mathrm{h} = \frac{1}{2}[\hat{n} \times (\mathcal{H} + \mathcal{H}^+)] \qquad (9.5.22)$$

使用这种选择, 式(9.5.20)和式(9.5.21)变为

$$\int_{\Omega^e} \mathbf{W}_i \cdot \left(\epsilon \frac{\partial \mathcal{E}}{\partial t} - \nabla \times \mathcal{H} \right) \mathrm{d}\Omega = \frac{1}{2} \oint_{\Gamma^e} \mathbf{W}_i \cdot [\hat{n} \times (\mathcal{H}^+ - \mathcal{H})] \mathrm{d}\Gamma \qquad (9.5.23)$$

$$\int_{\Omega^e} \mathbf{W}_i \cdot \left(\mu \frac{\partial \mathcal{H}}{\partial t} + \nabla \times \mathcal{E} \right) \mathrm{d}\Omega = -\frac{1}{2} \oint_{\Gamma^e} \mathbf{W}_i \cdot [\hat{n} \times (\mathcal{E}^+ - \mathcal{E})] \mathrm{d}\Gamma \qquad (9.5.24)$$

引入简写方式表示切向场分量的跳变:

$$[\![\mathcal{E}]\!] = \hat{n} \times (\mathcal{E}^+ - \mathcal{E}), \qquad [\![\mathcal{H}]\!] = \hat{n} \times (\mathcal{H}^+ - \mathcal{H}) \qquad (9.5.25)$$

于是, 式(9.5.23)和式(9.5.24)可以更紧凑地写为

$$\int_{\Omega^e} \mathbf{W}_i \cdot \left(\epsilon \frac{\partial \mathcal{E}}{\partial t} - \nabla \times \mathcal{H} \right) \mathrm{d}\Omega = \frac{1}{2} \oint_{\Gamma^e} \mathbf{W}_i \cdot [\![\mathcal{H}]\!] \mathrm{d}\Gamma \qquad (9.5.26)$$

$$\int_{\Omega^e} \mathbf{W}_i \cdot \left(\mu \frac{\partial \mathcal{H}}{\partial t} + \nabla \times \mathcal{E} \right) \mathrm{d}\Omega = -\frac{1}{2} \oint_{\Gamma^e} \mathbf{W}_i \cdot [\![\mathcal{E}]\!] \mathrm{d}\Gamma \qquad (9.5.27)$$

这两个式子是中心通量时域间断伽辽金法构建的基础。

在离散式(9.5.26)和式(9.5.27)之前, 我们注意到, 导电边界上的边界条件可以通过两种方式实现: 一种是直接规定边界上的未知数为零; 另一种是将场设置为以下形式:

$$\hat{n} \times \mathcal{E}^+ = -\hat{n} \times \mathcal{E}, \qquad \hat{n} \times \mathcal{H}^+ = \hat{n} \times \mathcal{H} \qquad (9.5.28)$$

而混合边界条件, 包括阻抗边界条件和一阶吸收边界条件, 可以通过下面的设置来满足:

$$\hat{n} \times \mathcal{E}^+ = -Z_s \hat{n} \times (\hat{n} \times \mathcal{H}), \qquad \hat{n} \times \mathcal{H}^+ = Y_s \hat{n} \times (\hat{n} \times \mathcal{E}) \qquad (9.5.29)$$

在这种情况下, 式(9.5.26)和式(9.5.27)等号右边的边界积分变为

$$\int_{\Gamma^e \cap \Gamma_\mathrm{M}} \mathbf{W}_i \cdot [\![\mathcal{H}]\!] \mathrm{d}\Gamma = \int_{\Gamma^e \cap \Gamma_\mathrm{M}} \mathbf{W}_i \cdot \hat{n} \times (\mathcal{H}^+ - \mathcal{H}) \mathrm{d}\Gamma$$
$$= -\int_{\Gamma^e \cap \Gamma_\mathrm{M}} [Y_s (\hat{n} \times \mathbf{W}_i) \cdot (\hat{n} \times \mathcal{E}) + \mathbf{W}_i \cdot (\hat{n} \times \mathcal{H})] \mathrm{d}\Gamma \qquad (9.5.30)$$

$$\int_{\Gamma^e \cap \Gamma_\mathrm{M}} \mathbf{W}_i \cdot [\![\mathcal{E}]\!] \mathrm{d}\Gamma = \int_{\Gamma^e \cap \Gamma_\mathrm{M}} \mathbf{W}_i \cdot \hat{n} \times (\mathcal{E}^+ - \mathcal{E}), \mathrm{d}\Gamma$$
$$= \int_{\Gamma^e \cap \Gamma_\mathrm{M}} [Z_s (\hat{n} \times \mathbf{W}_i) \cdot (\hat{n} \times \mathcal{H}) - \mathbf{W}_i \cdot (\hat{n} \times \mathcal{E})] \mathrm{d}\Gamma \qquad (9.5.31)$$

式中，Γ_M 表示阻抗边界，$\Gamma^e \cap \Gamma_M$ 表示 Γ^e 中与阻抗边界相同的部分。

现在，在每个单元中展开 $\mathscr{E}$ 和 $\mathscr{H}$，并选择一组合适的测试函数离散式(9.5.26)和式(9.5.27)。由于单元分界面两边的基函数和测试函数没有切向连续的要求，其选择更灵活。通常所用的基函数和测试函数是插值点位于单元内部的拉格朗日插值多项式和勒让德多项式。当然我们也可以使用 9.3 节中描述的矢量基函数[21]。若使用矢量基函数展开 $\mathscr{E}$ 和 $\mathscr{H}$，并且选择它们作为测试函数 $\mathbf{W}_i$ 用来离散式(9.5.26)和式(9.5.27)，则可得

$$[T_e^e]\frac{\mathrm{d}\{\mathscr{E}^e\}}{\mathrm{d}t} - [S_1^e]\{\mathscr{H}^e\} = \{f_e^e\} - [R_e^e]\{\mathscr{E}^e\} + \{b_e^e\} \tag{9.5.32}$$

$$[T_h^e]\frac{\mathrm{d}\{\mathscr{H}^e\}}{\mathrm{d}t} + [S_1^e]\{\mathscr{E}^e\} = \{f_h^e\} - [R_h^e]\{\mathscr{H}^e\} + \{b_h^e\} \tag{9.5.33}$$

式中，

$$T_e^e(i,j) = \int_{\Omega^e} \epsilon \mathbf{N}_i^e \cdot \mathbf{N}_j^e \,\mathrm{d}\Omega \tag{9.5.34}$$

$$T_h^e(i,j) = \int_{\Omega^e} \mu \mathbf{N}_i^e \cdot \mathbf{N}_j^e \,\mathrm{d}\Omega \tag{9.5.35}$$

$$S_1^e(i,j) = \frac{1}{2} \int_{\Omega^e} [\mathbf{N}_i^e \cdot (\nabla \times \mathbf{N}_j^e) + (\nabla \times \mathbf{N}_i^e) \cdot \mathbf{N}_j^e] \,\mathrm{d}\Omega \tag{9.5.36}$$

$$R_e^e(i,j) = \int_{\Omega^e} \sigma_e \mathbf{N}_i^e \cdot \mathbf{N}_j^e \,\mathrm{d}\Omega + \frac{1}{2} \int_{\Gamma^e \cap \Gamma_M} Y_s(\hat{n} \times \mathbf{N}_i^e) \cdot (\hat{n} \times \mathbf{N}_j^e) \,\mathrm{d}\Gamma \tag{9.5.37}$$

$$R_h^e(i,j) = \int_{\Omega^e} \sigma_m \mathbf{N}_i^e \cdot \mathbf{N}_j^e \,\mathrm{d}\Omega + \frac{1}{2} \int_{\Gamma^e \cap \Gamma_M} Z_s(\hat{n} \times \mathbf{N}_i^e) \cdot (\hat{n} \times \mathbf{N}_j^e) \,\mathrm{d}\Gamma \tag{9.5.38}$$

$$f_e^e(i) = \frac{1}{2} \int_{\Gamma^e \cap \Gamma_I} \mathbf{N}_i^e \cdot (\hat{n} \times \mathscr{H}^+) \,\mathrm{d}\Gamma \tag{9.5.39}$$

$$f_h^e(i) = \frac{1}{2} \int_{\Gamma^e \cap \Gamma_I} (\hat{n} \times \mathbf{N}_i^e) \cdot \mathscr{E}^+ \,\mathrm{d}\Gamma \tag{9.5.40}$$

$$b_e^e(i) = - \int_{\Omega^e} \mathbf{N}_i^e \cdot \mathscr{J}_{\mathrm{imp}} \,\mathrm{d}\Omega \tag{9.5.41}$$

$$b_h^e(i) = - \int_{\Omega^e} \mathbf{N}_i^e \cdot \mathscr{M}_{\mathrm{imp}} \,\mathrm{d}\Omega \tag{9.5.42}$$

其中，Γ_I 表示单元之间的界面。需要注意，式(9.5.32)和式(9.5.33)中包含了传导损耗(σ_e, σ_m)和外加源($\mathscr{J}_{\mathrm{imp}}, \mathscr{M}_{\mathrm{imp}}$)，以使这两个公式更具一般性。

式(9.5.32)和式(9.5.33)可以使用中心差分法离散为时间步进公式，即

$$\left(\frac{1}{\Delta t}[T_e^e] + \frac{1}{2}[R_e^e]\right)\{\mathscr{E}^e\}^{n+1} = \left(\frac{1}{\Delta t}[T_e^e] - \frac{1}{2}[R_e^e]\right)\{\mathscr{E}^e\}^n + [S_1^e]\{\mathscr{H}^e\}^{n+1/2}$$
$$+ \{f_e^e\}^{n+1/2} + \{b_e^e\}^{n+1/2} \tag{9.5.43}$$

$$\left(\frac{1}{\Delta t}[T_{\mathrm{h}}^{e}] + \frac{1}{2}[R_{\mathrm{h}}^{e}]\right)\{\mathscr{H}^{e}\}^{n+3/2} = \left(\frac{1}{\Delta t}[T_{\mathrm{h}}^{e}] - \frac{1}{2}[R_{\mathrm{h}}^{e}]\right)\{\mathscr{H}^{e}\}^{n+1/2} - [S_{1}^{e}]\{\mathscr{E}^{e}\}^{n+1}$$
$$+ \{f_{\mathrm{h}}^{e}\}^{n+1} + \{\mathscr{b}_{\mathrm{h}}^{e}\}^{n+1} \qquad (9.5.44)$$

这两个公式可以用来以蛙跳的方式逐个单元、逐个时间步地计算电场和磁场,即$\{\mathscr{E}^{e}\}^{n} \to \{\mathscr{H}^{e}\}^{n+1/2} \to \{\mathscr{E}^{e}\}^{n+1} \to \{\mathscr{H}^{e}\}^{n+3/2}$。由于相邻单元之间的场耦合是显式的,因此这个时间步进的过程是有条件稳定的,其最大时间步由单元尺寸决定。数值实验表明,使用类似于 9.3.2 节中所描述的矢量基函数,时域间断伽辽金解按照 $O(h^{p})$ 收敛,其中 h 表示单元尺寸,p 表示基函数的阶数。与时域有限元法相比,时域间断伽辽金法的收敛更慢,这主要是由于使用中心通量进行耦合及使用有限差分对时域离散而引起的。

9.5.3 迎风通量时域间断伽辽金法

另一种流行的时域间断伽辽金方案是使用迎风通量来耦合有限元分界面两边的场。通过对两个单元的分界面求解一维黎曼问题[25],可以得到数值通量为

$$\mathscr{F}_{\mathrm{e}} = \hat{n} \times \frac{Y^{+}\mathscr{E}^{+} + \hat{n} \times \mathscr{H}^{+}}{Y^{+} + Y}, \qquad \mathscr{F}_{\mathrm{h}} = \hat{n} \times \frac{Z^{+}\mathscr{H}^{+} - \hat{n} \times \mathscr{E}^{+}}{Z^{+} + Z} \qquad (9.5.45)$$

式中,$Z(=1/Y)$ 和 $Z^{+}(=1/Y^{+})$ 表示两个单元的特性阻抗。$\mathscr{E}^{+}$ 和 $\mathscr{H}^{+}$ 之间的特定关系使该通量具有方向性,因为 $\mathscr{E}^{+} \times \mathscr{H}^{+}$ 指向 $\hat{n}$ 的反方向,通量传播进入单元。把式(9.5.45)中的两个表达式分别代入式(9.5.20)和式(9.5.21),得到

$$\int_{\Omega^{e}} \mathbf{W}_{i} \cdot \left(\epsilon\frac{\partial\mathscr{E}}{\partial t} - \nabla \times \mathscr{H}\right) \mathrm{d}\Omega = \oint_{\Gamma^{e}} \overline{Z}^{-1}\mathbf{W}_{i} \cdot (Z^{+}[\![\mathscr{H}]\!] - \hat{n} \times [\![\mathscr{E}]\!])\mathrm{d}\Gamma \qquad (9.5.46)$$

$$\int_{\Omega^{e}} \mathbf{W}_{i} \cdot \left(\mu\frac{\partial\mathscr{H}}{\partial t} + \nabla \times \mathscr{E}\right) \mathrm{d}\Omega = -\oint_{\Gamma^{e}} \overline{Y}^{-1}\mathbf{W}_{i} \cdot (Y^{+}[\![\mathscr{E}]\!] + \hat{n} \times [\![\mathscr{H}]\!])\mathrm{d}\Gamma \qquad (9.5.47)$$

式中,$\overline{Z} = Z + Z^{+}$,$\overline{Y} = Y + Y^{+}$。这两个方程是迎风通量时域间断伽辽金法构建的基础。

在上述公式中,使用特性阻抗有助于对边界条件的处理。对于理想导体边界,可以直接将边界上的离散电场值设置为零,也可以通过设置 $Z^{+}=0$,$Y^{+}=\infty$ 和 $\mathscr{E}^{+}=0$,间接地满足边界条件。这里无须对 $\mathscr{H}^{+}$ 进行处理,因为所有相关的项均在式(9.5.46)和式(9.5.47)中被消去。对于混合边界条件,有

$$\hat{n} \times \mathscr{H}^{+} - Y^{+}\hat{n} \times (\hat{n} \times \mathscr{E}^{+}) = 0 \qquad (9.5.48)$$

$$\hat{n} \times \mathscr{E}^{+} + Z^{+}\hat{n} \times (\hat{n} \times \mathscr{H}^{+}) = 0 \qquad (9.5.49)$$

可以看到,在式(9.5.46)和式(9.5.47)中,所有 $\mathscr{H}^{+}$ 的相关项均被 $\mathscr{E}^{+}$ 的相关项抵消。因此,可以简单地设置 $\mathscr{E}^{+}=0$,$\mathscr{H}^{+}=0$,$Z^{+}=Z_{\mathrm{s}}$ 和 $Y^{+}=1/Z_{\mathrm{s}}$,其中 Z_{s} 表示给定的边界阻抗。

为了离散式(9.5.46)和式(9.5.47),我们使用矢量基函数 $\mathbf{N}_{j}^{e}$ 展开 $\mathscr{E}$ 和 $\mathscr{H}$,并且选择相同的矢量基函数 $\mathbf{N}_{i}^{e}$ 作为测试函数,由此得到

$$[T_{\mathrm{e}}^{e}]\frac{\mathrm{d}\{\mathscr{E}^{e}\}}{\mathrm{d}t} - [S_{2}^{e}]\{\mathscr{H}^{e}\} = \{f_{\mathrm{e}}^{e}\} - [F_{\mathrm{ee}}^{e}]\{\mathscr{E}^{e}\} - [F_{\mathrm{eh}}^{e}]\{\mathscr{H}^{e}\} \qquad (9.5.50)$$

$$[T_{\mathrm{h}}^{e}]\frac{\mathrm{d}\{\mathscr{H}^{e}\}}{\mathrm{d}t} + [S_{2}^{e}]\{\mathscr{E}^{e}\} = \{f_{\mathrm{h}}^{e}\} - [F_{\mathrm{he}}^{e}]\{\mathscr{E}^{e}\} - [F_{\mathrm{hh}}^{e}]\{\mathscr{H}^{e}\} \qquad (9.5.51)$$

式中，$[T_e^e]$ 和 $[T_h^e]$ 与式(9.5.32)和式(9.5.33)中的相同，其余的矩阵和向量为

$$S_2^e(i,j) = \int_{\Omega^e} \mathbf{N}_i^e \cdot (\nabla \times \mathbf{N}_j^e)\, d\Omega \tag{9.5.52}$$

$$F_{ee}^e(i,j) = \oint_{\Gamma^e} \overline{Z}^{-1}(\hat{n} \times \mathbf{N}_i^e) \cdot (\hat{n} \times \mathbf{N}_j^e)\, d\Gamma \tag{9.5.53}$$

$$F_{eh}^e(i,j) = \oint_{\Gamma^e} \overline{Z}^{-1} Z^+ \mathbf{N}_i^e \cdot (\hat{n} \times \mathbf{N}_j^e)\, d\Gamma \tag{9.5.54}$$

$$F_{he}^e(i,j) = \oint_{\Gamma^e} \overline{Y}^{-1} Y^+ (\hat{n} \times \mathbf{N}_i^e) \cdot \mathbf{N}_j^e\, d\Gamma \tag{9.5.55}$$

$$F_{hh}^e(i,j) = \oint_{\Gamma^e} \overline{Y}^{-1}(\hat{n} \times \mathbf{N}_i^e) \cdot (\hat{n} \times \mathbf{N}_j^e)\, d\Gamma \tag{9.5.56}$$

$$f_e^e(i) = \oint_{\Gamma^e} \overline{Z}^{-1}[(\hat{n} \times \mathbf{N}_i^e) \cdot (\hat{n} \times \mathscr{E}^+) + Z^+ \mathbf{N}_i^e \cdot (\hat{n} \times \mathscr{H}^+)]\, d\Gamma \tag{9.5.57}$$

$$f_h^e(i) = \oint_{\Gamma^e} \overline{Y}^{-1}[(\hat{n} \times \mathbf{N}_i^e) \cdot (\hat{n} \times \mathscr{H}^+) - Y^+ \mathbf{N}_i^e \cdot (\hat{n} \times \mathscr{E}^+)]\, d\Gamma \tag{9.5.58}$$

注意，$\{f_e^e\}$ 和 $\{f_h^e\}$ 中包含了紧邻单元外侧的离散场。

为了使用中心差分法对式(9.5.50)和式(9.5.51)以蛙跳的方式进行时间离散，必须将 $\{f_e^e\}^{n+1/2}$ 中的 $\mathscr{E}^+$ 用第 n 时间步的值近似，将 $\{f_h^e\}^{n+1}$ 中的 $\mathscr{H}^+$ 用第 $n+1/2$ 时间步的值近似，这种近似将降低解的精度。更好的做法是使用诸如龙格-库塔法[26]之类的方法，对式(9.5.50)和式(9.5.51)进行积分。下面介绍这种时间积分方案，首先将式(9.5.50)和式(9.5.51)改写如下：

$$\frac{d\{\mathscr{E}^e\}}{dt} = \{rhsE^e\}$$
$$= [T_e^e]^{-1}(\{f_e^e\} - [F_{ee}^e]\{\mathscr{E}^e\} - [F_{eh}^e]\{\mathscr{H}^e\} + [S_2^e]\{\mathscr{H}^e\}) \tag{9.5.59}$$

$$\frac{d\{\mathscr{H}^e\}}{dt} = \{rhsH^e\}$$
$$= [T_h^e]^{-1}(\{f_h^e\} - [F_{he}^e]\{\mathscr{E}^e\} - [F_{hh}^e]\{\mathscr{H}^e\} - [S_2^e]\{\mathscr{E}^e\}) \tag{9.5.60}$$

然后，可将这两个方程更紧凑地写为

$$\frac{d\mathbf{q}}{dt} = \mathbf{F}(t, \mathbf{q}) \tag{9.5.61}$$

式中，$\mathbf{q} = [\{\mathscr{E}^e\}, \{\mathscr{H}^e\}]^T$，$\mathbf{F} = [\{rhsE^e\}, \{rhsH^e\}]^T$。从 $\mathbf{q}^n$ 求 $\mathbf{q}^{n+1}$ 的 s 阶显式龙格-库塔法由下式给出：

$$\mathbf{q}^{n+1} = \mathbf{q}^n + \sum_{i=1}^{s} b_i \mathbf{q}^{(i)} \tag{9.5.62}$$

式中，

$$\mathbf{q}^{(1)} = \Delta t \mathbf{F}(t^n, \mathbf{q}^n)$$
$$\mathbf{q}^{(2)} = \Delta t \mathbf{F}(t^n + c_2 \Delta t, \mathbf{q}^n + a_{21}\mathbf{q}^{(1)})$$
$$\mathbf{q}^{(3)} = \Delta t \mathbf{F}(t^n + c_3 \Delta t, \mathbf{q}^n + a_{31}\mathbf{q}^{(1)} + a_{32}\mathbf{q}^{(2)})$$

$$\vdots$$

$$\mathbf{q}^{(s)} = \Delta t \mathbf{F}(t^n + c_s \Delta t, \mathbf{q}^n + a_{s1}\mathbf{q}^{(1)} + a_{s2}\mathbf{q}^{(2)} + \cdots + a_{s,s-1}\mathbf{q}^{(s-1)})$$

其中 a_{ij}、b_i 和 c_j 为参数, 它们决定了此方法的准确度和稳定特性。例如, 广为流行的四阶龙格–库塔法为

$$\mathbf{q}^{n+1} = \mathbf{q}^n + \frac{1}{6}(\mathbf{q}^{(1)} + 2\mathbf{q}^{(2)} + 2\mathbf{q}^{(3)} + \mathbf{q}^{(4)}) \qquad (9.5.63)$$

式中,

$$\mathbf{q}^{(1)} = \Delta t \mathbf{F}(t^n, \mathbf{q}^n)$$

$$\mathbf{q}^{(2)} = \Delta t \mathbf{F}(t^n + \frac{1}{2}\Delta t, \mathbf{q}^n + \frac{1}{2}\mathbf{q}^{(1)})$$

$$\mathbf{q}^{(3)} = \Delta t \mathbf{F}(t^n + \frac{1}{2}\Delta t, \mathbf{q}^n + \frac{1}{2}\mathbf{q}^{(2)})$$

$$\mathbf{q}^{(4)} = \Delta t \mathbf{F}(t^n + \Delta t, \mathbf{q}^n + \mathbf{q}^{(3)})$$

使用此显式龙格–库塔法, 可以逐个单元、逐个时间步地计算电场和磁场。每一步中包含四个子步骤, 而每个子步骤需要逐个计算整个求解域中每个单元的电场和磁场。因此, 其计算量是使用中心通量时域间断伽辽金法的四倍。然而, 由于使用了高阶时间积分, 当使用类似 9.3.2 节中的矢量基函数时, 这种时域间断伽辽金解以 $O(h^{p+1})$ 收敛。这两种时域间断伽辽金算法之间的另外一个差别是中心通量时域间断伽辽金算法的能量守恒, 所以时间步进中没有数值耗散, 而迎风通量时域间断伽辽金算法有数值耗散。幸运的是, 当基函数的阶数增加时, 这种数值耗散会显著地减小[24]。

类似中心通量时域间断伽辽金算法, 迎风通量时域间断伽辽金算法也是有条件稳定的。其最大时间步受限于整个计算区域中的最小单元。正如之前提到的, 此问题可以通过使用局部时间步进得到一定程度的改善, 即基于单元的大小将计算区域划分成不同的区域, 然后根据区域中的最小单元为每一个区域定义一个局部时间步大小。在计算某个区域中的场时, 所需要的通量可以通过对其相邻区域中当前求出的场插值或外推得到。如果较大时间步是最小时间步的倍数, 则整个计算区域中的时间推进可以与最大的时间步同步, 因此这种情况下的局部时间步进实现起来更容易一些。

9.5.4 应用算例

所考虑的例子是一个 2×2 微带天线阵, 其几何结构如图 9.22(a) 所示。馈电同轴线的内外半径分别为 0.48 mm 和 1.5 mm, 填充媒质的 $\epsilon_r = 1.86$。整个阵列印制在 $\epsilon_r = 2.67$, $\mu_r = 1.0$ 的基板上, 并被封装在接地面上尺寸为 127.2 mm×116 mm×7 mm 的腔中。为进行数值分析, 整个计算区域划分为 42 965 个四面体单元。使用混合一阶和二阶基函数, 时域有限元仿真有 258 778 个未知数, 时域间断伽辽金仿真有 784 588 个未知数。图 9.22(b) 给出了计算得到的四个天线单元之间的互耦(表示为 S 参数)。具体地说, 它显示了 1~3 GHz 的 4×4 散射矩阵。在计算时, 当一个天线被激励时, 其他三个天线输出端接匹配负载。在图 9.22(b) 中, 使用中心通量时域间断伽辽金算法得到的结果与使用时域有限元法得到的结果进行了比较。

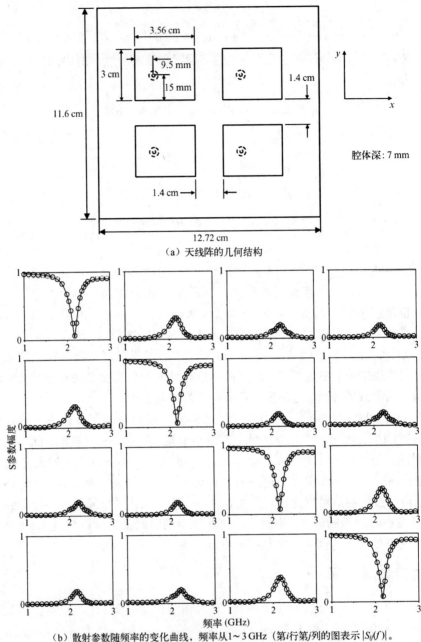

（a）天线阵的几何结构

（b）散射参数随频率的变化曲线，频率从1～3 GHz（第*i*行第*j*列的图表示|$S_{ij}(f)$|。实线表示FETD结果，圆圈表示由中心通量DGTD计算得到的结果）

图 9.22　2×2 微带天线阵的互耦仿真

9.6　吸收边界条件与理想匹配层

　　与有限差分法相同，用有限元法处理开放区域电磁问题的一个主要挑战是如何对无限大求解空间进行截断，从而得到有限的计算区域。吸收边界条件和理想匹配层是两种广泛应用于有限元法网格截断的方法。

9.6.1 二维吸收边界条件

第8章介绍的吸收边界条件也可用于有限元法中,其中包括式(8.5.10)给出的一阶条件,即

$$\frac{\partial \varphi}{\partial n} \approx -\mathrm{j}k\varphi \tag{9.6.1}$$

以及式(8.5.14)给出的二阶条件,即

$$\frac{\partial \varphi}{\partial n} \approx -\mathrm{j}k\varphi - \frac{\mathrm{j}}{2k}\frac{\partial^2 \varphi}{\partial s^2} \tag{9.6.2}$$

式中,$\partial / \partial n$ 表示法向导数;$\partial^2 / \partial s^2$ 表示二阶切向导数。这些条件都是针对平面边界推导的。在有限元法中,可以使用曲面边界截断网格,这通常可以显著提高吸收性能。虽然式(9.6.1)和式(9.6.2)也可以用于曲面,但我们更希望使用能充分考虑曲率影响的吸收边界条件。

曲面边界的吸收边界条件可以由波函数解的渐近形式推导得到。对于二维情况,远离源处的场可以表示为

$$\varphi(\rho, \phi) \approx A(\phi)\frac{\mathrm{e}^{-\mathrm{j}k\rho}}{\sqrt{\rho}} \tag{9.6.3}$$

对 ρ 求偏导,得到

$$\frac{\partial \varphi}{\partial \rho} \approx \left(-\mathrm{j}k - \frac{1}{2\rho}\right)A(\phi)\frac{\mathrm{e}^{-\mathrm{j}k\rho}}{\sqrt{\rho}} = \left(-\mathrm{j}k - \frac{1}{2\rho}\right)\varphi \tag{9.6.4}$$

上式为**一阶吸收边界条件**。显然,对于 ρ 很大的情况,它就简化成了式(9.6.1)。而要得到更准确的高阶吸收边界条件,可以考虑使用下面更准确的渐近形式的波函数解:

$$\varphi(\rho, \phi) = \frac{\mathrm{e}^{-\mathrm{j}k\rho}}{\sqrt{\rho}}\sum_{n=0}^{\infty}\frac{a_n(\phi)}{\rho^n} \tag{9.6.5}$$

将上式代入亥姆霍兹方程,即

$$\frac{1}{\rho}\frac{\partial}{\partial \rho}\left(\rho\frac{\partial \varphi}{\partial \rho}\right) + \frac{1}{\rho^2}\frac{\partial^2 \varphi}{\partial \phi^2} + k^2\varphi = 0 \tag{9.6.6}$$

得到 $a_n(\phi)$ 的递推关系为

$$-2\mathrm{j}k(n+1)a_{n+1} = \left(n + \frac{1}{2}\right)^2 a_n + \frac{\partial^2 a_n}{\partial \phi^2} \tag{9.6.7}$$

为推导边界条件,现在把式(9.6.5)对 ρ 求偏导,得到

$$\frac{\partial \varphi}{\partial \rho} = \left(-\mathrm{j}k - \frac{1}{2\rho}\right)\varphi - \frac{\mathrm{e}^{-\mathrm{j}k\rho}}{\sqrt{\rho}}\sum_{n=1}^{\infty}\frac{na_n(\phi)}{\rho^{n+1}} \tag{9.6.8}$$

如果忽略 $O(\rho^{-5/2})$ 阶的项,则可以得到式(9.6.4)表示的一阶吸收边界条件。然而,使用式(9.6.7),保留靠前的几项,经过一些处理之后,可得

$$\frac{\partial\varphi}{\partial\rho} = \left(-\mathrm{j}k - \frac{1}{2\rho} + \frac{1}{8\mathrm{j}k\rho^2} + \frac{1}{8k^2\rho^3}\right)\varphi + \left(\frac{1}{2\mathrm{j}k\rho^2} + \frac{1}{2k^2\rho^3}\right)\frac{\partial^2\varphi}{\partial\phi^2} + O\left(\frac{1}{\rho^{9/2}}\right) \quad (9.6.9)$$

若忽略 $O(\rho^{-9/2})$ 阶的项，则可得**二阶吸收边界条件**[27]

$$\frac{\partial\varphi}{\partial\rho} \approx \left(-\mathrm{j}k - \frac{1}{2\rho} + \frac{1}{8\mathrm{j}k\rho^2} + \frac{1}{8k^2\rho^3}\right)\varphi + \left(\frac{1}{2\mathrm{j}k\rho^2} + \frac{1}{2k^2\rho^3}\right)\frac{\partial^2\varphi}{\partial\phi^2} \quad (9.6.10)$$

保留靠前的更多项，上面描述的渐进方法可用于推导更高阶的吸收边界条件。一种更系统的方法[28]是定义一个算子序列为

$$\mathcal{B}_m = \left(\frac{\partial}{\partial\rho} + \mathrm{j}k + \frac{4m-3}{2\rho}\right)\mathcal{B}_{m-1} \quad (9.6.11)$$

式中，$\mathcal{B}_0 = 1$。可以证明算子 $\mathcal{B}_m$ 可消除式(9.6.5)的前 m 项，最后得到

$$\mathcal{B}_m\varphi = O(\rho^{-2m-1/2}) \quad (9.6.12)$$

为了说明这一点，首先考虑 $\mathcal{B}_1\varphi$，它可以写为

$$\mathcal{B}_1\varphi = \left(\frac{\partial}{\partial\rho} + \mathrm{j}k + \frac{1}{2\rho}\right)\varphi = -\frac{\mathrm{e}^{-\mathrm{j}k\rho}}{\sqrt{\rho}}\sum_{n=1}^{\infty}\frac{na_n(\phi)}{\rho^{n+1}} = O(\rho^{-5/2}) \quad (9.6.13)$$

接下来假设

$$\mathcal{B}_{m-1}\varphi = \frac{\mathrm{e}^{-\mathrm{j}k\rho}}{\sqrt{\rho}}\sum_{n=2(m-1)}^{\infty}\frac{b_n(\phi)}{\rho^n} = O(\rho^{-2(m-1)-1/2}) \quad (9.6.14)$$

然后考虑 $\mathcal{B}_m\varphi$，由式(9.6.11)和式(9.6.14)得到

$$\mathcal{B}_m\varphi = \left(\frac{\partial}{\partial\rho} + \mathrm{j}k + \frac{4m-3}{2\rho}\right)\mathcal{B}_{m-1}\varphi$$

$$= \frac{2(m-1)}{\rho}\mathcal{B}_{m-1}\varphi - \frac{\mathrm{e}^{-\mathrm{j}k\rho}}{\sqrt{\rho}}\sum_{n=2(m-1)}^{\infty}\frac{nb_n(\phi)}{\rho^{n+1}} \quad (9.6.15)$$

把式(9.6.14)代入上式，得到

$$\mathcal{B}_m\varphi = \frac{\mathrm{e}^{-\mathrm{j}k\rho}}{\sqrt{\rho}}\left[\frac{2(m-1)}{\rho}\sum_{n=2(m-1)}^{\infty}\frac{b_n(\phi)}{\rho^n} - \sum_{n=2(m-1)}^{\infty}\frac{nb_n(\phi)}{\rho^{n+1}}\right]$$

$$= \frac{\mathrm{e}^{-\mathrm{j}k\rho}}{\sqrt{\rho}}\left[\sum_{n=2m-1}^{\infty}\frac{2(m-1)b_n(\phi)}{\rho^{n+1}} - \sum_{n=2m-1}^{\infty}\frac{nb_n(\phi)}{\rho^{n+1}}\right] \quad (9.6.16)$$

$$= \frac{\mathrm{e}^{-\mathrm{j}k\rho}}{\sqrt{\rho}}\sum_{n=2m-1}^{\infty}\frac{c_n(\phi)}{\rho^{n+1}} = O(\rho^{-2m-1/2})$$

这就证明了式(9.6.12)。因此，式(9.6.12)可以用来系统地推导高阶吸收边界条件。需要说明的是，二阶边界条件的使用最广泛，因为它在算法上很容易实现，而且可以保留有限元矩阵原有的对称性和稀疏性。

对于非圆形的边界，吸收边界条件可以通过下面的替换获得：

$$\frac{\partial}{\partial \rho} \rightarrow \frac{\partial}{\partial n}, \qquad \frac{1}{\rho} \rightarrow \kappa(s), \qquad \frac{1}{\rho^2}\frac{\partial^2}{\partial \phi^2} \rightarrow \frac{\partial^2}{\partial s^2} \tag{9.6.17}$$

式中，s 表示沿边界度量的长度，$\kappa(s)$ 表示边界的曲率。有了以上替换之后，式(9.6.4)和式(9.6.10)中的一阶和二阶吸收边界条件变为

$$\frac{\partial \varphi}{\partial n} \approx \left(-\mathrm{j}k - \frac{\kappa}{2}\right)\varphi \tag{9.6.18}$$

$$\frac{\partial \varphi}{\partial n} \approx \left(-\mathrm{j}k - \frac{\kappa}{2} + \frac{\kappa^2}{8\mathrm{j}k} + \frac{\kappa^3}{8k^2}\right)\varphi + \left(\frac{1}{2\mathrm{j}k} + \frac{\kappa}{2k^2}\right)\frac{\partial^2 \varphi}{\partial s^2} \tag{9.6.19}$$

式(9.6.18)可以用于非光滑边界，而使用式(9.6.19)时一般需要选择一个光滑的边界，以使有限元矩阵保持原有的对称性和稀疏性。

9.6.2　三维吸收边界条件

如同 9.3.3 节中所述，对于三维电磁问题，最简单的吸收边界条件是索末菲辐射条件，表示为

$$\hat{n} \times (\nabla \times \mathbf{E}) \approx -jk\hat{n} \times (\hat{n} \times \mathbf{E}) \tag{9.6.20}$$

式中，$\hat{n}$ 为吸收表面的单位法向矢量。该边界条件对于垂直入射波可完全吸收，而对于与法向成大角度的入射波，则会产生显著的反射。然而，当距离场的源足够远时，大多数波以与法向成小角度入射至吸收表面，因此可以被有效地吸收。在有限元分析中，实现式(9.6.20)是比较直接的，因为它可以看成式(9.3.7)的一个特例。

式(9.6.20)给出的吸收边界条件是一阶的。高阶边界条件[29, 30]可以基于下面的矢量波函数解的渐近展开式求得：

$$\mathbf{E}(r, \theta, \phi) = \frac{\mathrm{e}^{-\mathrm{j}kr}}{r} \sum_{n=0}^{\infty} \frac{\mathbf{A}_n(\theta, \phi)}{r^n} \tag{9.6.21}$$

式中，$\mathbf{A}_n$ 仅为 θ 和 ϕ 的矢量函数，与 r 无关。正如二维情况，我们可以构建一个消除式(9.6.21)中前 m 项的 m 阶微分算子。考虑下面定义的微分算子：

$$\mathcal{L}_m \mathbf{u} = \hat{r} \times \nabla \times \mathbf{u} - \left(\mathrm{j}k + \frac{m}{r}\right)\mathbf{u}, \qquad m = 0, 1, 2, \cdots \tag{9.6.22}$$

很容易证明

$$\mathcal{L}_m\left[\frac{\mathrm{e}^{-\mathrm{j}kr}}{r}\frac{\mathbf{A}_{n,\mathrm{t}}(\theta, \phi)}{r^n}\right] = \left[-\frac{1}{r}\left(1 + \frac{\partial}{\partial r}\right) - \left(\mathrm{j}k + \frac{m}{r}\right)\right]\frac{\mathrm{e}^{-\mathrm{j}kr}}{r}\frac{\mathbf{A}_{n,\mathrm{t}}(\theta, \phi)}{r^n}$$
$$= (n - m)\frac{\mathrm{e}^{-\mathrm{j}kr}}{r}\frac{\mathbf{A}_{n,\mathrm{t}}(\theta, \phi)}{r^{n+1}} \tag{9.6.23}$$

式中，下标"t"表示相对于径向的横向矢量部分。进一步可以证明

$$\mathcal{L}_m\left[\nabla_{\mathrm{t}}\left(\frac{\mathrm{e}^{-\mathrm{j}kr}}{r}\frac{A_{n,r}(\theta, \phi)}{r^n}\right)\right] = \frac{(n + 1 - m)}{r}\left(\hat{\theta}\frac{1}{r}\frac{\partial}{\partial \theta} + \hat{\phi}\frac{1}{r\sin\theta}\frac{\partial}{\partial \phi}\right)\frac{\mathrm{e}^{-\mathrm{j}kr}}{r}\frac{A_{n,r}(\theta, \phi)}{r^n}$$
$$= (n + 1 - m)\nabla_{\mathrm{t}}\left(\frac{\mathrm{e}^{-\mathrm{j}kr}}{r}\frac{A_{n,r}(\theta, \phi)}{r^{n+1}}\right) \tag{9.6.24}$$

式中, 下标"r"表示相关矢量的径向分量。应当注意, 在上面两种情况中, $\mathcal{L}_m$ 的作用是产生一个整数并将 r 的幂指数加 1, 而不影响被作用函数的角度依赖关系。基于以上观察, 我们可以定义一个算子 $\mathcal{B}_m$ 为

$$\mathcal{B}_m\mathbf{u} = (\mathcal{L}_{m-1})^m\mathbf{u}_t + s(\mathcal{L}_m)^{m-1}\nabla_t u_r, \qquad m = 1, 2, 3, \cdots \tag{9.6.25}$$

式中, s 是一个任意数[30]。$\mathcal{L}_{m-1}$ 的上标"m"表示算子 $\mathcal{L}_{m-1}$ 应用 m 次, $\mathcal{L}_m$ 的上标"$m-1$"表示算子 $\mathcal{L}_m$ 应用 $m-1$ 次。反复应用式(9.6.23)和式(9.6.24)的结果, 可以证明

$$\mathcal{B}_m\left[\frac{\mathrm{e}^{-\mathrm{j}kr}}{r}\frac{\mathbf{A}_n(\theta,\phi)}{r^n}\right] = (n+1-m)(n+2-m)\cdots(n-1)\frac{\mathrm{e}^{-\mathrm{j}kr}}{r}\frac{\mathbf{A}_{n,t}(\theta,\phi)}{r^{n+m}}$$
$$+ s(n+1-m)(n+2-m)\cdots(n-2)(n-1)\nabla_t\left(\frac{\mathrm{e}^{-\mathrm{j}kr}}{r}\frac{A_{n,r}(\theta,\phi)}{r^{n+m-1}}\right) \tag{9.6.26}$$

众所周知, 在场的展开式中有 $A_{0,r} = 0$, 因而当 $n = 0, 1, 2, \cdots, m-1$ 时, 式(9.6.26)等号的右边项为零。换句话说, 把 $\mathcal{B}_m$ 应用于式(9.6.21), 可以消除其前 m 项, 只有 $n > m-1$ 的项才能得到保留。但是, 应用算子 $\mathcal{B}_m$ 之后, 这些项将正比于 $1/r^{n+m+1}$(注意, 在球坐标中, ∇_t 包含因子 $1/r$)。因此, 当 $\mathcal{B}_m$ 应用于式(9.6.21)时, 有

$$\mathcal{B}_m\mathbf{E} = O(r^{-(2m+1)}) \tag{9.6.27}$$

由此可近似地得到

$$\mathcal{B}_m\mathbf{E} \approx 0 \tag{9.6.28}$$

上式即可视为包围全部场源的球面上的近似边界条件。

式(9.6.28)提供了一种推导吸收边界条件的系统方法。例如, 考虑 $m = 1$, 可得

$$\mathcal{B}_1\mathbf{E} = \hat{r} \times \nabla \times \mathbf{E}_t - \mathrm{j}k\mathbf{E}_t + s\nabla_t E_r \approx 0 \tag{9.6.29}$$

由于 $\hat{r} \times \nabla \times (\hat{r}E_r) = \nabla_t E_r$, 上式可以写为

$$\hat{r} \times \nabla \times \mathbf{E} \approx -\mathrm{j}k\hat{r} \times \hat{r} \times \mathbf{E} - (s-1)\nabla_t E_r \tag{9.6.30}$$

因为包含 $\nabla_t E_r$ 项, 所以在有限元分析中直接实现上面的条件将导致矩阵非对称。然而, 此项可以通过选择 $s = 1$ 去除。此时, 式(9.6.30)将退化成式(9.6.20)所示的索末菲辐射条件。当此条件应用于平面时, 对于横电场和横磁场平面波, 其反射系数为

$$R_{\mathrm{TE}} = R_{\mathrm{TM}} = \frac{\cos\theta - 1}{\cos\theta + 1} \tag{9.6.31}$$

现在, 考虑 $m = 2$, 首先可得

$$\mathcal{B}_2\mathbf{E} = \mathcal{L}_1[\mathcal{L}_1(\mathbf{E}_t)] + s\mathcal{L}_2(\nabla_t E_r)$$
$$= -2\left(\mathrm{j}k + \frac{1}{r}\right)\hat{r} \times \nabla \times \mathbf{E} + 2\mathrm{j}k\left(\mathrm{j}k + \frac{1}{r}\right)\mathbf{E}_t + \nabla \times [\hat{r}\hat{r} \cdot (\nabla \times \mathbf{E})] \tag{9.6.32}$$
$$+ (s-1)\nabla_t(\nabla_t \cdot \mathbf{E}) + (2-s)\mathrm{j}k\nabla_t E_r$$

由上式得到一个近似的二阶吸收边界条件

$$\hat{r} \times \nabla \times \mathbf{E} \approx -\mathrm{j}k\hat{r} \times \hat{r} \times \mathbf{E} + \frac{r}{2(\mathrm{j}kr+1)}\left\{\nabla \times [\hat{r}\hat{r} \cdot (\nabla \times \mathbf{E})] + \nabla_t(\nabla_t \cdot \mathbf{E})\right\} \tag{9.6.33}$$

此处选择 $s = 2$, 将含有 $\nabla_t E_r$ 的项消除, 以免其破坏有限元矩阵的对称性。当式(9.6.33)所示的吸收边界条件应用于平面时, 对于横电场入射平面波, 其反射系数为

$$R_{\mathrm{TE}} = \frac{\cos\theta + \frac{1}{2}\sin^2\theta - 1}{\cos\theta - \frac{1}{2}\sin^2\theta + 1} \tag{9.6.34}$$

而对于横磁场入射平面波,其反射系数为

$$R_{\mathrm{TM}} = \frac{\cos\theta + \frac{1}{2}\sin^2\theta\cos\theta - 1}{\cos\theta + \frac{1}{2}\sin^2\theta\cos\theta + 1} \tag{9.6.35}$$

式(9.6.34)所示的反射系数与精确的二阶吸收边界条件相同,而式(9.6.35)相对稍差,这是由于设置 $s=2$ 所导致的。若令 $s=1$,则 R_{TM} 的表达式将与式(9.6.34)相同。

在有限元分析中,参考文献[9]对式(9.6.33)的实现进行了详细介绍。当式(9.6.33)用于光滑吸收边界时,式(9.3.5)的弱式解为

$$\int_\Omega \left[\frac{1}{\mu_{\mathrm{r}}}(\nabla\times\mathbf{W}_i)\cdot(\nabla\times\mathbf{E}) - k_0^2\epsilon_{\mathrm{r}}\mathbf{W}_i\cdot\mathbf{E} \right]\mathrm{d}\Omega + \int_{\Gamma_{\mathrm{ABC}}} \left[jk_0(\hat{n}\times\mathbf{W}_i)\cdot(\hat{n}\times\mathbf{E}) \right.$$

$$\left. + \beta(\nabla\times\mathbf{W}_i)_n\cdot(\nabla\times\mathbf{E})_n + \beta(\nabla_{\mathrm{t}}\cdot\mathbf{W}_i)(\nabla_{\mathrm{t}}\cdot\mathbf{E}) \right]\mathrm{d}\Gamma = -jk_0Z_0\int_\Omega \mathbf{W}_i\cdot\mathbf{J}_{\mathrm{imp}}\,\mathrm{d}\Omega \tag{9.6.36}$$

式中,Γ_{ABC} 表示吸收边界,$\beta = 1/(2jk_0 + 2\kappa)$,此处的 κ 表示边界的曲率。对于球面,有 $\hat{n} = \hat{r}$ 和 $\kappa = 1/r$。图 9.23 所示为垂直入射时一个金属立方体的单站 RCS 的测量值与使用二阶吸收边界条件的有限元方法计算值的比较[31]。所用的吸收边界距离立方体边缘 0.15λ,为简化起见,计算中省去了吸收边界条件中的 $\beta(\nabla_{\mathrm{t}}\cdot\mathbf{W}_i)(\nabla_{\mathrm{t}}\cdot\mathbf{E})$ 项。想要得到更精确的解,读者可参阅参考文献[32],其中阐述了对该项的具体处理方法。

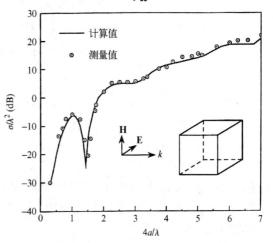

图 9.23　边长为 a 的金属立方体的单站 RCS

9.6.3　理想匹配层

如同在有限差分法中的情形,理想匹配层是有限元法中的一种截断计算区域的有效手段。然而,基于场分裂或拉伸坐标构建的理想匹配层,在有限元分析中的实现十分不便。更好的方法是把理想匹配层看成一种各向异性吸收媒质[33, 34],从而使其在有限元法中的实现更直接。为了构建各向异性媒质的理想匹配层,我们将式(8.5.21)至式(8.5.24)所示的基于拉伸坐标的修正麦克斯韦方程转换成常规麦克斯韦方程。若令 $\mathbf{E}^{\mathrm{c}}$ 和 $\mathbf{H}^{\mathrm{c}}$ 表示式(8.5.21)至式(8.5.24)中的修正变形麦克斯韦方程的场量,则可定义新的场量 $\mathbf{E}^{\mathrm{a}}$ 和 $\mathbf{H}^{\mathrm{a}}$ 为

$$\mathbf{E}^{\mathrm{a}} = \begin{bmatrix} s_x & 0 & 0 \\ 0 & s_y & 0 \\ 0 & 0 & s_z \end{bmatrix}\cdot\mathbf{E}^{\mathrm{c}}, \qquad \mathbf{H}^{\mathrm{a}} = \begin{bmatrix} s_x & 0 & 0 \\ 0 & s_y & 0 \\ 0 & 0 & s_z \end{bmatrix}\cdot\mathbf{H}^{\mathrm{c}} \tag{9.6.37}$$

在此定义下,很容易得到

$$\nabla_s \times \mathbf{E}^c = \begin{bmatrix} \dfrac{1}{s_y s_z} & 0 & 0 \\ 0 & \dfrac{1}{s_z s_x} & 0 \\ 0 & 0 & \dfrac{1}{s_x s_y} \end{bmatrix} \cdot \nabla \times \mathbf{E}^a, \qquad \mathbf{H}^c = \begin{bmatrix} \dfrac{1}{s_x} & 0 & 0 \\ 0 & \dfrac{1}{s_y} & 0 \\ 0 & 0 & \dfrac{1}{s_z} \end{bmatrix} \cdot \mathbf{H}^a \qquad (9.6.38)$$

将上式代入式(8.5.21),得到

$$\nabla \times \mathbf{E}^a = -\mathrm{j}\omega\mu\,\overline{\mathbf{\Lambda}} \cdot \mathbf{H}^a \qquad (9.6.39)$$

式中,

$$\overline{\mathbf{\Lambda}} = \begin{bmatrix} \dfrac{s_y s_z}{s_x} & 0 & 0 \\ 0 & \dfrac{s_z s_x}{s_y} & 0 \\ 0 & 0 & \dfrac{s_x s_y}{s_z} \end{bmatrix} \qquad (9.6.40)$$

类似地,式(8.5.22)至式(8.5.24)可以变换为

$$\nabla \times \mathbf{H}^a = \mathrm{j}\omega\epsilon\,\overline{\mathbf{\Lambda}} \cdot \mathbf{E}^a \qquad (9.6.41)$$

$$\nabla \cdot (\epsilon\,\overline{\mathbf{\Lambda}} \cdot \mathbf{E}^a) = 0 \qquad (9.6.42)$$

$$\nabla \cdot (\mu\,\overline{\mathbf{\Lambda}} \cdot \mathbf{H}^a) = 0 \qquad (9.6.43)$$

这些方程可认为是介电常数张量为 $\epsilon\overline{\mathbf{\Lambda}}$、磁导率张量为 $\mu\,\overline{\mathbf{\Lambda}}$ 的各向异性媒质中的常规麦克斯韦方程。正如式(8.5.21)至式(8.5.24)中的修正麦克斯韦方程,它们在理想匹配层之外 $s_x = s_y = s_z = 1$ 的区域内退化为标准麦克斯韦方程。而在理想匹配层内部,场量与式(8.5.21)至式(8.5.24)中的不同,但这并不重要,因为我们对理想匹配层内部的场不感兴趣。由于式(9.6.39)和式(9.6.41)至式(9.6.43)直接由式(8.5.21)至式(8.5.24)推导而来,因此由它们定义的各向异性媒质,同样无论频率、极化和入射角如何,平面波入射在其表面均不会产生反射。

上面的理想匹配各向异性吸收媒质基于修正麦克斯韦方程推导得到。它们也可不依赖于前面的先验知识而独立推导出来[33],其过程如下:从各向异性媒质中的麦克斯韦方程出发:

$$\nabla \times \mathbf{E} = -\mathrm{j}\omega\mu\,\overline{\mathbf{\Lambda}} \cdot \mathbf{H} \qquad (9.6.44)$$

$$\nabla \times \mathbf{H} = \mathrm{j}\omega\epsilon\,\overline{\mathbf{\Lambda}} \cdot \mathbf{E} \qquad (9.6.45)$$

$$\nabla \cdot (\epsilon\,\overline{\mathbf{\Lambda}} \cdot \mathbf{E}) = 0 \qquad (9.6.46)$$

$$\nabla \cdot (\mu\,\overline{\mathbf{\Lambda}} \cdot \mathbf{H}) = 0 \qquad (9.6.47)$$

式中, $\overline{\mathbf{\Lambda}}$ 为待求的未知对称张量,此处表示为

$$\overline{\mathbf{\Lambda}} = \begin{bmatrix} a & 0 & 0 \\ 0 & b & 0 \\ 0 & 0 & c \end{bmatrix} \qquad (9.6.48)$$

对于在此媒质中传播的平面波,式(9.6.44)和式(9.6.45)变为

$$\mathbf{k} \times \mathbf{E} = \omega\mu\, \overline{\mathbf{\Lambda}} \cdot \mathbf{H} \tag{9.6.49}$$

$$\mathbf{k} \times \mathbf{H} = -\omega\epsilon\, \overline{\mathbf{\Lambda}} \cdot \mathbf{E} \tag{9.6.50}$$

式中，$\mathbf{k}$ 为传播矢量。消去 $\mathbf{H}$ 可得

$$\mathbf{k} \times (\overline{\mathbf{\Lambda}}^{-1} \cdot \mathbf{k} \times \mathbf{E}) = \omega\mu \mathbf{k} \times \mathbf{H} = -\omega^2 \mu\epsilon\, \overline{\mathbf{\Lambda}} \cdot \mathbf{E} \tag{9.6.51}$$

上式可以更具体地写为

$$\begin{bmatrix} k^2 a - \dfrac{k_y^2}{c} - \dfrac{k_z^2}{b} & \dfrac{k_x k_y}{c} & \dfrac{k_z k_x}{b} \\[2mm] \dfrac{k_x k_y}{c} & k^2 b - \dfrac{k_z^2}{a} - \dfrac{k_x^2}{c} & \dfrac{k_y k_z}{a} \\[2mm] \dfrac{k_z k_x}{b} & \dfrac{k_y k_z}{a} & k^2 c - \dfrac{k_x^2}{b} - \dfrac{k_y^2}{a} \end{bmatrix} \cdot \mathbf{E} = 0 \tag{9.6.52}$$

式中，$k^2 = \omega^2 \mu\,\epsilon$。为使此方程有非零解，其系数矩阵的行列式必须为零，因此得到色散关系为

$$\frac{k_x^2}{bc} + \frac{k_y^2}{ac} + \frac{k_z^2}{ab} = k^2 \tag{9.6.53}$$

此方程的解为

$$k_x = k\sqrt{bc}\,\sin\theta\cos\phi, \qquad k_y = k\sqrt{ac}\,\sin\theta\sin\phi, \qquad k_z = k\sqrt{ab}\,\cos\theta \tag{9.6.54}$$

上面的结果表明，传播矢量的每一个分量均可随 a、b 和 c 的变化而改变。

下面考虑位于 xy 平面的分界面，其上半空间为介电常数和磁导率分别为 ϵ 和 μ 的均匀媒质，下半空间为上面所讨论的各向异性媒质（见图 9.24）。对于从上半空间入射到此分界面的 TE_z 极化平面波，其入射场、反射场和透射场可写为

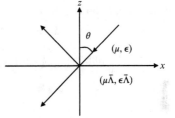

图 9.24 平面波入射到各向异性媒质表面

$$\mathbf{E}^{\mathrm{i}} = \hat{y} E_0\, \mathrm{e}^{jk(x\sin\theta^{\mathrm{i}} + z\cos\theta^{\mathrm{i}})} \tag{9.6.55}$$

$$\mathbf{E}^{\mathrm{r}} = \hat{y} R_{\mathrm{TE}} E_0\, \mathrm{e}^{jk(x\sin\theta^{\mathrm{r}} - z\cos\theta^{\mathrm{r}})} \tag{9.6.56}$$

$$\mathbf{E}^{\mathrm{t}} = \hat{y} T_{\mathrm{TE}} E_0\, \mathrm{e}^{jk(x\sqrt{bc}\,\sin\theta^{\mathrm{t}} + z\sqrt{ab}\,\cos\theta^{\mathrm{t}})} \tag{9.6.57}$$

不失一般性，假设入射波传播矢量位于 xz 平面，由麦克斯韦方程可得相应的磁场为

$$\mathbf{H}^{\mathrm{i}} = (\hat{x}\cos\theta^{\mathrm{i}} - \hat{z}\sin\theta^{\mathrm{i}}) \frac{E_0}{\eta}\, \mathrm{e}^{jk(x\sin\theta^{\mathrm{i}} + z\cos\theta^{\mathrm{i}})} \tag{9.6.58}$$

$$\mathbf{H}^{\mathrm{r}} = -(\hat{x}\cos\theta^{\mathrm{r}} + \hat{z}\sin\theta^{\mathrm{r}}) R_{\mathrm{TE}} \frac{E_0}{\eta}\, \mathrm{e}^{jk(x\sin\theta^{\mathrm{r}} - z\cos\theta^{\mathrm{r}})} \tag{9.6.59}$$

$$\mathbf{H}^{\mathrm{t}} = \left(\hat{x}\sqrt{\frac{b}{a}}\cos\theta^{\mathrm{t}} - \hat{z}\sqrt{\frac{b}{c}}\sin\theta^{\mathrm{t}} \right) T_{\mathrm{TE}} \frac{E_0}{\eta}\, \mathrm{e}^{jk(x\sqrt{bc}\,\sin\theta^{\mathrm{t}} + z\sqrt{ab}\,\cos\theta^{\mathrm{t}})} \tag{9.6.60}$$

由电场和磁场在分界面（$z=0$）上的切向分量连续的条件，得到

$$\sin\theta^{\mathrm{r}} = \sqrt{bc}\,\sin\theta^{\mathrm{t}} = \sin\theta^{\mathrm{i}} \tag{9.6.61}$$

及

$$1 + R_{\text{TE}} = T_{\text{TE}} \tag{9.6.62}$$

$$\cos\theta^{\text{i}} - R_{\text{TE}}\cos\theta^{\text{r}} = T_{\text{TE}}\sqrt{\frac{b}{a}}\cos\theta^{\text{t}} \tag{9.6.63}$$

由此求得

$$R_{\text{TE}} = \frac{\cos\theta^{\text{i}} - \sqrt{\dfrac{b}{a}}\cos\theta^{\text{t}}}{\cos\theta^{\text{i}} + \sqrt{\dfrac{b}{a}}\cos\theta^{\text{t}}} \tag{9.6.64}$$

使用相同的过程,可得 TM_z 入射波的反射系数为

$$R_{\text{TM}} = -\frac{\cos\theta^{\text{i}} - \sqrt{\dfrac{b}{a}}\cos\theta^{\text{t}}}{\cos\theta^{\text{i}} + \sqrt{\dfrac{b}{a}}\cos\theta^{\text{t}}} \tag{9.6.65}$$

其幅度与 R_{TE} 相同。

仔细检查上面的结果可以发现:若 $\sqrt{bc}=1$,则 $\theta^{\text{t}}=\theta^{\text{i}}$;若进一步令 $a=b$,则 $R_{\text{TE}}=R_{\text{TM}}=0$。换句话说,若将式(9.6.48)中的 $\overline{\boldsymbol{\Lambda}}$ 定义为

$$a = b = \frac{1}{c} \tag{9.6.66}$$

则该各向异性媒质的分界面对任意频率、极化和入射角的入射平面波均不会产生反射。此时,式(9.6.54)变为

$$k_x = k\sin\theta\cos\phi, \qquad k_y = k\sin\theta\sin\phi, \qquad k_z = ka\cos\theta \tag{9.6.67}$$

上式表明,可以通过选择 a 值来衰减波在 z 方向的传播。若选择 $a=s_z$,则 $\overline{\boldsymbol{\Lambda}}$ 变为

$$\overline{\boldsymbol{\Lambda}} = \begin{bmatrix} s_z & 0 & 0 \\ 0 & s_z & 0 \\ 0 & 0 & 1/s_z \end{bmatrix} \tag{9.6.68}$$

此式与理想匹配层界面垂直于 z 轴且 $s_x=s_y=1$ 情况下的式(9.6.40)相同。

使用理想匹配层,可以为开放空间电磁问题的仿真设置图 8.12 所示的计算空间。此外,有限元法的灵活性也使得使用非矩形理想匹配层成为可能。事实上,柱面和球面的理想匹配层公式已经被推导出并成功应用于有限元法分析[35,36]。正如第 8 章所讨论的,对于数值仿真,理想匹配层依旧需要用一个外边界来截断,通常使用理想导体平面。因此,必须保证理想匹配层提供足够的衰减,使得被截断边界反射后而重新进入物理求解空间的场小到可以忽略不计。

通过使用各向异性吸收媒质模型,在频域有限元法中实现理想匹配层是非常直接的。除了 $(\nabla\times\mathbf{W}_i)\cdot(\nabla\times\mathbf{E})$ 和 $\mathbf{W}_i\cdot\mathbf{E}$ 分别用 $(\nabla\times\mathbf{W}_i)\cdot\overline{\boldsymbol{\Lambda}}^{-1}\cdot(\nabla\times\mathbf{E})$ 和 $\mathbf{W}_i\cdot\overline{\boldsymbol{\Lambda}}\cdot\mathbf{E}$ 替代,理想匹配层的弱式波动方程与式(9.3.11)相同。在时域有限元法中实现理想匹配层则相对比较复杂,因为介电常数张量和磁导率张量均与频率相关,因而理想匹配层只能作为各向异性的色散媒质来模拟[37]。为此,我们可以应用 9.4 节介绍的色散媒质的时域有限元处理手段进行模

拟。与吸收边界条件相比,理想匹配层最主要的优势在于其吸收效果可以通过增加层数得到提升,或者与之等效地增加理想匹配层的导电率和网格密度。

　　作为一个验证算例,图 9.25 所示为一个橄榄核状的金属体在 9 GHz 的 VV 极化入射时的单站 RCS[36]。该金属体由两个半顶拱组成,顶部半长为 12.7 cm,最大半径为 2.54 cm,尖端半角为 22.62°,而底部半长为 6.35 cm,最大半径为 2.54 cm,尖端半角为 46.4°。在有限元分析中,计算空间使用了柱面理想匹配层来截断。如图中曲线所示,计算结果与实测数据吻合得很好。

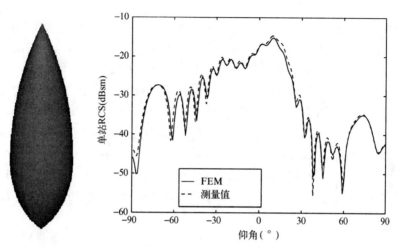

图 9.25　橄榄核状金属体在 9 GHz 的 VV 极化入射时的单站 RCS

9.7　数值计算中的几个实际问题

　　当使用有限元法求解边值问题时,我们首先需要建立网格,然后基于网格和边界条件建立矩阵方程,最后求解此矩阵方程。本节将讨论网格生成和矩阵求解中的一些计算问题。

9.7.1　网格生成

　　在前面介绍的有限元分析中,我们总是假设对于所考虑的计算空间已存在剖分好的网格,然而获取这样的网格剖分并不容易。有限元网格可以分为两大类:结构化网格和非结构化网格。结构化网格的特点是所有单元均具有固定数量的相邻单元,而非结构化网格则没有这种限制。结构化网格一般包括四边形或者六面体单元,而非结构化网格通常是三角形或者四面体单元,因为所有多边形(多面体)空间都可以剖分成三角形(四面体)的单元网格。

　　非结构化网格的质量由单元形状的规则性决定,其定义为单元最大内切圆(球)半径与单元最大尺寸的比值。构建非结构化网格最常用的方法有八叉树法、Delaunay 法和波前推进法。第一种方法首先将结构分成若干个子块,然后继续将这些块细分,直至得到希望的几何分辨率,然后使用四面体单元将这些子块网格化。第二种方法使用 Delaunay 准则(网格中任何节点不能被包含在任何四面体的外接球内),根据给定的一组节点产生一个四面体网格,然后通过插入新节点以细化网格。第三种方法是从已经网格化的边界出发,向内部逐渐推进增加单元,最后生成整个区域的网格。

9.7.2　矩阵求解方法

有限元矩阵方程的高效求解是非常重要的,因为在使用有限元法求解问题的过程中,绝大多数计算机资源(存储和时间)均消耗在此步骤上。实现高效求解的关键有矩阵存储方案、矩阵求解方法(直接求解或者迭代求解)和矩阵预条件处理(对于迭代求解的情况)。

有限元法产生的矩阵是非零元素占比很小的稀疏矩阵。可以通过仅存储非零元素,将矩阵的存储需求从 $O(N^2)$ 降至 $O(N)$。常用的稀疏矩阵存储方法有压缩行存储和压缩列存储。

矩阵求解方法的选择对计算效率有显著影响,因此选择一个最符合矩阵特点的求解方法显得非常重要。矩阵求解方法可以分为两类,第一类是基于高斯消元法或 LU 分解的**直接求解**。这些方法通常用于求解满阵,但也可以应用于带状存储的稀疏矩阵,甚至作为波前法和多波前法应用于完全稀疏矩阵[38,39]。另一类求解方法是迭代求解,这类求解通常只占用很少的额外存储,因为它们根据迭代算法反复计算矩阵与向量的乘积,直到获得收敛解[40]。这类方法最主要的不足是其有可能需要很多次迭代之后才能收敛。一般来说,迭代求解的收敛速度主要取决于系数矩阵的本征值在复平面上的位置。若所有本征值聚集在 $(1,0)$ 附近,则收敛通常是快速的。据此可以使用预条件处理将本征值移到 $(1,0)$ 附近,从而减少迭代次数。构建预条件处理可以从问题的物理特性或系数矩阵的结构特点出发。

9.7.3　高阶单元

虽然大多数有限元公式使用单元内线性变化的基函数,但也可以使用更为精确的高阶多项式作为基函数。参考文献中给出了针对标量节点单元[8,9]和矢量棱边单元[41,42]的高阶基函数。

高阶基函数分为两类:**插值基函数**和**分层基函数**。插值基函数基于单元上的一组基本节点,每一个基函数均具有相同的阶数,且在一个节点处为1,在其他节点处为零。与之相对应,分层基函数则通过在低阶基函数中添加高阶基函数形成。这样,单元上的解就能展开成不同阶数基函数的线性组合。这两种基函数具有相同的精度,但是根据应用情况,一种基函数可能优于另一种。一般来说,插值基函数可以生成一个具有较好条件数的矩阵,而使用分层基函数则允许在一个有限元解中使用不同阶的基函数,从而得到更优化的解。

由于高阶基函数对场解的插值更精确,随着单元阶数的增加,有限元法一般会得到更准确的结果。更具体地说,对于光滑函数可以证明,若 p 是基函数的阶数,h 表示单元尺寸与基函数阶数的比值,λ 表示激励源的波长,则插值误差为 $O[(h/\lambda)^{p+1}]$。因此,在光滑解的情况下,有限元解的误差随着高阶基函数的使用而下降。而如果原问题的真实解中含有奇点,则该插值误差估计不再成立。在奇点附近使用低阶基函数和更小尺寸的单元通常更为有效。

当有限元法应用于亥姆霍兹方程(标量或矢量情况)时,模拟的波传播速度与真实值之间存在微小的差别。因此,数值解的相位存在数值误差,这种误差称为**数值相位误差**。基于均匀媒质中平面波传播的有限元分析可以证明,传播一个波长产生的相位误差正比于 $O[(h/\lambda)^{2p}]$。从这里看出,相位误差随着单元基函数阶数的增加而呈指数下降。因此,高阶基函数特别适合波在大尺寸区域中传播问题的仿真。

由于单元之间连续性的要求,构建高阶基函数,特别是高阶矢量基函数对于传统的有限元分析是非常具有挑战性的。而在时域间断伽辽金法中,高阶基函数的应用则非常简单,因为每个单元的基函数完全独立。事实上,这一点通常被认为是时域间断伽辽金法中的两个主要优势之一,它可以比较方便地使用高阶基函数来获得更精确的解。

9.7.4　曲边单元

除了单元基函数可以定义为任意阶数的多项式,单元形状的几何表述也可以使用任意阶数的多项式。图 9.3 所示的单元是一种线性几何结构,因为所有的边和面均为直线和平面,因此该单元可以通过坐标的线性函数描述,这类单元称为线性单元。若单元的边和面用坐标的高阶多项式函数表示,则相应的单元称为高阶几何单元。例如,我们也许希望三角形单元的一条边穿过它的两个顶点和另一个不在连接这两个顶点的直线上的额外节点,此时就可以使用一个二阶函数来表示这条曲边。这样的单元可以用于对弯曲边界的准确模拟,它们称为曲边单元。当单元形状几何表述的阶数与其中基函数的阶数相同时,该单元称为**等参单元**,否则称为**亚参单元**(几何阶数较低)或**超参单元**(几何阶数较高)。

9.7.5　自适应有限元分析

由于每个单元中的解均用基函数的展开来近似表示,因此任何有限元解都存在误差。对误差的量化分析是有限元法的一个重要扩展,因为它开启了自适应有限元分析的可能性。自适应有限元分析可以显著地提高有限元法的效率。

自适应有限元分析的目的是优化单元大小(由 h 表示)和基函数阶数(由 p 表示),以使用最少数量的未知数来取得预定的精度。其通常的实现过程为:选择一个初始的粗略离散网格求解原问题;基于这个粗略解计算相关量(例如能量),并估计误差分布和全局误差;基于误差分布,通过改变 h 和(或)p 有选择地对解进行改进;在新的离散网格下重新求解此问题,并重复这个过程,直至全局误差下降到期望值以下。

实现自适应过程的核心是误差估计,由于这样的误差估计需要一个现有的解才能进行,所以被称为**事后误差估计**。事后误差估计有许多种方法[43,44],通常的方法是基于有限元公式和感兴趣的输出量,通过数学推导得到的。但有时也可以单纯从问题的物理本质出发构建。例如,对于矢量场问题,可以使用偏微分方程的残差和 Neumann 边界条件的残差对每一个单元进行误差估计,同时也可以利用各单元边(面)上场的连续性进行估计。

9.8　小结

本章介绍了电磁问题的有限元法分析的基本原理和公式建立过程。我们从一个简单例子出发说明了有限元分析的基本思想和步骤;然后推导了标量场有限元分析的公式,介绍了通过使用矢量基函数(也称为棱边元)求解矢量波动方程的矢量场问题有限元分析;之后,将矢量场的有限元分析拓展至时域,同时也介绍了基于数值通量的具有高度灵活性和高效率的时域间断伽辽金法。各节都给出了算例来展示有限元法的适用范围和精度。我们还讨论了使用有限元法处理开放区域问题的一个重要问题——使用吸收边界条件和理想匹配层截断计算区域。希望通过本章的介绍,读者能够基本了解电磁场仿真中的有限元法。需要了解更详细内容的读者可查阅相关专著,例如参考文献[8,9],而参考文献[14]则给出了更多的应用算例。

原著参考文献

1. R. L. Courant, "Variational methods for the solution of problems of equilibrium and vibration," *Bull. Am. Math. Soc.*, vol. 49, no. 1, pp. 1-23, 1943.

2. P. P. Silvester, "Finite element solution of homogeneous waveguide problems," *Alta Freq.*, vol. 38, pp. 313-317, 1969.

3. K. K. Mei, "Unimoment method of solving antenna and scattering problems," *IEEE Trans. Antennas Propag.*, vol. 22, no. 6, pp. 760-766, 1974.

4. S. P. Marin, "Computing scattering amplitudes for arbitrary cylinders under incident plane waves," *IEEE Trans. Antennas Propag.*, vol. 30, no. 6, pp. 1045-1049, 1982.

5. J. C. Nedelec, "Mixed finite elements in R^3," *Numer. Math.*, vol. 35, pp. 315-341, 1980.

6. A. Bossavit and J. C. Verite, "A mixed FEM-BIEM method to solve 3-D eddy current problems," *IEEE Trans. Magn.*, vol. 18, no. 2, pp. 431-435, 1982.

7. M. L. Barton and Z. J. Cendes, "New vector finite elements for three-dimensional magnetic field computation," *J. Appl. Phys.*, vol. 61, pp. 3919-3921, 1987.

8. P. P. Silvester and R. L. Ferrari, *Finite Elements for Electrical Engineers* (3rd edition). Cambridge, UK: Cambridge University Press, 1996.

9. J.-M. Jin, *The Finite Element Method in Electromagnetics* (3rd edition). Hoboken, NJ: John Wiley & Sons, Inc., 2014.

10. J. M. Jin and J. Chen, "On the SAR and field inhomogeneity of birdcage coils loaded with the human head," *Magn. Reson. Med.*, vol. 38, no. 6, pp. 953-963, 1997.

11. J. Liu, J.-M. Jin, E. K. N. Yung, and R. S. Chen, "A fast three-dimensional higher-order finite element analysis of microwave waveguide devices," *Microwave Opt. Technol. Lett.*, vol. 32, no. 5, pp. 344-352, 2002.

12. S. H. Lee and J. M. Jin, "Adaptive solution space projection for fast and robust wideband finite-element simulation of microwave components," *IEEE Microwave Wireless Compon. Lett.*, vol. 17, no. 7, pp. 474-476, 2007.

13. N. M. Newmark, "A method of computation for structural dynamics," *J. Eng. Mech. Div. Proc. Am. Soc. Civil Eng.*, vol. 85, pp. 67-94, 1959.

14. J.-M. Jin and D. J. Riley, *Finite Element Analysis of Antennas and Arrays*. Hoboken, NJ: John Wiley & Sons, Inc., 2008.

15. D. Jiao and J. M. Jin, "Time-domain finite element simulation of cavity-backed microstrip patch antennas," *Microwave Opt. Technol. Lett.*, vol. 32, no. 4, pp. 251-254, 2002.

16. Z. Lou and J. M. Jin, "Modeling and simulation of broadband antennas using the time-domain FEM," *IEEE Trans. Antennas Propag.*, vol. 53, no. 12, pp. 4099-4110, 2005.

17. B. Cockburn, G. E. Karniadakis, and C.-W. Shu, *Discontinuous Galerkin Methods: Theory, Computation and Applications*, vol. 11, Berlin: Springer-Verlag, 2000.

18. J. S. Hesthaven and T. Warburton, "Nodal high-order methods on unstructured grids-I. Time-domain solution of Maxwell's equations," *J. Comput. Phys.*, vol. 181, pp. 186-211, 2002.

19. L. Fezoui, S. Lanteri, S. Lohrengel, and S. Piperno, "Convergence and stability of a discontinuous Galerkin time-domain method for the 3D heterogeneous Maxwell equations on unstructured meshes," *ESAIM: Math.*

Modell. Numer. Anal., vol. 39, pp. 1149-1176, 2005.

20. V. Dolean, H. Fol, S. Lanteri, and R. Perrussel, "Solution of the time-harmonic Maxwell equations using discontinuous Galerkin methods," *J. Comput. Appl. Math.*, vol. 218, pp. 435-445, 2008.

21. S. D. Gedney, C. Luo, J. A. Roden, R. D. Crawford, B. Guernsey, J. A. Miller, T. Kramer, and E. W. Lucas, "The discontinuous Galerkin finite-element time-domain method solution of Maxwell's equations," *Appl. Comput. Electromagn. Soc. J.*, vol. 24, no. 2, pp. 129-142, 2009.

22. J. H. Lee, J. Chen, and Q. H. Liu, "A 3-D discontinuous spectral element time-domain method for Maxwell's equations," *IEEE Trans. Antennas Propag.*, vol. 57, pp. 2666-2674, 2009.

23. S. Dosopoulos and J. F. Lee, "Interior penalty discontinuous Galerkin FEM for the time-dependent first order Maxwell's equations," *IEEE Trans. Antennas Propag.*, vol. 58, pp. 4085-4090, 2010.

24. X. Li and J. M. Jin, "A comparative study of three finite element-based explicit numerical schemes for solving Maxwell's equations," *IEEE Trans. Antennas Propag.*, vol. 60, pp. 1450-1457, 2012.

25. V. Shankar, A. H. Mohammadian, and W. F. Hall, "A time-domain finite-volume treatment for the Maxwell's equations," *Electromagnetics*, vol. 10, pp. 127-145, 1990.

26. J. C. Butcher, *Numerical Methods for Ordinary Differential Equations* (2nd edition). Chichester, UK: John Wiley & Sons, Ltd., 2003.

27. R. Mittra and O. M. Ramahi, "Absorbing boundary conditions for the direct solution of partial differential equations arising in electromagnetic scattering problems," in *PIER 2: Finite Element and FDM in Electromagnetic Scattering*, M. A. Morgan, Ed. New York: Elsevier, 1990, pp. 133-173.

28. A. Bayliss, M. Gunzburger, and E. Turkel, "Boundary conditions for the numerical solution of elliptic equations in exterior regions," *SIAM J. Appl. Math.*, vol. 42, pp. 430-451, 1982.

29. A. F. Peterson, "Absorbing boundary conditions for the vector wave equation," *Microwave Opt. Technol. Lett.*, vol. 1, no. 2, pp. 62-64, 1988.

30. J. P. Webb and V. N. Kanellopoulos, "Absorbing boundary conditions for the finite element solution of the vector wave equation," *Microwave Opt. Technol. Lett.*, vol. 2, no. 10, pp. 370-372, 1989.

31. A. Chatterjee, J. M. Jin, and J. L. Volakis, "Edge-based finite elements and vector ABCs applied to 3D scattering," *IEEE Trans. Antennas Propag.*, vol. 41, no. 2, pp. 221-226, 1993.

32. M. M. Botha and D. B. Davidson, "Rigorous, auxiliary variable-based implementation of a second-order ABC for the vector FEM," *IEEE Trans. Antennas Propag.*, vol. 54, no. 11, pp. 3499-3504, 2006.

33. Z. S. Sacks, D. M. Kingsland, R. Lee, and J.-F. Lee, "A perfectly matched anisotropic absorber for use as an absorbing boundary condition," *IEEE Trans. Antennas Propag.*, vol. 43, no. 12, pp. 1460-1463, 1995.

34. S. D. Gedney, "An anisotropic perfectly matched layer absorbing medium for the truncation of FDTD lattices," *IEEE Trans. Antennas Propag.*, vol. 44, no. 12, pp. 1630-1639, 1996.

35. W. C. Chew, J. M. Jin, and E. Michielssen, "Complex coordinate stretching as a generalized absorbing boundary condition," *Microwave Opt. Technol. Lett.*, vol. 15, no. 6, pp. 363-369, 1997.

36. A. D. Greenwood and J. M. Jin, "A novel efficient algorithm for scattering from a complex BOR using vector FEM and cylindrical PML," *IEEE Trans. Antennas Propag.*, vol. 47, no. 4, pp. 620-629, 1999.

37. D. Jiao, J. M. Jin, E. Michielssen, and D. Riley, "Time-domain finite-element simulation of three-dimensional scattering and radiation problems using perfectly matched layers," *IEEE Trans. Antennas Propag.*, vol. 51, no. 2, pp. 296-305, 2003.

38. B. M. Irons, "A frontal method solution program for finite element analysis," *Int. J. Numer. Methods Eng.*, vol. 2, pp. 5-32, 1970.

39. J. W. H. Liu, "The multifrontal method for sparse matrix solution: theory and practice," *SIAM Rev.*, vol. 34, pp. 82-109, 1992.

40. R. Barrett, M. Berry, T. F. Chan, J. Demmel, J. Donato, J. Dongarra, V. Eijkhout, R. Pozo, C. Romine, and H. V. der Vorst, *Templates for the Solution of Linear Systems: Building Blocks for Iterative Methods* (2nd edition). Philadelphia, PA: SIAM, 1994.

41. R. D. Graglia, D. R. Wilton, and A. F. Peterson, "Higher order interpolatory vector bases for computational electromagnetics," *IEEE Trans. Antennas Propag.*, vol. 45, no. 3, pp. 329-342, 1997.

42. J. P. Webb, "Hierarchical vector basis functions of arbitrary order for triangular and tetrahedral finite elements," *IEEE Trans. Antennas Propag.*, vol. 47, no. 8, pp. 1244-1253, 1999.

43. M. Ainsworth and J. T. Oden, "A posteriori error estimation in finite element analysis," *Comput. Meth. Appl. Mech. Eng.*, vol. 142, pp. 1-88, 1997.

44. J. T. Oden, L. Demkowicz, W. Rachowicz, and T. A. Westermann, "Toward a universal *h-p* adaptive finite element strategy, part 2: a posteriori error estimation," *Comput. Meth. Appl. Mech. Eng.*, vol. 77, pp. 113-180, 1989.

习题

9.1 考虑由下面的微分方程定义的一维边值问题：

$$\frac{\mathrm{d}^2\varphi(x)}{\mathrm{d}x^2} + \varphi(x) = 1, \quad 0 < x < 1$$

边界条件为

$$\varphi|_{x=0} = 1, \qquad \varphi|_{x=1} = 0$$

根据9.1.2节中所描述的过程，将求解区域分为三段，使用线性基函数求解此问题的有限元解；并将此解与精确解进行比较。

9.2 一维二次插值需要一个单元中的三个节点：两个端点上各一个节点和中间一个节点。首先，推导一维二次插值基函数；然后，用一个单元和其上的二次基函数重做习题9.1，并将结果与精确解进行比较。

9.3 假设习题9.1中 $x=1$ 处的边界条件变为

$$\left[\frac{\mathrm{d}\varphi}{\mathrm{d}x} + \mathrm{j}\varphi\right]_{x=1} = 0$$

将求解区域划分成三段，使用线性基函数求解此问题的有限元解，并将该结果与精确解进行比较。

9.4 按照对三角形单元推导式(9.2.11)的类似过程，推导四面体单元上的线性插值函数。

9.5 本题的目的是推导式(9.2.31)。作为第一步，证明变换式 $\xi = N_1^e(x,y)$ 和 $\eta = N_2^e(x,y)$ 将图9.4中的三角形映射成 $\xi\eta$ 平面上的一个直角三角形。第二步，证明 $N_3^e(x,y) = 1-\xi-\eta$ 和 $\mathrm{d}x\mathrm{d}y = 2\Delta^e \mathrm{d}\xi\mathrm{d}\eta$，由此有

$$\iint_{\Delta^e} (N_1^e)^l (N_2^e)^m (N_3^e)^n \, \mathrm{d}\Omega = 2\Delta^e \int_0^1 \xi^l \int_0^{1-\xi} \eta^m (1-\xi-\eta)^n \, \mathrm{d}\eta \, \mathrm{d}\xi$$

最后，求上式的积分，并由此推得式(9.2.31)。

9.6 编写计算空气填充矩形波导中横电场模式和横磁场模式的截止波数和场分布的计算机程序。将结果与解析解进行比较。

9.7 式(9.2.49)至式(9.2.54)是以散射场表示的导电柱体的二维散射计算公式。首先把散射计算公式扩展到计算介质柱体的散射，然后重新推导以总场表示的此问题的计算公式。

9.8 证明由式(9.3.53)和式(9.3.49)定义的三维散射问题的弱式解可表示为

$$\iiint_V \left[\frac{1}{\mu_r} (\nabla \times \mathbf{W}_i) \cdot (\nabla \times \mathbf{E}^{sc}) - k_0^2 \epsilon_r \mathbf{W}_i \cdot \mathbf{E}^{sc} \right] dV + jk_0 \oiint_{S_{ABC}} (\hat{n} \times \mathbf{W}_i) \cdot (\hat{n} \times \mathbf{E}^{sc}) \, dS$$

$$= -\iiint_{V_{sc}} \left[\frac{1}{\mu_r} (\nabla \times \mathbf{W}_i) \cdot (\nabla \times \mathbf{E}^{inc}) - k_0^2 \epsilon_r \mathbf{W}_i \cdot \mathbf{E}^{inc} \right] dV + jk_0 Z_0 \oiint_{S_{sc}} \mathbf{W}_i \cdot (\hat{n} \times \mathbf{H}^{inc}) \, dS$$

式中，S_{ABC} 表示截断表面，在其上应用吸收边界条件；V_{sc} 表示介质散射体的体积，S_{sc} 表示其表面。

9.9 考虑由下面的偏微分方程定义的一维问题：

$$\frac{\partial^2 \varphi(x,t)}{\partial x^2} - \frac{1}{c^2} \frac{\partial^2 \varphi(x,t)}{\partial t^2} - \mu\sigma \frac{\partial \varphi(x,t)}{\partial t} = f(x,t), \qquad 0 < x < L$$

其边界条件为

$$\varphi(x,t)|_{x=0} = p(t)$$

$$\left[\frac{\partial \varphi(x,t)}{\partial x} + \frac{1}{c} \frac{\partial \varphi(x,t)}{\partial t} \right]_{x=L} = q(t)$$

使用有限元法离散此问题，并推导下面的离散系统：

$$[T] \frac{d^2 \{\varphi\}}{dt^2} + [R] \frac{d\{\varphi\}}{dt} + [S]\{\varphi\} = \{b\}$$

推导矩阵 $[T]$、$[R]$、$[S]$ 和向量 $\{b\}$ 中各元素的具体表达式。

9.10 考虑一条传输线，其上的瞬时电压 $\mathcal{V}(z,t)$ 和瞬时电流 $\mathcal{I}(z,t)$ 满足下面的偏微分方程：

$$\frac{\partial \mathcal{V}}{\partial z} + L \frac{\partial \mathcal{I}}{\partial t} + R\mathcal{I} = v(z,t)$$

$$\frac{\partial \mathcal{I}}{\partial z} + C \frac{\partial \mathcal{V}}{\partial t} + G\mathcal{V} = i(z,t)$$

式中，v 和 i 表示分布源。首先，把这两个方程变换成对 $\mathcal{V}(z,t)$ 或 $\mathcal{I}(z,t)$ 的二阶偏微分方程。第二，用类似 9.4 节所描述的过程推导使用时域有限元法求解这个方程的公式，并讨论如何在传输线终端满足短路($\mathcal{V}=0$)、开路($\mathcal{I}=0$)和负载条件($\mathcal{V}=Z_L\mathcal{I}$)。第三，设计一个传输线问题，用已推得的时域有限元法求解。

9.11 重新考虑习题 9.10 中的传输线问题，使用中心通量和迎风通量开发时域间断伽辽金算法，求解对 $\mathcal{V}(z,t)$ 和 $\mathcal{I}(z,t)$ 的两个一阶偏微分方程。讨论如何在传输线终端满足短路($\mathcal{V}=0$)、开路($\mathcal{I}=0$)和负载条件($\mathcal{V}=Z_L\mathcal{I}$)。最后，设计一个传输线问题，用已推得的时域间断伽辽金算法求解。

9.12 使用式(9.6.11)和式(9.6.12)推导二阶吸收边界条件，并证明其等价于式(9.6.10)所示的吸收边界条件。

9.13 考虑由下面的亥姆霍兹方程定义的边值问题：

$$\nabla^2 \varphi(x,y) + k^2 \varphi(x,y) = f(x,y)$$

及式(9.6.19)所示的吸收边界条件。推导可生成一个对称的有限元矩阵的弱式表达式。

9.14 当式(9.6.33)应用于平面时，证明横电场和横磁场入射波的反射系数分别由式(9.6.34)和式(9.6.35)给出。

9.15 对于式(9.6.44)至式(9.6.47)中的麦克斯韦方程，在其中$\overline{\mathbf{\Lambda}}$由式(9.6.40)给出，而$s_{x,y,z} = 1 - \mathrm{j}\sigma_{x,y,z}/\omega\,\epsilon$，证明其矢量波动方程表示为

$$\nabla \times \left[\overline{\mathbf{L}}_2(\mathrm{j}\omega) \cdot \nabla \times \mathbf{E} \right] - \overline{\mathbf{L}}_1(\mathrm{j}\omega) \cdot \mathbf{E} = 0$$

式中，

$$\overline{\mathbf{L}}_1(s) = s^2 \epsilon \overline{\mathbf{\Lambda}}(s)$$

$$= \epsilon s^2 + s \begin{bmatrix} \sigma_y + \sigma_z - \sigma_x & 0 & 0 \\ 0 & \sigma_z + \sigma_x - \sigma_y & 0 \\ 0 & 0 & \sigma_x + \sigma_y - \sigma_z \end{bmatrix}$$

$$+ \frac{1}{\epsilon} \begin{bmatrix} (\sigma_x - \sigma_y)(\sigma_x - \sigma_z) & 0 & 0 \\ 0 & (\sigma_y - \sigma_z)(\sigma_y - \sigma_x) & 0 \\ 0 & 0 & (\sigma_z - \sigma_x)(\sigma_z - \sigma_y) \end{bmatrix}$$

$$- \frac{1}{\epsilon} \begin{bmatrix} (\sigma_x - \sigma_y)(\sigma_x - \sigma_z) & 0 & 0 \\ 0 & (\sigma_y - \sigma_z)(\sigma_y - \sigma_x) & 0 \\ 0 & 0 & (\sigma_z - \sigma_x)(\sigma_z - \sigma_y) \end{bmatrix}$$

$$\cdot \begin{bmatrix} \sigma_x/(s\epsilon + \sigma_x) & 0 & 0 \\ 0 & \sigma_y/(s\epsilon + \sigma_y) & 0 \\ 0 & 0 & \sigma_z/(s\epsilon + \sigma_z) \end{bmatrix}$$

$$\overline{\mathbf{L}}_2(s) = \frac{1}{\mu}\overline{\mathbf{\Lambda}}^{-1}(s) = \frac{1}{\mu}$$

$$+ \frac{1}{\mu} \begin{bmatrix} (\sigma_x - \sigma_y)/(\sigma_y - \sigma_z) & 0 & 0 \\ 0 & (\sigma_y - \sigma_z)/(\sigma_z - \sigma_x) & 0 \\ 0 & 0 & (\sigma_z - \sigma_x)/(\sigma_x - \sigma_y) \end{bmatrix}$$

$$\cdot \begin{bmatrix} \sigma_y/(s\epsilon + \sigma_y) & 0 & 0 \\ 0 & \sigma_z/(s\epsilon + \sigma_z) & 0 \\ 0 & 0 & \sigma_x/(s\epsilon + \sigma_x) \end{bmatrix}$$

$$+ \frac{1}{\mu} \begin{bmatrix} (\sigma_z - \sigma_x)/(\sigma_y - \sigma_z) & 0 & 0 \\ 0 & (\sigma_x - \sigma_y)/(\sigma_z - \sigma_x) & 0 \\ 0 & 0 & (\sigma_y - \sigma_z)/(\sigma_x - \sigma_y) \end{bmatrix}$$

$$\cdot \begin{bmatrix} \sigma_z/(s\epsilon + \sigma_z) & 0 & 0 \\ 0 & \sigma_x/(s\epsilon + \sigma_x) & 0 \\ 0 & 0 & \sigma_y/(s\epsilon + \sigma_y) \end{bmatrix}$$

9.16 证明习题 9.15 中矢量波动方程的拉普拉斯变换式可表示为

$$\nabla \times \left[\overline{\mathscr{L}}_2(t) \cdot \nabla \times \mathscr{E}(t) \right] - \overline{\mathscr{L}}_1(t) \cdot \mathscr{E}(t) = 0$$

式中，

$$\overline{\mathscr{L}}_1(t) = \epsilon \frac{\partial^2}{\partial t^2} + \begin{bmatrix} \sigma_y + \sigma_z - \sigma_x & 0 & 0 \\ 0 & \sigma_z + \sigma_x - \sigma_y & 0 \\ 0 & 0 & \sigma_x + \sigma_y - \sigma_z \end{bmatrix} \frac{\partial}{\partial t}$$

$$+ \frac{1}{\epsilon} \begin{bmatrix} (\sigma_x - \sigma_y)(\sigma_x - \sigma_z) & 0 & 0 \\ 0 & (\sigma_y - \sigma_z)(\sigma_y - \sigma_x) & 0 \\ 0 & 0 & (\sigma_z - \sigma_x)(\sigma_z - \sigma_y) \end{bmatrix}$$

$$- \frac{1}{\epsilon^2} \begin{bmatrix} (\sigma_x - \sigma_y)(\sigma_x - \sigma_z) & 0 & 0 \\ 0 & (\sigma_y - \sigma_z)(\sigma_y - \sigma_x) & 0 \\ 0 & 0 & (\sigma_z - \sigma_x)(\sigma_z - \sigma_y) \end{bmatrix}$$

$$\cdot \begin{bmatrix} \sigma_x e^{-\sigma_x t/\epsilon} & 0 & 0 \\ 0 & \sigma_y e^{-\sigma_y t/\epsilon} & 0 \\ 0 & 0 & \sigma_z e^{-\sigma_z t/\epsilon} \end{bmatrix} u(t) *$$

$$\overline{\mathscr{L}}_2(t) = \frac{1}{\mu} + \frac{1}{\mu\epsilon}$$

$$\cdot \begin{bmatrix} (\sigma_x - \sigma_y)/(\sigma_y - \sigma_z) & 0 & 0 \\ 0 & (\sigma_y - \sigma_z)/(\sigma_z - \sigma_x) & 0 \\ 0 & 0 & (\sigma_z - \sigma_x)/(\sigma_x - \sigma_y) \end{bmatrix}$$

$$\cdot \begin{bmatrix} \sigma_y e^{-\sigma_y t/\epsilon} & 0 & 0 \\ 0 & \sigma_z e^{-\sigma_z t/\epsilon} & 0 \\ 0 & 0 & \sigma_x e^{-\sigma_x t/\epsilon} \end{bmatrix} u(t) * + \frac{1}{\mu\epsilon}$$

$$\cdot \begin{bmatrix} (\sigma_z - \sigma_x)/(\sigma_y - \sigma_z) & 0 & 0 \\ 0 & (\sigma_x - \sigma_y)/(\sigma_z - \sigma_x) & 0 \\ 0 & 0 & (\sigma_y - \sigma_z)/(\sigma_x - \sigma_y) \end{bmatrix}$$

$$\cdot \begin{bmatrix} \sigma_z e^{-\sigma_z t/\epsilon} & 0 & 0 \\ 0 & \sigma_x e^{-\sigma_x t/\epsilon} & 0 \\ 0 & 0 & \sigma_y e^{-\sigma_y t/\epsilon} \end{bmatrix} u(t) *$$

9.17 选择一个你感兴趣的问题(优先考虑与你的研究课题相关的问题)。推导有限元公式并编写计算机程序求解此问题。把所做的工作写成正式的论文形式(包括摘要、前言、公式推导、结果、结论和参考文献)。

第 10 章 矩 量 法

  矩量法(MoM)是计算电磁学中的另一种主要数值方法,其强大的能力可以解决各种日益复杂的问题。与有限元法类似,矩量法将边值问题中的约束方程转化为矩阵方程,从而使其能在电子计算机上求解。矩量法的基本数学概念最初在 20 世纪初被提出。然而,直到 20 世纪 60 年代中期,随着 Mei 和 Van Bladel[1]、Andreasen[2]、Oshiro[3]、Richmond[4] 及其他研究人员的开拓性工作的论文发表,该方法才得到大家的广泛关注。1968 年,哈林顿在其开创性专著[5]中对矩量法进行了统一阐述。此后,矩量法得到了进一步的发展,并被广泛用于求解各类重要的电磁问题[6~10]。如今矩量法已发展成为计算电磁学的主要算法之一。该方法特别适合求解开放区域中的电磁问题,例如电磁散射和天线辐射问题。此外,矩量法在求解导体或均匀介质问题时也十分有效。而随着处理超大型矩阵方程的各种快速算法的发展,矩量法的处理能力得到了进一步增强。

  本章首先以一个简单的静电场问题为例介绍矩量法的基本原理。然后,对二维亥姆霍兹方程建立通用积分方程,并将其应用到不同的具体问题中,对每一个特定问题将给出其矩量法求解的过程。之后,将阐述如何用矩量法求解涉及各种导电体和介质体的三维电磁散射问题。随后,讨论平面和角周期性问题的矩量法求解,并通过对微带天线和介质基板电路的分析来展示矩量法的独特优势。最后,用一个简单的例子说明如何将矩量法求解从频域扩展到时域。

10.1   矩量法概述

  麦克斯韦方程的解可以通过不同的方式得到。有限差分法和有限元法所求解的是与麦克斯韦方程组相关的偏微分方程。除此以外,也可以求解从麦克斯韦方程出发导出的积分方程。例如,对于静电场问题,可以用格林函数法推导积分方程。格林函数是点源激励的响应,对于静电场问题,它就是点电荷产生的电位。如果希望求解一块金属导体的电容,则可以先建立一个积分方程来求解导体表面的电荷。使用格林函数法,由线性叠加原理,可以写出由金属导体表面电荷产生的总电势,即

$$\varphi(\mathbf{r}) = \iint_S G(\mathbf{r}, \mathbf{r}') \varrho_s(\mathbf{r}') \, \mathrm{d}S' \qquad (10.1.1)$$

式中,S 为金属体表面,$\varrho_s(\mathbf{r}')$ 为金属表面的面电荷密度,$\varphi(\mathbf{r})$ 为由面电荷产生的电势,而 $G(\mathbf{r}, \mathbf{r}')$ 则为格林函数,即点源响应:

$$G(\mathbf{r}, \mathbf{r}') = \frac{1}{4\pi\epsilon \, |\mathbf{r} - \mathbf{r}'|} \qquad (10.1.2)$$

在金属表面 S 上,$\varphi(\mathbf{r})$ 必须为常数,记为 Φ,由此有

$$\Phi = \iint_S G(\mathbf{r}, \mathbf{r}') \varrho_s(\mathbf{r}') \mathrm{d}S', \qquad \mathbf{r} \in S \tag{10.1.3}$$

上式就是一个积分方程, 式中 Φ 为已知常数, $G(\mathbf{r}, \mathbf{r}')$ 为已知函数, 而 $\varrho_s(\mathbf{r}')$ 则为未知的金属表面电荷密度, 通过求解此积分方程可以得到 $\varrho_s(\mathbf{r}')$。

上面的例子是电磁学问题中的一个典型积分方程。对于包含介质体和金属体的静电场和动态场问题, 我们同样可以推导出积分方程, 然后用矩量法进行求解。注意, 式(10.1.3) 中的函数 $\varrho_s(\mathbf{r}')$ 具有无穷自由度, 这样的无穷自由度问题无法由计算机处理, 因为 $\varrho_s(\mathbf{r}')$ 是一个在相应的无穷维空间中的向量函数。为了使式(10.1.3)能使用计算机求解, 可以用矩量法在有限维子空间中对其解进行近似。下面介绍这一过程。首先, 选择一组**基函数**用于对 $\varrho_s(\mathbf{r}')$ 的近似, 令

$$\varrho_s(\mathbf{r}') = \sum_{n=1}^{N} c_n v_n(\mathbf{r}') \tag{10.1.4}$$

式中, $v_n(\mathbf{r}')$ 表示用于近似 $\varrho_s(\mathbf{r}')$ 的基函数, c_n 为待定系数。通过这种方式, $\varrho_s(\mathbf{r}')$ 变成了一个具有 N 维自由度的未知向量。基函数 $v_n(\mathbf{r}')$ 通常分为两类, 一类的定义域为整个积分区域, 称为**全域**基函数。如果求解区域是一个具有规则形状的表面, 则通常可以写出这类全域基函数的形式。然而, 对于不规则形状的求解区域, 全域基函数的形式一般很难得到。对于这种情况, 可以采用有限元法的基本思想, 即将整个积分表面分解为很多个小的面单元(见图 10.1), 然后在每个面单元上使用简单形式的函数作为基函数。这类基函数称为**分域**基函数或**分段**基函数, 它们相比于全域基函数而言更为灵活通用。

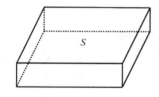
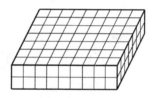

(a) 一块电势为Φ的带电金属导体　　　　(b) 外表面离散为小型面单元

图 10.1　导体表面的离散

选定基函数后, 将式(10.1.4)代入式(10.1.3), 可以得到如下有限自由度的方程:

$$\sum_{n=1}^{N} c_n \iint_S G(\mathbf{r}, \mathbf{r}') v_n(\mathbf{r}') \mathrm{d}S' = \Phi, \qquad \mathbf{r} \in S \tag{10.1.5}$$

为了求解 c_n, 需要把上式转换为矩阵方程。为此, 选择一组函数 $w_1(\mathbf{r}), w_2(\mathbf{r}), \cdots, w_N(\mathbf{r})$, 其每一个函数在式(10.1.5)等号两边分别相乘, 然后在整个 S 面上进行积分, 得到

$$\sum_{n=1}^{N} c_n \iint_S w_m(\mathbf{r}) \iint_S G(\mathbf{r}, \mathbf{r}') v_n(\mathbf{r}') \mathrm{d}S' \mathrm{d}S = \iint_S w_m(\mathbf{r}) \Phi \mathrm{d}S, \qquad m = 1, 2, \cdots, N \tag{10.1.6}$$

此方程可写成更紧凑的形式:

$$\sum_{n=1}^{N} A_{mn} c_n = b_m, \qquad m = 1, 2, \cdots, N \tag{10.1.7}$$

式中，A_{mn}由只关于m和n的双重积分决定；b_m由等号右边的只关于m的积分决定。式(10.1.7)定义了一个矩阵方程，求得c_n后，将其代入式(10.1.4)可得$\varrho_s(\mathbf{r}')$的近似解。

　　若用抽象的方式描述，则上述求解过程可以描述如下：对于积分方程

$$\mathcal{L}\varphi = f \tag{10.1.8}$$

式中，$\mathcal{L}$为积分算子，φ为需要求解的未知项，f为已知的积分方程激励项。为了求解φ，选择一组基函数对解进行近似：

$$\varphi = \sum_{n=1}^{N} c_n v_n \tag{10.1.9}$$

将其代入式(10.1.8)，得到

$$\sum_{n=1}^{N} c_n \mathcal{L}(v_n) = f \tag{10.1.10}$$

接着，采用一组函数$w_m (m = 1, 2, \cdots, N)$对上式进行检验，然后在求解区域内积分，将式(10.1.10)转化为矩阵方程，得到

$$\sum_{n=1}^{N} c_n \int_{\Omega} w_m \mathcal{L}(v_n) \,\mathrm{d}\Omega = \int_{\Omega} w_m f \,\mathrm{d}\Omega, \quad m = 1, 2, \cdots, N \tag{10.1.11}$$

上式可以写成更简洁的形式：

$$\sum_{n=1}^{N} c_n \langle w_m, \mathcal{L}(v_n) \rangle = \langle w_m, f \rangle, \quad m = 1, 2, \cdots, N \tag{10.1.12}$$

式中，$\langle \cdot \rangle$代表积分。函数w_m通常称为**检验函数**或**权函数**。

　　式(10.1.12)定义了一组可以用于求解c_n的线性代数方程组，写成矩阵形式为

$$[A]\{c\} = \{b\} \tag{10.1.13}$$

式中，$[A]$称为**系数矩阵**，其元素为

$$A_{mn} = \langle w_m, \mathcal{L}(v_n) \rangle, \quad m, n = 1, 2, \cdots, N \tag{10.1.14}$$

$\{b\}$和$\{c\}$分别称为**源向量**和**未知向量**，其中$\{b\}$的元素由下式给出：

$$b_m = \langle w_m, f \rangle, \quad m = 1, 2, \cdots, N \tag{10.1.15}$$

式(10.1.12)可以看成对式(10.1.10)取矩量，所以上述的求解过程称为矩量法(MoM)。我们也可以将式(10.1.12)看成将式(10.1.10)的加权残差设定为零，因此这一过程也是一种**加权残差法**。加权残差法适用于微分和积分算子。事实上，上面描述的求解过程与9.1.1节所描述的有限元法十分相似，唯一的不同是这里所考虑的是积分方程，其积分算子$\mathcal{L}$包含格林函数。虽然只有这一点不同，但其对基函数和检验函数的选择有重要影响。在有限元法中，由于要对基函数进行微分运算，故基函数必须至少是一阶的函数(线性函数)，而检验函数通常选择与基函数相同。在矩量法中，由于只对基函数进行积分运算，基函数的选择更为宽松，最简单的选择是零阶基函数，即常数。检验函数的选择也更加灵活，最简单的检验函数是δ函数或零阶函数，这时的积分计算将得到极大的简化。

现在，我们重新回到之前考虑的静电场问题。将金属导体表面分成 N 个小三角形或四边形单元。若这些单元足够小，则每个面元上的电荷密度 $\varrho_s(\mathbf{r}')$ 可以认为是常数。这相当于使用下面的公式定义的零阶基函数：

$$v_n(\mathbf{r}') = \begin{cases} 1, & \mathbf{r}' \in s_n \\ 0, & \text{其余} \end{cases} \tag{10.1.16}$$

式中，s_n 为第 n 个面元。这种类形的基函数一般称为**脉冲基函数**。接下来，需要选择一组检验函数 w_m，最简单的选择是 δ 函数，即

$$w_m(\mathbf{r}) = \delta(\mathbf{r} - \mathbf{r}_m) \tag{10.1.17}$$

式中，$\mathbf{r}_m$ 为第 m 个面元的中心，这种选择通常称为**点配置**。它等效于在每个面元的中心满足式 (10.1.5)，因此这种选择也称为**点匹配法**。对应于式 (10.1.16) 和式 (10.1.17) 的选择，式 (10.1.7) 中的矩阵元素 A_{mn} 可以表示为

$$A_{mn} = \iint_{s_n} G(\mathbf{r}_m, \mathbf{r}') \, \mathrm{d}S' \tag{10.1.18}$$

而 $b_m = \Phi$。若 $m \neq n$，则式 (10.1.18) 的积分项可以用中点法进行数值积分计算。若 $m = n$，则可以先将 s_n 近似为面积相同的圆盘，然后计算圆心的电位。计算得到的结果为

$$A_{mn} = \begin{cases} \dfrac{1}{4\pi\epsilon} \dfrac{s_n}{|\mathbf{r}_m - \mathbf{r}_n|}, & m \neq n \\[3mm] \dfrac{1}{2\epsilon} \sqrt{\dfrac{s_n}{\pi}}, & m = n \end{cases} \tag{10.1.19}$$

式中，$|\mathbf{r}_m - \mathbf{r}_n| = \sqrt{(x_m - x_n)^2 + (y_m - y_n)^2 + (z_m - z_n)^2}$。由此，我们可以完全确定式 (10.1.7) 所示矩阵方程的元素，对其求解即可得到展开系数 c_n。

除了 δ 函数，也可以选择零阶函数作为检验函数，即

$$w_m(\mathbf{r}) = \begin{cases} 1, & \mathbf{r} \in s_m \\ 0, & \text{其余} \end{cases} \tag{10.1.20}$$

这种选择称为**子域配置**。该式等效于在平均意义上整个面元满足式 (10.1.5)。由此，式 (10.1.7) 中的 A_{mn} 变为

$$A_{mn} = \iint_{s_m} \iint_{s_n} G(\mathbf{r}, \mathbf{r}') \, \mathrm{d}S' \mathrm{d}S \tag{10.1.21}$$

而 $b_m = \Phi s_m$。这样也可得式 (10.1.7) 的矩阵方程，对其求解可得展开系数 c_n。在这种选择下，系数矩阵 $[A]$ 是对称的。求得 c_n 之后，金属体上的总电荷可以用下式计算：

$$Q = \iint_S \varrho_s(\mathbf{r}') \, \mathrm{d}S' = \sum_{n=1}^{N} c_n s_n \tag{10.1.22}$$

由总电荷值可以得到金属导体的电容值 $C = Q/\Phi$。电容的大小与 Φ 无关，而仅取决于导体的几何形状。

除了基函数和检验函数的选择不同，由此静电场问题还可以看到矩量法和有限元法之间的三个主要区别。其一，对于三维分析，有限元法需要对体积域进行离散，而矩量法仅需对表面域进行离散。换句话说，矩量法中的问题维数比有限元法少一维，问题维度的降低大大减少了矩量法求解中的未知量的数目。其二，求解开放区域的问题时，有限元法需要将无限空间截断为有限空间，然后在截断边界处构造近似边界条件。而在矩量法中，由于积分方程中包含了恰当的格林函数，这个问题完全可以避免，因为格林函数已经考虑了无穷远处的场。因此，在矩量法求解中，无须使用任何近似的吸收边界条件或理想匹配层。其三，由于使用了格林函数，矩量法的系数矩阵为满阵，而有限元矩阵则为可以更高效地存储和求解的极度稀疏的矩阵，这一点是矩量法为前两个优势所要付出的代价。

上面的例子给出了矩量法分析的基本步骤。第一步是建立所考虑问题对应的积分方程；第二步是将未知解用一组基函数展开；第三步是选择一组检验函数，将积分方程转化为矩阵方程；最后一步是求解矩阵方程，得到展开系数，然后计算所需的物理量。在接下来的两节中，我们将推导二维和三维自由空间中亥姆霍兹方程的矩量法求解过程。

10.2 二维分析

我们知道，二维电磁问题可以表述为满足标量亥姆霍兹方程的标量问题。本节首先建立开放区域二维标量问题的通用积分方程，然后将其应用于导电柱体和介质柱体的散射问题的矩量法求解。

10.2.1 积分方程的建立

如图 10.2 所示，考虑自由空间中的源 $f(\boldsymbol{\rho})$ 产生的标量波，而在此空间中有一个形状任意的散射体。假设源和物体沿 z 轴无变化，因此只需考虑任意一个垂直于 z 轴的平面。在散射体外部，波函数 $\varphi(\boldsymbol{\rho})$ 满足非齐次亥姆霍兹方程

$$\nabla^2 \varphi(\rho) + k_0^2 \varphi(\rho) = f(\rho), \qquad \rho \in \Omega_\infty \qquad (10.2.1)$$

式中，k_0 为波数，Ω_∞ 为散射体外部区域。波函数也应满足辐射条件

$$\sqrt{\rho}\left[\frac{\partial \varphi(\rho)}{\partial \rho} + \mathrm{j}k_0 \varphi(\rho)\right] = 0, \qquad \rho \to \infty \qquad (10.2.2)$$

上式表示波向外传播到无穷远处而没有反射。为了建立此问题的积分方程，我们引入自由空间格林函数 G_0，它满足非齐次亥姆霍兹方程

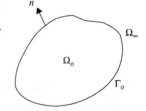

图 10.2 自由空间中的二维散射体

$$\nabla^2 G_0(\rho, \rho') + k_0^2 G_0(\rho, \rho') = -\delta(\rho - \rho') \qquad (10.2.3)$$

以及式(10.2.2)所示的辐射条件。式中，δ 为狄拉克函数。该自由空间格林函数为

$$G_0(\rho, \rho') = \frac{1}{4\mathrm{j}} H_0^{(2)}(k_0 |\rho - \rho'|) \qquad (10.2.4)$$

式中，$H_0^{(2)}$ 为零阶第二类汉克尔函数。

首先，将式(10.2.1)等号两边同乘以 G_0 并将式(10.2.3)等号两边同乘以 φ，然后对所得两式的差在整个外部区域进行积分，得到

$$\iint_{\Omega_\infty} [G_0(\boldsymbol{\rho}, \boldsymbol{\rho}')\nabla^2\varphi(\boldsymbol{\rho}) - \varphi(\boldsymbol{\rho})\nabla^2 G_0(\boldsymbol{\rho}, \boldsymbol{\rho}')]\,\mathrm{d}\Omega$$
$$= \iint_{\Omega_s} G_0(\boldsymbol{\rho}, \boldsymbol{\rho}')f(\boldsymbol{\rho})\,\mathrm{d}\Omega + \iint_{\Omega_\infty} \varphi(\boldsymbol{\rho})\delta(\boldsymbol{\rho} - \boldsymbol{\rho}')\,\mathrm{d}\Omega \tag{10.2.5}$$

式中，Ω_s 为源所在区域，即 $f(\boldsymbol{\rho}) \neq 0$ 的区域。应用第二标量格林定理：

$$\iint_\Omega (a\nabla^2 b - b\nabla^2 a)\,\mathrm{d}\Omega = \oint_\Gamma \left(a\frac{\partial b}{\partial n} - b\frac{\partial a}{\partial n}\right)\mathrm{d}\Gamma \tag{10.2.6}$$

式中，Γ 为包围 Ω 的边界，可得

$$\oint_{\Gamma_0}\left[\varphi(\boldsymbol{\rho})\frac{\partial G_0(\boldsymbol{\rho}, \boldsymbol{\rho}')}{\partial n} - G_0(\boldsymbol{\rho}, \boldsymbol{\rho}')\frac{\partial \varphi(\boldsymbol{\rho})}{\partial n}\right]\mathrm{d}\Gamma$$
$$+ \oint_{\Gamma_\infty}\left[G_0(\boldsymbol{\rho}, \boldsymbol{\rho}')\frac{\partial \varphi(\boldsymbol{\rho})}{\partial \rho} - \varphi(\boldsymbol{\rho})\frac{\partial G_0(\boldsymbol{\rho}, \boldsymbol{\rho}')}{\partial \rho}\right]\mathrm{d}\Gamma \tag{10.2.7}$$
$$- \iint_{\Omega_s} G_0(\boldsymbol{\rho}, \boldsymbol{\rho}')f(\boldsymbol{\rho})\,\mathrm{d}\Omega = \iint_{\Omega_\infty} \varphi(\boldsymbol{\rho})\delta(\boldsymbol{\rho} - \boldsymbol{\rho}')\,\mathrm{d}\Omega$$

式中，Γ_0 表示物体的边界，Γ_∞ 表示半径趋于无穷大的圆，即无穷远处的边界。注意，式(10.2.6)中的单位法向矢量方向为 Ω 的外法向，而图 10.2 中的单位法向矢量则指向 Ω_∞。由于 G_0 和 φ 均满足辐射条件，故在 Γ_∞ 上的边界积分项为零。由 δ 函数的定义可得

$$\oint_{\Gamma_0}\left[\varphi(\boldsymbol{\rho})\frac{\partial G_0(\boldsymbol{\rho}, \boldsymbol{\rho}')}{\partial n} - G_0(\boldsymbol{\rho}, \boldsymbol{\rho}')\frac{\partial \varphi(\boldsymbol{\rho})}{\partial n}\right]\mathrm{d}\Gamma - \iint_{\Omega_s} G_0(\boldsymbol{\rho}, \boldsymbol{\rho}')f(\boldsymbol{\rho})\,\mathrm{d}\Omega$$
$$= \begin{cases} \varphi(\boldsymbol{\rho}'), & \boldsymbol{\rho}' \in \Omega_\infty \\ 0, & \boldsymbol{\rho}' \in \Omega_0 \end{cases} \tag{10.2.8}$$

式中，Ω_0 为物体的内部区域。交换 $\boldsymbol{\rho}$ 和 $\boldsymbol{\rho}'$，并利用 G_0 的对称性，有

$$\oint_{\Gamma_0}\left[\varphi(\boldsymbol{\rho}')\frac{\partial G_0(\boldsymbol{\rho}, \boldsymbol{\rho}')}{\partial n'} - G_0(\boldsymbol{\rho}, \boldsymbol{\rho}')\frac{\partial \varphi(\boldsymbol{\rho}')}{\partial n'}\right]\mathrm{d}\Gamma' - \iint_{\Omega_s} G_0(\boldsymbol{\rho}, \boldsymbol{\rho}')f(\boldsymbol{\rho}')\,\mathrm{d}\Omega'$$
$$= \begin{cases} \varphi(\boldsymbol{\rho}), & \boldsymbol{\rho} \in \Omega_\infty \\ 0, & \boldsymbol{\rho} \in \Omega_0 \end{cases} \tag{10.2.9}$$

基于式(10.2.9)，就可以对物体的边界建立关于 φ 和 $\partial\varphi/\partial n$ 的积分方程。然而，在进一步处理之前应注意，当散射体不存在时，边界积分项为零。因此

$$\varphi(\boldsymbol{\rho}) = -\iint_{\Omega_s} G_0(\boldsymbol{\rho}, \boldsymbol{\rho}')f(\boldsymbol{\rho}')\,\mathrm{d}\Omega' \tag{10.2.10}$$

此项称为入射波，记为 $\varphi^{\text{inc}}(\boldsymbol{\rho})$。由此，式(10.2.9)可以写为

$$\varphi^{\mathrm{inc}}(\boldsymbol{\rho}) + \oint_{\Gamma_o}\left[\varphi(\boldsymbol{\rho}')\frac{\partial G_0(\boldsymbol{\rho},\boldsymbol{\rho}')}{\partial n'} - G_0(\boldsymbol{\rho},\boldsymbol{\rho}')\frac{\partial\varphi(\boldsymbol{\rho}')}{\partial n'}\right]\mathrm{d}\Gamma' = \begin{cases}\varphi(\boldsymbol{\rho}), & \boldsymbol{\rho}\in\Omega_\infty \\ 0, & \boldsymbol{\rho}\in\Omega_o\end{cases} \qquad (10.2.11)$$

式中的边界积分项对应散射波。

式(10.2.11)即为标量场惠更斯原理的数学表示。它表明，若一个区域边界上的场值及其法向导数值已知，则该区域内任何位置的场值均可以求出。为了从式(10.2.11)建立积分方程，我们需要将其应用于边界 Γ_o。然而，当 $\boldsymbol{\rho}$ 位于边界 Γ_o 上时，式(10.2.11)中的边界积分项在 $\boldsymbol{\rho}=\boldsymbol{\rho}'$ 处奇异，因为 $H_0^{(2)}(k_0|\boldsymbol{\rho}-\boldsymbol{\rho}'|)$ 及其导数在自变量为零时是奇异的。为了处理这一奇异性问题，首先将 Γ_o 变形为图10.3(a)所示的形状，它包含两部分，一部分是 $\Gamma_o-2\varepsilon$，另一部分是圆心位于 $\boldsymbol{\rho}$ 且半径为 ε 的半圆，然后令 $\varepsilon\to0$，于是有

$$\oint_{\Gamma_o}[\bullet]\mathrm{d}\Gamma' = \lim_{\varepsilon\to0}\left\{\int_{\Gamma_o-2\varepsilon}[\bullet]\mathrm{d}\Gamma' + \int_0^\pi[\bullet]\varepsilon\,\mathrm{d}\phi\right\} \qquad (10.2.12)$$

将上式等号右边的第一个积分项表示为

$$\fint_{\Gamma_o}[\bullet]\mathrm{d}\Gamma' = \lim_{\varepsilon\to0}\int_{\Gamma_o-2\varepsilon}[\bullet]\mathrm{d}\Gamma' \qquad (10.2.13)$$

这是一个沿 Γ_o 但不包含奇异点的积分；对于第二个积分项，有

$$\lim_{\varepsilon\to0}\int_0^\pi[\bullet]\varepsilon\,\mathrm{d}\phi = \frac{1}{4\mathrm{j}}\lim_{\varepsilon\to0}\int_0^\pi\left[\varphi(\boldsymbol{\rho}')\frac{\partial H_0^{(2)}(k\varepsilon)}{\partial\varepsilon} - H_0^{(2)}(k\varepsilon)\frac{\partial\varphi(\boldsymbol{\rho}')}{\partial n'}\right]\varepsilon\,\mathrm{d}\phi \qquad (10.2.14)$$

由于 $\varepsilon\to0$，可以用小变量的近似式

$$H_0^{(2)}(z) \approx 1 - \mathrm{j}\frac{2}{\pi}\ln\left(\frac{\gamma z}{2}\right), \qquad z\to0 \qquad (10.2.15)$$

式中，$\gamma\approx1.7810724$。由此得到

$$\lim_{\varepsilon\to0}\int_0^\pi[\bullet]\varepsilon\,\mathrm{d}\phi = -\frac{1}{2}\varphi(\boldsymbol{\rho}) \qquad (10.2.16)$$

注意，在图10.3(a)的变形边界中，$\boldsymbol{\rho}\in\Omega_o$。由此，将式(10.2.16)代入式(10.2.12)，然后再将结果代入式(10.2.11)，得到

$$\varphi^{\mathrm{inc}}(\boldsymbol{\rho}) + \fint_{\Gamma_o}\left[\varphi(\boldsymbol{\rho}')\frac{\partial G_0(\boldsymbol{\rho},\boldsymbol{\rho}')}{\partial n'} - G_0(\boldsymbol{\rho},\boldsymbol{\rho}')\frac{\partial\varphi(\boldsymbol{\rho}')}{\partial n'}\right]\mathrm{d}\Gamma' = \frac{1}{2}\varphi(\boldsymbol{\rho}), \quad \boldsymbol{\rho}\in\Gamma_o \qquad (10.2.17)$$

将边界按照图10.3(b)所示的形状变形，也可以得到相同的结果。

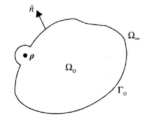
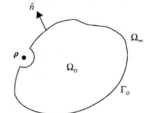

(a) 使ρ位于Ω₀内部的变形曲线Γ₀   (b) 使ρ位于Ω₀外部的变形曲线Γ₀

图10.3 积分边界变形

应当注意,上述使用第二标量格林定理推导式(10.2.11)的过程并不十分严格。实际上我们不能直接应用第二标量格林定理,因为当 $\boldsymbol{\rho} \in \Omega_\infty$ 时,$G_0(\boldsymbol{\rho},\boldsymbol{\rho}')$ 在 $\boldsymbol{\rho}=\boldsymbol{\rho}'$ 处奇异。一种更严格的推导方法是把以 $\boldsymbol{\rho}$ 为中心的面积 σ_ε 趋于零的小圆从 Ω_∞ 中去除,以便 $G_0(\boldsymbol{\rho},\boldsymbol{\rho}')$ 在 $\Omega_\infty - \sigma_\varepsilon$ 中的每一处都连续。事实上,这种方法也可以应用在 $\boldsymbol{\rho} \in \Gamma_\mathrm{o}$ 的情况,从而推导出式(10.2.17)。这个推导留给读者自行完成(见习题 10.4)。

式(10.2.17)为矩量法求解亥姆霍兹方程提供了所需要的积分方程。由于边界上的 φ 和 $\partial\varphi/\partial n$ 均未知,因此除了式(10.2.17),还需要这两个量之间的另一个关系式。对于导体散射体,第二个条件来自导体表面的边界条件。而对于介质散射体,第二个条件来自散射体内部的透射场表达式。下面介绍不同情况下的处理方式。

10.2.2 导电柱体的散射

考虑一个无限长导电柱体的电磁散射问题。对 TM 极化的情形,电场满足亥姆霍兹方程

$$\nabla^2 E_z(\boldsymbol{\rho}) + k_0^2 E_z(\boldsymbol{\rho}) = \mathrm{j}k_0 Z_0 J_{\mathrm{i},z}(\boldsymbol{\rho}), \qquad \boldsymbol{\rho} \in \Omega_\infty \tag{10.2.18}$$

式中,$J_{\mathrm{i},z}(\boldsymbol{\rho})$ 为入射场的源。在柱体的表面有

$$E_z(\boldsymbol{\rho}') = 0, \qquad \boldsymbol{\rho}' \in \Gamma_\mathrm{o} \tag{10.2.19}$$

$$\frac{\partial E_z(\boldsymbol{\rho}')}{\partial n'} = \mathrm{j}k_0 Z_0 H_t(\boldsymbol{\rho}') = \mathrm{j}k_0 Z_0 J_{\mathrm{s},z}(\boldsymbol{\rho}'), \qquad \boldsymbol{\rho}' \in \Gamma_\mathrm{o} \tag{10.2.20}$$

式中,$J_{\mathrm{s},z}(\boldsymbol{\rho}')$ 为入射场在导体表面所感应的面电流密度。将上式代入式(10.2.17),可得如下积分方程:

$$E_z^{\mathrm{inc}}(\boldsymbol{\rho}) - \mathrm{j}k_0 Z_0 \int_{\Gamma_\mathrm{o}} G_0(\boldsymbol{\rho},\boldsymbol{\rho}') J_{\mathrm{s},z}(\boldsymbol{\rho}')\mathrm{d}\Gamma' = 0, \qquad \boldsymbol{\rho} \in \Gamma_\mathrm{o} \tag{10.2.21}$$

由于此方程以电场为变量建立,因此称为**电场积分方程**(EFIE)。

为了求解式(10.2.21)所示的积分方程,把 Γ_o 分成小段(见图 10.4),并将每小段上的面电流密度近似为一个常数。用点匹配法可得

$$\sum_{n=1}^{N} Z_{mn} J_{z,n} = V_m, \qquad m = 1, 2, \cdots, N \tag{10.2.22}$$

式中,

$$Z_{mn} = \mathrm{j}k_0 Z_0 \int_{s_n} G_0(\boldsymbol{\rho}_m,\boldsymbol{\rho}')\mathrm{d}\Gamma' \tag{10.2.23}$$

$$V_m = E_z^{\mathrm{inc}}(\boldsymbol{\rho}_m) \tag{10.2.24}$$

式中,s_n 为第 n 个单元,$\boldsymbol{\rho}_m$ 为第 m 段的中心。当 $m \neq n$ 时,式(10.2.23)的积分可以用中点积分公式计算,而当 $m=n$ 时,则可以用汉克尔函数的小变量近似计算。计算结果为

$$Z_{mn} = \begin{cases} \dfrac{k_0 Z_0 s_n}{4} H_0^{(2)}(k_0|\boldsymbol{\rho}_m - \boldsymbol{\rho}_n|), & m \neq n \\[4mm] \dfrac{k_0 Z_0 s_n}{4}\left[1 - \mathrm{j}\dfrac{2}{\pi}\ln\left(\dfrac{k_0 \gamma s_n}{4\mathrm{e}}\right)\right], & m = n \end{cases} \tag{10.2.25}$$

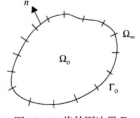

图 10.4 将外围边界 Γ_o 划分为小段

式中，e ≈ 2.7183。若将式(10.2.22)等号两边同乘以 s_m，则式(10.2.22)中的系数矩阵将是对称的。求解这组方程可得面电流密度，从而可由式(10.2.11)计算出任意点处的场。其计算公式为

$$E_z(\boldsymbol{\rho}) = E_z^{\text{inc}}(\boldsymbol{\rho}) - jk_0 Z_0 \oint_{\Gamma_o} G_0(\boldsymbol{\rho}, \boldsymbol{\rho}') J_{s,z}(\boldsymbol{\rho}') \mathrm{d}\Gamma', \qquad \boldsymbol{\rho} \in \Omega_\infty \qquad (10.2.26)$$

对横电场极化的分析是类似的。此时，磁场满足亥姆霍兹方程

$$\nabla^2 H_z(\boldsymbol{\rho}) + k_0^2 H_z(\boldsymbol{\rho}) = -[\nabla \times \mathbf{J}_i(\boldsymbol{\rho})]_z, \qquad \boldsymbol{\rho} \in \Omega_\infty \qquad (10.2.27)$$

式中，$\nabla \times \mathbf{J}_i(\boldsymbol{\rho})$ 为入射场的源。在柱体表面有

$$H_z(\boldsymbol{\rho}') = -J_{s,t}(\boldsymbol{\rho}'), \qquad \boldsymbol{\rho}' \in \Gamma_o \qquad (10.2.28)$$

$$\frac{\partial H_z(\boldsymbol{\rho}')}{\partial n'} = 0, \qquad \boldsymbol{\rho}' \in \Gamma_o \qquad (10.2.29)$$

式中，$J_{s,t}(\boldsymbol{\rho}')$ 为入射场在导体表面感应的面电流密度。将上式代入式(10.2.17)，可得积分方程

$$H_z^{\text{inc}}(\boldsymbol{\rho}) - \int_{\Gamma_o} \frac{\partial G_0(\boldsymbol{\rho}, \boldsymbol{\rho}')}{\partial n'} J_{s,t}(\boldsymbol{\rho}') \mathrm{d}\Gamma' = -\frac{1}{2} J_{s,t}(\boldsymbol{\rho}), \qquad \boldsymbol{\rho} \in \Gamma_o \qquad (10.2.30)$$

由于此方程以磁场为变量建立，因此称为**磁场积分方程**(MFIE)。

为了求解式(10.2.30)所示的积分方程，我们首先将 Γ_o 分成小段(见图 10.4)，并将每一段上的面电流密度近似为常数。用点匹配方法得到

$$\sum_{n=1}^{N} Z_{mn} J_{t,n} = V_m, \qquad m = 1, 2, \cdots, N \qquad (10.2.31)$$

式中，

$$Z_{mn} = \int_{s_n} \frac{\partial G_0(\boldsymbol{\rho}_m, \boldsymbol{\rho}')}{\partial n'} \mathrm{d}\Gamma' - \frac{1}{2} \delta_{mn} \qquad (10.2.32)$$

$$V_m = H_z^{\text{inc}}(\boldsymbol{\rho}_m) \qquad (10.2.33)$$

式中，当 $m = n$ 时，$\delta_{mn} = 1$；当 $m \neq n$ 时，$\delta_{mn} = 0$。为计算式(10.2.32)中的积分，注意

$$\begin{aligned} \frac{\partial G_0(\boldsymbol{\rho}_m, \boldsymbol{\rho}')}{\partial n'} &= \frac{1}{4j} \hat{n}' \cdot \nabla' H_0^{(2)}(k_0 |\boldsymbol{\rho}_m - \boldsymbol{\rho}'|) \\ &= -\frac{k_0}{4j} H_1^{(2)}(k_0 |\boldsymbol{\rho}_m - \boldsymbol{\rho}'|) \hat{n}' \cdot \nabla' |\boldsymbol{\rho}_m - \boldsymbol{\rho}'| = \frac{k_0}{4j} H_1^{(2)}(k_0 |\boldsymbol{\rho}_m - \boldsymbol{\rho}'|) \frac{\hat{n}' \cdot (\boldsymbol{\rho}_m - \boldsymbol{\rho}')}{|\boldsymbol{\rho}_m - \boldsymbol{\rho}'|} \end{aligned}$$

$$(10.2.34)$$

采用中点积分公式，得到

$$Z_{mn} = \begin{cases} \dfrac{k_0 s_n}{4j} H_1^{(2)}(k_0 |\boldsymbol{\rho}_m - \boldsymbol{\rho}_n|) \dfrac{\hat{n}' \cdot (\boldsymbol{\rho}_m - \boldsymbol{\rho}_n)}{|\boldsymbol{\rho}_m - \boldsymbol{\rho}_n|}, & m \neq n \\ -\dfrac{1}{2}, & m = n \end{cases} \qquad (10.2.35)$$

求解式(10.2.31)可得面电流密度，从而可由式(10.2.11)计算出任意点处的场。其计算公式为

$$H_z(\boldsymbol{\rho}) = H_z^{\text{inc}}(\boldsymbol{\rho}) - \oint_{\Gamma_o} \frac{\partial G_0(\boldsymbol{\rho}, \boldsymbol{\rho}')}{\partial n'} J_{s,t}(\boldsymbol{\rho}') \mathrm{d}\Gamma', \qquad \boldsymbol{\rho} \in \Omega_\infty \qquad (10.2.36)$$

下面考虑两个算例来说明本节所讨论的矩量法的应用。图 10.5 给出了半径为 1.0λ 的导体圆柱对平面波散射问题的矩量法解。图 10.5(a)和图 10.5(b)为入射场所感应的面电流密度，并将计算结果与解析解进行了比较。此外，我们使用式(10.2.26)和式(10.2.36)由面电流密度求出散射场和总场，结果如图 10.5(c)至图 10.5(f)所示。除了给出的是场值的幅度量而不是时域的瞬时值，此处所得到的场分布与图 6.10(a)至图 6.10(d)的场分布基本相同。式(10.2.26)和式(10.2.36)也可以用来计算散射远场，并可以由此计算双站散射宽度，其结果与图 6.12(e)和图 6.12(f)基本一致。

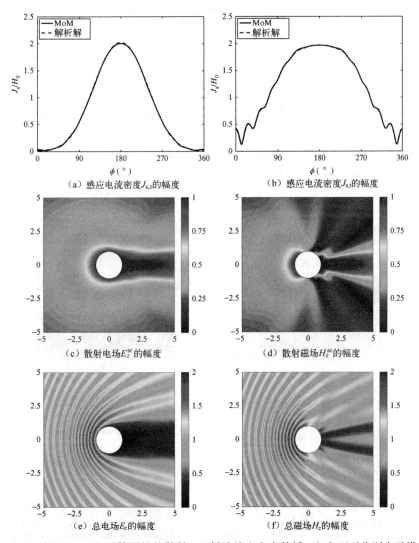

图 10.5 半径为 1λ 的导体圆柱的散射，入射波从左向右传播，左右两列分别表示横磁场和横电场极化的结果。图中的场值已分别对各自的入射场幅度进行归一

　　第二个例子是一个横截面为$3\lambda \times 3\lambda$的正方形导体柱对平面波的散射问题。图10.6(a)和图10.6(b)为计算得到的感应面电流密度分布，图中s是沿着柱体表面的观察点到柱体背面中心点的距离。作为验证，图中也画出了基于物理光学的近似解。在矩量法解中，可清楚地看到横磁场入射的情况下的边缘奇异性和横电场入射的情况下由边缘绕射引起的表面波干涉，而这两种现象在物理光学近似中是无法预测的。由面电流密度计算得到的散射场和总场如图10.6(c)至图10.6(f)所示。图10.7为此正方形导体柱和另一个$1\lambda \times 1\lambda$的正方形导体柱的双站散射宽度。注意，在TE入射的情况下，正方形导体柱的散射场是对称的，这一对称性可以用3.4.2节中讨论的感应定理来解释。正方形导体柱散射问题的结果可由9.2.3节介绍的有限元法进行验证。矩量法在计算感应面电流密度和散射宽度时比有限元法更高效，但在需计算近场分布时，其效率比有限元法低。

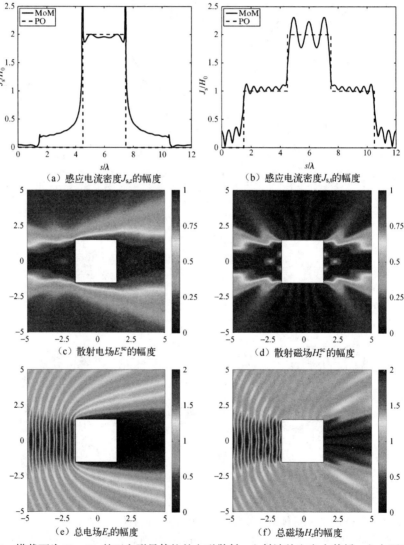

（a）感应电流密度$J_{s,z}$的幅度　　　　　　（b）感应电流密度$J_{s,t}$的幅度

（c）散射电场E_z^{sc}的幅度　　　　　　（d）散射磁场H_z^{sc}的幅度

（e）总电场E_z的幅度　　　　　　（f）总磁场H_z的幅度

图10.6　横截面为$3\lambda \times 3\lambda$的正方形导体柱的电磁散射，入射波从左向右传播，左右两列分别表示横磁场和横电场极化的结果。图中的场值已分别对各自入射场的幅度进行归一

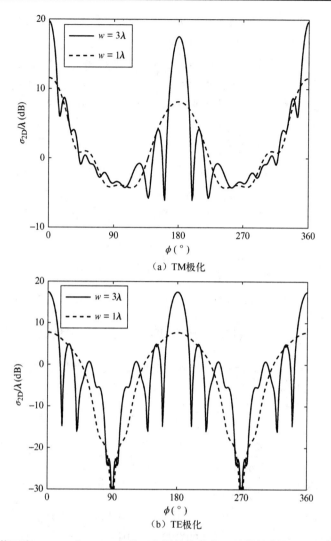

图 10.7　横截面为 $1\lambda \times 1\lambda$ 和 $3\lambda \times 3\lambda$ 的正方形导体柱的双站散射宽度，入射角 $\phi^{\text{inc}} = 180°$

10.2.3　导电条带的散射

　　上述求解过程可用于求解有限横截面的任意二维导体柱的散射。而对于厚度非常小的导电条带(近似为 0 厚度)，上述公式需要进行修改。对横磁场极化入射问题的修改相对简单，以水平条带为例，此时 Γ_{o} 包含上、下表面，因此有

$$\int_{\Gamma_{\text{o}}} G_0(\boldsymbol{\rho}, \boldsymbol{\rho}') J_{\text{s},z}(\boldsymbol{\rho}') \, \text{d}\Gamma' = \int_{\Gamma^+} G_0(\boldsymbol{\rho}, \boldsymbol{\rho}') J_{\text{s},z}^+(\boldsymbol{\rho}') \, \text{d}\Gamma' + \int_{\Gamma^-} G_0(\boldsymbol{\rho}, \boldsymbol{\rho}') J_{\text{s},z}^-(\boldsymbol{\rho}') \, \text{d}\Gamma'$$

$$= \int_{\Gamma^+} G_0(\boldsymbol{\rho}, \boldsymbol{\rho}') [J_{\text{s},z}^+(\boldsymbol{\rho}') + J_{\text{s},z}^-(\boldsymbol{\rho}')] \, \text{d}\Gamma' \qquad (10.2.37)$$

式中，Γ^+ 为条带的上表面；Γ^- 为其下表面。将上式代入式(10.2.21)，得到

$$E_z^{\text{inc}}(\boldsymbol{\rho}) - jk_0 Z_0 \int_{\Gamma} G_0(\boldsymbol{\rho}, \boldsymbol{\rho}') J_{\text{s},z}^{\text{t}}(\boldsymbol{\rho}') \, \text{d}\Gamma' = 0, \qquad \boldsymbol{\rho} \in \Gamma \qquad (10.2.38)$$

式中，$\Gamma = \Gamma^+ = \Gamma^-$ 为条带的一个表面，$J_{s,z}^t = J_{s,z}^+ + J_{s,z}^-$ 为上、下表面的电流密度之和。而接下来的矩量法求解过程与 10.2.2 节中的过程相同。

而对于横电场极化入射的情况，式(10.2.30)则需要进行特别的处理。我们需要首先推导横电场极化时的电场积分方程，然后将其应用于导电条带。为了说明这个过程，考虑一个位于 x 轴上的表面垂直于 y 轴的水平条带。此时，式(10.2.36)可写为

$$H_z(\boldsymbol{\rho}) = H_z^{inc}(\boldsymbol{\rho}) + \int_{\Gamma^+} \frac{\partial G_0(\boldsymbol{\rho}, x')}{\partial y} J_{s,t}^+(x') \,dx' - \int_{\Gamma^-} \frac{\partial G_0(\boldsymbol{\rho}, x')}{\partial y} J_{s,t}^-(x') \,dx' \quad (10.2.39)$$

得到这一步时，已使用了关系式 $\partial G_0 / \partial y' = -\partial G_0 / \partial y$。上式对 y 求导，得到

$$E_x(\boldsymbol{\rho}) = E_x^{inc}(\boldsymbol{\rho}) - \frac{jZ_0}{k_0} \left[\int_{\Gamma^+} \frac{\partial^2 G_0(\boldsymbol{\rho}, x')}{\partial y^2} J_{s,t}^+(x') \,dx' - \int_{\Gamma^-} \frac{\partial^2 G_0(\boldsymbol{\rho}, x')}{\partial y^2} J_{s,t}^-(x') \,dx' \right] \quad (10.2.40)$$

此式也可写为

$$E_x(\boldsymbol{\rho}) = E_x^{inc}(\boldsymbol{\rho}) + \frac{jZ_0}{k_0} \int_{\Gamma^+} \left(k_0^2 + \frac{\partial^2}{\partial x^2} \right) G_0(\boldsymbol{\rho}, x') [J_{s,t}^+(x') - J_{s,t}^-(x')] \,dx' \quad (10.2.41)$$

令 $\boldsymbol{\rho}$ 位于条带上，可得积分方程

$$\frac{Z_0}{4k_0} \int_{-w/2}^{w/2} \left(k_0^2 + \frac{\partial^2}{\partial x^2} \right) H_0^{(2)}(k_0|x - x'|) J_{s,t}^t(x') \,dx' = E_x^{inc}(x), \quad x \in (-w/2, w/2) \quad (10.2.42)$$

式中，w 为条带的宽度，$J_{s,t}^t = J_{s,t}^+ - J_{s,t}^-$。注意，条带上、下表面的切向方向相反，因此 $J_{s,t}^t$ 实际上代表上、下表面的电流之和。

使用脉冲基函数和点匹配法对式(10.2.42)进行矩量法求解，可得与式(10.2.31)类似的一组方程，式中，

$$Z_{mn} = \frac{Z_0}{4k_0} \int_{x_n - \Delta x/2}^{x_n + \Delta x/2} \left(k_0^2 + \frac{\partial^2}{\partial x'^2} \right) H_0^{(2)}(k_0|x_m - x'|) \,dx' \quad (10.2.43)$$

$$V_m = E_x^{inc}(x_m) \quad (10.2.44)$$

其中 Δx 为单元的宽度。虽然式(10.2.43)中的积分可以用近似方法计算，但若使用一阶基函数和一阶检验函数，则可以获得更高的精度。选用一阶基函数，电流可以展开为

$$J_{s,t}^t(x') = \sum_{n=1}^{N-1} \Lambda_n(x') J_{t,n} \quad (10.2.45)$$

式中，Λ_n 为三角形函数(见图 10.8)，定义为

$$\Lambda_n(x') = \begin{cases} \dfrac{x' - x_{n-1}}{x_n - x_{n-1}}, & x_{n-1} \leqslant x' \leqslant x_n \\ \dfrac{x_{n+1} - x'}{x_{n+1} - x_n}, & x_n \leqslant x' \leqslant x_{n+1} \end{cases} \quad (10.2.46)$$

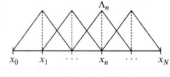

图 10.8 三角形基函数 Λ_n 的示意图

此展开式可确保条带边缘的电流为零。用相同的三角形函数作为检验函数，则有

$$\sum_{n=1}^{N-1} Z_{mn} J_{t,n} = V_m, \quad m = 1, 2, \cdots, N-1 \quad (10.2.47)$$

式中,

$$Z_{mn} = \frac{Z_0}{4k_0} \int_{x_{m-1}}^{x_{m+1}} \Lambda_m(x) \int_{x_{n-1}}^{x_{n+1}} \Lambda_n(x') \left(k_0^2 + \frac{\partial^2}{\partial x^2} \right) H_0^{(2)}(k_0|x-x'|) \, dx' \, dx \qquad (10.2.48)$$

$$V_m = \int_{x_{m-1}}^{x_{m+1}} \Lambda_m(x) E_x^{\text{inc}}(x) \, dx \qquad (10.2.49)$$

使用分部积分将对 $H_0^{(2)}$ 的求导转移到对 Λ_n 和 Λ_m 的求导, 得到

$$Z_{mn} = \frac{Z_0}{4k_0} \int_{x_{m-1}}^{x_{m+1}} \int_{x_{n-1}}^{x_{n+1}} \left(k_0^2 \Lambda_m \Lambda_n - \frac{d\Lambda_m}{dx} \frac{d\Lambda_n}{dx'} \right) H_0^{(2)}(k_0|x-x'|) \, dx' \, dx \qquad (10.2.50)$$

上式中的被积函数的奇异性被减弱, 以此进行数值积分可以得到更高的精度。

10.2.4 均匀介质柱体的散射

若物体是可透过电磁波的均匀介质柱体, 则其内部场满足亥姆霍兹方程

$$\nabla^2 \varphi(\boldsymbol{\rho}) + k_i^2 \varphi(\boldsymbol{\rho}) = 0, \qquad \boldsymbol{\rho} \in \Omega_o \qquad (10.2.51)$$

式中, $k_i = k_0 \sqrt{\mu_r \epsilon_r}$, μ_r 和 ϵ_r 为介质的相对磁导率和相对介电常数。将方程两边同乘以格林函数

$$G_i(\boldsymbol{\rho}, \boldsymbol{\rho}') = \frac{1}{4j} H_0^{(2)}(k_i |\boldsymbol{\rho} - \boldsymbol{\rho}'|) \qquad (10.2.52)$$

该格林函数满足亥姆霍兹方程

$$\nabla^2 G_i(\boldsymbol{\rho}, \boldsymbol{\rho}') + k_i^2 G_i(\boldsymbol{\rho}, \boldsymbol{\rho}') = -\delta(\boldsymbol{\rho} - \boldsymbol{\rho}') \qquad (10.2.53)$$

然后在 Ω_o 上积分。经过一些处理之后可得

$$\oint_{\Gamma_o} \left[G_i(\boldsymbol{\rho}, \boldsymbol{\rho}') \frac{\partial \varphi(\boldsymbol{\rho}')}{\partial n'} - \varphi(\boldsymbol{\rho}') \frac{\partial G_i(\boldsymbol{\rho}, \boldsymbol{\rho}')}{\partial n'} \right] d\Gamma' = \begin{cases} 0, & \boldsymbol{\rho} \in \Omega_\infty \\ \varphi(\boldsymbol{\rho}), & \boldsymbol{\rho} \in \Omega_o \end{cases} \qquad (10.2.54)$$

上式将内部场与边界上的场及其法向导数联系在一起。将上式应用在边界 Γ_o 上, 可得

$$\fint_{\Gamma_o} \left[G_i(\boldsymbol{\rho}, \boldsymbol{\rho}') \frac{\partial \varphi(\boldsymbol{\rho}')}{\partial n'} - \varphi(\boldsymbol{\rho}') \frac{\partial G_i(\boldsymbol{\rho}, \boldsymbol{\rho}')}{\partial n'} \right] d\Gamma' = \frac{1}{2} \varphi(\boldsymbol{\rho}), \qquad \boldsymbol{\rho} \in \Gamma_o \qquad (10.2.55)$$

将此方程与式(10.2.17)联立, 就能得到一个可用于求解边界上的 φ 和 $\partial \varphi / \partial n$ 的完整系统。

现在具体考虑横磁场和横电场这两种极化入射的情况。对于横磁场极化, $\varphi = E_z$, 式(10.2.17)变为

$$\frac{1}{2} E_z(\boldsymbol{\rho}) - \fint_{\Gamma_o} \left[E_z(\boldsymbol{\rho}') \frac{\partial G_0(\boldsymbol{\rho}, \boldsymbol{\rho}')}{\partial n'} - jk_0 Z_0 G_0(\boldsymbol{\rho}, \boldsymbol{\rho}') H_t(\boldsymbol{\rho}') \right] d\Gamma' = E_z^{\text{inc}}(\boldsymbol{\rho}), \qquad \boldsymbol{\rho} \in \Gamma_o \quad (10.2.56)$$

而式(10.2.55)则变为

$$\frac{1}{2} E_z(\boldsymbol{\rho}) + \fint_{\Gamma_o} \left[E_z(\boldsymbol{\rho}') \frac{\partial G_i(\boldsymbol{\rho}, \boldsymbol{\rho}')}{\partial n'} - jk_0 Z_0 \mu_r G_i(\boldsymbol{\rho}, \boldsymbol{\rho}') H_t(\boldsymbol{\rho}') \right] d\Gamma' = 0, \quad \boldsymbol{\rho} \in \Gamma_o \quad (10.2.57)$$

由于电场和磁场切向分量的连续性, 式(10.2.56)中的 E_z 和 H_t 与式(10.2.57)中的对应项相同, 因此联立求解式(10.2.56)和式(10.2.57)可得到 Γ_o 上的 E_z 和 H_t。对于横电场极

化，$\varphi = H_z$，式(10.2.17)变为

$$\frac{1}{2}H_z(\boldsymbol{\rho}) - \oint_{\Gamma_0}\left[H_z(\boldsymbol{\rho}')\frac{\partial G_0(\boldsymbol{\rho}, \boldsymbol{\rho}')}{\partial n'} + \mathrm{j}k_0 Y_0 G_0(\boldsymbol{\rho}, \boldsymbol{\rho}')E_t(\boldsymbol{\rho}')\right]\mathrm{d}\Gamma' = H_z^{\mathrm{inc}}(\boldsymbol{\rho}), \quad \boldsymbol{\rho} \in \Gamma_0 \quad (10.2.58)$$

而式(10.2.55)则变为

$$\frac{1}{2}H_z(\boldsymbol{\rho}) + \oint_{\Gamma_0}\left[H_z(\boldsymbol{\rho}')\frac{\partial G_i(\boldsymbol{\rho}, \boldsymbol{\rho}')}{\partial n'} + \mathrm{j}k_0 Y_0 \epsilon_r G_i(\boldsymbol{\rho}, \boldsymbol{\rho}')E_t(\boldsymbol{\rho}')\right]\mathrm{d}\Gamma' = 0, \quad \boldsymbol{\rho} \in \Gamma_0 \quad (10.2.59)$$

式中，$Y_0 = 1/Z_0$。由于电场和磁场切向分量的连续性，式(10.2.58)中的 H_z 和 E_t 与式(10.2.59)中的对应项相同，因此联立求解式(10.2.58)和式(10.2.59)可得到 Γ_0 上的 H_z 和 E_t。若采用脉冲基函数和点匹配方法，则其矩量法的解非常直截了当，这部分内容留给读者作为练习。

10.3 三维分析

二维标量场分析的基本方法可以推广到三维矢量场的分析。本节首先推导通用形式的积分方程，然后考虑其在各种特定情况下的应用。积分方程的建立有两种方法，一种方法基于格林定理，将在下面介绍；另一种方法基于第 3 章所讨论的等效原理。我们将看到，通过这两种方法得出的积分方程是相同的。

10.3.1 积分方程的建立

如图 10.9 所示，考虑自由空间中由电流密度为 $\mathbf{J}_i$ 的源产生的被任意形状物体散射的电磁场问题。其总场 $\mathbf{E}$ 和 $\mathbf{H}$ 满足矢量波动方程

$$\nabla \times \nabla \times \mathbf{E}(\mathbf{r}) - k_0^2 \mathbf{E}(\mathbf{r}) = -\mathrm{j}k_0 Z_0 \mathbf{J}_i(\mathbf{r}), \quad \mathbf{r} \in V_\infty \quad (10.3.1)$$

$$\nabla \times \nabla \times \mathbf{H}(\mathbf{r}) - k_0^2 \mathbf{H}(\mathbf{r}) = \nabla \times \mathbf{J}_i(\mathbf{r}), \quad \mathbf{r} \in V_\infty \quad (10.3.2)$$

式中，V_∞ 表示物体以外的区域。同时，$\mathbf{E}$ 和 $\mathbf{H}$ 也满足在无穷远处的索末菲辐射条件

$$r\left[\nabla \times \begin{pmatrix}\mathbf{E}\\\mathbf{H}\end{pmatrix} + \mathrm{j}k_0\hat{r} \times \begin{pmatrix}\mathbf{E}\\\mathbf{H}\end{pmatrix}\right] = 0, \quad r \to \infty \quad (10.3.3)$$

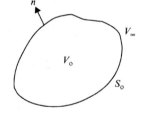

图 10.9　自由空间中的三维散射体

为了推导 $\mathbf{E}$ 和 $\mathbf{H}$ 的积分方程，可引入三维空间中的格林函数 G_0，其满足标量亥姆霍兹方程

$$\nabla^2 G_0(\mathbf{r}, \mathbf{r}') + k_0^2 G_0(\mathbf{r}, \mathbf{r}') = -\delta(\mathbf{r} - \mathbf{r}') \quad (10.3.4)$$

和辐射条件

$$r\left[\frac{\partial G_0(\mathbf{r}, \mathbf{r}')}{\partial r} + \mathrm{j}k_0 G_0(\mathbf{r}, \mathbf{r}')\right] = 0, \quad r \to \infty \quad (10.3.5)$$

其解为

$$G_0(\mathbf{r}, \mathbf{r}') = \frac{\mathrm{e}^{-\mathrm{j}k_0|\mathbf{r}-\mathbf{r}'|}}{4\pi|\mathbf{r}-\mathbf{r}'|} \quad (10.3.6)$$

接下来，我们利用标量-矢量格林定理

$$\iiint_V \left[b(\nabla \times \nabla \times \mathbf{a}) + \mathbf{a}\nabla^2 b + (\nabla \cdot \mathbf{a})\nabla b \right] dV$$

$$= \oiint_S \left[(\hat{n} \cdot \mathbf{a})\nabla b + (\hat{n} \times \mathbf{a}) \times \nabla b + (\hat{n} \times \nabla \times \mathbf{a})b \right] dS \tag{10.3.7}$$

令 $V = V_\infty$，$\mathbf{a} = \mathbf{E}$，$b = G_0$，得到

$$\iiint_{V_\infty} \left[G_0(\nabla \times \nabla \times \mathbf{E}) + \mathbf{E}\nabla^2 G_0 + (\nabla \cdot \mathbf{E})\nabla G_0 \right] dV$$

$$= \oiint_{S_\infty} \left[(\hat{r} \cdot \mathbf{E})\nabla G_0 + (\hat{r} \times \mathbf{E}) \times \nabla G_0 + (\hat{r} \times \nabla \times \mathbf{E})G_0 \right] dS \tag{10.3.8}$$

$$- \oiint_{S_o} \left[(\hat{n} \cdot \mathbf{E})\nabla G_0 + (\hat{n} \times \mathbf{E}) \times \nabla G_0 + (\hat{n} \times \nabla \times \mathbf{E})G_0 \right] dS$$

使用式（10.3.1）和式（10.3.4），则式（10.3.8）等号左边变为

$$\iiint_{V_\infty} \left[-jk_0 Z_0 \mathbf{J}_i G_0 - \mathbf{E}\delta(\mathbf{r} - \mathbf{r}') + \frac{jZ_0}{k_0}(\nabla \cdot \mathbf{J}_i)\nabla G_0 \right] dV$$

$$= -jk_0 Z_0 \iiint_{V_s} \left[\mathbf{J}_i G_0 - \frac{1}{k_0^2}(\nabla \cdot \mathbf{J}_i)\nabla G_0 \right] dV - \begin{cases} \mathbf{E}(\mathbf{r}'), & \mathbf{r}' \in V_\infty \\ 0, & \mathbf{r}' \in V_o \end{cases} \tag{10.3.9}$$

式中，V_s 为 $\mathbf{J}_i \neq 0$ 的源所在的区域。使用式（10.3.3）和式（10.3.5）的辐射条件，可以证明式（10.3.8）等号右边的第一项积分中的被积函数为零。于是，式（10.3.8）变为

$$\oiint_{S_o} \left[(\hat{n} \cdot \mathbf{E})\nabla G_0 + (\hat{n} \times \mathbf{E}) \times \nabla G_0 + (\hat{n} \times \nabla \times \mathbf{E})G_0 \right] dS$$

$$- jk_0 Z_0 \iiint_{V_s} \left[\mathbf{J}_i G_0 - \frac{1}{k_0^2}(\nabla \cdot \mathbf{J}_i)\nabla G_0 \right] dV = \begin{cases} \mathbf{E}(\mathbf{r}'), & \mathbf{r}' \in V_\infty \\ 0, & \mathbf{r}' \in V_o \end{cases} \tag{10.3.10}$$

交换带撇和不带撇的坐标后，上式可以写为

$$\oiint_{S_o} \left[(\hat{n}' \cdot \mathbf{E})\nabla' G_0 + (\hat{n}' \times \mathbf{E}) \times \nabla' G_0 - jk_0 Z_0(\hat{n}' \times \mathbf{H})G_0 \right] dS'$$

$$- jk_0 Z_0 \iiint_{V_s} \left[\mathbf{J}_i G_0 - \frac{1}{k_0^2}(\nabla' \cdot \mathbf{J}_i)\nabla' G_0 \right] dV' = \begin{cases} \mathbf{E}(\mathbf{r}), & \mathbf{r} \in V_\infty \\ 0, & \mathbf{r} \in V_o \end{cases} \tag{10.3.11}$$

注意，当物体不存在时，式（10.3.11）变为

$$\mathbf{E}(\mathbf{r}) = -jk_0 Z_0 \iiint_{V_s} \left[\mathbf{J}_i G_0 - \frac{1}{k_0^2}(\nabla' \cdot \mathbf{J}_i)\nabla' G_0 \right] dV' \tag{10.3.12}$$

这一项定义为入射场，用 $\mathbf{E}^{inc}$ 表示。因此，式（10.3.11）也可写为

$$\mathbf{E}^{inc}(\mathbf{r}) - \oiint_{S_o} \left[(\hat{n}' \cdot \mathbf{E})\nabla G_0 + (\hat{n}' \times \mathbf{E}) \times \nabla G_0 + jk_0 Z_0(\hat{n}' \times \mathbf{H})G_0 \right] dS'$$

$$= \begin{cases} \mathbf{E}(\mathbf{r}), & \mathbf{r} \in V_\infty \\ 0, & \mathbf{r} \in V_o \end{cases} \tag{10.3.13}$$

在得到式(10.3.11)的过程中,使用了$\nabla' G_0 = -\nabla G_0$。类似地,如果令$\mathbf{a} = \mathbf{H}$,则可得

$$\mathbf{H}^{\mathrm{inc}}(\mathbf{r}) - \oiint_{S_0} \left[(\hat{n}' \cdot \mathbf{H})\nabla G_0 + (\hat{n}' \times \mathbf{H}) \times \nabla G_0 - jk_0 Y_0(\hat{n}' \times \mathbf{E})G_0 \right] \mathrm{d}S'$$

$$= \begin{cases} \mathbf{H}(\mathbf{r}), & \mathbf{r} \in V_\infty \\ 0, & \mathbf{r} \in V_0 \end{cases} \tag{10.3.14}$$

式中,

$$\mathbf{H}^{\mathrm{inc}}(\mathbf{r}) = \iiint_{V_s} \mathbf{J}_i \times \nabla' G_0 \, \mathrm{d}V' \tag{10.3.15}$$

式(10.3.13)和式(10.3.14)均包含表面S_0上的法向场分量,这是我们不希望出现的。可以采用以下方式将其转换为切向场分量。根据面矢量分析,可以证明

$$\hat{n}' \cdot \mathbf{E} = \frac{jZ_0}{k_0} \nabla' \cdot (\hat{n}' \times \mathbf{H}) \tag{10.3.16}$$

$$\hat{n}' \cdot \mathbf{H} = \frac{Y_0}{jk_0} \nabla' \cdot (\hat{n}' \times \mathbf{E}) \tag{10.3.17}$$

将它们代入式(10.3.13)和式(10.3.14),得到

$$\mathbf{E}^{\mathrm{inc}}(\mathbf{r}) - \oiint_{S_0} \left[\frac{jZ_0}{k_0} \nabla' \cdot (\hat{n}' \times \mathbf{H})\nabla G_0 + (\hat{n}' \times \mathbf{E}) \times \nabla G_0 + jk_0 Z_0(\hat{n}' \times \mathbf{H})G_0 \right] \mathrm{d}S'$$

$$= \begin{cases} \mathbf{E}(\mathbf{r}), & \mathbf{r} \in V_\infty \\ 0, & \mathbf{r} \in V_0 \end{cases} \tag{10.3.18}$$

$$\mathbf{H}^{\mathrm{inc}}(\mathbf{r}) - \oiint_{S_0} \left[\frac{Y_0}{jk_0} \nabla' \cdot (\hat{n}' \times \mathbf{E})\nabla G_0 + (\hat{n}' \times \mathbf{H}) \times \nabla G_0 - jk_0 Y_0(\hat{n}' \times \mathbf{E})G_0 \right] \mathrm{d}S'$$

$$= \begin{cases} \mathbf{H}(\mathbf{r}), & \mathbf{r} \in V_\infty \\ 0, & \mathbf{r} \in V_0 \end{cases} \tag{10.3.19}$$

为将上式写成更紧凑的形式,定义算子

$$\mathcal{L}(\mathbf{X}) = jk_0 \oiint_{S_0} \left[\mathbf{X}(\mathbf{r}')G_0(\mathbf{r}, \mathbf{r}') + \frac{1}{k_0^2} \nabla' \cdot \mathbf{X}(\mathbf{r}')\nabla G_0(\mathbf{r}, \mathbf{r}') \right] \mathrm{d}S' \tag{10.3.20}$$

$$\mathcal{K}(\mathbf{X}) = \oiint_{S_0} \mathbf{X}(\mathbf{r}') \times \nabla G_0(\mathbf{r}, \mathbf{r}') \, \mathrm{d}S' \tag{10.3.21}$$

并引入等效面电流和面磁流

$$\bar{\mathbf{J}}_s(\mathbf{r}') = \hat{n}' \times \bar{\mathbf{H}}(\mathbf{r}') = Z_0\hat{n}' \times \mathbf{H}(\mathbf{r}'), \qquad \mathbf{M}_s(\mathbf{r}') = \mathbf{E}(\mathbf{r}') \times \hat{n}' \tag{10.3.22}$$

于是,式(10.3.18)和式(10.3.19)可写为

$$\mathbf{E}^{\mathrm{inc}}(\mathbf{r}) - \mathcal{L}(\bar{\mathbf{J}}_s) + \mathcal{K}(\mathbf{M}_s) = \begin{cases} \mathbf{E}(\mathbf{r}), & \mathbf{r} \in V_\infty \\ 0, & \mathbf{r} \in V_0 \end{cases} \tag{10.3.23}$$

$$\bar{\mathbf{H}}^{\mathrm{inc}}(\mathbf{r}) - \mathcal{L}(\mathbf{M}_{\mathrm{s}}) - \mathcal{K}(\bar{\mathbf{J}}_{\mathrm{s}}) = \begin{cases} \bar{\mathbf{H}}(\mathbf{r}), & \mathbf{r} \in V_{\infty} \\ 0, & \mathbf{r} \in V_{\mathrm{o}} \end{cases} \tag{10.3.24}$$

注意，为了使方程形式更简洁，我们按比例缩放了电流密度($\bar{\mathbf{J}}_{\mathrm{s}} = Z_0 \mathbf{J}_{\mathrm{s}}$)和磁场强度($\bar{\mathbf{H}} = Z_0 \mathbf{H}$)。当外部源(即入射场)不存在时，上面两个式子与第3章中使用面等效原理推导的式(3.4.5)和式(3.4.6)相同。

我们可以将这两个式子叉乘$\hat{n}$，然后令$\mathbf{r}$趋近于S_{o}，以此建立积分方程来求解$\bar{\mathbf{J}}_{\mathrm{s}}$和$\mathbf{M}_{\mathrm{s}}$。然而，当$\mathbf{r}$趋近于$S_{\mathrm{o}}$时，式(10.3.20)和式(10.3.21)中的积分包含奇异点$\mathbf{r} = \mathbf{r}'$。为了计算这两个奇异积分，我们可以如图10.10所示将面S_{o}进行变形，这样S_{o}由两部分构成：一部分是S_{o}减去以$\mathbf{r}$为中心的一个无限小圆片σ_{ε}，另一部分是半径为ε的无限小半球面。因此有

$$\mathcal{L}(\mathbf{X}) = \lim_{\varepsilon \to 0} \left\{ \iint_{S_{\mathrm{o}} - \sigma_{\varepsilon}} [\bullet] \, \mathrm{d}S' + \int_0^{2\pi} \int_0^{\pi/2} [\bullet] \varepsilon^2 \sin\theta \, \mathrm{d}\theta \, \mathrm{d}\phi \right\} \tag{10.3.25}$$

$$\mathcal{K}(\mathbf{X}) = \lim_{\varepsilon \to 0} \left\{ \iint_{S_{\mathrm{o}} - \sigma_{\varepsilon}} [\bullet] \, \mathrm{d}S' + \int_0^{2\pi} \int_0^{\pi/2} [\bullet] \varepsilon^2 \sin\theta \, \mathrm{d}\theta \, \mathrm{d}\phi \right\} \tag{10.3.26}$$

容易证明，奇异项对计算$\hat{n} \times \mathcal{L}(\mathbf{X})$没有贡献，而在$\hat{n} \times \mathcal{K}(\mathbf{X})$中则不为零。为了计算此项，令$\mathbf{X} = \hat{n} \times \mathbf{Y}$，并考虑

$$
\begin{aligned}
\hat{n} \times \int_0^{2\pi} \int_0^{\pi/2} \mathbf{X} \times \nabla G_0 \varepsilon^2 \sin\theta \, \mathrm{d}\theta \, \mathrm{d}\phi &= \pm \hat{n} \times \int_0^{2\pi} \int_0^{\pi/2} (\hat{n}' \times \mathbf{Y}) \times \hat{r}' \frac{\mathrm{e}^{-\mathrm{j}k_0\varepsilon}}{4\pi} \sin\theta \, \mathrm{d}\theta \, \mathrm{d}\phi \\
&= \pm \hat{n} \times \int_0^{2\pi} \int_0^{\pi/2} (\hat{n}' \cdot \hat{r}') \mathbf{Y} \frac{\mathrm{e}^{-\mathrm{j}k_0\varepsilon}}{4\pi} \sin\theta \, \mathrm{d}\theta \, \mathrm{d}\phi \\
&= \pm \hat{n} \times \int_0^{2\pi} \int_0^{\pi/2} \mathbf{Y} \frac{\mathrm{e}^{-\mathrm{j}k_0\varepsilon}}{4\pi} \sin\theta \, \mathrm{d}\theta \, \mathrm{d}\phi \\
&= \pm \frac{1}{2} \mathbf{X}, \qquad \varepsilon \to 0
\end{aligned}
\tag{10.3.27}
$$

式中，$\hat{r}'$是半球面的单位法向矢量。符号"+"对应于图10.10(a)的变形，符号"−"对应于图10.10(b)的变形。因此，$\hat{n} \times \mathcal{K}(\mathbf{X})$可写为

$$\hat{n} \times \mathcal{K}(\mathbf{X}) = \hat{n} \times \lim_{\varepsilon \to 0} \iint_{S_{\mathrm{o}} - \sigma_{\varepsilon}} \mathbf{X} \times \nabla G_0 \, \mathrm{d}S' \pm \frac{1}{2}\mathbf{X} = \hat{n} \times \tilde{\mathcal{K}}(\mathbf{X}) \pm \frac{1}{2}\mathbf{X} \tag{10.3.28}$$

式中的$\tilde{\mathcal{K}}(\mathbf{X})$与式(10.3.21)中的积分相同，只是去除了奇异点$\mathbf{r} = \mathbf{r}'$。

现在，将式(10.3.23)和式(10.3.24)与$\hat{n}$进行叉乘，令$\mathbf{r}$趋近于S_{o}，并使用式(10.3.28)，可得

$$\frac{1}{2}\mathbf{M}_{\mathrm{s}} - \hat{n} \times \mathcal{L}(\bar{\mathbf{J}}_{\mathrm{s}}) + \hat{n} \times \tilde{\mathcal{K}}(\mathbf{M}_{\mathrm{s}}) = -\hat{n} \times \mathbf{E}^{\mathrm{inc}}(\mathbf{r}), \qquad \mathbf{r} \in S_{\mathrm{o}} \tag{10.3.29}$$

$$\frac{1}{2}\bar{\mathbf{J}}_{\mathrm{s}} + \hat{n} \times \mathcal{L}(\mathbf{M}_{\mathrm{s}}) + \hat{n} \times \tilde{\mathcal{K}}(\bar{\mathbf{J}}_{\mathrm{s}}) = \hat{n} \times \bar{\mathbf{H}}^{\mathrm{inc}}(\mathbf{r}), \qquad \mathbf{r} \in S_{\mathrm{o}} \tag{10.3.30}$$

式(10.3.29)和式(10.3.30)分别是三维场矢量形式的电场积分方程和磁场积分方程[11]。

对于给定的物体，它们可用于求解 $\overline{\mathbf{J}}_s$ 和 $\mathbf{M}_s$，并可进一步根据式(10.3.23)和式(10.3.24)求出 V_∞ 中任意位置的电场和磁场。

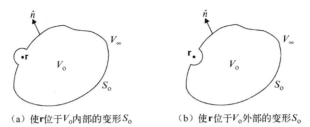

(a) 使r位于V_0内部的变形S_0　　　(b) 使r位于V_0外部的变形S_0

图 10.10　物体封闭面的变形

与二维情况类似，在推导式(10.3.13)和式(10.3.14)的过程中，我们应用了标量-矢量格林定理，但这个过程在数学上并不十分严格。因为当 $\mathbf{r}\in V_\infty$ 时，$G_0(\mathbf{r},\mathbf{r}')$ 在 $\mathbf{r}=\mathbf{r}'$ 处是奇异的，所以理论上不能应用标量-矢量格林定理。如果要严格推导，则需先将以 $\mathbf{r}$ 为中心的体积 v_ε 趋于零的小球体从 V_∞ 中去除，以便 $G_0(\mathbf{r},\mathbf{r}')$ 在 $V_\infty-v_\varepsilon$ 中的每一处均连续，从而推出式(10.3.29)和式(10.3.30)。这种方法也可以应用于 $\mathbf{r}\in S_0$ 的情况，此推导作为练习留给读者完成(见习题10.9)。

10.3.2　导线的散射和辐射

若所考虑的物体为一根导线，由边界条件，则有 $\mathbf{M}_s=\mathbf{E}\times\hat{n}=0$。更进一步，若导线非常细，则可以忽略导线上的电流的横向分量，并可假设纵向分量在导线外表面四周均匀分布。在这些假设下，式(10.3.29)变为

$$jk_0Z_0\int_C\left[\hat{l}\cdot\hat{l}'I(\mathbf{r}')G_0(\mathbf{r},\mathbf{r}')+\frac{1}{k_0^2}\frac{\mathrm{d}I(\mathbf{r}')}{\mathrm{d}l'}\frac{\mathrm{d}G_0(\mathbf{r},\mathbf{r}')}{\mathrm{d}l}\right]\mathrm{d}l'=\hat{l}\cdot\mathbf{E}^{\mathrm{inc}}(\mathbf{r}),\quad \mathbf{r}\in C \qquad (10.3.31)$$

式中，C 为导线的路径，$\hat{l}$ 为沿导线的切向单位矢量，I 为导线上的电流。为得到矩量法解，首先将导线分为长度小于五分之一波长的线段。由于式(10.3.31)包含电流微分，为了精确求解，我们应该选择至少一阶可微的基函数来对电流进行展开。最简单的选择是三角形基函数，如图 10.11 所示，因此电流的展开式可写为

$$I(\mathbf{r}')=\sum_{n=1}^{N-1}\Lambda_n(\mathbf{r}')I_n \qquad (10.3.32)$$

式中，Λ_n 为跨于第 $n-1$ 段和第 n 段线段的三角形函数，其定义由式(10.2.46)所示。注意，式(10.3.32)的展开式保证了导线末

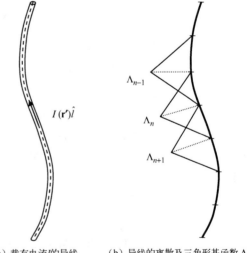

(a) 载有电流I的导线　(b) 导线的离散及三角形基函数 Λ_n

图 10.11　导线上的电流及其离散

端的电流为零。将该展开式代入式(10.3.31),可得

$$jk_0Z_0\sum_{n=1}^{N-1}I_n\int_C\left[\hat{l}\cdot\hat{l}'_n\Lambda_n(\mathbf{r}')G_0(\mathbf{r},\mathbf{r}')+\frac{1}{k_0^2}\frac{d\Lambda_n(\mathbf{r}')}{dl'}\frac{dG_0(\mathbf{r},\mathbf{r}')}{dl}\right]dl'=\hat{l}\cdot\mathbf{E}^{inc}(\mathbf{r}),\ \mathbf{r}\in C \quad (10.3.33)$$

下面,选择一组测试函数将上式转换为矩阵方程。因为被积函数包含 G_0 的导数,所选择的测试函数也应该至少一阶可微,以便将对 G_0 的求导转移至对测试函数的求导。我们可以选择与基函数相同的 Λ_m,其对应的是伽辽金法,由此可得

$$\sum_{n=1}^{N-1}Z_{mn}I_n=V_m,\quad m=1,2,\cdots,N-1 \quad (10.3.34)$$

式中,

$$Z_{mn}=jk_0Z_0\int_C\Lambda_m(\mathbf{r})\hat{l}_m\cdot\int_C\hat{l}_n\Lambda_n(\mathbf{r}')G_0(\mathbf{r},\mathbf{r}')dl'dl$$
$$+\frac{jZ_0}{k_0}\int_C\Lambda_m(\mathbf{r})\int_C\frac{d\Lambda_n(\mathbf{r}')}{dl'}\frac{dG_0(\mathbf{r},\mathbf{r}')}{dl}dl'dl \quad (10.3.35)$$

$$V_m=\int_C\Lambda_m(\mathbf{r})\hat{l}_m\cdot\mathbf{E}^{inc}(\mathbf{r})dl \quad (10.3.36)$$

运用分部积分,式(10.3.35)也可写为

$$Z_{mn}=jk_0Z_0\int_C\Lambda_m(\mathbf{r})\hat{l}_m\cdot\int_C\hat{l}_n\Lambda_n(\mathbf{r}')G_0(\mathbf{r},\mathbf{r}')dl'dl$$
$$-\frac{jZ_0}{k_0}\int_C\frac{d\Lambda_m(\mathbf{r})}{dl}\int_C\frac{d\Lambda_n(\mathbf{r}')}{dl'}G_0(\mathbf{r},\mathbf{r}')dl'dl \quad (10.3.37)$$

上式的被积函数的奇异性被减弱,其数值积分可以更精确地计算。当 Λ_m 与 Λ_n 不重叠时,式(10.3.37)可以使用数值积分计算。当它们重叠时,则可以将各个线段分成几个更小的子线段,并且将积分第一项中各子线段内的 Λ_m 和 Λ_n 近似为常数。当两个子线段不重叠时,积分仍可通过数值积分计算。对于重叠的子线段,必须计算

$$\psi=\int_{\Delta l}\int_{\Delta l}G_0(\mathbf{r},\mathbf{r}')dl'dl=\frac{1}{4\pi}\int_{\Delta l}\int_{\Delta l}\frac{e^{-jk_0R}}{R}dl'dl \quad (10.3.38)$$

式中,Δl 为一个子线段,$R=|\mathbf{r}-\mathbf{r}'|=\sqrt{a^2+(l-l')^2}$,其中 a 为导线的半径。这里使用了所谓的**细线近似**,即将测试函数放置于导线的轴线上,而令基函数置于导线的表面,以此来避免 G_0 的奇异性。将式(10.3.38)的指数函数展开为麦克劳林级数,即

$$\psi=\frac{1}{4\pi}\int_{\Delta l}\int_{\Delta l}\left(\frac{1}{R}-jk_0-\frac{k_0^2}{2}R+\cdots\right)dl'dl \quad (10.3.39)$$

保留级数的前两项,则式(10.3.39)的计算结果为

$$\psi=\frac{\Delta l}{2\pi}\left[\ln\left(\frac{\Delta l}{a}+\sqrt{1+\frac{(\Delta l)^2}{a^2}}\right)-\sqrt{1+\frac{a^2}{(\Delta l)^2}}+\frac{a}{\Delta l}\right]-\frac{jk_0}{4\pi}(\Delta l)^2 \quad (10.3.40)$$

当 $\Delta l \gg a$ 时，上式可化简为

$$\psi = \frac{\Delta l}{2\pi}\left(\ln\frac{2\Delta l}{a} - 1\right) - \frac{jk_0}{4\pi}(\Delta l)^2 \qquad (10.3.41)$$

上述的分析过程也可用于分析线天线。对于线天线，可以令馈电点处 $V_m = V_0$，式中的 V_0 为馈电点电压，其余位置的 $V_m = 0$。这一简单的线天线馈电模型称为 δ 缝隙源，如图 10.12(a) 所示。天线的输入阻抗可用下式计算：

$$Z_{\mathrm{in}} = \frac{V_0}{I_m} \qquad (10.3.42)$$

式中，I_m 为馈电点电流。除了 δ 缝隙源模型，还可以将电压源等效为磁流环，如图 10.12(b) 所示。可以先求出线天线不存在时磁流环产生的场，然后可将其当成入射场，按式 (10.3.36) 计算激励向量。而输入导纳可使用更精确的变分公式进行计算[12]，即

$$Y_{\mathrm{in}} = -\frac{\langle \mathbf{M}_a, \mathbf{H}_a\rangle}{V_0^2} - \frac{\langle \mathbf{M}_a, \mathbf{H}_s\rangle}{V_0^2} \qquad (10.3.43)$$

式中，$\mathbf{M}_a$ 为磁流环的面磁流密度，$\mathbf{H}_a$ 为没有天线时磁流环产生的磁场，$\mathbf{H}_s$ 为天线表面感应电流所产生的磁场。

我们用上述矩量法分析了一个长度为 2.0 m，直径为 1.0 cm 并且在馈电点处有 90° 弯折的线天线，其几何结构如图 10.13 所示。在数值仿真中，线天线被分为 99 段，其输入阻抗由式 (10.3.42) 计算。图 10.14 为输入电导随频率的变化曲线，图中表明，当线长为半波长的奇数倍时，天线上发生谐振。第一谐振应该出现在 $f_0 = 75$ MHz 附近（无限细偶极子天线的理论值），在该频率处的仿真得到的输入阻抗结果为 $Z_{\mathrm{in}} = 41.2 - j6.6\ \Omega$。在频率为 f_0、$2f_0$ 和 $3f_0$ 时的电流分布如图 10.15 所示，该图表明当频率接近谐振频率时，天线上的电流幅度显著变大。通过更精细的频率扫描发现，第一谐振频率的计算值为 73 MHz，略低于 75 MHz，这是由于线天线有限直径的影响。

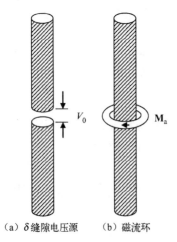

(a) δ 缝隙电压源   (b) 磁流环

图 10.12   线天线激励源模型

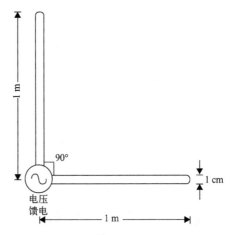

图 10.13   长度为 2.0 m，馈电点在 90° 弯折处的线天线

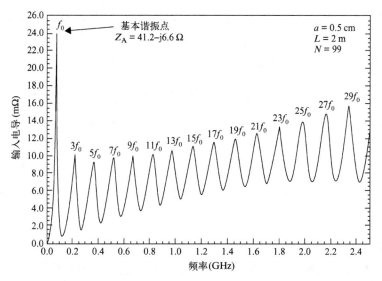

图 10.14 长度为 2.0 m, 馈电点在 90° 弯折处的线天线的输入电导随频率的变化曲线

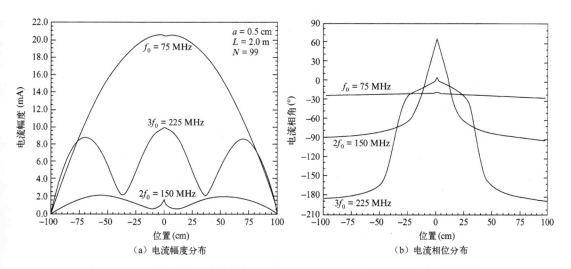

（a）电流幅度分布　　　　　　　　（b）电流相位分布

图 10.15 弯折的线天线在频率为 75 MHz、150 MHz 和 225 MHz 时的电流分布

10.3.3 导电物体的散射

对于任意外形的三维理想导体, 电场满足的边界条件为

$$\hat{n} \times \mathbf{E}(\mathbf{r}) = 0, \quad \mathbf{r} \in S_o \tag{10.3.44}$$

因此 $\mathbf{M}_s = 0$, 式(10.3.29)和式(10.3.30)可简化为

$$\hat{n} \times \mathcal{L}(\bar{\mathbf{J}}_s) = \hat{n} \times \mathbf{E}^{\text{inc}}(\mathbf{r}), \quad \mathbf{r} \in S_o \tag{10.3.45}$$

$$\frac{1}{2}\bar{\mathbf{J}}_s + \hat{n} \times \tilde{\mathcal{K}}(\bar{\mathbf{J}}_s) = \hat{n} \times \bar{\mathbf{H}}^{\text{inc}}(\mathbf{r}), \quad \mathbf{r} \in S_o \tag{10.3.46}$$

上面两个方程中的任意一个均可以用于求解 $\bar{\mathbf{J}}_s$。但是, 对于一个给定的 S_o, 当物体外部空间的媒质无耗时, $\mathcal{L}$ 可能在某些频率点奇异。因此, 在这些频率点上, 由式(10.3.45)得到的解

可能是错误的伪解，这种现象称为**内谐振问题**。奇异点频率对应的是在 S_o 的表面覆盖理想导体并在其内部填充原物体外部空间的媒质时所构成的谐振腔的谐振频率。式（10.3.46）也会产生类似的问题。为解决这一问题，将式（10.3.45）和式（10.3.46）合并，得到

$$\frac{1}{2}\bar{\mathbf{J}}_s + \hat{n} \times \tilde{\mathcal{K}}(\bar{\mathbf{J}}_s) - \hat{n} \times [\hat{n} \times \mathcal{L}(\bar{\mathbf{J}}_s)] = \hat{n} \times \bar{\mathbf{H}}^{\text{inc}}(\mathbf{r}) - \hat{n} \times [\hat{n} \times \mathbf{E}^{\text{inc}}(\mathbf{r})], \quad \mathbf{r} \in S_o \quad (10.3.47)$$

此式称为**混合场积分方程**（CFIE）[13]。这种组合得到了一个新的积分算子，其对应的谐振腔腔壁为阻抗表面，从而该腔体的谐振频率为复频率。这样，该积分算子对于任何实频率均不会奇异。需要指出，对于传统的混合场积分方程，在组合电场积分方程和磁场积分方程时将会给两式分别指定其加权因子。而此处的加权因子固定为 $\frac{1}{2}$，即电场积分方程和磁场积分方程是等权值组合在一起的。

为求解式（10.3.47）以得到面电流密度，首先将 S_o 表面离散成三角形单元。然后，用一组基函数展开面电流密度。一种最为流行的选择为**三角屋顶形基函数**[14]，也称为 **Rao-Wilton-Glisson（RWG）基函数**。此函数定义在邻边为 l_n 的两个相邻三角形单元上：

$$\mathbf{\Lambda}_n(\mathbf{r}) = \begin{cases} \dfrac{l_n}{2A_n^+}\boldsymbol{\rho}_n^+, & \mathbf{r} \in T_n^+ \\[3mm] \dfrac{l_n}{2A_n^-}\boldsymbol{\rho}_n^-, & \mathbf{r} \in T_n^- \end{cases} \quad (10.3.48)$$

式中，$T_n^{\pm}$ 表示与第 n 条边对应的两个三角形，$A_n^{\pm}$ 为三角形 $T_n^{\pm}$ 的面积，l_n 为第 n 条边的长度，$\boldsymbol{\rho}_n^{\pm}$ 为图 10.16（a）所定义的矢量。$\mathbf{\Lambda}_n(\mathbf{r})$ 的矢量图如图 10.16（b）所示。RWG 基函数最重要的特征是，其法向分量在 l_n 边上为常数（归一化为 1），而在所有其他边上为零，这一特征保证了电流流过所有棱边时连续，从而不会有非物理的电荷在单元边缘累积。

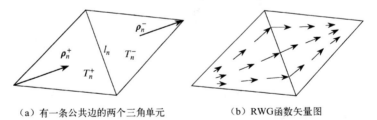

（a）有一条公共边的两个三角单元　　　　（b）RWG 函数矢量图

图 10.16　三角屋顶形基函数（RWG 函数）

使用式（10.3.48）所定义的 RWG 基函数，面电流密度可以展开为

$$\bar{\mathbf{J}}_s(\mathbf{r}) = \sum_{n=1}^{N} I_n \mathbf{\Lambda}_n(\mathbf{r}) \quad (10.3.49)$$

式中，N 为未知量的数目，即三角形公共边的总数。使用相同的基函数作为测试函数，可以将式（10.3.47）转换为如下矩阵方程：

$$\sum_{n=1}^{N} Z_{mn} I_n = V_m, \quad m = 1, 2, \cdots, N \quad (10.3.50)$$

式中,

$$Z_{mn} = \oiint_{S_o} \mathbf{\Lambda}_m \cdot \left[\frac{1}{2} \mathbf{\Lambda}_n + \hat{n} \times \tilde{\mathcal{K}}(\mathbf{\Lambda}_n) + \mathcal{L}(\mathbf{\Lambda}_n) \right] \mathrm{d}S \tag{10.3.51}$$

$$V_m = \oiint_{S_o} \mathbf{\Lambda}_m \cdot \left[\hat{n} \times \bar{\mathbf{H}}^{\mathrm{inc}} + \mathbf{E}^{\mathrm{inc}} \right] \mathrm{d}S \tag{10.3.52}$$

由于被积函数是良态的,即非奇异的,V_m 的计算可以直接采用高斯积分公式数值计算。而计算涉及双重面积分的 Z_{mn} 则更为复杂。当 $\mathbf{\Lambda}_m$ 和 $\mathbf{\Lambda}_n$ 不重叠时,仍然可以采用高斯积分公式。对于 $\mathbf{\Lambda}_m$ 和 $\mathbf{\Lambda}_n$ 重叠的情况,被积函数可能会奇异。可以证明,含有 $\tilde{\mathcal{K}}$ 算子的被积函数具有 $1/R$ 阶的奇异性;而由于哈密顿算子作用于 G_0,包含 $\mathcal{L}$ 算子的被积函数具有 $1/R^2$ 阶的奇异性。使用 $\mathcal{L}$ 的表达式,可得

$$\oiint_{S_o} \mathbf{\Lambda}_m \cdot \mathcal{L}(\mathbf{\Lambda}_n) \mathrm{d}S = \mathrm{j}k_0 \oiint_{S_o} \mathbf{\Lambda}_m \cdot \left[\oiint_{S_o} \left(\mathbf{\Lambda}_n G_0 + \frac{1}{k_0^2} \nabla' \cdot \mathbf{\Lambda}_n \nabla G_0 \right) \mathrm{d}S' \right] \mathrm{d}S \tag{10.3.53}$$

然而,根据面散度定理,对 G_0 的哈密顿算子可以转移到对 $\mathbf{\Lambda}_m$ 进行,因此积分变为

$$\oiint_{S_o} \mathbf{\Lambda}_m \cdot \mathcal{L}(\mathbf{\Lambda}_n) \mathrm{d}S = \mathrm{j}k_0 \oiint_{S_o} \mathbf{\Lambda}_m \cdot \oiint_{S_o} \mathbf{\Lambda}_n G_0 \mathrm{d}S' \mathrm{d}S$$
$$- \frac{\mathrm{j}}{k_0} \oiint_{S_o} (\nabla \cdot \mathbf{\Lambda}_m) \oiint_{S_o} (\nabla' \cdot \mathbf{\Lambda}_n) G_0 \mathrm{d}S' \mathrm{d}S \tag{10.3.54}$$

其被积函数具有 $1/R$ 阶的奇异性。

为了计算具有 $1/R$ 阶的奇异性的双重面积分,可以采用下面给出的方法[15]。第一重面积分,即对 $\mathrm{d}S$ 的面积分,使用数值积分例如高斯积分公式计算。而剩余的面积分可写为

$$I = \iint_{\Delta} \frac{f(\mathbf{r}_i, \mathbf{r}')}{|\mathbf{r}_i - \mathbf{r}'|} \mathrm{d}S', \qquad \mathbf{r}_i \in \Delta \tag{10.3.55}$$

式中,$\mathbf{r}_i$ 为第一重面积分的积分点,Δ 为三角形单元。为计算式(10.3.55),首先将 $\mathbf{r}_i$ 与 Δ 的顶点连接,将其分为三个子三角形,如图 10.17(a)所示。由此,式(10.3.55)变为

$$I = \sum_{e=1}^{3} \iint_{\Delta^e} \frac{f(\mathbf{r}_i, \mathbf{r}')}{|\mathbf{r}_i - \mathbf{r}'|} \mathrm{d}S' \tag{10.3.56}$$

然后,将每个子三角形 Δ^e 映射成 $\xi_1 \xi_2$ 平面内的直角三角形,此时奇异点位于 $\xi_1^e = 1$ 处,如图 10.17(b)所示。这种映射对于曲边三角形的情况也不难实现。这样,式(10.3.56)中的积分变为

$$I = \sum_{e=1}^{3} \int_0^1 \int_0^{1-\xi_1^e} \frac{f(\xi_1^e, \xi_2^e)}{\rho} J(\xi_1^e, \xi_2^e) \mathrm{d}\xi_2^e \mathrm{d}\xi_1^e \tag{10.3.57}$$

式中,$J(\xi_1^e, \xi_2^e)$ 表示映射对应的雅可比矩阵,$f(\xi_1^e, \xi_2^e)$ 为原始函数 $f(\mathbf{r}_i, \mathbf{r}')$ 的新变量表示,$\rho = |\mathbf{r}_i - \mathbf{r}'|$。现在,引入变换 $\xi_2^e = (1 - \xi_1^e) u$,于是,式(10.3.57)变为

$$I = \sum_{e=1}^{3} \int_0^1 \int_0^1 \frac{f[\xi_1^e, (1-\xi_1^e)u]}{\rho} J[\xi_1^e, (1-\xi_1^e)u](1-\xi_1^e) \mathrm{d}u \mathrm{d}\xi_1^e \tag{10.3.58}$$

可以证明，ρ 可写成 $\rho = (1-\xi_1^e)\sqrt{q(\xi_1^e, u, r_i)}$，其中 q 在整个积分域内解析。使用此表达式，式(10.3.58)变为

$$I = \sum_{e=1}^{3} \int_0^1 \int_0^1 \frac{f[\xi_1^e, (1-\xi_1^e)u]}{\sqrt{q(\xi_1^e, u, r_i)}} J[\xi_1^e, (1-\xi_1^e)u] \, \mathrm{d}u \, \mathrm{d}\xi_1^e \qquad (10.3.59)$$

这一积分是非奇异的，每一重积分可以使用一维高斯-勒让德积分公式进行计算。应该指出，实际数值计算时，无须推导 q 的表达式。我们可以直接将高斯-勒让德积分公式用于计算式(10.3.58)。

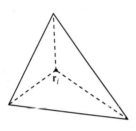

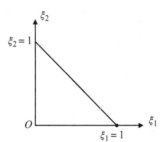

（a）积分点将一个三角形划分　　　　（b）每个子三角形按照直角三角形
　　为三个子三角形　　　　　　　　　映射到 $\xi_1\xi_2$ 平面上

图 10.17　三角形映射

　　作为算例，考虑一个长为 25.24 cm 的杏仁状导电体[16]，其三角形表面网格如图 10.18 所示。杏仁状导电体水平放置，其长轴与 x 轴一致，尖端指向 x 方向。图 10.19 所示为频率 10 GHz，方位角与尖端成 30° 的平面波水平入射时的感应面电流密度分布。图 10.20 所示为频率 10 GHz 时 xy 平面上垂直(VV)极化和水平(HH)极化的单站 RCS 计算结果与测量数据的比较[16]。其差异主要是由测量误差引起的。需要指出，参考文献[16]中在进行矩量法计算时所采用的网格远比图 10.18 显示的网格更密集。

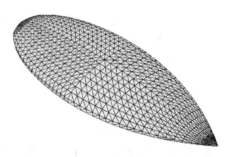

图 10.18　杏仁状导电体的三角形网格

（a）垂直极化　　　　　　　　　　　　（b）水平极化

图 10.19　方位角与尖端成 30° 的 10 GHz 平面波水平入射
时，在杏仁状导电体上的感应面电流分布图

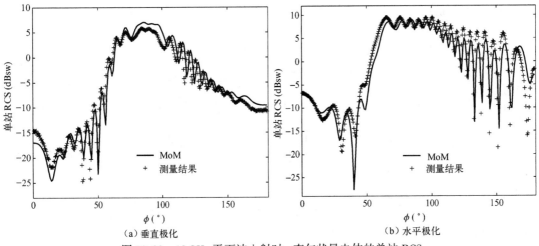

图 10.20 10 GHz 平面波入射时，杏仁状导电体的单站 RCS

10.3.4 均匀介质体的散射

如果散射体是均匀各向同性的介质体，就可以在物体内部应用标量-矢量格林定理再建立如下两个积分方程：

$$\eta_i \mathcal{L}_i(\bar{\mathbf{J}}_s) - \mathcal{K}_i(\mathbf{M}_s) = \begin{cases} 0\,, & \mathbf{r} \in V_\infty \\ \mathbf{E}(\mathbf{r})\,, & \mathbf{r} \in V_0 \end{cases} \tag{10.3.60}$$

$$\mathcal{L}_i(\mathbf{M}_s) + \eta_i \mathcal{K}_i(\bar{\mathbf{J}}_s) = \begin{cases} 0\,, & \mathbf{r} \in V_\infty \\ \eta_i \bar{\mathbf{H}}(\mathbf{r})\,, & \mathbf{r} \in V_0 \end{cases} \tag{10.3.61}$$

式中，$\eta_i = \sqrt{\mu_r / \epsilon_r}$，并且有

$$\mathcal{L}_i(\mathbf{X}) = \mathrm{j}k_i \iint_{S_0} \left[\mathbf{X}(\mathbf{r}')G_i(\mathbf{r},\mathbf{r}') + \frac{1}{k_i^2}\nabla' \cdot \mathbf{X}(\mathbf{r}')\nabla G_i(\mathbf{r},\mathbf{r}') \right] \mathrm{d}S' \tag{10.3.62}$$

$$\mathcal{K}_i(\mathbf{X}) = \iint_{S_0} \mathbf{X}(\mathbf{r}') \times \nabla G_i(\mathbf{r},\mathbf{r}')\,\mathrm{d}S' \tag{10.3.63}$$

其中 $k_i = k_0\sqrt{\mu_r \epsilon_r}$ 为物体内部的波数，而

$$G_i(\mathbf{r},\mathbf{r}') = \frac{\mathrm{e}^{-\mathrm{j}k_i|\mathbf{r}-\mathbf{r}'|}}{4\pi|\mathbf{r}-\mathbf{r}'|} \tag{10.3.64}$$

将式（10.3.60）和式（10.3.61）与 $\hat{n}$ 叉乘，并令 $\mathbf{r}$ 逼近 S_0，可得

$$\frac{1}{2}\mathbf{M}_s + \eta_i \hat{n} \times \mathcal{L}_i(\bar{\mathbf{J}}_s) - \hat{n} \times \tilde{\mathcal{K}}_i(\mathbf{M}_s) = 0\,, \quad \mathbf{r} \in S_0 \tag{10.3.65}$$

$$\frac{1}{2}\eta_i \bar{\mathbf{J}}_s - \hat{n} \times \mathcal{L}_i(\mathbf{M}_s) - \eta_i \hat{n} \times \tilde{\mathcal{K}}_i(\bar{\mathbf{J}}_s) = 0\,, \quad \mathbf{r} \in S_0 \tag{10.3.66}$$

将上两式之一与式（10.3.29）和式（10.3.30）之一联立，可得到一组用于求解 $\bar{\mathbf{J}}_s$ 和 $\mathbf{M}_s$ 的方程。类似地，为了克服内谐振问题，可以组合电场积分方程和磁场积分方程，形成内部区

域的混合场积分方程

$$\left[\frac{1}{2}\eta_i\bar{\mathbf{J}}_s - \hat{n}\times\mathcal{L}_i(\mathbf{M}_s) - \eta_i\hat{n}\times\tilde{\mathcal{K}}_i(\bar{\mathbf{J}}_s)\right]$$
$$+\hat{n}\times\left[\frac{1}{2}\mathbf{M}_s + \eta_i\hat{n}\times\mathcal{L}_i(\bar{\mathbf{J}}_s) - \hat{n}\times\tilde{\mathcal{K}}_i(\mathbf{M}_s)\right] = 0, \quad \mathbf{r}\in S_o \tag{10.3.67}$$

若内部介质有耗,则无须这个组合。此混合场积分方程与外部区域的混合场积分方程

$$\left[\frac{1}{2}\bar{\mathbf{J}}_s + \hat{n}\times\mathcal{L}(\mathbf{M}_s) + \hat{n}\times\tilde{\mathcal{K}}(\bar{\mathbf{J}}_s)\right] + \hat{n}\times\left[\frac{1}{2}\mathbf{M}_s - \hat{n}\times\mathcal{L}(\bar{\mathbf{J}}_s) + \hat{n}\times\tilde{\mathcal{K}}(\mathbf{M}_s)\right]$$
$$= \hat{n}\times\bar{\mathbf{H}}^{\mathrm{inc}}(\mathbf{r}) - \hat{n}\times[\hat{n}\times\mathbf{E}^{\mathrm{inc}}(\mathbf{r})], \quad \mathbf{r}\in S_o \tag{10.3.68}$$

一起构成了一个完整的系统[17]。

除了建立混合场积分方程,另一个更好的求解方法是合并式(10.3.65)和式(10.3.29),即内部场和外部场的电场积分方程,由此建立一个新的积分方程

$$\hat{n}\times\left[\mathcal{L}(\bar{\mathbf{J}}_s) + \eta_i\mathcal{L}_i(\bar{\mathbf{J}}_s)\right] - \hat{n}\times\left[\tilde{\mathcal{K}}(\mathbf{M}_s) + \tilde{\mathcal{K}}_i(\mathbf{M}_s)\right] = \hat{n}\times\mathbf{E}^{\mathrm{inc}}(\mathbf{r}), \quad \mathbf{r}\in S_o \tag{10.3.69}$$

再合并式(10.3.66)和式(10.3.30),即内部场和外部场的磁场积分方程,建立另一个积分方程

$$\hat{n}\times\left[\mathcal{L}(\mathbf{M}_s) + \frac{1}{\eta_i}\mathcal{L}_i(\mathbf{M}_s)\right] + \hat{n}\times\left[\tilde{\mathcal{K}}(\bar{\mathbf{J}}_s) + \tilde{\mathcal{K}}_i(\bar{\mathbf{J}}_s)\right] = \hat{n}\times\bar{\mathbf{H}}^{\mathrm{inc}}(\mathbf{r}), \quad \mathbf{r}\in S_o \tag{10.3.70}$$

然后可以对以上两个方程联立求解。如此建立积分方程的方案最早由 Poggio 和 Miller[11]、Chang 和 Harrington[18]、Wu 和 Tsai[19] 提出,解决了内谐振问题,从而可以得到精确、稳定的解[20]。它称为 **PMCHWT 公式**,得名于提出方案的所有学者姓氏的首字母。另一种解决内谐振问题的组合方案是 Müller 公式,将在习题 10.14 中讨论。

对混合场积分方程或者 PMCHWT 方程采用矩量法进行数值离散的过程非常直截了当。首先将 S_o 划分成小三角形单元,利用 RWG 基函数将 $\bar{\mathbf{J}}_s$ 和 $\mathbf{M}_s$ 展开为

$$\bar{\mathbf{J}}_s(\mathbf{r}) = \sum_{n=1}^{N} I_n\boldsymbol{\Lambda}_n(\mathbf{r}) \tag{10.3.71}$$

$$\mathbf{M}_s(\mathbf{r}) = \sum_{n=1}^{N} K_n\boldsymbol{\Lambda}_n(\mathbf{r}) \tag{10.3.72}$$

然后,将其代入混合场积分方程或 PMCHWT 方程,并采用 RWG 基函数作为测试函数,得到如下矩阵方程:

$$\sum_{n=1}^{N} A_{mn}I_n + \sum_{n=1}^{N} B_{mn}K_n = f_m, \quad m = 1,2,\cdots,N \tag{10.3.73}$$

$$\sum_{n=1}^{N} C_{mn}I_n + \sum_{n=1}^{N} D_{mn}K_n = g_m, \quad m = 1,2,\cdots,N \tag{10.3.74}$$

联立求解可以得到展开系数 I_n 和 K_n。矩阵和激励向量取决于所选用的积分方程。若采用混合场积分方程,则有

$$A_{mn} = \iint_{S_o} \boldsymbol{\Lambda}_m \cdot \left[\frac{1}{2} \boldsymbol{\Lambda}_n + \mathcal{L}(\boldsymbol{\Lambda}_n) + \hat{n} \times \tilde{\mathcal{K}}(\boldsymbol{\Lambda}_n) \right] \mathrm{d}S \qquad (10.3.75)$$

$$B_{mn} = \iint_{S_o} \boldsymbol{\Lambda}_m \cdot \left[\frac{1}{2} \hat{n} \times \boldsymbol{\Lambda}_n + \hat{n} \times \mathcal{L}(\boldsymbol{\Lambda}_n) - \tilde{\mathcal{K}}(\boldsymbol{\Lambda}_n) \right] \mathrm{d}S \qquad (10.3.76)$$

$$C_{mn} = \iint_{S_o} \boldsymbol{\Lambda}_m \cdot \left[\frac{1}{2} \eta_i \boldsymbol{\Lambda}_n - \eta_i \mathcal{L}_i(\boldsymbol{\Lambda}_n) - \eta_i \hat{n} \times \tilde{\mathcal{K}}_i(\boldsymbol{\Lambda}_n) \right] \mathrm{d}S \qquad (10.3.77)$$

$$D_{mn} = \iint_{S_o} \boldsymbol{\Lambda}_m \cdot \left[\frac{1}{2} \hat{n} \times \boldsymbol{\Lambda}_n - \hat{n} \times \mathcal{L}_i(\boldsymbol{\Lambda}_n) + \tilde{\mathcal{K}}_i(\boldsymbol{\Lambda}_n) \right] \mathrm{d}S \qquad (10.3.78)$$

$$f_m = \iint_{S_o} \boldsymbol{\Lambda}_m \cdot \left[\hat{n} \times \bar{\mathbf{H}}^{\mathrm{inc}} + \mathbf{E}^{\mathrm{inc}} \right] \mathrm{d}S \qquad (10.3.79)$$

$$g_m = 0 \qquad (10.3.80)$$

而采用 PMCHWT 方程，则有

$$A_{mn} = \iint_{S_o} \boldsymbol{\Lambda}_m \cdot \left[\mathcal{L}(\boldsymbol{\Lambda}_n) + \eta_i \mathcal{L}_i(\boldsymbol{\Lambda}_n) \right] \mathrm{d}S \qquad (10.3.81)$$

$$B_{mn} = - \iint_{S_o} \boldsymbol{\Lambda}_m \cdot \left[\tilde{\mathcal{K}}(\boldsymbol{\Lambda}_n) + \tilde{\mathcal{K}}_i(\boldsymbol{\Lambda}_n) \right] \mathrm{d}S \qquad (10.3.82)$$

$$C_{mn} = \iint_{S_o} \boldsymbol{\Lambda}_m \cdot \left[\tilde{\mathcal{K}}(\boldsymbol{\Lambda}_n) + \tilde{\mathcal{K}}_i(\boldsymbol{\Lambda}_n) \right] \mathrm{d}S \qquad (10.3.83)$$

$$D_{mn} = \iint_{S_o} \boldsymbol{\Lambda}_m \cdot \left[\mathcal{L}(\boldsymbol{\Lambda}_n) + \frac{1}{\eta_i} \mathcal{L}_i(\boldsymbol{\Lambda}_n) \right] \mathrm{d}S \qquad (10.3.84)$$

$$f_m = \iint_{S_o} \boldsymbol{\Lambda}_m \cdot \mathbf{E}^{\mathrm{inc}} \mathrm{d}S \qquad (10.3.85)$$

$$g_m = \iint_{S_o} \boldsymbol{\Lambda}_m \cdot \bar{\mathbf{H}}^{\mathrm{inc}} \mathrm{d}S \qquad (10.3.86)$$

这里的面积分可以采用上一节所讨论的数值积分方法进行计算。

数值实验的结果表明，PMCHWT 方程始终能给出精确解，而基于式（10.3.75）至式（10.3.80）的混合场积分方程的求解精度一般比较低。研究指出[21]，混合场积分方程的低精度是由于测试函数的不恰当选择造成的。举例来说，对于矢量方程 $a\hat{x} = 5\hat{x}$，若希望通过点乘一个矢量将其转化为标量方程，则测试矢量应该选择一个 $\hat{x}$ 方向的矢量，或一个 $\hat{x}$ 方向分量较大的矢量，由此得到的解是 $a = 5$。若选择的测试矢量与矢量方程是正交或者近似正交的，则该矢量方程不能被准确地转换为标量方程。对于混合场积分方程，$\boldsymbol{\Lambda}_m$ 对于 $\mathcal{L}(\boldsymbol{\Lambda}_n)$ 和 $\mathcal{L}_i(\boldsymbol{\Lambda}_n)$ 是一个好的测试函数，而对于 $\tilde{\mathcal{K}}(\boldsymbol{\Lambda}_n)$ 和 $\tilde{\mathcal{K}}_i(\boldsymbol{\Lambda}_n)$ 来说则很差。因此，在 PMCHWT 方程中，$\bar{\mathbf{J}}_s$ 和 $\mathbf{M}_s$ 都可以被良好地测试。但是在混合场积分方程中，只有 $\bar{\mathbf{J}}_s$ 被良好地测试，而对 $\mathbf{M}_s$ 的测试则很差。若在式（10.3.75）至式（10.3.80）中用 $\hat{n} \times \boldsymbol{\Lambda}_m$ 代替 $\boldsymbol{\Lambda}_m$，情况则刚好相反：只有 $\mathbf{M}_s$ 被良好地测试，而对 $\bar{\mathbf{J}}_s$ 的测试则很差。因此，为了良好地测试 $\bar{\mathbf{J}}_s$ 和 $\mathbf{M}_s$，需要使用 $\boldsymbol{\Lambda}_m$ 和 $\hat{n} \times \boldsymbol{\Lambda}_m$ 的组合：

$$\mathbf{t}_m = \mathbf{\Lambda}_m + \hat{n} \times \mathbf{\Lambda}_m \qquad (10.3.87)$$

作为测试函数。此时,最终得到的方程除了式(10.3.75)至式(10.3.80)中的 $\mathbf{\Lambda}_m$ 被 $\mathbf{t}_m$ 替换,其余部分与之前的形式相同。

作为数值算例,下面求解一个二层介质球对频率为 1.2 GHz 的平面波的散射问题[22]。图 10.21 所示为利用矩量法求解 PMCHWT 方程得到的数值结果,其中内球半径为 0.9 m,相对介电常数 $\epsilon_r = 1.44$-j0.2;外球半径为 1.0 m,相对介电常数 $\epsilon_r = 1.75$-j0.8。数值计算的结果与基于 Mie 级数的精确解高度吻合,$\theta\theta$ 和 $\phi\phi$ 极化下的 RCS 均方根(RMS)误差仅为 0.11 dB 和 0.07 dB。

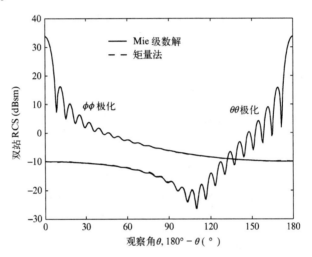

图 10.21　1.2 GHz 时二层介质球的双站 RCS

10.3.5　非均匀介质体的散射

若物体是非均匀的,即其介电常数 $\epsilon(\mathbf{r})$ 和磁导率 $\mu(\mathbf{r})$ 是位置的函数,则其内部场满足麦克斯韦方程组:

$$\nabla \times \mathbf{E} = -j\omega\mu(\mathbf{r})\mathbf{H} \qquad (10.3.88)$$

$$\nabla \times \mathbf{H} = j\omega\epsilon(\mathbf{r})\mathbf{E} + \mathbf{J}_i \qquad (10.3.89)$$

这两个方程可以改写为

$$\nabla \times \mathbf{E} = -j\omega\mu_0\mathbf{H} - j\omega[\mu(\mathbf{r}) - \mu_0]\mathbf{H} \qquad (10.3.90)$$

$$\nabla \times \mathbf{H} = j\omega\epsilon_0\mathbf{E} + j\omega[\epsilon(\mathbf{r}) - \epsilon_0]\mathbf{E} + \mathbf{J}_i \qquad (10.3.91)$$

或

$$\nabla \times \mathbf{E} = -j\omega\mu_0\mathbf{H} - \mathbf{M}_{eq} \qquad (10.3.92)$$

$$\nabla \times \mathbf{H} = j\omega\epsilon_0\mathbf{E} + \mathbf{J}_{eq} + \mathbf{J}_i \qquad (10.3.93)$$

式中,

$$\mathbf{M}_{eq} = j\omega[\mu(\mathbf{r}) - \mu_0]\mathbf{H}, \qquad \mathbf{J}_{eq} = j\omega[\epsilon(\mathbf{r}) - \epsilon_0]\mathbf{E} \qquad (10.3.94)$$

可以看出,此问题可看成电流 $\mathbf{J}_i$、$\mathbf{J}_{eq}$ 和磁流 $\mathbf{M}_{eq}$ 在介电常数为 ϵ_0,磁导率为 μ_0 的自由空间中的辐射,这实际上就是第 3 章所讨论的体等效原理。

消去式(10.3.92)和式(10.3.93)中的磁场,可得

$$\nabla \times \nabla \times \mathbf{E}(\mathbf{r}) - k_0^2 \mathbf{E}(\mathbf{r}) = -jk_0 Z_0 [\mathbf{J}_{eq}(\mathbf{r}) + \mathbf{J}_i(\mathbf{r})] - \nabla \times \mathbf{M}_{eq}(\mathbf{r}) \qquad (10.3.95)$$

而消去电场则有

$$\nabla \times \nabla \times \mathbf{H}(\mathbf{r}) - k_0^2 \mathbf{H}(\mathbf{r}) = \nabla \times [\mathbf{J}_{eq}(\mathbf{r}) + \mathbf{J}_i(\mathbf{r})] - jk_0 Y_0 \mathbf{M}_{eq}(\mathbf{r}) \qquad (10.3.96)$$

这两个方程分别与式(10.3.6)所示的 G_0 相乘,然后在整个空间内积分,并利用格林定理,即可得空间中任意位置的电场为

$$\mathbf{E}(\mathbf{r}) = \mathbf{E}^{inc}(\mathbf{r}) - jk_0 Z_0 \iiint_{V_o} \left[\mathbf{J}_{eq}(\mathbf{r}')G_0(\mathbf{r}, \mathbf{r}') + \frac{1}{k_0^2} \mathbf{J}_{eq}(\mathbf{r}') \cdot \nabla\nabla G_0(\mathbf{r}, \mathbf{r}') \right] dV'$$
$$- \iiint_{V_o} \mathbf{M}_{eq}(\mathbf{r}') \times \nabla' G_0(\mathbf{r}, \mathbf{r}') dV' \qquad (10.3.97)$$

而任意位置的磁场为

$$\mathbf{H}(\mathbf{r}) = \mathbf{H}^{inc}(\mathbf{r}) - jk_0 Y_0 \iiint_{V_o} \left[\mathbf{M}_{eq}(\mathbf{r}')G_0(\mathbf{r}, \mathbf{r}') + \frac{1}{k_0^2} \mathbf{M}_{eq}(\mathbf{r}') \cdot \nabla\nabla G_0(\mathbf{r}, \mathbf{r}') \right] dV'$$
$$+ \iiint_{V_o} \mathbf{J}_{eq}(\mathbf{r}') \times \nabla' G_0(\mathbf{r}, \mathbf{r}') dV' \qquad (10.3.98)$$

式中,$\mathbf{E}^{inc}$ 和 $\mathbf{H}^{inc}$ 分别表示由式(10.3.12)和式(10.3.15)定义的入射场。可以证明,这两个方程与利用体等效原理及自由空间场源关系建立的式(3.4.33)和式(3.4.34)等价。而此处则是利用标量-矢量格林定理来推导的。

将式(10.3.94)代入式(10.3.97)和式(10.3.98),并把它们应用到非均匀介质体上,得到

$$\mathbf{E}(\mathbf{r}) - \iiint_{V_o} \left\{ k_0^2 [\epsilon_r(\mathbf{r}') - 1]\mathbf{E}(\mathbf{r}')G_0(\mathbf{r}, \mathbf{r}') + [\epsilon_r(\mathbf{r}') - 1]\mathbf{E}(\mathbf{r}') \cdot \nabla\nabla G_0(\mathbf{r}, \mathbf{r}') \right\} dV'$$
$$(10.3.99)$$
$$+ jk_0 Z_0 \iiint_{V_o} [\mu_r(\mathbf{r}') - 1]\mathbf{H}(\mathbf{r}') \times \nabla' G_0(\mathbf{r}, \mathbf{r}') dV' = \mathbf{E}^{inc}(\mathbf{r}), \qquad \mathbf{r} \in V_o$$

$$\mathbf{H}(\mathbf{r}) - \iiint_{V_o} \left\{ k_0^2 [\mu_r(\mathbf{r}') - 1]\mathbf{H}(\mathbf{r}')G_0(\mathbf{r}, \mathbf{r}') + [\mu_r(\mathbf{r}') - 1]\mathbf{H}(\mathbf{r}') \cdot \nabla\nabla G_0(\mathbf{r}, \mathbf{r}') \right\} dV'$$
$$(10.3.100)$$
$$- jk_0 Y_0 \iiint_{V_o} [\epsilon_r(\mathbf{r}') - 1]\mathbf{E}(\mathbf{r}') \times \nabla' G_0(\mathbf{r}, \mathbf{r}') dV' = \mathbf{H}^{inc}(\mathbf{r}), \qquad \mathbf{r} \in V_o$$

上两式通常称为**体积分方程**(VIE)。

式(10.3.99)和式(10.3.100)可用于求解物体内部的场。其求解步骤如下:(1)将物体的体积剖分为小体积单元,如立方体或四面体单元;(2)将未知场选择合适的基函数展开;(3)选择一组恰当的测试函数,将式(10.3.99)和式(10.3.100)转换为矩阵方程;(4)求解矩阵方程,得到展开系数。参考文献[23,24]给出了体积分方程的一些算例。然而,由于需要对三维空间进行离散,并且得到的系数矩阵是稠密的,故体积分方程的求解代价非常高昂。因而它通常只用于求解小的非均匀物体,或者适合于非均匀区域很小的情况。而对于其他情况,一般需要使用将在第11章中讨论的快速求解算法来求解矩阵方程。

10.4　周期结构的矩量法分析

周期结构在电磁学和光学中的应用非常广泛，我们可以用数值方法分析周期结构的电磁特性，其周期特性通常可以使数值分析非常高效。本节用两种周期结构来说明如何用矩量法对周期结构进行分析。

10.4.1　平面周期贴片阵的散射

考虑 xy 平面上的周期性理想导体贴片阵，阵列在 x 方向和 y 方向的周期长度分别为 T_x 和 T_y。均匀平面波从 θ^{inc} 和 ϕ^{inc} 方向入射，入射电场可以写为

$$\mathbf{E}^{\text{inc}}(\mathbf{r}) = \mathbf{E}_0\, \mathrm{e}^{-\mathrm{j}\mathbf{k}^{\text{inc}}\cdot\mathbf{r}} \tag{10.4.1}$$

式中，入射波矢量为

$$\begin{aligned}
\mathbf{k}^{\text{inc}} &= -\hat{x}k_x^{\text{inc}} - \hat{y}k_y^{\text{inc}} - \hat{z}k_z^{\text{inc}} \\
&= -\hat{x}k_0\sin\theta^{\text{inc}}\cos\phi^{\text{inc}} - \hat{y}k_0\sin\theta^{\text{inc}}\sin\phi^{\text{inc}} - \hat{z}k_0\cos\theta^{\text{inc}}
\end{aligned} \tag{10.4.2}$$

入射场在导体贴片上所感应的面电流密度为

$$\mathbf{J}_s(x,y) = \mathbf{j}(x,y)\,\mathrm{e}^{\mathrm{j}(k_x^{\text{inc}}x + k_y^{\text{inc}}y)} \tag{10.4.3}$$

式中，$\mathbf{j}(x,y)$ 是与阵列的周期长度相同的周期函数，上式称为 **Floquet 定理**。$\mathbf{j}(x,y)$ 可展开为傅里叶级数：

$$\mathbf{j}(x,y) = \sum_{p=-\infty}^{\infty}\sum_{q=-\infty}^{\infty} \tilde{\mathbf{j}}_{pq}\, \mathrm{e}^{\mathrm{j}(\kappa_{xp}x + \kappa_{yq}y)} \tag{10.4.4}$$

式中，

$$\tilde{\mathbf{j}}_{pq} = \frac{1}{T_x T_y}\iint_{S_{\mathrm{p}}} \mathbf{j}(x,y)\,\mathrm{e}^{-\mathrm{j}(\kappa_{xp}x + \kappa_{yq}y)}\,\mathrm{d}x\,\mathrm{d}y \tag{10.4.5}$$

其中的 S_{p} 为单个贴片区域，而

$$\kappa_{xp} = \frac{2\pi p}{T_x}, \qquad \kappa_{yq} = \frac{2\pi q}{T_y} \tag{10.4.6}$$

由此，式(10.4.3)可写为

$$\mathbf{J}_s(x,y) = \sum_{p=-\infty}^{\infty}\sum_{q=-\infty}^{\infty} \tilde{\mathbf{j}}_{pq}\, \mathrm{e}^{\mathrm{j}(k_{xp}x + k_{yq}y)} \tag{10.4.7}$$

式中，

$$k_{xp} = k_x^{\text{inc}} + \kappa_{xp}, \qquad k_{yq} = k_y^{\text{inc}} + \kappa_{yq} \tag{10.4.8}$$

给定 xy 平面上的面电流 $\tilde{\mathbf{j}}_{pq}\mathrm{e}^{\mathrm{j}(k_{xp}x + k_{yq}y)}$，应用平面两侧的边界条件和相位匹配条件，可得该面电流产生的电场，其横向分量为

$$\mathbf{E}_{\mathrm{T},pq}(\mathbf{r}) = -\mathrm{j}k_0 Z_0 \widetilde{\overline{\mathbf{G}}}(k_{xp},k_{yq}) \cdot \tilde{\mathbf{j}}_{pq}\mathrm{e}^{\mathrm{j}(k_{xp}x+k_{yq}y\mp k_{zpq}z)}, \qquad z \gtrless 0 \qquad (10.4.9)$$

式中,

$$\begin{aligned}
\widetilde{\overline{\mathbf{G}}}(k_{xp},k_{yq}) &= \hat{x}\hat{x}\tilde{G}_{xx} + \hat{x}\hat{y}\tilde{G}_{xy} + \hat{y}\hat{x}\tilde{G}_{yx} + \hat{y}\hat{y}\tilde{G}_{yy} \\
&= \frac{1}{2\mathrm{j}k_{zpq}k_0^2}\left[\hat{x}\hat{x}(k_0^2-k_{xp}^2) - \hat{x}\hat{y}k_{xp}k_{yq} - \hat{y}\hat{x}k_{xp}k_{yq} + \hat{y}\hat{y}(k_0^2-k_{yq}^2)\right]
\end{aligned} \qquad (10.4.10)$$

其中 $k_{zpq} = \sqrt{k_0^2-k_{xp}^2-k_{yq}^2}$。因此,总散射电场的横向分量为

$$\mathbf{E}_{\mathrm{T}}^{\mathrm{sc}}(\mathbf{r}) = -\mathrm{j}k_0 Z_0 \sum_{p=-\infty}^{\infty}\sum_{q=-\infty}^{\infty}\widetilde{\overline{\mathbf{G}}}(k_{xp},k_{yq}) \cdot \tilde{\mathbf{j}}_{pq}\mathrm{e}^{\mathrm{j}(k_{xp}x+k_{yq}y\mp k_{zpq}z)}, \qquad z \gtrless 0 \qquad (10.4.11)$$

应用理想导体贴片上的边界条件得到

$$\mathrm{j}k_0 Z_0 \sum_{p=-\infty}^{\infty}\sum_{q=-\infty}^{\infty}\widetilde{\overline{\mathbf{G}}}(k_{xp},k_{yq}) \cdot \tilde{\mathbf{j}}_{pq}\mathrm{e}^{\mathrm{j}(k_{xp}x+k_{yq}y)} = \mathbf{E}_{\mathrm{T}}^{\mathrm{inc}}(\mathbf{r}), \qquad \mathbf{r} \in S_{\mathrm{p}} \qquad (10.4.12)$$

或

$$\sum_{p=-\infty}^{\infty}\sum_{q=-\infty}^{\infty}\widetilde{\overline{\mathbf{G}}}(k_{xp},k_{yq}) \cdot \tilde{\mathbf{j}}_{pq}\mathrm{e}^{\mathrm{j}(\kappa_{xp}x+\kappa_{yq}y)} = \frac{1}{\mathrm{j}k_0 Z_0}\mathbf{E}_{0,\mathrm{T}}, \qquad \mathbf{r} \in S_{\mathrm{p}} \qquad (10.4.13)$$

式中, $\mathbf{E}_{0,\mathrm{T}}$ 为式(10.4.1)中 $\mathbf{E}_0$ 的横向分量。式(10.4.13)提供了求解 $\mathbf{J}_{\mathrm{s}}$ 所需的积分方程, 其中的积分隐含于 $\tilde{\mathbf{j}}_{pq}$ 的表达式中。

用矩量法求解式(10.4.13)可得 $\mathbf{J}_{\mathrm{s}}$,为此需要将 S_{p} 离散为三角形或矩形单元。这里介绍一种基于将 S_{p} 均匀离散为矩形单元的高效矩量法求解方法[25, 26]。首先,把一个周期区域分成 $\Delta x \times \Delta y$ 的 $M \times N$ 个矩形单元。然后,导体贴片 S_{p} 可以用这些矩形单元近似。为简单起见,我们将 $\mathbf{j}(x,y)$ 用分段常数基函数展开为

$$\mathbf{j}(x,y) = \sum_{m=-M/2}^{M/2-1}\sum_{n=-N/2}^{N/2-1}\mathbf{j}_{mn}\Pi_m(x)\Pi_n(y) \qquad (10.4.14)$$

式中,

$$\Pi_m(x) = \begin{cases} 1, & |x-m\Delta x| < \Delta x/2 \\ 0, & |x-m\Delta x| > \Delta x/2 \end{cases} \qquad (10.4.15)$$

$\Pi_n(y)$ 的定义与之类似。从式(10.4.5)得到

$$\tilde{\mathbf{j}}_{pq} = \frac{1}{MN}\mathrm{sinc}\left(\frac{p\pi}{M}\right)\mathrm{sinc}\left(\frac{q\pi}{N}\right)\sum_{m=-M/2}^{M/2-1}\sum_{n=-N/2}^{N/2-1}\mathbf{j}_{mn}\mathrm{e}^{-\mathrm{j}(2\pi pm/M+2\pi qn/N)} \qquad (10.4.16)$$

将上式代入式(10.4.13),并用 $\Pi_{m'}(x)\Pi_{n'}(y)$ 检验,得到

$$\frac{1}{MN}\sum_{p=-\infty}^{\infty}\sum_{q=-\infty}^{\infty}\widetilde{\overline{\mathbf{G}}}(k_{xp},k_{yq})\mathrm{sinc}^2\left(\frac{p\pi}{M}\right)\mathrm{sinc}^2\left(\frac{q\pi}{N}\right)$$

$$\cdot\left[\sum_{m=-M/2}^{M/2-1}\sum_{n=-N/2}^{N/2-1}\mathbf{j}_{mn}\mathrm{e}^{-\mathrm{j}(2\pi pm/M+2\pi qn/N)}\right]\mathrm{e}^{\mathrm{j}(2\pi pm'/M+2\pi qn'/N)} = \frac{1}{\mathrm{j}k_0 Z_0}\mathbf{E}_{0,\mathrm{T}} \qquad (10.4.17)$$

其中 $m'=-M/2,-M/2+1,\cdots,M/2-1$ 且 $n'=-N/2,-N/2+1,\cdots,N/2-1$。显然，式(10.4.17) 提供了一组求解 $\mathbf{j}_{mn}$ 的线性方程组，可以写为

$$\sum_{m=-M/2}^{M/2-1}\sum_{n=-N/2}^{N/2-1}\overline{\mathbf{Z}}_{m'n';mn}\cdot\mathbf{j}_{mn}=\frac{1}{\mathrm{j}k_0Z_0}\mathbf{E}_{0,\mathrm{T}} \qquad (10.4.18)$$

式中的系数矩阵为

$$\overline{\mathbf{Z}}_{m'n';mn}=\frac{1}{MN}\sum_{p=-\infty}^{\infty}\sum_{q=-\infty}^{\infty}\tilde{\overline{\mathbf{G}}}(k_{xp},k_{yq})\operatorname{sinc}^2\left(\frac{p\pi}{M}\right)\operatorname{sinc}^2\left(\frac{q\pi}{N}\right) \qquad (10.4.19)$$
$$\times\mathrm{e}^{-\mathrm{j}[2\pi p(m-m')/M+2\pi q(n-n')/N]}$$

由于求和收敛缓慢，此矩阵的计算非常耗时。此外，由于 k_{xp} 和 k_{yq} 依赖于入射角，此矩阵也随入射角的变化而改变，这使得对周期阵列角度特性的分析变得十分费时。

然而，由于离散是均匀的，式(10.4.17)可以被改写成一种特殊形式，进而可以被高效地求解。为此，我们需要将一个无穷序列的求和分解为两个求和：

$$\sum_{p=-\infty}^{\infty}[\bullet]=\sum_{u=-\infty}^{\infty}\sum_{p'=-M/2}^{M/2-1}[\bullet],\qquad\sum_{q=-\infty}^{\infty}[\bullet]=\sum_{v=-\infty}^{\infty}\sum_{q'=-N/2}^{N/2-1}[\bullet] \qquad (10.4.20)$$

式中，$p=p'+uM$，$q=q'+vN$。由此，式(10.4.17)可写为

$$\frac{1}{MN}\sum_{p'=-M/2}^{M/2}\sum_{q'=-N/2}^{N/2}\tilde{\overline{\mathbf{A}}}(k_{xp'},k_{yq'})\cdot\left[\sum_{m=-M/2}^{M/2-1}\sum_{n=-N/2}^{N/2-1}\mathbf{j}_{mn}\,\mathrm{e}^{-\mathrm{j}(2\pi p'm/M+2\pi q'n/N)}\right] \qquad (10.4.21)$$
$$\times\mathrm{e}^{\mathrm{j}(2\pi p'm'/M+2\pi q'n'/N)}=\frac{1}{\mathrm{j}k_0Z_0}\mathbf{E}_{0,\mathrm{T}}$$

式中，

$$\tilde{\overline{\mathbf{A}}}(k_{xp'},k_{yq'})=\sum_{u=-\infty}^{\infty}\sum_{v=-\infty}^{\infty}\tilde{\overline{\mathbf{G}}}(k_{xp},k_{yq})\operatorname{sinc}^2\left(\frac{p\pi}{M}\right)\operatorname{sinc}^2\left(\frac{q\pi}{N}\right) \qquad (10.4.22)$$

基于离散傅里叶变换及其逆变换的定义，式(10.4.21)可以写为

$$\mathcal{F}_\mathrm{D}^{-1}\left\{\tilde{\overline{\mathbf{A}}}(k_{xp'},k_{yq'})\cdot\left[\mathcal{F}_\mathrm{D}\{\mathbf{j}_{mn}\}\right]\right\}=\frac{1}{\mathrm{j}k_0Z_0}\mathbf{E}_{0,\mathrm{T}} \qquad (10.4.23)$$

式中，$\mathcal{F}_\mathrm{D}$ 为离散傅里叶变换，$\mathcal{F}_\mathrm{D}^{-1}$ 为对应的逆变换。因此，若使用迭代算法求解式(10.4.21)，则其中的矩阵矢量相乘可以用快速傅里叶变换方法高效地计算。

虽然式(10.4.21)的求和可以使用快速傅里叶变换方法高效地计算，但式(10.4.22)的求和计算依然收敛缓慢，因为对于 (u,v) 很大的情况，求和项的阶数为

$$\tilde{\overline{\mathbf{A}}}(k_{xp},k_{yq})\sim\frac{1}{\sqrt{u^2+v^2}}\left[\hat{x}\hat{x}\frac{1}{v^2}+\hat{x}\hat{y}\frac{1}{uv}+\hat{y}\hat{x}\frac{1}{uv}+\hat{y}\hat{y}\frac{1}{u^2}\right] \qquad (10.4.24)$$

而上式的衰减是非常缓慢的。为了加快收敛，同时获得更精确的解，可以采用屋顶形基函

数展开 $\mathbf{j}(x,y)$，并将其作为测试函数。屋顶形基函数如图 10.22 所示，当其用来作为基函数时，$\mathbf{j}(x,y)$ 可以展开为

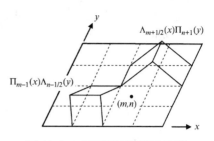

图 10.22　屋顶形基函数示意图

$$j_x(x,y) = \sum_{m=-M/2}^{M/2-1} \sum_{n=-N/2}^{N/2-1} j_{xmn} \Lambda_{m+1/2}(x) \Pi_n(y) \quad (10.4.25)$$

$$j_y(x,y) = \sum_{m=-M/2}^{M/2-1} \sum_{n=-N/2}^{N/2-1} j_{ymn} \Pi_m(x) \Lambda_{n+1/2}(y) \quad (10.4.26)$$

式中，

$$\Lambda_m(x) = \begin{cases} 1 - \dfrac{|x - m\Delta x|}{\Delta x}, & |x - m\Delta x| < \Delta x \\ 0, & |x - m\Delta x| > \Delta x \end{cases} \quad (10.4.27)$$

$\Lambda_n(y)$ 的定义类似。由式(10.4.5)得到

$$\tilde{\mathbf{j}}_{xpq} = \frac{1}{MN} \text{sinc}^2\left(\frac{p\pi}{M}\right) \text{sinc}\left(\frac{q\pi}{N}\right) e^{-j\pi p/M} \times \sum_{m=-M/2}^{M/2-1} \sum_{n=-N/2}^{N/2-1} j_{xmn} e^{-j(2\pi pm/M + 2\pi qn/N)} \quad (10.4.28)$$

$$\tilde{\mathbf{j}}_{ypq} = \frac{1}{MN} \text{sinc}\left(\frac{p\pi}{M}\right) \text{sinc}^2\left(\frac{q\pi}{N}\right) e^{-j\pi q/N} \times \sum_{m=-M/2}^{M/2-1} \sum_{n=-N/2}^{N/2-1} j_{ymn} e^{-j(2\pi pm/M + 2\pi qn/N)} \quad (10.4.29)$$

将它们代入式(10.4.13)，对 x 方向分量用 $\Lambda_{m'+1/2}(x)\Pi_{n'}(y)$ 检验，对 y 方向分量用 $\Pi_{m'}(x)\Lambda_{n'+1/2}(y)$ 检验，最终得到

$$\frac{1}{MN} \sum_{p'=-M/2}^{M/2} \sum_{q'=-N/2}^{N/2} \tilde{\mathbf{A}}(k_{xp'}, k_{yq'}) \cdot \left[\sum_{m=-M/2}^{M/2-1} \sum_{n=-N/2}^{N/2-1} \mathbf{j}_{mn} e^{-j(2\pi p'm/M + 2\pi q'n/N)} \right]$$
$$\times e^{j(2\pi p'm'/M + 2\pi q'n'/N)} = \frac{1}{jk_0 Z_0} \mathbf{E}_{0,T} \quad (10.4.30)$$

式中，

$$\tilde{A}_{xx}(k_{xp'}, k_{yq'}) = \sum_{u=-\infty}^{\infty} \sum_{v=-\infty}^{\infty} \tilde{G}_{xx}(k_{xp}, k_{yq}) \text{sinc}^4\left(\frac{p\pi}{M}\right) \text{sinc}^2\left(\frac{q\pi}{N}\right) \quad (10.4.31)$$

$$\tilde{A}_{xy}(k_{xp'}, k_{yq'}) = \sum_{u=-\infty}^{\infty} \sum_{v=-\infty}^{\infty} \tilde{G}_{xy}(k_{xp}, k_{yq}) \text{sinc}^3\left(\frac{p\pi}{M}\right) \text{sinc}^3\left(\frac{q\pi}{N}\right) e^{j(\pi p/M - \pi q/N)} \quad (10.4.32)$$

$$\tilde{A}_{yx}(k_{xp'}, k_{yq'}) = \sum_{u=-\infty}^{\infty} \sum_{v=-\infty}^{\infty} \tilde{G}_{yx}(k_{xp}, k_{yq}) \text{sinc}^3\left(\frac{p\pi}{M}\right) \text{sinc}^3\left(\frac{q\pi}{N}\right) e^{-j(\pi p/M - \pi q/N)} \quad (10.4.33)$$

$$\tilde{A}_{yy}(k_{xp'}, k_{yq'}) = \sum_{u=-\infty}^{\infty} \sum_{v=-\infty}^{\infty} \tilde{G}_{yy}(k_{xp}, k_{yq}) \text{sinc}^2\left(\frac{p\pi}{M}\right) \text{sinc}^4\left(\frac{q\pi}{N}\right) \quad (10.4.34)$$

类似地，式(10.4.30)可写成式(10.4.23)的形式，它可以利用快速傅里叶方法高效地计

算。式(10.4.31)至式(10.4.34)的求和收敛比之前快得多，因为对于很大的(u,v)，求和式中各项的阶数为

$$\tilde{A}_{xx}, \tilde{A}_{xy}, \tilde{A}_{yx}, \tilde{A}_{yy} \sim \frac{1}{(uv)^2 \sqrt{u^2 + v^2}} \tag{10.4.35}$$

它们的衰减比式(10.4.24)快得多。此外，因为其面电流的展开更准确，其解的精度也更高。

显然，上述的矩量法求解可以推广到处理多层媒质中的平面周期阵列[27]。图10.23为10.4GHz的平面波入射到圆形贴片周期阵列的镜面反射系数和前向透射系数随入射角的变化曲线。圆形贴片半径为0.625cm，周期单元尺寸为2.0cm×2.0cm。介质基板厚度为0.2cm，相对介电常数$\epsilon_r = 3.5$。作为近似，每个圆形贴片单元被剖分成许多小的正方形单元。如图所示，当$\theta^{inc} > 26°$时会出现高阶布拉格衍射。

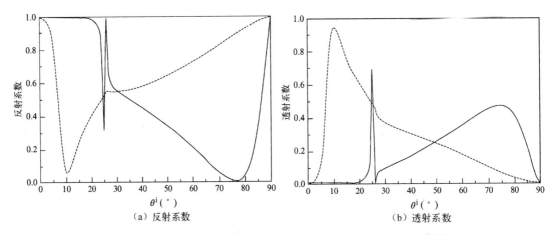

图10.23　无限大介质板薄片上的圆形贴片无限阵列的镜面反射系
数和透数。图中实线为横磁场入射；虚线为横电场入射

10.4.2　离散旋转体的散射

在上面所考虑的平面周期结构的散射问题中，入射波激励为均匀平面波，因而感应电流和散射场均为具有固定相移的周期函数。由于这种特性，我们可以仅在一个周期区域，即一个周期单元中进行电磁分析。这里考虑另一类周期结构，其几何对称性，如几何结构的重复，可以用来加速数值分析。此时的入射波激励及相应的感应电流和散射场均不具有任何特殊的形式。

考虑这样一个导电物体：它由物体的一个基本部分以$\phi_s = 2\pi/K$ rad绕轴接连旋转$K-1$次形成。如此形成的物体具有旋转周期性，因为经过ϕ_s倍数的角度旋转，其形状保持不变。这种物体因具有离散的旋转对称性而称为**离散旋转体**（DBOR）。我们可以采用在10.3.3节中所介绍的矩量法来分析其散射问题。为了利用物体的几何重复性，首先将第一个基本部分的表面剖分成小三角形网格，然后将该网格连续旋转$K-1$次，以此得到整个目

标的三角形网格剖分。进一步，如果首先对第一个基本部分上的未知数进行编号，然后对第二个基本部分及其余基本部分以相同方式给出未知数编号，则式(10.3.50)所示的矩量法矩阵方程可写成如下形式：

$$
\begin{bmatrix}
[Z]^{(1)} & [Z]^{(2)} & \cdots & [Z]^{(K)} \\
[Z]^{(K)} & [Z]^{(1)} & \cdots & [Z]^{(K-1)} \\
\vdots & \vdots & \ddots & \vdots \\
[Z]^{(2)} & [Z]^{(3)} & \cdots & [Z]^{(1)}
\end{bmatrix}
\begin{Bmatrix}
\{I\}^{(1)} \\
\{I\}^{(2)} \\
\vdots \\
\{I\}^{(K)}
\end{Bmatrix}
=
\begin{Bmatrix}
\{V\}^{(1)} \\
\{V\}^{(2)} \\
\vdots \\
\{V\}^{(K)}
\end{Bmatrix}
\tag{10.4.36}
$$

如此得到的矩阵是**分块循环矩阵**。接下来，将第 k 行乘以 $\mathrm{e}^{-jm(k-1)\phi_s}$，然后对所有行求和，得到

$$
[Z]_m\{I\}_m = \{V\}_m \tag{10.4.37}
$$

式中，

$$
[Z]_m = \sum_{k=1}^{K}[Z]^{(k)}\,\mathrm{e}^{jm(k-1)\phi_s} \tag{10.4.38}
$$

$$
\{I\}_m = \sum_{k=1}^{K}\{I\}^{(k)}\,\mathrm{e}^{-jm(k-1)\phi_s} \tag{10.4.39}
$$

$$
\{V\}_m = \sum_{k=1}^{K}\{V\}^{(k)}\,\mathrm{e}^{-jm(k-1)\phi_s} \tag{10.4.40}
$$

式(10.4.39)和式(10.4.40)定义了一个离散傅里叶变换，其逆变换为

$$
\{I\}^{(k)} = \frac{1}{K}\sum_{m=1}^{K}\{I\}_m\,\mathrm{e}^{jm(k-1)\phi_s} \tag{10.4.41}
$$

$$
\{V\}^{(k)} = \frac{1}{K}\sum_{m=1}^{K}\{V\}_m\,\mathrm{e}^{jm(k-1)\phi_s} \tag{10.4.42}
$$

上面的公式提供了对方程(10.4.36)的一种高效求解方法[28]。给定激励向量 $\{V\}^{(k)}$（$k=1,2,\cdots,K$），首先使用式(10.4.40)计算其傅里叶模 $\{V\}_m$（$m=1,2,\cdots,K$）；然后求解式(10.4.37)得到 $\{I\}_m$（$m=1,2,\cdots,K$）；最终由式(10.4.41)得到解向量 $\{I\}^{(k)}$（$k=1,2,\cdots,K$）。由于式(10.4.37)的维度是式(10.4.36)的 $1/K$，若使用直接法求解矩阵方程，则后一式的计算时间和内存需求将是前一式的 $1/K^2$，在 K 较大时尤其明显。需要注意，式(10.4.38)、式(10.4.40)和式(10.4.41)中的离散傅里叶变换及逆变换也可以采用快速傅里叶变换算法高效地计算。这种技术可以很容易地扩展到对其他特殊类型散射体的矩量法分析中。

为了展示上述方法的应用，我们考虑一个形状类似导弹的导体散射体，其上带有 6 片尾翼，如图 10.24(a)所示，图中给出了几何结构的详细尺寸。在仿真时，只有物体的一个基本部分被网格化和离散化，从而总未知量的数目减少到六分之一。所计算的双站 RCS 曲线如图 10.24(b)所示，其结果与对整个物体应用矩量法所得到的结果高度一致。

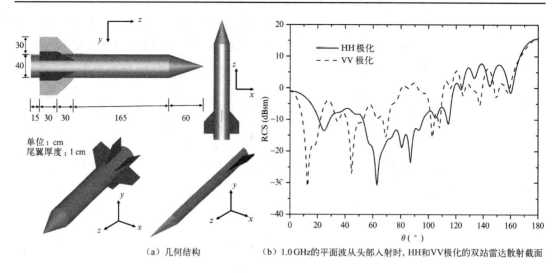

（a）几何结构　　　　　（b）1.0 GHz 的平面波从头部入射时，HH 和 VV 极化的双站雷达散射截面

图 10.24　形状类似导弹状金属物体的散射计算

10.5　微带天线和微带电路的矩量法分析

正如之前所介绍的，矩量法的主要优势是在建立所需积分方程的过程中使用了合适的格林函数。由于格林函数的使用，在建立的积分方程中，电磁场的一些特性，比如在无穷远处应满足的索末菲辐射条件，已被包含在内。这样，在矩量法求解中无须对这些条件进行额外处理。到目前为止，我们建立的积分方程中所使用的均为自由空间格林函数。本节考虑一类使用特殊格林函数的问题，这种格林函数包含了非自由空间的影响。为简单起见，我们考虑最简单的微带天线和微带电路，即微带贴片与电路印制在单层接地介质板上表面的情况。

10.5.1　积分方程的建立

考虑一个印制在无限大单层接地介质基板上的微带结构。平面波入射或者外加电压及电流源都将在微带表面感应出电流，它会向空间中辐射电磁场（见图 10.25）。用 $\mathbf{J}_s$ 表示该面电流密度。为建立积分方程，需要求出 $\mathbf{J}_s$ 辐射产生的电场。$\mathbf{J}_s$ 是 x 和 y 的函数，我们首先将其展开为傅里叶积分

$$\mathbf{J}_s(x,y) = \frac{1}{4\pi^2} \int_{-\infty}^{\infty} \int_{-\infty}^{\infty} \tilde{\mathbf{J}}_s(k_x, k_y)\, \mathrm{e}^{\mathrm{j}(k_x x + k_y y)}\, \mathrm{d}k_x\, \mathrm{d}k_y \quad (10.5.1)$$

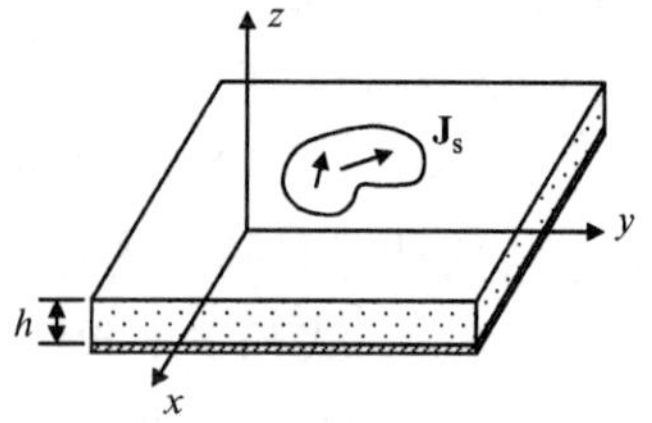

式中，

$$\tilde{\mathbf{J}}_s(k_x, k_y) = \iint_{S_p} \mathbf{J}_s(x,y)\, \mathrm{e}^{-\mathrm{j}(k_x x + k_y y)}\, \mathrm{d}x\, \mathrm{d}y \quad (10.5.2)$$

图 10.25　密度为 $\mathbf{J}_s$ 的面电流在接地基板存在时的辐射

其中 S_p 为微带导体的表面，其上有感应面电流 $\mathbf{J}_s$。现在，考虑位于厚度为 h 且相对介电常数为 ϵ_r 的接地介质基板表面上的面电流 $\tilde{\mathbf{J}}_s(k_x, k_y)\, \mathrm{e}^{\mathrm{j}(k_x x + k_y y)}$。假设基板表面位于 xy 平面，

我们可以利用 xy 平面两侧和接地平面上的边界条件, 以及相位匹配条件, 推导得到该电流的电场表达式。然后将结果对 k_x 和 k_y 积分, 得到由 $\mathbf{J}_s$ 产生的电场的横向分量为[29, 30]

$$\mathbf{E}_T(\mathbf{r}) = -jk_0Z_0 \iint_{S_p} \overline{\mathbf{G}}_T(\mathbf{r};x',y') \cdot \mathbf{J}_s(x',y') \, dx'dy' \tag{10.5.3}$$

式中,

$$\overline{\mathbf{G}}_T(\mathbf{r};x',y') = \frac{1}{4\pi^2} \int_{-\infty}^{\infty} \int_{-\infty}^{\infty} \widetilde{\mathbf{G}}_T(k_x,k_y) e^{j[k_x(x-x')+k_y(y-y')-k_{z0}z]} \, dk_x \, dk_y, \quad z \geq 0 \tag{10.5.4}$$

$$\overline{\mathbf{G}}_T(\mathbf{r};x',y') = \frac{1}{4\pi^2} \int_{-\infty}^{\infty} \int_{-\infty}^{\infty} \widetilde{\mathbf{G}}_T(k_x,k_y) e^{j[k_x(x-x')+k_y(y-y')]} \frac{\sin k_{zd}(z+h)}{\sin k_{zd}h} \, dk_x \, dk_y, \quad -h \leq z \leq 0 \tag{10.5.5}$$

其中,

$$\widetilde{\mathbf{G}}_T(k_x,k_y) = (\hat{x}\hat{x}+\hat{y}\hat{y})\tilde{G}_A(k_x,k_y) - \frac{1}{k_0^2}(k_x\hat{x}+k_y\hat{y})(k_x\hat{x}+k_y\hat{y})\tilde{G}_\varphi(k_x,k_y) \tag{10.5.6}$$

在上面的公式中, $k_{z0}=\sqrt{k_0^2-k_x^2-k_y^2}$, $k_{zd}=\sqrt{\epsilon_r k_0^2-k_x^2-k_y^2}$, 而

$$\tilde{G}_A(k_x,k_y) = \frac{1}{D_{TE}} \tag{10.5.7}$$

$$\tilde{G}_\varphi(k_x,k_y) = \frac{jk_{z0}-k_{zd}\tan k_{zd}h}{D_{TE}D_{TM}} \tag{10.5.8}$$

其中,

$$D_{TE} = jk_{z0}+k_{zd}\cot k_{zd}h, \qquad D_{TM} = j\epsilon_r k_{z0}-k_{zd}\tan k_{zd}h \tag{10.5.9}$$

将式(10.5.6)代入式(10.5.4)或式(10.5.5), 然后再代入式(10.5.3), 得到

$$
\begin{aligned}
\mathbf{E}_T(\mathbf{r}) &= -jk_0Z_0 \iint_{S_p} \left[G_A(\mathbf{r};x',y')\mathbf{J}_s(x',y') + \frac{1}{k_0^2}\nabla_T\nabla_T G_\varphi(\mathbf{r};x',y') \cdot \mathbf{J}_s(x',y') \right] dS' \\
&= -jk_0Z_0 \iint_{S_p} \left[G_A(\mathbf{r};x',y')\mathbf{J}_s(x',y') + \frac{1}{k_0^2}\nabla_T G_\varphi(\mathbf{r};x',y')\nabla' \cdot \mathbf{J}_s(x',y') \right] dS'
\end{aligned}
\tag{10.5.10}
$$

式中, $\nabla_T = \hat{x}\partial/\partial x+\hat{y}\partial/\partial y$。在推导中, 已经利用了矢量恒等式和面散度定理, 将一个哈密顿算子转移到作用于面电流密度。对于 $z \geq 0$, G_A 和 G_φ 的表达式为

$$G_A(\mathbf{r};x',y') = \frac{1}{4\pi^2} \int_{-\infty}^{\infty} \int_{-\infty}^{\infty} \tilde{G}_A(k_x,k_y) e^{j[k_x(x-x')+k_y(y-y')-k_{z0}z]} \, dk_x \, dk_y \tag{10.5.11}$$

$$G_\varphi(\mathbf{r};x',y') = \frac{1}{4\pi^2} \int_{-\infty}^{\infty} \int_{-\infty}^{\infty} \tilde{G}_\varphi(k_x,k_y) e^{j[k_x(x-x')+k_y(y-y')-k_{z0}z]} \, dk_x \, dk_y \tag{10.5.12}$$

而对于 $-h \leq z \leq 0$, 可以将 $e^{-jk_{z0}z}$ 替换为 $\sin k_{zd}(z+h)/\sin k_{zd}h$, 得到相应的表达式, 如同从式(10.5.4)转换到式(10.5.5)的过程。

若令 $k_x=k_\rho\cos\alpha$, $k_y=k_\rho\sin\alpha$, 然后对 k_ρ 和 α 计算积分, 则式(10.5.11)和式(10.5.12)

中对 k_x 和 k_y 的双重积分就可以变换为单重积分。首先得到

$$\int_{-\infty}^{\infty} \int_{-\infty}^{\infty} [\bullet] \, \mathrm{d}k_x \, \mathrm{d}k_y = \int_{0}^{\infty} \int_{0}^{2\pi} [\bullet] \, k_\rho \, \mathrm{d}\alpha \, \mathrm{d}k_\rho \qquad (10.5.13)$$

然后使用贝塞尔函数的积分表示

$$\int_{0}^{2\pi} \mathrm{e}^{\mathrm{j}k_\rho |\boldsymbol{\rho}-\boldsymbol{\rho}'| \cos(\phi-\alpha)} \, \mathrm{d}\alpha = 2\pi J_0(k_\rho |\boldsymbol{\rho} - \boldsymbol{\rho}'|) \qquad (10.5.14)$$

对于 $z \geq 0$，其结果为

$$G_A(\mathbf{r}; \boldsymbol{\rho}') = \frac{1}{2\pi} \int_{0}^{\infty} \tilde{G}_A(k_\rho) J_0(k_\rho |\boldsymbol{\rho} - \boldsymbol{\rho}'|) \mathrm{e}^{-\mathrm{j}k_{z0}z} k_\rho \, \mathrm{d}k_\rho \qquad (10.5.15)$$

$$G_\varphi(\mathbf{r}; \boldsymbol{\rho}') = \frac{1}{2\pi} \int_{0}^{\infty} \tilde{G}_\varphi(k_\rho) J_0(k_\rho |\boldsymbol{\rho} - \boldsymbol{\rho}'|) \mathrm{e}^{-\mathrm{j}k_{z0}z} k_\rho \, \mathrm{d}k_\rho \qquad (10.5.16)$$

上面两式中的积分称为索末菲积分。将贝塞尔函数表示为汉克尔函数的形式，上面的结果也可以表示为

$$G_A(\mathbf{r}; \boldsymbol{\rho}') = \frac{1}{4\pi} \int_{-\infty}^{\infty} \tilde{G}_A(k_\rho) H_0^{(2)}(k_\rho |\boldsymbol{\rho} - \boldsymbol{\rho}'|) \mathrm{e}^{-\mathrm{j}k_{z0}z} k_\rho \, \mathrm{d}k_\rho \qquad (10.5.17)$$

$$G_\varphi(\mathbf{r}; \boldsymbol{\rho}') = \frac{1}{4\pi} \int_{-\infty}^{\infty} \tilde{G}_\varphi(k_\rho) H_0^{(2)}(k_\rho |\boldsymbol{\rho} - \boldsymbol{\rho}'|) \mathrm{e}^{-\mathrm{j}k_{z0}z} k_\rho \, \mathrm{d}k_\rho \qquad (10.5.18)$$

上面两式中的积分可以在 k_ρ 的复平面上沿着实轴 C_0 进行，也可以沿通过原点并穿过第一和第三象限的变形路径 C_1 进行，如图 10.26 所示。积分路径 C_0 可以被变形到 C_1，因为在变形中不会遇到奇异点。

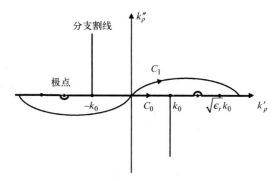

图 10.26　复数 k_ρ 的复平面内的积分路径 C_0 和 C_1

为建立积分方程求解 $\mathbf{J}_s$，在微带导体表面 S_p 应用式(10.5.10)，并使用边界条件 $\mathbf{E}_T^{\mathrm{exc}}(\mathbf{r}) + \mathbf{E}_T(\mathbf{r}) = 0$，$\mathbf{r} \in S_p$，得到

$$\iint_{S_p} \left[G_A(\boldsymbol{\rho}, \boldsymbol{\rho}') \mathbf{J}_s(\boldsymbol{\rho}') + \frac{1}{k_0^2} \nabla G_\varphi(\boldsymbol{\rho}, \boldsymbol{\rho}') \nabla' \cdot \mathbf{J}_s(\boldsymbol{\rho}') \right] \mathrm{d}S' = \frac{1}{\mathrm{j}k_0 Z_0} \mathbf{E}_T^{\mathrm{exc}}(\boldsymbol{\rho}), \qquad \boldsymbol{\rho} \in S_p \quad (10.5.19)$$

式中，$G_A(\boldsymbol{\rho}, \boldsymbol{\rho}')$ 和 $G_\varphi(\boldsymbol{\rho}, \boldsymbol{\rho}')$ 由式(10.5.15)和式(10.5.16)中令 $z = 0$ 得到，$\mathbf{E}_T^{\mathrm{exc}}$ 为激励场(当没有微带结构但接地介质基板存在时，源激励所产生的场)的横向分量。对于平面波入射的情况，激励场为入射场和接地介质板反射场之和。式(10.5.19)通常称为**混合位积分方程**(MPIE)，它实际上与电场积分方程等价。

正如在本节一开始所提到的，考虑单层介质基板是为了描述起来更简洁明了。事实上，对于更一般的多层介质情况，不管激励源位于基板上表面还是嵌入媒质中[31~33]，都可以建立混合位积分方程。在推导过程中可以使用多层媒质中的传输线理论，尽管格林函数

不同, 但最终方程的形式与式(10.5.19)类似。我们还可以进一步推广至媒质中包含垂直电流源的情况, 由此可以对多层媒质中的复杂三维电路进行分析。

10.5.2 矩量法求解

采用矩量法求解式(10.5.19)的积分方程非常直截了当。第一步是将微带导体的表面细分为小三角形单元, 第二步是将面电流表示为某种基函数的展开, 若选用 RWG 基函数, 则表面电流可展开为

$$\mathbf{J}_s(\boldsymbol{\rho}') = \sum_{n=1}^{N} I_n \boldsymbol{\Lambda}_n(\boldsymbol{\rho}') \tag{10.5.20}$$

式中, N 为未知量的数目, 也就是三角形网格中公共边的数量。使用与基函数相同的检验函数, 式(10.5.19)可以转化为矩阵方程

$$\sum_{n=1}^{N} Z_{mn} I_n = V_m, \quad m = 1, 2, \cdots, N \tag{10.5.21}$$

式中,

$$Z_{mn} = \iint_{S_p} \iint_{S_p} \left[\boldsymbol{\Lambda}_m(\boldsymbol{\rho}) \cdot G_A(\boldsymbol{\rho}, \boldsymbol{\rho}') \boldsymbol{\Lambda}_n(\boldsymbol{\rho}') - \frac{1}{k_0^2} \nabla \cdot \boldsymbol{\Lambda}_m(\boldsymbol{\rho}) G_\varphi(\boldsymbol{\rho}, \boldsymbol{\rho}') \nabla' \cdot \boldsymbol{\Lambda}_n(\boldsymbol{\rho}') \right] dS' dS \tag{10.5.22}$$

$$V_m = \frac{1}{jk_0 Z_0} \iint_{S_p} \boldsymbol{\Lambda}_m(\boldsymbol{\rho}) \cdot \mathbf{E}_T^{exc}(\boldsymbol{\rho}) dS \tag{10.5.23}$$

10.5.3 格林函数的计算

虽然矩量法的求解过程直截了当, 但是计算 $G_A(\boldsymbol{\rho}, \boldsymbol{\rho}')$ 和 $G_\varphi(\boldsymbol{\rho}, \boldsymbol{\rho}')$ 却比较复杂。注意, $G_A(\boldsymbol{\rho}, \boldsymbol{\rho}')$ 和 $G_\varphi(\boldsymbol{\rho}, \boldsymbol{\rho}')$ 均只依赖于 $\rho = |\boldsymbol{\rho}-\boldsymbol{\rho}'|$, 因此可以只考虑下面两个索末菲积分:

$$G_A(\rho) = \frac{1}{2\pi} \int_0^\infty \tilde{G}_A(k_\rho) J_0(k_\rho \rho) k_\rho dk_\rho \tag{10.5.24}$$

$$G_\varphi(\rho) = \frac{1}{2\pi} \int_0^\infty \tilde{G}_\varphi(k_\rho) J_0(k_\rho \rho) k_\rho dk_\rho \tag{10.5.25}$$

对于一般的被积函数, 这两个积分无法解析计算。而由于被积函数是高度振荡且缓慢衰减的, 使用数值积分计算以上积分也相当耗时。过去的几十年中, 研究人员针对这些积分的高效计算开展了很多研究[34]。其中一项技术称为**离散复镜像法**(DCIM)[35, 36], 此方法基于索末菲恒等式[37]

$$\frac{e^{-jkr}}{r} = \int_0^\infty \frac{1}{jk_z} J_0(k_\rho \rho) e^{-jk_z|z|} k_\rho dk_\rho \tag{10.5.26}$$

或与之等效的

$$\frac{e^{-jkr}}{r} = \int_{-\infty}^\infty \frac{1}{j2k_z} H_0^{(2)}(k_\rho \rho) e^{-jk_z|z|} k_\rho dk_\rho \tag{10.5.27}$$

式中，$k=\sqrt{k_\rho^2+k_z^2}$，$r=\sqrt{\rho^2+z^2}$。

离散复镜像法的基本思想是将 $G_A(\rho)$ 和 $G_\varphi(\rho)$ 表示为其自由空间分量、准静态镜像、表面波和复镜像贡献的总和。为了说明这一点，我们按照参考文献[36]给出的处理方法来考虑 $G_A(\rho)$。若移除接地介质基板，则

$$\tilde{G}_A(k_\rho) \to \frac{1}{\mathrm{j}2k_{z0}} \tag{10.5.28}$$

这样就得到了自由空间格林函数。首先从 $G_A(\rho)$ 中提取出这个主项：

$$G_A(\rho) = \frac{\mathrm{e}^{-\mathrm{j}k_0 r_0}}{4\pi r_0} + \frac{1}{2\pi}\int_0^\infty \left[\tilde{G}_A(k_\rho) - \frac{1}{\mathrm{j}2k_{z0}}\right] J_0(k_\rho\rho)k_\rho \,\mathrm{d}k_\rho \tag{10.5.29}$$

式中，$r_0 = \rho$。接下来，注意当频率接近零时，有 $k_0 \to 0$ 及 $k_{z0} \approx k_{zd}$。在这种情况下

$$\tilde{G}_A(k_\rho) - \frac{1}{\mathrm{j}2k_{z0}} = \frac{1}{D_{TE}} - \frac{1}{\mathrm{j}2k_{z0}} \to -\frac{1}{\mathrm{j}2k_{z0}}\mathrm{e}^{-\mathrm{j}2k_{z0}h} \tag{10.5.30}$$

它代表低频率情况的主项。抽出这一项，可得

$$G_A(\rho) = \frac{\mathrm{e}^{-\mathrm{j}k_0 r_0}}{4\pi r_0} - \frac{\mathrm{e}^{-\mathrm{j}k_0 r_1}}{4\pi r_1} + \frac{1}{2\pi}\int_0^\infty \left[\tilde{G}_A(k_\rho) - \frac{1}{\mathrm{j}2k_{z0}}(1-\mathrm{e}^{-\mathrm{j}2k_{z0}h})\right]J_0(k_\rho\rho)k_\rho\,\mathrm{d}k_\rho \tag{10.5.31}$$

式中，$r_1 = \sqrt{\rho^2+(2h)^2}$。显然，第二项代表了准静态镜像[38]。由于接地基板可以支持表面波，当 ρ 变大时，表面波项将变为主要贡献。而由于表面波不能用球面波表示，故有必要将来自表面波的贡献单独提取出来。对于 $G_A(\rho)$，其横电场表面波对应于 $\tilde{G}_A(k_\rho)$ 的极点，它出现在 $D_{TE}=0$ 或

$$\mathrm{j}k_{z0} + k_{zd}\cot k_{zd}h = 0 \tag{10.5.32}$$

其解可以记为 $k_{\rho p}$。这些极点对积分的贡献可以解析计算，结果为

$$G_A^{(sw)}(\rho) = \frac{1}{2\mathrm{j}}\sum_{p(TE)} R_{A,p}H_0^{(2)}(k_{\rho p}\rho)k_{\rho p} \tag{10.5.33}$$

式中，$R_{A,p}$ 为极点 $k_\rho = k_{\rho p}$ 处的残差，表示为

$$R_{A,p} = \lim_{k_\rho \to k_{\rho p}}(k_\rho - k_{\rho p})\tilde{G}_A(k_\rho) \tag{10.5.34}$$

通过这种提取方法，式(10.5.31)可写为

$$G_A(\rho) = G_{A,0}(\rho) + G_A^{(sw)}(\rho) + \frac{1}{2\pi}\int_0^\infty \frac{F_1(k_\rho)}{\mathrm{j}2k_{z0}}J_0(k_\rho\rho)k_\rho\,\mathrm{d}k_\rho \tag{10.5.35}$$

式中，

$$G_{A,0}(\rho) = \frac{\mathrm{e}^{-\mathrm{j}k_0 r_0}}{4\pi r_0} - \frac{\mathrm{e}^{-\mathrm{j}k_0 r_1}}{4\pi r_1} \tag{10.5.36}$$

$$\frac{F_1(k_\rho)}{\mathrm{j}2k_{z0}} = \tilde{G}_A(k_\rho) - \frac{1-\mathrm{e}^{-\mathrm{j}2k_{z0}h}}{\mathrm{j}2k_{z0}} - \sum_{p(TE)}\frac{2k_{\rho p}R_{A,p}}{k_\rho^2 - k_{\rho p}^2} \tag{10.5.37}$$

由于 $F_1(k_\rho)$ 不再具有振荡特性且快速衰减，所以可把 $F_1(k_\rho)$ 用复指数函数的求和来近似，

以此计算式(10.5.35)中的剩余积分。这种近似可写为

$$F_1(k_\rho) \approx \sum_{i=1}^{M} a_i \mathrm{e}^{-b_i k_{z0}} \tag{10.5.38}$$

式中，a_i 和 b_i 可以使用 Prony 法[39]或**广义函数束**(GPOF)**法**[40]计算。采用这种近似后，式(10.5.35)最终可写为

$$G_A(\rho) \approx G_{A,0}(\rho) + G_A^{(\mathrm{sw})}(\rho) + G_A^{(\mathrm{ci})}(\rho) \tag{10.5.39}$$

式中，

$$G_A^{(\mathrm{ci})}(\rho) = \sum_{i=1}^{M} a_i \frac{\mathrm{e}^{-\mathrm{j}k_0 r_i}}{4\pi r_i}, \quad r_i = \sqrt{\rho^2 - b_i^2} \tag{10.5.40}$$

很明显，式(10.5.40)中的每一项代表从 $\rho = 0$，$z = \mathrm{j}b_i$ 向外传播的球面波，其幅度为 a_i。由于 a_i 和 b_i 通常为复数，每一项的源可以被解释为一种复镜像，因此式(10.5.40)表示来自一系列复镜像的贡献。

上面描述的过程也可用于计算式(10.5.25)所示的 $G_\varphi(\rho)$。首先提取自由空间项，得到

$$G_\varphi(\rho) = \frac{\mathrm{e}^{-\mathrm{j}k_0 r_0}}{4\pi r_0} + \frac{1}{2\pi} \int_0^\infty \left[\tilde{G}_\varphi(k_\rho) - \frac{1}{\mathrm{j}2k_{z0}} \right] J_0(k_\rho \rho) k_\rho \, \mathrm{d}k_\rho \tag{10.5.41}$$

接下来，可以观察到当频率接近零时，有 $k_0 \to 0$ 和 $k_{z0} \approx k_{zd}$，以及

$$\tilde{G}_\varphi(k_\rho) - \frac{1}{\mathrm{j}2k_{z0}} \to \frac{1}{\mathrm{j}2k_{z0}} \left[K \frac{1 - \mathrm{e}^{-\mathrm{j}4k_{z0}h}}{1 - K\mathrm{e}^{-\mathrm{j}2k_{z0}h}} - \mathrm{e}^{-\mathrm{j}2k_{z0}h} \right] \tag{10.5.42}$$

式中，$K = (1 - \epsilon_\mathrm{r}) / (1 + \epsilon_\mathrm{r})$。将括号内第一项展开为泰勒级数并保留前两项，得到

$$\tilde{G}_\varphi(k_\rho) - \frac{1}{\mathrm{j}2k_{z0}} \to \frac{1}{\mathrm{j}2k_{z0}} \left[K(1 - \mathrm{e}^{-\mathrm{j}4k_{z0}h})(1 + K\mathrm{e}^{-\mathrm{j}2k_{z0}h}) - \mathrm{e}^{-\mathrm{j}2k_{z0}h} \right]$$
$$\to \frac{1}{\mathrm{j}2k_{z0}} \left[K + (K^2 - 1)\mathrm{e}^{-\mathrm{j}2k_{z0}h} - K\mathrm{e}^{-\mathrm{j}4k_{z0}h} - K^2 \mathrm{e}^{-\mathrm{j}6k_{z0}h} \right] \tag{10.5.43}$$

在完成准静态项的提取后，式(10.5.41)变为

$$G_\varphi(\rho) = G_{\varphi,0}(\rho) + \frac{1}{2\pi} \int_0^\infty \left[\tilde{G}_\varphi(k_\rho) - \tilde{G}_{\varphi,0}(k_\rho) \right] J_0(k_\rho \rho) k_\rho \, \mathrm{d}k_\rho \tag{10.5.44}$$

式中，

$$\tilde{G}_{\varphi,0}(k_\rho) = \frac{1}{\mathrm{j}2k_{z0}} \left[(1 + K) + (K^2 - 1)\mathrm{e}^{-\mathrm{j}2k_{z0}h} - K\mathrm{e}^{-\mathrm{j}4k_{z0}h} - K^2 \mathrm{e}^{-\mathrm{j}6k_{z0}h} \right] \tag{10.5.45}$$

$$G_{\varphi,0}(\rho) = (1 + K)\frac{\mathrm{e}^{-\mathrm{j}k_0 r_0}}{4\pi r_0} + (K^2 - 1)\frac{\mathrm{e}^{-\mathrm{j}k_0 r_1}}{4\pi r_1} - K\frac{\mathrm{e}^{-\mathrm{j}k_0 r_2}}{4\pi r_2} - K^2 \frac{\mathrm{e}^{-\mathrm{j}k_0 r_3}}{4\pi r_3} \tag{10.5.46}$$

其中 $r_n = \sqrt{\rho^2 + (2nh)^2}$。接下来，我们从式(10.5.44)中的索末菲积分项中提取表面波分量。从式(10.5.8)给出的 $\tilde{G}_\varphi(k_\rho)$ 表达式中，可以清楚地看到存在两组表面波：一组对应于 $D_{\mathrm{TE}} = 0$，另一组对应于 $D_{\mathrm{TM}} = 0$。第一组为横电场表面波，其传播常数 k_ρ 可以通过求解式(10.5.32)得到。第二组为横磁场表面波，其传播常数 k_ρ 可以通过求解如下超越方程得到：

$$j\epsilon_r k_{z0} - k_{zd} \tan k_{zd} h = 0 \tag{10.5.47}$$

这些极点对积分的贡献可以用下式计算:

$$G_\varphi^{(\mathrm{sw})}(\rho) = \frac{1}{2j} \sum_{p(\mathrm{TE,TM})} R_{\varphi,p} H_0^{(2)}(k_{\rho p}\rho) k_{\rho p} \tag{10.5.48}$$

式中, $R_{\varphi,p}$ 为极点 $k_\rho = k_{\rho p}$ 处的残差, 表示为

$$R_{\varphi,p} = \lim_{k_\rho \to k_{\rho p}} (k_\rho - k_{\rho p}) \tilde{G}_\varphi(k_\rho) \tag{10.5.49}$$

按如此方式提取后, 式(10.5.44)可写为

$$G_\varphi(\rho) = G_{\varphi,0}(\rho) + G_\varphi^{(\mathrm{sw})}(\rho) + \frac{1}{2\pi} \int_0^\infty \frac{F_2(k_\rho)}{j2k_{z0}} J_0(k_\rho\rho) k_\rho \, \mathrm{d}k_\rho \tag{10.5.50}$$

式中,

$$\frac{F_2(k_\rho)}{j2k_{z0}} = \tilde{G}_\varphi(k_\rho) - \frac{1}{j2k_{z0}} \left[1 + K(1-\mathrm{e}^{-j4k_{z0}h})(1+K\,\mathrm{e}^{-j2k_{z0}h}) - \mathrm{c}^{-j2k_{z0}h} \right] - \sum_{p(\mathrm{TE,TM})} \frac{2k_{\rho p} R_{\varphi,p}}{k_\rho^2 - k_{\rho p}^2} \tag{10.5.51}$$

在提取自由空间、准镜态和表面波项之后, $F_2(k_\rho)$ 没有振荡且快速衰减, 我们可把 $F_2(k_\rho)$ 表示为复指数函数求和, 以此来近似计算式(10.5.50)中的剩余积分。这种近似可写为

$$F_2(k_\rho) \approx \sum_{i=1}^M a_i' \mathrm{e}^{-b_i' k_{z0}} \tag{10.5.52}$$

式中, a_i' 和 b_i' 可使用 Prony 法或广义函数束法计算。采用这种近似, 式(10.5.50)最终可写为

$$G_\varphi(\rho) \approx G_{\varphi,0}(\rho) + G_\varphi^{(\mathrm{sw})}(\rho) + G_\varphi^{(\mathrm{ci})}(\rho) \tag{10.5.53}$$

式中,

$$G_\varphi^{(\mathrm{ci})}(\rho) = \sum_{i=1}^M a_i' \frac{\mathrm{e}^{-jk_0 r_i'}}{4\pi r_i'}, \quad r_i' = \sqrt{\rho^2 - b_i'^2} \tag{10.5.54}$$

同样, 式(10.5.54)中的每一项代表一个具有复振幅、复位置的复镜像。采用离散复镜像法, 可得到 $G_A(\rho)$ 和 $G_\varphi(\rho)$ 的解析表达式, 它们可用于在矩量法求解中计算式(10.5.22)所示的 Z_{mn}。

离散复镜像法可以用于计算多层媒质中的格林函数[41~44]。处理多层媒质问题的主要挑战是确定横电场和横磁场情况下表面波极点 $k_{\rho p}$ 和对应的残差 $R_{A,p}$ 及 $R_{\varphi,p}$。为此, 参考文献[45]给出了一种非常有效的处理方法[44]。该方法通过数值积分反复计算 k_ρ 复平面内的围线积分, 以此来确定表面波极点 $k_{\rho p}$ 和对应的残差 $R_{A,p}$ 及 $R_{\varphi,p}$。该围线积分从一个包围所有可能的表面波极点的矩形框开始。若积分的计算值非零, 则表示围线内包含一个或多个极点, 我们就将矩形框分成四个子矩形框, 并沿着每个子矩形框计算围线积分。重复该过程, 直到初始矩形框内的所有极点位置 $k_{\rho p}$ 和残差 $R_{A,p}$ 及 $R_{\varphi,p}$ 达到所需精度为止。

10.5.4　远场计算及应用实例

在由矩量法求得表面电流 $\mathbf{J}_s$ 后, 可以通过稳相法计算远区辐射场。另一种更简单的远场计算方法是利用互易性定理[46]。为此, 将一个无限小的电流元放置在观测点, 因为电流

元远离 $\mathbf{J}_s$，故其产生的电磁波入射到 $\mathbf{J}_s$ 所在的基板时可看成平面波。令 $\mathbf{J}_s$ 的辐射场为 $\mathbf{E}^{\text{rad}}$，电流元在接地介质板（没有微带结构时）存在时的辐射场为 $\mathbf{E}_D$，电流元的电流密度为 $\mathbf{J}_D$。注意，$\mathbf{E}_D$ 可以很容易地确定，它包含入射场和反射场。根据互易定理，有

$$\iiint \mathbf{E}^{\text{rad}} \cdot \mathbf{J}_D \, dV = \iint_{S_p} \mathbf{E}_D \cdot \mathbf{J}_s \, dS \tag{10.5.55}$$

假设电流元为具有 Il 的偶极矩，位于 (r, θ, ϕ)，指向 $\hat{a}$ 方向，于是式（10.5.55）变为

$$\hat{a} \cdot \mathbf{E}^{\text{rad}}(r, \theta, \phi) = \frac{1}{Il} \iint_{S_p} \mathbf{E}_D \cdot \mathbf{J}_s \, dS. \tag{10.5.56}$$

为了求得辐射场的 θ 方向和 ϕ 方向分量，分别令 $\hat{a} = \hat{\theta}$ 和 $\hat{a} = \hat{\phi}$，然后使用电流元产生的电场表达式，得到

$$E_\theta^{\text{rad}}(r, \theta, \phi) = -\frac{jk_0 Z_0 e^{-jk_0 r}}{4\pi r} \iint_{S_p} \mathbf{E}_D^{(\theta)} \cdot \mathbf{J}_s \, dS \tag{10.5.57}$$

$$E_\phi^{\text{rad}}(r, \theta, \phi) = -\frac{jk_0 Z_0 e^{-jk_0 r}}{4\pi r} \iint_{S_p} \mathbf{E}_D^{(\phi)} \cdot \mathbf{J}_s \, dS \tag{10.5.58}$$

式中，$\mathbf{E}_D^{(\theta)}$ 和 $\mathbf{E}_D^{(\phi)}$ 表示由单位幅度、极化方向分别为 $\hat{\theta}$ 和 $\hat{\phi}$ 的平面波入射时激励的总场。

下面是一个简单的算例。应用矩量法分析一个厚度 $h = 0.127\,\text{mm}$，相对介电常数 $\epsilon_r = 9.9$ 的单层介质基板上的微带双支节电路[47]。图 10.27 为计算得到的 S 参数与测量数据的对比，两者十分吻合。另一个算例是对串联馈电微带天线阵的辐射分析[46]。图 10.28 为 E 面上的辐射方向图，计算结果与实验结果非常一致。参考文献[46~48]给出了更多的算例。

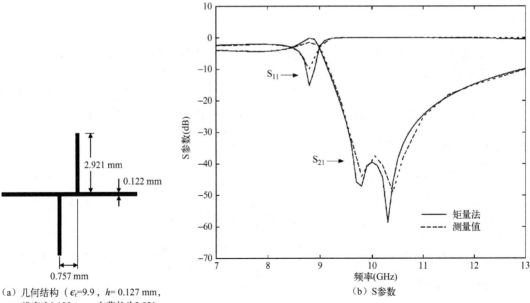

（a）几何结构（$\epsilon_r = 9.9$，$h = 0.127\,\text{mm}$，线宽为 0.122 mm，支节长为 2.921 mm，双支节间距为 0.757 mm）

（b）S 参数

图 10.27 微带双支节的 S 参数

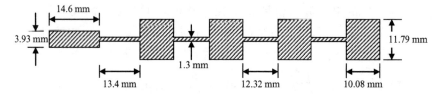

（a）几何结构（天线阵列印制在相对介电常数 ϵ_r=2.1且厚度h=1.575 mm的基板上）

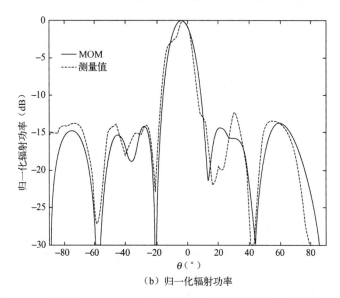

（b）归一化辐射功率

图 10.28　频率为 9.42 GHz 时，串联馈电微带天线阵的 E 面辐射方向图

10.6　时域矩量法

　　矩量法通常用于频域电磁场分析，但是我们也可以实现时域矩量法，从而获得时域分析的一系列优越性[49~56]。然而，时域矩量法分析的公式建立更复杂，仿真的代价也更大。近年来大量的研究工作致力于使时域矩量法分析更稳定和高效。本节通过一个相对简单的例子来说明时域矩量法分析的公式建立及求解过程，使读者对其有一个基本的思路。

10.6.1　时域积分方程

　　如同频域矩量法，时域矩量法分析的第一步是建立所需的时域积分方程。通过对频域积分方程进行拉普拉斯变换，可达此目的。为了说明这一过程，考虑一个导电体的散射问题。此问题的电场积分方程由式（10.3.45）所示，它可以写为

$$\hat{n} \times \oiint_{S_o} \left[(jk_0)^2 \bar{\mathbf{J}}_s(\mathbf{r}') G_0(\mathbf{r}, \mathbf{r}') - \nabla' \cdot \bar{\mathbf{J}}_s(\mathbf{r}') \nabla G_0(\mathbf{r}, \mathbf{r}') \right] \mathrm{d}S' = jk_0 \hat{n} \times \mathbf{E}^{\mathrm{inc}}(\mathbf{r}) \quad (10.6.1)$$

其拉普拉斯变换为

$$\hat{n} \times \oiint_{S_o} \left[\frac{\partial^2}{\partial t^2} \frac{\bar{\mathscr{J}}_s(\mathbf{r}', t - R/c_0)}{4\pi c_0 R} - c_0 \nabla \frac{\nabla' \cdot \bar{\mathscr{J}}_s(\mathbf{r}', t - R/c_0)}{4\pi R} \right] \mathrm{d}S' = \hat{n} \times \frac{\partial \mathscr{E}^{\mathrm{inc}}(\mathbf{r}, t)}{\partial t} \quad (10.6.2)$$

式中, $c_0 = \omega / k_0$, $R = |\mathbf{r} - \mathbf{r}'|$。式(10.6.2)称为时域积分方程, 此处它为时域电场积分方程。类似地, 式(10.3.46)所示的磁场积分方程可被变换成时域磁场积分方程, 表示为

$$\frac{1}{2} \frac{\partial \bar{\mathscr{I}}_s(\mathbf{r}, t)}{\partial t} - \hat{n} \times \oiint_{S_0} \nabla \times \frac{\partial}{\partial t} \frac{\bar{\mathscr{I}}_s(\mathbf{r}', t - R/c_0)}{4\pi R} \, \mathrm{d}S' = \hat{n} \times \frac{\partial \bar{\mathscr{H}}^{\mathrm{inc}}(\mathbf{r}, t)}{\partial t} \qquad (10.6.3)$$

上式与式(10.6.2)组合可得到时域混合场积分方程。

10.6.2　时间步进求解

为了求解时域积分方程, 首先要将未知函数在空间域和时域上展开。空间域的展开与频域分析中的相同。若使用 RWG 基函数进行空间展开, 则 $\bar{\mathscr{I}}_s(\mathbf{r}', t)$ 可表示为

$$\bar{\mathscr{I}}_s(\mathbf{r}', t) \cong \sum_{n=1}^{N_s} \mathscr{I}_n(t) \mathbf{\Lambda}_n(\mathbf{r}') \qquad (10.6.4)$$

式中, N_s 为三角形网格中的公共边数目。由于此处的未知展开系数是时间函数, 因而我们还需要对其进行时域上的展开:

$$\mathscr{I}_n(t) \cong \sum_{l=1}^{N_t} I_n^{(l)} T_l(t) \qquad (10.6.5)$$

式中, N_t 为时间采样或时间步的总数目, $T_l(t) = T(t - l\Delta t)$ 为时域基函数。$T(t)$ 通常选择分段二次函数[53]

$$T(t) = \begin{cases} \dfrac{1}{2} \left(\dfrac{t}{\Delta t} \right)^2 + \dfrac{3t}{2\Delta t} + 1, & -\Delta t \leqslant t \leqslant 0 \\[2mm] -\left(\dfrac{t}{\Delta t} \right)^2 + 1, & 0 \leqslant t \leqslant \Delta t \\[2mm] \dfrac{1}{2} \left(\dfrac{t}{\Delta t} \right)^2 - \dfrac{3t}{2\Delta t} + 1, & \Delta t \leqslant t \leqslant 2\Delta t \\[2mm] 0, & \text{其余} \end{cases} \qquad (10.6.6)$$

和移位的二次 B 样条函数[57]

$$T(t) = \begin{cases} \dfrac{1}{2} \left(\dfrac{t}{\Delta t} + 1 \right)^2, & -\Delta t \leqslant t \leqslant 0 \\[2mm] -\left(\dfrac{t}{\Delta t} \right)^2 + \dfrac{t}{\Delta t} + \dfrac{1}{2}, & 0 \leqslant t \leqslant \Delta t \\[2mm] \dfrac{1}{2} \left(\dfrac{t}{\Delta t} - 1 \right)^2 - \left(\dfrac{t}{\Delta t} - 1 \right) + \dfrac{1}{2}, & \Delta t \leqslant t \leqslant 2\Delta t \\[2mm] 0, & \text{其余} \end{cases} \qquad (10.6.7)$$

这两种函数的曲线如图 10.29 所示。

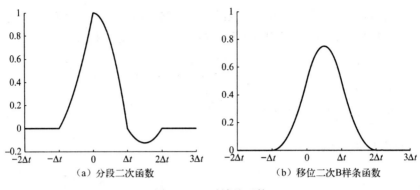

图 10.29　时域基函数

由式(10.6.4)和式(10.6.5)可得未知函数的完整离散形式为

$$\bar{\mathscr{J}}_s(\mathbf{r}', t) \cong \sum_{n=1}^{N_s} \sum_{l=1}^{N_t} I_n^{(l)} \mathbf{\Lambda}_n(\mathbf{r}') T(t - l\Delta t) \tag{10.6.8}$$

显然,未知展开系数的总数为 $N_s N_t$,一般情况下这是一个非常大的数字。为了把积分方程变换为矩阵方程,还需要选择一组测试函数。对于空间域测试,通常选择 $\mathbf{\Lambda}_m(\mathbf{r})$,这一点与频域的选择一致。为了得到时间步进,时域测试通常选择的函数为 $\delta(t-k\Delta t)$。

　　下面以电场积分方程为例说明离散过程。将式(10.6.8)代入式(10.6.2),并使用 $\mathbf{\Lambda}_m(\mathbf{r})\delta(t-k\Delta t)$ 进行测试,然后对所得的方程进行积分,得到

$$[Z^{(0)}]\{I\}^{(1)} = \{V\}^{(1)} \tag{10.6.9}$$

$$[Z^{(1)}]\{I\}^{(1)} + [Z^{(0)}]\{I\}^{(2)} = \{V\}^{(2)} \tag{10.6.10}$$

$$[Z^{(2)}]\{I\}^{(1)} + [Z^{(1)}]\{I\}^{(2)} + [Z^{(0)}]\{I\}^{(3)} = \{V\}^{(3)} \tag{10.6.11}$$

$$\vdots$$

这些式子可以统一写为

$$[Z^{(0)}]\{I\}^{(k)} = \{V\}^{(k)} - \sum_{l=1}^{k-1}[Z^{(k-l)}]\{I\}^{(l)}, \quad k = 1, 2, 3, \cdots \tag{10.6.12}$$

式中,$\{I\}^{(k)} = [I_1^{(k)}, I_2^{(k)}, I_3^{(k)}, \cdots, I_{N_s}^{(k)}]^{\mathrm{T}}$。并且,当 $k \leq 0$ 时,假设 $\{I\}^{(k)} = 0$。此外,

$$Z_{mn}^{(k-l)} = \iint_{S_o} \mathbf{\Lambda}_m(\mathbf{r}) \cdot \iint_{S_o} \left[\frac{\mathbf{\Lambda}_n(\mathbf{r}')}{4\pi c_0 R} \ddot{T}^{(k-l)} - c_0 \nabla \frac{\nabla' \cdot \mathbf{\Lambda}_n(\mathbf{r}')}{4\pi R} T^{(k-l)} \right] \mathrm{d}S' \mathrm{d}S \tag{10.6.13}$$

$$V_m^{(k)} = \iint_{S_o} \mathbf{\Lambda}_m(\mathbf{r}) \cdot \dot{\mathscr{E}}^{\text{inc}}(\mathbf{r}, k\Delta t) \, \mathrm{d}S \tag{10.6.14}$$

式中,$T^{(k-l)} = T((k-l)\Delta t - R/c_0)$,$\ddot{T} = \partial^2 T(t)/\partial t^2$,$\dot{\mathscr{E}}^{\text{inc}} = \partial \mathscr{E}^{\text{inc}}(\mathbf{r}, t)/\partial t$。基于 $T(t)$ 的特性,我们可以得到两点结论。第一,由于 $t < -\Delta t$ 时 $T(t) = 0$,可以证明,对于 $R > c_0 \Delta t$ 有 $Z_{mn}^{(0)} = 0$。因此,$[Z^{(0)}]$ 是一个极度稀疏矩阵,它表示 Δt 时间内基函数和测试函数的相互作用。第

二，由于 $t > 2\Delta t$ 时 $T(t) = 0$，可以证明，对于 $k - l > R_{\max}/(c_0\Delta t) + 2$ 有 $Z_{mn}^{(k-l)} = 0$，式中的 $R_{\max}$ 为物体的最大线性尺寸（即 S_0 上任意两点之间的最大距离）。因此，式（10.6.12）中的求和项数是有限的。

由式（10.6.12）可以一步一步地计算电流展开系数。给定激励矢量 $\{V\}^{(k)}$，首先利用式（10.6.9）计算 $\{I\}^{(1)}$，然后使用式（10.6.10）计算 $\{I\}^{(2)}$，再使用（10.6.11）计算 $\{I\}^{(3)}$，以此类推，这个过程称为**时间步进**（MOT）。在每一步中，需要求解系数矩阵为 $[Z^{(0)}]$ 的矩阵方程。因为该矩阵非常稀疏，它可以被高效地求解。最耗时的计算部分在方程的右边项，因为它涉及对一系列矩阵矢量积的求和。随着时间步进的继续，矩阵矢量乘积项的数量不断增大，最终达到 $R_{\max}/(c_0\Delta t) + 2$ 个。

作为算例，考虑一个两层介质球的平面波散射问题。介质球的内层（核）半径为 $0.8\,\mathrm{m}$，相对介电常数为 1.5；外层半径为 $1.0\,\mathrm{m}$，相对介电常数为 2.0。图 10.30 为频率从 $0 \sim 200\,\mathrm{MHz}$ 变化时的单站 RCS，图中比较了使用时间步进仿真的数值结果与 Mie 级数解。使用时间步进，仅需要一次时域计算就可以得到整个频带的解。

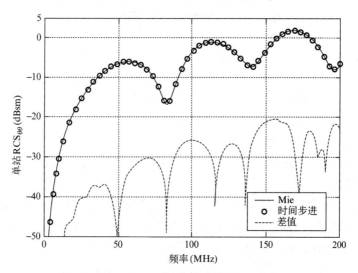

图 10.30 双层介质球单站 RCS

作为一个更复杂的例子，考虑一个同轴线馈电的矩形腔，如图 10.31(a) 所示。同轴线内导体半径为 $a = 0.8\,\mathrm{mm}$，从腔体下表面延伸到上表面，终端与位于上表面的一个 $47\,\Omega$ 的电阻相连。同轴线由 $50\,\Omega$ 阻抗的 δ 间隙电压源激励。电压源时域波形的振幅为 $V_0 = 1\,\mathrm{V}$，中心频率为 $f_0 = 1.15\,\mathrm{GHz}$，带宽为 $f_{\mathrm{bw}} = 0.85\,\mathrm{GHz}$。为精确模拟频带内的所有谐振现象，我们对该谐振腔进行时域分析。时域仿真所用的时间步长取为 $\Delta t = 2\,\mathrm{ps}$，共 15 000 步。图 10.31(b) 为使用**时域积分方程**（TDIE）求解得到的传输到腔体的功率[58]，其仿真结果及测量结果[59]与用时域有限元（FETD）法求解得到的结果进行了比较[60]。

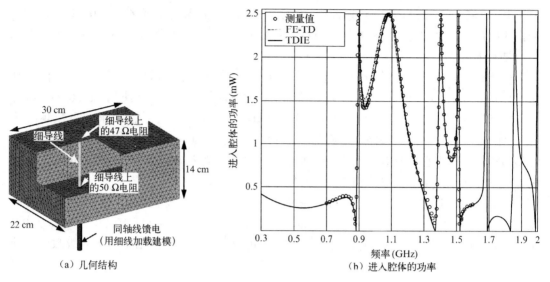

图 10.31　同轴线馈电的矩形腔，其同轴线内导体延伸到腔体内部，末端接 47 Ω 电阻

10.7　小结

本章介绍了矩量法的求解过程及其在多种电磁问题中的应用。我们首先以一个静电场问题(导体电容的计算)为例，介绍了矩量法的基本概念和原理。然后，推导了对应于二维亥姆霍兹方程的通用积分方程，并将其应用于横电场和横磁场极化入射时导体柱、导体带和均匀介质柱的电磁散射分析。接下来，我们考虑了三维问题的矩量法分析，首先建立了矢量波动方程的通用积分方程，随后讨论了导线、导电体、均匀介质体和非均匀介质体的电磁散射和辐射问题的矩量法求解。之后讨论了矩量法在几个特殊问题中的应用，包括平面和角周期结构的散射问题，展示了如何利用问题的特征来缩减计算时间，提高求解效率。此外，我们还介绍了采用矩量法分析微带结构的基本过程，而微带结构在高频电路和天线中有着广泛的应用，并由此展示了如何选用适当的格林函数以考虑非自由空间环境的影响。最后，我们简短讨论了时域矩量法，包括从频域到时域积分方程的变换，以及如何通过时间步进技术进行求解。

原著参考文献

1. K. K. Mei and J. Van Bladel, "Scattering by perfectly conducting rectangular cylinders," *IEEE Trans. Antennas Propag.*, vol. 11, no. 2, pp. 185-192, 1963.

2. M. G. Andreasen, "Scattering from parallel metallic cylinders with arbitrary cross section," *IEEE Trans. Antennas Propag.*, vol. 12, no. 6, pp. 746-754, 1964.

3. F. K. Oshiro, "Source distribution techniques for the solution of general electromagnetic scattering problems," *Proc. First GISAT Symp. Mitre Corp.*, vol. 1, pp. 83-107, 1965.

4. J. H. Richmond, "Scattering by a dielectric cylinder of arbitrary cross section shape," *IEEE Trans. Antennas Propag.*, vol. 13, no. 3, pp. 334-341, 1965.

5. R. F. Harrington, *Field Computation by Moment Methods*. New York: Macmillan, 1968.

6. E. K. Miller, L. Medgyesi-Mitschang, and E. H. Newman, Eds. *Computational Electromagnetics: Frequency-Domain Method of Moments*. New York: IEEE Press, 1992.

7. R. Mittra, Ed. *Computer Techniques for Electromagnetics*. Elmsford, NY: Pergamon, 1973.

8. R. C. Hansen, Ed. *Moment Methods in Antennas and Scattering*. Norwood, MA: Artech House, 1990.

9. J. J. H. Wang, *Generalized Moment Methods in Electromagnetics*. New York: John Wiley & Sons, Inc., 1991.

10. A. F. Peterson, S. L. Ray, and R. Mittra, *Computational Methods for Electromagnetics*. New York: IEEE Press, 1997.

11. A. J. Poggio and E. K. Miller, "Integral equation solutions of three-dimensional scattering problems," in *Computer Techniques for Electromagnetics*, R. Mittra, Ed. Elmsford, NY: Pergamon, 1973, pp. 159-264.

12. W. C. Chew, Z. Nie, and Y. T. Lo, "The effect of feed on the input impedance of a microstrip antenna," *Microwave Opt. Technol. Lett.*, vol. 3, no. 3, pp. 79-83, 1990.

13. J. R. Mautz and R. F. Harrington, "H-field, E-field, and combined-field solutions for conducting body of revolution," *Arch. Elektron. Ubertragung.*, vol. 32, no. 4, pp. 157-164, 1978.

14. S. M. Rao, D. R. Wilton, and A. W. Glisson, "Electromagnetic scattering by surfaces of arbitrary shape," *IEEE Trans. Antennas Propag.*, vol. 30, no. 3, pp. 409-418, 1982.

15. M. G. Duffy, "Quadrature over a pyramid or cube of integrands with a singularity at a vertex," *SIAM J. Numer. Anal.*, vol. 19, no. 6, pp. 1260-1262, 1982.

16. A. C. Woo, H. T. G. Wang, M. J. Schuh, and M. L. Sanders, "Benchmark radar targets for the validation of computational electromagnetics programs," *IEEE Antennas Propag. Mag.*, vol. 35, no. 1, pp. 84-89, 1993.

17. S. M. Rao and D. R. Wilton, "E-field, H-field, and combined field solution for arbitrarily shaped three-dimensional dielectric bodies," *Electromagnetics*, vol. 10, no. 4, pp. 407-421, 1990.

18. Y. Chang and R. F. Harrington, "A surface formulation for characteristic modes of material bodies," *IEEE Trans. Antennas Propag.*, vol. 25, no. 6, pp. 789-795, 1977.

19. T. K. Wu and L. L. Tsai, "Scattering from arbitrarily-shaped lossy dielectric bodies of revolution," *Radio Sci.*, vol. 12, no. 5, pp. 709-718, 1977.

20. J. R. Mautz and R. F. Harrington, "Electromagnetic scattering from a homogeneous material body of revolution," Arch. *Elektron. Ubertragung.*, vol. 33, pp. 71-80, 1979.

21. X. Q. Sheng, J. M. Jin, J. M. Song, W. C. Chew, and C. C. Lu, "Solution of combined-field integral equation using multi-level fast multipole method for scattering by homogeneous bodies," *IEEE Trans. Antennas Propag.*, vol. 46, no. 11, pp. 1718-1726, 1998.

22. K. Donepudi, J. M. Jin, and W. C. Chew, "A higher-order multilevel fast multipole algorithm for scattering from mixed conducting/dielectric bodies," *IEEE Trans. Antennas Propag.*, vol. 51, no. 10, pp. 2814-2821, 2003.

23. D. E. Livesay and K. M. Chen, "Electromagnetic fields induced inside arbitrarily shaped biological bodies," *IEEE Trans. Microwave Theory Tech.*, vol. 22, no. 12, pp. 1273-1280, 1974.

24. D. H. Schaubert, D. R. Wilton, and A. W. Glisson, "A tetrahedral modeling method for electromagnetic scattering by arbitrarily shaped inhomogeneous dielectric bodies," *IEEE Trans. Antennas Propag.*, vol. 32, no. 1, pp. 77-85, 1984.

25. T. A. Cwik and R. Mittra, "Scattering from a periodic array of free-standing arbitrarily shaped perfectly conducting or resistive patches," *IEEE Trans. Antennas Propag.*, vol. 35, no. 11, pp. 1226-1234, 1987.

26. C. H. Chan and R. Mittra, "On the analysis of frequency-selective surfaces using subdomain basis functions,"

IEEE Trans. Antennas Propag., vol. 38, no. 1, pp. 40-50, 1990.

27. J. M. Jin and J. L. Volakis, "Electromagnetic scattering by a perfectly conducting patch array on a dielectric slab," *IEEE Trans. Antennas Propag.*, vol. 38, no. 4, pp. 556-563, 1990.

28. R. M. Sharpe, "*Electromagnetic scattering and radiation by discrete body of revolution*," M. S. thesis, University of Houston, Houston, TX, May 1987.

29. N. K. Uzunoglu, N. G. Alexopoulos, and J. G. Fikioros, "Radiation properties of microstrip dipoles," *IEEE Trans. Antennas Propag.*, vol. 27, no. 6, pp. 853-858, 1979.

30. J. R. Mosig and F. E. Gardiol, "A dynamical radiation model for microstrip structures," in *Advances in Electronics and Electron Physics*, P. Hawkes, Ed. New York: Academic Press, 1982, pp. 139-238.

31. K. A. Michalski and D. Zheng, "Electromagnetic scattering and radiation by surfaces of arbitrary shape in layered media—Part I: Theory," *IEEE Trans. Antennas Propag.*, vol. 38, no. 3, pp.335-344, 1990.

32. K. A. Michalski and J. R. Mosig, "Multilayered media Green's functions in integral equation formulations," *IEEE Trans. Antennas Propag.*, vol. 45, no. 3, pp. 508-519, 1997.

33. W. C. Chew, *Waves and Fields in Inhomogeneous Media*. Piscataway, NJ: IEEE Press, 1995.

34. J. R. Mosig, "Integral equation techniques," in *Numerical Techniques for Microwave and Millimeter-Wave Passive Structures*, T. Itoh, Ed. New York: John Wiley & Sons, Inc., 1988, pp. 133-213.

35. D. G. Fang, J. J. Yang, and G. Y. Delisle, "Discrete image theory for horizontal electric dipole in a multilayer medium," *Proc. Inst. Electr. Eng. H*, vol. 135, no. 5, pp. 297-303, 1988.

36. Y. L. Chow, J. J. Yang, D. G. Fang, and G. E. Howard, "A closed-form spatial Green's function for the thick microstrip substrate," *IEEE Trans. Microwave Theory Tech.*, vol. 39, no. 3, pp. 588-592, 1991.

37. J. A. Stratton, *Electromagnetic Theory*. New York: McGraw-Hill, 1941, p. 576.

38. Y. L. Chow, "An approximate dynamic spatial Green's function in three dimensions for finite length microstrip lines," *IEEE Trans. Microwave Theory Tech.*, vol. 28, no. 4, pp. 393-397, 1980.

39. R. W. Hamming, *Numerical Methods for Scientists and Engineers*. New York: Dover Publications, 1973, pp. 620-622.

40. Y. Hua and T. K. Sarkar, "Generalized pencil-of-function method for extracting poles of an EM system from its transient response," *IEEE Trans. Antennas Propag.*, vol. 37, no. 2, pp. 229-234, 1989.

41. J. J. Yang, Y. L. Chow, G. E. Howard, and D. G. Fang, "Complex images of an electric dipole in homogeneous and layered dielectrics between two ground planes," *IEEE Trans. Microwave Theory Tech.*, vol. 40, no. 3, pp. 595-600, 1992.

42. R. A. Kipp and C. H. Chan, "Complex image method for sources in bounded regions of multilayer structures," *IEEE Trans. Microwave Theory Tech.*, vol. 42, no. 5, pp. 860-865, 1994.

43. M. I. Aksun, "A robust approach for the derivation of closed-form Green's functions," *IEEE Trans. Microwave Theory Tech.*, vol. 44, no. 5, pp. 651-658, 1996.

44. F. Ling and J. M. Jin, "Discrete complex image method for Green's functions of general multilayer media," *IEEE Microwave Guided Wave Lett.*, vol. 10, no. 10, pp. 400-402, 2000.

45. B. Hu and W. C. Chew, "Fast inhomogeneous planewave algorithm for electromagnetic solutions in layered medium structures—2D case," *Radio Sci.*, vol. 35, no. 1, pp. 31-43, 2000.

46. F. Ling and J. M. Jin, "Scattering and radiation analysis of microstrip antennas using discrete complex image method and reciprocity theorem," *Microwave Opt. Technol. Lett.*, vol. 16, no. 4, pp. 212-216, 1997.

47. F. Ling, D. Jiao, and J. M. Jin, "Efficient electromagnetic modeling of microstrip structures in multilayer media," *IEEE Trans. Microwave Theory Tech.*, vol. 47, no. 9, pp. 1810-1818, 1999.

48. F. Ling, J. Liu, and J. M. Jin, "Efficient electromagnetic modeling of three-dimensional multilayer microstrip antennas and circuits," *IEEE Trans. Microwave Theory Tech.*, vol. 50, no. 6, pp.1628-1635, 2002.

49. B. P. Rynne and P. D. Smith, "Stability of time marching algorithms for the electric field integral equations," *J. Electromagn. Waves Appl.*, vol. 4, no. 12, pp. 1181-1205, 1990.

50. S. M. Rao and D. R. Wilton, "Transient scattering by conducting surfaces of arbitrary shape," *IEEE Trans. Antennas Propag.*, vol. 39, no. 1, pp. 56-61, 1991.

51. D. A. Vechinski and S. M. Rao, "A stable procedure to calculate the transient scattering by conducting surfaces of arbitrary shape," *IEEE Trans. Antennas Propag.*, vol. 40, no. 6, pp. 661-665, 1992.

52. P. J. Davies, "A stability analysis of a time marching scheme for the general surface electric field integral equation," *Appl. Numer. Math.*, vol. 27, pp. 35-57, 1998.

53. G. Manara, A. Monorchio, and R. Reggiannini, "A space-time discretization criterion for a stable time-marching solution of the electric field integral equation," *IEEE Trans. Antennas Propag.*, vol. 45, no. 4, pp. 527-532, 1997.

54. M. J. Bluck and S. P. Walker, "Time-domain BIE analysis of large three-dimensional electromagnetic scattering problems," *IEEE Trans. Antennas Propag.*, vol. 45, no. 5, pp. 894-901, 1997.

55. B. Shanker, A. A. Ergin, K. Aygün, and E. Michielssen, "Analysis of transient electromagnetic scattering from closed surfaces using the combined field integral equation," *IEEE Trans. Antennas Propag.*, vol. 48, no. 7, pp. 1064-1074, 2000.

56. D. S. Weile, G. Pisharody, N.-W. Chen, B. Shanker, and E. Michielssen, "A novel scheme for the solution of the time-domain integral equations of electromagnetics," *IEEE Trans. Antennas Propag.*, vol. 52, no. 1, pp. 283-295, 2004.

57. P. Wang, M. Y. Xia, J. M. Jin, and L. Z. Zhou, "Time-domain integral equation solvers using quadratic Bspline temporal basis functions," *Microwave Opt. Technol. Lett.*, vol. 49, no. 5, pp. 1154-1159, 2007.

58. H. Bagci, A. E. Yilmaz, J. M. Jin, and E. Michielssen, "Fast and rigorous analysis of EMC/EMI phenomena of electrically large and complex cable-loaded structures," *IEEE Trans. Electromagn. Compat.*, vol. 49, no. 2, pp. 361-381, 2007.

59. M. Li, K.-P. Ma, D. M. Hockanson, J. L. Drewniak, T. H. Hubing, and T. P. V. Doren, "Numerical and experimental corroboration of an FDTD thin-slot model for slots near corners of shielding enclosures," *IEEE Trans. Electromagn. Compat.*, vol. 39, no. 3, pp. 225-232, 1997.

60. F. Edelvik, G. Ledfelt, P. Lotsedt, and D. J. Riley, "An unconditionally stable subcell model for arbitrarily oriented thin wires in the FETD method," *IEEE Trans. Antennas Propag.*, vol. 51, no. 8, pp. 1797-1805, 2003.

61. C. Müller, *Foundations of the Mathematical Theory of Electromagnetic Waves.* Berlin, Germany: Springer, 1969.

习题

10.1 介电常数为 ϵ_0 的均匀媒质中，有一个 1 cm×1 cm 的正方形导体平板。使用 10.1 节描述的点配置法计算其电荷分布和电容。分别将导体板离散为 10×10、20×20 和 30×30 单元进行计算，并检查数值解的收敛性。

10.2 对式(10.1.19)所示的近似解与下面的矩形单元的精确解进行精度比较：

$$\iint_{s_n} \frac{1}{R} \mathrm{d}S' = \int_{y_n-\Delta y/2}^{y_n+\Delta y/2} \int_{x_n-\Delta x/2}^{x_n+\Delta x/2} \frac{1}{R} \mathrm{d}x'\mathrm{d}y'$$

$$= \{(x_m-x')\ln[(y_m-y')+R]+(y_m-y')\ln[(x_m-x')+R]\}\Big|_{x'=x_n-\Delta x/2}^{x_n+\Delta x/2}\Big|_{y'=y_n-\Delta y/2}^{y_n+\Delta y/2}$$

式中，$R=\sqrt{(x_m-x')^2+(y_m-y')^2}$。利用上式重新计算习题 10.1，并检查电容计算值的差异。

10.3 使用子域配置和下面的积分公式重做习题 10.1：

$$\iint_{s_m}\iint_{s_n}\frac{1}{R}\mathrm{d}S'\mathrm{d}S$$

$$= \int_{y_m-\Delta y/2}^{y_m+\Delta y/2}\int_{x_m-\Delta x/2}^{x_m+\Delta x/2}\int_{y_n-\Delta y/2}^{y_n+\Delta y/2}\int_{x_n-\Delta x/2}^{x_n+\Delta x/2}\frac{1}{R}\mathrm{d}x'\mathrm{d}y'\mathrm{d}x\,\mathrm{d}y$$

$$= \left\{\frac{(x-x')^2(y-y')}{2}\ln[(y-y')+R]+\frac{(x-x')(y-y')^2}{2}\ln[(x-x')+R]\right.$$

$$\left. -\frac{(x-x')(y-y')}{4}[(x-x')+(y-y')]-\frac{R^3}{6}\right\}\Big|_{x'=x_n-\Delta x/2}^{x_n+\Delta x/2}\Big|_{y'=y_n-\Delta y/2}^{y_n+\Delta y/2}\Big|_{x=x_m-\Delta x/2}^{x_m+\Delta x/2}\Big|_{y=y_m-\Delta y/2}^{y_m+\Delta y/2}$$

式中，$R=\sqrt{(x-x')^2+(y-y')^2}$。将计算结果与习题 10.1 和习题 10.2 所得结果进行比较。

10.4 用下述方法推导式(10.2.11)：首先从 Ω_∞ 中去除以 ρ 为中心且面积为 σ_ε 的无限小圆，这样 $G_0(\rho,\rho')$ 在 $\Omega_\infty-\sigma_\varepsilon$ 中处处连续；然后把第二标量格林定理应用于 $\Omega_\infty-\sigma_\varepsilon$ 区域。进一步，应用这种方法推导当 $\rho\in\Gamma_0$ 时的式(10.2.17)。

10.5 编程实现 10.2.2 节中的矩量法公式。对横磁场和横电场两种极化的情况，计算平面波入射时横截面为 $1\lambda\times1\lambda$ 的正方形导体柱的表面感应电流分布和散射远场。对横截面为 $3\lambda\times3\lambda$ 的正方形导体柱重复此计算。

10.6 考虑一个柱体，其表面满足如下的阻抗边界条件：

$$\frac{\partial\varphi(\rho)}{\partial n}+\gamma\varphi(\rho)=0,\qquad \rho\in\Gamma_0$$

使用式(10.2.11)建立横磁场和横电场极化时的积分方程。计算横截面为 $3\lambda\times3\lambda$ 且表面阻抗为 $100\,\Omega$ 的正方形导体柱的表面感应电流分布，然后计算其双站和单站散射宽度。

10.7 证明式(10.2.43)的积分可用下式估算：

$$Z_{mn}\cong\frac{k_0Z_0\Delta x}{4}H_0^{(2)}(k_0|m-n|\Delta x)+\frac{Z_0}{4}\left[\pm H_1^{(2)}\left(k_0\left|m-n-\frac{1}{2}\right|\Delta x\right)\mp H_1^{(2)}\left(k_0\left|m-n+\frac{1}{2}\right|\Delta x\right)\right],$$

$$m\gtrless n$$

$$Z_{mn}\cong\frac{k_0Z_0\Delta x}{8}\left[1-\frac{\mathrm{j}2}{\pi}\ln\left(\frac{k_0\gamma\Delta x}{4\mathrm{e}^{3/2}}\right)-\frac{\mathrm{j}}{\pi}\frac{16}{(k_0\Delta x)^2}\right],\qquad m=n$$

10.8 考虑无限长介质柱体，其相对介电常数 $\epsilon_r(\rho)$ 和磁导率 $\mu_r(\rho)$ 均是空间位置的函数。建立其对横电场和横磁场极化电磁波的散射积分方程，并讨论矩量法的数值求解过程。

10.9 用下述方法推导式(10.3.13)和式(10.3.14)：首先，从 V_∞ 中去除以 $\mathbf{r}$ 为中心且体积为 v_ε 的无限小球，这样 $G_0(\mathbf{r},\mathbf{r}')$ 在 $V_\infty-v_\varepsilon$ 中处处连续；然后，把第二标量-矢量格林定理应用于 $V_\infty-v_\varepsilon$ 区域。进一步，应用这种方法推导当 $\mathbf{r}\in S_o$ 时的式(10.3.29)和式(10.3.30)。

10.10 基于 10.3.2 节中所推导的公式，编程计算长度为 0.5λ，半径为 0.001λ 的线天线的电流分布和输入阻抗。检查离散网格密度 Δl 和激励源 δ 间隙大小对天线电流分布和输入阻抗数值解的影响。

10.11 如图 10.12(b) 所示，一根直导线被位于中心的磁流激励，证明不存在导线时的激励场为

$$E_z^{\text{inc}}(\rho=0,z) = -\frac{V_0}{2\ln(b/a)}\left[\frac{e^{-jk_0R_1}}{R_1} - \frac{e^{-jk_0R_2}}{R_2}\right]$$

式中，$R_1=\sqrt{z^2+a^2}$，$R_2=\sqrt{z^2+b^2}$，a 和 b 为磁流环的内外半径，其值应使得阻抗与馈电电压 V_0 的传输线特性阻抗匹配。使用此激励代替习题 10.10 中的 δ 间隙激励源，计算线天线的电流分布和输入阻抗。

10.12 把式(10.3.45)所示的电场积分方程应用于一块厚度可忽略的矩形导体板，使用矩形屋顶形基函数展开表面电流，即用 f_n^x 展开 J_x，用 f_n^y 展开 J_y，而 f_n^x 和 f_n^y 如图 10.22 所示。用同样的函数作为测试函数，给出其矩量法求解过程，并讨论如何计算矩阵元素。

10.13 证明式(10.3.45)所示的电场积分方程中的积分算子在某些频率上将会奇异，对应的频率为用 S_o 外部媒质填充其内部所形成的谐振腔的谐振频率。(提示：建立谐振腔的积分方程。注意，谐振腔在没有外部激励时可以支持谐振模。)

10.14 分别合并式(10.3.29)和式(10.3.65)所示的电场积分方程，以及式(10.3.30)和式(10.3.66)所示的磁场积分方程，以此推导下面均匀介质体散射的积分方程：

$$-\frac{1+\epsilon_r}{2}\mathbf{M}_s + \hat{n}\times[\mathcal{L}(\bar{\mathbf{J}}_s)-\sqrt{\mu_r\epsilon_r}\mathcal{L}_i(\bar{\mathbf{J}}_s)] - \hat{n}\times[\tilde{\mathcal{K}}(\mathbf{M}_s)-\epsilon_r\tilde{\mathcal{K}}_i(\mathbf{M}_s)] = \hat{n}\times\mathbf{E}^{\text{inc}}(\mathbf{r})$$

$$\frac{1+\mu_r}{2}\bar{\mathbf{J}}_s + \hat{n}\times[\mathcal{L}(\mathbf{M}_s)-\sqrt{\mu_r\epsilon_r}\mathcal{L}_i(\mathbf{M}_s)] + \hat{n}\times[\tilde{\mathcal{K}}(\bar{\mathbf{J}}_s)-\mu_r\tilde{\mathcal{K}}_i(\bar{\mathbf{J}}_s)] = \hat{n}\times\bar{\mathbf{H}}^{\text{inc}}(\mathbf{r})$$

这是著名的 Müller 方程[61]。讨论 Müller 方程和 PMCHWT 方程的主要差别，以及这种差别对数值计算的影响。

10.15 给定 xy 平面上的面电流 $\tilde{\mathbf{j}}_{pq}e^{j(k_{xp}x+k_{yq}y)}$，首先推导式(10.4.9)所示的电场横向分量表达式，然后推导 z 方向分量的表达式。接下来，验证式(10.4.11)所示的表达式。求使 Floquet 模式 (p,q) 成为传播模的条件，并给出可以用于确定传播方向的方程。最后，给定 $\mathbf{j}_{mn}$ 的矩量解，推导对应于零阶 Floquet 模式 $(p=q=0)$ 的镜面反射和透射系数公式。

10.16 考虑相对介电常数 $\epsilon_r=12.6$，厚度 $h=1\,\text{mm}$ 的微带基片。使用离散复镜像法计算 $f=30\,\text{GHz}$ 时的 $G_A(\rho)$ 和 $G_\varphi(\rho)$。在 $G_A(\rho)$ 的计算中，画出 $j2k_{z0}\tilde{G}_A(k_\rho)$，$j2k_{z0}\tilde{G}_A(k_\rho)-1$，$j2k_{z0}\tilde{G}_A(k_\rho)-1+e^{-j2k_{z0}h}$ 和 $F_1(k_\rho)$ 的曲线，并观察其特性。在 $G_\varphi(\rho)$ 的计算中，画出 $j2k_{z0}\tilde{G}_\varphi(k_\rho)$，$j2k_{z0}\tilde{G}_\varphi(k_\rho)-1$，$j2k_{z0}[\tilde{G}_\varphi(k_\rho)-\tilde{G}_{\varphi,0}(k_\rho)]$ 和 $F_2(k_\rho)$ 的曲线，并观察其特性。

10.17 对均匀介质体的散射问题建立时域积分方程，并给出其时间步进求解过程。

第11章　快速算法和混合技术

本章介绍计算电磁学中的两个非常重要的课题：快速算法和混合技术。**快速算法**是指求解矩阵方程或积分方程(可通过矩量法离散为矩阵方程)时可以降低计算复杂度，即减少计算时间和内存需求的一类算法。第10章已经介绍过，通过矩量法离散积分方程后得到的矩阵方程的系数矩阵是满阵，对该矩阵方程的生成、存储和求解需要很大的代价，尤其是当矩阵很大时。快速求解这类矩阵方程不仅可以减少计算时间和内存需求，还能够极大地提高矩量法求解大型与复杂问题的能力。本章将介绍四种快速算法：**共轭梯度−快速傅里叶变换(CG-FFT)法**、**自适应积分法(AIM)**、**快速多极子法(FMM)**和**自适应交叉近似(ACA)法**。

混合技术是指组合两种或者两种以上不同的方法，以更有效或准确地求解复杂电磁问题的一类技术。正如我们在第8章至第10章所介绍的，不同的数值方法具有各自的优缺点。我们希望能够将这些方法组合在一起，以保留优点而避免缺点。本章将介绍两种混合技术，以说明混合技术的基本原理及其能力。第一种混合技术是时域有限元法与时域有限差分法的结合，另外一种混合技术是有限元法与基于边界积分方程的矩量法的结合。

11.1　快速算法介绍

与基于偏微分方程，能够生成极度稀疏系数矩阵的有限差分和有限元法不同，由于格林函数的使用，基于积分方程的矩量法生成的系数矩阵是满阵的。求解满阵矩阵方程的计算复杂度非常高，使之成为限制矩量法应用的主要因素。一个 N 维矩阵方程，若采用高斯消元法或者LU分解法直接求解，则其运算量正比于 $O(N^3)$，内存需求正比于 $O(N^2)$，如此高的计算复杂度①严重限制了矩量法的应用。若采用迭代法求解矩阵方程，则每一次迭代通常只计算1次或2次矩阵向量积，因此每次迭代的运算量与 $O(N^2)$ 成正比，而其内存需求与直接法相同。因此，总的计算时间与 $O(N_{\text{iter}}N^2)$ 成正比，其中 N_{iter} 为达到收敛所需的迭代次数。若 N_{iter} 较小，对于一个确定的方程的右边项，则迭代法比LU分解法更快。然而，迭代求解需要对每个方程的右边项重复进行。由于这些原因，在很长一段时间里，矩量法都只能用于解决一维、二维和小规模的三维问题。为了让读者更直观地感受传统直接法与迭代法求解的高计算复杂度，图11.1(a)绘出了4条曲线，用来说明4种数值算法预计的计算时间与矩阵维数之间的关系，矩阵维数即代表未知数的数量；图11.1(b)中的3条曲线显示预计需要的内存与矩阵维数之间的关系。从图中可清楚地看到，在 $O(N^3)$ 或 $O(N^2)$

---

① 求解矩阵方程算法的复杂度定义为矩阵维数函数的运算量和内存需求。

的计算复杂度下, 计算所需的时间和内存将随未知数的增加呈指数增长, 并很快超出当今最
强大计算机的能力。

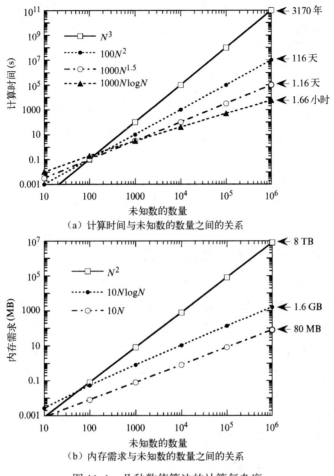

（a）计算时间与未知数的数量之间的关系

（b）内存需求与未知数的数量之间的关系

图 11.1　几种数值算法的计算复杂度

直接法的计算复杂度几乎很难改进; 但对于迭代法, 人们发现, 采用某些特殊技术可
以显著减少每次迭代所需的时间及内存需求。这类特殊技术称为**快速求解法**或**快速算法**。
这些快速算法大大降低了计算复杂度, 这一点对处理大尺度问题来说尤为重要。

历史上第一个为计算电磁学开发的快速算法是共轭梯度-快速傅里叶变换法[1~17], 因
为其简单性, 这种方法至今依然是最有效的快速算法。遗憾的是, 它必须采用阶梯近似进
行几何建模, 以致严重限制了其应用。之后开发的自适应积分法[18~22]、预校正快速傅里叶
变换法[23, 24]及其各种变形[25, 26]避免了这种近似处理。这些方法采用任意基函数, 并将这
些基函数映射到均匀网格上, 从而可以使用快速傅里叶变换。这些方法的核心思想是将矩
量法矩阵分解成近相互作用和远相互作用两个部分。对于平面结构及非均匀媒质, 这些方
法具有很好的加速效果, 计算复杂度可降至 $O(N\log N)$, 如同传统的基于快速傅里叶变换的
方法。然而, 对于电磁波不能穿透的物体和均匀媒质, 其加速效果会差一些, 因为它将矩

量法中的表面基函数投影到一个三维网格上,其计算复杂度只能降至 $O(N^{1.5}\log N)$。针对这类问题,研究人员开发了更有效的快速多极子法[27~53],最终将计算复杂度降至 $O(N\log N)$。从某种意义上讲,快速多极子法可看成应用于任意网格的快速傅里叶变换。快速多极子法具有相同的核心思想,就是将矩量法矩阵分解成近相互作用与远相互作用两个部分,从而使我们可用多极子或平面波展开,以快速完成矩阵向量积的大部分计算。CG-FFT、自适应积分法和快速多极子法的公式建立基于特定形式的积分方程,不同的方程需要建立不同公式。实现快速计算的另一途径是通过压缩矩量法形成的矩阵来降低矩阵方程求解的计算复杂度。其中一种压缩方法是自适应交叉近似法[54~59],已被应用于求解散射问题的积分方程。该方法的独特优势是它直接作用于矩阵,无须考虑产生该矩阵的积分方程所具有的形式。

图 11.1 清楚地表明了快速求解法如何降低计算复杂度。当计算复杂度降至 $O(N\log N)$ 时,计算时间与内存需求将显著减少,对大尺度问题尤为如此。采用快速求解法,具有几百万个未知数的问题通常可在以分或时计的时间内求解,而不再需要以天计的时间。

11.2　共轭梯度–快速傅里叶变换法

快速傅里叶变换(FFT)是为科学和工程应用开发的快速算法中最著名的算法。通过巧妙的设计,快速傅里叶变换计算离散卷积的计算量仅有 $O(N\log N)$,而不是直接计算所需的 $O(N^2)$。如果仔细研究第 10 章中得到的积分方程,就会发现涉及的所有积分实际上都是卷积。因此,如果能将这些积分离散在均匀网格上,矩阵向量积就可以用快速傅里叶变换按 $O(N\log N)$ 的计算量求得,而不是 $O(N^2)$ 的直接计算量。这一思想最早由 Bojarski[1] 提出,之后经过改进被应用在很多电磁问题上[2~17]。当它与共轭梯度法[60, 61]一起用于求解矩量法矩阵方程时,一般称为共轭梯度–快速傅里叶变换(CG-FFT)法①。本节通过一维、二维和三维问题的例子来介绍该方法。

11.2.1　导电条带与导线的散射

10.2.3 节推导了导电条带电磁散射的矩量解公式,10.3.2 节推导了导线散射与辐射问题的矩量解公式。若导电条带扁平,导线是直的并离散均匀,则矩量法的矩阵元素 Z_{mn} 就只取决于 $m-n$ 的值,因此矩阵是平移不变的。这样的矩阵称为 Toeplitz(特普利茨)矩阵,其矩阵向量积可以利用快速傅里叶变换高效地计算。更确切地说,若矩量法矩阵方程写为

$$\sum_{n=1}^{N} Z_{mn}I_n = V_m \qquad (11.2.1)$$

则其等号左边项可以写成如下循环卷积形式:

①　任何 Krylov 子空间方法,如**双共轭梯度**(BCG)**法**、**共轭梯度平方**(CGS)**法**、**稳定双共轭梯度**(BCGSTAB)**法**、**广义最小残差**(GMRES)**法**、**准最小残差**(QMR)**法和无转置准最小残差**(TFQMR)**法**[62~72],均能结合快速傅里叶变换使用。在某些情况下,这些方法比共轭梯度法的效率更高。

$$\sum_{n=1}^{N} Z_{mn} I_n = Z_m \otimes I_m \tag{11.2.2}$$

式中，$Z_m = Z_{m1}$，$\otimes$ 为循环卷积。该卷积可以利用离散傅里叶变换（DFT）进行计算，即

$$[Z]\{I\} = \mathcal{F}_{\mathrm{D}}^{-1}\left\{\mathcal{F}_{\mathrm{D}}\{Z^{\mathrm{P}}\}\circ\mathcal{F}_{\mathrm{D}}\{I^{\mathrm{P}}\}\right\} \tag{11.2.3}$$

式中，$\mathcal{F}_{\mathrm{D}}$ 表示 DFT，$\mathcal{F}_{\mathrm{D}}^{-1}$ 表示对应的离散傅里叶逆变换，$\circ$ 表示 Hadamard 积，$\{Z^{\mathrm{P}}\}$ 与 $\{I^{\mathrm{P}}\}$ 为向量，其元素为

$$Z_m^{\mathrm{P}} = \begin{cases} Z_m, & m = 1, 2, \cdots, N_{\mathrm{P}}/2 + 1 \\ Z_{N_{\mathrm{P}}-m+2}, & m = N_{\mathrm{P}}/2 + 2, N_{\mathrm{P}}/2 + 3, \cdots, N_{\mathrm{P}} \end{cases} \tag{11.2.4}$$

$$I_m^{\mathrm{P}} = \begin{cases} I_m, & m = 1, 2, \cdots, N \\ 0, & m = N + 1, N + 2, \cdots, N_{\mathrm{P}} \end{cases} \tag{11.2.5}$$

式中，$N_{\mathrm{P}} \geqslant 2N - 1$。$\{Z^{\mathrm{P}}\}$ 和 $\{I^{\mathrm{P}}\}$ 中的上标 "P" 用来强调这两个向量被扩展到长度 N_{P}。式（11.2.3）等号左边项取该式等号右边项的前 N 个元素，其离散傅里叶变换可以利用快速傅里叶变换高效地计算。计算所需的内存与 $O(N)$ 成正比，计算时间与 $O(N\log N)$ 成正比。

11.2.2　导电平板的散射

现在考虑一个位于 xy 平面上的薄导电平板的散射问题。感应电流 $\mathbf{J}_{\mathrm{s}}$ 的电场积分方程（EFIE）由式（10.3.45）给出，即

$$jk_0 Z_0 \hat{z} \times \iint_S \left[\mathbf{J}_{\mathrm{s}}(\mathbf{r}')G_0(\mathbf{r},\mathbf{r}') + \frac{1}{k_0^2}\nabla'\cdot\mathbf{J}_{\mathrm{s}}(\mathbf{r}')\nabla G_0(\mathbf{r},\mathbf{r}') \right]\mathrm{d}S' = \hat{z}\times\mathbf{E}^{\mathrm{inc}}(\mathbf{r}),\ \mathbf{r}\in S \tag{11.2.6}$$

式中，S 为导电平板的表面。在此问题中，表面 S 是一个开放表面，不会产生内谐振问题，因此无须采用混合场积分方程（CFIE）。

为了利用快速傅里叶变换计算式（11.2.6）等号左边项，我们将导电平板放置于一个左下角位于原点处的矩形区域内。然后，将该矩形区域划分成 $(M+1)\times(N+1)$ 的小矩形单元网格，其沿 x 与 y 方向的边长分别为 Δx 和 Δy。由此可以用小矩形单元的集合对该导电平板进行建模（见图 11.2）。接下来，需要对式（11.2.6）基于均匀网格进行离散。为此，研究人员提出了多种离散方案，它们的主要区别在于对式（11.2.6）中的两个哈密顿算子的处理方式不同。其中最简单的方法是，首先将式（11.2.6）重写为

$$jk_0 Z_0 \hat{z} \times \iint_S \left[\bar{\mathbf{I}} + \frac{1}{k_0^2}\nabla\nabla \right]\cdot G_0(\mathbf{r},\mathbf{r}')\mathbf{J}_{\mathrm{s}}(\mathbf{r}')\mathrm{d}S' = \hat{z}\times\mathbf{E}^{\mathrm{inc}}(\mathbf{r}),\quad \mathbf{r}\in S \tag{11.2.7}$$

然后使用 G_0 的解析形式傅里叶变换。于是，哈密顿算子中的空间导数就变成了谱域中的代数乘法[2,3]。这种方法使得我们可以采用简单的脉冲函数作为基函数和检验函数；但由于 G_0 的解析傅里叶变换延伸到整个空间，故此方法需要很大的快速傅里叶变换取样点数来减小混叠误差。为了减少快速傅里叶变换取样点数，消除混叠误差，可采用另外一种方法，即在使用卷积定理计算积分之前，首先离散积分方程[1,4,5]。在这种方法中，哈密顿算

子中的导数可以通过有限差分法进行近似, 并利用离散傅里叶变换进行计算[4, 5]。

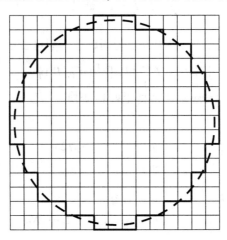

图 11.2　位于均匀矩形网格中, 并用小矩形单元的集合来建模的任意形状平板(图
中显示的是一个圆形平板)。原平板用虚线显示, 阶梯近似用粗实线显示

　　上述两种方法的共同特点是哈密顿算子直接作用于 G_0。然而, 利用散度定理可以将式(11.2.7)中的一个哈密顿算子转换成作用于电流密度, 如同式(11.2.6)所示, 前提是基函数必须可导。参考文献[6]采用了这种思路, 利用屋顶形基函数展开 $\mathbf{J}_s$, 接着在运用卷积定理之前, 利用点匹配方式离散积分方程, 此方法更高效, 得到的解也更精确。后来, 有学者提出另一种方法[8], 进一步将另一个哈密顿算子从作用于 G_0 转换成作用于检验函数, 这些检验函数也选用屋顶形函数。得到的算法与其他现有算法相比, 表现最佳。因此, 这里首先介绍这种方法。

　　为了离散式(11.2.6), 我们把电流密度的 x 方向分量和 y 方向分量展开为

$$J_x(x',y') = \sum_{m'=1}^{M} \sum_{n'=1}^{N+1} J_x(m',n') T_{m'n'}^x(x',y') \tag{11.2.8}$$

$$J_y(x',y') = \sum_{m'=1}^{M+1} \sum_{n'=1}^{N} J_y(m',n') T_{m'n'}^y(x',y') \tag{11.2.9}$$

式中, $J_{x,y}(m',n')$ 为展开系数, 它只在 S 内的单元格是非零的。函数 $T_{m'n'}^{x,y}(x',y')$ 为屋顶形函数, 表示为

$$T_{m'n'}^x(x',y') = \Lambda_{m'}(x') \Pi_{n'-1/2}(y') \tag{11.2.10}$$

$$T_{m'n'}^y(x',y') = \Pi_{m'-1/2}(x') \Lambda_{n'}(y') \tag{11.2.11}$$

式中, $\Lambda_m(x)$ 与 $\Pi_m(x)$ 分别由式(10.4.27)和式(10.4.15)定义, 而 $\Lambda_n(y)$ 与 $\Pi_n(y)$ 的定义方式类似。

　　将式(11.2.8)与式(11.2.9)代入式(11.2.6), 并使用 $T_{mn}^x(x,y)\hat{x}$ 与 $T_{mn}^y(x,y)\hat{y}$ 作为检验函数, 得到

$$\sum_{m'=1}^{M} \sum_{n'=1}^{N+1} G_T^x(m,n;m',n') J_x(m',n')$$

$$+ \frac{1}{\Delta x} \sum_{m'=1}^{M+1} \sum_{n'=1}^{N+1} [G_P(m,n;m',n') - G_P(m+1,n;m',n')] \quad (11.2.12)$$

$$\times \left\{ \frac{1}{\Delta x}[J_x(m',n') - J_x(m'-1,n')] + \frac{1}{\Delta y}[J_y(m',n') - J_y(m',n'-1)] \right\}$$

$$= b_x(m,n)$$

$$\sum_{m'=1}^{M+1} \sum_{n'=1}^{N} G_T^y(m,n;m',n') J_y(m',n')$$

$$+ \frac{1}{\Delta y} \sum_{m'=1}^{M+1} \sum_{n'=1}^{N+1} [G_P(m,n;m',n') - G_P(m,n+1;m',n')] \quad (11.2.13)$$

$$\times \left\{ \frac{1}{\Delta x}[J_x(m',n') - J_x(m'-1,n')] + \frac{1}{\Delta y}[J_y(m',n') - J_y(m',n'-1)] \right\}$$

$$= b_y(m,n)$$

式中,

$$G_T^{x,y}(m,n;m',n') = jk_0 Z_0 \iint_S T_{mn}^{x,y}(x,y) \left[\iint_S T_{m'n'}^{x,y}(x',y') G_0(\mathbf{r},\mathbf{r}') dS' \right] dS \quad (11.2.14)$$

$$G_P(m,n;m',n') = \frac{Z_0}{jk_0} \iint_S P_{mn}(x,y) \left[\iint_S P_{m'n'}(x',y') G_0(\mathbf{r},\mathbf{r}') dS' \right] dS \quad (11.2.15)$$

$$b_{x,y}(m,n) = \iint_S T_{mn}^{x,y}(x,y) E_{x,y}^{\text{inc}}(x,y) dS \quad (11.2.16)$$

其中 $P_{mn}(x,y) = \Pi_{m-1/2}(x) \Pi_{n-1/2}(y)$。

可以证明 $G_T^{x,y}(m,n;m',n')$ 与 $G_P(m,n;m',n')$ 是 $m-m'$ 与 $n-n'$ 的函数。利用这种平移不变的特点,式(11.2.12)和式(11.2.13)中的线性系统可完整地写成如下形式:

$$G_T^x(m,n) \otimes J_x(m,n) + \frac{1}{\Delta x}[G_P(m,n) - G_P(m+1,n)]$$

$$\otimes \left\{ \frac{1}{\Delta x}[J_x(m,n) - J_x(m-1,n)] + \frac{1}{\Delta y}[J_y(m,n) - J_y(m,n-1)] \right\} = b_x(m,n) \quad (11.2.17)$$

$$G_T^y(m,n) \otimes J_y(m,n) + \frac{1}{\Delta y}[G_P(m,n) - G_P(m,n+1)]$$

$$\otimes \left\{ \frac{1}{\Delta x}[J_x(m,n) - J_x(m-1,n)] + \frac{1}{\Delta y}[J_y(m,n) - J_y(m,n-1)] \right\} = b_y(m,n) \quad (11.2.18)$$

式中, $G_T^{x,y}(m,n) = G_T^{x,y}(m,n;1,1)$, $G_P(m,n) = G_P(m,n;1,1)$。这些线性方程可以写成如下矩阵形式:

$$\begin{bmatrix} G_{xx} & G_{xy} \\ G_{yx} & G_{yy} \end{bmatrix} \begin{Bmatrix} J_x \\ J_y \end{Bmatrix} = \begin{Bmatrix} b_x \\ b_y \end{Bmatrix} \quad (11.2.19)$$

式中，$[G_{pq}](p,q=x,y)$ 为方阵。其矩阵向量积可写为

$$[G_{xx}]\{J_x\} = \mathcal{F}_D^{-1}\left\{\tilde{G}_T^{xP}(u,v) \circ \tilde{J}_x^P(u,v)\right\}$$
$$+ \mathcal{F}_D^{-1}\left\{\frac{1}{(\Delta x)^2}[1-F_x(u)]\tilde{G}_P^P(u,v) \circ [1-F_x^*(u)]\tilde{J}_x^P(u,v)\right\} \quad (11.2.20)$$

$$[G_{xy}]\{J_y\} = \mathcal{F}_D^{-1}\left\{\frac{1}{\Delta x \Delta y}[1-F_x(u)]\tilde{G}_P^P(u,v) \circ [1-F_y^*(v)]\tilde{J}_y^P(u,v)\right\} \quad (11.2.21)$$

$$[G_{yx}]\{J_x\} = \mathcal{F}_D^{-1}\left\{\frac{1}{\Delta x \Delta y}[1-F_y(v)]\tilde{G}_P^P(u,v) \circ [1-F_x^*(u)]\tilde{J}_x^P(u,v)\right\} \quad (11.2.22)$$

$$[G_{yy}]\{J_x\} = \mathcal{F}_D^{-1}\left\{\tilde{G}_T^{yP}(u,v) \circ \tilde{J}_y^P(u,v)\right\}$$
$$+ \mathcal{F}_D^{-1}\left\{\frac{1}{(\Delta y)^2}[1-F_y(v)]\tilde{G}_P^P(u,v) \circ [1-F_y^*(v)]\tilde{J}_y^P(u,v)\right\} \quad (11.2.23)$$

式中，$J_x^P(u,v)$ 为下面扩充矢量 $J_x^P(m,n)$ 的离散傅里叶变换形式：

$$J_x^P(m,n) = \begin{cases} J_x(m,n), & 1 \leqslant m \leqslant M, 1 \leqslant n \leqslant N+1 \\ 0, & M+1 \leqslant m \leqslant 2M+2, N+2 \leqslant n \leqslant 2N+2 \end{cases} \quad (11.2.24)$$

$\tilde{G}_T^{xP}(u,v)$ 为下式所示 $G_T^{xP}(m,n)$ 的离散傅里叶变换形式：

$$G_T^{xP}(m,n) = \begin{cases} G_T^x(m,n), & 1 \leqslant m \leqslant M+1, 1 \leqslant n \leqslant N+1 \\ G_T^x(2M+4-m,n), & M+2 \leqslant m \leqslant 2M+2, 1 \leqslant n \leqslant N+1 \\ G_T^x(m,2N+4-n), & 1 \leqslant m \leqslant M+1, N+2 \leqslant n \leqslant 2N+2 \\ G_T^x(2M+4-m,2N+4-n), & M+2 \leqslant m \leqslant 2M+2, N+2 \leqslant n \leqslant 2N+2 \end{cases} \quad (11.2.25)$$

$\tilde{J}_y^P(u,v)$、$\tilde{G}_T^{yP}(u,v)$ 与 $\tilde{G}_P^P(u,v)$ 也用类似的方式定义。另外

$$F_x(u) = \exp\left(\frac{j\pi u}{M+1}\right), \qquad F_y(v) = \exp\left(\frac{j\pi v}{N+1}\right) \quad (11.2.26)$$

通过适当的组合，矩阵向量积只需 4 个快速傅里叶变换(2 个正变换与 2 个逆变换)就可以计算，其中 $\tilde{G}_T^{x,yP}(u,v)$ 与 $\tilde{G}_P^P(u,v)$ 只需各计算一次。因此，计算的内存需求降至 $O(MN)$，计算时间降至 $O(MN\log MN)$，而非直接计算所需的 $O(M^2N^2)$。

上述公式被证明是非常准确而高效的，此方法已被拓展到利用微带格林函数来处理微带天线与电路的问题[10]。然而，公式本身非常复杂，实现起来并不简单。下面介绍一种更简单但却同样有效的算法来解决这个问题。该方法是 Zwamborn 和 van den Berg[7] 所提出方法的修改版，它将矩阵向量积分解成两步进行计算。首先将式(11.2.6)或式(11.2.7)重写为

$$-\hat{z} \times (k_0^2 + \nabla\nabla\cdot)\mathbf{A}(\mathbf{r}) = \hat{z} \times \mathbf{E}^{inc}(\mathbf{r}), \quad \mathbf{r} \in S \quad (11.2.27)$$

式中，

$$\mathbf{A}(\mathbf{r}) = \frac{Z_0}{jk_0}\iint_S G_0(\mathbf{r},\mathbf{r}')\mathbf{J}_s(\mathbf{r}')\,dS' \quad (11.2.28)$$

然后，将 $\mathbf{A}$ 展开为

$$A_x(x,y) = \sum_{m'=1}^{M} \sum_{n'=1}^{N+1} A_x(m',n') T_{m'n'}^x(x,y) \tag{11.2.29}$$

$$A_y(x,y) = \sum_{m'=1}^{M+1} \sum_{n'=1}^{N} A_y(m',n') T_{m'n'}^y(x,y) \tag{11.2.30}$$

分别使用 $T_{mn}^x(x,y)\hat{x}$ 与 $T_{mn}^y(x,y)\hat{y}$ 检验式(11.2.27)，得到

$$\sum_{m'=1}^{M} \sum_{n'=1}^{N+1} K_{xx}(m,n;m'n') A_x(m',n') + \sum_{m'=1}^{M+1} \sum_{n'=1}^{N} K_{xy}(m,n;m'n') A_y(m',n') = b_x(m,n) \tag{11.2.31}$$

$$\sum_{m'=1}^{M} \sum_{n'=1}^{N+1} K_{yx}(m,n;m'n') A_x(m',n') + \sum_{m'=1}^{M+1} \sum_{n'=1}^{N} K_{yy}(m,n;m'n') A_y(m',n') = b_y(m,n) \tag{11.2.32}$$

式中，

$$K_{xx}(m,n;m'n') = \iint_S \left(\frac{\partial T_{mn}^x}{\partial x} \frac{\partial T_{m'n'}^x}{\partial x} - k_0^2 T_{mn}^x T_{m'n'}^x \right) \mathrm{d}x\,\mathrm{d}y \tag{11.2.33}$$

$$K_{xy}(m,n;m'n') = \iint_S \frac{\partial T_{mn}^x}{\partial x} \frac{\partial T_{m'n'}^y}{\partial y} \mathrm{d}x\,\mathrm{d}y \tag{11.2.34}$$

$$K_{yx}(m,n;m'n') = \iint_S \frac{\partial T_{mn}^y}{\partial y} \frac{\partial T_{m'n'}^x}{\partial x} \mathrm{d}x\,\mathrm{d}y \tag{11.2.35}$$

$$K_{yy}(m,n;m'n') = \iint_S \left(\frac{\partial T_{mn}^y}{\partial y} \frac{\partial T_{m'n'}^y}{\partial y} - k_0^2 T_{mn}^y T_{m'n'}^y \right) \mathrm{d}x\,\mathrm{d}y \tag{11.2.36}$$

$b_{x,y}(m,n)$ 的表达式与式(11.2.16)相同。上述这些积分很容易计算。式(11.2.31)和式(11.2.32)可以写成如下矩阵形式：

$$\begin{bmatrix} K_{xx} & K_{xy} \\ K_{yx} & K_{yy} \end{bmatrix} \begin{Bmatrix} A_x \\ A_y \end{Bmatrix} = \begin{Bmatrix} b_x \\ b_y \end{Bmatrix} \tag{11.2.37}$$

其系数矩阵是稀疏且对称的。

接下来用 $J_{x,y}(m,n)$ 表示 $A_{x,y}(m,n)$，将式(11.2.8)和式(11.2.9)代入式(11.2.28)，得到

$$A_x(m,n) = \frac{Z_0}{\mathrm{j}k_0} \sum_{m'=1}^{M} \sum_{n'=1}^{N+1} J_x(m',n') \iint_S G_0(\mathbf{r}_{mn}^x, \mathbf{r}') T_{m'n'}^x \mathrm{d}S' \tag{11.2.38}$$

$$A_y(m,n) = \frac{Z_0}{\mathrm{j}k_0} \sum_{m'=1}^{M+1} \sum_{n'=1}^{N} J_y(m',n') \iint_S G_0(\mathbf{r}_{mn}^y, \mathbf{r}') T_{m'n'}^y \mathrm{d}S' \tag{11.2.39}$$

式中，$\mathbf{r}_{mn}^x = (m-1)\Delta x \hat{x} + \left(n-\dfrac{1}{2}\right)\Delta y \hat{y}$，$\mathbf{r}_{mn}^y = \left(m-\dfrac{1}{2}\right)\Delta x \hat{x} + (n-1)\Delta y \hat{y}$。上两式可用卷积形式写为

$$A_x(m,n) = G_x(m,n) \otimes J_x(m,n) \tag{11.2.40}$$

$$A_y(m,n) = G_y(m,n) \otimes J_y(m,n) \qquad (11.2.41)$$

式中，

$$G_x(m,n) = \frac{Z_0}{jk_0} \iint_S G_0(\mathbf{r}_{11}^x, \mathbf{r}') T_{mn}^x \, dS' \qquad (11.2.42)$$

$$G_y(m,n) = \frac{Z_0}{jk_0} \iint_S G_0(\mathbf{r}_{11}^y, \mathbf{r}') T_{mn}^y \, dS' \qquad (11.2.43)$$

这些积分的近似公式为

$$G_x(1,1) = G_y(1,1) = \frac{Z_0}{jk_0}\left(\frac{a}{2} - \frac{jk_0 a^2}{4}\right) \qquad (11.2.44)$$

$$G_x(m,n) = G_y(m,n) = \frac{Z_0}{jk_0}\frac{e^{-jk_0 R}}{4\pi R}\Delta x\,\Delta y, \quad m,n \neq 1 \qquad (11.2.45)$$

式中，$a = \sqrt{\Delta x \Delta y/\pi}$，$R = \sqrt{[(m-1)\Delta x]^2 + [(n-1)\Delta y]^2}$。

可以用两种方法求解 $J_{x,y}(m,n)$。一种方法是求解式(11.2.37)得到 $A_{x,y}(m,n)$，然后求解式(11.2.40)和式(11.2.41)得到 $J_{x,y}(m,n)$。另一种方法是将式(11.2.40)和式(11.2.41)代入式(11.2.37)，得到关于 $J_{x,y}(m,n)$ 的联立方程组，然后直接求解该方程组得到 $J_{x,y}(m,n)$。无论哪种方法，矩阵向量积均可利用快速傅里叶变换高效地计算：

$$\{A_x\} = \mathcal{F}_D^{-1}\{\tilde{G}_x^P(u,v) \circ \tilde{J}_x^P(u,v)\} \qquad (11.2.46)$$

$$\{A_y\} = \mathcal{F}_D^{-1}\{\tilde{G}_y^P(u,v) \circ \tilde{J}_y^P(u,v)\} \qquad (11.2.47)$$

式中，$\tilde{G}_{x,y}^P(u,v) = \mathcal{F}_D\{G_{x,y}^P(m,n)\}$。由于 $\tilde{G}_{x,y}^P(u,v)$ 可以预先计算，因此矩阵向量积的计算只需要 4 个快速傅里叶变换(2 个正变换与 2 个逆变换)，这一点与之前的算法相同。

为了说明共轭梯度-快速傅里叶变换法的性能，考虑图 11.3(a)所示的微带馈电的平面天线阵，其中基板的相对介电常数 $\epsilon_r = 2.2$，基板厚度 $h = 1.59$ mm。两个主平面 $\phi = 0°$ 与 $\phi = 90°$ 上的辐射方向图如图 11.3(b)所示，从图中可看出，共轭梯度-快速傅里叶变换法与传统矩量法得到的解高度一致。计算中的未知数超过 50 000 个，而所需内存小于 10 MB。若采用矩量法，则所需内存将超过 600 MB。

11.2.3 介质体的散射

为了说明共轭梯度-快速傅里叶变换法在三维问题中的应用，我们考虑一个非均匀介质体内部电场的计算。非均匀物体的介电常数 ϵ 是位置的函数，磁导率为常数 μ_0。此问题的积分方程已经在 10.3.5 节中推出，即

$$\mathbf{E}(\mathbf{r}) = \mathbf{E}^{inc}(\mathbf{r}) + (k_0^2 + \nabla\nabla\cdot)\mathbf{A}(\mathbf{r}) \qquad (11.2.48)$$

式中，

$$\mathbf{A}(\mathbf{r}) = \frac{Z_0}{jk_0}\iiint_V G_0(\mathbf{r},\mathbf{r}')\mathbf{J}_{eq}(\mathbf{r}')\,dV' \qquad (11.2.49)$$

正如 10.3.5 节所提到的，此方程是体积分方程，之前我们已使用矩量法对其进行了求

解[71, 72]。然而，由于需要对三维体积进行离散，未知数的数量会随着物体电尺寸的增大而迅速增加。如果使用无任何特殊加速技术的传统直接法或迭代法求解此问题，矩量法的使用范围就会非常有限。共轭梯度-快速傅里叶变换法的发展使得体积分方程的矩量法求解有了实际的应用。

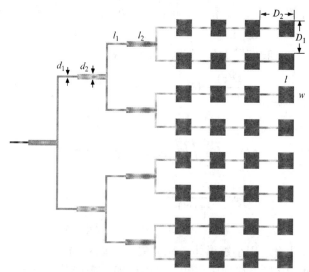

（a）几何形状及电流分布（ϵ_r=2.2、h=1.59 mm、l=10.08 mm、w=11.79 mm、d_1=1.3 mm、d_2=3.93 mm、l_1=12.32 mm、l_2=18.48 mm、D_1=23.58 mm、D_2=22.40 mm）

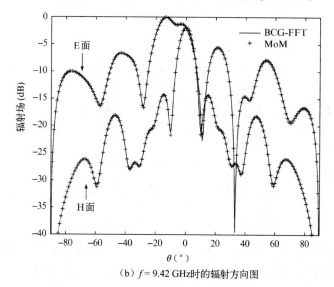

（b）f = 9.42 GHz时的辐射方向图

图 11.3　8×4 单元混合馈电微带天线阵的辐射

共轭梯度-快速傅里叶变换法在三维问题中应用的第一个例子是分析人体对电磁能量的吸收[11]。当处理介电常数变化范围很大的材料时，采用脉冲基函数将导致收敛缓慢，最终结果也比较差。后来研究人员提出了更好的方法[12~17]，这些方法大都采用混合阶（在某个方向上是线性，而在另外两个方向上是常数）基函数，与之前使用的屋顶形函数类似。

在这些方法中，对于介电常数变化很大的材料，Zwamborn 和 van den Berg[14]，以及 Gan 和 Chew[15]提出的方法最准确。这两种方法实际上是上一节讨论的两种方法的扩展。更确切地说，Gan 和 Chew 的方法是第一种方法的扩展，此方法直接使用电流密度来实现离散；而 Zwamborn 和 van den Berg 的方法则是第二种方法的扩展，它利用中间矢量势函数来对公式进行简化。本节只介绍 Zwamborn 和 van den Berg 的方法，因为它更为简洁。关于另一种方法，读者可以查阅参考文献[15,16]。

为求解电通量密度，我们用 $\mathbf{D}(\mathbf{r})$ 将式(11.2.48)重写为

$$\frac{\mathbf{D}(\mathbf{r})}{\epsilon(\mathbf{r})} - (k_0^2 + \nabla\nabla\cdot)\mathbf{A}(\mathbf{r}) = \mathbf{E}^{\text{inc}}(\mathbf{r}) \tag{11.2.50}$$

式中，

$$\mathbf{A}(\mathbf{r}) = \frac{1}{\epsilon_0} \iiint_V G_0(\mathbf{r},\mathbf{r}')\chi(\mathbf{r}')\mathbf{D}(\mathbf{r}')\,dV' \tag{11.2.51}$$

$$\chi(\mathbf{r}') = \frac{\epsilon(\mathbf{r}') - \epsilon_0}{\epsilon(\mathbf{r}')} \tag{11.2.52}$$

为了离散式(11.2.50)，将物体放在一个均匀网格中，网格单元在 x、y 和 z 方向的宽度分别为 Δx、Δy 和 Δz。由此，用小矩形体单元的集合可以对物体近似地建模。

为了将式(11.2.50)转换成矩阵方程，可将电通量密度与矢量势函数展开为

$$\mathbf{D}(\mathbf{r}) = \epsilon_0 \sum_{q=1}^{3} \sum_{m',n',k'} d^{(q)}(m',n',k')\mathbf{f}_{m',n',k'}^{(q)}(\mathbf{r}) \tag{11.2.53}$$

$$\mathbf{A}(\mathbf{r}) = \sum_{q=1}^{3} \sum_{m',n',k'} A^{(q)}(m',n',k')\mathbf{f}_{m',n',k'}^{(q)}(\mathbf{r}) \tag{11.2.54}$$

式中，$\mathbf{f}_{m',n',k'}^{(1)}(\mathbf{r})$、$\mathbf{f}_{m',n',k'}^{(2)}(\mathbf{r})$ 和 $\mathbf{f}_{m',n',k'}^{(3)}(\mathbf{r})$ 分别表示 x、y 与 z 方向上的矢量体屋顶形函数，其定义为

$$\mathbf{f}_{m',n',k'}^{(1)}(\mathbf{r}) = \hat{x}\Lambda_{m'}(x)\Pi_{n'-1/2}(y)\Pi_{k'-1/2}(z) \tag{11.2.55}$$

$$\mathbf{f}_{m',n',k'}^{(2)}(\mathbf{r}) = \hat{y}\Pi_{m'-1/2}(x)\Lambda_{n'}(y)\Pi_{k'-1/2}(z) \tag{11.2.56}$$

$$\mathbf{f}_{m',n',k'}^{(3)}(\mathbf{r}) = \hat{z}\Pi_{m'-1/2}(x)\Pi_{n'-1/2}(y)\Lambda_{k'}(z) \tag{11.2.57}$$

式(11.2.53)的展开式可以确保跨越具有不同介电常数的矩形单元时，$\mathbf{D}(\mathbf{r})$ 的法向分量连续。下面，将式(11.2.50)等号两边同乘以 $\mathbf{f}_{m,n,k}^{(p)}(\mathbf{r})$（$p=1,2,3$），并对整个体积进行积分，得到

$$\left\langle \mathbf{f}_{m,n,k}^{(p)}(\mathbf{r}), \frac{\mathbf{D}(\mathbf{r})}{\epsilon(\mathbf{r})} \right\rangle - k_0^2 \left\langle \mathbf{f}_{m,n,k}^{(p)}(\mathbf{r}), \mathbf{A}(\mathbf{r}) \right\rangle + \left\langle \nabla\cdot\mathbf{f}_{m,n,k}^{(p)}(\mathbf{r}), \nabla\cdot\mathbf{A}(\mathbf{r}) \right\rangle = \left\langle \mathbf{f}_{m,n,k}^{(p)}(\mathbf{r}), \mathbf{E}^{\text{inc}}(\mathbf{r}) \right\rangle \tag{11.2.58}$$

式中，$\langle\cdot\rangle$ 表示两个矢量函数的内积，定义为

$$\langle \mathbf{f},\mathbf{g} \rangle = \iiint_V \mathbf{f}\cdot\mathbf{g}\,dV \tag{11.2.59}$$

在得到式(11.2.58)的过程中，已使用散度定理将哈密顿算子从作用于 $\mathbf{A}(\mathbf{r})$ 上转移至作用

于$\mathbf{f}_{m,n,k}^{(p)}(\mathbf{r})$上。将式(11.2.53)与式(11.2.54)代入式(11.2.58)，可得到式(11.2.50)的弱式矩阵方程为

$$
\begin{aligned}
&[u^{(p,q)}(m,n,k;m',n',k')]\{d^{(q)}(m',n',k')\}\\
&\quad-[v^{(p,q)}(m,n,k;m',n',k')]\{A^{(q)}(m',n',k')\}=\{e^{\mathrm{inc},(p)}(m,n,k)\}
\end{aligned}
\tag{11.2.60}
$$

式中，$[u^{(p,q)}(m,n,k;m',n',k')]$与$[v^{(p,q)}(m,n,k;m',n',k')]$为方阵，其元素为

$$
u^{(p,q)}(m,n,k;m',n',k')=\left\langle\mathbf{f}_{m,n,k}^{(p)}(\mathbf{r}),\frac{\epsilon_0}{\epsilon(\mathbf{r})}\mathbf{f}_{m',n',k'}^{(q)}(\mathbf{r})\right\rangle
\tag{11.2.61}
$$

$$
v^{(p,q)}(m,n,k;m',n',k')=k_0^2\left\langle\mathbf{f}_{m,n,k}^{(p)}(\mathbf{r}),\mathbf{f}_{m',n',k'}^{(q)}(\mathbf{r})\right\rangle-\left\langle\nabla\cdot\mathbf{f}_{m,n,k}^{(p)}(\mathbf{r}),\nabla\cdot\mathbf{f}_{m',n',k'}^{(q)}(\mathbf{r})\right\rangle
\tag{11.2.62}
$$

而$\{e^{\mathrm{inc},(p)}(m,n,k)\}$为激励向量，其元素为

$$
e^{\mathrm{inc},(p)}(m,n,k)=\left\langle\mathbf{f}_{m,n,k}^{(p)}(\mathbf{r}),\mathbf{E}^{\mathrm{inc}}(\mathbf{r})\right\rangle
\tag{11.2.63}
$$

注意，式(11.2.61)至式(11.2.63)中的积分很容易求得，并且只有当$\mathbf{f}_{m,n,k}^{(p)}(\mathbf{r})$与$\mathbf{f}_{m',n',k'}^{(q)}(\mathbf{r})$相互重叠时它们才是非零的。因此，$[u^{(p,q)}(m,n,k;m',n',k')]$与$[v^{(p,q)}(m,n,k;m',n',k')]$均为稀疏矩阵。

式(11.2.60)中的$\{d^{(q)}(m',n',k')\}$与$\{A^{(q)}(m',n',k')\}$分别是式(11.2.53)与式(11.2.54)中展开系数的列向量。这两者均未知，因此式(11.2.60)无法直接求解。然而，将式(11.2.53)代入式(11.2.51)，可得$\{A^{(q)}(m',n',k')\}$与$\{d^{(q)}(m',n',k')\}$之间的关系，从而计算对应于点(m,n,k)的$\mathbf{A}(\mathbf{r})$，即

$$
A^{(q)}(m,n,k)=\sum_{m',n',k'}G^{(q)}(m,n,k;m',n',k')\chi^{(q)}(m',n',k')d^{(q)}(m',n',k')
\tag{11.2.64}
$$

式中，

$$
G^{(q)}(m,n,k;m',n',k')=\iiint_V G_0(\mathbf{r}_{m,n,k}^{(q)},\mathbf{r}')f_{m',n',k'}^{(q)}(\mathbf{r}')\,dV'
\tag{11.2.65}
$$

其中，

$$
\mathbf{r}_{m,n,k}^{(1)}=(m-1)\Delta x\hat{x}+\left(n-\frac{1}{2}\right)\Delta y\hat{y}+\left(k-\frac{1}{2}\right)\Delta z\hat{z}
\tag{11.2.66}
$$

$$
\mathbf{r}_{m,n,k}^{(2)}=\left(m-\frac{1}{2}\right)\Delta x\hat{x}+(n-1)\Delta y\hat{y}+\left(k-\frac{1}{2}\right)\Delta z\hat{z}
\tag{11.2.67}
$$

$$
\mathbf{r}_{m,n,k}^{(3)}=\left(m-\frac{1}{2}\right)\Delta x\hat{x}+\left(n-\frac{1}{2}\right)\Delta y\hat{y}+(k-1)\Delta z\hat{z}
\tag{11.2.68}
$$

式(11.2.64)中的$\chi^{(q)}(m',n',k')$表示点$\mathbf{r}_{m',n',k'}^{(q)}$处的$\chi(\mathbf{r})$值。式(11.2.65)中的积分可近似为

$$
G^{(q)}(m,n,k;m',n',k')=\int_{-\Delta x/2}^{\Delta x/2}\int_{-\Delta y/2}^{\Delta y/2}\int_{-\Delta z/2}^{\Delta z/2}\frac{e^{-jk_0R}}{4\pi R}\,dx''dy''dz''
\tag{11.2.69}
$$

其中

$$
R=\sqrt{[(m-m')\Delta x+x'']^2+[(n-n')\Delta y+y'']^2+[(k-k')\Delta z+z'']^2}
\tag{11.2.70}
$$

式(11.2.64)也可以写成如下矩阵方程：

$$\{A^{(q)}(m,n,k)\} = [G^{(q)}(m,n,k;m',n',k')]\{\chi^{(q)}(m',n',k')d^{(q)}(m',n',k')\} \tag{11.2.71}$$

将上式代入式(11.2.60)，可得求解$\{d^{(q)}(m',n',k')\}$的最终矩阵方程

$$[u^{(p,q)}(m,n,k;m',n',k')]\{d^{(q)}(m',n',k')\} - [v^{(p,q)}(m,n,k;m'',n'',k'')]$$

$$\times[G^{(q)}(m'',n'',k'';m',n',k')]\{\chi^{(q)}(m',n',k')d^{(q)}(m',n',k')\} = \{e^{\mathrm{inc},(p)}(m,n,k)\} \tag{11.2.72}$$

在式(11.2.72)中，尽管$[u^{(p,q)}(m,n,k;m',n',k')]$与$[v^{(p,q)}(m,n,k;m',n',k')]$均为稀疏矩阵，但$[G^{(q)}(m,n,k;m',n',k')]$却是满阵。因此，$\{d^{(q)}(m',n',k')\}$最终的系数矩阵是满阵。然而，由于$G^{(q)}(m,n,k;m',n',k')$是$m-m'$、$n-n'$和$k-k'$的函数，因此式(11.2.71)等号右边的矩阵向量积可以用下面的循环卷积进行计算：

$$\{A^{(q)}(m,n,k)\} = \{G^{(q)}(m,n,k)\} \otimes \{\chi^{(q)}(m,n,k)d^{(q)}(m,n,k)\} \tag{11.2.73}$$

式中，$G^{(q)}(m,n,k) = G^{(q)}(m,n,k;1,1,1)$。对于$m=n=k=1$，可以将矩形单元简单地近似为具有相同体积的球形单元，由此得到

$$G^{(q)}(1,1,1) = \frac{a^2}{2} - \mathrm{j}k_0\frac{a^3}{3} \tag{11.2.74}$$

式中，$a = (3\Delta V/4\pi)^{1/3}$，其中$\Delta V = \Delta x \Delta y \Delta z$。对于其他所有情况，可以用中点近似得到

$$G^{(q)}(m,n,k) = \frac{\mathrm{e}^{-\mathrm{j}k_0 R}}{4\pi R}\Delta V \tag{11.2.75}$$

式中，$R = \sqrt{[(m-1)\Delta x]^2 + [(n-1)\Delta y]^2 + [(k-1)\Delta z]^2}$。或者用一个稍微复杂一些的计算[14]得到

$$G^{(q)}(m,n,k) = \frac{\mathrm{e}^{-\mathrm{j}k_0 R}}{R}\frac{\mathrm{sinc}(k_0 a) - \cos(k_0 a)}{\frac{4}{3}\pi(k_0 a)^2}\Delta V \tag{11.2.76}$$

上式具有更好的精度。式(11.2.73)的计算可以使用下面的离散傅里叶变换完成：

$$\{A^{(q)}(m,n,k)\} = \mathcal{F}_{\mathrm{D}}^{-1}\{\mathcal{F}_{\mathrm{D}}\{G^{(q)\mathrm{P}}(m,n,k)\} \circ \mathcal{F}_{\mathrm{D}}\{\chi^{(q)\mathrm{P}}(m,n,k)d^{(q)\mathrm{P}}(m,n,k)\}\} \tag{11.2.77}$$

假设已预先计算$\mathcal{F}_{\mathrm{D}}\{G^{(q)\mathrm{P}}(m,n,k)\}$，就可利用6个快速傅里叶变换高效地计算上式。所需的内存与$O(N_x N_y N_z)$成正比，其中N_x、N_y和N_z为包含介质体的矩形盒子离散后在x、y与z方向上的单元格数量；计算时间与$O(N_x N_y N_z \log N_x N_y N_z)$成正比。

尽管式(11.2.72)可以利用任何迭代方法求解，但不难发现[17]无转置准最小残差(TFQMR)法[67]是一种非常好的选择，因为它在每一次迭代中只需计算一次矩阵向量积，而且无须对系数矩阵进行转置。为了说明该算法的准确性，我们计算一个两层介质球对平面波的散射，并将其结果与Mie级数解进行对比。入射平面波为x方向极化，沿z方向传播，入射电场的幅度为1 V/m。图11.4为使用$31\times31\times31$网格计算得出的介质球中的电场。该计算的未知数为92 256个，而计算所需的内存只有16 MB。

为了进一步说明该方法在处理极度不均匀介质时的能力，我们考虑人体头部对平面波的散射。参考文献[16]给出了对人体头部电磁模型的构建，以及头部组织的材料特性。平面波从顶部入射，入射电场极化为x方向(从左耳到右耳)。入射电场的幅度为1 V/m，频率为256 MHz。计算结果以比吸收率(SAR)的形式给出，其定义为$\mathrm{SAR} = \sigma|\mathbf{E}|^2/2\rho$，其中$\rho$

为人体头部组织密度。图 11.5 为轴切面、矢切面与冠切面的比吸收率。该计算的未知数超过 750 000 个，而计算所需的内存只有 105 MB。

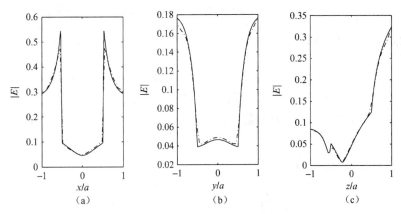

图 11.4　两层介质球体内沿 x、y、z 轴的总电场幅度。内层半径 $a_1 = 7.5\,\mathrm{cm}$、$\epsilon_{1r} = 72.0 - \mathrm{j}161.779$，外层半径 $a_2 = 15\,\mathrm{cm}$、$\epsilon_{2r} = 7.5 - \mathrm{j}8.9877$，频率为 100 MHz。实线代表 Mie 级数解，短划线代表数值解

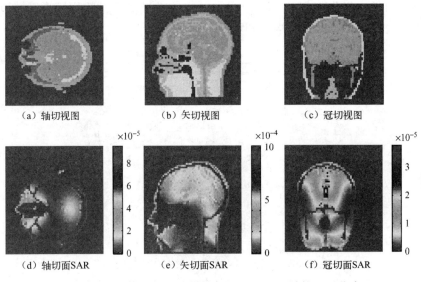

（a）轴切视图　　　（b）矢切视图　　　（c）冠切视图

（d）轴切面SAR　　（e）矢切面SAR　　（f）冠切面SAR

图 11.5　人体头部的阶梯近似和 256 MHz 时的比吸收率（W/kg），使用63×63×63网格，平面波由顶部入射

11.3　自适应积分法

上一节介绍的共轭梯度-快速傅里叶变换法需要对求解空间进行均匀离散，而在使用均匀矩形单元模拟任意几何结构时存在阶梯近似，导致最终解的精度降低。这一点通常被认为是该方法的最大缺点。为了避免阶梯近似，我们可以对物体表面采用三角形离散，对体积采用四面体单元离散。然而在此情况下，无法直接应用快速傅里叶变换来加速矩阵向量积。自适应积分法的发展克服了这个困难[18~22]，该方法首先将三角形或四面体子域基

函数投射到均匀矩形网格上,然后采用快速傅里叶变换计算矩阵向量积。预校正快速傅里叶变换、稀疏矩阵/标准网格和积分方程快速傅里叶变换方法中也采用了类似的思想[23~26]。本节通过一个平面例子和一个三维例子来介绍自适应积分法。

11.3.1　平面结构的分析

考虑一个 xy 平面上任意形状的薄导电平板,它被入射场 $\mathbf{E}^{\text{inc}}(\mathbf{r})$ 照射。平板上的感应电流可以通过求解式(11.2.6)所示的积分方程得出。为此,首先将导电平板分成小的三角形元,表面上的电流使用 RWG 基函数 $\Lambda_n(\mathbf{r})$ 展开。应用伽辽金法得到矩阵方程为

$$[Z]\{I\} = \{V\} \tag{11.3.1}$$

式中,阻抗矩阵 $[Z]$ 与向量 $\{V\}$ 的元素分别为

$$Z_{mn} = jk_0 \iint_S \iint_S \left[\Lambda_m \cdot \Lambda_n - \frac{1}{k_0^2} \nabla \cdot \Lambda_m \nabla' \cdot \Lambda_n \right] G_0 \, dS' dS \tag{11.3.2}$$

$$V_m = \iint_S \mathbf{E}^{\text{inc}} \cdot \Lambda_m \, dS \tag{11.3.3}$$

为了使用自适应积分法求解方程式(11.3.1),首先将整个结构用矩形区域包围,然后递归地将其细分成小的矩形单元格,如图 11.6 所示。

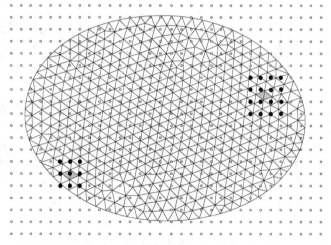

图 11.6　三角形网格上的 RWG 基函数到矩形网格上点源的变换。左边的灰色三角形基函数由9个δ函数近似;而右边显示的灰色三角形由16个δ函数近似

为了使用快速傅里叶变换实现矩阵向量积,将初始的三角形基函数转换到矩形网格上,换言之,就是用均匀矩形网格上的 δ 函数来近似初始的三角形基函数。若用 $\psi_m(\mathbf{r})$ 表示 $\Lambda_m(\mathbf{r})$ 的任一笛卡儿坐标分量或者 $\nabla \cdot \Lambda_m(\mathbf{r})$,则式(11.3.2)的阻抗矩阵元素可以表示为下列形式的矩阵元素的线性组合:

$$z_{mn} = \iint_S \iint_S \psi_m(\mathbf{r}) G_0(\mathbf{r}, \mathbf{r}') \psi_n(\mathbf{r}') \, dS' dS \tag{11.3.4}$$

为了高效地计算此积分，将 $\psi_m(\mathbf{r})$ 与 $\psi_n(\mathbf{r}')$ 近似为矩形网格上 δ 函数的组合，即

$$\psi_m(\mathbf{r}) \simeq \sum_{u=1}^{(M+1)^2} T_{mu}\delta(\mathbf{r}-\mathbf{r}_u) \tag{11.3.5}$$

$$\psi_n(\mathbf{r}') \simeq \sum_{v=1}^{(M+1)^2} T_{nv}\delta(\mathbf{r}'-\mathbf{r}_v) \tag{11.3.6}$$

式中，T_{mu} 为基函数 $\psi_m(\mathbf{r})$ 的展开系数，M 为展开阶数，$\mathbf{r}_u$ 为网格点上的位置矢量。在此变换下，式(11.3.4)的矩阵元素可以近似为

$$\hat{z}_{mn} = \sum_{u=1}^{(M+1)^2} \sum_{v=1}^{(M+1)^2} T_{mu}G_0(\mathbf{r}_u,\mathbf{r}_v)T_{nv} \tag{11.3.7}$$

上式这种近似的准确性取决于式(11.3.5)和式(11.3.6)变换的准确性。我们可以根据不同的准则来实现这种变换。其中的一种准则基于多极子矩的近似，使得变换后的基函数与初始函数具有相同的多极子矩量，即

$$\sum_{u=1}^{(M+1)^2} (x_u-x_0)^{q_1}(y_u-y_0)^{q_2}T_{mu} = \iint_S \psi_m(\mathbf{r})(x-x_0)^{q_1}(y-y_0)^{q_2}\,\mathrm{d}S,\ 0\leqslant q_1,q_2\leqslant M \tag{11.3.8}$$

式中，参考点 $\mathbf{r}_0=(x_0,y_0)$ 可选为基函数的中心。上式定义了一组方程，求解这组方程可得到 T_{mu}，参考文献[18]给出了其封闭形式的解。另一种准则基于远场近似，其目的是使这两种基函数产生相同的远场。该准则的推导如下：定义 $\mathbf{k}_l$ 方向上的远场残差为

$$r_l = \tilde{\psi}_l - \sum_{u=1}^{(M+1)^2} T_{mu}\mathrm{e}^{-\mathrm{j}\mathbf{k}_l\cdot\mathbf{r}_u} \tag{11.3.9}$$

式中，$\tilde{\psi}_l$ 表示 $\mathbf{k}_l$ 方向上初始基函数 $\psi_m(\mathbf{r})$ 的远场，或其傅里叶变换。对单位球面上的一组波的 $|r_l|$ 平方求和，并将其最小化，可得矩阵方程为

$$[A]\{T_m\} = \{b\} \tag{11.3.10}$$

其中，矩阵 $[A]$ 和向量 $\{b\}$ 的元素为

$$A_{uv} = \sum_{l=1}^{2L^2} w_l\cos\left[\mathbf{k}_l\cdot(\mathbf{r}_u-\mathbf{r}_v)\right] \tag{11.3.11}$$

$$b_u = \sum_{l=1}^{2L^2} w_l\mathrm{Re}\left[\mathrm{e}^{\mathrm{j}\mathbf{k}_l\cdot\mathbf{r}_u}\tilde{\psi}_l\right] \tag{11.3.12}$$

式中，w_l 为方向 $\mathbf{k}_l$ 上的加权系数。单位球面上的方向数为 $2L^2$，可选择足够大的 L 以包含所有方向的贡献。上述远场近似比多极矩近似更精确。

使用式(11.3.7)作为式(11.3.4)的近似，可得式(11.3.2)中 Z_{mn} 的近似为

$$\hat{Z}_{mn} = \mathrm{j}k_0 \sum_{u=1}^{(M+1)^2} \sum_{v=1}^{(M+1)^2} \left[(T_{x,mu}T_{x,nv}+T_{y,mu}T_{y,nv}) - \frac{1}{k_0^2}T_{\mathrm{d},mu}T_{\mathrm{d},nv}\right]G_0(\mathbf{r}_u,\mathbf{r}_v) \tag{11.3.13}$$

式中, $T_{x,mu}$、$T_{y,mu}$ 与 $T_{d,mu}$ 分别表示 x 方向分量、y 方向分量及基函数散度的变换系数。当基函数与检验函数距离较远时, 该表达式提供了对 Z_{mn} 的高准确度近似。当基函数与检验函数靠近时, 近似的准确性会下降, 当两个函数重叠时, 该近似则完全不正确。为了补偿这种误差, 确保计算的准确性, 可以将阻抗矩阵分解成近作用分量和远作用分量, 即

$$[Z] = [Z^{\text{near}}] + [Z^{\text{far}}] \tag{11.3.14}$$

对于任意给定的基函数, 由于只有有限数量的检验函数与其邻近, 因此 $[Z^{\text{near}}]$ 是一个稀疏矩阵。然而在算法实现中, 明确地划分近作用与远作用并不方便。更好的分解为

$$[Z] = [R] + [\hat{Z}] \tag{11.3.15}$$

式中, $\hat{Z}_{mn}$ 由式(11.3.13)给出, R_{mn} 表示式(11.3.2)所示的 Z_{mn} 与式(11.3.13)所示的 $\hat{Z}_{mn}$ 之间的差值。若忽略较小数值的矩阵元素, 则 $[R]$ 是一个如同 $[Z^{\text{near}}]$ 的稀疏矩阵。由式(11.3.13)可知, $[\hat{Z}_{mn}]$ 可以写为

$$[\hat{Z}] = [T_x][G][T_x]^{\text{T}} + [T_y][G][T_y]^{\text{T}} - \frac{1}{k_0^2}[T_d][G][T_d]^{\text{T}} \tag{11.3.16}$$

式中, $[T_x]$、$[T_y]$ 与 $[T_d]$ 为稀疏矩阵, $[G]$ 则是元素为 $G_{uv} = \mathrm{j}k_0 G(\mathbf{r}_u, \mathbf{r}_v)$ 的矩阵。由于 $[G]$ 的 Toeplitz 特性, 可以使用快速傅里叶变换计算矩阵向量积。给定已知矢量 $\{I\}$, 矩阵向量积可以表示为

$$\begin{aligned} [Z]\{I\} = [R]\{I\} + [\hat{Z}]\{I\} &= [R]\{I\} \\ &+ [T_x]\mathcal{F}_\mathrm{D}^{-1}\{\mathcal{F}_\mathrm{D}\{G^\mathrm{P}\} \circ \mathcal{F}_\mathrm{D}\{J_x^\mathrm{P}\}\} + [T_y]\mathcal{F}_\mathrm{D}^{-1}\{\mathcal{F}_\mathrm{D}\{G^\mathrm{P}\} \circ \mathcal{F}_\mathrm{D}\{J_y^\mathrm{P}\}\} \\ &- \frac{1}{k_0^2}[T_d]\mathcal{F}_\mathrm{D}^{-1}\{\mathcal{F}_\mathrm{D}\{G^\mathrm{P}\} \circ \mathcal{F}_\mathrm{D}\{J_d^\mathrm{P}\}\} \end{aligned} \tag{11.3.17}$$

式中, $\{J_{x,y,d}^\mathrm{P}\}$ 表示 $\{J_{x,y,d}\} = [T_{x,y,d}]^{\text{T}}\{I\}$ 的补零扩充。

从上述公式可以看到, 在自适应积分法中, 由于矩阵 $[R]$ 与 $[T_{x,y,d}]$ 的稀疏性使内存占用大大降低, 矩阵向量积的计算时间也因快速傅里叶变换的使用而大为缩短。内存占用包括以块状稀疏格式存储的 $[R]$ 与 $[T_{x,y,d}]$, 以及每个网格点上的电流矢量或其傅里叶变换, 这些都与网格点的总数成正比, 而网格点的总数与 $O(N)$ 成正比, 其中 N 为未知数的数量, 因此总的内存需求与 $O(N)$ 成正比。计算时间包括填充矩阵 $[R]$ 与 $[T_{x,y,d}]$ 的时间, 以及计算矩阵向量积的时间。前者随着未知数的数量增加呈线性增长, 并且只计算一次; 后者主要是快速傅里叶变换计算的时间, 与 $O(N\log N)$ 成正比。图 11.7 与图 11.8 中的数值实验证明, 内存确实与 $O(N)$ 成正比, 矩阵填充的计算时间确实与 $O(N)$ 成正比, 每次迭代的计算时间确实与 $O(N\log N)$ 成正比[19]。

为了展示自适应积分法的性能, 考虑两个导电平板的散射, 导电平板由三角形与半圆形组成(见图 11.9), 其中第二个导电平板上有一条窄缝。入射角 θ^{inc} 固定为 80°, 我们计算每一个导电平板的 HH 极化单站 RCS。对于第一个导电平板, 其面和边的离散数量分别为 2024 与 2977。矩形网格数为 64×64, 内存需求为 7.5 MB, 而如果直接采用矩量法则需要 71 MB 的内存。如图 11.10(a)所示, 计算结果与常规矩量法的结果高度吻合。第二个导

电平板的情况类似,其计算结果如图 11.10(b)所示。自适应积分法还可用于分析具有精细特征的结构[20]及大尺度的微带结构[21]。

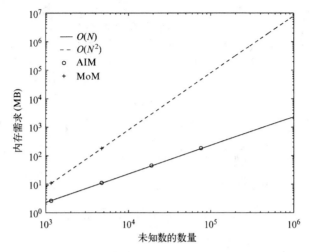

图 11.7　内存需求与未知数的数量之间的关系

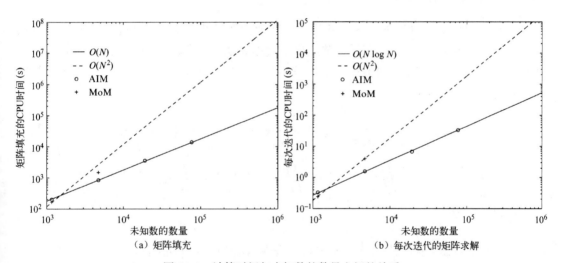

（a）矩阵填充　　　　　　　　　　　（b）每次迭代的矩阵求解

图 11.8　计算时间与未知数的数量之间的关系

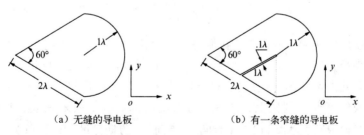

（a）无缝的导电板　　　　　　　　　（b）有一条窄缝的导电板

图 11.9　三角形与半圆形组成的导电平板的几何结构

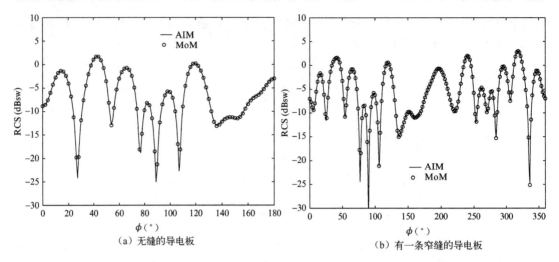

图 11.10   在 $\theta^{\text{inc}} = 80°$时，三角形与半圆形组成的导电平板的 HH 极化单站 RCS

11.3.2   三维物体的分析

自适应积分法可以拓展到求解三维物体散射问题的积分方程。考虑一个任意形状的导电体，入射场为 $\mathbf{E}^{\text{inc}}(\mathbf{r})$。10.3.3 节给出了其矩量法的求解过程。式(10.3.50)给出了从混合场积分方程(CFIE)离散得到的矩阵方程，其矩阵元素由式(10.3.51)给出。矩阵元素可写为

$$Z_{mn} = jk_0 \oiint_{S_0} \oiint_{S_0} \left[\mathbf{\Lambda}_m \cdot \mathbf{\Lambda}_n - \frac{1}{k_0^2} (\nabla \cdot \mathbf{\Lambda}_m)(\nabla' \cdot \mathbf{\Lambda}_n) \right] G_0 \, dS' dS$$

$$+ \frac{1}{2} \oiint_{S_0} \mathbf{\Lambda}_m \cdot \mathbf{\Lambda}_n \, dS - \oiint_{S_0} \mathbf{\Lambda}_m \cdot \left[\hat{n} \times \nabla \times \oiint_{S_0} G_0 \mathbf{\Lambda}_n \, dS' \right] dS \tag{11.3.18}$$

上式可以转换为

$$Z_{mn} = jk_0 \oiint_{S_0} \oiint_{S_0} \left[\mathbf{\Lambda}_m \cdot \mathbf{\Lambda}_n - \frac{1}{k_0^2} (\nabla \cdot \mathbf{\Lambda}_m)(\nabla \cdot \mathbf{\Lambda}_n) \right] G_0 \, dS' dS$$

$$+ \frac{1}{2} \oiint_{S_0} \mathbf{\Lambda}_m \cdot \mathbf{\Lambda}_n \, dS + \oiint_{S_0} \oiint_{S_0} \left[\nabla \times (\hat{n} \times \mathbf{\Lambda}_m) \right] \cdot \mathbf{\Lambda}_n G_0 \, dS' dS \tag{11.3.19}$$

为了能够使用快速傅里叶变换，我们将整个物体用一个长方体包围，然后将该长方体递归地细分成小长方体，直至每一个小长方体中最多含有几个三角形单元。这些小长方体形成规则的笛卡儿网格。为了使用快速傅里叶变换计算矩阵向量积，我们需要将初始的三角形基函数变换到笛卡儿网格上，这一步可以使用基函数变换来完成。我们用 $\mathbf{\Lambda}_m^{(1)}(\mathbf{r})$、$\mathbf{\Lambda}_m^{(2)}(\mathbf{r})$ 及 $\mathbf{\Lambda}_m^{(3)}(\mathbf{r})$ 分别表示 $\mathbf{\Lambda}_m(\mathbf{r})$ 的 x 方向、y 方向与 z 方向分量；用 $t_m^{(1)}(\mathbf{r})$、$t_m^{(2)}(\mathbf{r})$ 及 $t_m^{(3)}(\mathbf{r})$ 分别表示 $\nabla \times [\hat{n} \times \mathbf{\Lambda}_m(\mathbf{r})]$ 的 x 方向、y 方向与 z 方向分量，然后定义下面的列向量：

$$\{\Lambda^{(k)}\} = [\Lambda_1^{(k)}(\mathbf{r}), \Lambda_2^{(k)}(\mathbf{r}), \cdots, \Lambda_N^{(k)}(\mathbf{r})]^T$$

$$\{\Lambda_d\} = [\nabla \cdot \boldsymbol{\Lambda}_1(\mathbf{r}), \nabla \cdot \boldsymbol{\Lambda}_2(\mathbf{r}), \cdots, \nabla \cdot \boldsymbol{\Lambda}_N(\mathbf{r})]^T$$

$$\{t^{(k)}\} = [t_1^{(k)}, t_2^{(k)}, \cdots, t_N^{(k)}]^T$$

$$\{D\} = [\delta(\mathbf{r} - \mathbf{r}_1), \delta(\mathbf{r} - \mathbf{r}_2), \cdots, \delta(\mathbf{r} - \mathbf{r}_{N_g})]^T$$

式中，N 为未知数的数量，$\delta(\mathbf{r}-\mathbf{r}_u)$ 为 δ 函数，$\mathbf{r}_u$ 为笛卡儿网格中的一个节点，N_g 为笛卡儿网格中节点的总数。使用多极矩量近似或远场近似，$\{\Lambda^{(k)}\}$、$\{\Lambda_d\}$ 和 $\{t^{(k)}\}$ 可以用笛卡儿网格上的 $\{\hat{\Lambda}^{(k)}\}$、$\{\hat{\Lambda}_d\}$ 和 $\{\hat{t}^{(k)}\}$ 近似为

$$\{\hat{\Lambda}^{(k)}\} = [T^{(k)}]\{D\}, \qquad \{\hat{\Lambda}_d\} = [T_d]\{D\}, \qquad \{\hat{t}^{(k)}\} = [T_t^{(k)}]\{D\} \qquad (11.3.20)$$

式中，$[T^{(k)}]$、$[T_d]$ 及 $[T_t^{(k)}]$ 称为基转换矩阵，它们是 $N \times N_g$ 的稀疏矩阵。将这些近似代入式(11.3.19)，可得 $[Z]$ 的近似为

$$[\hat{Z}] = \sum_{k=1}^{3}[T^{(k)}][G][T^{(k)}]^T - \frac{1}{k_0^2}[T_d][G][T_d]^T + \sum_{k=1}^{3}[T_t^{(k)}][G][T^{(k)}]^T \qquad (11.3.21)$$

式中，$[G]$ 为 $N_g \times N_g$ 的矩阵，其中 $G_{uv} = jk_0 G_0(\mathbf{r}_u, \mathbf{r}_v)$。

如同平面结构的情况，当基函数与检验函数距离较远时，$\hat{Z}_{mn}$ 可以准确地近似 Z_{mn}。为了消除基函数与检验函数邻近时的误差，我们将阻抗矩阵分解成

$$[Z] = [R] + [\hat{Z}] \qquad (11.3.22)$$

式中，$[R]$ 表示 $[Z]$ 与 $[\hat{Z}]$ 之间的差值，忽略其中较小数值的矩阵元素，这是一个稀疏矩阵。矩阵向量积可以表示为

$$[Z]\{I\} = [R]\{I\} + [\hat{Z}]\{I\}$$

$$= [R]\{I\} + \sum_{k=1}^{3}[T^{(k)}]\mathcal{F}_D^{-1}\{\mathcal{F}_D\{G^P\} \circ \mathcal{F}_D\{J_k^P\}\} + \frac{j}{k_0}[T_d]\mathcal{F}_D^{-1}\{\mathcal{F}_D\{G^P\} \circ \mathcal{F}_D\{J_d^P\}\}$$

$$+ \sum_{k=1}^{3}[T_t^{(k)}]\mathcal{F}_D^{-1}\{\mathcal{F}_D\{G^P\} \circ \mathcal{F}_D\{J_k^P\}\} \qquad (11.3.23)$$

式中，$\{J_k^P\}$ 和 $\{J_d^P\}$ 分别表示 $\{J_k\} = [T^{(k)}]^T\{I\}$ 和 $\{J_d\} = [T_d]^T\{I\}$ 的补零扩充。

从上述公式中可以看到，由于矩阵 $[R]$、$[T^{(k)}]$、$[T_d]$ 与 $[T_t]$ 的稀疏性，内存需求大大减少；而矩阵向量积的计算时间也因快速傅里叶变换的使用而大为缩短。$[R]$、$[T^{(k)}]$、$[T_d]$、$[T_t]$ 与 $\{G\}$ 的内存需求均与 $O(N_g)$ 成正比，由于 N 为表面离散产生的未知数的数量，故 $O(N_g)$ 与 $O(N^{1.5})$ 成正比。$[R]\{I\}$ 的计算时间与 $O(N)$ 成正比，$[\hat{Z}]\{I\}$ 的计算时间与 $O(N_g \log N_g)$ 或 $O(N^{1.5} \log N)$ 成正比。因此，为了计算矩阵向量积，上述公式的内存需求与计算时间需求分别为 $O(N^{1.5})$ 与 $O(N^{1.5} \log N)$。以上是自适应积分法用于面积分方程的情况，而当该方法用于体积分方程的矩量法求解时，内存需求与计算时间则可以更大幅度减少。参考文献[72]中求解了一个涉及非均匀介质的问题，在此情况下需要进行体积离

散，其未知数的数量与 N_g 成正比。因此，在体积分方程的一次迭代求解中，矩阵向量积所需的内存和计算时间可以分别从 $O(N^2)$ 降低到 $O(N)$ 和 $O(N\log N)$。

　　作为一个测试算例，考虑一个长为 1.0 m 的杏仁状导体的散射，其详细的几何参数在参考文献[73]中给出。图 11.11 为杏仁状导体在 300 MHz 下的单站 RCS，其计算采用了 1560 个未知数。图 11.12 为杏仁状导体在 757 MHz 下的单站 RCS，其计算采用了 6120 个未知数。这些结果与测量结果[73, 74]进行了对比。在另外一个测试算例中，考虑一个尺寸为 120 in×100 in×2.4 in 的翼状导体的散射，此问题离散后有 3120 个未知数。翼状导体在 300 MHz 下的单站 RCS 如图 11.13 所示，其结果与矩量法结果进行了对比。

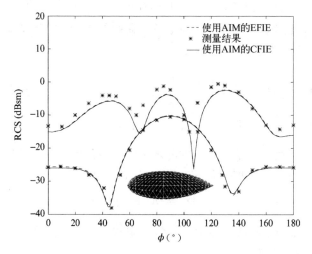

图 11.11　1 m 长的杏仁状导体在 300 MHz 下的单站 RCS

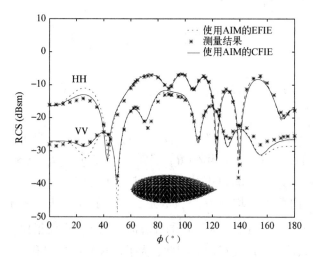

图 11.12　1 m 长的杏仁状导体在 757 MHz 下的单站 RCS

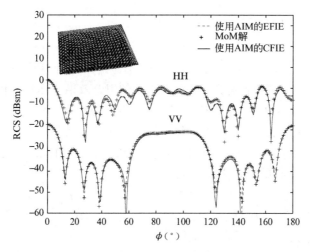

图 11.13 120 in×100 in×2.4 in 翼状导体在 300 MHz 的单站 RCS

11.4 快速多极子法

除了自适应积分法，另一种加速矩阵向量积计算的方法是快速多极子法(FMM)。该方法被广泛应用于解决各种电磁问题，特别是散射与辐射问题。快速多极子法最初由 Rokhlin 提出，用来快速求解粒子间的相互作用和静态积分方程[27, 28]。后来该方法被拓展用于求解声波的散射问题，再后来用于二维和三维的电磁散射问题的求解[29~31]。在矩量法中，矩阵向量积的计算可以等效看成计算很多电流元的自相互作用与相互作用，即计算每个电流元所辐射的被所有电流元接收到的场。快速多极子法基于这样的基本思想，首先根据电流元在空间中的位置将其分成若干组，每一组为相互邻近电流元的集合。然后，使用加法定理将一个组内不同电流元从不同中心发出的辐射场变换成一个共同中心辐射的场。这一过程显著减少了辐射中心的数量。同样，为了计算一个小组内每个电流元接收到的场，首先考虑由组中心接收到所有其他组中心辐射的场，然后将其分配给组内的各单元。这一节首先介绍快速多极子法的基本思想及其在二维与三维散射分析中的应用，然后将快速多极子法拓展到多层情形，介绍其实现方法与实际应用。

11.4.1 二维分析

为了说明快速多极子法的基本思想，我们首先考虑一个相对简单的问题：无限长导体柱的散射问题，10.2.2 节已给出了此问题的矩量法解。为简单起见，首先考虑横磁场极化情况。式(10.2.22)给出了矩量法方程，Z_{mn} 的一般表达式为

$$Z_{mn} = \frac{k_0 Z_0}{4} \int_\Gamma t_m(\boldsymbol{\rho}) \int_\Gamma H_0^{(2)}(k_0|\boldsymbol{\rho} - \boldsymbol{\rho}'|) f_n(\boldsymbol{\rho}') \, \mathrm{d}\Gamma' \mathrm{d}\Gamma \qquad (11.4.1)$$

式中，$t_m(\boldsymbol{\rho})$ 为检验函数，$f_n(\boldsymbol{\rho}')$ 为基函数。若令 $t_m(\boldsymbol{\rho}) = \delta(\boldsymbol{\rho} - \boldsymbol{\rho}_m)$，并且 $\boldsymbol{\rho}' \in s_n$ 时 $f_n(\boldsymbol{\rho}') = 1$，其余的 $f_n(\boldsymbol{\rho}') = 0$，则式(11.4.1)可以简化成式(10.2.23)。

Z_{mn} 的物理含义为：当基函数 $f_n(\boldsymbol{\rho}')$ 表示的电流元辐射时，被检验函数 $t_m(\boldsymbol{\rho})$ 表示的电流

元接收的场。因此,式(10.2.22)等号左边的求和项 $\sum_{n=1}^{N} Z_{mn} J_{z,n}$ 表示所有电流元 $J_{z,n} f_n(\boldsymbol{\rho}')$ 辐射时被检验函数 $t_m(\boldsymbol{\rho})$ 接收的总场。直接计算此求和项需要 N 次乘法与加法,而对所有检验函数重复该计算则需要 N^2 次乘法与加法。为了加速计算,我们利用这样的一个现象:当观察者远离一组照明源时,观察者看到的是所有光源的组合效果,而不是单个光源的效果。描述一个组合光源所用的参数要少于描述所有单个源需要的参数。因此,如果将所有基函数分成若干组,如图11.14所示,就可以先将每个组内基函数的辐射合成为这个组中心的辐射,然后考虑检验函数 $t_m(\boldsymbol{\rho})$ 接收到的所有组中心辐射的组合场,由此计算远距离组之间由基函数辐射并由检验函数接收的场。由于需要对所有检验函数重复该计算过程,我们可以进一步用下面的方法加速计算:让 $t_m(\boldsymbol{\rho})$ 所属的组中心来接收所有远距离组所辐射的场,然后将接收到的场分配给组内每一个检验函数。上述过程仅适用于远场相互作用的计算,而相邻组中基函数的辐射场仍可单独计算。然而,由于每一个检验函数的相邻基函数的数量固定且有限,这种直接计算近场相互作用的计算量只是 N 的线性函数。

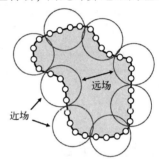

图 11.14　基函数分成若干组,以便远场相互作用能快速计算,而近场相互作用则直接计算

为了叙述方便,我们用 G_q 表示 $f_n(\boldsymbol{\rho}')$ 所属的组,其中心位于 $\boldsymbol{\rho}_q$,用 G_p 表示 $t_m(\boldsymbol{\rho})$ 所属的组,其中心位于 $\boldsymbol{\rho}_p$。为了进行上述远场相互作用的快速计算,首先将 $f_n(\boldsymbol{\rho}')$ 的辐射转移到其小组中心 $\boldsymbol{\rho}_q$ 处,然后将该辐射从 $\boldsymbol{\rho}_q$ 传递至 $\boldsymbol{\rho}_p$,最后将 $\boldsymbol{\rho}_p$ 处接收到的场传递给 $t_m(\boldsymbol{\rho})$。为了实施这三个步骤,必须将式(11.4.1)中的汉克尔函数 $H_0^{(2)}(k_0|\boldsymbol{\rho}-\boldsymbol{\rho}'|)$ 分解成三个函数的乘积:第一个函数中含有 $\boldsymbol{\rho}_q-\boldsymbol{\rho}'$;第二个函数中含有 $\boldsymbol{\rho}_p-\boldsymbol{\rho}_q$;第三个函数中含有 $\boldsymbol{\rho}-\boldsymbol{\rho}_p$。为此,使用式(6.5.32)给出的汉克尔函数加法定理,得到

$$H_0^{(2)}(k_0|\boldsymbol{\rho}+\mathbf{d}|) = \sum_{l=-\infty}^{\infty} J_l(k_0 d) H_l^{(2)}(k_0 \rho) \, \mathrm{e}^{jl(\phi-\phi_d-\pi)}, \qquad \rho > d \qquad (11.4.2)$$

式中,ϕ_d 表示 $\mathbf{d}$ 与 x 轴之间的夹角。然后,使用贝塞尔函数的积分表达式[75],得到

$$J_l(k_0 d) \, \mathrm{e}^{-jl(\phi_d+\pi)} = \frac{1}{2\pi} \int_0^{2\pi} \mathrm{e}^{-jk_0 d \cos(\alpha-\phi_d)-jl(\alpha+\pi/2)} \, \mathrm{d}\alpha \qquad (11.4.3)$$

上式也可以表示为

$$J_l(k_0 d) \, \mathrm{e}^{-jl(\phi_d+\pi)} = \frac{1}{2\pi} \int_0^{2\pi} \mathrm{e}^{-j\mathbf{k}\cdot\mathbf{d}-jl(\alpha+\pi/2)} \, \mathrm{d}\alpha \qquad (11.4.4)$$

式中,$\mathbf{k}=k_0(\hat{x}\cos\alpha+\hat{y}\sin\alpha)$。显然,式(11.4.4)可以看成柱面波的平面波展开。将式(11.4.4)代入式(11.4.2),得到

$$H_0^{(2)}(k_0|\boldsymbol{\rho}+\mathbf{d}|) = \frac{1}{2\pi} \sum_{l=-\infty}^{\infty} H_l^{(2)}(k_0 \rho) \, \mathrm{e}^{jl\phi} \int_0^{2\pi} \mathrm{e}^{-j\mathbf{k}\cdot\mathbf{d}-jl(\alpha+\pi/2)} \, \mathrm{d}\alpha, \qquad \rho > d \qquad (11.4.5)$$

现在，若把 $\boldsymbol{\rho}-\boldsymbol{\rho}'$ 表示成图 11.15 所示的三个矢量和：

$$\boldsymbol{\rho}-\boldsymbol{\rho}' = (\boldsymbol{\rho}-\boldsymbol{\rho}_p) + (\boldsymbol{\rho}_p-\boldsymbol{\rho}_q) + (\boldsymbol{\rho}_q-\boldsymbol{\rho}') = (\boldsymbol{\rho}-\boldsymbol{\rho}_p) + \boldsymbol{\rho}_{pq} + (\boldsymbol{\rho}_q-\boldsymbol{\rho}') \qquad (11.4.6)$$

并且，令式(11.4.5)中的 $\boldsymbol{\rho}=\boldsymbol{\rho}_{pq}$，$\mathbf{d}=(\boldsymbol{\rho}-\boldsymbol{\rho}_p)+(\boldsymbol{\rho}_q-\boldsymbol{\rho}')$，则可得

$$H_0^{(2)}(k_0|\boldsymbol{\rho}-\boldsymbol{\rho}'|) = \frac{1}{2\pi}\int_0^{2\pi} e^{-j\mathbf{k}\cdot(\rho-\rho_p)}\tilde{\alpha}_{pq}(\alpha)e^{-j\mathbf{k}\cdot(\rho_q-\rho')}\,d\alpha, \ \rho_{pq} > \left|(\boldsymbol{\rho}-\boldsymbol{\rho}_p)+(\boldsymbol{\rho}_q-\boldsymbol{\rho}')\right| \quad (11.4.7)$$

式中，

$$\tilde{\alpha}_{pq}(\alpha) \approx \sum_{l=-L}^{L} H_l^{(2)}(k_0\rho_{pq})e^{jl(\phi_{pq}-\alpha-\pi/2)} \qquad (11.4.8)$$

其中的 ϕ_{pq} 表示 $\boldsymbol{\rho}_{pq}$ 与 x 轴的夹角，上式已经对无穷级数进行了截断。式(11.4.7)是实施快速远场计算所需的分解形式。

为了使用式(11.4.7)加速远场相互作用的计算，首先将 N 个基函数分成若干组，每组大约包含 M 个基函数(见图 11.14)，这些组用 $G_p(p=1,2,\cdots,N/M)$ 表示。如果检验函数 $t_m(\boldsymbol{\rho})$ 属于中心位于 $\boldsymbol{\rho}_p$ 的组 G_p，基函数 $f_n(\boldsymbol{\rho}')$ 属于另一个中心位于 $\boldsymbol{\rho}_q$ 的组 G_q，此组不与 G_p 相邻，即满足条件 $\rho_{pq} > |(\boldsymbol{\rho}-\boldsymbol{\rho}_p)+(\boldsymbol{\rho}_q-\boldsymbol{\rho}')|$，将式(11.4.7)代入式(11.4.1)，则 Z_{mn} 可重写为

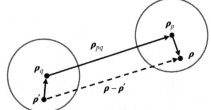

图 11.15 矢量 $\boldsymbol{\rho}-\boldsymbol{\rho}'$ 表示为三个矢量 $\boldsymbol{\rho}-\boldsymbol{\rho}_p$、$\boldsymbol{\rho}_p-\boldsymbol{\rho}_q$ 与 $\boldsymbol{\rho}_q-\boldsymbol{\rho}'$ 的和

$$Z_{mn} = \frac{k_0Z_0}{8\pi}\int_0^{2\pi}\int_\Gamma t_m(\boldsymbol{\rho})e^{-j\mathbf{k}\cdot(\rho-\rho_p)}\,d\Gamma\,\tilde{\alpha}_{pq}(\alpha)\int_\Gamma f_n(\boldsymbol{\rho}')e^{-j\mathbf{k}\cdot(\rho_q-\rho')}\,d\Gamma'\,d\alpha \qquad (11.4.9)$$

或更简洁地写为

$$Z_{mn} = \frac{k_0Z_0}{8\pi}\int_0^{2\pi}\tilde{t}_{mp}(\alpha)\tilde{\alpha}_{pq}(\alpha)\tilde{f}_{qn}(\alpha)\,d\alpha \qquad (11.4.10)$$

式中，

$$\tilde{t}_{mp}(\alpha) = \int_\Gamma t_m(\boldsymbol{\rho})e^{-j\mathbf{k}\cdot(\rho-\rho_p)}\,d\Gamma \qquad (11.4.11)$$

$$\tilde{f}_{qn}(\alpha) = \int_\Gamma f_n(\boldsymbol{\rho}')e^{-j\mathbf{k}\cdot(\rho_q-\rho')}\,d\Gamma' \qquad (11.4.12)$$

利用此结果，矩阵向量积或式(10.2.22)等号左边的求和项可以写为

$$\sum_{n=1}^{N} Z_{mn}J_{z,n} = \sum_{q\in B_p}\sum_{n\in G_q} Z_{mn}J_{z,n} + \frac{k_0Z_0}{8\pi}\int_0^{2\pi}\tilde{t}_{mp}(\alpha)\times\sum_{q\notin B_p}\tilde{\alpha}_{pq}(\alpha)\sum_{n\in G_q}\tilde{f}_{qn}(\alpha)J_{z,n}\,d\alpha, \ m\in G_p \qquad (11.4.13)$$

式中，B_p 表示 G_p 的相邻组，包括 G_p 本身。因此，式(11.4.13)等号右边第一项是来自相邻组(近场相互作用)的贡献，此项可以直接计算；第二项是来自所有其他非相邻组(远场相互作用)的贡献，此项通过三个步骤间接计算。使用数值积分，式(11.4.13)变为

$$\sum_{n=1}^{N} Z_{mn} J_{z,n} = \sum_{q \in B_p} \sum_{n \in G_q} Z_{mn} J_{z,n} + \frac{k_0 Z_0}{4R} \sum_{r=1}^{R} \tilde{t}_{mp}(\alpha_r) \times \sum_{q \notin B_p} \tilde{\alpha}_{pq}(\alpha_r) \sum_{n \in G_q} \tilde{f}_{qn}(\alpha_r) J_{z,n}, \ m \in G_p \quad (11.4.14)$$

式中，α_r 为数值积分点，R 的值与组的大小成正比(也就是与 M 成正比)。

下面来估计式(11.4.14)的运算量，同时介绍一些在快速多极子法中使用的术语。第一项(近场相互作用)可以通过 $3M^2 \times N/M = 3MN$ 次运算求得；第二项(远场相互作用)的计算需要三个步骤。第一步是计算求和式

$$F_{qr} = \sum_{n \in G_q} \tilde{f}_{qn}(\alpha_r) J_{z,n}, \quad q = 1, 2, \cdots, N/M; \ r = 1, 2, \cdots, R \quad (11.4.15)$$

它需要 $R \times M \times N/M \sim NM$ 次运算。这一步计算相当于将组 G_q 内的源 $f_n(\boldsymbol{\rho}') J_{z,n}$ 所辐射的场聚集到组中心，这一步称为**聚合**，$\tilde{f}_{qn}(\alpha_r)$ 称为 $f_n(\boldsymbol{\rho}')$ 的**辐射函数**。第二步是计算求和式

$$F_{pr} = \sum_{q \notin B_p} \tilde{\alpha}_{pq}(\alpha_r) F_{qr}, \quad q = 1, 2, \cdots, N/M; r = 1, 2, \cdots, R \quad (11.4.16)$$

它需要 $R \times (N/M)^2 \sim N^2/M$ 次运算。在这一步中，聚合的场 F_{qr} 从 G_q 组的中心传递到 G_p 组的中心，这一过程由 F_{qr} 乘以 $\tilde{\alpha}_{pq}(\alpha_r)$ 完成。它将从 G_q 组的发射波转换为对 G_p 组的入射波，这一步称为**转移**。求和项 $\sum_{q \notin B_p}$ 只是收集了所有非相邻组的发射波。第三步是计算求和式

$$F_{mp} = \sum_{r=1}^{R} \tilde{t}_{mp}(\alpha_r) F_{pr}, \quad m = 1, 2, \cdots, N \quad (11.4.17)$$

它需要 $R \times N \sim NM$ 次运算。这一步将 G_p 组中心处收到的场分配给组内每一个检验函数 $t_m(\boldsymbol{\rho})$，这一步称为**解聚**，$\tilde{t}_{mp}(\alpha_r)$ 是 $t_m(\boldsymbol{\rho})$ 的**接收函数**。因此，对于所有 m 计算式(11.4.14)，即矩阵向量积 $[Z]\{J_z\}$，所需的总计算时间为

$$T = C_1 NM + C_2 \frac{N^2}{M} \quad (11.4.18)$$

式中，C_1 与 C_2 为常数。当 $M = \sqrt{C_2 N/C_1} \sim \sqrt{N}$ 时，所需的计算时间达到最短的 $T_{\min} = 2\sqrt{C_1 C_2} N^{3/2}$。因此，计算时间从 $O(N^2)$ 减少到 $O(N^{3/2})$，当 N 非常大时，其效果会非常显著。计算所需的内存也从 $O(N^2)$ 减少到 $O(N^{3/2})$。

上述公式也可以应用到横电场极化情况。当 $t_m(\boldsymbol{\rho})$ 与 $f_n(\boldsymbol{\rho}')$ 不重叠时，矩量法矩阵方程中的矩阵元素为

$$Z_{mn} = \frac{1}{4j} \int_\Gamma t_m(\rho) \int_\Gamma \frac{\partial H_0^{(2)}(k_0 |\boldsymbol{\rho} - \boldsymbol{\rho}'|)}{\partial n'} f_n(\rho') \, \mathrm{d}\Gamma' \mathrm{d}\Gamma \quad (11.4.19)$$

将式(11.4.7)代入上式，得到

$$Z_{mn} = \frac{1}{4j} \int_0^{2\pi} \int_\Gamma t_m(\rho) \, \mathrm{e}^{-j\mathbf{k} \cdot (\rho - \rho_p)} \, \mathrm{d}\Gamma \, \tilde{\alpha}_{pq}(\alpha) \int_\Gamma f_n(\rho') \frac{\partial \, \mathrm{e}^{-j\mathbf{k} \cdot (\rho_q - \rho')}}{\partial n'} \, \mathrm{d}\Gamma' \mathrm{d}\alpha \quad (11.4.20)$$

上式可用于远场相互作用的计算。除了辐射函数的表达式改变，整个过程与横磁场极化情况相同。

11.4.2　三维分析

二维散射分析的快速多极子法可以拓展到三维问题的分析。为此，我们考虑一个三维理想导体对电磁波的散射。在 10.3.3 节中已推导了此问题使用混合场积分方程的矩量法解，矩阵方程由式(10.3.50)给出，其矩阵元素为式(10.3.51)，它可以重写为

$$
Z_{mn} = \mathrm{j}k_0 \oiint_{S_o} \mathbf{\Lambda}_m \cdot \oiint_{S_o} \left(\bar{\mathbf{I}} + \frac{1}{k_0^2}\nabla\nabla\right) \cdot \mathbf{\Lambda}_n G_0 \,\mathrm{d}S'\mathrm{d}S
$$
$$
+ \frac{1}{2}\oiint_{S_o}\mathbf{\Lambda}_m \cdot \mathbf{\Lambda}_n\,\mathrm{d}S - \oiint_{S_o}\mathbf{\Lambda}_m\cdot\left[\hat{n}\times\nabla\times\oiint_{S_o}\mathbf{\Lambda}_n G_0\,\mathrm{d}S'\right]\mathrm{d}S \tag{11.4.21}
$$

之所以采用这种形式，是因为 $\mathbf{\Lambda}_m$ 与 $\mathbf{\Lambda}_n$ 相距较远时的计算可用快速多极子法来加速。此时，被积函数并不奇异，因此让两个哈密顿算子作用于 G_0 不会造成任何麻烦。

类似地，我们从 7.5.1 节中已推导的三维加法定理出发，即

$$
\frac{\mathrm{e}^{-\mathrm{j}k_0|\mathbf{r}+\mathbf{d}|}}{|\mathbf{r}+\mathbf{d}|} = -\mathrm{j}k_0\sum_{l=0}^{\infty}(-1)^l(2l+1)j_l(k_0d)h_l^{(2)}(k_0r)P_l(\hat{d}\cdot\hat{r}),\quad r>d \tag{11.4.22}
$$

式中，$j_l(x)$ 为第一类球面贝塞尔函数，$h_l^{(2)}(x)$ 为第二类球面汉克尔函数，$P_l(x)$ 为勒让德多项式。在式(11.4.22)中应用将球面波展开为平面波叠加的恒等式[76]

$$
j_l(k_0d)P_l(\hat{d}\cdot\hat{r}) = \frac{\mathrm{j}^l}{4\pi}\oiint \mathrm{e}^{-\mathrm{j}\mathbf{k}\cdot\mathbf{d}}P_l(\hat{k}\cdot\hat{r})\,\mathrm{d}^2\hat{k} \tag{11.4.23}
$$

式中的积分在单位球面上进行，而 $\mathbf{k}=k_0\hat{k}$，那么可得

$$
\frac{\mathrm{e}^{-\mathrm{j}k_0|\mathbf{r}+\mathbf{d}|}}{|\mathbf{r}+\mathbf{d}|} = -\frac{\mathrm{j}k_0}{4\pi}\oiint \mathrm{e}^{-\mathrm{j}\mathbf{k}\cdot\mathbf{d}}\sum_{l=0}^{\infty}(-\mathrm{j})^l(2l+1)h_l^{(2)}(k_0r)P_l(\hat{k}\cdot\hat{r})\,\mathrm{d}^2\hat{k},\quad r>d \tag{11.4.24}
$$

上式中，积分与求和的顺序已进行了交换。对无限求和进行截断，可得近似式

$$
\frac{\mathrm{e}^{-\mathrm{j}k_0|\mathbf{r}+\mathbf{d}|}}{|\mathbf{r}+\mathbf{d}|} \approx -\frac{\mathrm{j}k_0}{4\pi}\oiint \mathrm{e}^{-\mathrm{j}\mathbf{k}\cdot\mathbf{d}}T_L(\hat{k}\cdot\hat{r})\,\mathrm{d}^2\hat{k},\quad r>d \tag{11.4.25}
$$

式中，

$$
T_L(\hat{k}\cdot\hat{r}) = \sum_{l=0}^{L}(-\mathrm{j})^l(2l+1)h_l^{(2)}(k_0r)P_l(\hat{k}\cdot\hat{r}) \tag{11.4.26}
$$

其中截断点 L 的最佳取值取决于球面汉克尔函数自变量的大小，这一点将在后面讨论。

为了将式(11.4.25)应用于快速多极子法，首先将 N 个基函数分成若干组，每组大约 M 个基函数，用 $G_p(p=1,2,\cdots,N/M)$ 表示。现假设中心位于 $\mathbf{r}_p$ 的组 G_p 内的一个场点为 $\mathbf{r}$，中心位于 $\mathbf{r}_q$ 的组 G_q 内的一个源点为 $\mathbf{r}'$(见图 11.16)。我们把 $\mathbf{r}-\mathbf{r}'$ 分解成三个矢量的和，即

$$
\mathbf{r}-\mathbf{r}' = (\mathbf{r}-\mathbf{r}_p)+(\mathbf{r}_p-\mathbf{r}_q)+(\mathbf{r}_q-\mathbf{r}') = (\mathbf{r}-\mathbf{r}_p)+\mathbf{r}_{pq}+(\mathbf{r}_q-\mathbf{r}') \tag{11.4.27}
$$

将此式代入式(11.4.25)，得到

$$\frac{e^{-jk_0|\mathbf{r}-\mathbf{r}'|}}{|\mathbf{r}-\mathbf{r}'|} \approx -\frac{jk_0}{4\pi} \oiint e^{-j\mathbf{k}\cdot(\mathbf{r}-\mathbf{r}_p)} T_L(\hat{k}\cdot\hat{r}_{pq}) e^{-j\mathbf{k}\cdot(\mathbf{r}_q-\mathbf{r}')} d^2\hat{k}, \quad r_{pq} > \left|(\mathbf{r}-\mathbf{r}_p)+(\mathbf{r}_q-\mathbf{r}')\right| \quad (11.4.28)$$

或

$$G_0(\mathbf{r},\mathbf{r}') \approx \frac{1}{jk_0} \oiint e^{-j\mathbf{k}\cdot(\mathbf{r}-\mathbf{r}_p)} \tilde{\alpha}_{pq}(\hat{k}) e^{-j\mathbf{k}\cdot(\mathbf{r}_q-\mathbf{r}')} d^2\hat{k}, \qquad r_{pq} > \left|(\mathbf{r}-\mathbf{r}_p)+(\mathbf{r}_q-\mathbf{r}')\right| \quad (11.4.29)$$

式中

$$\tilde{\alpha}_{pq}(\hat{k}) = \left(\frac{k_0}{4\pi}\right)^2 \sum_{l=0}^{L} (-j)^l (2l+1) h_l^{(2)}(k_0 r_{pq}) P_l(\hat{k}\cdot\hat{r}_{pq}) \qquad (11.4.30)$$

式(11.4.29)中的积分可以用 $K=2L^2$ 个点的高斯积分法计算。式(11.4.29)给出了实施快速多极子法所需的分解形式。

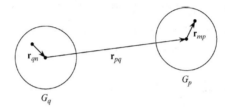

图 11.16　矢量 $\mathbf{r}-\mathbf{r}'$ 表示为三个矢量 $\mathbf{r}_{mp}=\mathbf{r}-\mathbf{r}_p$, $\mathbf{r}_{pq}=\mathbf{r}_p-\mathbf{r}_q$ 与 $\mathbf{r}_{qn}=\mathbf{r}_p-\mathbf{r}'$ 的和，其中 $\mathbf{r}_p$ 为 G_p 组的中心，$\mathbf{r}_q$ 为 G_q 组的中心

将式(11.4.29)代入式(11.4.21)，可得 Z_{mn} 的形式为

$$Z_{mn} = \oiint \mathbf{V}_{mp}(\hat{k}) \cdot \tilde{\alpha}_{pq}(\hat{k}) \mathbf{V}_{qn}(\hat{k}) d^2\hat{k} \qquad (11.4.31)$$

式中，

$$\mathbf{V}_{mp}(\hat{k}) = \oiint_{S_0} e^{-j\mathbf{k}\cdot(\mathbf{r}-\mathbf{r}_p)} \left[(\bar{\mathbf{I}}-\hat{k}\hat{k})\cdot\boldsymbol{\Lambda}_m(\mathbf{r}) - \hat{k}\times\hat{n}\times\boldsymbol{\Lambda}_m(\mathbf{r})\right] dS \qquad (11.4.32)$$

$$\mathbf{V}_{qn}(\hat{k}) = \oiint_{S_0} e^{-j\mathbf{k}\cdot(\mathbf{r}_q-\mathbf{r}')} \boldsymbol{\Lambda}_n(\mathbf{r}') dS' \qquad (11.4.33)$$

因为上述推导基于 $|(\mathbf{r}-\mathbf{r}_p)+(\mathbf{r}_q-\mathbf{r}')| < r_{pq}$ 的假设，因此只有当 $\boldsymbol{\Lambda}_m$ 与 $\boldsymbol{\Lambda}_n$ 距离较远时，才能使用式(11.4.31)。当它们不属于同一组或相邻组时，可以满足此条件。使用式(11.4.31)，矩阵向量积可以写为

$$\sum_{n=1}^{N} Z_{mn}I_n = \sum_{q\in B_p}\sum_{n\in G_q} Z_{mn}I_n + \oiint \mathbf{V}_{mp}(\hat{k}) \cdot \sum_{q\notin B_p} \tilde{\alpha}_{pq}(\hat{k}) \sum_{n\in G_q} \mathbf{V}_{qn}(\hat{k})I_n d^2\hat{k}, \ m\in G_p \quad (11.4.34)$$

式中，B_p 为 G_p 自身或其相邻组。因此，式(11.4.34)中的第一项是自身与相邻组的贡献，此项可以直接计算。对于此项计算来说，也可以选择其他形式，比如选择式(11.3.18)计算 Z_{mn}。式(11.4.34)中的第二项为使用快速多极子法来计算的远场相互作用。

如同二维情况，在三维快速多极子法中，矩阵向量积中的远场相互作用的计算也有三个步骤。聚合步骤是计算 $\sum_{n \in G_q} \mathbf{V}_{qn}(\hat{k}) I_n$，这一步将 G_q 组内的源 $\mathbf{\Lambda}_n I_n$ 的辐射场累加到组中心，$\mathbf{V}_{qn}(\hat{k})$ 称为 $\mathbf{\Lambda}_n$ 的**辐射函数**。转移步骤是计算 $\tilde{\alpha}_{pq}(\hat{k})$ 与聚合场相乘，它将 G_q 组的中心的辐射场传递到 G_p 组的中心，等效于将 G_q 组的发射波转换成 G_p 组的入射波。求和项 $\sum_{q \notin B_p}$ 是为了在 G_p 组中心处收集所有非相邻组的发射波。解聚步骤是将 G_p 组中心处收到的场乘以 $\mathbf{V}_{mp}(\hat{k})$，这等效于将接收的场分配给 G_p 组内的每一个检验函数 $\mathbf{\Lambda}_m$，$\mathbf{V}_{mp}(\hat{k})$ 称为 $\mathbf{\Lambda}_m$ 的**接收函数**。在数值实现上，我们需要谨慎地选择式(11.4.26)中的截断点，因为加入最佳截断点以外的更多项实际上会增大截断误差。在式(11.4.26)中，L 的一个较好选择是 $L = k_0 D + 6 (k_0 D)^{1/3}$，式中 D 为组的最大直径，其最终精度约为 10^{-6}[31, 37]。三维快速多极子法的计算复杂度分析与二维快速多极子法的类似。分析表明，当 $M \sim \sqrt{N}$ 时，计算式(11.4.34)的运算次数与 $O(N^{3/2})$ 成正比，所需的内存也与 $O(N^{3/2})$ 成正比。

为了实施快速多极子法，首先将目标放入一个立方体中，接着将立方体划分成相同大小的子立方体。每一个非空的子立方体定义为一个组，快速多极子法应用于非相邻组，即边界没有相互接触的组。这样就确保满足式(11.4.29)中的最小距离条件。子立方体之间边界相互接触的组则为相邻组。在二维情况下，一个任意几何形状的分组情形如图 11.17 所示，其中阴影部分表示各组。利用相同尺寸的子立方体分组还有另一个优势：具有相同的中心到中心距离 r_{pq} 的组之间，其转换函数[见式(11.4.30)]相同，因而只需计算一次。

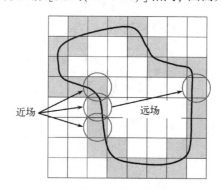

图 11.17　基函数分组及远近场作用示意图

11.4.3　多层快速多极子算法

正如 11.4.1 节所讨论的，对于分成 N/M 个组的 N 个未知数的问题，近场相互作用、聚合与解聚的计算需要进行 $O(NM)$ 次运算；转移计算需要进行 $O(N^2/M)$ 次运算。通过增加组的数量(即选用 M 值较小的小尺寸组)可以有效地减少近场相互作用、聚合及解聚的运算量，但它会增加转移计算所需的运算次数。另一方面，如果减少组的数量(即选用 M 值较大的大尺寸组)，就可以有效地减少转移计算所需的运算次数，但是它会增加近场相互作用、聚合及解聚的运算次数。因此，最佳的选择为 $M \sim \sqrt{N}$，以使每一次计算中的运算次数可以维持在 $O(N^{3/2})$。

由于近场相互作用的计算没有可改进之处，因此减少其运算次数的唯一方法就是采用小尺寸组。如果每一个组中只有几个基函数，那么近场相互作用的计算就只需 $O(N)$ 次运算，聚合与解聚的运算次数也是如此。为了减少转移计算的时间，可以把快速多极子法中基函数处理的基本思想用于组的处理。当组之间距离较远时，可以将几个组所辐射的场聚合到大组的中心，接着将大组发出的场转移到另一个大组的中心进行接收，并将接收到的场解聚到该大组内的各个组，这可以有效地减少转移计算所需的运算次数。实际上，该思路可以运用到多个层级上，直至在最高层上组与组之间的距离无法满足最小限制。这样所得到的算法称为**多层快速多极子算法**（MLFMA）[34~36]。

利用图 11.18 所示的电话网络更容易理解快速多极子法和多层快速多极子算法的思路。考虑一个由 N 部电话组成的网络，直接将所有电话连接起来需要 N^2 根电话线，如图 11.18(a)所示。但是，如果把电话按照相邻关系分成若干组，并将同一个小组中的电话连接到一个集线器上，然后将各个集线器连接在一起，电话线的数量就可以减少到 $O(N^{3/2}\log N)$，如图 11.18(b)所示，这就是我们在常规的快速多极子法中所做的。如果建立一组二级集线器，则电话线的数量可以进一步地减少，如图 11.18(c)所示。如果电话的数量非常大，则可以建立多层集线器，最终可以将电话线的数量减少到 $O(N\log N)$。以类似的方式，多层快速多极子算法可以将快速多极子法的运算次数及内存需求降低到 $O(N\log N)$。

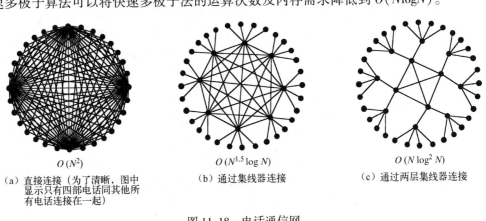

(a) 直接连接（为了清晰，图中显示只有四部电话同其他所有电话连接在一起） $O(N^2)$ 　(b) 通过集线器连接 $O(N^{1.5}\log N)$ 　(c) 通过两层集线器连接 $O(N\log^2 N)$

图 11.18　电话通信网

为了在三维空间中实施多层快速多极子算法，首先将整个三维物体包围在一个大立方体中，接着将其分成 8 个相同的小立方体。每个小立方体进一步细分成 8 个相同的更小的立方体，这个递归过程一直持续到最小的立方体中只含有几个基函数或者电流元为止，图 11.19 所示为对应的二维情形。对于处在同一个或相邻最小立方体中的两个电流元来说，其相互作用以直接的方式计算。然而，当两个电流元位于非相邻的不同立方体中，其相互作用可以利用前述的快速多极子法进行计算。快速多极子法所应用的立方体层级取决于两个电流元之间的距离。这里的聚合过程从最低层开始，发射波也将从这一层开始计算。接着可以利用这些发射波来计算更高层级上的立方体的发射波。这个过程一直持续到计算出所需层级上的发射波为止，如图 11.20(a)所示。接下来的转移计算将这些发射波转换成同一层级上其他组的入射波。解聚过程将这个层级上的入射波转换成更低层级上的入射波，直至最终转换成检验函数的接收场，如图 11.20(b)所示，这个过程是对聚合过程的逆转。

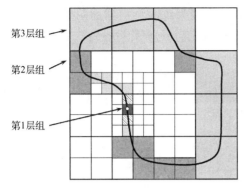

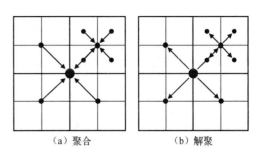

图 11.19　为实现多层快速多极子算法的基函数的多层分组　　　图 11.20　多层聚合和解聚过程

若用 $G_q^{(1)}$ 表示第 1 层的组，其中心位于 $\mathbf{r}_q^{(1)}$；用 $G_q^{(2)}$ 表示第 2 层的组，其中心位于 $\mathbf{r}_q^{(2)}$，并假设 $G_q^{(1)}$ 在 $G_q^{(2)}$ 中，则位于 $G_q^{(1)}$ 中的基函数 $\mathbf{\Lambda}_n$ 对 $G_q^{(2)}$ 的辐射函数为

$$\mathbf{V}_{qn}^{(2)}(\hat{k}) = \oiint_{S_o} \mathrm{e}^{-\mathrm{j}\mathbf{k}\cdot(\mathbf{r}_q^{(2)}-\mathbf{r}')}\mathbf{\Lambda}_n(\mathbf{r}')\,\mathrm{d}S' \tag{11.4.35}$$

上式可以直接从式(11.4.33)中得到。此表达式可以重写为

$$\mathbf{V}_{qn}^{(2)}(\hat{k}) = \mathrm{e}^{-\mathrm{j}\mathbf{k}\cdot(\mathbf{r}_q^{(2)}-\mathbf{r}_q^{(1)})} \oiint_{S_o} \mathrm{e}^{-\mathrm{j}\mathbf{k}\cdot(\mathbf{r}_q^{(1)}-\mathbf{r}')}\mathbf{\Lambda}_n(\mathbf{r}')\,\mathrm{d}S' = \mathrm{e}^{-\mathrm{j}\mathbf{k}\cdot(\mathbf{r}_q^{(2)}-\mathbf{r}_q^{(1)})}\mathbf{V}_{qn}^{(1)}(\hat{k}) \tag{11.4.36}$$

上式表明，第 2 层的辐射函数可以直接从第 1 层得到。因此，第 2 层小组的聚合场的公式为

$$\sum_{n\in G_q^{(2)}}\mathbf{V}_{qn}^{(2)}(\hat{k})I_n = \sum_{G_q^{(1)}\in G_q^{(2)}}\mathrm{e}^{-\mathrm{j}\mathbf{k}\cdot(\mathbf{r}_q^{(2)}-\mathbf{r}_q^{(1)})}\sum_{n\in G_q^{(1)}}\mathbf{V}_{qn}^{(1)}(\hat{k})I_n \tag{11.4.37}$$

上式可以高效地从第 1 层的小组的聚合场中计算。以类似的方式，由式(11.4.32)不难证明，第 1 层接收函数可以从第 2 层接收函数中计算，即

$$\mathbf{V}_{mp}^{(1)}(\hat{k}) = \mathrm{e}^{-\mathrm{j}\mathbf{k}\cdot(\mathbf{r}_p^{(1)}-\mathbf{r}_p^{(2)})}\mathbf{V}_{mp}^{(2)}(\hat{k}) \tag{11.4.38}$$

上式可用于从上层到下层的解聚。最后要注意，对于式(11.4.34)中的数值积分来说，数值积分点的数量取决于组的大小。因此，更高层的组由于其尺寸较大而需要更多的积分点。在多层聚合过程中，当计算更高层组的辐射函数时，可以通过对低层组的辐射函数进行插值完成。反之，在多层解聚过程中，接收函数的计算从高层向低层进行，可以减少积分点数量，即**疏值**。适当形式的插值与疏值可以达到指数级的精度[37]。

前面的讨论只介绍了快速多极子法与多层快速多极子算法的主要思路与某些关键公式。为了开发高精度、高效率的多层快速多极子算法代码，还需要仔细处理许多技术性问题。感兴趣的读者可以参考最近出版的相关著作[37, 53]，这些书籍详细描述了这两种方法的理论、实施与应用。需要指出，尽管本节中的所有公式使用 RWG 函数作为基函数与检验函数，但在选择基函数和检验函数时实际上并没有限制。事实上，只需改变式(11.4.32)中的 $\mathbf{\Lambda}_m$ 就可以采用不同的检验函数，而只需改变式(11.4.33)中的 $\mathbf{\Lambda}_n$ 就可以采用不同的基函数，这是很容易实现的。因为更高阶的收敛性，在快速多极子法中采用高阶基函数特别具有吸引力[38~40]，图 11.21 所示为典型的收敛曲线。图 11.22 所示为使用 537 600 个未知数的三阶基函数计算的直径为 72λ 导电球的双站 RCS 曲线,其结果与 Mie 级数求解结果进行了对比。在整个区间上,RMS 误差约为 0.22 dB。

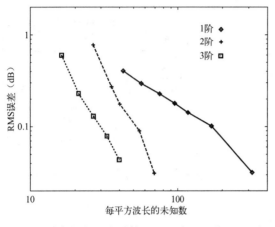

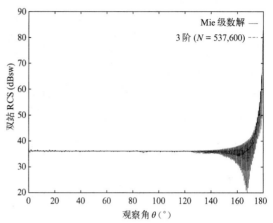

图 11.21　直径为 9λ 的球体 H 面双站 RCS 的 RMS 误差与每平方波长上的未知数的数量之间的关系

图 11.22　直径为 72λ 的导电球的 E 面双站 RCS

到目前为止,快速多极子法已经被应用于分析各种电磁问题,这些应用包括电容计算[41,42]、超低频率仿真[43]、阻抗表面的散射[44]、均匀介质体的散射[45]、非均匀物体的散射[46]、掩埋物体的散射[47],以及分层媒质问题[48~52]等。由于快速多极子法的应用,前所未有的超大尺寸问题可以得到解决。图 11.23 显示的是频率为 1 GHz 时,由赫兹偶极子在汽车上感应出的表面电流分布[44]。在此问题的仿真中,汽车的绝大部分以理想导体建模,窗户玻璃以介质薄板建模,轮胎以阻抗表面建模。图 11.24 显示了频率为 2 GHz 时,平面波入射所感应的飞机表面电流分布[44],其中,垂直极化的平面波从鼻锥方向以 30°角入射。平面波为垂直极化波,并从鼻锥方向以 30°角入射。频率为 2 GHz 时,飞机的长度大于 100λ,其表面离散产生近 100 万个未知数,对于矩量法产生的满阵,这将需要 8 TB 的内存来存储。采用多层快速多极子算法可以将内存需求减少到2.5 GB。此后,对同一目标还计算了 8 GHz 时的散射,该计算采用了近 1000 万个未知数[37]。

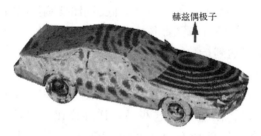

图 11.23　赫兹偶极子在 1.0 GHz 辐射时,车上的感应面电流分布

图 11.24　在 2 GHz 的平面波照射下,飞机上的感应面电流分布

11.5 自适应交叉近似算法

前几节讨论了求解积分方程的三种快速算法——共轭梯度-快速傅里叶变换法、自适应积分法和快速多极子法。这些方法称为**基于物理**或**基于内核**的快速算法,因为其公式建立、数值实现和性能均取决于特定的积分内核,以及对积分算子的分解。尽管这些算法在求解包含几百万个未知数的大尺寸问题时非常强大,但是基于内核的方法有一个共同的缺点:对于不同的问题(如分层媒质问题),其公式建立及算法实现都会随着问题积分内核的改变而改变。除了基于内核的方法,还有另外一类快速方法,例如自适应交叉近似法(ACA)[54~57]和多层矩阵分解法[77~79],它们纯粹**基于代数**,与**内核无关**。这些方法直接作用于矩量法矩阵,只通过线性代数的处理就能加速其计算过程。因此,这些算法的公式和实现不取决于特定的积分内核,从而可以很方便地应用于不同问题的矩量法求解。本节讨论自适应交叉近似法,关于此方法在电磁分析中的应用也可查阅参考文献[58,59]。

11.5.1 低秩矩阵

与很多其他快速求解方法相同,自适应交叉近似法利用了矩量法矩阵中非对角线子块矩阵秩亏的特点。我们知道,矩量法中的矩阵元素表示基函数与检验函数所代表的源之间的相互作用。对角线元素表示自相互作用,非对角线元素表示相互作用,当基函数与检验函数之间的距离增大时,相互作用将减弱。一组基函数与一组检验函数的相互作用由矩量法矩阵中的子块矩阵表示。当两个小组相互靠近时,其中一个小组可以清楚地"看到"另一个小组,也可以"看到"非常细节的特征(每一个基函数与检验函数)。而随着两个组之间的距离增大,其中一组只能"看到"另一组的作为整体的作用,无法再"看到"细微特征。因此,虽然此子块矩阵依然是完全填充的,但其中包含的信息少于两个邻近组之间的矩阵。换言之,两个远距离组的子矩阵其实可以用更少的参数来表示。相对于代表邻近两组之间相互作用的**满秩**矩阵,该矩阵称为**秩亏**或**低秩**矩阵。

为了说明秩亏矩阵的特性,考虑一个子矩阵$[z]_{M \times M}$,其矩阵元素为

$$z_{mn} = \iint_S \iint_S \psi_m(\mathbf{r}) g(\mathbf{r}, \mathbf{r}') \psi_n(\mathbf{r}') \, \mathrm{d}S' \mathrm{d}S, \qquad m, n = 1, 2, \cdots, M \tag{11.5.1}$$

此矩阵表示 M 个检验函数 $\psi_m(\mathbf{r})$ 的组与 M 个基函数 $\psi_n(\mathbf{r}')$ 的组之间的相互作用。若 $g(\mathbf{r}, \mathbf{r}')$ 可以近似表示为两个函数的乘积,如

$$g(\mathbf{r}, \mathbf{r}') = f(\mathbf{r}) h(\mathbf{r}') + e(\mathbf{r}, \mathbf{r}') \tag{11.5.2}$$

式中,$e(\mathbf{r}, \mathbf{r}')$ 为误差函数,则 z_{mn} 可以写成 $z_{mn} = u_m v_n + e_{mn}$,式中

$$u_m = \iint_S \psi_m(\mathbf{r}) f(\mathbf{r}) \, \mathrm{d}S, \qquad m = 1, 2, \cdots, M \tag{11.5.3}$$

$$v_n = \iint_S \psi_n(\mathbf{r}') h(\mathbf{r}') \, \mathrm{d}S', \qquad n = 1, 2, \cdots, M \tag{11.5.4}$$

$$e_{mn} = \iint_S \iint_S \psi_m(\mathbf{r}) e(\mathbf{r}, \mathbf{r}') \psi_n(\mathbf{r}') \, \mathrm{d}S' \mathrm{d}S, \qquad m, n = 1, 2, \cdots, M \tag{11.5.5}$$

而矩阵$[z]_{M \times M}$可以写为

$$[z]_{M \times M} = \{u\}_{M \times 1} \{v\}_{1 \times M} + [e]_{M \times M} \qquad (11.5.6)$$

由$\{u\}_{M \times 1} \{v\}_{1 \times M}$形成的矩阵称为**一阶矩阵**,可用$2M$(而不是$M^2$)个元素表示。

对于大部分问题来说,通常难以高精度地将$g(\mathbf{r}, \mathbf{r}')$展开成式(11.5.2)的形式。实际上,往往需要多个乘积项才能减小误差函数,达到较高的精度。因此$g(\mathbf{r}, \mathbf{r}')$的展开式变为

$$g(\mathbf{r}, \mathbf{r}') = \sum_{r=1}^{R} f_r(\mathbf{r}) h_r(\mathbf{r}') + e(\mathbf{r}, \mathbf{r}') \qquad (11.5.7)$$

z_{mn}也由此写为

$$z_{mn} = \sum_{r=1}^{R} u_{mr} v_{rn} + e_{mn} \qquad (11.5.8)$$

式中,

$$u_{mr} = \iint_S \psi_m(\mathbf{r}) f_r(\mathbf{r}) \, \mathrm{d}S, \qquad m = 1, 2 \cdots, M; \ r = 1, 2, \cdots, R \qquad (11.5.9)$$

$$v_{rn} = \iint_S \psi_n(\mathbf{r}') h_r(\mathbf{r}') \, \mathrm{d}S', \qquad n = 1, 2 \cdots, M; \ r = 1, 2, \cdots, R \qquad (11.5.10)$$

而矩阵$[z]_{M \times M}$也变为

$$[z]_{M \times M} = [u]_{M \times R} [v]_{R \times M} + [e]_{M \times M} \qquad (11.5.11)$$

由$[u]_{M \times R} [v]_{R \times M}$形成的矩阵称为$R$阶矩阵,可用$2RM$(而不是$M^2$)个元素表示。此矩阵与矢量的乘积计算量是$2RM$(而不是$M^2$)次运算。当$R$远小于$M$时,与直接乘积相比,这样的乘积计算可以用更少的运算次数完成。

由上述讨论可知,只要以较小的R值把格林函数分解成式(11.5.7)的形式,若$[e]_{M \times M}$可忽略,矩阵向量积的计算就能加速,这正是我们在快速多极子法中所做的。式(11.4.7)和式(11.4.29)分别是用于散射分析的二维格林函数和三维格林函数的显式分解。另外一种选择是,从$[z]_{M \times M}$直接计算出$[u]_{M \times R}$与$[v]_{R \times M}$,然后使用$[u]_{M \times R}$与$[v]_{R \times M}$高效地计算矩阵向量积。这种替代方法的优点是无须显式分解格林函数。对于格林函数难以进行显式分解的问题,这一优点非常重要。

由$[z]_{M \times M}$计算$[u]_{M \times R}$和$[v]_{R \times M}$的一种非常成熟的方法是采用**奇异值分解**(SVD)[80]。根据此方法,任何矩阵可以分解成三个矩阵的积:

$$[z]_{M \times M} = [U]_{M \times M} [\Sigma]_{M \times M} [V^*]_{M \times M} \qquad (11.5.12)$$

式中,$[U]$与$[V]$为酉矩阵,$[\Sigma]$为对角矩阵,其矩阵元素为$[z]_{M \times M}$的奇异值。由于秩亏矩阵的奇异值呈指数减小,所以只有几个很大的奇异值对$[z]_{M \times M}$有显著的贡献。若保留前R个较大的奇异值,而忽略其余的小值,则式(11.5.12)可以近似为$[z]_{M \times M} \approx [u]_{M \times R} [v]_{R \times M}$,而这正是我们所希望的。遗憾的是,奇异值分解的实施需要计算矩阵,其代价高昂。自适应交叉近似算法[54~57]的开发是为了能以更低的代价,在无须计算满阵的情况下,只通过选择矩阵中的几行与几列来得到矩阵的压缩表示。

11.5.2　自适应交叉近似

自适应交叉近似算法是基于秩亏矩阵的**交叉近似**或**骨架近似**。在交叉近似中，$[u]_{M \times R}$ 与 $[v]_{R \times M}$ 通过迭代构建。迭代的目标是减小下面的误差矩阵：

$$[e]_{M \times M} = [z]_{M \times M} - [u]_{M \times R}[v]_{R \times M} \tag{11.5.13}$$

迭代一直持续到 $\|e\| < \varepsilon \|z\|$，其中的 ε 为指定的公差；$\|e\|$ 与 $\|z\|$ 分别为 $[e]_{M \times M}$ 与 $[z]_{M \times M}$ 的 Frobenius 范数，其定义为

$$\|e\| = \sqrt{\sum_{m=1}^{M}\sum_{n=1}^{M}|e_{mn}|^2} \tag{11.5.14}$$

迭代过程可表示为

$$[e]_{M \times M}^{(k)} = [z]_{M \times M} - [u]_{M \times k}[v]_{k \times M}, \quad k = 0, 1, 2, \cdots, R \tag{11.5.15}$$

对于 $k=0$，有 $[e]_{M \times M}^{(0)} = [z]_{M \times M}$。然后搜索整个 $[e]_{M \times M}^{(0)}$，并找出绝对值最大的矩阵元素。将该矩阵元素表示为 $e^{(0)}(I_1, J_1)$，然后令

$$u(:,1) = \frac{e^{(0)}(:,J_1)}{e^{(0)}(I_1,J_1)} \tag{11.5.16}$$

$$v(1,:) = e^{(0)}(I_1,:) \tag{11.5.17}$$

很容易证明，$u(:,1)v(1,:)$ 会准确地生成 $[e]_{M \times M}^{(0)}$ 的第 I_1 行与第 J_1 列。因此，新误差矩阵 $[e]_{M \times M}^{(1)} = [e]_{M \times M}^{(0)} - u(:,1)v(1,:) = [z]_{M \times M} - [u]_{M \times 1}[v]_{1 \times M}$ 中的第 I_1 行与第 J_1 列的矩阵元素可被完全消除（其值为零）。接下来，搜索整个 $[e]_{M \times M}^{(1)}$，找出绝对值最大的矩阵元素。将该矩阵元素表示为 $e^{(1)}(I_2, J_2)$，然后令

$$u(:,2) = \frac{e^{(1)}(:,J_2)}{e^{(1)}(I_2,J_2)} \tag{11.5.18}$$

$$v(2,:) = e^{(1)}(I_2,:) \tag{11.5.19}$$

同样，$u(:,2)v(2,:)$ 会准确地生成 $[e]_{M \times M}^{(1)}$ 的第 I_2 行与第 J_2 列。同时第 I_1 行与第 J_1 列中的零元素保持不变，因此新误差矩阵 $[e]_{M \times M}^{(2)} = [e]_{M \times M}^{(1)} - u(:,2)v(2,:) = [z]_{M \times M} - [u]_{M \times 2}[v]_{2 \times M}$ 的第 I_1 行与第 I_2 行及第 J_1 列与第 J_2 列被完全消除（其值为零）。继续这个过程，对于第 k 次迭代来说，我们会搜索整个 $[e]_{M \times M}^{(k-1)}$，找出绝对值最大的矩阵元素。将该矩阵元素表示为 $e^{(k-1)}(I_k, J_k)$，然后令

$$u(:,k) = \frac{e^{(k-1)}(:,J_k)}{e^{(k-1)}(I_k,J_k)} \tag{11.5.20}$$

$$v(k,:) = e^{(k-1)}(I_k,:) \tag{11.5.21}$$

$[u]_{M \times k}[v]_{k \times M}$ 形成的矩阵将完全消除新误差矩阵 $[e]_{M \times M}^{(k)} = [z]_{M \times M} - [u]_{M \times k}[v]_{k \times M}$ 中的 $(I_1, I_2, \cdots, I_k)$ 行与 $(J_1, J_2, \cdots, J_k)$ 列的元素。在每一次迭代中，需要计算 $[e]_{M \times M}^{(k)}$ 的 Frobenius

范数,并与$[z]_{M \times M}$的 Frobenius 范数进行比较。迭代一直持续到 $\| e^{(R)} \| < \varepsilon \| z \|$ 为止。

上面描述的交叉近似法与全选主元的 LU 分解法非常相似。事实上,若迭代一直持续到末尾(即 $R=M$),则$[u]_{M \times R}$与$[v]_{R \times M}$可以通过行行交换与列列交换重新排列变成上三角形和下三角形矩阵。遗憾的是,虽然可以通过前面介绍的交叉近似过程成功地得到$[u]_{M \times R}$与$[v]_{R \times M}$,但这一过程存在两个问题。第一,为了搜索最大的矩阵元素,需要完全已知的原始矩阵$[z]_{M \times M}$;第二,为了计算 $\| z \|$,需要在每一次迭代中更新误差函数。因此,整个过程的计算代价高昂。自适应交叉近似算法改进了近似过程,从而消除了这些缺点。

在自适应交叉近似算法中,首先选择任意一行,如 $I_1 = 1$ 或 $I_1 = M/2$,计算 $z(I_1, :)$,并且令 $v(1, :) = z(I_1, :)$。然后找出 $v(1, :)$ 中最大矩阵元素的列数 J_1。接着计算 $z(:, J_1)$,并设定 $u(:, 1) = z(:, J_1)/v(1, J_1)$,这就完成了第一次迭代。为了进行下一次迭代,首先找出 $u(:, 1)$ 中最大矩阵元素的行数 I_2,计算 $z(I_2, :)$,并令 $v(2, :) = z(I_2, :) - u(I_2, 1)v(1, :)$。然后找出 $v(2, :)$ 中最大矩阵元素的列数 J_2,计算 $z(:, J_2)$,并设定 $u(:, 2) = [z(:, J_2) - u(:, 1)v(1, J_1)]/v(2, J_2)$,这就完成了第二次迭代。对于第 k 次迭代,首先找出 $u(:, k-1)$ 中最大矩阵元素的行数 I_k,计算 $z(I_k, :)$,然后令

$$v(k, :) = z(I_k, :) - \sum_{i=1}^{k-1} u(I_k, i)v(i, :) \tag{11.5.22}$$

接着找出 $v(k, :)$ 中最大矩阵元素的列数 J_k,计算 $z(:, J_k)$,并设定

$$u(:, k) = \frac{1}{v(k, J_k)} \left[z(:, J_k) - \sum_{j=1}^{k-1} u(:, j)v(j, J_k) \right] \tag{11.5.23}$$

为了终止迭代,需要计算 $\| e^{(k)} \|$,并将其与 $\| z \|$ 进行比较。在自适应交叉近似算法中,由于$[e]_{M \times M}^{(k)}$与$[z]_{M \times M}$没有显式计算,故需要对 $\| e^{(k)} \|$ 进行近似。注意,在最新一次迭代中,所消除的是对 $\| e^{(k)} \|$ 最大的贡献,即来自 $u(:, k)$ 和 $v(k, :)$ 的贡献,因此可以首先用这一项近似 $\| e^{(k)} \|$,即 $\| e^{(k)} \| \approx \| u(:, k) \| \cdot \| v(k, :) \|$。然后,可以通过近似矩阵$[z]_{M \times M}^{(k)} = [u]_{M \times k}[v]_{k \times M}$的 Frobenius 范数来近似 $\| z \|$,即 $\| z \| \approx \| z^{(k)} \| = \| [u]_{M \times k}[v]_{k \times M} \|$。因此 $\| z^{(k)} \|$ 的值可以由下式递归计算:

$$\|z^{(k)}\|^2 = \|z^{(k-1)}\|^2 + 2\sum_{j=1}^{k-1} |u^{\mathrm{T}}(:, j)u(:, k)| \cdot |v(j, :)v^{\mathrm{T}}(k, :)| + \|u(:, k)\|^2 + \|v(k, :)\|^2 \tag{11.5.24}$$

在满足终止迭代条件 $\| e^{(k)} \| < \varepsilon \| z^{(k)} \|$ 时停止迭代。

从前面对自适应交叉近似算法的描述中可以看出,该算法只需知道原始矩阵的部分信息就能找出其近似。当达到误差范围要求时,迭代就会停止;从这个意义上讲,其迭代过程是自适应的,且误差可控。如果没有任何阶数近似或压缩,该算法最终就会收敛到原始矩阵。在第 k 次迭代中,式(11.5.22)和式(11.5.23)的计算需要进行 $O(kM)$ 次运算。因此,整个过程需要 $O(R^2M)$ 次运算来生成 R 阶低秩矩阵的近似值,内存需求为 $O(RM)$。而一旦完成了该近似,就能通过 $O(RM)$ 次运算求得矩阵向量积。

11.5.3 矩量法求解中的应用

为了将自适应交叉近似算法用于矩量法矩阵的求解，首先需要将矩量法问题中的未知数以多层的方式分成若干组，多层细分方式与多层快速多极子算法使用的方法类似。由此，矩量法矩阵可以隐性地分成许多大小不一的子块。对代表远距离相互作用的子块，应用自适应交叉近似算法压缩以减少内存需求。对代表自相互作用及邻近相互作用的子块，可以通过显式计算生成。当通过迭代的方式求解矩量法矩阵时，矩阵向量积可以高效地计算，其中远距离相互作用的贡献可以利用压缩表达式计算，而自相互作用与邻近相互作用则可直接计算。

自适应交叉近似算法非常适合积分内核渐进平滑的静态问题与低频电磁问题[57]。科研人员也研究了该算法应用在电磁散射问题时的性能，在这些问题中，积分内核在远距离时也保持振荡[58]。作为例子，考虑半径为 1 m 的理想导体球的散射问题。在这个例子中考虑两种离散：一种离散将频率固定在 30 MHz，而将离散尺寸 h 从 $\lambda/130$ 减小到 $\lambda/520$；另一种离散将离散值固定在 $h/\lambda = 1/7$，而频率从 600 MHz 提高到 2.4 GHz。图 11.25 所示为使用自适应交叉近似算法得到的矩量法矩阵中固定多层细分子矩阵的最大阶数(rank)，其终止条件为 $\varepsilon = 10^{-3}$[58]。此结果表明，当频率固定时物体的电尺寸也随之固定。因此，虽然离散密度增加了，但最大阶数仍为常数。另一方面，当频率提高时，物体的电尺寸会增大，最大阶数也随之增大，从图中可看出，最大阶数与 $\sqrt{N}$ 成正比。我们可以从式(11.5.7)理解这两种现象，当 $\mathbf{r}$ 与 $\mathbf{r}'$ 距离很远时，式(11.5.7)可以通过在 $\mathbf{r}-\mathbf{r}'$ 方向对积分内核插值获得。因为 $e^{-jk_0|\mathbf{r}-\mathbf{r}'|}$ 的振荡，在尺寸为 D 的物体上对内核插值时的点数与 k_0D 成正比。在频率固定时，k_0D 为常数，因此，不论离散密度怎样，最大阶数趋向于常数。在固定离散密度时，$N \sim (k_0D)^2$，则最大阶数与 $\sqrt{N}$ 成正比。在固定频率与固定离散密度两种情况下，生成矩量法矩阵的交叉近似所需的内存与计算时间如图 11.26 所示[58]。对于固定频率的情况，内存需求与计算时间正比于 $O(N\log N)$，这说明自适应交叉近似算法对于静态及低频应用非常有效。对于固定离散密度的情况，内存需求与计算时间正比于 $O(N^{4/3}\log N)$，因为很多子矩阵的数值阶数都因为终止条件 $\varepsilon = 10^{-3}$ 而远小于 $\sqrt{M}$。

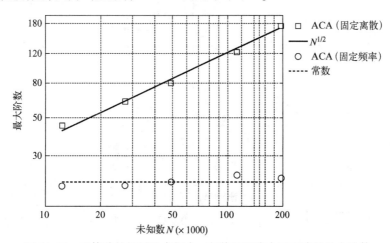

图 11.25 导体球的矩量法求解中，离散后矩阵中子矩阵的最大阶数

　　由于自适应交叉近似算法直接作用于矩量法矩阵，因此它可以很容易地应用在其他积分方程的矩量法求解中。为了展示这个能力，我们考虑在 10.3.4 节中的介质体散射 PMCHWT 积分方程的矩量法求解。对半径分别为 0.5λ、1.0λ 和 2.0λ，相对介电常数为 4 的介质球，用于生成低秩近似的内存使用、计算时间及矩阵向量积的计算时间如图 11.27 所示。离散尺寸固定在 $h/\lambda = 1/10$，当半径增加一倍时，未知数的数量会增加 4 倍。对于所有情况，内存需求及计算时间为 $O(N^{4/3}\log N)$。图 11.28 所示为半径为 1.0λ 的介质球的双站 RCS 的计算误差。图中展示了两种数值结果：一种是通过标准矩量法获得的结果，其矩阵没有进行任何近似(用 N^2 标记)；另一种是使用自适应交叉近似算法获得的结果。误差是使用 Mie 级数解作为参照计算得到的。从图中可以看到，自适应交叉近似算法求解的精度约为 0.1 dB，对于大部分实际应用来说，此误差值可以忽略不计。

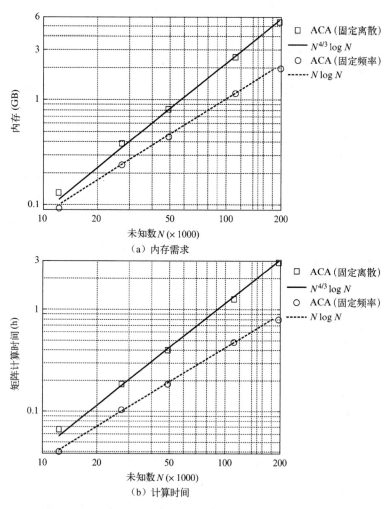

（a）内存需求

（b）计算时间

图 11.26　自适应交叉近似算法应用于求解导体球矩量法矩阵的计算复杂度

　　自适应交叉近似算法也可用在基于 LU 分解的矩量法矩阵的直接求解算法中，这一点对于具有多个方程右边项的应用来说很有用，例如单站 RCS 的计算[59]。直接法求解算法基于这样的事实：当未知数按照空间分组时，不仅矩量法矩阵的子块是低秩的，其 LU 分解矩阵的子块也是低秩的，因而可以被压缩。此外，在单站 RCS 计算中，方程右边项矩阵的子块及最终的求解块都是低秩的，也都可以利用自适应交叉近似算法进行压缩。因此我们可以设计递归公式，从矩量法矩阵子块的低秩近似中计算其 LU 分解子块的压缩形式[59]。数值算例表明，通常情况下，矩量法矩阵及其 LU 分解的压缩率可以超过 90%，方程右边项矩阵的压缩率在 95% 以上，最终解矩阵的压缩率在 85% 以上。由此，仅用一台个人计算机就可以求解未知数超过 100 万个的散射问题。

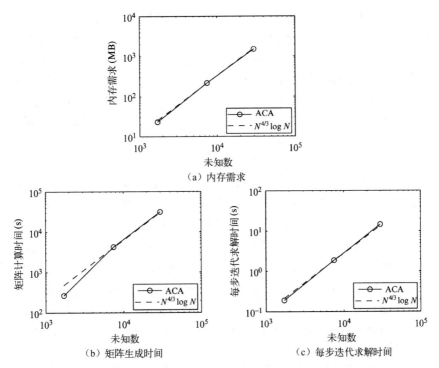

图 11.27　应用自适应交叉近似算法求解半径为 0.5λ、1.0λ 和
2.0λ 的介质球的计算时间及内存与未知数的关系

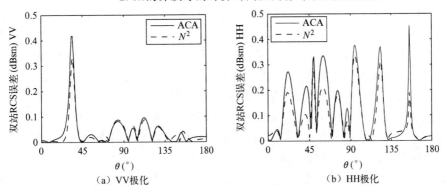

图 11.28　使用常规矩量法和自适应交叉近似算法求解半径为 1λ 的介质球的双站 RCS 的误差对比

11.6　混合技术简介

　　前面各章所讨论的有限差分法、有限元法及矩量法是电磁问题建模与分析的三种主要数值技术。其他数值方法，比如传输线法、有限积分技术、有限体积法及边界元法都可以看成这三种方法中某一种的变形或等效方法。在这三种方法中，有限差分法是计算矩形网格上的电磁场的最简单方法。其时域版本——基于 Yee 网格的时域有限差分对于解决动态电磁问题非常有效，因为它离散麦克斯韦方程的方式模拟了电场与磁场之间相互作用的物理机制。该方法可以很容易地处理各向异性媒质和非均匀媒质。时域有限差分法的效率非常高，因为其不涉及任何矩阵求解。作为一种直接求解偏微分方程的方法，为计算求解区域内的场，时域有限差分法需要将计算区域进行网格离散。在无界问题中，求解区域延伸到无穷远，因此求解区域必须被截断并且小心处理，以使被截断的计算区域能够模拟原来的开放空间，这是限制该方法精度和应用的主要障碍。后来针对网格截断开发的理想匹配层成功地克服了这一瓶颈问题。有限差分法的另外一个重大问题是使用矩形网格无法准确地对复杂几何结构进行模拟。这个问题可以通过采用共形的网格或者子网格技术(必要时采用更精细的矩形网格划分)部分地解决，然而，相应的数值算法就会变得更复杂或者效率会降低。

　　另一方面，有限元法在模拟复杂结构与材料方面具有无可匹敌的能力。使用曲边三角形与四面体元的非结构网格，该方法可以准确地模拟弯曲表面、微小结构及复杂形状。尽管有限元法需要求解大型矩阵方程，但由于其系数矩阵非常稀疏，而且往往对称，因此可以利用先进的稀疏求解算法高效地求解。有限元分析可以在频域或时域中实现，其时域分析公式可以无条件稳定。这样，对于那些含有精细结构的有限元问题来说，无须缩短其时间步长。与时域有限差分法一样，有限元方法直接求解偏微分方程，因此，它也需要将整个计算区域离散。如果计算区域无界，那么它也需要将开放区域截断，变成有限区域。如何恰当地处理网格截断一直是开放区域电磁问题有限域分析的主要研究课题之一。另一个限制有限元法应用障碍是其需要生成非常复杂的网格。随着高度稳健的网格生成器的不断开发，这个障碍正在逐渐被消除。

　　与有限差分法和有限元法不同，矩量法基于以麦克斯韦方程的基本解即格林函数表示的积分方程。由此，辐射场与散射场必须满足的索末菲远场辐射条件可通过选取合适的格林函数自动包含在矩量法公式中，而无须进行特殊处理。矩量法非常适合模拟金属物体，因为采用表面积分方程，计算区域可被限定在金属表面上。对于包含分层媒质或大块均匀媒质的问题，矩量法也非常有效，因为对于这些情形，介质的作用或可通过特殊的格林函数包含其内，或可利用等效面电流与等效面磁流来模拟。然而，对于包含复杂材料(各向异性与非均匀材料)的复杂结构，矩量法的能力就会遇到挑战。此外，由于使用了格林函数，矩量法生成完全填充的满阵，其计算与求解的复杂度非常高。因此，传统矩量法在分析具有几百万个未知数的大型问题时变得非常耗时且需要大量内存。现在，这一问题随着各种快速求解算法的开发而得到基本解决。

　　从上述讨论中可以清楚地看到这三种方法各自的优缺点。这三种方法不存在最优，而是要根据具体问题来选择。时域有限差分法无须求解矩阵方程，因此非常高效，其用于网格截断处理的理想匹配层的模拟已很成熟和稳定。有限元法可以对复杂的几何结构和材料准确建模,产生非常稀疏的矩阵,而其时域计算可以无条件稳定。矩量法可以准确地模拟自由空间,并只需要进行表面离散,因而它对于大型金属表面和均匀物体的仿真计算来说是颇具吸引力的一种选择。根据这些观察,大家自然会问:是否有可能利用一种方法的优点来弥补另一种方法的缺点?或者说是否有可能组合这些方法的优点而消除其缺点?答案是肯定的。我们可以将不同的方法基于代数或物理原理结合起来,形成混合技术。在本章的剩余部分,我们将以两种混合技术为例,说明如何来开发这类技术,并提高其性能。第一种技术是时域有限元法与时域有限差分法的结合,第二种是有限元法与矩量法的结合。

11.7 有限差分与有限元混合方法

我们首先介绍时域有限元与时域有限差分的混合方法。对于很多实际问题,我们需要对同时包含非常复杂结构和非常大均匀区域的计算问题进行建模。其中一个例子是天线辐射,另外一个例子是复杂目标的散射。当采用吸收边界条件或理想匹配层来截断计算区域时,截断所在位置与所仿真物体需要有一定距离,这就需要模拟一个包围物体的自由空间区域,这个区域通常很大。如果使用时域有限元来模拟自由空间区域中的场,最终就会得到一个很大的有限元矩阵,它必须在每一个时间步中进行求解。然而,如果用时域有限差分法来模拟自由空间区域的场,用时域有限元来模拟所仿真物体附近或内部不规则区域内我们感兴趣的场,则可以极大地提高计算效率,因为时域有限差分无须求解矩阵方程,可以直接计算场。此外,在时域有限差分算法中,理想匹配层已经是非常成熟并被广泛应用的技术,且被证明是非常稳健的。当时域有限差分用于模拟周围自由空间中的场时,理想匹配层截断可直接应用于时域有限差分。另一方面,由于时域有限元公式可以无条件稳定,因此能够利用非常小的单元对感兴趣物体中的细微特征进行建模,而不会对解的稳定性带来任何负面影响。所有这些观察结论表明,如果时域有限元与时域有限差分能够以一种准确而稳定的方式结合,得到的混合技术对于很多工程应用来说就非常有用。因此,研究人员投入了大量精力致力于这项技术的开发[81~92]。本节将介绍一种基于时域有限元与时域有限差分公式之间的等效性而开发的混合方法[87~91]。

11.7.1 时域有限元与时域有限差分之间的关系

正如前面提到的,时域有限元与时域有限差分的混合依赖于这两种方法之间的特定关系。为了阐明这种关系,我们以二维横电场的情况为例,推导其电场的时域有限元与时域有限差分的时间步进公式。为此,考虑图 11.29 所示的包含两个矩形单元的结构,推导 $\mathscr{E}_4$ 的时间步进公式。

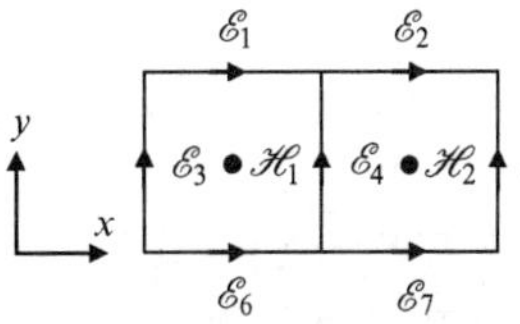

无耗无源区域中横电场的标量麦克斯韦方程为

图 11.29 电场设在棱边且磁场设在单元中心的两个矩形单元

$$\frac{\partial \mathscr{E}_y}{\partial x} - \frac{\partial \mathscr{E}_x}{\partial y} = -\mu \frac{\partial \mathscr{H}_z}{\partial t} \qquad (11.7.1)$$

$$\frac{\partial \mathscr{H}_z}{\partial y} = \epsilon \frac{\partial \mathscr{E}_x}{\partial t} \tag{11.7.2}$$

$$\frac{\partial \mathscr{H}_z}{\partial x} = -\epsilon \frac{\partial \mathscr{E}_y}{\partial t} \tag{11.7.3}$$

将基于 Yee 网格的时域有限差分分别应用于式(11.7.3)和式(11.7.1)，得到

$$\mathscr{E}_4^{n+1} = \mathscr{E}_4^n - \frac{\Delta t}{\epsilon \Delta x} \left[\mathscr{H}_2^{n+1/2} - \mathscr{H}_1^{n+1/2} \right] \tag{11.7.4}$$

$$\mathscr{H}_1^{n+1/2} = \mathscr{H}_1^{n-1/2} - \frac{\Delta t}{\mu \Delta x} \left[\mathscr{E}_4^n - \mathscr{E}_3^n \right] + \frac{\Delta t}{\mu \Delta y} \left[\mathscr{E}_1^n - \mathscr{E}_6^n \right] \tag{11.7.5}$$

$$\mathscr{H}_2^{n+1/2} = \mathscr{H}_2^{n-1/2} - \frac{\Delta t}{\mu \Delta x} \left[\mathscr{E}_5^n - \mathscr{E}_4^n \right] + \frac{\Delta t}{\mu \Delta y} \left[\mathscr{E}_2^n - \mathscr{E}_7^n \right] \tag{11.7.6}$$

使用式(11.7.5)和式(11.7.6)消除式(11.7.4)中的磁场，得到 $\mathscr{E}_4$ 的时间步进公式为

$$\mathscr{E}_4^{n+1} = 2\mathscr{E}_4^n - \mathscr{E}_4^{n-1} - \left(\frac{c\Delta t}{\Delta x}\right)^2 \left[2\mathscr{E}_4^n - \mathscr{E}_3^n - \mathscr{E}_5^n \right] - \frac{(c\Delta t)^2}{\Delta x \Delta y} \left[\mathscr{E}_2^n + \mathscr{E}_6^n - \mathscr{E}_1^{vn} - \mathscr{E}_7^n \right] \tag{11.7.7}$$

式中，$c = 1/\sqrt{\mu\epsilon}$ 为媒质中的光速。

现在考虑时域有限元公式。根据矢量基函数的特性很容易写出 $\mathscr{E}_1$、$\mathscr{E}_4$ 与 $\mathscr{E}_7$ 的一阶矢量基函数为

$$\mathbf{N}_1 = \begin{cases} \hat{x}\left(1 - \dfrac{y_1 - y}{\Delta y}\right), & \text{单元1中} \\[2mm] 0, & \text{单元2中} \end{cases} \tag{11.7.8}$$

$$\mathbf{N}_4 = \begin{cases} \hat{y}\left(1 - \dfrac{x_4 - x}{\Delta x}\right), & \text{单元1中} \\[2mm] \hat{y}\left(1 - \dfrac{x - x_4}{\Delta x}\right), & \text{单元2中} \end{cases} \tag{11.7.9}$$

$$\mathbf{N}_7 = \begin{cases} 0, & \text{单元1中} \\[2mm] \hat{x}\left(1 - \dfrac{y - y_7}{\Delta y}\right), & \text{单元2中} \end{cases} \tag{11.7.10}$$

式中，单元 1 位于图 11.29 左侧，单元 2 位于该图右侧。其余棱边的基函数具有类似的形式。通过有限元离散之后，$\mathscr{E}_4$ 的方程变为

$$\sum_{j=1}^{7} T_{ij} \frac{\mathrm{d}^2 \mathscr{E}_j}{\mathrm{d}t^2} + \sum_{j=1}^{7} S_{ij} \mathscr{E}_j = 0, \quad i = 4 \tag{11.7.11}$$

式中，T_{ij} 与 S_{ij} 分别由式(9.4.9)和式(9.4.11)给出。现在，若不使用解析形式或高阶积分公式，而采用如下梯形积分法：

$$\int_{x_1}^{x_2} f(x)\,\mathrm{d}x = \frac{x_2 - x_1}{2} \left[f(x_1) + f(x_2) \right] \tag{11.7.12}$$

计算式(9.4.9)的积分，则可得 $T_{ij} = 0 (i \neq j)$ 和 $T_{44} = \epsilon \Delta x \Delta y$。由于被积函数是常数，因此很

容易求得式(9.4.11)中的积分。计算出 T_{ij} 与 S_{ij} 后，式(11.7.11)变为

$$\epsilon \Delta x \Delta y \frac{\mathrm{d}^2 \mathscr{E}_4}{\mathrm{d}t^2} + \frac{\Delta y}{\mu \Delta x} \left[2\mathscr{E}_4 - \mathscr{E}_3 - \mathscr{E}_5 \right] + \frac{1}{\mu} \left[\mathscr{E}_2 + \mathscr{E}_6 - \mathscr{E}_1 - \mathscr{E}_7 \right] = 0 \qquad (11.7.13)$$

利用中心差分代替 Newmark-beta 方法对时间求导进行离散，得到

$$\mathscr{E}_4^{n+1} = 2\mathscr{E}_4^n - \mathscr{E}_4^{n-1} - \left(\frac{c\Delta t}{\Delta x} \right)^2 \left[2\mathscr{E}_4^n - \mathscr{E}_3^n - \mathscr{E}_5^n \right] - \frac{(c\Delta t)^2}{\Delta x \Delta y} \left[\mathscr{E}_2^n + \mathscr{E}_6^n - \mathscr{E}_1^n - \mathscr{E}_7^n \right] \qquad (11.7.14)$$

上式与式(11.7.7)所示的时域有限差分时间步进公式完全相同。因此，当我们利用一阶矢量基函数将时域有限元法应用在矩形网格上并利用梯形积分公式来计算有限元矩阵，然后采用中心差分来离散时间时，时域有限元就相当于用 Yee 网格离散得到的时域有限差分[93,94]。在三维情况下，S_{ij} 的被积函数不再是常数，为了使时域有限元等效于时域有限差分[94]，此积分也应该利用梯形积分公式来计算。时域有限元与时域有限差分之间的这种等效使得我们可以利用时域有限元构建数值解，然后用时域有限差分来代替时域有限元的一部分。

11.7.2　时域有限元与时域有限差分混合方法

建立了时域有限元(FETD)法与时域有限差分(FDTD)法之间的等效后，现在可以推导 FETD-FDTD 混合方法的求解公式。为此，考虑图 11.30 所示的二维问题，整个求解区域的离散是两种网格的结合，一种是与所要建模的几何结构共形的非结构三角形网格，另一种是离散周围均匀区域的结构化矩形网格。为方便起见，假设整个区域均为无耗的，源被限定在三角形网格之内。通过有限元的空间离散可以生成式(9.4.8)所示的二阶常微分方程，此时可写为

$$[T] \frac{\mathrm{d}^2 \{\mathscr{E}\}}{\mathrm{d}t^2} + [S] \{\mathscr{E}\} = \{f\}$$

$$(11.7.15)$$

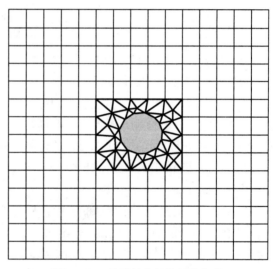

图 11.30　共形的非结构网格与均匀矩形网格的直接结合

式中，$[T]$ 与 $[S]$ 的元素分别由式(9.4.9)与式(9.4.11)给出。为了计算 T_{ij}，对于三角形元采用准确的解析积分形式；对于矩形元，采用梯形积分公式。

现在，将 $\{\mathscr{E}\}$ 中的未知数分成两组。第一组用 $\{\mathscr{E}_1\}$ 表示，包含所有与三角形网格有关的未知数(在图 11.30 中用粗线条表示)及三角形与矩形网格分界上的未知数。第二组用 $\{\mathscr{E}_2\}$ 表示，包含所有与矩形网格有关的未知数(在图 11.30 中用细线条表示)，但不包括分界上的未知数。然后，将式(11.7.15)分割为

$$\begin{bmatrix} T_{11} & T_{12} \\ T_{21} & T_{22} \end{bmatrix} \frac{\mathrm{d}^2}{\mathrm{d}t^2} \begin{Bmatrix} \mathscr{E}_1 \\ \mathscr{E}_2 \end{Bmatrix} + \begin{bmatrix} S_{11} & S_{12} \\ S_{21} & S_{22} \end{bmatrix} \begin{Bmatrix} \mathscr{E}_1 \\ \mathscr{E}_2 \end{Bmatrix} = \begin{Bmatrix} f_1 \\ 0 \end{Bmatrix} \qquad (11.7.16)$$

对于矩形单元来说，由于矢量基函数之间存在正交性，并且因为采用梯形积分来处理非正交函数，所以有$[T_{12}]=[T_{21}]=0$，而$[T_{22}]$为对角矩阵。因此，式(11.7.16)可以分成如下两个方程：

$$[T_{11}]\frac{\mathrm{d}^2\{\mathscr{E}_1\}}{\mathrm{d}t^2} + [S_{11}]\{\mathscr{E}_1\} = \{f_1\} - [S_{12}]\{\mathscr{E}_2\} \tag{11.7.17}$$

$$\epsilon\Delta x\Delta y\frac{\mathrm{d}^2\{\mathscr{E}_2\}}{\mathrm{d}t^2} + [S_{22}]\{\mathscr{E}_2\} = -[S_{21}]\{\mathscr{E}_1\} \tag{11.7.18}$$

对于时间离散，我们把$\beta=1/4$的 Newmark-beta 法应用于式(11.7.17)，把中心差分法应用于式(11.7.18)，由此得到最终的时间步进公式为

$$\left\{\frac{1}{(\Delta t)^2}[T_{11}] + \frac{1}{4}[S_{11}]\right\}\{\mathscr{E}_1\}^{n+1} = \left\{\frac{2}{(\Delta t)^2}[T_{11}] - \frac{1}{2}[S_{11}]\right\}\{\mathscr{E}_1\}^n$$
$$- \left\{\frac{1}{(\Delta t)^2}[T_{11}] + \frac{1}{4}[S_{11}]\right\}\{\mathscr{E}_1\}^{n-1} + \frac{1}{4}\{f_1\}^{n+1} + \frac{1}{2}\{f_1\}^n \tag{11.7.19}$$
$$+ \frac{1}{4}\{f_1\}^{n-1} - [S_{12}]\left(\frac{1}{4}\{\mathscr{E}_2\}^{n+1} + \frac{1}{2}\{\mathscr{E}_2\}^n + \frac{1}{4}\{\mathscr{E}_2\}^{n-1}\right)$$

$$\{\mathscr{E}_2\}^{n+1} = 2\{\mathscr{E}_2\}^n - \{\mathscr{E}_2\}^{n-1} - \frac{(\Delta t)^2}{\epsilon\Delta x\Delta y}([S_{12}]\{\mathscr{E}_1\}^n + [S_{22}]\{\mathscr{E}_2\}^n) \tag{11.7.20}$$

可以看到，尽管式(11.7.19)中出现了$\{\mathscr{E}_2\}^{n+1}$，但是$\{\mathscr{E}_1\}^{n+1}$并没有出现在式(11.7.20)中。因此，给出$\{\mathscr{E}\}^{n-1}$与$\{\mathscr{E}\}^n$，就能利用式(11.7.20)直接计算$\{\mathscr{E}_2\}^{n+1}$，然后利用所计算的$\{\mathscr{E}_2\}^{n+1}$及$\{\mathscr{E}\}^{n-1}$和$\{\mathscr{E}\}^n$，代入式(11.7.19)，通过求解矩阵方程计算$\{\mathscr{E}_1\}^{n+1}$。进一步，由于式(11.7.20)等效于以跳蛙形式更新电场与磁场的 Yee 网格时域有限差分方程，所以可用时域有限差分方程替代式(11.7.20)的计算。在这种情况下，$\{\mathscr{H}_2\}^{n+1/2}$可以由$\{\mathscr{E}\}^{n-1}$和$\{\mathscr{E}\}^n$计算，然后由$\{\mathscr{H}_2\}^{n+1/2}$计算$\{\mathscr{E}_2\}^{n+1}$。在求出$\{\mathscr{E}_1\}^{n+1}$与$\{\mathscr{E}_2\}^{n+1}$后就能计算$\{\mathscr{H}_2\}^{n+3/2}$，以继续时间步进过程。

尽管基于式(11.7.19)的时间步进是无条件稳定的，但是基于式(11.7.20)的时间步进却是有条件稳定的。式(8.3.5)给出了二维计算中的稳定性条件，式(8.4.23)给出了三维计算中的稳定性条件。然而，因为式(11.7.19)的无条件稳定性，在非结构化网格中，可以使用对精细几何结构进行建模所需的小尺寸有限元，而不会影响解的整体稳定性，这是 FETD-FDTD 混合方法最突出的一个优点。此外，由于标准的时域有限差分可以用于计算结构化网格中的场，所以可利用 8.5.3 节中成熟的、非常稳健的理想匹配层对网格截断中的理想匹配层建模，这是该混合技术的另一个突出优点。由于结构化区域中的计算以直接时间步进实现，若结构化区域相对于非结构化区域比较大，则整体的计算将会非常高效。

FETD-FDTD 混合技术可以很方便地拓展到三维问题的分析中[87~92]。其公式与前面介绍的公式几乎一样，可以很容易地推导。唯一需要额外注意的是，在从四面体网格过渡到矩形块网格的过程中，需要用到锥体单元，其矢量基函数在参考文献[95~97]中给出。图 11.31 所示为时域有限元与时域有限差分之间的过渡与接口。

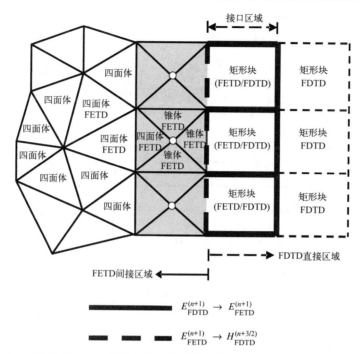

图 11.31　显式结构化的 FDTD 网格与隐式非结构化的 FETD 网格之间的接口。从 FDTD 到
FETD 的数据交换发生在粗实线处, 从 FETD 到 FDTD 的数据交换发生在粗虚线处

11.7.3　应用算例

我们用一个橄榄核状的导电体的平面波散射问题作为算例, 其几何结构如图 11.32(a)所示, 与图 9.25 中的结构相同。在这里, 导电体由时域有限元区域内与其共形的一阶四面体单元建模, 其周围空间采用由理想匹配层网格截断的时域有限差分建模。图 11.32(b)所示为平面波入射到较小角度的尖顶上时, 导电体表面的感应电流密度, 入射波是频率为 30 GHz 的正弦平面波。在 30 GHz 时, 导电体的电长度为 19.05 个波长。在 9 GHz 时, xz 平面上导电体单站 RCS 的测量值[98]与预测值对比如图 11.33 所示, 可以看出两者之间高度吻合。如果没有有限元提供的准确几何建模, 特别是对尖顶周围的模拟, 要达到如此高的精度就很困难。

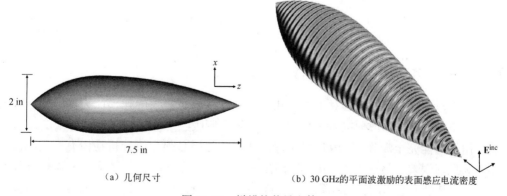

（a）几何尺寸　　　　　　　　　　　（b）30 GHz 的平面波激励的表面感应电流密度

图 11.32　橄榄核状导电体

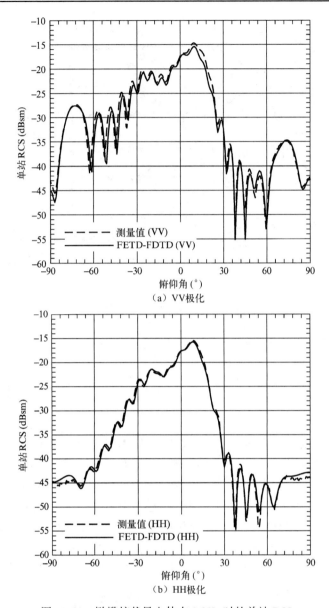

图 11.33　橄榄核状导电体在 9 GHz 时的单站 RCS

11.8　有限元–边界积分混合方法

　　如第 9 章所述，有限元法对于复杂几何结构和材料有强大的建模能力。然而，当我们处理无界电磁问题，如散射或辐射问题时，必须采用吸收边界条件或理想匹配层截断计算区域。由于不能完全吸收，吸收边界条件或理想匹配层必须与所分析物体有一定距离，以减小人为反射误差。另一方面，第 10 章中所描述的矩量法非常适合开放区域的辐射与散射分析，因其借助适当的格林函数，可以准确地模拟向自由空间传输的电磁波。然而，在处理复杂几何结构和材料时，矩量法就显得非常低效。因此我们可以将有限元法与矩量法各自的优点组合在一起,并弥补它们的缺点,由此产生的混合方法可以准确地分析非常复杂的电磁问题。这两种方法的组合可以通过开发一种称为**有限元-边界积分**(FE-BI)方法[99~106]的混合技术实现。

FE-BI 方法的基本原理是应用任意形状的表面来截断有限元网格。该表面可以非常靠近所需分析的物体,从而减小计算区域。人工截断表面的内部用有限元进行离散并求解场;在表面外部用边界积分方程表示场。然后,用切向场分量连续条件将这两个区域中的场在表面联系在一起,从而得到一个内部场与边界场的耦合系统。下面介绍两种 FE-BI 方法的公式建立过程。

11.8.1　常规公式的建立

如图 11.34 所示,考虑一个自由空间中非均匀物体的电磁辐射与散射问题。作为辐射体(如天线),该物体中含有一个内部源 $\mathbf{J}_{\text{imp}}$;作为散射体,该物体可能被外部的入射波($\mathbf{E}^{\text{inc}}$,$\mathbf{H}^{\text{inc}}$)照射。为了使用 FE-BI 方法来解决这个问题,首先引入一个表面 S_o 来截断计算区域。该截断表面可以非常靠近或者直接位于物体表面上。在引入这个表面之后,整个问题分解成一个内部问题和一个外部问题,其场可以利用有限元法与边界积分方法分别表示。

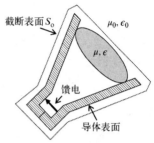

图 11.34　截断表面紧贴被分析物体的计算域截断

我们从内部场的公式建立开始。在 S_o 所包围的内部区域,场满足矢量波动方程

$$\nabla \times \left(\frac{1}{\mu_r} \nabla \times \mathbf{E}\right) - k_0^2 \epsilon_r \mathbf{E} = -\mathrm{j}k_0 Z_0 \mathbf{J}_{\text{imp}}, \quad \mathbf{r} \in V_o \tag{11.8.1}$$

及该物体上的特定边界条件。在截断表面上,边界条件未知。然而,由于此处的场满足麦克斯韦方程,因此可以假定一个方程右边项未知的 Neumann 边界条件:

$$\hat{n} \times \left(\frac{1}{\mu_r} \nabla \times \mathbf{E}\right) = -\mathrm{j}k_0 \hat{n} \times \bar{\mathbf{H}}, \quad \mathbf{r} \in S_o \tag{11.8.2}$$

式中,$\bar{\mathbf{H}} = Z_0 \mathbf{H}$,$\hat{n}$ 为 S_o 上的外法向单位矢量。根据 9.3 节描述的有限元分析方法,可以将式(11.8.1)和式(11.8.2)所定义的边值问题的弱解表示为

$$\iiint_{V_o} \left[\frac{1}{\mu_r}(\nabla \times \mathbf{W}_i) \cdot (\nabla \times \mathbf{E}) - k_0^2 \epsilon_r \mathbf{W}_i \cdot \mathbf{E}\right] dV + \mathrm{j}k_0 \oiint_{S_o} \hat{n} \cdot (\mathbf{W}_i \times \bar{\mathbf{H}}) dS$$
$$= -\mathrm{j}k_0 Z_0 \iiint_{V_o} \mathbf{W}_i \cdot \mathbf{J}_{\text{imp}} dV \tag{11.8.3}$$

接下来,根据式(9.3.15)展开电场 $\mathbf{E}$,并对表面磁场也采用类似的展开,即

$$\mathbf{E} = \sum_{j=1}^{N_I} \mathbf{N}_j^I E_j^I + \sum_{j=1}^{N_S} \mathbf{N}_j^S E_j^S \tag{11.8.4}$$

$$\bar{\mathbf{H}} = \sum_{j=1}^{N_S} \mathbf{N}_j^S \bar{H}_j^S \tag{11.8.5}$$

式中，N_{I} 为 S_{o} 内的棱边总数；N_{S} 为 S_{o} 上的棱边总数；E_j^{I} 与 E_j^{S} 分别表示 S_{o} 内与 S_{o} 上的第 j 条棱边上 $\mathbf{E}$ 的切向分量；$\mathbf{N}_j^{\mathrm{I}}$ 与 $\mathbf{N}_j^{\mathrm{S}}$ 表示相应的矢量基函数。此外，$\bar{H}_j^{\mathrm{S}}$ 表示 S_{o} 上的第 j 条棱边上 $\bar{\mathbf{H}}$ 的切向分量。注意，$\mathbf{N}_j^{\mathrm{I}}$ 和 $\mathbf{N}_j^{\mathrm{S}}$ 与 9.3.2 节所讨论的基于棱边的矢量基函数相同，上标只用于说明与其相关的边是属于 S_{o} 内的还是 S_{o} 上的。将式(11.8.4)和式(11.8.5)代入式(11.8.3)，并使用 $\mathbf{N}_i^{\mathrm{I}}$ 与 $\mathbf{N}_i^{\mathrm{S}}$ 作为加权函数 $\mathbf{W}_i$，就可以将式(11.8.3)转换成如下矩阵方程：

$$
\begin{bmatrix} K^{\mathrm{II}} & K^{\mathrm{IS}} & 0 \\ K^{\mathrm{SI}} & K^{\mathrm{SS}} & B \end{bmatrix} \begin{Bmatrix} E^{\mathrm{I}} \\ E^{\mathrm{S}} \\ \bar{H}^{\mathrm{S}} \end{Bmatrix} = \begin{Bmatrix} b^{\mathrm{I}} \\ b^{\mathrm{S}} \end{Bmatrix} \tag{11.8.6}
$$

上式中，$\{E^{\mathrm{I}}\}$ 表示 S_{o} 内棱边的切向电场；$\{E^{\mathrm{S}}\}$ 表示 S_{o} 上棱边的切向电场；$\{\bar{H}^{\mathrm{S}}\}$ 表示 S_{o} 上棱边的切向磁场。矩阵元素与右边项的元素分别为

$$
K_{ij}^{\mathrm{II}} = \iiint_{V_{\mathrm{o}}} \left[\frac{1}{\mu_{\mathrm{r}}} (\nabla \times \mathbf{N}_i^{\mathrm{I}}) \cdot (\nabla \times \mathbf{N}_j^{\mathrm{I}}) - k_0^2 \epsilon_{\mathrm{r}} \mathbf{N}_i^{\mathrm{I}} \cdot \mathbf{N}_j^{\mathrm{I}} \right] \mathrm{d}V \tag{11.8.7}
$$

$$
K_{ij}^{\mathrm{IS}} = \iiint_{V_{\mathrm{o}}} \left[\frac{1}{\mu_{\mathrm{r}}} (\nabla \times \mathbf{N}_i^{\mathrm{I}}) \cdot (\nabla \times \mathbf{N}_j^{\mathrm{S}}) - k_0^2 \epsilon_{\mathrm{r}} \mathbf{N}_i^{\mathrm{I}} \cdot \mathbf{N}_j^{\mathrm{S}} \right] \mathrm{d}V \tag{11.8.8}
$$

$$
K_{ij}^{\mathrm{SI}} = \iiint_{V_{\mathrm{o}}} \left[\frac{1}{\mu_{\mathrm{r}}} (\nabla \times \mathbf{N}_i^{\mathrm{S}}) \cdot (\nabla \times \mathbf{N}_j^{\mathrm{I}}) - k_0^2 \epsilon_{\mathrm{r}} \mathbf{N}_i^{\mathrm{S}} \cdot \mathbf{N}_j^{\mathrm{I}} \right] \mathrm{d}V \tag{11.8.9}
$$

$$
K_{ij}^{\mathrm{SS}} = \iiint_{V_{\mathrm{o}}} \left[\frac{1}{\mu_{\mathrm{r}}} (\nabla \times \mathbf{N}_i^{\mathrm{S}}) \cdot (\nabla \times \mathbf{N}_j^{\mathrm{S}}) - k_0^2 \epsilon_{\mathrm{r}} \mathbf{N}_i^{\mathrm{S}} \cdot \mathbf{N}_j^{\mathrm{S}} \right] \mathrm{d}V \tag{11.8.10}
$$

$$
B_{ij} = \mathrm{j}k_0 \oiint_{S_{\mathrm{o}}} \hat{n} \cdot (\mathbf{N}_i^{\mathrm{S}} \times \mathbf{N}_j^{\mathrm{S}}) \, \mathrm{d}S \tag{11.8.11}
$$

$$
b_i^{\mathrm{I}} = -\mathrm{j}k_0 Z_0 \iiint_{V_{\mathrm{o}}} \mathbf{N}_i^{\mathrm{I}} \cdot \mathbf{J}_{\mathrm{imp}} \, \mathrm{d}V \tag{11.8.12}
$$

$$
b_i^{\mathrm{S}} = -\mathrm{j}k_0 Z_0 \iiint_{V_{\mathrm{o}}} \mathbf{N}_i^{\mathrm{S}} \cdot \mathbf{J}_{\mathrm{imp}} \, \mathrm{d}V \tag{11.8.13}
$$

式(11.8.6)基于内部场的麦克斯韦方程构建。显然，这个方程不足以求解 $\{E^{\mathrm{I}}\}$、$\{E^{\mathrm{S}}\}$ 与 $\{\bar{H}^{\mathrm{S}}\}$，因为我们尚未考虑外部场的麦克斯韦方程。换言之，该方程还需要用从外部场公式中得到的 $\{E^{\mathrm{S}}\}$ 与 $\{\bar{H}^{\mathrm{S}}\}$ 之间的额外关系来进行补充。基于 10.3 节中的讨论，外部场满足式(10.3.68)给出的混合场积分方程，即

$$
\begin{aligned}
&\frac{1}{2}\bar{\mathbf{J}}_{\mathrm{s}}(\mathbf{r}) + \hat{n} \times \mathcal{L}(\mathbf{M}_{\mathrm{s}}) + \hat{n} \times \tilde{\mathcal{K}}(\bar{\mathbf{J}}_{\mathrm{s}}) + \hat{n} \times \left[\frac{1}{2}\mathbf{M}_{\mathrm{s}}(\mathbf{r}) - \hat{n} \times \mathcal{L}(\bar{\mathbf{J}}_{\mathrm{s}}) + \hat{n} \times \tilde{\mathcal{K}}(\mathbf{M}_{\mathrm{s}}) \right] \\
&= \hat{n} \times \bar{\mathbf{H}}^{\mathrm{inc}}(\mathbf{r}) - \hat{n} \times [\hat{n} \times \mathbf{E}^{\mathrm{inc}}(\mathbf{r})], \quad \mathbf{r} \in S_{\mathrm{o}}
\end{aligned} \tag{11.8.14}
$$

式中，$\bar{\mathbf{J}}_{\mathrm{s}} = \hat{n} \times \bar{\mathbf{H}}$，$\mathbf{M}_{\mathrm{s}} = \mathbf{E} \times \hat{n}$。应用与 $\mathbf{E}$ 及 $\bar{\mathbf{H}}$ 相同的有限元展开，可以将 $\bar{\mathbf{J}}_{\mathrm{s}}$ 与 $\mathbf{M}_{\mathrm{s}}$ 展开为

$$
\bar{\mathbf{J}}_{\mathrm{s}}(\mathbf{r}') = \hat{n}' \times \bar{\mathbf{H}}(\mathbf{r}') = \sum_{j=1}^{N_{\mathrm{S}}} \mathbf{\Lambda}_j(\mathbf{r}') \bar{H}_j^{\mathrm{S}} \tag{11.8.15}
$$

$$\mathbf{M}_s(\mathbf{r}') = \mathbf{E}(\mathbf{r}') \times \hat{n}' = -\sum_{j=1}^{N_S} \mathbf{\Lambda}_j(\mathbf{r}') E_j^S \tag{11.8.16}$$

式中，$\mathbf{\Lambda}_j(\mathbf{r}') = \hat{n}' \times \mathbf{N}_j^S(\mathbf{r}')$，其中 $\mathbf{N}_j^S$ 表示在 S_o 表面展开 $\mathbf{E}$ 与 $\bar{\mathbf{H}}$ 的矢量基函数。将式(11.8.15)与式(11.8.16)代入式(11.8.14)，并使用 $\mathbf{t}_i = \mathbf{\Lambda}_i + \hat{n} \times \mathbf{\Lambda}_i$ 作为检验函数(其原因在 10.3.4 节已讨论过)，可将式(11.8.14)转换成矩阵方程

$$[P]\{E^S\} + [Q]\{\bar{H}^S\} = \{b^{\text{inc}}\} \tag{11.8.17}$$

式中，$[P]$ 与 $[Q]$ 为两个满矩阵，其元素为

$$P_{ij} = \oiint_{S_o} [\hat{n} \times \mathbf{t}_i(\mathbf{r})] \cdot \left[\frac{1}{2}\mathbf{\Lambda}_j + \mathcal{L}(\mathbf{\Lambda}_j) + \hat{n} \times \tilde{\mathcal{K}}(\mathbf{\Lambda}_j)\right] \mathrm{d}S \tag{11.8.18}$$

$$Q_{ij} = \oiint_{S_o} \mathbf{t}_i(\mathbf{r}) \cdot \left[\frac{1}{2}\mathbf{\Lambda}_j + \mathcal{L}(\mathbf{\Lambda}_j) + \hat{n} \times \tilde{\mathcal{K}}(\mathbf{\Lambda}_j)\right] \mathrm{d}S \tag{11.8.19}$$

$\{b^{\text{inc}}\}$ 的元素为

$$b_i^{\text{inc}} = \oiint_{S_o} [\hat{n} \times \mathbf{t}_i(\mathbf{r})] \cdot [\hat{n} \times \mathbf{E}^{\text{inc}}(\mathbf{r}) - \bar{\mathbf{H}}^{\text{inc}}(\mathbf{r})] \mathrm{d}S \tag{11.8.20}$$

在推导式(11.8.18)和式(11.8.19)时，已经应用了矢量恒等式及 $\mathbf{t}_i(\mathbf{r})$ 为 S_o 的切向的条件。

现在将式(11.8.17)与式(11.8.6)组合在一起，形成如下用于求解 $\{E^I\}$、$\{E^S\}$ 与 $\{\bar{H}^S\}$ 的互相耦合的完整系统：

$$\begin{bmatrix} K^{\text{II}} & K^{\text{IS}} & 0 \\ K^{\text{SI}} & K^{\text{SS}} & B \\ 0 & P & Q \end{bmatrix} \begin{Bmatrix} E^I \\ E^S \\ \bar{H}^S \end{Bmatrix} = \begin{Bmatrix} b^I \\ b^S \\ b^{\text{inc}} \end{Bmatrix} \tag{11.8.21}$$

上式中的系数矩阵为部分稀疏、部分完全填充的矩阵。它可以直接求解，并利用矩阵的稀疏性来提高求解的效率。而对于包含成千上万个未知数的大型问题，迭代求解在计算时间与内存需求方面都更为高效，而有效的预处理技术则可以极大地加速迭代求解的过程。

11.8.2　对称公式的建立

虽然上述求解公式所生成矩阵的有限元部分是对称的，但其整体是一个不对称矩阵。下面介绍另一种公式建立方法，它在截断表面上单独使用电场积分方程与磁场积分方程，最后生成一个完全对称的 FE-BI 矩阵[106]。首先，我们将式(10.3.30)所示的磁场积分方程代入式(11.8.3)，得到

$$\iiint_{V_o} \left[\frac{1}{\mu_r}(\nabla \times \mathbf{W}_i) \cdot (\nabla \times \mathbf{E}) - k_0^2 \epsilon_r \mathbf{W}_i \cdot \mathbf{E}\right] \mathrm{d}V - jk_0 \oiint_{S_o} (\hat{n} \times \mathbf{W}_i) \cdot [\mathcal{L}(\mathbf{M}_s) + \mathcal{K}(\bar{\mathbf{J}}_s)] \mathrm{d}S$$

$$= -jk_0 Z_0 \iiint_{V_o} \mathbf{W}_i \cdot \mathbf{J}_{\text{imp}} \mathrm{d}V + jk_0 \oiint_{S_o} \mathbf{W}_i \cdot (\hat{n} \times \bar{\mathbf{H}}^{\text{inc}}) \mathrm{d}S$$

$$\tag{11.8.22}$$

然后用 $\hat{n} \times \mathbf{W}_i$ 检验式(10.3.29)所示电场积分方程,并将方程两边同乘以 jk_0,得到另一个方程为

$$-\mathrm{j}k_0 \oiint_{S_o} (\hat{n} \times \mathbf{W}_i) \cdot [\hat{n} \times \mathbf{M}_s + \mathcal{L}(\bar{\mathbf{J}}_s) - \mathcal{K}(\mathbf{M}_s)]\,\mathrm{d}S = \mathrm{j}k_0 \oiint_{S_o} \mathbf{W}_i \cdot (\hat{n} \times \mathbf{E}^{\mathrm{inc}})\,\mathrm{d}S \qquad (11.8.23)$$

此方程补充了式(11.8.22),由此产生了求解 $\mathbf{E}$、$\bar{\mathbf{J}}_s$ 及 $\mathbf{M}_s$ 的完整方程系统。这两个方程可以通过有限元离散得到,即

$$\begin{bmatrix} K^{\mathrm{II}} & K^{\mathrm{IS}} & 0 \\ K^{\mathrm{SI}} & K^{\mathrm{SS}}+U^{\mathrm{M}} & V^{\mathrm{M}} \\ 0 & V^{\mathrm{E}} & U^{\mathrm{E}} \end{bmatrix} \begin{Bmatrix} E^{\mathrm{I}} \\ E^{\mathrm{S}} \\ \bar{H}^{\mathrm{S}} \end{Bmatrix} = \begin{Bmatrix} b^{\mathrm{I}} \\ b^{\mathrm{S}}+b^{\mathrm{M}} \\ b^{\mathrm{E}} \end{Bmatrix} \qquad (11.8.24)$$

式中,$[K^{\mathrm{II}}]$、$[K^{\mathrm{IS}}]$、$[K^{\mathrm{SI}}]$、$[K^{\mathrm{SS}}]$、$\{b^{\mathrm{I}}\}$ 及 $\{b^{\mathrm{S}}\}$ 的元素如式(11.8.7)至式(11.8.13)所示。其他矩阵及矢量的元素为

$$U_{ij}^{\mathrm{M}} = \mathrm{j}k_0 \oiint_{S_o} \mathbf{\Lambda}_i \cdot \mathcal{L}(\mathbf{\Lambda}_j)\,\mathrm{d}S \qquad (11.8.25)$$

$$U_{ij}^{\mathrm{E}} = -\mathrm{j}k_0 \oiint_{S_o} \mathbf{\Lambda}_i \cdot \mathcal{L}(\mathbf{\Lambda}_j)\,\mathrm{d}S \qquad (11.8.26)$$

$$\begin{aligned} V_{ij}^{\mathrm{M}} &= -\mathrm{j}k_0 \oiint_{S_o} \mathbf{\Lambda}_i \cdot \mathcal{K}(\mathbf{\Lambda}_j)\,\mathrm{d}S \\ &= \frac{\mathrm{j}k_0}{2} \oiint_{S_o} (\hat{n} \times \mathbf{\Lambda}_i) \cdot \mathbf{\Lambda}_j\,\mathrm{d}S - \mathrm{j}k_0 \oiint_{S_o} \mathbf{\Lambda}_i \cdot \tilde{\mathcal{K}}(\mathbf{\Lambda}_j)\,\mathrm{d}S \end{aligned} \qquad (11.8.27)$$

$$\begin{aligned} V_{ij}^{\mathrm{E}} &= \mathrm{j}k_0 \oiint_{S_o} \mathbf{\Lambda}_i \cdot (\hat{n} \times \mathbf{\Lambda}_j)\,\mathrm{d}S - \mathrm{j}k_0 \oiint_{S_o} \mathbf{\Lambda}_i \cdot \mathcal{K}(\mathbf{\Lambda}_j)\,\mathrm{d}S \\ &= \frac{\mathrm{j}k_0}{2} \oiint_{S_o} \mathbf{\Lambda}_i \cdot (\hat{n} \times \mathbf{\Lambda}_j)\,\mathrm{d}S - \mathrm{j}k_0 \oiint_{S_o} \mathbf{\Lambda}_i \cdot \tilde{\mathcal{K}}(\mathbf{\Lambda}_j)\,\mathrm{d}S \end{aligned} \qquad (11.8.28)$$

$$b_i^{\mathrm{M}} = -\mathrm{j}k_0 \oiint_{S_o} \mathbf{\Lambda}_i \cdot \bar{\mathbf{H}}^{\mathrm{inc}}\,\mathrm{d}S \qquad (11.8.29)$$

$$b_i^{\mathrm{E}} = -\mathrm{j}k_0 \oiint_{S_o} \mathbf{\Lambda}_i \cdot \mathbf{E}^{\mathrm{inc}}\,\mathrm{d}S \qquad (11.8.30)$$

使用式(10.3.20)与式(10.3.21)中 $\mathcal{L}$ 与 $\mathcal{K}$ 算子的定义,可以证明 $[U^{\mathrm{M}}]$ 与 $[U^{\mathrm{E}}]$ 均为对称的,$[V^{\mathrm{M}}]$ 与 $[V^{\mathrm{E}}]$ 互为转置。因此,式(11.8.24)中的系数矩阵完全对称,可以使用对称矩阵求解方法进行求解。

采用同样的处理过程,或运用对偶原理,可以推导出求解内部磁场与表面电场及磁场的对称公式。此时,矢量波动方程为

$$\nabla \times \left(\frac{1}{\epsilon_r}\nabla \times \bar{\mathbf{H}}\right) - k_0^2 \mu_r \bar{\mathbf{H}} = Z_0 \nabla \times \left(\frac{\mathbf{J}_{\mathrm{imp}}}{\epsilon_r}\right), \quad \mathbf{r} \in V_o \qquad (11.8.31)$$

对应的弱式表达式为

$$\iiint_{V_o} \left[\frac{1}{\epsilon_r}(\nabla \times \mathbf{W}_i) \cdot (\nabla \times \bar{\mathbf{H}}) - k_0^2 \mu_r \mathbf{W}_i \cdot \bar{\mathbf{H}} \right] dV - jk_0 \oiint_{S_o} \hat{n} \cdot (\mathbf{W}_i \times \mathbf{E}) dS$$

$$\tag{11.8.32}$$

$$= Z_0 \iiint_{V_o} \mathbf{W}_i \cdot \left(\nabla \times \frac{\mathbf{J}_{imp}}{\epsilon_r} \right) dV$$

将式(10.3.29)所示的电场积分方程代入上式, 得到

$$\iiint_{V_o} \left[\frac{1}{\epsilon_r}(\nabla \times \mathbf{W}_i) \cdot (\nabla \times \bar{\mathbf{H}}) - k_0^2 \mu_r \mathbf{W}_i \cdot \bar{\mathbf{H}} \right] dV$$

$$+ jk_0 \oiint_{S_o} (\hat{n} \times \mathbf{W}_i) \cdot \left[\mathcal{L}(\bar{\mathbf{J}}_s) - \mathcal{K}(\mathbf{M}_s) \right] dS \tag{11.8.33}$$

$$= Z_0 \iiint_{V_o} \mathbf{W}_i \cdot \left(\nabla \times \frac{\mathbf{J}_{imp}}{\epsilon_r} \right) dV - jk_0 \oiint_{S_o} \mathbf{W}_i \cdot (\hat{n} \times \mathbf{E}^{inc}) dS$$

此方程可以与式(10.3.30)所示的磁场积分方程一起求解, 后者的加权形式可以写为

$$jk_0 \oiint_{S_o} (\hat{n} \times \mathbf{W}_i) \cdot \left[\hat{n} \times \bar{\mathbf{J}}_s - \mathcal{L}(\mathbf{M}_s) - \mathcal{K}(\bar{\mathbf{J}}_s) \right] dS = jk_0 \oiint_{S_o} \mathbf{W}_i \cdot (\hat{n} \times \bar{\mathbf{H}}^{inc}) dS \tag{11.8.34}$$

对式(11.8.33)与式(11.8.34)进行有限元离散, 得到如下矩阵方程:

$$\begin{bmatrix} \bar{K}^{II} & \bar{K}^{IS} & 0 \\ \bar{K}^{SI} & \bar{K}^{SS} + U^M & -V^M \\ 0 & -V^E & U^E \end{bmatrix} \begin{Bmatrix} \bar{H}^I \\ \bar{H}^S \\ E^S \end{Bmatrix} = \begin{Bmatrix} \bar{b}^I \\ \bar{b}^S - b^E \\ -b^M \end{Bmatrix} \tag{11.8.35}$$

式中,

$$\bar{K}_{ij}^{II} = \iiint_{V_o} \left[\frac{1}{\epsilon_r}(\nabla \times \mathbf{N}_i^I) \cdot (\nabla \times \mathbf{N}_j^I) - k_0^2 \mu_r \mathbf{N}_i^I \cdot \mathbf{N}_j^I \right] dV \tag{11.8.36}$$

$$\bar{K}_{ij}^{IS} = \iiint_{V_o} \left[\frac{1}{\epsilon_r}(\nabla \times \mathbf{N}_i^I) \cdot (\nabla \times \mathbf{N}_j^S) - k_0^2 \mu_r \mathbf{N}_i^I \cdot \mathbf{N}_j^S \right] dV \tag{11.8.37}$$

$$\bar{K}_{ij}^{SI} = \iiint_{V_o} \left[\frac{1}{\epsilon_r}(\nabla \times \mathbf{N}_i^S) \cdot (\nabla \times \mathbf{N}_j^I) - k_0^2 \mu_r \mathbf{N}_i^S \cdot \mathbf{N}_j^I \right] dV \tag{11.8.38}$$

$$\bar{K}_{ij}^{SS} = \iiint_{V_o} \left[\frac{1}{\epsilon_r}(\nabla \times \mathbf{N}_i^S) \cdot (\nabla \times \mathbf{N}_j^S) - k_0^2 \mu_r \mathbf{N}_i^S \cdot \mathbf{N}_j^S \right] dV \tag{11.8.39}$$

$$\bar{b}_i^I = Z_0 \iiint_{V_o} \mathbf{N}_i^I \cdot \left(\nabla \times \frac{\mathbf{J}_{imp}}{\epsilon_r} \right) dV \tag{11.8.40}$$

$$\bar{b}_i^S = Z_0 \iiint_{V_o} \mathbf{N}_i^S \cdot \left(\nabla \times \frac{\mathbf{J}_{imp}}{\epsilon_r} \right) dV \tag{11.8.41}$$

$[U^E]$、$[U^M]$、$[V^E]$、$[V^M]$、$\{b^E\}$ 及 $\{b^M\}$ 的元素与式(11.8.25)至式(11.8.30)所定义的相同。很显然式(11.8.35)中的系数矩阵也是对称的。

利用上述两种求解公式,可以求解式(11.8.24)得到$\{E^{\mathrm{I}}\}$、$\{E^{\mathrm{S}}\}$及$\{\bar{I}^{\mathrm{P}}\}$,或求解式(11.8.35)得到$\{\bar{H}^{\mathrm{I}}\}$、$\{\bar{H}^{\mathrm{S}}\}$及$\{E^{\mathrm{S}}\}$。还可以联用这两个方程组,同时求解$\{E^{\mathrm{I}}\}$、$\{E^{\mathrm{S}}\}$及$\{\bar{H}^{\mathrm{I}}\}$、$\{\bar{H}^{\mathrm{S}}\}$。从式(11.8.35)的第二组方程中减去式(11.8.24)中的第三组方程,然后从式(11.8.24)的第二组方程中减去式(11.8.35)中的第三组方程,并将得到的方程重新组合在一起,可得

$$\begin{bmatrix} K^{\mathrm{II}} & K^{\mathrm{IS}} & 0 & 0 \\ K^{\mathrm{SI}} & K^{\mathrm{SS}}+U & 0 & V \\ 0 & 0 & -\bar{K}^{\mathrm{II}} & -\bar{K}^{\mathrm{IS}} \\ 0 & V & -\bar{K}^{\mathrm{SI}} & -\bar{K}^{\mathrm{SS}}-U \end{bmatrix} \begin{Bmatrix} E^{\mathrm{I}} \\ E^{\mathrm{S}} \\ \bar{H}^{\mathrm{I}} \\ \bar{H}^{\mathrm{S}} \end{Bmatrix} = \begin{Bmatrix} b^{\mathrm{I}} \\ b^{\mathrm{S}}+2b^{\mathrm{M}} \\ -\bar{b}^{\mathrm{I}} \\ -\bar{b}^{\mathrm{S}}+2b^{\mathrm{E}} \end{Bmatrix} \qquad (11.8.42)$$

式中,$[U]=[U^{\mathrm{M}}]-[U^{\mathrm{E}}]$,$[V]=[V^{\mathrm{M}}]+[V^{\mathrm{E}}]$。从式(11.8.25)至式(11.8.28)可知

$$U_{ij} = 2\mathrm{j}k_0 \oiint_{S_{\mathrm{o}}} \mathbf{\Lambda}_i \cdot \mathcal{L}(\mathbf{\Lambda}_j)\,\mathrm{d}S \qquad (11.8.43)$$

$$V_{ij} = -2\mathrm{j}k_0 \oiint_{S_{\mathrm{o}}} \mathbf{\Lambda}_i \cdot \tilde{\mathcal{K}}(\mathbf{\Lambda}_j)\,\mathrm{d}S \qquad (11.8.44)$$

由于$[U]$与$[V]$均是对称的,故式(11.8.42)依然保持对称。尽管式(11.8.42)中未知数的数量远多于式(11.8.25)和式(11.8.36)中未知数的数量,但是对于迭代求解来说,这些变化带来的内存需求与计算时间的增加都微不足道[106]。

11.8.3　算例

有限元法与边界积分法的组合也可以在时域实现,对频域公式应用拉普拉斯变换可以得到相应的时域公式[107,108]。与吸收边界条件或理想匹配层不同,从边界积分方程中推出的边界条件是精确的,从而可将截断表面设置在所分析物体的表面上。然而,其准确性是以计算量增加为代价的,因为边界积分方程对边界未知数生成满阵,此矩阵的计算比吸收边界条件或理想匹配层产生的稀疏矩阵的计算代价大得多。为此,可以利用诸如自适应积分法和快速多极子法之类的快速算法来加速计算过程。

我们用三个算例来证明混合 FE-BI 方法的能力。第一个算例为图 11.35(a)所示物体的散射问题,半径为 0.5 m 且高度为 0.5 m 的圆柱导体位于相同尺寸的 $\epsilon_{\mathrm{r1}}=3.0-\mathrm{j}4.0$ 的圆柱介质上,两者共同组成了该物体。而两个圆柱体上涂覆厚度为 0.1 m,$\epsilon_{\mathrm{r2}}=4.5-\mathrm{j}9.0$ 的介质层。图 11.35(b)给出了频率为 0.3 GHz 时 $\theta\theta$ 极化的单站 RCS[40,106]。从图中可以看出,FE-BI 解与矩量法解高度吻合。

第二个算例为梯形导体板的散射(见图 11.36),导体板周边涂覆相对介电常数 $\epsilon_{\mathrm{r}}=4.5-\mathrm{j}9.0$ 的有耗介质材料,导体板的尺寸及涂层的厚度如图 11.36 所示。图 11.37 给出了频率为 1.0 GHz 时计算的 xy 平面上 VV 极化与 HH 极化的单站 RCS。从图中可以看出 FE-BI

解与矩量法解吻合得很好[40,104]。由于物体的电尺寸较大，FE-BI 与矩量法计算均使用了多层快速多极子算法进行加速。有了快速算法，还可以计算频率为 2.0 GHz 与 3.0 GHz 时的 RCS[104]，从计算角度讲，这是一个更大型的问题。

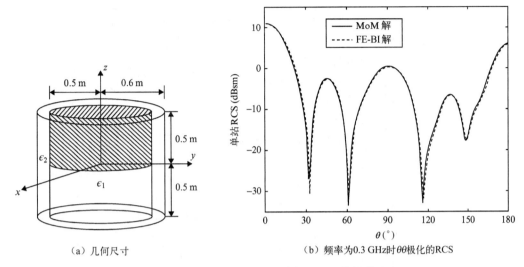

（a）几何尺寸　　　　　　　　　　　　（b）频率为0.3 GHz时$\theta\theta$极化的RCS

图 11.35　包含导体和两种介质材料的圆柱体的单站 RCS

最后一个算例是尺寸为 5 m×5 m×10 m 导体腔的散射，如图 11.38 所示。其内表面涂有一层 $\epsilon_r = 6.0 - j8.0$，厚度为 0.1 m 的介质材料，腔体导电壁的厚度为 0.1 m，前部开口。图 11.39 给出了频率为 0.3 GHz 时计算得到的已涂覆与未涂覆导体腔的单站 RCS 曲线，其中对 FE-BI 解与矩量法解进行了比较[40]。同样，FE-BI 与矩量法的计算使用了多层快速多极子算法。从图中可看出，两种结果之间的一致性很好。大型开放深腔的散射问题是数值计算中的一个很有挑战性的问题，其在雷达散射与目标识别中有着非常重要的应用[109~111]。

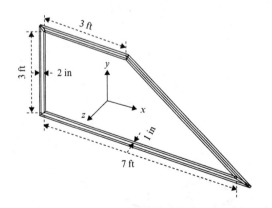

图 11.36　厚度为 1 in 的梯形导体平板，其边缘覆盖宽
为 2 in 且介电常数 $\epsilon_r = 4.5 - j9.0$ 的有耗介质

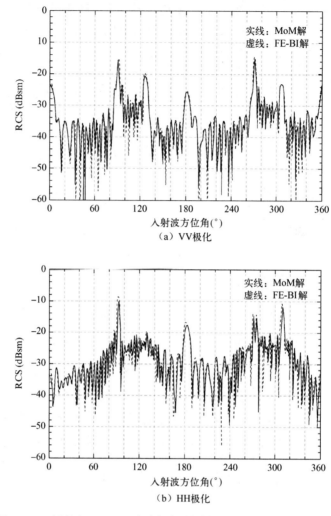

图 11.37　频率为 1.0 GHz 时覆有涂层的梯形平板 xy 平面的单站 RCS

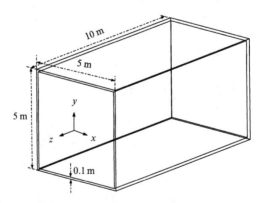

图 11.38　厚度为 0.1 m、尺寸为 5 m×5 m×10 m 的开放金属腔体,其内表面涂有 0.1 m 厚的有耗
　　　　　介质,介电常数 $\epsilon_r = 6.0 - j8.0$。图中显示的是金属腔,为了清晰,涂层厚度没有显示

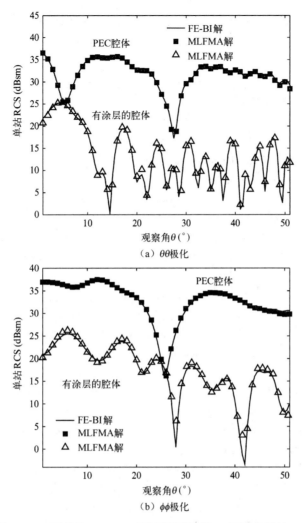

图 11.39　频率为 0.3 GHz 时涂层矩形腔体 xy 平面的单站 RCS

11.9　小结

　　本章介绍了加速积分方程矩量法求解的快速算法，以及为处理复杂电磁问题开发的将不同数值方法组合起来的混合技术。这两项技术的发展代表着过去 20 年间计算电磁学领域中一些最重要的进展。应该指出，在本章所涵盖的快速算法与混合技术只是到目前为止使用最广泛的一些技术。由于本书的篇幅所限，还有很多其他快速算法和混合技术并未讨论。其中，很值得一提的快速算法是各种快速时域积分方程(TDIE)的求解算法。事实上，为频域分析开发的很多快速算法可以拓展到时域中，比如**时域自适应积分法**(TD-AIM)和**时域平面波**(PWTD)**法**，后者可认为是多层快速多极子法的时域版本。在混合技术中，有一类技术很值得注意，即将某种数值方法如矩量法或有限元法和渐近方法组合起来的混合技术，它们可以用于分析大型平台(如飞机或者轮船)上相对精细结构(如天线、缝隙与开槽)的散射与辐射问题。这些混合技术尽管是为求解某类特殊问题设计的，但它们的开发使得对大型复杂问题的分析成为现实。很多问题在此之前即便使用当今最强大的计算技术也无法处理。

原著参考文献

1. N. N. Bojarski, "*k-space formulation of the electromagnetic scattering problem*," Air Force Avionics Laboratory Technical Report AFAL-TR-71-75, March 1971.

2. T. K. Sarkar, E. Arvas, and S. M. Rao, "Application of FFT and the conjugate gradient method for the solution of electromagnetic radiation from electrically large and small conducting bodies," *IEEE Trans. Antennas Propag.*, vol. 34, pp. 635-640, 1986.

3. T. J. Peters and J. L. Volakis, "Application of a conjugate gradient FFT method to scattering from thin planar material plates," *IEEE Trans. Antennas Propag.*, vol. 36, pp. 518-526, 1988.

4. C. Y. Shen, K. J. Glover, M. I. Sancer, and A. D. Varvatsis, "The discrete Fourier transform method of solving differential-integral equations in scattering theory," *IEEE Trans. Antennas Propag.*, vol. 37, pp. 1032-1041, 1989.

5. K. Barkeshli and J. L. Volakis, "On the implementation of the conjugate gradient Fourier transform method for scattering by planar plates," *IEEE Antennas Propag. Mag.*, vol. 32, pp. 20-26, 1990.

6. M. F. Catedra, J. G. Cuevas, and L. Nuno, "A scheme to analyze conducting plates of resonant size using the conjugate gradient method and fast Fourier transform," *IEEE Trans. Antennas Propag.*, vol. 36, pp. 1744-1752, 1988.

7. A. P. M. Zwamborn and P. M. van den Berg, "A weak form of the conjugate gradient FFT method for plate problems," *IEEE Trans. Antennas Propag.*, vol. 39, pp. 224-228, 1991.

8. J. M. Jin and J. L. Volakis, "A biconjugate gradient FFT solution for scattering by planar plates," *Electromagnetics*, vol. 12, pp. 105-119, 1992.

9. Y. Zhuang, K. Wu, C. Wu, and J. Litva, "A combined full-wave CG-FFT method for rigorous analysis of large microstrip antenna array," *IEEE Trans. Antennas Propag.*, vol. 44, pp. 102-109, 1996.

10. C. F. Wang, F. Ling, and J. M. Jin, "A fast full-wave analysis of scattering and radiation from large finite arrays of microstrip antennas," *IEEE Trans. Antennas Propag.*, vol. 46, pp. 1467-1474, 1998.

11. D. T. Borup and O. P. Gandhi, "Fast-Fourier transform method for calculation of SAR distributions in finely discretized inhomogeneous models of biological bodies," *IEEE Trans. Microwave Theory Tech.*, vol. 32, pp. 355-360, 1984.

12. M. F. Catedra, E. Gago, and L. Nuno, "A numerical scheme to obtain the RCS of three-dimensional bodies of resonant size using the conjugate gradient method and the fast Fourier transform," *IEEE Trans. Antennas Propag.*, vol. 37, pp. 528-537, 1989.

13. A. P. M. Zwamborn, P. M. van den Berg, J. Mooibroek, and F. T. C. Koenis, "Computation of three-dimensional electromagnetic fields distributions in a human body using the weak form of the CGFFT method," *ACES J.*, vol. 7, pp. 26-42, 1992.

14. A. P. M. Zwamborn and P. M. van der Berg, "Computation of electromagnetic fields inside strongly inhomogeneous objects by the weak-conjugate-gradient fast-Fourier-transform method," *J. Opt. Soc. Am. A*, vol. 11, pp. 1414-1420, 1994.

15. H. Gan and W. C. Chew, "A discrete BCG-FFT algorithm for solving 3D inhomogeneous scattering problems," *J. Electromagn. Waves Appl.*, vol. 9, pp. 1339-1357, 1995.

16. J. M. Jin, J. Chen, H. Gan, W. C. Chew, R. L. Magin, and P. J. Dimbylow, "Computation of electromagnetic fields for high-frequency magnetic resonance imaging applications," *Phys. Med. Biol.*, vol. 41, pp. 2719-2738, 1996.

17. C. F. Wang and J. M. Jin, "Simple and efficient computation of electromagnetic fields in arbitrarily-shaped, inhomogeneous dielectric bodies using transpose-free QMR and FFT," *IEEE Trans. Microwave Theory Tech.*, vol. 46, pp. 553-558, 1998.

18. E. Bleszynski, M. Bleszynski, and T. Jaroszewicz, "AIM: adaptive integral method for solving large-scale electromagnetic scattering and radiation problems," *Radio Sci.*, vol. 31, pp. 1225-1251, 1996.

19. F. Ling, C. F. Wang, and J. M. Jin, "Application of adaptive integral method to scattering and radiation analysis of arbitrarily shaped planar structures," *J. Electromagn. Waves Appl.*, vol. 12, pp. 1021-1038, 1998.

20. S. S. Bindiganavale, J. L. Volakis, and H. Anastassiu, "Scattering from structures containing small features using the adaptive integral method (AIM)," *IEEE Trans. Antennas Propag.*, vol. 46, pp. 1867-1878, 1998.

21. F. Ling, C. F. Wang, and J. M. Jin, "An efficient algorithm for analyzing large-scale microstrip structures using adaptive integral method combined with discrete complex image method," *IEEE Trans. Microwave Theory Tech.*, vol. 48, pp. 832-839, 2000.

22. C. F. Wang, F. Ling, J. M. Song, and J. M. Jin, "Adaptive integral solution of combined field integral equation," *Microwave Opt. Technol. Lett.*, vol. 19, no. 5, pp. 321-328, 1998.

23. J. R. Phillips and J. K. White, "A precorrected-FFT method for electrostatic analysis of complicated 3D structures," *IEEE Trans. Comput. Aided Des.*, vol. 16, pp. 1059-1072, 1997.

24. X. C. Nie, L. W. Li, N. Yuan, T. S. Yeo, and Y. B. Gan, "Precorrected-FFT solution of the volume integral equation for 3-D inhomog eneous dielectric objects," *IEEE Trans. Antennas Propag.*, vol. 53, pp. 313-320, 2005.

25. C. H. Chan, C. M. Lin, L. Tsang, and Y. F. Leung, "A sparse-matrix/canonical grid method for analyzing microstrip structures," *IEICE Trans. Electron.*, vol. E80C, pp. 1354-1359, 1997.

26. S. M. Seo and J. F. Lee, "A fast IE-FFT algorithm for solving PEC scattering problems," *IEEE Trans. Magn.*, vol. 41, pp. 1476-1479, 2005.

27. V. Rokhlin, "Rapid solution of integral equations of classical potential theory," *J. Comput. Phys.*, vol. 60, pp. 187-207, 1985.

28. L. Greengard and V. Rokhlin, "A fast algorithm for particle simulations," *J. Comput. Phys.*, vol. 73, pp. 325-348, 1987.

29. V. Rokhlin, "Rapid solution of integral equations of scattering theory in two dimensions," *J. Comput. Phys.*, vol. 86, pp. 414-439, 1990.

30. R. Coifman, V. Rokhlin, and S. Wandzura, "The fast multipole method for the wave equation: a pedestrian prescription," *IEEE Antennas Propag. Mag.*, vol. 35, pp. 7-12, 1993.

31. V. Rokhlin, "Sparse diagonal forms for translation operations for the Helmholtz equation in two dimensions," Res. Rep. 1095, Department of Computer Science, Yale University, Dec. 1995.

32. C. C. Lu and W. C. Chew, "Fast algorithm for solving hybrid integral equations," *IEE Proceedings H*, vol. 140, pp. 455-460, 1993.

33. J. M. Song and W. C. Chew, "Fast multipole method solution using parametric geometry," *Microwave Opt. Technol. Lett.*, vol. 7, pp. 760-765, 1994.

34. J. M. Song and W. C. Chew, "Multilevel fast-multipole algorithm for solving combined field integral equations of electromagnetic scattering," *Microwave Opt. Technol. Lett.*, vol. 10, no. 1, pp. 14-19, 1995.

35. B. Dembart and E. Yip, "A 3D fast multipole method for electromagnetics with multiple levels," *11th Annual Review of Progress in Applied Computational Electromagnetics*, pp. 621-628, March 1995.

36. J. M. Song, C. C. Lu, and W. C. Chew, "MLFMA for electromagnetic scattering by large complex objects," *IEEE Trans. Antennas Propag.*, vol. 45, pp. 1488-1493, 1997.

37. W. C. Chew, J. M. Jin, E. Michielssen, and J. M. Song, Eds., *Fast and Efficient Algorithms in Computational Electromagnetics*, Norwood, MA: Artech House, 2001.

38. K. C. Donepudi, J. M. Jin, S. Velamparambil, J. M. Song, and W. C. Chew, "A higher-order parallelized multilevel fast multipole algorithm for 3D scattering," *IEEE Trans. Antennas Propag.*, vol. 49, pp. 1069-1078, 2001.

39. K. C. Donepudi, J. M. Song, J. M. Jin, G. Kang, and W. C. Chew, "A novel implementation of multilevel fast multipole algorithm for higher-order Galerkin's method," *IEEE Trans. Antennas Propag.*, vol. 48, pp. 1192-1197, 2000.

40. K. Donepudi, J. M. Jin, and W. C. Chew, "A higher-order multilevel fast multipole algorithm for scattering from mixed conducting/dielectric bodies," *IEEE Trans. Antennas Propag.*, vol. 51, no. 10, pp. 2814-2821, 2003.

41. K. Nabors and J. White, "Fastcap: a multipole-accelerated 3D capacitance extraction program," *IEEE Trans. Comput. Aided Des.*, vol. 10, pp. 1447-1459, 1991.

42. K. Nabors and J. White, "Multipole-accelerated capacitance extraction for 3D structures with multilayer dielectrics," *IEEE Trans. Circ. Syst.*, vol. 39, pp. 946-954, 1992.

43. J. Zhao and W. C. Chew, "Multilevel fast multipole algorithm at very low frequencies," in *Fast and Efficient Algorithms in Computational Electromagnetics*, W. C. Chew et al., Eds. Norwood, MA: Artech House, 2001, pp. 151-202.

44. J. M. Song, C. C. Lu, W. C. Chew, and S. W. Lee, "Fast Illinois solver code (FISC)," *IEEE Antennas Propag. Mag.*, vol. 40, no. 3, pp. 27-34, 1998.

45. X. Q. Sheng, J. M. Jin, J. M. Song, W. C. Chew, and C. C. Lu, "Solution of combined-field integral equation using multilevel fast multipole method for scattering by homogeneous bodies," *IEEE Trans. Antennas Propag.*, vol. 46, pp. 1718-1726, 1998.

46. C. C. Lu, "Volume-surface integral equation," in *Fast and Efficient Algorithms in Computational Electromagnetics*, W. C. Chew et al., Eds. Norwood, MA: Artech House, 2001.

47. N. Geng, A. Sullivan, and L. Carin, "Multilevel fast multipole algorithm for scattering from conducting targets above or embedded in a lossy half space," *IEEE Trans. Geosci. Remote Sens.*, vol. 38, pp. 1561-1573, 2000.

48. V. Jandhyala, E. Michielssen, and R. Mittra, "Multipole-accelerated capacitance computation for 3D structures in a stratified dielectric medium using in a closed form Green's function," *Int. J. Microwave Millimeter Wave Comput. Aided Eng.*, vol. 5, pp. 68-78, 1995.

49. L. Gurel and M. I. Aksun, "Electromagnetic scattering solution of conducting strips in layered media using the fast multipole method," *IEEE Microwave GuidedWave Lett.*, vol. 6, pp. 277-279, 1996.

50. P. A. MacDonald and T. Itoh, "Fast simulation of microstrip structures using the fast multipole method," *Int. J. Numer. Model.*, vol. 9, pp. 345-357, 1996.

51. J. S. Zhao, W. C. Chew, C. C. Lu, E. Michielssen, and J. M. Song, "Thin-stratified medium fast-multipole algorithm for solving microstrip structures," *IEEE Trans. Microwave Theory Tech.*, vol. 46, pp. 395-403, 1998.

52. F. Ling, J. M. Song, and J. M. Jin, "Multilevel fast multipole algorithm for analysis of large-scale microstrip

structures," *IEEE Microwave Guided Wave Lett.*, vol. 9, pp. 508-510, 1999.

53. W. C. Gibson, *The Method of Moments in Electromagnetics*. Boca Raton, FL: Chapman & Hall/CRC, 2008.

54. M. Bebendorf, "Approximation of boundary element matrices," *Numer. Math.*, vol. 86, pp. 565-589, 2000.

55. S. A. Goreinov, E. E. Tyrtyshnikov, and N. L. Zamarashkin, "Atheory of pseudo-skeleton approximations," *Linear Algebra Appl.*, vol. 261, pp. 1-21, 1997.

56. S. A. Goreinov, N. L. Zamarashkin, and E. E. Tyrtyshnikov, "Pseudo-skeleton approximations by matrices of maximal volume," *Mat. Zametki.*, vol. 62, no. 4, pp. 619-623, 1997.

57. S. Kurz, O. Rain, and S. Rjasanow, "The adaptive cross-approximation technique for the 3-D boundary-element method," *IEEE Trans. Magn.*, vol. 38, no. 2, pp. 421-424, 2002.

58. K. Zhao, M. N. Vouvakis, and J.-F. Lee, "The adaptive cross-approximation algorithm for accelerated method of moments computations of EMC problems," *IEEE Trans. Electromagn. Compat.*, vol. 47, no. 4, pp. 763-773, 2005.

59. J. Shaeffer, "Direct solve of electrically large integral equations for problem sizes to 1M unknowns," *IEEE Trans. Antennas Propag.*, vol. 56, no. 8, pp. 2306-2313, 2008.

60. M. R. Hestenes and E. Stiefel, "Method of conjugate gradients for solving linear systems," *J. Res. Nat. Bur. Stand.*, vol. 49, pp. 409-435, 1952.

61. R. Fletcher, "Conjugate gradient methods for indefinite systems," in *Proceedings of the Dundee Biennial Conference on Numerical Analysis Systems*, vol. 506, New York: Springer, 1975.

62. C. Lanczos, "Solution of systems of linear equations by minimized iterations," *J. Res. Nat. Bur. Stand.*, vol. 49, pp. 33-53, 1952.

63. P. Sonneveld, "CGS: a fast Lanczos-type solver for nonsymmetric linear systems," *SIAM J. Sci. Stat. Comput.*, vol. 10, pp. 36-52, 1989.

64. H. A. van Der Vorst, "BI-CGSTAB: a fast and smoothly converging variant of BI-CG for the solution of nonsymmetric linear systems," *SIAM J. Sci. Stat. Comput.*, vol. 13, pp. 631-644, 1992.

65. Y. Saad, "GMRES: a generalized minimal residual algorithm for solving nonsymmetric linear systems," *SIAM J. Sci. Stat. Comput.*, vol. 7, pp. 856-869, 1986.

66. R. W. Freund and N. M. Nachtigal, "QMR: a quasi-minimal residual method for non-Hermitian linear systems," *Numer. Math.*, vol. 60, pp. 315-339, 1991.

67. R. W. Freund, "A transpose-free quasi-minimal residual algorithm for non-Hermitian linear systems," *SIAM J. Sci. Comput.*, vol. 14, pp. 470-482, 1993.

68. R. Barret, *Templates for the Solution of Linear Systems*. Philadelphia, PA: SIAM, 1993.

69. Y. Saad, *Iterative Method for Sparse Linear Systems*. New York: PWS Publishing Company, 1995.

70. A. Greenbaum, *Iterative Methods for Solving Linear Systems*. Philadelphia, PA: SIAM, 1997.

71. D. E. Livesay and K. M. Chen, "Electromagnetic fields induced inside arbitrarily shaped biological bodies," *IEEE Trans. Microwave Theory Tech.*, vol. 22, pp. 1273-1280, 1974.

72. D. H. Schaubert, D. R. Wilton, and A. W. Glisson, "A tetrahedral modeling method for electromagnetic scattering by arbitrarily shaped inhomogeneous dielectric bodies," *IEEE Trans. Antennas Propag.*, vol. 32, pp. 77-85, 1984.

73. A. C. Woo, H. T. G. Wang, M. J. Schuh, and M. L. Sanders, "Benchmark radar targets for the validation of computational electromagnetics programs," *IEEE Antennas Propag. Mag.*, vol. 35, pp. 84-89, 1993.

74. J. M. Putnam and M. B. Gedera, "*CARLOS-3D*™: a general-purpose three dimensional method-of-moments scattering code," *IEEE Antennas Propag. Mag.*, vol. 35, pp. 69-71, 1993.

75. M. Abramowitz and I. A. Stegun, Eds. *Handbook of Mathematical Functions*. New York: Dover Publications, 1965.

76. J. A. Stratton, *Electromagnetic Theory*. New York: McGraw-Hill, 1941.

77. E. Michielssen and A. Boag, "A multilevel matrix decomposition algorithm for analyzing scattering from large structures," *IEEE Trans. Antennas Propag.*, vol. 44, no. 8, pp. 1086-1093, 1996.

78. J. M. Rius, J. Parron, E. Ubeda, and J. R. Mosig, "Multilevel matrix decomposition for analysis of electrically large electromagnetic problems in 3-D," *Microwave Opt. Technol. Lett.*, vol. 22, no. 3, pp. 177-182, 1999.

79. J. Parron, J. M. Rius, and J. R. Mosig, "Application of the multilevel matrix decomposition algorithm for the frequency analysis of large microstrip antenna array," *IEEE Trans. Magn.*, vol. 38, no. 2, pp. 721-724, 2002.

80. G. H. Golub and C. F. Van Loan, *Matrix Computations*. Baltimore, MD: The John Hopkins University Press, 1996.

81. D. J. Riley and C. D. Turner, "Interfacing unstructured tetrahedron grids to structured-grid FDTD," *IEEE Microwave Guided Wave Lett.*, vol. 5, no. 9, pp. 284-286, 1995.

82. D. J. Riley and C. D. Turner, "VOLMAX: a solid-model-based, transient, volumetric Maxwell solver using hybrid grids," *IEEE Antennas Propag. Mag.*, vol. 39, no. 1, pp. 20-33, 1997.

83. R. B. Wu and T. Itoh, "Hybridizing FDTD analysis with unconditionally stable FEM for objects of curved boundary," *IEEE MTT-S Int. Microwave Symp. Dig.*, vol. 2, pp. 833-836, 1995.

84. R. B. Wu and T. Itoh, "Hybrid finite-difference time-domain modeling of curved surfaces using tetrahedral edge elements," *IEEE Trans. Antennas Propag.*, vol. 45, pp. 1302-1309, 1997.

85. M. Feliziani and F. Maradei, "Mixed finite-difference/Whitney-elements time domain (FD/WE-TD) method," *IEEE Trans. Magn.*, vol. 34, no. 5, Part 1, pp. 3222-3227, 1998.

86. D. J. Riley, "Transient finite elements for computational electromagnetics: Hybridization with finite differences, modeling thin wire and thin slots, and parallel processing," *Proceedings of the 17th Annual Review of Progress in Applied Computational Electromagnetics*, Monterey, CA, pp. 128-138, March 2001.

87. T. Rylander and A. Bondeson, "Stable FDTD-FEM hybrid method for Maxwell's equations," *Comput. Phys. Comm.*, vol. 125, pp. 75-82, 2000.

88. T. Rylander and A. Bondeson, "Stability of explicit-implicit hybrid time-stepping schemes for Maxwell's equations," *J. Comput. Phys.*, vol. 179, pp. 426-438, 2002.

89. T. Rylander, *Stable FDTD-FEM hybrid method for Maxwell's equations*, Ph.D. thesis, Department of Electromagnetics, Chalmers University of Technology, Gothenburg, Sweden, 2002.

90. F. Edelvik, *Hybrid solvers for the Maxwell equations in time-domain*, Ph.D. thesis, Department of Information Technology, Scientific Computing, Uppsala University, Uppsala, Sweden, 2002.

91. T. Rylander, F. Edelvik, A. Bondeson, and D. Riley, "Advances in hybrid FDTD-FE techniques," in *Computational Electrodynamics: The Finite-Difference Time-Domain Method*, 3rd ed., A. Taflove and S. C. Hagness, Eds. Norwood, MA: Artech House, 2005, pp. 907-953.

92. J. M. Jin and D. J. Riley, *Finite Element Analysis of Antennas and Arrays*. Hoboken, NJ: John Wiley & Sons, Inc., 2009.

93. G. Cohen and P. Monk, "Gauss point mass lumping schemes for Maxwell's equations," *Numer. Meth. Part. Differ. Equat.*, vol. 14, pp. 63-88, 1998.

94. R. Lee, "A note on mass lumping in the finite element time domain method," *IEEE Trans. Antennas Propag.*, vol. 54, no. 2, pp. 760-762, 2006.

95. F.-X. Zgainski, J.-L. Coulomb, Y. Marechal, F. Claeyssen, and X. Brunotte, "A new family of finite elements: the pyramidal elements," *IEEE Trans. Magn.*, vol. 32, pp. 1393-1396, 1996.

96. J.-L. Coulomb, F.-X. Zgainski, and Y. Marechal, "A pyramidal element to link hexahedral, prismatic and

tetrahedral edge finite elements," *IEEE Trans. Magn.*, vol. 33, pp. 1362-1365, 1997.

97. R. D. Graglia and I.-L. Gheorma, "Higher order interpolatory vector bases on pyramidal elements," *IEEE Trans. Antennas Propag.*, vol. 47, pp. 775-782, 1999.

98. A. C. Woo, H. T. G. Wang, M. J. Schuh, and M. L. Sanders, "Benchmark radar targets for the validation of computational electromagnetics programs," *IEEE Antennas Propag. Mag.*, vol. 35, no. 1, pp. 84-89, 1993.

99. J. M. Jin and V. V. Liepa, "Application of a hybrid finite element method to electromagnetic scattering from coated cylinders," *IEEE Trans. Antennas Propag.*, vol. 36, no. 1, pp. 50-54, 1988.

100. X. Yuan, "Three-dimensional electromagnetic scattering from inhomogeneous objects by the hybrid moment and finite element method," *IEEE Trans. Microwave Theory Tech.*, vol. 38, pp. 1053-1058, 1990.

101. T. Eibert and V. Hansen, "Calculation of unbounded field problems in free space by a 3D FEM/BEM-hybrid approach," *J. Electromagn. Waves Appl.*, vol. 10, no. 1, pp. 61-78, 1996.

102. X. Q. Sheng, J. M. Jin, J. M. Song, C. C. Lu, and W. C. Chew, "On the formulation of hybrid finite-element and boundary-integral method for 3D scattering," *IEEE Trans. Antennas Propag.*, vol. 46, no. 3, pp. 303-311, 1998.

103. J. Liu and J. M. Jin, "A novel hybridization of higher order finite element and boundary integral methods for electromagnetic scattering and radiation problems," *IEEE Trans. Antennas Propag.*, vol. 49, no. 12, pp. 1794-1806, 2001.

104. J. Liu and J. M. Jin, "A highly effective preconditioner for solving the finite element-boundary integral matrix equation of 3-D scattering," *IEEE Trans. Antennas Propag.*, vol. 50, no. 9, pp. 1212-1221, 2002.

105. M. N. Vouvakis, S.-C. Lee, K. Zhao, and J.-F. Lee, "A symmetric FEM-IE formulation with a single-level IE-QR algorithm for solving electromagnetic radiation and scattering problems," *IEEE Trans. Antennas Propag.*, vol. 52, no. 11, pp. 3060-3070, 2004.

106. M. M. Botha and J. M. Jin, "On the variational formulation of hybrid finite element-boundary integral techniques for electromagnetic analysis," *IEEE Trans. Antennas Propag.*, vol. 52, no. 11, pp. 3037-3047, 2004.

107. D. Jiao, A. Ergin, B. Shanker, E. Michielssen, and J. M. Jin, "A fast time-domain higher-order finite element-boundary integral method for 3-D electromagnetic scattering analysis," *IEEE Trans. Antennas Propag.*, vol. 50, no. 9, pp. 1192-1202, 2002.

108. A. E. Yilmaz, Z. Lou, E. Michielssen, and J. M. Jin, "A single-boundary, implicit, and FFT-accelerated time-domain finite element-boundary integral solver," *IEEE Trans. Antennas Propag.*, vol. 55, no. 5, pp. 1382-1397, 2007.

109. J. Liu and J. M. Jin, "A special higher-order finite element method for scattering by deep cavities," *IEEE Trans. Antennas Propag.*, vol. 48, no. 5, pp. 494-703, 2000.

110. J. Liu and J. M. Jin, "Scattering analysis of a large body with deep cavities," *IEEE Trans. Antennas Propag.*, vol. 51, no. 6, pp. 1157-1167, 2003.

111. J. M. Jin, J. Liu, Z. Lou, and C. S. Liang, "A fully high-order finite element simulation of scattering by deep cavities," *IEEE Trans. Antennas Propag.*, vol. 51, no. 9, pp. 2420-2429, 2003.

习题

11.1 考虑非均匀介质柱体的电磁波散射问题。对于横磁场极化情况，电场满足标量波动方程

$$\nabla^2 E_z(\boldsymbol{\rho}) + k_0^2\, \epsilon_r(\boldsymbol{\rho}) E_z(\boldsymbol{\rho}) = 0, \quad \boldsymbol{\rho} \in \Omega_o$$

式中，Ω_o 为柱体的横截面。(1) 当柱体被外部入射场 $E_z^{\text{inc}}(\boldsymbol{\rho})$ 照射时，建立求解散射场或总场的体积分方程；(2) 将 Ω_o 分解为小块，利用分段连续基函数将场展开，建立矩量方程解；(3) 将 Ω_o 进行阶梯近似，建立矩量方程的共轭梯度-快速傅里叶变换解。

11.2 除了将基函数和检验函数投影到笛卡儿网格上的方法，自适应积分方程还可以通过在笛卡儿网格上用拉格朗日插值多项式对格林函数进行插值的方法建立[26]。试描述基于这种方法计算矩阵向量积的具体过程。

11.3 从式(10.2.3)所示的非齐次亥姆霍兹方程出发，推导下面的平面波展开式：

$$H_0^{(2)}(k_0|\boldsymbol{\rho}-\boldsymbol{\rho}'|) = \frac{1}{\pi} \int_{-\infty}^{\infty} \frac{\mathrm{e}^{-jk_x(x-x')\mp jk_y(y-y')}}{k_y}\,\mathrm{d}k_x, \qquad y \gtrless y'$$

式中，$k_y = \sqrt{k_0^2 - k_x^2}$。上式也可以写为

$$H_0^{(2)}(k_0|\boldsymbol{\rho}-\boldsymbol{\rho}'|) = \frac{1}{\pi} \int_{-\infty}^{\infty} \frac{1}{k_y} \mathrm{e}^{-j\mathbf{k}\cdot(\boldsymbol{\rho}-\boldsymbol{\rho}_p)}\, \mathrm{e}^{-j\mathbf{k}\cdot(\boldsymbol{\rho}_p-\boldsymbol{\rho}_q)}\, \mathrm{e}^{-j\mathbf{k}\cdot(\boldsymbol{\rho}_q-\boldsymbol{\rho}')}\,\mathrm{d}k_x$$

利用此表达式设计一种求解二维电磁波散射积分方程的快速多极子算法。

11.4 10.3.5 节推导了求解非均匀介质体散射的体积分方程。试描述快速求解这些方程的三维快速多极子算法。

11.5 使用拉格朗日插值，自由空间格林函数可被分解为式(11.5.7)所示的形式。由此，设计一种可以快速计算矩量法矩阵与向量乘积的算法；分析此算法对静态格林函数和动态格林函数的计算复杂度，并进行比较。

11.6 将 11.7 节描述的二维 FETD-FDTD 混合方法编成计算程序，并用简单算例进行测试，研究解的稳定性和精度。

11.7 设计一个由四个矩形单元组成的简单问题，证明用 Yee 网格得到的时域有限差分方程与用一阶矢量基函数得到的时域有限元方程一致，其中时域有限元方程的质量矩阵和刚度矩阵使用梯形积分公式计算，而时间离散采用中心差分方法进行计算(为简化方程，可考虑无耗无源的情况)。

11.8 考虑非均匀介质柱体对横磁场波的散射问题。(1)建立柱体表面的电场积分方程、磁场积分方程和混合场积分方程；(2)建立与 11.8.1 节描述的三维情况类似的常规 FE-BI 方程；(3)建立与 11.8.2 节描述的三维情况类似的对称 FE-BI 方程。

第12章 计算电磁学结束语

计算电磁学的研究自20世纪60年代初开始,已经经历了半个多世纪的发展。在众多研究人员的努力下,已开发出了许多计算技术和方法,并用于解决电磁学中的各种问题。第8章至第11章讨论了计算电磁学中几种最重要、最流行的方法。本章将对计算电磁学进行综述,其中将介绍一些尚未涉及的计算方法和计算电磁学的一些实际应用,以及计算电磁学研究中的潜在挑战。

12.1 计算电磁学概述

如图12.1所示,电磁分析的计算方法可以分为两大类:时域方法和频域方法,这两类方法由傅里叶变换相互关联。求解静电和静磁问题的方法可以认为是频域方法,其频率等于零。频域方法可以分为两类:一类是**高频近似方法**,它基于射线光学和衍射光学,可以有效地处理电大尺寸问题;另一类是**第一性原理数值方法**,它直接求解麦克斯韦方程组,因而能够处理任何复杂的问题,但付出的代价是需要更多的计算资源。

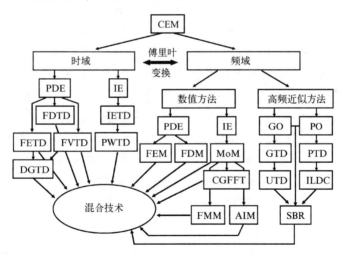

图12.1 由于与电磁相关的工程问题众多,已开发出了许多数值或渐近方法,用于求解麦克斯韦方程组

12.1.1 频域和时域分析的对比

时变麦克斯韦方程组是一个四维数学问题:三个空间维度加一个时间维度。通常,问题的复杂度随维度(独立变量的个数)增加呈指数增长。为了减少维数,可以应用傅里叶变换将麦克斯韦方程组转换到频域,从而消除其对时间的依赖性,得到一个三维问题。在求得频域解后,通过傅里叶逆变换可以求得时变响应。这个过程要付出的代价是需要在许多

频点重复进行频域求解,在第 1 章中我们已讨论过此问题。

麦克斯韦方程组可以在时域或频域中求解。相应地,研究人员开发了两类处理电磁问题的方法:频域方法和时域方法。由于时域求解和频域求解的过程不同,这两种方法各有其优势。例如,当用频域方法求解麦克斯韦方程组时,需要在每一个频点上求解一个线性方程组(矩阵方程)。然而,该方程组的系数矩阵通常与激励无关。一旦这个矩阵被求逆或分解,就可以很方便地用它获得任何激励的解。这一特性使得频域方法非常适用于需要考虑多种激励的场合(如单站散射分析)。此外,由于频域方法在每个频点求解麦克斯韦方程组,因此它可以方便地处理色散媒质。当采用时域方法求解麦克斯韦方程组时,对每个激励都需要进行时间步进求解。虽然该过程需要对每个激励重复进行,但是一旦获得时域解,就可以通过傅里叶逆变换得到一个宽频带的频域解,因此时域方法非常适合只有少数激励时的宽带问题分析(如宽带天线或器件分析)。另外,由于时域方法通过时域步进来求解麦克斯韦方程组,因此它能够有效地处理非线性问题,即电磁特性随场强改变的问题。

12.1.2 高频近似技术

如果我们感兴趣的物体是不包含细微特征的电大尺寸结构,就可以采用高频近似技术对其进行分析。高频近似技术有两类。第一类技术从**几何光学**(GO)出发[1],其基本思想基于高频电磁波的传播类似于光,服从第 4 章中给出的斯涅耳定律,因而波的传播问题可以采用射线追踪进行分析,而在射线追踪的过程中,场的振幅可以根据波前表面的形状来确定。显然,使用几何光学方法,阴影区域中的场将完全为零,而被照亮区域中的场为单独的入射场或入射场和反射场的叠加。物体边沿和尖劈的衍射场被完全忽略,而总场有两处具有非物理的不连续性:一处是在亮区和阴影区之间的边界[称为**入射阴影边界**(ISB)],另一处是在反射区和反射不能到达区域的边界[称为**反射阴影边界**(RSB)]。我们可以在解中加入衍射场以提高几何光学解的精度,由此产生了**几何绕射理论**(GTD)[2~4]。在几何绕射理论中,首先求出垂直入射到直边产生的衍射场,然后将其拓展到斜入射和弯曲边缘的情况,最后将近似解加入几何光学解中。虽然这样得到的解具有更高的精度,但是在入射阴影边界和反射阴影边界上仍然不连续。我们可以对衍射场进行更高精度的近似,由此得到的过渡函数可以用来减小场的不连续性,这就是**一致几何绕射理论**(UTD)的基本思想[5~7]。除了 UTD,其他修正几何绕射理论的方法还有**一致渐近理论**(UAT)[8,9]和**绕射谱理论**(STD)[10,11]。

另一类高频近似技术从第 3 章所讨论的**物理光学**(PO)出发。这类方法把大尺寸导体亮区表面上的感应电流密度近似为 $\mathbf{J}_s = \hat{n} \times \mathbf{H} \approx 2\hat{n} \times \mathbf{H}^{\text{inc}}$,而阴影区的电流密度则近似为 $\mathbf{J}_s = \hat{n} \times \mathbf{H} \approx 0$。进而这些电流的辐射场可由第 2 章介绍的自由空间的场–源关系得到,其中涉及对电流进行积分(通常称为"辐射积分"或"PO 积分")。这种方法已经被广泛用于计算反射面天线的辐射特性。物理光学近似忽略了几何不连续性对感应电流的影响,因此近似的感应电流在亮区和暗区边界处存在不连续性,然而这样的不连续性在真实解中并不存在。我们可以在感应电流中加入非均匀的边缘电流,以此来改善物理光学近似的精度,更好地处理诸如棱边之类的几何不连续性带来的影响。这个思想导致了**物理衍射理论**(PTD)[12~14]的发展。除了使用非均匀边缘电流,几何不连续性也可以由**增量长度绕射系**

数(ILDC)[15,16] 和**等效边缘电流**(EEC)[17,18] 来模拟。与几何绕射理论及其改进版相比,物理光学和物理绕射理论更容易使用,但它需要计算面电流的辐射积分。如果需要分析在很多个观察角度下的情况,则可能非常耗时。辐射积分的计算可以使用快速多极子方法[19,20]之类的快速算法进行加速。

研究人员还将几何光学与物理光学的方法结合起来,开发出了功能强大的算法,用于计算大尺寸复杂目标的电磁散射,这种混合技术称为**弹跳射线**(SBR)法[21]。在该方法中,从源出发的入射波用指向物体的射线簇表示。当每条射线反弹时,其相关的振幅和相位均被追踪,而反弹过程受几何光学的约束。在射线与目标的每一个交点应用物理光学法做积分,以确定射线对散射场或辐射场的贡献,最终解是所有射线贡献的总和。这种算法已经被实现[22]并广泛用于计算雷达散射特征。类似的计算机代码还被用于分析大型平台上天线的辐射特性[23]和复杂城市环境中的电磁波传播[24]。在弹跳射线法中,边缘绕射的效应也可用 ILDC 法来模拟,从而提高解的精度。

除了高效率,高频近似技术往往还能帮助人们理解散射和绕射的物理机制,这是使用其他数值方法很难达到的。渐近技术这一课题不包括在本书中,因为它超出了本书作为一本电磁场理论和计算电磁学研究生课程教材所试图涵盖的范围。高频近似技术的重要性足以专门开设另一门研究生课程来讲述,感兴趣的读者可以参考相关文献[25,26]。

12.1.3　第一性原理数值方法

对于比电大尺寸目标的散射与辐射分析更复杂的电磁问题,比如微波器件和高频电路的分析,或者当期望的求解精度超出渐近技术所能达到的极限时,我们需要使用某种数值方法求解麦克斯韦方程组。数值方法也可以分为两大类,一类方法直接求解麦克斯韦方程组或其弱式表达式,包括第 8 章讨论的有限差分法(FDM)和第 9 章讨论的有限元法(FEM)。在数学上,它们称为偏微分方程(PDE)法。在频域中,因为有限差分法的计算复杂度与有限元法的相同(均需求解一个大型稀疏矩阵方程),所以有限差分法几乎没有优势。而在几何建模上更为灵活的有限元法通常是更优的选择。另一种与有限元法密切相关的方法是**无网格方法**,这类方法近年来得到了广泛关注[27~32]。这类方法基于计算域中一定数量的离散点求解偏微分方程,无须显式地生成有限元网格。如何高效地生成高质量的网格一直是有限元法的一个重要问题。

我们在第 8 章和第 9 章中已经详细讨论了有限差分法和有限元法的公式推导、应用和优势,这里仅补充两点。第一,静态场的麦克斯韦方程组是一个椭圆型偏微分方程,其有限差分或有限元离散将产生一个正定矩阵,对应的矩阵方程可在有限次数内通过迭代法解出。而时谐麦克斯韦方程组是一个双曲型偏微分方程,其有限差分或有限元的离散将产生一个非正定矩阵,对应的矩阵方程如果采用迭代法求解,那么其收敛通常是缓慢的。因此,人们通常使用预条件处理,诸如基于不完全 LU 分解的预处理技术加速迭代的收敛性。第二,正如第 8 章和第 9 章所示,当有限差分法或有限元法应用于波动方程时,数值模拟波的传播速度与精确值略有差异。因此,数值解的相位中有数值误差,称为色散误差。当使用一阶基函数时,每个波长的相位误差与 $O[(h/\lambda)^2]$ 成正比,其中 h 为单元尺寸大小,λ 表示波长。因为相位误差是积累的,所以最终解中的误差正比于波传播的电长度。因此,如果问题的尺度变大或频率变高,则需要增加有限差分网格或有限元网格的密度,以获得所需的精度。一种更好的选择是采用高阶基函数,这样可以呈指数地减小相位误差。

另一类数值方法通过求解积分方程间接地求解麦克斯韦方程组。在推导积分方程的过程中将会用到点源响应,即格林函数。这类方法中最典型的代表是第 10 章讨论的矩量法。对于导体或分区均匀介质的问题,可以建立仅包含面积分的积分方程,这类积分方程称为**面积分方程**(SIE)。对于不能确切获得格林函数的非均匀区域问题,积分方程将包含体积分,这类积分方程称为**体积分方程**(VIE)。显然,仅对表面进行离散得到的未知数的数量远远少于需要进行体积离散的情况,因此基于 SIE 的矩量法更有效率。第 10 章介绍的面积分方程可以分为两类,分别是**第一类 Fredholm 积分方程**[如式(10.2.21)和式(10.3.45)所示的电场积分方程(EFIE)]和**第二类 Fredholm 积分方程**[如式(10.2.30)和式(10.3.46)所示的磁场积分方程(MFIE)]。第一类 Fredholm 积分方程通常可以非常精确地求解,但其迭代求解收敛很慢。第二类 Fredholm 积分方程的迭代求解收敛迅速,然而其解的精度比较低。因此,研究人员一直致力于为第一类 Fredholm 积分方程建立有效的预条件处理方法。到目前为止,已经提出的多种预条件处理方法中,有些纯粹基于数学推导,有些基于物理原理。其中一种基于物理的预条件处理利用了 Calderon 恒等式[33],它表明当 EFIE 算子作用于自身时,所得到的算子对应一个性态良好的矩阵,可以在几步迭代之内收敛[34~37]。对于式(10.3.47)所示的混合场积分方程(CFIE)和式(10.3.29)与式(10.3.30)所示介质目标的电场积分方程和磁场积分方程,它们同时包含电场积分方程和磁场积分方程算子,开发合适的预条件处理方法则更为困难。到目前为止,针对这些方程的预条件处理大多数纯粹基于数学推导,如分块对角预处理和近邻预处理[38]。

与偏微分方程法不同,积分方程法使用一个精确的波传播模型(格林函数)来对波的传播进行模拟,因此这些方法不存在数值色散问题。然而,积分方程法得到的系数矩阵是满阵的,其生成、存储和求解的代价高昂。为高效地求解这类矩阵方程,研究人员开发了多种快速算法。我们在第 11 章中讨论了四种快速算法:共轭梯度-快速傅里叶变换法、自适应积分法、快速多极子法和自适应交叉近似法。其他快速算法包括预修正快速傅里叶变换[39]、稀疏矩阵/规则网格[40]、面板聚类[41]、多级矩阵分解[42]、分层矩阵[43,44]、树聚类[45,46]、基于奇异值分解的矩阵压缩[47]、非均匀网格[48,49]、加速笛卡儿扩张[50]和一些其他的快速多极子算法[51~60]。需要指出,为波动问题开发快速算法比为静态或准静态问题开发快速算法困难得多,因为波动问题的积分核高度振荡。无论波传播多远,其插值点数都必须达到一定数目。与此相反,静态问题的积分核是平滑的,随着源与场点距离的增大,在数值积分中可以用越来越少的点进行插值。我们在自适应交叉近似法中讨论了这种现象,同样的现象在其他一些快速算法中也可以观察到。

除了矩量法,还有很多积分方程方法,这里特别提到**局部元等效电路**(PEEC)法[61~65]。这种方法用于求解定义在电路几何形状表面上的电场积分方程,它在数学上与矩量法等效。然而,其求解方程通过电路分析的方式建立:首先将电路结构中的导体离散成具有等效电路参数的小单元,然后将电场积分方程看成应用于等效电路的基尔霍夫电压定律。这种基于等效电路的公式可以很容易地将集总电路元件融入分析中,也很容易与其他成熟的电路仿真器集成[63]。该方法最初只用于分析电感效应[61]，后来发展为可以考虑电容效应和介质模型[62]。在局部元等效电路法中，电流和电荷各自独立展开，因而该方法可以分析低至直流的低频问题[65]。我们还可以通过使用时延模拟滞后效应的方式将局部元等效电路法拓展到时域[64]。在今后的高频电路设计中，研究人员将越来越多地需要考虑电磁效应，因而局部元等效电路法日后有望变得更加流行。

12.1.4　时域仿真方法

与频域方法相同，基于第一性原理的时域数值方法也可以分成两类。一类方法是直接求解时变麦克斯韦方程组或矢量波动方程，包括第 8 章所讨论的时域有限差分（FDTD）法和 9.4 节讨论的时域有限元（FETD）法。除了这两种方法，其他方法还包括**传输线矩阵（TLM）法**、**有限积分技术（FIT）**、**时域有限体积（FVTD）法**、**时域伪谱（PSTD）法**、**时域多分辨（MRTD）法**，以及**时域间断伽辽金（DGTD）法**（9.5 节已讨论过）。这些方法简要说明如下。

传输线矩阵法[66~69]将三维计算域用三组正交、互连的传输线建模，传输线的特性阻抗取决于周围媒质的特性。然后使用惠更斯原理建立一组方程，把每一段传输线上的电压与相邻传输线段上的电压联系起来。求解这些方程可以得到整个计算域中的电压波形。虽然传输线矩阵法的表达式是独特和原创的，但其几何建模能力及限制与时域有限差分法类似。此外，由于电压直接与电场相关，而惠更斯原理也与麦克斯韦方程组相关，故用传输线矩阵法建立的方程也可以从有限差分推导得到[70]。而诸如吸收边界条件、理想匹配层、色散及非线性媒质的建模等技术也可以在传输线矩阵法中实现[71~73]。

有限积分技术[74~76]将积分形式的麦克斯韦方程组在两组交错的网格上离散，可用于时域和频域分析。对于正交网格，有限积分技术产生一个等效于 Yee 网格算法的数值系统，因此有限积分技术的数值特征与 Yee 网格时域有限差分法类似。有限积分技术可以应用于非正交网格，从而能够实现对复杂几何结构的准确建模[77]。时域有限差分法中也可以采取类似的手段，使其具有更好的几何建模能力[78~80]。11.7.1 节讨论了有限差分方程和有限元方程之间的一些等价关系，不难想象，有限积分技术和有限元法之间也存在某些等价关系。

时域有限体积法[81~85]最早用于流体力学问题的数值分析，后来推广至电磁分析。它先将计算域离散成非常小的体积元，然后在每个体积中对微分形式的麦克斯韦方程组进行积分，以此计算电磁场。时域有限体积法可以用于非结构化网格，因而和有限元法一样具有强大的几何建模能力。每个体积元中的场通过分界面上的数值通量与相邻体积元中的场耦合，通量的值可以通过对体积元内部场的平均值进行插值或外推来计算。需要特别注意，分界面上的通量可分解成两个传播方向相反的分量。除了用于散射分析，该方法还可用于分析微波器件[86~89]。时域有限体积法虽然没有数值色散，但存在数值耗散，这导致在对长距离波传播进行模拟时会存在非物理的衰减。

时域伪谱法[90,91]是时域有限差分法的变形，通过离散傅里叶变换或切比雪夫变换，在谱域中计算空间偏导数，这种更精确的计算方式可以减小时域有限差分法中的数值色散误差。由此带来的代价是在处理边界和分界面时更复杂,因为场在这些界面处可能不连续。时域多分辨法[92~101]也与时域有限差分法密切相关,该方法使用多分辨率小波作为基函数展开电场和磁场。由于场的展开更精确,时域多分辨仿真中的网格密度可以降低,从而能够达到更高的计算效率。此外,小波基函数数量可以在仿真过程中动态地增加和减少,这样可以设计出随场值变化情况不断调整的自适应时域多分辨算法。

9.5 节讨论的时域间断伽辽金法[102]可以视为有限元法和时域有限体积法的拓展。它采用了有限元法中用基函数展开场并用权函数检验约束方程的思想,也从时域有限体积法中吸收了在每一个单元上而不是在整个计算域中进行积分,然后通过单元之间分界面上的通量来耦合所有单元的思想。时域间断伽辽金法可以通过高阶基函数实现高阶的空间离散。另一方面,由于空间离散在每个单元中进行,所以在时域间断伽辽金法中,相邻两单元之间分界面上的场展开可以不同,每个单元表面也可以不与相邻单元的表面完全重合。更重要的是,该方法不会产生一个需要在每个时间步求解一次的全域方程组,这一重要特性显著提高了时域间断伽辽金法的效率。时域间断伽辽金法通过通量来耦合相邻单元中的场,因而可以使用诸如高阶龙格-库塔法等更为稳健的时间离散方案。使用标量或矢量基函数进行空间离散的时域间断伽辽金法已被用于求解时变麦克斯韦方程组[103~108]。该方法直接离散一阶的麦克斯韦方程,并采取同时时间步进或蛙跳时间步进的方式计算电场和磁场。参考文献[109]提出了另一种很有意思的方法,其离散的是二阶波动方程,并以蛙跳步进的方式计算电场和磁场,再基于面等效原理耦合各单元。该方法实际上是将一种新颖的区域分解技术[110]在单元层次上应用于时域有限元法,其计算效率与时域间断伽辽金法类似。

与频域方法类似,第二类时域方法是求解**时域积分方程**(TDIE)。时域积分方程可以通过对频域积分方程进行拉普拉斯变换得到。第 10 章曾简短地介绍过,如何采用**时间步进**的方法求解时域积分方程。从式(10.6.12)可以看出,求解过程中最耗时部分是在每个时间步计算方程的右边项,其中包含一系列矩阵向量积的计算。与频域情况类似,我们可以通过一系列快速算法降低计算复杂度,加快求解速度。在第 11 章中提到,很多为频域分析开发的快速算法可以扩展到时域。成功的例子有**时域自适应积分法**(TD-AIM)[111~116]和**时域平面波**(PWTD)**法**[117~122]。后者可以看成多层快速多极子法的时域版本。除了使用局域基函数对时间维进行展开的时间步进方法,也可以采用诸如拉盖尔(Laguerre)多项式之类的全域基函数对时间维进行展开[123~125]。如果在时域应用伽辽金法进行检验,并利用拉盖尔多项式的正交性,就可以设计出一种阶数步进的算法,首先计算最低阶拉盖尔多项式的展开系数,再逐步求出更高阶多项式对应的展开系数。

12.1.5 混合技术

如图 12.1 所示,除了一般的数值方法和渐近方法,还有一类方法称为**混合技术**,它结合了两种或更多种不同方法,以处理复杂的电磁问题。第 11 章讨论了开发混合技术的发展及其初衷的,以及两种混合技术的发展及其强大的功能。混合技术的早期发展主要致力于将某种数值方法,如矩量法或有限元法,与某种渐近技术相结合,用于分析包含细微特征(如天线、缝隙和槽)的大型平台(如飞机或舰船)的散射或辐射问题[126~132]。这些混合技术现在已成功应用于大型复杂工程问题的求解,而这些问题若单独采用任何一种方法,则即使在最强大的计算机上都很难求解。

12.2　计算电磁学的应用

电磁现象在现代科学技术中非常普遍,因此计算电磁学有极其广泛的应用。正如本书开篇所提到的,计算电磁学的广泛应用主要归功于麦克斯韦方程组的强大预测能力。借助数值仿真,我们可以分析各种问题以获得对其背后物理原理的认识;可以快速评估设计方案,使设计周期显著缩短;可以对复杂系统进行分析,得到难以直接测量或测量代价高昂的系统参数。图 12.2 列出了计算电磁学的一些常见应用,下面详细介绍其中几种。

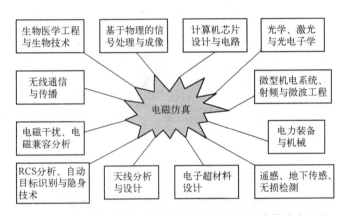

图 12.2　由于麦克斯韦方程组的预测能力和现代技术中电磁
现象的普遍性,计算电磁学能够影响许多科技领域

电磁场数值分析的一个最早应用是分析各种物体的电磁散射特性,因为这与雷达技术直接相关。由于不同的物体有不同的散射特性,表征散射特性的 RCS 也称为**雷达特征**。然而,直接测量真实目标(如飞机)的雷达特征十分费时而且很困难,因此数值仿真就成为一种非常实用的方案。雷达特征分析的主流方法是高频近似方法,如 SBR 法及快速积分方程法。图 12.3 给出了一个简化飞机模型的雷达一维距离像[113],它与时域后向散射雷达信号相关。从图 12.3 中可以看到,雷达一维距离像的变化与飞机的形状密切相关,因此可用于描述飞机的特征。如果能获得多个方向上的雷达一维距离像,就可以将数据进行处理,形成所谓的**逆合成孔径雷达**(ISAR)图像[133]。图 12.4 为图 11.24 所示飞机的逆合成孔径雷达图像的仿真结果和测量值。这样的图像可以用于目标识别,因此是**自动目标识别**(ATR)的主要研究对象[134]。雷达特征预测的另一个重要应用是用来设计难以被观测的"隐形"飞机。"隐形"飞机通过改变飞机外形及在其表面使用雷达吸波材料,以减少飞机的雷达回波信号,即电磁波的后向散射场。设计"隐形"飞机对数值仿真的精度有很高的要求,因此能够精确模拟飞机精细细节的高精确度的 RCS 预测工具是至关重要的。

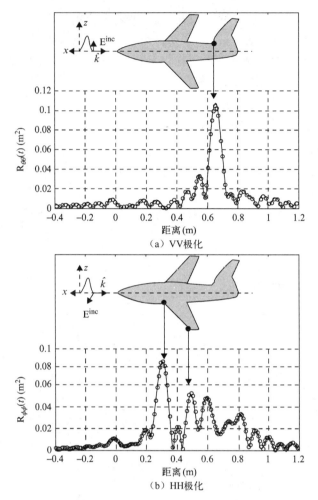

（a）VV极化

（b）HH极化

图 12.3　飞机的雷达一维距离像

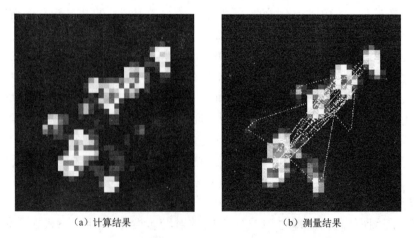

（a）计算结果　　　　　　　（b）测量结果

图 12.4　与飞机鼻锥成 130° 方向上的逆合成孔径雷达图像

电磁场数值分析的另一个早期应用是天线分析与设计。天线在无线通信、遥感、空间探测、国防、电子战和其他许多电子系统中都发挥着非常重要的作用。定量分析对天线的设计与优化非常重要，特别是对不容易单纯凭经验设计的复杂天线。天线分析的目的是预测辐射方向图和输入阻抗。而对于多天线如天线阵列的情况，表征天线之间互耦的互阻抗矩阵或散射矩阵也是重要参数。我们可以通过求解满足天线结构所确定的边界条件的麦克斯韦方程来获得天线的辐射方向图、输入阻抗和散射矩阵。这是一个典型的计算电磁学问题，针对这一问题已有大量的研究工作，因而也有天线分析的大量算例。所用到的主要方法有近似方法，如用于分析电大尺寸的反射面天线的 PO；用于线天线和微带天线分析的矩量法；以及用于分析包含复杂材料天线的有限元法。参考文献[135]中展示了有限元法在各种复杂天线和相控阵天线分析中的应用。

微波器件的建模与仿真始于 20 世纪 60 年代对波导传输特性的数值分析。主要方法有用于分析金属外壳器件的有限元法和用于分析毫米波微带结构的矩量法。设计满足各项指标的微波器件是一项极具挑战性的工作，因为它包含众多的设计变量。良好的设计直觉和设计经验得自于对电磁场的理解，这虽然非常重要，但却无法直接提供最优化的设计。快速的数值分析工具允许设计人员充分试探各设计变量，而无须耗费时间反复试凑。考虑图 12.5(a) 所示的相对简单的矩形波导带通滤波器的设计。该设计包含七个变量，例如导体条带的宽度，条带之间的距离等。使用有限元法等数值方法，在一台个人计算机上只需几秒钟就可以完成仿真，得到该设计的相关参数。如此快速的仿真允许设计者在很短的时间内尝试和检查大量设计数据，从中选择最佳方案。我们也可以将其与基于模拟退火或遗传算法的最优化算法结合，系统地搜索设计空间以获得全局最优化设计。图 12.5(b) 给出了一种设计方案的仿真结果，其中的传输系数根据波导内部的电场解计算。除了用于计算所需参数，数值仿真得到的电场和磁场还可用来实现计算机可视化。这种场的可视化是无法由实验测量获得的，它往往可以为设计者提供更好的优化指导。图 12.6 展示了几个频点下的电场分布，以及滤波器内条带对电场的影响。这里的滤波器结构相对简单，许多真实的微波器件要复杂得多，也包含更多的设计变量。对这些复杂器件的设计优化通常只能采用基于电磁场快速仿真的计算机辅助设计工具。

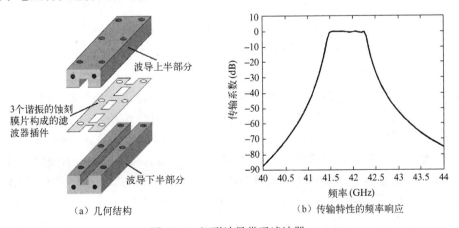

（a）几何结构　　　　　　　　　（b）传输特性的频率响应

图 12.5　矩形波导带通滤波器

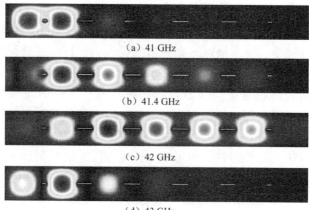

(a) 41 GHz

(b) 41.4 GHz

(c) 42 GHz

(d) 43 GHz

图 12.6　几个频点的波导滤波器的场分布

计算电磁学最近兴起的一个应用是对**电磁干扰**（EMI）和**电磁兼容**（EMC）问题的数值分析[136~138]。任何电子设备在运行时将不可避免地向外辐射电磁场，这会对其他设备造成潜在干扰，影响它们的正常运作。同一电子设备中的某一组件也可能意外地干扰其他组件，影响设备的整体性能。因此，确定干扰源及消除或降低干扰强度至关重要。而对于不可避免的干扰，例如由闪电或核爆产生的高能电磁脉冲，电子系统在设计时必须确保其足以承受这些干扰。由于电子设备和电子系统的高度复杂性，这些问题通常非常复杂。多年来，解决这些问题需要不断地进行实验。随着电磁计算方法处理大型、复杂问题能力的迅速加强，数值分析已经被用于分析多种 EMI/EMC 问题。例如，计算外部场到电子系统内部组件的

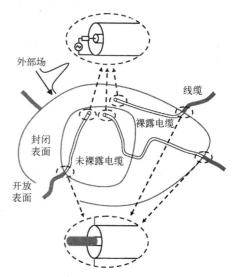

图 12.7　典型电磁兼容问题：外部场耦合进入系统内部

耦合；计算电子系统内部不同组件之间的互耦；确定不期望的电磁辐射源；分析屏蔽壳体的效能；分析电子系统对高功率微波脉冲的预防能力。图 12.7 给出了一种外部场通过电缆连接和屏蔽外壳上的孔缝耦合到电子系统内部的典型情况。要分析这样的问题，数值仿真就必须能够计算电大平台上复杂结构的宽频带电磁场，而在这些平台上可能安装有天线、屏蔽壳体(可能有孔缝)、印刷电路板和连接各种电子系统的电缆。参考文献[135]给出了对该问题进行有限元分析的典型过程。另一个很好的算例是分析飞机上两副天线之间的互耦[115]，其飞机的表面网格剖分如图 12.8(a)所示。第一副天线是沿飞机右翼的有八个单元的对数周期单极子阵列，其与嵌入闭合翼腔内的一个未裸露的模块化电缆网络相连接。第二副天线是安装在机身顶部的单极子，它与下面的馈电电路连接。当单极子天线由电压源激励时，其辐射场将耦合到对数周期阵列，产生不希望的互耦。研究人员采用矩量法对这一问题进行了频域和时域仿真，计算中采用了自适应积分法进行加速。图 12.8(b)给出了

耦合到对数周期阵列的功率与单极子天线输入功率的比值。这种互耦的预测对整个系统的设计非常有用。

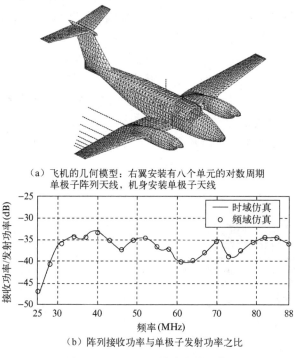

(a) 飞机的几何模型：右翼安装有八个单元的对数周期
单极子阵列天线，机身安装单极子天线

(b) 阵列接收功率与单极子发射功率之比

图 12.8 飞机上天线之间的互耦

数值分析长期以来被用于光学问题的分析，比如分析光波导中的波传播[139,140]。最近受到广泛关注的一个问题是光子晶体的分析、设计与应用。光子晶体是具有一维或多维周期性的介质材料，它可以阻止一定频率范围光波的传播，这些频率称为带隙[141]。这种控制光波传播的能力可用于设计新型光学器件。数值分析可以用于计算光子晶体的能带图，描述波传播特性以及光波与光子晶体结构的相互作用。由于加工相对容易，最常见的二维光子晶体是在介质平板上以六边形图案打空气孔形成的。通过在光子晶体中引入一个缺陷点（比如删除一个单元），可以构成一个光谐振腔。如果在腔体的外侧发生分布布拉格反射，在垂直方向上发生全反射，光波能量就可以被限制在腔体中，从而获得很高的品质因数[142,143]。作为一种基本的光学元件，这种腔体可用于设计各种光学器件，尤其适合与自发辐射现象应用连在一起。例如，通过将有源媒质置于高品质因数的光子晶体腔内部，可以设计一个具有高输出功率和窄线宽的**垂直腔表面发射激光器**（VCSEL）[144]。为了更好地设计光子晶体谐振腔，我们希望能够快速、高效地对麦克斯韦方程组进行全波求解。例如，对于通过从六边形晶格中移去一个单元的方法形成的光子晶体谐振腔，数值分析表明，该腔体在光子带隙内仅支持简并的偶极子模式，其品质因数只能达到数百。然而，若减小周围六个孔的尺寸并让它们偏离腔体中心，则这样设计的谐振腔就能够支持品质因数高得多的更多谐振模式[143]。图 12.9(a) 给出了一个这样的结构，其中一个无孔的单元被 4 层带孔的单元所包围，邻近的六个孔的尺寸和位置都进行了相应调整。这个结构存在一个横电(TE$_z$)带隙,在带隙内可以将光波限制在缺陷单元附近,由此形成一个腔体。图12.9(b)给出了腔体储能随频率的变化,从图中可看到四种不同类型的谐振模式。除了双重简并偶极子模式,另外三种模式分别为双重简并四极子模式、非简并六极子模式和单极子模式。这些模式的场分布如图12.10所示,图中可以观察到六极子模式和单极子模式在腔体中心的零陷。零陷的存在显著降低了辐射损失,从而增大了相应模式的品质因数[145]。事实上,当周边单元的层数进一步增加时,此六极子模式的品质因数理论上可以达到10万。在这个例子中,数值分析工具可以用于寻找邻近孔半径和位置偏移量的最优值,还可用于了解谐振模式的特征。本算例的计算采用了与有限元法相结合的区域分解技术[146,147]。采用时域有限差分法也可以得到类似的结果[143]。除了光谐振腔,我们还可以通过移去一条线上的单元来制作光波导,如图12.11所示。

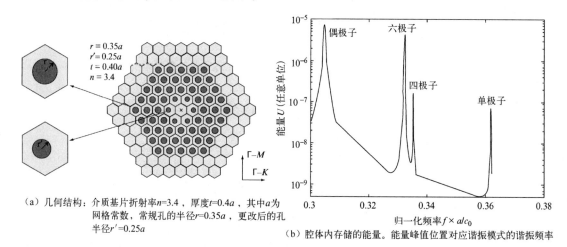

(a) 几何结构:介质基片折射率n=3.4,厚度t=0.4a,其中a为网格常数,常规孔的半径r=0.35a,更改后的孔半径r'=0.25a

(b) 腔体内存储的能量。能量峰值位置对应谐振模式的谐振频率

图12.9　Γ-K方向上有9个孔的光子晶体腔体

　　计算电磁学在生物医学工程中也得到了广泛应用,因为若干生物医学技术,如磁共振成像(MRI)[148~152]、非侵入的微波成像[153~155]和电磁热疗[156~160]等,均与电磁场相关。一个典型的MRI系统主要由三个组件构成,这三个组件都与电磁场相关。第一个组件是主磁体,用于产生一个非常均匀的(只有百万分之几数量级上的偏差)强静磁场。静磁场的强度越大,MRI图像就会拥有越高的信噪比;而静磁场分布越均匀,图像的空间分辨率就会越高。第二个组件是一组梯度线圈,用以产生三个静磁场,其方向与主静磁场相同,而强度分别在x、y和z方向上呈线性变化。当它们与主静磁场叠加时,可以为MRI信号提供空间分辨力。这些梯度场必须能够迅速产生和消失。第三个组件是射频谐振器,通常称为射频线圈,用于产生一个在主静磁场横向方向上的射频磁场,以激发成像物体中的原子核,以及接收由原子核释放的MRI信号。此射频场应该相对均匀,使得接收到的MRI信号强度更好地反映受激原子核的密度。射频场的频率线性正比于主静磁场的强度,因此静磁场越强,射频场的频率就越高,MRI信号的信噪比也就越高。然而,较高频率的射频场与所要成像的物体,如人体,会发生强烈的相互作用,这使得设计一个能在给定体积中产生均匀射频磁场的射频线圈非常困难。数值方法,如有限元法和时域有限差分法,已被广泛用于研究射频场与成像物体的相互作用[150~152]。数值仿真也可以提供很多关键参数,如射频场

不均匀性、射频场穿透深度、信噪比和比吸收率等。研究人员可以由此设计更好、更安全的射频线圈，或者开发能够补偿场不均匀性的成像方案。图 8.14、图 8.15 和图 9.8 给出了 MRI 应用中几个射频场与人体头部相互作用的算例。非侵入式微波成像利用不同介质散射和不同吸收特性的特点，生成由不同介质构成的物体图像。这项技术可以用于对力学结构进行非破坏性评估，也可用于乳腺癌的早期诊断。对于乳腺癌的早期诊断，超宽带微波技术有很大的应用前景，它提供了比任何单频技术丰富得多的信息。参考文献[153~155]介绍了如何采用时域有限差分法对这项技术进行数值分析。电磁热疗的目标是使用电磁场对患者体内指定病灶进行加热，以作为一种癌症治疗手段。这项技术在实际应用时非常困难，因为电磁场要深度穿透人体，其频率必须相对较低(约 100 MHz)，而在如此低的频率又很难在指定病灶处将足够的电磁能量汇聚起来。因为电磁波与人体之间复杂的相互作用，要实现电磁能量的汇聚，需要采用多个可调节幅度和相位的辐射单元[156]。另一方面，检测和监控人体内部的电磁功率和温度也非常困难。唯一现实的解决方案是通过数值方法求解麦克斯韦方程组，获得电磁功率的分布，然后求解生物传热方程以得到温度变化[157~160]。在这样的数值仿真能力下，我们可以设计一个电磁热疗器阵列，优化每个辐射单元的输入幅度和相位来加热病灶。

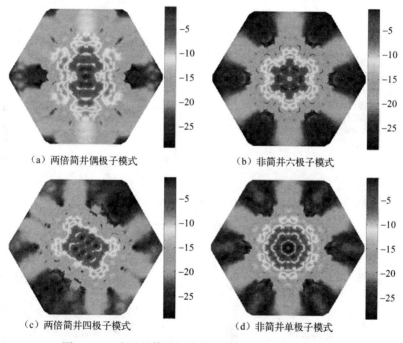

(a) 两倍简并偶极子模式　　　　　　　　(b) 非简并六极子模式

(c) 两倍简并四极子模式　　　　　　　　(d) 非简并单极子模式

图 12.10　光子晶体谐振腔中心面上的归一化电场幅度

图 12.12展示了一个使用 85 MHz 环形相控阵热疗器的电磁热疗数值算例[158]。具体来说，图 12.12(a)表示的是人体躯干的横截面，其中有七个目标区域。我们首先通过求解边值问题求出表征电磁耗散功率的比吸收率(SAR)。然后以比吸收率为目标，通过反馈控制算法优化每一个辐射单元的幅度和相位，使得电磁耗散功率聚焦在目标区域。图 12.12(b)展示了针对区域 A 基于比吸收率优化的热疗器所对应的温度分布。由于温度分布与比吸收率分布

并不是完全一致的, 这样得到的最大加热点并不在目标区域。这个问题可以通过如下方法改善: 首先使用耗散功率作为输入求解生物传热方程, 然后基于所计算的温度对每个辐射单元的振幅和相位进行优化, 最后得到的结果如图 12.12(c)所示。图 12.12(d)给出了当目标区域为区域 B 时的结果。

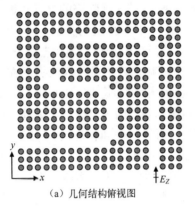

（a）几何结构俯视图

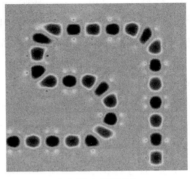

（b）场分布瞬时图

图 12.11　光子晶体波导

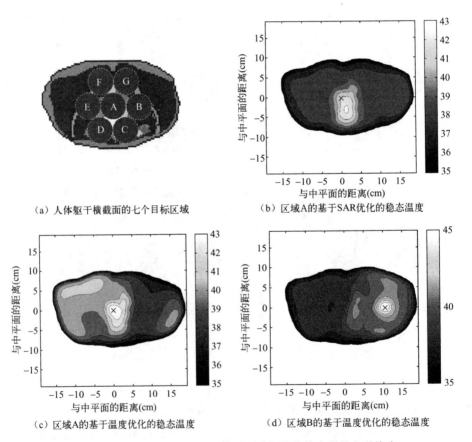

（a）人体躯干横截面的七个目标区域　　　（b）区域A的基于SAR优化的稳态温度

（c）区域A的基于温度优化的稳态温度　　　（d）区域B的基于温度优化的稳态温度

图 12.12　频率为 85 MHz 时, 使用环形相控阵热疗器的电磁热疗

12.3　计算电磁学的挑战

对于在实际应用中遇到的电磁问题，为求得数值解，首先要建立其对应的数学表述，为此需要建立一个包含偏微分约束方程和边界条件的边值问题。在此过程中往往需要借助各种电磁场的物理知识。在此之后需要仔细分析得到的数学问题，并开发有效的数值方法来对其进行求解。这就要求我们对各种数值方法的优缺点有广泛的了解，并选择一种已有的最合适的方法或者开发一种新的方法。在选择数值方法并推导相应公式之后，还需要用高效的计算机代码实现该方法。为此我们必须掌握计算机编程能力和线性代数的知识。即使采用相同的数值方法，不同的实现方式也可能导致计算时间和内存使用上的巨大差异。在完成计算机代码的开发并对其进行充分的测试和验证之后，就可以用它来处理特定的边值问题。这个过程涉及对物体进行几何建模和确定模型的电磁参数(介电常数、磁导率和电导率)。之后，还需要对几何模型进行离散，并最终利用所开发的计算机代码计算离散形式的场解。在得到场解后，可以由此计算各个感兴趣的参量，如散射分析中的 RCS、天线分析中的输入阻抗和辐射方向图，以及微波电路分析中的散射矩阵。图 12.13 给出了通过数值方法解决工程实际问题的完整流程。从图中可以看出，为了完成电磁问题的数值分析，我们需要掌握电磁物理、数学(包括线性代数和泛函分析)与计算科学知识。当然，为了处理工程实际问题，还必须了解工程应用的前沿及其相关问题，例如：哪些重要问题可以从数值分析中受益？实施数值分析时面临哪些挑战？如何对数值分析得到的结果进行核查和验证？由此可以看到，计算电磁学是结合了物理、数学和计算机科学，并以工程应用为导向的高度跨学科领域(见图 12.14)。

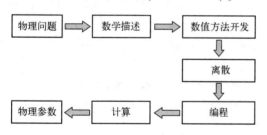

图 12.13　数值分析求解实际工程问题的基本步骤

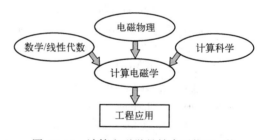

图 12.14　计算电磁学是结合了物理、数学和计算机科学并以工程应用为导向的高度跨学科领域

计算电磁学已经有半个多世纪的历史。在此期间，研究人员开发了许多数值方法，因此许多电磁问题现在已经可以进行数值仿真。但是，这一领域还远未完全成熟，电磁场的广泛应用对计算电磁学带来了更广泛的挑战，包括对超大尺寸问题、多尺度问题、多物理问题的建模与仿真。今天，研究人员致力于开发在空间、时间和频率维度上能够跨越几个数量级，并能与诸如声学、电路、热传递、电荷输运和量子现象等其他物理现象相互耦合并无缝对接的数值方法，这是极具挑战性的。而这些挑战反过来又为计算电磁学开创了许多新的机会，并吸引着越来越多的研究者投入这个迷人的领域。

原著参考文献

1. M. Kline and I. Kay, *Electromagnetic Theory and Geometrical Optics*. New York: Wiley Interscience, 1965.

2. J. B. Keller, "Diffraction by an aperture," *J. Appl. Phys.*, vol. 28, no. 4, pp. 116-130, 1957.

3. J. B. Keller, "Geometrical theory of diffraction," *J. Opt. Soc. Am.*, vol. 52, no. 2, pp. 116-130, 1962.

4. G. L. James, *Geometrical Theory of Diffraction for Electromagnetic Waves* (3rd edition, revised). London, UK: Peregrinus, 1986.

5. R. G. Kouyoumjian and P. H. Pathak, "A uniform geometrical theory of diffraction for an edge in a perfectly conducting surface," *Proc. IEEE*, vol. 62, no. 11, pp. 1448-1461, 1974.

6. P. H. Pathak and R. G. Kouyoumjian, "An analysis of the radiation from aperture on curved surfaces by the geometrical theory of diffraction," *Proc. IEEE*, vol. 62, no. 11, pp. 1438-1447, 1974.

7. P. H. Pathak, "Techniques for high frequency problems," in *Antenna Handbook, Theory, Application and Design*, Y. T. Lo and S. W. Lee, Eds. New York: Van Nostrand Reinhold, 1988.

8. D. S. Ahluwalia, R. M. Lewis, and J. Bocrsma, "Uniform asymptotic theory of diffraction by a plane screen," *SIAM J. Appl. Math.*, vol. 16, pp. 783-807, 1968.

9. S. W. Lee and G. A. Deschamps, "A uniform asymptotic theory of electromagnetic diffraction by a curved wedge," *IEEE Trans. Antennas Propag.*, vol. 24, no. 1, pp. 25-34, 1976.

10. R. Mittra, Y. Rahmat-Samii, and W. L. Ko, "Spectral theory of diffraction," *Appl. Phys.*, vol. 10, no. 1, pp. 1-13, 1976.

11. D. P. Bouche, F. A. Molinet, and R. Mittra, "Asymptotic and hybrid techniques for electromagnetic scattering," *Proc. IEEE*, vol. 81, no. 12, pp. 1658-1684, 1993.

12. P. Y. Ufimtsev, "Method of edge waves in the physical theory of diffraction," *Soviet Radio*, Moscow, 1962. Translated by U. S. Air Force Foreign Technology Division, Wright-Patterson AFB, OH, Sept. 1971.

13. P. Y. Ufimtsev, "Elementary edge waves and the physical theory of diffraction," *Electromagnetics*, vol. 11, no. 2, pp. 125-160, 1991.

14. P. Y. Ufimtsev, *Fundamentals of the Physical Theory of Diffraction*. Piscataway, NJ: IEEE Press, 2007.

15. K. M. Mitzner, "Incremental length diffraction coefficients," Technical Report AFAL-TR-73-296, Aircraft Division, Northrop Corporation, Los Angeles, CA, April 1974.

16. R. A. Shore and A. D. Yaghjian, "Incremental diffraction coefficients for planar surfaces," *IEEE Trans. Antennas Propag.*, vol. 34, no. 1, pp. 55-70, 1988.

17. A. Michaeli, "Equivalent edge currents for arbitrary aspects of observation," *IEEE Trans. Antennas Propag.*, vol. 32, no. 3, pp. 252-258, 1984.

18. A. Michaeli, "Elimination of infinities in equivalent edge currents," *IEEE Trans. Antennas Propag.*, vol. 34, no. 7, pp. 912-918, 1986 and no. 8, pp. 1034-1037, 1986.

19. A. Boag, "A fast physical optics (FPO) algorithm for high frequency scattering," *IEEE Trans. Antennas Propag.*, vol. 52, no. 1, pp. 197-204, 2004.

20. A. Boag and E. Michielssen, "A fast physical optics (FPO) algorithm for double-bounce scattering," *IEEE Trans. Antennas Propag.*, vol. 52, no. 1, pp. 205-212, 2004.

21. H. Ling, R. Chou, and S. W. Lee, "Shooting and bouncing rays: calculating the RCS of an arbitrarily shaped cavity," *IEEE Trans. Antennas Propag.*, vol. 37, no. 2, pp. 194-205, 1989.

22. D. Andersh, M. Hazlett, S. W. Lee, D. D. Reeves, D. P. Sullivan, and Y. Chu, "XPATCH: a high-frequency

electromagnetic-scattering prediction code and environment for complex three-dimensional objects," *IEEE Antennas Propag. Mag.*, vol. 36, no. 1, pp. 65-69, 1994.

23. "AntFarm™ Antenna Simulation Toolkit," SAIC-DEMACO, Champaign, IL.

24. G. Liang and H. L. Bertoni, "Review of ray modeling techniques for site specific propagation prediction," in *Wireless Communications: TDMA Versus CDMA*, S. G. Glisic and P. A. Leppanen, Eds., Norwell, MA: Kluwer, 1997, pp. 323-343.

25. A. K. Bhattacharyya, *High-Frequency Electromagnetic Techniques*. New York: John Wiley & Sons, Inc., 1995.

26. D. Bouche, F. Molinet, and R. Mittra, *Asymptotic Methods in Electromagnetics*. Berlin, Germany: Springer-Verlag, 1997.

27. T. Belytschko, Y. Y. Lu, and L. Gu, "Element-free Galerkin methods," *Int. J. Numer. Methods Eng.*, vol. 37, no. 2, pp. 229-256, 1994.

28. J. M. Melenk and I. Babuska, "The partition of unity finite element method: basic theory and applications," *Comput. Methods Appl. Mech. Eng.*, vol. 139, pp. 289-314, 1996.

29. T. Strouboulis, I. Babuska, and R. Hidajat, "The generalized finite element method for Helmholtz equation: theory, computation, and open problems," *Comput. Methods Appl. Mech. Eng.*, vol. 195, pp. 4711-4731, 2006.

30. L. Proekt and I. Tsukerman, "Method of overlapping patches for electromagnetic computation," *IEEE Trans. Magn.*, vol. 38, no. 2, p. 741-744, 2002.

31. C. Lu and B. Shanker, "Generalized finite element method for vector electromagnetic problems," *IEEE Trans. Antennas Propag.*, vol. 55, no. 5, pp. 1369-1381, 2007.

32. O. Tuncer, C. Lu, N. V. Nair, B. Shanker, and L. C. Kempel, "Further development of vector generalized finite element method and its hybridization with boundary integrals," *IEEE Trans. Antennas Propag.*, vol. 58, no. 3, pp. 887-899, 2010.

33. G. C. Hsiao and R. E. Kleinman, "Mathematical foundations for error estimation in numerical solutions of integral equations in electromagnetics," *IEEE Trans. Antennas Propag.*, vol. 45, no. 3, pp. 316-328, 1997.

34. S. H. Christiansen and J.-C. Nédélec, "A preconditioner for the electric field integral equation based on Calderon formulas," *SIAM J. Numer. Anal.*, vol. 40, no. 3, pp. 1100-1135, 2002.

35. R. J. Adams, "Physical and analytical properties of a stabilized electric field integral equation," *IEEE Trans. Antennas Propag.*, vol. 52, no. 2, pp. 362-372, 2004.

36. R. J. Adams and N. J. Champagne II, "A numerical implementation of a modified form of the electric field integral equation," *IEEE Trans. Antennas Propag.*, vol. 52, no. 9, pp. 2262-2266, 2004.

37. F. P. Andriulli, K. Cools, H. Bagci, F. Olyslager, A. Buffa, S. Christiansen, and E. Michielssen, "A multiplicative Calderon preconditioner for the electric field integral equation," *IEEE Trans. Antennas Propag.*, vol. 56, no. 8, pp. 2398-2412, 2008.

38. W. C. Chew, J. M. Jin, E. Michielssen, and J. M. Song, Eds., *Fast and Efficient Algorithms in Computational Electromagnetics*. Norwood, MA: Artech House, 2001.

39. J. R. Phillips and J. K. White, "A precorrected-FFT method for electrostatic analysis of complicated 3D structures," *IEEE Trans. Comput. Aided Des.*, vol. 16, pp. 1059-1072, 1997.

40. S.-Q. Li, Y. Yu, C. H. Chan, K. F. Chan, and L. Tsang, "A sparse-matrix/canonical grid method for analyzing densely packed interconnects," *IEEE Trans. Microwave Theory Tech.*, vol. 49, no. 7, pp. 1221-1228, 2001.

41. W. Hackbusch and Z. P. Nowak, "On the fast matrix multiplication in the boundary element method by panel clustering," *Numer. Math.*, vol. 54, pp. 463-491, 1989.

42. E. Michielssen and A. Boag, "A multilevel matrix decomposition algorithm for analyzing scattering from large structures," *IEEE Trans. Antennas Propag.*, vol. 44, no. 8, pp. 1086-1093, 1996.

43. W. Hackbusch, "A sparse matrix arithmetic based on H-matrices, Part I: Introduction to H-matrices," *Computing*, vol. 62, pp. 89-108, 1999.

44. W. Hackbusch and B. N. Khoromskij, "A sparse H-matrix arithmetic, Part II: Application to multidimensional problems," *Computing*, vol. 64, pp. 21-47, 2000.

45. J. Barnes and P. Hut, "A hierarchical $O(n \log n)$ force calculation algorithm," *Nature*, vol. 324, pp. 446-449, 1986.

46. D. Gope and V. Jandhyala, "Oct-tree-based multilevel low-rank decomposition algorithm for rapid 3-D parasitic extraction," *IEEE Trans. Comput. Aided Des. Integr. Circuits Syst.*, vol. 23, no. 11, pp. 1575-1580, 2004.

47. S. Kapur and D. E. Long, "IES^3: a fast integral equation solver for efficient 3-dimensional extraction," in *Proceedings of the 37th IEEE/ACM International Conference on Computer-Aided Design*, Nov. 1997, pp. 448-455.

48. A. Boag, E. Michielssen, and A. Brandt, "Non-uniform polar grid algorithm for fast field evaluation," *IEEE Antennas Wireless Propag. Lett.*, vol. 1, no. 7, pp. 142-145, 2002.

49. A. Boag and B. Livshitz, "Adaptive non-uniform grid (NG) algorithm for fast capacitance extraction," *IEEE Trans. Microwave Theory Tech.*, vol. 54, no. 9, pp. 3565-3570, 2006.

50. B. Shanker and H. Huang, "Accelerated Cartesian expansions—a fast method for computing of potentials of the form $R^{-\nu}$ for all real ν," *J. Comput. Phys.*, vol. 226, pp. 732-753, 2007.

51. L. Greengard, J. Huang, V. Rokhlin, and S. Wandzura, "Accelerating fast multipole methods for the Helmholtz equation at low frequencies," *IEEE Comput. Sci. Eng.*, vol. 5, pp. 32-38, 1998.

52. B. Dembart and E. Yip, "The accuracy of fast multipole methods for Maxwell's equations," *IEEE Comput. Sci. Eng.*, vol. 5, pp. 48-56, 1998.

53. H. Cheng, L. Greengard, and V. Rokhlin, "A fast adaptive multipole algorithm in three dimensions," *J. Comput. Phys.*, vol. 155, pp. 468-498, 1999.

54. T. J. Cui and W. C. Chew, "Fast algorithm for electromagnetic scattering by buried conducting plates of large size," *IEEE Trans. Antennas Propag.*, vol. 47, no. 6, pp. 1116-1118, 1999.

55. B. Hu, W. C. Chew, E. Michielssen, and J. Zhao, "An improved fast steepest descent algorithm for the fast analysis of two-dimensional scattering problems," *Radio Sci.*, vol. 34, pp. 759-772, 1999.

56. J. S. Zhao and W. C. Chew, "Three-dimensional multilevel fast multipole algorithm from static to electrodynamic," *Microwave Opt. Technol. Lett.*, vol. 26, pp. 43-48, 2000.

57. B. Hu and W. C. Chew, "Fast inhomogeneous plane wave algorithm for scattering from objects above the multilayered medium," *IEEE Trans. Geosci. Remote Sens.*, vol. 39, no. 5, pp. 1028-1038, 2001.

58. E. Darve and P. Have, "Efficient fast multipole method for low-frequency scattering," *J. Comput. Phys.*, vol. 197, pp. 341-363, 2004.

59. H. Cheng, W. Y. Crutchfield, Z. Gimbutas, L. F. Greengard, J. F. Ethridge, J. Huang, V. Rokhlin, and N. Yarvin, and J. Zhao, "A wideband fast multipole method for the Helmholtz equation in three dimensions," *J. Comput. Phys.*, vol. 216, pp. 300-325, 2006.

60. M. Vikram and B. Shanker, "An incomplete review of fast multipole methods—from static to wideband—as applied to problems in computational electromagnetics," *Appl. Comput. Electromagn. Soc. J.*, vol. 24, no. 2, pp. 79-108, 2009.

61. A. Ruehli, "Equivalent circuit models for three-dimensional multiconductor systems," *IEEE Trans. Microwave Theory Tech.*, vol. 22, no. 3, pp. 216-221, 1974.

62. A. Ruehli and H. Heeb, "Circuit models for three-dimensional geometries including dielectrics," *IEEE Trans. Microwave Theory Tech.*, vol. 40, no. 7, pp. 1507-1516, 1992.

63. C. Wollenberg and A. Gurisch, "Analysis of 3-D interconnect structures with PEEC using SPICE," *IEEE Trans. Electromagn. Compat.*, vol. 41, no. 4, pp. 412-417, 1999.

64. A. E. Ruehli, G. Antonini, J. Esch, J. Ekman, A. Mayo, and A. Orlandi, "Nonorthogonal PEEC formulation for time- and frequency-domain EM and circuit modeling," *IEEE Trans. Electromagn. Compat.*, vol. 45, no. 2, pp. 167-176, 2003.

65. D. Gope, A. Ruehli, and V. Jandhyala, "Solving low-frequency EM-CKT problems using the PEEC method," *IEEE Trans. Adv. Packag.*, vol. 30, no. 2, pp. 313-320, 2007.

66. P. B. Johns and R. L. Beurle, "Numerical solution of 2-dimensional scattering problems using a transmission-line matrix," *Proc. Inst. Electr. Eng.*, vol. 118, no. 9, pp. 1203-1208, 1971.

67. P. B. Johns, "A symmetrical condensed node for the TLM method," *IEEE Trans. Microwave Theory Tech.*, vol. 35, no. 4, pp. 370-377, 1987.

68. W. J. R. Hoefer, "The transmission-line matrix method—theory and applications," *IEEE Trans. Microwave Theory Tech.*, vol. 33, no. 10, pp. 882-893, 1985.

69. C. Christopoulos, *The Transmission-Line Modeling Method: TLM.* Piscataway, NJ: IEEE Press, 1995.

70. H. Jin and R. Vahldieck, "Direct derivations of TLM symmetrical condensed node and hybrid symmetrical condensed node from Maxwell's equations using centered differencing and averaging," *IEEE Trans. Microwave Theory Tech.*, vol. 42, no. 12, pp. 2554-2561, 1994.

71. Z. Chen, M. M. Ney, and W. J. R. Hoefer, "Absorbing and connecting boundary conditions for the TLM method," *IEEE Trans. Microwave Theory Tech.*, vol. 41, no. 11, pp. 2016-2024, 1993.

72. N. Pena and M. M. Ney, "Absorbing boundary conditions using perfectly matched layer (PML) technique for three-dimensional TLM simulations," *IEEE Trans. Microwave Theory Tech.*, vol. 45, no. 10, pp. 1749-1755, 1997.

73. J. Paul, C. Christopoulos, and D. W. P. Thomas, "Generalized material models in TLM," *IEEE Trans. Antennas Propag.*, vol. 47, no. 10, pp. 1528-1542, 1999; vol. 50, no. 7, pp. 997-1004, 2002.

74. T. Weiland, "A discretization method for the solution of Maxwell's equations for six-component fields," *Arch. Elek. Ubertragung.*, vol. 31, no. 3, pp. 116-120, 1977.

75. T. Weiland, "Time domain electromagnetic field computation with finite difference methods," *Int. J. Numer. Modell. Electron. Networks Devices Fields*, vol. 9, pp. 295-319, 1996.

76. M. Clemens and T. Weiland, "Discrete electromagnetism with the finite integration technique," *Prog. Electromagn. Res.*, vol. 32, pp. 65-87, 2001.

77. R. Schuhmann and T. Weiland, "The nonorthogonal finite integration technique applied to 2D-and 3D-eigenvalue problems," *IEEE Trans. Magn.*, vol. 36, no. 4, pp. 897-901, 2000.

78. S. Dey and R. Mittra, "A locally conformal finite-difference time-domain (FDTD) algorithm for modeling three-dimensional perfectly conducting objects," *IEEE Microwave Guided Wave Lett.*, vol. 7, no. 9, pp. 273-275, 1997.

79. W. Yu and R. Mittra, "A conformal finite difference time domain technique for modeling curved dielectric surfaces," *IEEE Microwave Guided Wave Lett.*, vol. 11, no. 1, pp. 25-27, 2001.

80. I. A. Zagorodnov, R. Schuhmann, and T. Weiland, "Auniformly stable conformal FDTD-method in Cartesian

grids," *Int. J. Numer. Modell. Electron. Networks Devices Fields*, vol. 16, pp. 127-141, 2003.

81. V. Shankar, A. H. Mohammadian, and W. F. Hall, "A time-domain finite-volume treatment for the Maxwell's equations," *Electromagnetics*, vol. 10, no. 1, pp. 127-145, 1990.

82. N. Madsen and R. Ziolkowski, "A three-dimensional modified finite volume technique for Maxwell's equations," *Electromagnetics*, vol. 10, no. 1, pp. 147-161, 1990.

83. R. Holland, V. P. Cable, and L. C. Wilson, "Finite-volume time-domain (FVTD) techniques for EM scattering," *IEEE Trans. Electromagn. Compat.*, vol. 33, no. 4, pp. 281-294, 1991.

84. J. S. Shang, "Characteristic-based algorithms for solving the Maxwell equations in the time-domain," *IEEE Antennas Propag. Mag.*, vol. 37, no. 3, pp. 15-25, 1995.

85. N. Madsen, "Divergence preserving discrete surface integral methods for Maxwell's equations using nonorthogonal unstructured grids," *J. Comput. Phys.*, vol. 119, pp. 34-45, 1995.

86. C. Fumeaux, D. Baumann, and R. Vahldieck, "Advanced FVTD simulations of dielectric resonator antennas and feed structures," *J. Appl. Comput. Electromagn. Soc.*, vol. 19, pp. 155-164, 2004.

87. D. Baumann, C. Fumeaux, P. Leuchtmann, and R. Vahldieck, "Finite-volume time-domain (FVTD) modeling of a broad-band double-ridged horn antenna," *Int. J. Numer. Modell. Electron. Networks Devices Fields*, vol. 17, no. 3, pp. 285-298, 2004.

88. C. Fumeaux, D. Baumann, P. Leuchtmann, and R. Vahldieck, "A generalized local time-step scheme for efficient FVTD simulations in strongly inhomogeneous meshes," *IEEE Trans. Microwave Theory Tech.*, vol. 52, no. 3, pp. 1067-1076, 2004.

89. D. Baumann, C. Fumeaux, and R. Vahldieck, "Field-based scattering-matrix extraction scheme for the FVTD method exploiting a flux-splitting algorithm," *IEEE Trans. Microwave Theory Tech.*, vol. 53, no. 11, pp. 3595-3605, 2005.

90. Q. H. Liu and G. Zhao, "Review of PSTD methods for transient electromagnetics," *Int. J. Numer. Modell. Electron. Networks Devices Fields*, vol. 22, no. 17, pp. 299-323, 2004.

91. Q. H. Liu and G. Zhao, "Advances in PSTD techniques," in *Computational Electrodynamics: The Finite-Difference Time-Domain Method*, A. Taflove and S. Hagness, Eds., Boston, MA: Artech House, 2005, pp. 847-882.

92. M. Krumpholz and L. P. B. Katehi, "New time domain schemes based on multiresolution analysis," *IEEE Trans. Microwave Theory Tech.*, vol. 44, no. 4, pp. 555-561, 1996.

93. E. Tentzeris, R. L. Robertson, J. F. Harvey, and L. P. B. Katehi, "Stability and dispersion analysisof Battle-Lemarie-Based MRTD schemes," *IEEE Trans. Microwave Theory Tech.*, vol. 47, no. 7, pp. 1004-1013, 1999.

94. G. Carat, R. Gillard, J. Citerne, and J. Wiart, "An efficient analysis of planar microwave circuits using a DWT-based Haar MRTD scheme," *IEEE Trans. Microwave Theory Tech.*, vol. 48, no. 12, pp. 2261-2270, 2000.

95. T. Dogaru and L. Carin, "Multiresolution time-domain using CDF biorthogonal wavelets," *IEEE Trans. Microwave Theory Tech.*, vol. 49, no. 5, pp. 902-912, 2001.

96. T. Dogaru and L. Carin, "Application of Haar-wavelet-based multiresolution time-domain schemes to electromagnetic scattering problems," *IEEE Trans. Antennas Propag.*, vol. 50, no. 6, pp. 774-784, 2002.

97. C. Sarris and L. P. B. Katehi, "Fundamental gridding-related dispersion effects in multiresolution time-domain schemes," *IEEE Trans. Microwave Theory Tech.*, vol. 49, no. 12, pp. 2248-2257, 2001.

98. N. Bushyager, J. Papapolymerou, and M. M. Tentzeris, "A composite cell multiresolution time-domain tech-

nique for the design of antenna systems including electromagnetic band gap and via-array structures," *IEEE Trans. Antennas Propag.*, vol. 53, no. 8, pp. 2700-2710, 2005.

99. E. M. Tentzeris, A. Cangellaris, L. P. B. Katehi, and J. Harvey, "Multiresolution time-domain (MRTD) adaptive schemes using arbitrary resolutions of wavelets," *IEEE Trans. Microwave Theory Tech.*, vol. 50, no. 2, pp. 501-516, 2002.

100. N. A. Bushyager and M. M. Tentzeris, *MRTD (Multiresolution Time Domain) Method in Electromagnetics.* San Rafael, CA: Morgan & Claypool, 2005.

101. Y. C. Chen, Q. S. Cao, and R. Mittra, *Multiresolution Time Domain Scheme for Electromagnetic Engineering.* Hoboken, NJ: John Wiley & Sons, Inc., 2005.

102. B. Cockburn, G. E. Karniadakis, and C.-W. Shu, *Discontinuous Galerkin Methods: Theory, Computation and Applications*, vol. 11. Berlin, Germany: Springer-Verlag, 2000.

103. J. S. Hesthaven and T. Warburton, "Nodal high-order methods on unstructured grids—I. Time domain solution of Maxwell's equations," *J. Comput. Phys.*, vol. 181, no. 1, pp. 186-211, 2002.

104. T. Lu, P. Zhang, and W. Cai, "Discontinuous Galerkin method for dispersive andlossy Maxwell's equations and PML boundary conditions," *J. Comput. Phys.*, vol. 200, no. 2, pp. 549-580, 2004.

105. T. Xiao and Q. H. Liu, "Three-dimensional unstructured-grid discontinuous Galerkin method for Maxwell's equations with well-posed perfectly matched layer," *Microwave Opt. Technol. Lett.*, vol. 46, no. 5, pp. 459-463, 2005.

106. S. Gedney, C. Luo, B. Guernsey, J. A. Roden, R. Crawford, and J. A. Miller, "The discontinuous Galerkin finite-element time-domain method (DGFETD): a high order, globally-explicit method for parallel computation," *IEEE International Symposium on Electromagnetic Compatibility*, Honolulu, HI, pp. 1-3, July 2007.

107. S. D. Gedney, C. Luo, J. A. Roden, R. D. Crawford, B. Guernsey, J. A. Miller, and E. W. Lucas, "A discontinuous Galerkin finite element time domain method with PML," *IEEE Antennas and Propagation Society International Symposium*, San Diego, CA, July 2008.

108. N. Godel, S. Lange, and M. Clemens, "Time domain discontinuous Galerkin method with efficient modeling of boundary conditions for simulations of electromagnetic wave propagation," *Asia-Pacific Symposium on Electromagnetic Compatibility*, Singapore, pp. 594-597, May 2008.

109. Z. Lou and J. M. Jin, "A new explicit time-domain finite-element method based on element-level decomposition," *IEEE Trans. Antennas Propag.*, vol. 54, no. 10, pp. 2990-2999, 2006.

110. Z. Lou and J. M. Jin, "A novel dual-field time-domain finite-element domain-decomposition method for computational electromagnetics," *IEEE Trans. Antennas Propag.*, vol. 54, no. 6, pp. 1850-1862, 2006.

111. A. E. Yilmaz, D. S. Weile, J. M. Jin, and E. Michielssen, "A fast Fourier transform accelerated marching-on-in-time algorithm (MOT-FFT) for electromagnetic analysis," *Electromagnetics*, vol. 21, no. 3, pp. 181-197, 2001.

112. A. E. Yilmaz, D. S. Weile, J. M. Jin, and E. Michielssen, "A hierarchical FFT algorithm (HIL-FFT) for the fast analysis of transient electromagnetic scattering," *IEEE Trans. Antennas Propag.*, vol. 50, no. 7, pp. 971-982, 2002.

113. A. E. Yilmaz, J. M. Jin, and E. Michielssen, "Time-domain adaptive integral method for surface integral equations," *IEEE Trans. Antennas Propag.*, vol. 52, no. 10, pp. 2692-2708, 2004.

114. A. E. Yilmaz, J. M. Jin, and E. Michielssen, "Analysis of low-frequency electromagnetic transients by an extended time-domain adaptive integral method," *IEEE Trans. Adv. Packag. (TADVP)*, vol. 30, no. 2,

pp. 301-312, 2007.

115. H. Bagci, A. E. Yilmaz, J. M. Jin, and E. Michielssen, "Fast and rigorous analysis of EMC/EMI phenomena of electrically large and complex cable-loaded structures," *IEEE Trans. Electromagn. Compat.*, vol. 49, no. 2, pp. 361-381, 2007.

116. H. Bagci, A. E. Yilmaz, J. M. Jin, and E. Michielssen, "Time domain adaptive integral method for surface integral equations," in *Modeling and Computations in Electromagnetics*, H. Ammari, Ed. Berlin: Springer-Verlag, 2007, pp. 65-104.

117. A. A. Ergin, B. Shanker, and E. Michielssen, "Fast transient analysis of acoustic wave scattering from rigid bodies using a two-level plane wave time domain algorithm," *J. Acoust. Soc. Am.*, vol. 106, pp. 2405-2416, 1999.

118. A. A. Ergin, B. Shanker, and E. Michielssen, "The plane-wave time-domain algorithm for the past analysis of transient wave phenomena," *IEEE Antennas Propag. Mag.*, vol. 41, no. 1, pp. 39-52, 1999.

119. A. A. Ergin, B. Shanker, and E. Michielssen, "Fast analysis of transient acoustic wave scattering from rigid bodies using the multilevel plane wave time domain algorithm," *J. Acoust. Soc. Am.*, vol. 107, pp. 1168-1178, 2000.

120. B. Shanker, A. A. Ergin, K. Aygun, and E. Michielssen, "Analysis of transient electromagnetic scattering phenomena using a two-level plane wave time-domain algorithm," *IEEE Trans. Antennas Propag.*, vol. 48, no. 4, pp. 510-523, 2000.

121. B. Shanker, A. A. Ergin, and E. Michielssen, "Plane-wave-time-domain-enhanced marching-on-in-time scheme for analyzing scattering from homogeneous dielectric structures," *J. Opt. Soc. Am.* A, vol. 19, pp. 716-726, 2002.

122. B. Shanker, A. A. Ergin, M. Y. Lu, and E. Michielssen, "Fast analysis of transient electromagnetic scattering phenomena using the multilevel plane wave time domain algorithm," *IEEE Trans. Antennas Propag.*, vol. 51, no. 3, pp. 628-641, 2003.

123. Y. S. Chung, T. K. Sarkar, B. H. Jung, M. Salazar-Palma, Z. Ji, S. Jang, and K. Kim, "Solution of time domain electric field Integral equation using the Laguerre polynomials," *IEEE Trans. Antennas Propag.*, vol. 52, no. 9, pp. 2319-2328, 2004.

124. B. Jung, T. K. Sarkar, Y. Chung, M. Salazar-Palma, Z. Ji, S. Jang, and K. Kim, "Transient electromagnetic scattering from dielectric objects using the electric field Integral equation with Laguerre polynomials as temporal basis functions," *IEEE Trans. Antennas Propag.*, vol. 52, no. 9, pp. 2329-2340, 2004.

125. Z. Ji, T. K. Sarkar, B. H. Jung, Y. S. Chung, M. Salazar-Palma, and M. Yuan, "A stable solution of time domain electric field integral equation for thin-wire antennas using the Laguerre polynomials," *IEEE Trans. Antennas Propag.*, vol. 52, no. 10, pp. 2641-2649, 2004.

126. W. D. Burnside, C. L. Yu, and R. J. Marhefka, "Atechnique to combine the geometrical theory of diffraction and the moment method," *IEEE Trans. Antennas Propag.*, vol. 23, no. 4, pp. 551-558, 1975.

127. G. A. Thiele and T. H. Newhouse, "A hybrid technique for combining moment methods with the geometrical theory of diffraction," *IEEE Trans. Antennas Propag.*, vol. 23, no. 1, pp. 62-69, 1975.

128. G. A. Thiele, "Overview of selected hybrid methods in radiating system analysis," *Proc. IEEE*, vol. 80, no. 1, pp. 66-78, 1992.

129. J. M. Jin, F. Ling, S. T. Carolan, J. M. Song, W. C. Gibson, W. C. Chew, C. C. Lu, and R. Kipp, "A hybrid SBR/MoM technique for analysis of scattering from small protrusions on a large conducting body," *IEEE Trans. Antennas Propag.*, vol. 46, no. 9, pp. 1349-1356, 1998.

130. A. D. Greenwood, S. S. Ni, J. M. Jin, and S. W. Lee, "Hybrid FEM/SBR method to compute the radiation pattern from a microstrip patch antenna in a complex geometry," *Microwave Opt. Technol. Lett.*, vol. 13, no. 2, pp. 84-87, 1996.

131. M. Alaydrus, V. Hansen, and T. F. Eibert, "Hybrid^2: combining the three-dimensional hybrid finite element-boundary integral technique for planar multilayered media with the uniform geometrical theory of diffraction," *IEEE Trans. Antennas Propag.*, vol. 50, no. 1, pp. 67-74, 2002.

132. R. Fernandez-Recio, L. E. Garcia-Castillo, I. Gomez-Revuelto, and M. Salazar-Palma, "Fully coupled multi-hybrid FEM-PO/PTD-UTD method for the analysis of radiation problems," *IEEE Trans. Magn.*, vol. 43, no. 4, pp. 1341-1344, 2007.

133. Y. Wang and H. Ling, "Efficient radar signature prediction using a frequency-aspect interpolation technique based on adaptive feature extraction," *IEEE Trans. Antennas Propag.*, vol. 50, no. 2, pp. 122-131, 2002.

134. A. W. Rihaczek and S. J. Hershkowitz, *Theory and Practice of Radar Target Identification*. Norwood, MA: Artech House, 2000.

135. J.-M. Jin and D. J. Riley, *Finite Element Analysis of Antennas and Arrays*. Hoboken, NJ: John Wiley & Sons, Inc., 2008.

136. C. R. Paul, *Introduction to Electromagnetic Compatibility* (2nd edition). Hoboken, NJ: John Wiley & Sons, Inc., 2006.

137. D. Poljak, *Advanced Modeling in Computational Electromagnetic Compatibility*. Hoboken, NJ: John Wiley & Sons, Inc., 2007.

138. H. W. Ott, *Electromagnetic Compatibility Engineering*. Hoboken, NJ: John Wiley & Sons, Inc., 2009.

139. M. Koshiba, *Optical Waveguide Theory by the Finite Element Method*. Tokyo, Japan: KTK Scientific Publishers, 1992.

140. F. A. Fernandez and Y. Lu, *Microwave and Optical Waveguide Analysis by the Finite Element Method*. New York: John Wiley & Sons, Inc., 1996.

141. J. D. Joannopoulos, S. G. Johnson, J. N. Winn, and R. D. Meade, *Photonic Crystals: Molding the Flow of Light* (2nd edition). Princeton, NJ: Princeton University Press, 2008.

142. O. Painter, R. K. Lee, A. Scherer, A. Yariv, J. D. O'Brien, P. D. Dapkus, and I. Kim, "Two-dimensional photonic band-gap defect mode laser," *Science*, vol. 284, pp. 1819-1821, 1999.

143. H. Y. Ryu, H. G. Park, and Y. H. Lee, "Two-dimensional photonic crystal semiconductor lasers: computational design, fabrication and characterization," *IEEE J. Sel. Top. Quantum Electron.*, vol. 8, pp. 891-908, 2002.

144. J. L. Jewell, J. P. Harbison, A. Scherer, Y. H. Lee, and L. T. Florez, "Vertical-cavity surface-emitting lasers: design, growth, fabrication, characterization," *IEEE J. Quantum Electron.*, vol. 27, pp. 1332-1346, 1996.

145. S. G. Johnson, S. Fan, A. Mekis, and J. D. Joannopoulos, "Multipole-cancellation mechanism for high-Q cavities in the absence of a complete photonic band gap," *Appl. Phys. Lett.*, vol. 78, pp. 3388-3390, 2001.

146. Y. J. Li and J. M. Jin, "A fast full-wave analysis of large-scale three-dimensional photonic crystal devices," *J. Opt. Soc. Am. B*, vol. 24, no. 9, pp. 2406-2415, 2007.

147. Y. J. Li and J. M. Jin, "Simulation of photonic crystal nanocavity using the FETI-DPEM method," *Microwave Opt. Technol. Lett.*, vol. 50, no. 8, pp. 2083-2086, 2008.

148. J. M. Jin, *Electromagnetic Analysis and Design in Magnetic Resonance Imaging*. Boca Raton, FL: CRC Press, 1998.

149. P. M. Robitaille and L. J. Berliner, *Ultra High Field Magnetic Resonance Imaging*. New York:

Springer, 2006.

150. O. P. Gandhi and X. B. Chen, "Specific absorption rates and induced current densities for an anatomy-based model of the human for exposure to time-varying magnetic fields of MRI," *Magn. Reson. Med.*, vol. 41, pp. 816-823, 1999.

151. B. K. Li, F. Liu, and S. Crozier, "High-field magnetic resonance imaging with reduced field-/tissue RF artifacts—a modeling study using hybrid MoM/FEM and FDTD technique," *IEEE Trans. Electromagn. Compat.*, vol. 48, no. 4, pp. 628-633, 2006.

152. M. Kowalski, J. M. Jin, and J. Chen, "Computation of the signal-to-noise ratio of high-frequency magnetic resonance imagers," *IEEE Trans. Biomed. Eng.*, vol. 47, no. 11, pp. 1525-1533, 2000.

153. S. C. Hagness, A. Taflove, and J. E. Bridges, "Three-dimensional FDTD analysis of a pulsed microwave confocal system for breast cancer detection: design of an antenna-array element," *IEEE Trans. Antennas Propag.*, vol. 47, no. 5, pp. 783-791, 1999.

154. E. J. Bond, X. Li, S. C. Hagness, and B. D. Van Veen, "Microwave imaging via space-time beamforming for early detection of breast cancer," *IEEE Trans. Antennas Propag.*, vol. 51, no. 8, pp. 1690-1705, 2003.

155. X. Li, S. K. Davis, S. C. Hagness, D. W. van der Weide, and B. D. Van Veen, "Microwave imaging via space-time beamforming: experimental investigation of tumor detection in multilayer breast phantoms," *IEEE Trans. Microwave Theory Tech.*, vol. 52, no. 8, pp. 1856-1865, 2004.

156. P. F. Turner, "Regional hyperthermia with an annular phased array," *IEEE Trans. Biomed. Eng.*, vol. 31, no. 1, pp. 106-113, 1984.

157. J.-Y. Chen and O. P. Gandhi, "Numerical simulation of annular-phased arrays of dipoles for hyperthermia of deep-seated tumors," *IEEE Trans. Biomed. Eng.*, vol. 39, no. 2, pp. 209-216, 1992.

158. M. E. Kowalski and J. M. Jin, "Determination of electromagnetic phased array driving signals for hyperthermia based on a steady-state temperature criterion," *IEEE Trans. Microwave Theory Tech.*, vol. 48, no. 11, pp. 1864-1873, 2000.

159. M. E. Kowalski, B. Babak, J. M. Jin, and A. G. Webb, "Optimization of electromagnetic phased-arrays for hyperthermia using magnetic resonance temperature estimation," *IEEE Trans. Biomed. Eng.*, vol. 49, no. 11, pp. 1229-1241, 2002.

160. M. E. Kowalski and J. M. Jin, "A temperature-based feedback control system for electromagnetic phased-array hyperthermia: theory and simulation," *Phys. Med. Biol.*, vol. 48, pp. 633-651, 2003.

附录 A　矢量恒等式、积分定理和坐标变换

A.1　矢量恒等式

在下面的公式中，a 和 b 表示标量或标量函数；$\mathbf{a}$、$\mathbf{b}$ 和 $\mathbf{c}$ 表示矢量或矢量函数；所有函数均假设为连续：

$$\mathbf{a} \cdot (\mathbf{b} \times \mathbf{c}) = \mathbf{b} \cdot (\mathbf{c} \times \mathbf{a}) = \mathbf{c} \cdot (\mathbf{a} \times \mathbf{b}) \tag{A.1.1}$$

$$\mathbf{a} \times (\mathbf{b} \times \mathbf{c}) = (\mathbf{a} \cdot \mathbf{c})\mathbf{b} - (\mathbf{a} \cdot \mathbf{b})\mathbf{c} \tag{A.1.2}$$

$$\nabla(ab) = a\nabla b + b\nabla a \tag{A.1.3}$$

$$\nabla \cdot (a\mathbf{b}) = a\nabla \cdot \mathbf{b} + \mathbf{b} \cdot \nabla a \tag{A.1.4}$$

$$\nabla \times (a\mathbf{b}) = a\nabla \times \mathbf{b} - \mathbf{b} \times \nabla a \tag{A.1.5}$$

$$\nabla(\mathbf{a} \cdot \mathbf{b}) = \mathbf{a} \times \nabla \times \mathbf{b} + \mathbf{b} \times \nabla \times \mathbf{a} + (\mathbf{a} \cdot \nabla)\mathbf{b} + (\mathbf{b} \cdot \nabla)\mathbf{a} \tag{A.1.6}$$

$$\nabla \cdot (\mathbf{a} \times \mathbf{b}) = \mathbf{b} \cdot \nabla \times \mathbf{a} - \mathbf{a} \cdot \nabla \times \mathbf{b} \tag{A.1.7}$$

$$\nabla \times (\mathbf{a} \times \mathbf{b}) = \mathbf{a}\nabla \cdot \mathbf{b} - \mathbf{b}\nabla \cdot \mathbf{a} - (\mathbf{a} \cdot \nabla)\mathbf{b} + (\mathbf{b} \cdot \nabla)\mathbf{a} \tag{A.1.8}$$

$$\nabla \cdot (\nabla a) = \nabla^2 a \tag{A.1.9}$$

$$\nabla \times (\nabla \times \mathbf{a}) = \nabla(\nabla \cdot \mathbf{a}) - \nabla^2 \mathbf{a} \tag{A.1.10}$$

$$\nabla \times (\nabla a) = 0 \tag{A.1.11}$$

$$\nabla \cdot (\nabla \times \mathbf{a}) = 0 \tag{A.1.12}$$

A.2　积分定理

在下面的公式中，$\hat{n}$ 表示 S 面的单位法向矢量，S 面可以是封闭面或敞开面。S 面为封闭面时，$\hat{n}$ 指向外面；S 面为敞开面时，$\hat{l}$ 表示与 S 面和包围 S 的围线 C 相切的单位矢量，它与 $\hat{n}$ 成右手定则。

散度（或高斯）定理

$$\iiint_V \nabla \cdot \mathbf{f} \, \mathrm{d}V = \oiint_S \hat{n} \cdot \mathbf{f} \, \mathrm{d}S \tag{A.2.1}$$

斯托克斯定理

$$\iint_S \hat{n} \cdot \nabla \times \mathbf{f} \, \mathrm{d}S = \oint_C \hat{l} \cdot \mathbf{f} \, \mathrm{d}l \tag{A.2.2}$$

A.3　坐标变换

下面的公式是笛卡儿坐标系、柱坐标系和球坐标系单位矢量之间的变换：

$$\hat{\rho} = \hat{x}\cos\phi + \hat{y}\sin\phi,$$

$$\hat{\phi} = -\hat{x}\sin\phi + \hat{y}\cos\phi,$$

$$\hat{r} = \hat{x}\sin\theta\cos\phi + \hat{y}\sin\theta\sin\phi + \hat{z}\cos\theta,$$

$$\hat{\theta} = \hat{x}\cos\theta\cos\phi + \hat{y}\cos\theta\sin\phi - \hat{z}\sin\theta,$$

$$\hat{\phi} = -\hat{x}\sin\phi + \hat{y}\cos\phi,$$

$$\hat{x} = \hat{\rho}\cos\phi - \hat{\phi}\sin\phi$$

$$\hat{y} = \hat{\rho}\sin\phi + \hat{\phi}\cos\phi$$

$$\hat{x} = \hat{r}\sin\theta\cos\phi + \hat{\theta}\cos\theta\cos\phi - \hat{\phi}\sin\phi$$

$$\hat{y} = \hat{r}\sin\theta\sin\phi + \hat{\theta}\cos\theta\sin\phi + \hat{\phi}\cos\phi$$

$$\hat{z} = \hat{r}\cos\theta - \hat{\theta}\sin\theta$$

附录 B 贝塞尔函数

B.1 定义

表示为 $J_n(z)$ 和 $Y_n(z)$ 的贝塞尔函数是如下二阶微分方程的两个线性独立解：

$$z^2 \frac{\mathrm{d}^2 W}{\mathrm{d}z^2} + z \frac{\mathrm{d}W}{\mathrm{d}z} + (z^2 - n^2)W = 0 \qquad (\text{B.1.1})$$

此方程称为贝塞尔方程。第一类和第二类汉克尔函数的定义为

$$H_n^{(1)}(z) = J_n(z) + \mathrm{j}\, Y_n(z) \qquad (\text{B.1.2})$$

$$H_n^{(2)}(z) = J_n(z) - \mathrm{j}\, Y_n(z) \qquad (\text{B.1.3})$$

B.2 级数表达式

贝塞尔函数 $J_n(z)$ 和 $Y_n(z)$ 的级数表达式为

$$J_n(z) = \sum_{m=0}^{\infty} (-1)^m \frac{(z/2)^{2m+n}}{m!\,(m+n)!} \qquad (\text{B.2.1})$$

$$Y_n(z) = \frac{1}{\pi}\left[\sum_{m=0}^{\infty} \frac{(-1)^m}{m!\,(m+n)!} \left(\frac{z}{2}\right)^{2m+n} \left(2\ln\frac{z}{2} + 2\gamma - \sum_{k=1}^{n+m}\frac{1}{k} - \sum_{k=1}^{m}\frac{1}{k} \right) \right.$$
$$\left. - \sum_{m=0}^{n-1} \frac{(n-m-1)!}{m!}\left(\frac{z}{2}\right)^{2m-n} \right] \qquad (\text{B.2.2})$$

式中，$\gamma \approx 0.577\,215\,664\,901\,532\,86$ 表示欧拉常数。图 B.1 为前几个整数阶贝塞尔函数曲线。

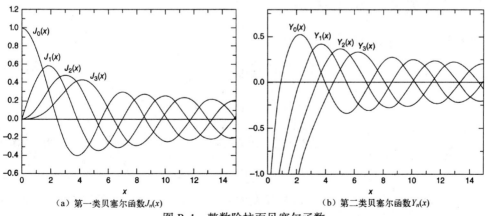

（a）第一类贝塞尔函数 $J_n(x)$　　　　　（b）第二类贝塞尔函数 $Y_n(x)$

图 B.1 整数阶柱面贝塞尔函数

B.3　积分表示式

贝塞尔函数 $J_n(z)$ 可以用积分表示为

$$J_n(z) = \frac{1}{\pi} \int_0^\pi \cos(z\sin\theta - n\theta)\,\mathrm{d}\theta = \frac{1}{2\pi} \int_0^{2\pi} \mathrm{e}^{\mathrm{j}(z\sin\theta - n\theta)}\,\mathrm{d}\theta \qquad (\text{B.3.1})$$

B.4　渐近表达式

对于固定的 n, 当 $z \to 0$ 时, 有

$$J_0(z) \sim 1 \qquad (\text{B.4.1})$$

$$J_n(z) \sim \frac{(z/2)^n}{n!}, \quad n > 0 \qquad (\text{B.4.2})$$

$$Y_0(z) \sim \frac{2}{\pi} \ln z \qquad (\text{B.4.3})$$

$$Y_n(z) \sim -\frac{n!}{\pi n} \left(\frac{z}{2}\right)^{-n}, \quad n > 0 \qquad (\text{B.4.4})$$

对于固定的 n, 当 $|z| \to \infty$ 时, 有

$$J_n(z) \sim \sqrt{\frac{2}{\pi z}} \cos(z - n\pi/2 - \pi/4), \quad |\arg z| < \pi \qquad (\text{B.4.5})$$

$$Y_n(z) \sim \sqrt{\frac{2}{\pi z}} \sin(z - n\pi/2 - \pi/4), \quad |\arg z| < \pi \qquad (\text{B.4.6})$$

对于固定的 z, 当 $n \to \infty$ 时, 有

$$J_n(z) \sim \frac{1}{\sqrt{2\pi n}} \left(\frac{\mathrm{e}z}{2n}\right)^n \qquad (\text{B.4.7})$$

$$Y_n(z) \sim -\sqrt{\frac{2}{\pi n}} \left(\frac{\mathrm{e}z}{2n}\right)^{-n} \qquad (\text{B.4.8})$$

B.5　递推关系及导数关系

贝塞尔函数满足如下递推和微分关系:

$$B_{n+1}(z) = \frac{2n}{z} B_n(z) - B_{n-1}(z) \qquad (\text{B.5.1})$$

$$B_n'(z) = B_{n-1}(z) - \frac{n}{z} B_n(z) \qquad (\text{B.5.2})$$

$$B_n'(z) = \frac{n}{z} B_n(z) - B_{n+1}(z) \qquad (\text{B.5.3})$$

$$B_n'(z) = \frac{1}{2} \left[B_{n-1}(z) - B_{n+1}(z) \right] \qquad (\text{B.5.4})$$

式中, $B_n(z)$ 表示贝塞尔方程(B.1.1)的任意解。换句话说, $B_n(z)$ 既可以是 $J_n(z)$, 也可以是 $Y_n(z)$, 或者是它们的线性组合。在 $n=0$ 的特殊情况, 式(B.5.3)变成为

$$B_0'(z) = -B_1(z) \tag{B.5.5}$$

B.6　对称关系

对于负阶数或负自变量，$J_n(z)$ 和 $Y_n(z)$ 有如下关系：

$$J_{-n}(z) = (-1)^n J_n(z) \tag{B.6.1}$$

$$Y_{-n}(z) = (-1)^n Y_n(z) \tag{B.6.2}$$

$$J_n(-z) = (-1)^n J_n(z) \tag{B.6.3}$$

$$Y_n(-z) = (-1)^n [Y_n(z) + 2\mathrm{j} J_n(z)] \tag{B.6.4}$$

B.7　朗斯基关系

贝塞尔函数的朗斯基关系为

$$W[J_n(z), Y_n(z)] = J_{n+1}(z) Y_n(z) - J_n(z) Y_{n+1}(z) = \frac{2}{\pi z} \tag{B.7.1}$$

B.8　常用积分

贝塞尔函数常用积分为

$$\int z^{n+1} B_n(z)\, \mathrm{d}z = z^{n+1} B_{n+1}(z) \tag{B.8.1}$$

$$\int z^{-n+1} B_n(z)\, \mathrm{d}z = -z^{-n+1} B_{n-1}(z) \tag{B.8.2}$$

$$\int z[B_n(z)]^2\, \mathrm{d}z = \frac{z^2}{2} \left\{ [B_n(z)]^2 - B_{n-1}(z) B_{n+1}(z) \right\} \tag{B.8.3}$$

附录 C　修正贝塞尔函数

C.1　定义

表示为 $I_n(z)$ 和 $K_n(z)$ 的修正贝塞尔函数是如下二阶微分方程的两个线性独立解：

$$z^2 \frac{\mathrm{d}^2 W}{\mathrm{d}z^2} + z \frac{\mathrm{d}W}{\mathrm{d}z} - (z^2 + n^2)W = 0 \tag{C.1.1}$$

此方程称为修正贝塞尔方程。在式（B.1.1）的贝塞尔方程中，令 $z \to \mathrm{j}z$，就可以得到这个方程。因此，修正贝塞尔函数与附录 B 中讨论的常规贝塞尔函数密切相关。例如：

$$I_n(z) = (-\mathrm{j})^n J_n(\mathrm{j}z), \qquad -\pi < \arg z \leqslant \pi/2 \tag{C.1.2}$$

$$K_n(z) = \frac{\pi}{2} \mathrm{j}^{n+1} H_n^{(1)}(\mathrm{j}z), \qquad -\pi < \arg z \leqslant \pi/2 \tag{C.1.3}$$

C.2　级数表达式

修正贝塞尔函数 $I_n(z)$ 和 $K_n(z)$ 的级数表达式为

$$I_n(z) = \sum_{m=0}^{\infty} \frac{(z/2)^{2m+n}}{m!\,(m+n)!} \tag{C.2.1}$$

$$
\begin{aligned}
K_n(z) = {} & (-1)^{n+1} \sum_{m=0}^{\infty} \frac{(z/2)^{2m+n}}{m!\,(m+n)!} \left(\ln \frac{z}{2} + \gamma - \frac{1}{2} \sum_{k=1}^{n+m} \frac{1}{k} - \frac{1}{2} \sum_{k=1}^{m} \frac{1}{k} \right) \\
& + \frac{1}{2} \sum_{m=0}^{n-1} (-1)^m \frac{(n-m-1)!}{m!} \left(\frac{z}{2} \right)^{2m-n}
\end{aligned}
\tag{C.2.2}
$$

图 C.1 为前几个整数阶修正贝塞尔函数曲线。

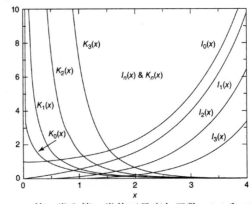

图 C.1　第一类和第二类修正贝塞尔函数 $I_n(x)$ 和 $K_n(x)$

C.3 积分表示式

修正贝塞尔函数可以用积分表示为

$$I_n(z) = \frac{1}{\pi} \int_0^\pi e^{z\cos\theta} \cos(n\theta)\, d\theta \qquad\qquad (C.3.1)$$

$$K_n(z) = \int_0^\infty e^{-z\cosh\theta} \cos(n\theta)\, d\theta \qquad\qquad (C.3.2)$$

C.4 渐近表达式

对于固定的 n，当 $z \to 0$ 时，有

$$I_0(z) \sim 1 \qquad\qquad (C.4.1)$$

$$I_n(z) \sim \frac{(z/2)^n}{n!}, \quad n > 0 \qquad\qquad (C.4.2)$$

$$K_0(z) \sim -\ln z \qquad\qquad (C.4.3)$$

$$K_n(z) \sim \frac{n!}{2n}\left(\frac{z}{2}\right)^{-n}, \quad n > 0 \qquad\qquad (C.4.4)$$

对于固定的 n，当 $|z| \to \infty$ 时，有

$$I_n(z) \sim \frac{1}{\sqrt{2\pi z}}\, e^z \qquad\qquad (C.4.5)$$

$$K_n(z) \sim \sqrt{\frac{\pi}{2z}}\, e^{-z} \qquad\qquad (C.4.6)$$

对于固定的 z，当 $n \to \infty$ 时，有

$$I_n(z) \sim \frac{1}{\sqrt{2\pi n}}\left(\frac{ez}{n}\right)^n, \qquad |\arg z| < \frac{\pi}{2} \qquad\qquad (C.4.7)$$

$$K_n(z) \sim \sqrt{\frac{\pi}{2n}}\left(\frac{ez}{n}\right)^{-n}, \qquad |\arg z| < \frac{\pi}{2} \qquad\qquad (C.4.8)$$

C.5 递推关系及导数关系

修正贝塞尔函数满足如下递推关系和微分关系：

$$I_{n+1}(z) = -\frac{2n}{z}I_n(z) + I_{n-1}(z) \qquad\qquad (C.5.1)$$

$$I_n'(z) = I_{n-1}(z) - \frac{n}{z}I_n(z) \qquad\qquad (C.5.2)$$

$$I_n'(z) = \frac{n}{z}I_n(z) + I_{n+1}(z) \qquad\qquad (C.5.3)$$

$$I_n'(z) = \frac{1}{2}\left[I_{n-1}(z) + I_{n+1}(z)\right] \qquad\qquad (C.5.4)$$

$$K_{n+1}(z) = \frac{2n}{z}K_n(z) + K_{n-1}(z) \tag{C.5.5}$$

$$K_n'(z) = -K_{n-1}(z) - \frac{n}{z}K_n(z) \tag{C.5.6}$$

$$K_n'(z) = \frac{n}{z}K_n(z) - K_{n+1}(z) \tag{C.5.7}$$

$$K_n'(z) = -\frac{1}{2}\left[K_{n-1}(z) + K_{n+1}(z)\right] \tag{C.5.8}$$

在 $n=0$ 的特殊情况下, 式(C.5.3)和式(C.5.7)变为

$$I_0'(z) = I_1(z), \qquad K_0'(z) = -K_1(z) \tag{C.5.9}$$

C.6　对称关系

修正贝塞尔函数 $I_n(z)$ 和 $K_n(z)$ 对于其阶数是对称的:

$$I_{-n}(z) = I_n(z) \tag{C.6.1}$$

$$K_{-n}(z) = K_n(z) \tag{C.6.2}$$

对于负自变量, 它们的关系为

$$I_n(-z) = (-1)^n I_n(z) \tag{C.6.3}$$

$$K_n(-z) = (-1)^n K_n(z) - \mathrm{j}\pi I_n(z) \tag{C.6.4}$$

C.7　朗斯基关系

修正贝塞尔函数的朗斯基关系为

$$W\left[K_n(z), I_n(z)\right] = K_{n+1}(z)I_n(z) - K_n(z)I_{n+1}(z) = \frac{1}{z} \tag{C.7.1}$$

C.8　常用积分

修正贝塞尔函数的常用积分为

$$\int z^{-n+1}I_n(z)\,\mathrm{d}z = z^{-n+1}I_{n-1}(z) \tag{C.8.1}$$

$$\int z^{-n+1}K_n(z)\,\mathrm{d}z = -z^{-n+1}K_{n-1}(z) \tag{C.8.2}$$

附录 D　球面贝塞尔函数

D.1　定义

分别表示为 $j_n(z)$ 和 $y_n(z)$ 的第一类和第二类球面贝塞尔函数是如下二阶微分方程的两个线性独立解:

$$z^2 \frac{\mathrm{d}^2 W}{\mathrm{d}z^2} + 2z \frac{\mathrm{d}W}{\mathrm{d}z} + \left[z^2 - n(n+1)\right] W = 0, \qquad n = 0, \pm 1, \cdots \qquad (\mathrm{D.1.1})$$

此方程称为球面贝塞尔方程。第一类和第二类球面汉克尔函数的定义为

$$h_n^{(1)}(z) = j_n(z) + \mathrm{j}\, y_n(z) \qquad (\mathrm{D.1.2})$$

$$h_n^{(2)}(z) = j_n(z) - \mathrm{j}\, y_n(z) \qquad (\mathrm{D.1.3})$$

使用下面的变换:

$$W(z) = \sqrt{\frac{\pi}{2z}}\, u(z) \qquad (\mathrm{D.1.4})$$

方程 (D.1.1) 变换成阶数为 $n+\dfrac{1}{2}$ 的标准贝塞尔方程。因此,球面贝塞尔函数与常规贝塞尔函数的关系为

$$j_n(z) = \sqrt{\frac{\pi}{2z}}\, J_{n+1/2}(z) \qquad (\mathrm{D.1.5})$$

$$y_n(z) = \sqrt{\frac{\pi}{2z}}\, Y_{n+1/2}(z) \qquad (\mathrm{D.1.6})$$

对于球面汉克尔函数,相应地有

$$h_n^{(1)}(z) = \sqrt{\frac{\pi}{2z}}\, H_{n+1/2}^{(1)}(z) \qquad (\mathrm{D.1.7})$$

$$h_n^{(2)}(z) = \sqrt{\frac{\pi}{2z}}\, H_{n+1/2}^{(2)}(z) \qquad (\mathrm{D.1.8})$$

D.2　级数表达式

球面贝塞尔函数 $j_n(z)$ 和 $y_n(z)$ 的级数表达式为

$$
\begin{aligned}
j_n(z) = {} & \frac{z^n}{1 \cdot 3 \cdot 5 \cdots (2n+1)} \\
& \times \left[1 - \frac{(z/2)^2}{1!\,(n+3/2)} + \frac{(z/2)^4}{2!\,(n+3/2)(n+5/2)} - \cdots \right]
\end{aligned}
\qquad (\mathrm{D.2.1})
$$

$$y_n(z) = -\frac{1 \cdot 3 \cdot 5 \cdots (2n-1)}{z^{n+1}}$$
$$\times \left[1 - \frac{(z/2)^2}{1!(1/2-n)} + \frac{(z/2)^4}{2!(1/2-n)(3/2-n)} - \cdots \right] \tag{D.2.2}$$

式中 $n = 0, 1, 2, \cdots$。它们与初等函数的关系为

$$j_0(z) = \frac{\sin z}{z} \tag{D.2.3}$$

$$y_0(z) = -\frac{\cos z}{z} \tag{D.2.4}$$

$$j_1(z) = \frac{\sin z}{z^2} - \frac{\cos z}{z} \tag{D.2.5}$$

$$y_1(z) = -\frac{\cos z}{z^2} - \frac{\sin z}{z} \tag{D.2.6}$$

$$j_2(z) = \left(\frac{3}{z^3} - \frac{1}{z} \right) \sin z - \frac{3}{z^2} \cos z \tag{D.2.7}$$

$$y_2(z) = -\left(\frac{3}{z^3} - \frac{1}{z} \right) \cos z - \frac{3}{z^2} \sin z \tag{D.2.8}$$

对于比较高的阶数,球面贝塞尔函数与初等函数的关系可以从瑞利公式得到:

$$j_n(z) = z^n \left(-\frac{1}{z} \frac{\mathrm{d}}{\mathrm{d}z} \right)^n \frac{\sin z}{z} \tag{D.2.9}$$

$$y_n(z) = -z^n \left(-\frac{1}{z} \frac{\mathrm{d}}{\mathrm{d}z} \right)^n \frac{\cos z}{z}, \quad n = 0, 1, 2, \cdots \tag{D.2.10}$$

相应地,球面汉克尔函数可以表示成指数函数的形式:

$$h_n^{(1)}(z) = -\mathrm{j}z^n \left(-\frac{1}{z} \frac{\mathrm{d}}{\mathrm{d}z} \right)^n \frac{\mathrm{e}^{\mathrm{j}z}}{z} \tag{D.2.11}$$

$$h_n^{(2)}(z) = -\mathrm{j}z^n \left(-\frac{1}{z} \frac{\mathrm{d}}{\mathrm{d}z} \right)^n \frac{\mathrm{e}^{-\mathrm{j}z}}{z} \tag{D.2.12}$$

图 D.1 为前几个整数阶球面贝塞尔函数的曲线。

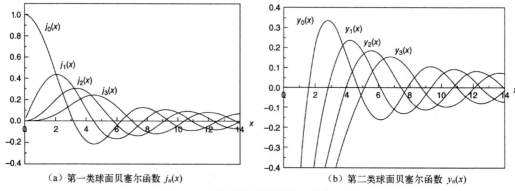

(a) 第一类球面贝塞尔函数 $j_n(x)$　　　　　　(b) 第二类球面贝塞尔函数 $y_n(x)$

图 D.1　整数阶球面贝塞尔函数曲线

D.3　渐近表达式

对于固定的 n，当 $z \to 0$ 时，有

$$j_n(z) \sim \frac{z^n}{1 \cdot 3 \cdot 5 \cdots (2n+1)} \tag{D.3.1}$$

$$y_n(z) \sim -\frac{1 \cdot 3 \cdot 5 \cdots (2n-1)}{z^{n+1}} \tag{D.3.2}$$

对于固定的 n，当 $|z| \to \infty$ 时，有

$$j_n(z) \sim \frac{1}{z} \cos\left(z - \frac{n+1}{2}\pi\right) \tag{D.3.3}$$

$$y_n(z) \sim \frac{1}{z} \sin\left(z - \frac{n+1}{2}\pi\right) \tag{D.3.4}$$

D.4　递推关系和导数关系

高阶球面贝塞尔函数很容易用如下递推公式得到：

$$b_{n-1}(z) + b_{n+1}(z) = \frac{2n+1}{z} b_n(z) \tag{D.4.1}$$

式中，$b_n(z)$ 代表 $j_n(z)$、$y_n(z)$、$h_n^{(1)}(z)$ 和 $h_n^{(2)}(z)$，或它们的线性组合。它们的导数为

$$b_n'(z) = -\frac{n+1}{z} b_n(z) + b_{n-1}(z) \tag{D.4.2}$$

$$b_n'(z) = -b_{n+1}(z) + \frac{n}{z} b_n(z) \tag{D.4.3}$$

$$b_n'(z) = \frac{1}{2n+1}\left[-(n+1)b_{n+1}(z) + nb_{n-1}(z)\right] \tag{D.4.4}$$

特别是有

$$b_0'(z) = -b_1(z) \tag{D.4.5}$$

D.5　对称关系

对于负阶数或负自变量，$j_n(z)$ 和 $y_n(z)$ 有如下关系：

$$j_{-n}(z) = (-1)^n y_{n-1}(z) \tag{D.5.1}$$

$$y_{-n}(z) = (-1)^{n+1} j_{n-1}(z) \tag{D.5.2}$$

$$j_n(-z) = (-1)^n j_n(z) \tag{D.5.3}$$

$$y_n(-z) = (-1)^{n+1} y_n(z) \tag{D.5.4}$$

D.6　朗斯基关系

球面贝塞尔函数的朗斯基关系为

$$W[j_n(z),\ y_n(z)] = j_{n+1}(z)y_n(z) - y_{n+1}(z)j_n(z) = z^{-2} \tag{D.6.1}$$

D.7　里卡蒂-贝塞尔函数

分别表示为 $\hat{j}_n(z)$ 和 $\hat{y}_n(z)$ 的第一类和第二类里卡蒂-贝塞尔函数是如下二阶微分方程的两个线性独立解:

$$z^2\frac{\mathrm{d}^2W}{\mathrm{d}z^2} + [z^2 - n(n+1)]\,W = 0, \quad n = 0, \pm 1, \cdots \tag{D.7.1}$$

此方程通过变换式 $W(z) = zu(z)$ 可以变换成球面贝塞尔方程。因此,里卡蒂-贝塞尔函数与球面贝塞尔函数的关系为

$$\hat{B}_n(z) = zb_n(z)$$

式中, $b_n(z)$ 代表 $j_n(z)$ 、 $y_n(z)$ 、 $h_n^{(1)}(z)$ 和 $h_n^{(2)}(z)$ 。图 D.2 为前几阶里卡蒂-贝塞尔函数曲线。里卡蒂-贝塞尔函数的数学特性很容易从上面描述的球面贝塞尔函数特性中得到。

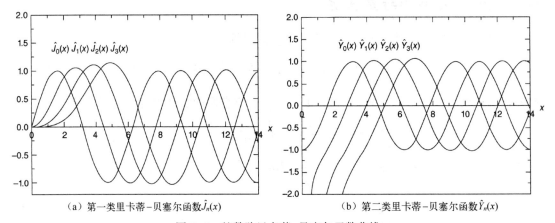

（a）第一类里卡蒂-贝塞尔函数 $\hat{J}_n(x)$　　　　　（b）第二类里卡蒂-贝塞尔函数 $\hat{Y}_n(x)$

图 D.2　整数阶里卡蒂-贝塞尔函数曲线

D.8　修正球面贝塞尔函数

表示为 $i_n(z)$ 和 $k_n(z)$ 的修正球面贝塞尔函数是如下二阶微分方程的两个线性独立解:

$$z^2\frac{\mathrm{d}^2W}{\mathrm{d}z^2} + 2z\frac{\mathrm{d}W}{\mathrm{d}z} - [z^2 + n(n+1)]W = 0, \quad n = 0, \pm 1, \cdots \tag{D.8.1}$$

此方程称为修正球面贝塞尔方程。使用式(D.1.4)的变换,上面方程可以变换为阶数为 $n+\dfrac{1}{2}$ 的标准修正贝塞尔方程。因此,修正球面贝塞尔函数与常规修正贝塞尔函数的关系为

$$i_n(z) = \sqrt{\frac{\pi}{2z}}I_{n+1/2}(z) \tag{D.8.2}$$

$$k_n(z) = \sqrt{\frac{\pi}{2z}}K_{n+1/2}(z) \tag{D.8.3}$$

修正球面贝塞尔函数的数学特性很容易从附录 C 所给的标准修正贝塞尔函数特性中得到。

附录 E　连带勒让德多项式

E.1　定义

表示为 $P_n^m(\cos\theta)$ 和 $Q_n^m(\cos\theta)$ 的连带勒让德函数是如下微分方程的两个线性独立解：

$$(1-x^2)\frac{\mathrm{d}^2 y}{\mathrm{d}x^2} - 2x\frac{\mathrm{d}y}{\mathrm{d}x} + \left[n(n+1) - \frac{m^2}{1-x^2}\right]y(x) = 0 \qquad (\text{E.1.1})$$

式中，$x = \cos\theta$。它们可以表示为

$$P_n^m(x) = (-1)^m (1-x^2)^{m/2}\frac{\mathrm{d}^m}{\mathrm{d}x^m}P_n(x) \qquad (\text{E.1.2})$$

$$Q_n^m(x) = (-1)^m (1-x^2)^{m/2}\frac{\mathrm{d}^m}{\mathrm{d}x^m}Q_n(x) \qquad (\text{E.1.3})$$

式中，$P_n(x)$ 为第一类勒让德函数，表示为

$$P_n(x) = \frac{1}{2^n n!}\frac{\mathrm{d}^n}{\mathrm{d}x^n}(x^2-1)^n \qquad (\text{E.1.4})$$

$Q_n(x)$ 为第二类勒让德函数，以 $P_n(x)$ 形式表示为

$$Q_n(x) = P_n(x)\frac{1}{2}\ln\frac{1+x}{1-x} - \sum_{k=1}^{n}\frac{1}{k}P_{k-1}(x)P_{n-k}(x) \qquad (\text{E.1.5})$$

很显然，$P_n(x)$ 和 $Q_n(x)$ 通过 $P_n(x) = P_n^0(x)$ 和 $Q_n(x) = Q_n^0(x)$ 与 $P_n^m(x)$ 和 $Q_n^m(x)$ 相联系。因此，当 n 为整数时，$P_n(x)$ 一般称为勒让德多项式；当 n 和 m 均为整数时，$P_n^m(x)$ 称为连带勒让德多项式。

E.2　级数表达式

勒让德多项式的级数表达式为

$$P_n(x) = \sum_{k=0}^{M}(-1)^k\frac{(2n-2k)!}{2^n k!(n-k)!(n-2k)!}x^{n-2k} \qquad (\text{E.2.1})$$

式中，若 n 为偶数，则 $M = n/2$；若 n 为奇数，则 $M = (n-1)/2$。前几阶勒让德多项式 $P_n(x)$ 的表示式为

$$P_0(x) = 1 \qquad (\text{E.2.2})$$

$$P_1(x) = x \qquad (\text{E.2.3})$$

$$P_2(x) = \frac{1}{2}(3x^2-1) \qquad (\text{E.2.4})$$

$$P_3(x) = \frac{1}{2}(5x^3 - 3x) \tag{E.2.5}$$

$$P_4(x) = \frac{1}{8}(35x^4 - 30x^2 + 3) \tag{E.2.6}$$

$$P_5(x) = \frac{1}{8}(63x^5 - 70x^3 + 15x) \tag{E.2.7}$$

图 E.1 为前几阶勒让德多项式 $P_n(x)$ 和 $P_n(\cos\theta)$ 的曲线。第二类勒让德函数 $Q_n(x)$ 可表示为

$$Q_n(x) = P_n(x)\left[\frac{1}{2}\ln\frac{1+x}{1-x} - \phi(n)\right] + \sum_{k=1}^{n}\frac{(-1)^k(n+k)!}{(k!)^2(n-k)!}\phi(k)\left(\frac{1-x}{2}\right)^k \tag{E.2.8}$$

式中,

$$\phi(0) = 0, \qquad \phi(n) = 1 + \frac{1}{2} + \frac{1}{3} + \cdots + \frac{1}{n}, \quad n > 0$$

前几阶第二类勒让德函数 $Q_n(x)$ 的表示式为

$$Q_0(x) = \frac{1}{2}\ln\frac{1+x}{1-x} \tag{E.2.9}$$

$$Q_1(x) = P_1(x)Q_0(x) - 1 \tag{E.2.10}$$

$$Q_2(x) = P_2(x)Q_0(x) - \frac{3}{2}x \tag{E.2.11}$$

$$Q_3(x) = P_3(x)Q_0(x) - \frac{5}{2}x^2 + \frac{2}{3} \tag{E.2.12}$$

$$Q_4(x) = P_4(x)Q_0(x) - \frac{35}{8}x^3 + \frac{55}{24}x \tag{E.2.13}$$

$$Q_5(x) = P_5(x)Q_0(x) - \frac{63}{8}x^4 + \frac{49}{8}x^2 - \frac{8}{15} \tag{E.2.14}$$

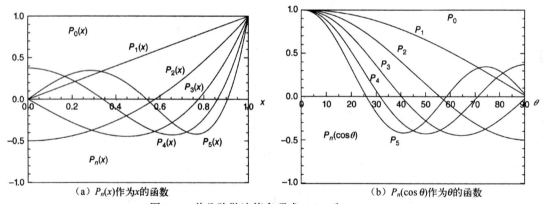

(a) $P_n(x)$ 作为 x 的函数　　　　　　(b) $P_n(\cos\theta)$ 作为 θ 的函数

图 E.1　前几阶勒让德多项式 $P_n(x)$ 和 $P_n(\cos\theta)$

　　图 E.2 为前几阶 $Q_n(x)$ 和 $Q_n(\cos\theta)$ 的曲线。注意,$P_n(x)$ 对于偶数 n 是关于 x 对称的,对于奇数 n 是反对称的;而 $Q_n(x)$ 对于奇数 n 是关于 x 对称的,对于偶数 n 是反对称的。

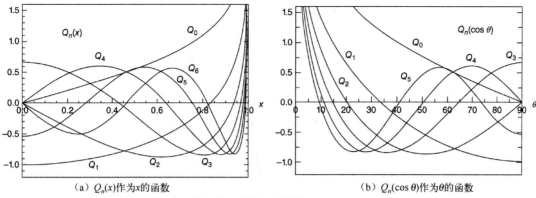

(a) $Q_n(x)$作为x的函数 (b) $Q_n(\cos\theta)$作为θ的函数

图 E.2 前几阶第二类勒让德函数 $Q_n(x)$ 和 $Q_n(\cos\theta)$

E.3 特殊数值

当$x=0$和$x=\pm1$时,连带勒让德多项式和函数具有如下特殊数值:

$$P_n^m(0) = \begin{cases} (-1)^{(m+n)/2}\dfrac{1\cdot3\cdot5\cdots(n+m-1)}{2\cdot4\cdot6\cdots(n-m)}, & n+m=\text{偶数} \\ 0, & n+m=\text{奇数} \end{cases} \quad (\text{E.3.1})$$

$$P_n^m(\pm1) = \begin{cases} (\pm1)^n, & m=0 \\ 0, & m>0 \end{cases} \quad (\text{E.3.2})$$

$$Q_n^m(0) = \begin{cases} (-1)^{(m+n+1)/2}\dfrac{2\cdot4\cdot6\cdots(n+m-1)}{1\cdot3\cdot5\cdots(n-m)}, & n+m=\text{偶数} \\ 0, & n+m=\text{奇数} \end{cases} \quad (\text{E.3.3})$$

$$Q_n^m(\pm1) = (\pm1)^{m+n+1}\infty \quad (\text{E.3.4})$$

E.4 对称关系

对于负阶数和负自变量,连带勒让德多项式有下列关系:

$$P_n^{-m}(x) = (-1)^m\frac{(n-m)!}{(n+m)!}P_n^m(x) \quad (\text{E.4.1})$$

$$P_n^m(-x) = (-1)^{n-m}P_n^m(x) \quad (\text{E.4.2})$$

$$Q_n^{-m}(x) = (-1)^m\frac{(n-m)!}{(n+m)!}Q_n^m(x) \quad (\text{E.4.3})$$

$$Q_n^m(-x) = (-1)^{n+m+1}Q_n^m(x) \quad (\text{E.4.4})$$

E.5 递推关系和导数关系

连带勒让德多项式的一些有用的递推关系如下:

$$P_n^m(x) = xP_{n-1}^m(x) - (n+m-1)\sqrt{1-x^2}P_{n-1}^{m-1}(x) \quad (\text{E.5.1})$$

$$P_n^m(x) = -\frac{2(m-1)}{\sqrt{1-x^2}}xP_n^{m-1}(x) - (n+m-1)(n-m+2)P_n^{m-2}(x) \tag{E.5.2}$$

$$P_n^m(x) = \frac{1}{n-m}\left[(2n-1)xP_{n-1}^m(x) - (n+m-1)P_{n-2}^m(x)\right] \tag{E.5.3}$$

它们的微分公式为

$$P_n'^m(x) = \frac{mx}{1-x^2}P_n^m(x) + \frac{(n+m)(n-m+1)}{\sqrt{1-x^2}}P_n^{m-1}(x) \tag{E.5.4}$$

$$P_n'^m(x) = \frac{1}{1-x^2}\left[(n+m)P_{n-1}^m(x) - nxP_n^m(x)\right] \tag{E.5.5}$$

连带勒让德函数 $Q_n^m(x)$ 满足相同的递推关系。

E.6 正交关系

连带勒让德多项式比较重要的正交关系如下：

$$\int_{-1}^{1} P_n^m(x)P_{n'}^m(x)\,\mathrm{d}x = \frac{2}{2n+1}\frac{(n+m)!}{(n-m)!}\delta_{nn'} \tag{E.6.1}$$

$$\int_{-1}^{1} P_n^m(x)P_n^{m'}(x)(1-x^2)^{-1}\,\mathrm{d}x = \frac{1}{m}\frac{(n+m)!}{(n-m)!}\delta_{mm'} \tag{E.6.2}$$

式中，

$$\delta_{nn'} = \begin{cases} 1, & n'=n \\ 0, & n'\neq n \end{cases}, \qquad \delta_{mm'} = \begin{cases} 1, & m'=m \\ 0, & m'\neq m \end{cases}$$

从式(E.6.1)和式(E.6.2)中，可以推出如下关系：

$$\int_0^\pi \left[\frac{\partial P_n^m(\cos\theta)}{\partial\theta}\frac{\partial P_{n'}^m(\cos\theta)}{\partial\theta} + \frac{m^2}{\sin^2\theta}P_n^m(\cos\theta)P_{n'}^m(\cos\theta)\right]\sin\theta\,\mathrm{d}\theta \tag{E.6.3}$$
$$= \delta_{nn'}\frac{2n(n+1)}{(2n+1)}\frac{(n+m)!}{(n-m)!}$$

$$\int_0^\pi \left[\frac{\partial P_n^m(\cos\theta)}{\partial\theta}P_{n'}^m(\cos\theta) + P_n^m(\cos\theta)\frac{\partial P_{n'}^m(\cos\theta)}{\partial\theta}\right]\mathrm{d}\theta = 0 \tag{E.6.4}$$

E.7 傅里叶-勒让德级数

如果 $f(x)$ 是任意的连续函数，则可以展开成傅里叶级数

$$f(x) = \sum_{n=0}^{\infty} a_n P_n^m(x), \quad -1\leqslant x\leqslant 1$$

式中，

$$a_n = \frac{(2n+1)(n-m)!}{2(n+m)!}\int_{-1}^{1} f(x)P_n^m(x)\,\mathrm{d}x$$

在这些展开式中，最常使用的傅里叶-勒让德级数是 $m=0$ 时的级数。